完全实例自学

·系列丛书·

完全实例自学

AutoCAD 2012 机械绘图

唯美科技工作室 / 编著

本书以大量的实例对 AutoCAD 2012 机械绘图进行了系统、全面的介绍。全书共分为 11 章，第 1～5 章主要介绍了 AutoCAD 2012 的功能以及基础绘图，包括 AutoCAD 2012 机械基础绘图、机械绘图的编辑与修改、机械注释、标注及表格、机械实体建模、机械实体修改 5 个章节；第 6～11 章主要针对机械的各类绘图进行讲解，包括机械标准件与常用件、机械零件图、机械剖视图、机械三视图、机械装配图以及机械模型图。

本书以实例的方式由浅入深地讲解软件的功能，选取的实例均是在实践经验中总结出的经典案例。书中采用了新颖的双栏排版，主栏部分为实例的操作步骤讲解，小栏部分为实例中应用到的软件功能介绍、重点提示以及操作技巧等，使读者能够以理论结合实例的方法进行系统的学习。

本书附赠一张超大容量的多媒体光盘，其中不仅包括书中所有实例的效果文件和操作演示，还附有 AutoCAD 软件的视频教学，力求做到直观、通俗易懂。

本书可作为大、中专院校教材及相关培训班的教材，同时也是广大初、中级 AutoCAD 用户很好的自学参考书。

图书在版编目（CIP）数据

完全实例自学 AutoCAD 2012 机械绘图/唯美科技工作室编著. —北京：机械工业出版社，2012.4

（完全实例自学系列丛书）

ISBN 978-7-111-37969-0

Ⅰ. ①完… Ⅱ. ①唯… Ⅲ. ①机械制图—AutoCAD 软件 Ⅳ. ①TH126

中国版本图书馆 CIP 数据核字（2012）第 063104 号

机械工业出版社（北京市百万庄大街 22 号 邮政编码 100037）

策划编辑：张晓娟 责任编辑：张晓娟 李 宁

版式设计：墨格文慧 责任印制：乔 宇

三河市宏达印刷有限公司印刷

2012 年 7 月第 1 版第 1 次印刷

184mm×260mm · 25.5 印张 · 632 千字

0 001—4 000 册

标准书号：ISBN 978-7-111-37969-0

ISBN 978-7-89433-532-6（光盘）

定价：55.00 元（含 1DVD）

凡购本书，如有缺页、倒页、脱页，由本社发行部调换

电话服务

社服务中心：（010）88361066

销售一部：（010）68326294

销售二部：（010）88379649

读者购书热线：（010）88379203

网络服务

门户网：http：//www. cmpbook. com

教材网：http：//www. cmpedu. com

前　言

AutoCAD 2012 是由 Autodesk 公司推出的最新版本，主要应用于机械、建筑、服装、模具设计等行业的辅助设计。AutoCAD 以设计为中心，为多用户合作提供了便捷的工具、规范的标准和方便的管理，使用户可以快速、高效地完成各项绘图设计。AutoCAD 在机械制图领域尤其具有很高的使用价值。不论多么复杂的机械零件，都能够用图形准确地表达出来。

本书以典型实例制作为主，全面且详细地介绍了使用 AutoCAD 2012 的机械绘图知识以及技巧。通过本书的学习，读者可以快速、全面地掌握 AutoCAD 2012 的使用方法和绘图技巧，并且可达到融会贯通、灵活运用的目的。

全书共分为两大部分，第一部分为绘图基础篇（第 1～5 章），包括 AutoCAD 2012 机械基础绘图、机械绘图的编辑与修改、机械注释、标注及表格、机械实体建模、机械实体修改，为初学者打好坚实的绘图基础；第二部分为绘图综合应用篇（第 6～11 章），包括机械标准件与常用件、机械零件图、机械剖视图、机械三视图、机械装配图以及机械模型图，通过实例使读者巩固第 1～5 章的基础知识，并绘制更加专业、形象的复杂图形。希望通过各种典型的实例，能使读者触类旁通、举一反三，更好、更轻松地掌握 AutoCAD。

本书的最大特点是配以理论知识介绍的小栏部分，使读者能够有针对性地进行系统的学习，实现活学活用的目的。在基础篇章的小栏中，主要讲解软件的各项功能、操作技巧、重点提示以及疑难解答等；在综合应用篇的小栏中，主要讲解机械绘图的理论知识、操作技巧、重点提示、疑难解答以及机械术语等。

另外，本书配有超大容量的多媒体光盘，其中包括教学和实例演示两部分，教学部分是对 AutoCAD 2012 的各项功能进行系统的多媒体教学；实例演示部分包括了书中所有实例的操作演示过程。书+光盘的配套学习，对于没有任何基础的读者，也可以轻松、快速地掌握操作技术。通过本书的学习，能够快速掌握 AutoCAD 的各种功能的运用和技巧，再加上读者的灵感和创新，一定可以制作出更加完美的作品。

本书由唯美科技工作室组织编写，参加编写的人员有钱江、钱力军、叶卫东、田新、王锦、褚杰、李卫、袁江、刘伟、高玉雷、李亚玲、李斌、刘健、王瑞云、孙永涛、王兰娣、金水仙、朱秀君、王银兰等。由于时间有限，书中难免有不当或纰漏之处，敬请读者批评指正。

编　者

目 录

01

第1章 AutoCAD 2012 机械基础绘图

本章通过 AutoCAD 2012 最基本的绘图功能，绘制了一些简单的图形，通过熟悉这些简单的功能，为绘制二维绘图和三维绘图打下良好的基础。另外，结合小栏部分的理论知识可以学习和巩固 AutoCAD 的各项基础功能。

本章讲解的实例和主要功能如下：

实　例	主要功能	实　例	主要功能	实　例	主要功能
绘制垫圈	直线 圆 图案填充	绘制接头视图	圆 多边形 直线	绘制圆头销	矩形 直线 圆弧
绘制螺母	圆 多边形 圆弧	绘制花纹图案	矩形、直线 多段线、圆弧 图案填充	绘制平键	多段线 直线
渐变填充	表格的嵌套 在嵌套表格中输入内容	绘制十字螺钉	直线 圆	绘制轴承壳	多段线 快捷菜单功能 图案填充

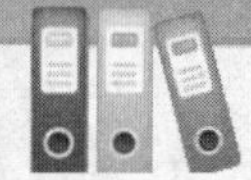

本章在讲解实例操作的过程中，全面系统地介绍关于 AutoCAD 机械基础绘图的相关知识和操作方法，包含的内容如下：

实例 1-1　绘制垫圈

本实例将绘制一个垫圈，其主要功能包含直线、圆、图案填充等。实例效果如图 1–1 所示。

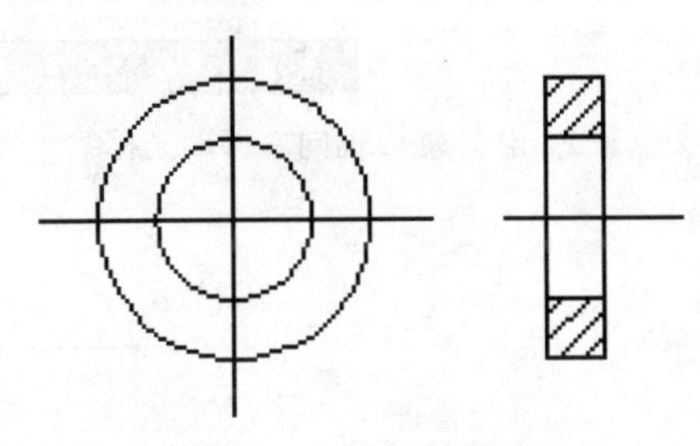

图 1–1　垫圈效果图

操作步骤

1 启动 AutoCAD 2012，即可新建一个空白文档，工作界面如图 1–2 所示。

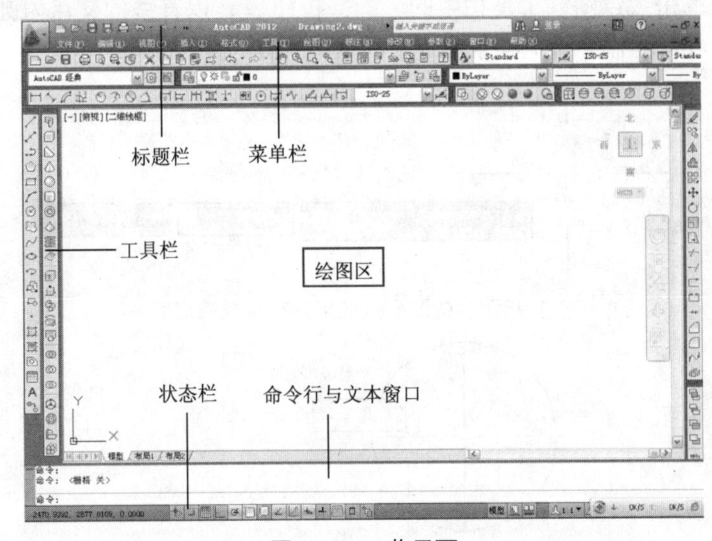

图 1–2　工作界面

2 单击“绘图”工具栏中的“直线”按钮，绘制两条直线，如图 1–3 所示。

① 在绘图区域中任意指定第一个点

图 1–3　绘制直线

实例 1-1 说明

- 知识点：
  - 直线
  - 圆
  - 图案填充
- 视频教程：
  光盘\教学\第 1 章　AutoCAD 2012 机械基础绘图
- 效果文件：
  光盘\素材和效果\01\效果\1-1.dwg
- 实例演示：
  光盘\实例\第 1 章\绘制垫圈

相关知识　AutoCAD 工作界面

这里主要介绍 AutoCAD 2012 经典版的工作界面，它主要由标题栏、菜单栏、工具栏、绘图区、命令行与文本窗口、状态栏 6 个部分组成。

1. 标题栏

标题栏位于窗口的最顶端，用于管理图形文件，显示当前正在运行的程序名及文件名等信息。

2. 菜单栏

AutoCAD 中菜单栏与 Windows 系统中程序的风格类同，单击任意主菜单即可弹出其相应的子菜单，选择相应的命令即可执行或启动该命令。

3. 工具栏

工具栏是菜单栏中各个功能的快捷表达按钮，工具栏的应用可以大大提高绘图效率。

4. 绘图区

绘图区是AutoCAD的工作区域，所有的绘图操作都要在这个区域中进行。

5. 命令行与文本窗口

命令行位于绘图区的下方，用于接收用户输入的命令，并显示AutoCAD系统信息，提示用户进行相应的命令操作。

6. 状态栏

状态栏位于AutoCAD工作界面的最底部，用来显示当前的状态或提示，如命令和功能按钮的说明、当前鼠标指针所处的位置等。

相关知识 菜单栏的分类

菜单栏上的命令或按钮，可以根据不同的方式大致分为以下5类。

1. 不带内容符号的菜单项

单击该项将直接执行或启动该命令。

2. 菜单项后跟有快捷键

表示按下该快捷键也可执行此命令。

3. 带有三角符号的菜单项

表示该菜单项还有子菜单，单击命令后就可以打开子菜单。

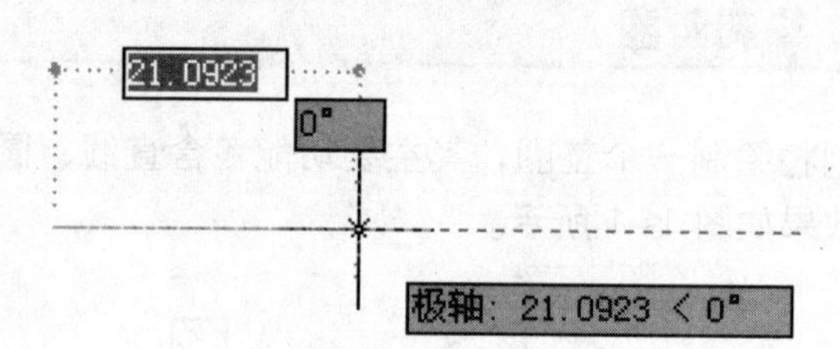

② 沿X轴极轴向右移动光标

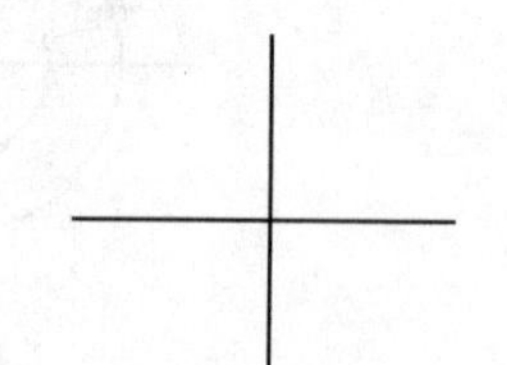

③ 确定第二个点，按Enter键完成一条直线的绘制　④ 用同样的方法，绘制一条垂直的竖直线

图1-3　绘制直线（续）

3 单击“绘图”工具栏中的“圆”按钮，以直线的交点为圆心，绘制半径为4和7的两个同心圆，如图1-4所示。

① 指定圆的圆心，这里选择直线的交点

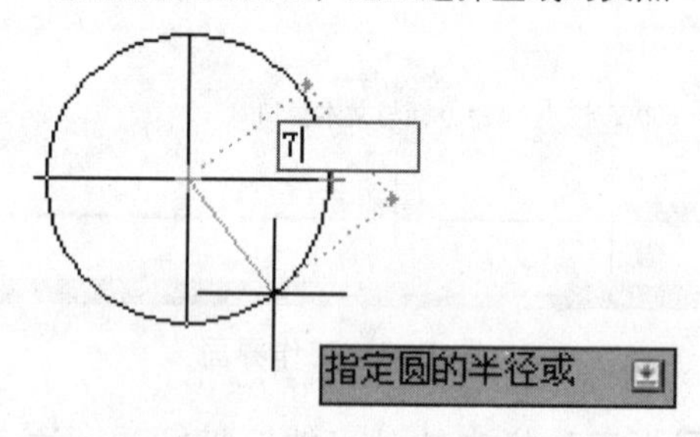

② 将光标向外移动，并输入圆的半径7

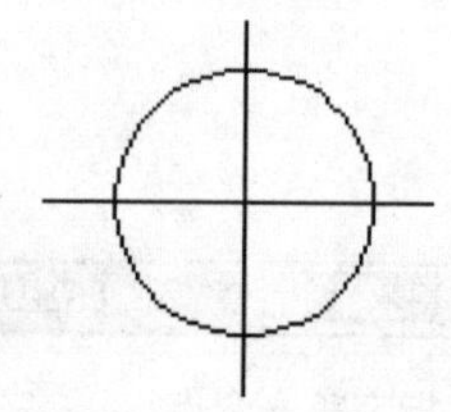

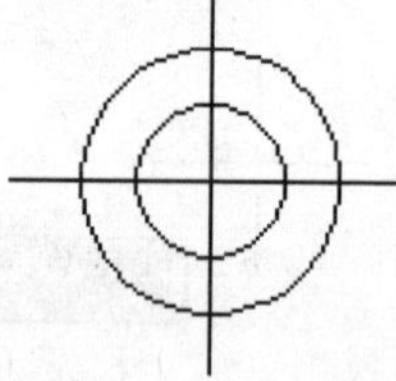

③ 输入数值后按Enter键完成圆的绘制　④ 用同样的方法绘制第二个圆

图1-4　绘制圆

4. 单击“绘图”工具栏中的“直线”按钮，以水平线段的右端点为起点，再向右绘制一条线段，如图 1-5 所示。

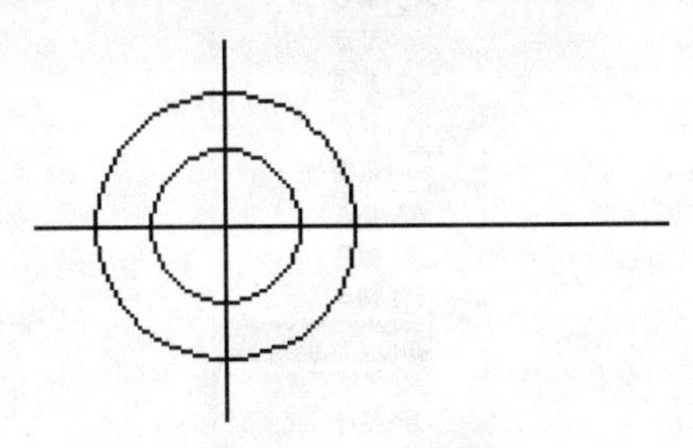

图 1-5　绘制线段

5. 选择上一步绘制的线段，通过蓝色夹点选择左边的夹点，缩放线段，如图 1-6 所示。

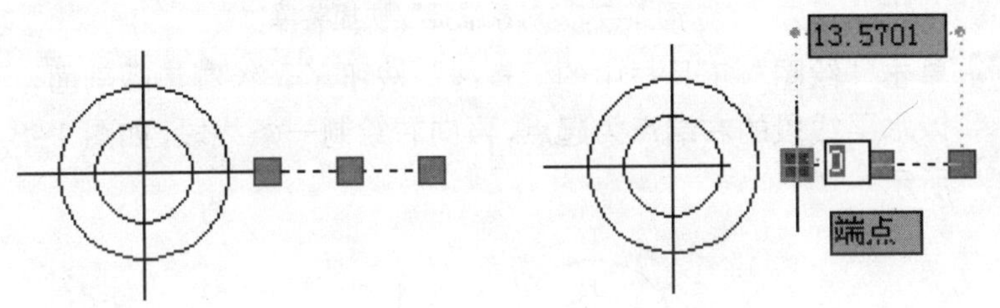

① 选择上一步绘制的线段　　② 选择左边的夹点，单击鼠标左键

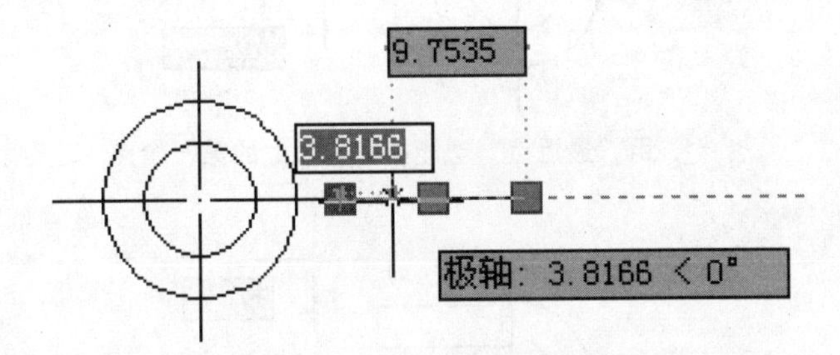

③ 沿 X 轴极轴向右移动光标

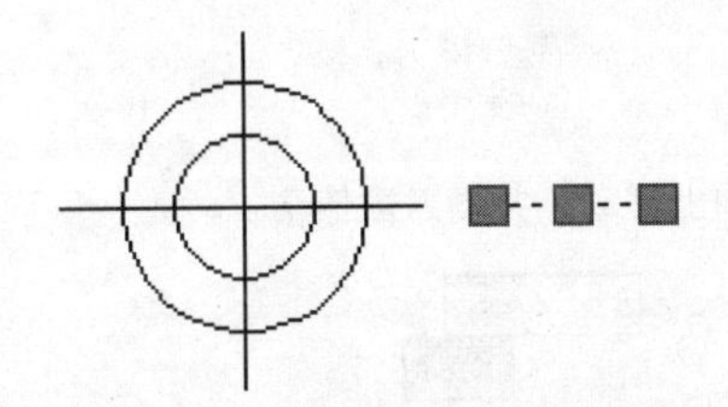

④ 移动到合适位置，单击鼠标左键确定缩放位置

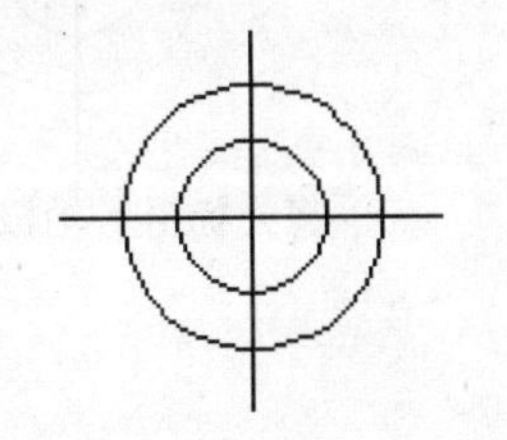

⑤ 按 Esc 键退出夹点编辑功能

图 1-6　通过蓝色夹点编辑绘图

6. 将鼠标指标移动到状态栏的“对象捕捉”按钮上，单击鼠标右键，在弹出的快捷菜单中选择“最近点”命令辅助绘图，如图 1-7 所示。

4. 带有省略号的菜单项

表示选择该菜单项将弹出一个对话框或面板。

5. 菜单项呈灰色

表示该命令在当前状态下不可用，需要相应的状态才能激活该命令。

相关知识　怎样管理图形文件

与 Windows 操作系统中的其他图形图像软件一样，AutoCAD 中的图形也是以文件的形式存在并管理的。图形文件的管理主要是创建文件、打开已有文件、保存文件、关闭文件等操作。

相关知识　创建图形文件

在启动 AutoCAD 2011 后，系统会自动创建一个默认名为 Drawing1.dwg 的文件。

操作技巧　创建图形文件的操作方法

可以通过以下 5 种方法来执行“创建图形文件”操作：

- 选择“菜单浏览器”→“新建”命令。
- 单击状态栏中的“新建”按钮。

- 选择“文件”→“新建”菜单命令。
- 单击“标准”工具栏中的“新建”按钮。
- 在命令行中输入new后，按Enter键。

相关知识 **打开图形文件**

用于打开已经存在的图形文件。在找不到路径，但是在知道文件名的情况下，可以使用搜索功能查找出需要的文件。

操作技巧 **打开图形文件的操作方法**

可以通过以下5种方法来执行“打开图形文件”操作：

- 选择“菜单浏览器”→“打开”命令。
- 单击状态栏中的“打开”按钮。
- 选择“文件”→“打开”命令。
- 单击“标准”工具栏中的“打开”按钮。
- 在命令行中输入open后，按Enter键。

相关知识 **保存图形文件**

在保存文件时，用户最好重新设置文件名和存储文件的路径，以方便查看或修改。

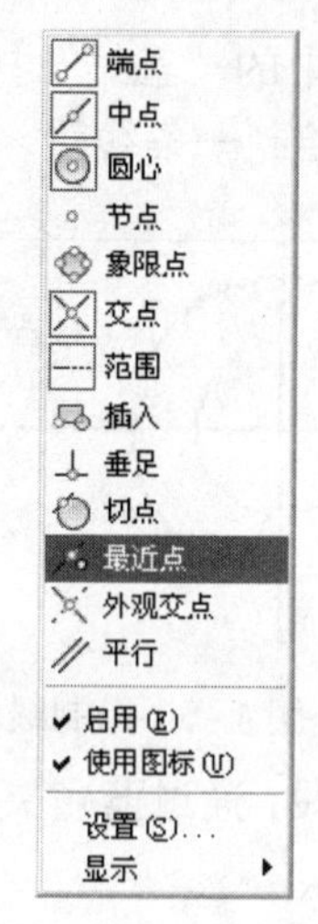

图1-7 “对象捕捉”快捷菜单

7 单击“绘图”工具栏中的“直线”按钮，绘制垫圈剖面，以水平线段的右端点为起点，再向右绘制一条线段，如图1-8所示。

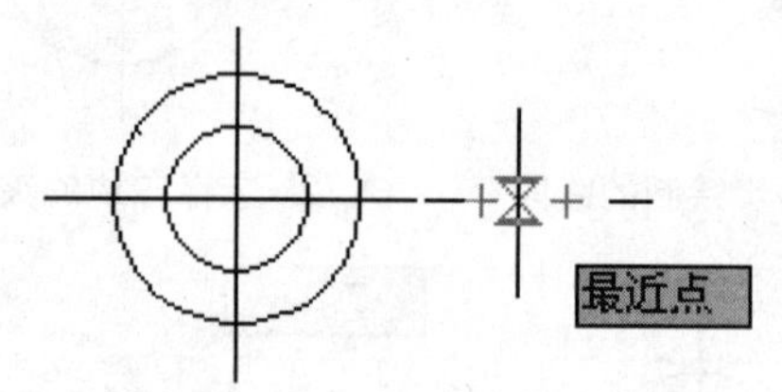

① 用“最近点”功能抓取直线上的第一个点

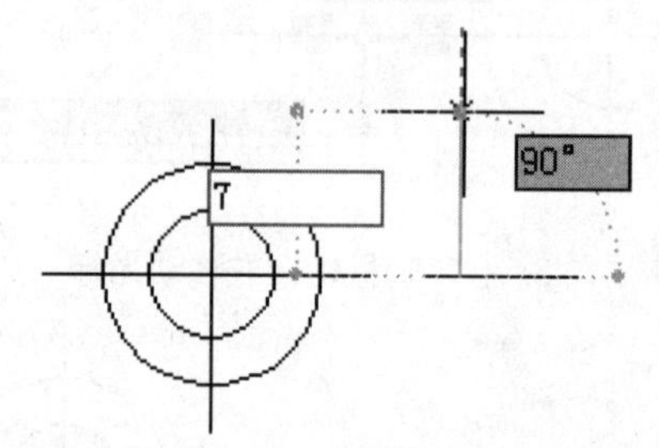

② 将光标沿Y轴极轴向上移动，并输入数值7

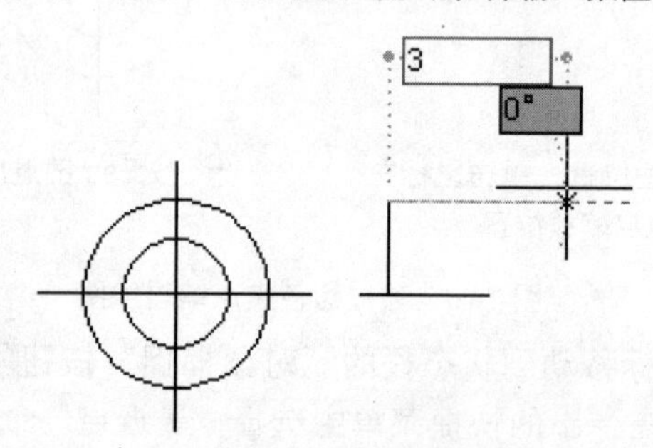

③ 按Enter键，再将光标沿X轴极轴向右移动，并输入数值3

图1-8 用多段线绘制垫圈剖面

④ 按Enter键，再将光标沿Y轴极轴向下移动，并输入数值3

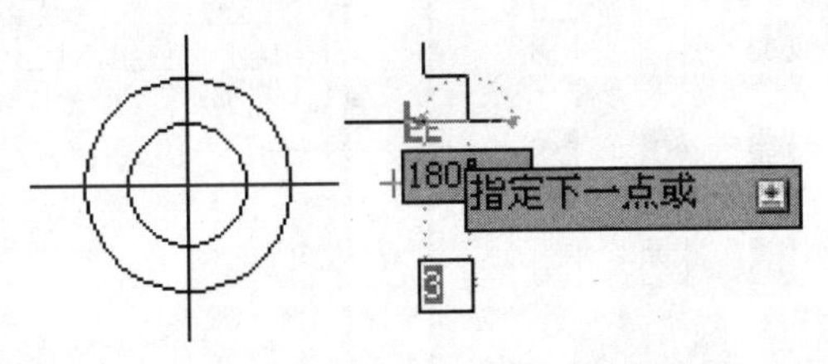

⑤ 按Enter键，再将光标沿X轴极轴向左绘制到第一条线段的垂线

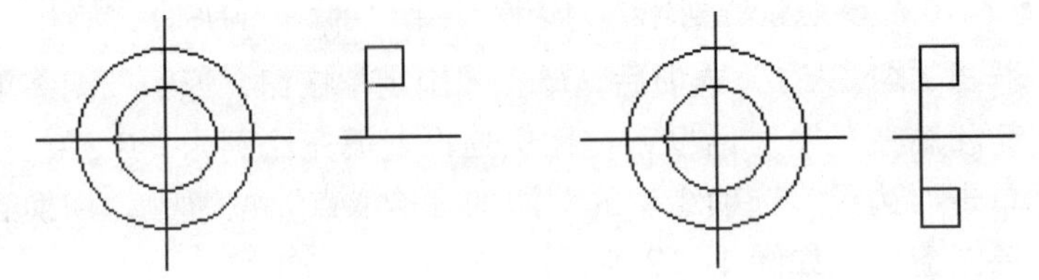

⑥ 绘制完成一段线段　　⑦ 用同样的方法绘制另一部分线段

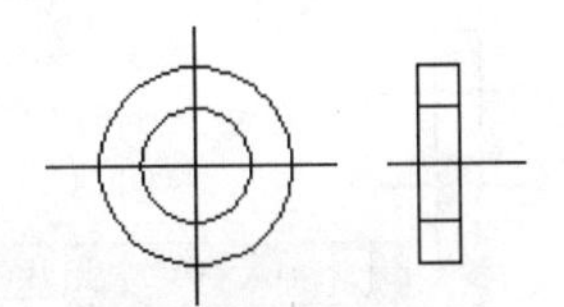

⑧ 绘制之间的连线

图1-8　用多段线绘制垫圈剖面（续）

8 单击“绘图”工具栏中的“图案填充”按钮，打开“图案填充和渐变色”对话框，如图1-9所示。

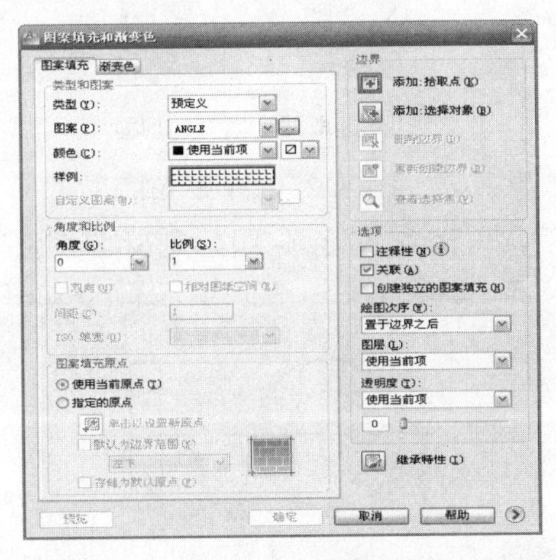

图1-9　“图案填充和渐变色”对话框

操作技巧　保存图形文件的操作方法

可以通过以下5种方法来执行“保存图形文件”操作：

- 选择“菜单浏览器”→“保存”命令。
- 单击状态栏中的“保存”按钮。
- 选择“文件”→“保存”命令。
- 单击“标准”工具栏中的“保存”按钮。
- 在命令行中输入qsave后，按Enter键。

重点提示　保存与另存为的区别

当第一次保存文件时，这两个功能没有区别。在第二次或以后的操作中，保存是用于替换已保存过的文件；而另存为是在为了不替换之前文件的前提下，另外存储为一个新的文件，但是在同一个文件夹下，另存的文件名不能和原来的文件名相同。

相关知识　关闭图形文件

用户在没有保存文件的情况下，系统会弹出提示对话框，询问是否保存文件。单击“是”按钮，保存文件并关闭图形文件；单击“取消”按钮，退出关闭文件操作。

操作技巧 关闭图形文件的操作方法

可以通过以下 3 种方法来执行“关闭图形文件”操作：

- 选择“菜单浏览器”→“关闭”命令。
- 单击绘图区右上角的“关闭”按钮。
- 在命令行中输入 close 后，按 Enter 键。

相关知识 什么是点

点就是绘图中最基本的存在，任何图形都是由点构成的。

操作技巧 点的操作方法

可以通过以下 3 种方法来执行“点”操作：

- 选择“绘图”→“点”→“单点”或“多点”命令。
- 单击“绘图”工具栏中的“点”按钮。
- 在命令行中输入 point 后，按 Enter 键。

相关知识 怎样设置点

在绘图时，点的大小样式都是按系统默认设置的。可以选择“格式”→“点样式”命令，在弹出的“点样式”对话框中设置点的形状和大小。

“点样式”对话框：

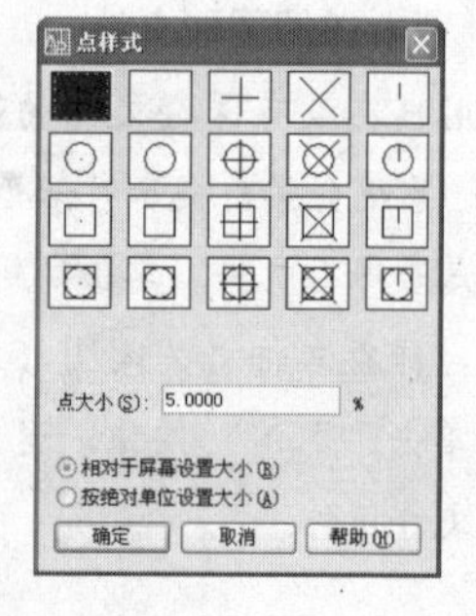

9 单击“图案”下拉列表框后的[...]按钮，打开“填充图案选项板”对话框，如图 1–10 所示。

10 单击“ANSI”标签，切换到“ANSI”选项卡，如图 1–11 所示。

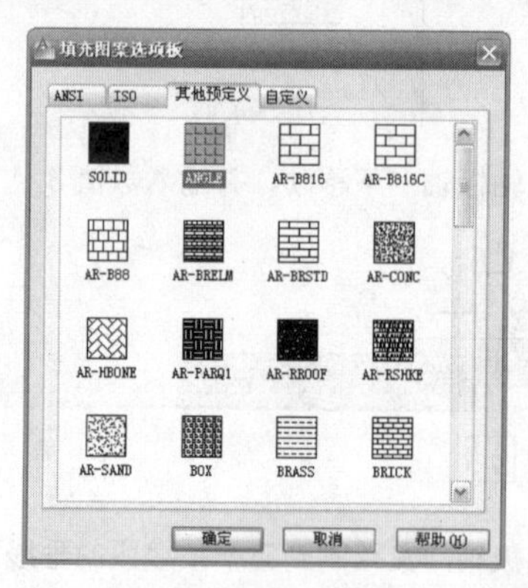

图 1–10 “填充图案选项板”对话框

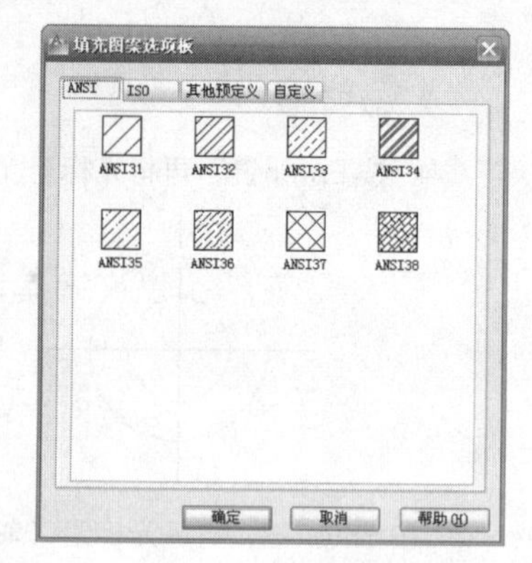

图 1–11 “ANSI”选项卡

11 选择“ANSI31”选项后，单击“确定”按钮，返回“图案填充和渐变色”对话框，在比例处设置填充比例为“0.3”，再单击“边界”选项组中的“添加：拾取点”按钮[+]，切换到绘图窗口，如图 1–12 所示。

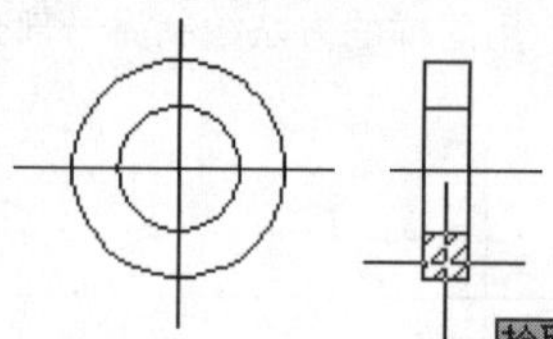

① 选取填充区域

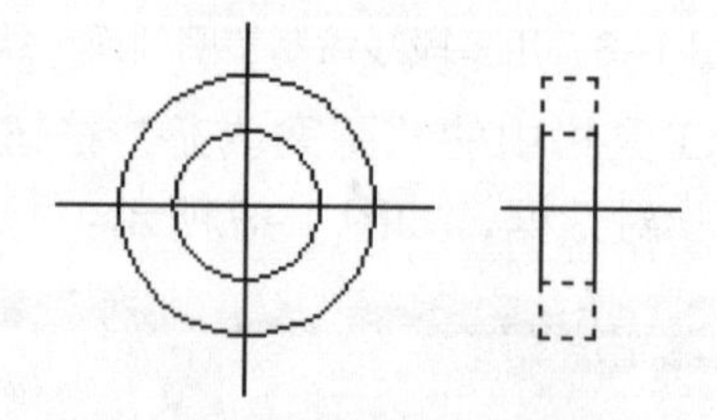

② 选取两个填充的剖面

图 1–12 选择填充剖面

12 选择完成后，按 Enter 键返回“图案填充和渐变色”对话框，在对话框中单击“确定”按钮，完成填充操作，如图 1–13 所示。

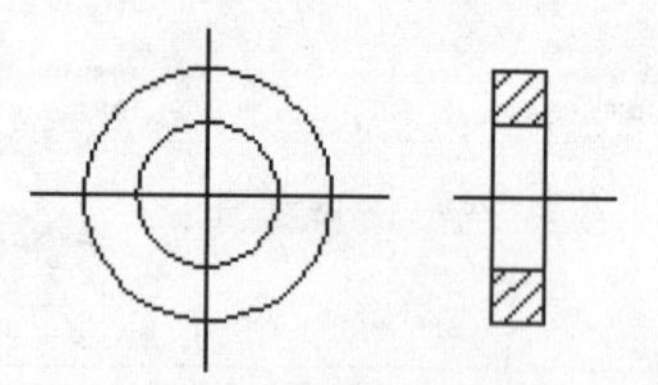

图 1–13 填充图形

实例 1-2　绘制平键

本实例将绘制一个平键，其主要功能包含多段线、直线等。实例效果如图 1–14 所示。

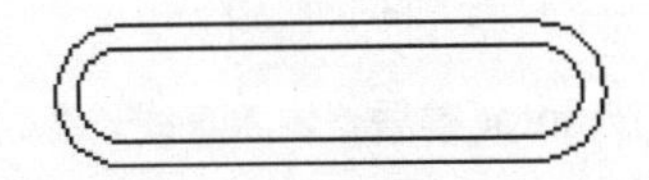

图 1–14　平键效果图

操作步骤

1 单击“绘图”工具栏中的“多段线”按钮，绘制平键的外圈，如图 1–15 所示。

① 指定多段线的第一个点

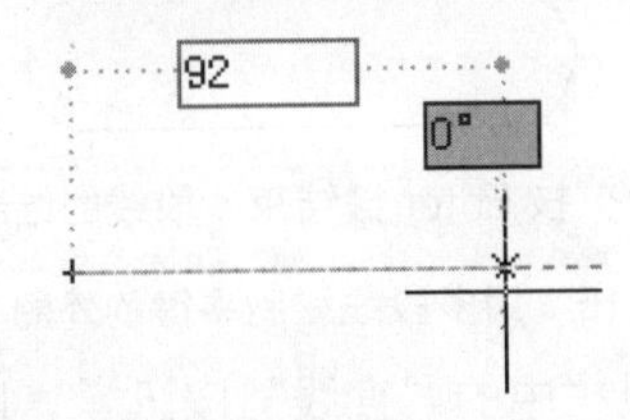

② 将光标沿 X 轴极轴向右移动，并输入数值 92

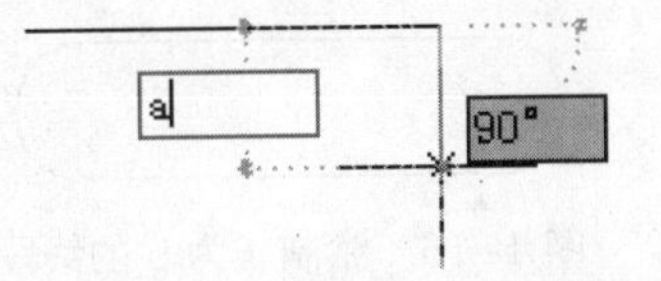

③ 将光标沿 Y 轴极轴向下移动，并输入字母 a

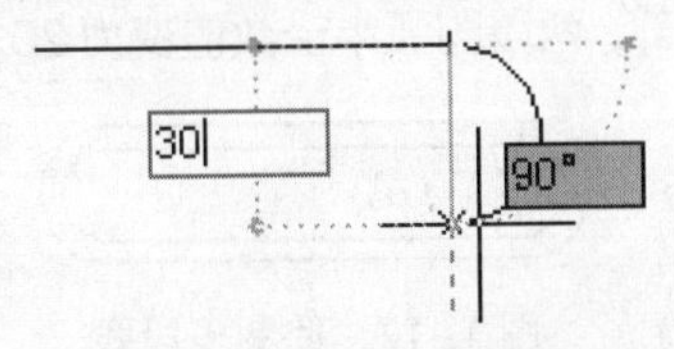

④ 按 Enter 键后，输入圆弧半径数值 30

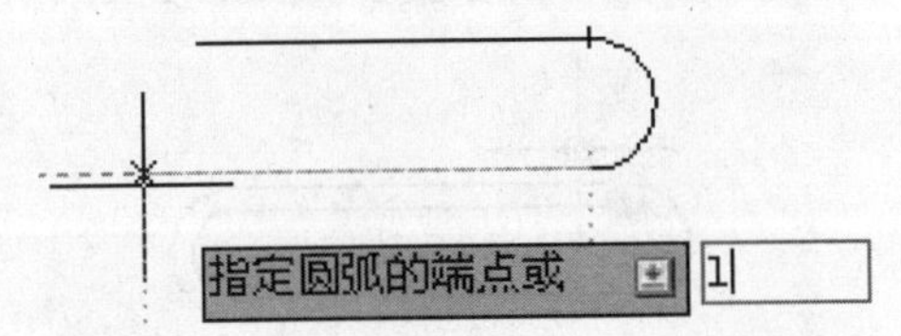

⑤ 再将光标沿 X 轴极轴向左移动，并输入字母 l

图 1–15　用多段线绘制平键的外圈

实例 1-2 说明

- 知识点：
  - 多段线
  - 直线
- 视频教程：

  光盘\教学\第 1 章 AutoCAD 2012 机械基础绘图
- 效果文件：

  光盘\素材和效果\01\效果\1-2.dwg
- 实例演示：

  光盘\实例\第 1 章\绘制平键

相关知识　点功能的分支

在绘制点时，主要有两个特殊功能：定数等分和定距等分。

相关知识　什么是定数等分

定数等分是将线段均匀地分成几段。

在设置点样式后，等分一条直线。

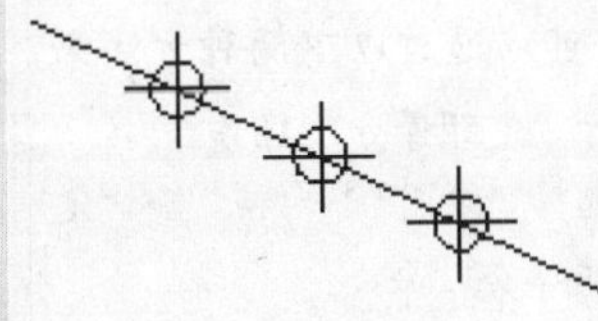

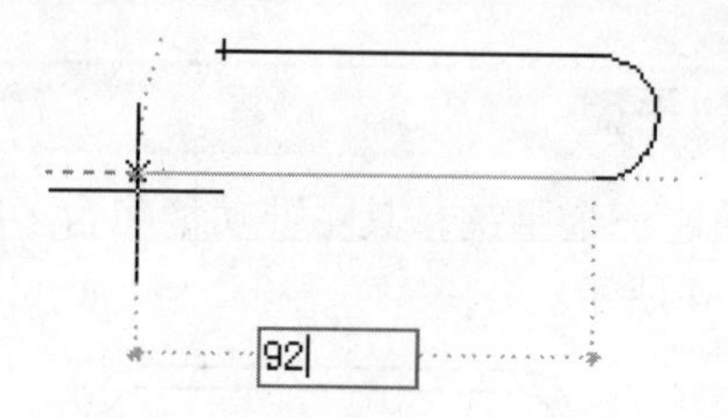

⑥ 按 Enter 键后，输入直线长度数值 92

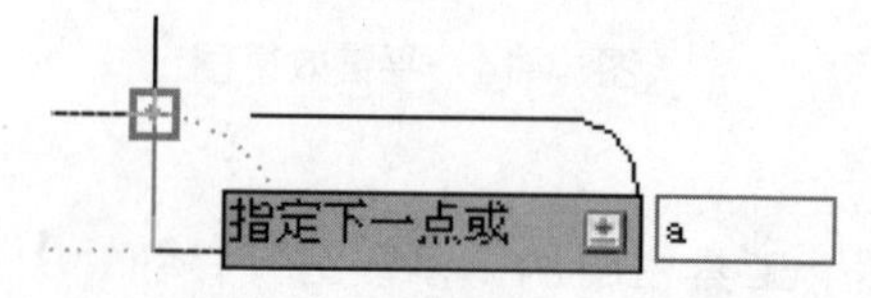

⑦ 将光标移动到起点，并输入字母 a

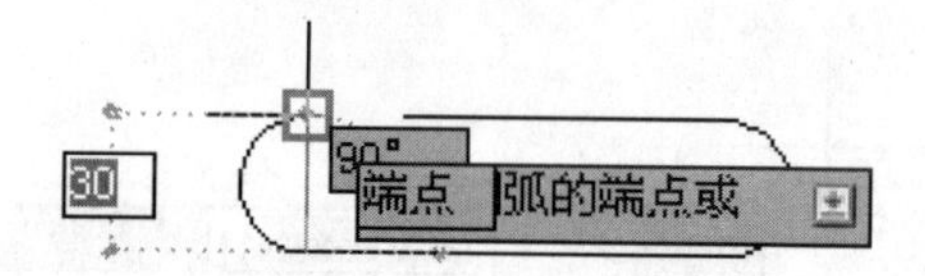

⑧ 线段变成圆弧后，单击起点完成一圈的操作

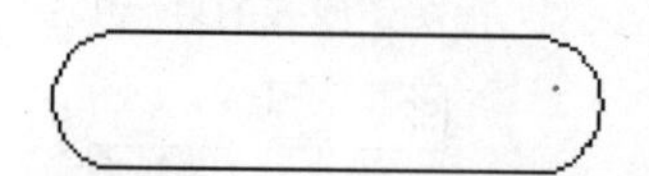

⑨ 按 Enter 键结束多段线的绘制

图 1–15　用多段线绘制平键的外圈（续）

2 单击“绘图”工具栏中的“直线”按钮，以多段线的起点为起点，沿 Y 轴极轴向下绘制长为 5 的线段，如图 1–16 所示。

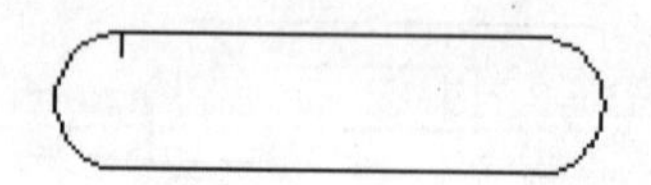

图 1–16　绘制长为 5 的线段

3 单击“绘图”工具栏中的“多段线”按钮，用同样的方法，绘制一圈平键的内部，两段圆弧半径数值变为 20，如图 1–17 所示。

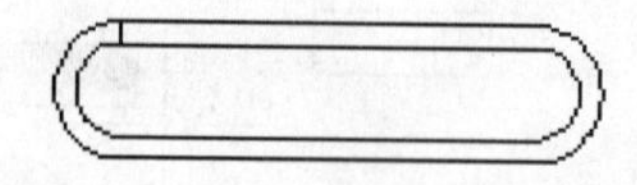

图 1–17　绘制多段线

4 选择绘制的短线并删除，得到最终效果，如图 1–18 所示。

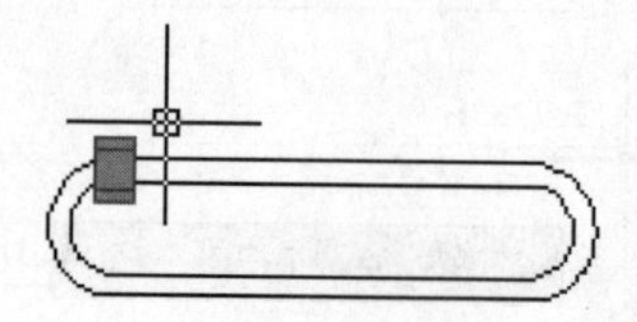

① 选择短线

图 1–18　用快捷菜单删除多余的短线

等分一条圆弧。

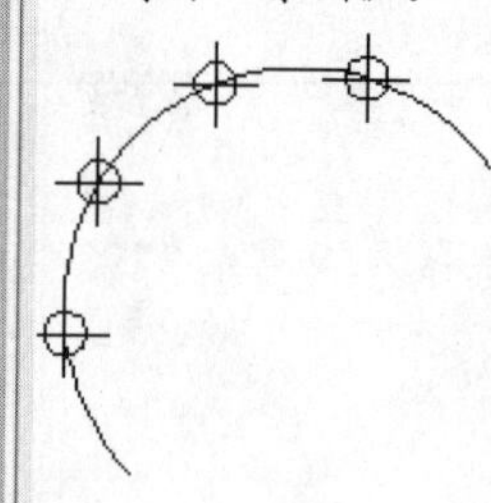

操作技巧 定数等分的操作方法

可以通过以下两种方法来执行“定数等分”操作：

- 选择“绘图”→“点”→“定数等分”命令。
- 在命令行中输入 divide 后，按 Enter 键。

相关知识 什么是定距等分

定距等分是将线段按照指定距离分成数段。

操作技巧 定距等分的操作方法

可以通过以下两种方法来执行“定距等分”操作：

- 选择“绘图”→“点”→“定距等分”命令。

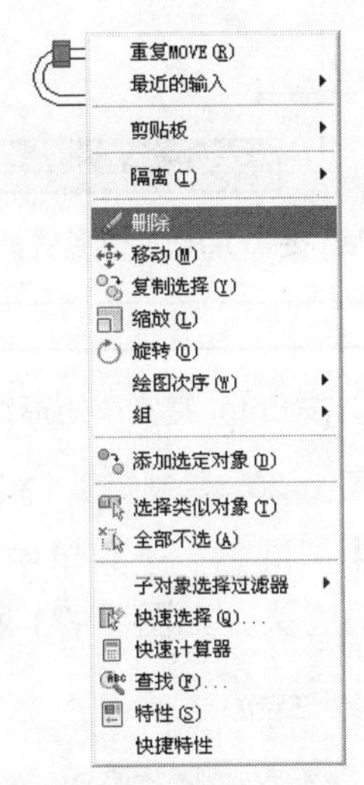

② 单击鼠标右键，在弹出的快捷菜单中选择“删除”命令

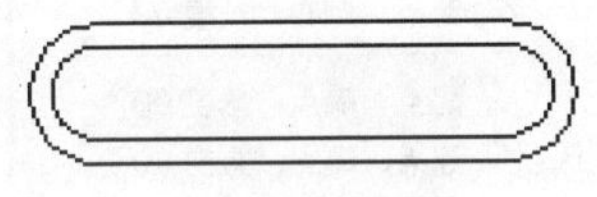

③ 删除效果

图 1-18 用快捷菜单删除多余的短线（续）

实例 1-3 绘制圆头销

本实例将绘制圆头销，其主要功能包含矩形、直线、圆弧等。实例效果如图 1-19 所示。

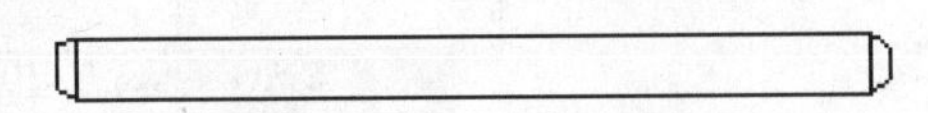

图 1-19 圆头销效果图

操作步骤

1 单击“绘图”工具栏中的“矩形”按钮，绘制一个长为 110、宽为 8 的矩形，如图 1-20 所示。

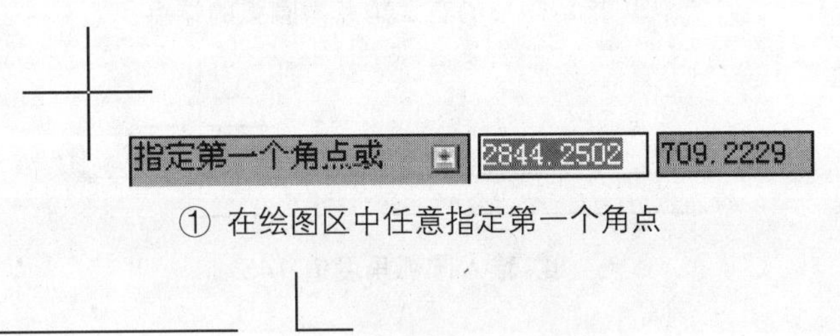

① 在绘图区中任意指定第一个角点

② 输入矩形的长度数值 110

图 1-20 绘制矩形

- 在命令行中输入 measure 后，按 Enter 键。

重点提示 等分点比等分数值少 1

因为输入的是等分数，而不是放置点的个数，所以如果将所选对象分成 N 份，则实际上只生成 N-1 个点。

相关知识 什么是直线

直线是绘图中最常用的功能之一。直线其实是几何学中的线段，只要指定了起点和终点即可绘制一条直线。

实例 1-3 说明

- 知识点：
  - 矩形
  - 直线
  - 圆弧
- 视频教程：
  光盘\教学\第 1 章 AutoCAD 2012 机械基础绘图
- 效果文件：
  光盘\素材和效果\01\效果\1-3.dwg
- 实例演示：
  光盘\实例\第 1 章\绘制圆头销

操作技巧 直线的操作方法

可以通过以下 3 种方法来执行“直线”操作：

- 选择“绘图”→“直线”命令。
- 单击“绘图”工具栏中的“直线”按钮 。
- 在命令行中输入 line 后，按 Enter 键。

相关知识 **线型与线宽**

在绘制直线时，肯定会遇到一些与线型、线宽相关的问题。线型是指线段的样式和类型。线宽是指线段的粗细。

相关知识 **怎样设置线型**

在绘图时，点的大小样式都是按系统默认设置的。可以选择“格式”→“线型”命令。在弹出的“线型管理器”对话框中，可以加载各种所需的线型。

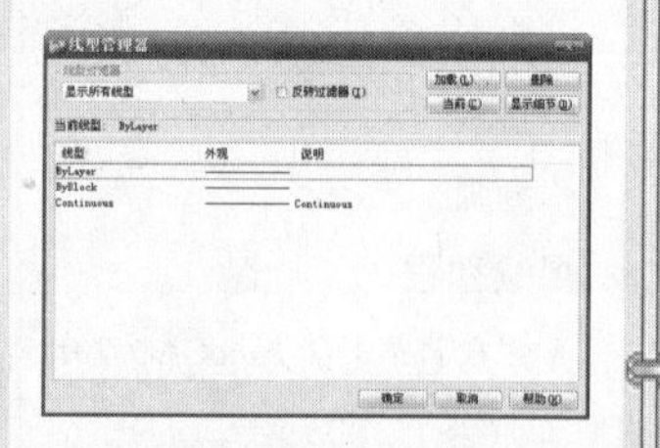

单击“显示细节”按钮，在显示的“全局比例因子”文本框和“当前对象缩放比例”文本框中调节线型比例。

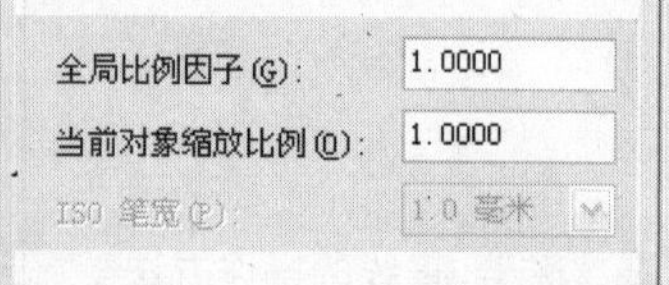

③ 按 Tab 键，并输入矩形的宽度数值 8

④ 按 Enter 键完成矩形绘制

图 1–20　绘制矩形（续）

2 选择“绘图”菜单中“圆弧”子菜单中的“起点、端点、角度”命令，绘制销的圆头，如图 1–21 所示。

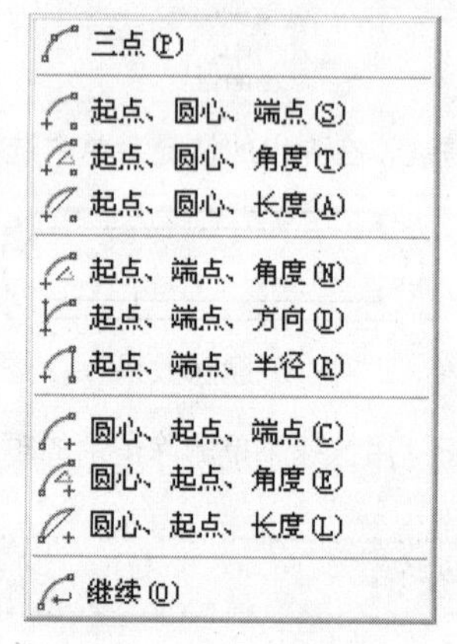

① “圆弧”子菜单

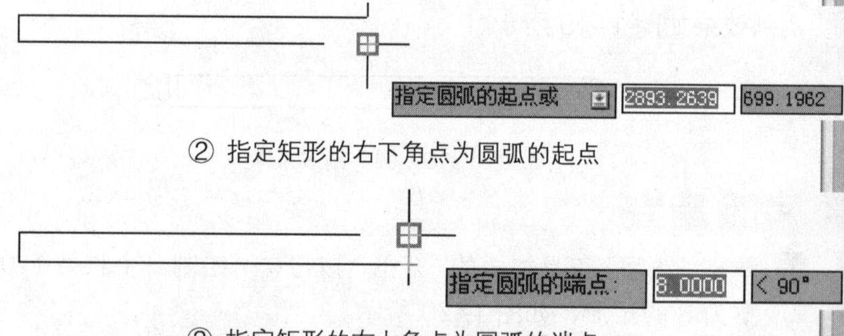

② 指定矩形的右下角点为圆弧的起点

③ 指定矩形的右上角点为圆弧的端点

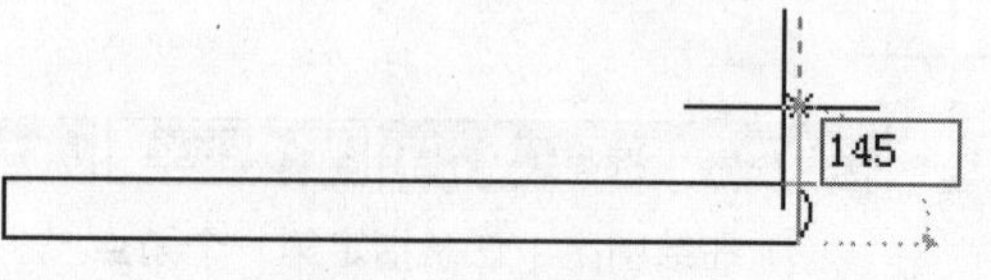

④ 输入圆弧角度值 145

⑤ 完成圆弧绘制

图 1–21　用“起点、端点、角度”命令绘制圆弧

3 将鼠标指针移动到状态栏的“极轴追踪”按钮上，单击鼠标右键，在弹出的快捷菜单中选择“15”选项，如图 1–22 所示。

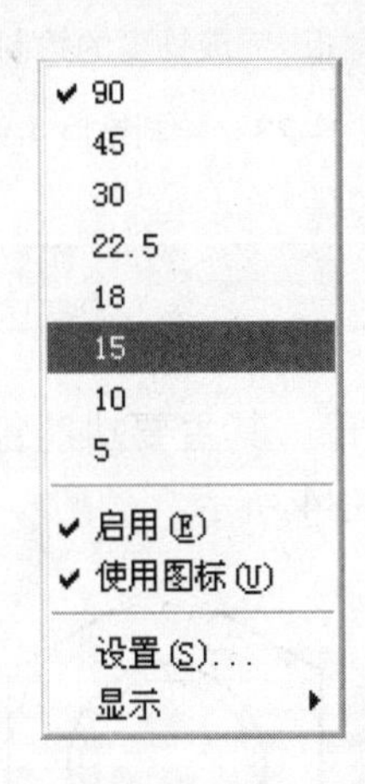

图 1–22　“极轴追踪”快捷菜单

4 单击“绘图”工具栏中的“直线”按钮，绘制销的插入锥度，如图 1–23 所示。

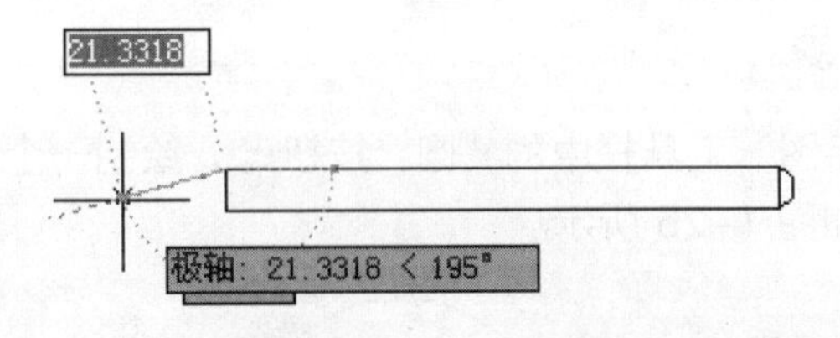

① 在确定矩形左上角为直线起点后，将光标向左下移动，动态提示极轴

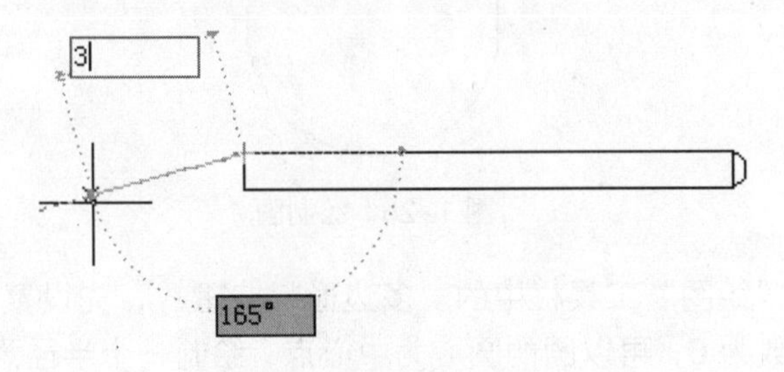

② 输入数值 3

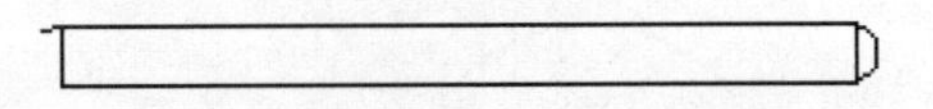

③ 按 Enter 键完成上面锥度的绘制

④ 按 Enter 键完成下面锥度的绘制

图 1–23　绘制锥度

单击“加载”按钮，打开“加载或重载线型”对话框，选择合适的线型后，单击“确定”按钮，返回“线型管理器”对话框，如果需要加载多种线型，可反复此操作。

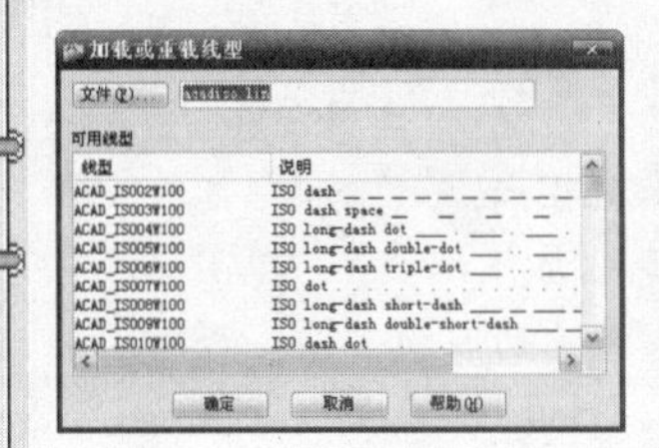

相关知识　怎样设置线宽

在绘图时，点的大小样式都是按系统默认设置的。可以选择“格式”→“线宽”命令。在弹出的“线宽”对话框中，可以调整线宽的粗细，但是前提是已单击状态栏中的“线宽”按钮。

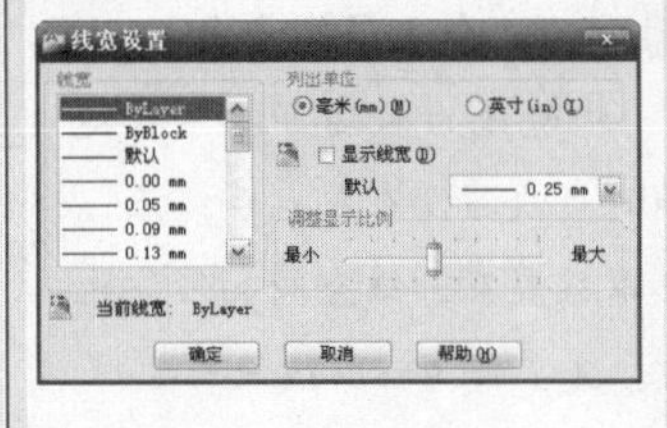

相关知识　什么是射线

射线是一端固定，而另一端无限延长的直线。

操作技巧　射线的操作方法

可以通过以下两种方法来执行“射线”操作：

- 选择“绘图”→“射线”命令。
- 在命令行中输入 ray 后，按 Enter 键。

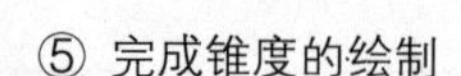

⑤ 完成锥度的绘制

图 1–23　绘制锥度（续）

实例 1-4　绘制螺母

本实例将绘制螺母，其主要功能包含圆、多边形、圆弧等。实例效果如图 1–24 所示。

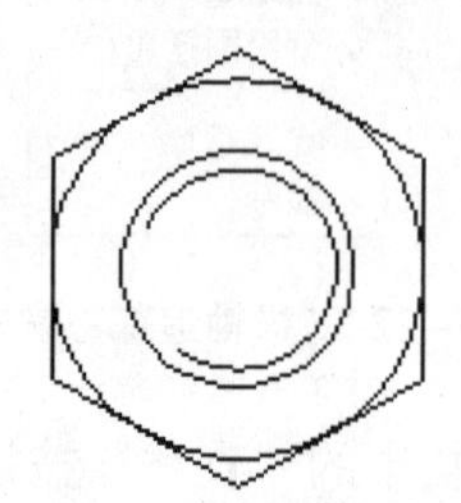

图 1–24　螺母效果图

实例 1-4 说明

- 知识点：
  - 圆
  - 多边形
  - 圆弧
- 视频教程：

  光盘\教学\第 1 章 AutoCAD 2012 机械基础绘图
- 效果文件：

  光盘\素材和效果\01\效果\1-4.dwg
- 实例演示：

  光盘\实例\第 1 章\绘制螺母

操作步骤

1. 单击“绘图”工具栏中的“圆”按钮，绘制一个半径为 16 的圆，如图 1–25 所示。

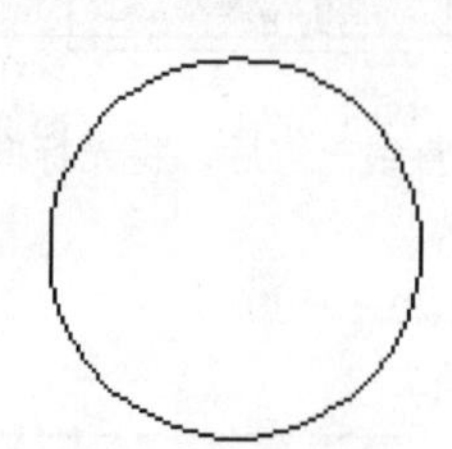

图 1–25　绘制圆

2. 单击“绘图”工具栏中的“多边形”按钮，先设置多边形的边数为 6，再以圆的圆心为中心点，绘制一个半径为 16 且外切于圆的正六边形，如图 1–26 所示。

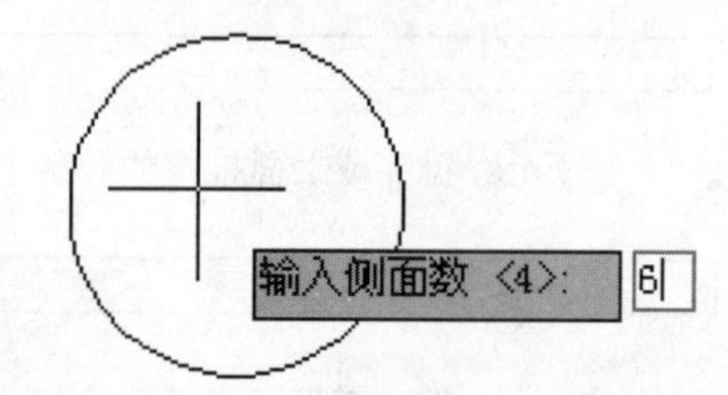

① 执行多边形功能后，先输入边的数值 6

图 1–26　绘制正六边形

相关知识　什么是构造线

构造线为两端可以无限延伸的直线，没有起点和终点，可以放置在三维空间的任何地方，主要作为辅助线使用。

操作技巧　构造线的操作方法

可以通过以下 3 种方法来执行“构造线”操作：

- 选择“绘图”→“构造线”命令。
- 单击“绘图”工具栏中的“构造线”按钮。

② 按 Enter 键，再指定正六边形的中心点为圆心

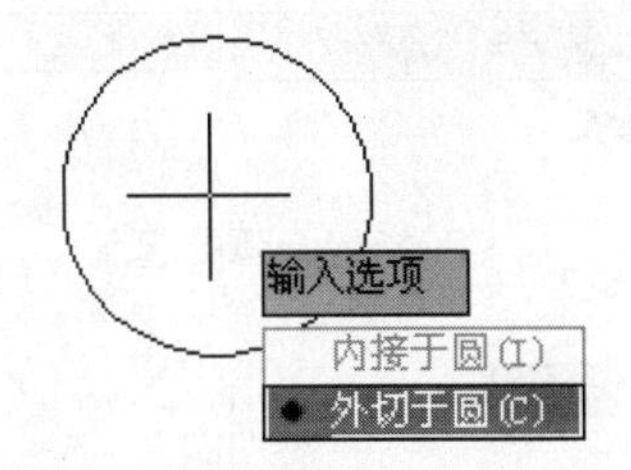

③ 按 Enter 键，再指定正六边形的中心点为圆心

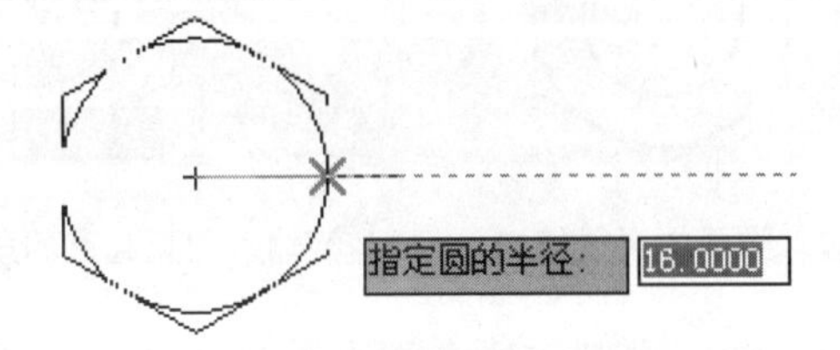

④ 将光标沿 X 轴极轴拖动到圆的交点上，然后单击一点

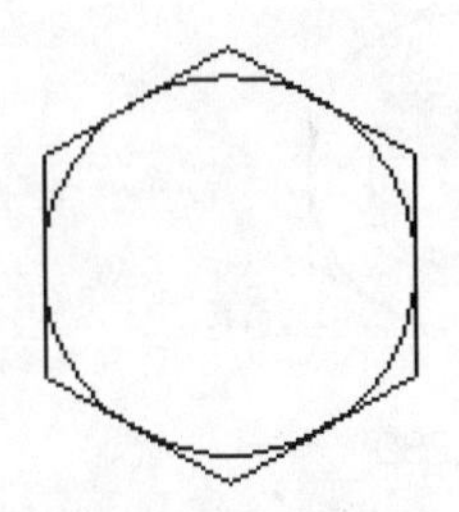

⑤ 完成正六边形绘制

图 1–26 绘制正六边形（续）

3 单击“绘图”工具栏中的“圆”按钮，绘制一个同心圆，半径为 10，如图 1–27 所示。

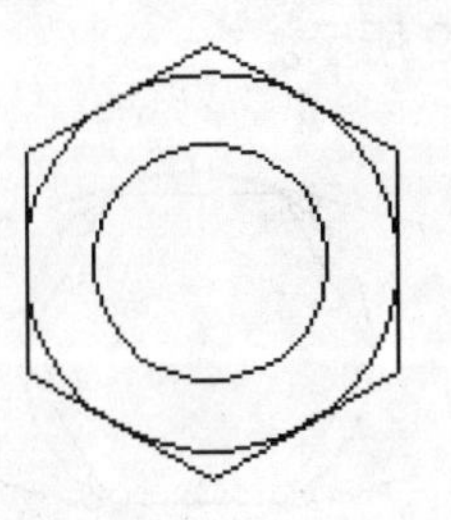

图 1–27 绘制圆

- 在命令行中输入 xline 后，按 Enter 键。

相关知识 什么是多线

多线常用于绘制建筑图中的墙体、电子线路图等平行线对象，它是由多条平行线组成的对象，平行线之间的间距和数目可以调整。

操作技巧 多线的操作方法

可以通过以下两种方法来执行“多线”操作：

- 选择“绘图”→“多线”命令。
- 在命令行中输入 mline 后，按 Enter 键。

相关知识 怎样设置多线样式

在绘图时，多线的大小样式都是按系统默认设置的，需要通过修改来完成多线样式的变更。可以选择“格式”→“多线样式”命令。在弹出的“多线样式”对话框中，可以新建、修改、加载，以及保存多线样式。

相关知识 **怎样编辑多线样式**

当绘制的多线图形非常复杂时，可以通过编辑多线样式来调整简化多线效果。选择“修改”→“对象”→“多线”命令，在弹出的“多线编辑工具”对话框中，可以对多线的样式进行调整。

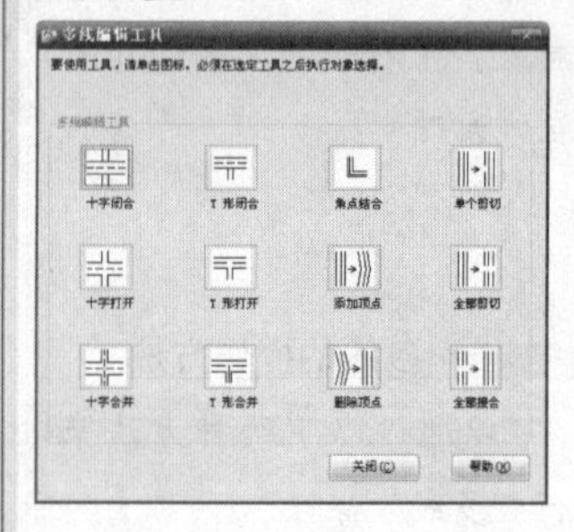

相关知识 **什么是多段线**

多段线由相连的直线段与弧线段组成，可以为不同线段设置不同的宽度，甚至每个线段的开始点和结束点的宽度都可以不同。

实例 1-5 说明

- 知识点：
  - 圆
  - 多边形
  - 直线
- 视频教程：
  光盘\教学\第 1 章 AutoCAD 2012 机械基础绘图
- 效果文件：
  光盘\素材和效果\01\效果\1-5.dwg
- 实例演示：
  光盘\实例\第 1 章\绘制接头视图

4 选择“绘图”菜单中“圆弧”子菜单中的“圆心、起点、角度”命令，绘制一段代表内孔螺纹的圆弧，如图 1-28 所示。

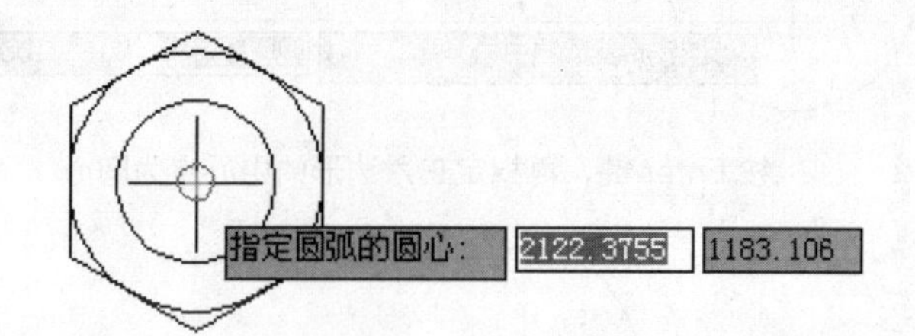

① 指定圆弧的起点

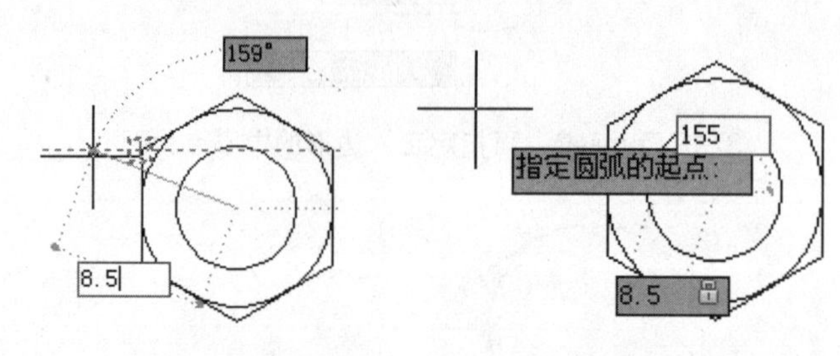

② 输入圆弧的半径值　　③ 输入圆弧起点的角度值

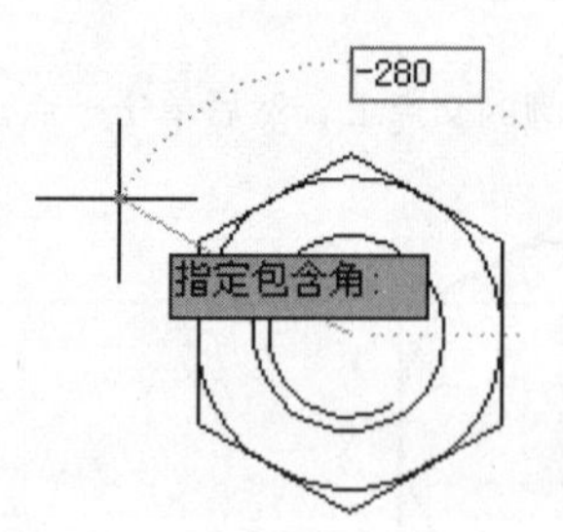

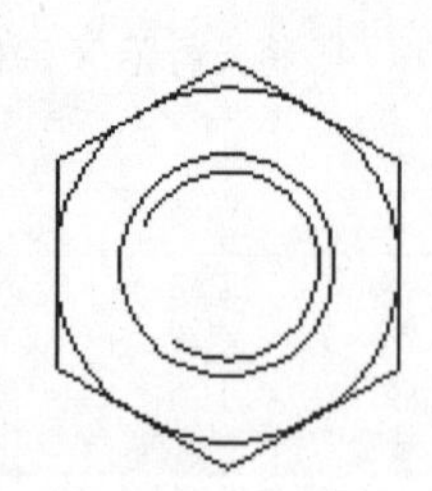

④ 输入角度值-280　　⑤ 完成圆弧绘制

图 1-28　用“圆心、起点、角度”命令绘制圆弧

实例 1-5 绘制接头视图

本实例将绘制接头视图，其主要功能包含圆、多边形、直线等。实例效果如图 1-29 所示。

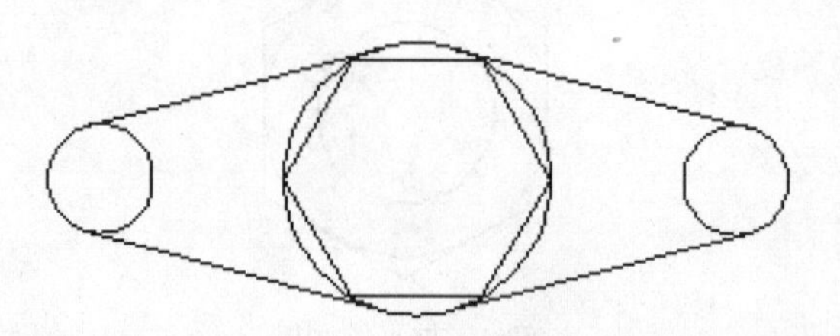

图 1-29　接头效果图

操作步骤

1. 单击“绘图”工具栏中的“圆”按钮，绘制一个半径为20的圆，如图1-30所示。
2. 单击“绘图”工具栏中的“多边形”按钮，以圆心为中心点，绘制一个内接于圆、半径为20的正六边形，如图1-31所示。

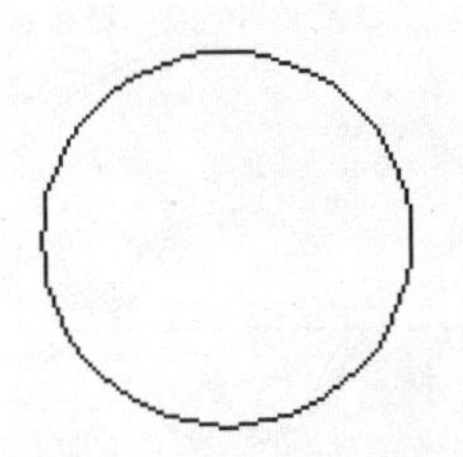

图1-30 绘制圆

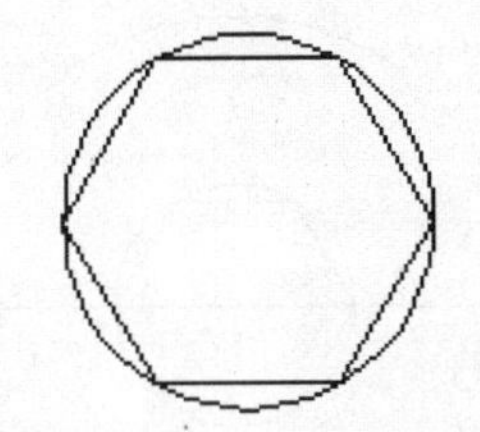

图1-31 绘制内接于圆的正六边形

3. 单击“绘图”工具栏中的“构造线”按钮，以圆心为指定点，然后在X轴极轴上确定第二个点，由于构造线是一条直线向两端无限延伸，所以在步骤③截图只显示部分，如图1-32所示。

① 选择圆心为指定点

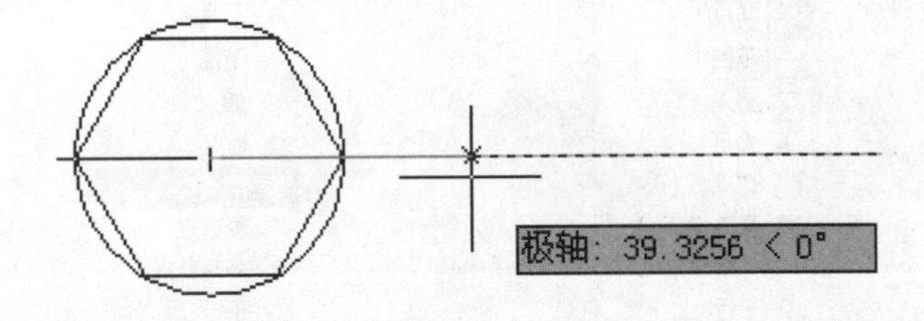

② 沿X轴极轴移动，并在极轴上任意单击一点，两点确定一条构造线

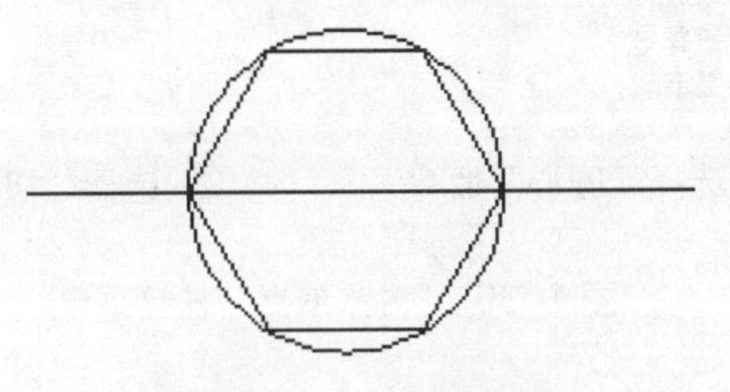

③ 按Enter键，完成构造线的绘制

图1-32 绘制构造线

操作技巧 多段线的操作方法

可以通过以下3种方法来执行“多段线”操作：

- 选择“绘图”→“多段线”命令。
- 单击“绘图”工具栏中的“多段线”按钮。
- 在命令行中输入pline后，按Enter键。

相关知识 什么是多边形

多边形是由3条或3条以上边组成的等边等角的几何图形。边越少，形成的夹角越小，边越大，夹角也就越大。

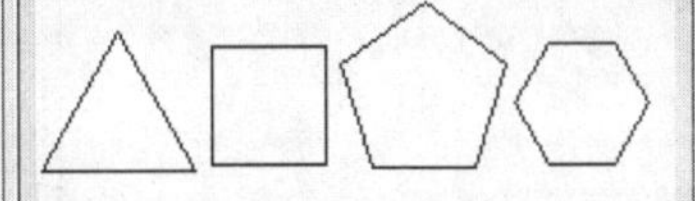

操作技巧 多边形的操作方法

可以通过以下3种方法来执行“多边形”操作：

- 选择“绘图”→“多边形”命令。
- 单击“绘图”工具栏中的“多段线”按钮。
- 在命令行中输入polygon后，按Enter键。

相关知识 什么是矩形

矩形是由4条边组成的，并且4个角都呈直角的几何图形。

01 02 03 04 05 06 07 08 09 10 11

操作技巧 矩形的操作方法

可以通过以下 3 种方法来执行“矩形”操作：

- 选择“绘图”→“矩形”命令。
- 单击“绘图”工具栏中的“矩形”按钮。
- 在命令行中输入 rectang 后，按 Enter 键。

重点提示 正方形与矩形的关系

正方形算是特殊矩形。普通矩形的特点是 4 个直角，两条边相等，另两条边相等；而正方形是 4 个直角、4 条边相等。

相关知识 什么是圆

圆是由一条首尾相连的圆弧。

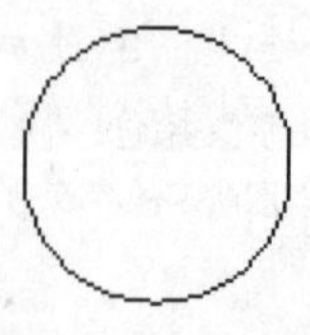

操作技巧 圆的操作方法

可以通过以下 3 种方法来执行“圆”操作：

- 选择“绘图”→“圆”命令。
- 单击“绘图”工具栏中的“圆”按钮。
- 在命令行中输入 circle 后，按 Enter 键。

4 单击“绘图”工具栏中的“圆”按钮，以圆心为圆心，绘制一个半径为 48 的圆，如图 1–33 所示。

5 再次单击“绘图”工具栏中的“圆”按钮，以半径为 48 的圆与构造线的两个交点为圆心，分别绘制半径为 7 的圆，如图 1–34 所示。

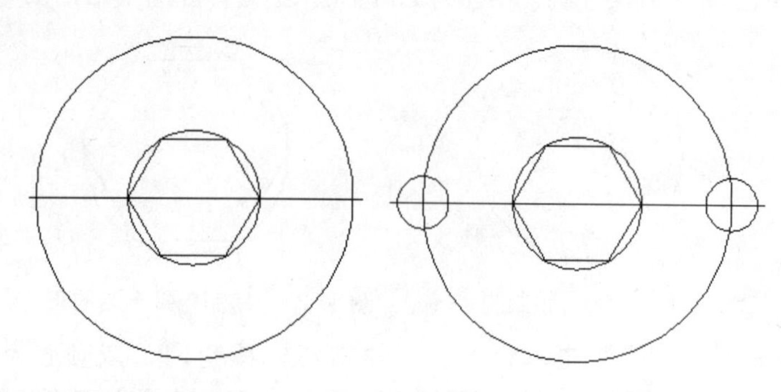

图 1–33　绘制圆　　　　图 1–34　再绘制两个圆

6 将鼠标指针移动到状态栏的“对象捕捉”按钮上，单击鼠标右键，在弹出的快捷菜单取消选择“圆心”命令，选择“切点”命令。在绘制完成后，一般会将选项恢复成原先的设置，以防止后面的绘图出现偏差，如图 1–35 所示。

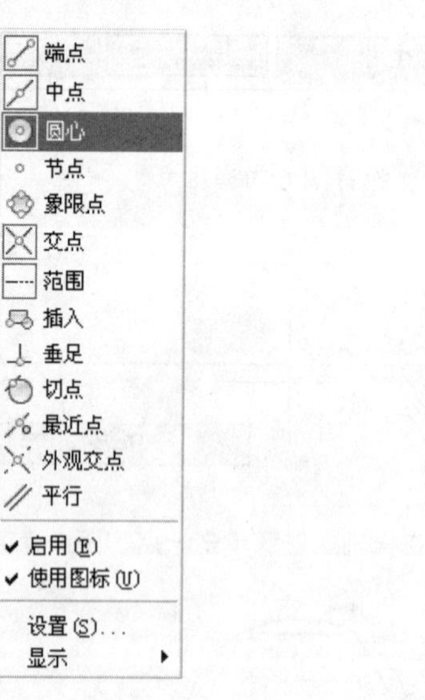

① 取消选择“圆心”命令

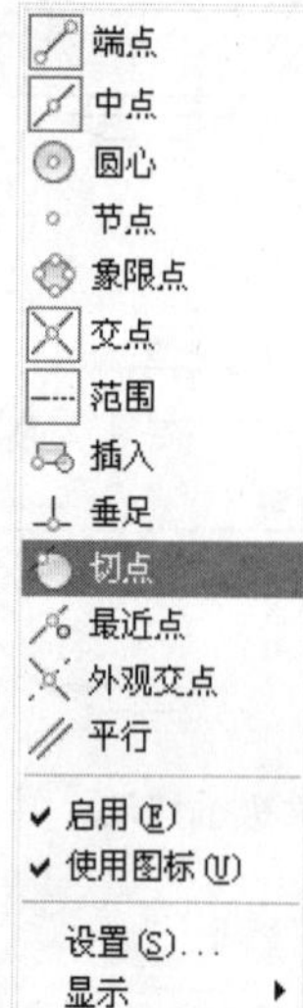

② 选择“切点”命令

图 1–35　“对象捕捉”快捷菜单

7 单击“绘图”工具栏中的“直线”按钮，绘制 3 个小圆之间的切线，如图 1–36 所示。

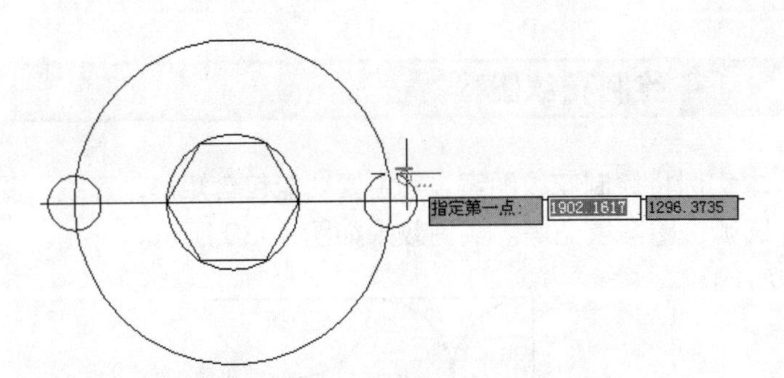

① 将光标移动到圆上，当光标提示切点符号时，确定第一个点

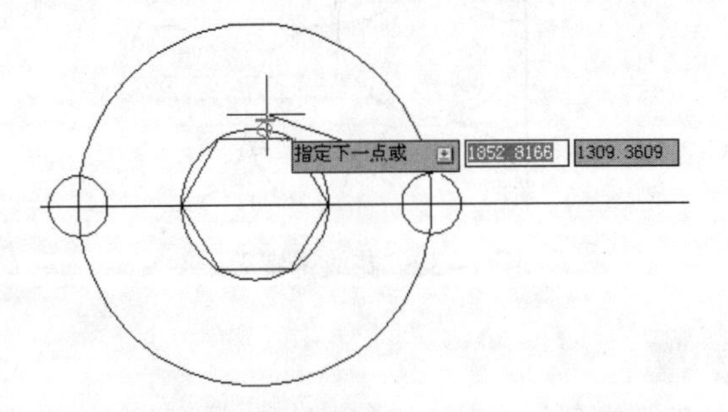

② 将光标移动到绘制切线的一个圆上

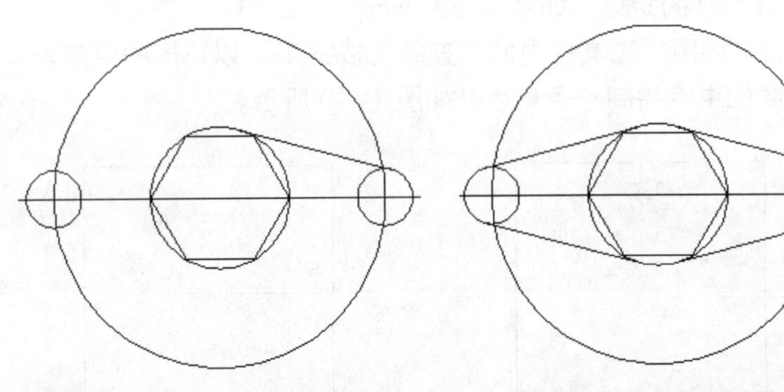

③ 确定切点，绘制完一条切线　　④ 用同样的方法绘制其他切线

图 1-36　绘制切线

8 选择外面的大圆和构造线，单击鼠标右键，在弹出的快捷菜单中选择“删除”命令，删除辅助线段，如图 1-37 所示。

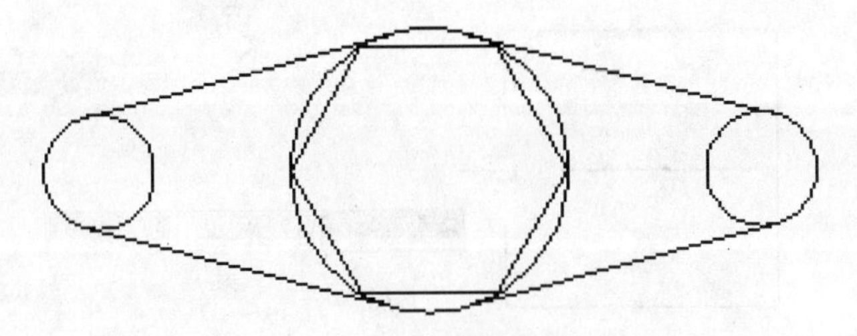

图 1-37　删除辅助线段

操作技巧　**圆的绘制方法**

可以通过以下几种方法来执行圆绘制：

- 圆心、半径
- 圆心、直径
- 两点
- 三点
- 相切、相切、半径
- 相切、相切、相切

相关知识　**什么是圆弧**

圆弧就是不完整的圆。

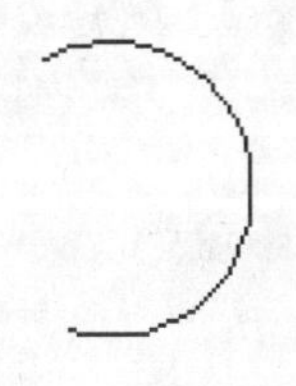

操作技巧　**圆弧的操作方法**

可以通过以下 3 种方法来执行“圆弧”操作：

- 选择“绘图”→“圆弧”命令。
- 单击“绘图”工具栏中的“圆弧”按钮。
- 在命令行中输入 arc 后，按 Enter 键。

操作技巧　**圆弧的绘制方法**

可以通过以下 11 种方法来执行圆弧绘制：

- 三点
- 起点、圆心、端点
- 起点、圆心、角度
- 起点、圆心、长度
- 起点、端点、角度
- 起点、端点、方向
- 起点、端点、半径
- 圆心、起点、端点
- 圆心、起点、角度
- 圆心、起点、长度
- 继续

实例 1-6说明

知识点：

- 矩形
- 直线
- 多段线
- 圆弧
- 图案填充

视频教程：

光盘\教学\第 1 章 AutoCAD 2012 机械基础绘图

效果文件：

光盘\素材和效果\01\效果\1-6.dwg

实例演示：

光盘\实例\第 1 章\绘制花纹图案

相关知识 什么是椭圆

椭圆是指用两种不同半径绘制完整弧线。

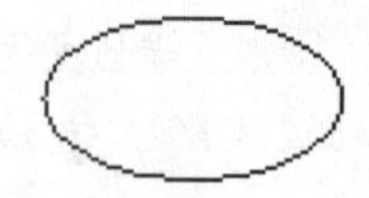

操作技巧 椭圆的操作方法

可以通过以下 3 种方法来执行“椭圆”操作：

实例 1-6 绘制花纹图案

本实例将绘制花纹图案，其主要功能包含矩形、直线、多段线、圆弧、图案填充等。实例效果如图 1-38 所示。

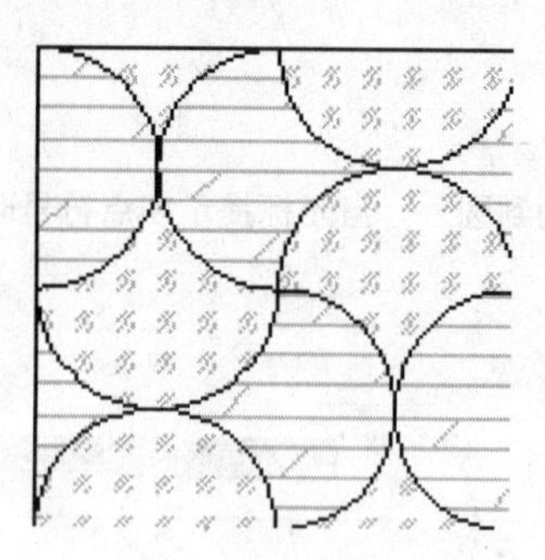

图 1-38 花纹图案效果图

操作步骤

1. 单击“绘图”工具栏中的“矩形”按钮，绘制一个长为 100、宽为 100 的矩形，如图 1-39 所示。
2. 单击“绘图”工具栏中的“直线”按钮，以矩形的两条垂直线的中点绘制一条直线，如图 1-40 所示。

图 1-39 绘制矩形

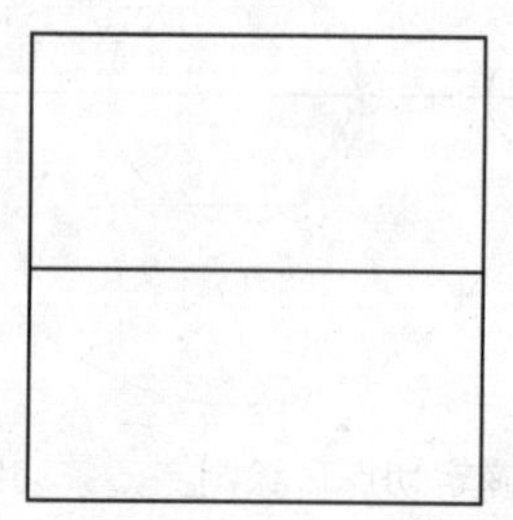

图 1-40 绘制直线

3. 单击“绘图”工具栏中的“多段线”按钮，绘制直线起点到中点的圆弧，再到端点的圆弧，如图 1-41 所示。

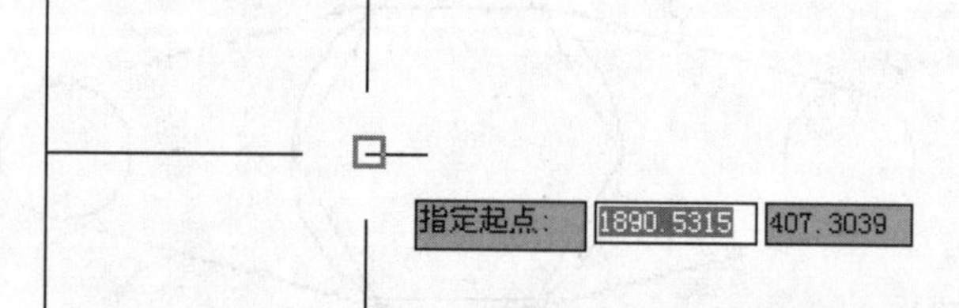

① 指定多段线的起点

图 1-41 用多段线绘制圆弧

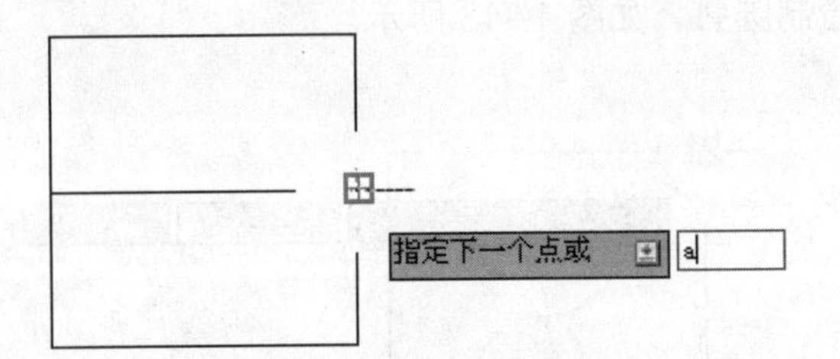

② 输入字母 a，绘制圆弧

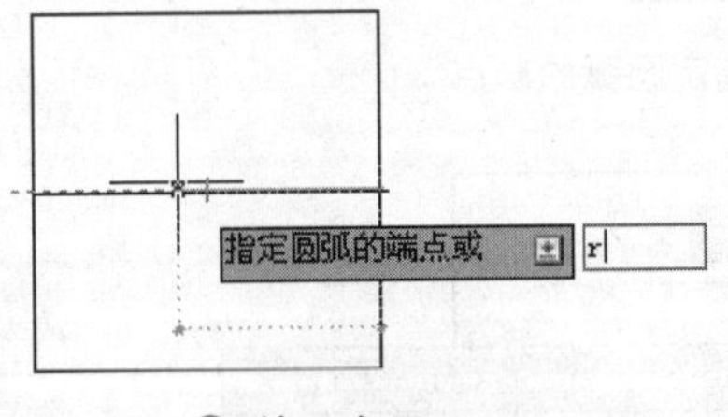

③ 输入字母 r

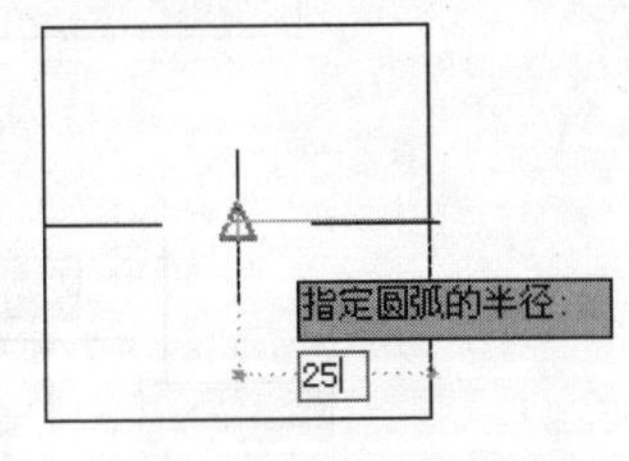

④ 输入圆弧的半径值 25

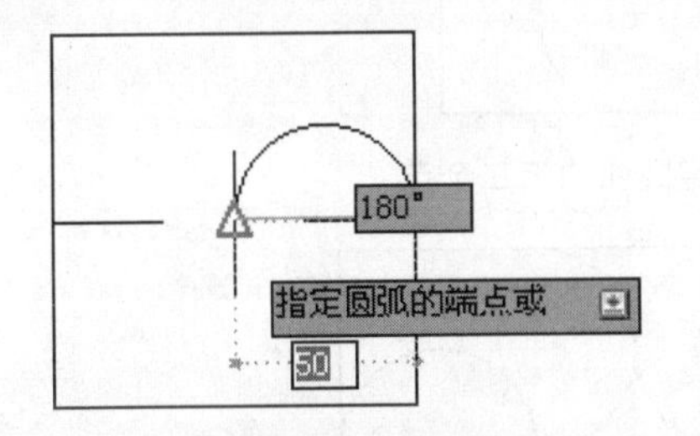

⑤ 指定圆弧的端点

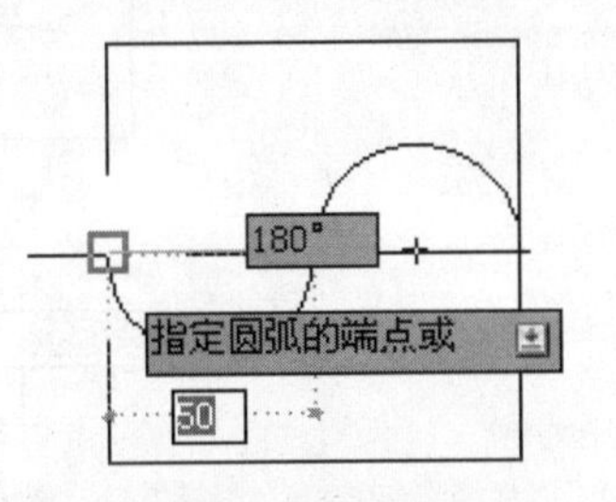

⑥ 指定第二段圆弧的端点

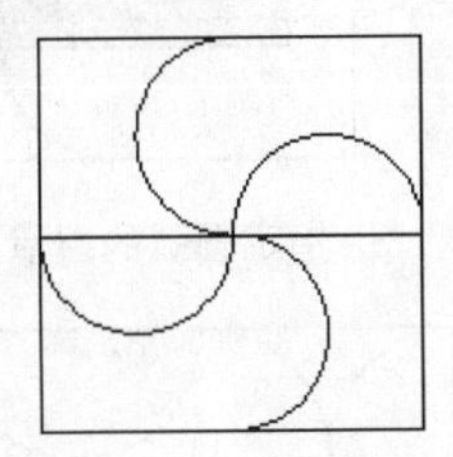

⑦ 用同样的方法，再绘制两段圆弧

图 1-41 用多段线绘制圆弧（续）

4 选择直线，通过快捷菜单删除线段，如图 1-42 所示。

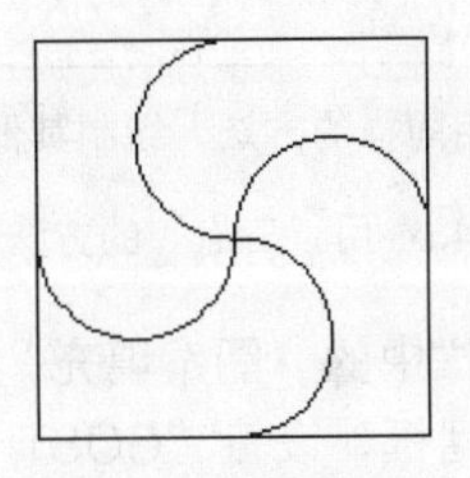

图 1-42 删除线段

- 选择“绘图”→“椭圆”命令。
- 单击“绘图”工具栏中的“椭圆”按钮。
- 在命令行中输入 ellipse 后，按 Enter 键。

相关知识 什么是圆环

圆环是由两条圆弧多段线组成，这两条圆弧多段线首尾相连而形成圆形。

操作技巧 圆环的操作方法

可以通过以下两种方法来执行“圆环”操作：

- 选择“绘图”→“圆环”命令。
- 在命令行中输入 donut 后，按 Enter 键。

相关知识 什么是样条曲线

样条曲线是一条光滑的曲线，主要由数据点、拟合点和控制点控制。常用于创建建筑图中的地形、地貌，以及机械图形中的断面。

操作技巧 样条曲线的操作方法

可以通过以下 3 种方法来执行“样条曲线”操作：

- 选择“绘图”→“样条曲线”命令。
- 单击“绘图”工具栏中的“样条曲线”按钮。
- 在命令行中输入 spline 后，按 Enter 键。

相关知识 编辑样条曲线

在绘制样条曲线时，一次很难达到预期的效果，需要通过编辑样条曲线来调整绘图效果。

原图：

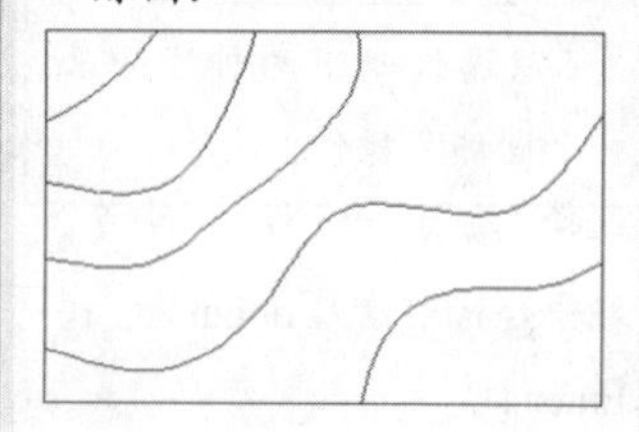

选中要修改的样条曲线：

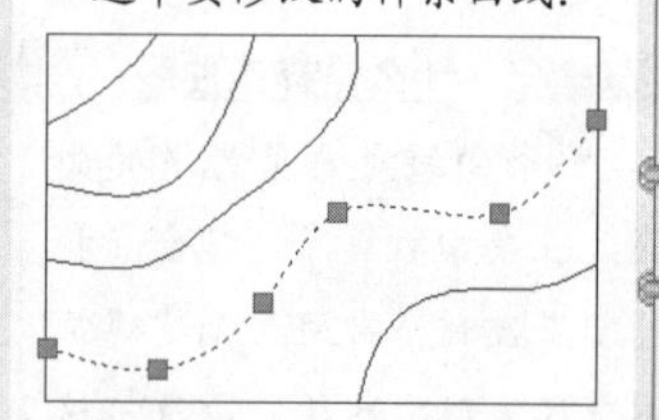

修改后：

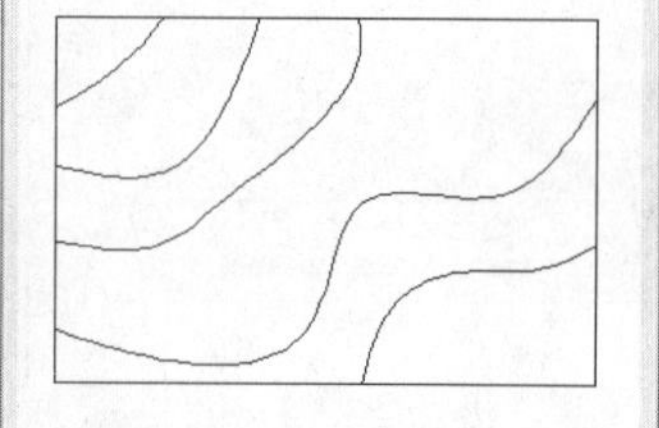

5 单击“绘图”工具栏中的“圆弧”按钮，通过“三点”的方法绘制圆弧，如图 1-43 所示。

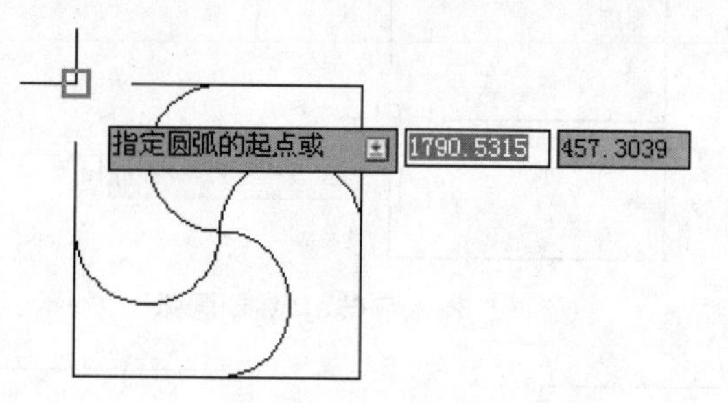

① 指定圆弧的起点

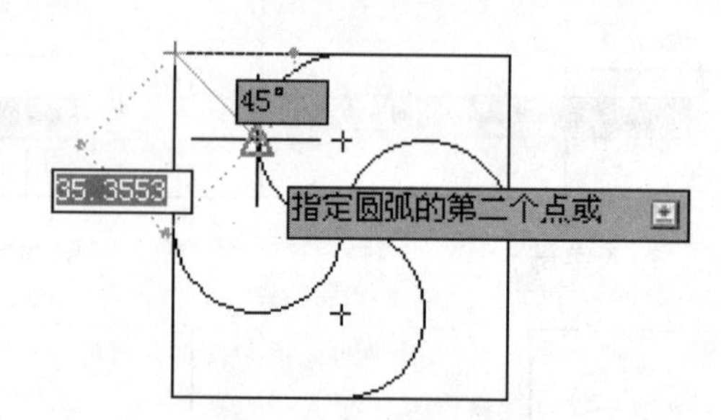

② 指定圆弧的第二个点

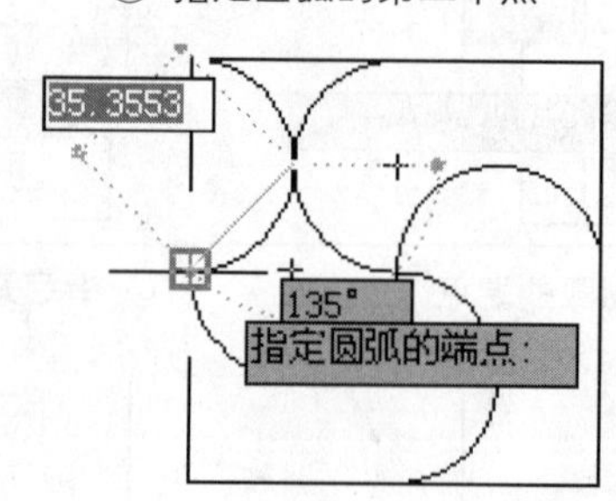

③ 指定圆弧的端点

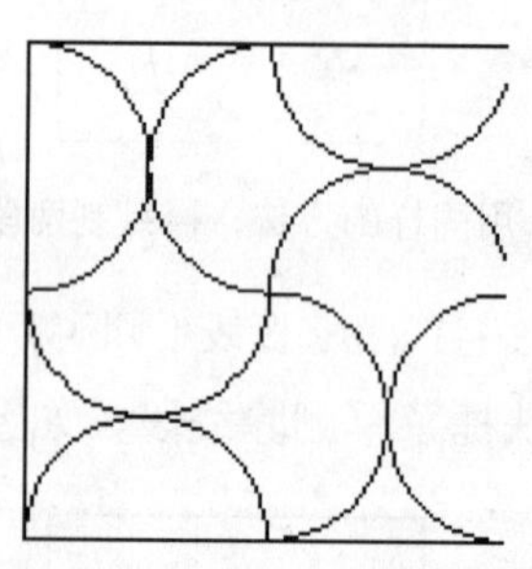

④ 用同样的方法，绘制其他的圆弧

图 1-43 用“三点”的方法绘制圆弧

6 单击“绘图”工具栏中的“图案填充”按钮，打开“图案填充和渐变色”对话框，设置“GOST_GLASS”图案填充样式，设置颜色为土黄色，填充图形，如图 1-44 所示。

7 再设置“DOLMIT”图案填充样式，填充剩下的空白区域，如图 1–45 所示。

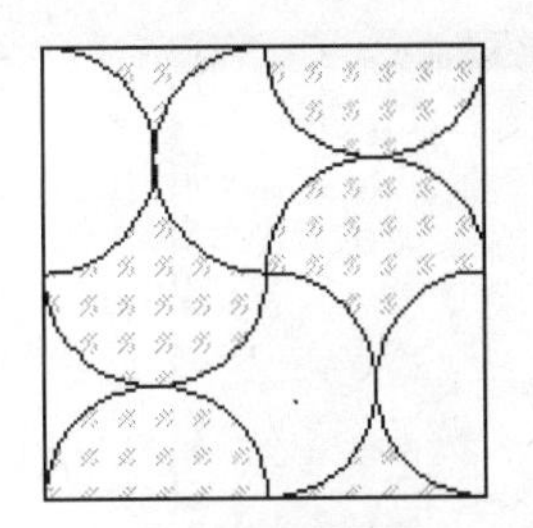

图 1–44　填充图形

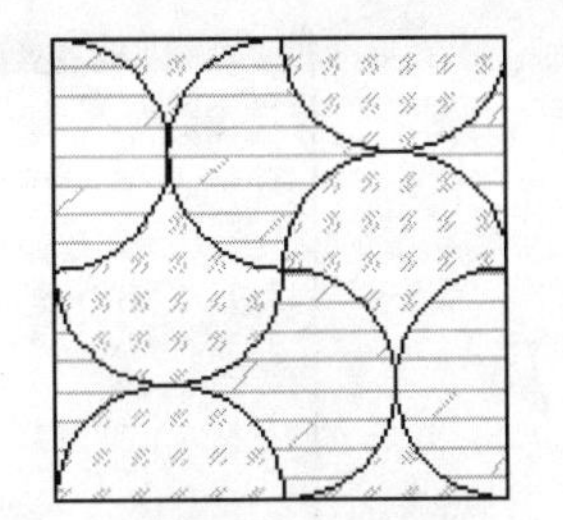

图 1–45　填充空白区域

实例 1-7　渐变填充

本实例将制作渐变填充，其主要功能包含椭圆、渐变填充。实例效果如图 1–46 所示。

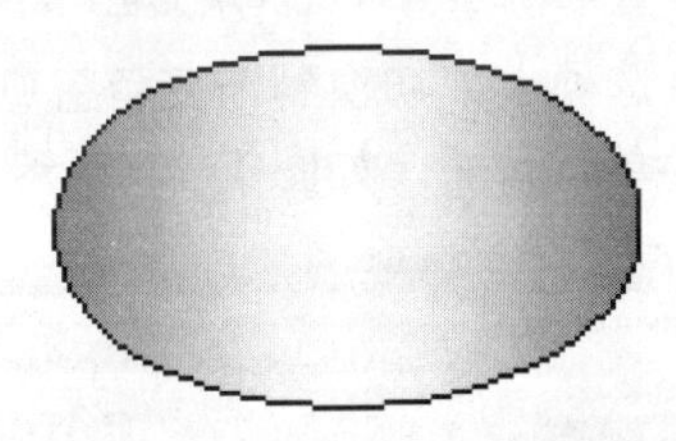

图 1–46　渐变填充效果图

操作步骤

1 单击“绘图”工具栏中的“椭圆”按钮，绘制一个长轴半径为 50，短轴半径为 30 的圆，如图 1–47 所示。

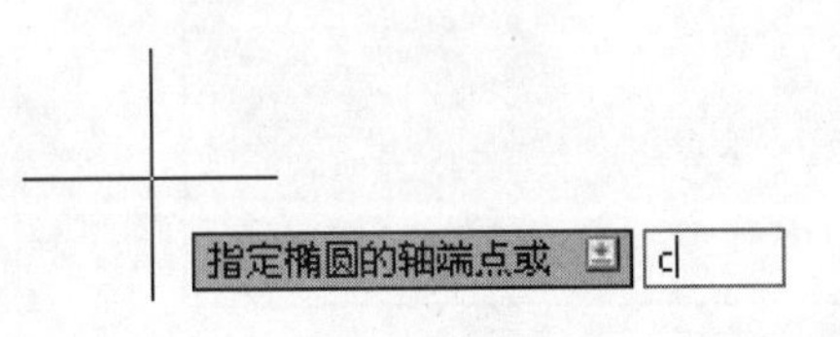

① 选择中心点选项

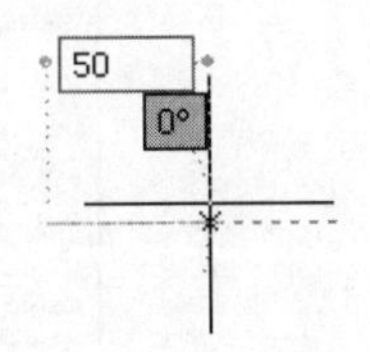

② 延 X 轴极轴拉伸并输入 50

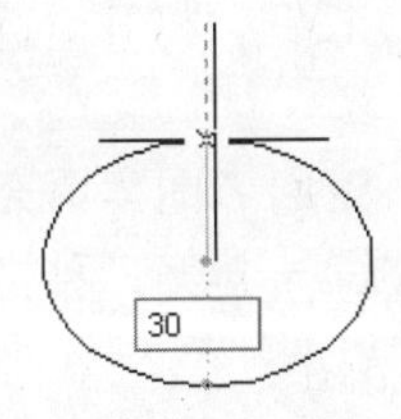

③ 延 Y 轴极轴拉伸并输入 30

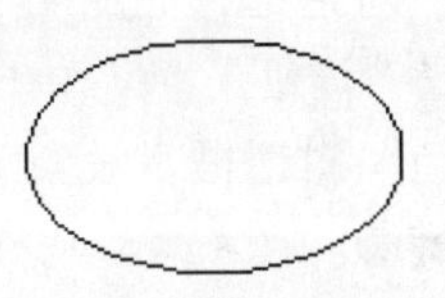

④ 绘制完成

图 1–47　绘制一个椭圆

操作技巧　编辑样条曲线的操作方法

可以通过以下两种方法来执行“编辑样条曲线”操作：

- 选择“绘图”→“修改”→“对象”→“样条曲线”命令。
- 在命令行中输入 splinedit 后，按 Enter 键。

实例 1-7 说明

- 知识点：
  - 椭圆
  - 渐变填充
- 视频教程：

  光盘\教学\第 1 章 AutoCAD 2012 机械基础绘图
- 效果文件：

  光盘\素材和效果\01\效果\1-7.dwg
- 实例演示：

  光盘\实例\第 1 章\渐变填充

相关知识　什么是修订云线

修订云线是由连续圆弧组成的多段线，经常用于检查图形提醒用户注意图形的某个部分。

在绘制时，通常先绘制一个封闭的图形，然后转换成修订云线。

原图：

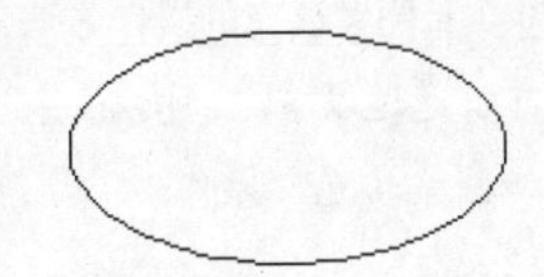

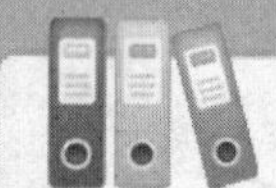

未反转方向：

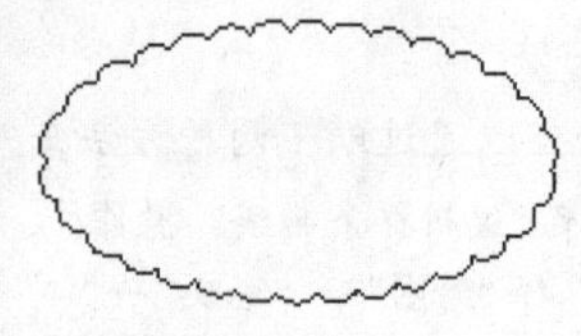

反转方向：

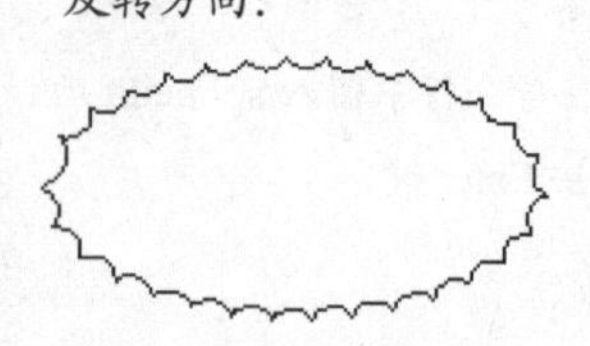

操作技巧 修订云线的操作方法

可以通过以下 3 种方法来执行"修订云线"操作：

- 选择"绘图"→"修订云线"命令。
- 单击"绘图"工具栏中的"修订云线"按钮。
- 在命令行中输入 revcloud 后，按 Enter 键。

相关知识 什么是图案填充

图案填充是指用选定的图案对指定的区域进行覆盖填充。

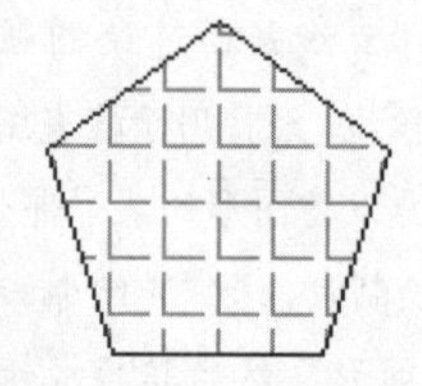

操作技巧 图案填充的操作方法

可以通过以下 3 种方法来执行"图案填充"操作：

2 单击"绘图"工具栏中的"图案填充"按钮，打开"图案填充和渐变色"对话框，如图 1-48 所示。

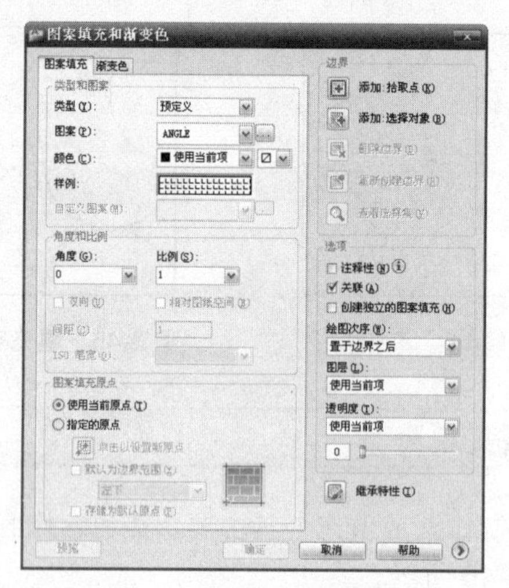

图 1-48 "图案填充和渐变色"对话框

3 选择"渐变色"选项卡，切换到渐变色窗口，在颜色选项组中选中"单色"单选按钮，如图 1-49 所示。

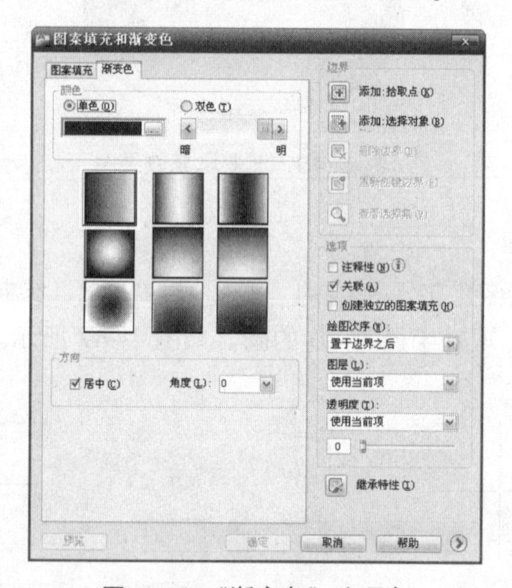

图 1-49 "渐变色"选项卡

4 在"颜色"选项组中，单击色彩后的...按钮，打开"选择颜色"对话框，如图 1-50 所示。

5 设置"洋红"色，单击"确定"按钮，返回"图案填充和渐变色"对话框，设置 9 种填充样式中的第一排第二种样式填充椭圆。

6 在"边界"选项组中单击"添加：拾取点"按钮，在图中选取椭圆后，按 Enter 键，返回"图案填充和渐变色"对话框，再单击"确定"按钮即可填充图案，如图 1-51 所示。

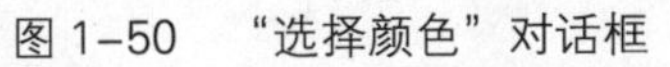

图1-50 “选择颜色”对话框

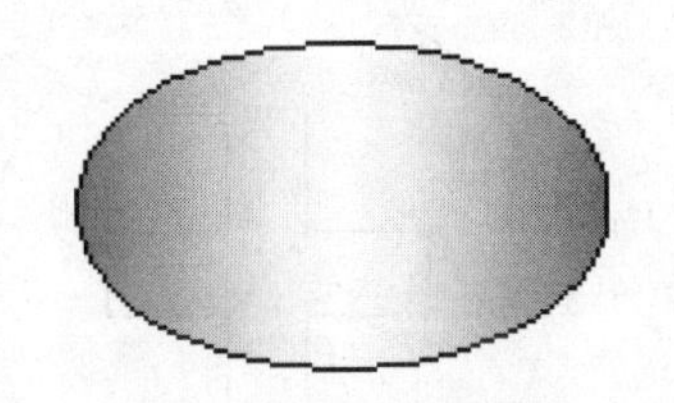

图1-51 填充图案

- 选择“绘图”→“图案填充”命令。
- 单击“绘图”工具栏中的“图案填充”按钮。
- 在命令行中输入 bhatch 后，按 Enter 键。

实例1-8 绘制十字螺钉

本实例将绘制十字螺钉，其主要功能包含直线、圆。实例效果如图1-52所示。

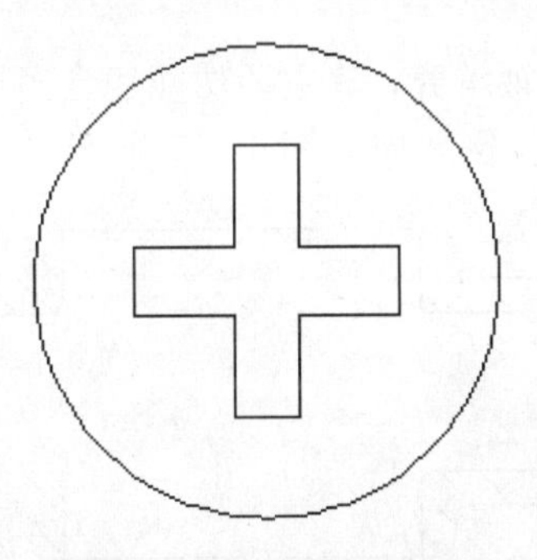

图1-52 十字螺钉效果图

实例1-8说明

- 知识点：
  - 直线
  - 圆
- 视频教程：

  光盘\教学\第1章 AutoCAD 2012机械基础绘图
- 效果文件：

  光盘\素材和效果\01\效果\1-8.dwg
- 实例演示：

  光盘\实例\第1章\绘制十字螺钉

操作步骤

1. 单击“绘图”工具栏中的“直线”按钮，绘制一个十字的图案，用于螺钉旋具的对接凹槽，尺寸是临时标注的，为了方便读者看清绘图时的尺寸，如图1-53所示。
2. 再次单击“绘图”工具栏中的“直线”按钮，绘制一段辅助线段，如图1-54所示。

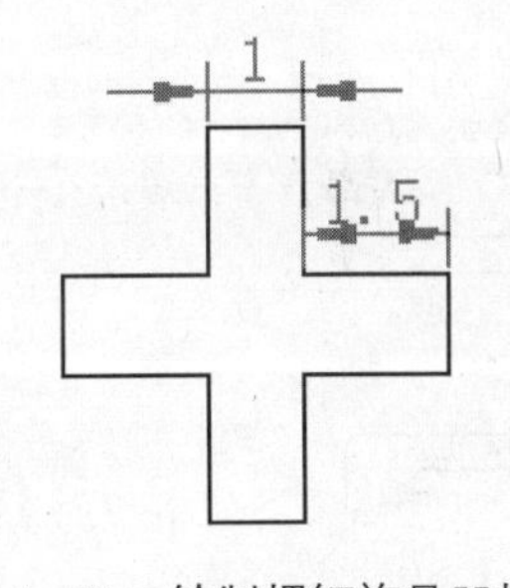

图1-53 绘制螺钉旋具凹槽

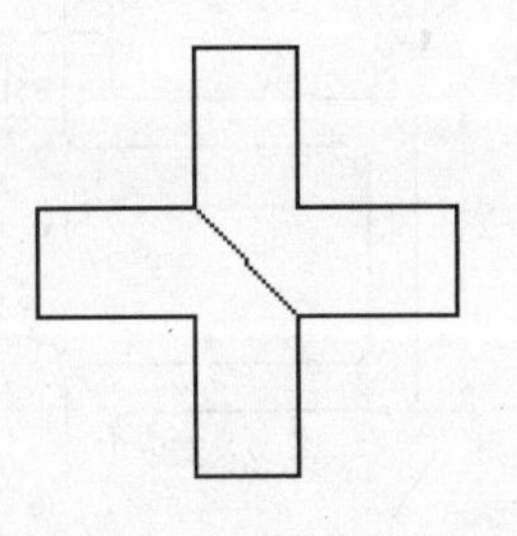

图1-54 绘制辅助线段

相关知识 图案填充的各项设置（1）

在“图案填充和渐变色”对话框中，对填充图形的各项设置如下：

1. 设置图案

AutoCAD默认“预定义”方式，这种方式所提供的多种预定义图样均保存在ACAD.PAT文件中。

在“图案”下拉列表框中单击下拉箭头，每一种图样对应的图样形式会在“样例”栏中显示，或者单击“图案”下拉列表框右侧的按钮，则会弹出“填充图案选项板”对话框，从中可以选择需要的图案。

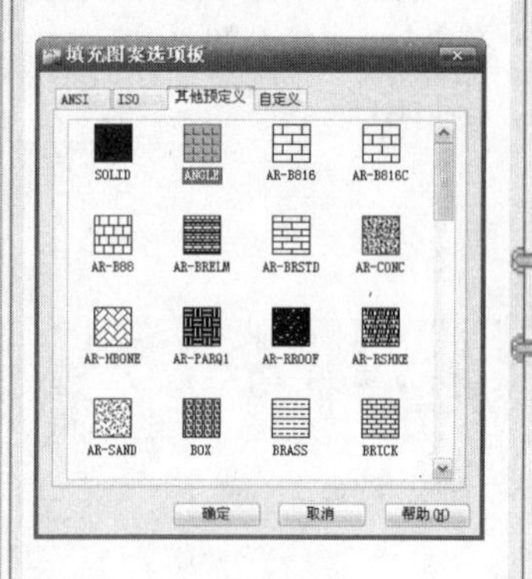

实例 1-9 说明

- **知识点：**
  - 多段线
  - 快捷菜单功能
  - 图案填充
- **视频教程：**

  光盘\教学\第 1 章 AutoCAD 2012 机械基础绘图
- **效果文件：**

  光盘\素材和效果\01\效果\1-9.dwg
- **实例演示：**

  光盘\实例\第 1 章\绘制轴承壳

相关知识 图案填充的各项设置（2）

2. 设置颜色

在对话框中，可以为图形或背景添加填充的颜色，在“颜色”下拉列表框中选择合适的

3 单击“绘图”工具栏中的“圆”按钮，以辅助线段的中点为圆心，绘制一个半径为 3.5 的圆，如图 1–55 所示。

4 选择辅助线段，单击鼠标右键，在弹出的快捷菜单中选择“删除”命令，删除辅助线段，如图 1–56 所示。

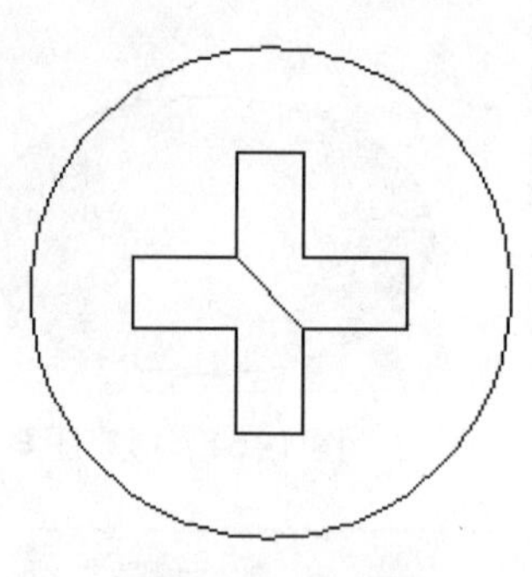

图 1–55 绘制圆

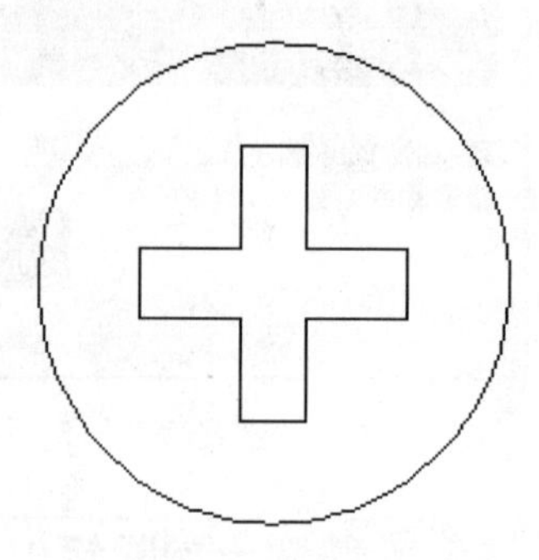

图 1–56 删除辅助线段

实例 1-9 绘制轴承壳

本实例将绘制轴承壳，其主要功能包含多段线、快捷菜单功能、图案填充等。实例效果如图 1–57 所示。

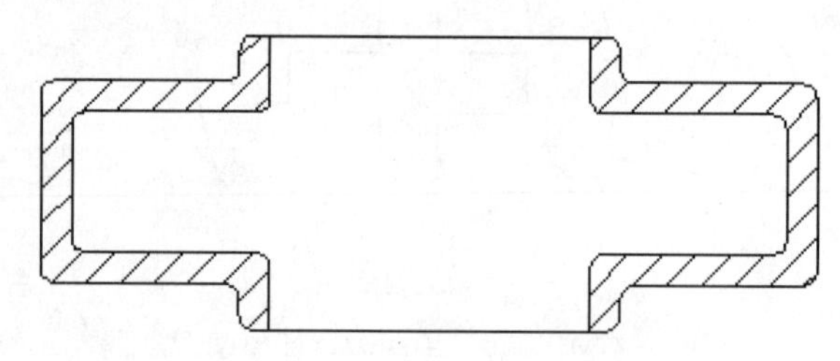

图 1–57 轴承壳效果图

操作步骤

1 单击“绘图”工具栏中的“多段线”按钮，绘制尺寸标注好的图形，如图 1–58 所示。

2 单击“绘图”工具栏中的“直线”按钮，绘制两条长为 21 的线段，如图 1–59 所示。

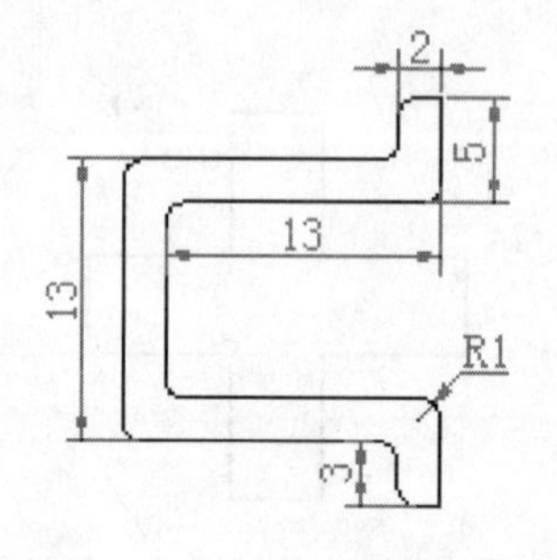

图 1–58 绘制多段线

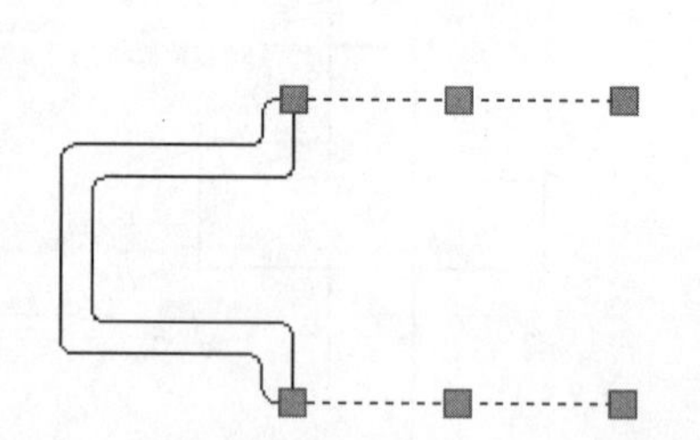

图 1–59 绘制两条长为 21 的线段

3 选择绘制的多段线，单击鼠标右键，在弹出的快捷菜单中选择“复制选择”命令，在空白处复制图形，如图1-60所示。

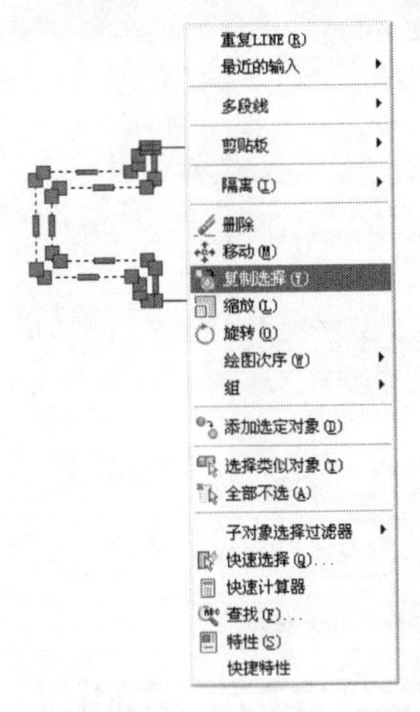

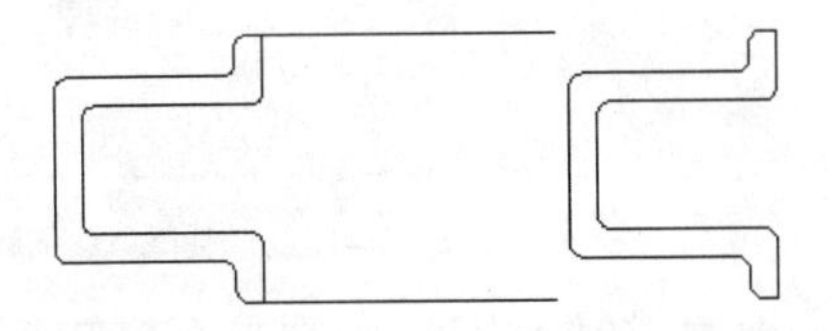

① 选择图形，并打开快捷菜单　　② 复制图形

图1-60　使用快捷菜单复制多段线图形

4 再次选择绘制的多段线，单击鼠标右键，在弹出的快捷菜单中选择“旋转”命令，旋转复制后的多段线图形，旋转角度为180°，如图1-61所示。

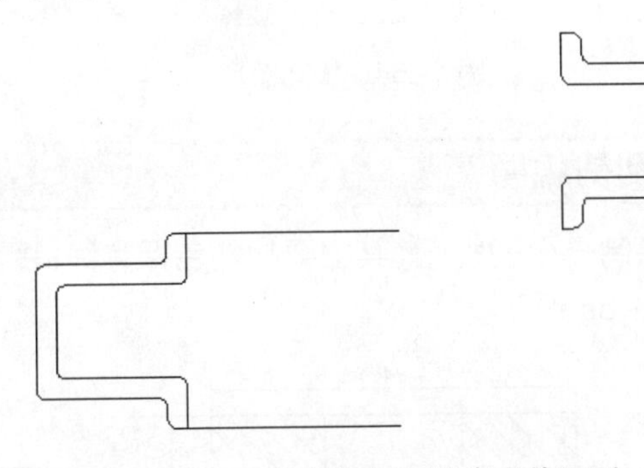

图1-61　旋转复制后的多段线图形

5 选择绘制的多段线，单击鼠标右键，在弹出的快捷菜单中选择“移动”命令，移动旋转后的多段线图形，如图1-62所示。

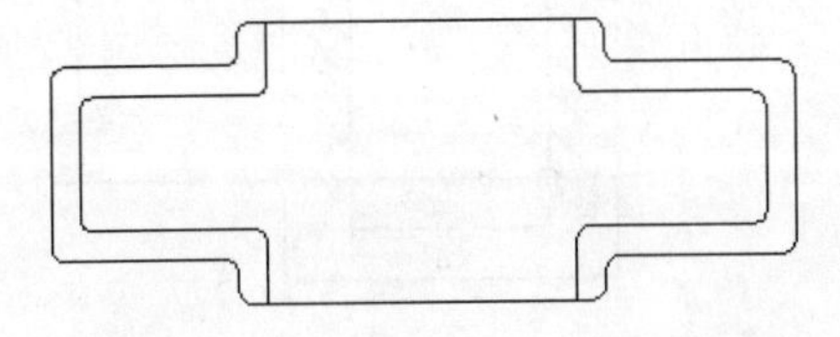

图1-62　移动旋转后的多段线图形

6 单击“绘图”工具栏中的“图案填充”按钮，打开“图案填充和渐变色”对话框，如图1-63所示。

颜色或单击“选择颜色”按钮，打开“选择颜色”对话框，从中可以选择需要的颜色。

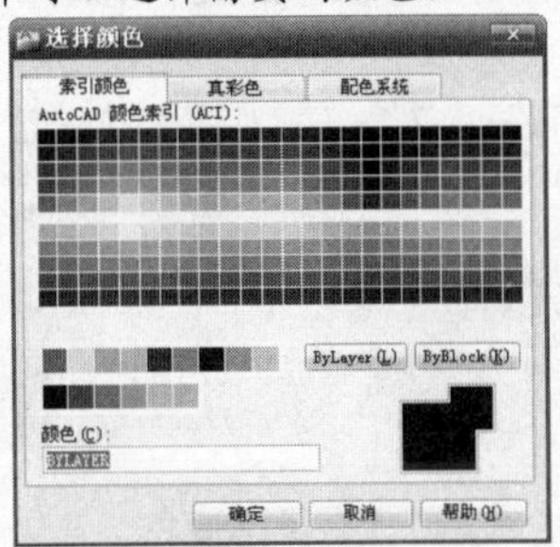

3. 设置角度

选择图案后，根据绘图的不同需要，可在“角度”下拉列表框中设定图案填充的角度。

4. 设置比例

填充图案的比例设定很重要，比例过小或过大，填充结果将显示不出来。所以，预览后如果达不到预期的效果，应调整比例，使其大小合适。

5. 设置边界

填充边界是由图形实体组成的封闭区域，边界必须完全封闭，否则在填充时会出现错误，因此边界定义对于区域填充非常重要。

6. 设置选项

控制几个常用的图案填充或填充选项。

重点提示 选择填充图案时需注意的问题

拾取点一次可以选择多个要填充的目标。

如果选择了非闭合的区域，系统将显示错误警告。此时可右击，从弹出的快捷菜单中选择“全部清除”命令或“取消后选择/拾取”命令。

操作技巧 修改图案填充

在对图案填充效果不满意时，可以双击填充的图案，在弹出的“特性”面板中修改相关参数。

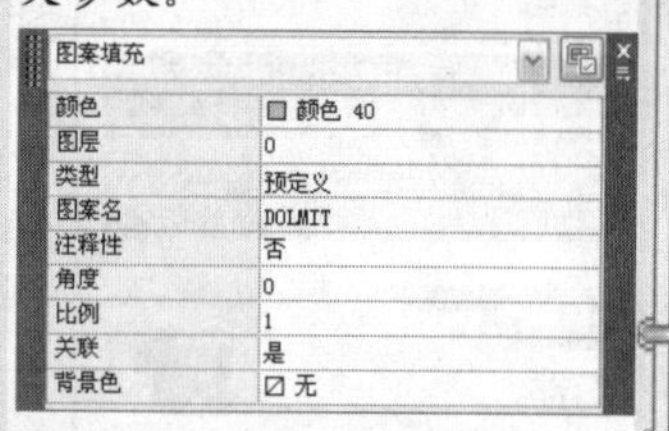

相关知识 什么是渐变色

渐变色可以表现出光照在图案上而产生的过度颜色效果。

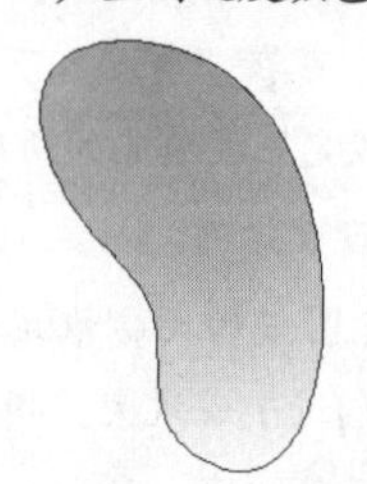

操作技巧 渐变色的操作方法

可以通过以下 3 种方法来执行“渐变色”操作：

- 选择“绘图”→“渐变色”命令。
- 单击“绘图”工具栏中的“渐变色”按钮。
- 在命令行中输入 gradient 后，按 Enter 键。

重点提示 渐变填充的限制

在 AutoCAD 中，虽然可以使用渐变色来填充图形，但此渐变色最多只能由两种颜色创建，不能使用位图填充图形。

疑难解答 开始绘图前要做哪些准备

计算机绘图跟手工画图一样，也要做些必要的准备，如设置图层、线型、标注样式、目标捕捉、单位格式、图形界限等。很多重复的工作可以在样板文件（如 acad.dwt）中预先做好，绘图时直接拿来用即可。

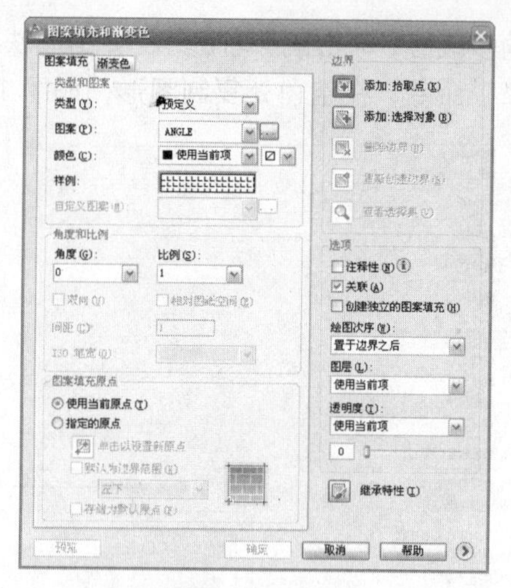

图 1-63 “图案填充和渐变色”对话框

7 设置“ANSI31”图案填充样式，设置比例为 0.5，填充图形，如图 1-64 所示。

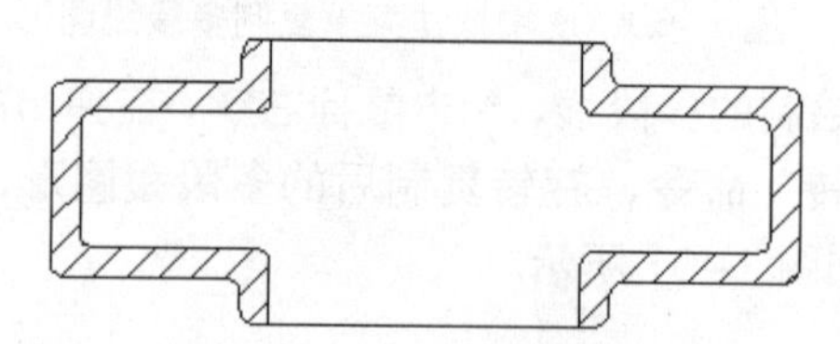

图 1-64 填充图形

实例 1-10 绘制剖视图

本实例将绘制一个剖视图，其主要功能包括直线、图案填充。实例效果如图 1-65 所示。

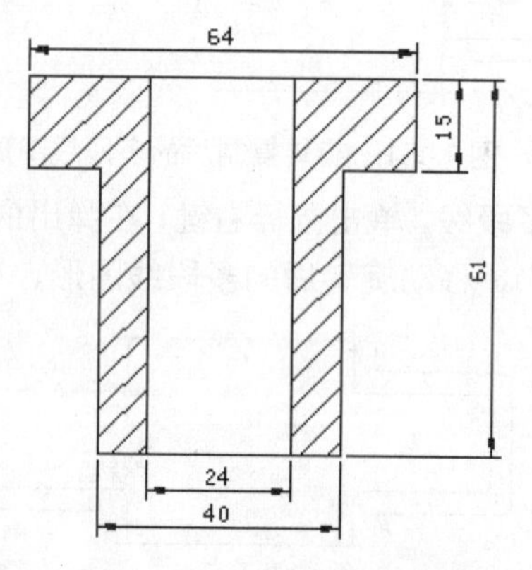

图 1-65 剖视图效果图

在绘制此图形时，先用直线绘制出尺寸的外形，再用图案填充功能填充。具体操作见“光盘\实例\第 1 章\绘制剖视图”。

02

第2章

机械绘图的编辑与修改

本章通过 AutoCAD 2012 的图形编辑与修改功能来绘制复杂的二维机械图形，其中小栏部分主要讲解 AutoCAD 二维图形编辑的基础知识和各项功能。

本章讲解的实例和主要功能如下：

实　例	主要功能	实　例	主要功能	实　例	主要功能
绘制螺栓	图层、偏移 修剪、倒角 旋转 打断于点	绘制车床顶尖	图层、偏移 修剪、倒角 镜像 图案填充	绘制螺栓联接图	图层 样条曲线 图案填充
绘制零件图（1）	圆角 旋转 偏移 复制	绘制零件图（2）	绘制切线 圆角 复制旋转 打断	绘制连杆	直线 圆 偏移 修剪 圆角
绘制花键	直线、圆 偏移、修剪 环形阵列	绘制三通接头	图层 圆 圆角 打断于点	绘制圆柱销	偏移 修改 倒角
绘制拉杆		射线、延伸 旋转、修剪 矩形阵列		绘制部件图	直线、圆 修剪、镜像 删除

本章在讲解实例操作的过程中，全面系统地介绍关于机械绘图的编辑与修改的相关知识和操作方法，包含的内容如下：

实例 2-1　绘制螺栓

本实例将绘制一个螺栓，其主要功能包含图层、偏移、修剪、倒角、打断于点、旋转等。实例效果如图 2–1 所示。

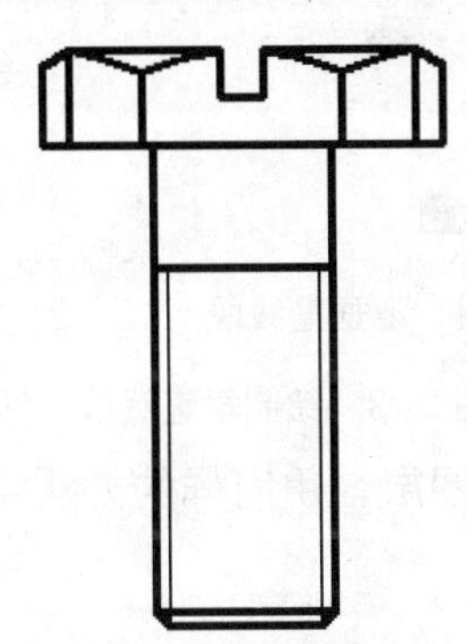

图 2–1　螺栓效果图

操作步骤

1 单击“格式”工具栏中的“图层特性管理器”按钮，打开“图层特性管理器”面板，在其中创建细实线和轮廓线两个图层，如图 2–2 所示。

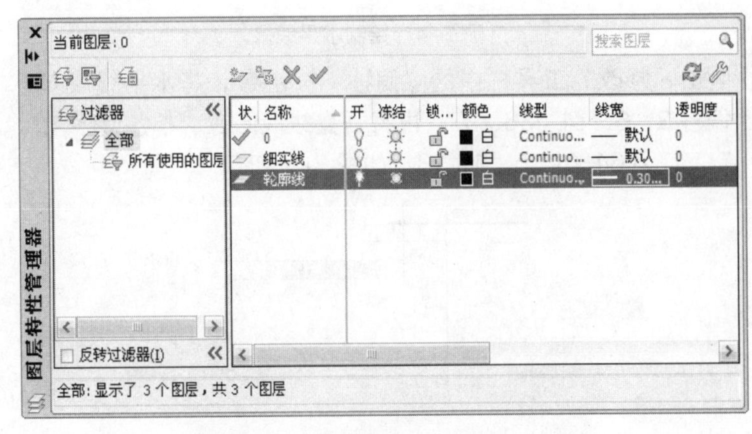

图 2–2　创建细实线和轮廓线两个图层

2 将细实线设置为前图层，并使用直线功能，绘制一条垂直的线段，如图 2–3 所示。

① 指定第一个点

图 2–3　绘制垂直线段

实例 2-1 说明

- 知识点：
  - 图层
  - 偏移
  - 修剪
  - 倒角
  - 打断于点
  - 旋转
- 视频教程：

  光盘\教学\第 2 章 机械绘图的编辑与修改
- 效果文件：

  光盘\素材和效果\02\效果\2-1.dwg
- 实例演示：

  光盘\实例\第 2 章\绘制螺栓

相关知识　什么是选择对象

选择对象是进行绘图的一项最基本的操作，在对图形进行编辑之前，首先需要将图形选中，被选中的对象以虚线亮显。用户可以选择一个对象，也可以同时选择多个对象对它们进行编辑操作。

相关知识　怎样选择一个对象

用鼠标指向要选择的对象，当拾取框光标放在要选择对象的位置时，图形亮显，单击即可选择对象。被选中的对象以虚线亮显，选择内部横着的矩形。

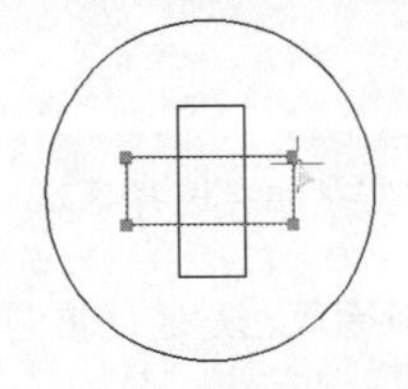

用鼠标单击的方法，还可以逐一地选择其他对象。这种方法适合于需要选择的图形对象较少的情况下，如果要选择多个对象，采用鼠标一一单击的方法比较麻烦，而且对于重叠的对象比较难以操作。

相关知识 **怎样选择多个对象**

在选择多个对象时，通常使用“指定窗口选择区域”和“窗口相交选择区域”两种方法。

1. 指定窗口选择区域

通过指定对角点来定义矩形区域，被选区域背景的颜色变为蓝色并且是透明的。首先确定矩形区域的左上角或左下角，然后向对角点的方向拖动光标确定选择的对象。

框选图形操作：

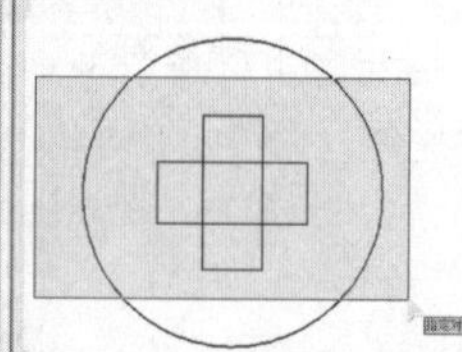

框选图形效果：

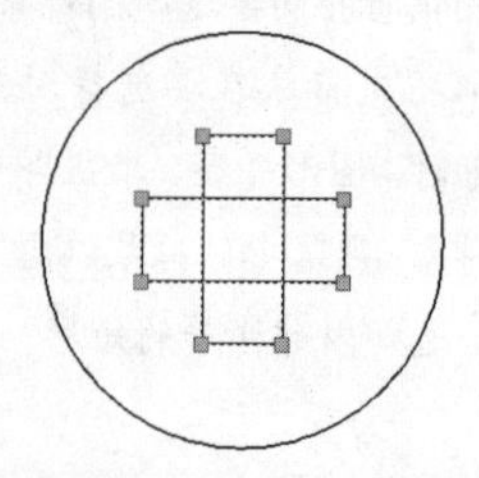

2. 窗口相交选择区域

这种方法也是通过指定对

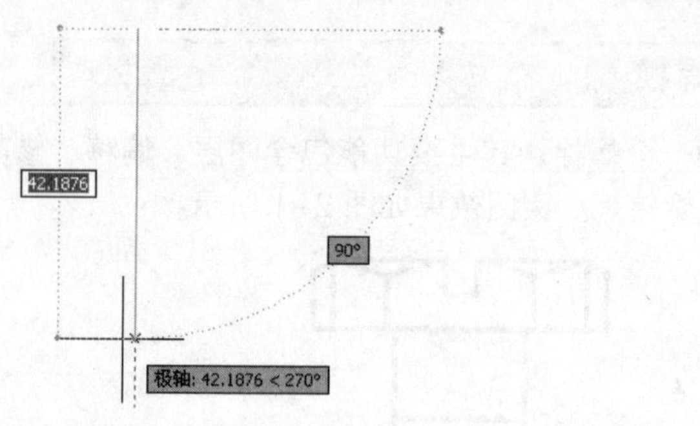

② 沿 Y 轴极轴向下绘制一条垂直线段　　③ 指定端点绘制完成

图 2-3　绘制垂直线段（续）

3 将轮廓线设置为前图层，用同样的方法绘制一条水平线段，如图 2-4 所示。

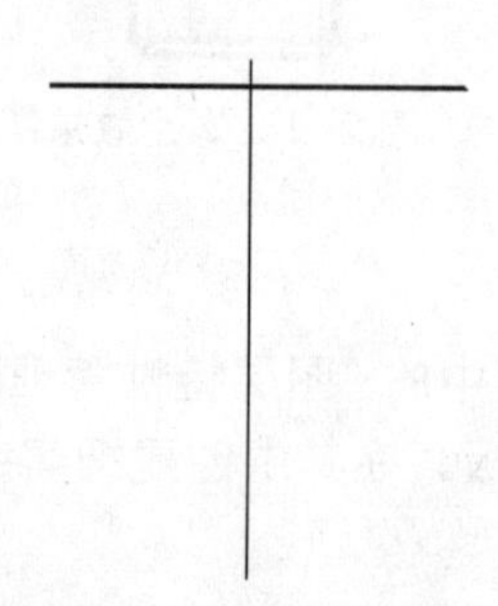

图 2-4　绘制水平线段

4 单击“修改”工具栏中的“偏移”按钮，将水平线段向下偏移 3、6、14、36、37，再将垂直线段向左、右各偏移 1.5、5、6、6.64、11.5、13.28，如图 2-5 所示。

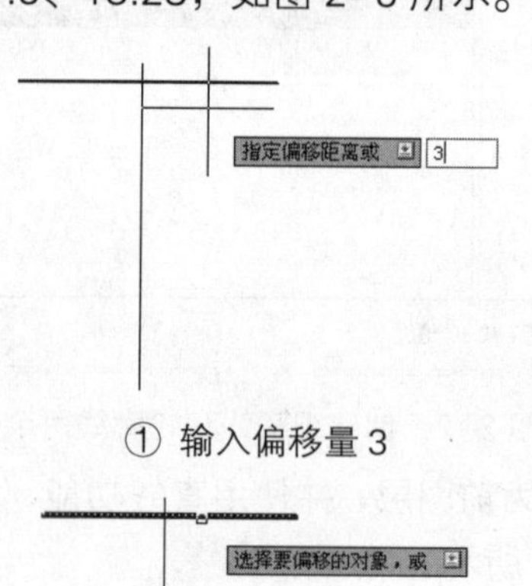

① 输入偏移量 3

② 沿 Y 轴极轴向下绘制一条垂直线段

图 2-5　偏移线段

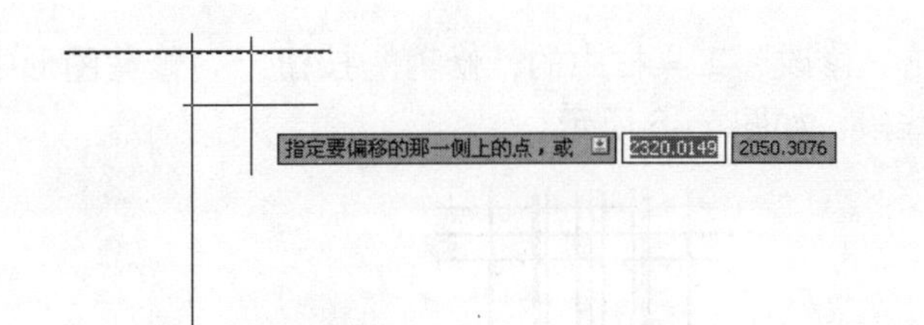

③ 指定偏移方向

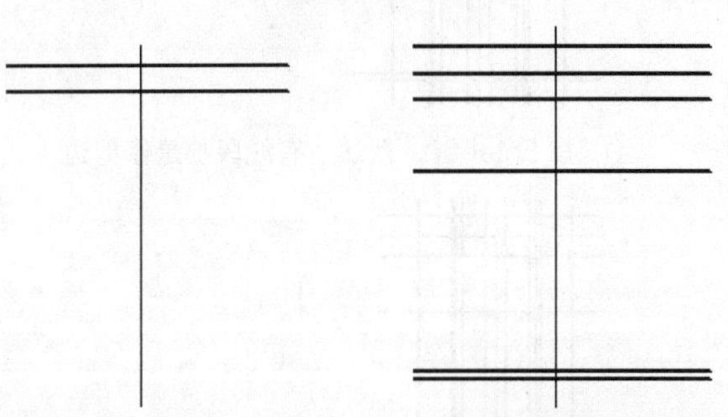

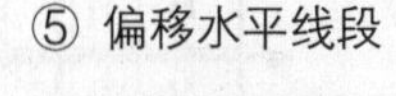

④ 偏移效果　　⑤ 偏移水平线段

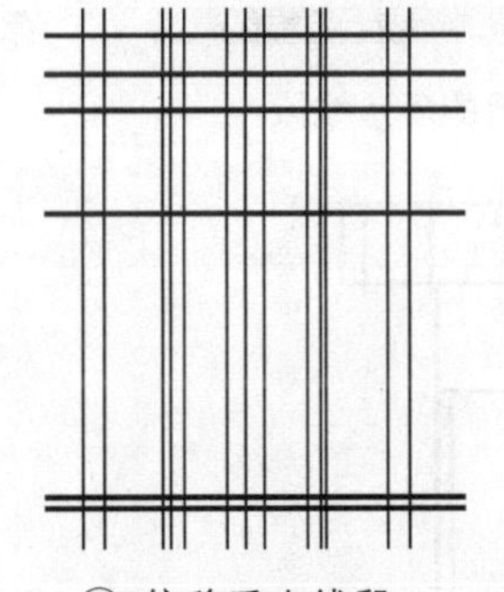

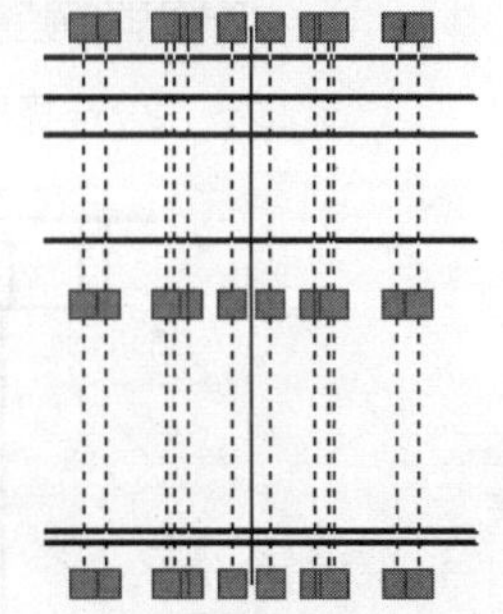

⑥ 偏移垂直线段　　⑦ 选择偏移的垂直线段

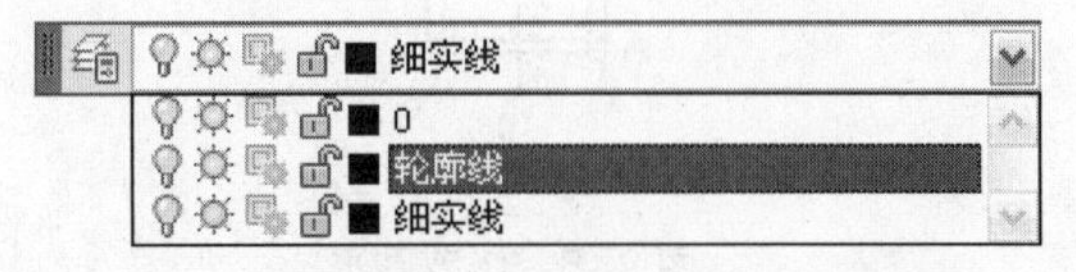

⑧ 在“图层”工具栏的“图层控制”下拉列表框中选择“轮廓线”选项

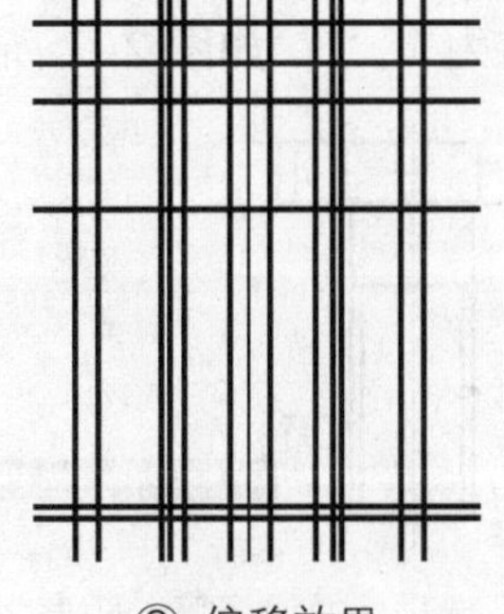

⑨ 偏移效果

图 2-5　偏移线段（续）

角点来定义矩形区域的，被选区域背景的颜色变为绿色并且是透明的。不同的是，首先要确定矩形区域的右上角或右下角，然后向对角点的方向拖动光标确定选择的对象。

框选图形操作：

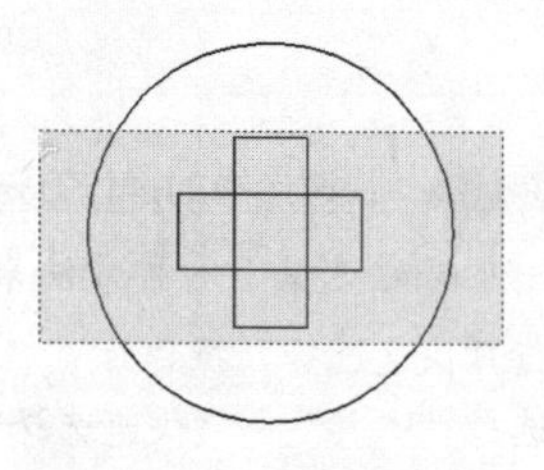

框选图形效果：

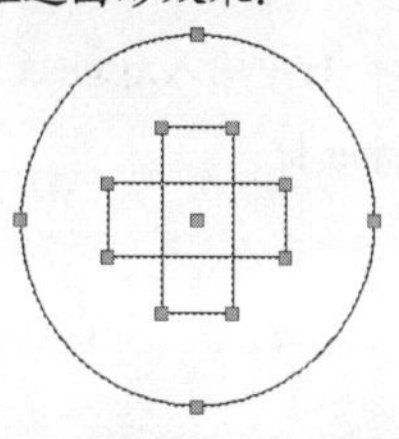

用这种方法，可以选中矩形区域内包围的或相交的对象，也就是说，只要图形有一部分在矩形区域内，就可以被选中。

相关知识　什么是快速选择

根据图形所具有的属性来筛选对象。

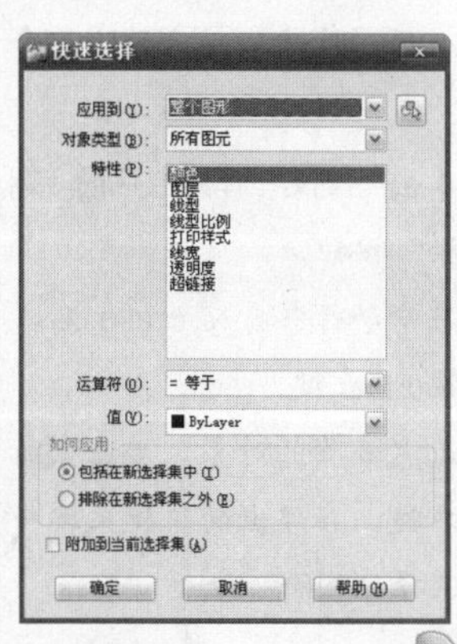

在机械制图中，“快速选择”命令常用于比较复杂的图形中选择对象。例如，使用快速选择功能，选择颜色为绿色的所有图形对象，或者选择线宽为 0.40 毫米的多段线等。

操作技巧 快速选择的操作方法

可以通过以下两种方法来执行“快速选择”操作：

- 选择“工具”→“快速选择”命令。
- 在命令行中输入 qselect 后，按 Enter 键。

相关知识 什么是删除

删除就是将图形中多余的线段去除。

操作技巧 删除的操作方法

可以通过以下 5 种方法来执行“删除”操作：

- 选择“修改”→“删除”命令。
- 单击“修改”工具栏中的“删除”按钮。
- 在命令行中输入 erase 后，按 Enter 键。
- 选定删除的对象，单击鼠标右键，在弹出的快捷菜单中选择“删除”命令。

5 单击“修改”工具栏中的“修剪”按钮，修剪图形中多余的线段，如图 2-6 所示。

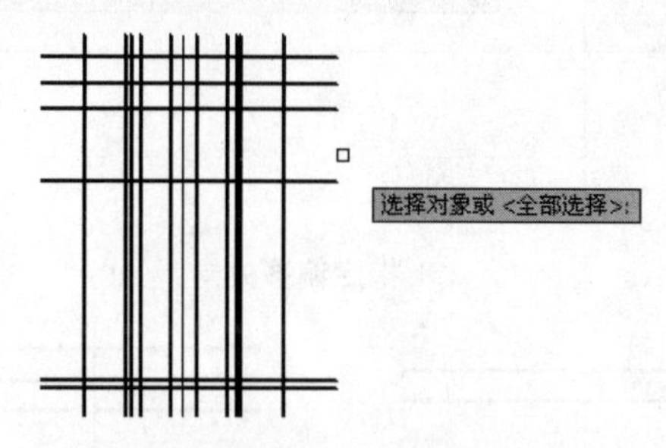

① 按 Enter 键，默认所有线段都是修剪边

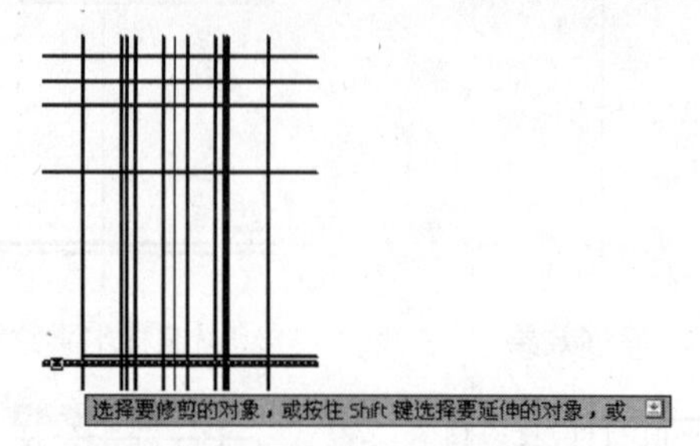

② 选择要修剪的多余线段

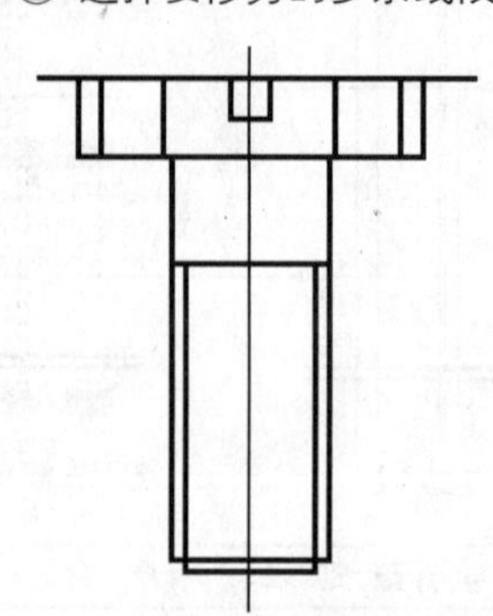

③ 修剪效果

图 2-6 修剪图形

6 单击“修改”工具栏中的“倒角”按钮，修改螺栓下的两个倒角，倒角距离为 1、1，如图 2-7 所示。

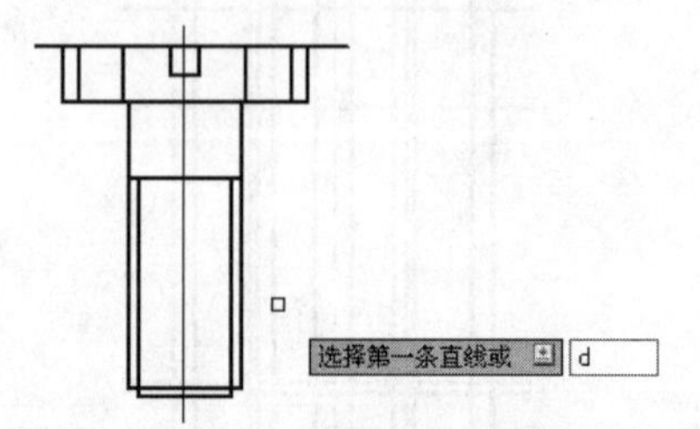

① 选择“距离”选项，并设置第一距离为 1，第二距离为 1

图 2-7 倒角图形

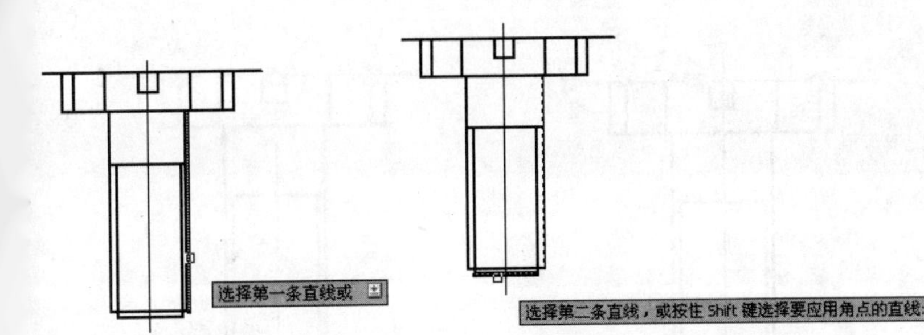

② 指定第一条倒角线　　③ 指定第二条倒角线

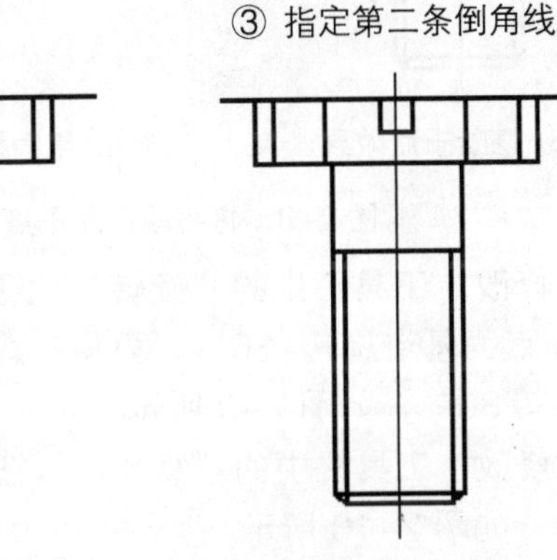

④ 倒角效果　　⑤ 倒角左边的角

图 2-7　倒角图形（续）

7 单击“修改”工具栏中的“打断于点”按钮，将水平线段打断于 A 点和 B 点，如图 2-8 所示。

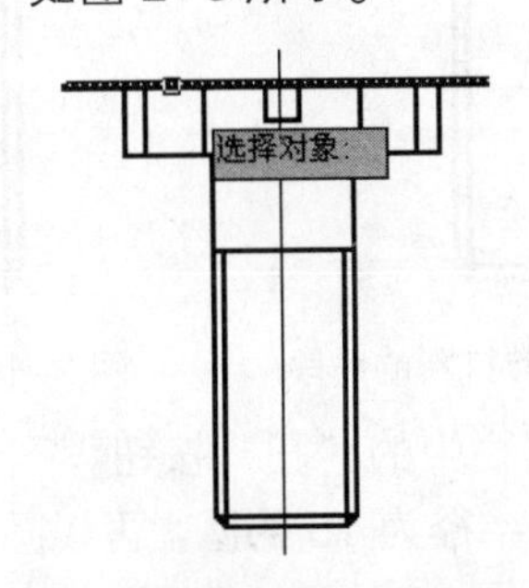

① 选择打断于点的对象

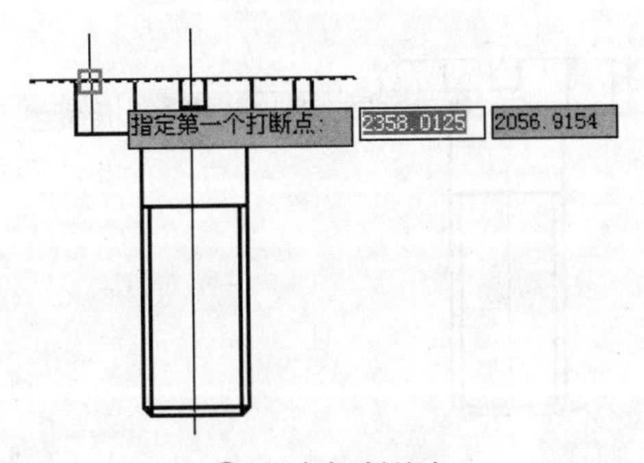

② 指定打断的点

图 2-8　将线段打断于点

- 选定删除的对象，按Delete键。

相关知识 什么是恢复删除

恢复删除可以将删除的对象重新恢复并显示在当前窗口中，但是只能恢复最后一次删除的对象。

操作技巧 恢复删除的操作方法

可以通过以下两种方法来执行恢复删除操作：

- 在命令行中输入 oops 后，按 Enter 键。
- 在删除线段后，按 Ctrl+Z 组合键

相关知识 什么是移动

在绘制复杂图形时，可以先在空白区域绘制完各个部件，然后将绘制的各部件移动到主体中。

移动前：

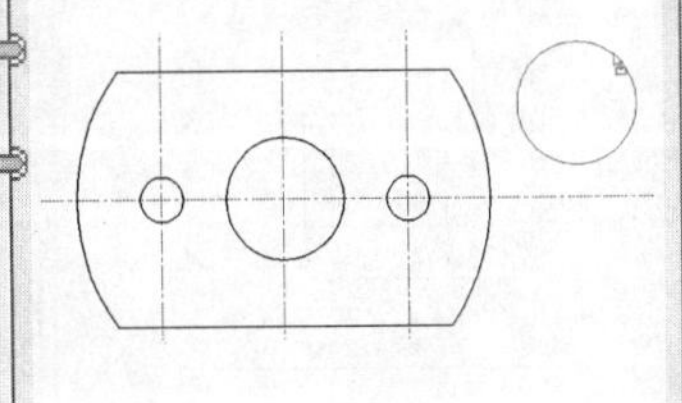

移动后：

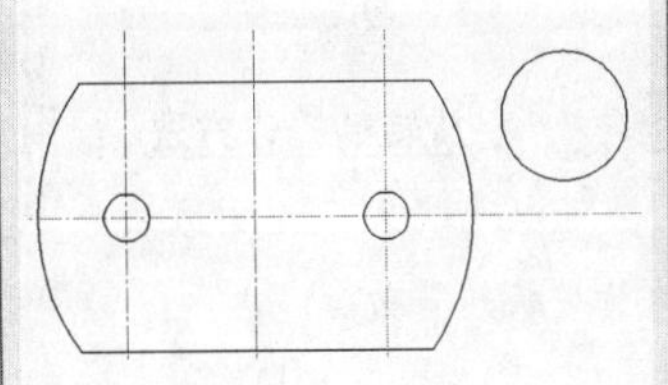

操作技巧 移动的操作方法

可以通过以下 4 种方法来执行“移动”功能：

- 选择“修改”→“移动”命令。
- 单击“修改”工具栏中的“移动”按钮。
- 在命令行中输入 move 后，按 Enter 键。
- 选定移动的对象，单击鼠标右键，在弹出的快捷菜单中选择“移动”命令。

相关知识 什么是旋转

对辅助线的绘制，通常不能一步到位，所以需要通过一些方法达到辅助的效果，旋转就是其中一种方法。

旋转前：

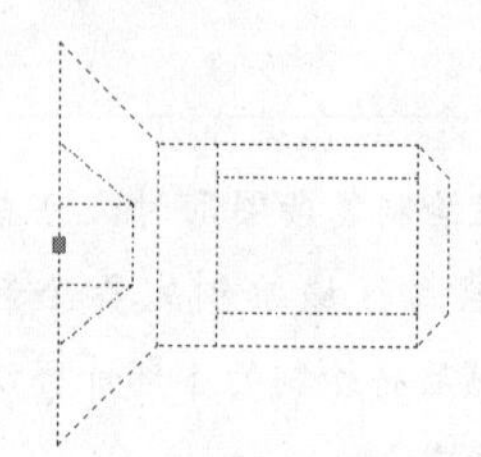

旋转后：

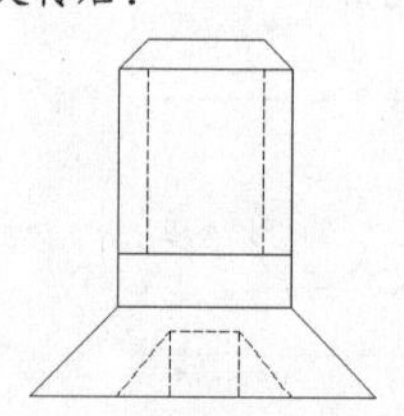

操作技巧 旋转的操作方法

可以通过以下 4 种方法来执行“旋转”功能：

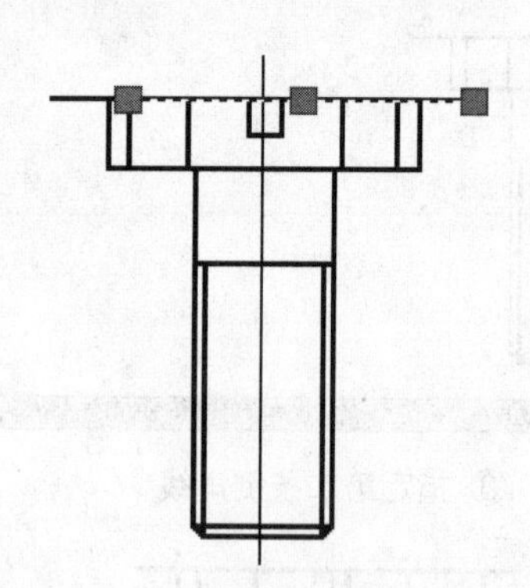

③ 打断于点效果

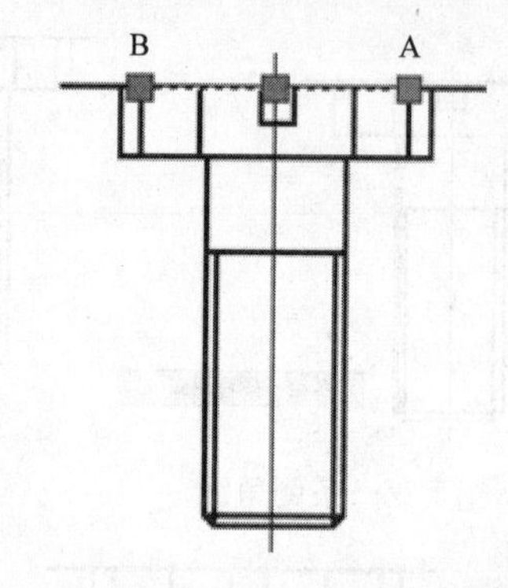

④ 用同样的方法，打断其他线段

图 2-8　将线段打断于点（续）

8 单击“修改”工具栏中的“旋转”按钮，将右边的线段以图中 A 点为基点旋转-30°，再将左边的线段以图中 B 点为基点旋转 30°，如图 2-9 所示。

9 单击“修改”工具栏中的“修剪”按钮，修剪旋转后过长的线段，如图 2-10 所示。

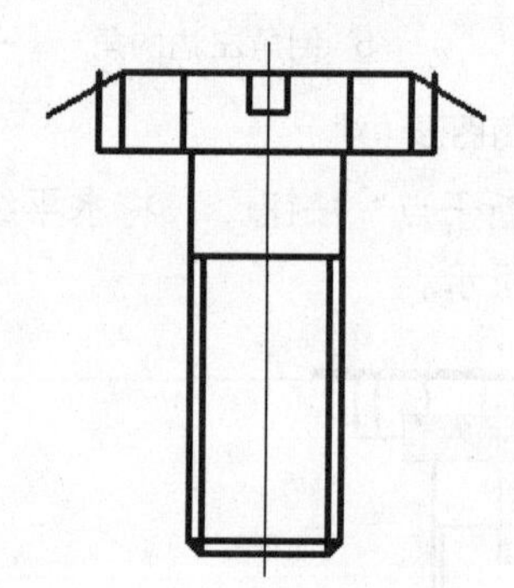

图 2-9　旋转打断的线段

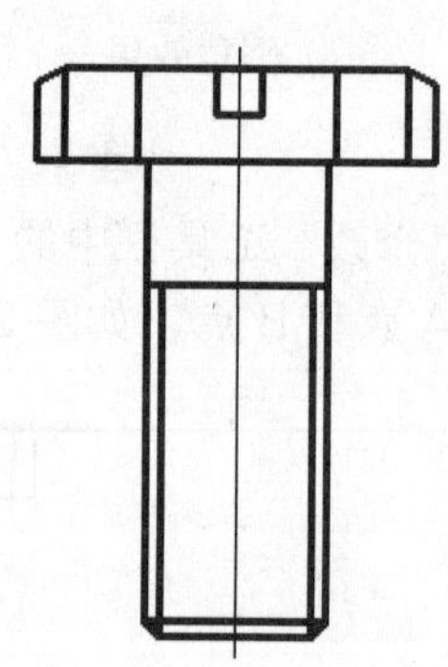

图 2-10　修剪图形

10 单击“绘图”工具栏中的“圆”按钮，以最上边线段的中心点为圆心，绘制半径为 15 的圆。再以圆与垂直线段的交点为圆心，绘制半径为 15 的圆，如图 2-11 所示。

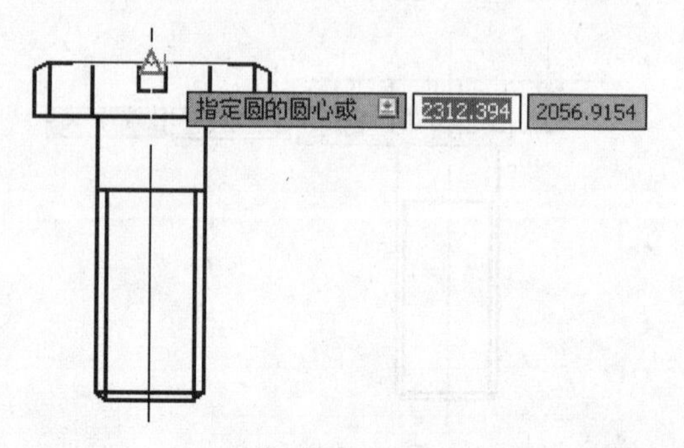

① 指定圆心

图 2-11　绘制两个圆

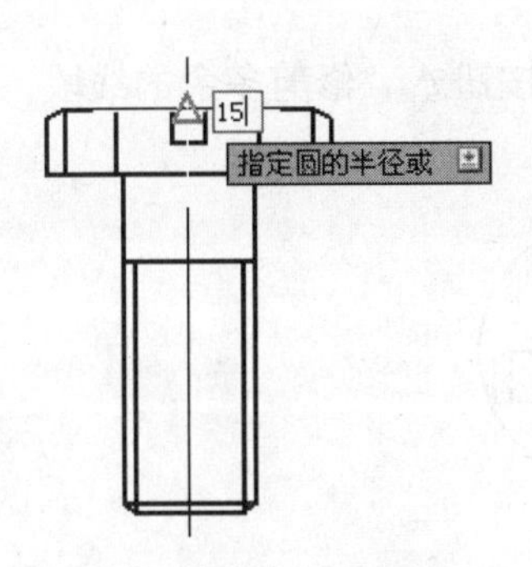

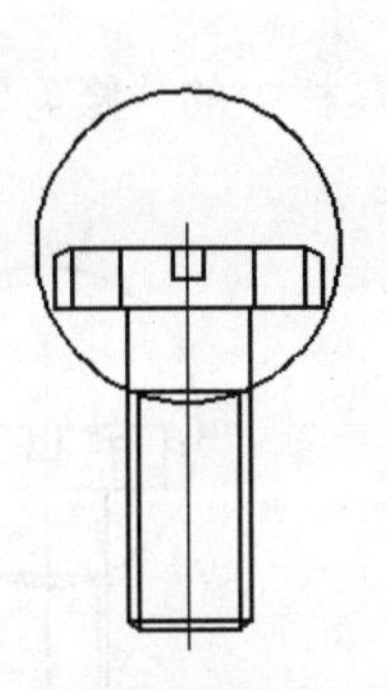

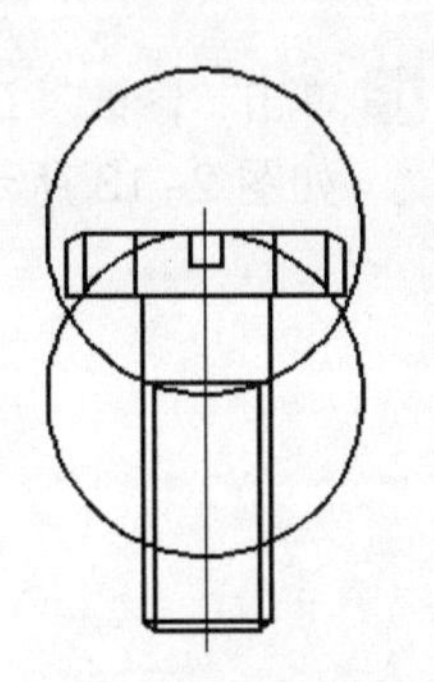

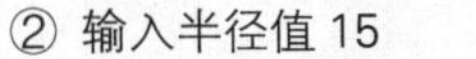

② 输入半径值 15　　③ 绘制圆效果　　④ 绘制第二个圆

图 2–11　绘制两个圆（续）

11 选择“绘图”菜单中“圆弧”子菜单中的“起点、端点、方向”命令，绘制两条圆弧，如图 2–12 所示。

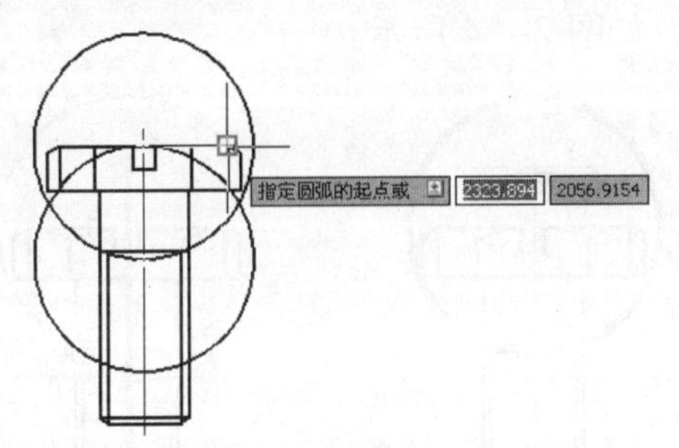

① 指定圆弧的起点

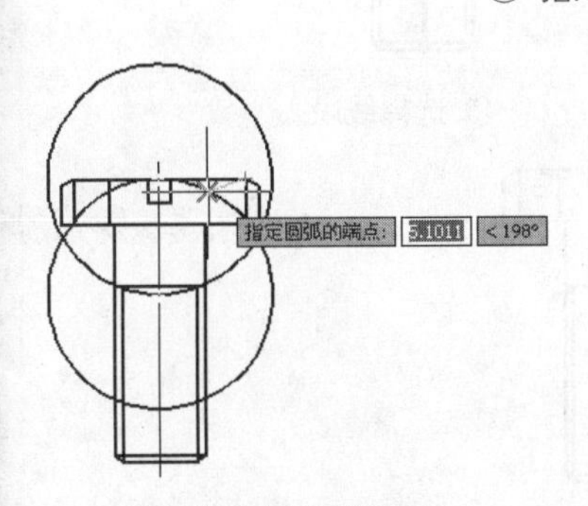

② 指定圆弧的端点

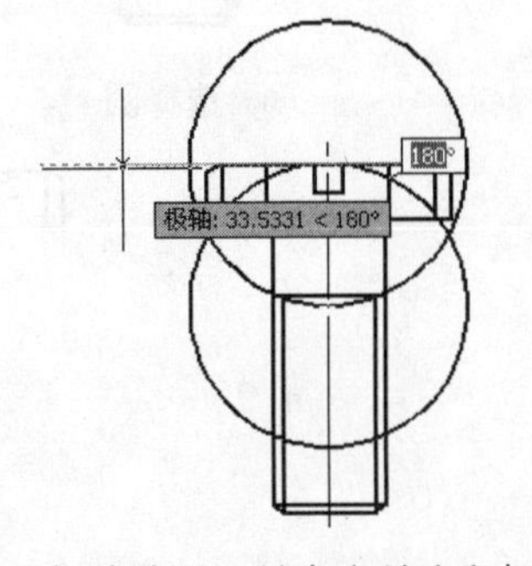

③ 将光标移动到 X 轴左方单击鼠标左键

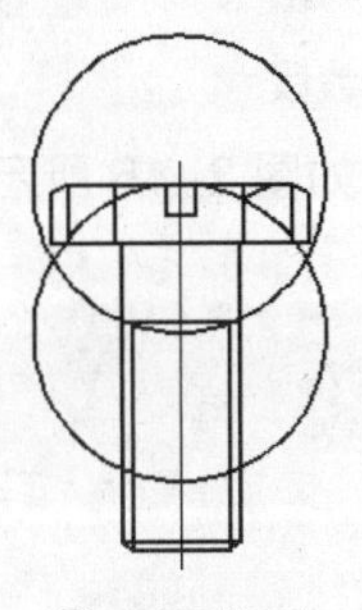

④ 圆弧效果

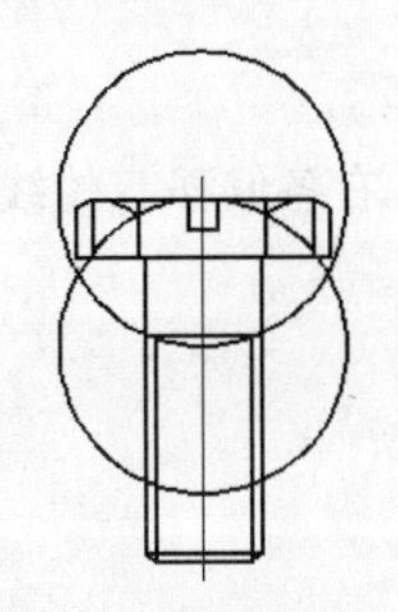

⑤ 绘制另一条圆弧

图 2–12　绘制两条圆弧

- 选择“修改”→“旋转”命令。
- 单击“修改”工具栏中的“旋转”按钮。
- 在命令行中输入 rotate 后，按 Enter 键。
- 选定要旋转的对象，单击鼠标右键，在弹出的快捷菜单中选择“旋转”命令。

重点提示　旋转操作注意事项

旋转的对象可以是单个对象，也可以是多个对象。在旋转时，输入角度为正值时为逆时针旋转，输入为负值时是正时针旋转。

相关知识　什么是复制

复制就是将一个或多个图形重复，所简化操作的一个绘图功能。

复制前：

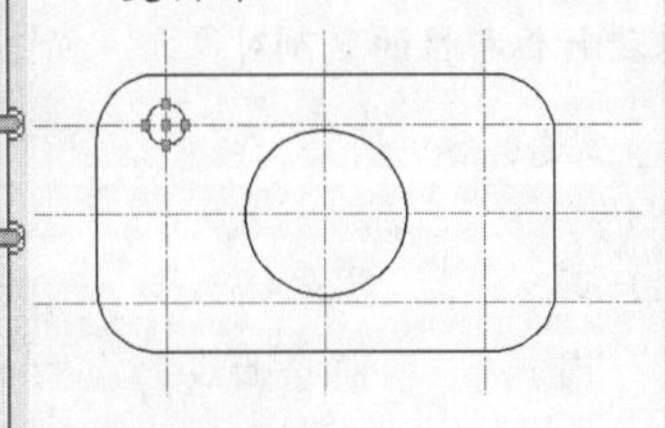

复制后：

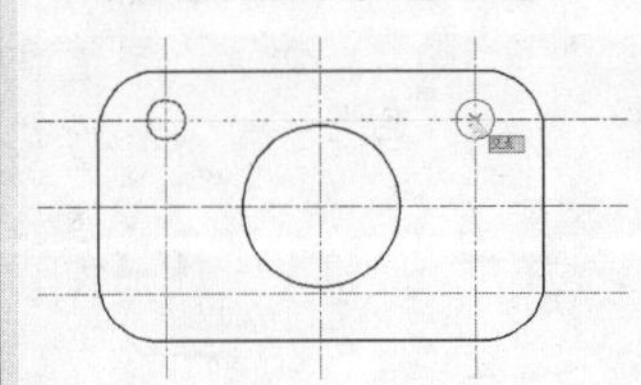

12 单击“修改”工具栏中的“修剪”按钮，修剪多余的线段，如图 2–13 所示。

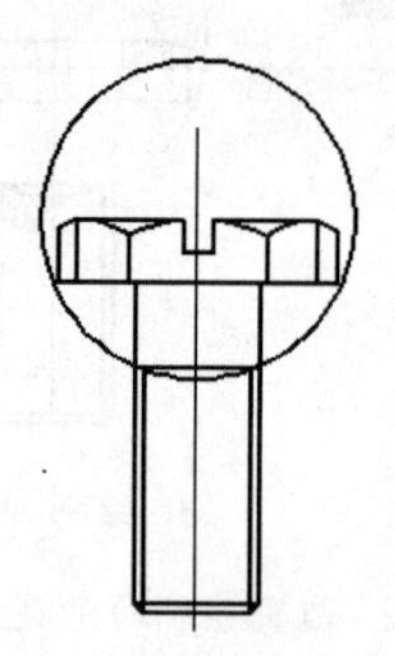

图 2–13　修剪多余的线段

13 单击“修改”工具栏中的“删除”按钮，删除圆和中间的辅助线段，如图 2–14 所示。

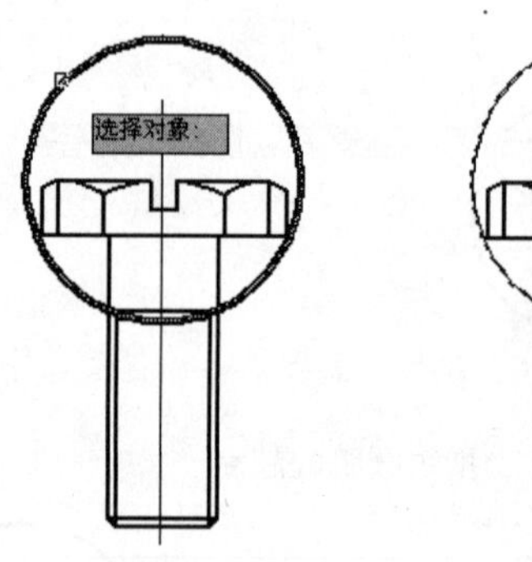

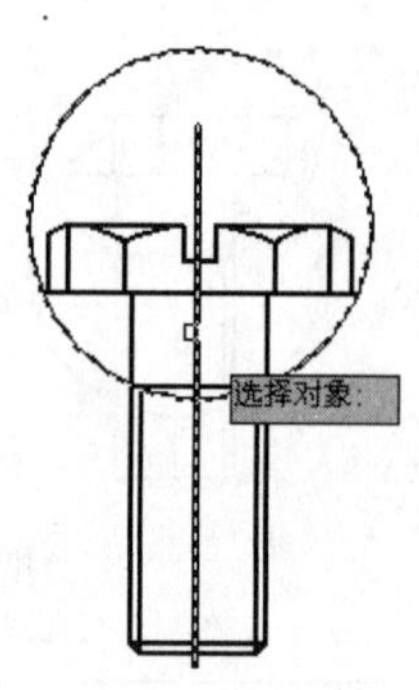

① 选择圆　　② 选择线段

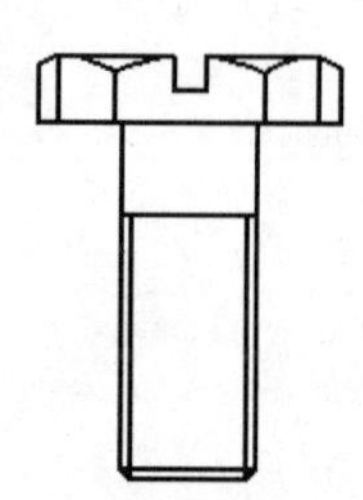

③ 按 Enter 键执行删除操作

图 2–14　删除多余辅助线段

14 将左右各偏移 5 的线段设置为细实线，如图 2–15 所示。

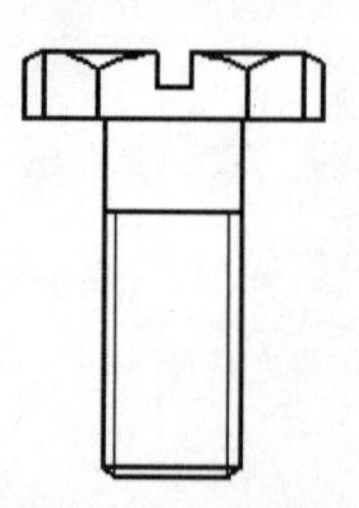

图 2–15　设置细实线

操作技巧　复制的操作方法

可以通过以下 4 种方法来执行复制操作：

- 选择“修改”→“复制”命令。
- 单击“修改”工具栏中的“复制”按钮。
- 在命令行中输入 copy 后，按 Enter 键。
- 选定复制的对象，单击鼠标右键，在弹出的快捷菜单中选择“复制”命令。

重点提示　复制的模式

在默认情况下，复制图形对象时启用的是“多个”复制模式，此外还可以启用“单个”模式。在“单个”模式下，图形对象被复制了一次之后就完成操作，不会再提示是否要指定第二个点。

相关知识　什么是偏移

偏移就是可以将选定的对象进行位移性的复制对象。

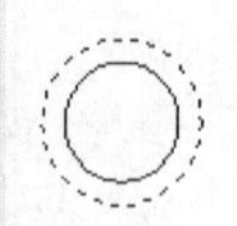

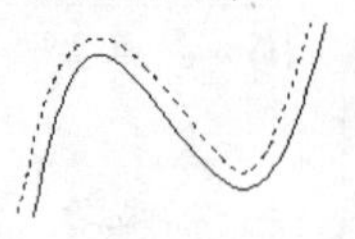

圆　　样条曲线

直线

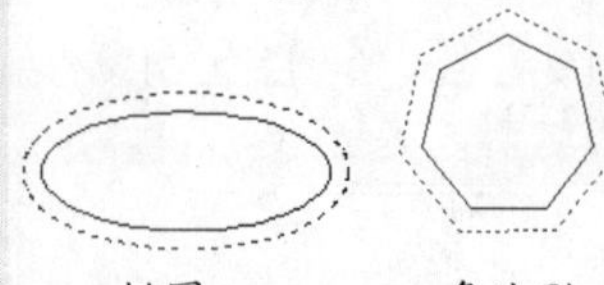

椭圆　　多边形

实例 2-2　绘制车床顶尖

本实例将绘制一个车床顶尖，其主要功能包含图层、偏移、修剪、倒角、镜像、图案填充等。实例效果如图 2-16 所示。

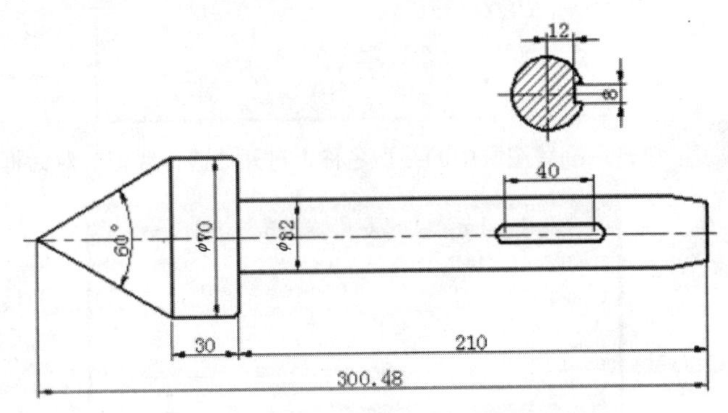

图 2-16　车床顶尖效果图

操作步骤

1 单击“格式”工具栏中的“图层特性管理器”按钮，打开“图层特性管理器”面板，创建点画线和轮廓线两个图层，如图 2-17 所示。

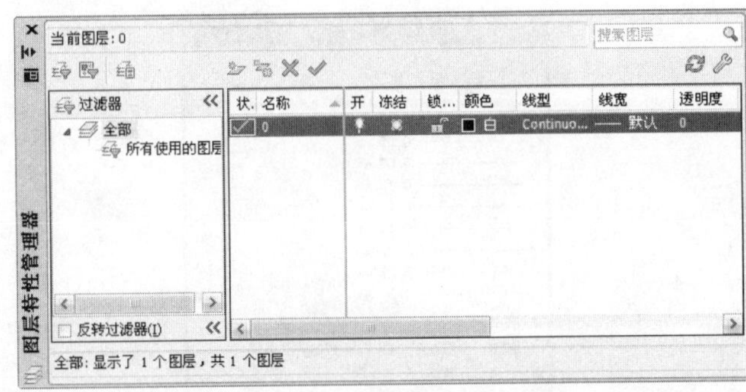

① 打开“图层特性管理器”面板

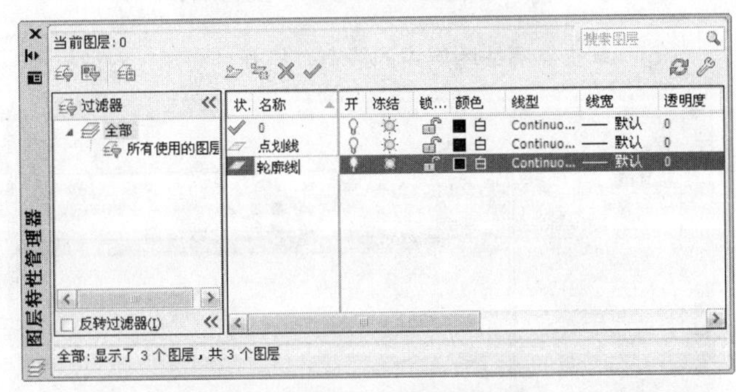

② 单击“新建图层”按钮，创建两个图层，并输入图层名

图 2-17　创建点画线和轮廓线两个图层

实例 2-2 说明

知识点：

- 图层
- 偏移
- 修剪
- 倒角
- 镜像
- 图案填充

视频教程：

光盘\教学\第 2 章 机械绘图的编辑与修改

效果文件：

光盘\素材和效果\02\效果\2-2.dwg

实例演示：

光盘\实例\第 2 章\绘制车床顶尖

重点提示　偏移操作注意事项

偏移时需要注意以下几点：

- 该指令在执行时，只能对单一对象进行操作。
- 偏移的距离值必须大于零。
- 在偏移命令中，按 Enter 键可以直接偏移对象。
- 偏移得到的结果，不一定与偏移对象相同，如正多边形、圆、圆弧等。

操作技巧　偏移的操作方法

可以通过以下 3 种方法来执行偏移操作：

- 选择“修改”→“偏移”命令。
- 单击“修改”工具栏中的“偏移”按钮。

- 在命令行中输入 offset 后，按 Enter 键。

重点提示 偏移的对象

- 对于直线、射线、构造线进行偏移操作后，得到的结果是平行复制。
- 对圆、新椭圆进行偏移后，偏移后的圆或椭圆与原来的圆或椭圆有相同的圆心，但半径和轴长要发生改变。
- 对圆弧作偏移后，新圆弧与原来的圆弧有相同的包含角，但弧长会发生改变。

相关知识 什么是镜像

在绘制对称图形时，可以绘制半个图形，然后使用镜像功能进行复制。

镜像前：

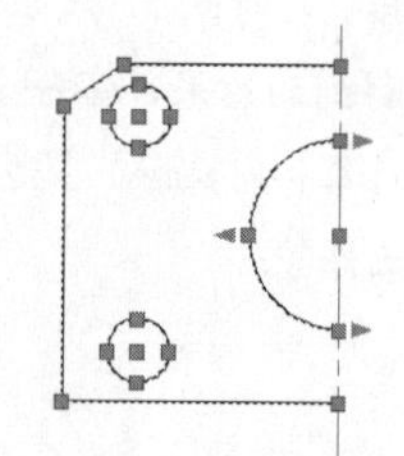

镜像后：

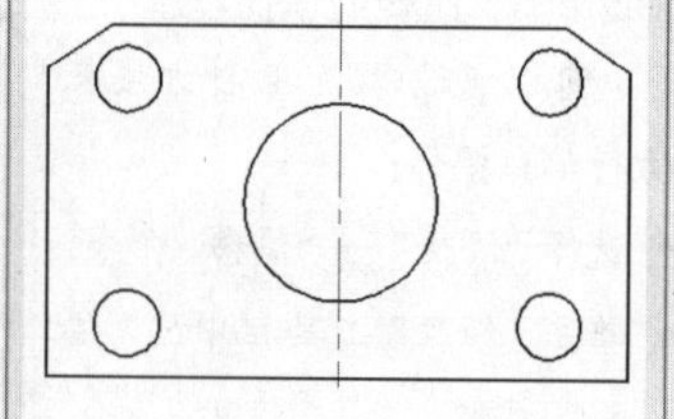

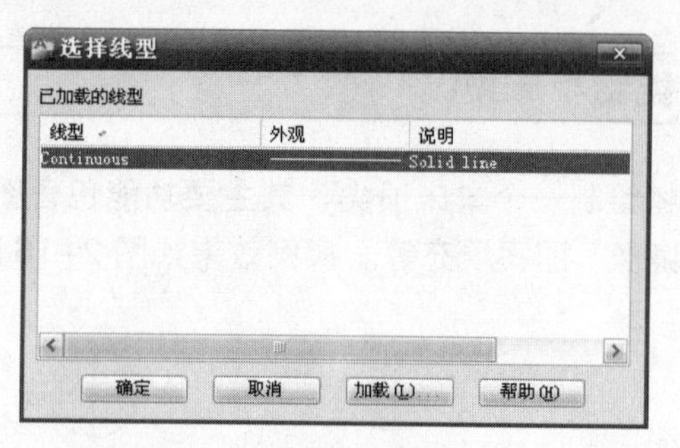

③ 单击点画线图层中的线型名称，打开“选择线型”对话框

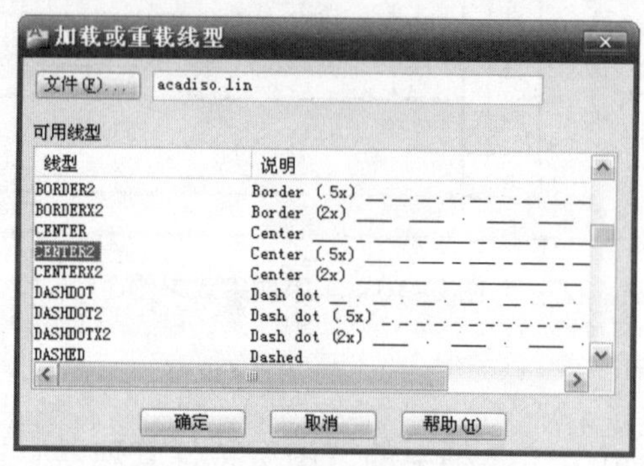

④ 单击“加载”按钮，打开“加载或重载线型”对话框，加载点画线线型

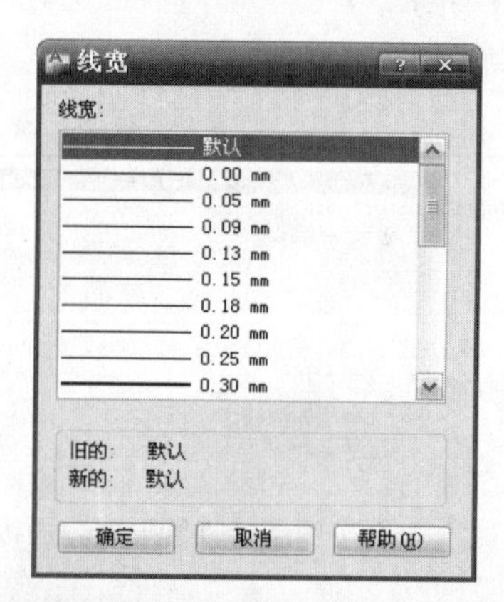

⑤ 单击轮廓线图层中的线宽，打开“线宽”对话框

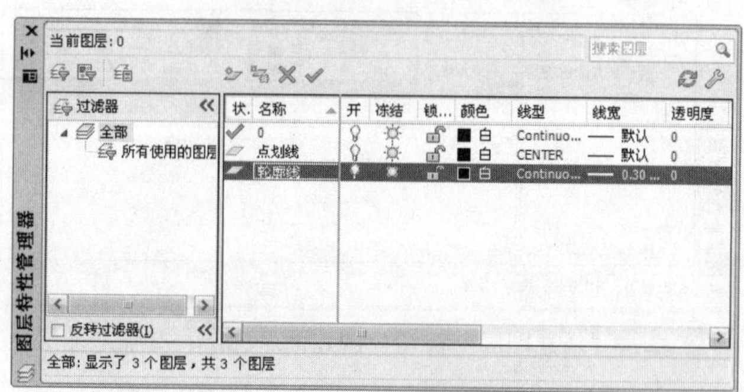

图 2-17 创建点画线和轮廓线两个图层（续）

2 将点画线设置为当前图层，并使用直线功能，绘制两条辅助线段，如图 2–18 所示。

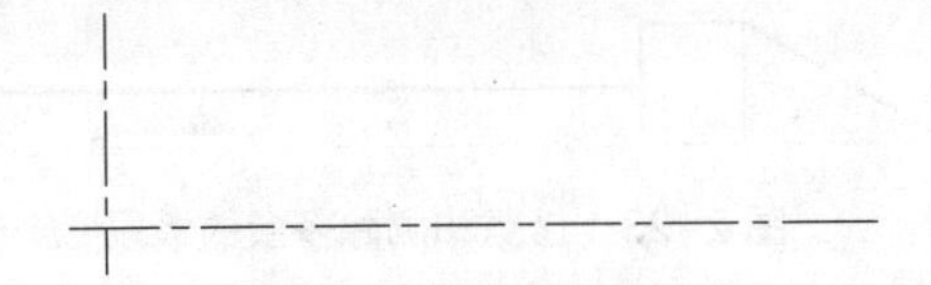

图 2–18　绘制辅助线段

3 单击“修改”工具栏中的“偏移”按钮，将垂直线段向右偏移 40、70、190、230、280，再将水平线段向上偏移 4、16、35，并将偏移线段设置为轮廓线，如图 2–19 所示。

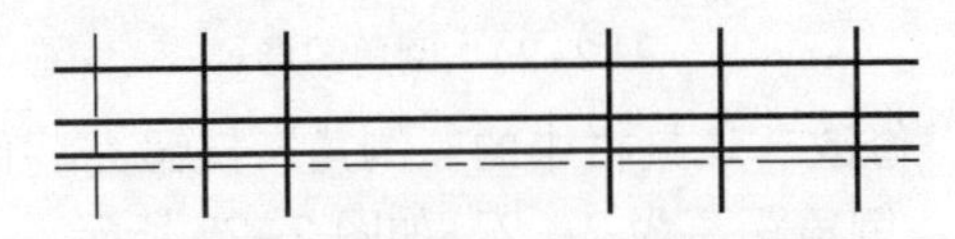

图 2–19　偏移辅助线段并设置成轮廓线

4 将轮廓线设置为当前图层，并使用圆功能，以水平偏移 35 与垂直偏移 40 的交点为圆心，绘制半径为 70 的圆，如图 2–20 所示。

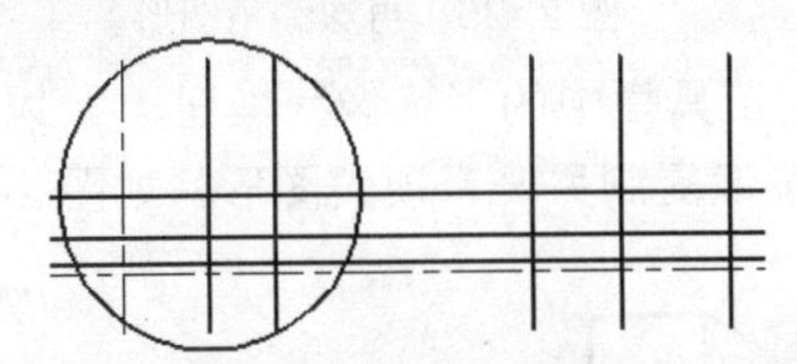

图 2–20　绘制圆

5 单击“绘图”工具栏中的“直线”按钮，绘制圆心到与水平辅助线段交点的连线，如图 2–21 所示。

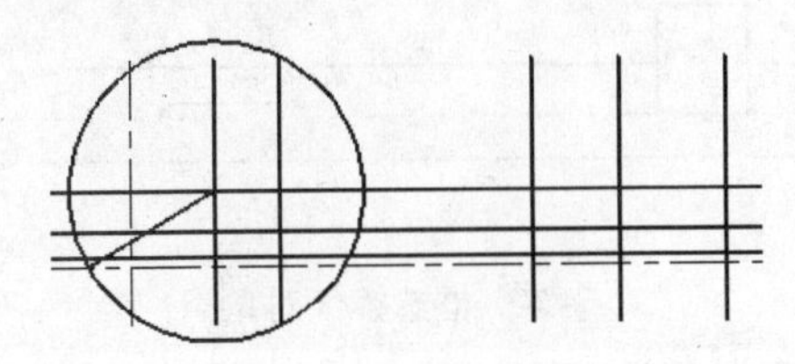

图 2–21　绘制连线

6 单击“绘图”工具栏中的“圆”按钮，以水平辅助线段与偏移线段 190、230 两个交点为圆心，绘制半径为 4 的圆，如图 2–22 所示。

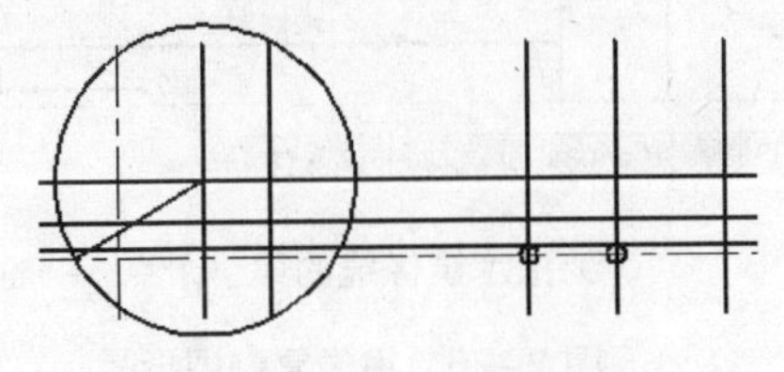

图 2–22　绘制两个圆

操作技巧　镜像的操作方法

可以通过以下 3 种方法来执行“镜像”功能：

- 选择“修改”→“镜像”命令。
- 单击“修改”工具栏中的“镜像”按钮。
- 在命令行中输入 mirror 后，按 Enter 键。

重点提示　镜像操作技巧

镜像复制时需要两个点确定镜像线。在进行水平镜像时，只需要一个点就可以完成镜像操作的要求。

在操作时，选择第一个镜像点，单击达到要求的点，第二个点可以将光标垂直向下拉，单击在辅助框提示极轴的情况下任意一个即可。

同样的道理，在垂直镜像也可以镜像复制图形。

相关知识　什么是阵列

阵列是一种以规则的方式复制对象，可以通过矩形阵列、环形阵列或路径阵列来进行对象复制。

1. 矩形阵列

以行列偏移复制图形的方法称为矩形阵列。

矩形阵列前：

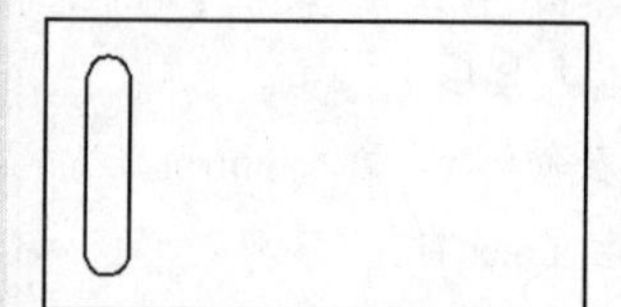

矩形阵列后：

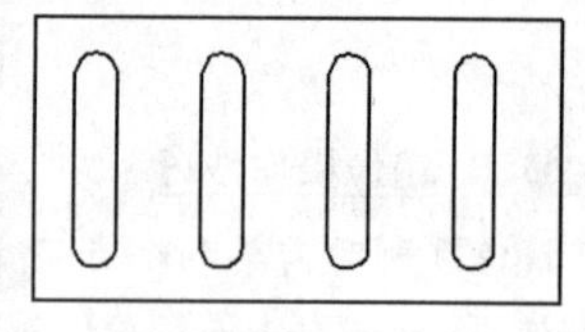

2. 环形阵列

以圆或圆弧阵列复制图形的方法称为环形阵列。

环形阵列前：

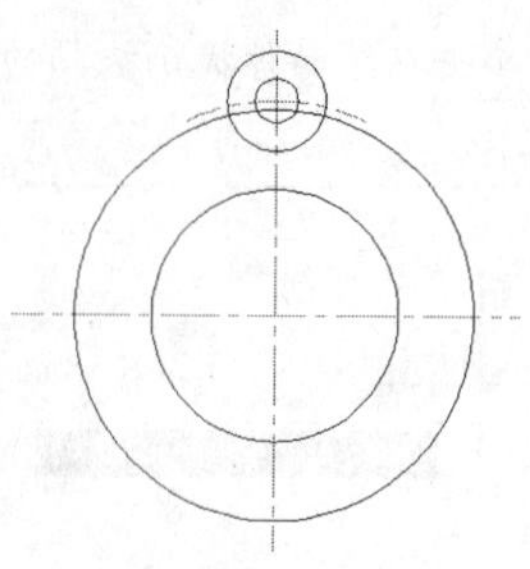

环形阵列后：

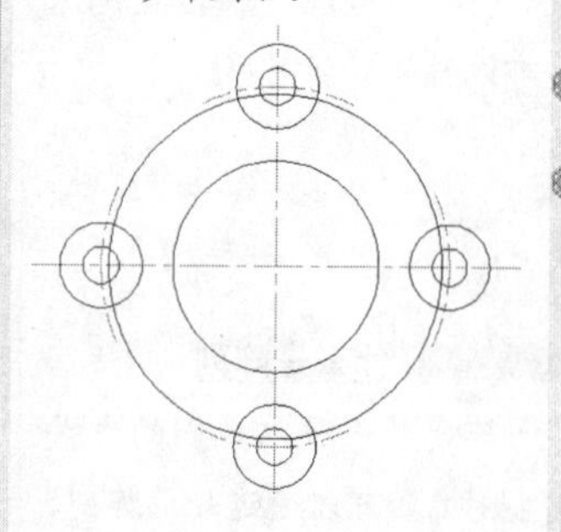

3. 路径阵列

以指定一条线段阵列复制图形的方法称为路径阵列。

7 单击“修改”工具栏中的“修剪”按钮和“删除”按钮，修剪和删除多余的线段，如图2-23所示。

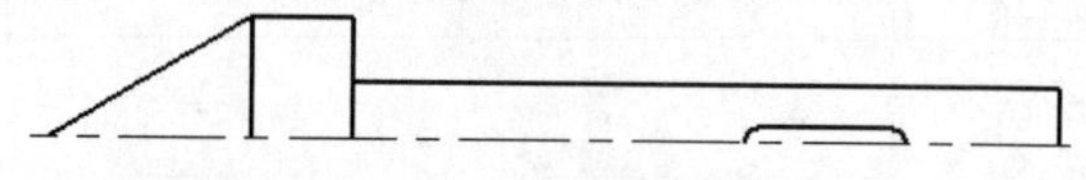

图2-23 修剪和删除多余的线段

8 单击“修改”工具栏中的“倒角”按钮，倒角插入机械部分的锥角，倒角距离为16、3，如图2-24所示。

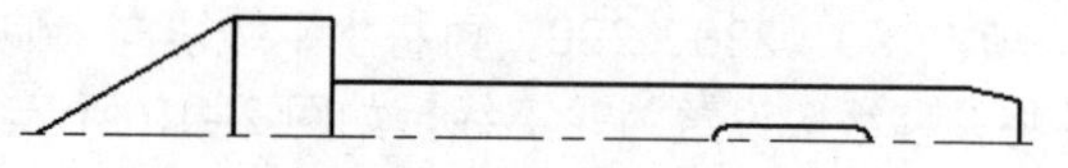

图2-24 倒角图形

9 再次单击“修改”工具栏中的“倒角”按钮，倒角顶尖锥体的棱边，倒角距离为2、2，如图2-25所示。

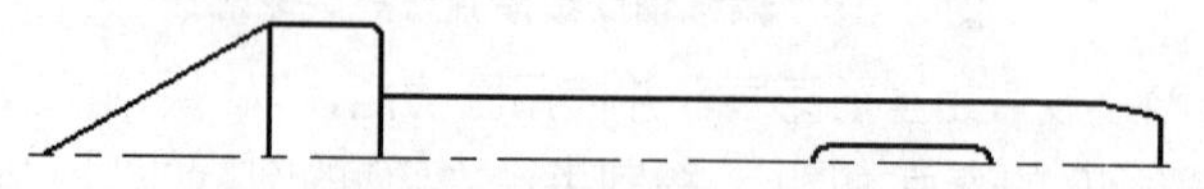

图2-25 再次倒角图形

10 单击“修改”工具栏中的“镜像”按钮，以水平辅助线段为镜像线，镜像复制另一半顶尖图形，如图2-26所示。

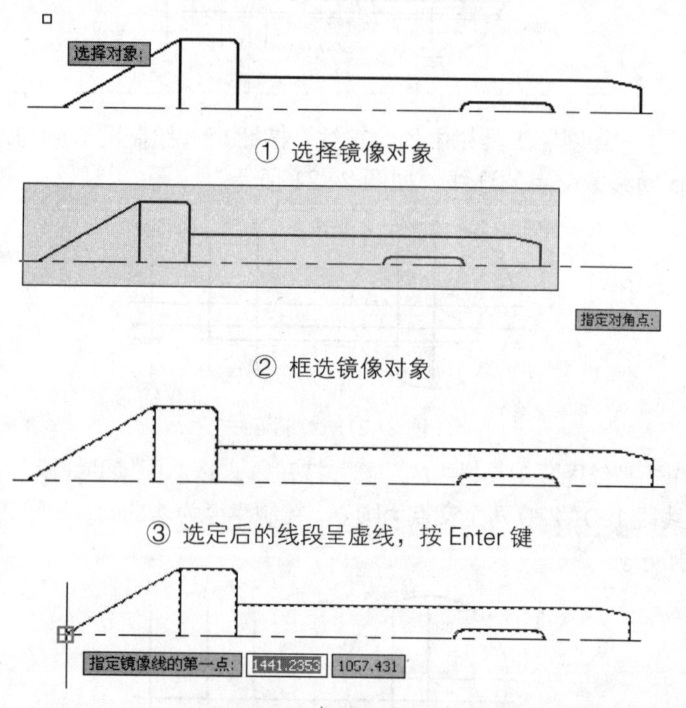

① 选择镜像对象

② 框选镜像对象

③ 选定后的线段呈虚线，按Enter键

④ 指定镜像线的第一个点

图2-26 镜像复制图形

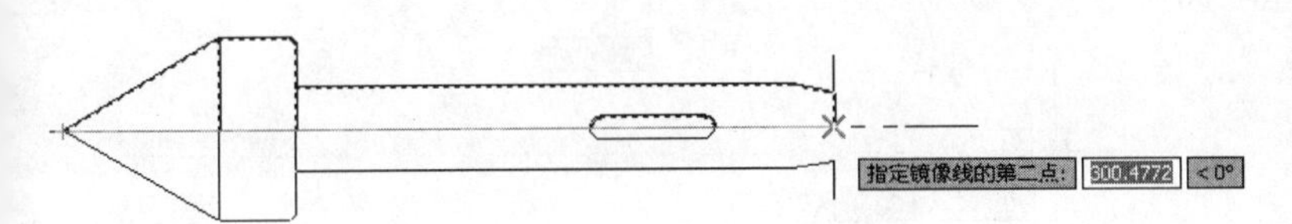

⑤ 指定镜像线的第二个点

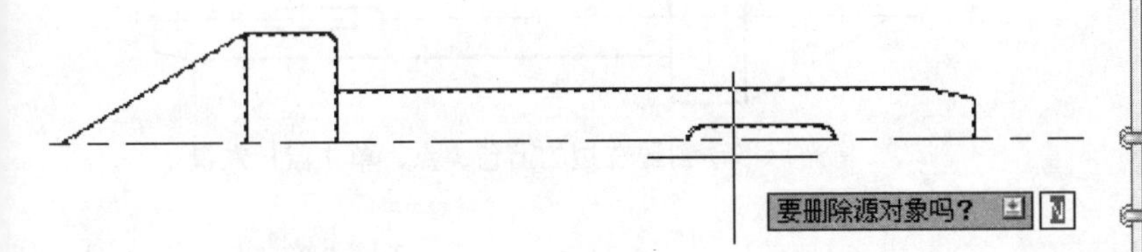

⑥ 设置是否删除原对象

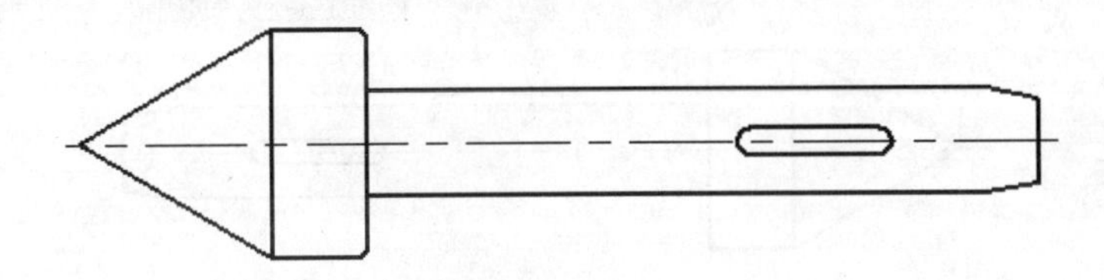

⑦ 镜像效果

图 2–26　镜像复制图形（续）

11 单击“修改”工具栏中的“偏移”按钮，将水平辅助线段向上偏移 70，如图 2–27 所示。

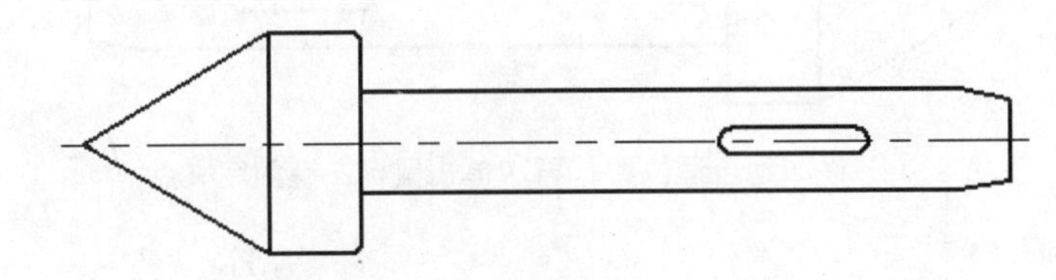

图 2–27　偏移水平辅助线段

12 通过蓝色夹点调整偏移的点画线，如图 2–28 所示。

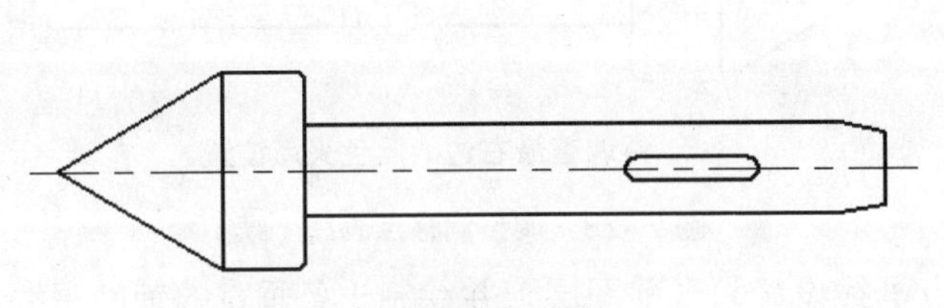

① 选择偏移线段

图 2–28　调整偏移点画线

路径阵列前:

路径阵列后:

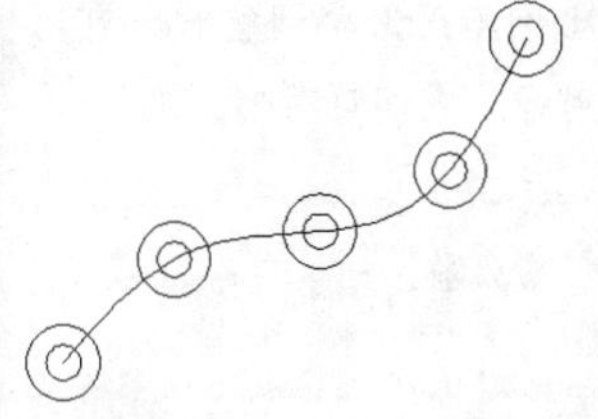

操作技巧　阵列的操作方法

可以通过以下 3 种方法来执行“阵列”功能:

- 选择“修改”→“阵列”的命令。
- 单击“修改”工具栏中的“矩形阵列”下拉按钮。
- 在命令行中输入 array 后，按 Enter 键。

重点提示　行偏移和列偏移

在“矩形阵列”功能中，“行偏移”和“列偏移”的数值分正负，直接关系到阵列复制的方向。

设置完成后，可以先单击“预览”按钮，查看阵列复制的效果。如果阵列正确，按 Enter 键执行阵列复制操作；如果阵列出现偏差或错误，可以在提示行中的选项下重新设置阵列参数。

相关知识 **什么是缩放**

对绘制完成的部分图形，因比例不同需要调整时，可以使用缩放来调整图形。

缩放前：

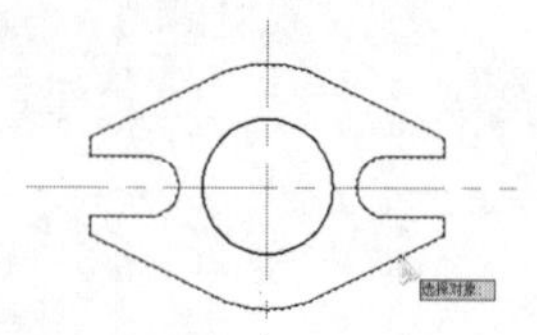

放大 1.5 倍后：

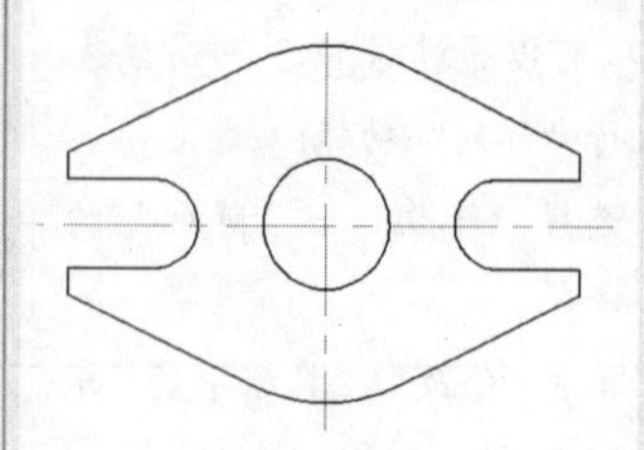

操作技巧 **缩放的操作方法**

可以通过以下 4 种方法来执行“缩放”功能：

- 选择“修改”→“缩放”命令。
- 选择“修改”工具栏中的“缩放”按钮。
- 在命令行中输入 scale 后，按 Enter 键。
- 选定缩放的对象，单击鼠标右键，在弹出的快捷菜单中选择“缩放”命令。

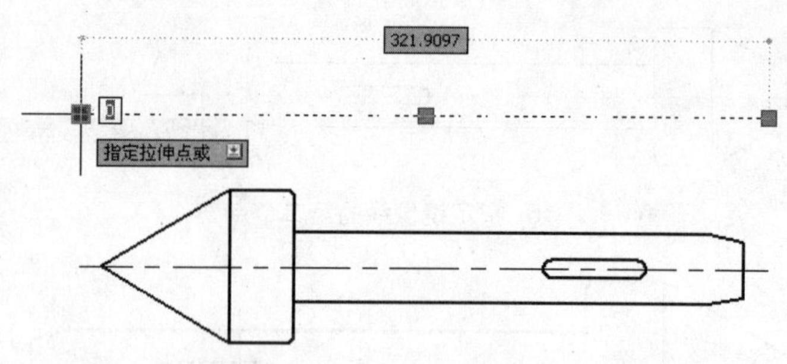

② 将光标移动到最左边的蓝色夹点，单击鼠标左键

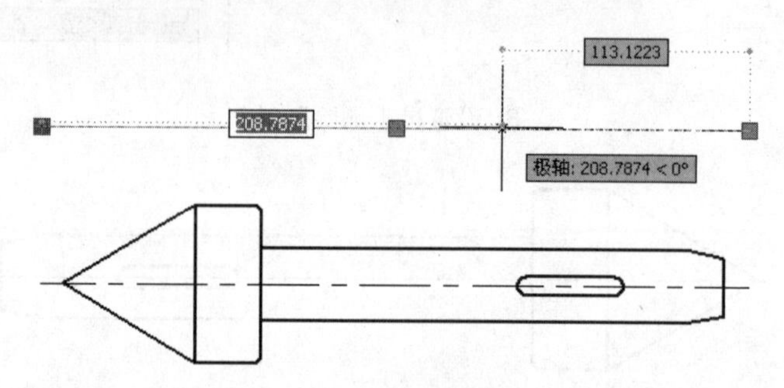

③ 按住鼠标左键并沿 X 轴极轴向右拖动光标（也等于移动夹点）

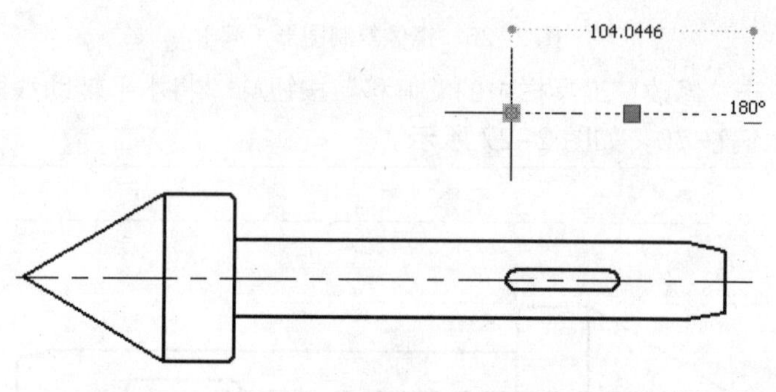

④ 移动到合适位置，再次单击鼠标左键固定夹点

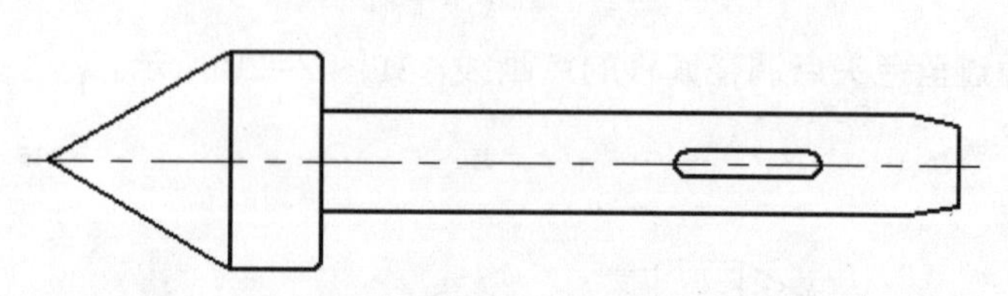

⑤ 再调整最右边的蓝色夹点位置

图 2-28　调整偏移点画线（续）

13 将点画线设置为当前图层，并绘制一条垂直的辅助短线，如图 2-29 所示。

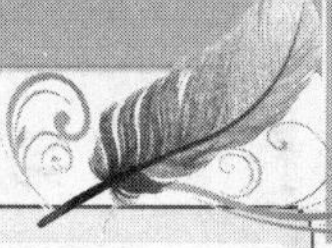

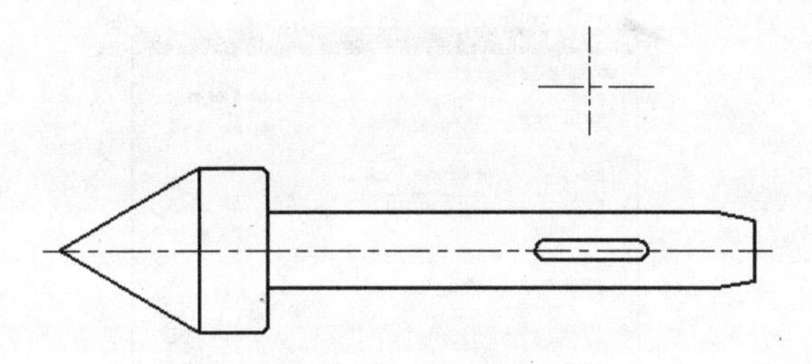

图 2-29　绘制辅助短线

14 将轮廓线设置为当前图层，并使用圆功能，以辅助线的交点为圆心绘制一个半径为 16 的圆，如图 2-30 所示。

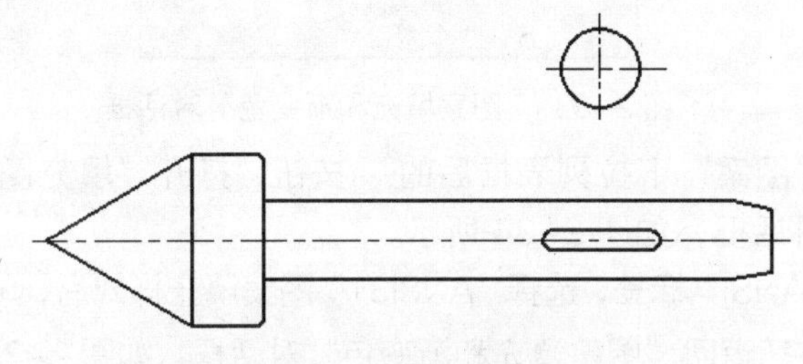

图 2-30　绘制圆

15 单击“修改”工具栏中的“偏移”按钮，将垂直线段向右偏移 12，再将水平线段向上、下各偏移 4，并将偏移线段设置成轮廓线，如图 2-31 所示。

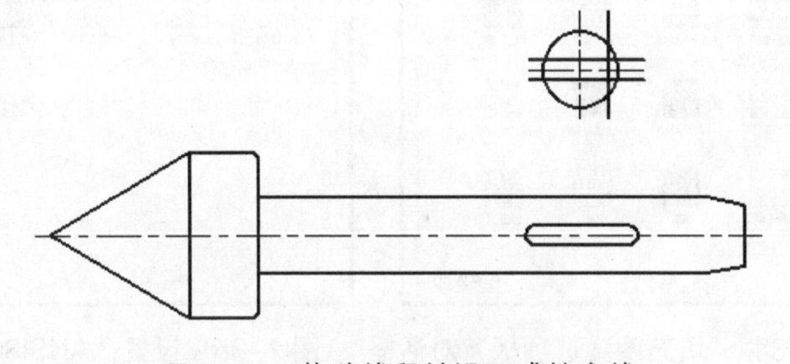

图 2-31　偏移线段并设置成轮廓线

16 单击“修改”工具栏中的“修剪”按钮，修剪出顶尖带凹槽部分的截面图，如图 2-32 所示。

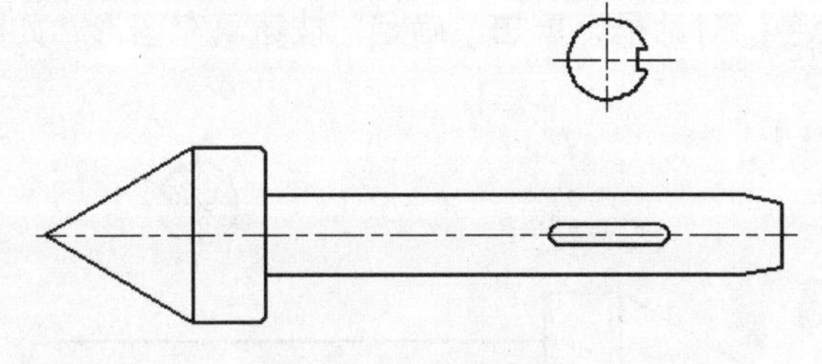

图 2-32　修剪图形

17 将图层设置成默认样式后，单击“绘图”工具栏中的“图案填充”按钮，打开“图案填充和渐变色”对话框，如图 2-33 所示。

重点提示　缩放要领

在执行缩放命令时，在输入缩小比例时，数值小于 1，在放大比例时，数值大于 1。

相关知识　什么是拉伸

当图形需要变形时，选定需要拉伸点相邻的两条直线，然后对角点进行修改。

拉伸前：

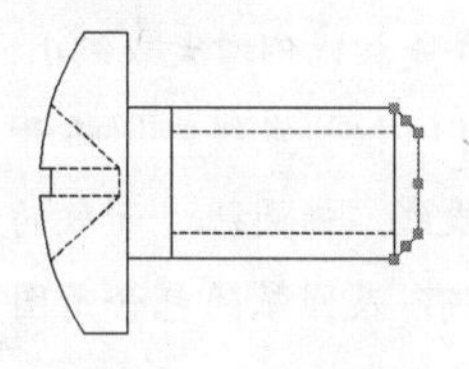

拉伸后：

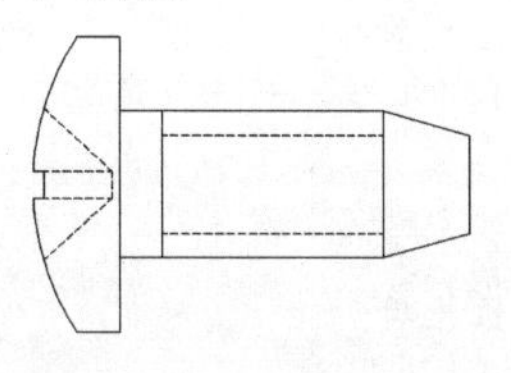

操作技巧　拉伸的操作方法

可以通过以下 3 种方法来执行“拉伸”功能：

- 选择“修改”→“拉伸”命令。
- 单击“修改”工具栏中的“拉伸”按钮。
- 在命令行中输入 stretch 后，按 Enter 键。

重点提示　拉伸需要注意选择

假如在拉伸一个矩形，拉伸

时不能选中整个矩形，只需选中拉伸顶点相邻的两条线段即可；未选中的顶点是不动的，如果拉伸时选定了所有线段，则整个矩形都被拉伸时，功能就类同于移动指令了。

相关知识 **什么是拉长**

通过拉长操作，可以调整图形对象的大小使其在一个方向上或是按比例增大或缩小。

可以拉长直线、圆弧开放的多段线、椭圆弧、开放的样条曲线以及圆弧的包含角图形对象的长度。

拉长前：

拉长后：

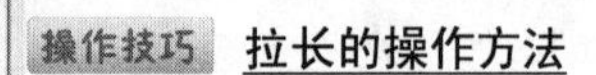

操作技巧 **拉长的操作方法**

可以通过以下两种方法来执行“拉长”功能：

- 选择“修改”→“拉长”命令。
- 在命令行中输入 lengthen 后，按 Enter 键。

相关知识 **什么是修剪**

在绘图中，经常会遇到多余

图 2-33 “图案填充和渐变色”对话框

18 单击“图案”下拉列表框后的[...]按钮，打开“填充图案选项板”对话框，如图 2-34 所示。

19 单击“ANSI”标签，选择“ANSI31”图案填充样式后，单击“确定”按钮返回“图案填充和渐变色”对话框，如图 2-35 所示。

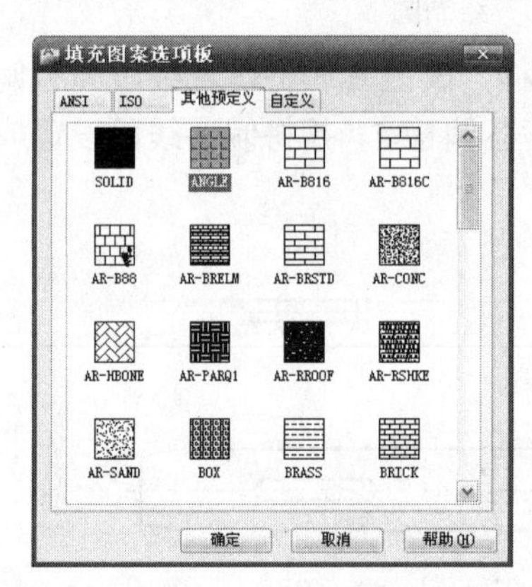

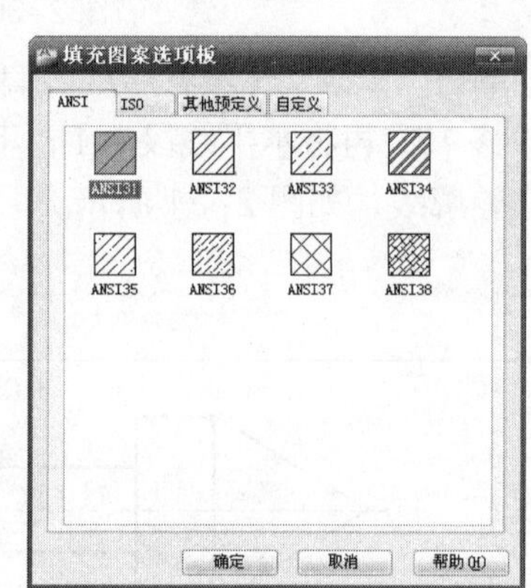

图 2-34 “填充图案选项板”对话框

图 2-35 设置“ANSI31”图案填充样式

20 在“边界”选项组中，单击“添加：拾取点”按钮[+]，在图中选择填充图案的剖面后，按 Enter 键再次返回“图案填充和渐变色”对话框，单击“确定”按钮填充图形，如图 2-36 所示。

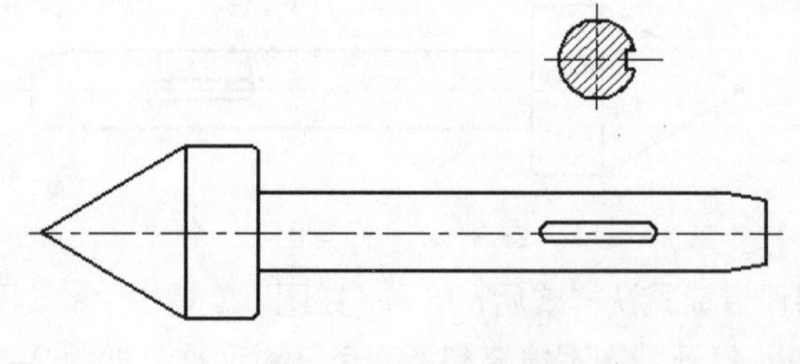

图 2-36 填充剖面

21 单击“修改”工具栏中的“移动”按钮，调整顶尖与剖面之间的距离，如图 2–37 所示。

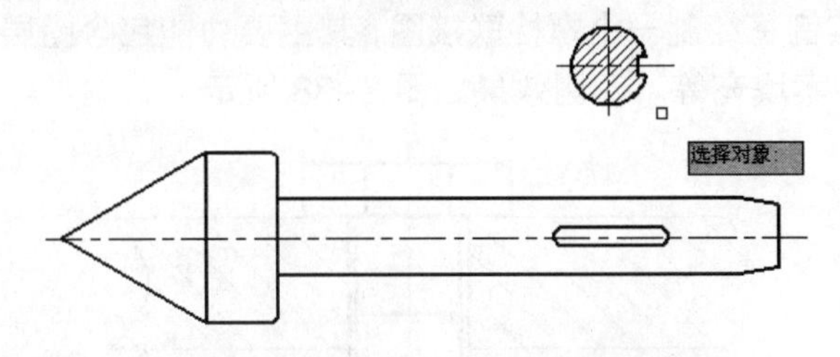

① 在剖面的右下方单击鼠标右键

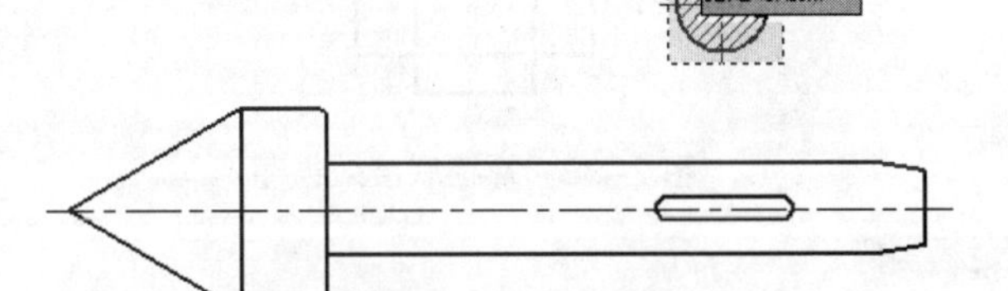

② 按住鼠标并拖动到剖面的左上角

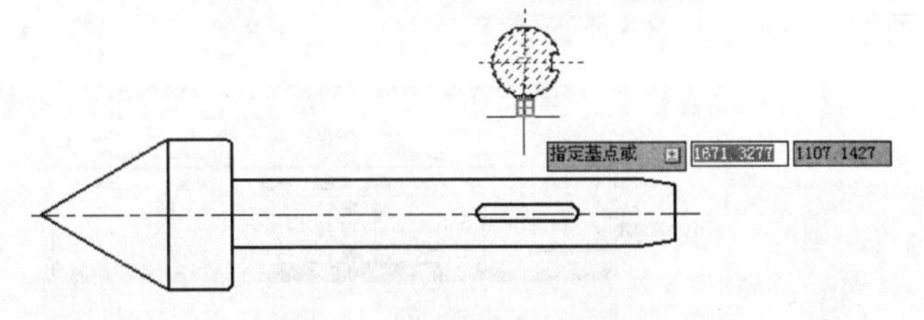

③ 在图中指定一个基点

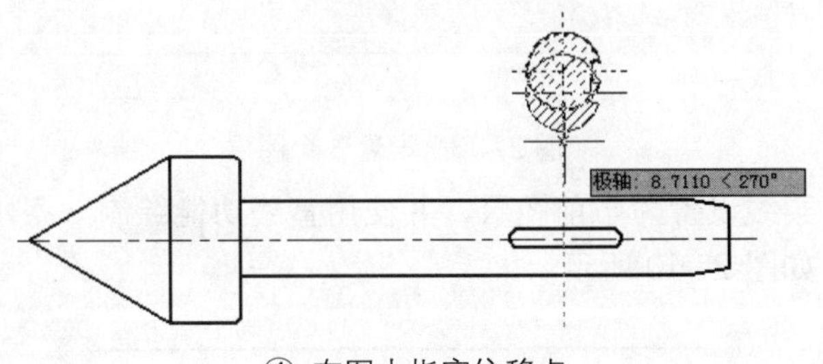

④ 在图中指定位移点

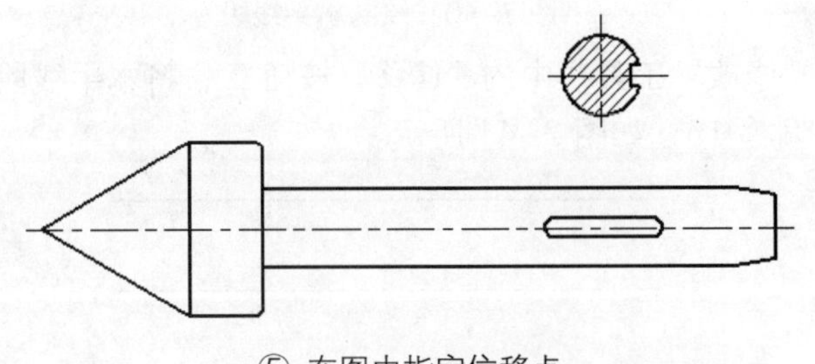

⑤ 在图中指定位移点

图 2–37　移动剖面调整效果

的线段，这时，需要对多余的线段进行修剪。

修剪前：

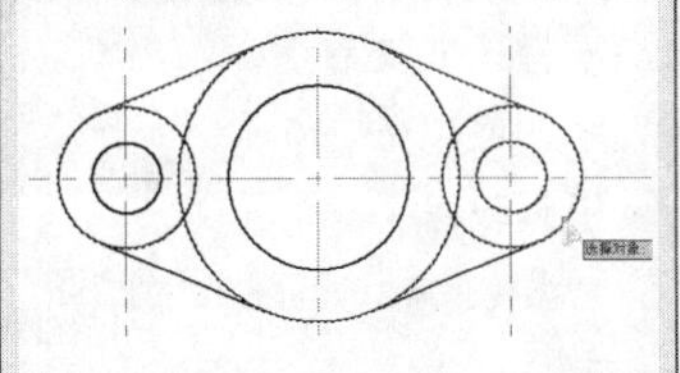

修剪后：

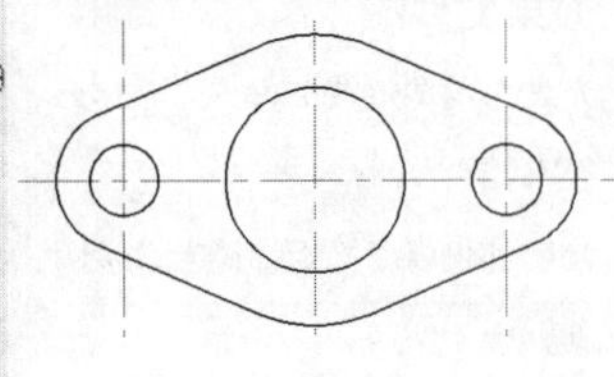

操作技巧　修剪的操作方法

可以通过以下 3 种方法来执行“修剪”功能：

- 选择“修改”→“修剪”命令。
- 单击“修改”工具栏中的“修剪”按钮。
- 在命令行中输入 trim 后，按 Enter 键。

重点提示　修剪与延伸的关系

修剪与延伸是两个相反的功能，在执行修剪时，按住 Shift 键后，再选择线段即可执行延伸操作。在操作延伸功能时，按住 Shift 键后，再选择线段即可执行修剪操作。

实例 2-3 绘制螺栓联接图

本实例将绘制一个螺栓联接图，其主要功能包含图层、样条曲线、图案填充等。实例效果如图 2–38 所示。

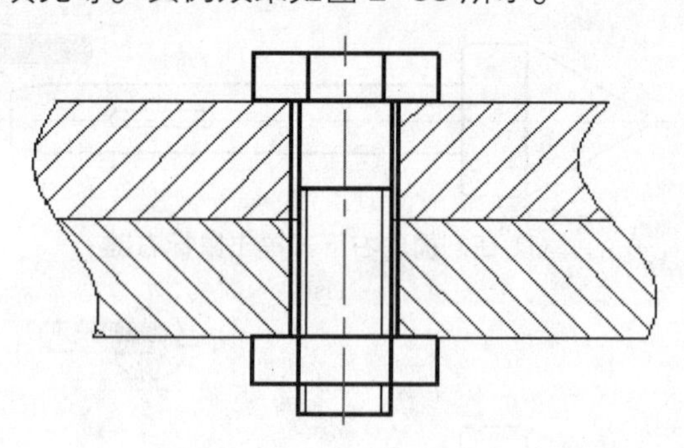

图 2–38 螺栓联接效果图

操作步骤

1 单击“格式”工具栏中的“图层特性管理器”按钮，打开“图层特性管理器”面板，创建点画线、细实线和轮廓线 3 个图层，如图 2–39 所示。

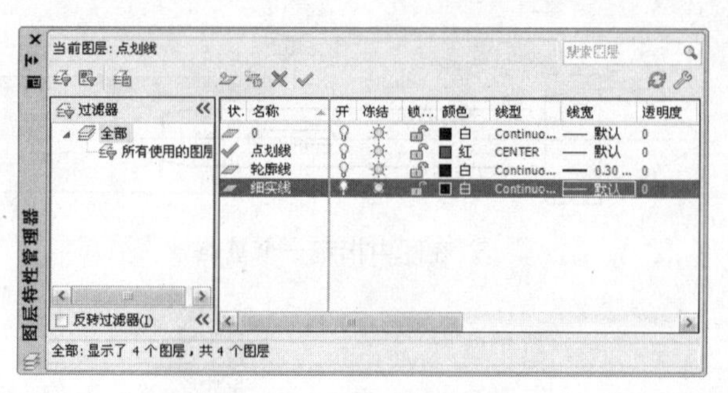

图 2–39 设置 3 个图层

2 将细实线设置为当前图层，并使用直线功能绘制一条水平线段，如图 2–40 所示。

图 2–40 绘制水平线段

3 单击“修改”工具栏中的“偏移”按钮，将水平线段向上、下各偏移 15，如图 2–41 所示。

图 2–41 偏移水平线段

实例 2-3 说明

- 知识点：
  - 图层
  - 样条曲线
  - 图案填充
- 视频教程：

  光盘\教学\第 2 章 机械绘图的编辑与修改
- 效果文件：

  光盘\素材和效果\02\效果\2-3.dwg
- 实例演示：

  光盘\实例\第 2 章\绘制螺栓联接图

相关知识 什么是延伸

延伸功能与修剪功能类似，却又与修剪的用途刚好相反。修剪是剪切范围以外的线段，延伸的作用是延长范围以内的线段。

延伸前：

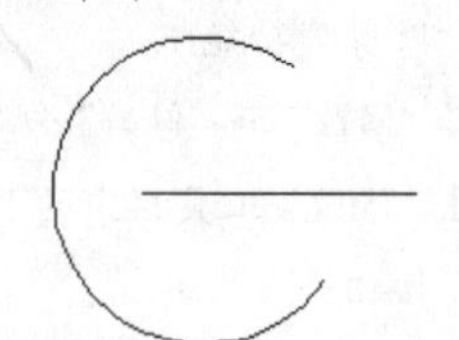

延伸后：

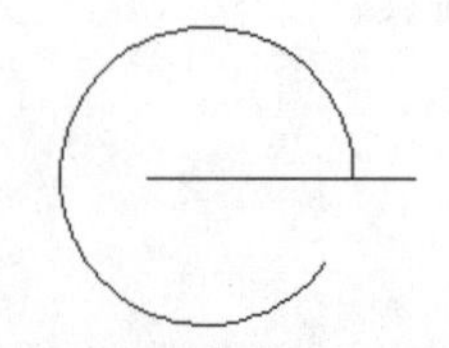

操作技巧 延伸的操作方法

可以通过以下 3 种方法来执行“延伸”功能：

- 选择“修改”→“延伸”命令。
- 单击“修改”工具栏中的“延伸”按钮。
- 在命令行中输入 extend 后，按 Enter 键。

4 单击“绘图”工具栏中的“样条曲线”按钮，绘制两条样条曲线，如图 2-42 所示。

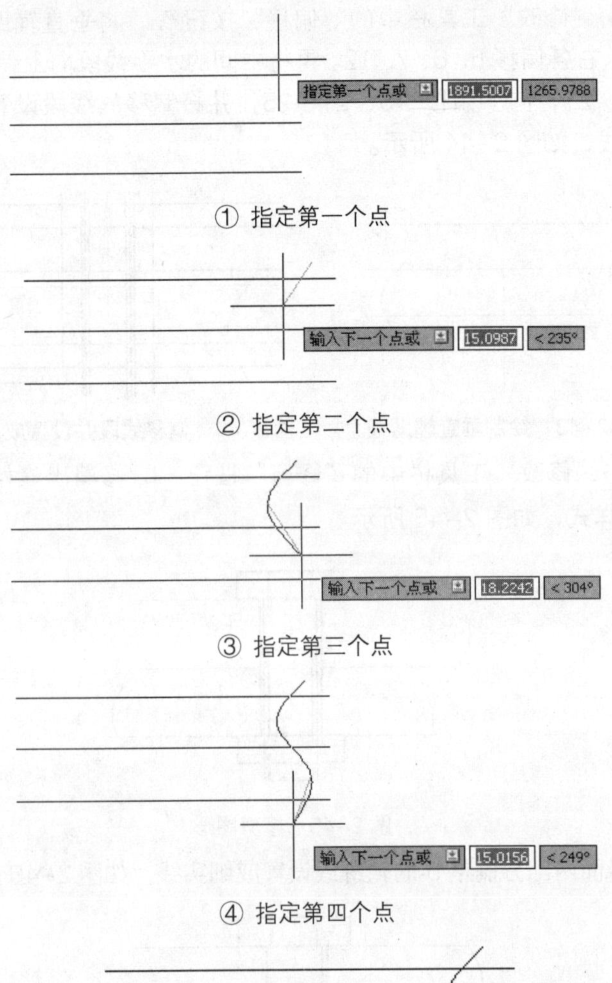

① 指定第一个点

② 指定第二个点

③ 指定第三个点

④ 指定第四个点

⑤ 按 Enter 键绘制完一条样条曲线

⑥ 绘制另一条样条曲线

图 2-42 绘制样条曲线

相关知识 什么是打断

打断主要是将一条完整的线段删除中间一段或者从中间剪断，因此打断可以分为打断和打断于点两种形式。打断于点是打断的特殊形式。

打断前：

打断后：

操作技巧 打断的操作方法

可以通过以下 3 种方法来执行“打断”功能：

- 选择“修改”→“打断”命令。
- 单击“修改”工具栏中的“打断”按钮。
- 在命令行中输入 break 后，按 Enter 键。

操作技巧 打断于点的操作方法

可以通过以下 3 种方法来执行“打断于点”功能：

- 选择“修改”→“打断于点”命令。
- 单击“修改”工具栏中的“打断于点”按钮。
- 在命令行中输入 break 后，按 Enter 键。

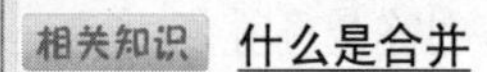

相关知识 什么是合并

合并与打断功能正好相反，它可以将两条或多条相同类型的线段、弧线以及曲线合并为一条线段。

合并前：

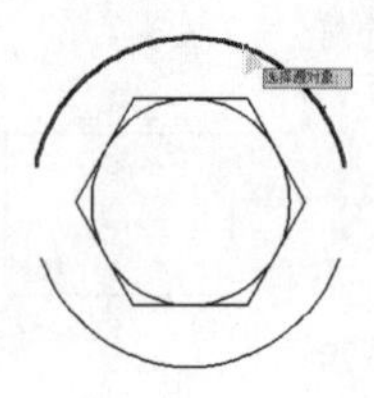

合并后：

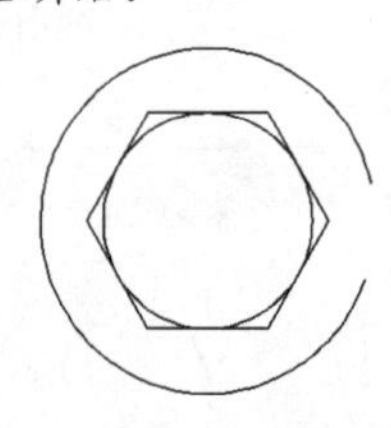

操作技巧 合并的操作方法

可以通过以下 3 种方法来执行“合并”功能：

- 选择“修改”→“合并”命令。
- 单击“修改”工具栏中的“合并”按钮。
- 在命令行中输入 join 后，按 Enter 键。

相关知识 什么是倒角

直线或斜面变化由线段或实体构成的夹角称为倒角。

倒角前：

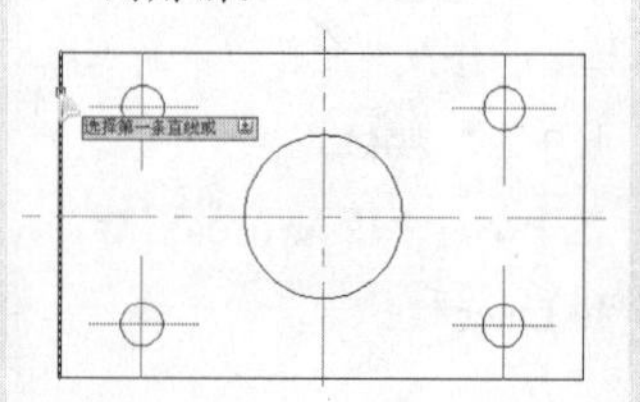

5 将点画线设置为当前图层，并绘制一条垂直辅助线，如图 2-43 所示。

6 单击“修改”工具栏中的“偏移”按钮，将垂直辅助线向左、右各偏移 5、6、7、12，再将中间的水平线段向上偏移 4、15、21，向下偏移 15、21、25，并将偏移的线段设置为轮廓线，如图 2-44 所示。

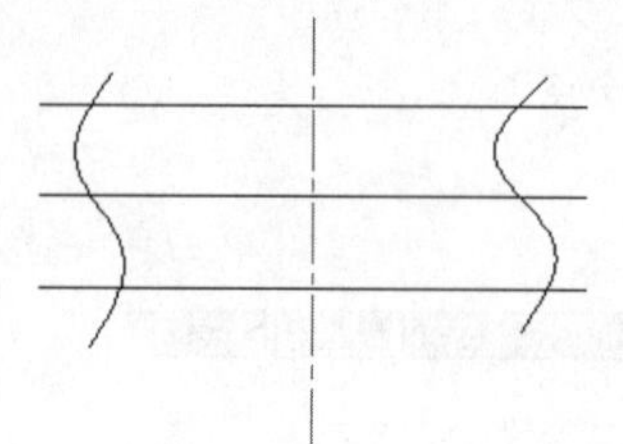

图2-43 绘制垂直辅助线

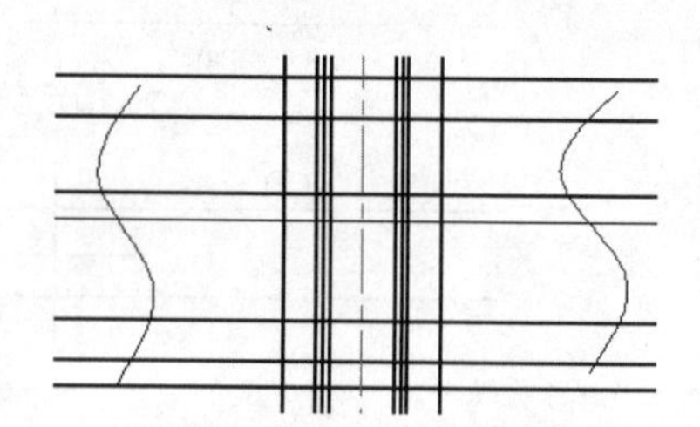

图2-44 偏移线段并设置成轮廓线

7 单击“修改”工具栏中的“修剪”按钮，修剪出螺栓的大致样式，如图 2-45 所示。

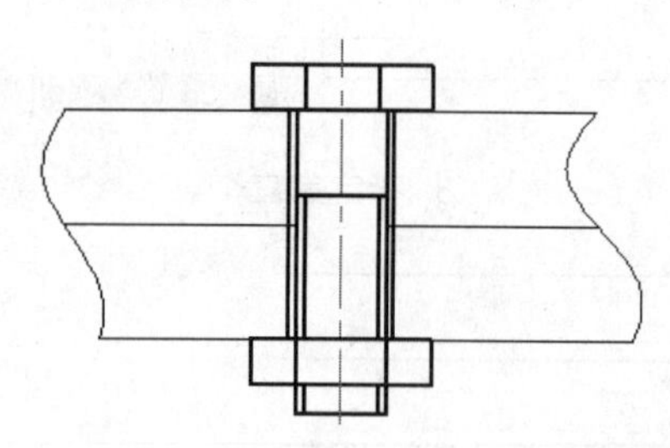

图 2-45 修剪图形

8 将下面两部分偏移 5 的轮廓线设置成细实线，如图 2-46 所示。

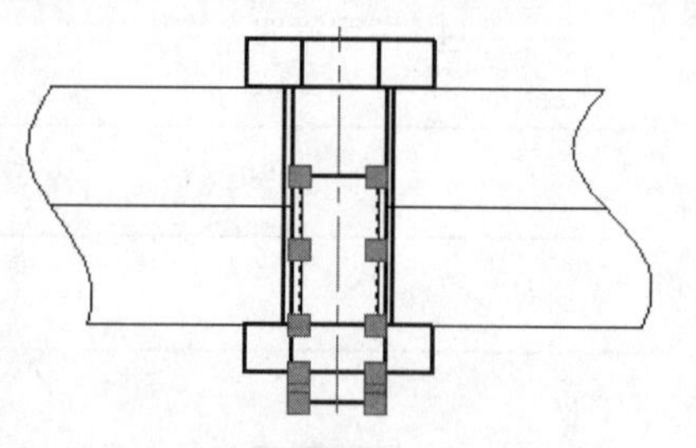

① 选中要更改的线段

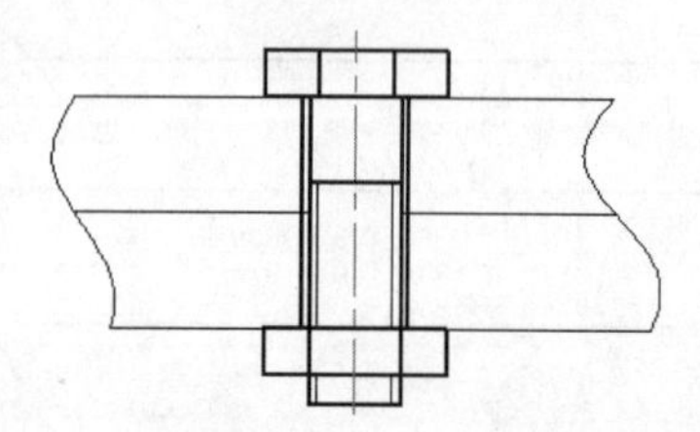

② 在“图层”下拉列表框中选择“细实线”选项

图 2-46 设置轮廓线

9 将细实线设置为当前图层后，单击“绘图”工具栏中的“图案填充”按钮，打开“图案填充和渐变色”对话框。

10 设置“ANIS31”图案填充样式后，填充水平线以上螺栓两边的区域，如图 2-47 所示。

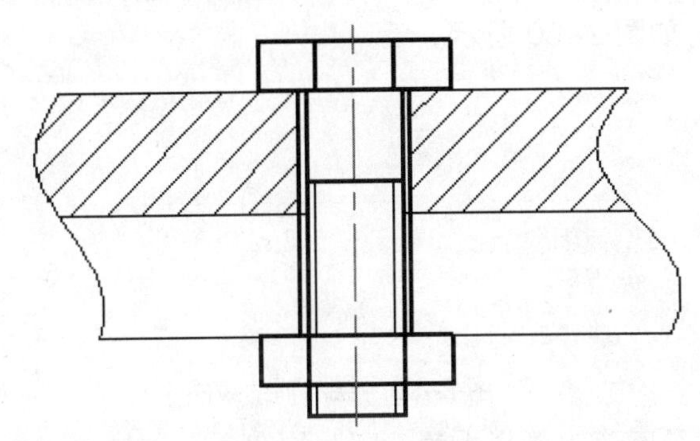

图 2-47　填充上半部分

11 用同样的方法，但是设置角度为 90°，然后填充下半部分，如图 2-48 所示。

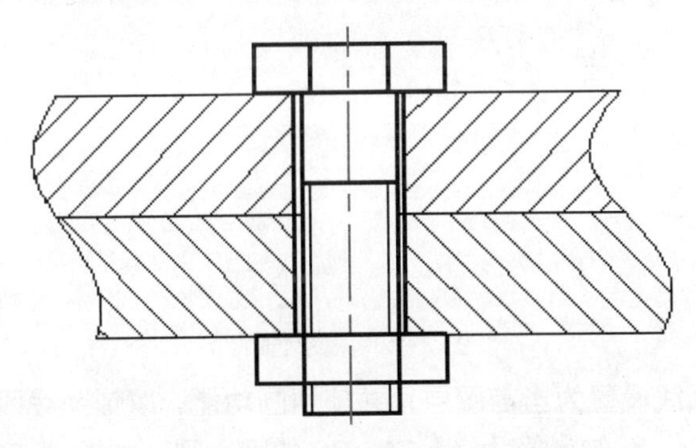

图 2-48　填充下半部分

实例 2-4　绘制零件图（1）

本实例将绘制一个零件图，其主要功能包含圆角、旋转、偏移、复制等。实例效果如图 2-49 所示。

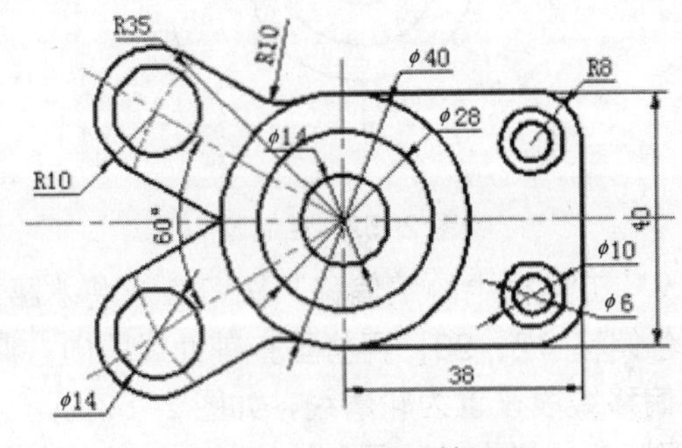

图 2-49　零件图效果图

倒角后修倒角模式：

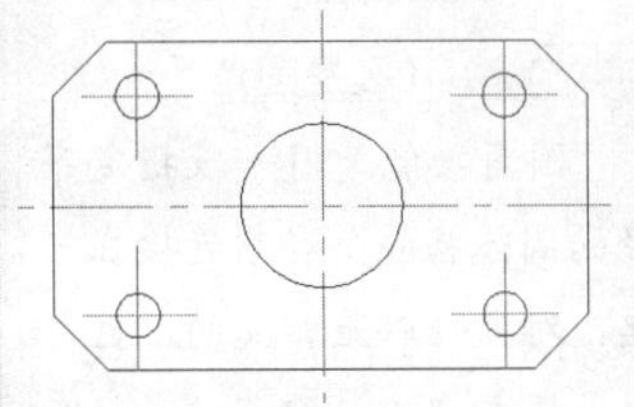

倒角后不修倒角模式：

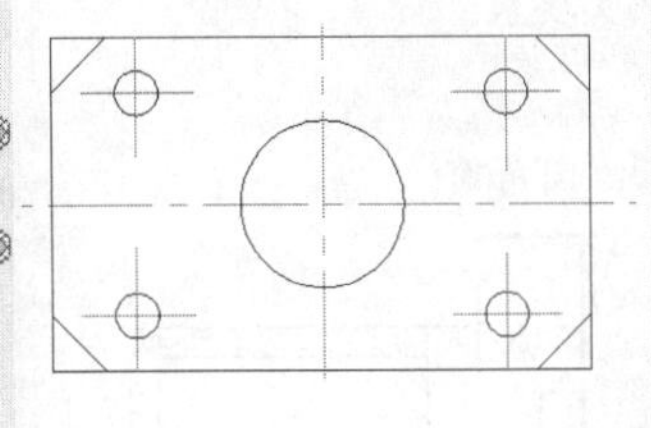

操作技巧　倒角的操作方法

可以通过以下 3 种方法来执行“倒角”功能：

- 选择“修改”→“倒角”命令。
- 单击“修改”工具栏中的“倒角”按钮。
- 在命令行中输入 chamfer 后，按 Enter 键。

实例 2-4 说明

- 知识点：
  - 圆角
  - 旋转
  - 偏移
  - 复制
- 视频教程：
  光盘\教学\第 2 章 机械绘图的编辑与修改
- 效果文件：
  光盘\素材和效果\02\效果\2-4.dwg
- 实例演示：
  光盘\实例\第 2 章\绘制零件图 1

相关知识 **什么是圆角**

圆角功能是用一段指定半径的圆弧将两个对象连接在一起，对象可以是相交的，也可以是不相交的，但都对半径有相关要求。

圆角前：

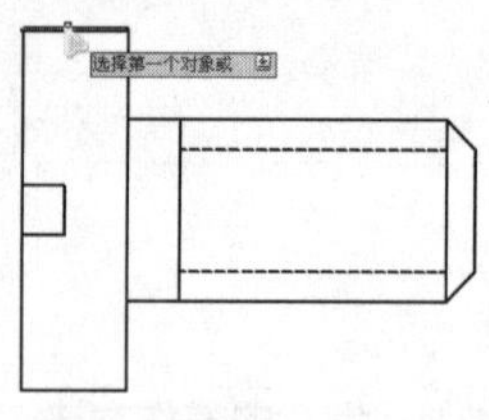

圆角后：

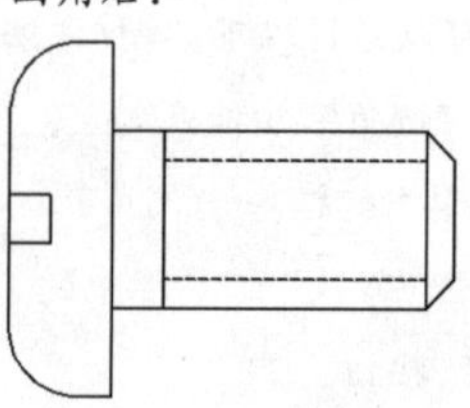

操作技巧 **圆角的操作方法**

可以通过以下 3 种方法来执行“圆角”功能：

- 选择“修改”→“圆角”命令。
- 选择“修改”工具栏中的“圆角”按钮。
- 在命令行中输入 fillet 后，按 Enter 键。

操作步骤

1 单击“格式”工具栏中的“图层特性管理器”按钮，打开“图层特性管理器”面板，创建点画线和轮廓线两个图层。

2 将点画线设置为当前图层，并使用直线功能，绘制两条辅助线段，如图 2–50 所示。

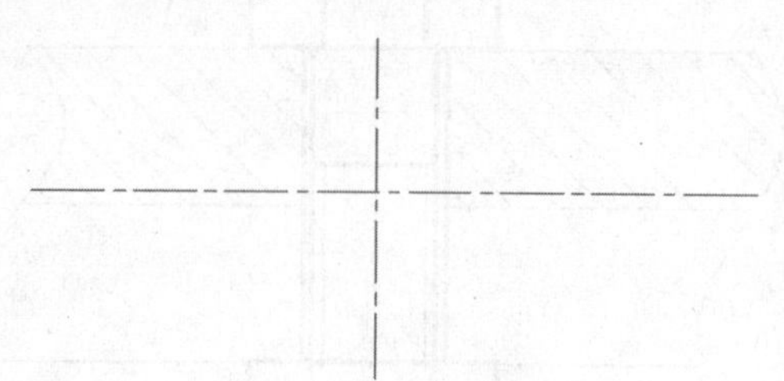

图 2–50　绘制辅助线段

3 单击“绘图”工具栏中的“圆”按钮，以辅助线段的交点为圆心，绘制一个半径为 35 的辅助圆，如图 2–51 所示。

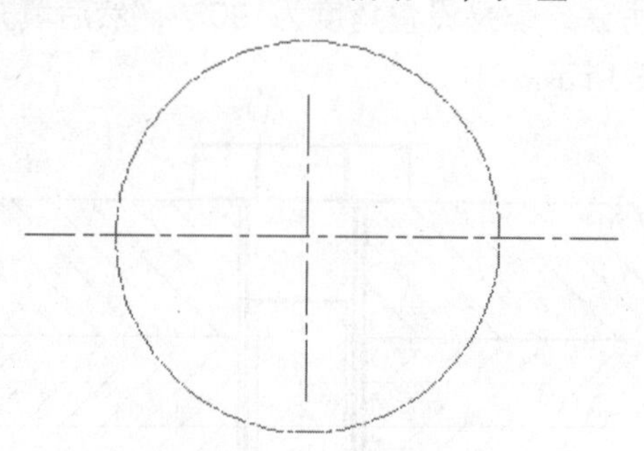

图 2–51　绘制辅助圆

4 将点画线设置为当前图层，并使用圆功能，以辅助线段的交点为圆心，绘制半径为 7、14、20 的同心圆，如图 2–52 所示。

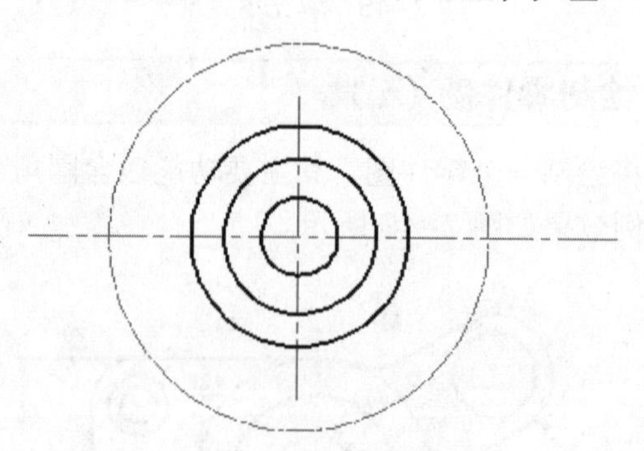

图 2–52　绘制圆

5 单击“修改”工具栏中的“偏移”按钮，将水平辅助线段向上、下各偏移 12、20，再将垂直辅助线段向右偏移 30、38，并将偏移线段设置为轮廓线，如图 2–53 所示。

6 单击“绘图”工具栏中的“圆”按钮，以水平偏移线段 12

与垂直偏移线段 30 的两个交点为圆心，各绘制半径为 3、5 的同心圆，如图 2-54 所示。

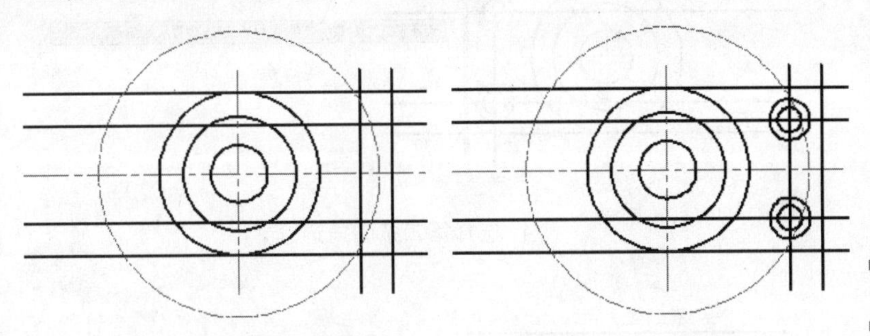

图 2-53　偏移线段并设置成轮廓线　　　　图 2-54　绘制圆

7 单击“修改”工具栏中的“圆角”按钮，对图形的边角倒圆角，圆角半径为 8，如图 2-55 所示。

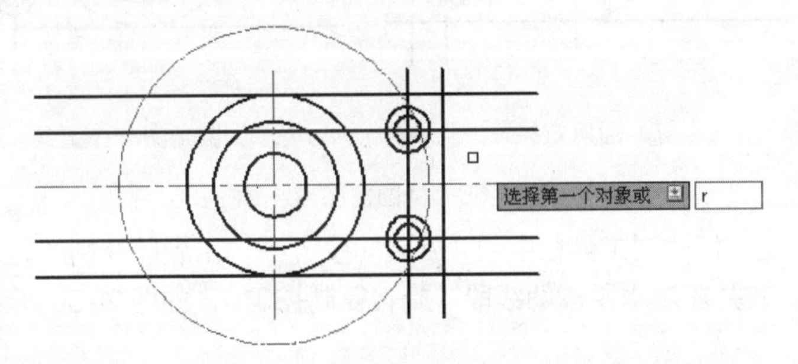

① 设置半径选项

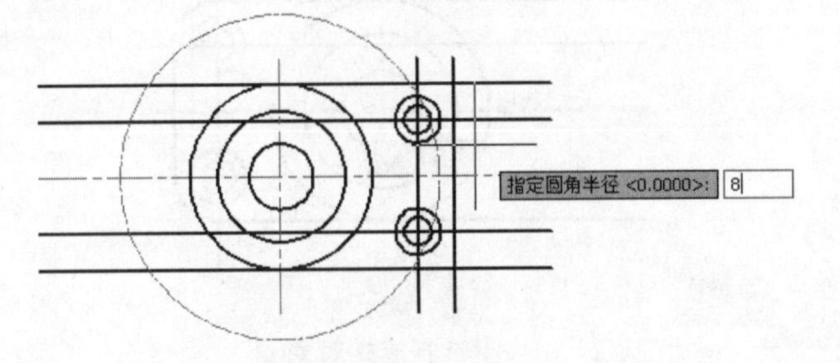

② 输入圆角半径为 8 按 Enter 键

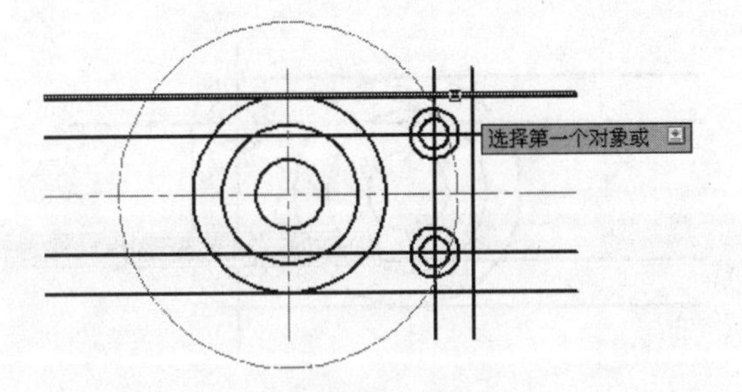

③ 选择第一条圆角边

图 2-55　倒圆角图形

重点提示　倒角与圆角

倒角与圆角功能不仅适用于二维图形，也可以应用在三维实体编辑中。

相关知识　什么是光顺曲线

光顺曲线是将两条不相连的样条曲线用曲线连接起来，并可以通过连接曲线上的夹点调整曲线的样式。

光顺曲线前：

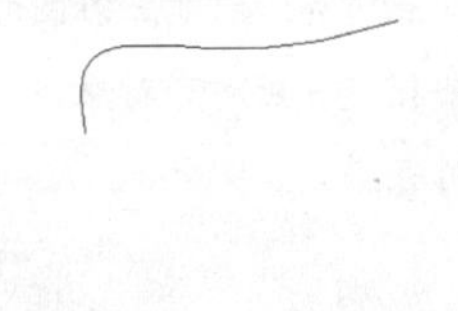

光顺曲线后：

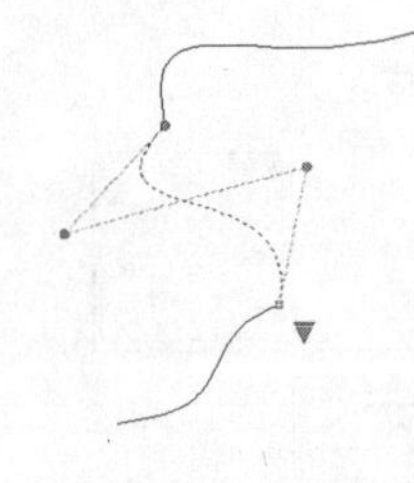

调整蓝色夹点：

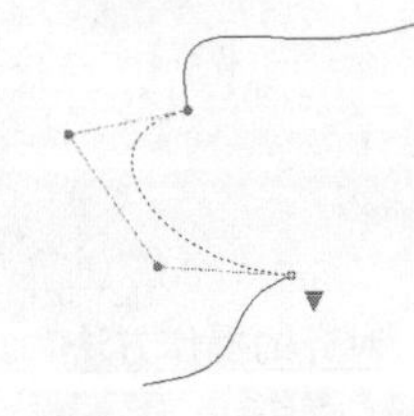

操作技巧 光顺曲线的操作方法

可以通过以下 3 种方法来执行“光顺曲线”功能：

- 单击“修改”工具栏中的“光顺曲线”按钮。
- 在命令行中输入 blend 后，按 Enter 键。

相关知识 什么是对齐

使用“对齐”命令，可以将当前对象与其他对象对齐，该命令不仅适用于二维图形，也适用于三维对象。对于二维图形，对齐时可以指定一点对齐，也可以指定两点对齐；对于三维图形，则需要指定 3 点对齐对象。

对齐前：

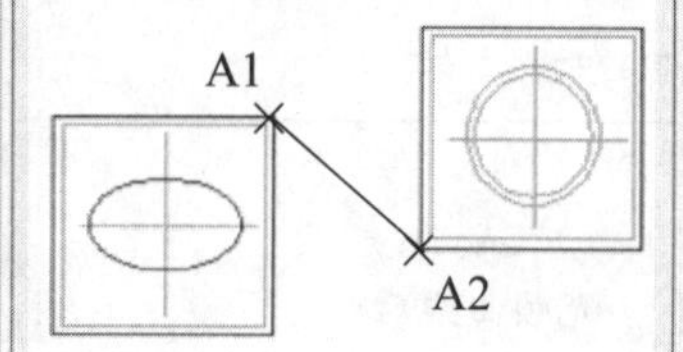

对齐后：

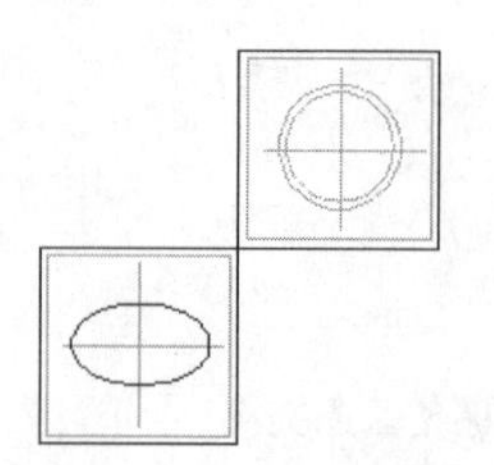

操作技巧 对齐的操作方法

可以通过以下两种方法来执行“对齐”功能：

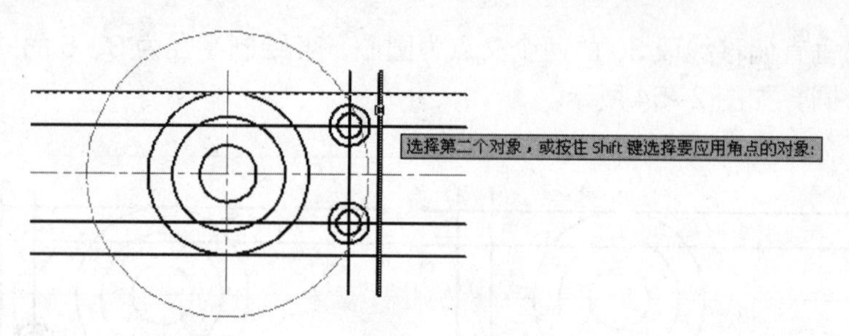

④ 选择第二条圆角边

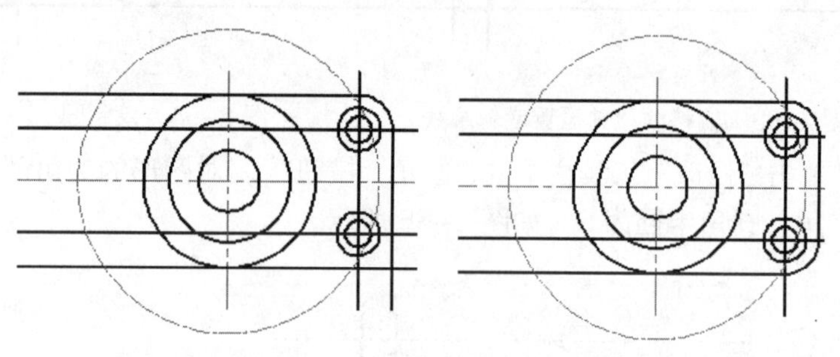

⑤ 圆角效果　　⑥ 倒圆角另一个直角

图 2-55　倒圆角图形（续）

8 单击“修改”工具栏中的“旋转”按钮，用旋转复制的方法，旋转并复制水平辅助线段，旋转复制±30°，如图 2-56 所示。

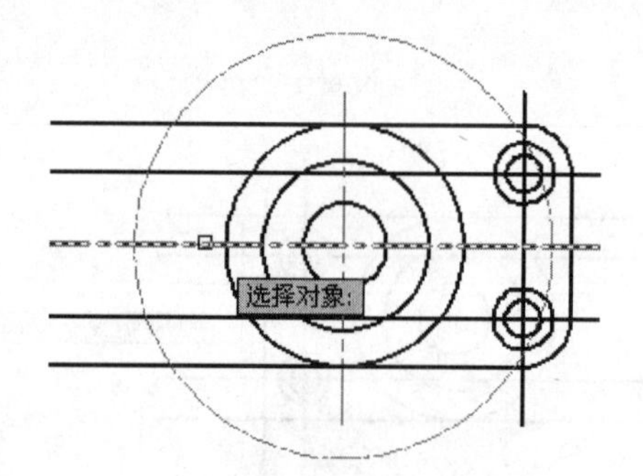

① 选择旋转对象

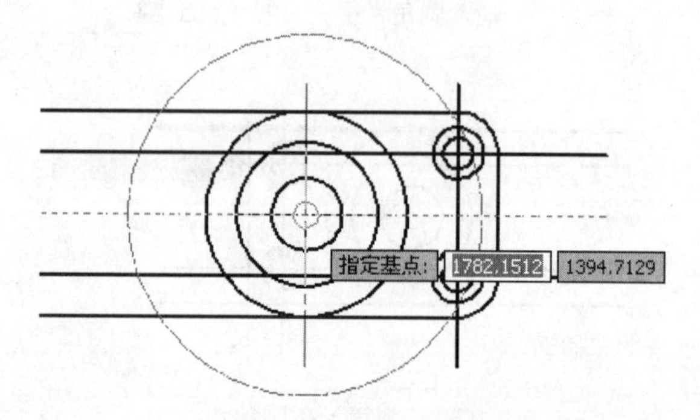

② 指定旋转基点

图 2-56　旋转复制水平辅助线段

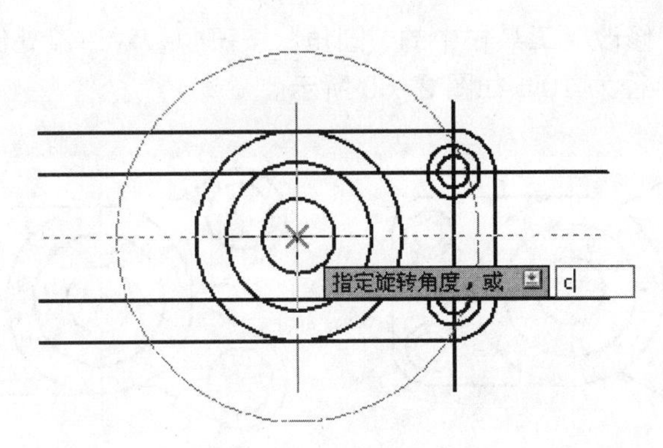

③ 输入 C，再按 Enter 键

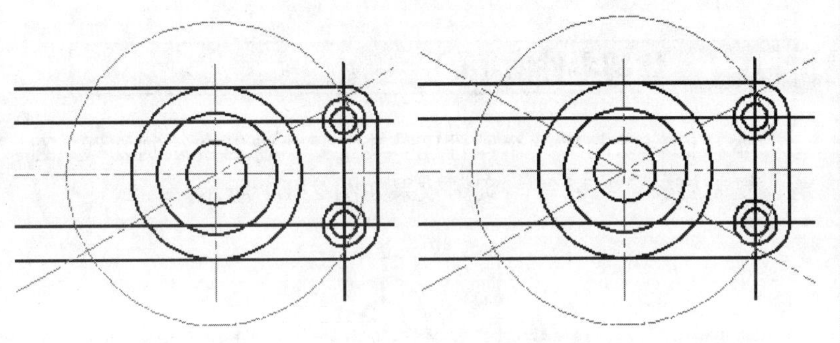

④ 旋转效果　　⑤ 再次旋转复制-30° 角

图 2-56　旋转复制水平辅助线段（续）

9 单击“绘图”工具栏中的“圆”按钮，以旋转线段与辅助圆的两个交点为圆心，各绘制半径为 7、10 的同心圆，如图 2-57 所示。

10 单击“修改”工具栏中的“偏移”按钮，将两条旋转复制的辅助线段向上、下各偏移 10，并将偏移线段设置为轮廓线，如图 2-58 所示。

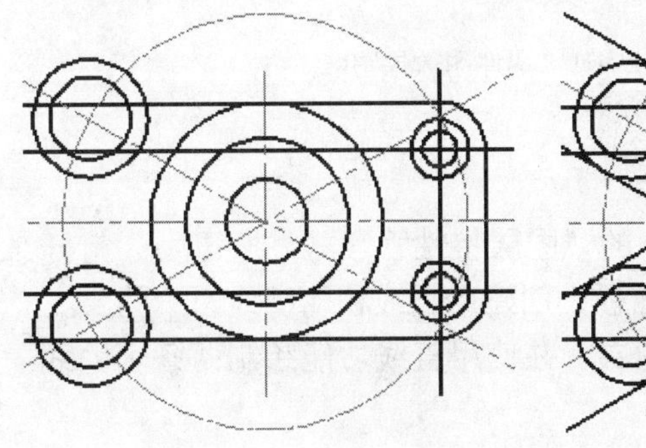

图 2-57　绘制圆

图 2-58　偏移线段

11 单击“修改”工具栏中的“修剪”按钮和“删除”按钮，修剪和删除图形中多余的线段，如图 2-59 所示。

- 选择“修改”→“三维操作”→“对齐”命令。
- 在命令行中输入 align 后，按 Enter 键。

相关知识　什么是分解

分解对象是指可以把多段线分解成一系列组成该多段线的直线与圆弧，把多线分解成各直线段，把块分解成组成该块的各对象，把一个尺寸标注分解成线段、箭头和尺寸文字等。

操作技巧　分解的操作方法

可以通过以下 3 种方法来执行“分解”功能：

- 选择“修改”→“分解”命令。
- 单击“修改”工具栏中的“分解”按钮。
- 在命令行中输入 explode 后，按 Enter 键。

重点提示　分解对象

在 Auto CAD 中，分解并不常用，主要应用在提取某些完整图形中的部分图形，如提取图形块中的部分图形，或者矩形、多边形中的一条边等。

12 单击“修改”工具栏中的“圆角”按钮，对过渡处倒圆角，圆角半径为 10，如图 2-60 所示。

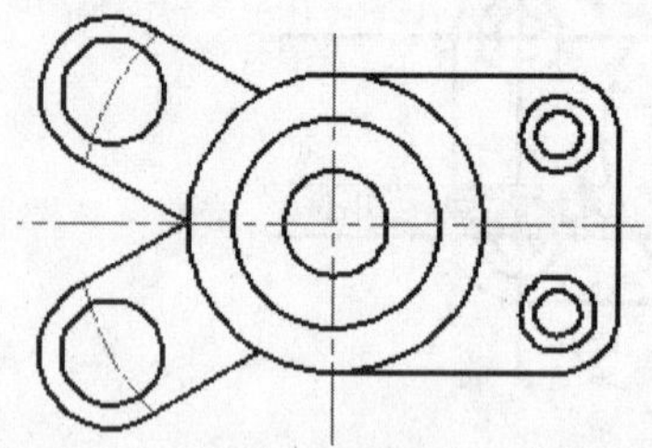

图 2-59　修剪和删除图形中多余的线段　　　图 2-60　倒圆角图形

实例 2-5　绘制零件图（2）

本实例将绘制另一个零件图，其主要功能包含绘制切线、圆角、复制旋转、打断等。实例效果如图 2-61 所示。

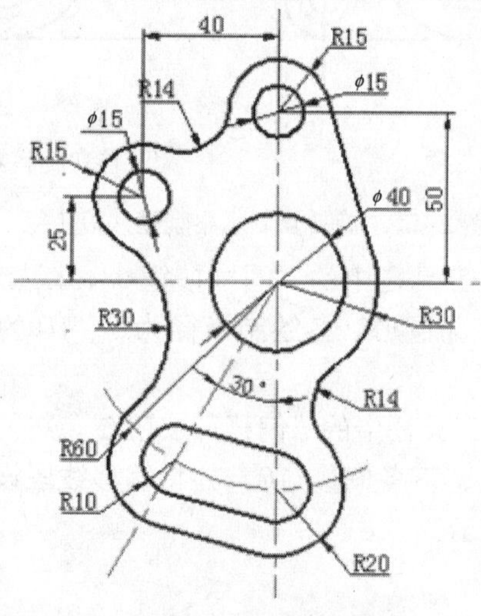

图 2-61　零件图效果图

操作步骤

1 单击“格式”工具栏中的“图层特性管理器”按钮，打开“图层特性管理器”面板，创建点画线和轮廓线两个图层。

2 将点画线设置为当前图层，并使用直线功能绘制两条辅助线段，如图 2-62 所示。

3 单击“绘图”工具栏中的“圆”按钮，以辅助线段的交点为圆心，绘制一个半径为 35 的辅助圆，如图 2-63 所示。

实例 2-5 说明

- **知识点：**
  - 绘制切线
  - 圆角
  - 复制旋转
  - 打断
- **视频教程：**
  光盘\教学\第 2 章 机械绘图的编辑与修改
- **效果文件：**
  光盘\素材和效果\02\效果\2-5.dwg
- **实例演示：**
  光盘\实例\第 2 章\绘制零件图 2

相关知识　什么是面域

面域是用封闭的二维线条平面图构成“面”，这些线条必须是首尾相接的封闭线，而且必须处在同一个平面，不能是三维空间中的首尾连接。或者简单地说，面域就是一个具有边界的平面。

面域前：

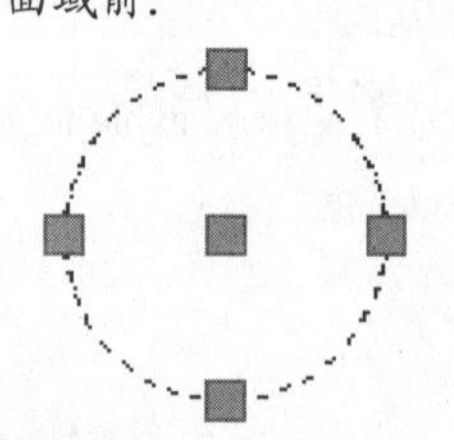

面域后：

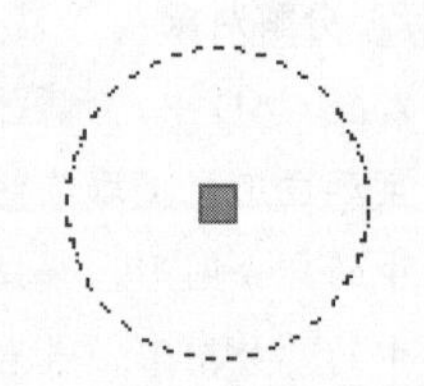

相关知识　面域的对象

创建面域就是包含封闭区

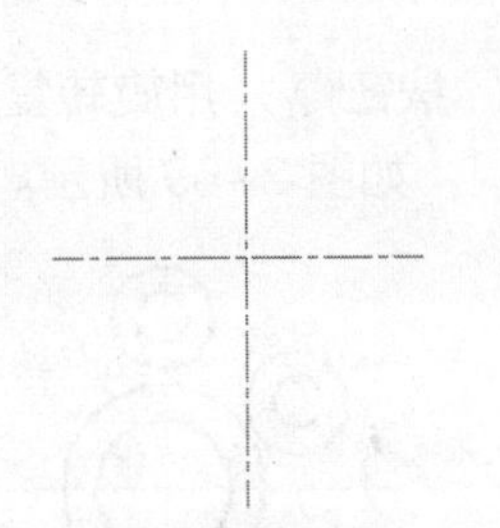

图 2-62　绘制辅助线段

图 2-63　绘制辅助圆

4 将轮廓线设置为当前图层，并使用圆功能，以辅助线段的交点为圆心，绘制半径为 20、30 的同心圆，如图 2-64 所示。

5 单击“修改”工具栏中的“偏移”按钮，将水平辅助线段向上偏移 25、50，再将垂直辅助线段向左偏移 40，如图 2-65 所示。

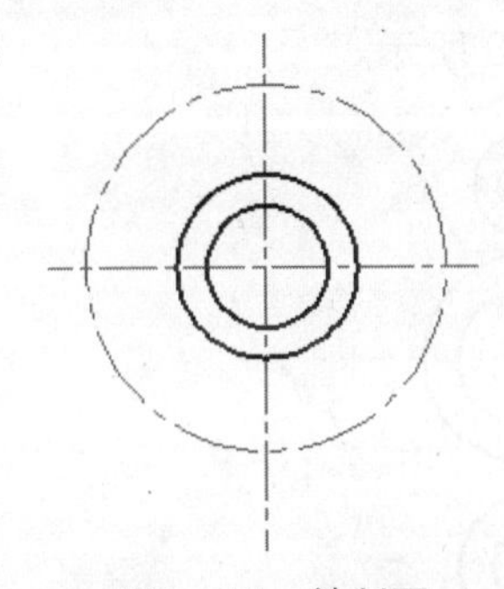

图 2-64　绘制圆

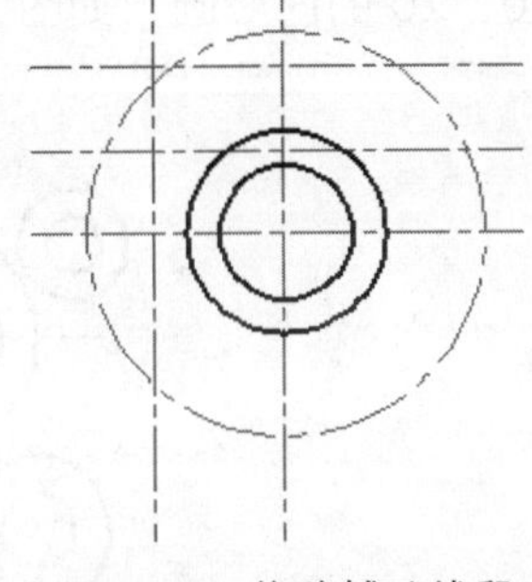

图 2-65　偏移辅助线段

6 单击“绘图”工具栏中的“圆”按钮，以水平偏移线段 25 与垂直偏移线段 40 的交点为圆心，绘制半径为 7.5、15 的同心圆，如图 2-66 所示。

7 再次单击“绘图”工具栏中的“圆”按钮，以水平偏移线段 50 与垂直辅助线段的交点为圆心，绘制半径为 7.5、15 的同心圆，如图 2-67 所示。

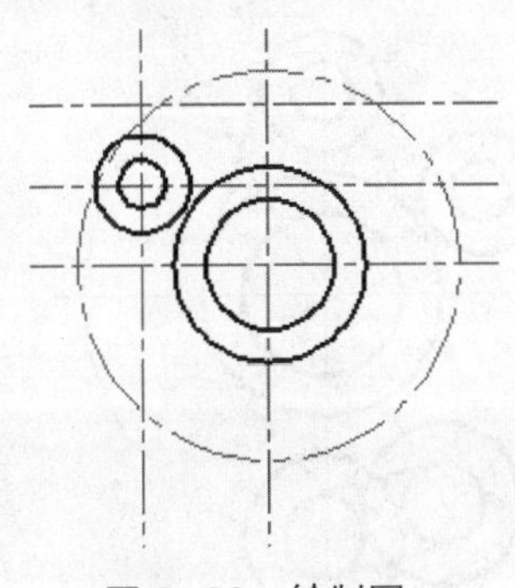

图 2-66　绘制圆

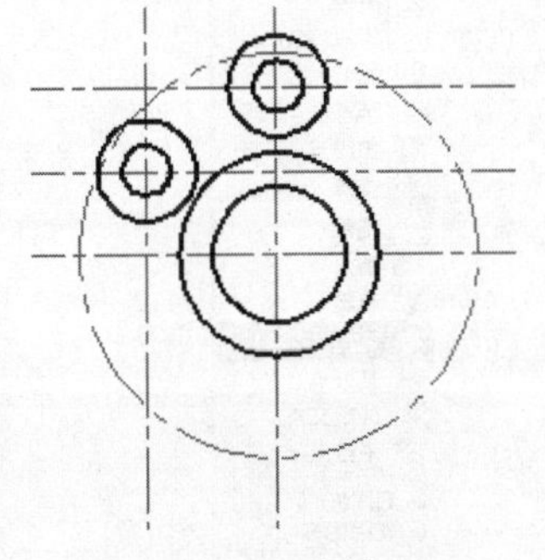

图 2-67　再次绘制圆

8 单击“修改”工具栏中的“删除”按钮，删除之前偏移的 3 条辅助线段，如图 2-68 所示。

域的图形对象转换为面域对象的过程。

组成面域的封闭区域可以是直线、多段线、圆、圆弧、椭圆、椭圆弧和样条曲线的组合，组合后的对象必须是闭合的，或通过与其他对象共享端点而形成闭合的区域。

重点提示　修改面域

如果要修改面的形状，则可以将面分解成二维图形后修改，完成后再创建成面。

操作技巧　面域的操作方法

可以通过以下 3 种方法来执行“面域”功能：

- 选择“绘图”→“面域”命令。
- 单击“绘图”工具栏中的“面域”按钮。
- 在命令行中输入 region 后，按 Enter 键。

相关知识　面域图形的其他方法

使用“边界”命令也可以将封闭的区域创建为面域。选择“绘图”→“边界”命令，打开“边界创建”对话框。在“对象类型”下拉列表框中选择“面域”选项即可。

"边界创建"对话框：

重点提示 面域的应用范围

转换为面域的封闭图形，除了可以继续进行二维的编辑修改操作外，还可以进行布尔运算、生成三维实体操作（拉伸、旋转、扫掠、放样）、渲染等。

相关知识 面域的质量特性

面域的质量特性包括周长、面积、质心、惯性矩、旋转半径等。

操作技巧 面域特性的操作方法

可以通过以下两种方法来执行"面域特性"功能：

- 选择"工具"→"查询"→"面域/面域特性"命令。
- 在命令行中输入 massprop 后，按 Enter 键。

相关知识 什么是通过夹点编辑图形

夹点是一些实心的小方框，

9 单击"修改"工具栏中的"旋转"按钮，用旋转复制的方法，旋转复制垂直辅助线段-30°，如图 2-69 所示。

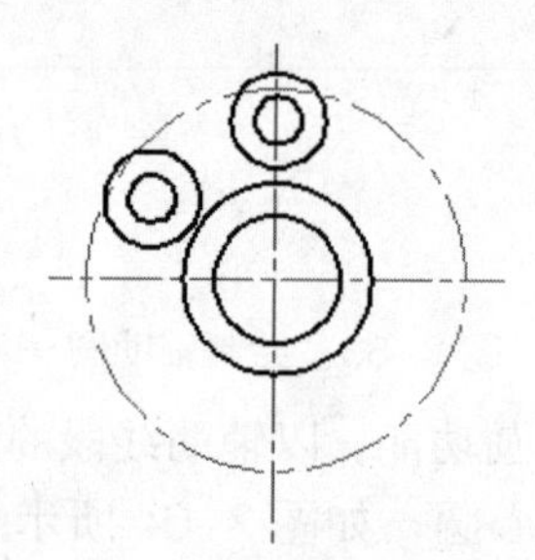

图 2-68 删除偏移的辅助线段

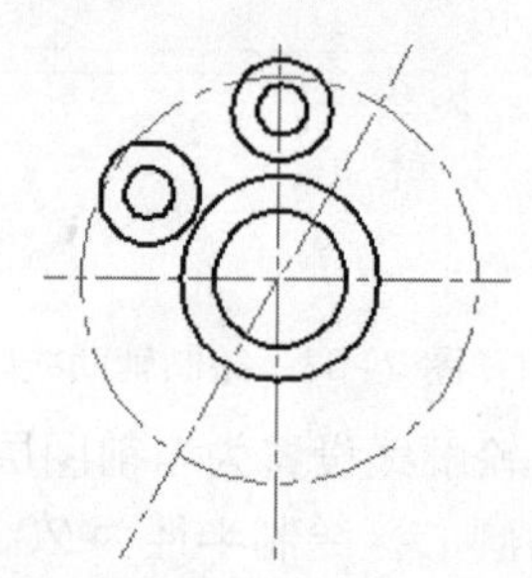

图 2-69 旋转复制垂直辅助线段

10 单击"绘图"工具栏中的"圆"按钮，以垂直辅助线段、旋转复制辅助线段与辅助圆的两个交点为圆心，各绘制半径为 10、20 的同心圆，如图 2-70 所示。

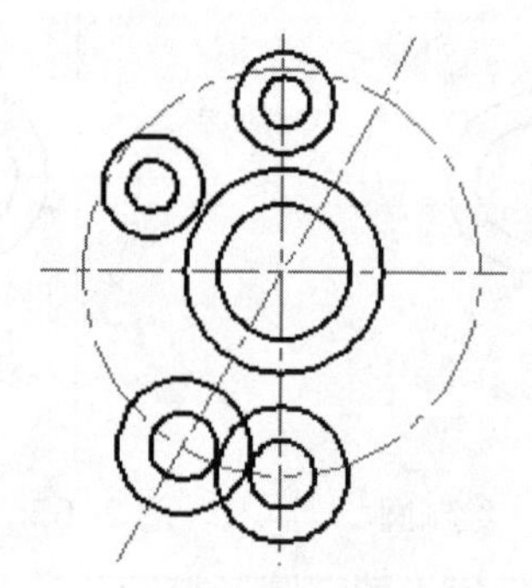

图 2-70 绘制圆

11 单击"绘图"工具栏中的"直线"按钮，将鼠标移动到状态栏上，单击鼠标右键，在弹出的快捷菜单中取消选择"圆心"命令，选择"切点"命令，并在图中绘制 4 条切线，如图 2-71 所示。

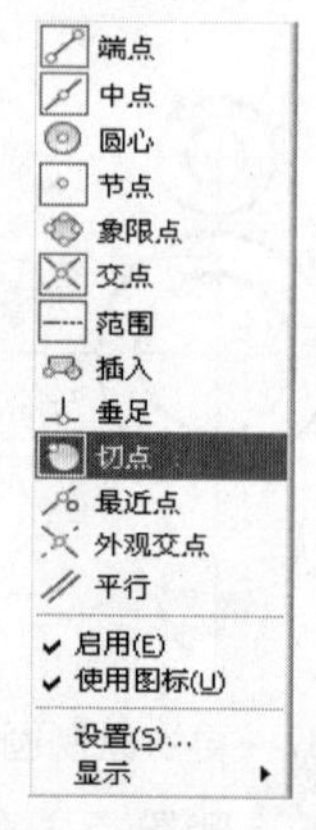

① "对象捕捉"快捷菜单

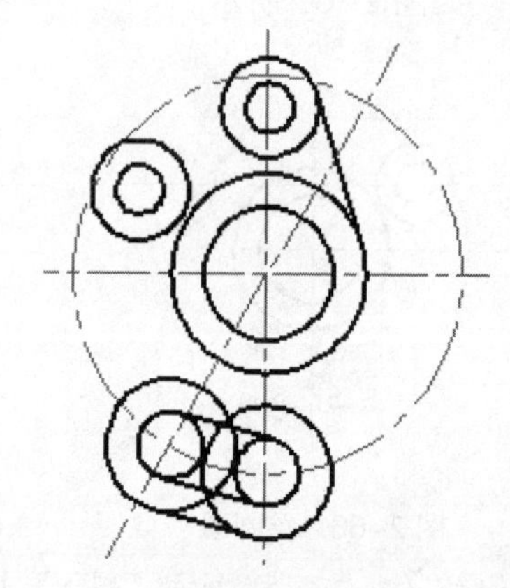

② 绘制切线效果

图 2-71 绘制切线

12 单击“修改”工具栏中的“圆角”按钮，对图中的其中两个圆倒圆角，圆角半径为 14，如图 2–72 所示。

13 再次单击“修改”工具栏中的“圆角”按钮，对图形倒圆角，圆角半径为 30，如图 2–73 所示。

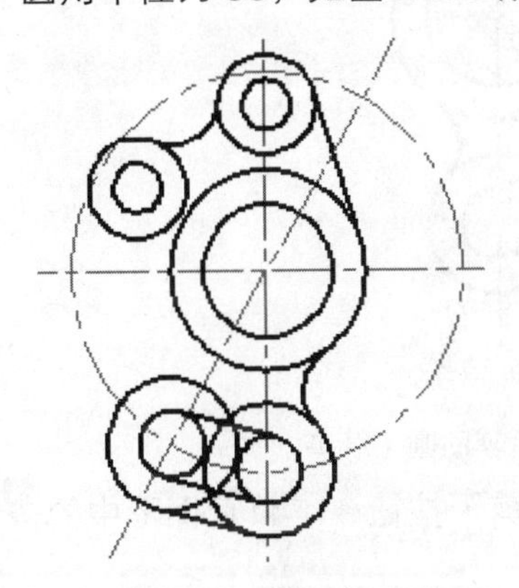

图 2–72　倒圆角图形

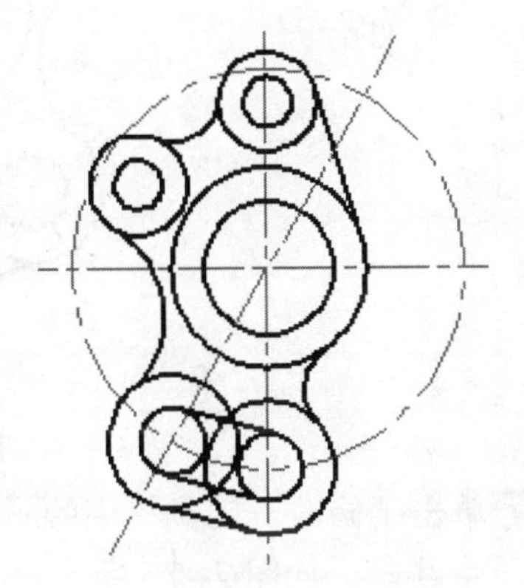

图 2–73　再次倒圆角图形

14 单击“修改”工具栏中的“打断”按钮，对辅助圆打断，留取部分圆弧即可，如图 2–74 所示。

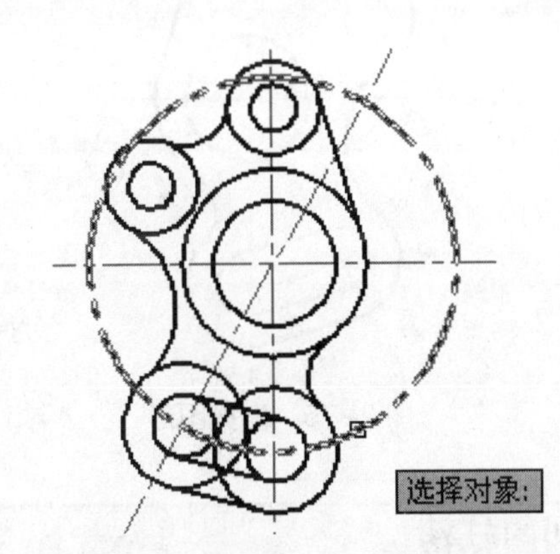

① 选择打断的对象，在图中选择第一个断点

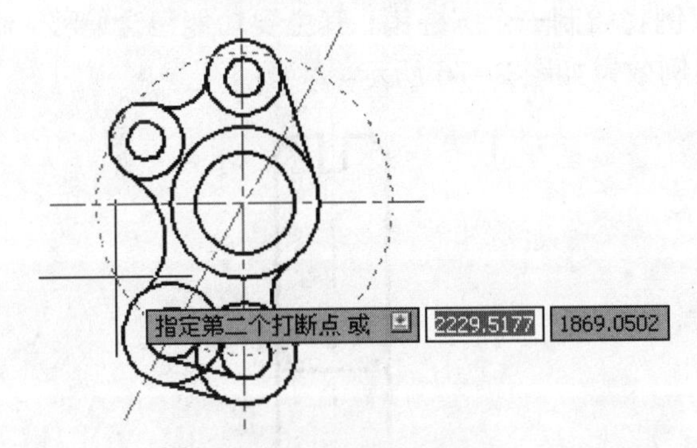

② 在图中选择第二个断点

图 2–74　打断辅助圆

当选定图形对象时，对象关键点上将出现夹点，也就是对象上的控制点。锁定图层上的图形对象不显示夹点。

选择图形后显示蓝色夹点:

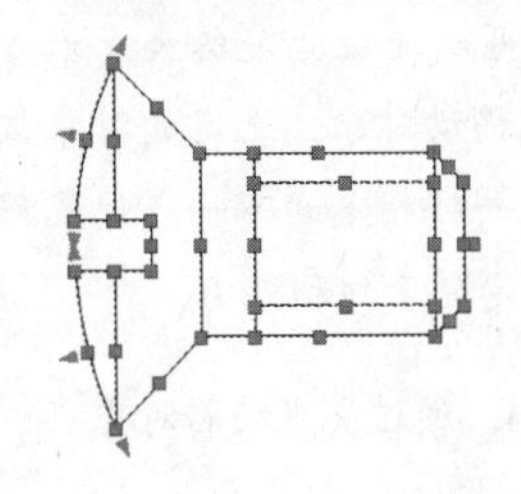

重点提示　**通过夹点移动图形**

文字、块参照、直线中点、圆心和点对象上的夹点将移动对象而不是拉伸本身。这是移动块参照和调整标注的好方法。

相关知识　**夹点编辑形式**

通过使用夹点，可以完成对象的移动、旋转、拉伸、缩放及镜像等操作。要使用夹点模式，应选择作为操作基点的夹点（称为“基准夹点”或“热夹点”）。

1. 通过夹点拉伸对象

可以通过将选定夹点移动到新位置来拉伸对象。

2. 通过夹点缩放对象

选定基点后，可以相对于基点缩放图形对象。可以通过从基点向外拖动并指定点位置来增大图形尺寸，或通过向内拖动来减小尺寸，或者输入一个相对缩放值。

3. 通过夹点移动对象

可以通过选定的夹点来方便地移动对象。选定的对象被亮显并按指定的下一点位置移动一定的方向和距离。

4. 通过夹点旋转对象

可以通过将选定夹点移动到新位置来旋转对象。

实例 2-6 说明

- 知识点：
  - 偏移
  - 修改
  - 倒角
- 视频教程：
  光盘\教学\第 2 章 机械绘图的编辑与修改
- 效果文件：
  光盘\素材和效果\02\效果\2-6.dwg
- 实例演示：
  光盘\实例\第 2 章\绘制圆柱销

相关知识 状态栏上的辅助绘图按钮及其功能（1）

状态栏上的辅助绘图按钮主要有推断约束、捕捉模式、栅格显示、正交模式、极轴追踪、对象捕捉、三维对象捕捉、

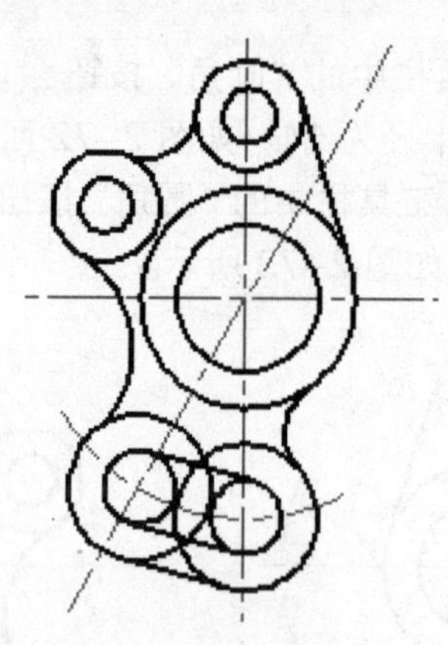

③ 打断效果

图 2-74 打断辅助圆（续）

15 单击“修改”工具栏中的“修剪”按钮，修剪图形中的多余线段，如图 2-75 所示。

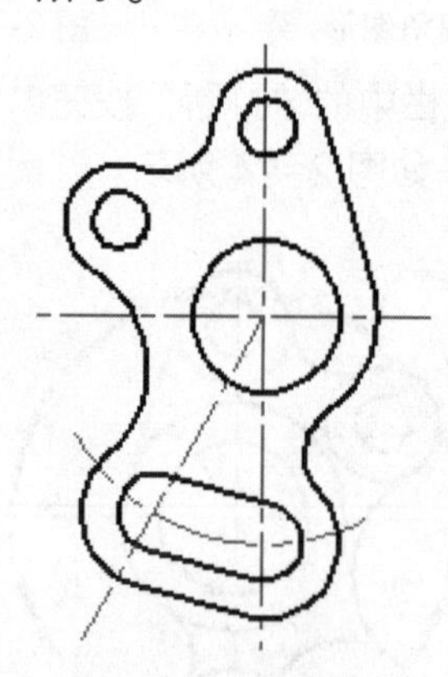

图 2-75 修剪图形

实例 2-6 绘制圆柱销

本实例将绘制一个圆柱销，其主要功能包含偏移、修改、倒角等。实例效果如图 2-76 所示。

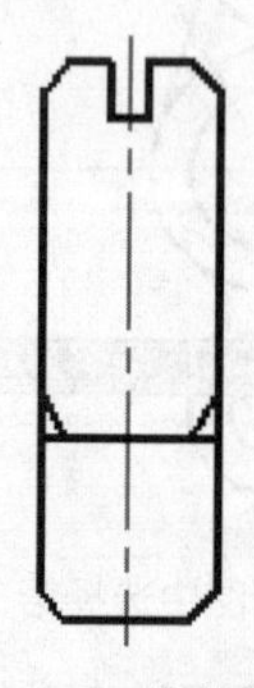

图 2-76 圆柱销效果图

操作步骤

1 单击“格式”工具栏中的“图层特性管理器”按钮，打开“图层特性管理器”面板，创建点画线和轮廓线两个图层。

2 将点画线设置为当前图层，并使用直线功能绘制一条垂直线段，如图2-77所示。

3 将轮廓线设置为当前图层，绘制一条水平线段，如图2-78所示。

图2-77 绘制垂直线段 图2-78 绘制水平线段

4 单击“修改”工具栏中的“偏移”按钮，将水平线段向下偏移8、54、80，再将垂直线段向左、右各偏移3、13，并将偏移的点画线设置成轮廓线，如图2-79所示。

5 单击“修改”工具栏中的“修改”按钮，修剪图形中的多余线段，如图2-80所示。

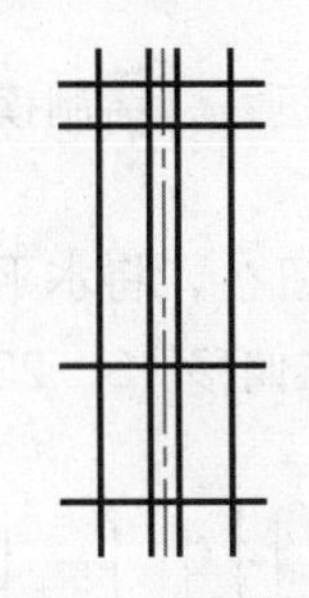

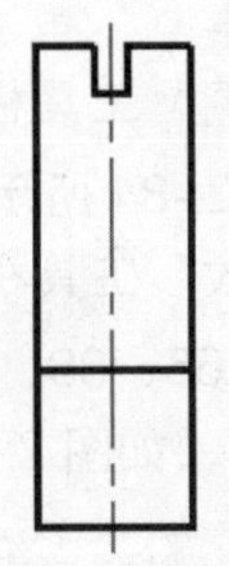

图2-79 偏移线段 图2-80 修剪图形

6 单击“修改”工具栏中的“倒角”按钮，倒角销的4个边角，设置角度选项，倒角长度为4，倒角角度为45°，如图2-81所示。

7 再次单击“修改”工具栏中的“倒角”按钮，倒角销的两个内角，将修剪样式改成不修剪模式，设置角度选项，倒角长度为4，倒角角度为60°。在选择倒角线段时，先选择短线，再选择竖线倒角图形，如图2-82所示。

对象捕捉追踪、允许/禁止动态UCS等14个功能。

1. 推断约束

约束可以大致分为几何约束和标注约束。几何约束用来规范和要求图形。标注约束包括公式和方程式，通过修改变量来调整绘图。

2. 捕捉模式

在开启该功能时，光标只能沿X轴或Y轴移动，并且按设定的X轴间距或Y轴间距跳跃式移动。

3. 栅格显示

开启该功能时，屏幕上将显示网格点，此功能主要是配合捕捉模式一起使用的。

4. 正交模式

在开启正交功能时，绘制的直线只能是水平或竖直的。

5. 极轴追踪

当开启极轴模式时，系统以极坐标的形式显示定位点，并随光标移动指示当前的极坐标。

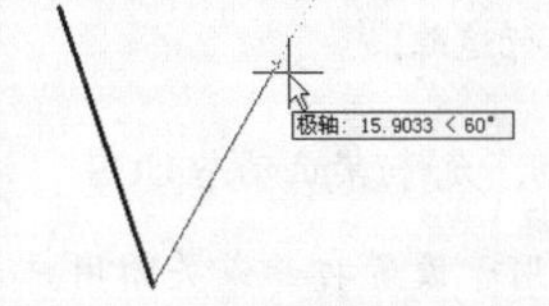

6. 对象捕捉

可以通过此功能，按设定的捕捉方式对图形元素中的特殊几何点进行捕捉绘图。

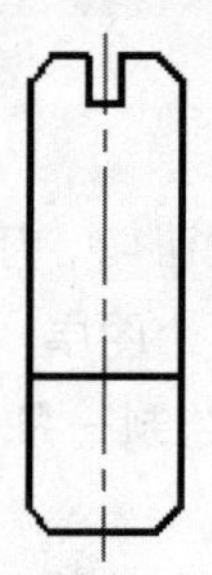

图 2-81　倒角图形

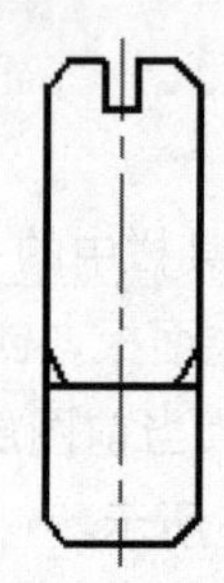

图 2-82　再次倒角图形

实例 2-7　绘制连杆

本实例将绘制一个连杆，其主要功能包含直线、圆、偏移、修剪、圆角等。实例效果如图 2-83 所示。

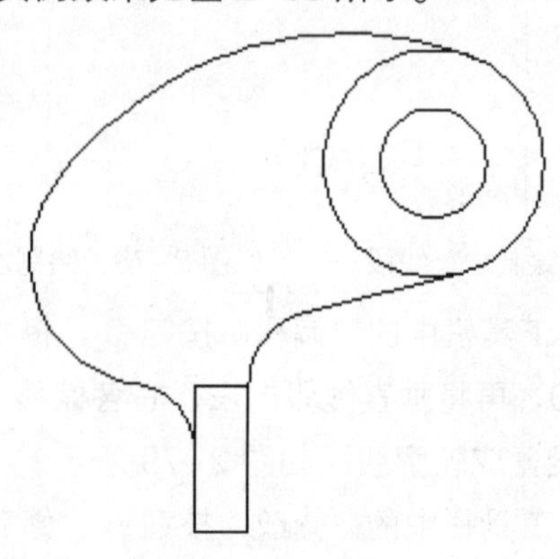

图 2-83　连杆效果图

操作步骤

1 单击“绘图”工具栏中的“直线”按钮，绘制横竖两条线段，如图 2-84 所示。

2 单击“修改”工具栏中的“偏移”按钮，将水平线段向上偏移 35、65、88，再将垂直线段向左偏移 13、23，向右偏移 18、45，如图 2-85 所示。

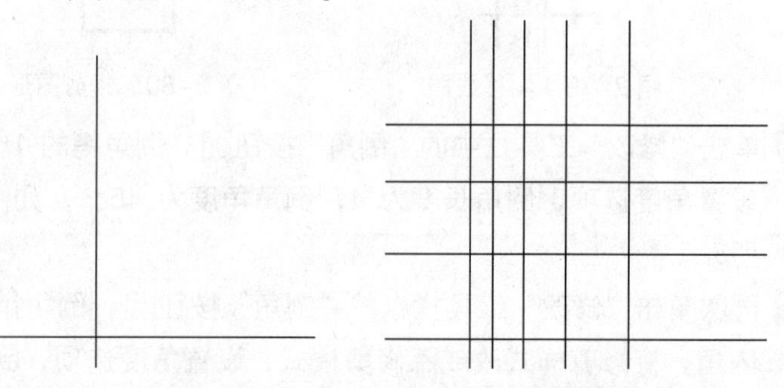

图 2-84　绘制线段　　图 2-85　偏移线段

3 单击“绘图”工具栏中的“圆”按钮，以线段的交点为圆心，绘制半径为 13、18、27、30 的 4 个圆，如图 2-86 所示。

7. 三维对象捕捉

与对象捕捉功能类同，用于三维绘图时的对象捕捉功能。

实例 2-7 说明

知识点：

- 直线
- 圆
- 偏移
- 修剪
- 圆角

视频教程：

光盘\教学\第 2 章 机械绘图的编辑与修改

效果文件：

光盘\素材和效果\02\效果\2-7.dwg

实例演示：

光盘\实例\第 2 章\绘制连杆

相关知识　状态栏上的辅助绘图按钮及其功能（2）

8. 对象捕捉追踪

使用对象捕捉追踪，可以沿着基于对象捕捉点的对齐路径进行追踪。

9. 允许/禁止动态 UCS

用于设置打开或关闭用户定义的动态坐标系，即用户坐标系（UCS）。

10. 动态输入

动态输入是系统为光标提

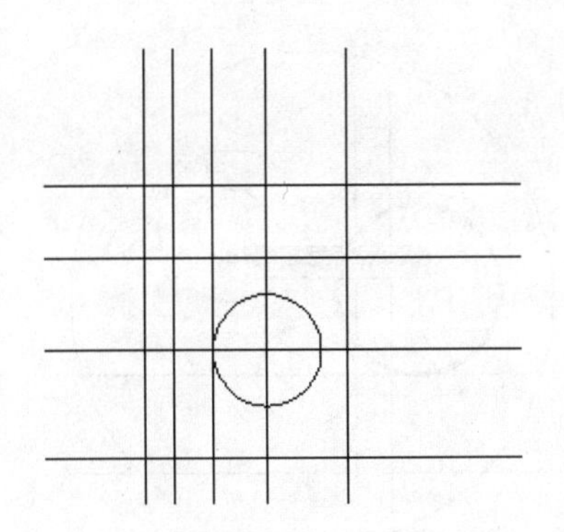

① 绘制半径为 18 的圆　　② 绘制半径为 30 的圆

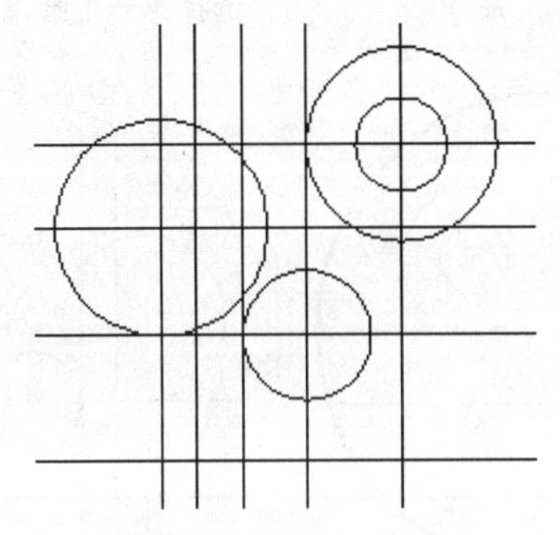

③ 绘制半径为 13、27 两个同心圆

图 2-86　绘制圆

4 单击“修改”工具栏中的“删除”按钮，删除多余的线段，如图 2-87 所示。

5 单击“绘图”工具栏中的“圆”按钮，在图中绘制一个半径 88 的圆，如图 2-88 所示。

图 2-87　删除多余的线段

图 2-88　绘制圆

6 单击“参数”菜单中“几何约束”子菜单中的“相切”和“固定”命令，将绘制的大圆与两个小圆进行几何约束设置，如图 2-89 所示。

供的一个坐标显示信息，可以在光标后的动态栏中直接输入精准坐标，不需要到命令行中输入，从而方便绘图。

11. 显示/隐藏线宽

开启该功能可以显示有宽度属性的线条。

12. 显示/隐藏透明度

用于设置显示或隐藏透明度。

13. 快捷特性

用于设置选项板的显示或隐藏，选项板的位置，锁定选项板以及选项板空闲时的状态等。

14. 选择循环

用于设置列表框或标题栏的循环参数。

相关知识　**设置命令行文字**

在“特性设置”对话框中的各个选项功能如下：

在默认情况下，命令行与文本框中的文字偏大，看起来效果不太好，用户可以重新设置其文字的大小。

在绘图窗口中单击鼠标右键，在弹出的快捷菜单中选择“选项”命令，打开“选项”对话框。在“显示”选项卡的“窗口元素”选项组中单击“字体”按钮，打开“命令行窗口字体”对话框。

“命令行窗口字体”对话框：

在其中设置“字体”、“字形”和“字号”。

相关知识 什么是对象特性

对象特性包括一般的特性和几何特性。对象的一般特性包括对象的线型、颜色、线宽及颜色等；几何特性包括对象的尺寸和位置。用户可以直接在“特性”窗口中设置和修改对象的这些特性。

对象特性的范围包括常规对象、三维效果、打印样式以及视图等。

“特性”面板：

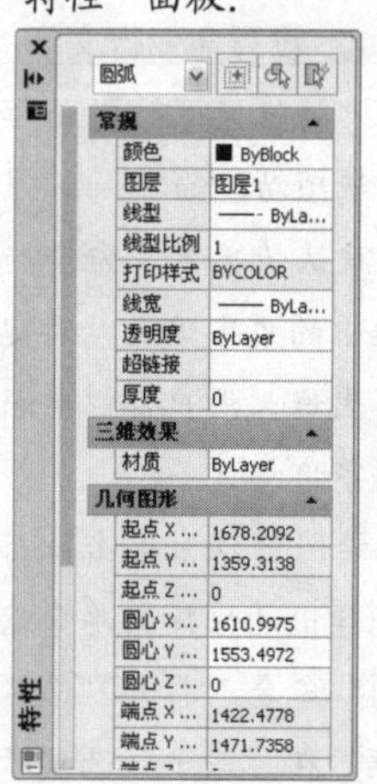

在“特性”对话框的标题栏上单击鼠标右键，弹出一个快捷菜单，用户可通过该菜单确定是否隐藏窗口、是否在窗

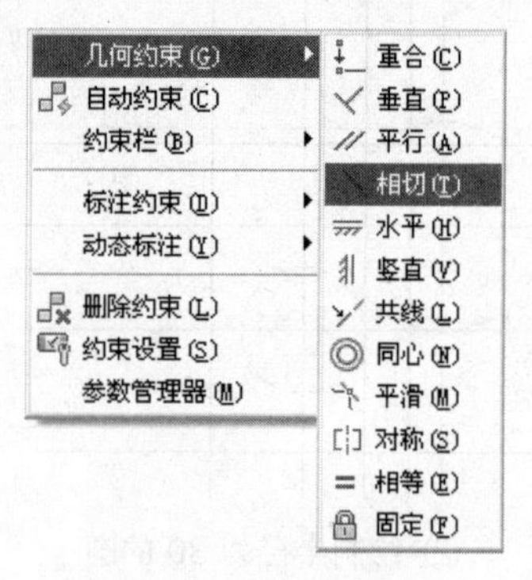

① 选择“相切”命令

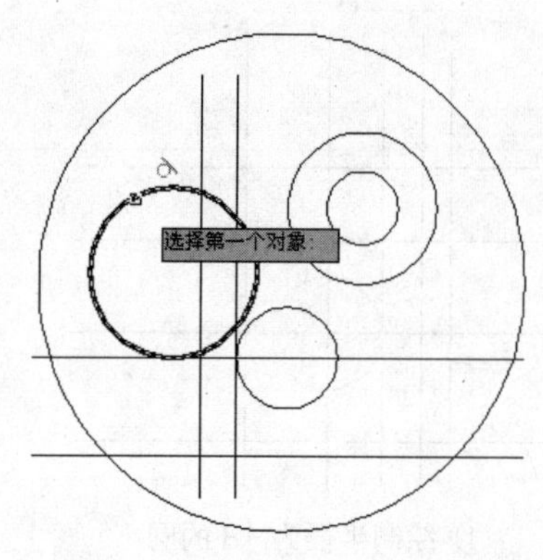

② 选择第一个圆，不动的参照体

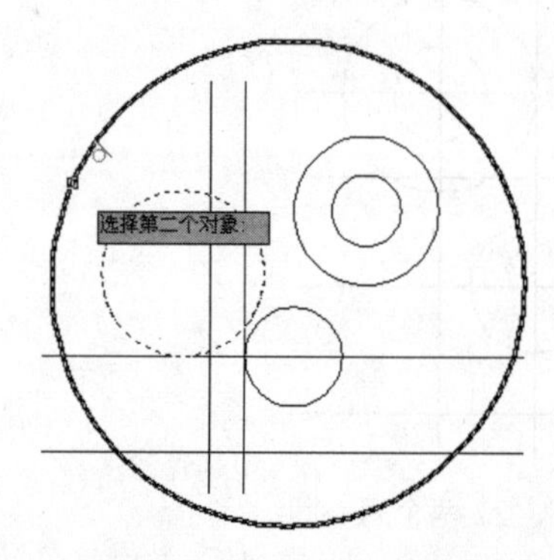

③ 选择第二个圆，移动的被参照体

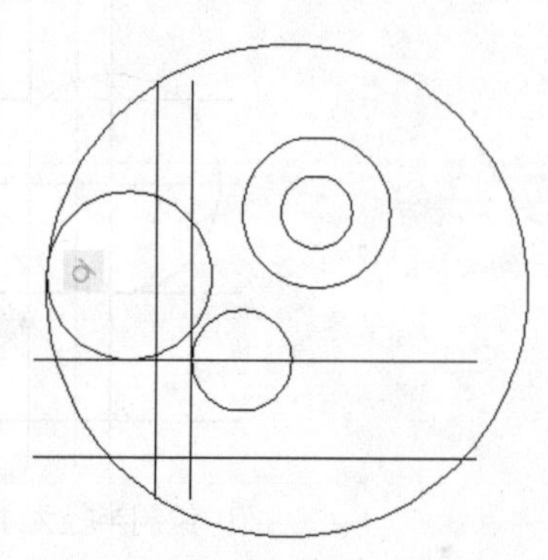

④ 约束效果

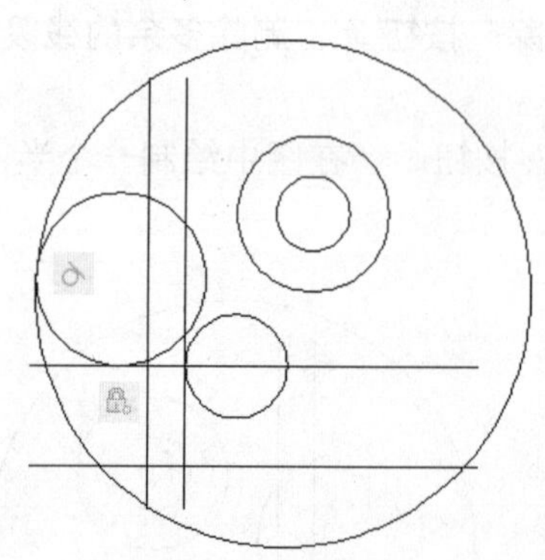

⑤ 固定第一个相切的小圆

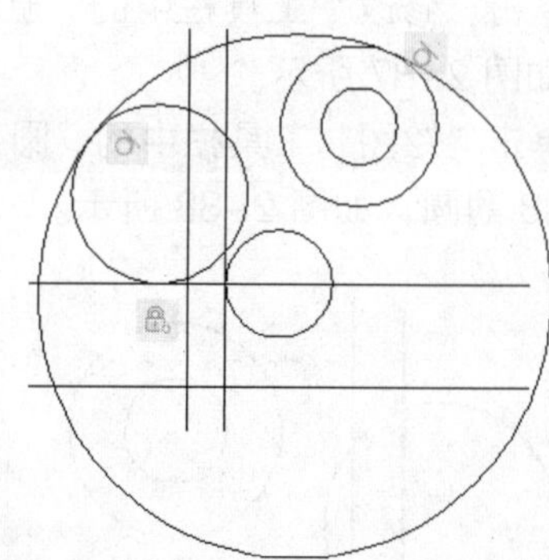

⑥ 设置另两个圆的相切关系

图 2-89 约束圆相切

7 选择“参数”菜单中的“删除约束”命令，解除约束状态，取消约束标记，如图 2-90 所示。

8 单击“修改”工具栏中的“圆角”按钮，设置修剪模式为不修剪，圆角半径为 16，如图 2-91 所示。

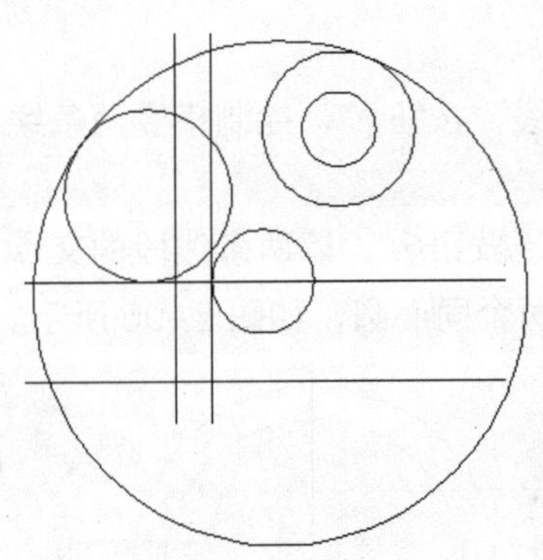

图 2-90　取消约束标记

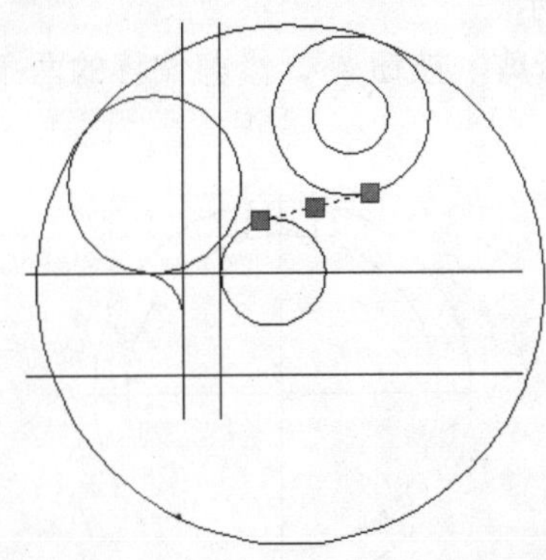

图 2-91　倒圆角图形

9 单击“绘图”工具栏中的“直线”按钮，绘制两圆之间的切线，通过对象捕捉功能中的“切点”命令辅助绘图，如图 2-92 所示。

10 单击“修改”工具栏中的“修剪”按钮，修剪图形中的多余线段，如图 2-93 所示。

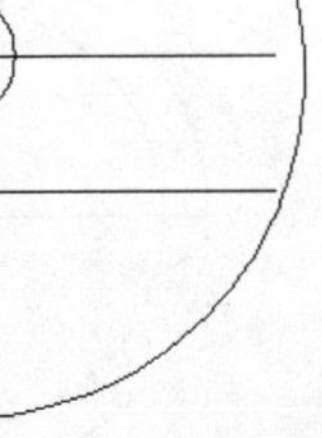

图 2-92　绘制两圆之间的切线

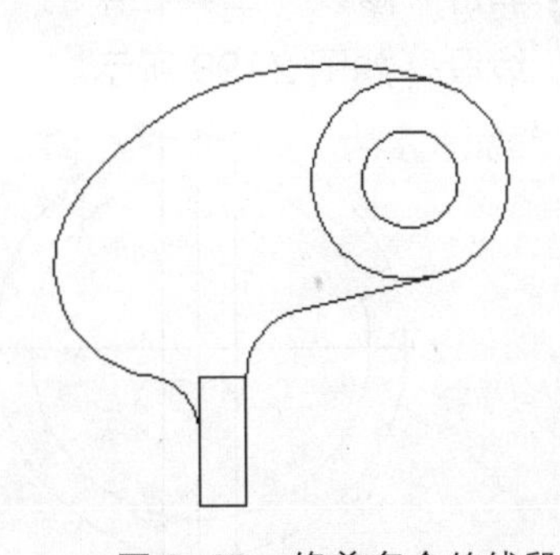

图 2-93　修剪多余的线段

实例 2-8　绘制花键

本实例将绘制花键，其主要功能包含直线、圆、偏移、修剪、环形阵列等。实例效果如图 2-94 所示。

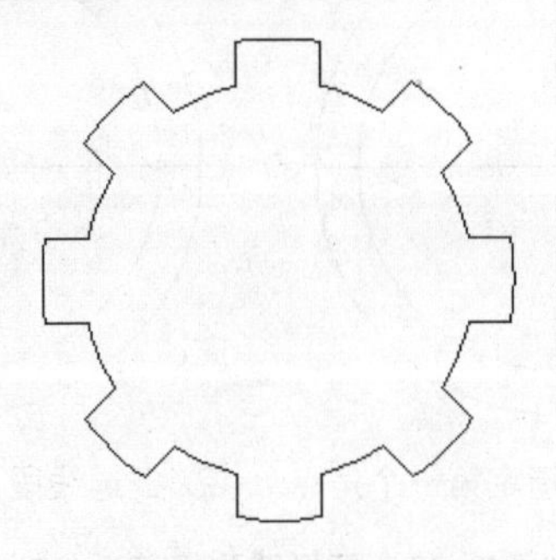

图 2-94　花键效果图

口内显示特性的说明部分以及是否将窗口锁定在主窗口中。

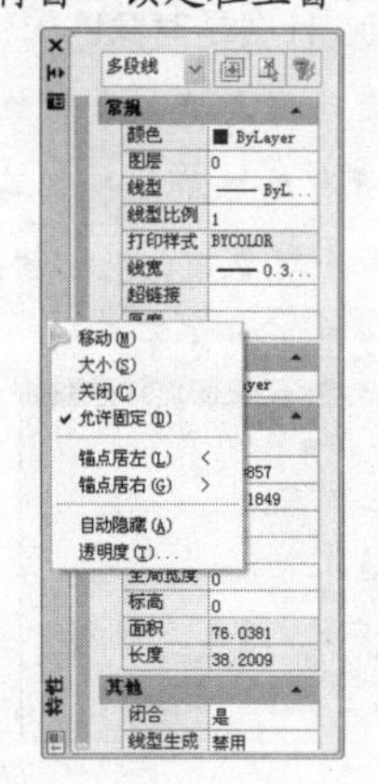

操作技巧　特性的操作方法

可以通过以下 4 种方法来执行“特性”功能：

- 选择“工具”→“选项板”→“特性”命令。
- 选择“修改”→“特性”命令。
- 单击“标准”工具栏中的“特性”按钮。
- 在命令行中输入 massprop 后，按 Enter 键。

实例 2-8 说明

- 知识点：
  - 直线
  - 圆
  - 偏移
  - 修剪
  - 环形阵列
- 视频教程：

  光盘\教学\第 2 章 机械绘图的编辑与修改
- 效果文件：

  光盘\素材和效果\02\效果\2-8.dwg
- 实例演示：

  光盘\实例\第 2 章\绘制花键

操作步骤

1 单击“绘图”工具栏中的“直线”按钮，绘制横竖两条线段，如图 2-95 所示。

2 单击“绘图”工具栏中的“圆”按钮，以两条线段的交点为圆心，绘制半径为 7 和 8.5 两个同心圆，如图 2-96 所示。

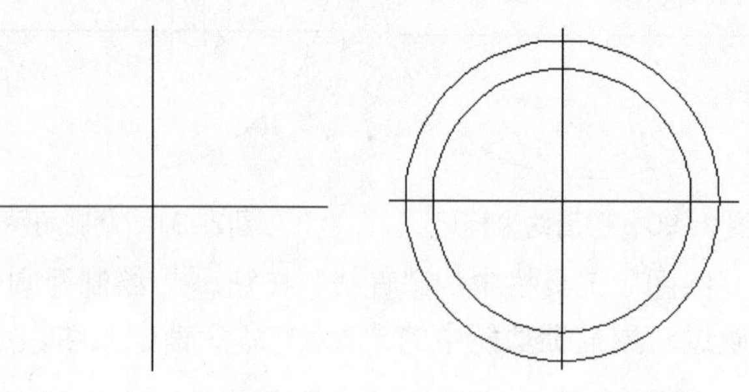

图 2-95 绘制线段　　　图 2-96 绘制圆

3 单击“修改”工具栏中的“偏移”按钮，将垂直线段向左、右各偏移 1.5，如图 2-97 所示。

4 单击“修改”工具栏中的“修剪”按钮，修剪偏移的两条线段，如图 2-98 所示。

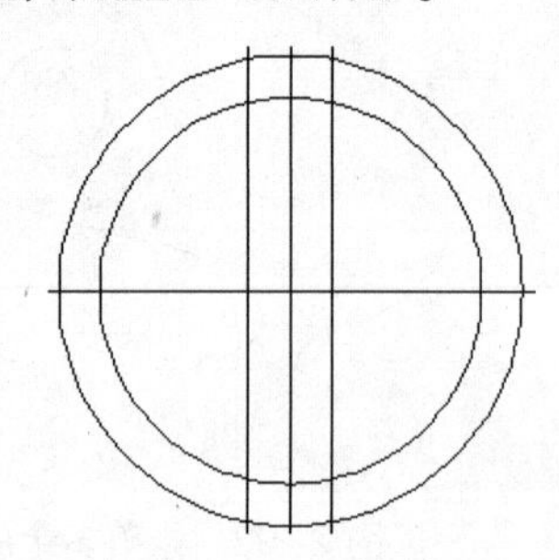

图 2-97 偏移垂直线段

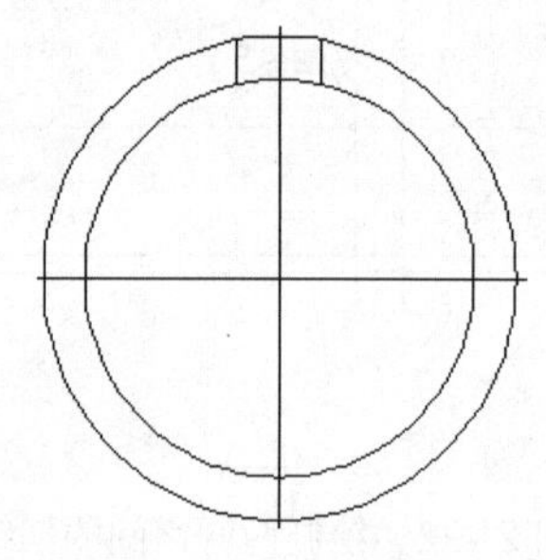

图 2-98 修剪偏移线段

5 单击“修改”工具栏中“阵列”下拉按钮中的“环形阵列”按钮，环形阵列修剪后的短线，如图 2-99 所示。

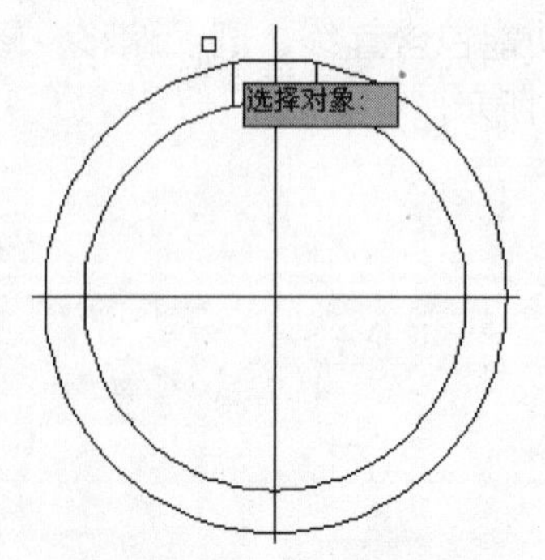

① 框选线段，指定第一个角点

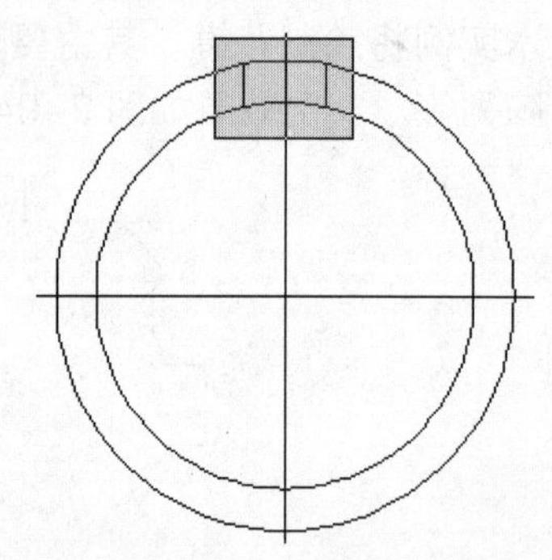

② 框选线段，指定第二个角点

图 2-99 环形阵列修剪后的短线

相关知识 什么是对象匹配

对象匹配是将一个对象的某些或所有属性都复制到其他一个或多个对象中，包括颜色、图层、线型、线宽等。

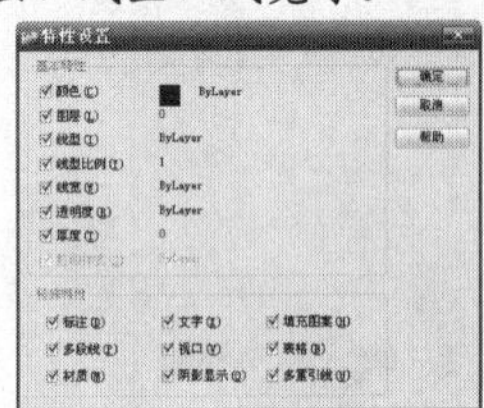

操作技巧 特性匹配的操作方法

可以通过以下 3 种方法来执行“特性匹配”功能：

- 选择“修改”→“特性匹配”命令。
- 单击“标准”工具栏中的“特性匹配”按钮。
- 在命令行中输入 matchprop 后，按 Enter 键。

相关知识 设置“特性设置”参数

在“特性设置”对话框中的各个选项功能如下：

- 颜色：将目标对象的颜色改为源对象的颜色。
- 图层：将目标对象所在的图层改为源对象所在的图层。
- 线型：将目标对象的线型改为源对象的线型，适用于“属性”、“填充图案”、“多行文字”、“oel 对象”、“点”和“视口”之外的所有对象。

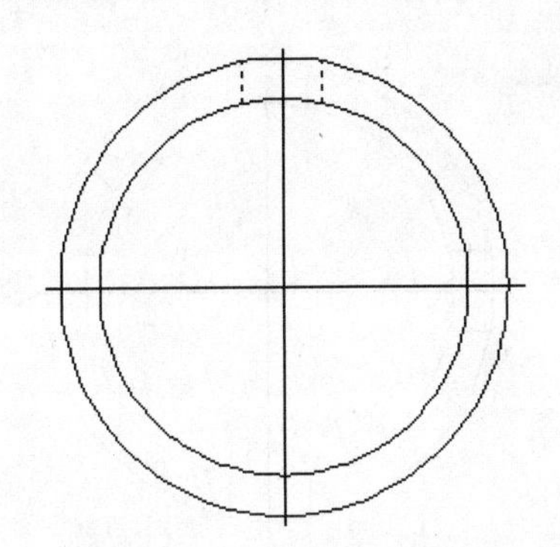

③ 选定后的线段呈虚线

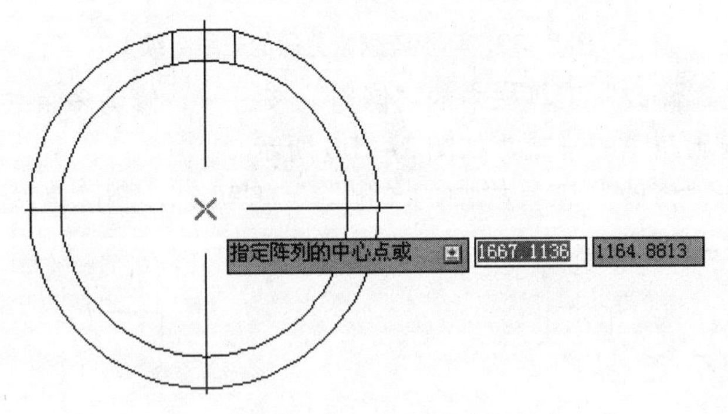

④ 按 Enter 键，再指定环形阵列的中心点

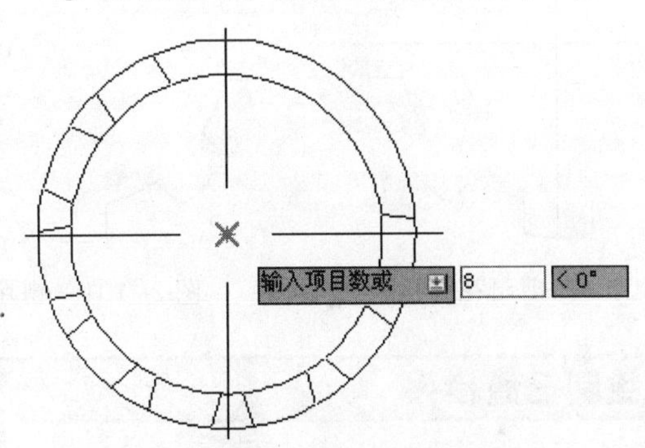

⑤ 输入阵列复制的数值 8

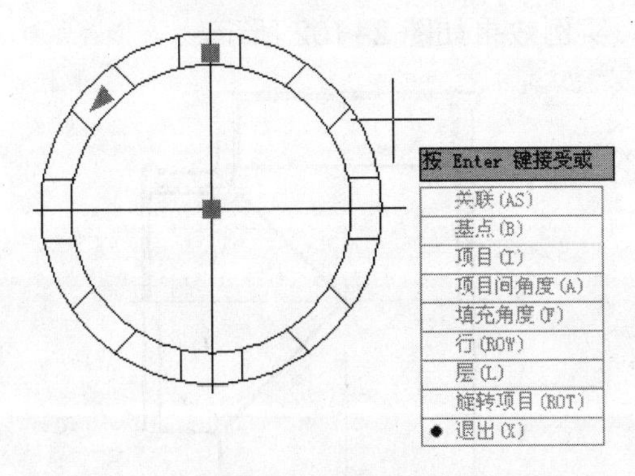

⑥ 按 Enter 键，确定环形阵列的复制角度

图 2-99 环形阵列修剪后的短线（续）

- 线型比例：将目标对象的线型比例改为源对象的线型比例，适用于“属性”、“填充图案”、“多行文字”、“oel 对象”、“点”和“视口”之外的所有对象。
- 线宽：将目标对象的线宽改为源对象的线宽，并适用于所有对象。
- 厚度：将目标对象的厚度改为源对象的厚度。该特性的适用范围仅在“圆”、“圆弧”、“属性”、“直线”、“点”、“二维多段线”、“面域”、“文字”以及“跟踪”等对象。
- 打印样式：将目标对象改为源对象的打印样式。假如当前正属于依赖颜色的打印样式模式(系统变量 pstylepolicy 设置为 1)，则该选项无效。该特性适用于“oel 对象”外的所有对象。
- 文字：将目标对象的文字样式改为源对象的文字样式。该特性只适用于单行文字和多行文字。
- 标注：将目标对象的标注样式改为源对象的标注样式。该特性适用于“标注”、“引线”和“公差”对象。
- 图案填充：将目标对象的填充图案改为源对象的填充图案。该特性只适用于填充图案对象。

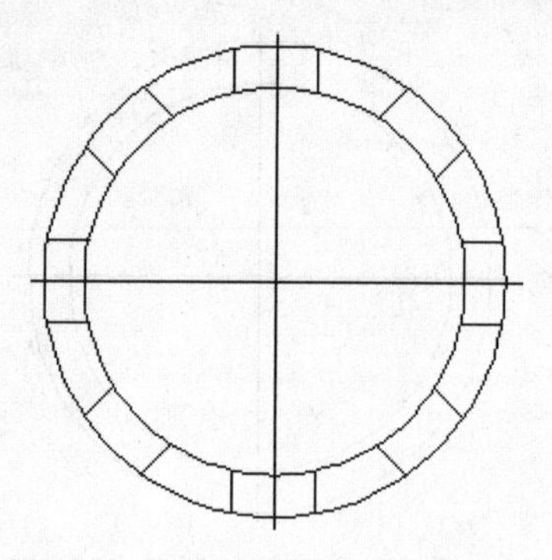

⑦ 按 Enter 键，退出环形阵列功能

图 2-99　环形阵列修剪后的短线（续）

6 单击“修改”工具栏中的“修剪”按钮，修剪多余线段，修剪出花键的样式，如图 2-100 所示。

7 单击“修改”工具栏中的“删除”按钮，删除直线，如图 2-101 所示。

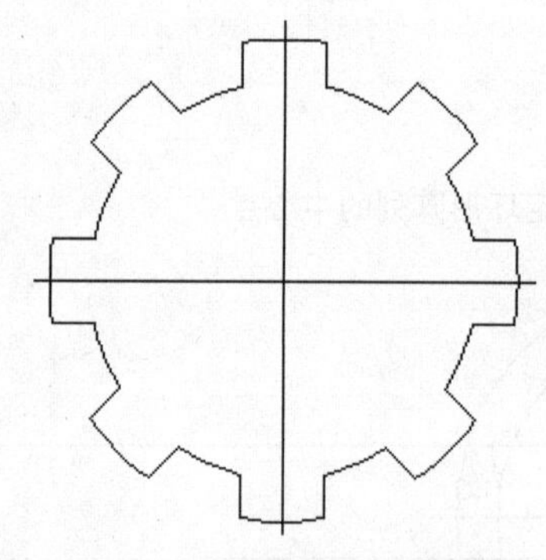

图 2-100　修剪出花键样式

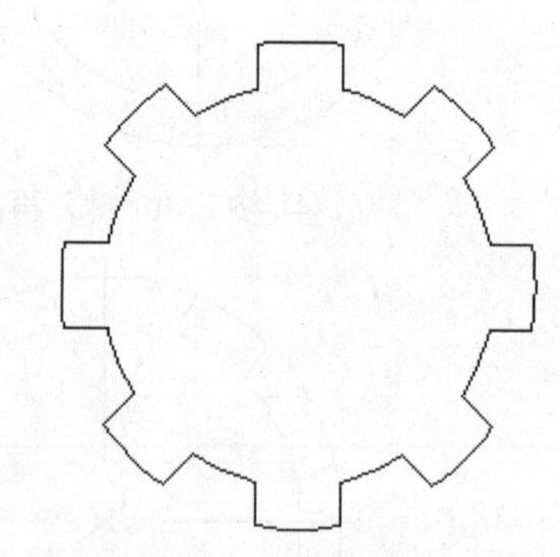

图 2-101　删除直线

实例 2-9　绘制三通接头

本实例将绘制三通接头，其主要功能包含图层、圆、圆角、打断于点等。实例效果如图 2-102 所示。

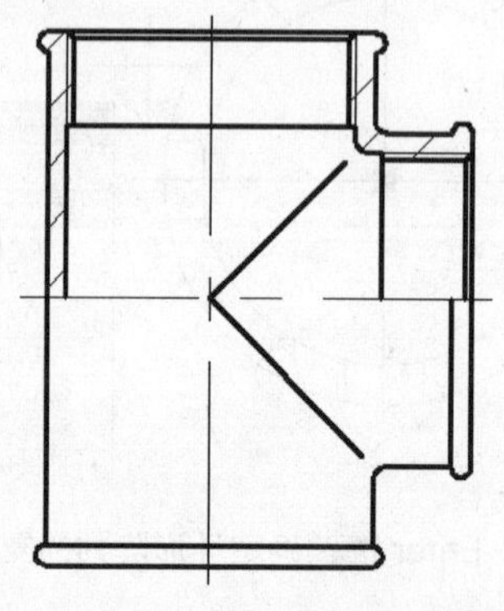

图 2-102　三通接头效果图

- 多段线：将目标多段线的线宽和线型所生成的特性，改为源多段线的特性。源多段线的标高等特性将不会应用到目标多段线。假如多段线的线宽不固定，则线宽特性就不会应用到目标多段线。
- 视口：将目标视口特性改为源视口相同，这些特性包括打开关闭、显示锁定、标准的或自定义的缩放、着色模式、捕捉、栅格以及 UCS 图标的可视化和位置。但是，每个视口的 UCS 设置、图层的冻结/解冻状态等特性不会应用到目标对象。
- 表：将目标对象的表示样式改为与源表相同。该功能只适用于表对象。
- 材质：目标对象应用源对象的材质，如果源对象没有材质，而目标对象有材质，则删除目标对象中的材质。
- 阴影显示：更改阴影显示。对象可以投射阴影、接收阴影、投射和接收阴影或者可以忽略阴影。
- 多重引线：将目标对象的多重引线样式和注释性特性更改为源对象的多重引线样式和特性。只适用于多重引线对象。

操作步骤

1 单击“图层”工具栏中的“图层特性管理器”按钮，打开“图层特性管理器”面板，创建点画线、粗实线和细实线 3 个图层，如图 2–103 所示。

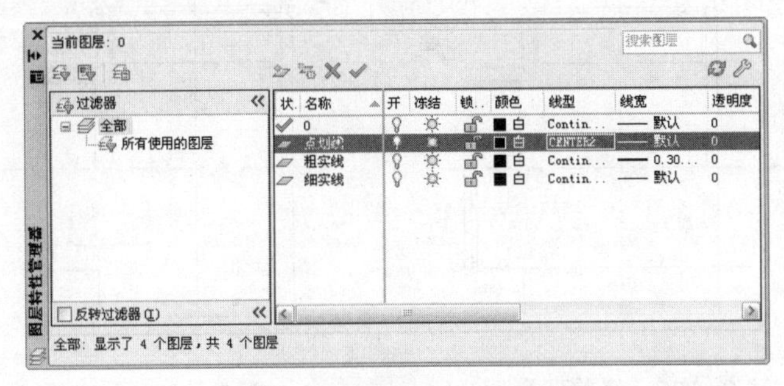

图 2–103　创建 3 个图层

2 将点画线设置为当前图层，并使用直线功能绘制辅助线，如图 2–104 所示。

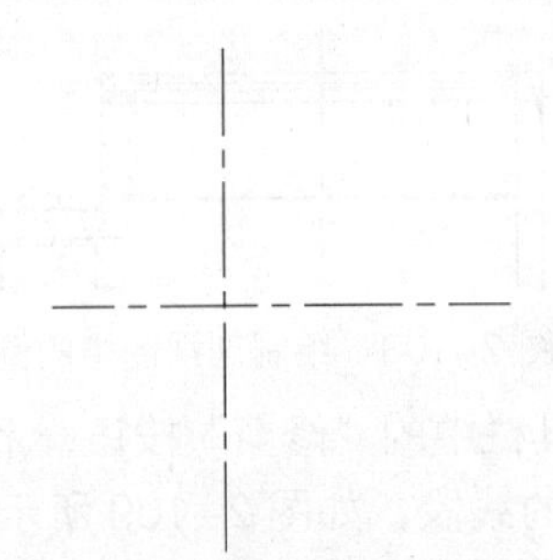

图 2–104　绘制辅助线

3 单击“修改”工具栏中的“偏移”按钮，将水平辅助线向上偏移 21、22、25、26、37、38.5、39 和 40，向下偏移 25、37、38.5 和 40；再将垂直辅助线向左偏移 21、22 和 25，向右偏移 21、22、25、26、37、38.5、39 和 40，并将偏移线段设置为粗实线，如图 2–105 所示。

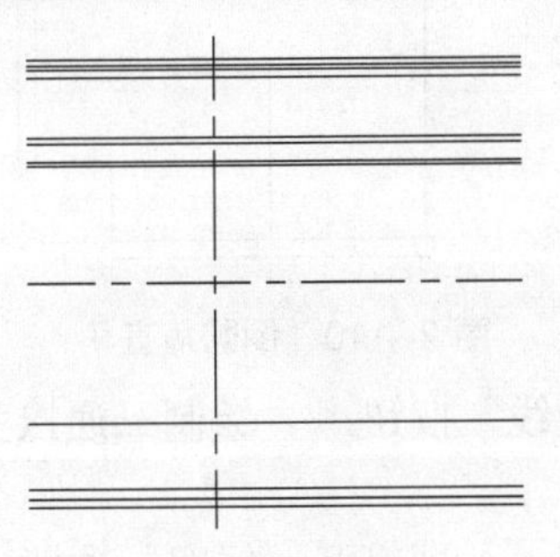

① 偏移水平辅助线

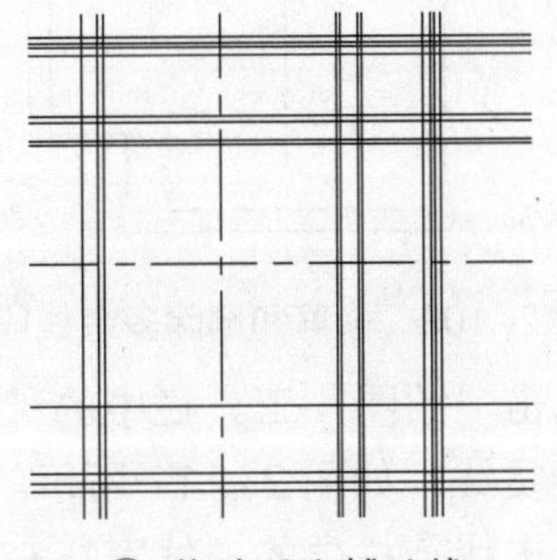

② 偏移垂直辅助线

图 2–105　偏移辅助线

实例 2-9 说明

- 知识点：
  - 图层
  - 圆
  - 圆角
  - 打断于点
- 视频教程：

  光盘\教学\第 2 章 机械绘图的编辑与修改
- 效果文件：

  光盘\素材和效果\02\效果\2-9.dwg
- 实例演示：

  光盘\实例\第 2 章\绘制三通接头

相关知识 AutoCAD 中的坐标系

在绘图时，要精确定位某个位置，必须以某个坐标系作为参照。坐标系是 AutoCAD 图中不可缺少的元素，是确定对象位置的基本手段。通过坐标系，可以按照高精度的标准，准确地设计并绘制图形。

相关知识 坐标系的分类

在通常情况下，AutoCAD 的坐标系可分为世界坐标系（WCS）和用户坐标系（UCS）两种，在这两种坐标系下，用户都是通过使用坐标值来精确地定位点。

相关知识 **什么是世界坐标系**

AutoCAD 中默认的坐标系是世界坐标系（World Coordinate System，WCS），是在进入AutoCAD时由系统自动建立、原点位置和坐标轴方向固定的一种整体坐标系。WCS 包括 X 轴和 Y 轴（如果是在3D空间中，还有 Z 轴），其坐标轴的交汇处有一个“□”字形标记。

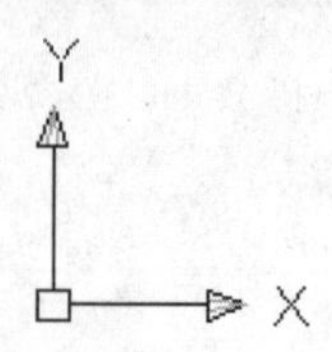

通常在二维视图中，世界坐标系的 X 轴为水平方向，Y 轴为垂直方向，原点为 X 轴和 Y 轴的交点（0，0）。世界坐标系中所有的位置都是相对于坐标原点计算的。

重点提示 **世界坐标系的唯一性**

AutoCAD 中的世界坐标系是唯一的，用户不能自行建立，也不能修改它的原点位置和坐标方向。因此，世界坐标系为用户的图形操作提供了一个不变的参考基准。

相关知识 **什么是用户坐标系**

有时为了能够方便地绘图，用户经常需要改变坐标系的原

4 单击“修改”工具栏中的“修剪”按钮，修剪图形中多余的线段，如图 2–106 所示。

5 单击“绘图”工具栏中的“圆”按钮，绘制半径为 1.5 的圆，如图 2–107 所示。

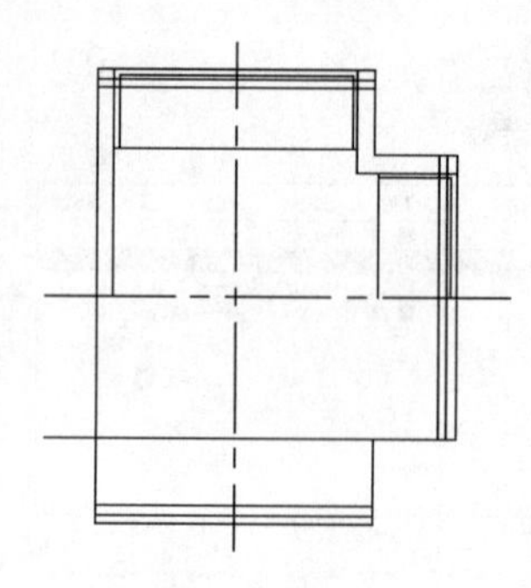

图 2–106　修剪多余的线段

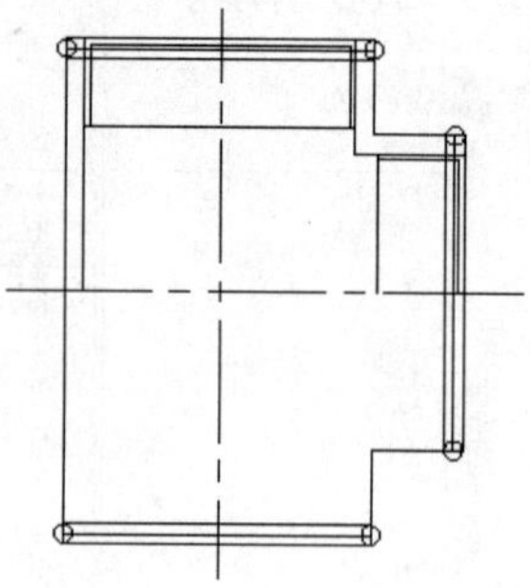

图 2–107　绘制圆

6 单击“绘图”工具栏中的“直线”按钮，绘制剖视图中的倒角，如图 2–108 所示。

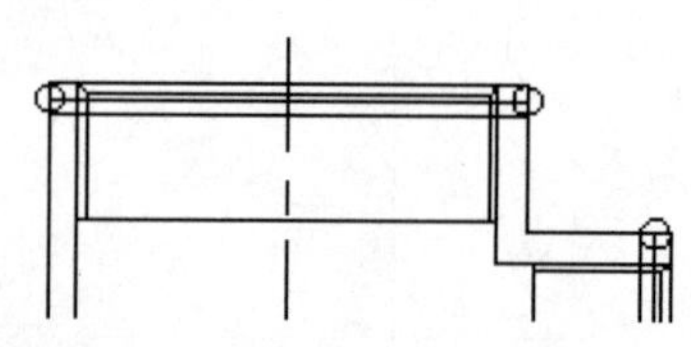

图 2–108　绘制剖视图中的倒角

7 单击“修改”工具栏中的“修剪”按钮和“删除”按钮，修剪和删除多余的线段，如图 2–109 所示。

8 单击“修改”工具栏中的“圆角”按钮，对图形的直角作半径为 2 的圆角，如图 2–110 所示。

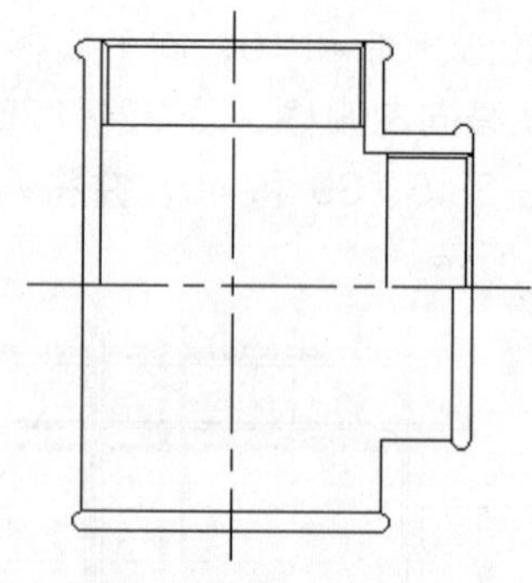

图 2–109　修剪和删除多余线段

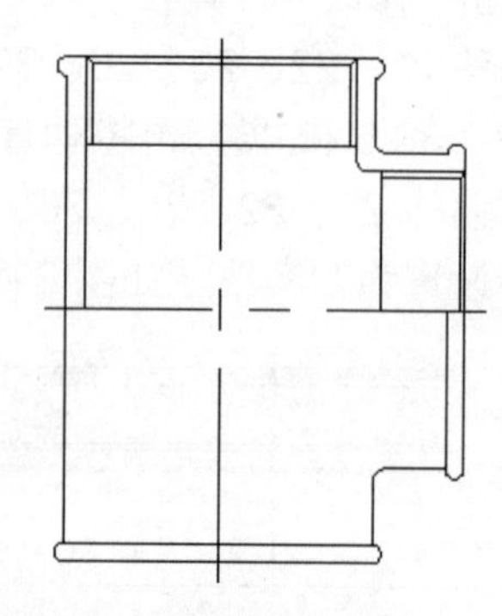

图 2–110　倒圆角直角

9 单击“绘图”工具栏中的“直线”按钮，绘制三通接头的相贯线，如图 2–111 所示。

10 单击状态栏中的“线宽”按钮，即打开“线宽”功能，可以区分图形中的粗细线段，如图 2–112 所示。

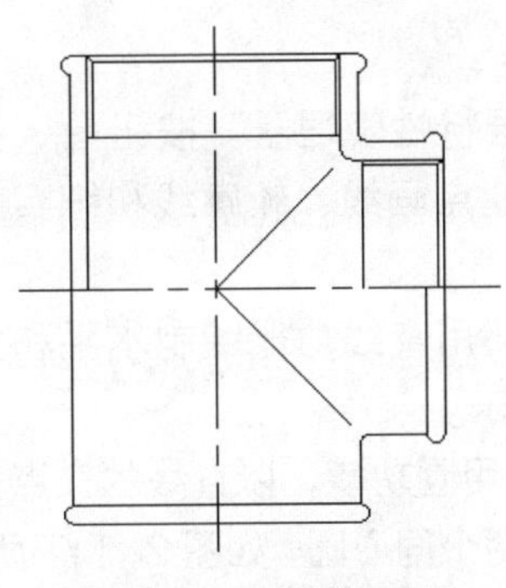
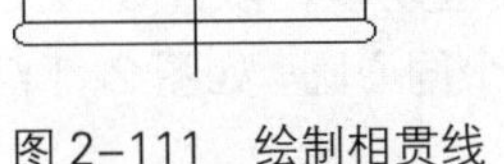

图 2–111　绘制相贯线

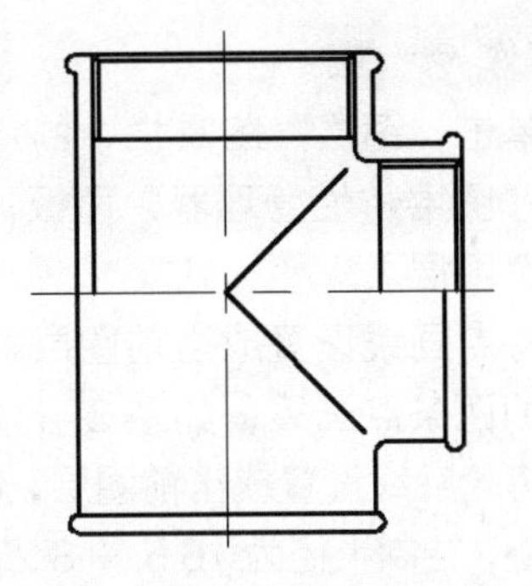

图 2–112　显示线宽

11 单击“修改”工具栏中的“打断于点”按钮，对剖视图的台阶处的线段进行打断，并将打断后的线段设置为细实线，如图 2–113 所示。

12 单击“绘图”工具栏中的“图案填充”按钮，打开“图案填充和渐变色”对话框，设置“ANSI31”图案填充样式，填充剖面，如图 2–114 所示。

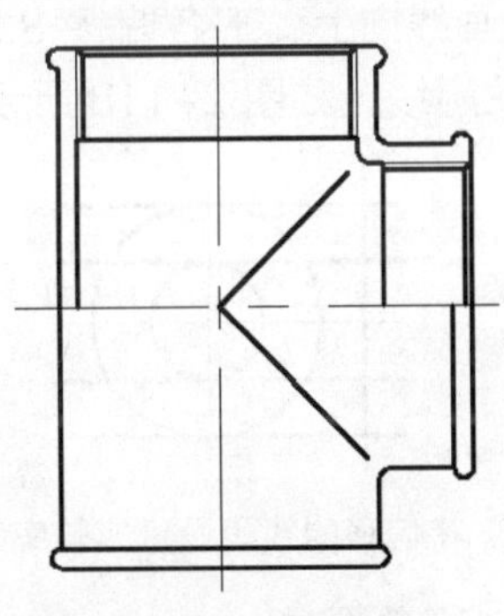

图 2–113　打断线段

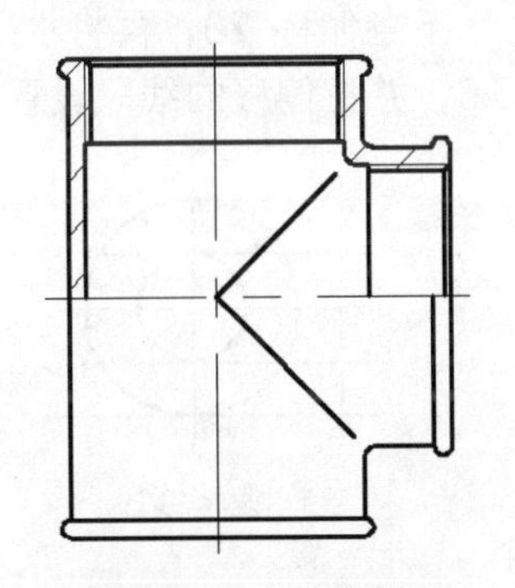

图 2–114　填充剖面

实例 2-10 绘制拉杆

本实例将绘制拉杆，其主要功能包含射线、延伸、旋转、修剪、矩形阵列等。实例效果如图 2–115 所示。

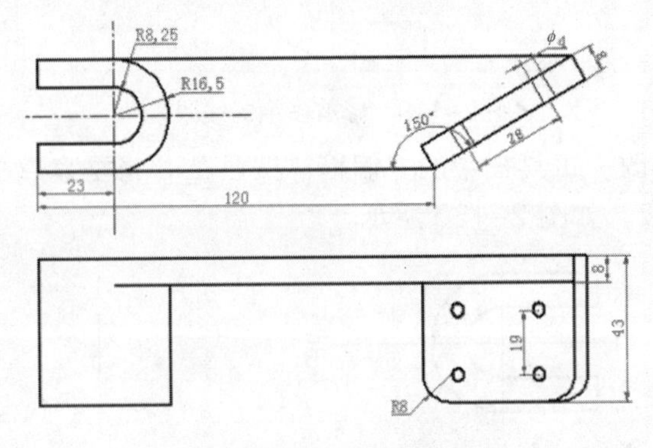

图 2–115　拉杆效果图

点和方向，这时就要将世界坐标系改为用户坐标系（UCS）。用户坐标系的原点可以定义在世界坐标系中的任意位置，坐标轴与世界坐标系也可以成任意角度。用户坐标系的坐标轴交汇处没有“□”字形标记。

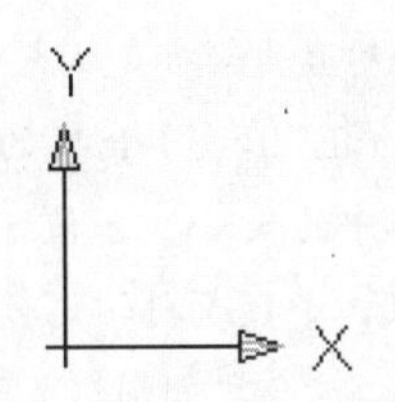

二维制图中 UCS 最有用的应用之一是通过图形中的某一特征或对象调整 UCS。

实例 2-10 说明

知识点：

- 射线
- 延伸
- 旋转
- 修剪
- 矩形阵列

视频教程：

光盘\教学\第 2 章 机械绘图的编辑与修改

效果文件：

光盘\素材和效果\02\效果\2-10.dwg

实例演示：

光盘\实例\第 2 章\绘制拉杆

相关知识 坐标的表示方法

在 AutoCAD 2012 中，点坐标的表示方法有 4 种：绝对直角坐标、绝对极坐标、相对直角坐标和相对极坐标。

1. 绝对直角坐标

绝对直角坐标是从点（0，0）或（0，0，0）出发的位移值，其中的 x、y、z 值可以使用分数、小数或科学记数等形式表示，它们之间用逗号隔开。

表示方法为（x，y）或（x，y，z）如（12，23），（0，10.3）（25，123，4.57）。

2. 相对直角坐标

相对直角坐标是相对于某一点的 X 轴和 Y 轴位移，表示方法是在绝对直角坐标的前面添加“@”符号。

表示方法为（@x，y，z）如（@26.8，-90），（@36，84.5），（@23，-56，36）。

3. 绝对极坐标

绝对极坐标是从点（0，0）或（0，0，0）出发的位移，其中 x 表示距离，角度值表示偏离原点的角度，规定 X 轴的正方向为 0°，Y 轴的正方向为 90°。距离与角度值之间用“<”分开。

表示方法为（x<角度值），如（58<60），（68.9<73）。

4. 相对极坐标

相对极坐标是相对于某一点的距离和角度值，其中角度值

操作步骤

1 单击“图层”工具栏中的“图层特性管理器”按钮，打开“图层特性管理器”面板，创建点画线、轮廓线和细实线 3 个图层。

2 将点画线设置成当前图层，并使用直线功能绘制水平和垂直的两条点画线，如图 2-116 所示。

3 将轮廓线设置成当前图层，并使用圆功能，以直线的交点为圆心，绘制半径为 16.5 和 8.25 的两个同心圆，如图 2-117 所示。

图 2-116 绘制点画线

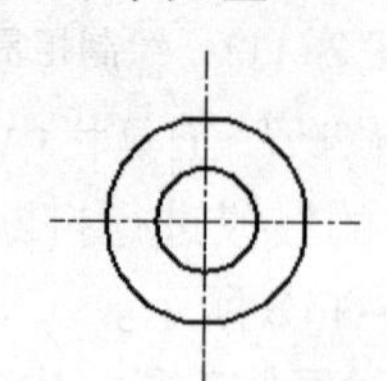

图 2-117 绘制圆

4 单击“修改”工具栏中的“偏移”按钮，将垂直点画线向上、下各偏移 23，再将水平点画线向上、下各偏移 8.25 和 16.5，并将偏移的线段设置成轮廓线，如图 2-118 所示。

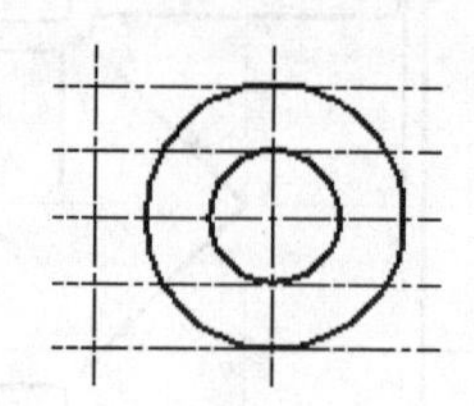

① 偏移线段

② 将偏移的线段设置成轮廓线

图 2-118 偏移线段

5 单击“修改”工具栏中的“修剪”按钮，修剪图形中多余的线段，如图 2-119 所示。

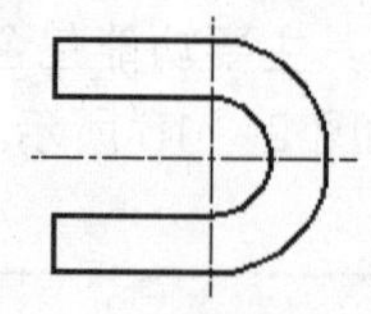

图 2-119 修剪多余的线段

6 单击“修改”工具栏中的“偏移”按钮，将垂直点画线向右偏移 97，如图 2-120 所示。

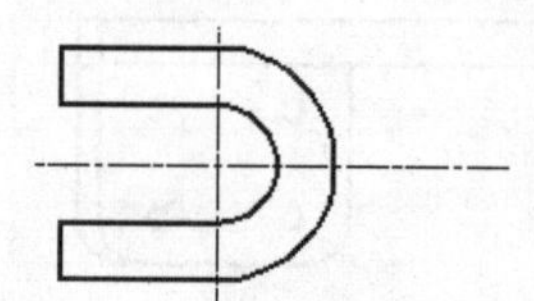

图 2-120 偏移线段

7 单击“修改”工具栏中的“延伸”按钮，将最下边的水平轮廓线延伸到偏移的垂直点画线上，如图 2–121 所示。

① 选择延伸的参照线段

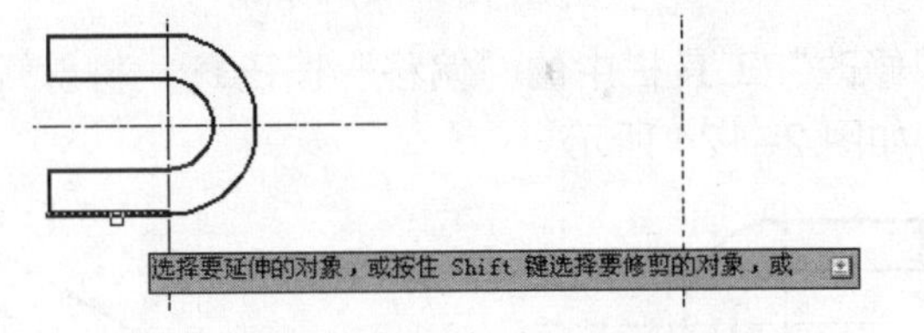

② 按 Enter 键后，选择延伸线段

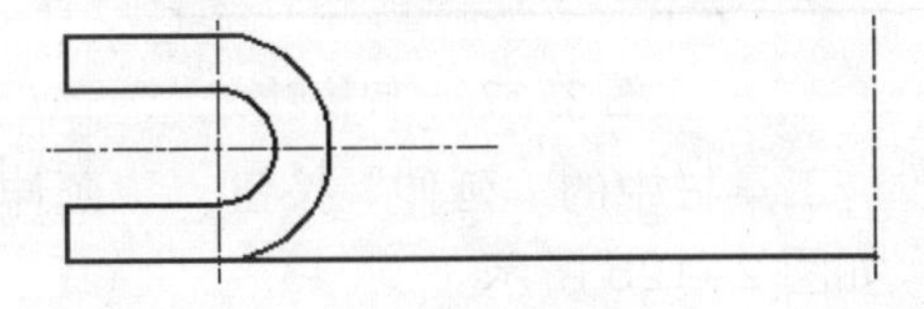

③ 延伸效果

图 2–121 延伸线段

8 单击“绘图”工具栏中的“射线”按钮，从延伸点沿 X 轴极轴向右绘制一条射线，由于射线是由一点向一个方向无限延伸，所以在这里只显示部分图形，如图 2–122 所示。

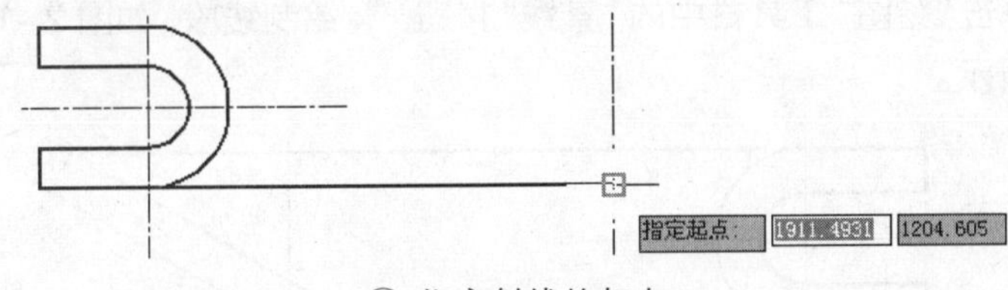

① 指定射线的起点

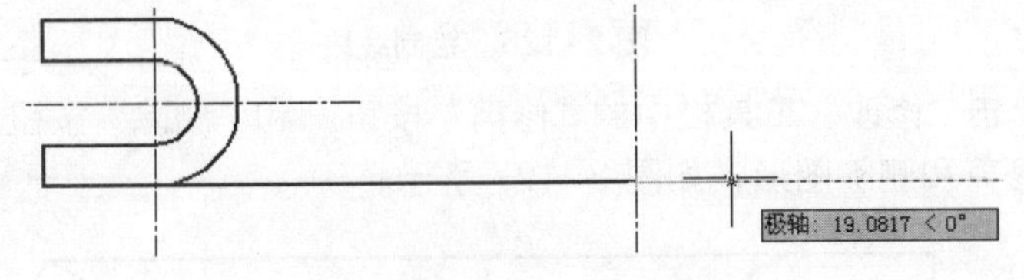

② 沿 X 轴极轴向右移动光标

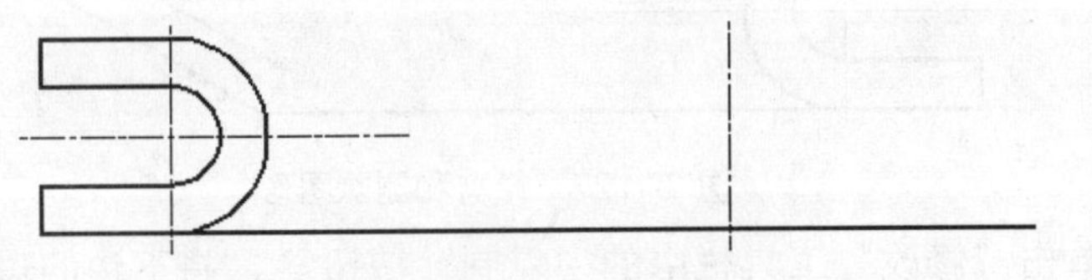

③ 在极轴上任意单击一点，两点确定一条射线

图 2–122 绘制射线

是当前点与上一点的连接与 X 轴的夹点。表示方法是在绝对极坐标的前面添加“@”符号。

表示方法为（@x<角度值），如（@38<123），（@–20<69）

操作技巧 **创建用户坐标的操作方法**

可以通过以下两种方法来执行“创建用户坐标”功能：

- 选择“工具”→“新建 UCS”命令。
- 在命令行中输入 UCS 后，按 Enter 键。

相关知识 **用户坐标系中的各个指令功能**

在执行上面的操作后，会弹出以下快捷菜单：

世界(W)
上一个
面(F)
对象(O)
视图(V)
原点(N)
Z 轴矢量(A)
三点(3)
X
Y
Z

快捷菜单中的各项指令的功能如下：

- 世界：将坐标系设置为世界坐标系。

- 上一个：恢复上一个 UCS。
- 面：基于选定的面新建坐标系。
- 对象：基于选定的对象新建坐标系。
- 视图：建立新的坐标系，并且使 XY 平面平行于屏幕。
- 原点：通过鼠标移动原点来建立坐标系。
- Z 轴矢量：用指定的正 Z 轴建立坐标系。
- 三点：指定新的坐标系的原点以及 X 轴和 Y 轴的方向。
- X：绕 X 轴旋转当前坐标系。
- Y：绕 Y 轴旋转当前坐标系。
- Z：绕 Z 轴旋转当前坐标系。

相关知识 命名坐标系

选择“工具”→“命名 UCS”命令，打开“UCS”对话框。用于设置坐标系的相关参数。

“命名 UCS”选项卡：

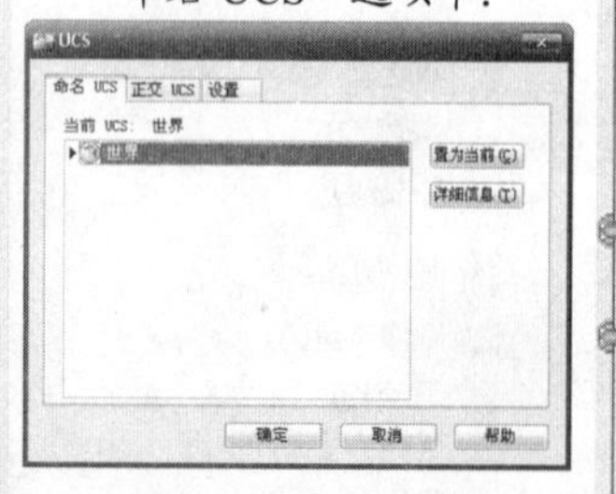

“正交 UCS”选项卡：

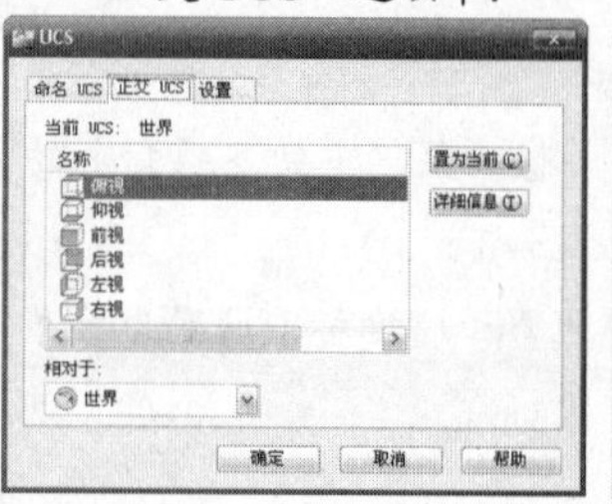

9 单击“修改”工具栏中的“旋转”按钮，将射线由起点旋转，旋转角度为 30°，如图 2–123 所示。

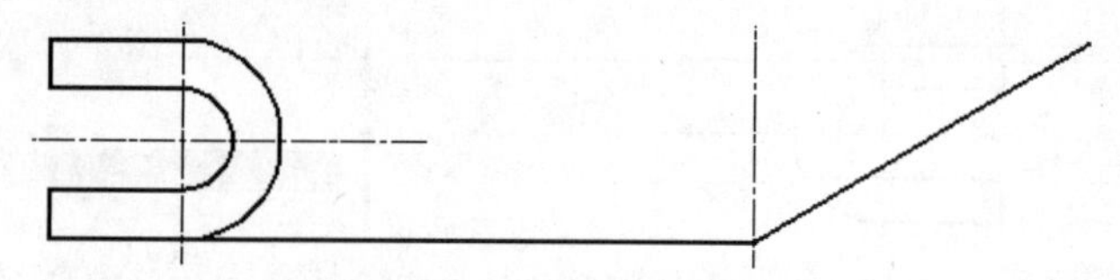

图 2–123 旋转射线

10 单击“修改”工具栏中的“偏移”按钮，将射线向左上偏移 8，如图 2–124 所示。

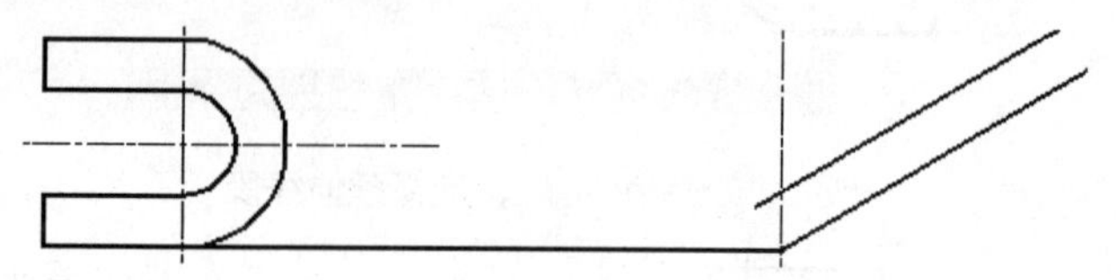

图 2–124 偏移射线

11 单击“修改”工具栏中的“延伸”按钮，延伸最上边的水平轮廓线，如图 2–125 所示。

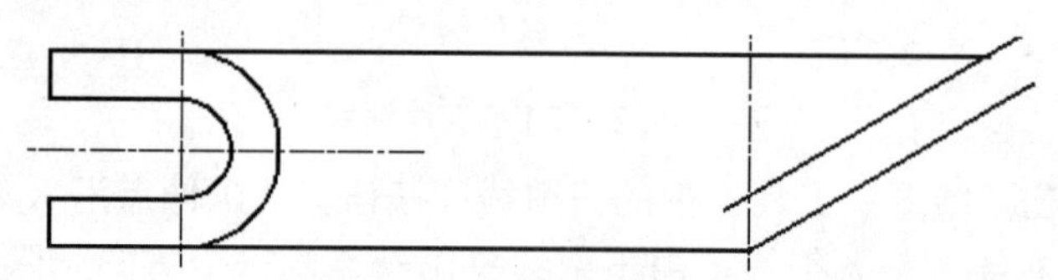

图 2–125 延伸线段

12 单击“绘图”工具栏中的“直线”按钮，绘制线段，如图 2–126 所示。

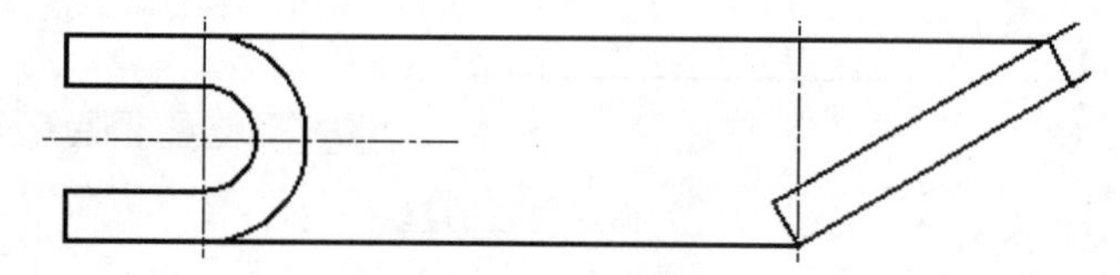

图 2–126 绘制线段

13 单击“修改”工具栏中的“修剪”按钮和“删除”按钮，修剪和删除图形，如图 2–127 所示。

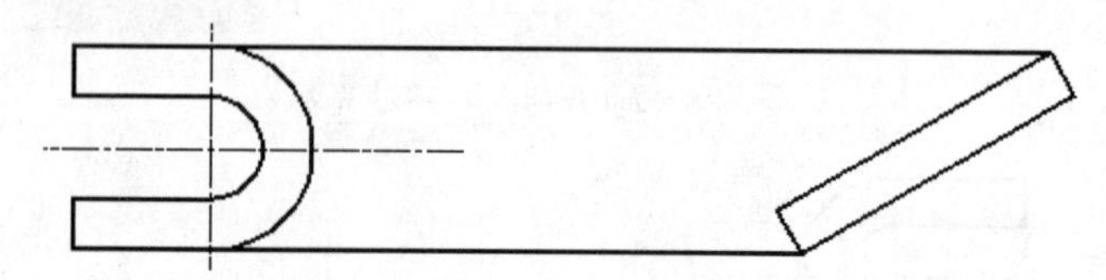

图 2–127 修剪和删除图形

14 单击“修改”工具栏中的“复制”按钮，将下边的短斜线向右上复制 10、14、38、42，如图 2–128 所示。

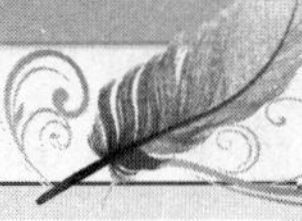

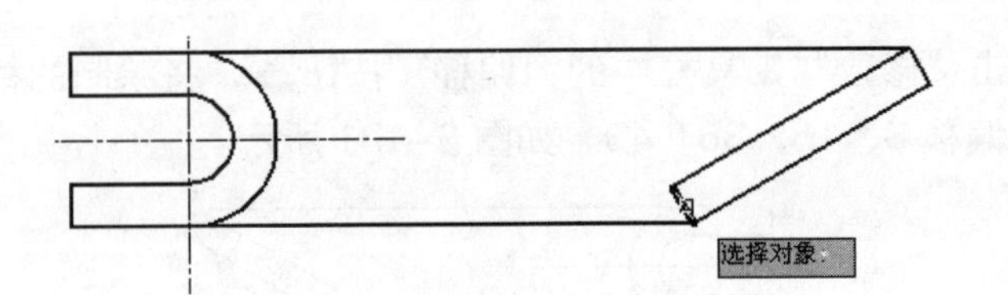

① 选择复制短斜线

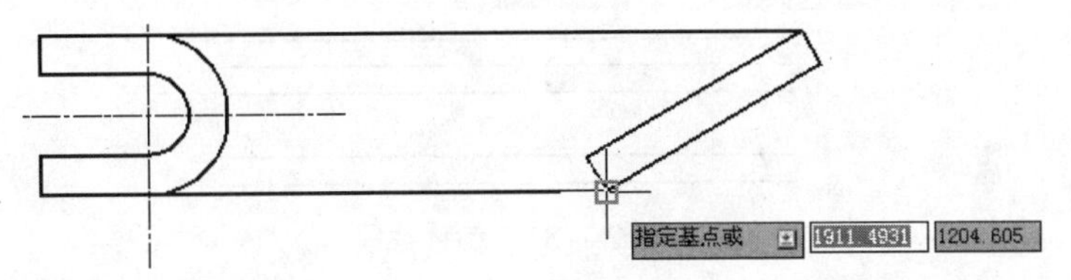

② 指定基点

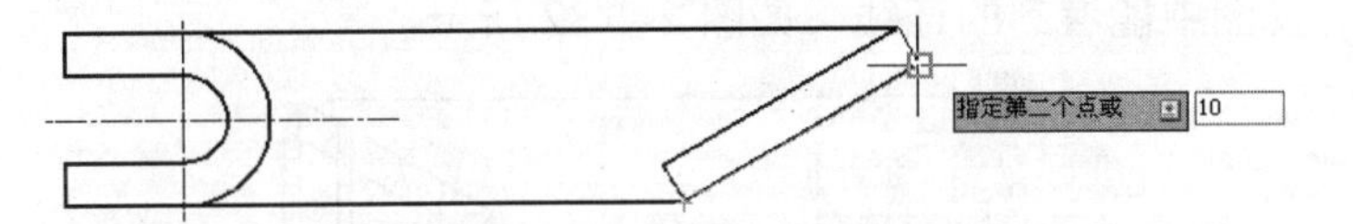

③ 将光标移动到图形的另一个角点，并输入复制数值 10

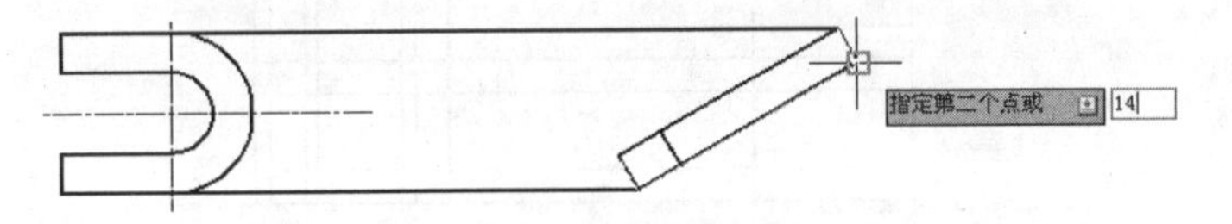

④ 输入第二个复制数值 14

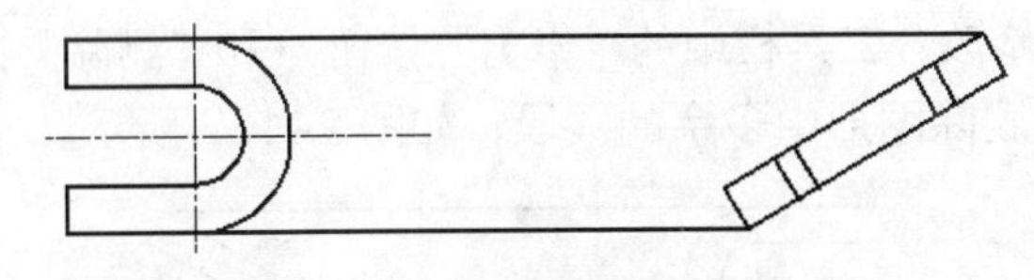

⑤ 复制效果

图 2–128　复制线段

15 将复制线段设置成细实线，如图 2–129 所示。

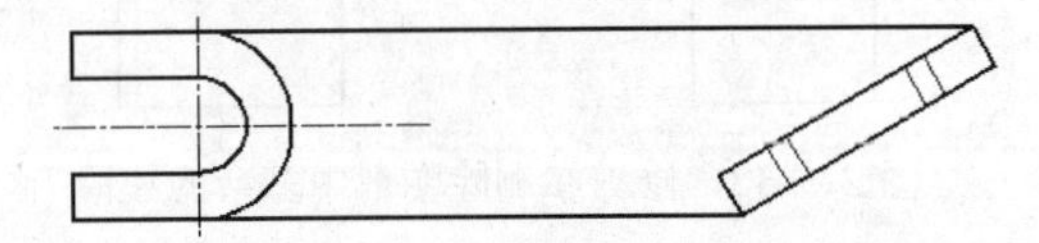

图 2–129　设置成细实线

16 单击“绘图”工具栏中的“直线”按钮，在图形下方绘制一条水平线段，如图 2–130 所示。

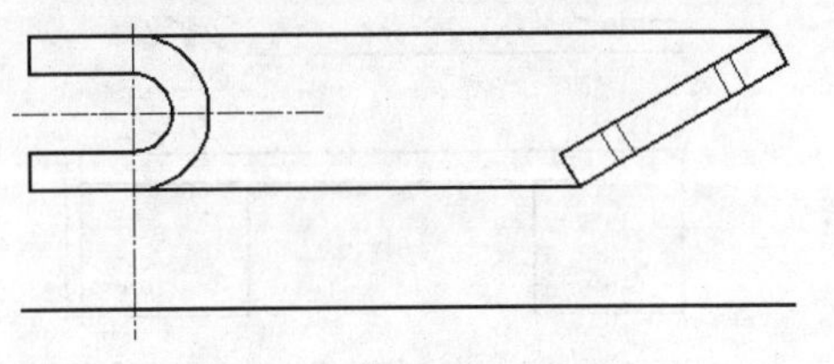

图 2–130　绘制水平线段

“设置”选项卡：

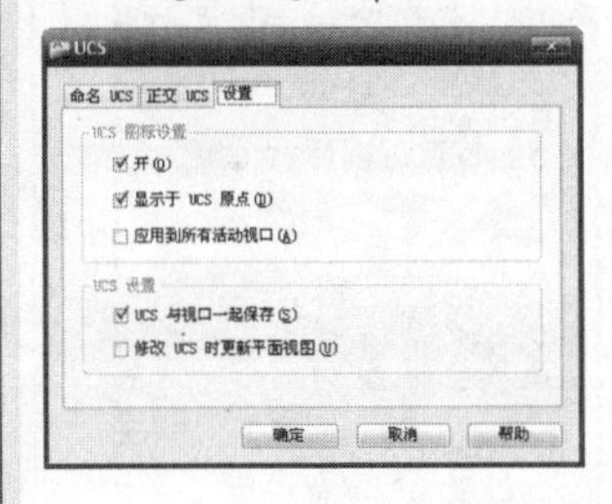

相关知识　用户坐标系的相关设置

选择“视图”菜单中“显示”子菜单中“UCS 图标”子菜单中的各个选项，可对用户坐标系进行相应的设置。

“显示”子菜单中“UCS 图标”子菜单中的各个选项如下。

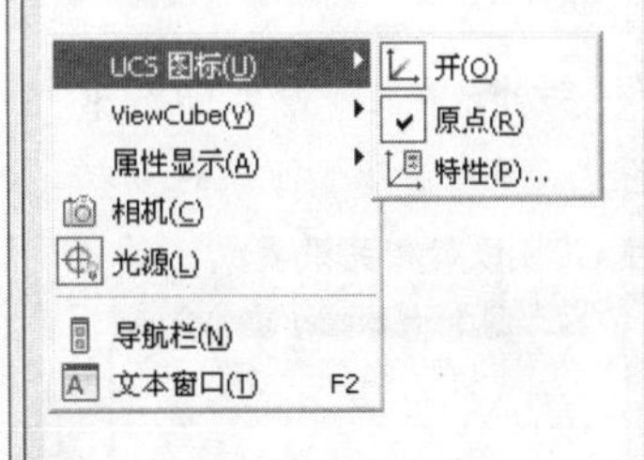

在子菜单中有 3 个菜单项供用户选择。

- 开：选择此命令可以在当前绘图窗口中显示 UCS 的图标；再次单击该命令则取消 UCS 图标的显示。
- 原点：选择此命令，可以在当前坐标系的原点处显示 UCS 图标；再次单击该命令则取消该命令只在绘图窗口的左下角显示 UCS 图标。
- 特性：选择此命令，将打开“UCS 图标”对话框。

"UCS 图标"对话框：

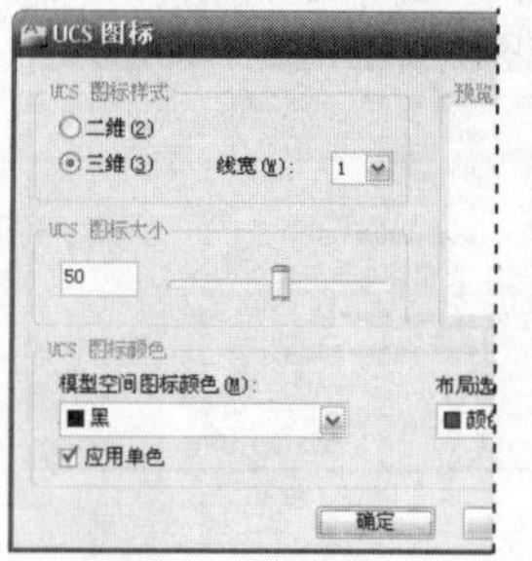

在该对话框中，可以设置 UCS 图标的样式、大小、颜色以及布局选项卡图标的颜色。例如，将 UCS 图标的样式改为二维后的效果如下：

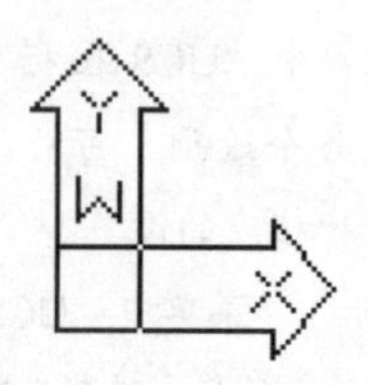

另外，在之前命名 UCS 中的"设置"选项卡里，也可以对 UCS 进行相关设置。

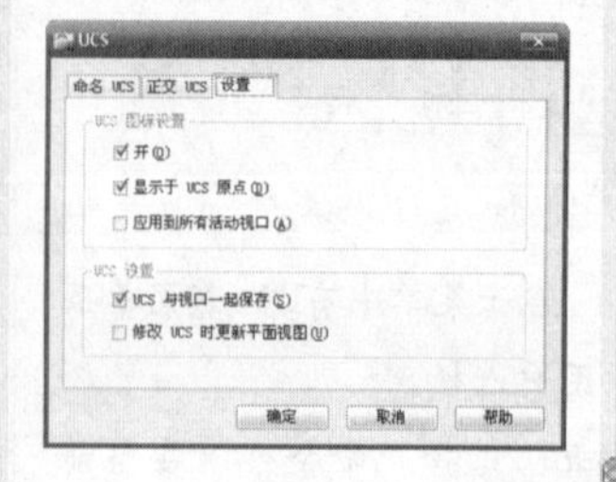

疑难解答 save 命令与 save as 命令有什么区别

在 AutoCAD 中，这两个命令都是用来"另存为"文件，但它们又有各自的区别：save 命令执行以后，原来的文件仍为当前文件，而 save as 命令执

17 单击"修改"工具栏中的"偏移"按钮，将绘制的线段向下偏移 8、16、35、43，如图 2-131 所示。

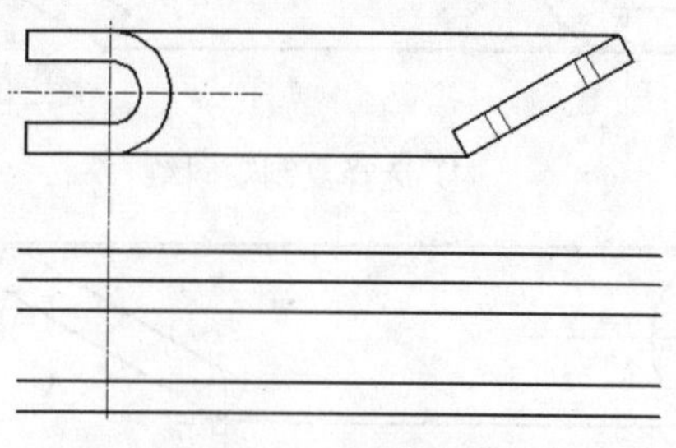

图 2-131 偏移线段

18 单击"绘图"工具栏中的"直线"按钮，绘制主视图到俯视图中能看到的连线，如图 2-132 所示。

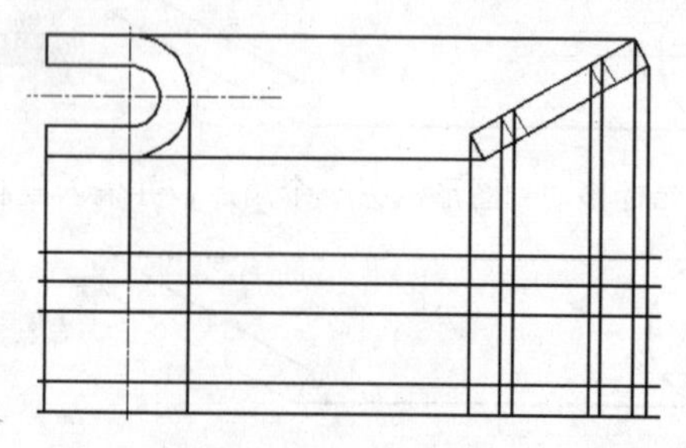

图 2-132 绘制连线

19 单击"修改"工具栏中的"修剪"按钮和"删除"按钮，修剪和删除图形中多余的线段，如图 2-133 所示。

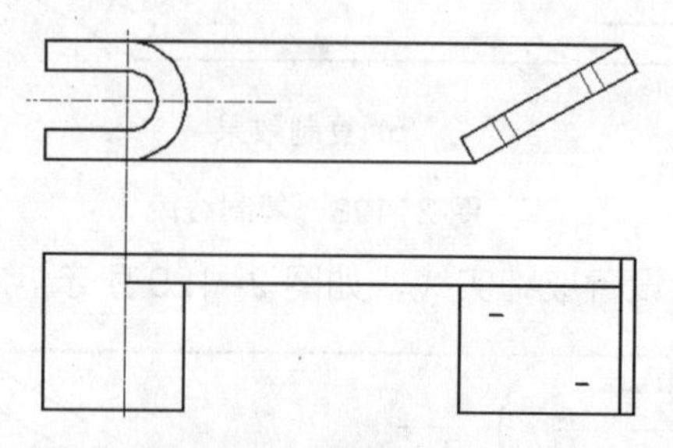

图 2-133 修剪和删除图形中多余的线段

20 选择垂直点画线，通过选中后的蓝色夹点，缩短下边线段的长度，如图 2-134 所示。

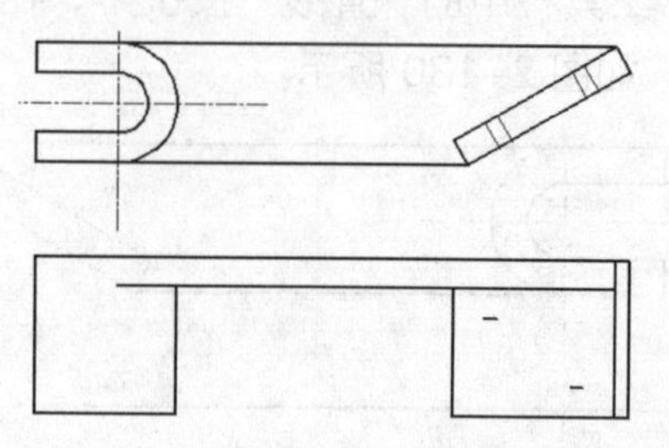

图 2-134 通过蓝色夹点编辑线段

21 单击“绘图”工具栏中的“椭圆”按钮，以短线段的两个端点为轴端点，长轴半径为 2，绘制椭圆，如图 2-134 所示。

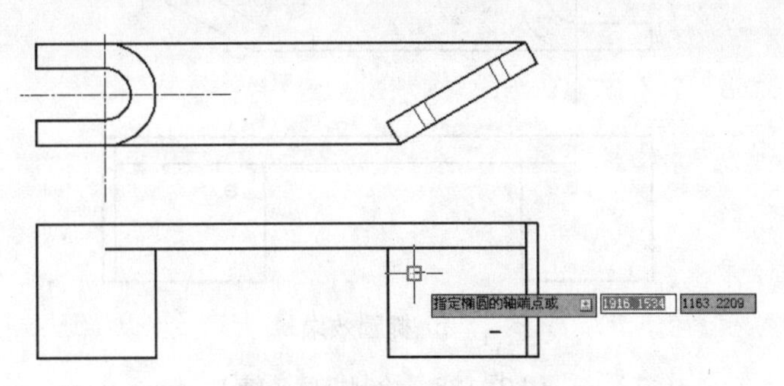

① 指定椭圆轴的第一个端点

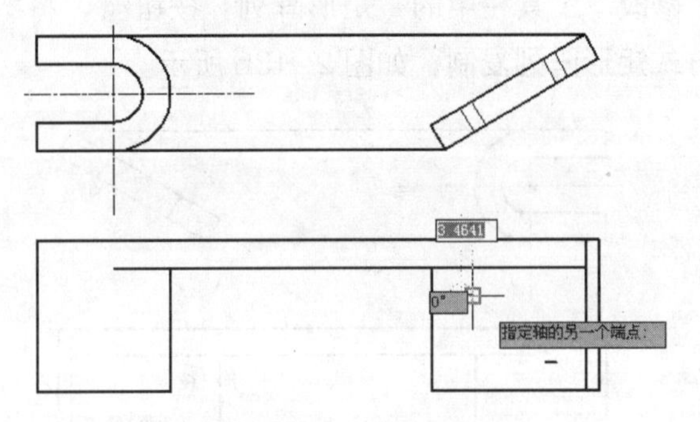

② 指定椭圆轴的第二个端点

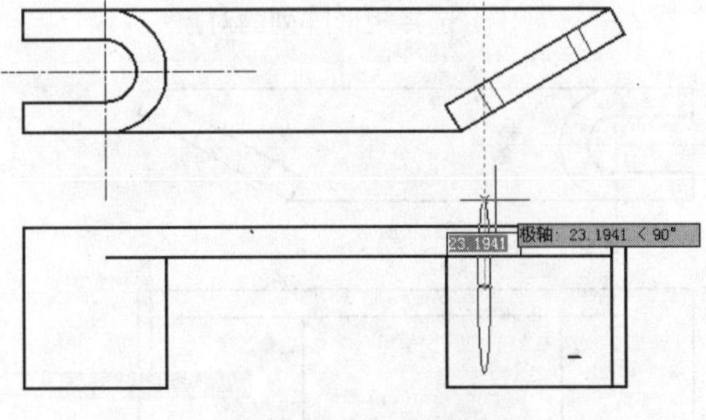

③ 将光标向上移动

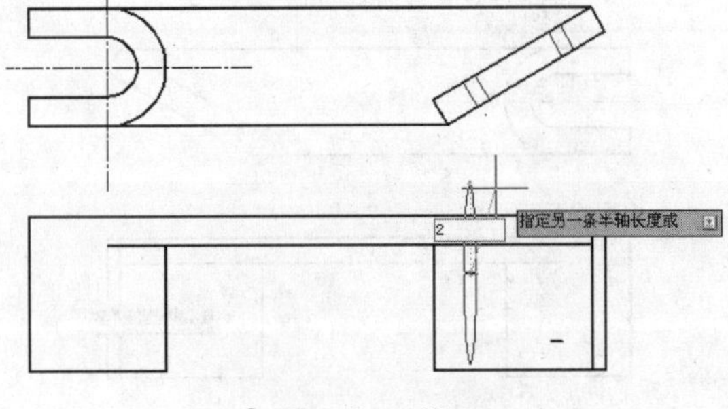

④ 输入长轴数值 2

图 2-135　绘制椭圆

行以后，另存为的文件变为当前文件。

疑难解答　什么是 DXF 文件格式

DXF（Drawing Exchange File）即图形交换文件，是一种 ASCII 文本文件，它包含对应的 DWG 文件的全部信息。通常，不同类型的计算机，即使是用同一版本的文件，其 DWG 文件也不可交换。为此，AutoCAD 提供了 DXF 类型文件，其内部为 ASCII 码，不同类型的计算机可通过交换 DXF 文件来交换图形。由于 DXF 文件可读性好，用户可方便地对它进行修改、编程，达到从外部图形进行编辑、修改的目的。

疑难解答　AutoCAD 的文件无法打开

在 AutoCAD 2012 中不会出现此类现象，假如需要将文件传给其他用户，如果在版本过低的情况下，将无法打开 AutoCAD 文件。

解决的方法是：转换保存的格式。如果想打开高版本 AutoCAD 绘制的图形，那么在高版本的 AutoCAD 文件存档时，需要将文件类型转换成低版本格式，如保存为“Auto 2007 图形”格式。

设置保存格式

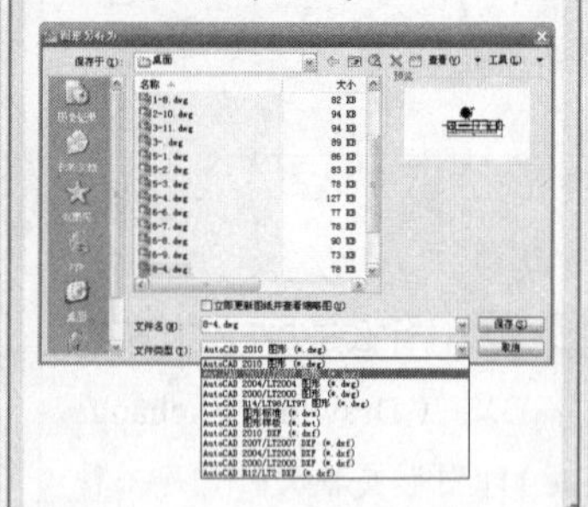

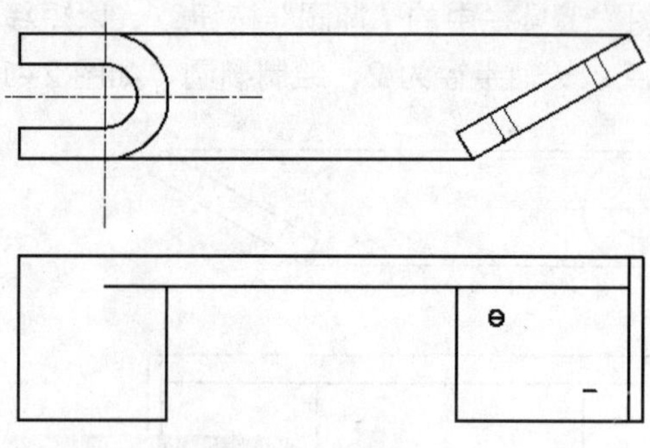

⑤ 椭圆效果

图 2-135 绘制椭圆（续）

22 单击“修改”工具栏中的“矩形阵列”按钮，将椭圆以对角的方式矩形阵列复制，如图 2-136 所示。

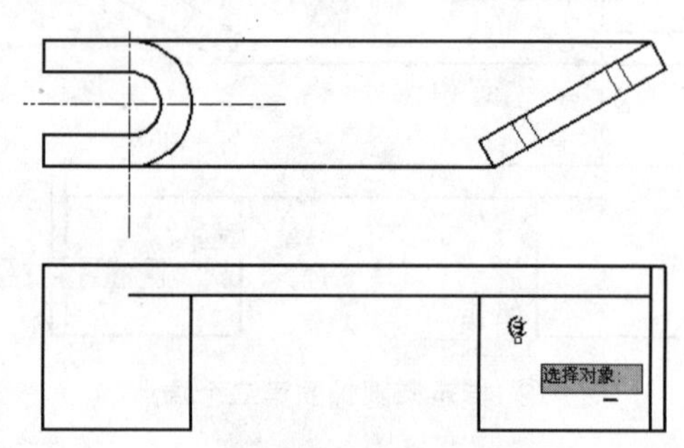

① 选择矩形阵列的对象

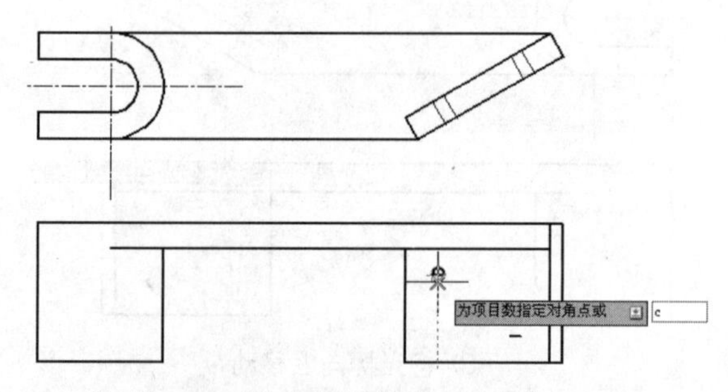

② 按 Enter 键，确定阵列对象，输入字母 c

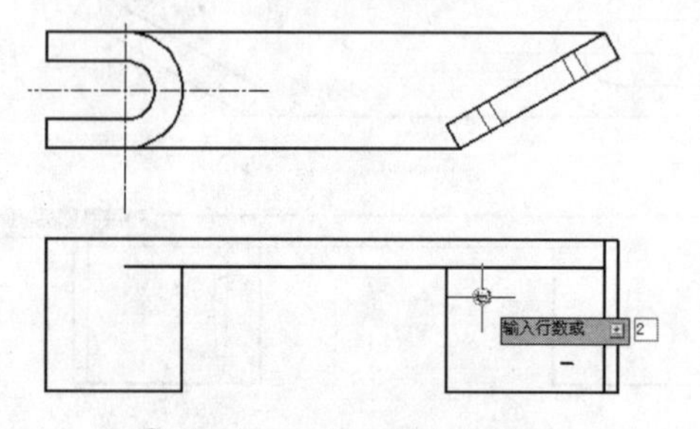

③ 按 Enter 键，输入行数 2

图 2-136 矩形阵列复制椭圆

疑难解答 **在命令前加“_”与不加“_”的区别**

命令前加“_”与不加“_”在AutoCAD中的意义是不一样的。加“_”是AutoCAD 2000以后版本为了使各种语言版本的指令有统一的写法而制定的指令。

命令前加“_”是该命令的命令行模式，不加就是对话框模式。意思是：前面加“_”后，命令运行时不出现对话框，所有的命令都是在命令行中输入的；不加“_”，命令运行时会出现对话框，参数的输入在对话框中进行。

疑难解答 **样条曲线提示选项中的“拟合公差”是什么意思**

拟合公差是指实际样条曲线与输入的控制点之间允许偏移距离的最大值。差值越大，曲线越流畅，但精确度越低。反之，差值太小，曲线的平滑度越差，复杂性越大。

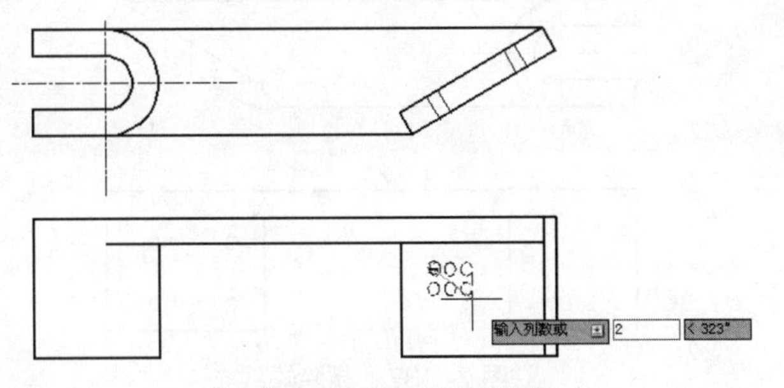

④ 按 Enter 键，输入列数 2

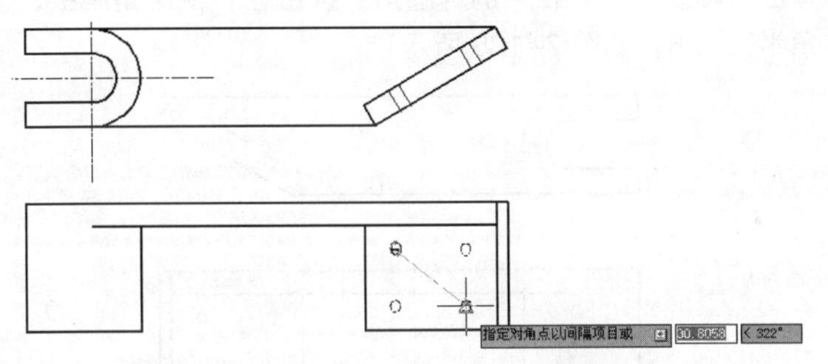

⑤ 按 Enter 键，指定矩形阵列的角点

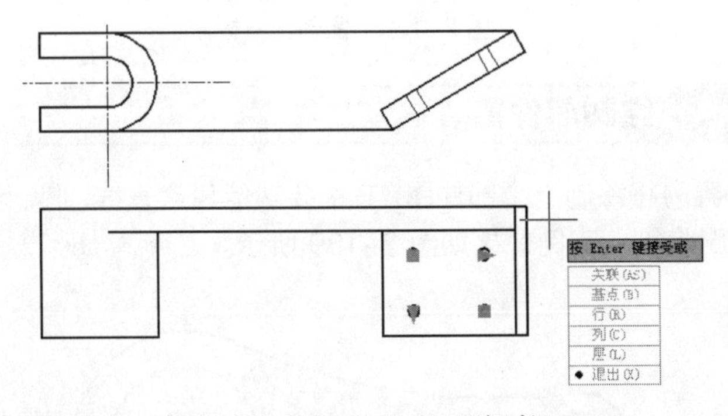

⑥ 指定完对角后回到矩形阵列提示

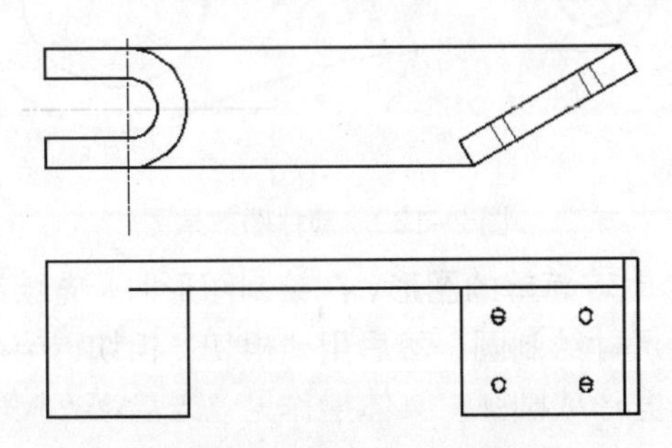

⑦ 按 Enter 键完成矩形阵列操作

图 2-136 矩形阵列复制椭圆（续）

23 单击“修改”工具栏中的“删除”按钮，删除短线，如图 2-137 所示。

疑难解答 如何一次修剪或延长多条线段

在绘图设计过程中，要频繁地用到延长和修剪命令，有时可能需要同时修剪或延长多条线段。

方法一：可以使用 fence 方式进行修剪或延长。当 trim 命令提示选择要剪除的图形时，输入 f，然后在屏幕上画出一条虚线，按 Enter 键，这时与该虚线相交的图形全部被剪切掉。

要延长多条线段，则在“选择对象：”提示时输入 f 即可。

方法二：在修剪或延伸操作下，要使用替换功能，只需要按住 Shift 键，再选择修剪或延伸的线段即可。

疑难解答 怎样简化反复执行撤销操作

可以使用 undo 命令一次撤销多个操作。undo 命令后的提示如下：

命令: undo
输入要放弃的操作数目或 [自动(A)/控制(C)/开始(BE)/结束(E)/标记(M)/后退(B)]：

疑难解答 在 AutoCAD 中采用什么比例绘图好

最好使用 1:1 比例，输出比例可以随便调整。画图比例和输出比例是两个概念，输出时使用“输出 1 单位=绘图 500 单位”就是按 1/500 比例输出，若“输出 10 单位=绘图 1 单位”就是放大 10 倍输出。用 1:1 比例画图好处很多，具体如下：

- 容易发现错误，由于按实际尺寸画图，很容易发现尺寸设置不合理的地方。
- 标注尺寸非常方便，尺寸数字是多少，软件自己测量，如果画错了，一看尺寸数字就会发现。
- 在各个图之间复制局部图形或者使用块时，由于都是 1:1 比例，所以调整块尺寸方便。
- 由零件图拼成装配图或由装配图拆画零件图时非常方便。
- 用不着进行烦琐的比例缩小和放大计算，提高了工作效率，防止出现换算过程中可能出现的差错。

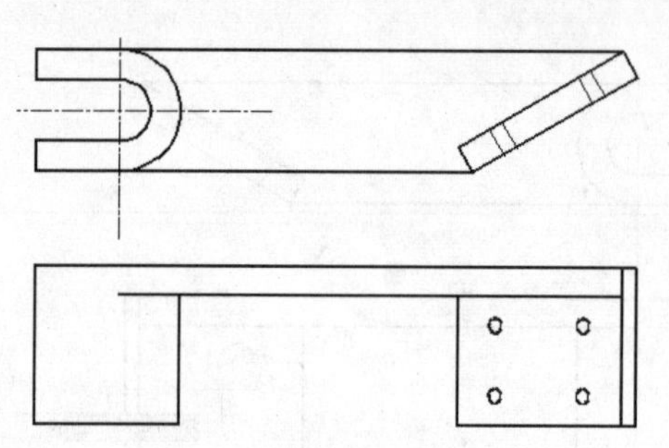

图 2-137　删除短线

24 单击“修改”工具栏中的“圆角”按钮，倒圆角斜板，圆角半径为 8，如图 2-138 所示。

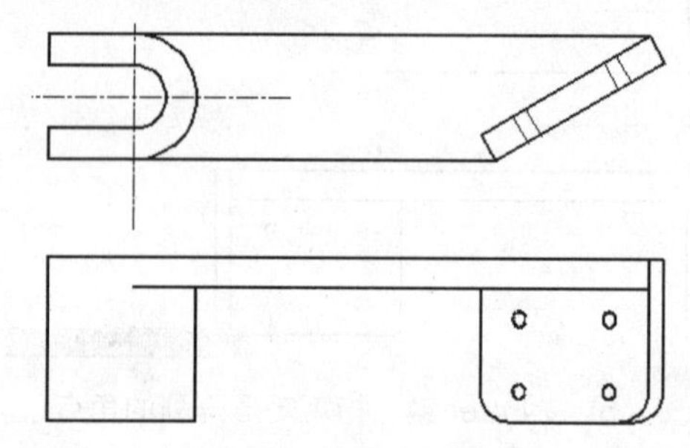

图 2-138　倒圆角斜板

实例 2-11　绘制部件图

本实例将绘制一个部件图，其主要功能包含直线、圆、修剪、镜像、删除等。实例效果如图 2-139 所示。

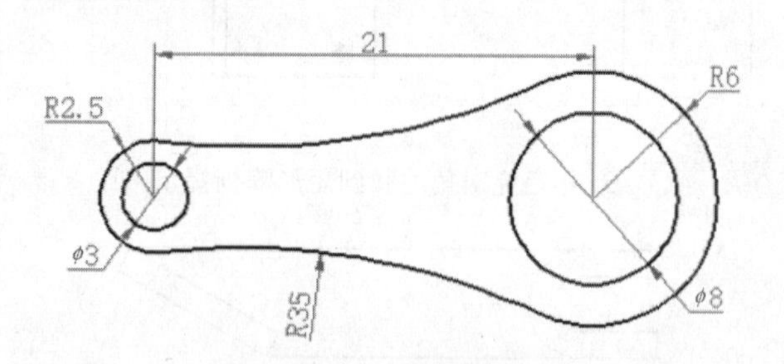

图 2-139　部件图效果图

这是一个比较简单的图形，在绘制图形时，先绘制一条辅助线，然后按照尺寸绘制圆，然后用“相切、相切、半径”命令绘制圆，经过修剪形成圆弧。具体操作见“光盘\实例\第 2 章\绘制部件图”。

03

第3章 机械注释、标注及表格

绘制完二维图形后，还不能算是一张完整的图样，还需要为图形添加注释、标注及表格等元素，进一步丰富图样的内容。结合小栏部分的理论知识，大家会对 AutoCAD 绘图有进一步的了解。

本章讲解的实例和主要功能如下：

实　例	主要功能	实　例	主要功能	实　例	主要功能
制作表格	创建表格样式 插入表格 编辑表格单元 输入文字	制作新房装修流程图	矩形 文字 快速标注	标注零件图	打开文件 线性标注 连续标注 半径标注 直径标注 角度标注 弧长标注 多行文字
标注螺母	打开文件 线性标注 半径标注 直径标注 多行文字	标注机件尺寸	表格样式 插入表格 编辑表格单元 输入文字	为压盖添加注释及表格	多行文字 重设文字高度 创建表格 编辑单元格
标注压盖零件图	打开文件 线性标注 半径标注 直径标注	绘制并标注齿轮内圈断面图	圆角 倒角 线性标注 连续标注 半径标注 多重引线标注	绘制开瓶器	圆 圆角 线性标注 半径标注 角度标注
绘制并标注齿轮架	圆 线性标注 半径标注 直径标注 角度标注	绘制并标注挂钩	圆角 线性标注 连续标注 半径标注 直径标注	绘制并标注零件图	椭圆 圆 偏移 修剪 圆角

本章在讲解实例操作的过程中，全面系统地介绍关于机械注释、标注及表格的相关知识和操作方法，包含的内容如下：

实例 3-1　制作表格

本实例将制作表格，其主要功能包含创建表格样式、插入表格、编辑表格单元、输入文字等。实例效果如图 3-1 所示。

拔叉			审核	
			材料	
			大小	
数量			单位	
比例			图号	
制图			注备	

图 3-1　表格效果图

操作步骤

1 单击“样式”工具栏中的“表格样式”按钮，打开“表格样式”对话框，如图 3-2 所示。

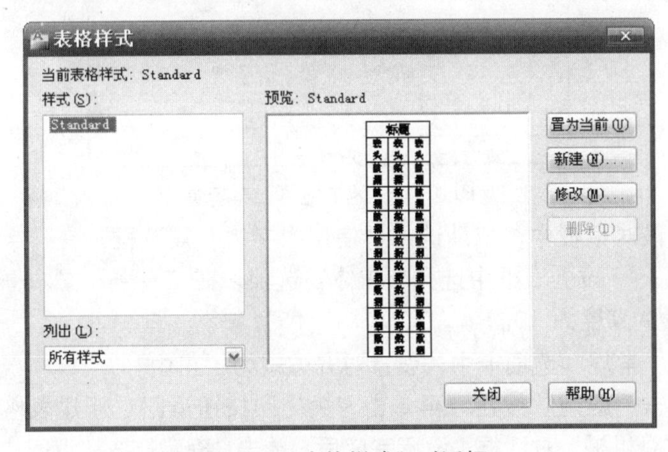

图 3-2　“表格样式”对话框

2 单击“新建”按钮，即打开“创建新的表格样式”对话框，在该对话框中设置新表格样式名为“机械”，如图 3-3 所示。

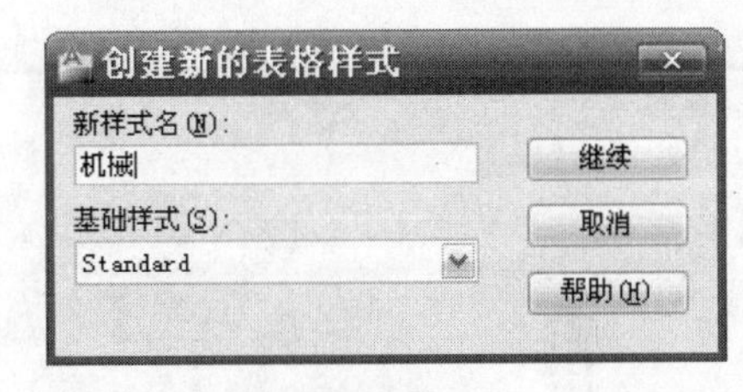

图 3-3　“创建新的表格样式”对话框

3 设置好表格样式名后，单击“继续”按钮，打开“新建表格样式：机械”对话框，如图 3-4 所示。

实例 3-1 说明

- 知识点：
  - 创建表格样式
  - 插入表格
  - 编辑表格单元
  - 输入文字
- 视频教程：
  光盘\教学\第 3 章 机械注释、标注及表格
- 效果文件：
  光盘\素材和效果\03\效果\3-1.dwg
- 实例演示：
  光盘\实例\第 3 章\制作表格

相关知识　AutoCAD 文字设置

在绘制 AutoCAD 机械图样时，只有图形是不能完全表达整个图样所要表达的内容的，有时还需要加上适当的文字说明或注释（如图形中的技术说明、材料说明等），这样才能使整张图样更加清晰明了。

在 AutoCAD 中，用户可以直接对文字的字体、字号、角度等属性进行设置，也可以将常用的文字内容定义为一种文字样式，使创建的文字套用当前样式。

重点提示　机械图样中的文字规范

在绘制机械图样时，图样中的文字要符合一定的规范，一般要求做到以下几点：

- 字体清楚、排列整齐、间隔均匀。
- 数字一般为斜体输出。
- 小数点在输出时，应占一个字位，并位于中间靠下方。
- 字体一般为斜体输出。
- 汉字输出为正体，并使用国家推行的简化汉字。
- 标点符号中除了省略号和破折号占两个字位，其他符号均占一个字位。

相关知识 **为什么要设置文字**

因为每一个图形的比例不同，所以输入注释时需要根据图形的比例而设定。

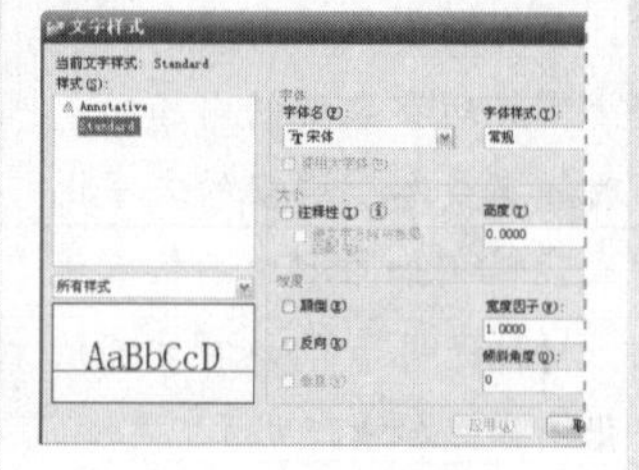

操作技巧 **文字样式的操作方法**

可以通过以下 4 种方法来执行“文字样式”功能：

- 选择“格式”→“文字样式”命令。
- 单击“样式”工具栏中的“文字样式”按钮。
- 单击“文字”工具栏中的“文字样式”按钮。

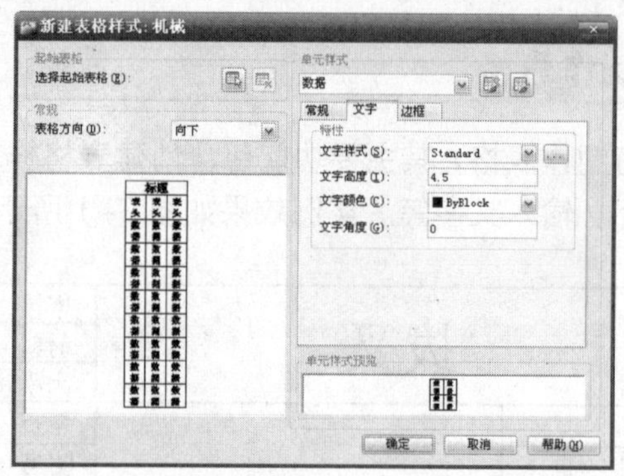

图 3-4 “新建表格样式：机械”对话框

4 在该对话框中，单击“文字样式”下拉列表框后的 ... 按钮，可以打开“文字样式”对话框，如图 3-5 所示。

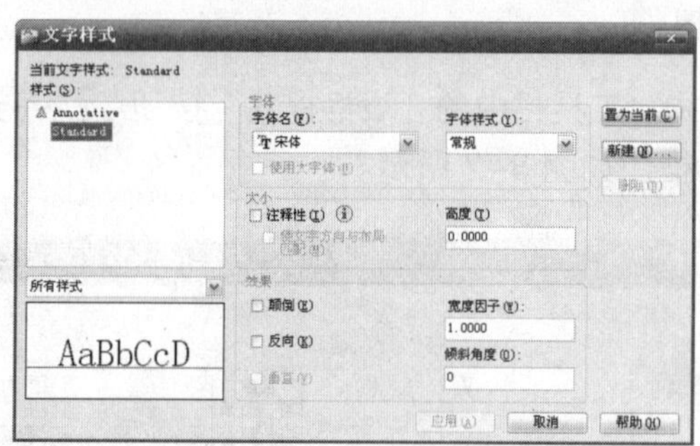

图 3-5 “文字样式”对话框

5 在该对话框中，取消选中“使用大字体”复选框，在“字体名”下拉列表框中选择“宋体”选项，在“高度”文本框中设置高度为 10。

6 在“常规”选项卡中，设置对齐方式为“正中”。

7 单击“应用”按钮，再单击“关闭”按钮返回“新建表格样式：机械”对话框。设置完成后，单击“确定”按钮返回“表格样式”对话框，单击“关闭”按钮，完成表格样式的设置。

8 单击“绘图”工具栏中的“表格”按钮，打开“插入表格”对话框，如图 3-6 所示。

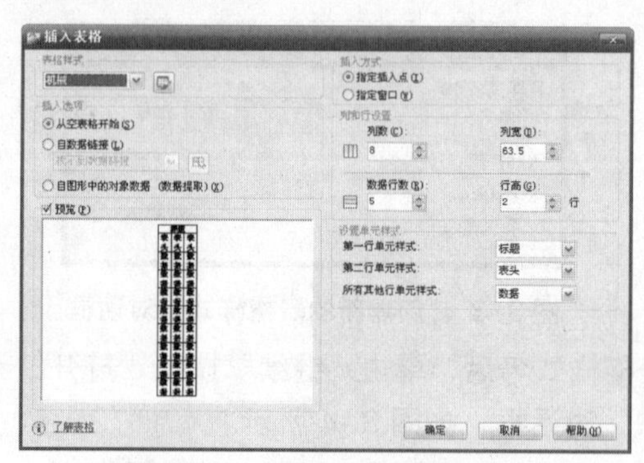

图 3-6 “插入表格”对话框

9 在该对话框中的“表格样式”下拉列表框中选择“机械”选项，设置“列数”为 8，“列宽”为 63.5，在设置“数据行数”为 5，“行高”为 2。

10 设置完成后，单击“确定”按钮，即可将所绘制的表格插入绘图区域中，如图 3-7 所示。

指定插入点: 1808.0072 1440.1705

① 插入表格时，表格随光标移动

② 插入表格后，弹出“文字格式”工具栏辅助文字设置

图 3-7　插入表格

11 按 Esc 键，退出文字输入模式，此时表格呈编辑状态，如图 3-8 所示。

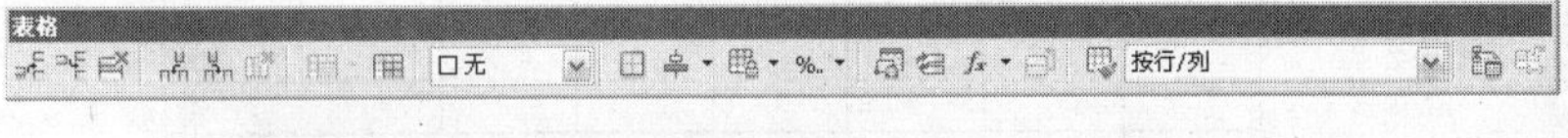

图 3-8　表格进入编辑状态

12 在第一行表格单元中，单击鼠标右键，在弹出的表格编辑快捷菜单中选择“行”子菜单中的“删除”命令，删除第一行表格单元，如图 3-9 所示。

- 在命令行中输入 style 后，按 Enter 键。

重点提示　文字设置提醒

只有在“字体名”下拉列表框中指定 SHX 文件，才能创建并使用大字体。

操作技巧　文字样式效果

在“文字样式”对话框的“效果”选项组中，可修改字体的宽度因子、倾斜角度以及是否颠倒显示、反向或垂直对齐等特性。

1. 颠倒

该选项用于设置颠倒显示字符。

2. 宽度因子

该选项用于设置字符宽度。输入值小于 1.0，将压缩文字；输入值大于 1.0，则扩大文字。

3. 反向

该选项用于设置反向显示字符。

4. 垂直

该选项用于设置显示垂直对齐的字符。此项只有在选定的字体支持双向时才可用，对 TrueType 字体不可用。

5. 倾斜角度

该选项用于设置文字的倾斜角度，输入值在应-85° ~85°之间。

AutoCAD 机械设计

相关知识 什么是单行文字

如果需要添加的文字不长，创建单行文本即可。

操作技巧 单行文字的操作方法

可以通过以下 3 种方法来执行“单行文字”功能：

- 选择“绘图”→“文字”→“单行文字”命令。
- 单击“文字”工具栏中的“单行文字”按钮。
- 在命令行中输入 text 后，按 Enter 键。

操作技巧 单行文字操作提醒

在输入文字过程中，将光标移到其他的位置单击，结束当前命令，随后输入的文字在新的位置出现。

重点提示 文字中的特殊符号

在输入文字时，有时需要输入一些特殊符号，如φ、±、°等，这些符号有些不能直接

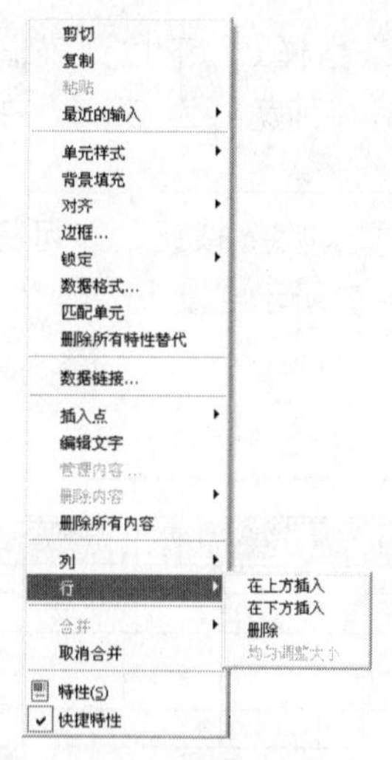

① 表格编辑快捷菜单

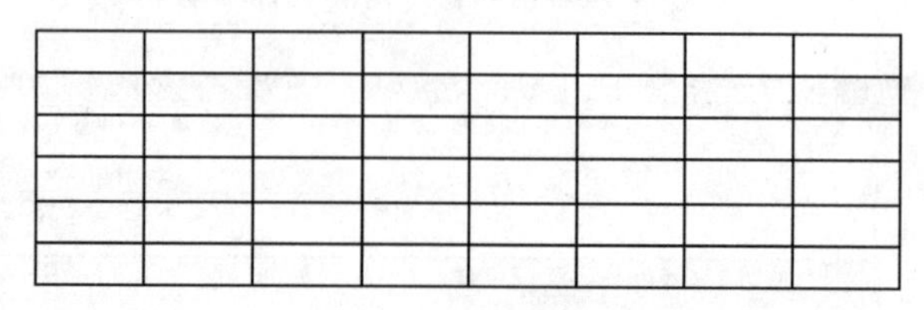

② 删除效果

图 3-9 删除第一行表格单元

13 选择第 1、2、3 行的前 6 个格子，单击鼠标右键，在弹出的快捷菜单中选择“合并单元”子菜单中的“全部”命令，对选定格子进行合并，如图 3-10 所示。

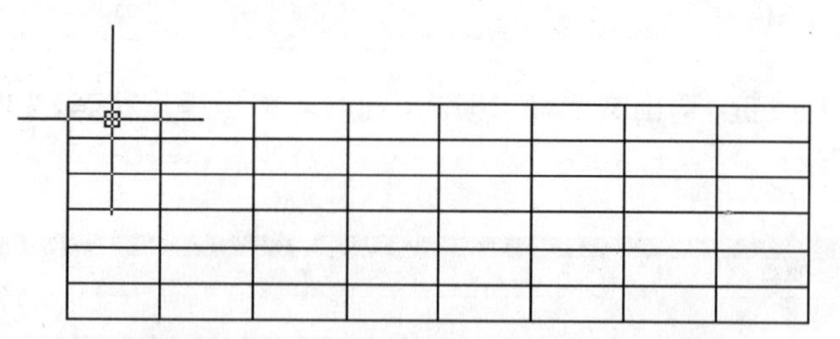

① 将光标移动到第一行第 A 列的表单元格中

② 单击鼠标左键

图 3-10 合并表格单元格

③ 再将光标移动到第三行第 F 列单元格中

④ 按住 Shift 键后，单击鼠标左键，框选表格

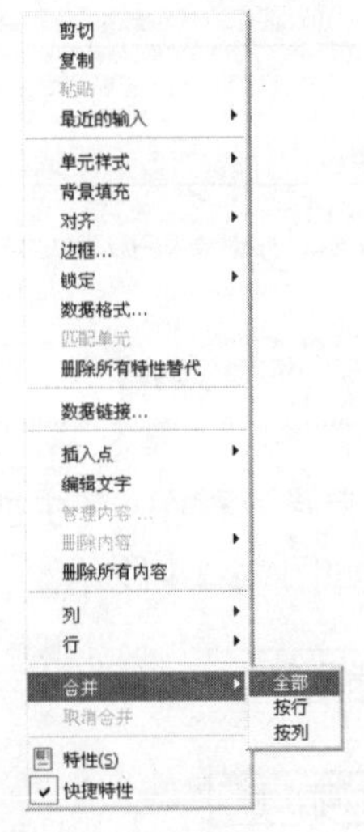

⑤ 单击鼠标右键，在弹出的快捷菜单中选择“合并”子菜单中的“全部”命令

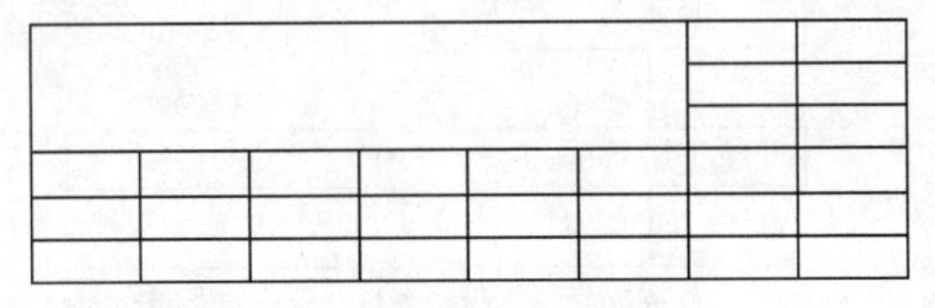

⑥ 合并效果

图 3-10　合并表格单元格（续）

14 用同样的方法，合并第四行 C 列到第六行 F 列的表格单元，如图 3-11 所示。

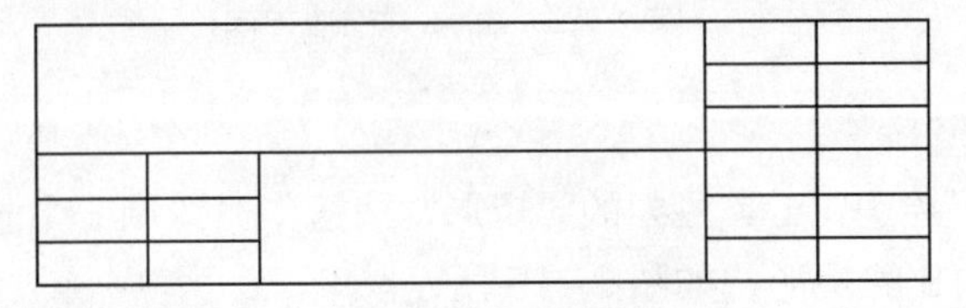

图 3-11　合并其他表格单元

从键盘上输入。为此，AutoCAD 中提供了代码来实现这些符号的输入。

代码	输入符号
%%C	直径（ϕ）
%%D	度（°）
%%P	正负公差（±）
%%%	百分比（%）
%%O	打开或关闭文字上画线
%%U	打开或关闭文字下画线

相关知识　**什么是多行文字**

在绘制图形时，有时需要添加的说明文字可能会很长，这时就需要创建多行文本。

指定了对角点后，绘图区将显示多行文字编辑器，在编辑器中即可输入文字。

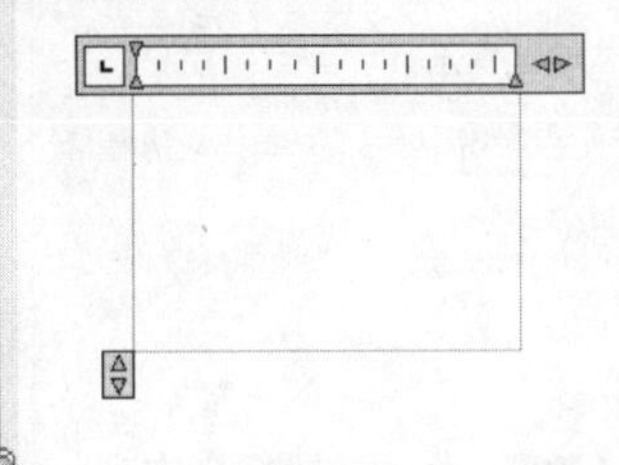

操作技巧　**多行文字的操作方法**

可以通过以下 4 种方法来执行“多行文字”功能：

- 选择“绘图”→“文字”→“多行文字”命令。

15 双击表格单元，输入文字，如图 3-12 所示。

拔叉			审核
			材料
			大小
数量			单位
比例			图号
制图			注备

图 3-12 输入文字

16 双击表格单元，并框选文字“拔叉”，在文字格式工具栏中重新设置文字高度为 20，得到最终效果，如图 3-13 所示。

拔叉			审核	
			材料	
			大小	
数量			单位	
比例			图号	
制图			注备	

图 3-13 重新设置文字高度

实例 3-2 制作新房装修流程图

本实例将制作新房装修流程图，其主要功能包含矩形、文字、快速标注等。实例效果如图 3-14 所示。

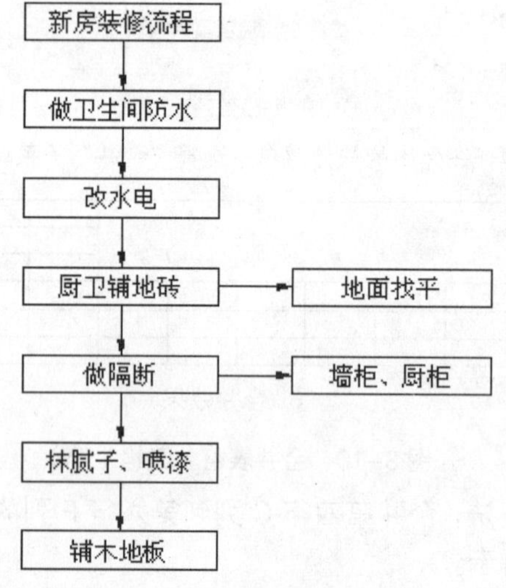

图 3-14 新房装修流程图

操作步骤

1 单击“绘图”工具栏中的“矩形”按钮，绘制一个长为 80、宽为 15 的矩形，如图 3-15 所示。

- 单击“绘图”工具栏中的“多行文字”按钮。
- 单击“文字”工具栏中的“多行文字”按钮。
- 在命令行中输入 mtext 后，按 Enter 键。

实例 3-2 说明

知识点：

- 矩形
- 文字
- 快速标注

视频教程：

光盘\教学\第 3 章 机械注释、标注及表格

效果文件：

光盘\素材和效果\03\效果\3-2.dwg

实例演示：

光盘\实例\第 3 章\制作新房装修流程图

相关知识 为什么要编辑文字

文字输入完成后，有时还需要进行修改或编辑操作，这时就用到了编辑文字功能。

操作技巧 编辑文字的分类

编辑文字的方法有多种，包括双击文字、ddedit 命令、特性面板进行快速编辑以及通过夹点编辑文字 4 种。

2 单击“修改”工具栏中的“矩形阵列”按钮，以计数方式阵列复制，设置行数为 7，列数为 1，行偏移-35，列偏移 0，阵列复制矩形，如图 3-16 所示。

图 3-15　绘制矩形　　　　图 3-16　阵列复制矩形

3 单击“修改”工具栏中的“复制”按钮，将第四个和第五个矩形向右复制 110，如图 3-17 所示。

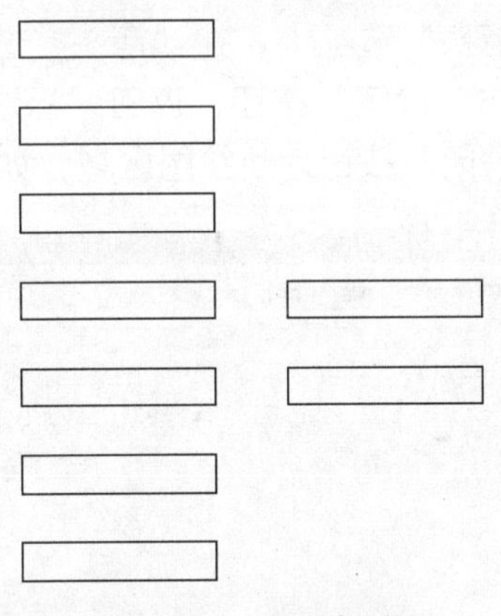

图 3-17　复制矩形

4 单击“标注”工具栏中的“标注样式”按钮，打开“标注样式管理器”对话框，如图 3-18 所示。

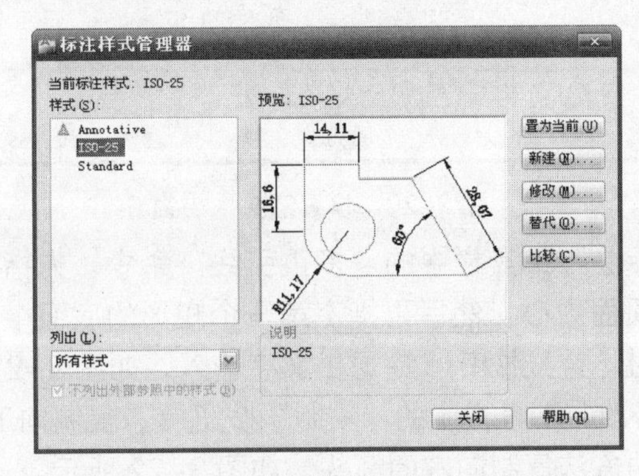

图 3-18　“标注样式管理器”对话框

1. 双击文字编辑文字

双击选定的文字即可打开“文字格式”功能面板组。通过文字编辑器和“样式”、“对齐”、“段落”、“栏数”、“符号”、“关闭”等功能可以方便地对文字进行编辑。

2. 使用 ddedit 命令编辑文字

在命令行中，输入 ddedit 命令后，选择要编辑的文字内容，弹出“文字格式”功能选项板，从而编辑文字。

3. 使用特性面板快速编辑文字

选中要编辑的文字后，单击状态栏上的“快捷特性”按钮，即可打开多行文字的特性面板。通过该面板，可以修改文字的内容、样式、对正方式、文字高度、是否旋转等属性。

多行文字	
图层	0
内容	1223333
样式	Standard

4. 通过夹点编辑文字

选中文字后，通过拖动 4 个夹点可以改变多行文字的宽度和高度，或者拖动文本移动到新的位置上。

相关知识　**AutoCAD 表格设置**

在 AutoCAD 中，可以根据创建表命令创建数据表和标题块，也可以从 Microsoft Excel 中直接复制表格，并将其作

5 单击“修改”按钮，打开“修改标注样式”对话框，如图 3–19 所示。

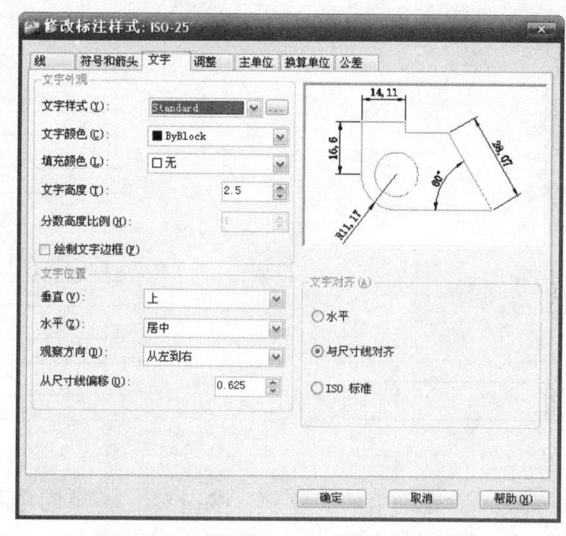

图 3–19 “修改标注样式”对话框

6 选择“符号和箭头”选项卡，在“箭头”选项组中设置箭头大小为 6，单击“确定”按钮，返回“标注样式管理器”对话框，单击“关闭”按钮返回绘图区域，如图 3–20 所示。

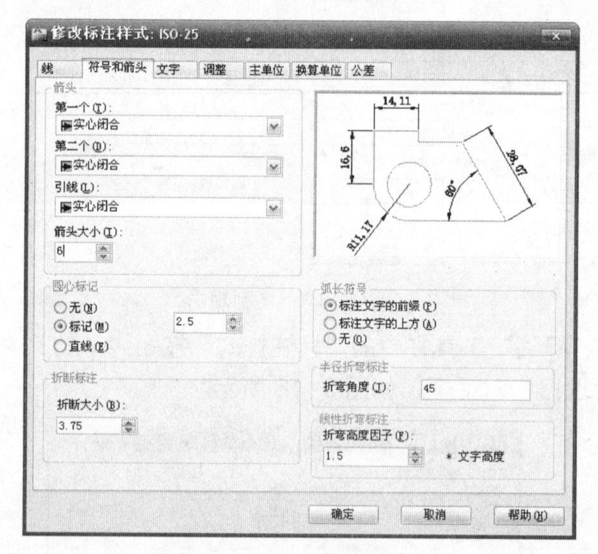

图 3–20 设置箭头大小为 6

7 选择“标注”工具栏中的“多重引线”命令，先指定第二个矩形的顶面中心，然后再指定第一个矩形的底面中心，在输入文字时，直接按 Esc 键退出文字输入，如图 3–21 所示。

8 单击“修改”工具栏中的“复制”按钮，复制向下的箭头，用同样的方法复制向右的箭头，如图 3–22 所示。

为 AutoCAD 表格对象粘贴到图形中。还可以输出 AutoCAD 的表格数据，应用到其他应用程序中。

相关知识 什么是表格样式

通过设置表格样式可以控制表格的外观，如设置表格文字字体、颜色、高度和行距等。

操作技巧 表格样式的操作方法

可以通过以下 3 种方法来执行“表格样式”功能：

- 选择“格式”→“表格样式”命令。
- 单击“样式”工具栏中的“表格样式”按钮。
- 在命令行中输入 tablestyle 后，按 Enter 键。

操作技巧 创建表格的操作方法

可以通过以下 3 种方法来执行“创建表格”功能：

- 选择“绘图”→“表格”命令。
- 单击“绘图”工具栏中的“表格”按钮。
- 在命令行中输入 table 后，按 Enter 键。

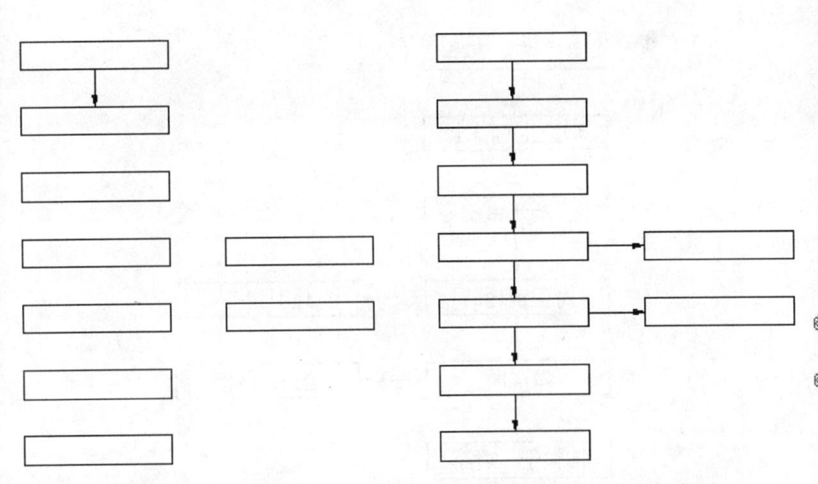

图 3-21 绘制向下的箭头　　图 3-22 复制向下、向右的箭头

9 单击"绘图"工具栏中的"文字"按钮A，选择第一个矩形的左上角为第一角点，选择右下角为对角点后，弹出"文字格式"面板，如图 3-23 所示。

图 3-23 "文字格式"面板

10 设置文字高度为 7，设置多行文字对齐为正中，再输入文字"新房装修流程"，如图 3-24 所示。

11 单击"修改"工具栏中的"复制"按钮，将文字"新房装修流程"复制到其他方框中，如图 3-25 所示。

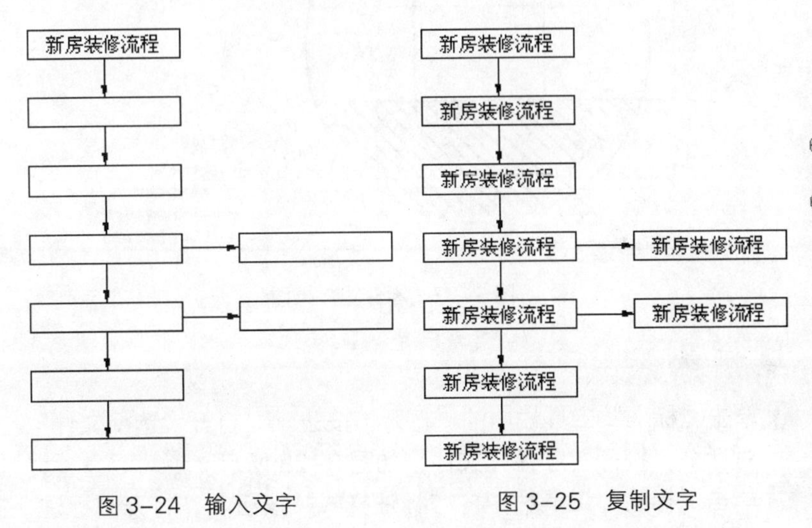

图 3-24 输入文字　　图 3-25 复制文字

12 双击其他文字，依次更改文字，如图 3-26 所示。

相关知识 怎样编辑表格

在 AutoCAD 中，要编辑表格，先选择单元格后，单击鼠标右键，在弹出的单元格快捷菜单中编辑表格样式。

重点提示 通过夹点编辑表格

使用夹点也可以编辑表格：选中表格，在表的周围和标题栏上会出现若干个夹点，拖动夹点的位置可以方便地调整列宽、行高，还可以调整表格的位置。

相关知识 什么是标注

标注是向图形中添加测量注释的过程。通常情况下，一个完整的尺寸标注是由尺寸线、延伸线、箭头和标注文字 4 部分组成。

标注的组成部分：

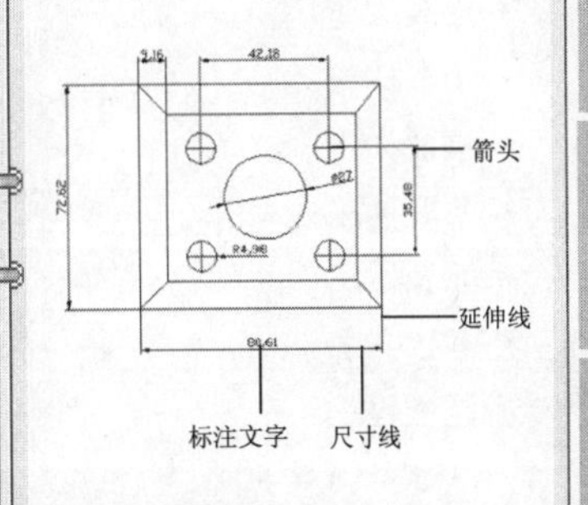

1. 尺寸线

尺寸线表示尺寸标注的范围，通常使用箭头来指出尺寸线的起点和端点。

2. 箭头

箭头位于尺寸线的两端，用于标记标注的起始和终止位置。箭头的形式很广，既可以是短画线、点或其他标记，也可以是块。

3. 延伸线

为使标注清晰，通常利用延伸线将标注尺寸引出被标注对象之外。有时也用对象的轮廓或中心线代替延伸线。延伸线一般与尺寸线垂直，但在特殊情况下也可以将延伸线倾斜。

4. 标注文字

标注文字即标注尺寸的具体值。尺寸文字可以只反映基本的尺寸，也可以带尺寸公差，还可以按极限尺寸形式标注。

实例 3-3 说明

- **知识点：**
  - 打开文件
  - 线性标注
  - 连续标注
  - 半径标注
  - 直径标注
  - 角度标注
  - 弧长标注
  - 多行文字
- **视频教程：**
  光盘\教学\第 3 章 机械注释、标注及表格
- **效果文件：**
  光盘\素材和效果\03\效果\3-3.dwg
- **实例演示：**
  光盘\实例\第 3 章\标注零件图

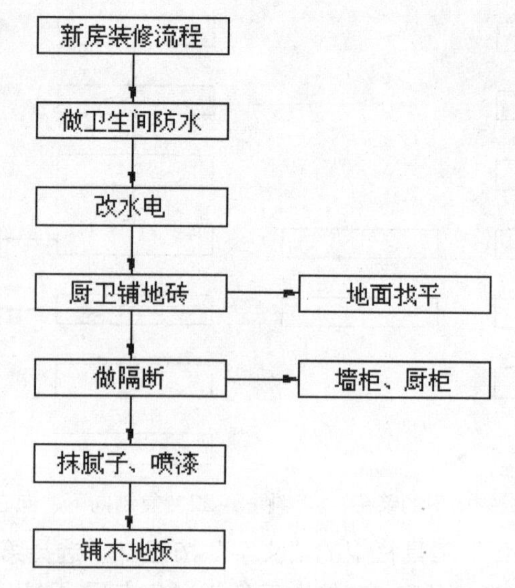

图 3-26 更改文字

实例 3-3 标注零件图

本实例将标注一个零件图，其主要功能包含打开文件、线性标注、连续标注、半径标注、直径标注、角度标注、弧长标注、多行文字等。实例效果如图 3-27 所示。

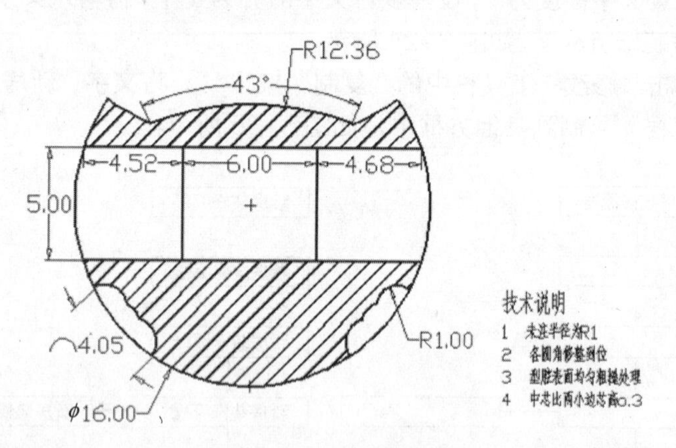

图 3-27 零件图效果图

操作步骤

1. 单击“标准”工具栏中的“打开”按钮，打开“选择文件”对话框，打开“零件”文件，如图 3-28 所示。
2. 单击“标注”工具栏中的“标注样式”按钮，打开“标注样式”对话框，设置箭头大小为 0.5，圆心标记为 0.25，设置文字高度为 0.7，精度为 0.00。

3 单击“标注”工具栏中的“线性”按钮，在屏幕上单击 A、B 两点确定尺寸界线，然后向下延伸并单击鼠标，得到 A、B 两点的长度，如图 3-29 所示。

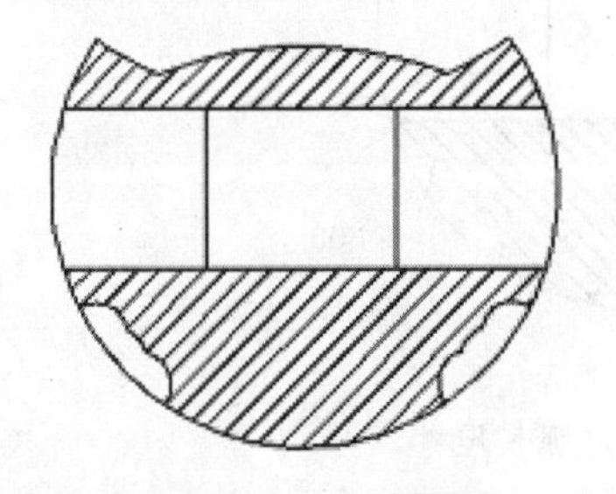

图 3-28　打开零件图

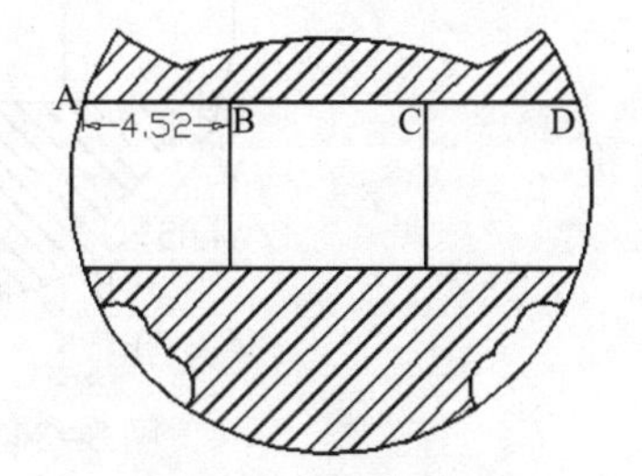

图 3-29　标注线性尺寸

4 单击“标注”工具栏中的“连续”按钮，在屏幕上依次单击 C、D 两个点，得到连续标注，如图 3-30 所示。

5 单击“标注”工具栏中的“半径”按钮，标注图上的 E、F 两个点，得到半径标注，如图 3-31 所示。

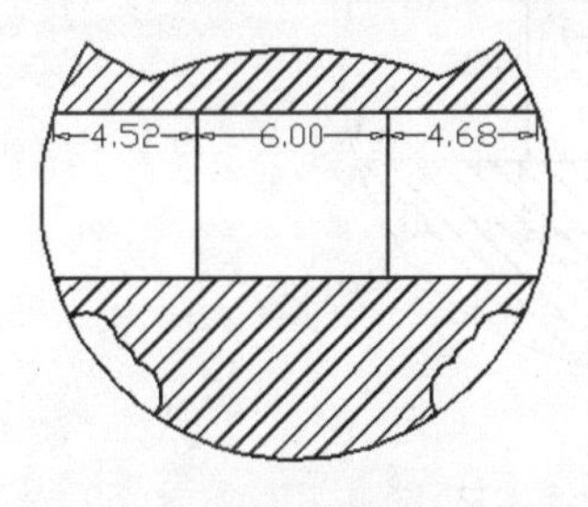

图 3-30　标注连续尺寸

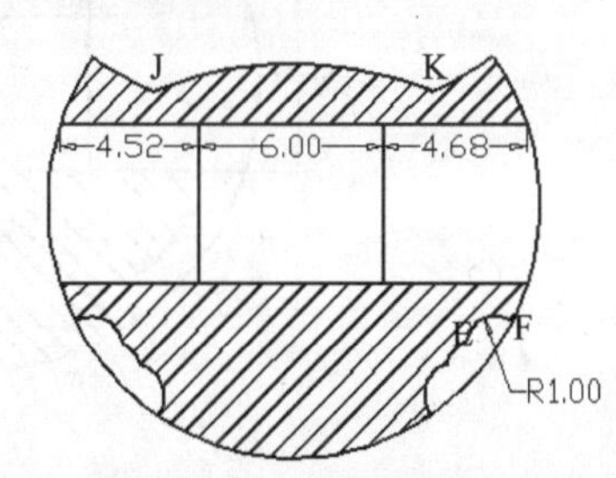

图 3-31　标注半径尺寸

6 单击“标注”工具栏中的“直径”按钮，在屏幕上选中圆弧 $\overset{\frown}{HL}$，得到直径标注，如图 3-32 所示。

7 单击“标注”工具栏中的“角度”按钮，在屏幕上选中圆弧 $\overset{\frown}{JK}$，得到角度标注，如图 3-33 所示。

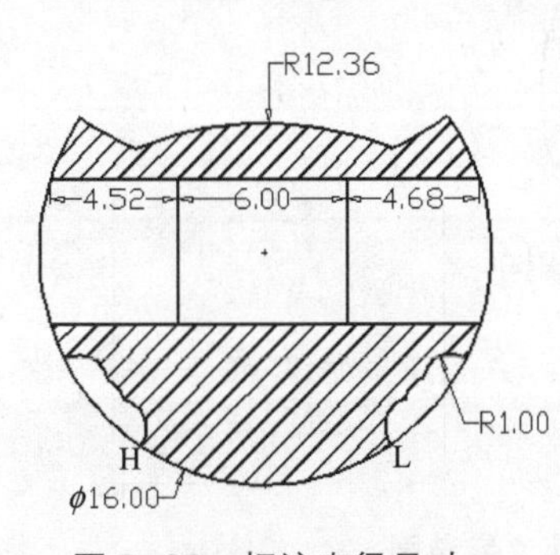

图 3-32　标注直径尺寸

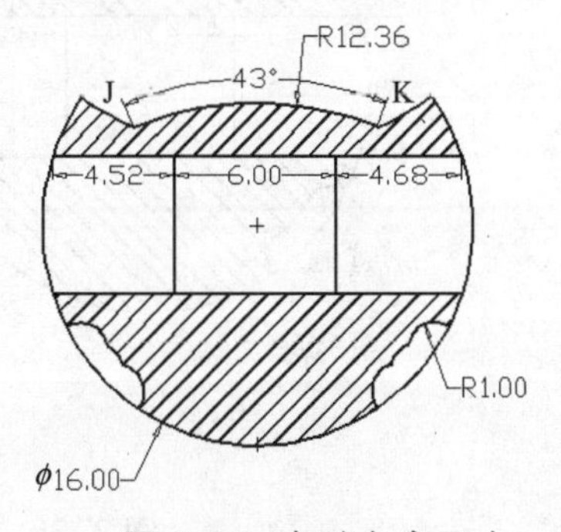

图 3-33　标注角度尺寸

8 单击“标注”工具栏中的“弧长”按钮，在屏幕上选中圆弧 $\overset{\frown}{HOP}$，得到弧长标注，如图 3-34 所示。

重点提示　尺寸标注的基本规则

在 AutoCAD 中，标注尺寸时应遵循以下几点基本规则：

- 标注的尺寸数值应反映物体对象的真实大小，与 AutoCAD 中的绘图准确度和绘图比例无关。
- 标注的尺寸应该是物体最终的实际尺寸。
- 标注的尺寸以 mm（毫米）为单位时，不需标注单位，采用其他单位时，应标明单位名称。
- 一般情况下，每个尺寸只能标注一次。
- 尺寸应标注正确、清楚、齐全，尺寸配置合理。

相关知识　什么是标注样式

标注样式用于控制标注的相关变量，包括尺寸线、标注文字、延伸线、箭头的外观及方式、尺寸公差、替换单位等。

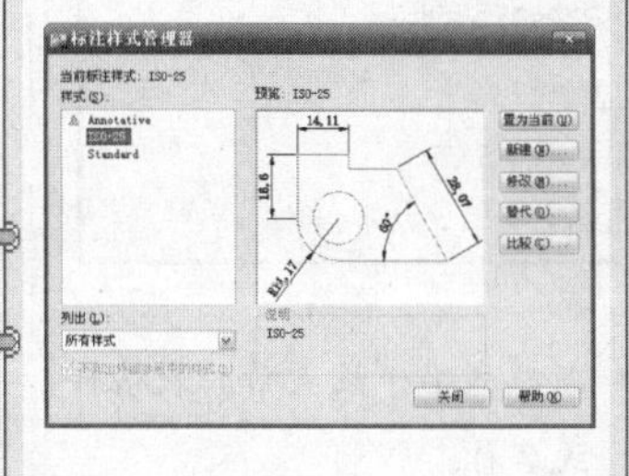

操作技巧　标注样式的操作方法

可以通过以下 5 种方法来执行“标注样式”功能：

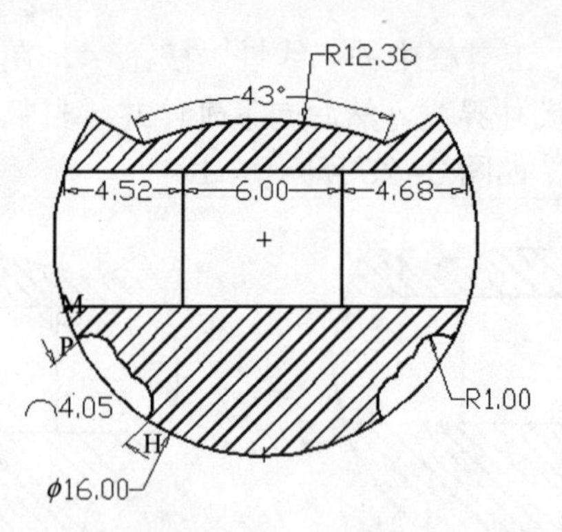

图 3-34 标注弧长尺寸

- 选择"格式"→"标注样式"命令。
- 选择"标注"→"标注样式"命令。
- 单击"样式"工具栏中的"标注样式"按钮。
- 单击"标注"工具栏中的"标注样式"按钮。
- 在命令行中输入 dimstyle 后，按 Enter 键。

9 单击"标注"工具栏中的"线性"按钮，为线段 BN 设置线性标注，如图 3-35 所示。

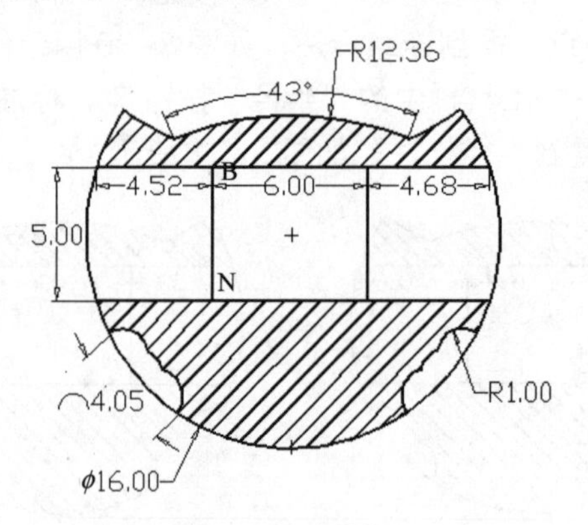

图 3-35 标注线性尺寸

相关知识 新建标注样式

在"标注样式管理器"对话框中，单击"新建"按钮，弹出"创建新标注样式"对话框。

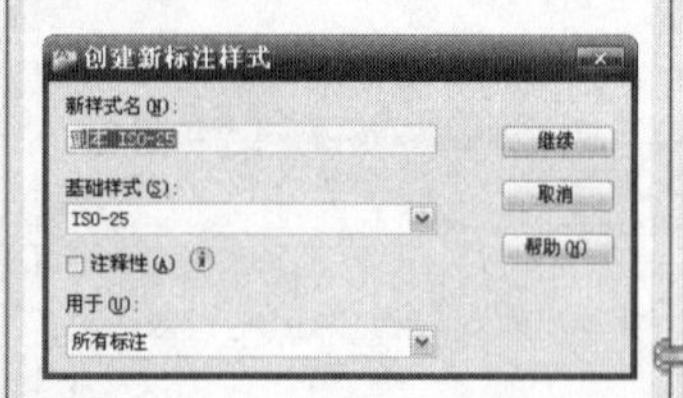

- 新样式名：设置新的表格样式名称。

10 单击"绘图"工具栏中的"多行文字"按钮A，在屏幕上指定对角点，如图 3-36 所示。

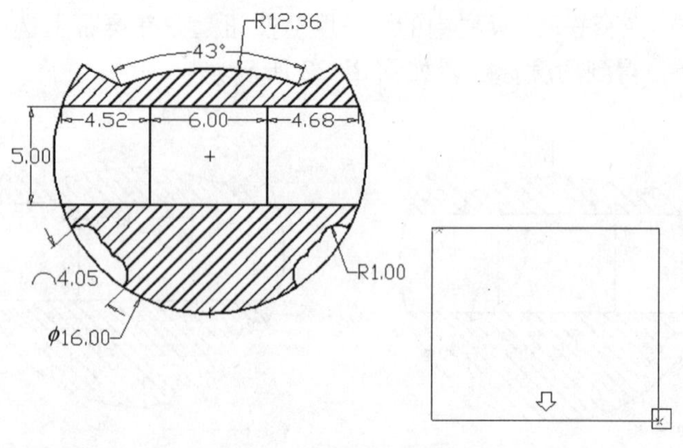

图 3-36 指定文字范围

11 在弹出的文字编辑器中输入文字内容，然后设置第一行文字的大小为 1.0，第 2~5 行文字的大小为 0.7，数字和字母大小为 0.5，如图 3-37 所示。

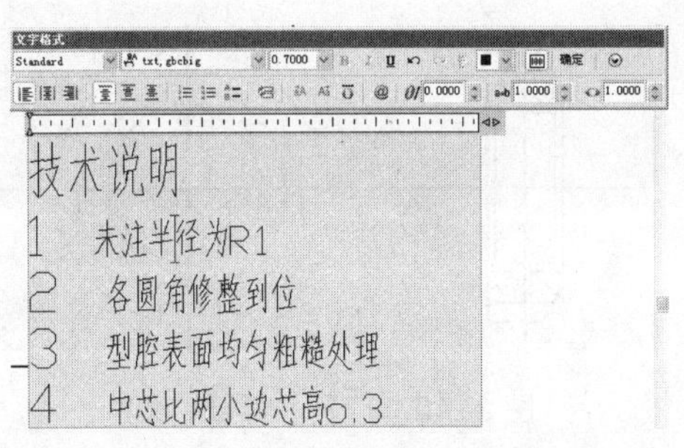

图3–37　输入文字内容

12 设置完成后，单击“确定”按钮得到最终效果，如图 3–38 所示。

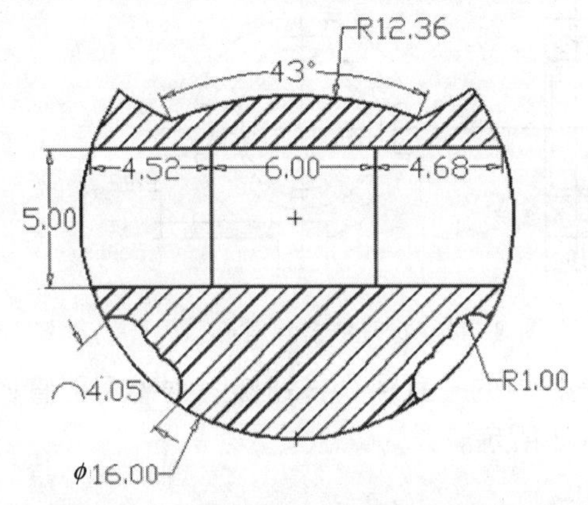

图3–38　标注效果

实例3-4　标注螺母

本实例将标注螺母，其主要功能包含打开文件、线性标注、半径标注、直径标注、多行文字等。实例效果如图3–39所示。

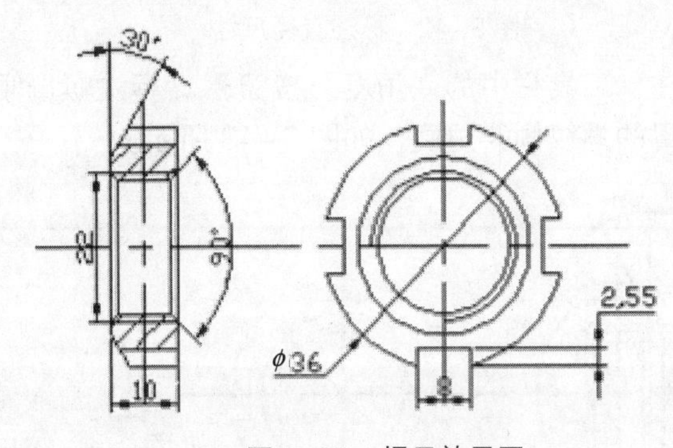

图3–39　螺母效果图

操作步骤

1 单击“标准”工具栏中的“打开”按钮，打开“选择文件”对话框，打开“螺母”文件，如图3–40所示。

- 基础样式：在其下拉列表框中，选择用做新样式的起点的样式。如果没有创建样式，将以标准样式ISO-25为基础创建新样式。
- 注释性：指定标注样式为注释性。
- 用于：在其下拉列表框中指出使用新样式的标注类型，默认设置为“所有标注”。也可以选择特定的标注类型，此时将创建基础样式的子样式。

实例3-4说明

知识点：

- 打开文件
- 线性标注
- 半径标注
- 直径标注
- 多行文字

视频教程：

光盘\教学\第3章 机械注释、标注及表格

效果文件：

光盘\素材和效果\03\效果\3-4.dwg

实例演示：

光盘\实例\第3章\标注螺母

相关知识 “标注样式”对话框

设置完成后单击“继续”按钮，打开“新建标注样式”对话框。

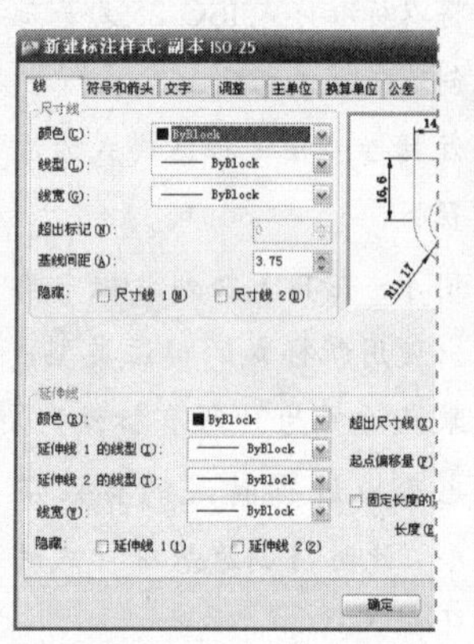

用户可以在各选项卡中设置相应的参数，该对话框有 7 个选项卡，分别是线、符号和箭头、文字、调整、主单位、换算单位以及公差。

- 线：用来设置尺寸线、延伸线、箭头和圆心标记的格式和特性。
- 符号和箭头：用来设置箭头、圆心标记、弧长符号和折弯半径标注的格式和位置。
- 文字：设置标注文字的格式、放置和对齐等样式。
- 调整：设置标注文字、箭头、引线和尺寸线的放置。
- 主单位：设置主标注单位的格式和精度，并设置标注文字的前缀和后缀。
- 换算单位：指定标注测量值中换算单位的显示并设置其格式和精度。
- 公差：设置标注文字中公差的格式及显示。

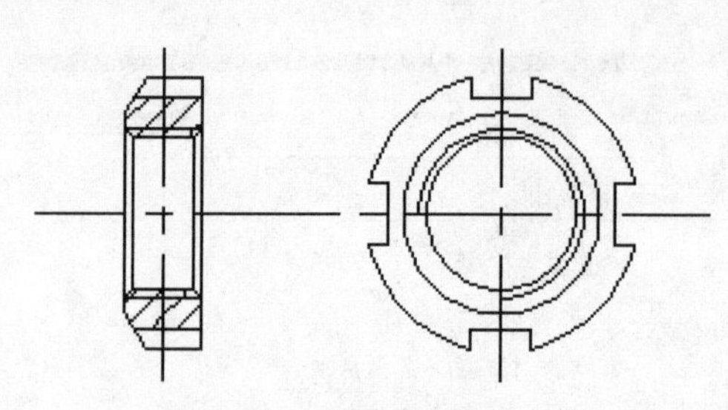

图 3-40　打开“螺母”文件

2 单击“标注”工具栏中的“线性”按钮，标注螺母的螺纹直径、螺母的厚度和螺母开口的宽度、深度尺寸，如图 3-41 所示。

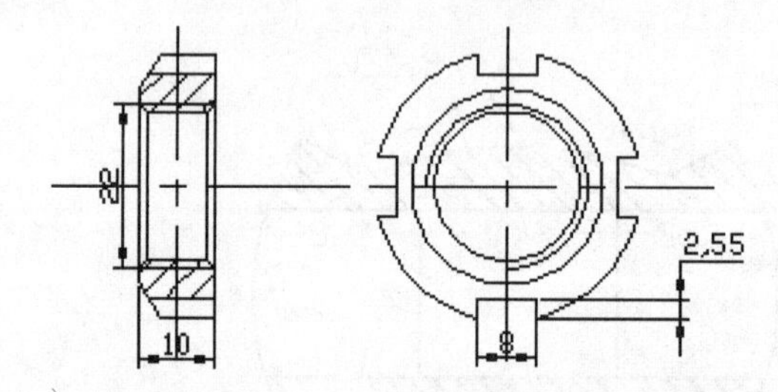

图 3-41　标注线性尺寸

3 单击“标注”工具栏中的“直径”按钮，对螺母的直径进行标注，如图 3-42 所示。

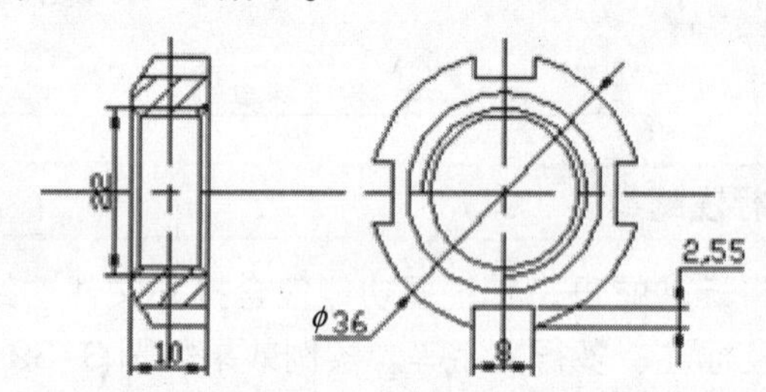

图 3-42　标注直径尺寸

4 单击“标注”工具栏中的“角度”按钮，标注螺母倾斜的角度和螺母的螺纹倾斜角度，如图 3-43 所示。

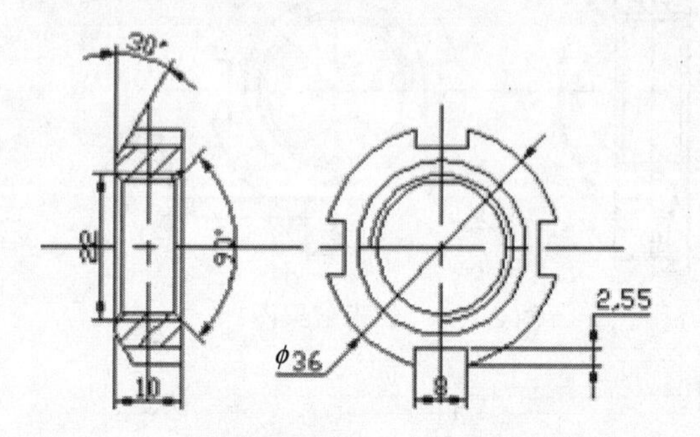

图 3-43　标注角度尺寸

实例 3-5　标注机件尺寸

本实例将标注机件尺寸，其主要功能包含表格样式、插入表格、编辑表格单元、输入文字等。实例效果如图 3–44 所示。

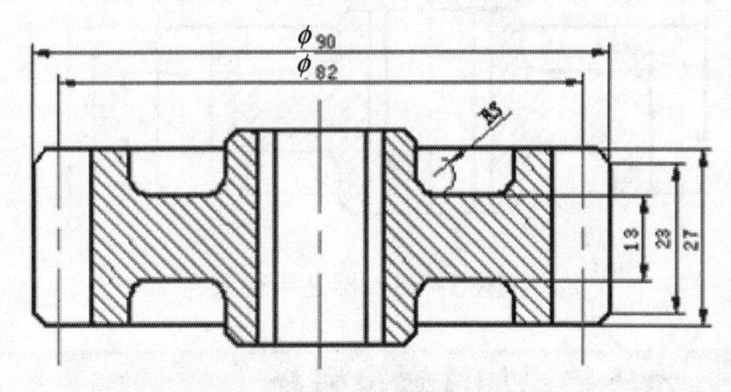

图 3–44　机件尺寸效果图

操作步骤

1. 单击“标准”工具栏中的“打开”按钮，打开“选择文件”对话框，打开“机件”文件，如图 3–45 所示。

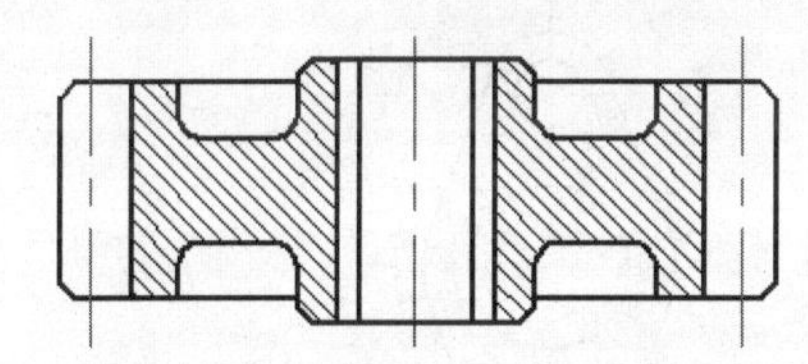

图 3–45　打开“机件”文件

2. 单击“标注”工具栏中的“线性”按钮，标注机件厚度等一些线性标注，如图 3–46 所示。

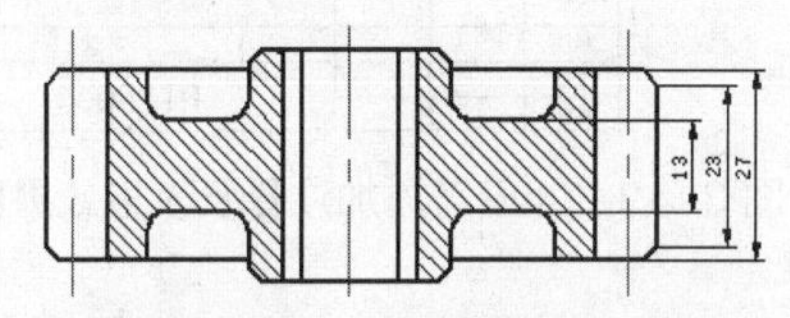

图 3–46　标注线性尺寸

3. 再次单击“标注”工具栏中的“线性”按钮，标注机件的直径尺寸。由于这个图形是剖视图，所以只能用线性标注表示直径标注，在标注时要更改文字的内容，在数值前添加字符“%%C”，如图 3–47 所示。

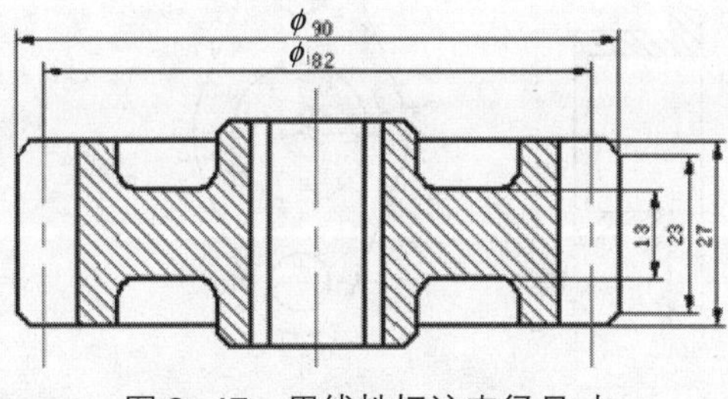

图 3–47　用线性标注直径尺寸

实例 3-5 说明

知识点：

- 表格样式
- 插入表格
- 编辑表格单元
- 输入文字

视频教程：

光盘\教学\第 3 章 机械注释、标注及表格

效果文件：

光盘\素材和效果\03\效果\3-5.dwg

实例演示：

光盘\实例\第 3 章\标注机件尺寸

相关知识　什么是线性标注

线性标注多用于标注两个点之间的水平距离或者垂直距离。通过指定两个点来完成标注，也可以选择对象标注。

线性标注：

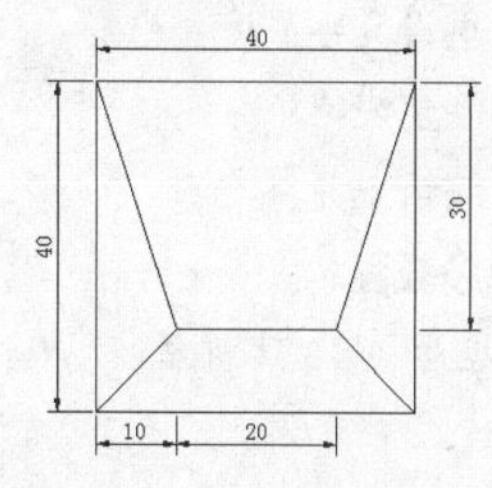

线性标注是基线标注和连续标注的基础之一，在执行这两个标注前，要先执行线性标注。

操作技巧　线性标注的操作方法

可以通过以下 3 种方法来执行“线性标注”功能：

- 选择“标注”→“线性标注”命令。

- 单击“标注”工具栏中的“线性标注”按钮。
- 在命令行中输入 dimlinear 后，按 Enter 键。

重点提示 调整线性标注的注意事项

当两条尺寸线的起点没有位于同一水平线和同一垂直线时，可以通过拖动鼠标的方向来确定是创建水平标注还是垂直标注。使光标位于两尺寸界线的起始点之间，上下拖动鼠标可引出垂直尺寸线；使光标位于两尺寸界线的起始点之间，左右拖动鼠标则可引出水平尺寸线。

实例 3-6 说明

- 知识点：
  - 多行文字
  - 重设文字高度
  - 创建表格
  - 编辑单元格
- 视频教程：
  光盘\教学\第 3 章 机械注释、标注及表格
- 效果文件：
  光盘\素材和效果\03\效果\3-6.dwg
- 实例演示：
  光盘\实例\第 3 章\为压盖添加注释及表格

相关知识 什么是对齐标注

对齐标注可以标注某一条倾斜线段的实际长度。对齐标注是线性标注的一种特殊形式。

4 单击“标注”工具栏中的“半径”按钮，标注机件的圆角弧度，如图 3-48 所示。

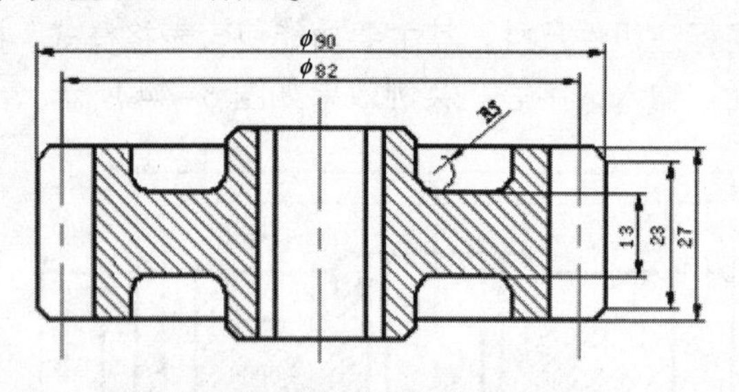

图 3-48 标注半径尺寸

实例 3-6 为压盖添加注释及表格

本实例将为压盖添加注释及表格，其主要功能包含多行文字、重设文字高度、创建表格、编辑单元格等。实例效果如图 3-49 所示。

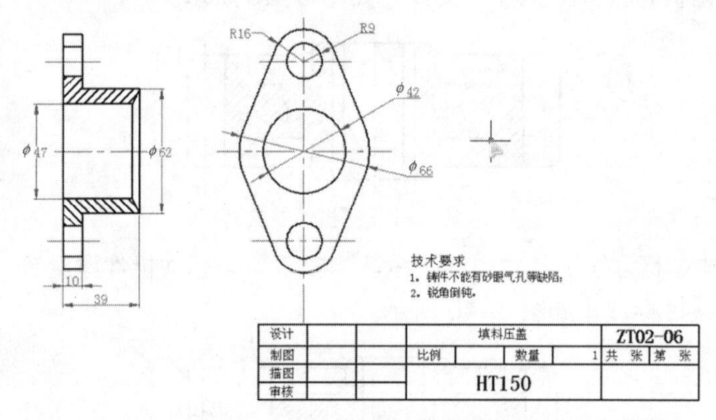

设计			填料压盖				ZT02-06
制图			比例		数量	1	共 张 第 张
描图			HT150				
审核							

图 3-49 为压盖添加注释及表格效果图

操作步骤

1 单击“标准”工具栏中的“打开”按钮，打开“选择文件”对话框，打开“压盖”文件，如图 3-50 所示。

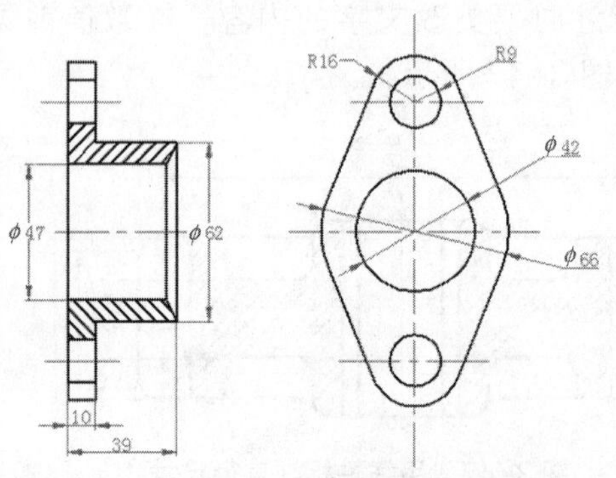

图 3-50 打开“压盖”文件

2 单击“绘图”工具栏中的“多行文字”按钮 A，在屏幕上指定区域，框选多行文字的书写范围，如图 3-51 所示。

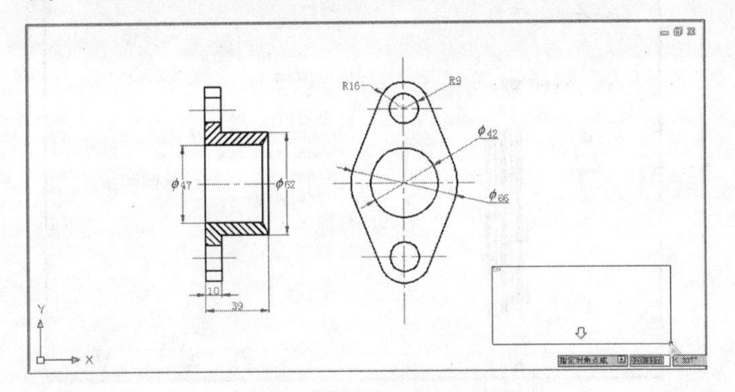

图 3-51 设置多行文字的范围

3 输入文字，如图 3-52 所示。

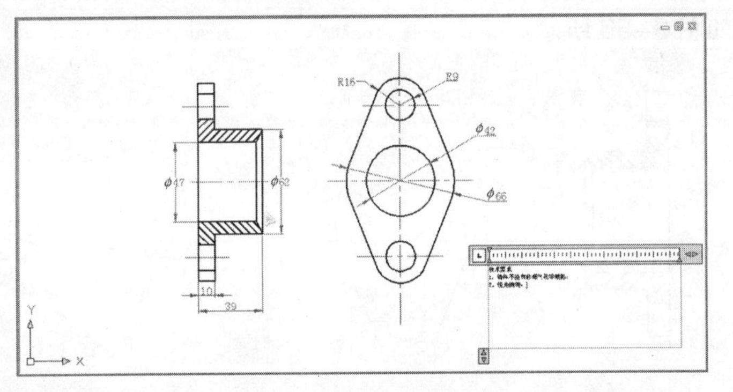

图 3-52 输入文字

4 框选文字，在“文字格式”工具栏中重新设置文字高度，如图 3-53 所示。

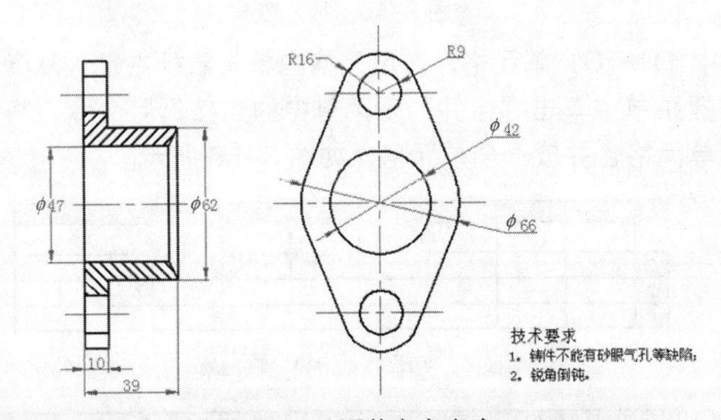

图 3-53 调整文字高度

5 单击“绘图”工具栏中的“表格”按钮，弹出“插入表格”对话框，在“列数”数值框中输入 9，在“数据行数”数值框中输入 2，将“第一行单元样式”和“第二行单元样式”均设置为数据，如图 3-54 所示。

在对直线段进行标注时，如果该直线的倾斜角度未知，那么使用线性标注方法将无法得到准确的测量结果，这时可以使用对齐标注。

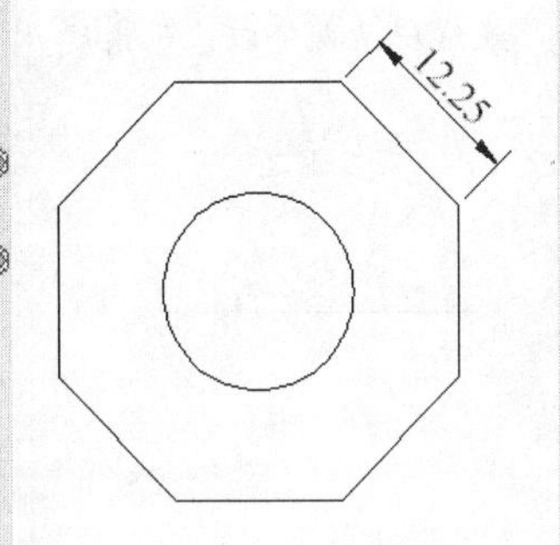

操作技巧 对齐标注的操作方法

可以通过以下 3 种方法来执行“对齐标注”功能：

- 选择“标注”→“对齐标注”命令。
- 单击“标注”工具栏中的“对齐标注”按钮。
- 在命令行中输入 dimaligned 后，按 Enter 键。

相关知识 什么是基线标注

基线标注是自同一基线处测量的多个标注。在创建基线标注之前，必须创建线性、对齐或角度标注。AutoCAD 将会从基线标注的第一个延伸线处测量基线标注。

基线标注：

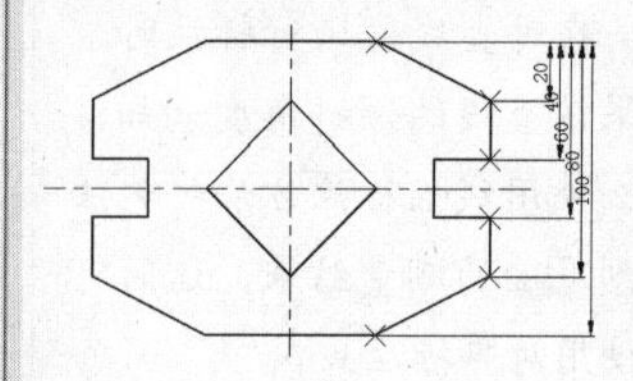

基线标注也可以基于角度标注。

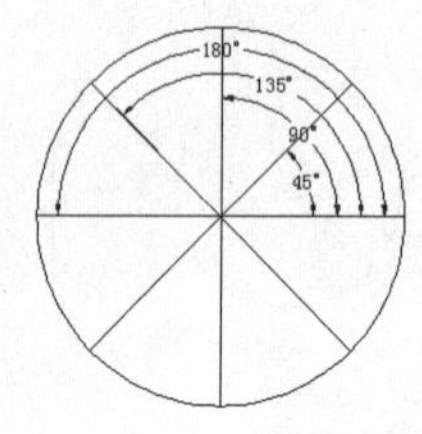

操作技巧 **基线标注的操作方法**

可以通过以下 3 种方法来执行"基线标注"功能：

- 选择"标注"→"基线标注"命令。
- 单击"标注"工具栏中的"基线标注"按钮。
- 在命令行中输入 dimbaseline 后，按 Enter 键。

相关知识 **什么是连续标注**

连续标注是首尾相连的多个标注。在创建连续标注之前，必须创建线性、对齐或角度标注，以确定连续标注所需要的前一尺寸标注的延伸线。

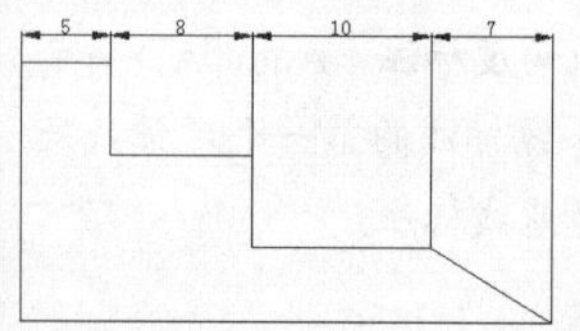

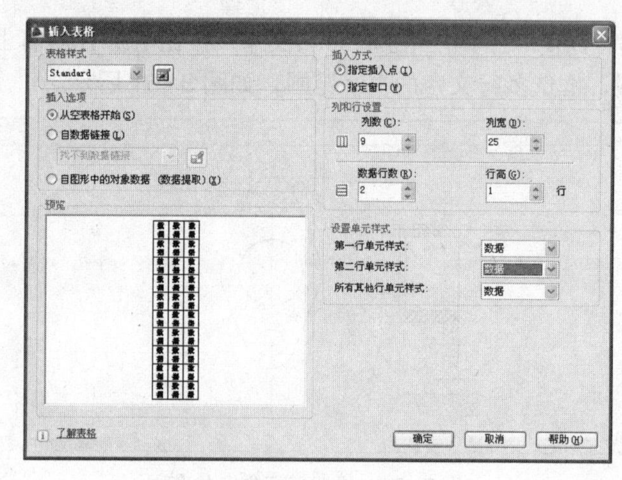

图 3-54　设置插入表格参数

6 单击"确定"按钮，在绘图区单击指定插入点，插入表格，如图 3-55 所示。

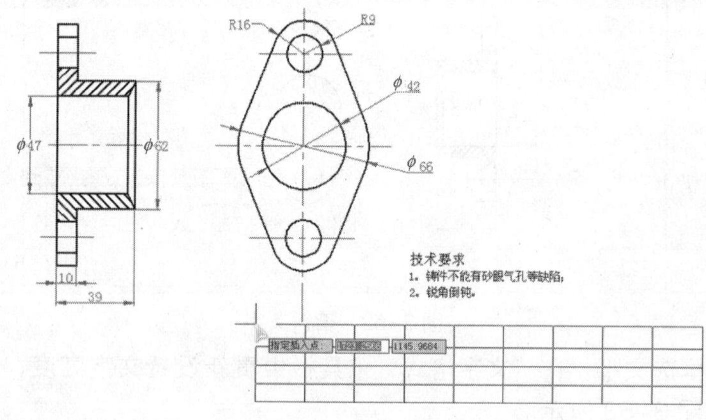

图 3-55　插入表格

7 选中 D1～G1 单元格，在单元格内单击鼠标右键，从弹出的快捷菜单中单击"合并"子菜单中的"按行"命令，将选定的单元格合并成一个单元格，如图 3-56 所示。

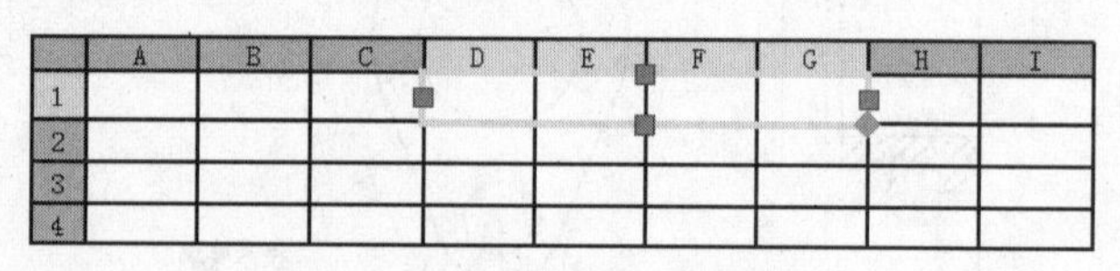

① 选中 D1～G1 单元格

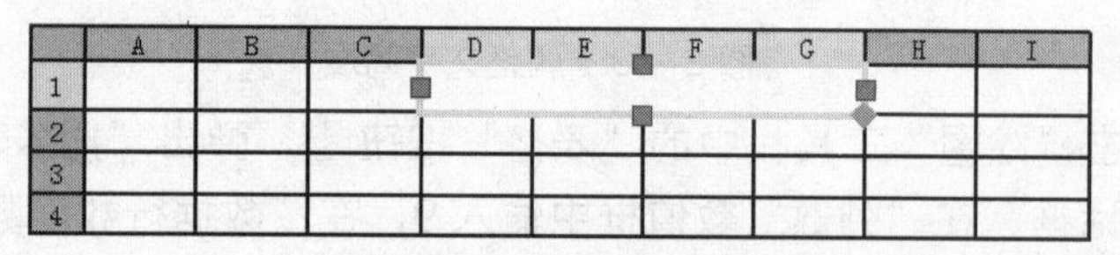

② 合并效果

图 3-56　合并单元格

8 用同样的方法，合并 H1～I1 单元格，D3～G3 单元格，H3～I4 单元格，如图 3-57 所示。

	A	B	C	D	E	F	G	H	I
1									
2									
3									
4									

图 3-57　再次合并单元格

9 双击 A1 单元格，进入文字编辑状态，在表格中输入相应的文字，在单元格间切换时按方向键，如图 3-58 所示。

	A	B	C	D	E	F	G	H	I
1	设计			填料压盖				ZT02-06	
2	制图			比例		数量	1	共　张	第　张
3	描图			HT150					
4	审核								

图 3-58　输入文字

10 选定 “HT150”，将其高度设置为 8，并单击 “加粗” 按钮，将其加粗，将 “ZT02-06” 文字高度设置为 7，加粗，如图 3-59 所示。

	A	B	C	D	E	F	G	H	I
1	设计			填料压盖				**ZT02-06**	
2	制图			比例		数量	1	共　张	第　张
3	描图			**HT150**					
4	审核								

图 3-59　设置文字高度并加粗

11 选定 “HT150”，设置对齐方式为 “正中”，得到最终效果，如图 3-60 所示。

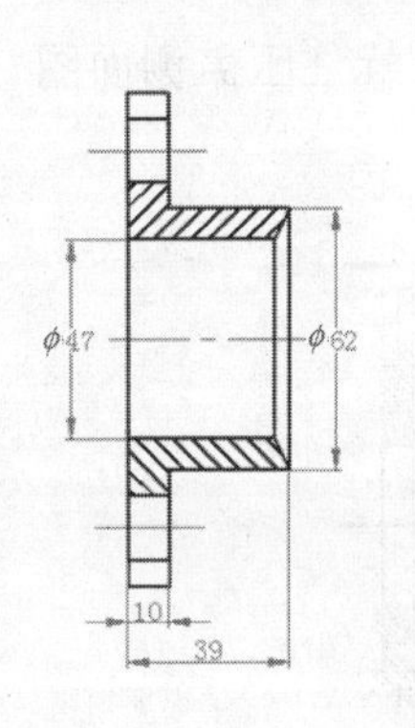

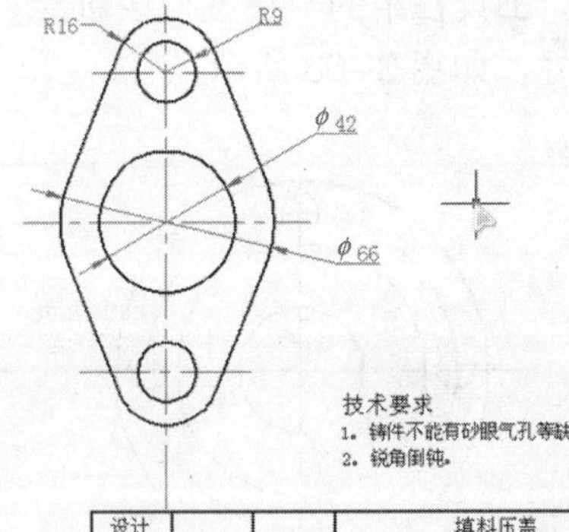

技术要求
1. 铸件不能有砂眼气孔等缺陷；
2. 锐角倒钝。

设计			填料压盖			**ZT02-06**	
制图			比例	数量	1	共　张	第　张
描图			**HT150**				
审核							

图 3-60　设置对齐方式

连续标注也可以基于角度标注。

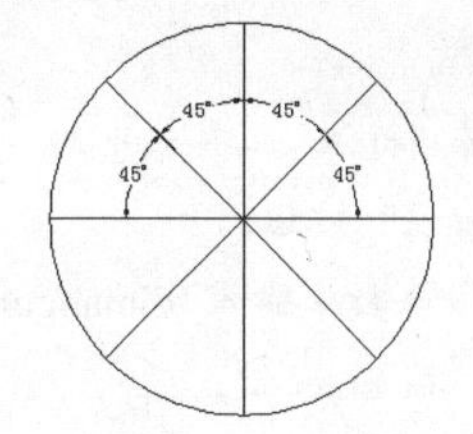

操作技巧　**连续标注的操作方法**

可以通过以下 3 种方法来执行 “连续标注” 功能：

- 选择 “标注” → “连续标注” 命令。
- 单击 “标注” 工具栏中的 “连续标注” 按钮。
- 在命令行中输入 dimcontinue 后，按 Enter 键。

相关知识　**什么是角度标注**

角度标注可以测量两条直线间的角度、3 点间的角度或者圆和圆弧的角度。

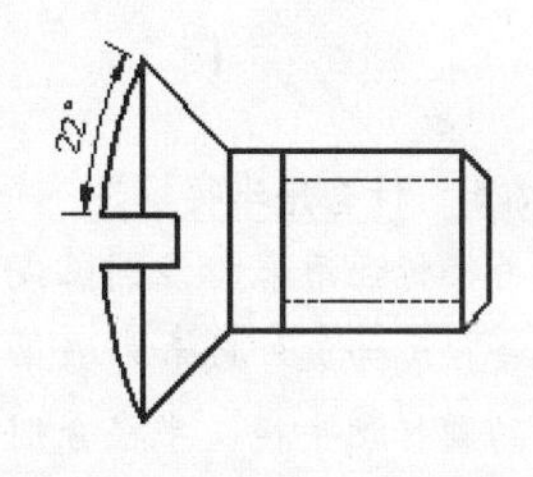

操作技巧　**角度标注的操作方法**

可以通过以下 3 种方法来执行 “角度标注” 功能：

- 选择“标注”→“角度标注”命令。
- 单击“标注”工具栏中的“角度标注”按钮。
- 在命令行中输入 dimangular 后，按 Enter 键。

实例 3-7 标注压盖零件图

本实例将标注一个压盖零件图，其主要功能包含打开文件、线性标注、半径标注、直径标注等。实例效果图如图 3-61 所示。

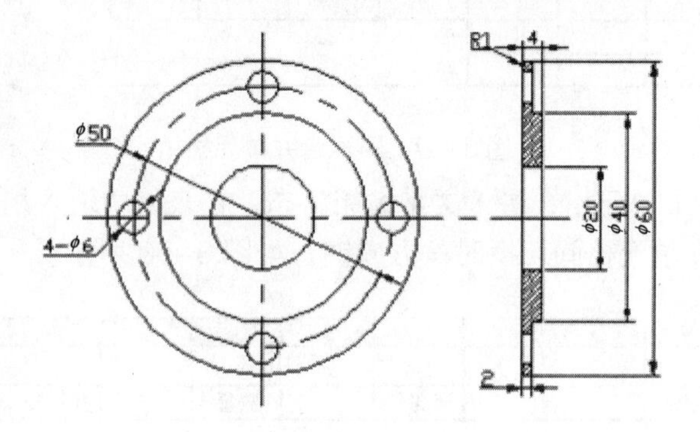

图 3-61　压盖零件图效果图

实例 3-7 说明

- 知识点：
  - 打开文件
  - 线性标注
  - 半径标注
  - 直径标注
- 视频教程：
  光盘\教学\第 3 章 机械注释、标注及表格
- 效果文件：
  光盘\素材和效果\03\效果\3-7.dwg
- 实例演示：
  光盘\实例\第 3 章\标注压盖零件图

操作步骤

1 单击“标准”工具栏中的“打开”按钮，打开“选择文件”对话框，打开“压盖”文件，如图 3-62 所示。

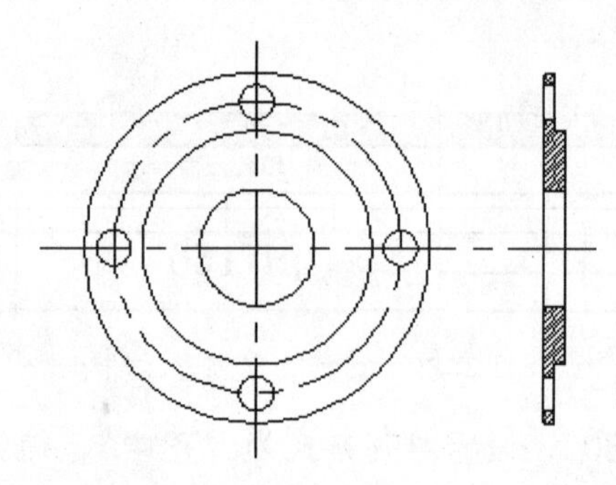

图 3-62　打开“压盖”文件

2 单击“标注”工具栏中的“线性”按钮，标注压盖侧面图中的厚度尺寸，如图 3-63 所示。

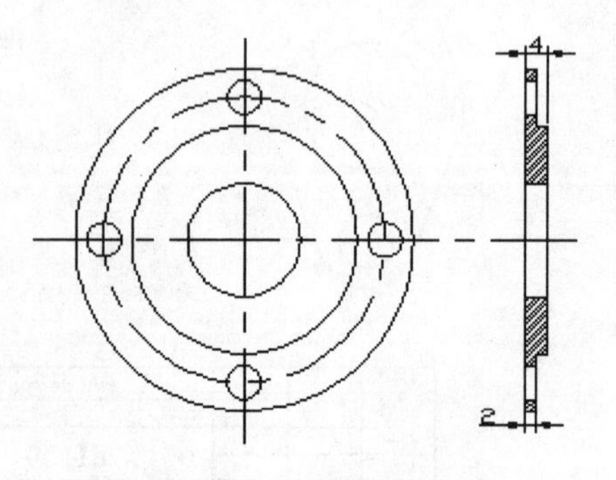

图 3-63　标注线性尺寸

相关知识　什么是半径标注

半径标注用来标注圆弧或圆的半径。为最外圈和外数第三圈的圆标注半径，半径分别为 14 和 4。

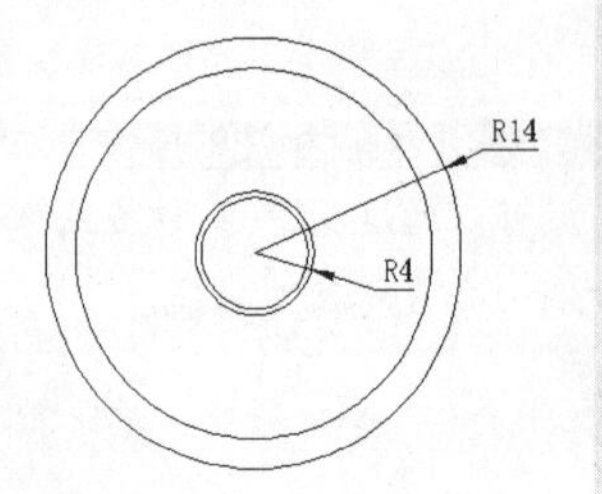

3 单击“标注”工具栏中的“半径”按钮，标注压盖侧面图中的圆角尺寸，如图3-64所示。

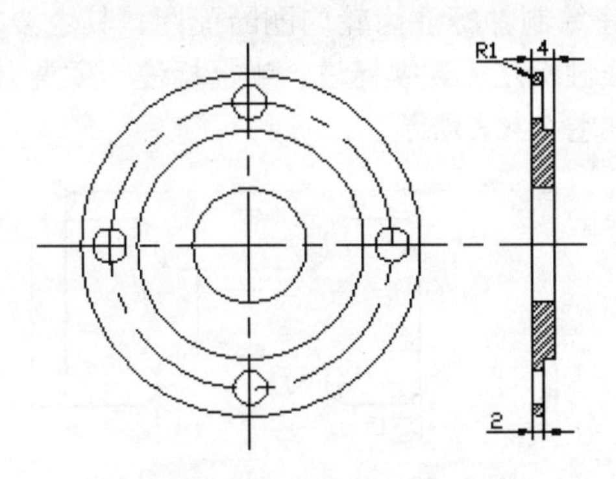

图3-64 标注半径尺寸

4 单击“标注”工具栏中的“直径”按钮，标注压盖主面图中的圆孔尺寸，如图3-65所示。

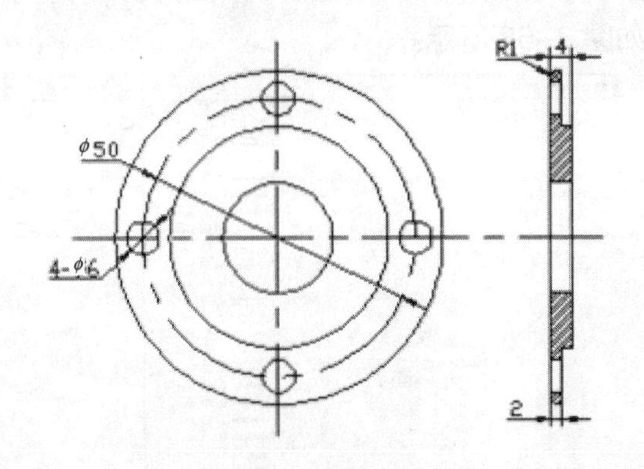

图3-65 标注直径尺寸

5 单击“标注”工具栏中的“线性”按钮，标注压盖侧面图中的内径尺寸，如图3-66所示。

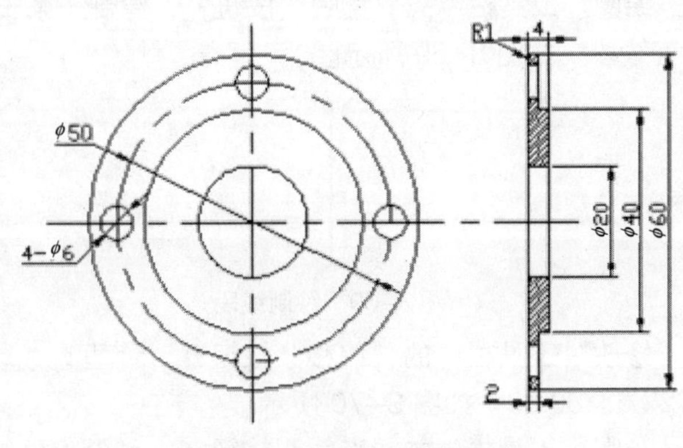

图3-66 标注内径线性尺寸

操作技巧 半径标注的操作方法

可以通过以下3种方法来执行“半径标注”功能：

- 选择“标注”→“半径标注”命令。
- 单击“标注”工具栏中的“半径标注”按钮。
- 在命令行中输入dimradius后，按Enter键。

相关知识 什么是直径标注

直径标注用来标注圆弧或圆的直径。为最内圈和外数第二圈的圆标注直径，直径分别为7.2和24。

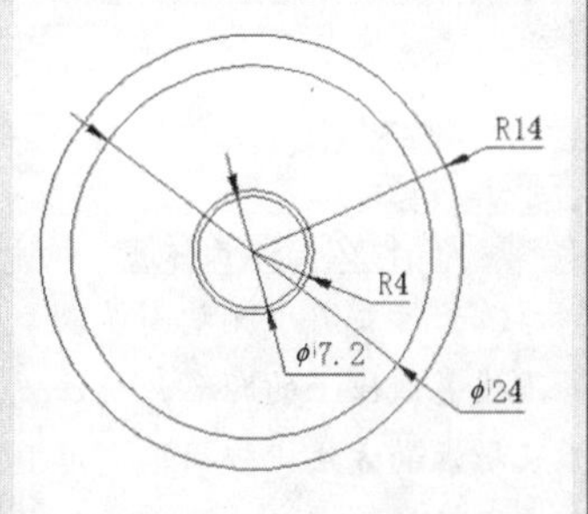

操作技巧 直径标注的操作方法

可以通过以下3种方法来执行“直径标注”功能：

- 选择“标注”→“直径标注”命令。
- 单击“标注”工具栏中的“直径标注”按钮。
- 在命令行中输入dimdiameter后，按Enter键。

实例 3-8 说明

- **知识点：**
  - 圆角
  - 倒角
  - 线性标注
  - 连续标注
  - 半径标注
  - 多重引线标注
- **视频教程：**

  光盘\教学\第 3 章 机械注释、标注及表格
- **效果文件：**

  光盘\素材和效果\03\效果\3-8.dwg
- **实例演示：**

  光盘\实例\第 3 章\绘制并标注齿轮内圈断面图

相关知识 **什么是弧长标注**

弧长标注用于测量圆弧或多段线弧线段上的距离。标注弧长标注的方法比较简单，用户只需要执行“弧长标注”命令，接着选定要标注的弧线，再放置弧长标注的位置即可。

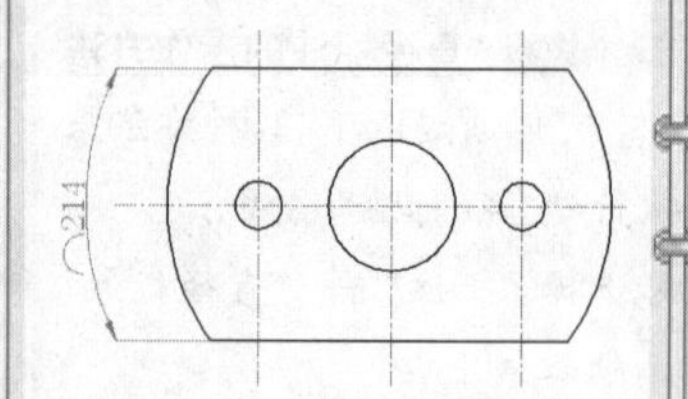

操作技巧 **弧长标注的操作方法**

可以通过以下 3 种方法来执行“弧长标注”功能：

实例 3-8 绘制并标注齿轮内圈断面图

本实例将绘制并标注齿轮内圈断面图，其主要功能包含圆角、倒角、线性标注、连续标注、半径标注、多重引线样式等。实例效果图如图 3-67 所示。

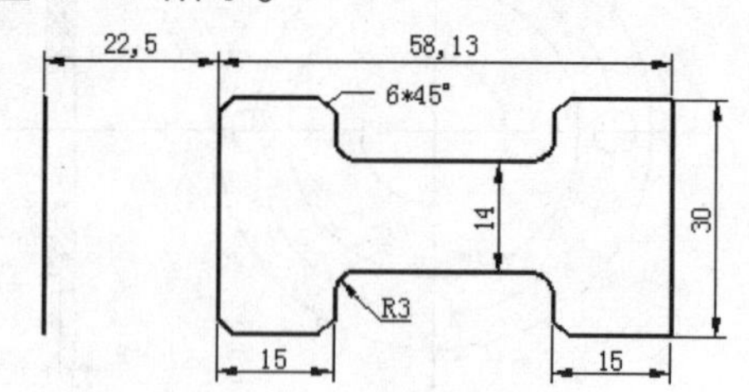

图 3-67　齿轮内圈断面图效果图

操 作 步 骤

1 在“特性”工具栏中的“线宽控制”下拉列表框中选择“0.30”选项，如图 3-68 所示。

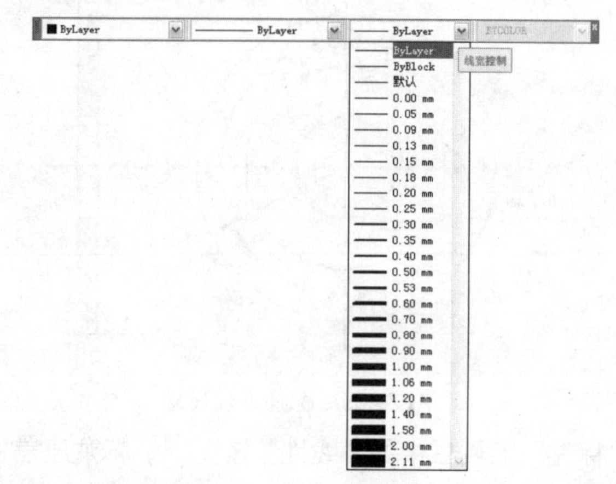

图 3-68　设置线宽

2 单击“绘图”工具栏中的“直线”按钮，绘制一条长为 30 的垂直线段，如图 3-69 所示。

图 3-69　绘制线段

3 单击“修改”工具栏中的“偏移”按钮，将垂直线段向右偏移 22.5、80.63，如图 3-70 所示。

4 单击“绘图”工具栏中的“直线”按钮，绘制偏移线段之间的连线，如图 3-71 所示。

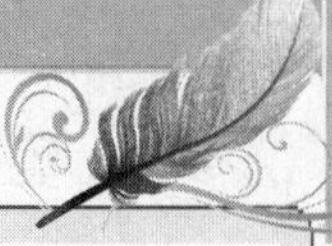

图 3-70 偏移线段　　图 3-71 绘制连线

5 单击“修改”工具栏中的“偏移”按钮，将偏移的两条垂直线段向内各偏移 15，再将最上边的垂直线段向下偏移 8、22，如图 3-72 所示。

6 单击“修改”工具栏中的“修剪”按钮，修剪图形中多余的线段，如图 3-73 所示。

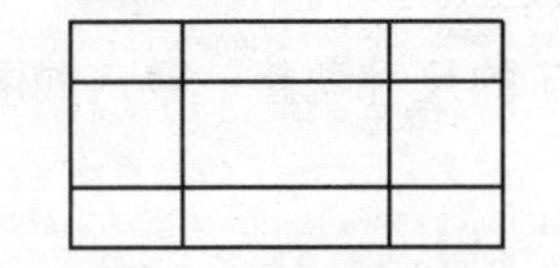

图 3-72 偏移线段

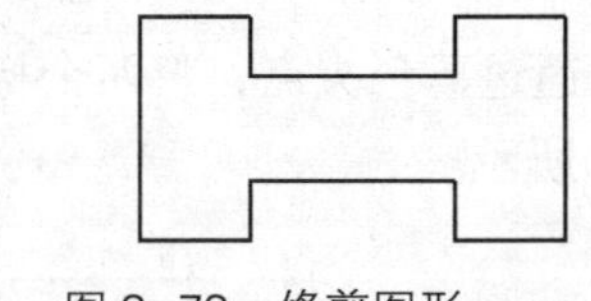

图 3-73 修剪图形

7 单击“修改”工具栏中的“圆角”按钮，修改齿轮内直角，圆角半径为 3，如图 3-74 所示。

8 单击“修改”工具栏中的“倒角”按钮，修改齿轮的外棱边，倒角距离为 2、2，如图 3-75 所示。

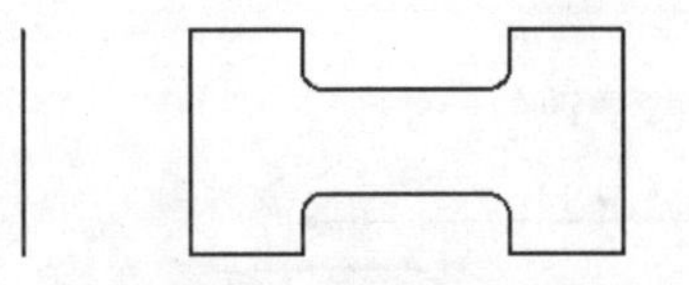

图 3-74 倒圆角图形

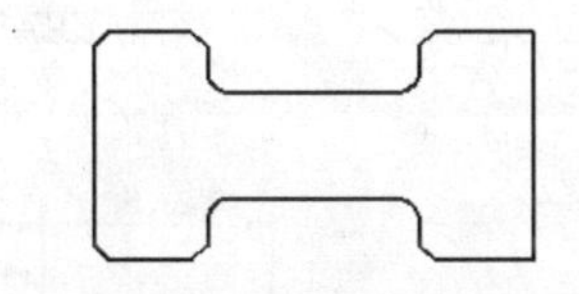

图 3-75 倒角图形

9 先将线宽设置成默认，再单击“标注”工具栏中的“线性”按钮，标注齿轮断面到齿轮中心的距离，如图 3-76 所示。

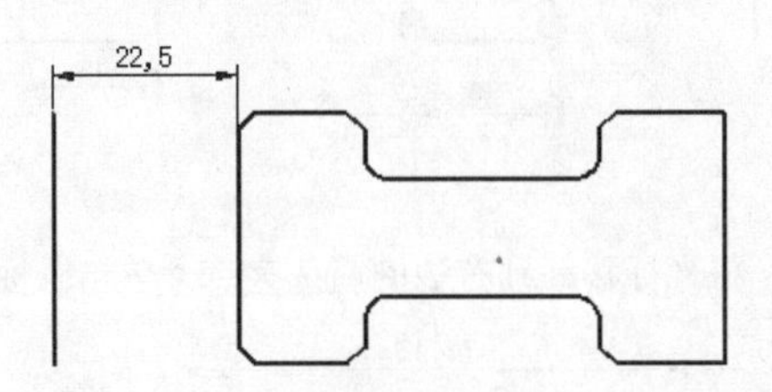

图 3-76 标注齿轮断面到齿轮中心的距离

10 单击“标注”工具栏中的“连续”按钮，标注齿轮断面的长度，如图 3-77 所示。

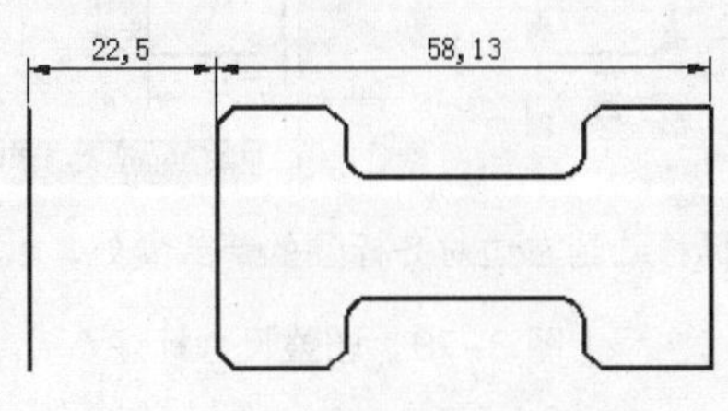

图 3-77 标注齿轮断面长度

- 选择“标注”→“弧长标注”命令。
- 单击“标注”工具栏中的“弧长标注”按钮。
- 在命令行中输入 dimarc 后，按 Enter 键。

相关知识 什么是圆心标记

圆心标记用来创建圆和圆弧的圆心或中心线，即标注圆和圆弧的圆心。

标注圆的圆心标记：

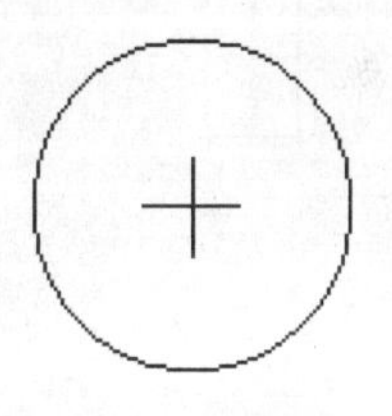

标注圆弧的圆心标记：

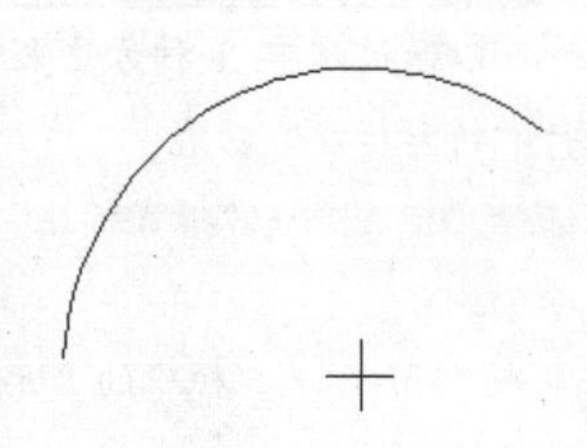

操作技巧 圆心标记的操作方法

可以通过以下 3 种方法来执行“圆心标记”功能：

- 选择“标注”→“圆心标记”命令。
- 单击“标注”工具栏中的“圆心标记”按钮。
- 在命令行中输入 dimcenter 后，按 Enter 键。

相关知识 什么是折弯标注

当圆弧或圆的中心位于布局外且无法在其实际位置显示时，使用“折弯标注”命令可以创建折弯半径标注。

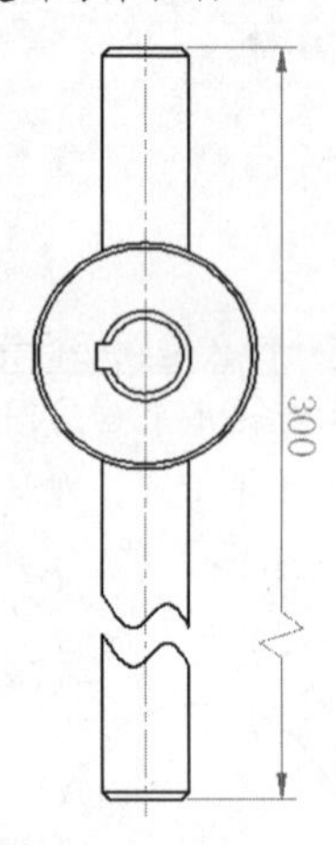

操作技巧 折弯标注的操作方法

可以通过以下 3 种方法来执行“折弯标注”功能：

- 选择“标注”→“折弯标注”命令。
- 单击“标注”工具栏中的“折弯标注”按钮。
- 在命令行中输入 dimjogline 后，按 Enter 键。

相关知识 什么是坐标标注

坐标标注用来标示指定点到坐标原点的水平或垂直距离。使用坐标标注，可以确保指定点与基准点的精确偏移量，从而避免增大误差。

11 单击“标注”工具栏中的“线性”按钮，标注齿轮断面的一些尺寸，如图 3-78 所示。

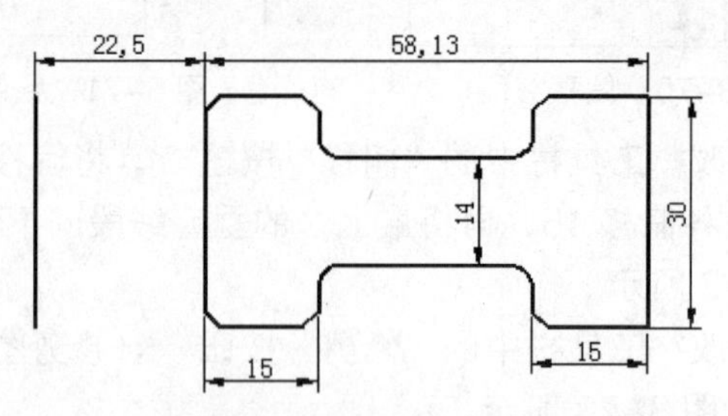

图 3-78　标注线性尺寸

12 通过蓝色夹点，将两个标注 15 的尺寸调整一致，如图 3-79 所示。

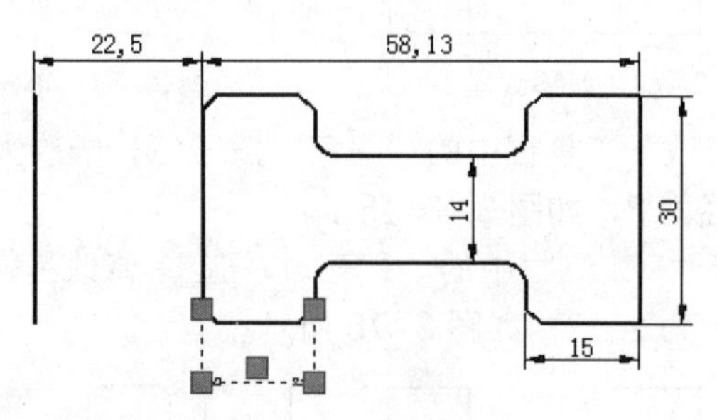

① 选中一个要更改的尺寸

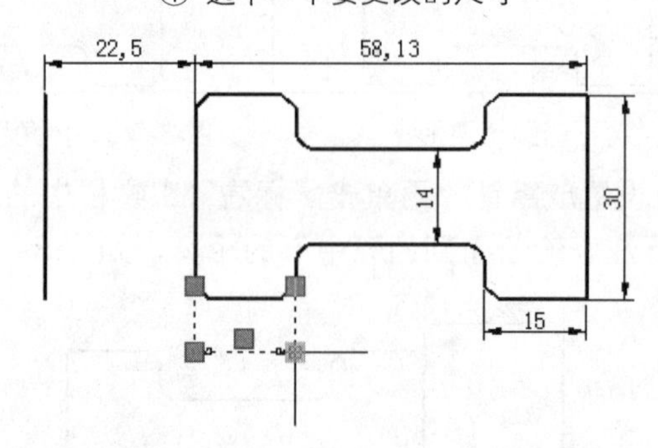

② 将光标移动到右边的箭头夹点上单击鼠标左键

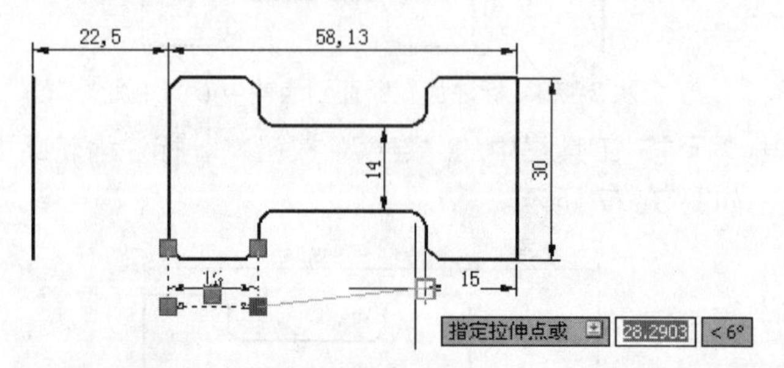

③ 将光标移动到右边对齐标注的箭头尖处，单击鼠标左键

图 3-79　调整尺寸标注

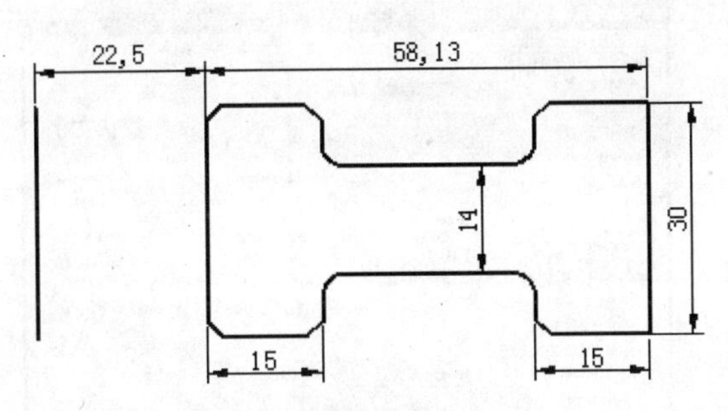

④ 调整效果

图 3-79 调整尺寸标注（续）

13 单击“标注”工具栏中的“半径”按钮，标注齿轮断面的半径尺寸，如图 3-80 所示。

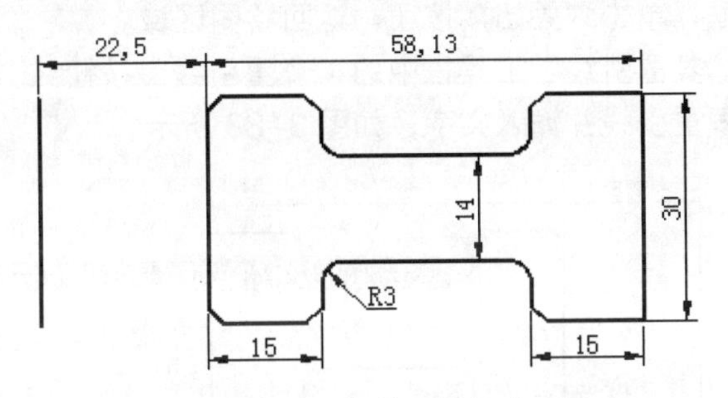

图 3-80 标注半径尺寸

14 单击“多重引线”工具栏中的“多重引线样式”按钮，打开“多重引线样式管理器”对话框，如图 3-81 所示。

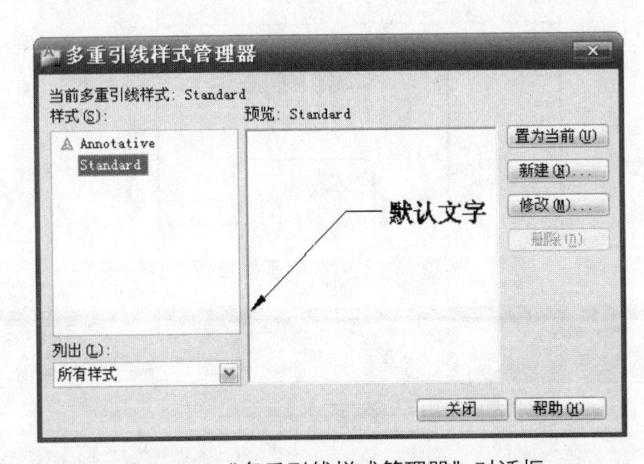

图 3-81 “多重引线样式管理器”对话框

15 单击“修改”按钮，打开“修改多重引线样式：standard”对话框，并在该对话框中设置文字高度为 2.5，切换到“引线格式”选项卡，设置箭头大小为 2，切换到“引线结构”选项卡，设置基线距离为 4，如图 3-82 所示。

坐标标注：

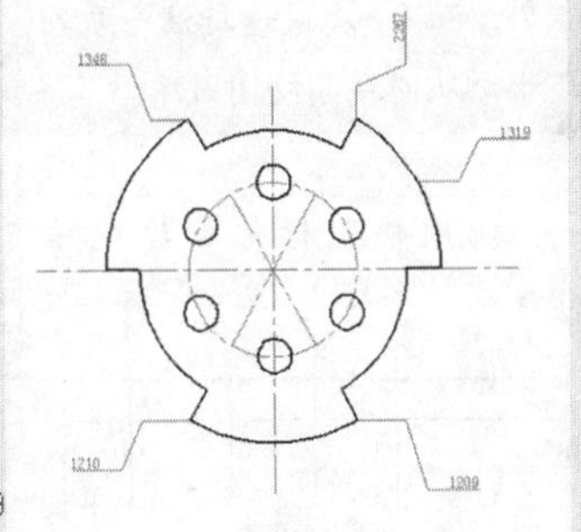

操作技巧 坐标标注的操作方法

可以通过以下 3 种方法来执行“坐标标注”功能：

- 选择“标注”→“坐标标注”命令。
- 单击“标注”工具栏中的“坐标标注”按钮。
- 在命令行中输入 dimordinate 后，按 Enter 键。

重点提示 坐标标注要领

在命令行提示“指定点坐标:”时，如果相对于指定点上、下方向移动光标，将标注出 X 轴的坐标；如果相对于指定点左右方向移动光标，则标注出 Y 轴的坐标。

相关知识 什么是快速标注

对于一系列相邻或相近的实体目标，如果逐一对它们进行尺寸标注，则效率会很低。

AutoCAD 2012 中的“快速标注”命令，可以一次快速标注一系列尺寸，从而提高绘图效率。

使用快速标注创建连续标注：

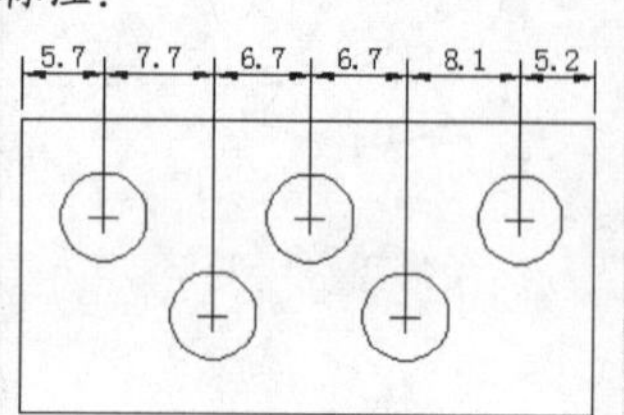

使用快速标注创建坐标标注：

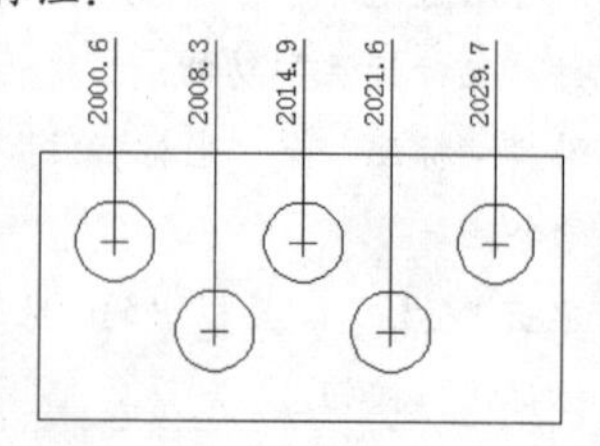

使用快速标注创建半径标注：

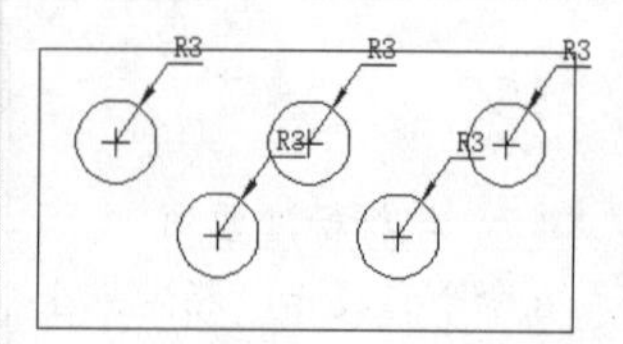

操作技巧 快速标注的操作方法

可以通过以下 3 种方法来执行“快速标注”功能：

- 选择“标注”→“快速标注”命令。
- 单击“标注”工具栏中的“快速标注”按钮。
- 在命令行中输入 qdim 后，按 Enter 键。

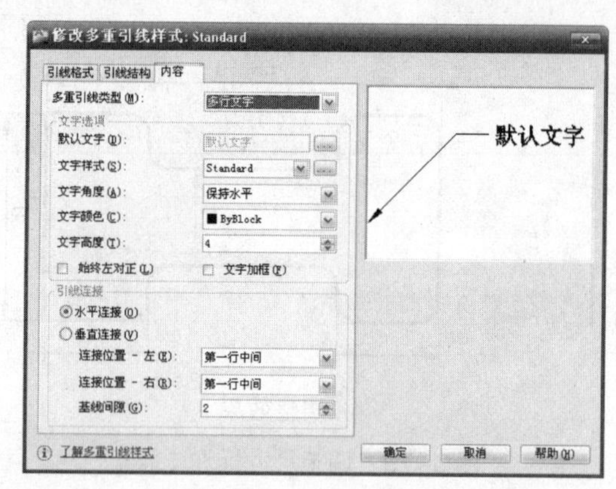

图 3-82 “修改多重引线样式：standard”对话框

16 设置完成后单击“确定”按钮，返回“多重引线样式管理器”对话框，单击“关闭”按钮，返回绘图区域。

17 单击“多重引线”工具栏中的“多重引线”按钮，在图中标注多重引线并输入文字，如图 3-83 所示。

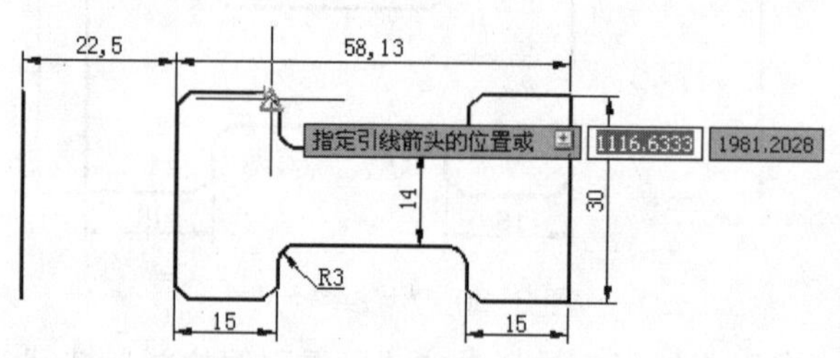

① 指定引线的箭头位置

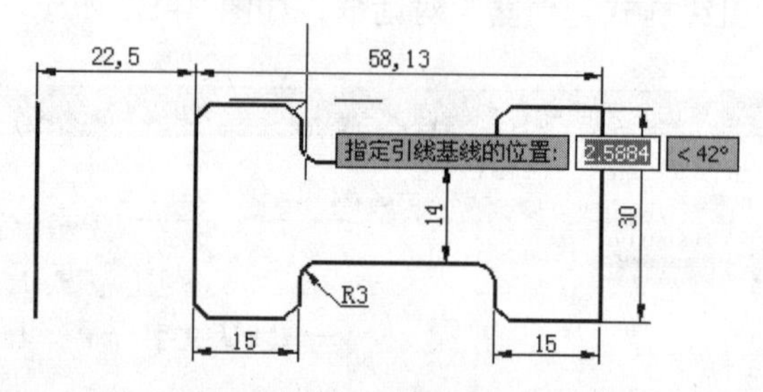

② 指定引线的基线位置

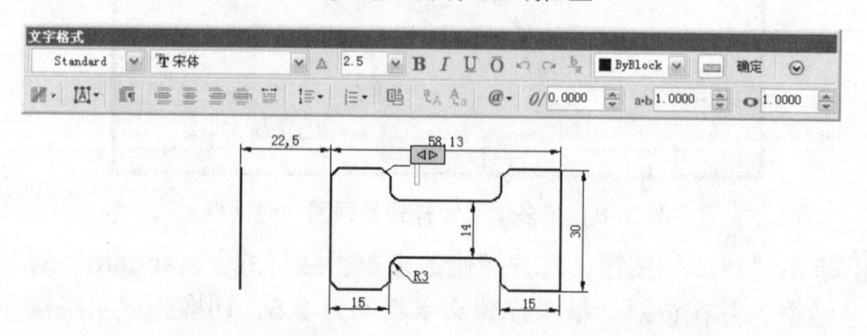

③ 确定基线位置后，弹出“文字格式”工具栏

图 3-83 多重引线标注

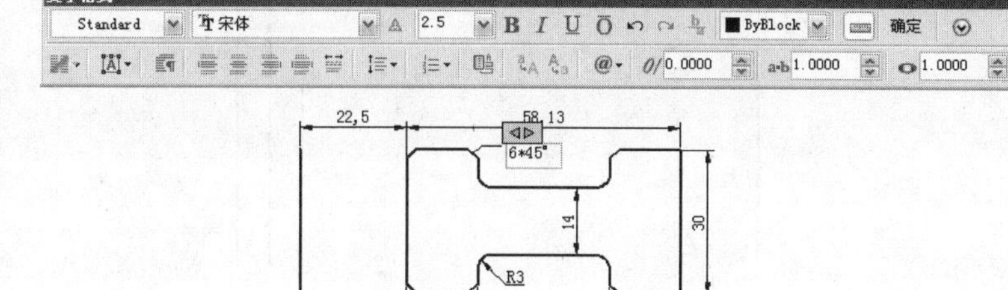

④ 输入文字“6*45%%D”

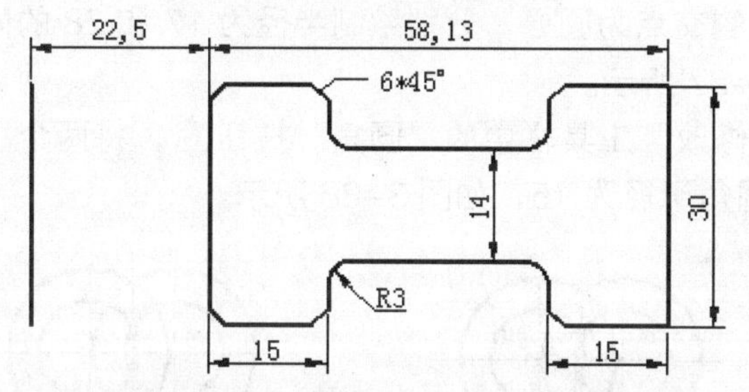

⑤ 单击“文字格式”工具栏中的“确定”按钮完成文字编辑

图 3-83 多重引线标注（续）

实例 3-9 绘制开瓶器

本实例将绘制开瓶器，其主要功能包含圆、圆角、线性标注、半径标注、角度标注等。实例效果图如图 3-84 所示。

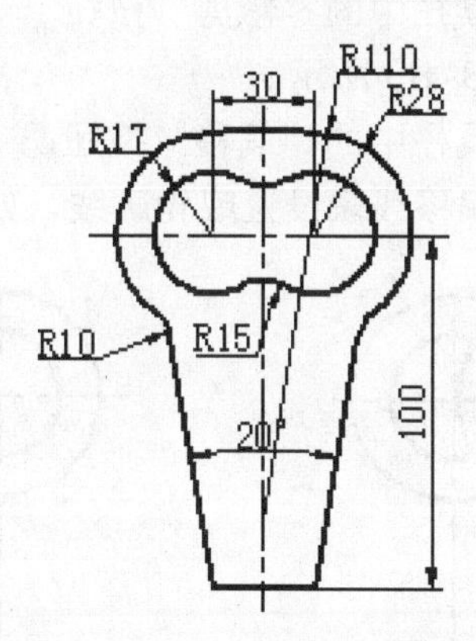

图 3-84 开瓶器效果图

操作步骤

1. 单击“图层”工具栏中的“图层特性管理器”按钮，打开“图层特性管理器”面板，设置点画线、轮廓线、细实线 3 个图层。
2. 将点画线设置成当前图层，并使用直线功能绘制横竖两条线段，如图 3-85 所示。
3. 单击“修改”工具栏中的“偏移”按钮，将垂直线段向左、右各偏移 15，如图 3-86 所示。

实例 3-9 说明

- 知识点：
  - 圆
  - 圆角
  - 线性标注
  - 半径标注
  - 角度标注
- 视频教程：
  光盘\教学\第 3 章 机械注释、标注及表格
- 效果文件：
  光盘\素材和效果\03\效果\3-9.dwg
- 实例演示：
  光盘\实例\第 3 章\绘制开瓶器

相关知识 什么是形位公差标注

形位公差用来表征对象的形状、轮廓、方向、位置和跳动的允许偏差。公差标注包括形状公差和位置公差，是指导生产、检验产品、控制质量的技术依据。

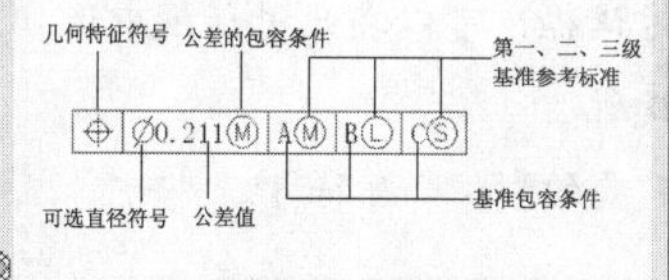

操作技巧 形位公差标注的操作方法

可以通过以下 3 种方法来执行“形位公差标注”功能：

- 选择“标注”→“形位公差标注”命令。

- 单击“标注”工具栏中的“形位公差标注”按钮。
- 在命令行中输入 tolerance 后，按 Enter 键。

操作技巧 创建形位公差标注

用以上操作方法的任意一种方法，都可以打开“形位公差”对话框。在此对话框中可以设置公差的符号、值以及基准等参数。

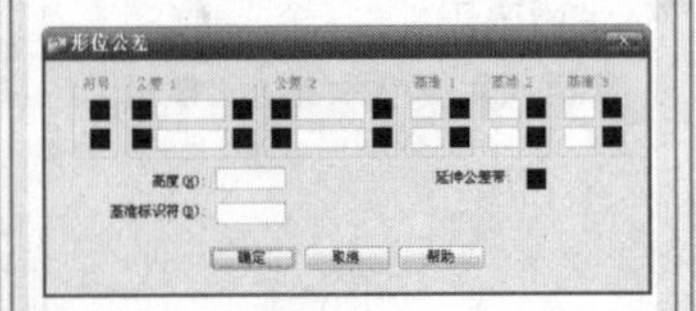

其对话框中的各个选项定义如下：

1. 符号

显示或设置所要标注形位公差的符号，单击此区的图标框 ■，可以打开“特征符号”对话框，可以在此对话框中选择所需要的形位公差符号。

图 3-85 绘制线段　　图 3-86 偏移垂直线段

4 将轮廓线设置成当前图层，并使用圆功能，以偏移线段与水平线段的交点为圆心，分别绘制半径为 17 和 28 的同心圆，如图 3-87 所示。

5 单击“修改”工具栏中的“圆角”按钮，将两个小圆倒圆角，圆角半径为 15，如图 3-88 所示。

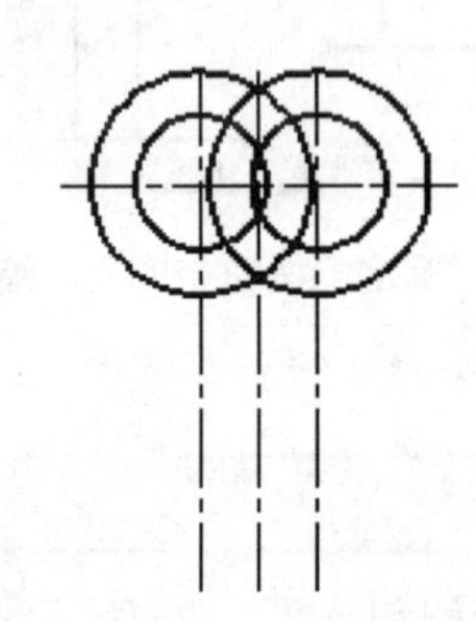

图 3-87 绘制圆

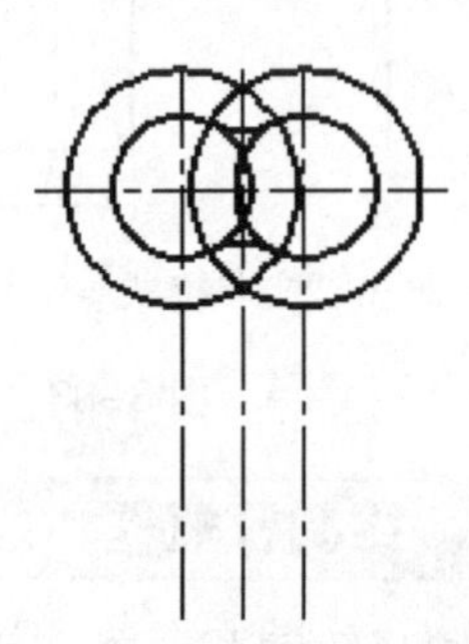

图 3-88 倒圆角圆形

6 单击“修改”工具栏中的“修剪”按钮，修剪小圆之间多余的线段，如图 3-89 所示。

7 单击“修改”工具栏中的“偏移”按钮，将水平线段向下偏移 100，并将偏移线段设置成轮廓线，如图 3-90 所示。

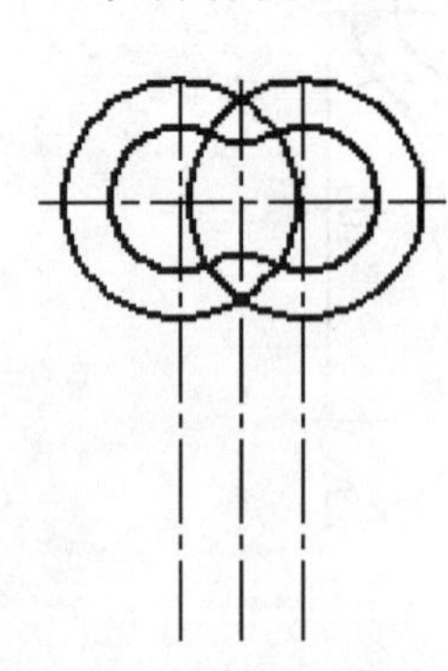

图 3-89 修剪多余的线段

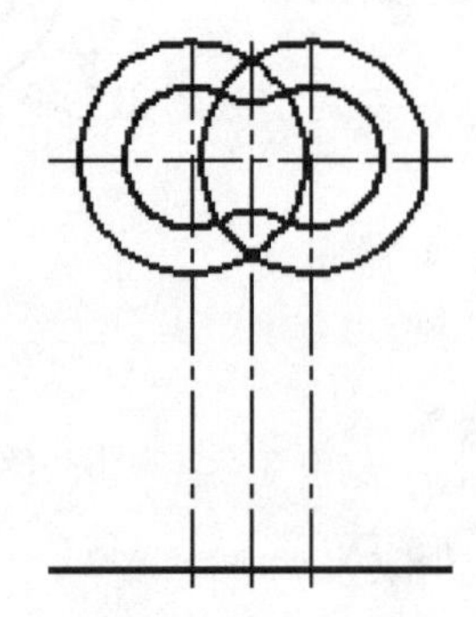

图 3-90 偏移线段

8 单击“绘图”工具栏中的“直线”按钮，绘制到圆的切线，如图 3-91 所示。

9 单击“修改”工具栏中的“圆角”按钮，对切线与大圆倒圆角，圆角半径为 10，如图 3-92 所示。

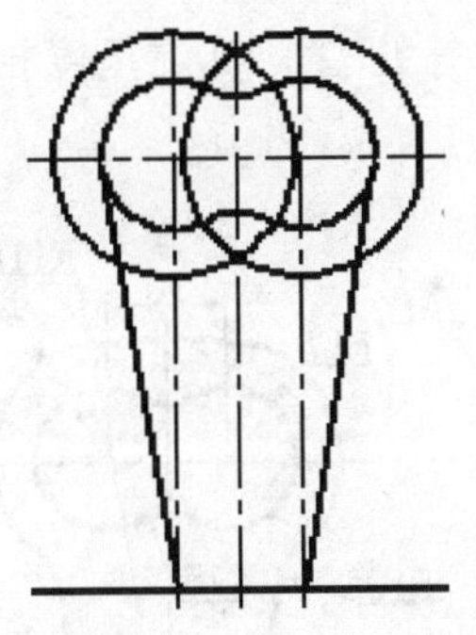

图 3-91 绘制切线

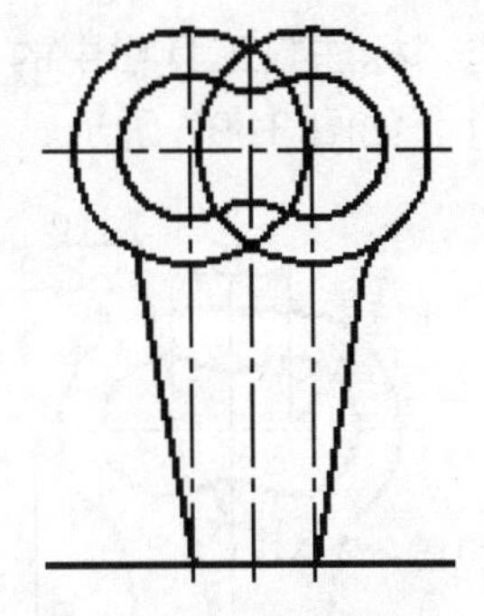

图 3-92 倒圆角图形

10 单击"绘图"工具栏中的"圆"按钮，使用"切点、切点、半径"命令，绘制一个半径为 110 的圆，如图 3-93 所示。

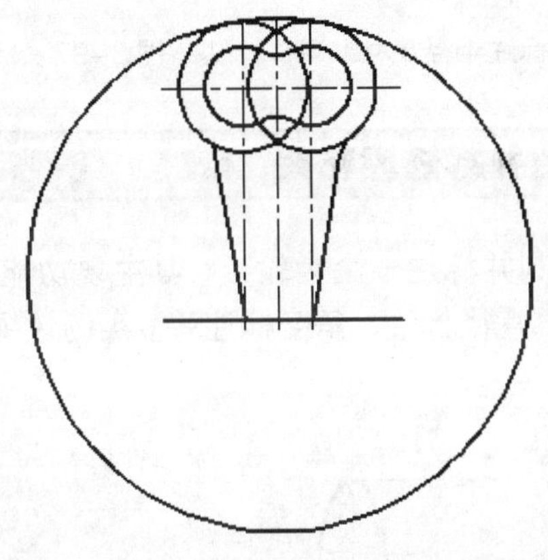

图 3-93 用"切点、切点、半径"命令绘制圆

11 单击"修改"工具栏中的"修剪"按钮和"删除"按钮，修剪和删除图形中多余的线段，如图 3-94 所示。

12 将细实线设置成当前图层，单击"标注"工具栏中的"线性"按钮，标注线性相关的尺寸，如图 3-95 所示。

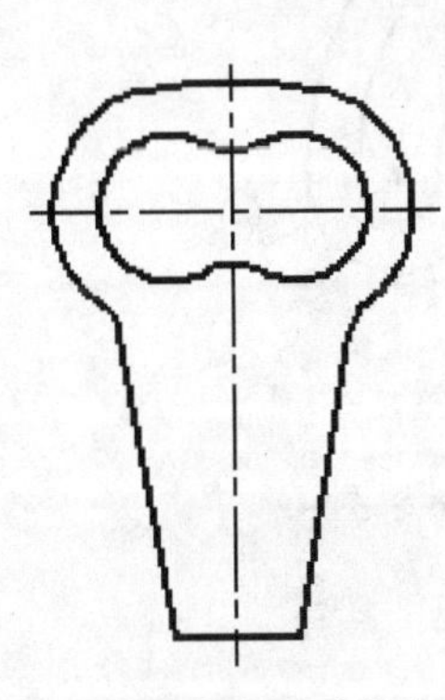

图 3-94 修剪和删除多余的线段

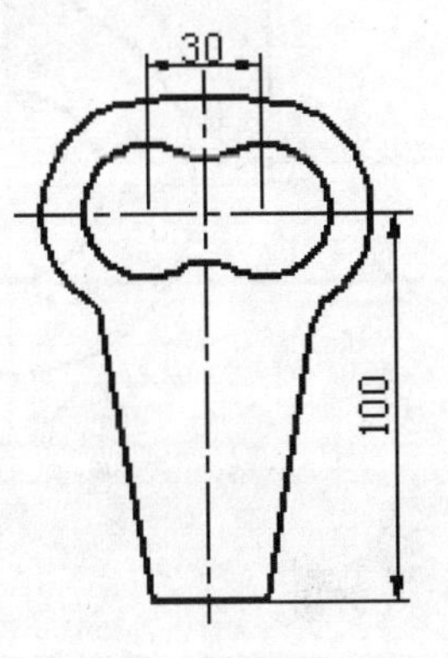

图 3-95 标注线性尺寸

13 单击"标注"工具栏中的"半径"按钮，标注半径相关的尺寸，如图 3-96 所示。

2. 公差 1 和公差 2

单击前列的■框，将会插入一个直径符号，在中间的文本框中可以输入公差值；单击后列的■框，将会打开"附加符号"对话框，可为公差选择包容条件符。

3. 基准 1、基准 2 和基准 3

此 3 个选项用于在特征控制框中创建第一级基准参照、第二级基准参照和第三级基准参照

4. 高度

该文本框用于创建投影公差零值。投影公差带可控制固定垂直部分延伸区的高度变化，并以位置公差控制公差精度

5. 延伸公差带

该项用于在延伸公差带值的后面插入延伸公差带符号。

6. 基准标识符

该文本框用于创建由参照字母组成的基准标识符号。

相关知识 什么是多重引线标注

引线对象是一条线或样条曲线，其一端带有箭头，另一端带有多行文字对象或块。

在一些特别的情况下，会有一条短水平线（也称为基线），将文字或块和特征控制框连接到引线上。

多重引线标注格式：

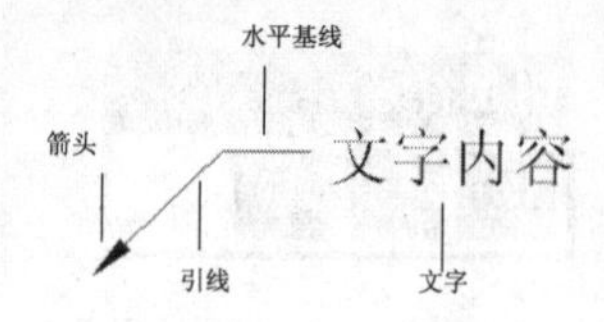

引线样式为样条曲线：

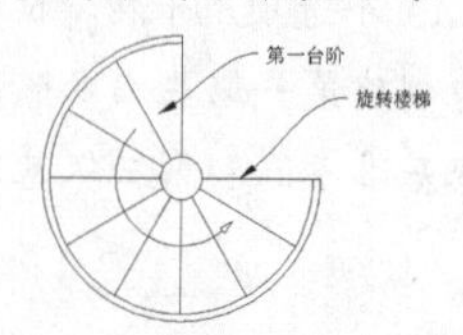

对齐多重引线：

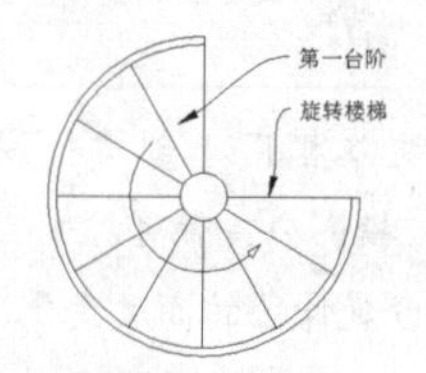

操作技巧 多重引线标注的操作方法

可以通过以下 4 种方法来执行"多重引线标注"功能：

- 选择"标注"→"多重引线标注"命令。
- 单击"样式"工具栏中的"多重引线样式"按钮。
- 单击"标注"工具栏中的"多重引线标注"按钮。
- 在命令行中输入 mleader 后，按 Enter 键。

14 单击"标注"工具栏中的"角度"按钮，标注角度相关的尺寸，如图 3-97 所示。

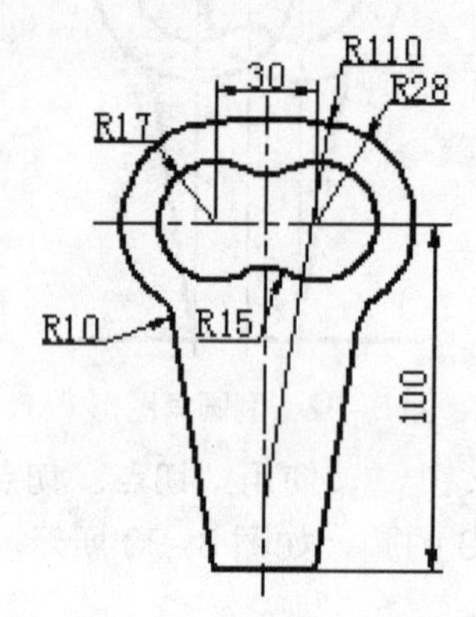

图 3-96 标注半径尺寸

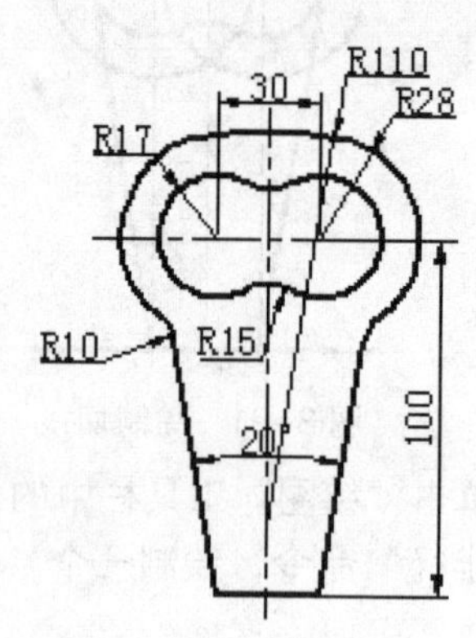

图 3-97 标注角度尺寸

实例 3-10 绘制并标注齿轮架

本实例将绘制并标注一个齿轮架，其主要功能包含圆、线性标注、半径标注、直径标注、角度标注等。实例效果图如图 3-98 所示。

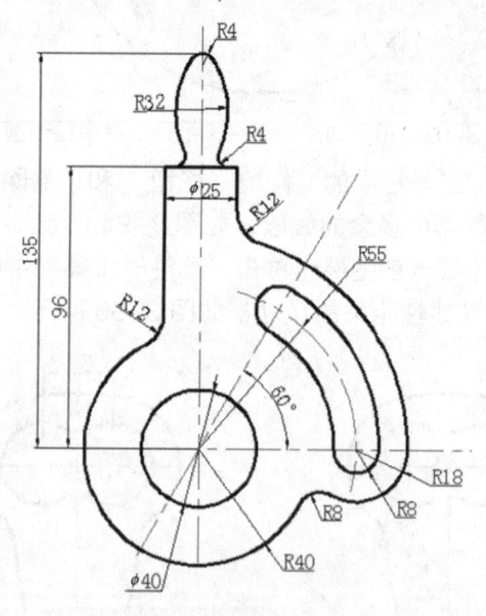

图 3-98 齿轮架效果图

操作步骤

1 单击"图层"工具栏中的"图层特性管理器"按钮，打开"图层特性管理器"对话框，设置点画线和轮廓线两个图层，如图 3-99 所示。

图 3-99　设置点画线和轮廓线两个图层

2 将点画线设置为当前图层，并使用直线功能绘制两条辅助线，如图 3-100 所示。

3 单击“绘图”工具栏中的“圆”按钮，以辅助线的交点为圆心，绘制一个半径为 55 的圆，如图 3-101 所示。

图 3-100　绘制辅助线　　图 3-101　绘制辅助圆

4 单击“修改”工具栏中的“旋转”按钮，用旋转复制的功能，将垂直辅助线以辅助线的交点为基点，旋转复制 60°，如图 3-102 所示。

5 将轮廓线设置为当前图层，并使用圆功能，以辅助线的交点为圆心，绘制半径为 20、40、47、63、73 的 5 个同心圆，如图 3-103 所示。

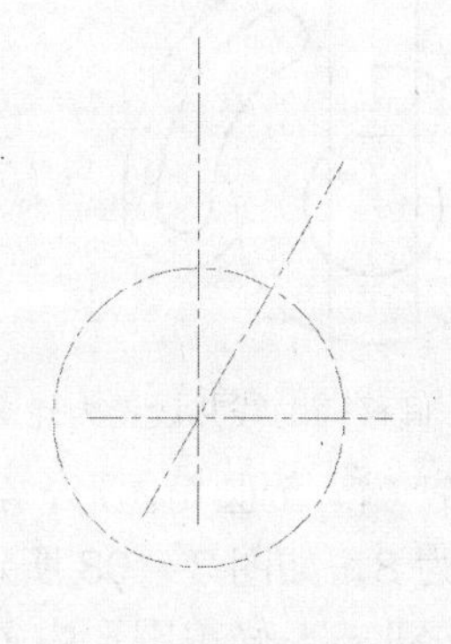

图 3-102　旋转复制垂直辅助线

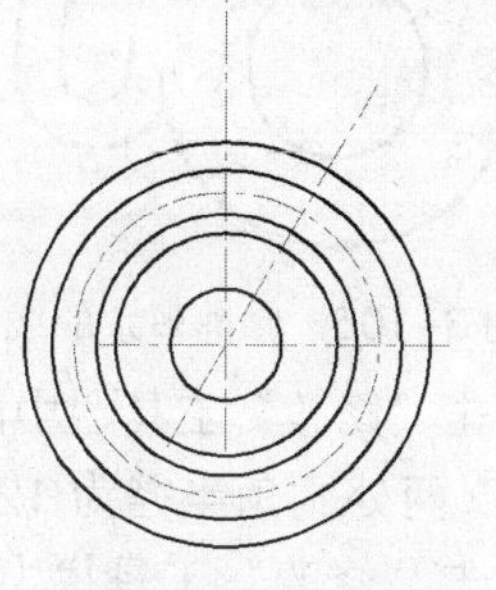

图 3-103　绘制圆

实例 3-10 说明

知识点：

- 圆
- 线性标注
- 半径标注
- 直径标注
- 角度标注

视频教程：

光盘\教学\第 3 章 机械注释、标注及表格

效果文件：

光盘\素材和效果\03\效果\3-10.dwg

实例演示：

光盘\实例\第 3 章\绘制并标注齿轮架

相关知识　什么是编辑尺寸标注

尺寸标注绘制后，可以使用编辑命令对标注对象的文字位置、尺寸线以及标注样式等进行编辑修改，而无需从头标注一次。

编辑尺寸标注的常用方法有 4 种：倾斜标注、对齐文字、使用夹点修改标注以及设置标注对象的尺寸关联。

相关知识　标注的尺寸关联

尺寸关联指标注尺寸与被标注对象之间是否有关联关系。

若标注的尺寸值与被标注对象之间存在关联关系，那么当标注对象的大小改变后，相应的标注尺寸也会自动改变。反之，无论对象怎样被修改，标注都不发生变化。

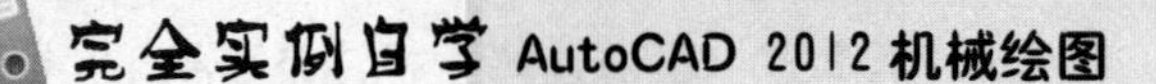

6 单击“绘图”工具栏中的“圆”按钮，以水平辅助线与辅助圆的交点为圆心，绘制半径为8、18的两个圆，如图3–104所示。

7 再次单击“绘图”工具栏中的“圆”按钮，以旋转辅助线与辅助圆的交点为圆心，绘制半径为8的圆，如图3–105所示。

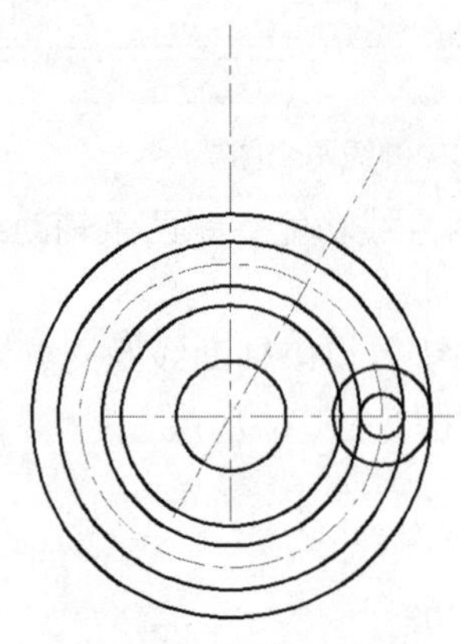

图3–104　绘制圆

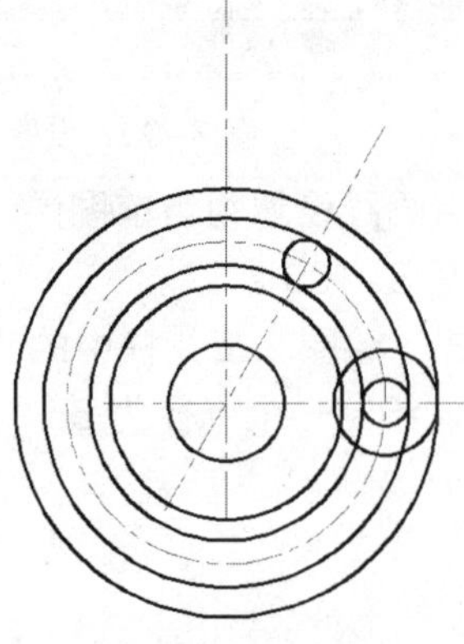

图3–105　再次绘制圆

8 单击“修改”工具栏中的“修剪”按钮，修剪图形中多余的线段，如图3–106所示。

9 单击“修改”工具栏中的“偏移”按钮，将垂直辅助线向左、右各偏移12.5，再将水平辅助线向上偏移96、135，并将偏移的线段设置为轮廓线，如图3–107所示。

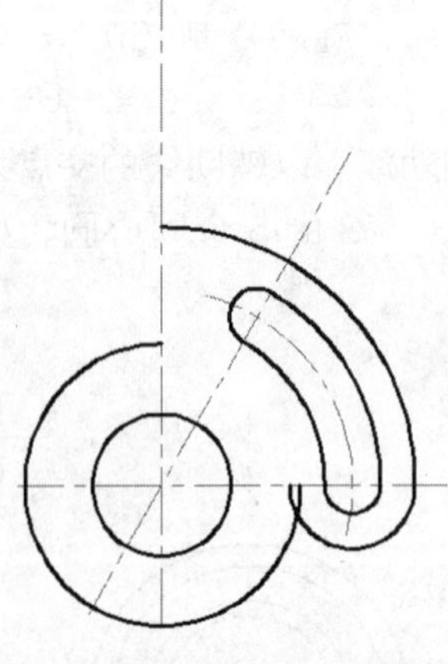

图3–106　修剪多余的线段

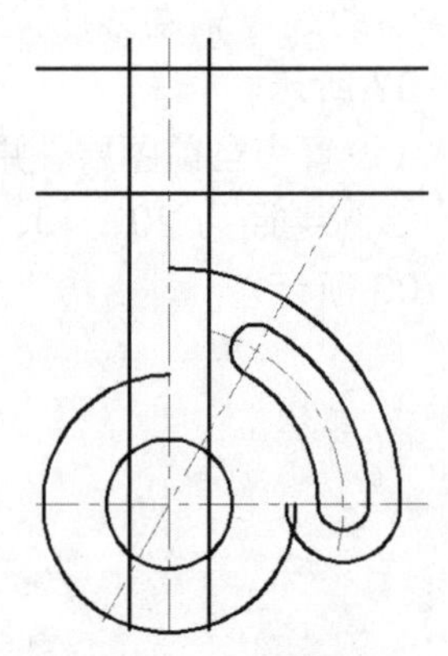

图3–107　偏移辅助线并设置为轮廓线

10 单击“修改”工具栏中的“圆角”按钮，倒圆角图形，AB、CD两处圆角半径为12，EF处半径为8，如图3–108所示。

11 单击“修改”工具栏中的“修剪”按钮，修剪图形中多余的线段，如图3–109所示。

关联前:

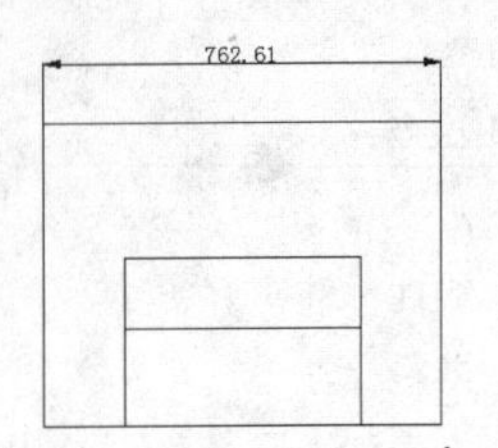

关联后:

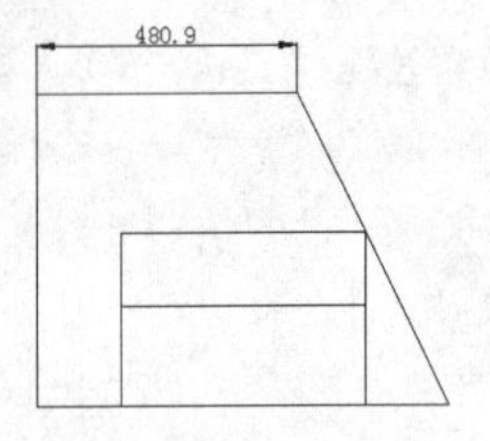

取消关联:

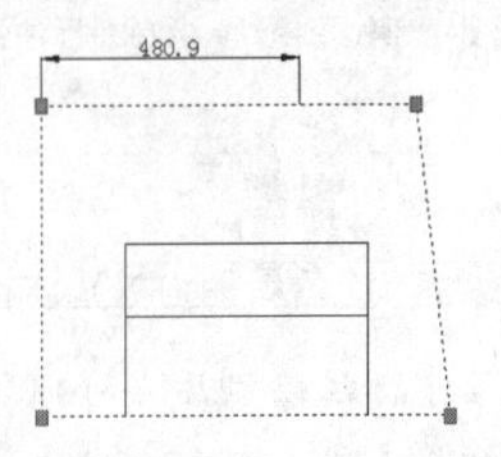

相关知识　非关联性标注与关联性标注的相互转换

非关联性标注与关联性标注是可以相互转换的。

1. 将非关联性标注改为关联性标注

先选择非关联性标注，然后执行dimreassociate命令，使尺寸标注与标注对象上的某个位置关联。

2. 将关联性标注改为非关联性标注

先选择所有关联性标注，然后执行dimreassociate命令，将尺寸标注与标注对象的关联

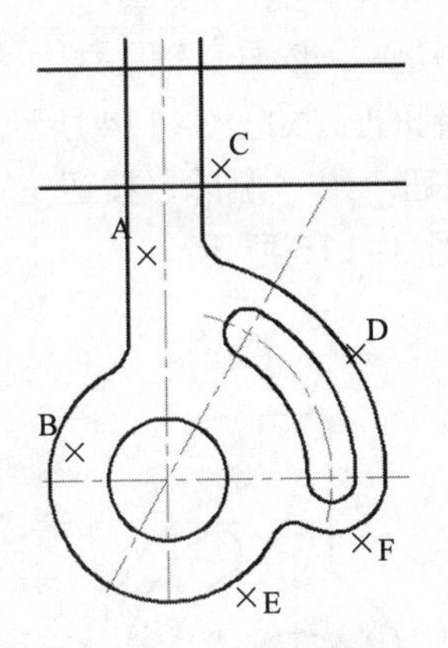

图3-108　倒圆角图形

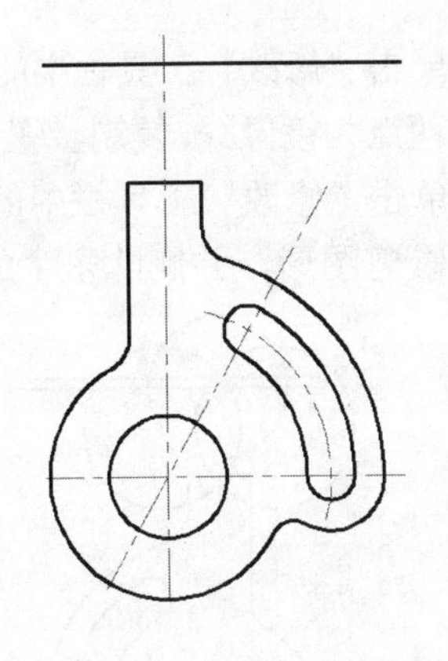

图3-109　修剪多余的线段

12 单击“修改”工具栏中的“偏移”按钮，将上边的水平线段向下偏移4，再将垂直线段向左偏移23，如图3-110所示。

13 单击“绘图”工具栏中的“圆”按钮，以偏移实线与垂直辅助线的交点为圆心，绘制半径为4、28的同心圆，如图3-111所示。

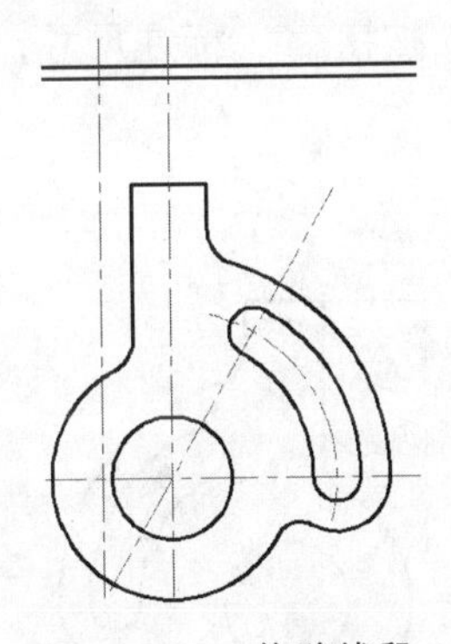

图3-110　偏移线段

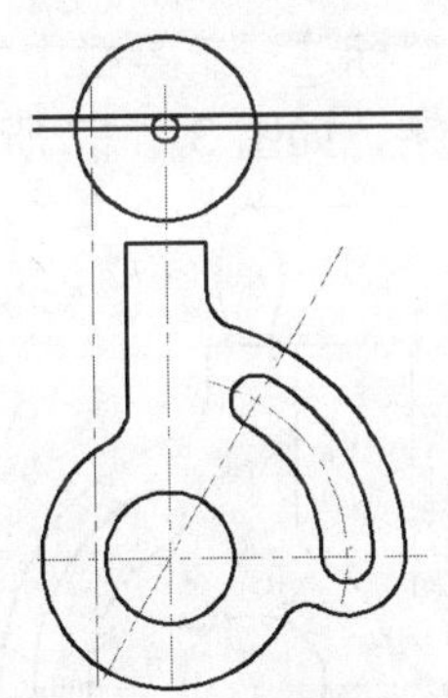

图3-111　绘制同心圆

14 再次单击“绘图”工具栏中的“圆”按钮，以偏移实线与垂直辅助线的交点为圆心，绘制半径为32的圆，如图3-112所示。

15 单击“绘图”工具栏中的“圆”按钮，以“相切、相切、半径”命令绘制一个半径为4的小圆，如图3-113所示。

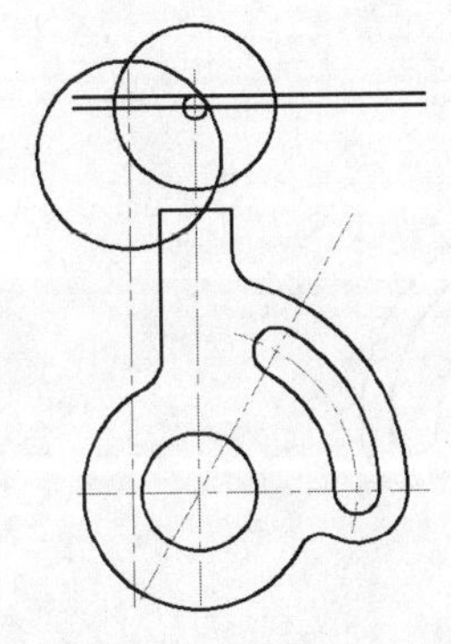

图3-112　绘制半径为32的圆

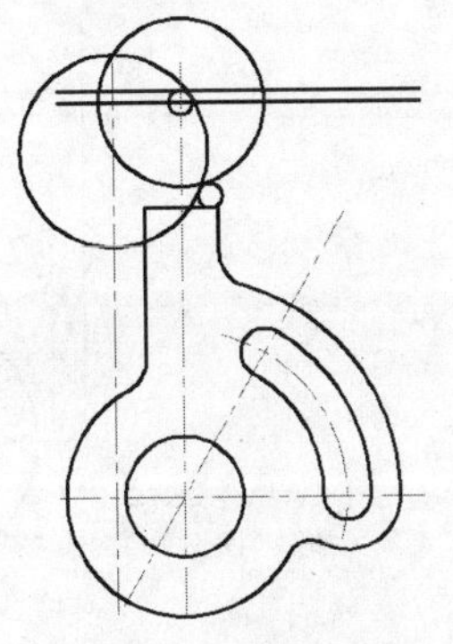

图3-113　绘制半径为4的圆

性标注转换为非关联性标注。

在AutoCAD中，可以根据系统变量DIMASO设置尺寸标注与标注对象之间为具有关联性或不具有关联性。当DIMASO的值设置为“0”（关）时，不具有关联性；当DIMASO的值设置为“1”（开）时，具有关联性。

重点提示　怎样查看关联性

如果要查看当前选中标注是否与对象有关联性，则可以单击状态栏上的“快捷特性”按钮，打开“快捷特性”面板。

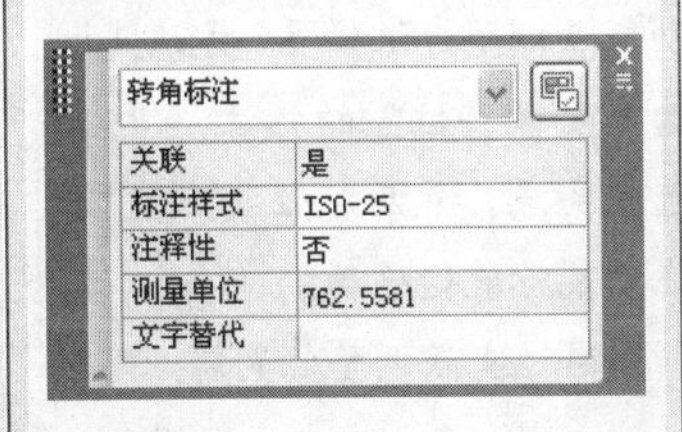

转角标注

关联	是
标注样式	ISO-25
注释性	否
测量单位	762.5581
文字替代	

相关知识　倾斜标注的延伸线

在有些特殊的标注中，会要求标注的延伸线倾斜，这时，需要通过后期的调整来达到预期的效果。

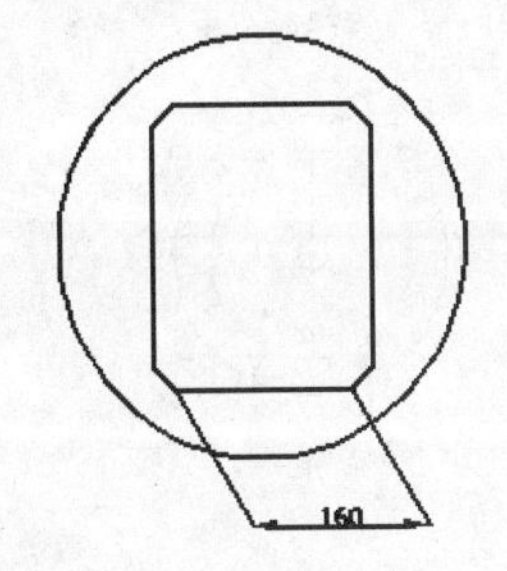

操作技巧 倾斜标注延伸线的操作方法

可以通过以下 3 种方法来执行“倾斜标注延伸线”功能：

- 选择“标注”→“倾斜”命令。
- 单击“标注”工具栏中的“倾斜”按钮。
- 在命令行中输入 dimedit 后，按 Enter 键。

相关知识 尺寸位置的调整

尺寸位置的调整方法有以下两种：

1. 通过移动夹点调整标注的位置

在 AutoCAD 中，可通过拖动夹点调整标注位置，方法是：选中要调整位置的标注，单击选中夹点，然后按住夹点直接拖动鼠标进行移动。

通过夹点调整位置前：

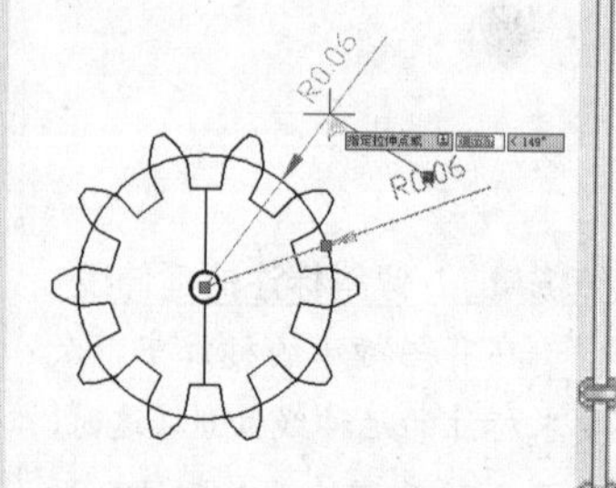

通过夹点调整位置后：

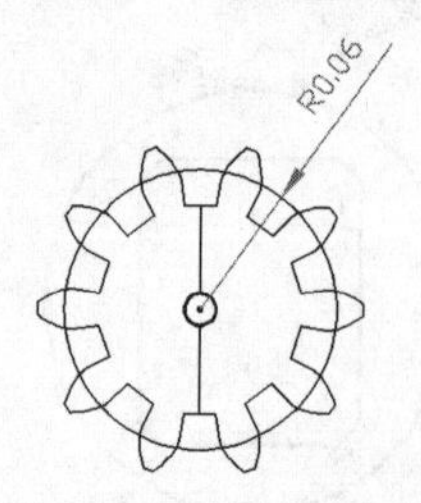

16 单击“修改”工具栏中的“镜像”按钮，以垂直辅助线上的两点为镜像线，复制步骤 14 和 15 绘制的圆，如图 3–114 所示。

17 单击“修改”工具栏中的“修剪”按钮和“删除”按钮，修剪图形，并删除多余的线段，如图 3–115 所示。

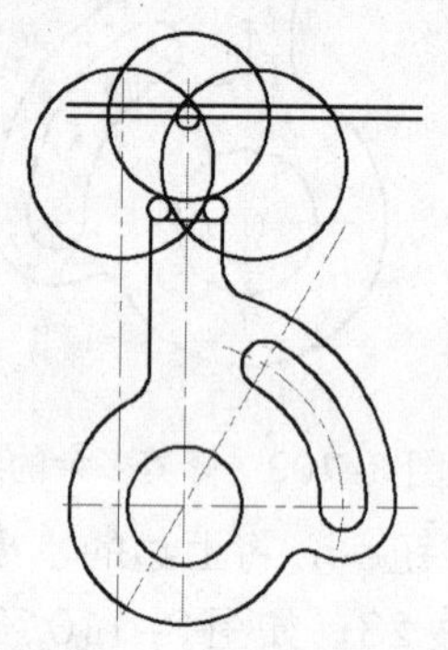

图 3–114 镜像复制圆

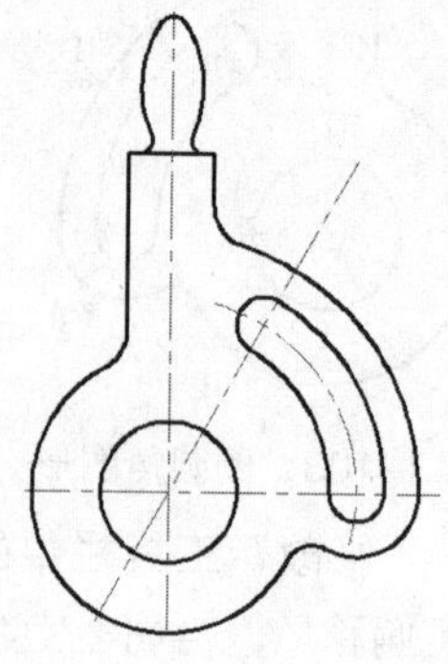

图 3–115 修剪多余的线段

18 将图层设置为默认，并用线性功能标注两段尺寸，如图 3–116 所示。

19 单击“标注”工具栏中的“线性”按钮，标注尺寸，并修改文字，如图 3–117 所示。

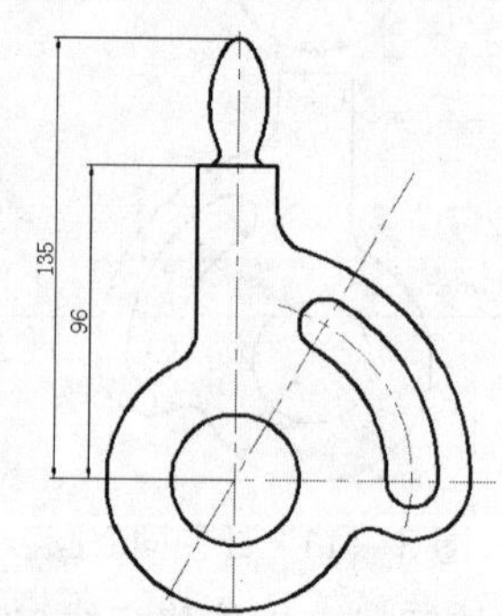

图 3–116 标注线性尺寸

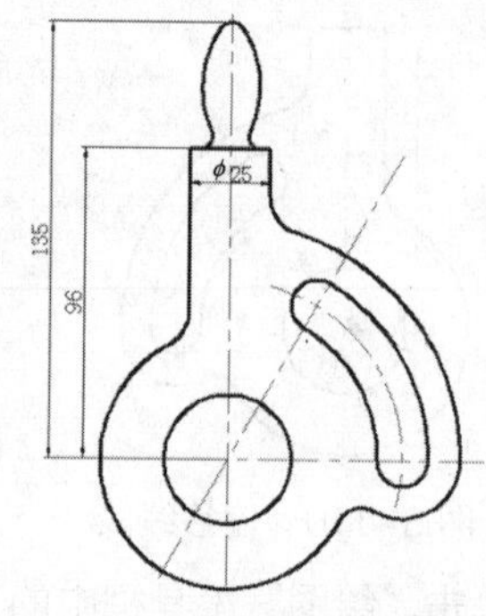

图 3–117 标注线性尺寸并修改文字

20 单击“标注”工具栏中的“直径”按钮，在图上标注直径尺寸，如图 3–118 所示。

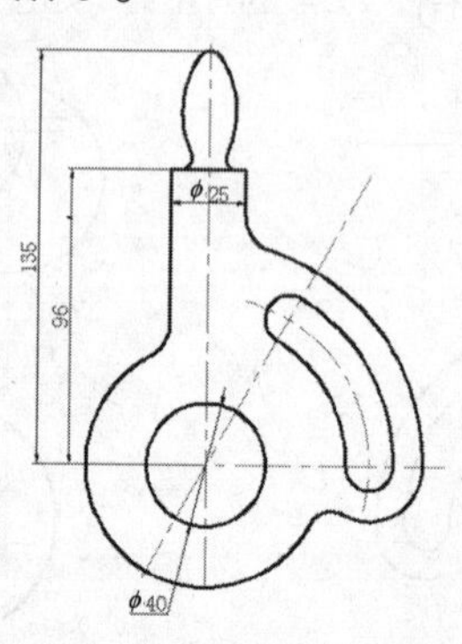

图 3–118 标注直径尺寸

21 单击“标注”工具栏中的“半径”按钮，在图上标注半径尺寸，如图 3-119 所示。

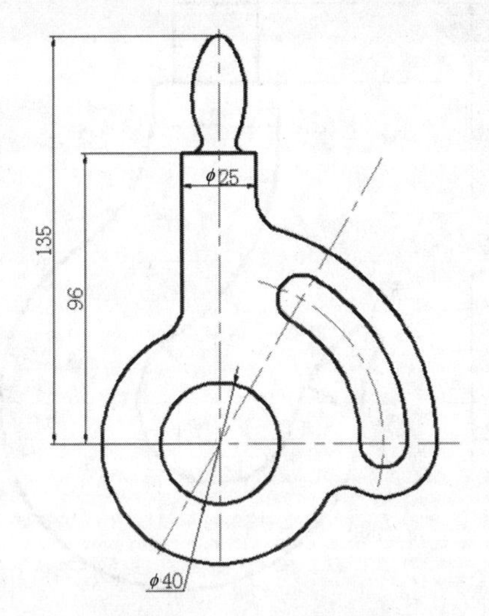

图 3-119　标注半径尺寸

22 单击“标注”工具栏中的“角度”按钮，在图上标注角度尺寸，如图 3-120 所示。

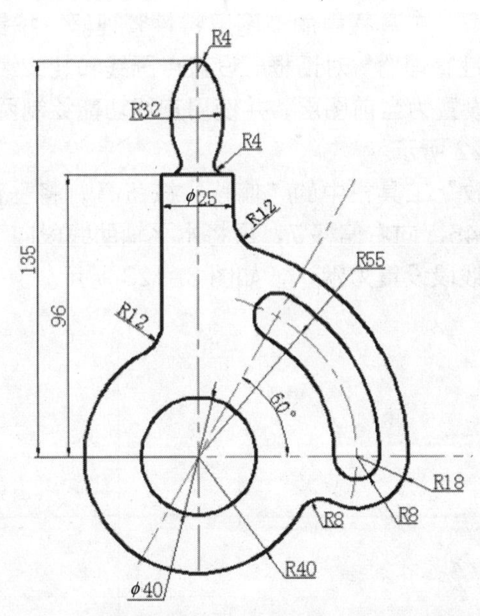

图 3-120　标注角度尺寸

实例 3-11　绘制并标注挂钩

本实例将绘制并标注一个挂钩，其主要功能包含圆角、线性标注、连续标注、半径标注、直径标注等。实例效果图如图 3-121 所示。

2. 利用 dimtedit 命令调整标注的位置

在命令行中输入 dimtedit，命令行出现下列提示：

选择标注：

选中要修改的标注后，命令行出现下列提示：

为标注文字指定新位置或 [左对齐(L)/右对齐(R)/居中(C)/默认(H)/角度(A)]：

提示中各种选项的含义如下：

- 左对齐：将标注文字靠近左侧的延伸线。
- 右对齐：将标注文字靠近右侧的延伸线。
- 居中：将标注文字移动到延伸线中心。
- 默认：将标注文字移动到原来的位置。
- 角度：用于改变标注文字的旋转角度。

选中适当的选项后，输入或指定标注文字的位置即可。

3. 通过标注菜单中的对齐功能调整位置

使用单击“标注”菜单中“对齐”子菜单中的各个选项，也可调整标注文字的位置。

“对齐”子菜单：

默认(H)
角度(A)
左(L)
居中(C)
右(R)

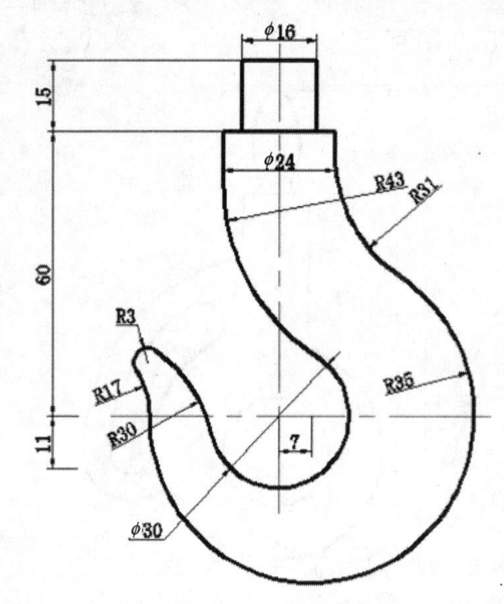

图 3-121　挂钩效果图

操作步骤

1 单击“图层”工具栏中的“图层特性管理器”按钮，打开“图层特性管理器”对话框，设置点画线和轮廓线两个图层。

2 将点画线设置为当前图层，并使用直线功能绘制两条辅助线，如图 3-122 所示。

3 单击“修改”工具栏中的“偏移”按钮，将垂直辅助线段向左偏移 45，向右偏移 7，再将水平辅助线段向下偏移 11，并将偏移线段设置为默认，如图 3-123 所示。

图 3-122　绘制辅助线

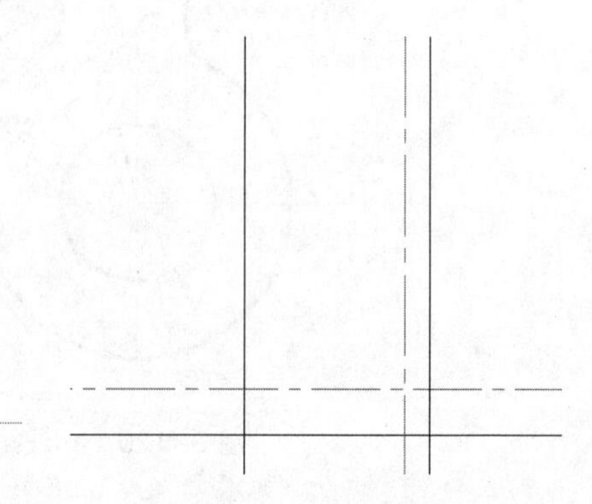
图 3-123　偏移线段

4 将轮廓线设置为当前图层，使用圆功能，以 A 点为圆心绘制半径为 15、45 的圆，再以 B 点为圆心绘制半径为 35 的圆，再以 C 点为圆心绘制半径为 17 的圆，以 D 点为圆心绘制半径为 30 的圆，如图 3-124 所示。

实例 3-11 说明

- 知识点：
  - 圆角
  - 线性标注
  - 连续标注
  - 半径标注
  - 直径标注
- 视频教程：
  光盘\教学\第 3 章 机械注释、标注及表格
- 效果文件：
  光盘\素材和效果\03\效果\3-11.dwg
- 实例演示：
  光盘\实例\第 3 章\绘制并标注挂钩

疑难解答　如何将 Excel 工作表插入到 AutoCAD 中

将 Excel 工作表插入到 AutoCAD 中的操作步骤如下：

1. 制作表格

在 Excel 中制作一个表格。

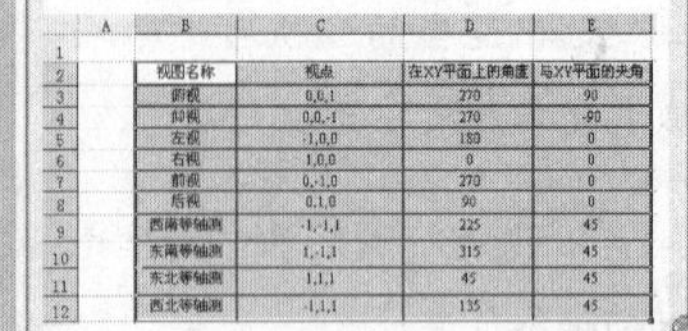

视图名称	视点	在XY平面上的角度	与XY平面的夹角
俯视	0,0,1	270	90
仰视	0,0,-1	270	-90
左视	-1,0,0	180	0
右视	1,0,0	0	0
前视	0,-1,0	270	0
后视	0,1,0	90	0
西南等轴测	-1,-1,1	225	45
东南等轴测	1,-1,1	315	45
东北等轴测	1,1,1	45	45
西北等轴测	-1,1,1	135	45

2. 复制到剪贴板

选中内容，按 Ctrl+C 组合键复制到剪贴板上。

3. 打开“选择性粘贴”对话框

切换到 AutoCAD 窗口，单击“编辑”→“选择性粘贴”命令，弹出“选择性粘贴”对话框。

5 单击“修改”工具栏中的“圆角”按钮，对半径为17和30的圆倒圆角，圆角半径为3，如图3-125所示。

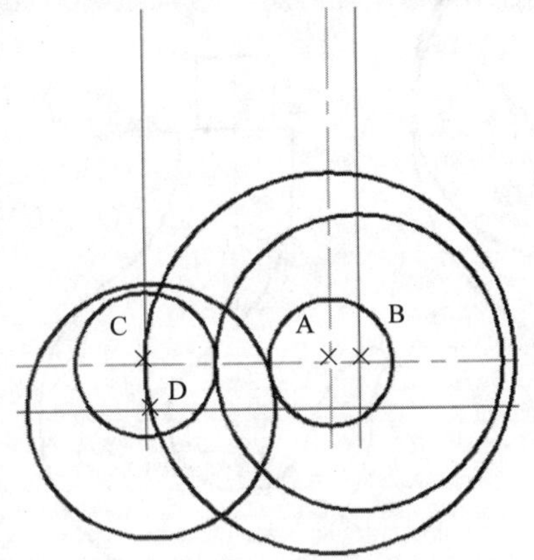

图3-124 绘制圆

图3-125 倒圆角图形

6 单击“修改”工具栏中的“修剪”按钮和“删除”按钮，修剪和删除图形中多余的线段，如图3-126所示。

7 单击“修改”工具栏中的“偏移”按钮，将水平辅助线段向上偏移60、75，再将垂直辅助线段向左、右各偏移8、12，并将偏移线段设置为轮廓线，如图3-127所示。

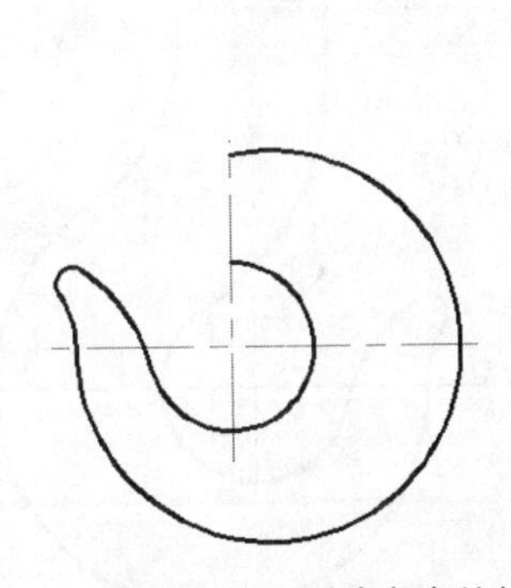

图3-126 修剪和删除多余的线段

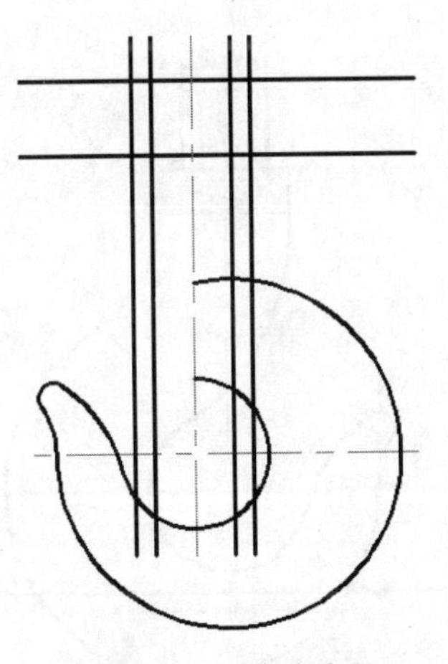

图3-127 偏移线段

8 单击“绘图”工具栏中的“圆”按钮，用“相切、相切、半径”命令，绘制AB切线半径为31的圆，CD切线半径为43的圆，如图3-128所示。

9 单击“修改”工具栏中的“修剪”按钮，修剪图形中多余的线段，如图3-129所示。

“选择性粘贴”对话框：

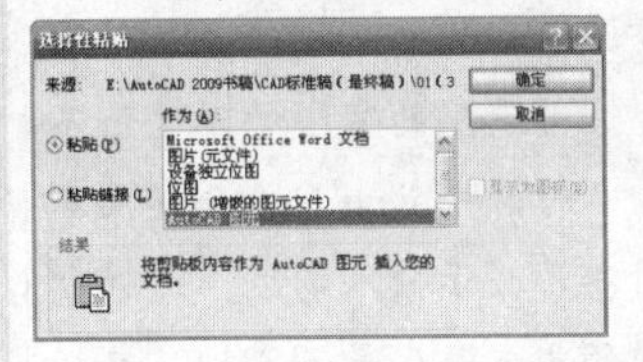

4. 设置“AutoCAD图元”插入表格

在“作为”下拉列表框中选择以哪种形式粘贴，此处选择“AutoCAD图元”选项，单击“确定”按钮，在绘图区指定插入点后，即可插入Excel表格。

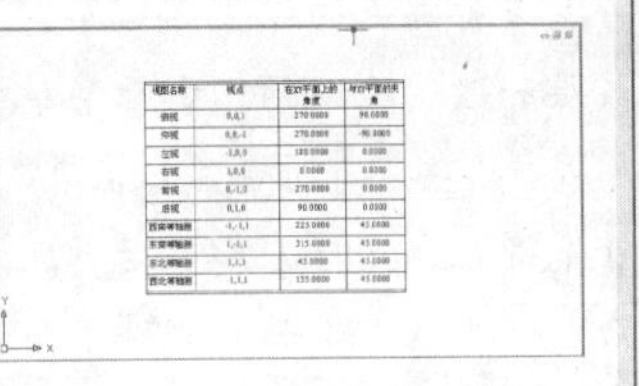

5. 分解表格

单击“修改”面板上的“分解”按钮，即可编辑其中的线条和文字。

疑难解答 **不能显示汉字或输入的汉字变成了问号**

原因可能有以下几个：

- 对应的文字没有使用汉字字体。
- 当前系统中没有汉字字体文件；应将所用到的字体文件复制到Windows的字体目录中（一般为C:Windows\FONTS\）。
- 对于某些符号（如希腊字母等），同样必须使用对应的字体文件。

疑难解答 **输入的文字高度无法改变**

当使用的字型的高度值不为 0 时，用 dtext 命令创建文本时都不提示输入高度，这样创建的文本高度是不变的，包括使用该字型进行尺寸标注。

疑难解答 **为什么在标注图形后出现了无法删除的小白点**

AutoCAD 在标注尺寸时，自动生成一个 defpoints 层，保存有关标注点的位置等信息，该层一般是冻结的。由于某种原因，这些点有时会显示出来，可先将 defpoints 层解冻后再删除。但要注意，如果删除了与尺寸标注还有关联的点，则将同时删除对应的尺寸标注。

疑难解答 **怎样设置标注，尺寸线才能从圆弧开始而不是圆心开始**

设置标注的操作方法如下：

（1）单击“标注”工具栏中的“标注样式”按钮，打开“标注样式管理器”对话框。

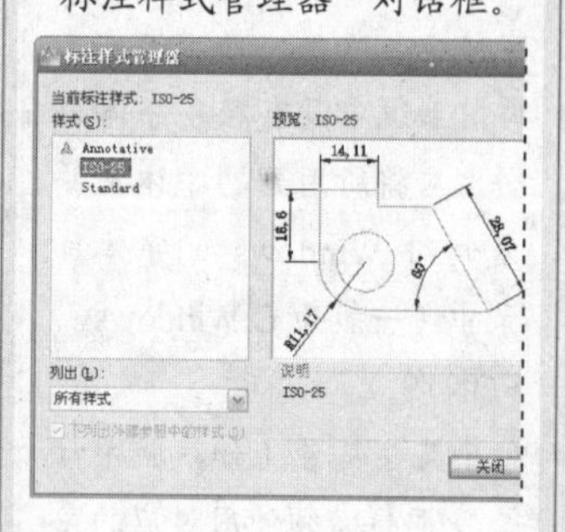

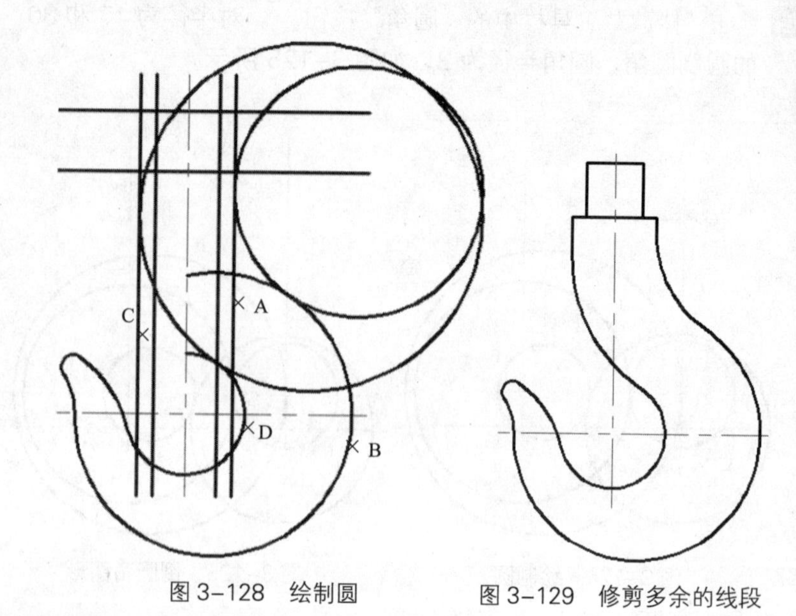

图 3–128　绘制圆　　　图 3–129　修剪多余的线段

10 单击“标注”工具栏中的“线性”按钮，在图中标注线性尺寸，如图 3–130 所示。

11 单击“标注”工具栏中的“连续”按钮，在图中标注连续尺寸，如图 3–131 所示。

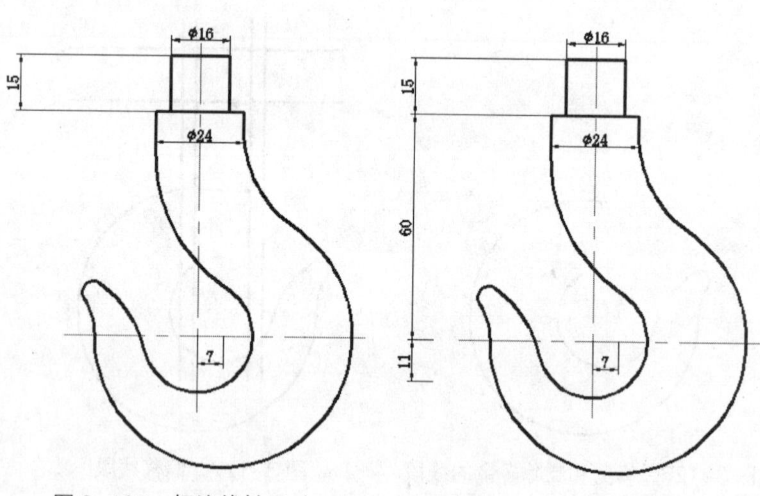

图 3–130　标注线性尺寸　　　图 3–131　标注连续尺寸

12 单击“标注”工具栏中的“半径”按钮，在图中标注半径尺寸，如图 3–132 所示。

13 单击“标注”工具栏中的“直径”按钮，在图中标注直径尺寸，如图 3–133 所示。

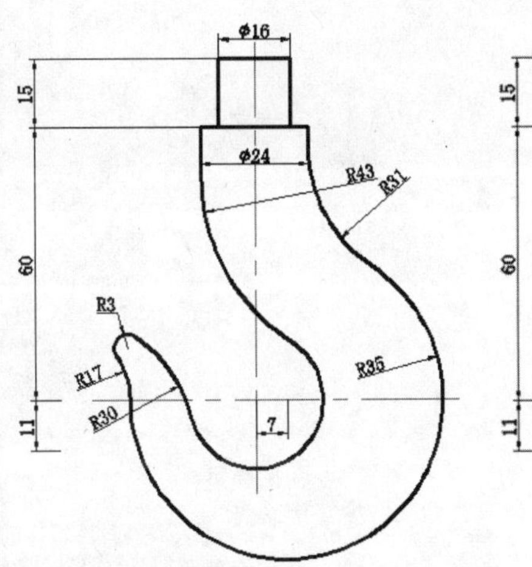

图 3-132　标注半径尺寸

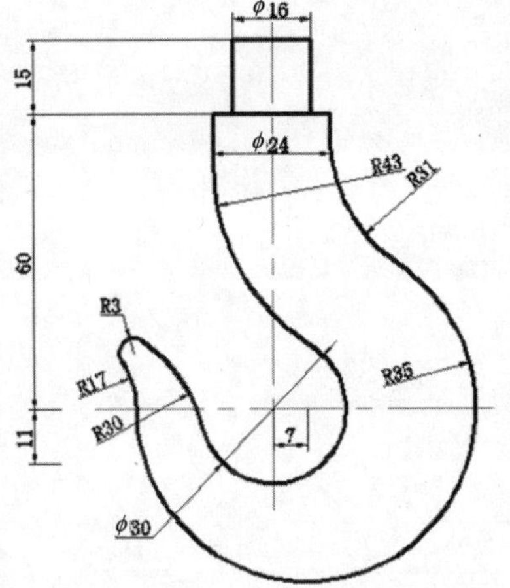

图 3-133　标注直径尺寸

实例 3-12　绘制并标注零件图

本实例将绘制并标注一个零件图，其主要功能包含椭圆、圆、偏移、修剪、圆角等。实例效果图如图 3-134 所示。

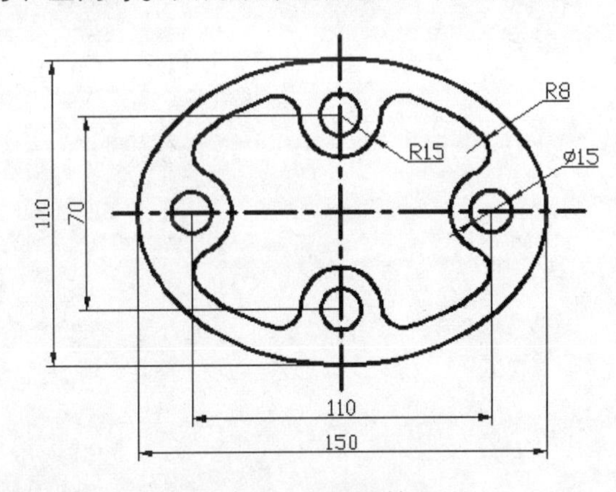

图 3-134　零件图效果图

在绘制图形时，先用直线和偏移进行辅助，再使用椭圆和圆功能绘制出大致样式，再偏移、修剪、圆角出最终效果。具体操作见“光盘\实例\第 3 章\绘制并标注零件图”。

（2）单击对话框右边的“修改”按钮，打开“修改标注样式”对话框。

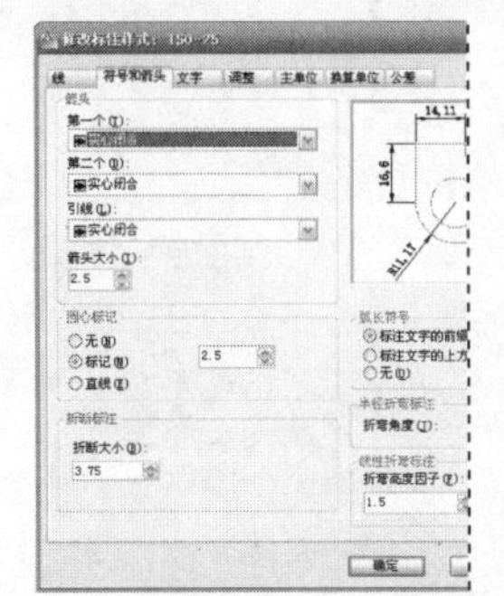

（3）切换到“调整”选项卡，选择“优化”选项组中的“在尺寸界线之间绘制尺寸线”复选框。

优化(T)
☐ 手动放置文字(P)
☑ 在尺寸界线之间绘制尺寸线(D)

（4）设置完成后，单击“确定”按钮，保存设置，并退出“修改标注样式”对话框。再单击“关闭”按钮，退出“标注样式管理器”对话框。

疑难解答　在标注直径尺寸时，为什么字母“ϕ”以“□”形式显示

出现这种情况，是由于文字样式设置错误的原因。

解决方法是：在设置文字样式时，不要改变 AutoCAD 默认的文字样式“标准样式”的字体名称，而且在设置标注样式时，“文字”选项卡中的文字样式不要改动，都按系统默认的选项。

第 4 章

机械实体建模

本章开始学习如何在 AutoCAD 中绘制三维实体图形，可以通过绘制一些简单的实体图形或者通过二维图形转换成三维实体图形，来生成三维机械模型图。小栏部分讲解了三维建模的理论知识和基本功能。

本章讲解的实例和主要功能如下：

实　例	主要功能	实　例	主要功能	实　例	主要功能
绘制六角螺母	圆、多边形 拉伸成实体 差集 交集 消隐	绘制连杆	直线 圆 拉伸成实体 差集 并集	绘制轴承	直线、矩形 圆 旋转成实体 球体 三维阵列
绘制叉轮	直线 圆 拉伸成实体	绘制弯管	矩形 直线 圆 拉伸成实体 三维旋转	绘制斜角支架	长方体 圆柱体 三维旋转 三维镜像 差集、并集
绘制阀门手轮	圆环体 圆柱体 长方体 球体、扫掠 三维阵列			绘制机件模型(1)	圆 拉伸成实体 圆柱体 长方体 差集
绘制地板连接件	直线、偏移、圆角 圆柱体 圆锥体 三维旋转 差集 并集	绘制零件模型图	长方体 圆柱体 复制、圆角 差集 并集	绘制机件模型(2)	长方体 圆柱体 圆角 差集

本章在讲解实例操作的过程中，全面系统地介绍关于机械实体建模的相关知识和操作方法，包含的内容如下：

实例 4-1　绘制六角螺母

本实例将绘制一个六角螺母，其主要功能包含圆、多边形、拉伸成实体、差集、交集、消隐等。实例效果如图 4-1 所示。

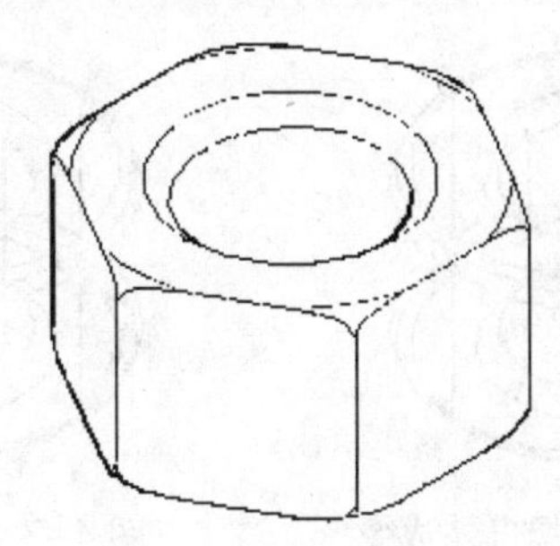

图 4-1　六角螺母效果图

操作步骤

1. 选择“视图”菜单中的“三维视图”子菜单中的“东北等轴测”命令，将二维视图切换成三维视图。
2. 单击“绘图”工具栏中的“圆”按钮，绘制半径为 5 和 10 的两个同心圆，如图 4-2 所示。
3. 单击“建模”工具栏中的“拉伸”按钮，将两个圆向上拉伸 10，如图 4-3 所示。

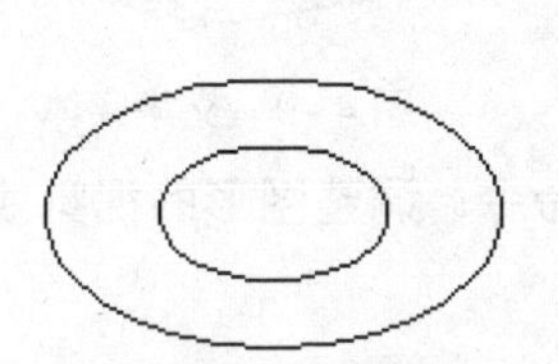

图 4-2　绘制圆

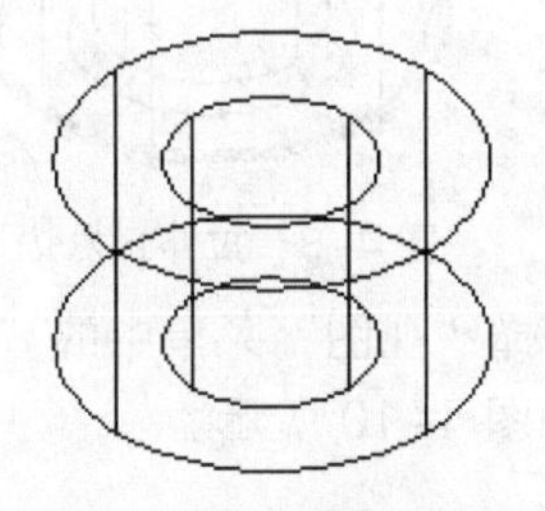

图 4-3　拉伸圆成实体

4. 单击“建模”工具栏中的“差集”按钮，将大的圆柱体减掉小的圆柱体，并使用消隐功能查看差集后的效果，如图 4-4 所示。
5. 将图形调整回线框模式，单击“修改”工具栏中的“倒角”按钮，倒角螺母的内孔和倒角距离分别为 1、1，如图 4-5 所示。

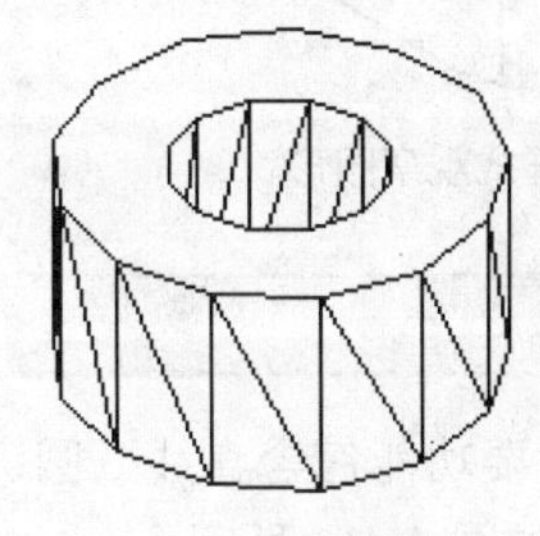

图 4-4　差集实体

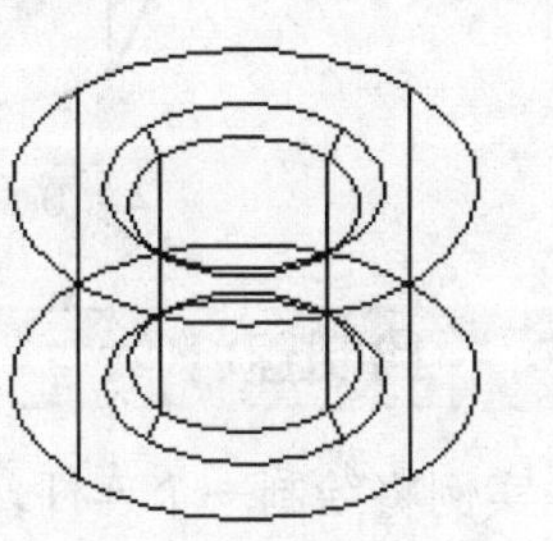

图 4-5　倒角内孔

实例 4-1 说明

- 知识点：
  - 圆
  - 多边形
  - 拉伸成实体
  - 差集
  - 交集
  - 消隐
- 视频教程：
  光盘\教学\第 4 章 机械实体建模
- 效果文件：
  光盘\素材和效果\04\效果\4-1.dwg
- 实例演示：
  光盘\实例\第 4 章\绘制六角螺母

相关知识　什么是三维视图

因为一个投影仅表示建筑物一个方向的投影，所以在绘图或看图过程中不需要改变图形的观察方向。但要用三维立体图表达物体各个方向的立体形状时，就需要经常改变图形的观察方向，以便从不同方向绘制或观察物体。

视点预设(I)...
视点(V)
平面视图(P) ▸
俯视(T)
仰视(B)
左视(L)
右视(R)
前视(F)
后视(K)
西南等轴测(S)
东南等轴测(E)
东北等轴测(N)
西北等轴测(W)

相关知识　三维视图的选项(1)

三维视图包括以下选项：视点预设、视点、俯视、仰视、左视、右视、前视、后视、西南等轴测、东南等轴测、东北等轴测、西北等轴测。

这些选项可以归分为以下四类：

1. 视点预设

用于设置绝对于世界坐标系（WCS）的观察角度，也可以设置相对于用户坐标系（UCS）的观察角度，具体设置可视情况而定。

选择“视图”→“三维视图”→“视点预设”命令，打开“视点预设”对话框。

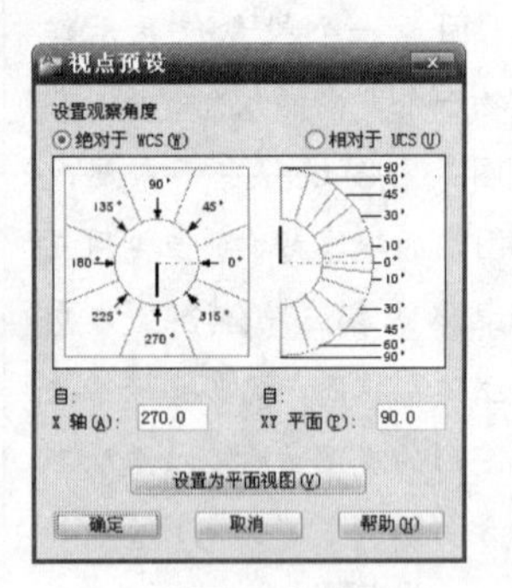

2. 视点

AutoCAD 默认的视点为（0,0,1），就是从（0,0,1）点（Z 轴正向）向（0,0,0）点（原点）观察模型。

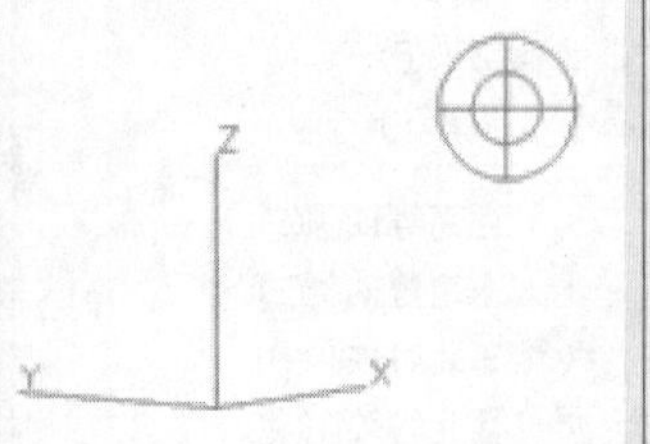

6 单击“修改”工具栏中的“圆角”按钮，对螺母外边缘倒圆角，圆角半径为 1，如图 4-6 所示。

7 单击“绘图”工具栏中的“多边形”按钮，绘制一个内接于圆、半径为 10 的正六边形，如图 4-7 所示。

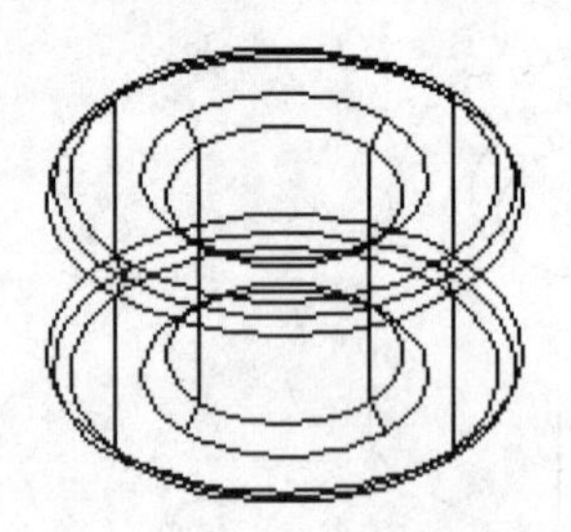

图 4-6　倒圆角螺母外边缘

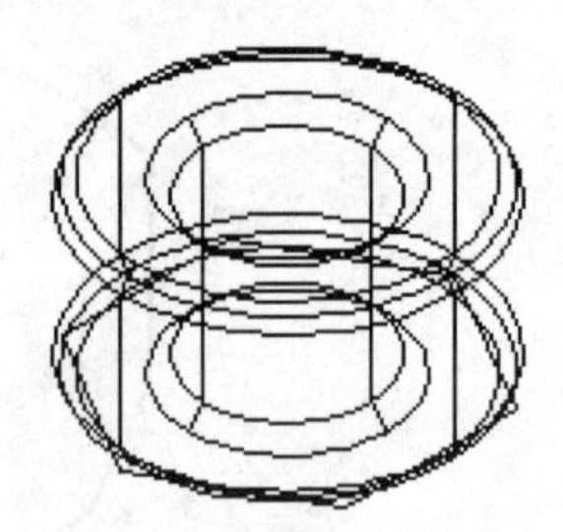

图 4-7　绘制正六边形

8 单击“建模”工具栏中的“拉伸”按钮，将正六边形向上拉伸 10，如图 4-8 所示。

9 单击“建模”工具栏中的“交集”按钮，将两个实体进行交集运算，如图 4-9 所示。

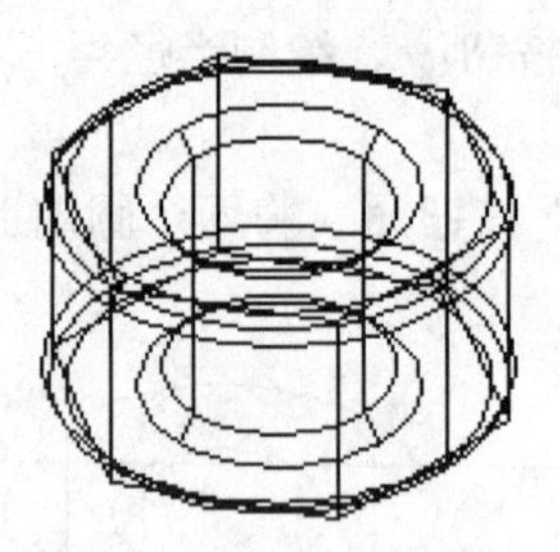

图 4-8　拉伸正六边形

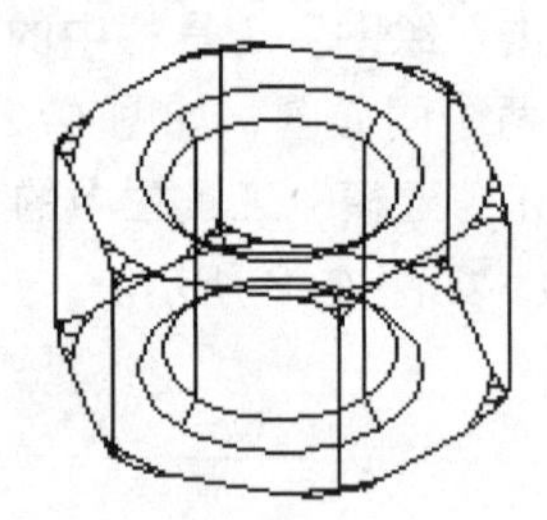

图 4-9　交集实体

10 选择“视图”菜单中的“消隐”命令，调整图形的视觉效果，如图 4-10 所示。

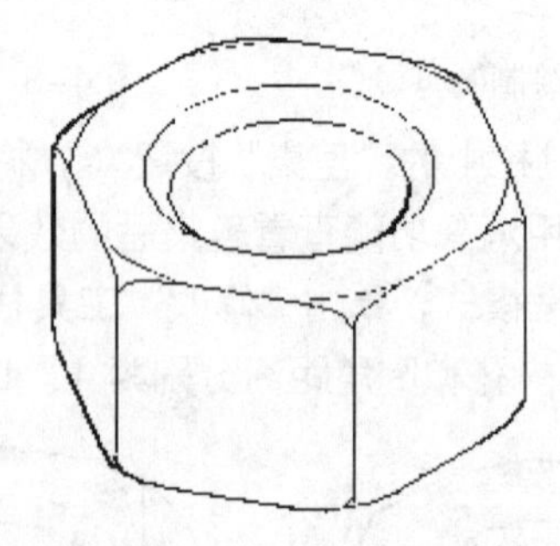

图 4-10　消隐样式观察图形

实例 4-2　绘制连杆

本实例将绘制一个连杆，其主要功能包含直线、圆、拉伸成实体、差集、并集等。实例效果如图 4-11 所示。

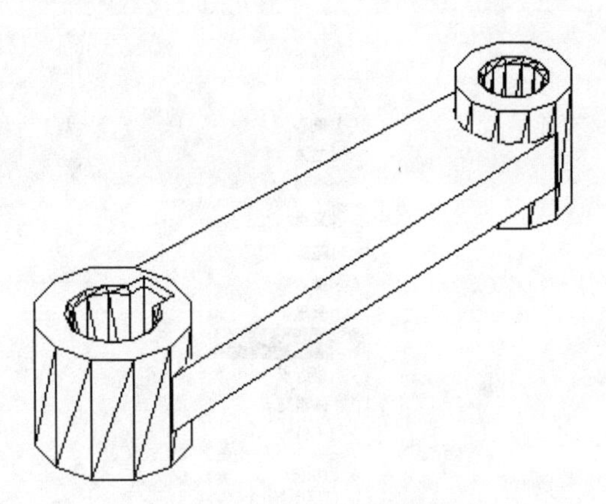

图 4-11　连杆效果图

操作步骤

1 单击“绘图”工具栏中的“圆”按钮，绘制半径为 2.75 和 5.5 的两个同心圆，如图 4-12 所示。

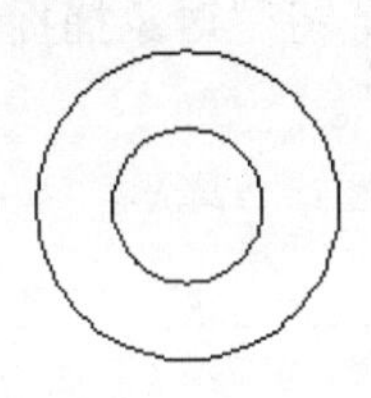

图 4-12　绘制同心圆

2 单击“绘图”工具栏中的“直线”按钮，以圆心为起点，沿 X 轴极轴向右绘制一条长为 52 的直线，如图 4-13 所示。

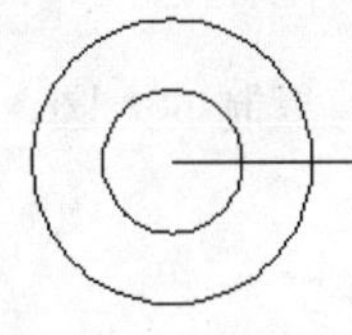

图 4-13　绘制直线

3 单击“绘图”工具栏中的“圆”按钮，以线段的右端点为圆心，绘制半径为 4 和 7.5 的同心圆，如图 4-14 所示。

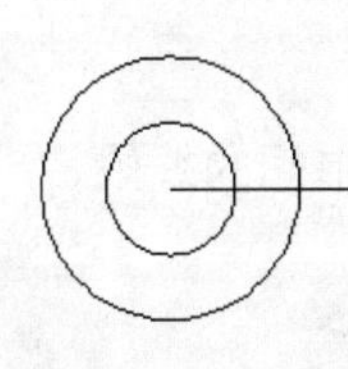

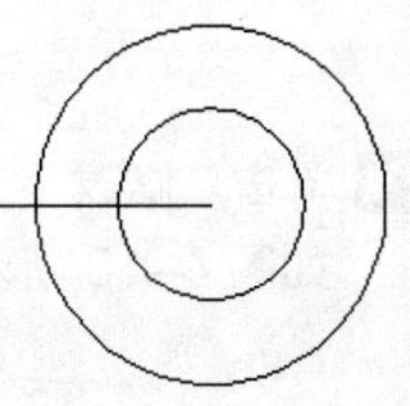

图 4-14　绘制同心圆

4 将鼠标移动到状态栏的“对象捕捉”按钮上，单击鼠标右键，在弹出的快捷菜单中取消“圆心”命令，选择“切点”命令，如图 4-15 所示。

实例 4-2 说明

知识点：

- 直线
- 圆
- 拉伸成实体
- 差集
- 并集

视频教程：

光盘\教学\第 4 章 机械实体建模

效果文件：

光盘\素材和效果\04\效果\4-2.dwg

实例演示：

光盘\实例\第 4 章\绘制连杆

相关知识　三维视图的选项（2）

3. 平面视图

平面视图是按视点（0,0,1）来观察图形，包括当前 UCS、世界 UCS 和命名 UCS。平面视图包括俯视、仰视、左视、右视、前视、后视 6 项。

- 俯视：从图形的正上方观察图形。
- 仰视：从图形的正下方观察图形。
- 左视：从图形的正左方观察图形。
- 右视：从图形的正右方观察图形。
- 前视：从图形的正前方观察图形。
- 后视：从图形的正后方观察图形。

4. 三维视图

- 西南等轴测：由西南方观测图形，与后面的 3 个视图一样，也是立体视图观察图形。

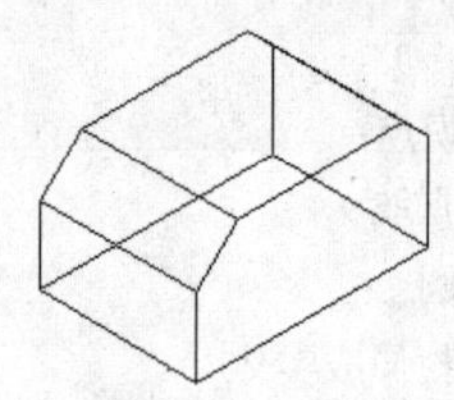

- 东南等轴测：由实体的东南方观察图形。
- 东北等轴测：由实体的东北方观察图形。
- 西北等轴测：由实体的西北方观察图形。

相关知识 什么是动态观察

AutoCAD提供了3种三维动态观察器来观察图形：受约束的动态观察、自由动态观察和连续动态观察。通过观察器可以在当前视口中创建一个三维视图，用户可以使用鼠标来实时地控制和改变这个视图，以从不同的方向观察图形。

受约束的动态观察(C)
自由动态观察(F)
连续动态观察(O)

1. 受约束的动态观察

沿XY平面或Z轴约束三维动态观察。

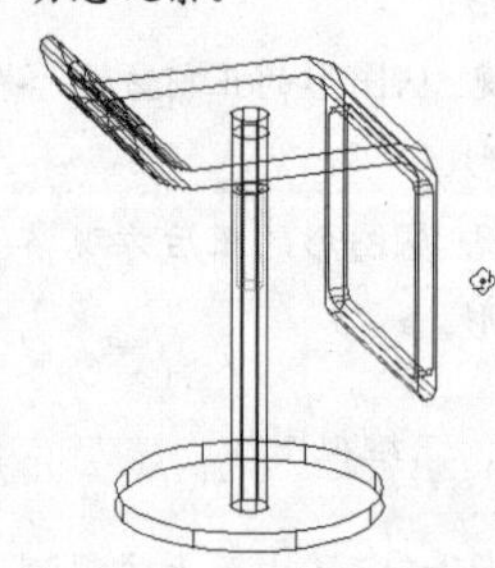

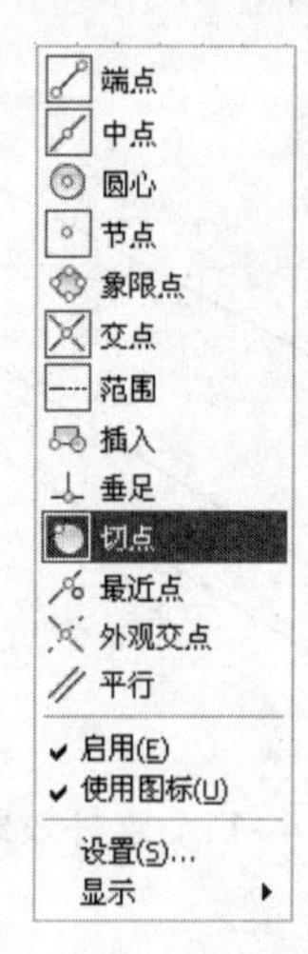

图 4-15 “对象捕捉”快捷菜单

5 单击“绘图”工具栏中的“直线”按钮，绘制两个大圆之间的切线，绘制完后，将“对象捕捉”快捷菜单设置回原来选项，如图 4-16 所示。

图 4-16 绘制切线

6 单击“修改”工具栏中的“复制”按钮，将两个大圆原地各复制一个。

7 单击“修改”工具栏中的“修剪”按钮，修剪复制的大圆，并与两条切线创建成一个面，如图 4-17 所示。

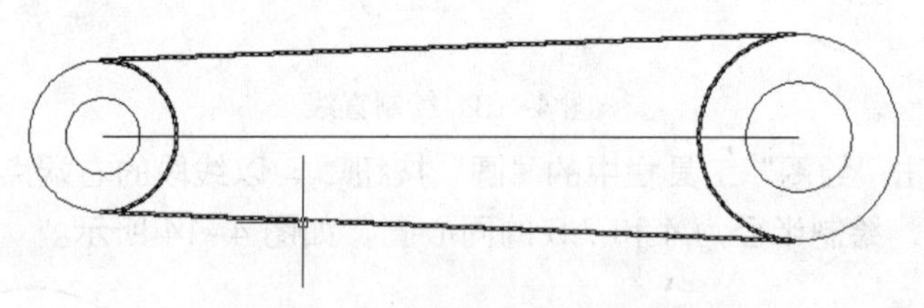

图 4-17 修剪并创建成面

8 单击“修改”工具栏中的“删除”按钮，删除中间的线段，如图 4-18 所示。

图 4-18 删除多余的线段

9 选择“视图”菜单中的“三维视图”子菜单中的“东北等轴测”命令，将二维视图切换成三维视图，如图4–19所示。

10 单击“建模”工具栏中的“拉伸”按钮，拉伸4个圆，拉伸高度为13，如图4–20所示。

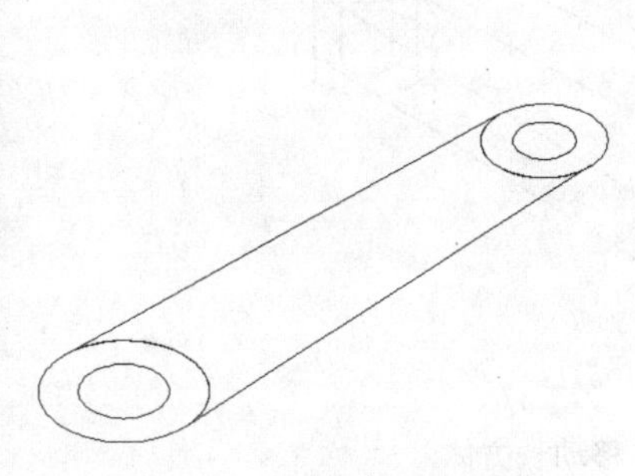

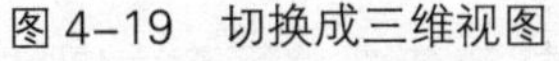

图4–19　切换成三维视图

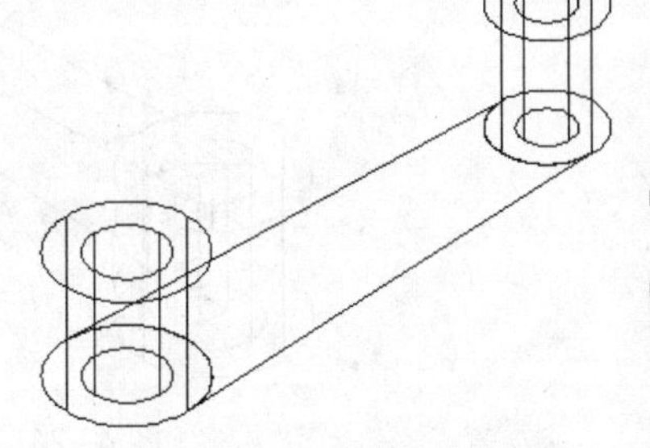

图4–20　拉伸圆

11 再次单击“建模”工具栏中的“拉伸”按钮，拉伸中间的面，拉伸高度为6，如图4–21所示。

12 单击“修改”工具栏中的“移动”按钮，将拉伸高度为6的实体沿X轴极轴向上移动3.5，如图4–22所示。

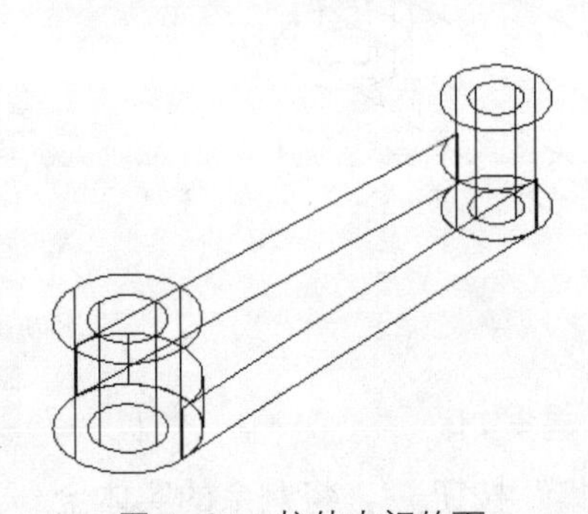

图4–21　拉伸中间的面

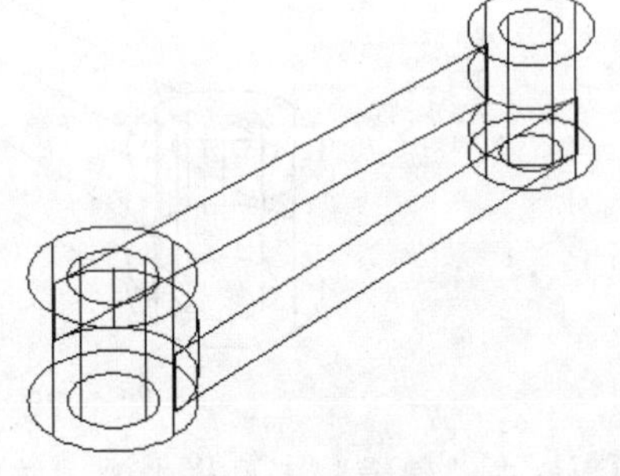

图4–22　移动实体

13 单击“建模”工具栏中的“长方体”按钮，绘制一个长为5.5、宽为3、高为13的长方体，如图4–23所示。

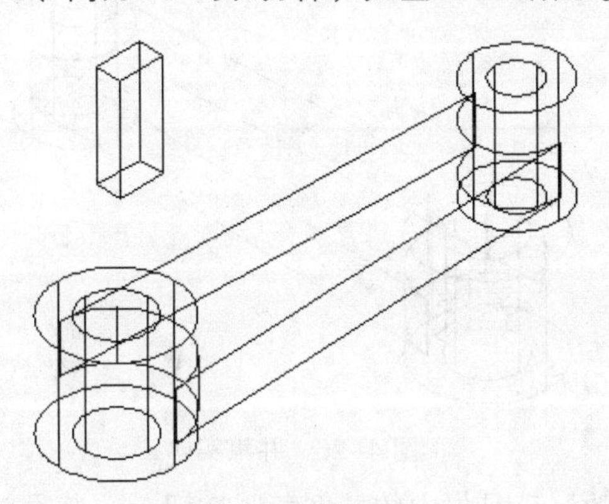

图4–23　绘制长方体

2. 自由动态观察

自由动态观察不参照平面，在任意方向上进行动态观察。在沿XY平面和Z轴进行动态观察时，视点不受约束。

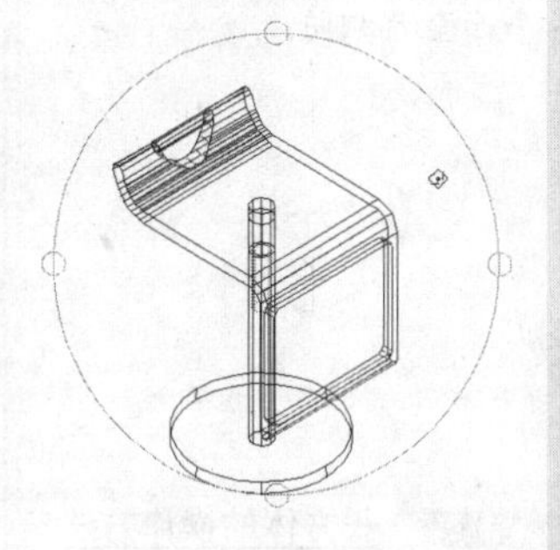

3. 连续动态观察

在要使连续动态观察移动的方向上单击并拖动，然后释放鼠标按钮，轨道会沿该方向继续移动。

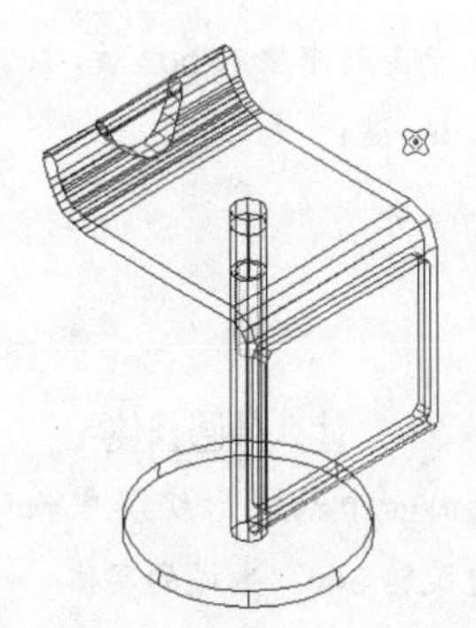

重点提示　自由动态观察技巧

在自由动态观察模式下，会出现一个大圆，大圆的四周各有一个小圆。大圆球的中心称为目标点，被观察的目标保持静止不动，而视点可以绕目标点在三维空间转动。

相关知识 什么是长方体

由6个长方形围成的实体图形称为长方体，长方体的任意一个面都与对应的面相同。正方体是特殊的长方体，它的6个面全都相同。

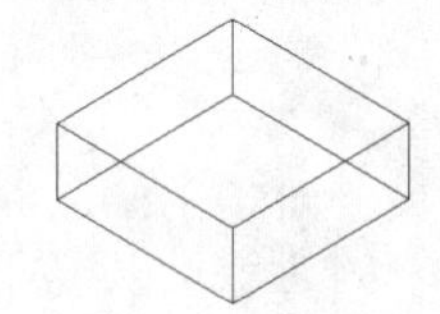

操作技巧 长方体的操作方法

可以通过以下3种方法来执行“长方体”功能：

- 选择“绘图”→“建模”→“长方体”命令。
- 单击“建模”工具栏中的“长方体”按钮。
- 在命令行中输入box后，按Enter键。

相关知识 什么是圆柱体

由一个长方形绕其中一棱边旋转360° 生成的实体，或者由一个圆垂直拉伸成的实体都称为圆柱体。

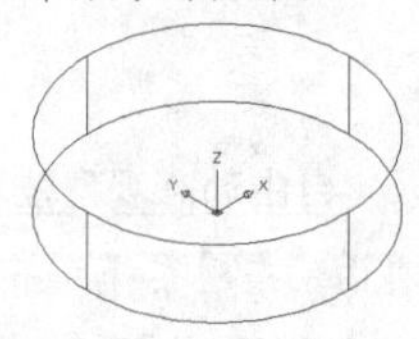

操作技巧 圆柱体的操作方法

可以通过以下3种方法来执行“圆柱体”功能：

14 单击“修改”工具栏中的“移动”按钮，将长方体移动到图形中，如图4–24所示。

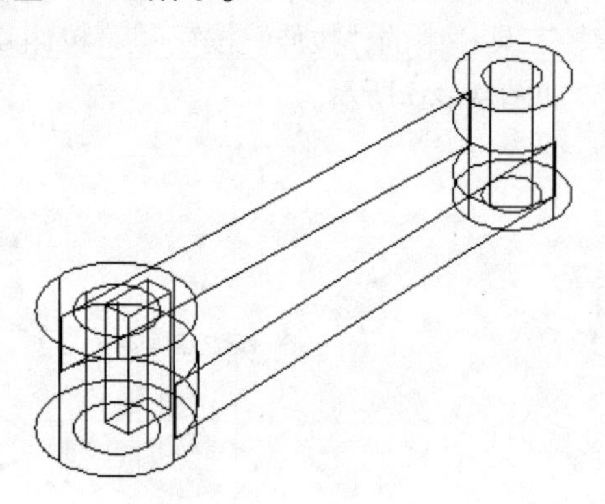

图4–24 移动长方体

15 单击“建模”工具栏中的“差集”按钮，将两个大圆柱体中的小实体减去，如图4–25所示。

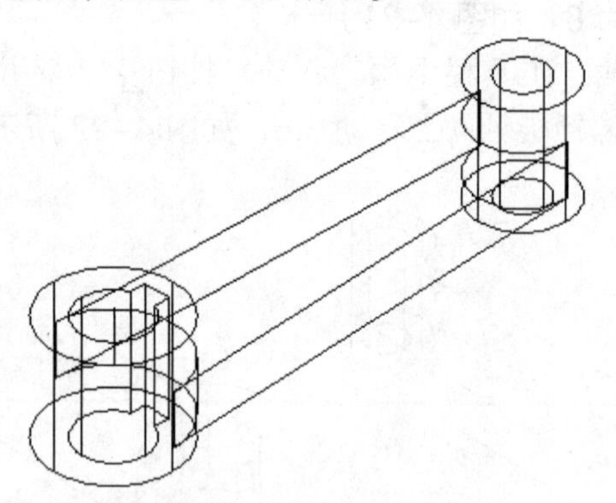

图4–25 差集实体

16 单击“建模”工具栏中的“并集”按钮，将剩余的实体全部相加，如图4–26所示。

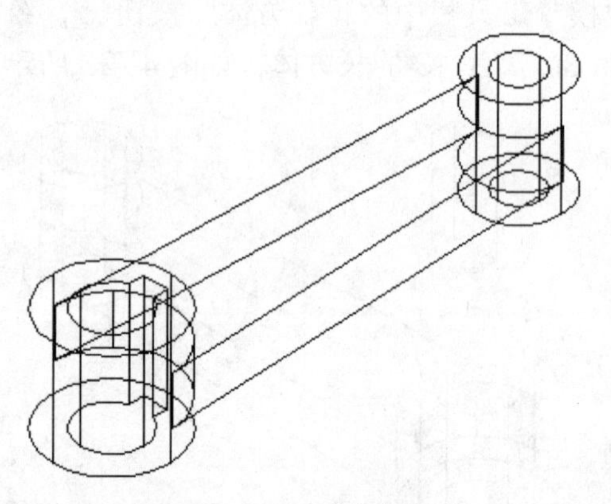

图4–26 并集实体

17 单击“修改”工具栏中的“倒角”按钮，将两边内孔径的边缘倒直角，倒角距离分别为0.5、0.5，如图4–27所示。

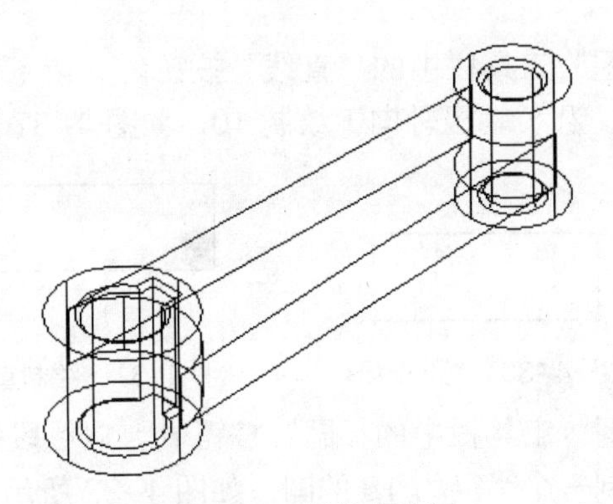

图 4-27 倒角内孔径

18 选择"视图"菜单中的"消隐"命令，调整图形的视觉效果，如图 4-28 所示。

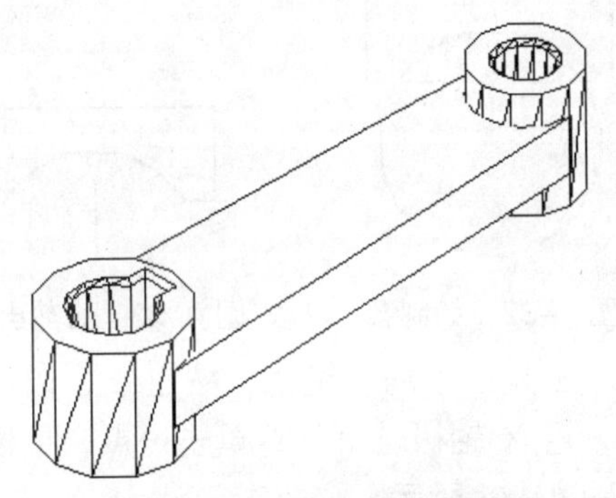

图 4-28 消隐样式观察图形

实例 4-3 绘制轴承

本实例将绘制一个轴承，其主要功能包含直线、矩形、圆、旋转成实体、球体、三维阵列等。实例效果如图 4-29 所示。

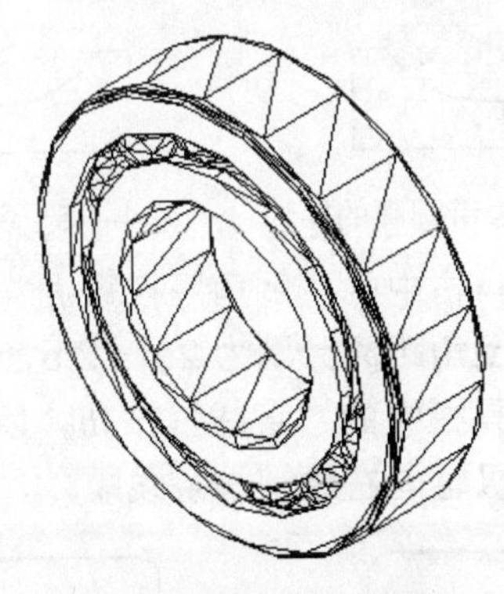

图 4-29 轴承效果图

操作步骤

1 单击"绘图"工具栏中的"矩形"按钮，绘制长为 40、宽为 15 的矩形，如图 4-30 所示。

- 选择"绘图"→"建模"→"圆柱体"命令。
- 单击"建模"工具栏中的"圆柱体"按钮。
- 在命令行中输入 cylinder 后，按 Enter 键。

实例 4-3 说明

知识点：

- 直线
- 矩形
- 圆
- 旋转成实体
- 球体
- 三维阵列

视频教程：

光盘\教学\第 4 章 机械实体建模

效果文件：

光盘\素材和效果\04\效果\4-3.dwg

实例演示：

光盘\实例\第 4 章\绘制轴承

重点提示 设置 isolines 系统变量

isolines 是系统变量，用于设置实体网线的密度，数值越大，网格线密度越大，显示结果越逼真，但同时占用的系统资源也越多，系统的运行速度也会越慢。

改变 isolines 参数为 20:

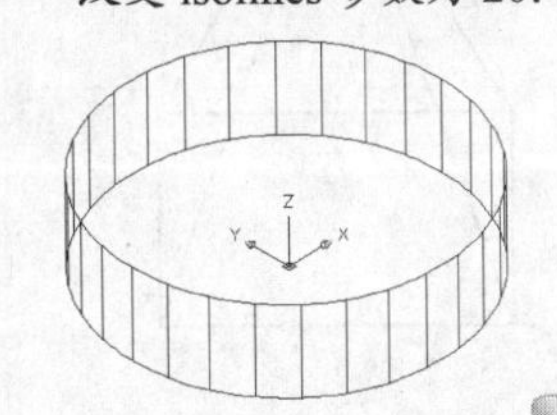

相关知识 **什么是楔体**

先绘制一个长方形，然后指定单边的垂直拉伸高度，生成的倾斜实体称为楔体。

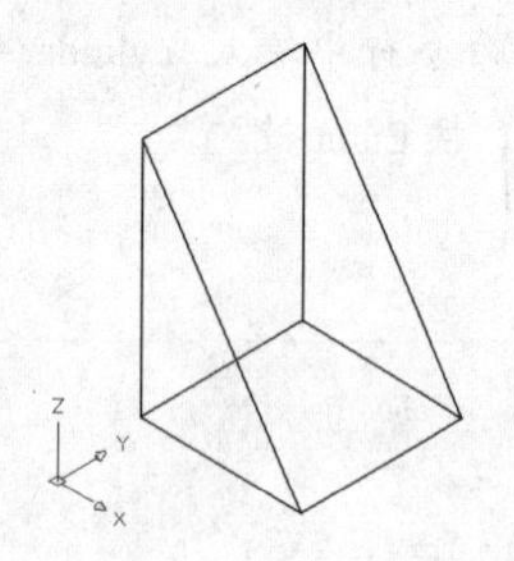

操作技巧 **楔体的操作方法**

可以通过以下3种方法来执行“楔体”功能：

- 选择“绘图”→“建模”→“楔体”命令。
- 单击“建模”工具栏中的“楔体”按钮。
- 在命令行中输入 wedge 后，按 Enter 键。

相关知识 **什么是棱锥体**

由一个正方形为底面，其余4个侧面均为三角形，4条棱边均长，且有一个公共顶点的实体称为棱锥体。

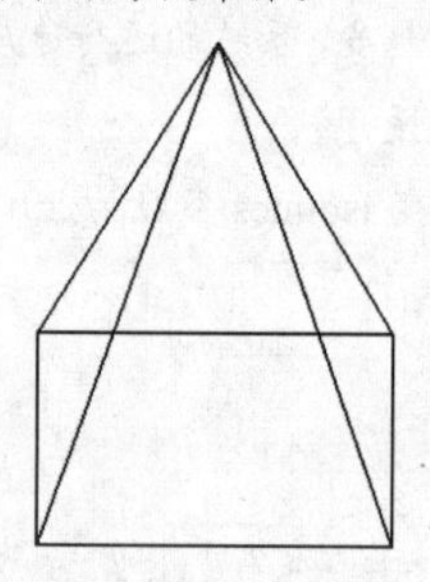

2 单击“绘图”工具栏中的“直线”按钮，以下面长边的中点为起点，沿Y轴极轴向下绘制10，如图4-31所示。

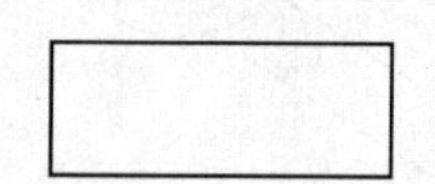

图4-30 绘制矩形

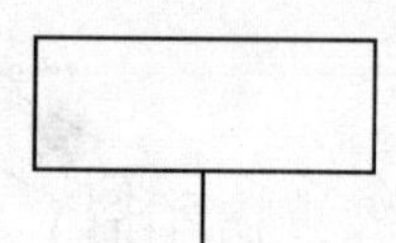

图4-31 绘制直线

3 单击“绘图”工具栏中的“圆”按钮，以线段的下端点为圆心，绘制一个半径为18的圆，如图4-32所示。

4 单击“修改”工具栏中的“修剪”按钮，在矩形上修剪出圆弧，如图4-33所示。

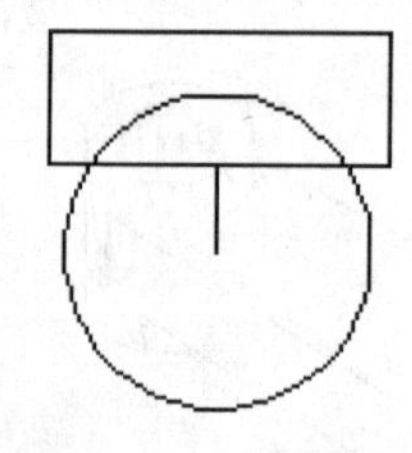

图4-32 绘制圆

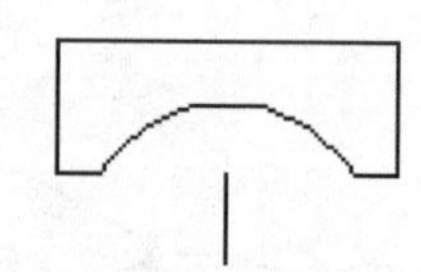

图4-33 修剪出圆弧

5 单击“修改”工具栏中的“镜像”按钮，以线段的中点为镜像线起点，沿X轴极轴上任意单击一点，镜像复制带圆弧的矩形，如图4-34所示。

6 单击“修改”工具栏中的“圆角”按钮，对上边矩形的上两个直角倒圆角，圆角半径为3，如图4-35所示。

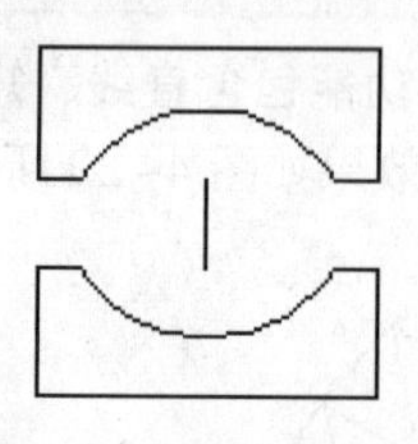

图4-34 镜像带圆弧的矩形

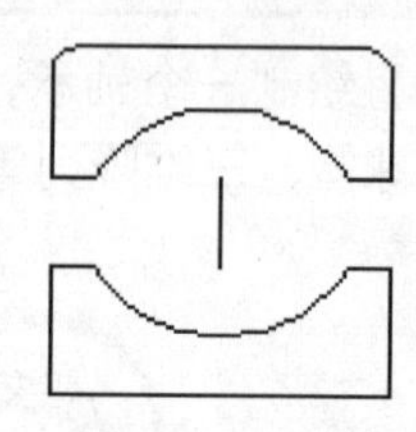

图4-35 倒圆角图形

7 单击“修改”工具栏中的“倒角”按钮，对下边矩形的下两个直角倒角，倒角距离分别为2.5、2.5，如图4-36所示。

8 单击“绘图”工具栏中的“直线”按钮，以中间线段的中点为起点，沿X轴极轴向右绘制一条线段，如图4-37所示。

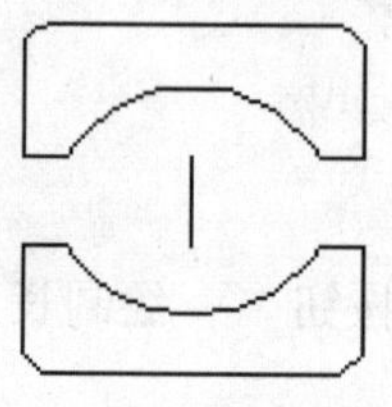

图4-36 倒角图形

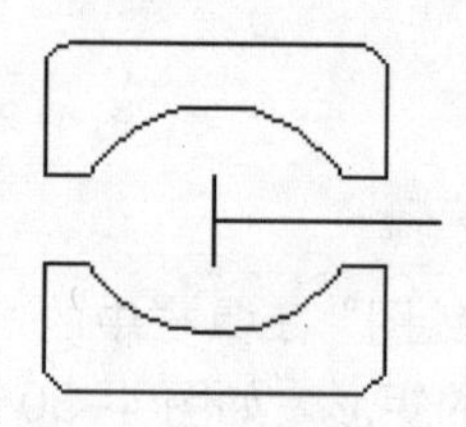

图4-37 绘制线段

9 单击“修改”工具栏中的“偏移”按钮，偏移上一步绘制的线段，向下偏移60，如图4-38所示。

10 单击“绘图”工具栏中的“面域”按钮，框选所有线段，创建出两个面，如图4-39所示。

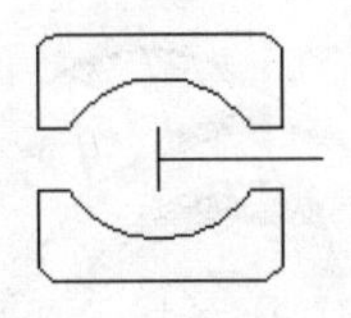

图4-38　偏移线段

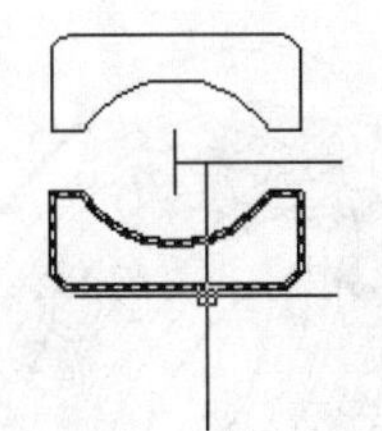

图4-39　创建出两个面

11 选择“视图”菜单中“三维视图”子菜单中的“东北等轴测”命令，将二维视图切换成三维视图，如图4-40所示。

12 单击“建模”工具栏中的“旋转”按钮，将两个面以图形外线段为轴旋转成实体，如图4-41所示。

图4-40　切换成三维视图

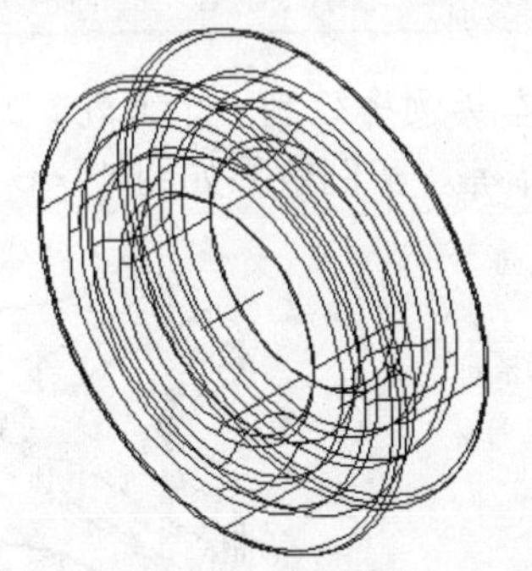

图4-41　旋转成实体

13 单击“建模”工具栏中的“球体”按钮，以短线的中点为球心，绘制一个半径为13的球体，如图4-42所示。

14 选择“修改”菜单中“三维操作”子菜单中的“三维阵列”命令，三维旋转阵列球体，如图4-43所示。

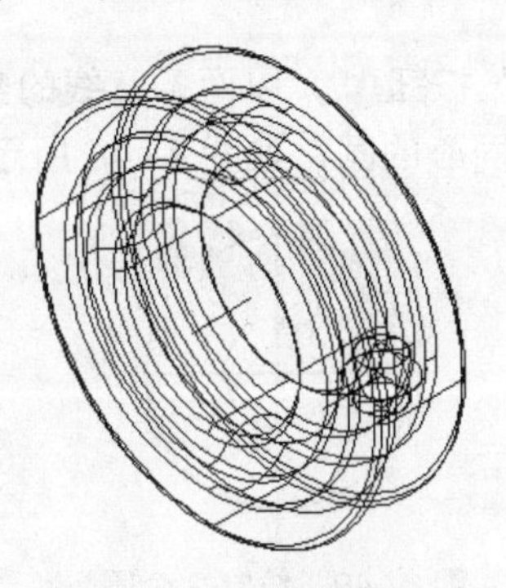

图4-42　绘制球体

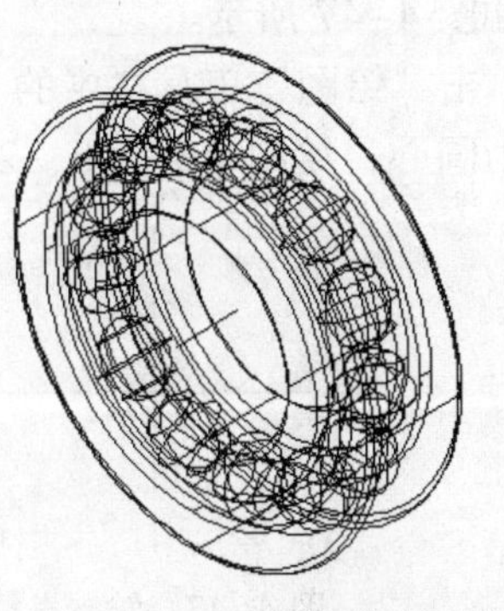

图4-43　三维旋转阵列球体

操作技巧　棱锥体的操作方法

可以通过以下3种方法来执行“棱锥体”功能：

- 选择“绘图”→“建模”→“棱锥体”命令。
- 单击“建模”工具栏中的“棱锥体”按钮。
- 在命令行中输入pyramid后，按Enter键。

相关知识　什么是圆锥体

圆锥体是由一个直角三角形，沿一条直接边旋转360°生成的实体称为圆锥体。

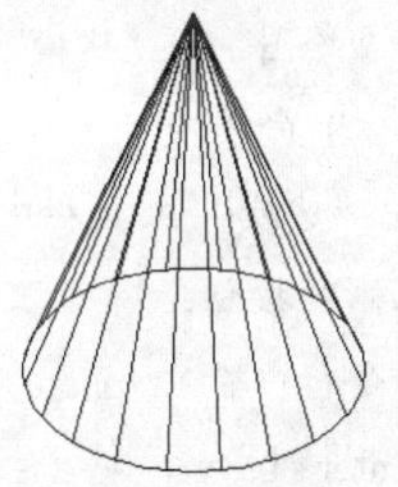

操作技巧　圆锥体的操作方法

可以通过以下3种方法来执行“圆锥体”功能：

- 选择“绘图”→“建模”→“圆锥体”命令。
- 单击“建模”工具栏中的“圆锥体”按钮。
- 在命令行中输入cone后，按Enter键。

相关知识　什么是球体

由一个圆，沿过圆心的直

线为轴，旋转360°生成的实体称为球体。它表面的所有点到中心点的距离都相等。球表面为一个曲面，也称为球面。

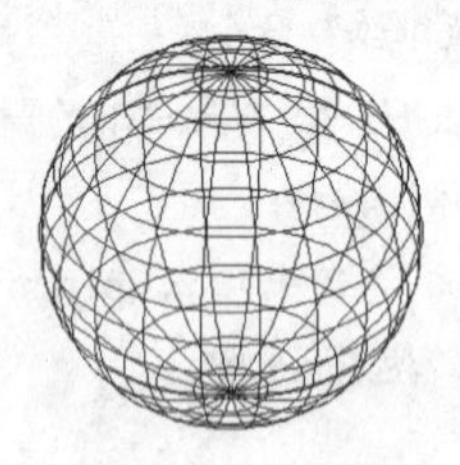

操作技巧 球体的操作方法

可以通过以下3种方法来执行“球体”功能：

- 选择“绘图”→“建模”→“球体”命令。
- 单击“建模”工具栏中的“球体”按钮。
- 在命令行中输入 sphere 后，按 Enter 键。

实例 4-4 说明

- 知识点：
  - 直线
  - 圆
  - 拉伸成实体
- 视频教程：
  光盘\教学\第4章 机械实体建模
- 效果文件：
  光盘\素材和效果\04\效果\4-4.dwg
- 实例演示：
  光盘\实例\第4章\绘制叉轮

15 单击“修改”工具栏中的“删除”按钮，删除多余的辅助线段，如图4-44所示。

16 选择“视图”菜单中的“消隐”命令，调整图形的视觉效果，如图4-45所示。

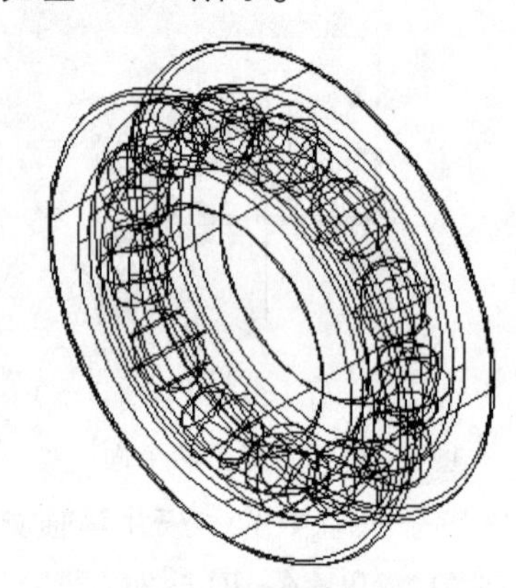

图4-44 删除多余的线段

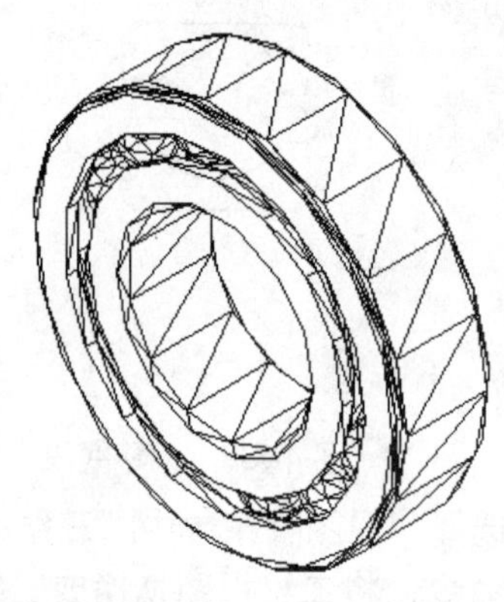

图4-45 消隐样式观察图形

实例 4-4 绘制叉轮

本实例将绘制一个叉轮，其主要功能包含直线、圆、拉伸成实体等。实例效果如图4-46所示。

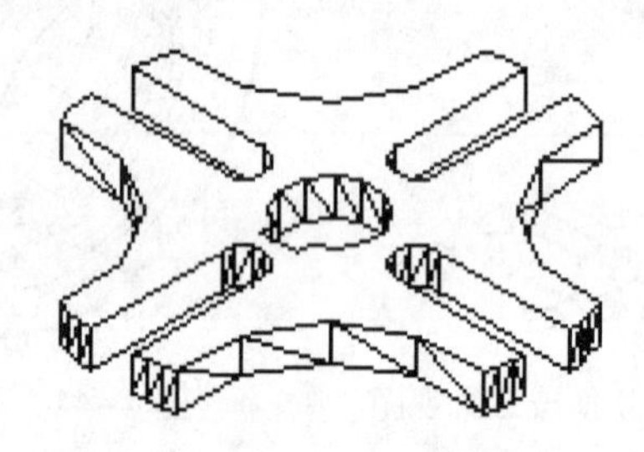

图4-46 叉轮效果图

操作步骤

1 单击“绘图”工具栏中的“直线”按钮，绘制两条直线，如图4-47所示。

2 单击“绘图”工具栏中的“圆”按钮，以两条直线的交点为圆心，绘制半径为5、2、1同心的圆，如图4-48所示。

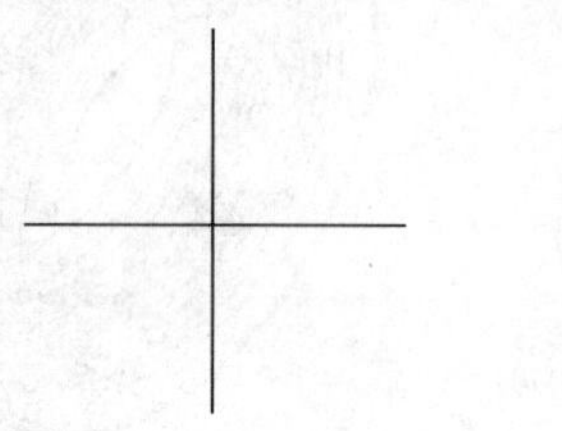

图4-47 绘制直线

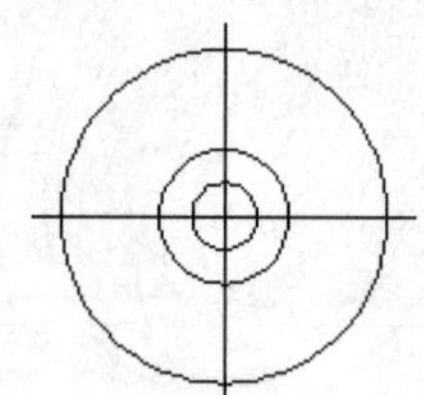

图4-48 绘制3个圆

3 再次单击“绘图”工具栏中的“圆”按钮，以中圆与直线的交点为圆心，绘制一个半径为0.5的圆，如图4-49所示。

4 单击“修改”工具栏中的“偏移”按钮，将垂直直线向左、右两边各偏移0.5，如图4-50所示。

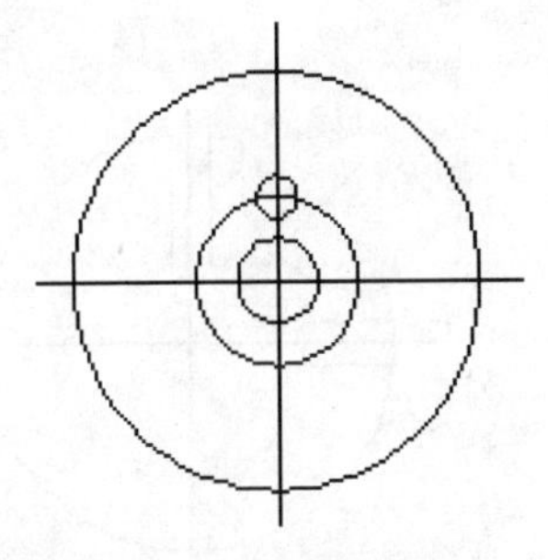

图4-49 绘制圆

图4-50 偏移垂直直线

5 单击“修改”工具栏中的“修剪”按钮和“删除”按钮，修剪和删除图形中多余的线段，如图4-51所示。

6 单击“修改”工具栏中的“旋转”按钮，旋转复制修剪后的图形，旋转角度为90°，如图4-52所示。

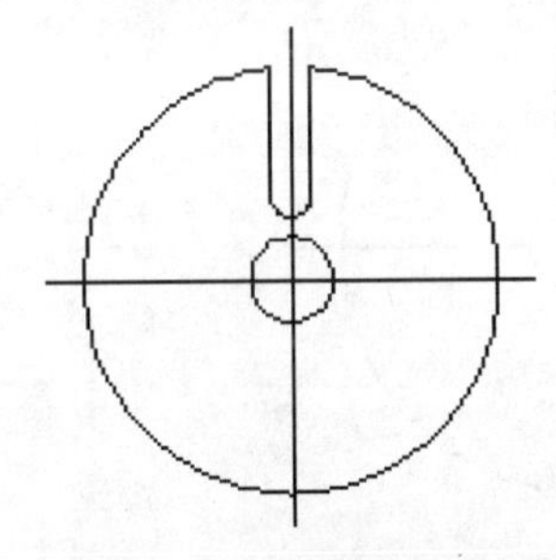

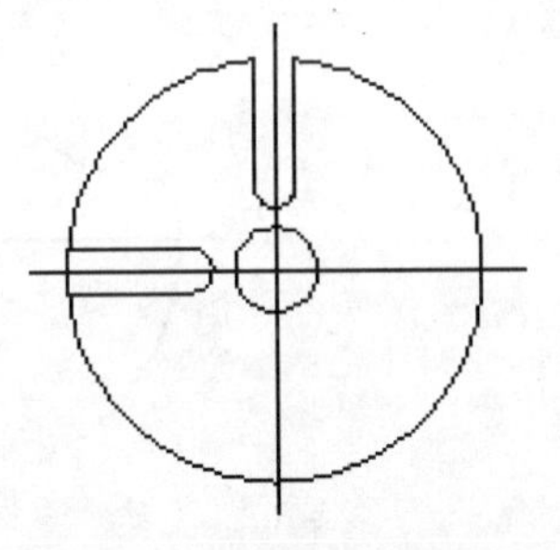

图4-51 修剪和删除多余的线段 图4-52 旋转复制图形

7 将鼠标移动到状态栏的“极轴追踪”按钮上，单击鼠标右键，在弹出的快捷菜单中选择“45”选项，如图4-53所示。

8 单击“绘图”工具栏中的“直线”按钮，以线段的交点为起点，向左上45°极轴绘制一条长为6的线段，如图4-54所示。

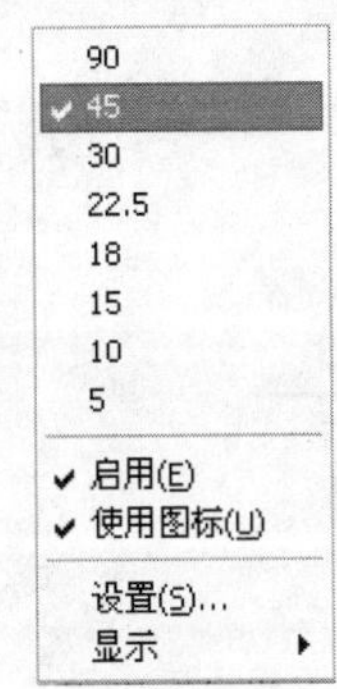

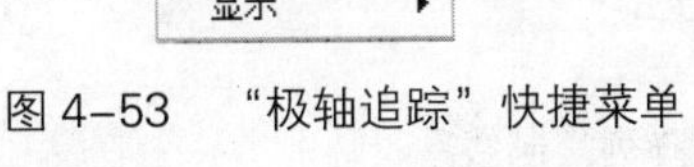

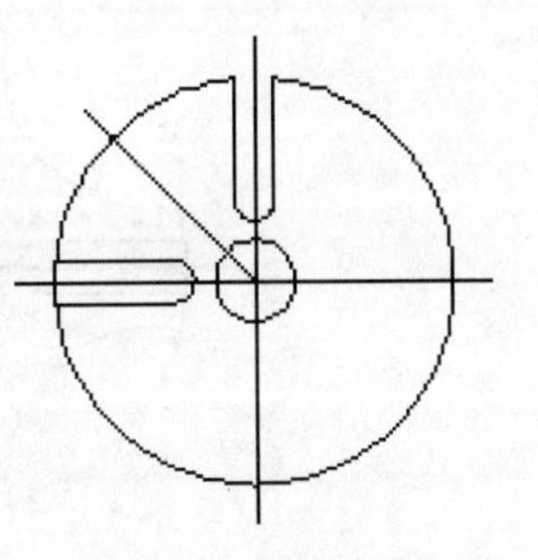

图4-53 “极轴追踪”快捷菜单 图4-54 绘制线段

相关知识 什么是圆环体

由一个圆，沿过圆心外不与圆相交的直线为轴，旋转360°生成的实体称为圆环体。

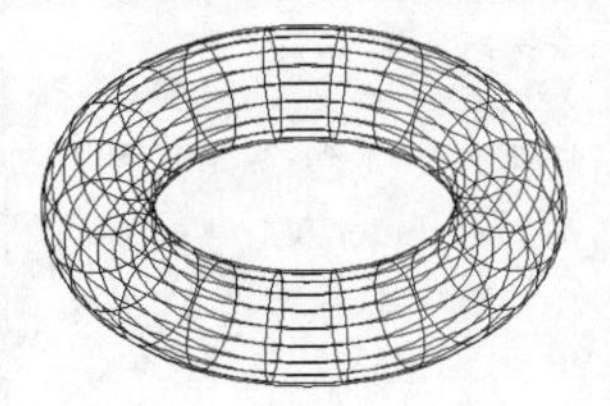

操作技巧 圆环体的操作方法

可以通过以下3种方法来执行“圆环体”功能：

- 选择“绘图”→“建模”→“圆环体”命令。
- 单击“建模”工具栏中的“圆环体”按钮。
- 在命令行中输入torus后，按Enter键。

相关知识 什么是多段体

默认情况下，多段体始终带有一个矩形轮廓，多用于创建墙。可以直接绘制出实体，还可以从现有的直线、二维多段线、圆弧或圆来创建多段体。

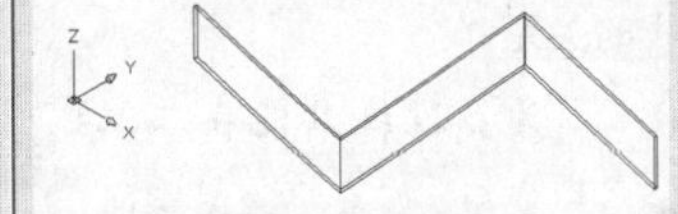

操作技巧 多段体的操作方法

可以通过以下3种方法来执行“多段体”功能：

- 选择“绘图”→“建模”→“多段体”命令。
- 单击“建模”工具栏中的“多段体”按钮。
- 在命令行中输入 polysolid 后，按 Enter 键。

相关知识 什么是三维多段线

三维多段线是指在三维绘图时用的多段线样式。

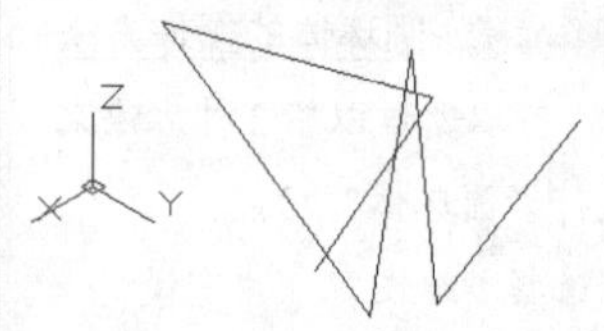

操作技巧 三维多段线的操作方法

可以通过以下两种方法来执行“三维多段线”操作：

- 选择“绘图”→“三维多段线”命令。
- 在命令行中输入 3dpoly 后，按 Enter 键。

重点提示 三维多段线与多段线的关系

因为多段线只能在二维绘图中使用，如果将绘图空间切换成三维绘图，则多段线只能绘制 XY 平面上的图形，所以三维多段线与多段线是不同的。但是三维多段线在二维绘图中，与多段线功能相同。

9 单击“绘图”工具栏中的“圆”按钮，以线段的左上端点为圆心，绘制一个半径为 3 的圆，如图 4-55 所示。

10 单击“修改”工具栏中的“修剪”按钮，在圆上修剪出一段圆弧，如图 4-56 所示。

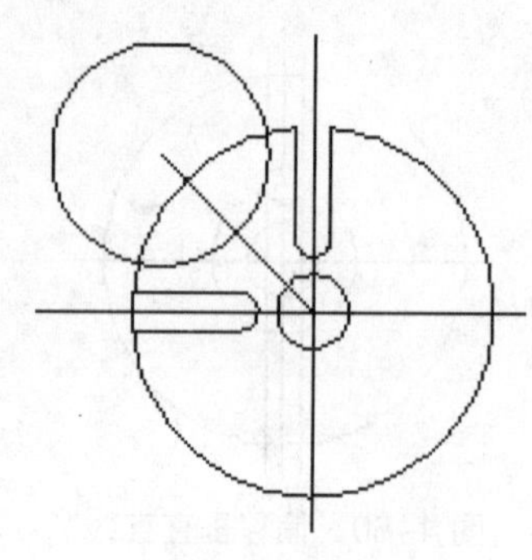

图 4-55 绘制圆

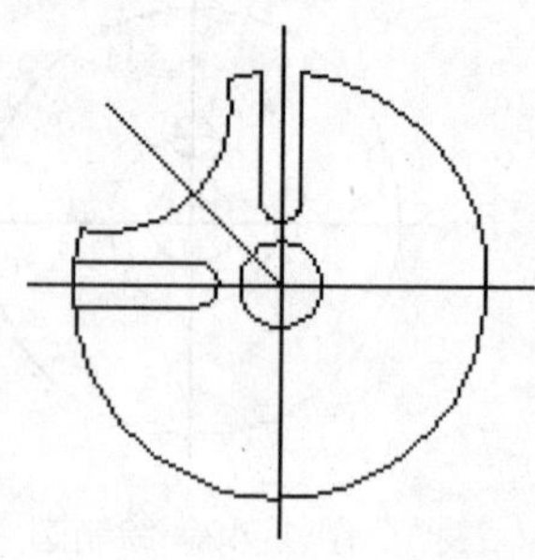

图 4-56 修剪出圆弧

11 单击“修改”工具栏中的“删除”按钮，删除斜线段和旋转复制的线段，如图 4-57 所示。

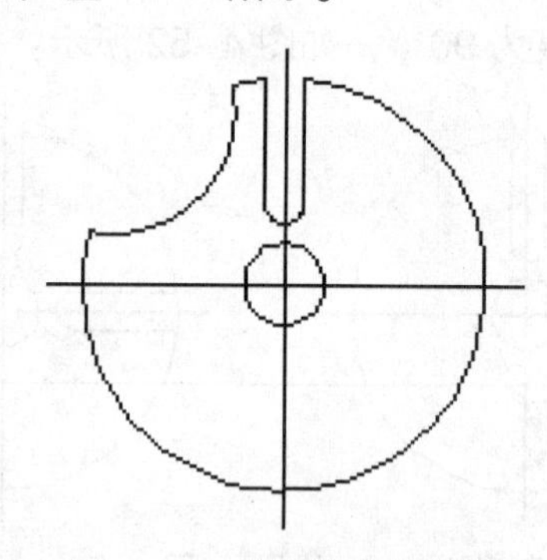

图 4-57 删除多余的线段

12 单击“修改”工具栏中“矩形阵列”下拉按钮中的“环形阵列”按钮，以两条直线的交点为中心点，环形阵列复制除直线、大圆以外的其他线段，复制项目总数为 4，如图 4-58 所示。

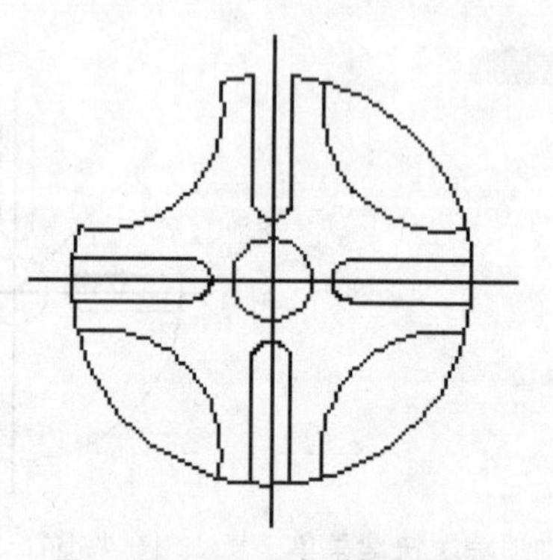

图 4-58 环形阵列复制线段

13 单击“修改”工具栏中的“修剪”按钮，修剪图形中多余的线段，如图 4–59 所示。

14 单击“修改”工具栏中的“偏移”按钮，将水平直线向上、下各偏移 0.4，再将垂直直线向右偏移 1.2，如图 4–60 所示。

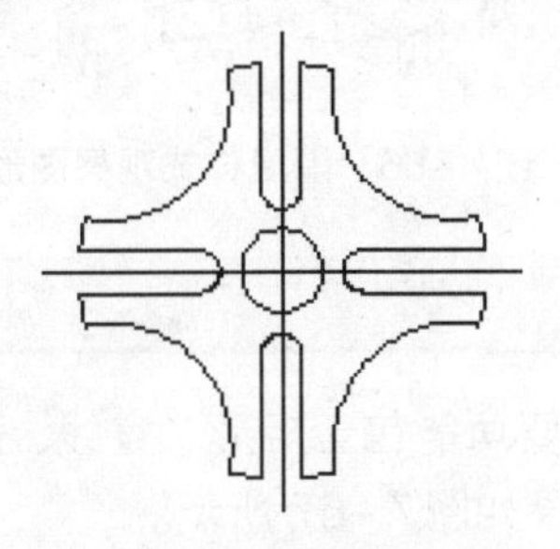
图 4–59　修剪多余的线段

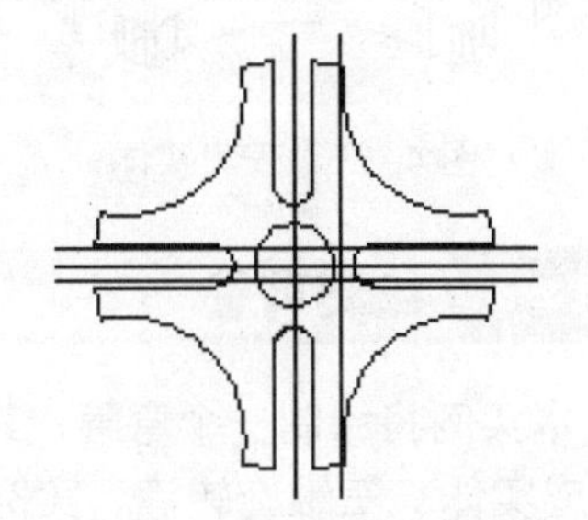
图 4–60　偏移直线

15 单击“修改”工具栏中的“修剪”按钮，修剪出开槽，如图 4–61 所示。

16 单击“绘图”工具栏中的“面域”按钮，将创建的图形创建成两个面，如图 4–62 所示。

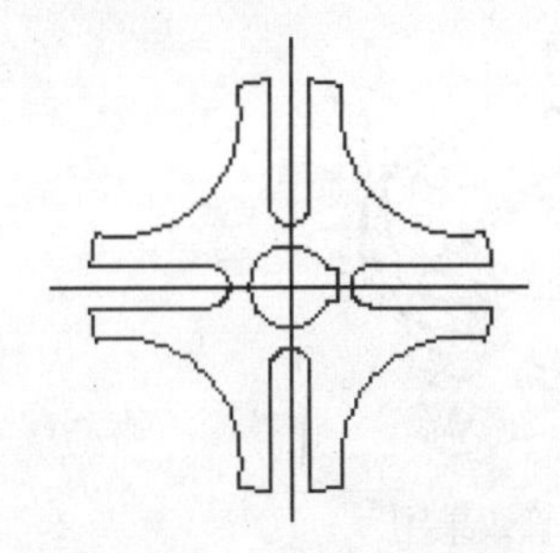
图 4–61　修剪出开槽

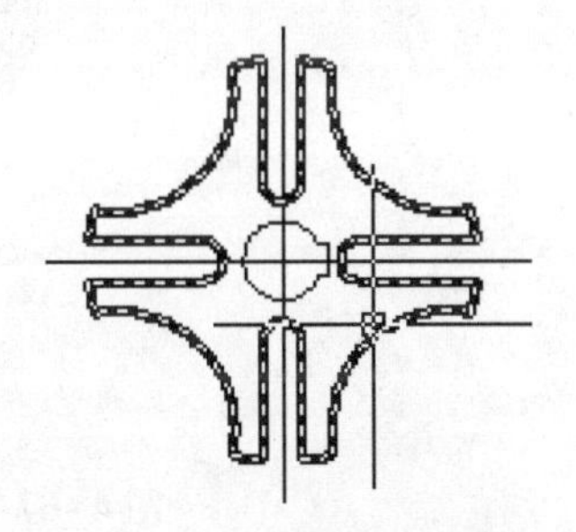
图 4–62　创建出两个面

17 选择“视图”菜单中“三维视图”子菜单中的“东北等轴测”命令，将二维视图切换成三维视图，如图 4–63 所示。

18 单击“建模”工具栏中的“拉伸”按钮，将创建的面向上拉伸，拉伸高度 0.8，如图 4–64 所示。

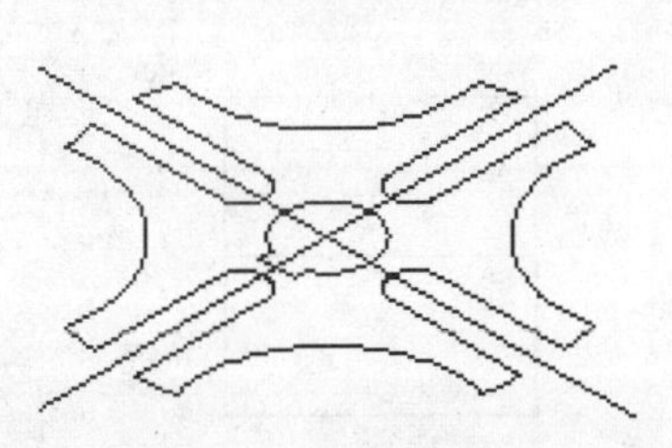
图 4–63　切换成三维视图

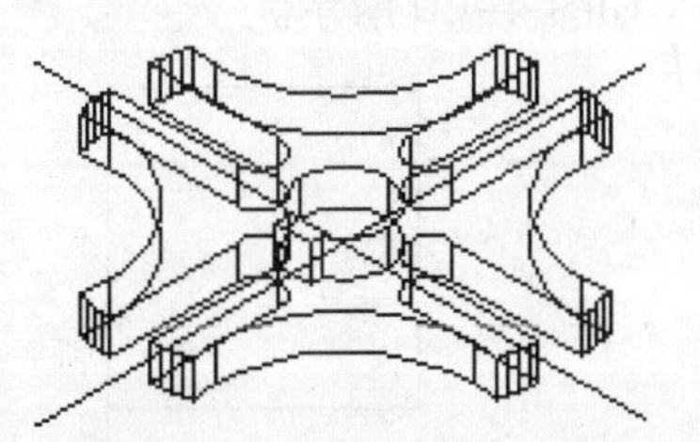
图 4–64　拉伸面成实体

19 单击“建模”工具栏中的“差集”按钮，将大实体减去小实体，并删除多余的直线，如图 4–65 所示。

20 选择“视图”菜单中的“消隐”命令，调整图形的视觉效果，如图 4–66 所示。

相关知识　什么是螺旋

螺旋就是开口的二维或三维螺旋。

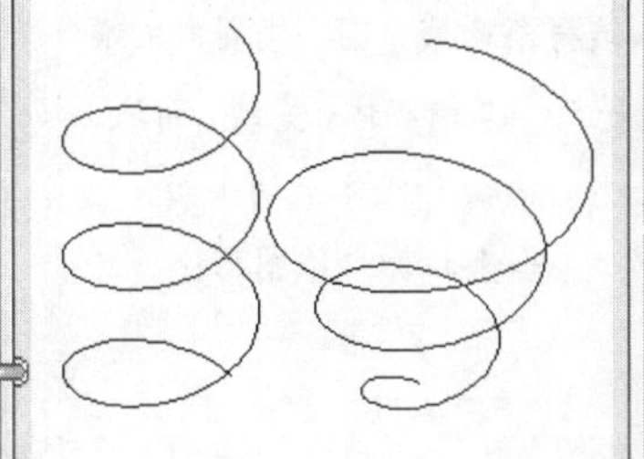

操作技巧　螺旋的操作方法

可以通过以下 3 种方法来执行“螺旋”操作：

- 选择“绘图”→“螺旋”命令。
- 单击“建模”工具栏中的“螺旋”按钮。
- 在命令行中输入 helix 后，按 Enter 键。

相关知识　二维图形生成三维实体

除了以上一些基本的绘制三维实体功能外，还可以应用二维图形转换为三维实体的功能创建实体。其功能包括拉伸、旋转、扫掠、放样 4 种。

相关知识　拉伸二维图形生成三维实体

在三维视图中，使用拉伸功能可以将二维图形拉伸成三维实体。在 AutoCAD 中，可以拉伸的对象包括直线、圆弧、椭圆弧、二维多段线、二维样条曲线、圆、椭圆、三维平面、二维实体、宽线、面域、平面曲面和实体上的平面。

垂直拉伸二维图形：

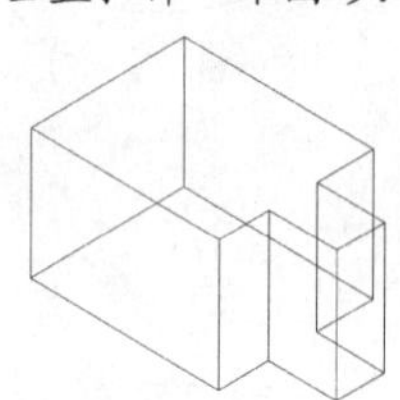

倾斜拉伸圆：

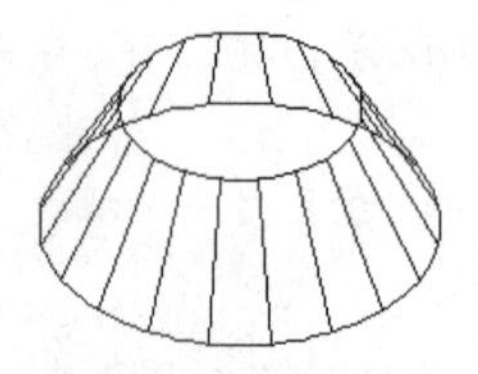

路径拉伸矩形：

实例 4-5 说明

- 知识点：
  - 矩形
  - 直线
  - 圆
  - 拉伸成实体
  - 三维旋转
- 视频教程：
  光盘\教学\第 4 章 机械实体建模
- 效果文件：
  光盘\素材和效果\04\效果\4-5.dwg
- 实例演示：
  光盘\实例\第 4 章\绘制弯管

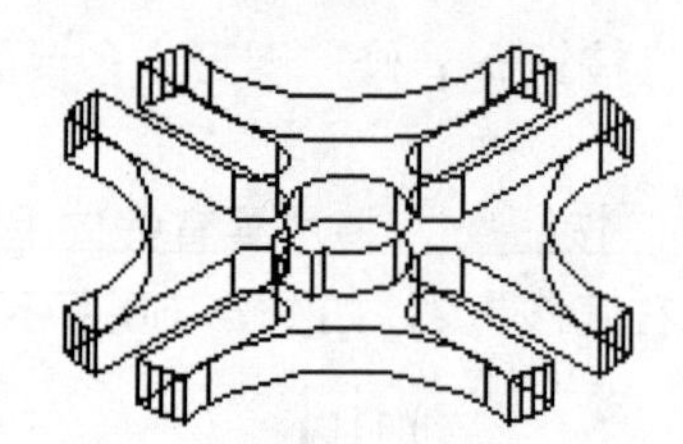

图 4-65　差集实体

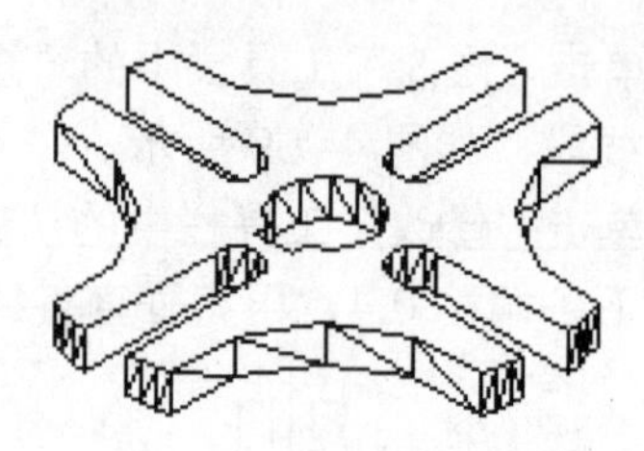

图 4-66　消隐样式观察图形

实例 4-5　绘制弯管

本实例将绘制一个弯管，其主要功能包含矩形、直线、圆、拉伸成实体、三维旋转等。实例效果如图 4-67 所示。

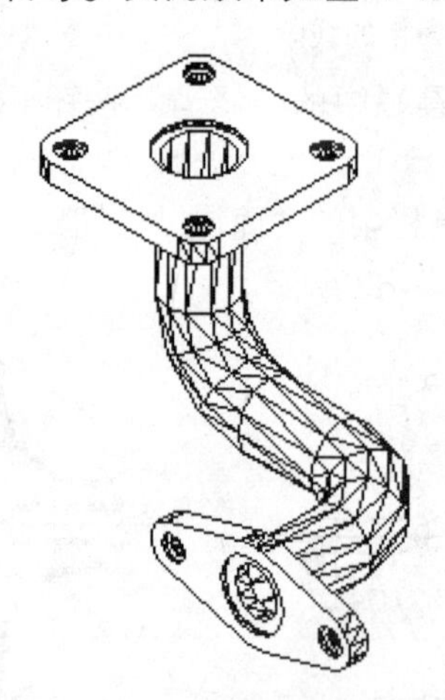

图 4-67　弯管效果图

操作步骤

1. 单击“绘图”工具栏中的“矩形”按钮，绘制一个长为 120、宽为 120 的矩形，如图 4-68 所示。
2. 单击“绘图”工具栏中的“直线”按钮，绘制一条辅助线，如图 4-69 所示。

图 4-68　绘制矩形

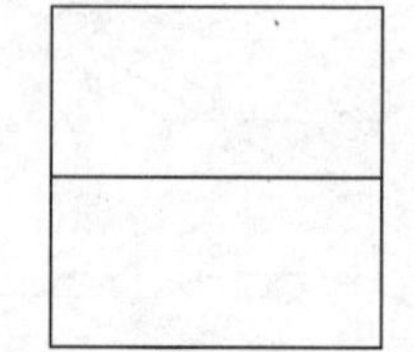

图 4-69　绘制辅助线

3. 单击“绘图”工具栏中的“圆”按钮，以辅助线段的中点为圆心，绘制半径为 20、25 的同心圆，如图 4-70 所示。
4. 单击“修改”工具栏中的“圆角”按钮，对矩形的 4 个直角倒圆角，圆角半径为 15，如图 4-71 所示。

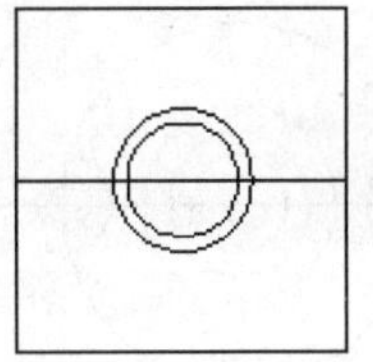

图 4-70　绘制圆

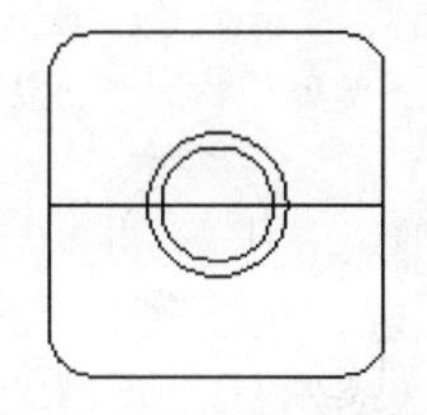

图 4-71　倒圆角图形

5 单击“绘图”工具栏中的“圆”按钮，以 4 个圆角的圆心为圆心，分别绘制 4 个半径为 5、8 的同心圆，如图 4-72 所示。

6 单击“修剪”工具栏中的“删除”按钮，删除辅助线，如图 4-73 所示。

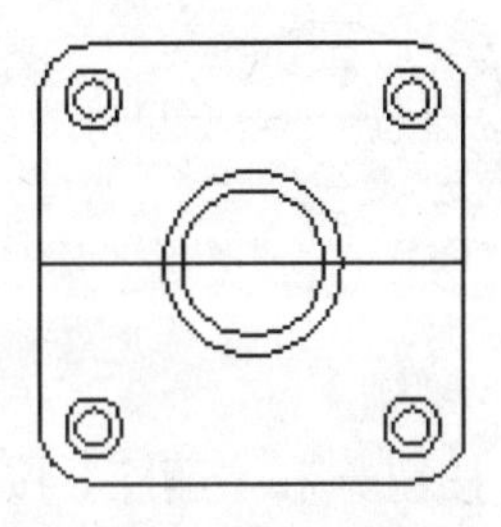

图 4-72　绘制圆

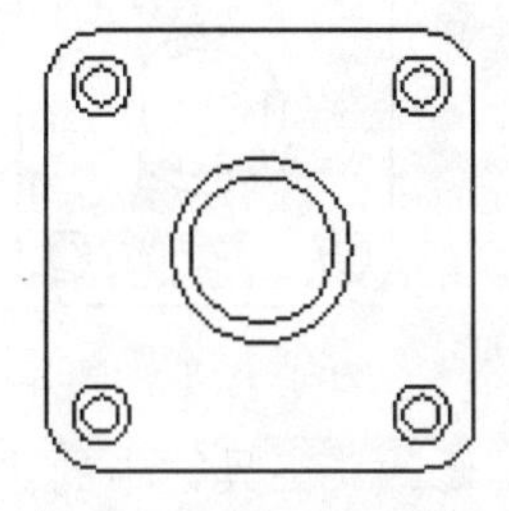

图 4-73　删除辅助线

7 单击“绘图”工具栏中的“直线”按钮，在图形外面绘制一条直线，如图 4-74 所示。

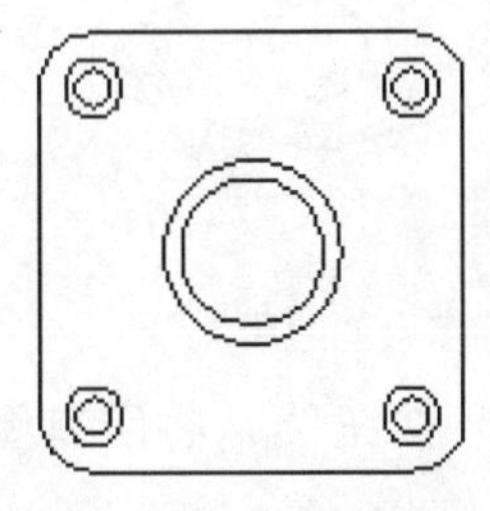

图 4-74　绘制一条直线

8 单击“绘图”工具栏中的“圆”按钮，以直线的中点为圆心，绘制半径为 15、22、30、55 的同心圆，如图 4-75 所示。

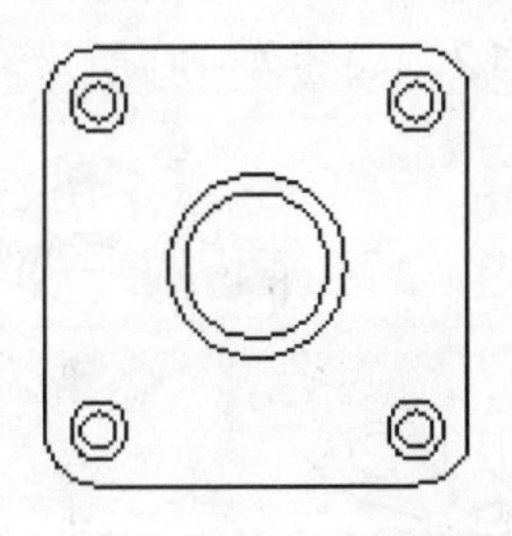

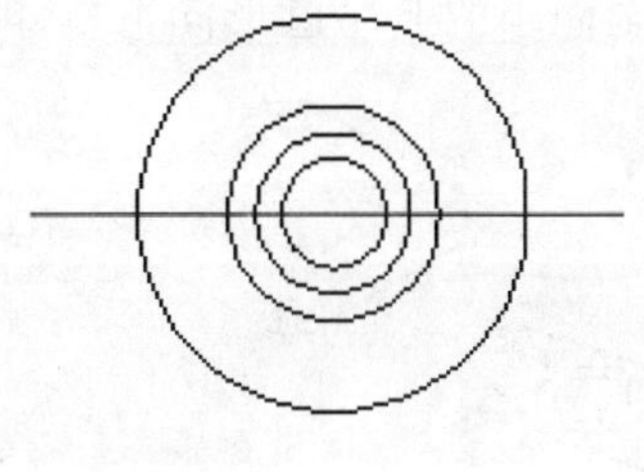

图 4-75　绘制同心圆

9 再次单击“绘图”工具栏中的“圆”按钮，以大圆与直线的交点为圆心，绘制半径为 15、8、5 的同心圆，如图 4-76 所示。

重点提示　拉伸注意事项

拉伸图形时需注意，用来拉伸成实体的二维图形必须是封闭的。

操作技巧　拉伸的操作方法

可以通过以下 3 种方法来执行“拉伸”功能：

- 选择“绘图”→“建模”→“拉伸”命令。
- 单击“建模”工具栏中的“拉伸”按钮。
- 在命令行中输入 extrude 后，按 Enter 键。

重点提示　倾斜拉伸注意事项

在拉伸对象时，如果拉伸高度或倾斜角度过大，将会导致拉伸对象或拉伸对象的一部分在还没有到达拉伸高度之前就已经会聚到一点，这类情况下就无法进行拉伸。

相关知识　旋转二维图形生成三维实体

使用旋转功能将二维对象绕某一轴旋转生成为实体。

可以旋转生成实体的二维对象有直线、圆弧、椭圆弧、二维多段线、二维样条曲线、圆、椭圆、三维平面、二维实体、宽线、面域和实体或曲面上的平面。

旋转前：

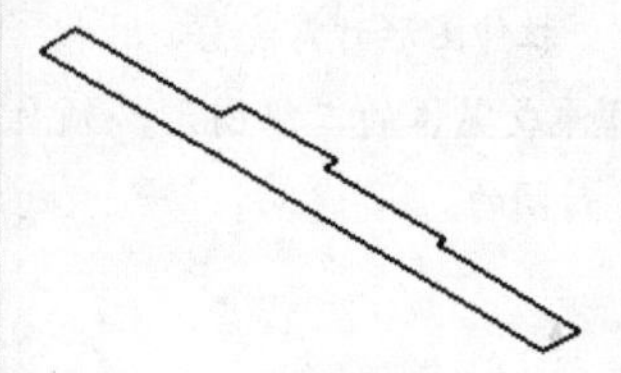

旋转后：

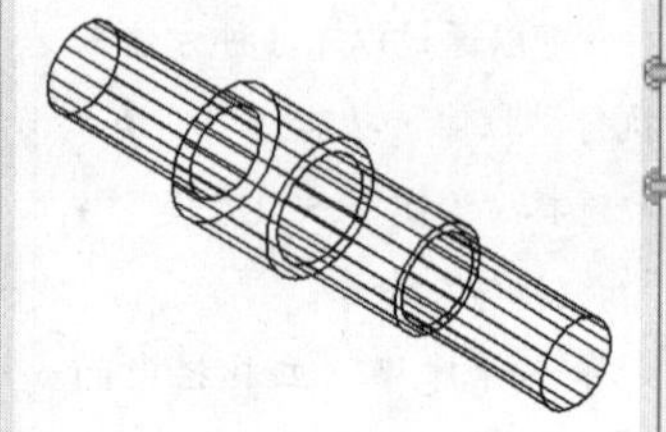

消隐样式观察图形：

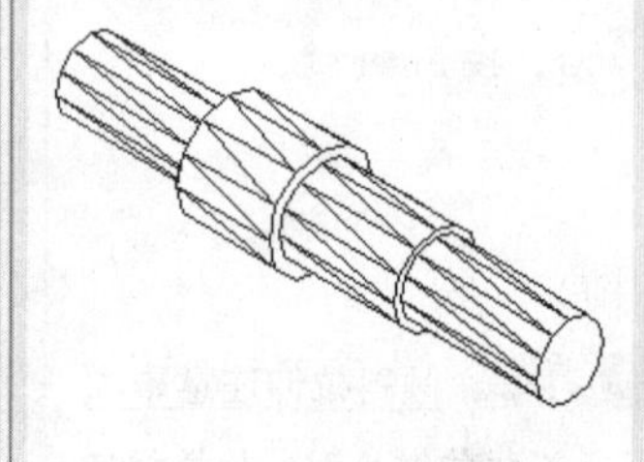

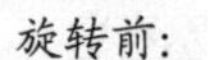

操作技巧 旋转的操作方法

可以通过以下3种方法来执行"旋转"功能：

- 选择"绘图"→"建模"→"旋转"命令。
- 单击"建模"工具栏中的"旋转"按钮。
- 在命令行中输入 revolve 后，按 Enter 键。

相关知识 扫掠二维图形生成三维实体

扫掠是通过沿开放或闭

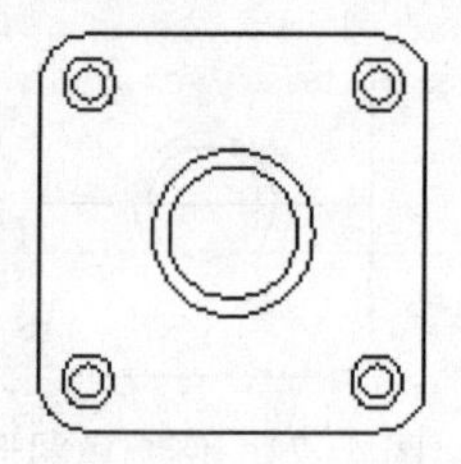

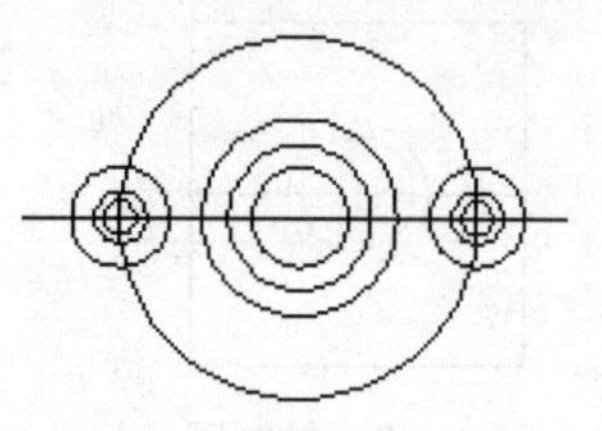

图 4-76 再次绘制圆

10 单击"绘图"工具栏中的"直线"按钮，绘制中间圆到两边大圆的切线，如图 4-77 所示。

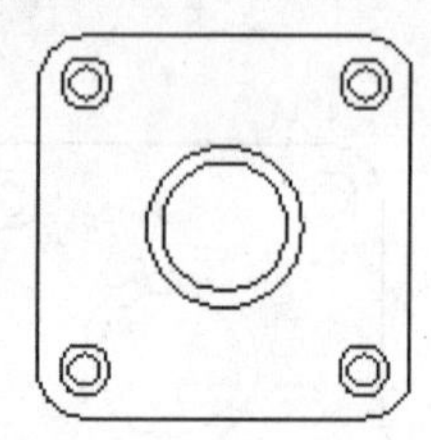

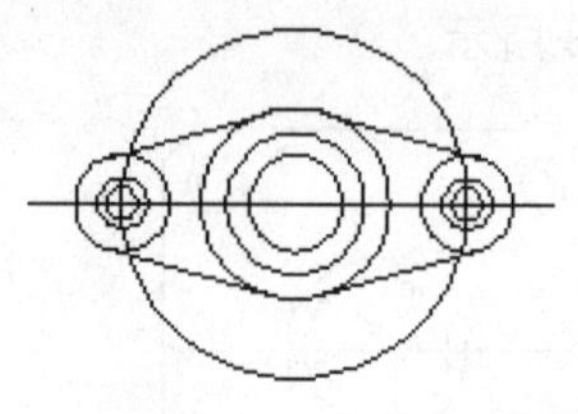

图 4-77 绘制切线

11 单击"修改"工具栏中的"修剪"按钮和"删除"按钮，修剪和删除图形中多余的线段，如图 4-78 所示。

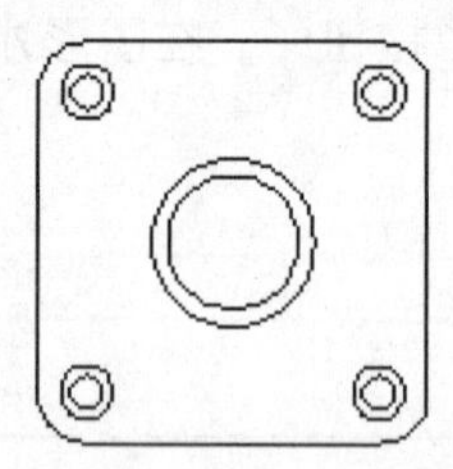

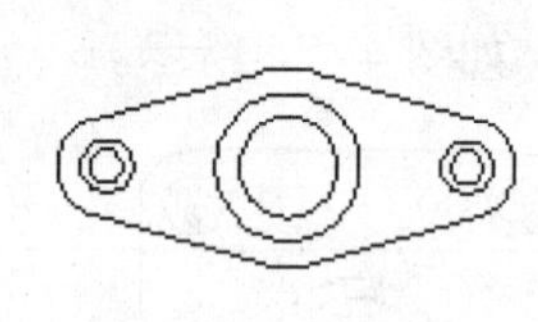

图 4-78 修剪和删除多余的线段

12 单击"绘图"工具栏中的"面域"按钮，将所有图形创建成面。

13 选择"视图"菜单中"三维视图"子菜单中的"东北等轴测"命令，将二维视图切换成三维视图，如图 4-79 所示。

14 单击"建模"工具栏中的"拉伸"按钮，将倒圆角的矩形面和里面小的 5 个圆形向下拉伸 12，如图 4-80 所示。

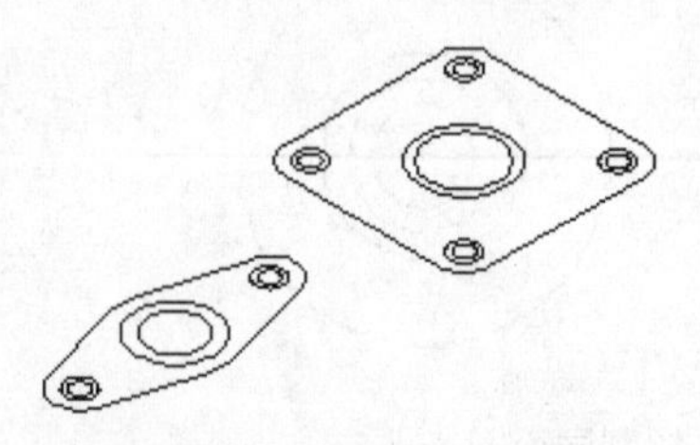

图 4-79 切换成三维视图

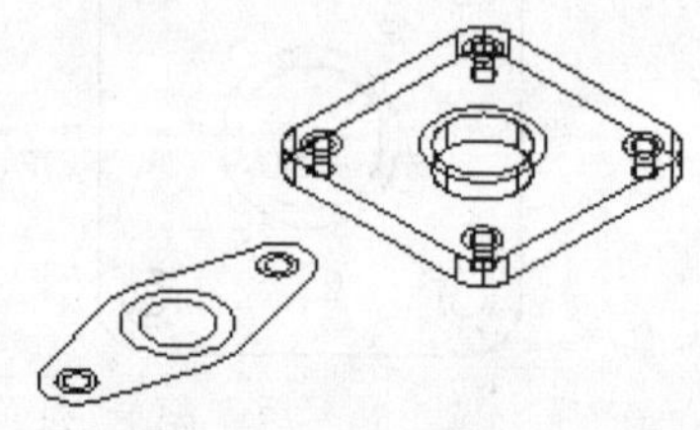

图 4-80 拉伸成实体

15 再次单击"建模"工具栏中的"拉伸"按钮，将剩余 4 个较大的圆向下拉伸 3，如图 4-81 所示。

16 用同样的方法拉伸另一组图形，拉伸高度分别为 12、3，如图 4-82 所示。

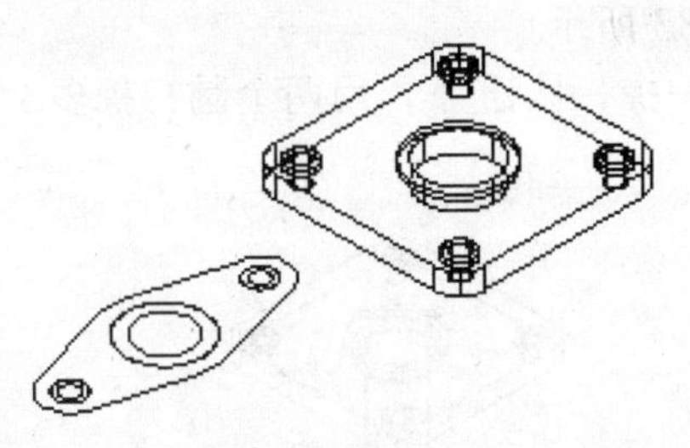

图 4-81　拉伸较大的圆

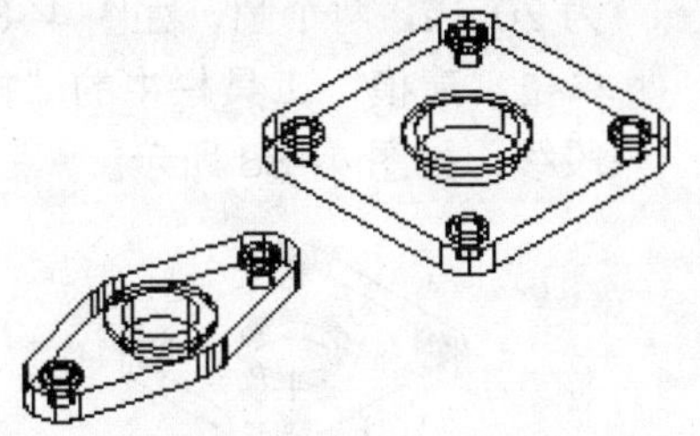

图 4-82　拉伸另一组图形

17 选择“绘图”菜单中的“三维多段线”命令，以实体中间圆柱体的底面圆心为起点，沿 Z 轴极轴向下绘制 120，再沿 Y 轴极轴向右下绘制 150，再沿 X 轴极轴向左下绘制 100，如图 4-83 所示。

18 单击“建模”工具栏中的“三维旋转”按钮，旋转后拉伸的一组实体如图 4-84 所示。

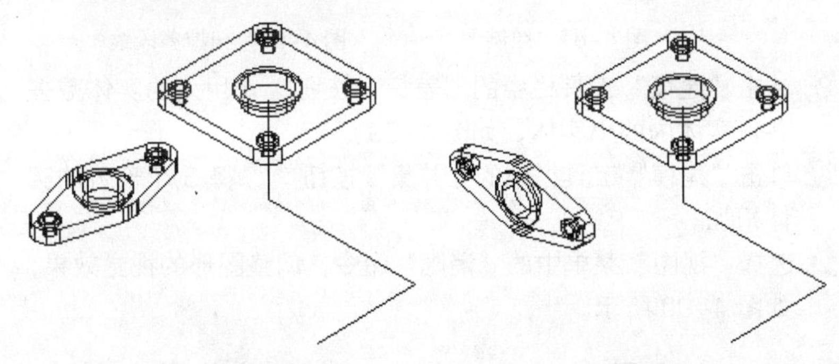

图 4-83　绘制三维多段线　　　图 4-84　三维旋转后拉伸的一组实体

19 单击“修改”工具栏中的“移动”按钮，将实体移动到多段线的另一头端点上，如图 4-85 所示。

20 单击“修改”工具栏中的“圆角”按钮，对多段线绘制出的直角进行倒圆角，圆角半径为 50，如图 4-86 所示。

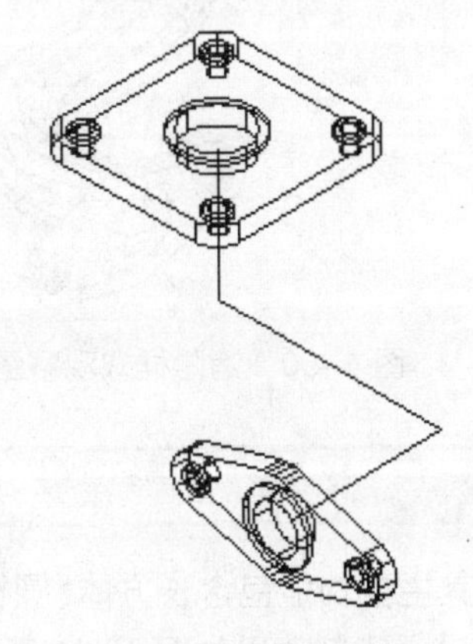

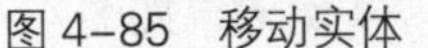

图 4-85　移动实体

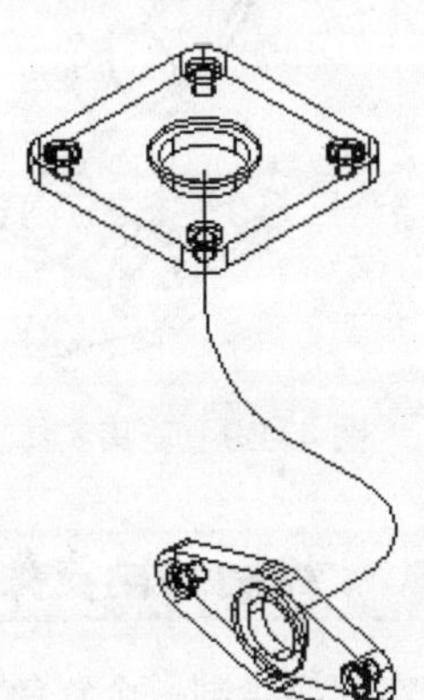

图 4-86　倒圆角多段线

合的二维或三维路径扫掠开放或闭合的平面曲线，来创建新实体或曲面。

扫掠前：

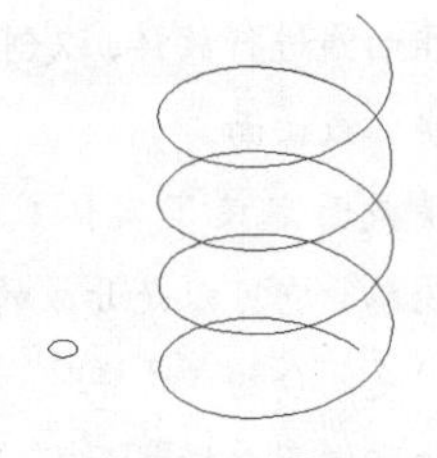

扫掠后：

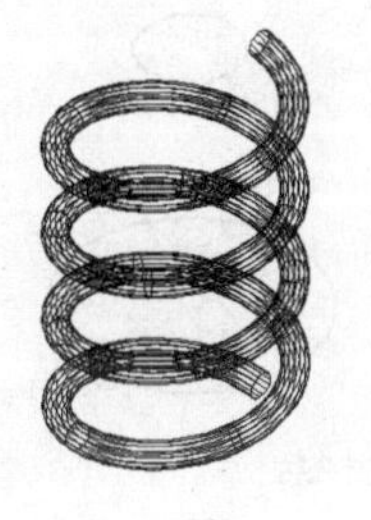

重点提示　扫掠注意事项

如果轮廓曲线不垂直于路径曲线起点的切向，则轮廓曲线将自动对齐。出现对齐提示时输入 No，可以避免该情况的发生。

操作技巧　扫掠的操作方法

可以通过以下 3 种方法来执行“扫掠”功能：

- 选择“绘图”→“建模”→“扫掠”命令。
- 单击“建模”工具栏中的“扫掠”按钮。
- 在命令行中输入 sweep 后，按 Enter 键。

相关知识 **放样二维图形生成三维实体**

放样功能是通过对包含两条或两条以上横截面曲线的一组曲线进行放样，以创建三维实体或曲面。

横截面定义了实体或曲面的轮廓，它可以是开放的，也可以是闭合的。放样时，至少必须指定两个横截面。

放样前：

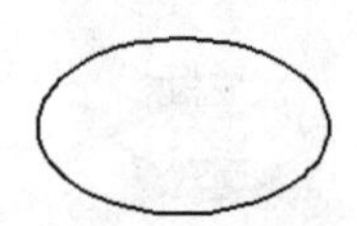

放样后：

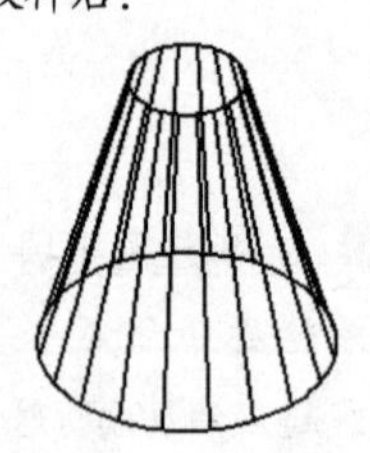

操作技巧 **放样的操作方法**

可以通过以下3种方法来执行“放样”功能：

- 选择“绘图”→“建模”→“放样”命令。
- 单击“建模”工具栏中的“放样”按钮。
- 在命令行中输入 loft 后，按 Enter 键。

重点提示 **放样注意事项**

放样时使用的曲线必须全部开放或全部闭合。不能使用既包含开放曲线又包含闭合曲线的选择集。

21 单击“修改”工具栏中的“复制”按钮，原地复制一遍多段线。

22 单击“绘图”工具栏中的“圆”按钮，在图形外绘制半径为 20、22 两个圆，如图 4-87 所示。

23 单击“建模”工具栏中的“扫掠”按钮，用两个圆扫掠多段线，如图 4-88 所示。

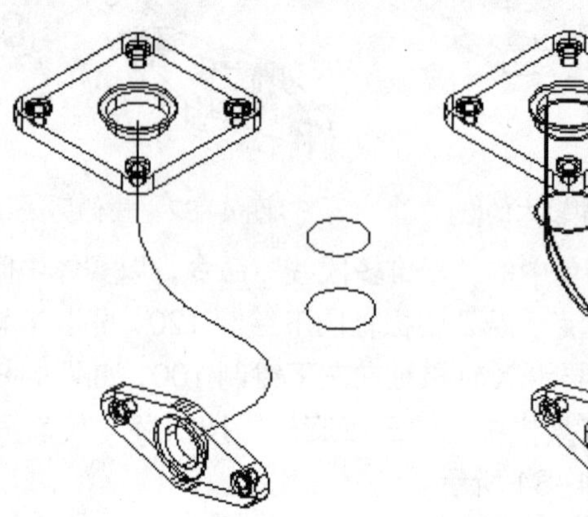

图 4-87　绘制圆　　　　图 4-88　扫掠多段线

24 单击“建模”工具栏中的“差集”按钮，用大的实体减去各自实体内的小实体，如图 4-89 所示。

25 单击“建模”工具栏中的“并集”按钮，将 3 个部分的实体相加。

26 选择“视图”菜单中的“消隐”命令，调整图形的视觉效果，如图 4-90 所示。

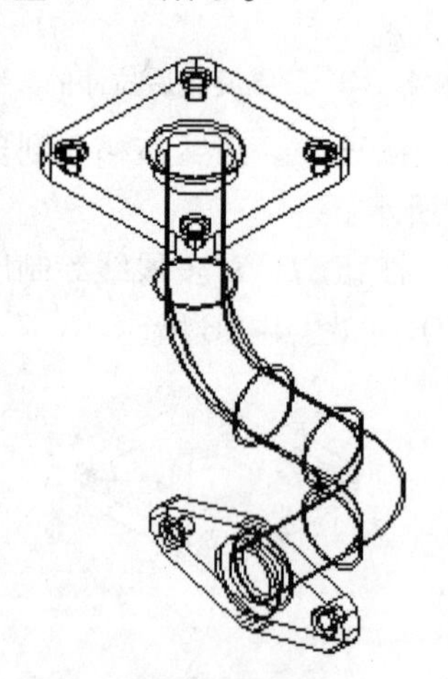

图 4-89　差集实体

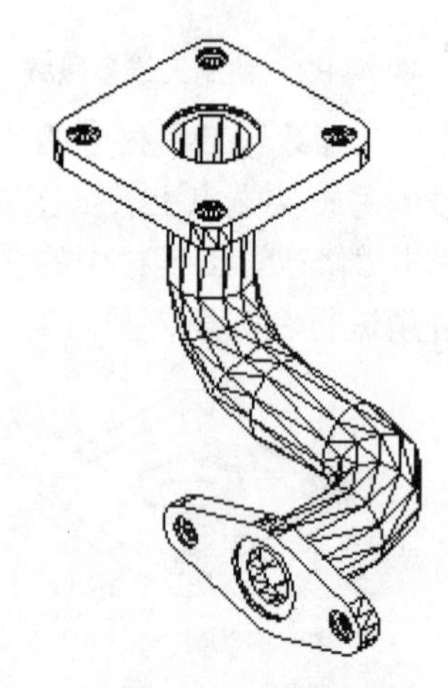

图 4-90　消隐样式观察图形

实例 4-6　绘制斜角支架

本实例将绘制一个斜角支架，其主要功能包含长方体、圆柱体、三维旋转、三维镜像、差集、并集等。实例效果如图 4-91 所示。

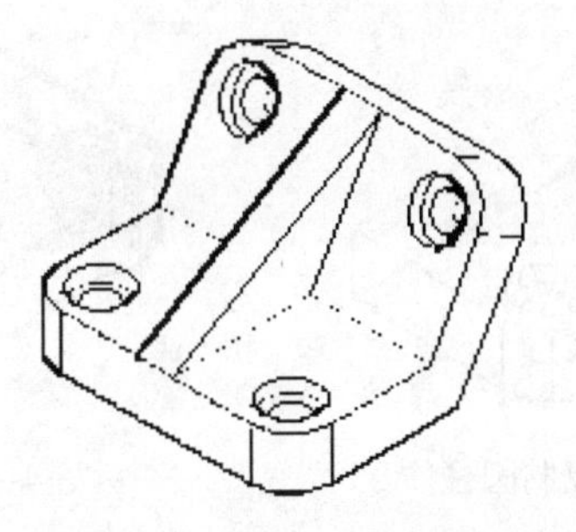

图 4-91　斜角支架效果图

操作步骤

1. 选择“视图”菜单中“三维视图”子菜单中的“东北等轴测”命令，将二维视图切换成三维视图。
2. 单击“建模”工具栏中的“长方体”按钮，绘制一个长为 50、宽为 80、高为 15 的长方体，如图 4-92 所示。
3. 单击“修改”工具栏中的“圆角”按钮，对长方体的两条短边进行倒圆角，圆角半径为 12，如图 4-93 所示。

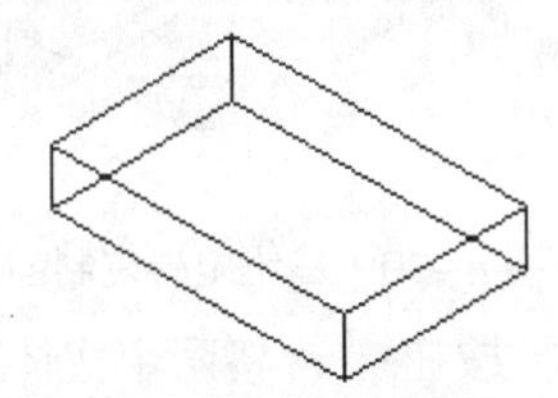

图 4-92　绘制长方体

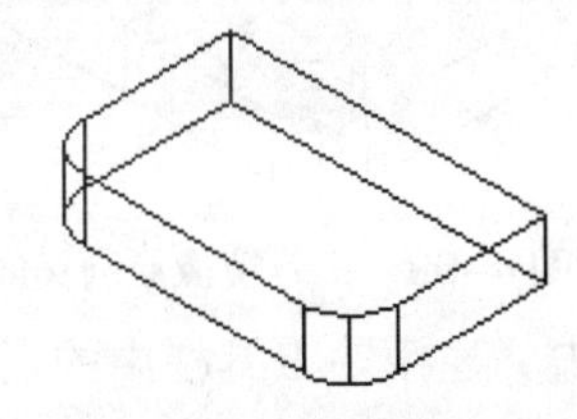

图 4-93　倒圆角短边

4. 单击“建模”工具栏中的“圆柱体”按钮，以其中一个圆角顶面圆心为圆心，绘制一个半径为 8、向下拉伸高度为 4 的圆柱体，如图 4-94 所示。
5. 再次单击“建模”工具栏中的“圆柱体”按钮，以圆柱体的底面圆心为圆心，绘制一个半径为 5、向下拉伸高度为 8 的圆柱体，如图 4-95 所示。

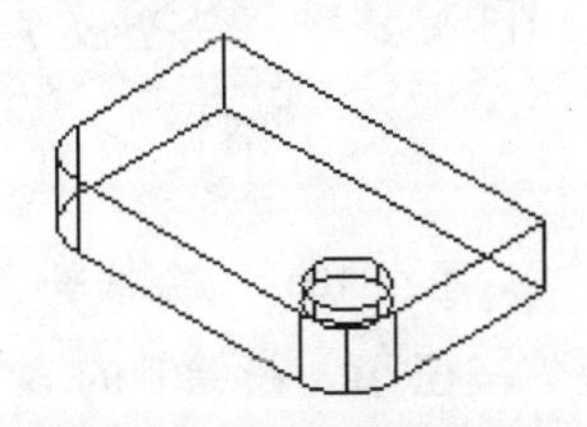

图 4-94　绘制圆柱体

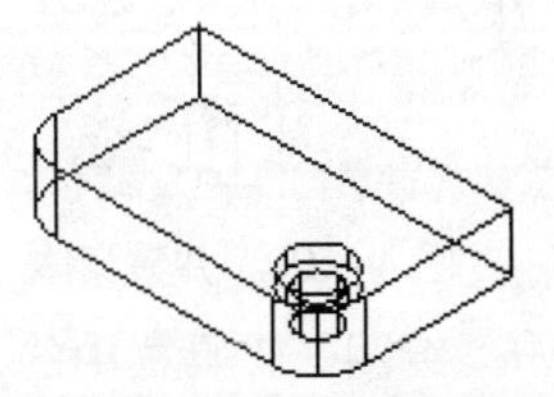

图 4-95　再绘制一个圆柱体

6. 单击“修改”工具栏中的“复制”按钮，复制两个圆柱体，如图 4-96 所示。
7. 单击“建模”工具栏中的“差集”按钮，将 4 个圆柱体从大的长方体中减去，如图 4-97 所示。

实例 4-6 说明

- 知识点：
  - 长方体
  - 圆柱体
  - 三维旋转
  - 三维镜像
  - 差集
  - 并集
- 视频教程：
  光盘\教学\第 4 章　机械实体建模
- 效果文件：
  光盘\素材和效果\04\效果\4-6.dwg
- 实例演示：
  光盘\实例\第 4 章\绘制斜角支架

相关知识　什么是实体消隐

使用消隐功能可以将暂时隐藏位于实体背后的面遮挡掉，这样可以使图形看起来更加清晰逼真。

消隐前：

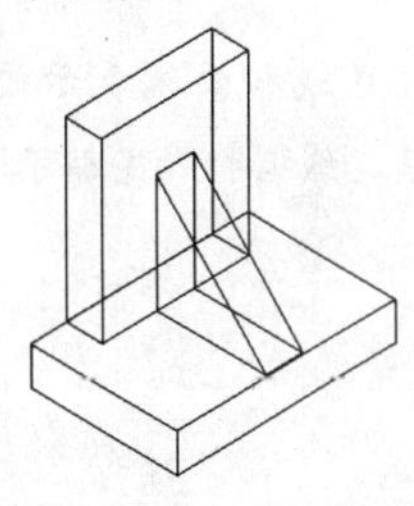

消隐后：

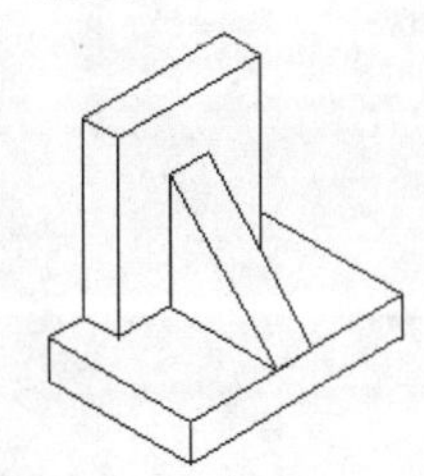

01 02 03 04 05 06 07 08 09 10 11

在消隐状态下，无法缩放视图的大小，绘制图形或修改的图形都会变回二维线框的模式。

操作技巧 消隐的操作方法

可以通过以下两种方法来执行“消隐”功能：

- 选择“绘图”→“建模”→“消隐”命令。
- 在命令行中输入 hide 后，按 Enter 键。

相关知识 视觉样式（1）

视觉样式可以用来处理实体模型，不仅可以实现模型的消隐，还能够给实体模型的表面着色，包括以下 10 种模式。

1. 二维线框

用直线和曲线表示边界的对象，线型和线宽都可见。

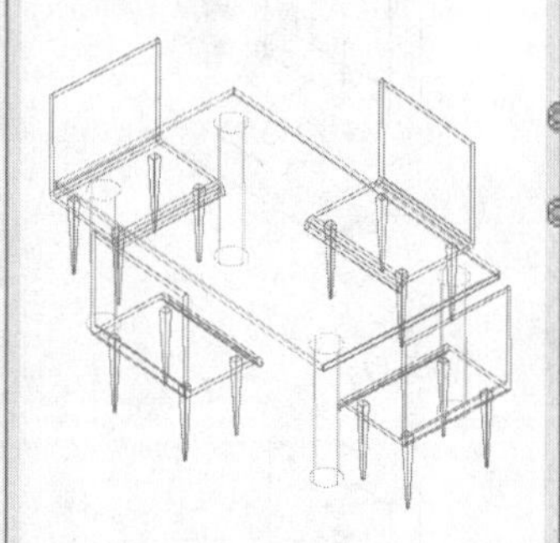

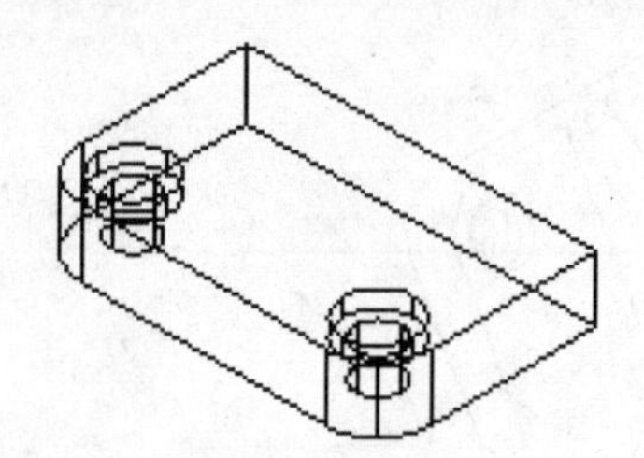

图 4-96　复制圆柱体

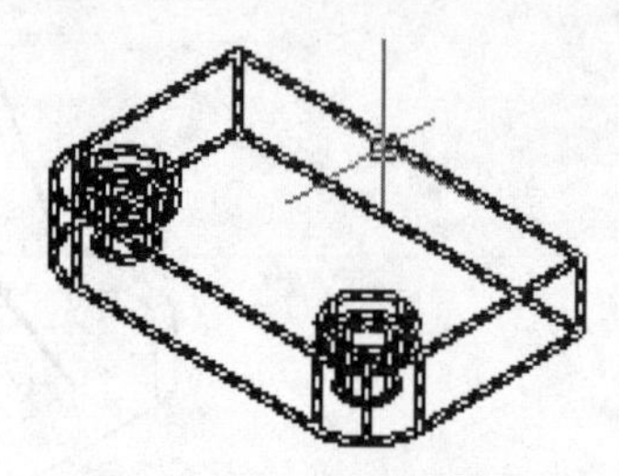

图 4-97　差集实体

8 选择“修改”菜单中“三维操作”子菜单中的“三维镜像”命令，镜像复制实体，如图 4-98 所示。

9 单击“建模”工具栏中的“三维旋转”按钮，将三维镜像复制的实体旋转，如图 4-99 所示。

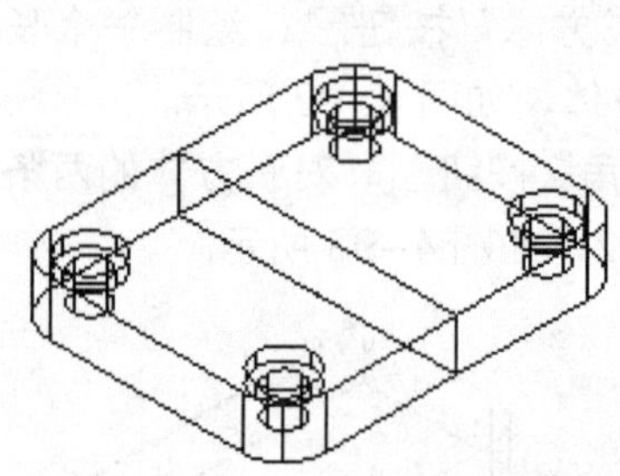

图 4-98　三维镜像复制实体

图 4-99　三维旋转复制的实体

10 单击“建模”工具栏中的“并集”按钮，将两个实体并集相加，如图 4-100 所示。

11 单击“绘图”工具栏中的“直线”按钮，以实体上面的 3 个中点，绘制线段，如图 4-101 所示。

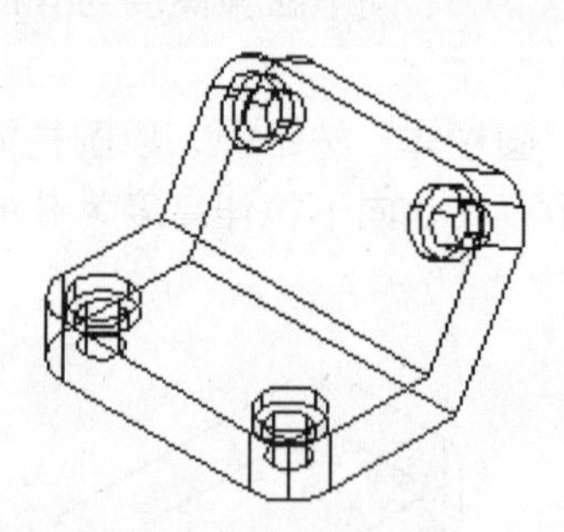

图 4-100　并集实体

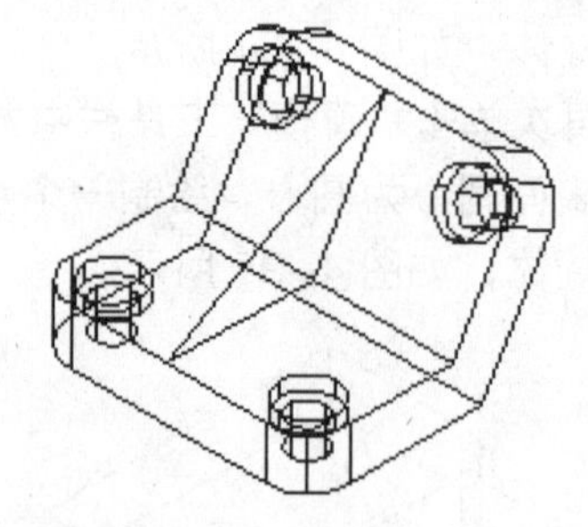

图 4-101　绘制线段

12 单击“绘图”工具栏中的“面域”按钮，将绘制的 3 条线段创建成一个面。

13 单击“建模”工具栏中的“拉伸”按钮，将创建的面拉伸 10，如图 4-102 所示。

14 单击“修改”工具栏中的“移动”按钮，调整拉伸实体的位置，如图 4-103 所示。

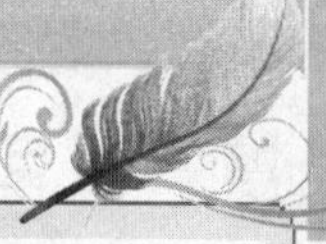

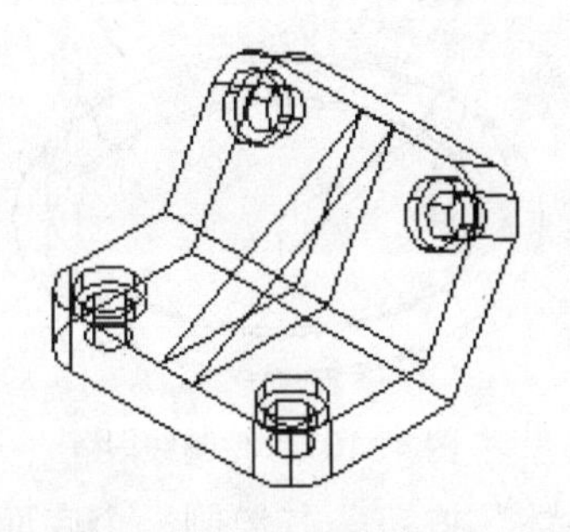

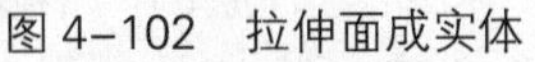

图 4-102 拉伸面成实体

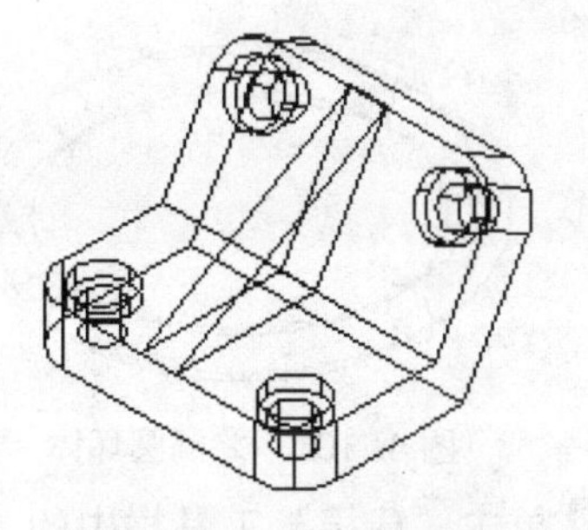

图 4-103 调整实体位置

15 单击“建模”工具栏中的“并集”按钮，将两个实体并集相加。

16 单击“视图”菜单中的“消隐”命令，调整图形的视觉效果，如图 4-104 所示。

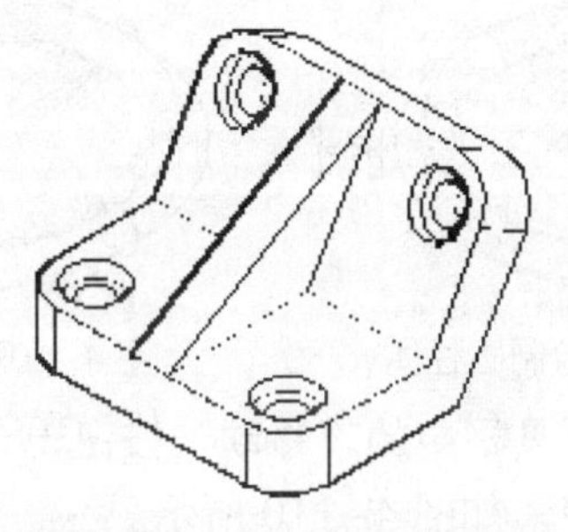

图 4-104 消隐样式观察图形

实例 4-7 绘制阀门手轮

本实例将绘制阀门手轮，其主要功能包含圆环体、圆柱体、长方体、球体、扫掠、三维阵列等。实例效果如图 4-105 所示。

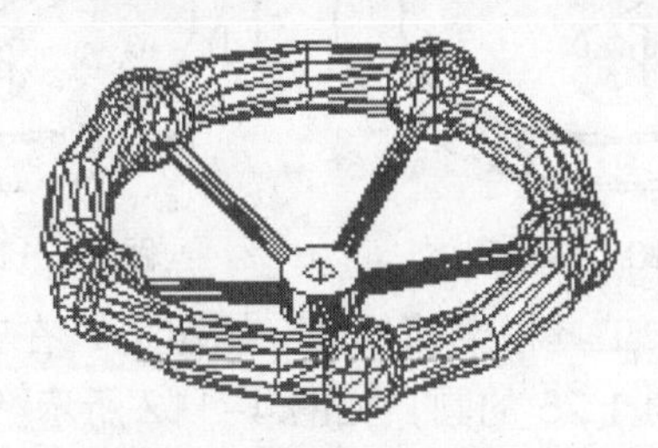

图 4-105 阀门手轮效果图

操作步骤

1 选择“视图”菜单中 “三维视图”子菜单中的“东北等轴测”命令，将二维视图切换成三维视图。

2 单击“建模”工具栏中的“圆环体”按钮，绘制一个半径为 30、圆管半径为 4 的圆环体，如图 4-106 所示。

3 单击“绘图”工具栏中的“直线”按钮，从圆心沿 Y 轴极轴向左上绘制线段 30，再从圆心沿 Z 轴极轴向下绘制 10，并连接 Y 轴的线段，如图 4-107 所示。

2. 三维线框

用直线和曲线表示边界。线型和线宽不可见。效果和上图一样。

3. 三维隐藏

显示用三维线框表示的对象并隐藏表示后向面的直线。

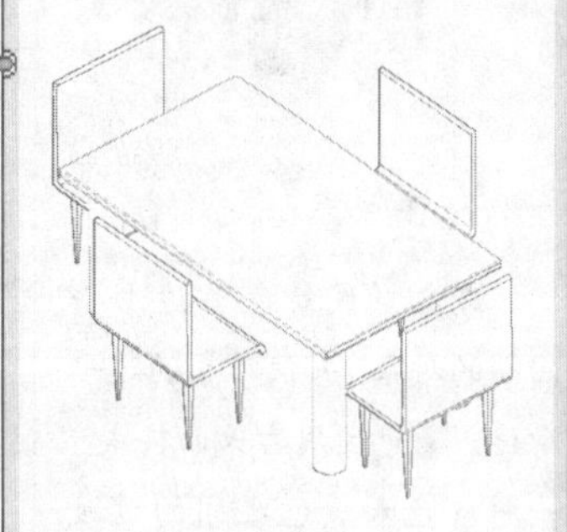

实例 4-7 说明

- 知识点：
  - 圆环体
  - 圆柱体
  - 长方体
  - 球体
  - 扫掠
  - 三维阵列
- 视频教程：
  光盘\教学\第 4 章 机械实体建模
- 效果文件：
  光盘\素材和效果\04\效果\4-7.dwg
- 实例演示：
  光盘\实例\第 4 章\绘制阀门手轮

相关知识 视觉样式（2）

4. 真实

着色多边形平面间的对

象，并使对象的边平滑化。将显示已附着到对象的材质。

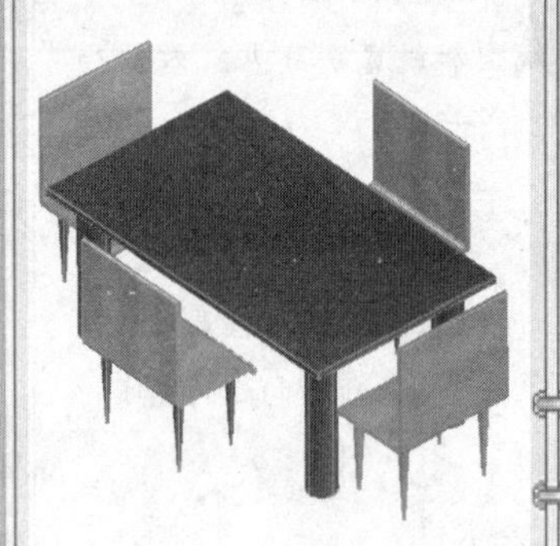

5. 概念

概念样式着色多边形平面间的对象，并使对象的边平滑化。着色使用古氏面样式，一种冷色和暖色之间的过渡而不是从深色到浅色的过渡。效果缺乏真实感，但是可以更方便地查看模型的细节。

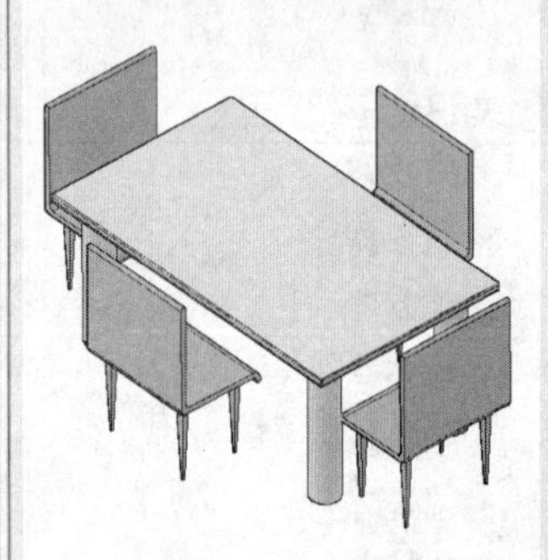

6. 着色

使用平滑着色样式显示图形。

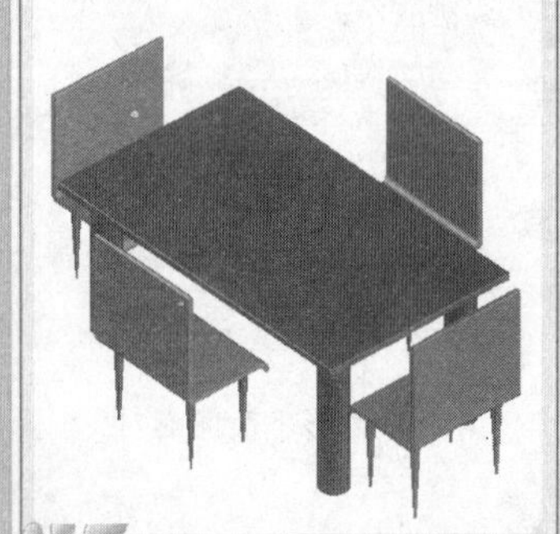

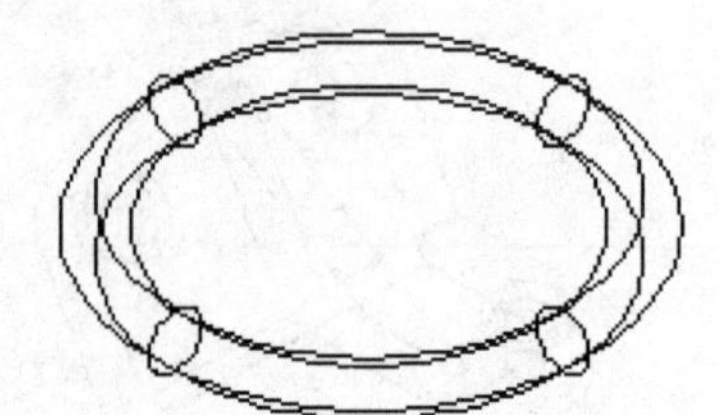

图 4-106　绘制圆环体

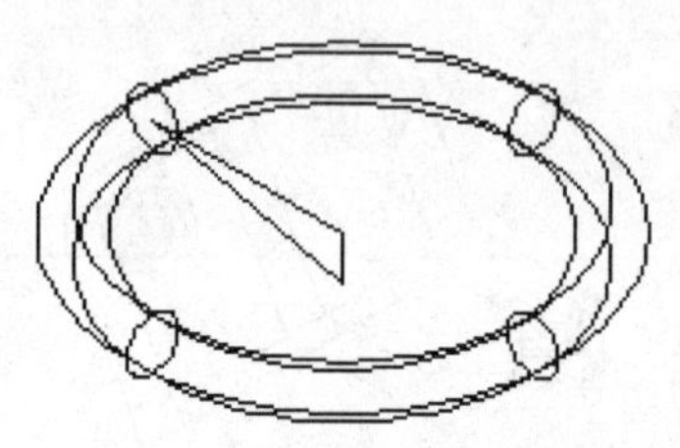

图 4-107　绘制线段

4 单击“建模”工具栏中的“圆柱体”按钮，绘制一个底面半径为 5、高为 5 的圆柱体，如图 4-108 所示。

5 单击“建模”工具栏中的“长方体”按钮，绘制一个长为 3、宽为 3、高为 5 的长方体，如图 4-109 所示。

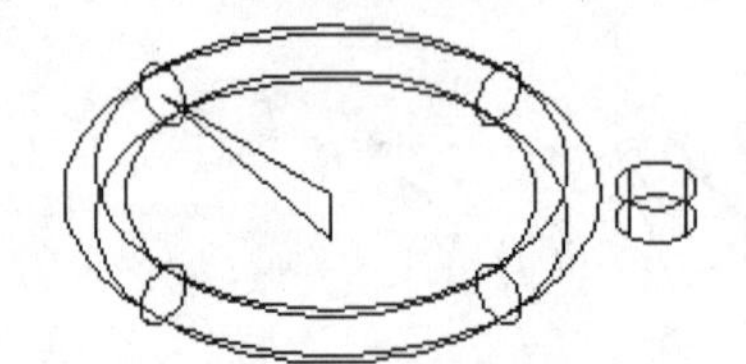

图 4-108　绘制圆柱体

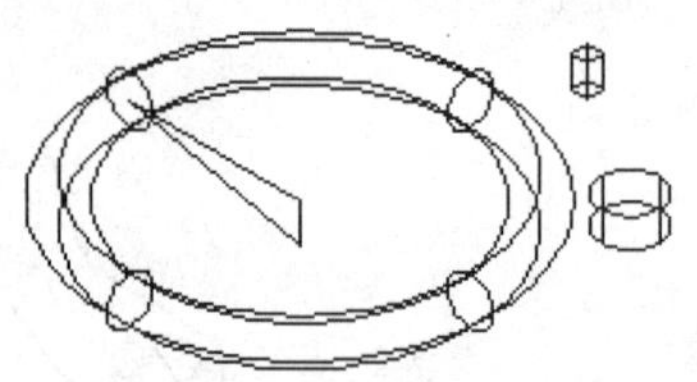

图 4-109　绘制长方体

6 单击“修改”工具栏中的“移动”按钮，将圆柱体和长方体移动到图形中，如图 4-110 所示。

7 单击“建模”工具栏中的“球体”按钮，以斜线的一个端点为球心，绘制半径为 6 的球体，如图 4-111 所示。

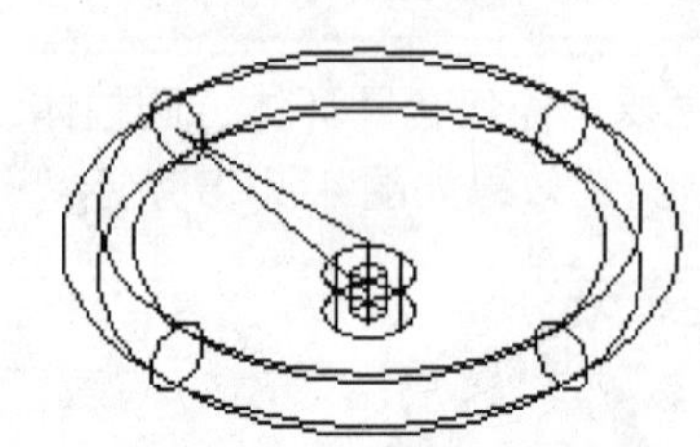

图 4-110　移动实体

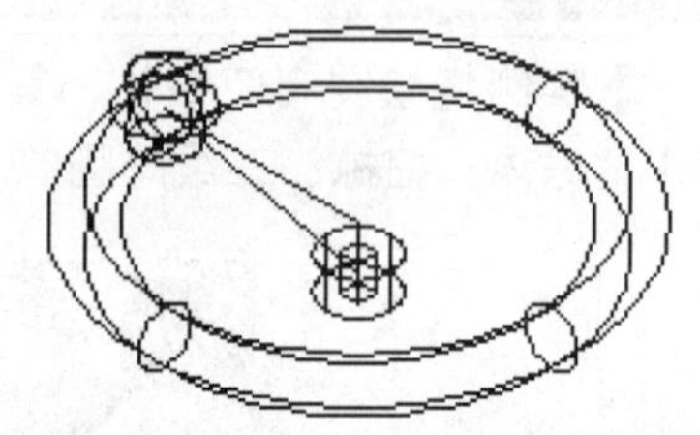

图 4-111　绘制球体

8 单击“绘图”工具栏中的“圆”按钮，在空白区域处，绘制一个半径为 1.25 的圆，如图 4-112 所示。

9 单击“建模”工具栏中的“扫掠”按钮，用圆扫掠斜线成实体，如图 4-113 所示。

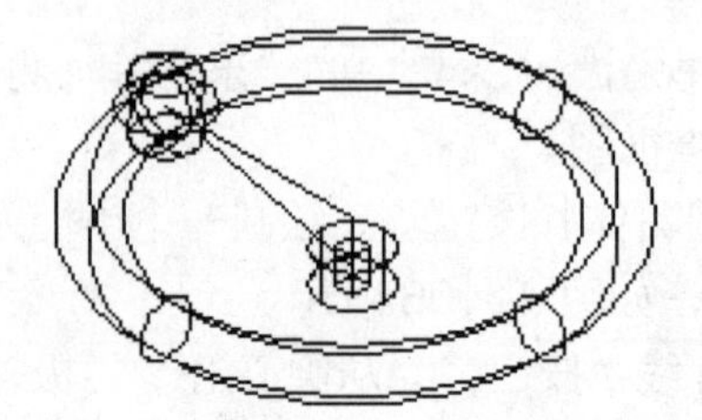

图 4-112　绘制圆

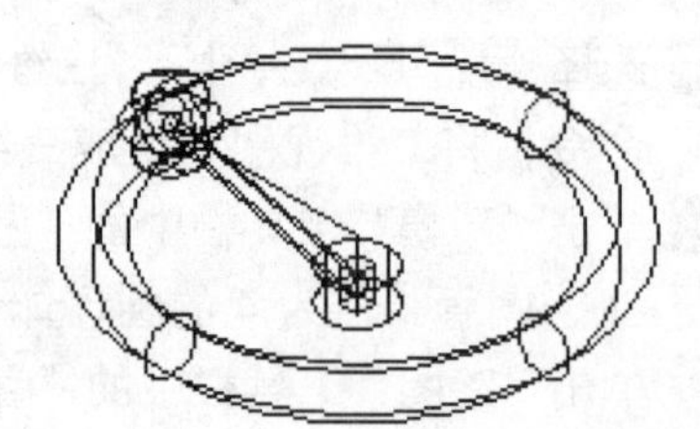

图 4-113　扫掠成实体

10 单击“建模”工具栏中的“三维阵列”按钮，将球体和扫掠的实体以中心三维阵列旋转，旋转复制 5 个，如图 4–114 所示。

11 单击“建模”工具栏中的“并集”按钮，将除小长方体外的其他实体相加，如图 4–115 所示。

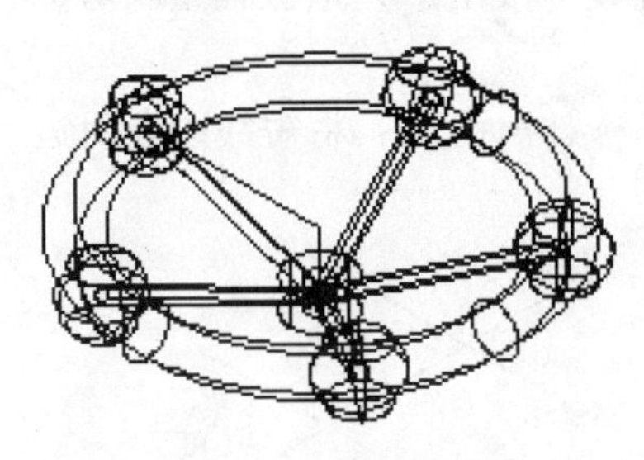

图 4–114 三维阵列复制实体

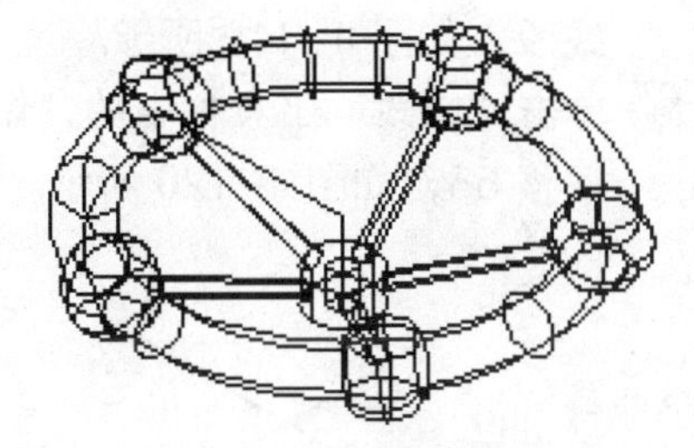

图 4–115 并集实体

12 单击“建模”工具栏中的“差集”按钮，将小长方体从实体中减去。

13 单击“修改”工具栏中的“删除”按钮，将辅助线段删除，如图 4–116 所示。

14 选择“视图”菜单中的“消隐”命令，调整图形的视觉效果，如图 4–117 所示。

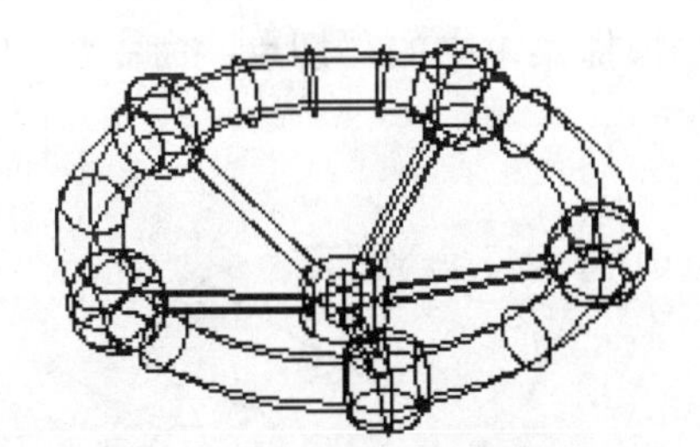

图 4–116 删除辅助线段

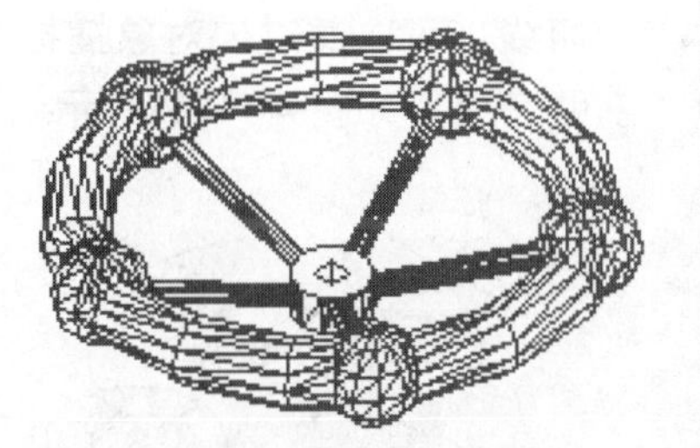

图 4–117 消隐样式观察图形

实例 4-8 绘制机件模型（1）

本实例将绘制机件模型，其主要功能包含圆、拉伸成实体、圆柱体、长方体、差集等。实例效果如图 4–118 所示。

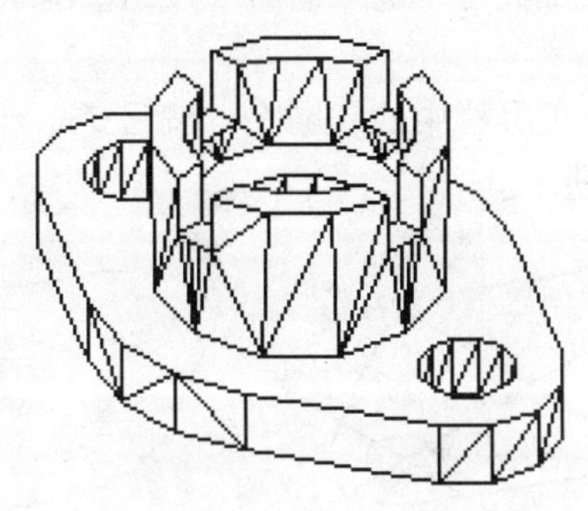

图 4–118 机件效果图

7. 带边缘着色

使用平滑着色样式，并加深边缘效果显示图形。

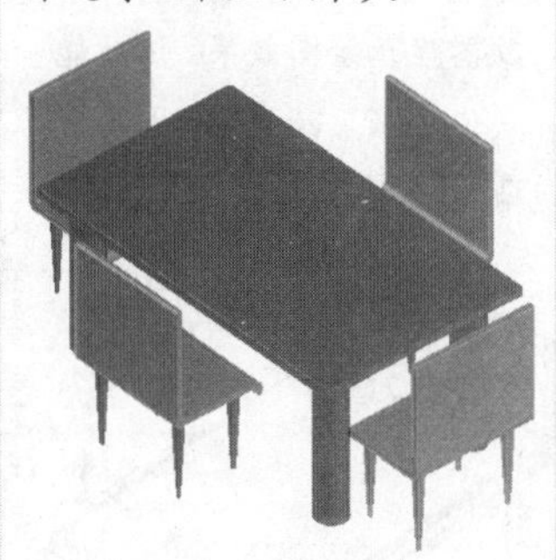

8. 灰度

使用平滑着色样式和单色灰度显示图形。

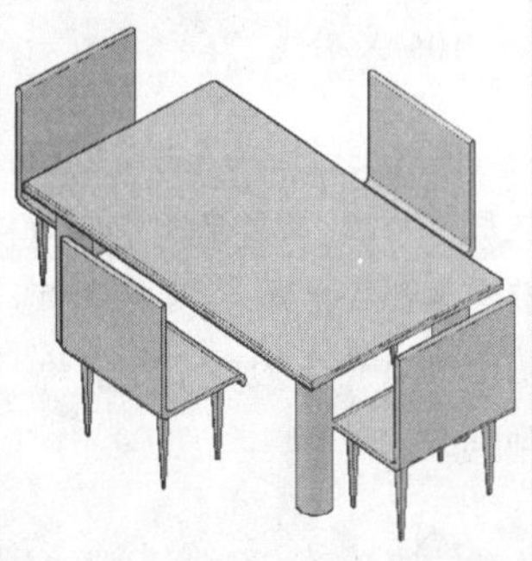

实例 4-8 说明

知识点：
- 圆
- 拉伸成实体
- 圆柱体
- 长方体
- 差集

视频教程：

光盘\教学\第 4 章 机械实体建模

效果文件：

光盘\素材和效果\04\效果\4-8.dwg

实例演示：

光盘\实例\第 4 章\绘制机件模型 1

相关知识 视觉样式（3）

9. 勾画

使用线段延伸和抖动边修改器显示绘图效果。该功能有点像美术里的素描，生动活现地展示图形。

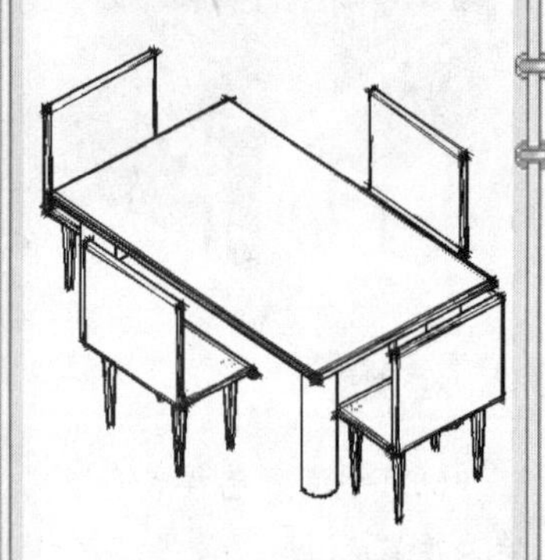

10. X射线

通过透明样式显示图形。使用该功能，图形中显示的所有实体都呈透明状，可以清晰地看到实体下的各个部件的细节。

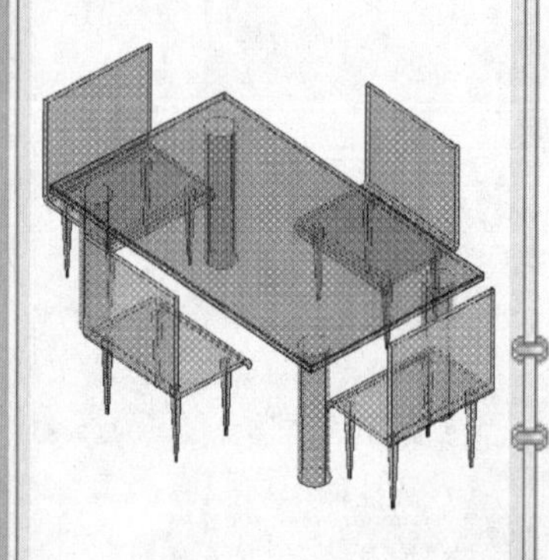

相关知识 “视觉样式管理器”面板参数设置

打开“视觉样式管理器”面板，可以用于设置面、环境以及边的参数。

操作步骤

1. 选择“视图”菜单中“三维视图”子菜单中的“东北等轴测”命令，将二维视图切换成三维视图。
2. 单击“绘图”工具栏中的“直线”按钮，沿极轴绘制两条线段，如图 4-119 所示。
3. 单击“修改”工具栏中的“偏移”按钮，将短线段向两边偏移 56，如图 4-120 所示。

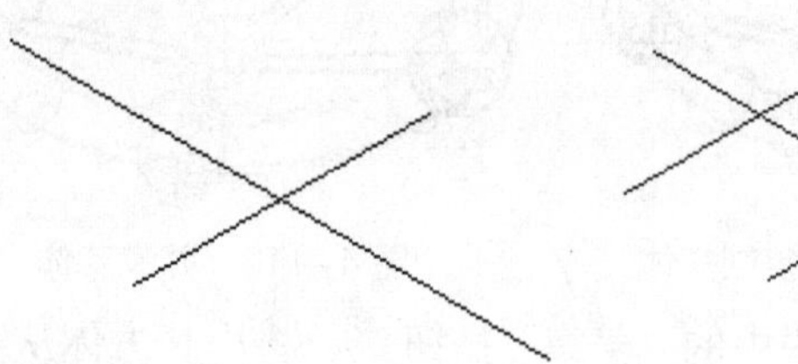

图 4-119　绘制线段　　图 4-120　偏移线段

4. 单击“绘图”工具栏中的“圆”按钮，以中间的交点为圆心，绘制半径为 52 的圆，以两边交点为圆心，各绘制半径为 24、12 两个圆，如图 4-121 所示。
5. 单击“绘图”工具栏中的“直线”按钮，绘制大圆之间的切线，可以通过“对象捕捉”快捷菜单中的“切点”命令帮助完成，如图 4-122 所示。

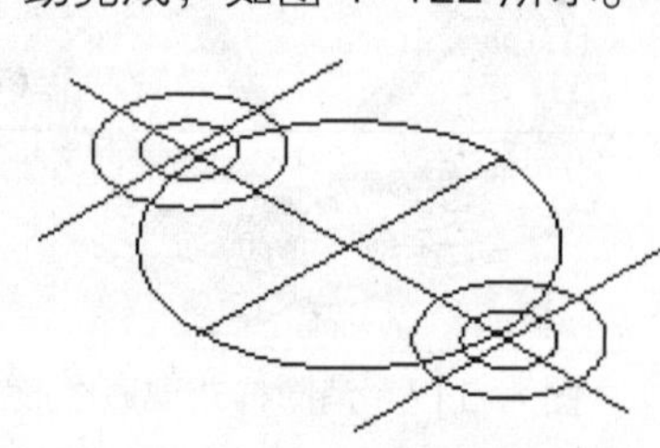

图 4-121　绘制圆

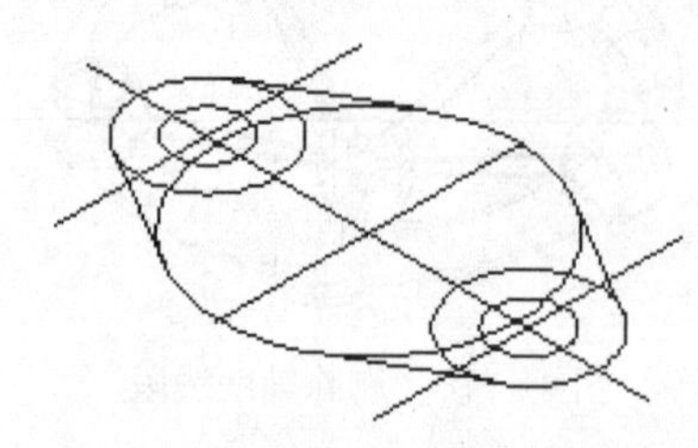

图 4-122　绘制切线

6. 单击“修改”工具栏中的“修剪”按钮，修剪多余的线段，如图 4-123 所示。
7. 单击“绘图”工具栏中的“面域”按钮，将绘制的图形创建成 3 个面。
8. 单击“修改”工具栏中的“删除”按钮，删除辅助直线，如图 4-124 所示。

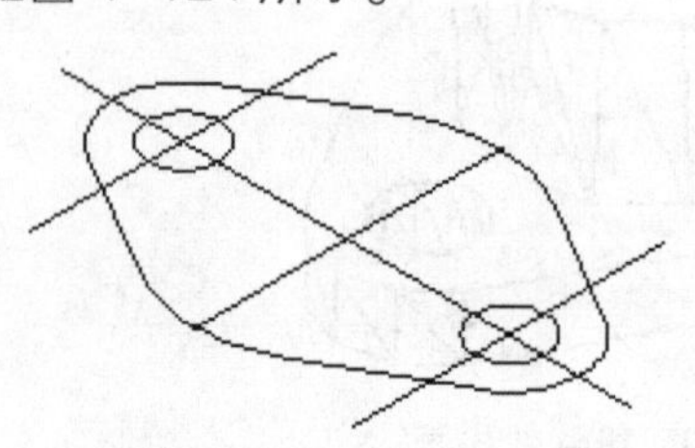

图 4-123　修剪多余的线段

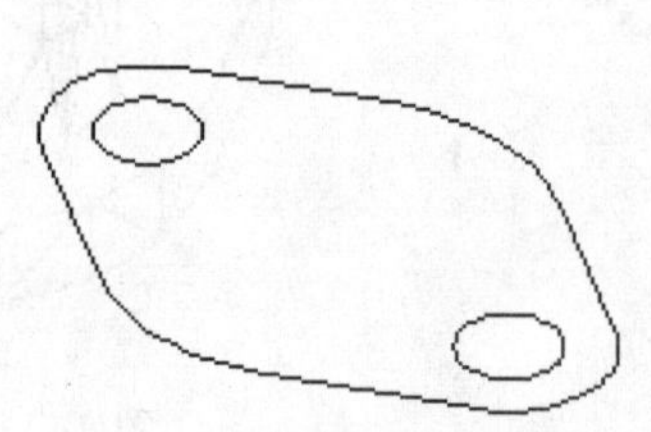

图 4-124　删除辅助直线

9 单击“建模”工具栏中的“拉伸”按钮，拉伸 3 个面，拉伸高度为 16，如图 4–125 所示。

10 单击“建模”工具栏中的“圆柱体”按钮，以实体的顶面中心为圆心，向上绘制一个底面为 36、高为 41 的圆柱体，如图 4–126 所示。

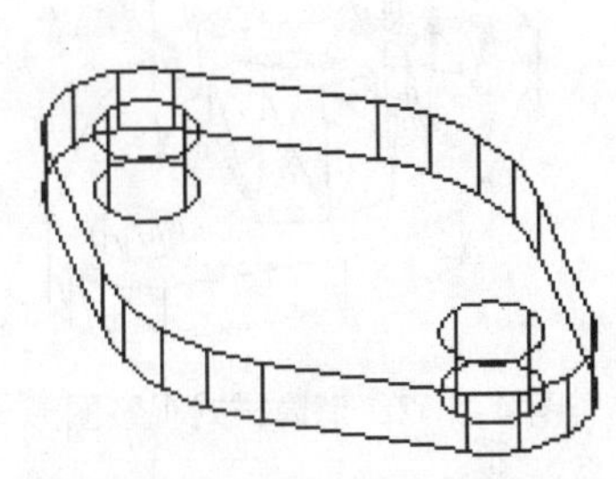

图 4–125 拉伸面成实体

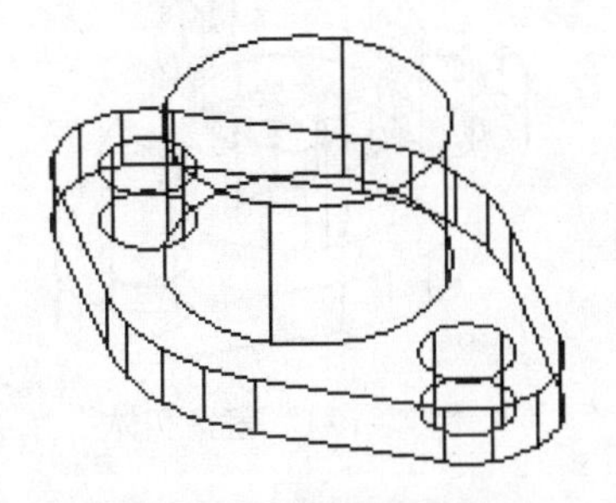

图 4–126 绘制圆柱体

11 再次单击“建模”工具栏中的“圆柱体”按钮，以圆柱体的顶面圆心为底面圆心，绘制底面半径为 28、高度为–24、底面半径为 15、高为–57 的两个圆柱体，如图 4–127 所示。

12 单击“建模”工具栏中的“长方体”按钮，在空白区域中绘制长为 100、宽为 12、高为 16 和长为 12、宽为 100、高为 16 的两个长方体，如图 4–128 所示。

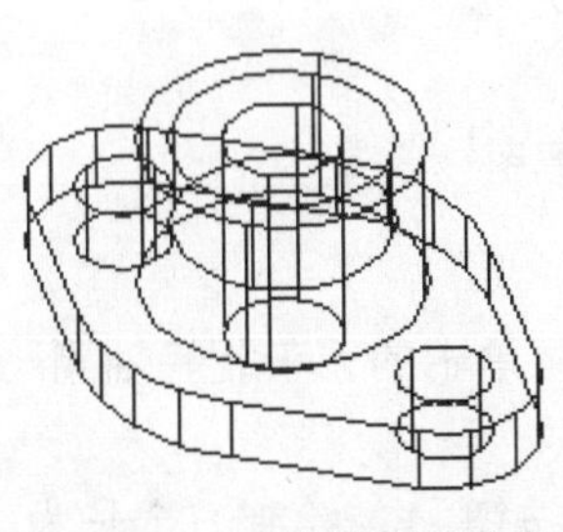

图 4–127 再次绘制圆柱体

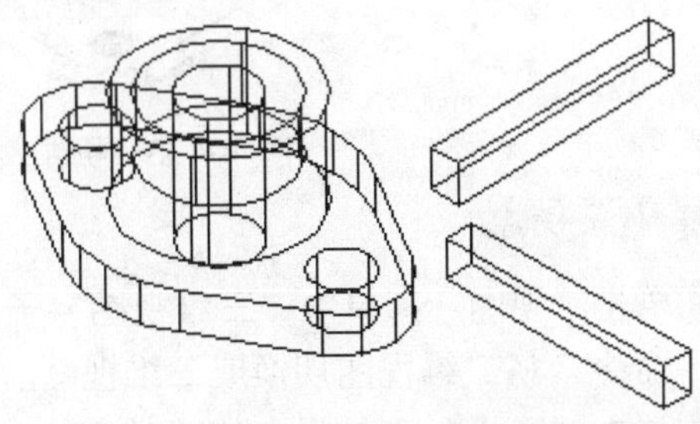

图 4–128 绘制长方体

13 单击“修改”工具栏中的“移动”按钮，将两个长方体移动到图形中，如图 4–129 所示。

14 单击“建模”工具栏中的“并集”按钮，将大拉伸实体和大圆柱体相加，如图 4–130 所示。

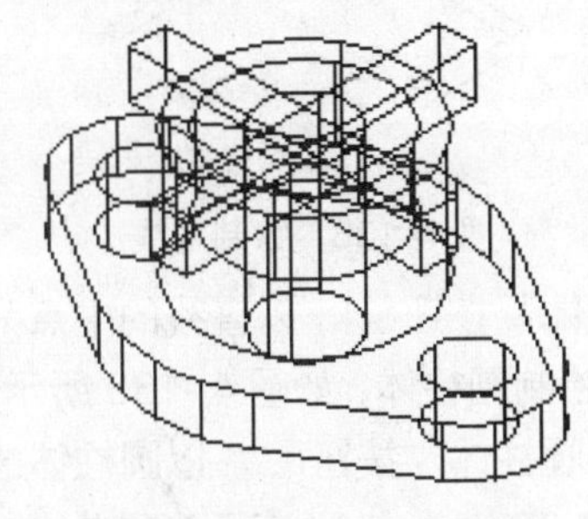

图 4–129 移动长方体

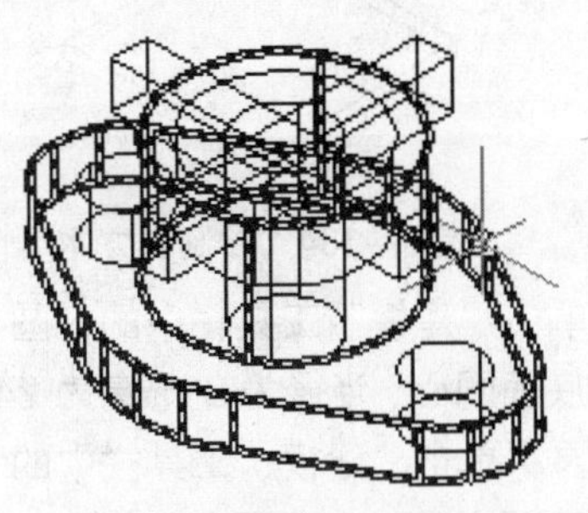

图 4–130 并集实体

“视觉样式管理器”面板：

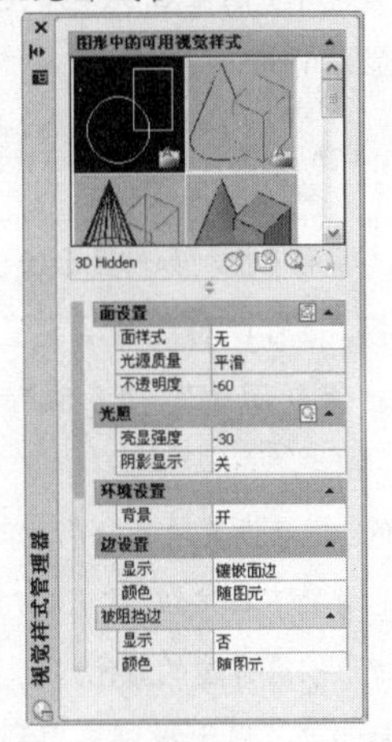

1. 面设置

该项用于设置面的外观，包括以下选项。

- 面样式：设置面上的着色，其中包括以下 3 种。
  * 实时：接近于面在现实中的表现方式。
  * 古氏：使用冷色和暖色而不是暗色和亮色来增强面的显示效果，这些面可以附加阴影并且很难在现实中看到。
  * 无：不应用面样式。
- 光源质量：设置光源是否显示模型上的镶嵌面，默认为“平滑”。
- 亮显强度：控制亮显在无材质的面上的大小。
- 不透明度：控制面在视口中的不透明度或透明度。

2. 环境设置

该项用于设置阴影和背景。

- 阴影显示：控制阴影的显示，如无阴影、仅地面阴影或全阴影。将阴影关闭以增强性能。

- 背景：用于设置在视口中是否显示背景。

3. 边设置

该项用于控制如何显示边。

- 边模式：可以将边显示设置为“镶嵌面边”、“素线”或“无”。
- 颜色：用于设置边的颜色，单击右端的下拉按钮，从下拉列表中可以选择边的颜色。
- 边修改器：用于控制应用到边模式的设置。
- 快速轮廓边：控制应用到轮廓边的设置。轮廓边不显示在线框或透明对象上。
- 遮挡边：控制当边模式设置为“镶嵌面边”时应用到遮挡边的设置。
- 相交边：控制当边模式设置为“镶嵌面边”时应用到相交边的设置。

实例 4-9 说明

- 知识点：
  - 长方体
  - 圆柱体
  - 圆角
  - 差集
- 视频教程：
  光盘\教学\第 4 章 机械实体建模
- 效果文件：
  光盘\素材和效果\04\效果\4-9.dwg
- 实例演示：
  光盘\实例\第 4 章\绘制机件模型 2

15 单击“建模”工具栏中的“差集”按钮，将其他小的实体从大实体中减去，如图 4-131 所示。

16 选择“视图”菜单中的“消隐”命令，调整图形的视觉效果，如图 4-132 所示。

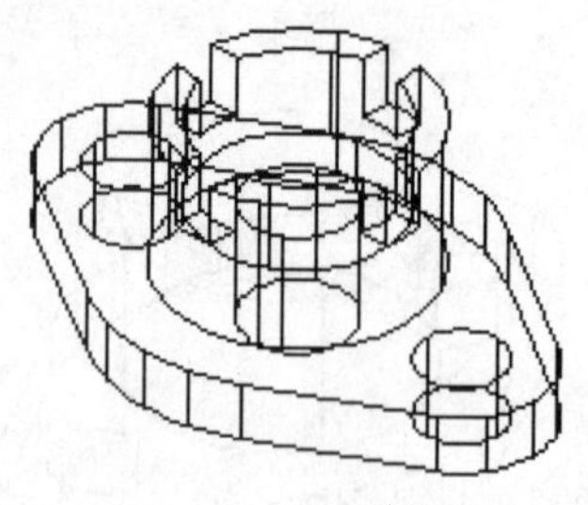
图 4-131 差集实体

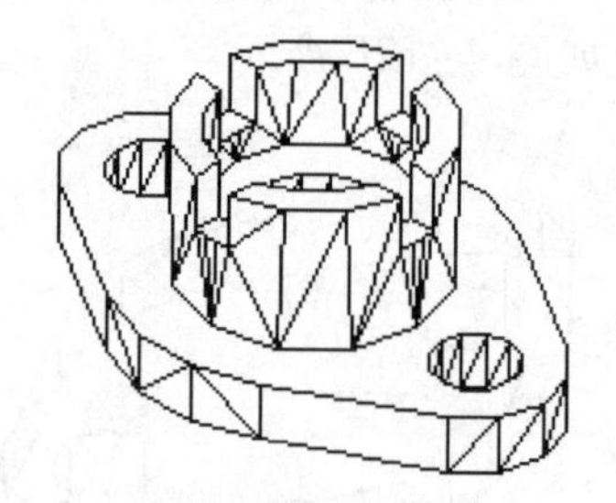
图 4-132 消隐样式观察图形

实例 4-9 绘制机件模型（2）

本实例将绘制另一种机件模型，其主要功能包含长方体、圆柱体、圆角、差集等。实例效果如图 4-133 所示。

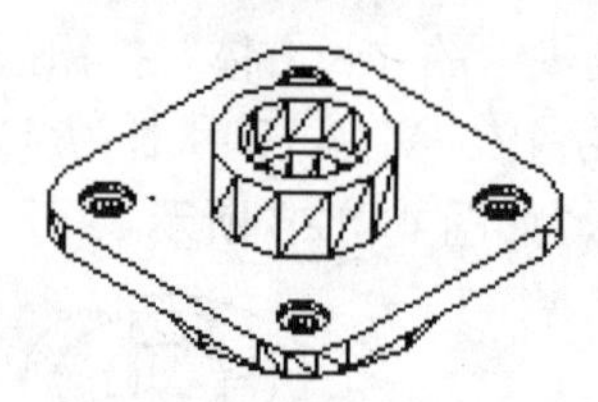
图 4-133 机件效果图

操作步骤

1 单击“视图”菜单中“三维视图”子菜单中的“东北等轴测”命令，将二维视图切换成三维视图。

2 单击“建模”工具栏中的“长方体”按钮，绘制一个长为 130、宽为 130、高为 10 的长方体，如图 4-134 所示。

3 单击“绘图”工具栏中的“直线”按钮，以长方体的顶面的两条边的中点绘制一条直线，如图 4-135 所示。

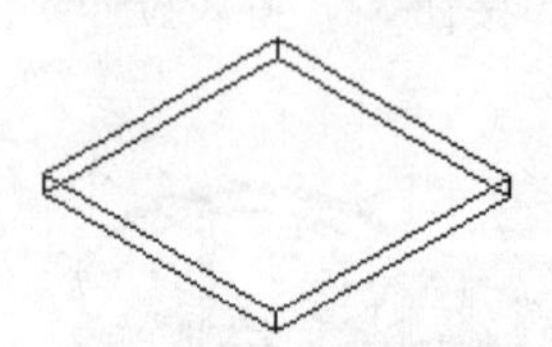
图 4-134 绘制长方体

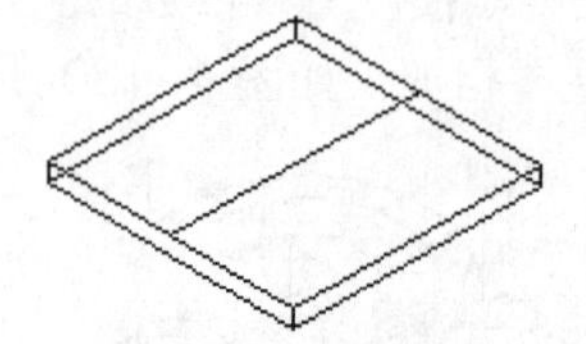
图 4-135 绘制直线

4 单击“建模”工具栏中的“圆柱体”按钮，以直线的中点为底面圆心、半径为 31、高为 24 绘制圆柱体，如图 4-136 所示。

5 再次单击“建模”工具栏中的“圆柱体”按钮，以圆柱体的顶面圆心为底面圆心、半径为 16、高度为-58，底面半径为 22、高度为−16 绘制圆柱体，如图 4−137 所示。

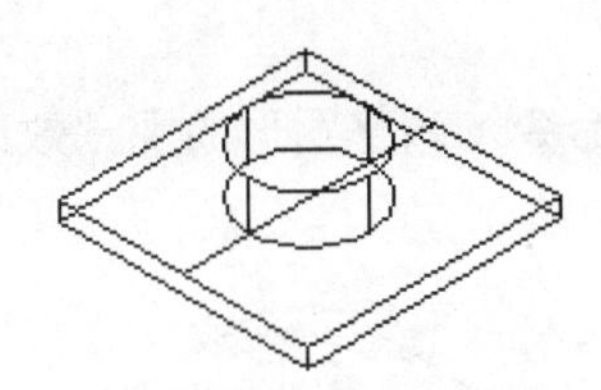

图 4−136　绘制圆柱体

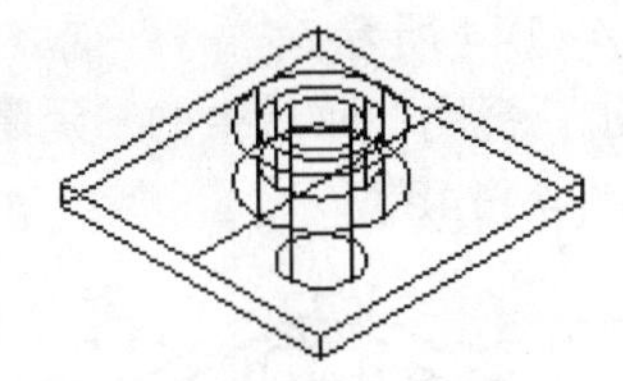

图 4−137　再次绘制圆柱体

6 单击“修改”工具栏中的“圆角”按钮，对长方体的 4 个短边角倒圆角，圆角半径 16，如图 4−138 所示。

7 单击“建模”工具栏中的“圆柱体”按钮，以其中一个圆角的顶面中心为底面圆心，绘制半径为 9、高度为−3 和半径为 5、高度为−10 的两个圆柱体，如图 4−139 所示。

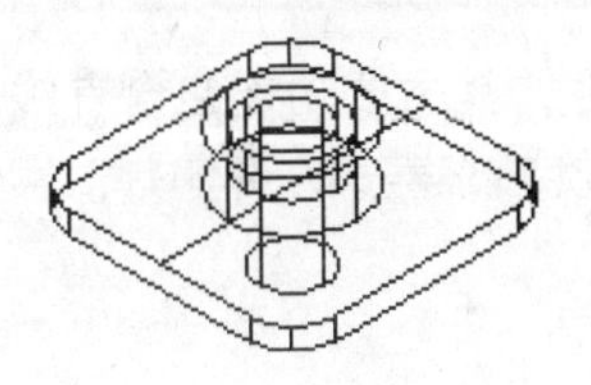

图 4−138　倒圆角短边角

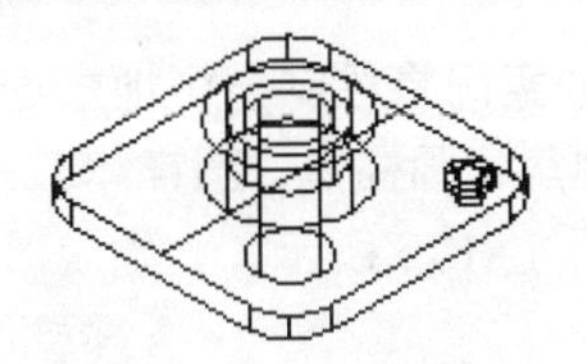

图 4−139　绘制圆柱体

8 单击“修改”工具栏中的“复制”按钮，将两个圆柱体复制到其他倒圆角上，如图 4−140 所示。

9 单击“建模”工具栏中的“圆柱体”按钮，以长圆柱体的底面圆心为圆心，绘制一个半径为 47、高度为 24 的圆柱体，如图 4−141 所示。

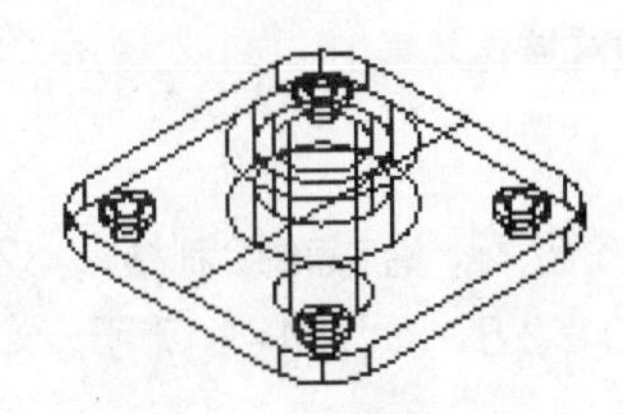

图 4−140　复制圆柱体

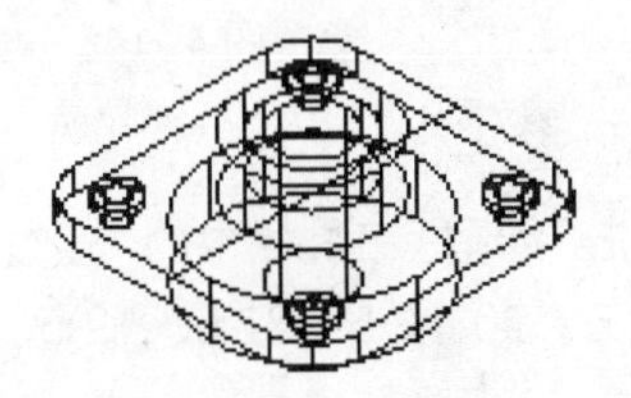

图 4−141　绘制圆柱体

10 单击“建模”工具栏中的“并集”按钮，将长方体和上下两个大的圆柱体相加，如图 4−142 所示。

11 单击“建模”工具栏中的“差集”按钮，其他实体从大实体中减去，如图 4−143 所示。

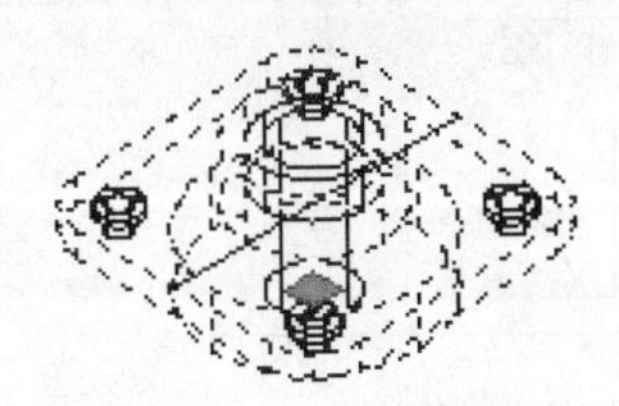

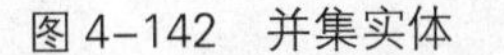

图 4−142　并集实体

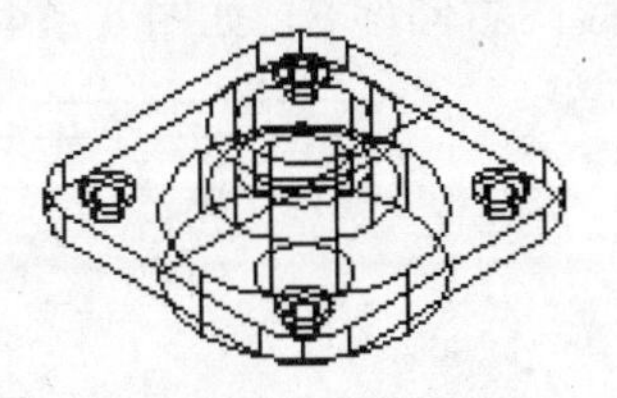

图 4−143　差集实体

重点提示　环境设置要领

要显示全阴影，需要硬件加速。当关闭“几何加速”时，将无法显示全阴影。

疑难解答　如何对图形文件进行加密

为图形文件加密，主要是通过在存盘时设置图形文件输入密码来实现的。有两种方法可以对图形文件加密。

方法一，具体操作步骤如下：

1. 打开“图形另存为”对话框

在文件绘制完成后，单击“保存”按钮，如果文件是已经保存过的，则单击“另存为”按钮，执行两个操作都可以打开“图形另存为”对话框。

2. 打开“安全选项”对话框

单击“工具”按钮，在下拉菜单中选择“安全选项”选项，即可打开“安全选项”对话框。

工具(L) ▾
添加/修改 FTP 位置(D)
将当前文件夹添加到“位置”列表中(P)
添加到收藏夹(A) ▸
选项(O)...
安全选项(S)...

"安全选项"对话框：

3. 设置密码

在"用于打开此图形的密码或短语"下的文本框中输入图形文件的加密密码，并单击"确定"按钮，弹出"确定密码"对话框。

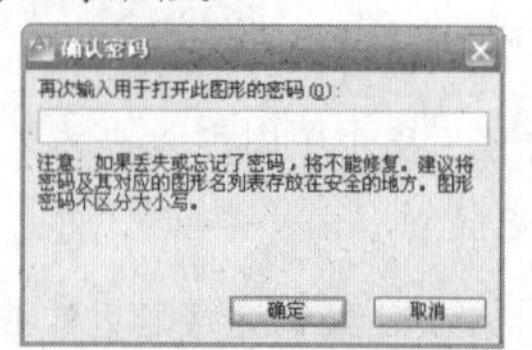

4. 重复输入密码

再次重复输入密码，再单击"确定"按钮，密码加密完成。

5. 保存文件

实例 4-10 说明

- **知识点：**
  - 直线
  - 偏移
  - 圆角
  - 圆柱体
  - 圆锥体
  - 三维旋转
  - 差集
  - 并集
- **视频教程：**
  光盘\教学\第 4 章 机械实体建模
- **效果文件：**
  光盘\素材和效果\04\效果\4-10.dwg
- **实例演示：**
  光盘\实例\第 4 章\绘制地板连接件

12 单击"修改"工具栏中的"删除"按钮，删除辅助线，如图 4-144 所示。

13 单击"视图"菜单中的"消隐"命令，调整图形的视觉效果，如图 4-145 所示。

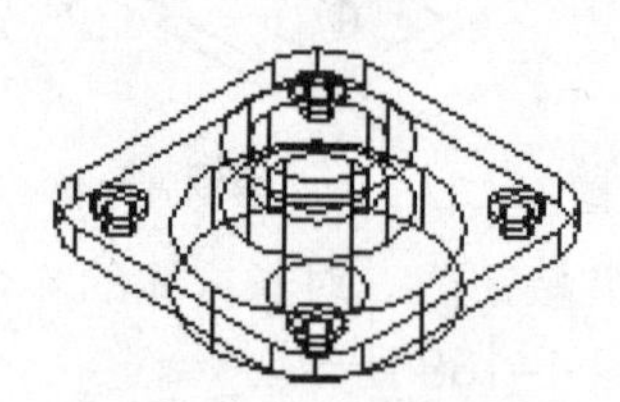

图 4-144　删除辅助线

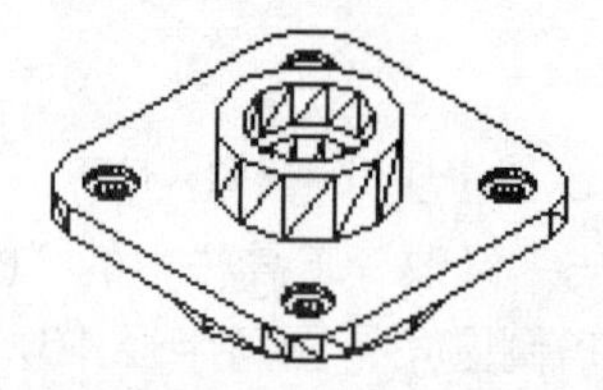

图 4-145　消隐样式观察图形

实例 4-10　绘制地板连接件

本实例将绘制一个地板连接件，其主要功能包含直线、偏移、圆角、圆柱体、圆锥体、三维旋转、差集、并集等。实例效果如图 4-146 所示。

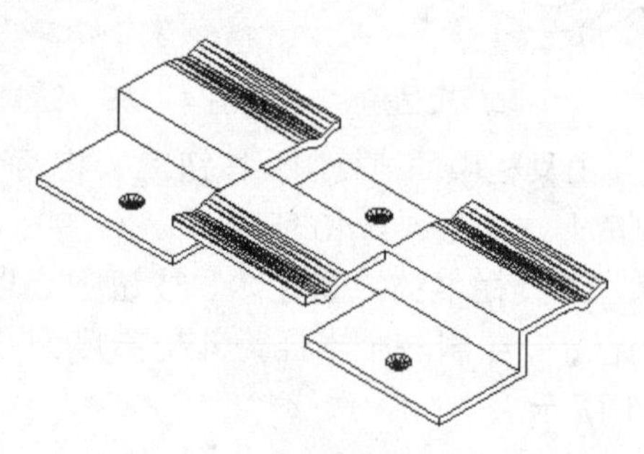

图 4-146　地板连接件效果图

操作步骤

1 单击"绘图"工具栏中的"直线"按钮，沿极轴绘制线段 32.5、12.5、30、2.5、32.5、12.5、30、2.5，如图 4-147 所示。

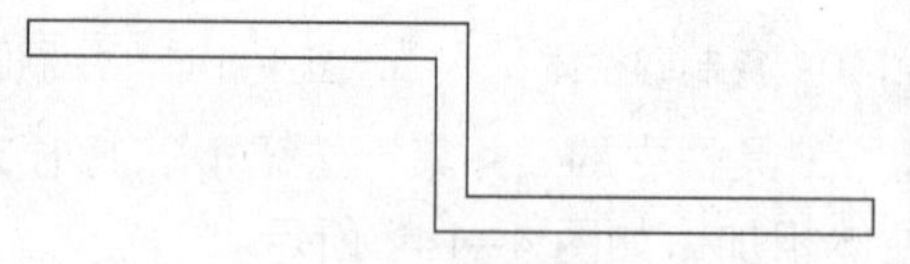

图 4-147　绘制线段

2 单击"修改"工具栏中的"偏移"按钮，将最左边的垂直线段向右偏移 8，如图 4-148 所示。

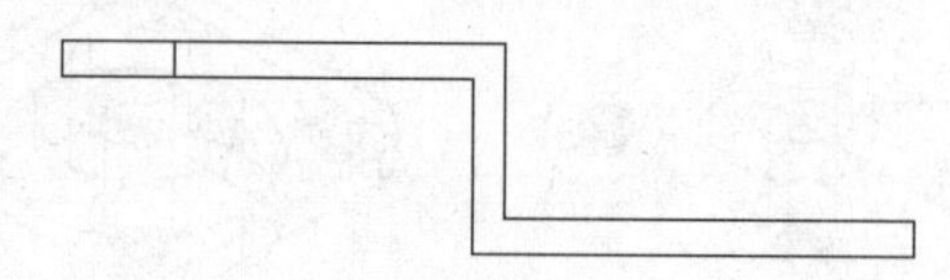

图 4-148　偏移线段

3 单击“绘图”工具栏中的“圆”按钮，以偏移线段的下端点为圆心，绘制一个半径为 2.5 的圆，如图 4–149 所示。

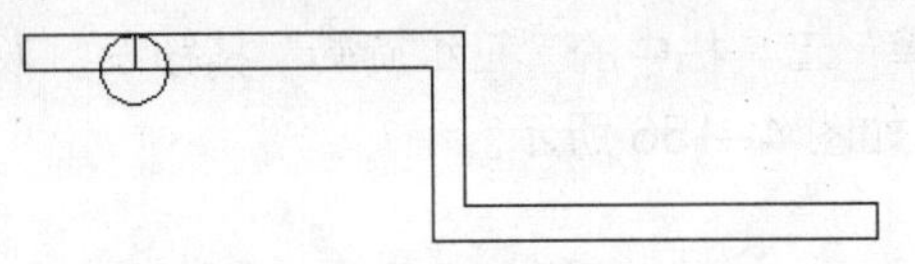

图 4–149　绘制圆

4 单击“修改”工具栏中的“圆角”按钮，倒圆角圆与直线的交角，设置圆角模式为不修剪，圆角半径为 10，如图 4–150 所示。

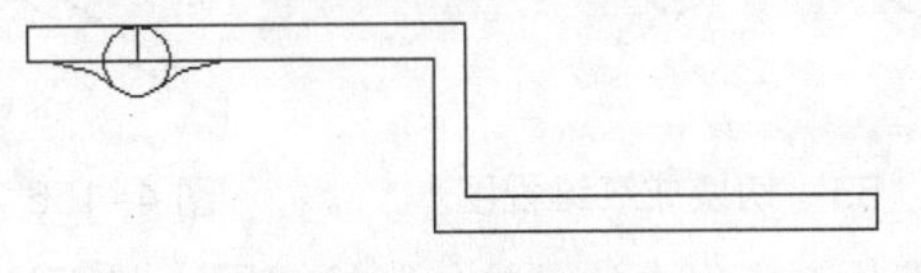

图 4–150　倒圆角交角

5 单击“修改”工具栏中的“修剪”按钮和“删除”按钮，修剪和删除图形中多余的线段，如图 4–151 所示。

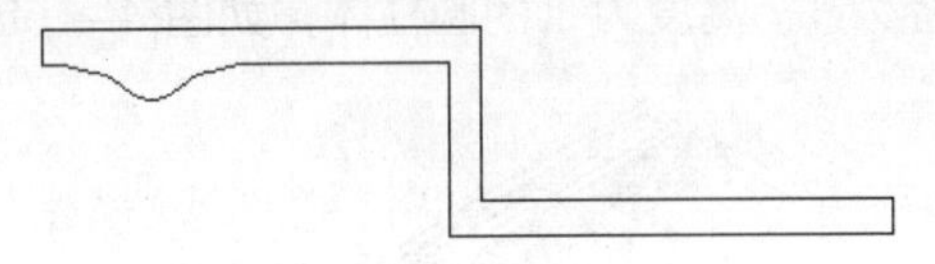

图 4–151　修剪和删除多余的线段

6 单击“修改”工具栏中的“偏移”按钮，将圆弧线段向上偏移 2.5，如图 4–152 所示。

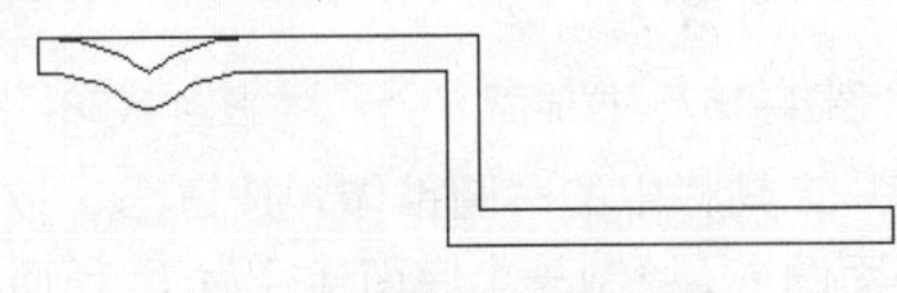

图 4–152　偏移圆弧线段

7 单击“修改”工具栏中的“圆角”按钮，倒圆角两条偏移圆弧的交角，设置圆角模式为修剪，圆角半径为 2.5，如图 4–153 所示。

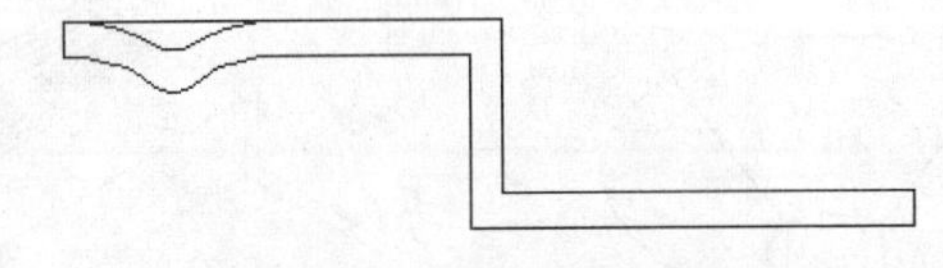

图 4–153　偏移圆弧倒圆角

8 单击“修改”工具栏中的“修剪”按钮，修剪直线，并将图形创建成一个面，如图 4–154 所示。

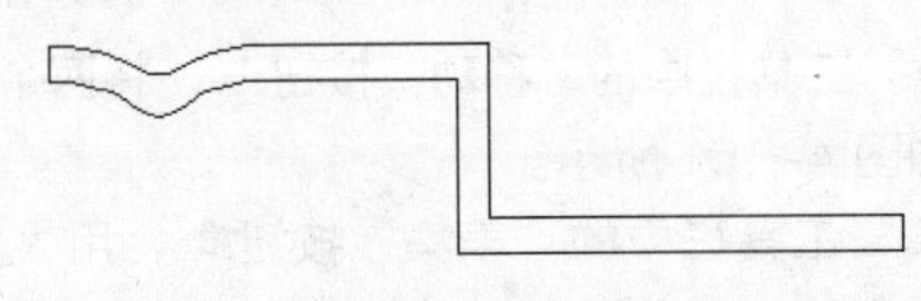

图 4–154　修剪直线并创建成面

方法二，具体操作步骤如下：

1. 打开快捷菜单

在绘图区中单击鼠标右键，弹出快捷菜单。

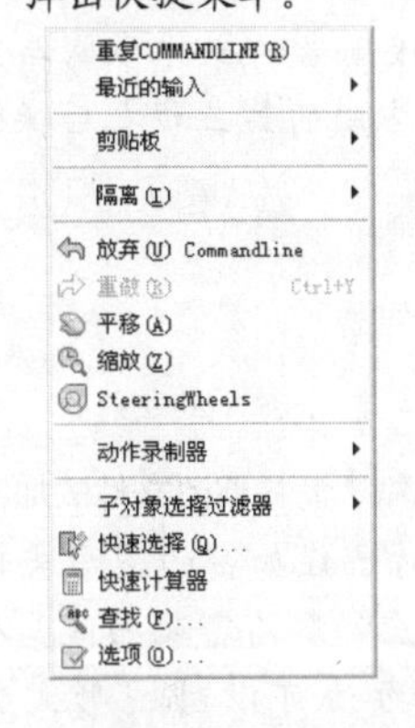

2. 打开“选项”对话框

在快捷菜单中单击“选项”命令，打开“选项”对话框。该对话框主要用于设置系统的配置与参数。

“选项”对话框：

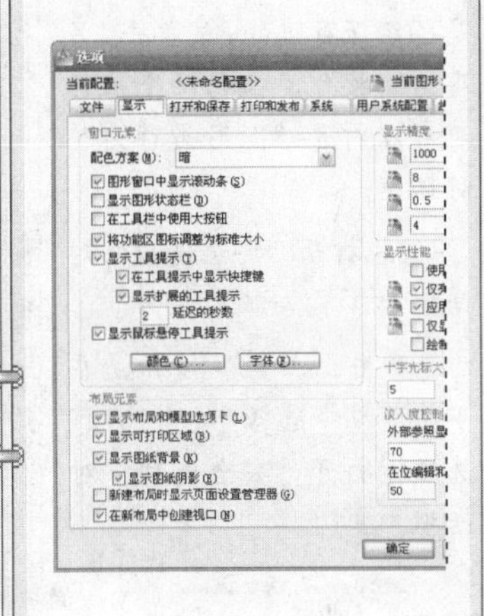

3. 切换到“打开和保存”选项卡

单击“打开和保存”标签，即可切换到“打开和保存”选项卡。

4. 打开“安全选项”对话框

单击“安全选项”按钮，打开“安全选项”对话框。

5. 后续操作

接下来的操作步骤与第一种方法的第三步之后操作相同。

疑难解答 **怎样取消文件的加密**

对已经加密的图形文件有相应的取消密码功能。有两种方法可以对图形文件解密。

方法一，具体操作步骤如下：

1. 打开“图形另存为”对话框

在文件绘制完成后，单击“保存”按钮，如果文件是已经保存过的，就单击“另存为”按钮，执行两个操作都可以打开“图形另存为”对话框。

2. 打开“安全选项”对话框

单击“工具”按钮，在下拉菜单中选择“安全选项”选项，打开“安全选项”对话框。

9 选择“视图”菜单中 “三维视图”子菜单中的“东北等轴测”命令，将二维视图切换成三维视图，如图4-155所示。

10 单击“建模”工具栏中的“三维旋转”按钮，将面沿X轴旋转90°，如图4-156所示。

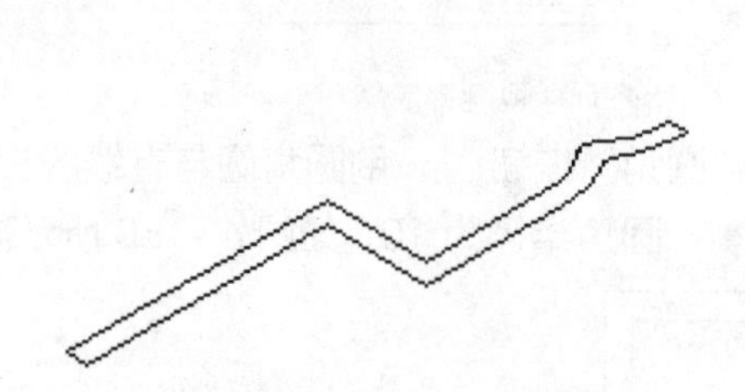

图4-155 切换成三维视图

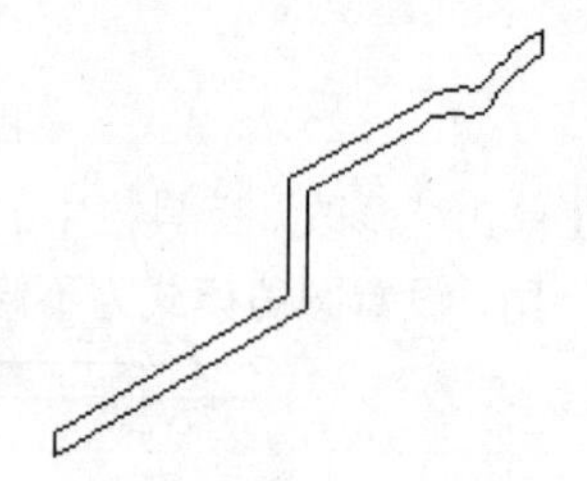

图4-156 三维旋转面

11 单击“建模”工具栏中的“拉伸”按钮，将面拉伸50，如图4-157所示。

12 单击“建模”工具栏中的“圆柱体”按钮，在空白处绘制一个底面半径为1、高度为1的圆柱体，如图4-158所示。

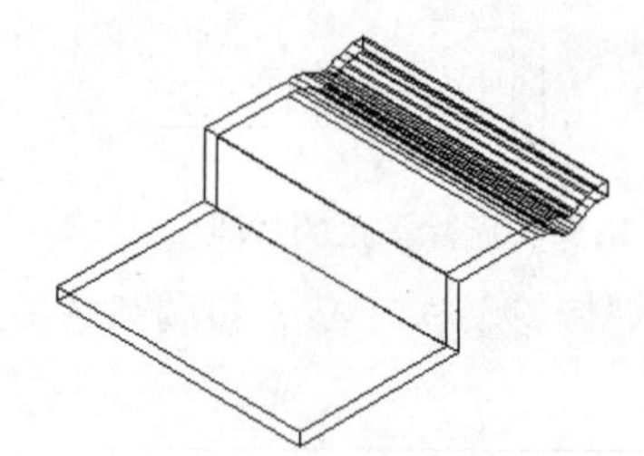

图4-157 拉伸面

图4-158 绘制圆柱体

13 单击“建模”工具栏中的“圆锥体”按钮，以圆柱体的顶面圆心为底面圆心，绘制一个底面半径为1、顶面半径为3.5、高度为1.5的圆锥体，如图4-159所示。

14 单击“绘图”工具栏中的“直线”按钮，绘制一条长为10的辅助线段，如图4-160所示。

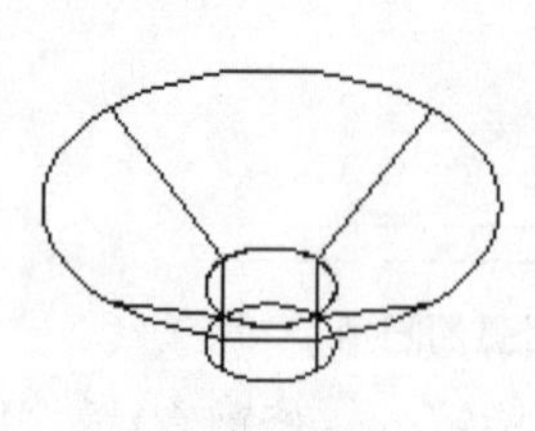

图4-159 绘制圆锥体

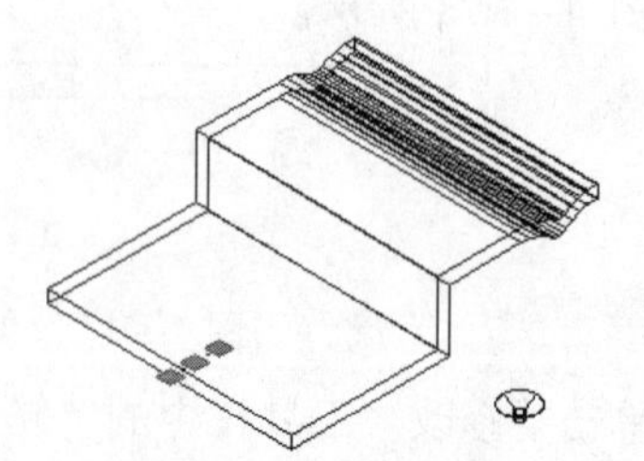

图4-160 绘制辅助线段

15 单击“修改”工具栏中的“移动”按钮，将两个实体移动到图形中，如图4-161所示。

16 单击“建模”工具栏中的“差集”按钮，用大实体减去两个移动后的实体，并删除辅助线段，如图4-162所示。

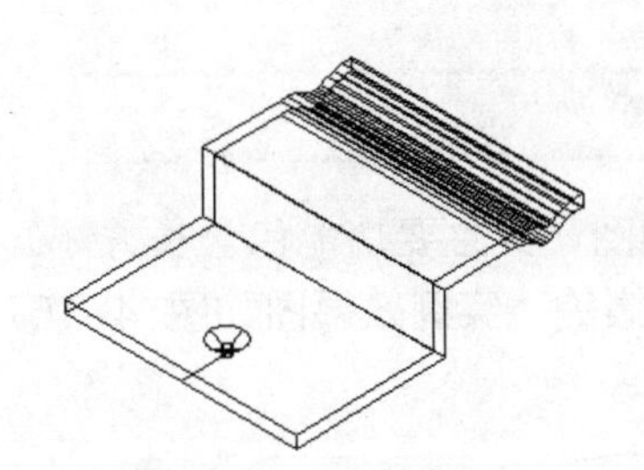

图 4-161 移动实体

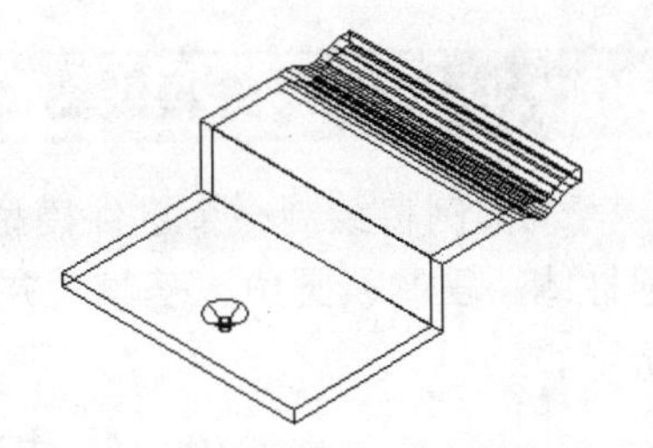

图 4-162 差集实体并删除辅助线段

17 单击“修改”工具栏中的“复制”按钮，复制两个实体，如图 4-163 所示。

18 单击“建模”工具栏中的“三维旋转”按钮，将其中一个实体沿 Z 轴旋转 180°，如图 4-164 所示。

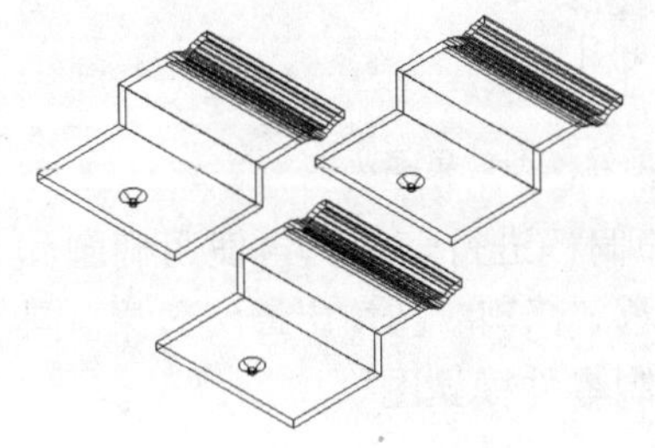

图 4-163 复制实体

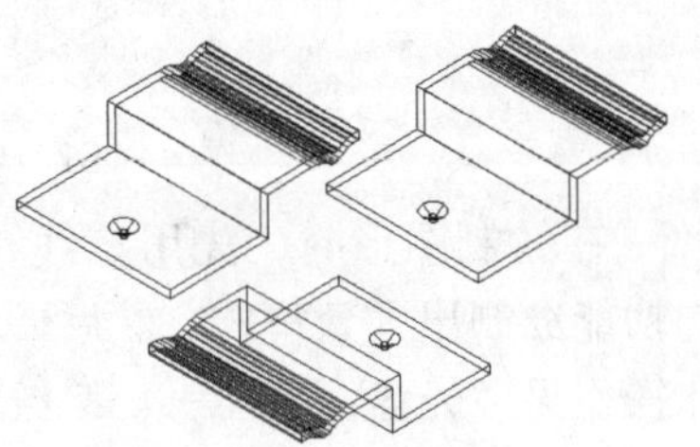

图 4-164 三维旋转其中一个实体

19 单击“修改”工具栏中的“移动”按钮，将 3 个实体组合起来，并使用并集功能对 3 个实体相加，如图 4-165 所示。

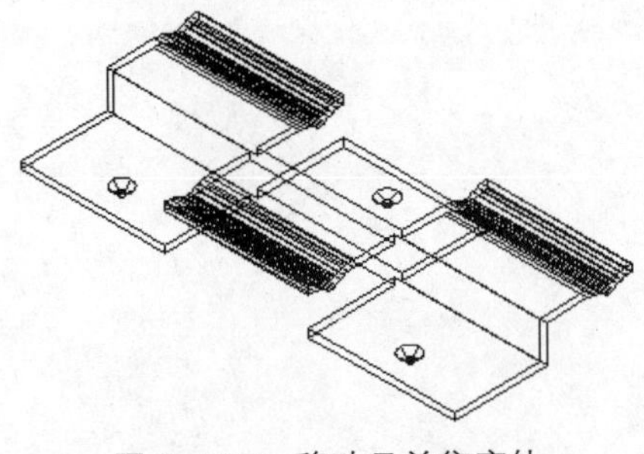

图 4-165 移动且并集实体

20 选择“视图”菜单中的“消隐”命令，调整图形的视觉效果，如图 4-166 所示。

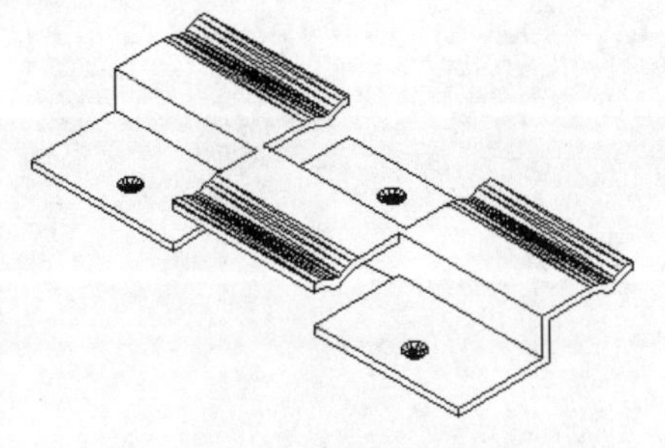

图 4-166 消隐样式观察图形

3. 删除密码

删除已设定的密码，单击“确定”按钮，弹出“已删除密码”对话框。

4. 保存操作

单击“确定”按钮，保存解密操作。

方法二，具体操作步骤如下：

1. 打开快捷菜单

在绘图区中单击鼠标右键，弹出快捷菜单。

2. 打开“选项”对话框

在快捷菜单中单击“选项”命令，打开“选项”对话框。

3. 切换到“打开和保存”选项卡

单击“打开和保存”标签，即可切换到“打开和保存”选项卡。

4. 打开“安全选项”对话框

单击“安全选项”按钮，打开“安全选项”对话框。

5. 删除密码

删除已设定的密码，单击“确定”按钮，弹出“已删除密码”对话框。

6. 保存操作

单击“确定”按钮，保存解密操作。

疑难解答 无法拉伸绘制的二维图形

在 AutoCAD 中，有以下两种形式无法拉伸二维图形。

- 具有相交或自交线段的多段线。
- 包含在块内的对象。

解决方法：如果使用直线或圆弧从轮廓创建实体，则可以使用 pedit 命令下的“合并”选项将它们转换为一个多段线对象，也可以将对象转换成面域后再拉伸。

疑难解答 无法将创建的面拉伸成实体

在拉伸成实体功能中，可以分为高度拉伸和按路径拉伸。

1. 按路径拉伸

先将绘制的线条用三维观察器观察，若是三维空间线条，就不能拉伸，因为 AutoCAD 只能用平面线条进行拉伸路径。

2. 按高度拉伸

可能是因为面域没生成好，查看二维图形是否有哪个地方没有连接好，将其连接好即可进行拉伸。

实例 4-11 绘制零件模型图

本实例将绘制一个零件模型图，其主要功能包含长方体、圆柱体、复制、圆角、差集、并集等。实例效果图如图 4-167 所示。

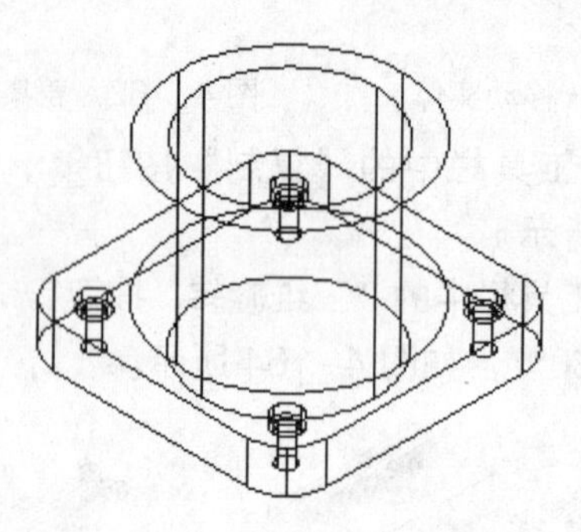

图 4-167　零件模型效果图

在绘制图形时，先用直线和偏移进行辅助，再使用椭圆和圆功能绘制出大致样式，然后偏移、修剪、圆角出最终效果。具体操作见“光盘\实例\第 4 章\绘制零件模型图”

05

第5章 机械实体修改

在接触了三维建模后，大家一定对绘制实体图形很感兴趣吧！本章将讲解实体的修改，通过修改，能够得到更加复杂多变的实体模型。小栏部分详细讲解了各项三维编辑功能与网格建模功能。

本章讲解的实例和主要功能如下：

实　例	主要功能	实　例	主要功能	实　例	主要功能
绘制支架模型	长方体 圆柱体 圆角、差集 并集、消隐	绘制肋板	长方体 剖切 三维旋转 移动 圆锥体	绘制夹具模型	多段线 矩形 扫掠 圆角
绘制燕尾槽支座	直线、旋转 拉伸成实体 圆柱体 差集 三维镜像	绘制吊扣模型	拉伸成实体 圆柱体 球体 长方体 差集 圆角	绘制摇皮	长方体 圆柱体 拉伸成实体 三维旋转
绘制刀座	圆锥体 剖切 三维阵列 拉伸成实体 差集、并集	绘制六角螺栓	多边形 圆柱体 拉伸成实体 螺旋 扫掠	绘制连杆模型图	圆柱体 长方体 圆角 二维编辑 扫掠 差集、并集

本章在讲解实例操作的过程中，全面系统地介绍关于机械实体修改的相关知识和操作方法，包含的内容如下：

实例 5-1　绘制支架模型

本实例将绘制支架模型，其主要功能包含长方体、圆柱体、圆角、差集、并集等。实例效果如图 5-1 所示。

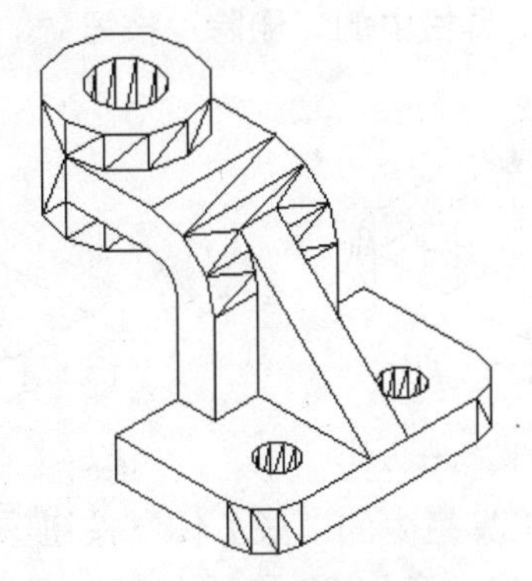

图 5-1　支架效果图

操作步骤

1. 选择“视图”菜单中“三维视图”子菜单中的“东北等轴测”命令，将二维视图切换成三维视图。
2. 单击“建模”工具栏中的“长方体”按钮，绘制一个长为 100、宽为 60、高为 15 的长方体，如图 5-2 所示。
3. 单击“绘图”工具栏中的“直线”按钮，绘制辅助线 25、20，如图 5-3 所示。

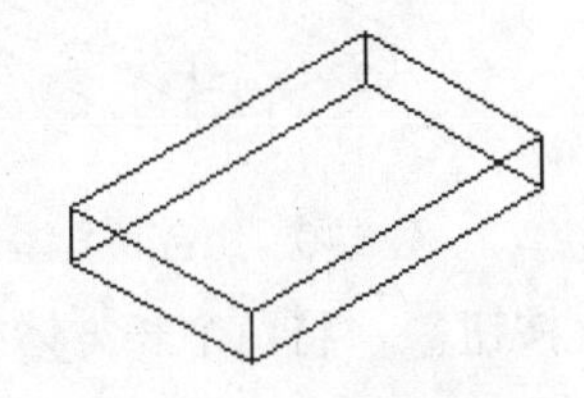

图 5-2　绘制长方体

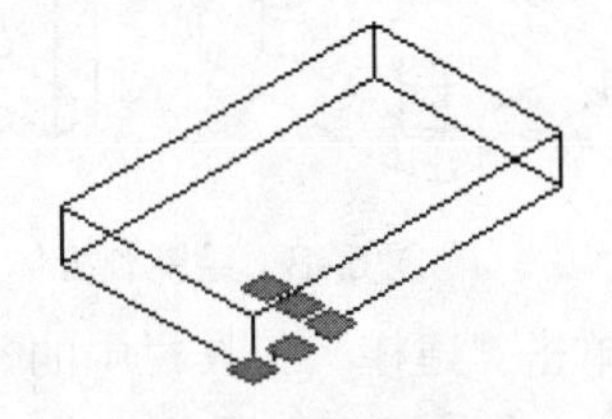

图 5-3　绘制辅助线

4. 单击“建模”工具栏中的“圆柱体”按钮，以辅助线的端点为底面圆心，绘制底面半径为 7.5、高为 15 的圆柱体，如图 5-4 所示。
5. 单击“修改”工具栏中的“镜像”按钮，以长方体的一条长边的中点为镜像点，在 Y 轴极轴上任意单击一点，镜像复制圆柱体，如图 5-5 所示。

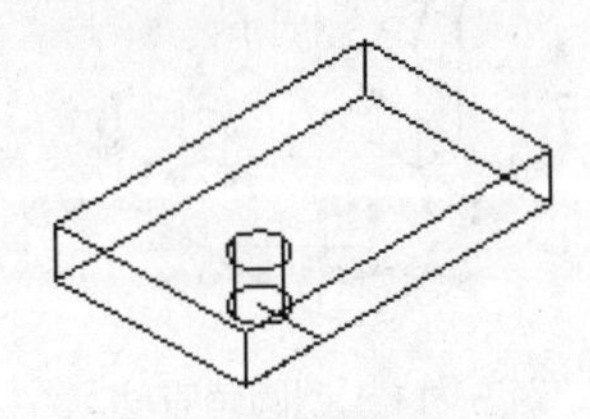

图 5-4　绘制圆柱体

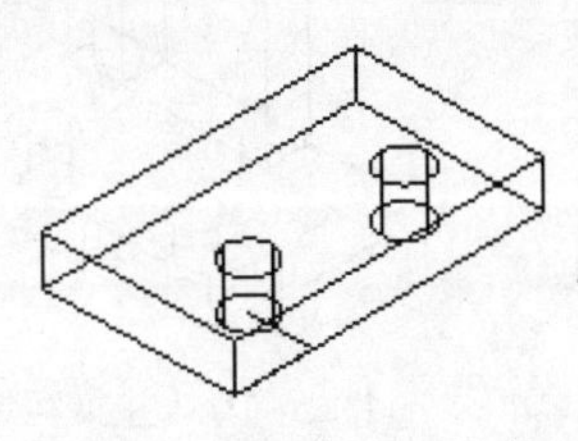

图 5-5　镜像复制圆柱体

实例 5-1 说明

- 知识点：
  - 长方体
  - 圆柱体
  - 圆角
  - 差集
  - 并集
  - 消隐
- 视频教程：
  光盘\教学\第 5 章 机械实体修改
- 效果文件：
  光盘\素材和效果\05\效果\5-1.dwg
- 实例演示：
  光盘\实例\第 5 章\绘制支架模型

相关知识　三维模型的分类

AutoCAD 中的三维模型分为三类：线框模型、表面模型和实体模型。

1. 线框模型

线框模型是在二维模型的基础上创建的。在线框模型中没有实体表面的概念，实体是由点、圆弧、椭圆和样条曲线等构成。此种模型中每一条线都是单独绘制和定位的，所以对于复杂的图形往往很难绘制和表达。

因此，使用此类模型构造三维模型的效率不高。

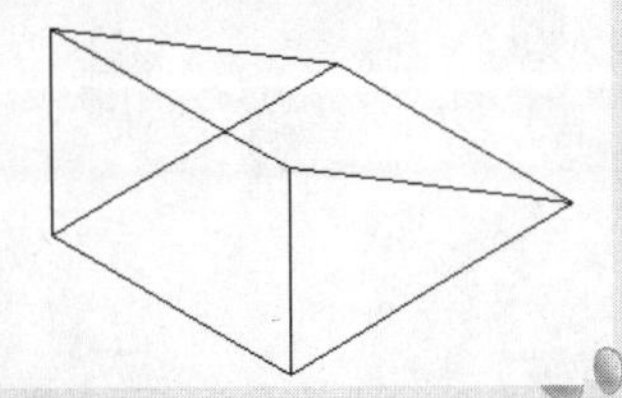

2. 表面模型

表面模型是更高级的表达方式，它不仅定义了三维模型的边界，还定义了三维模型的表面。

在 AutoCAD 中，通过多边形网格所形成的小单元来定义模型的表面，其过程相当于在框架上覆盖一层薄膜。表面模型实际上也不代表实体的真正特性。

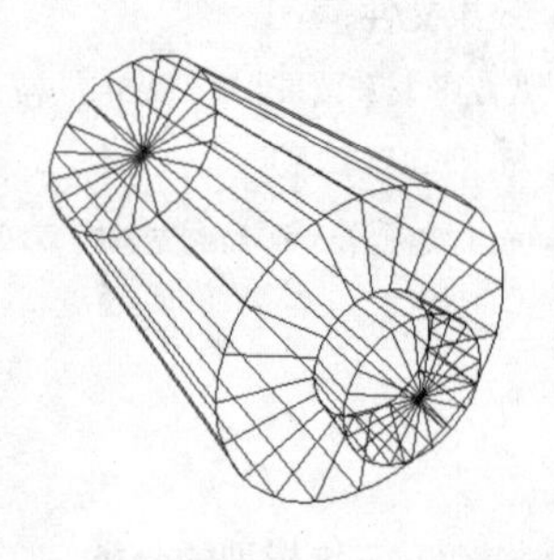

3. 实体模型

实体模型是构造三维模型最高级的方式。从表面上看，实体模型类似于消除了隐藏线的线框模型和表面模型。但实际上，实体模型与这两种模型并不相同，实体模型具有重量、体积等的特点。

AutoCAD 提供了很多基本的三维实体，还可以通过交、差、并等运算由基本的三维实体构造出更复杂的实体。

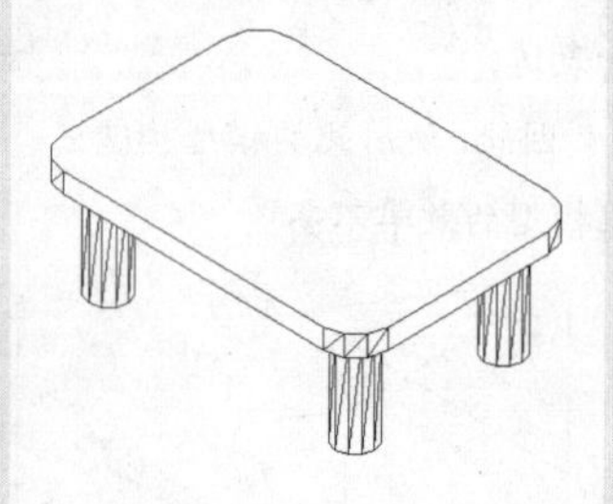

6 单击“修改”工具栏中的“圆角”按钮，将长方体的两条短边倒圆角，圆角半径为 15，如图 5-6 所示。

7 单击“建模”工具栏中的“差集”按钮，将两个圆柱体从长方体中减去。

8 单击“修改”工具栏中的“删除”按钮，删除辅助线段，如图 5-7 所示。

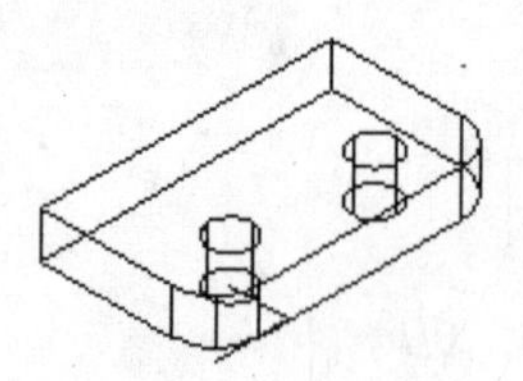

图 5-6 倒圆角长方体

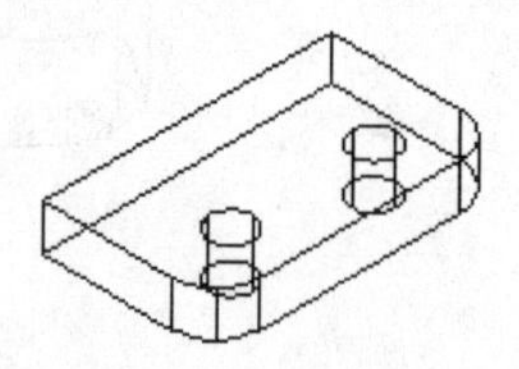

图 5-7 删除辅助线段

9 单击“建模”工具栏中的“长方体”按钮，在空白处绘制长为 50、宽为 15、高为 60 和长为 50、宽为 60、高为 15 的两个长方体，如图 5-8 所示。

10 单击“修改”工具栏中的“移动”按钮，将几个实体组合起来，如图 5-9 所示。

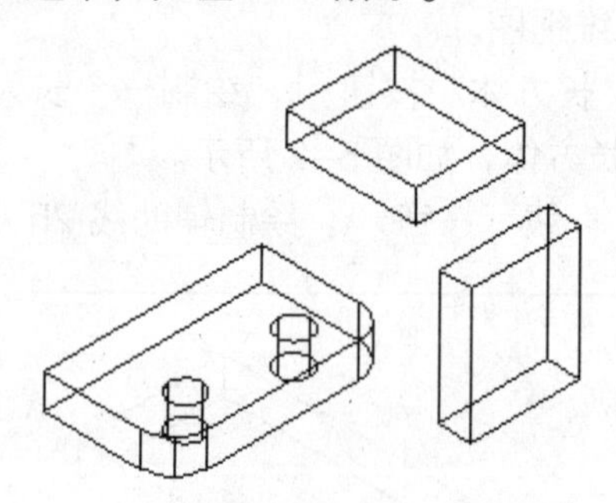

图 5-8 绘制长方体

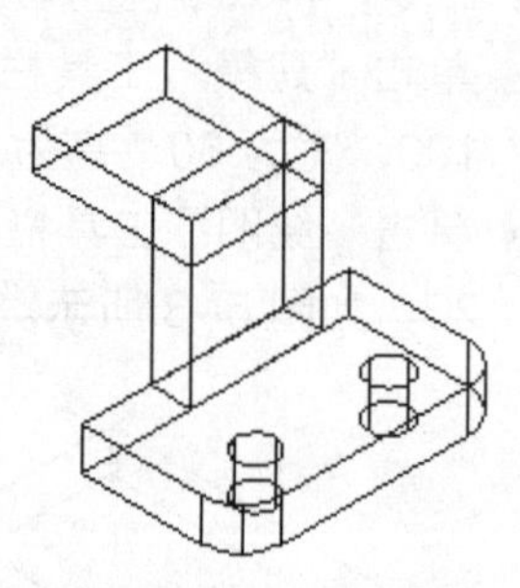

图 5-9 组合长方体

11 单击“建模”工具栏中的“并集”按钮，将两个长方体相加，如图 5-10 所示。

12 单击“修改”工具栏中的“圆角”按钮，对修改实体的相交边倒圆边，外圆半径为 25，内圆半径为 10，如图 5-11 所示。

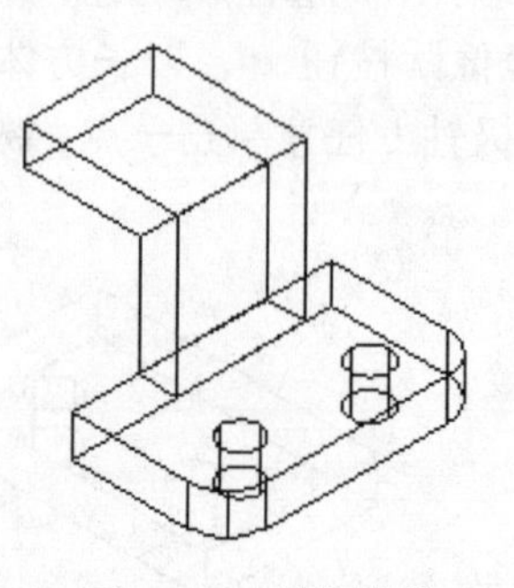

图 5-10 并集实体

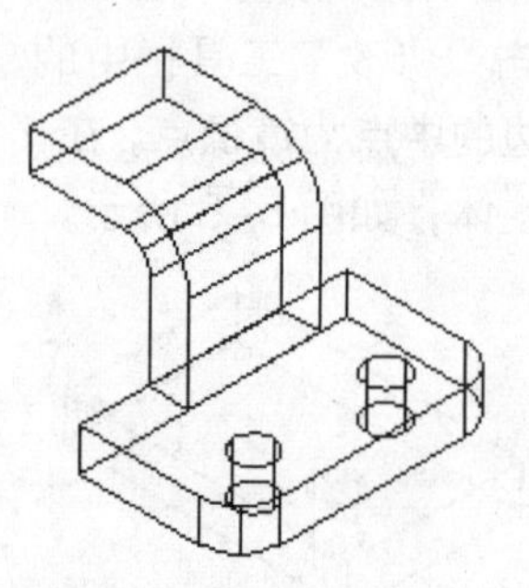

图 5-11 倒圆角直边

13 单击“绘图”工具栏中的“直线”按钮，沿极轴绘制线段长为 60、25，如图 5-12 所示。

14 单击“修改”工具栏中的“圆角”按钮，对直线倒圆角，圆角半径为 25，如图 5-13 所示。

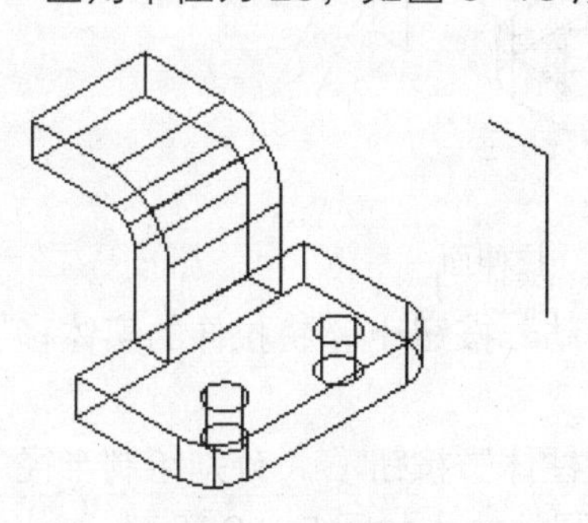

图 5-12　绘制线段

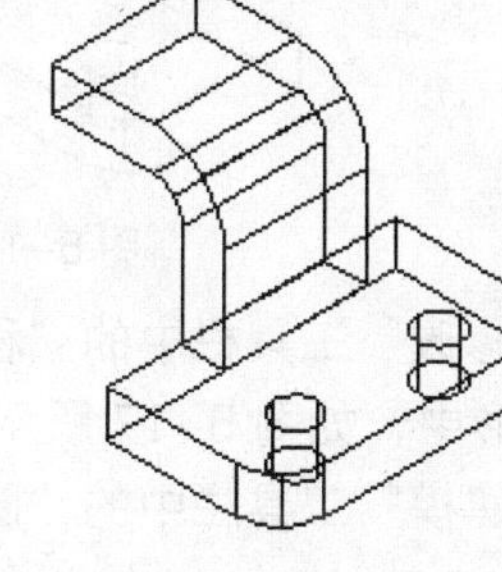

图 5-13　倒圆角直线

15 单击“绘图”工具栏中的“直线”按钮，以下端点为起点，沿 Y 轴极轴向右下绘制线段 45，然后绘制到倒圆角的切线，如图 5-14 所示。

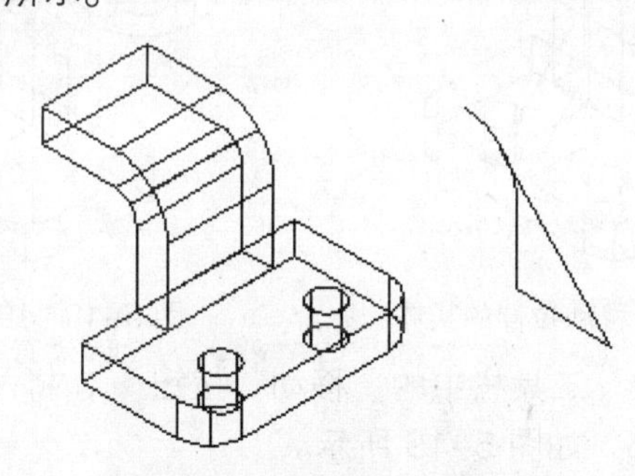

图 5-14　绘制线段和切线

16 单击“修改”工具栏中的“修剪”按钮，修剪连接切线后的多余线段，如图 5-15 所示。

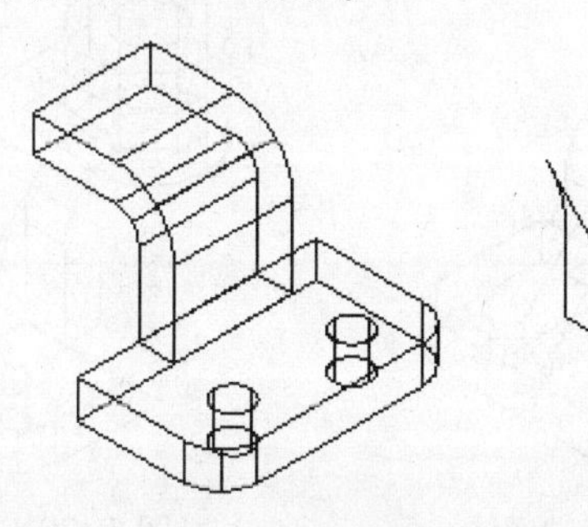

图 5-15　修剪多余的线段

17 单击“绘图”工具栏中的“面域”按钮，将绘制的线段创建成面。

18 单击“建模”工具栏中的“拉伸”按钮，把创建的面拉伸，拉伸高度为 15，如图 5-16 所示。

相关知识　**三维操作的分类**

AutoCAD 中的三维操作包括三维移动、三维旋转、三维镜像、三维阵列、三维对齐以及剖切实体。

相关知识　**什么是三维移动**

三维移动就是在三维空间里移动三维对象。在 AutoCAD 中执行三维移动操作时，会用到移动夹点工具。

相关知识　**使用移动夹点工具移动图形**

使用移动夹点工具，可以将选择的对象约束到轴或面上。移动夹点工具有 3 个轴句柄，用红色、绿色、蓝色区分，分别与 X 轴、Y 轴、Z 轴相对应。

从移动方式分，可以分为沿轴移动对象和沿面移动对象。

1. 沿指定轴移动对象

使用三维移动功能可以沿指定的 X 轴、Y 轴和 Z 轴移动对象。

2. 沿指定平面移动对象

使用三维移动工具可以沿 XY、XZ、YZ 平面移动对象。

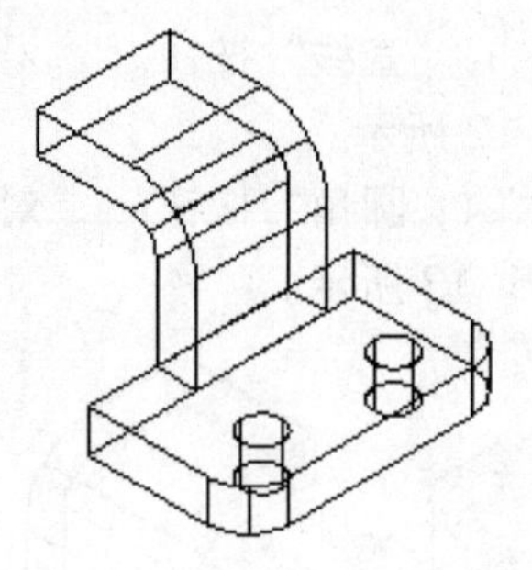
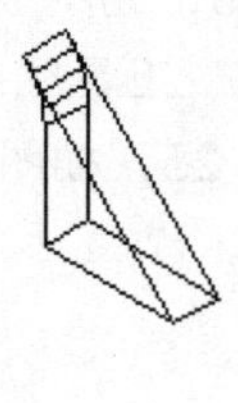

图 5-16 拉伸面

19 单击“修改”工具栏中的“移动”按钮，将拉伸的实体移动到图形中，如图 5-17 所示。

20 单击“建模”工具栏中的“圆柱体”按钮，分别绘制半径为 25、12.5，高为 40 的两个圆柱体，如图 5-18 所示。

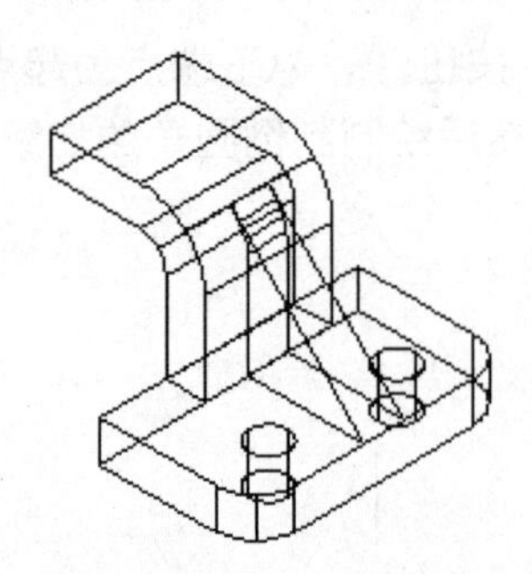

图 5-17 移动拉伸的实体

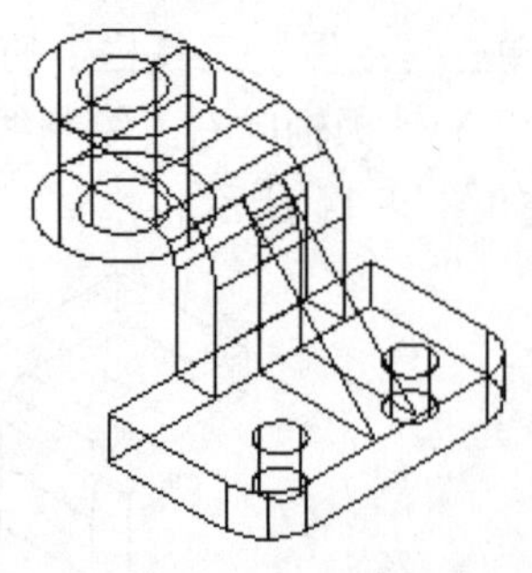

图 5-18 绘制圆柱体

21 单击“修改”工具栏中的“移动”按钮，将两个圆柱体向上移动 12.5，如图 5-19 所示。

22 单击“建模”工具栏中的“并集”按钮，将大圆柱体与其他实体相加，如图 5-20 所示。

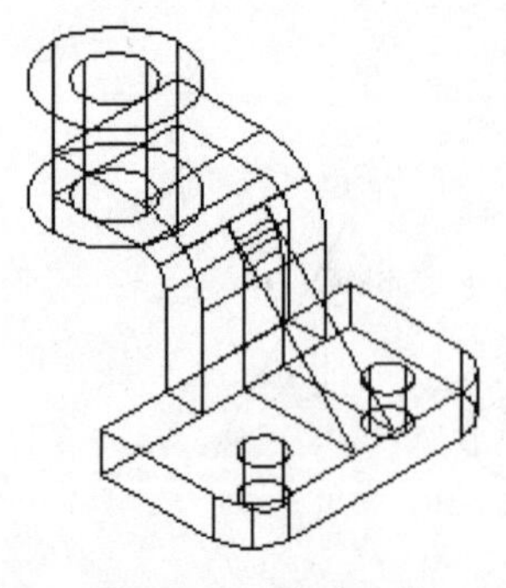

图 5-19 移动实体

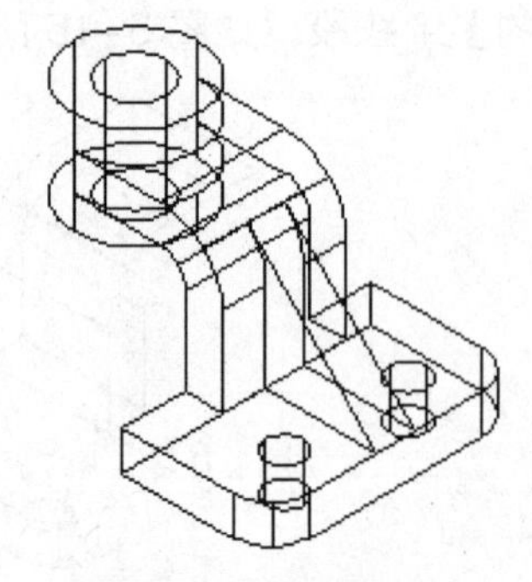

图 5-20 并集实体

23 单击“建模”工具栏中的“差集”按钮，将小圆柱体从大实体中减去。

24 选择“视图”菜单中的“消隐”命令，调整图形的视觉效果，如图 5-21 所示。

操作技巧 三维移动的操作方法

可以通过以下 3 种方法来执行“三维移动”操作：

- 选择“修改”→“三维操作”→“三维移动”命令。
- 单击“建模”工具栏中的“三维移动”按钮。
- 在命令行中输入 3dmove 后，按 Enter 键。

相关知识 什么是三维旋转

使用三维旋转功能，可以自由旋转对象，或将旋转约束到轴。三维旋转时会用到旋转夹点工具。

三维旋转前：

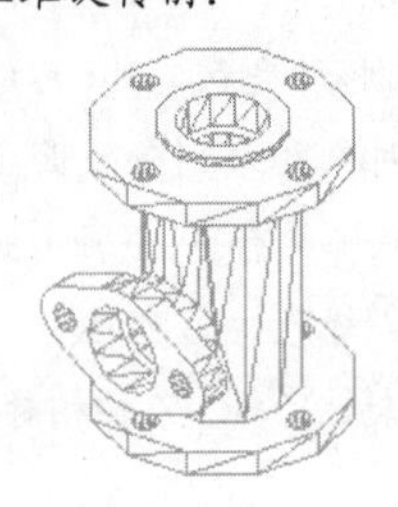

沿 X 轴三维旋转后：

操作技巧 三维旋转的操作方法

可以通过以下 3 种方法来执行“三维旋转”操作：

- 选择“修改”→“三维操作”→“三维旋转”命令。

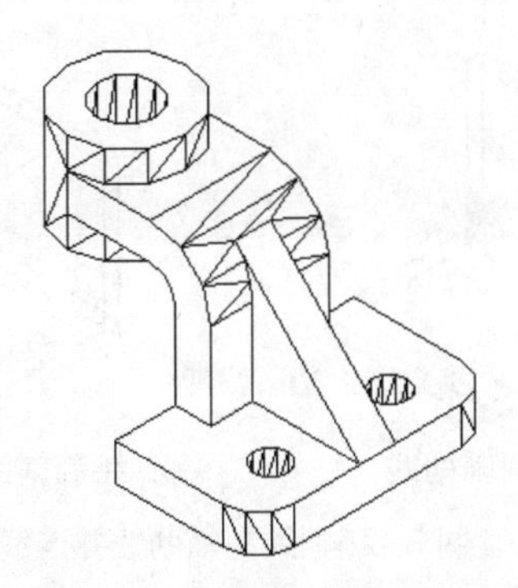

图 5-21　消隐样式观察图形

实例 5-2　绘制肋板

本实例将绘制肋板，其主要功能包含长方体、剖切、三维旋转、移动、圆锥体等。实例效果如图 5-22 所示。

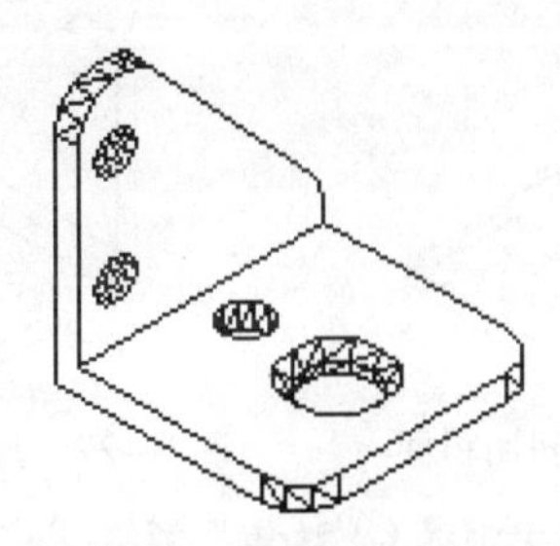

图 5-22　肋板效果图

操作步骤

1. 选择“视图”菜单中“三维视图”子菜单中的“东北等轴测”命令，将二维视图切换成三维视图。
2. 单击“建模”工具栏中的“长方体”按钮，绘制长为 32、宽为 32、高为 3 和长为 32、宽为 3、高为 32 的两个长方体，如图 5-23 所示。
3. 单击“修改”工具栏中的“移动”按钮，将两个长方体组合起来，如图 5-24 所示。

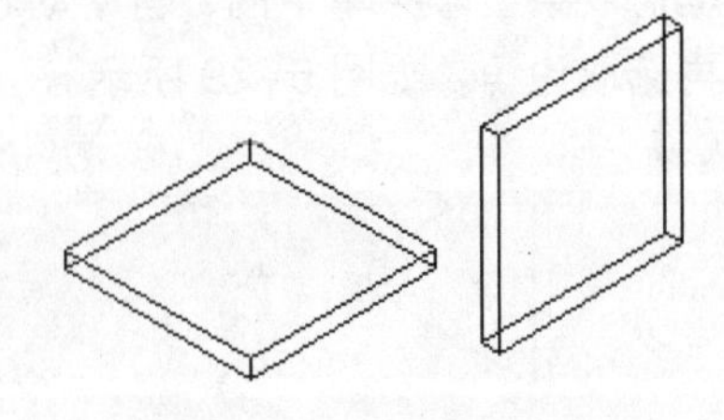

图 5-23　绘制长方体

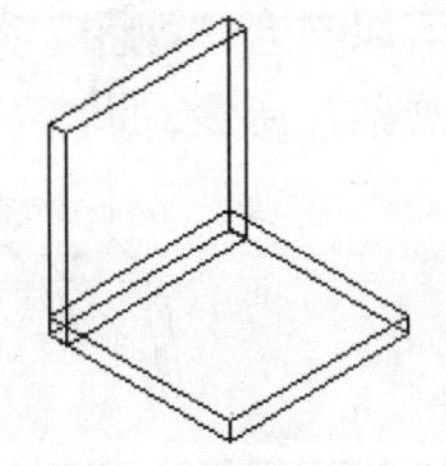

图 5-24　移动长方体

4. 单击“绘图”工具栏中的“直线”按钮，绘制长为 9、10 的两条辅助线，然后将辅助线连接起来，如图 5-25 所示。

- 单击“建模”工具栏中的“三维旋转”按钮。
- 在命令行中输入 3drotate 后，按 Enter 键。

实例 5-2 说明

知识点：
- 长方体
- 剖切
- 三维旋转
- 移动
- 圆锥体

视频教程：
光盘\教学\第 5 章 机械实体修改

效果文件：
光盘\素材和效果\05\效果\5-2.dwg

实例演示：
光盘\实例\第 5 章\绘制肋板

相关知识　使用旋转夹点工具旋转图形

与移动夹点工具一样，旋转夹点工具的 3 个轴句柄分别代表 X 轴（红色）、Y 轴（绿色）和 Z 轴（蓝色）。

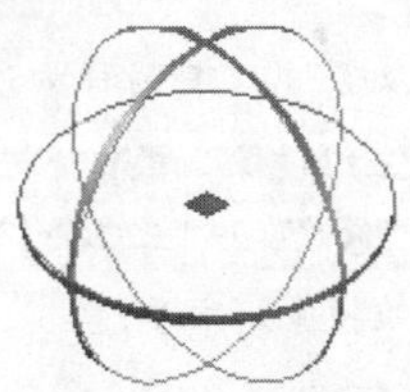

选择轴后，选定的轴呈黄色。

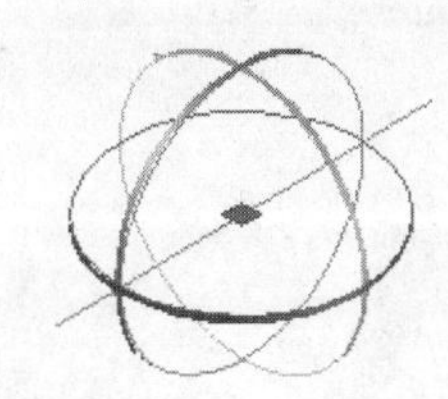

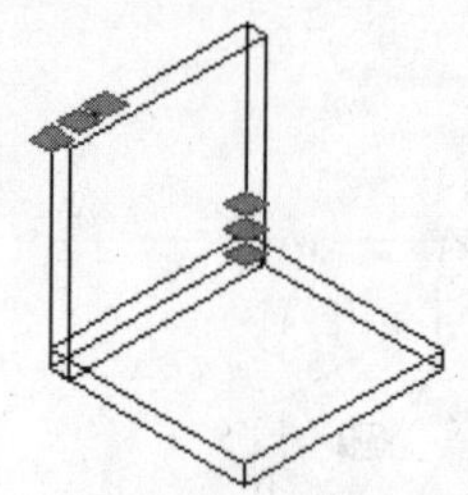

① 绘制辅助线

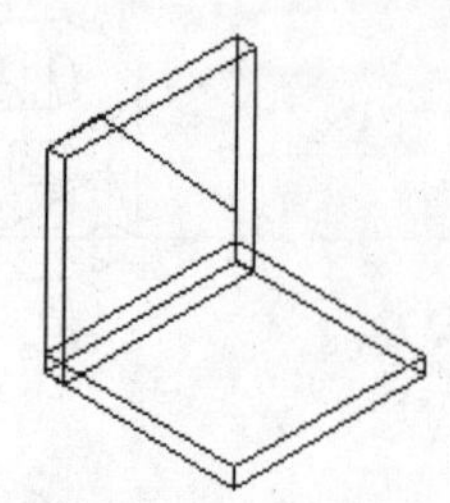

② 绘制辅助线之间的连线

图 5-25 绘制辅助线并连线

5 选择“修改”菜单中“三维操作”子菜单中的“剖切”命令，剖切斜面，如图 5-26 所示。

6 单击“修改”工具栏中的“删除”按钮，删除多余的线段和实体，如图 5-27 所示。

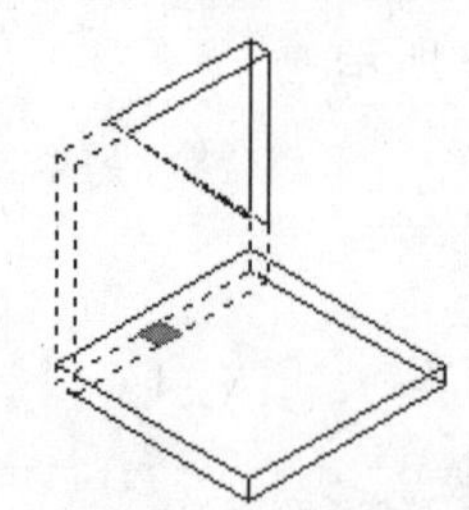

图 5-26 剖切斜面

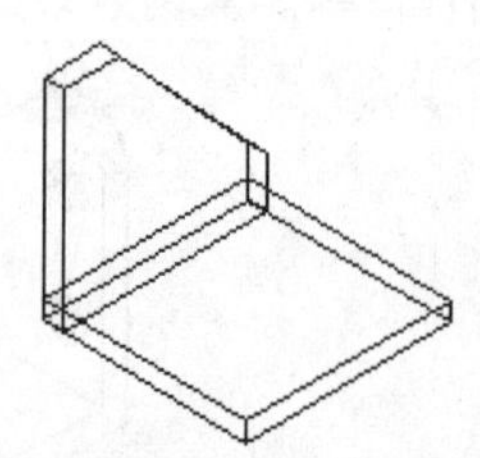

图 5-27 删除多余的线段和实体

7 单击“建模”工具栏中的“并集”按钮，将两个实体相加，如图 5-28 所示。

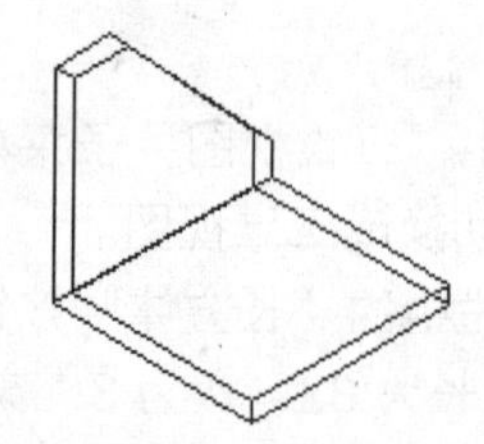

图 5-28 并集实体

8 单击“修改”工具栏中的“圆角”按钮，修改剖切了斜面的两个斜角成圆角，圆角半径为 5。在选取边角不方便的情况下，可以结合“视图”菜单中“动态观察”子菜单中的“自动动态观察”命令，调整视图角度再选取边角，如图 5-29 所示。

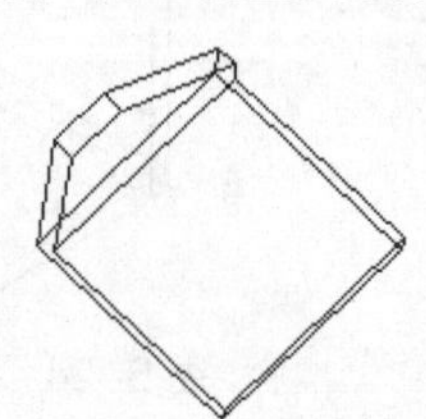

① 调整视图角度

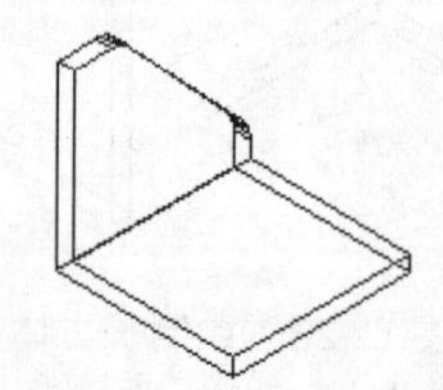

② 修改倒圆角后恢复视图角度

图 5-29 倒圆角斜边

相关知识 **什么是三维镜像**

三维镜像就是将对象在三维空间里相对于某一平面镜像，得到镜像实体。

三维镜像前：

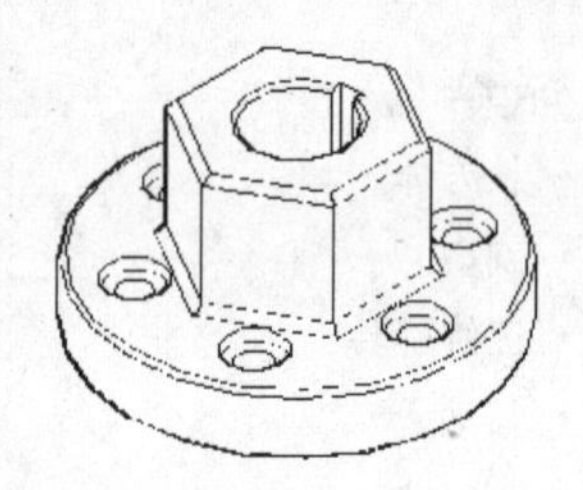

三维镜像后：

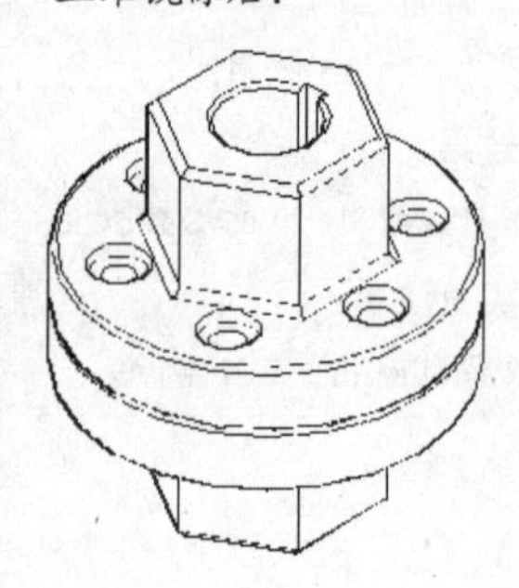

操作技巧 **三维镜像的操作方法**

可以通过以下两种方法来执行“三维镜像”操作：

- 选择“修改”→“三维操作”→“三维镜像”命令。
- 在命令行中输入mirror3d后，按 Enter 键。

9 单击“建模”工具栏中的“圆柱体”按钮，绘制两个底面半径为2.6、高为3的圆柱体，如图5-30所示。

10 单击“建模”工具栏中的“三维旋转”按钮，三维旋转绘制的圆柱体，旋转角度为90°，如图5-31所示。

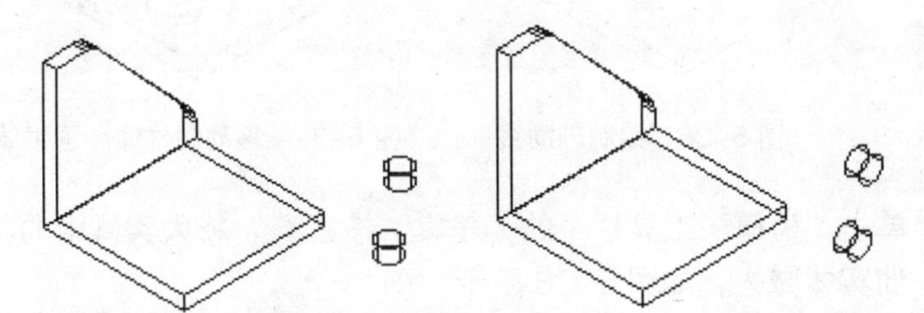

图5-30　绘制圆柱体　　图5-31　三维旋转圆柱体

11 单击“绘图”工具栏中的“直线”按钮，以实体的角点为起点，绘制3条辅助线段分别为10、5、14，如图5-32所示。

12 单击“修改”工具栏中的“移动”按钮，将圆柱体移动到最后一条辅助线的两个端点上，如图5-33所示。

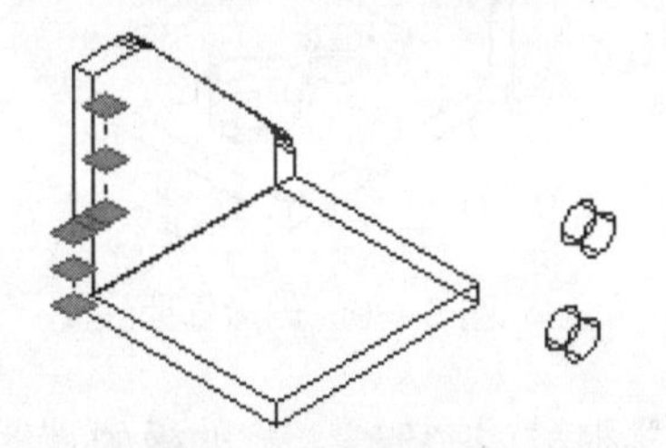

图5-32　绘制辅助线段

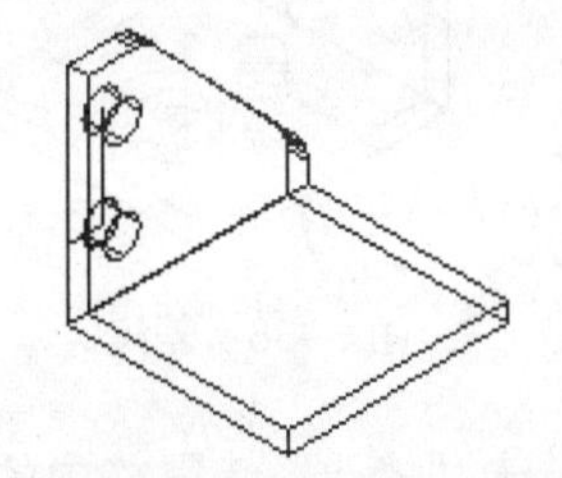

图5-33　移动圆柱体

13 单击“建模”工具栏中的“圆柱体”按钮，绘制底面半径为3、高为3和底面半径为4.5、高为1.5两个圆柱体，如图5-34所示。

14 单击“建模”工具栏中的“圆锥体”按钮，以半径为4.5的圆柱体的顶面圆心为中心点，绘制一个底面半径为4.5、顶面半径为6，高为1.5的圆锥体，如图5-35所示。

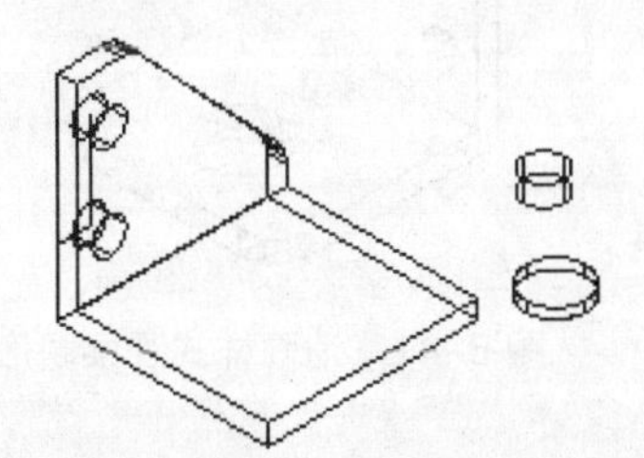

图5-34　绘制圆柱体

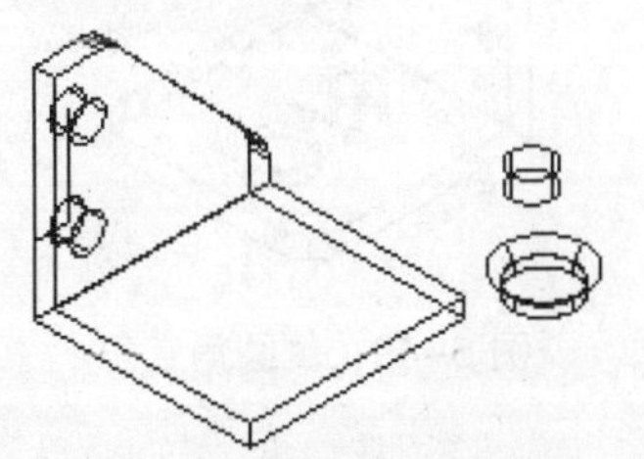

图5-35　绘制圆锥体

15 单击“绘图”工具栏中的“直线”按钮，绘制3条辅助线，如图5-36所示。

16 单击“修改”工具栏中的“移动”按钮，将圆柱体和圆锥体移动到图形中，如图5-37所示。

相关知识　**什么是三维阵列**

三维阵列功能用于在三维空间里创建对象的多个副本。三维阵列包括矩形阵列和环形阵列两种方式。

1. 矩形阵列

在矩形阵列时，要指定行数、列数、层数、行间距、列间距以及层间距。

三维矩形阵列前：

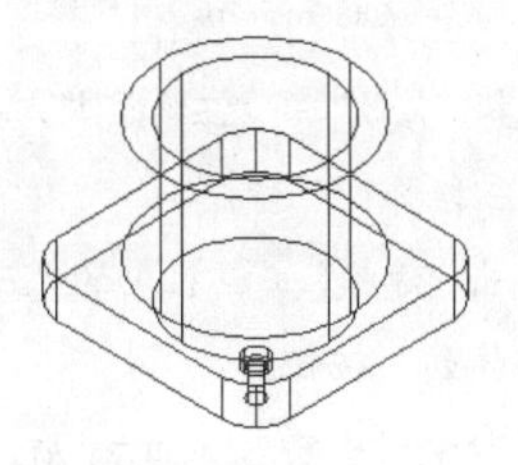

三维矩形阵列后：

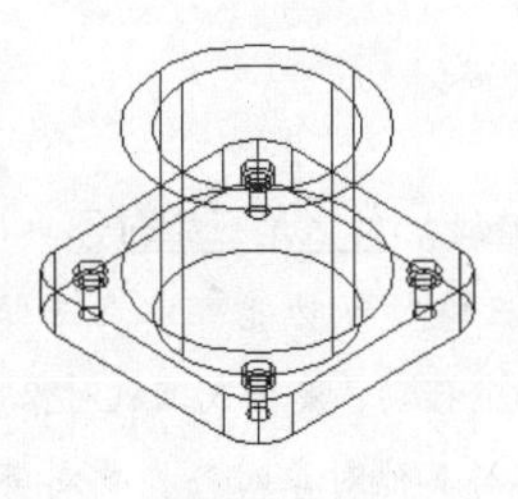

2. 环形阵列

在环形阵列时，要指定阵列的数目、阵列填充的角度、旋转轴的起点和终点以及对象在阵列后是否绕着阵列中心旋转。

三维环形阵列前：

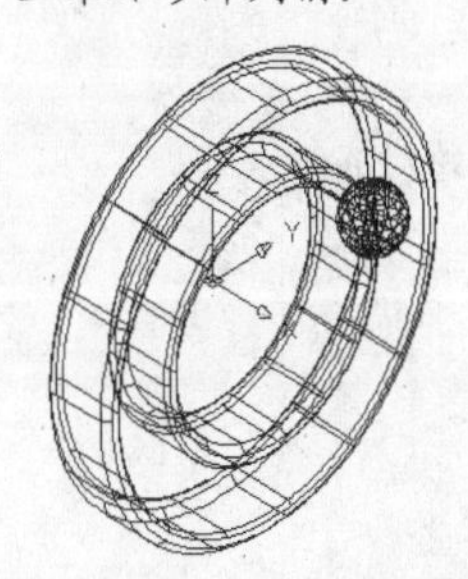

三维环形阵列后：

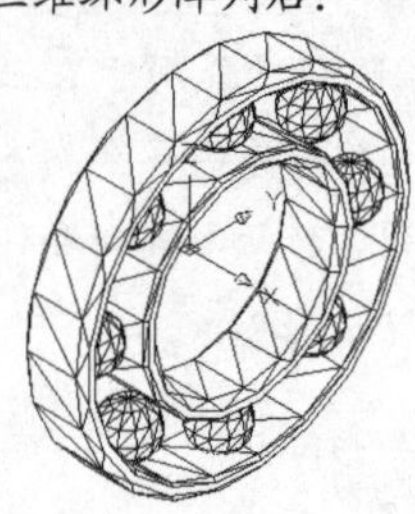

操作技巧 三维阵列的操作方法

可以通过以下 3 种方法来执行“三维阵列”操作：

- 选择“修改”→“三维操作”→“三维阵列”命令。
- 单击“建模”工具栏中的“三维阵列”按钮。
- 在命令行中输入 3darray 后，按 Enter 键。

相关知识 什么是三维对齐

三维对齐功能可以在三维空间中移动、旋转或缩放对象，使其与其他对象对齐。要对齐某个对象，最多可以给对象添加 3 对源点和目标点。

三维对齐前：

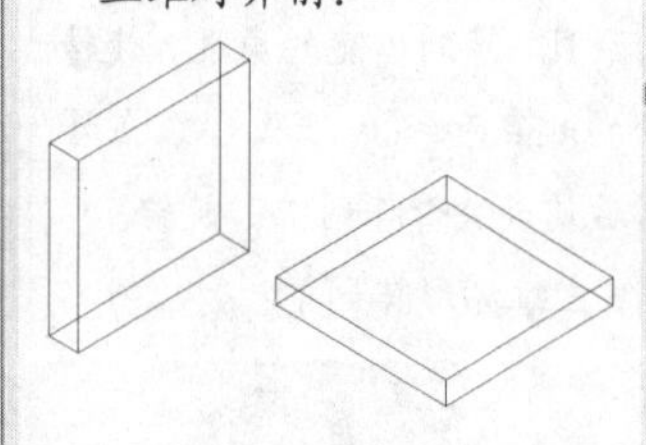

三维对齐后：

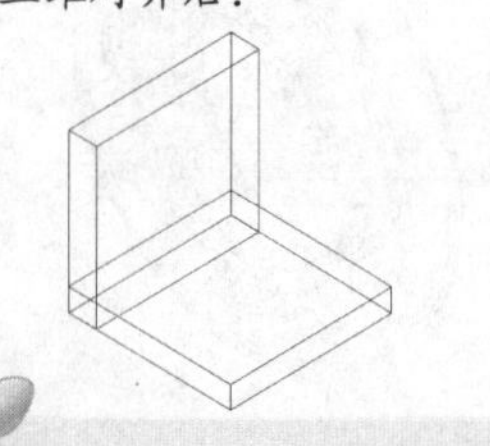

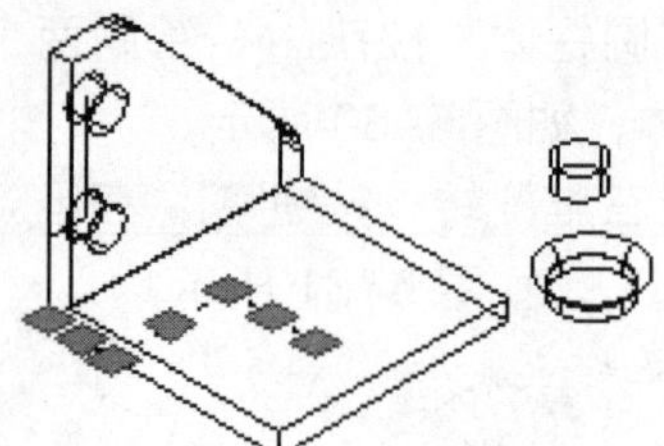

图 5-36 绘制辅助线

图 5-37 移动圆柱体和圆锥体

17 单击“建模”工具栏中的“差集”按钮，将大实体中的其他实体减去，如图 5-38 所示。

18 单击“修改”工具栏中的“删除”按钮，删除辅助线，如图 5-39 所示。

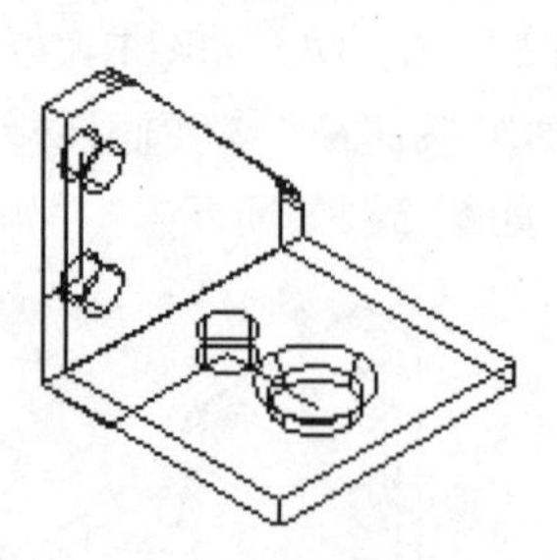

图 5-38 差集实体

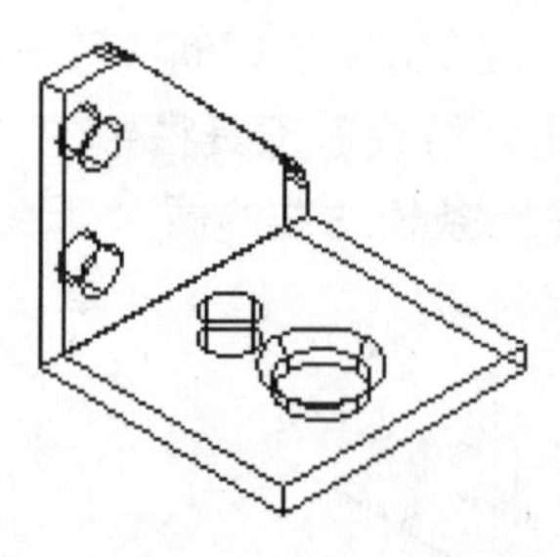

图 5-39 删除辅助线

19 单击“修改”工具栏中的“圆角”按钮，将肋板的其他直角倒圆角，圆角半径为 5，如图 5-40 所示。

20 选择“视图”菜单中的“消隐”命令，调整图形的视觉效果，如图 5-41 所示。

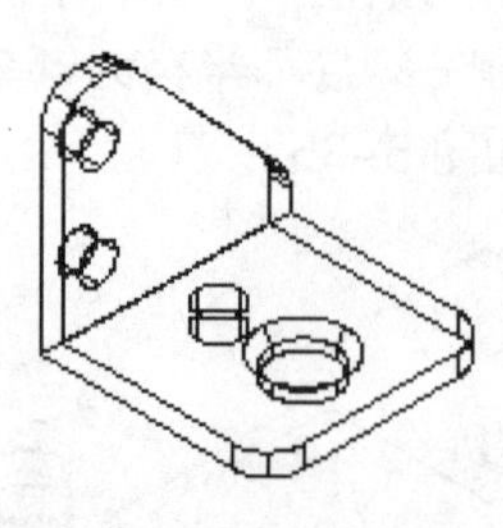

图 5-40 倒圆角直角

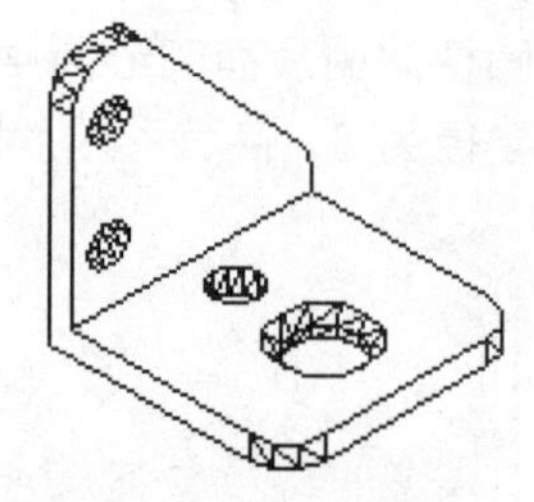

图 5-41 消隐样式观察图形

实例 5-3 绘制夹具模型

本实例将绘制夹具模型，其主要功能包含多段线、矩形、扫掠、圆角等。实例效果如图 5-42 所示。

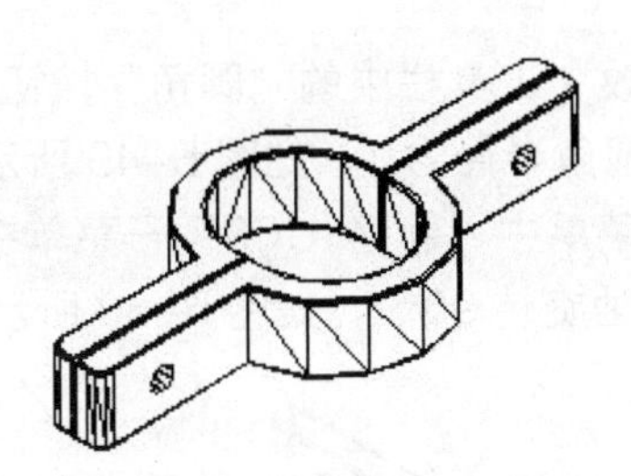

图 5-42　夹具模型效果图

操作步骤

1. 单击“建模”工具栏中的“多段线”按钮，绘制长为 60、30、60、30、60 的连续线段，如图 5-43 所示。
2. 单击“修改”工具栏中的“圆角”按钮，对其中的两个直角进行倒圆角，圆角半径为 30，如图 5-44 所示。

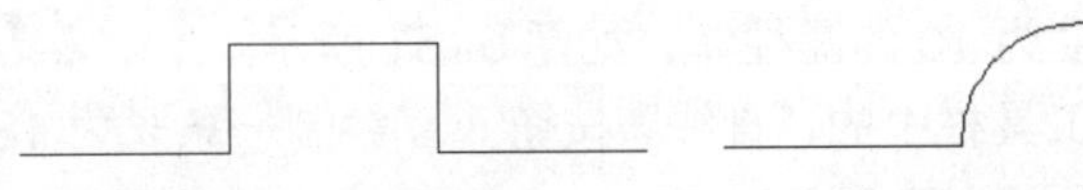

图 5-43　绘制多段线　　图 5-44　倒圆角直角

3. 选择“视图”菜单中“三维视图”子菜单中的“东北等轴测”命令，将二维视图切换成三维视图，如图 5-45 所示。
4. 单击“绘图”工具栏中的“矩形”按钮，绘制一个长为 10、宽为 24 的矩形，如图 5-46 所示。

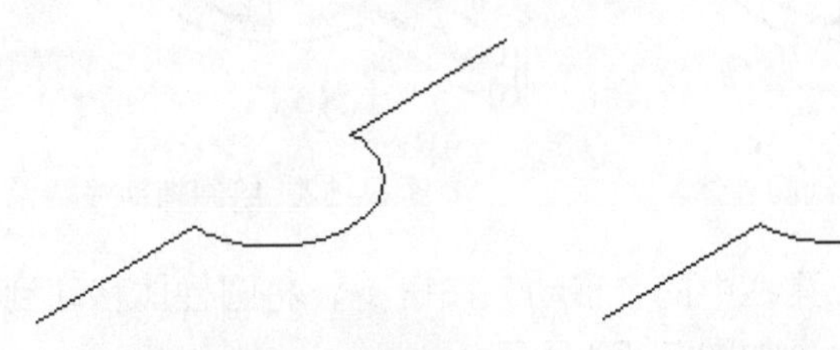

图 5-45　切换成三维视图　　图 5-46　绘制矩形

5. 单击“建模”工具栏中的“扫掠”按钮，先选择矩形再按 Enter 键，然后选择扫掠的多段线，扫掠成实体，如图 5-47 所示。
6. 单击“修改”工具栏中的“圆角”按钮，倒圆角外围边，圆角半径为 5，如图 5-48 所示。

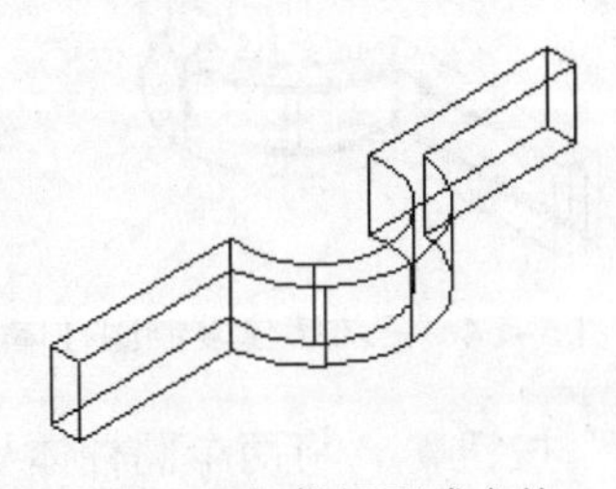

图 5-47　扫掠矩形成实体

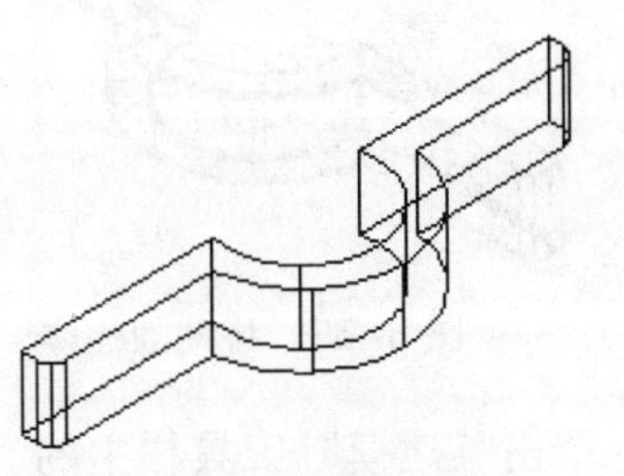

图 5-48　倒圆角外围边

操作技巧　三维对齐的操作方法

可以通过以下 3 种方法来执行“三维对齐”操作：

- 选择“修改”→“三维操作”→“三维对齐”命令。
- 单击“建模”工具栏中的“三维对齐”按钮。
- 在命令行中输入 3dalign 后，按 Enter 键。

实例 5-3 说明

- 知识点：
  - 多段线
  - 矩形
  - 扫掠
  - 圆角
- 视频教程：
  光盘\教学\第 5 章 机械实体修改
- 效果文件：
  光盘\素材和效果\05\效果\5-3.dwg
- 实例演示：
  光盘\实例\第 5 章\绘制夹具模型

相关知识　什么是剖切

剖切就是将一个实体图形切割成两个实体图形的过程。

用三点剖切实体：

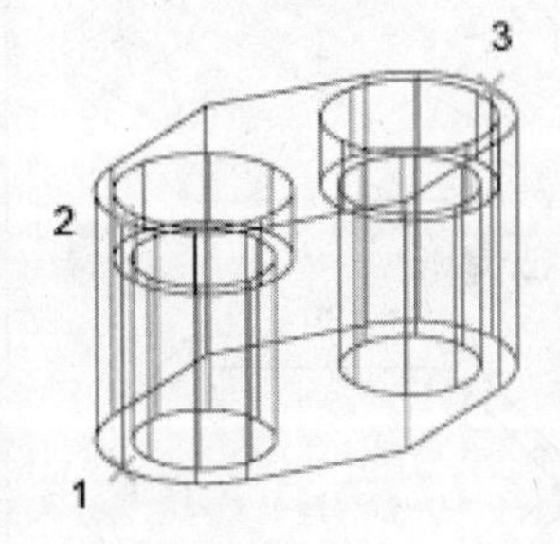

剖切后保留两个部分：

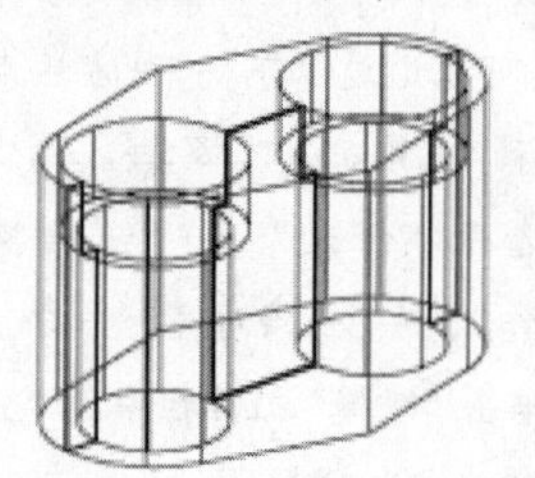

剖切后保留一个部分：

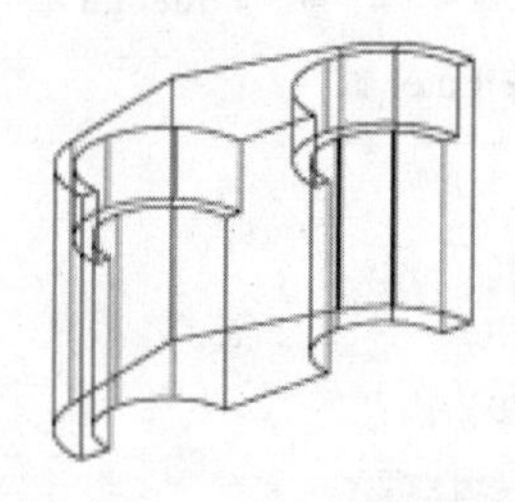

操作技巧 剖切的操作方法

可以通过以下两种方法来执行“剖切”操作：

- 选择“修改”→“三维操作”→“剖切”命令。
- 在命令行中输入 slice 后，按 Enter 键。

相关知识 什么是加厚

加厚就是从任何曲面类型创建三维实体的过程。

加厚前：

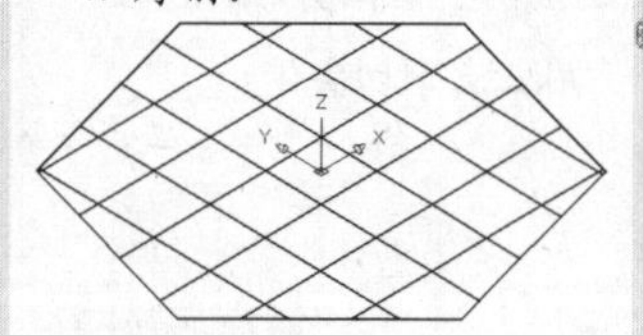

加厚后：

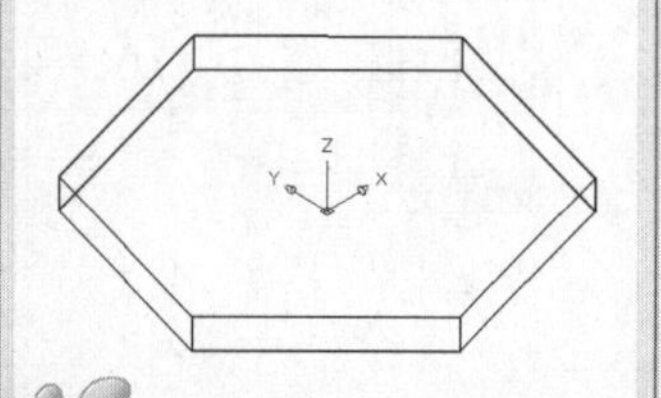

7 再次单击“修改”工具栏中的“圆角”按钮，倒圆角实体的其他棱边，圆角半径为 1，如图 5-49 所示。

8 单击“工具”菜单中“新建 UCS”子菜单中的“X”命令，将坐标系沿 X 轴旋转 90°，如图 5-50 所示。

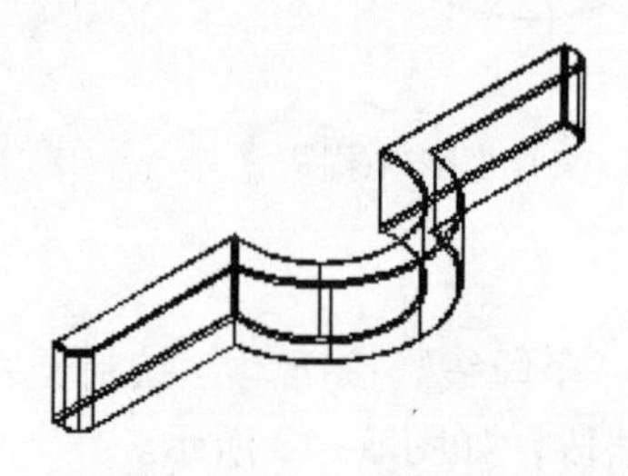

图 5-49 倒圆角实体的其他棱边

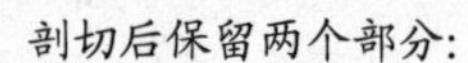

图 5-50 调整坐标系

9 单击“建模”工具栏中的“圆柱体”按钮，绘制一个底面半径为 4、高度为 10 的圆柱体，如图 5-51 所示。

10 单击“绘图”工具栏中的“直线”按钮，绘制一条长为 18 的辅助线，如图 5-52 所示。

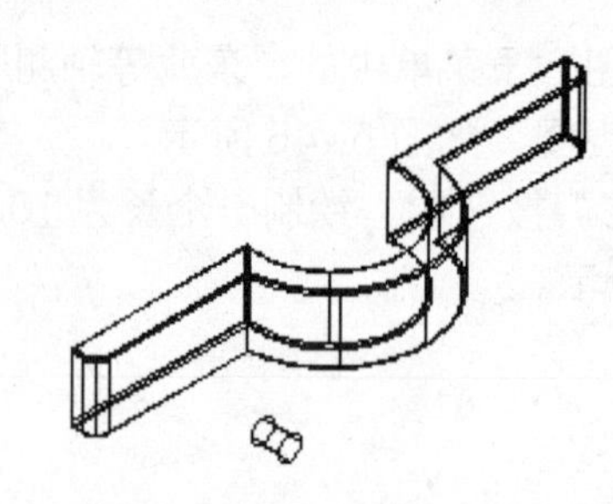

图 5-51 绘制圆柱体

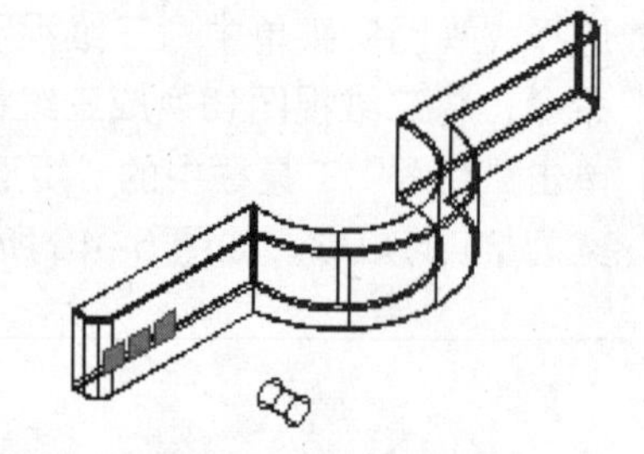

图 5-52 绘制辅助线

11 单击“修改”工具栏中的“移动”按钮，将圆柱体移动到辅助线的端点上，如图 5-53 所示。

12 选择“修改”菜单中“三维操作”子菜单中的“三维镜像”命令，三维镜像对称复制圆柱体，如图 5-54 所示。

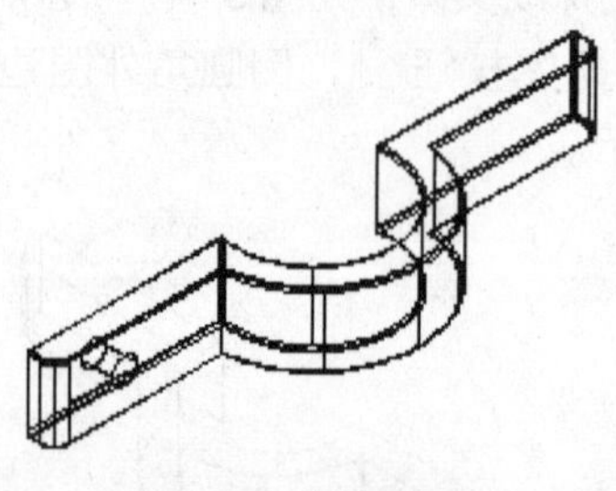

图 5-53 移动圆柱体

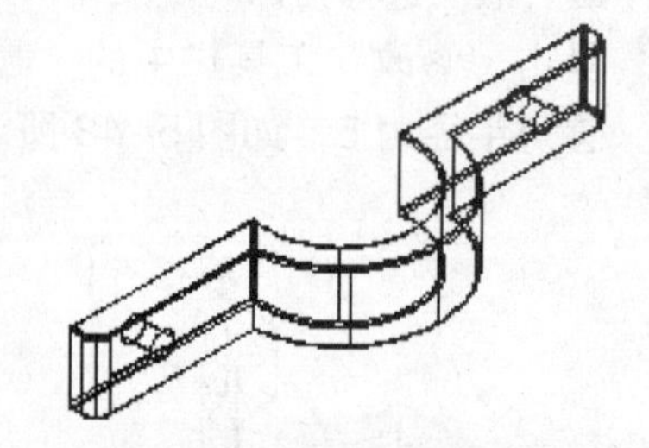

图 5-54 三维镜像复制圆柱体

13 单击“建模”工具栏中的“差集”按钮，将两个圆柱体从大实体中减去，并删除辅助线段，如图 5-55 所示。

14 选择“修改”菜单中“三维操作”子菜单中的“三维镜像”命令，三维镜像对称复制另一半夹具，如图 5-56 所示。

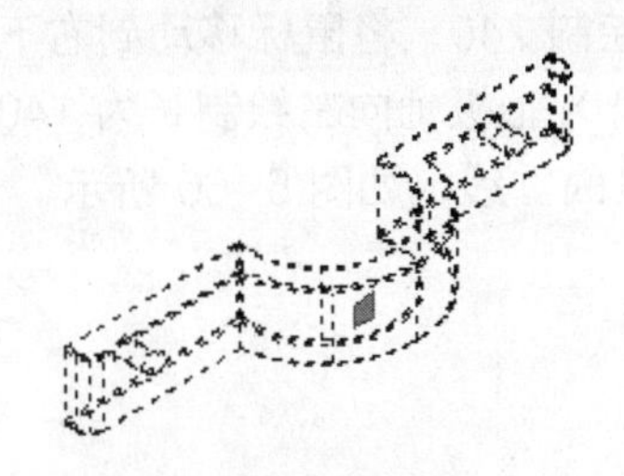

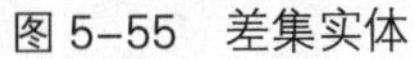

图 5-55　差集实体

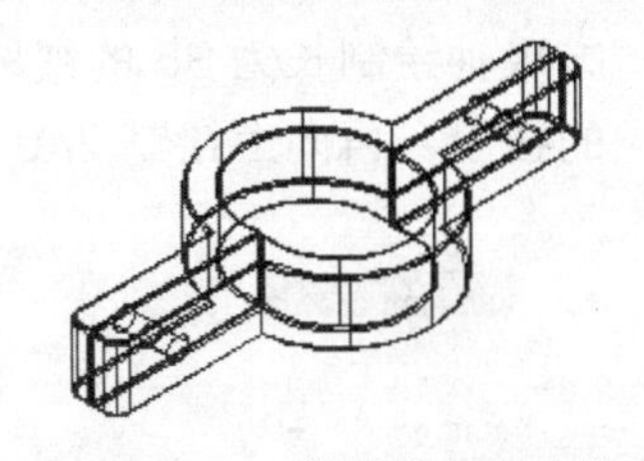

图 5-56　三维镜像复制实体

15 选择“视图”菜单中的“消隐”命令，调整图形的视觉效果，如图 5-57 所示。

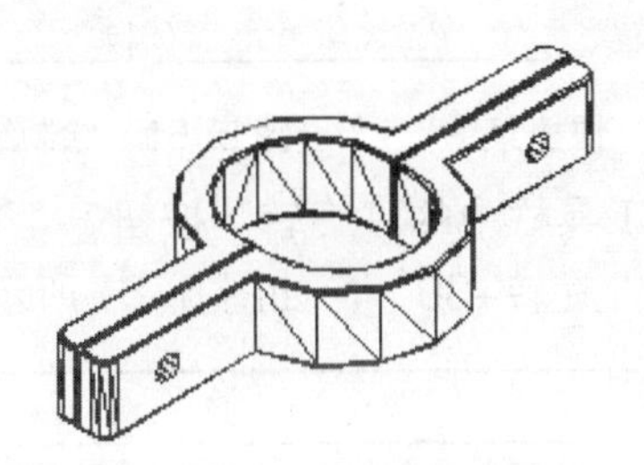

图 5-57　消隐样式观察图形

实例 5-4　绘制燕尾槽支座

本实例将绘制一个燕尾槽支座，其主要功能包含直线、旋转、拉伸成实体、圆柱体、差集、三维镜像等。实例效果如图 5-58 所示。

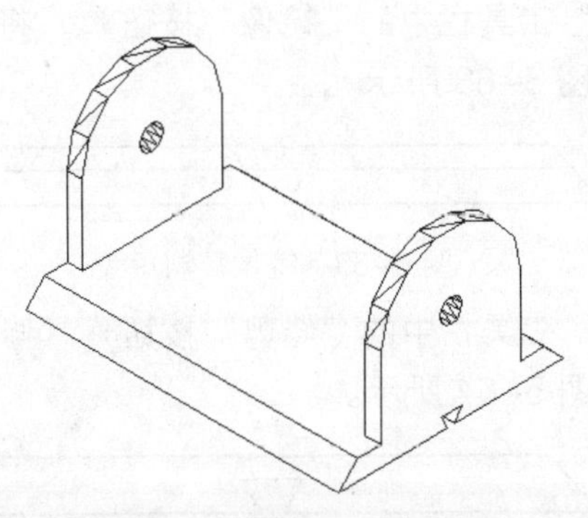

图 5-58　燕尾槽支座效果图

操作步骤

1 将鼠标移动到状态栏的“极轴追踪”按钮上，单击鼠标右键，在弹出的快捷菜单中选择“45”选项，如图 5-59 所示。

操作技巧　加厚的操作方法

可以通过以下两种方法来执行“加厚”操作：

- 选择“修改”→“三维操作”→“加厚”命令。
- 在命令行中输入 thicken 后，按 Enter 键。

实例 5-4 说明

知识点：

- 直线
- 旋转
- 拉伸成实体
- 圆柱体
- 差集
- 三维镜像

视频教程：

光盘\教学\第 5 章 机械实体修改

效果文件：

光盘\素材和效果\05\效果\5-4.dwg

实例演示：

光盘\实例\第 5 章\绘制燕尾槽支座

相关知识　什么是干涉检查

在 AutoCAD 中，干涉检查功能是通过从两个或多个实体的公共体积创建临时组合三维实体，来亮显重叠的三维实体。

干涉检查前：

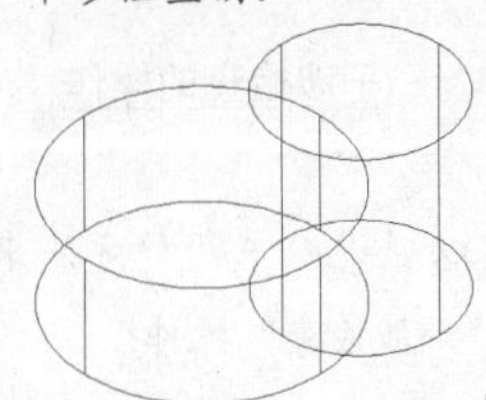

2 单击“绘图”工具栏中的“直线”按钮，沿 X 轴极轴向左绘制长为 140 的线段，再将鼠标移动到右上方极轴绘制长为 35 的线段，再沿 X 轴极轴向右绘制 240，将鼠标移动到右下方极轴绘制长为 35 的线段，再沿 X 轴极轴向左绘制长为 140 的线段，再向上绘制 240 长线段的垂线，如图 5-60 所示。

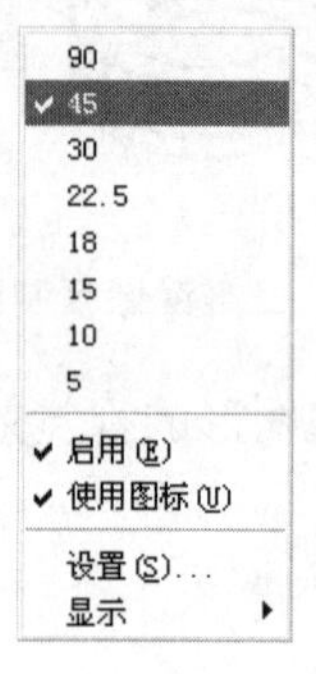

图 5-59 “极轴追踪”快捷菜单 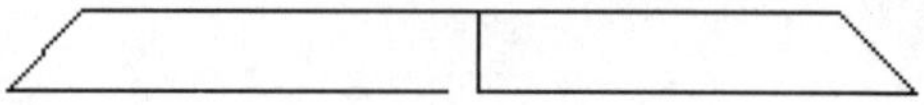　　图 5-60 绘制线段

3 单击“修改”工具栏中的“旋转”按钮，将最后的垂线以下端点为基点，旋转-30°，如图 5-61 所示。

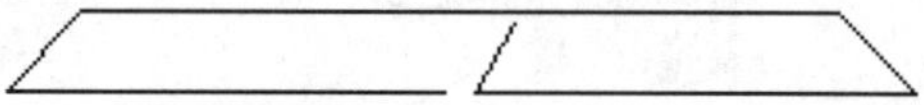

图 5-61 旋转线段

4 单击“修改”工具栏中的“偏移”按钮，将长为 240 的线段向下偏移 10，如图 5-62 所示。

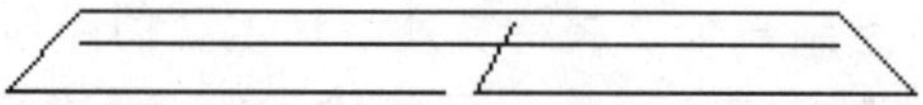

图 5-62 偏移线段

5 单击“修改”工具栏中的“镜像”按钮，将旋转的短线镜像复制，如图 5-63 所示。

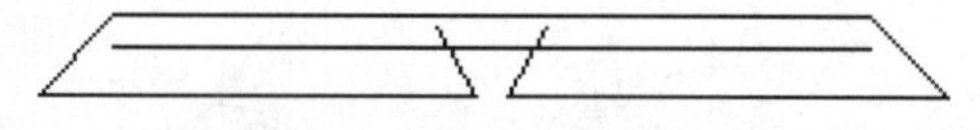

图 5-63 镜像复制短线

6 单击“修改”工具栏中的“修剪”按钮，修剪图形中多余的线段，如图 5-64 所示。

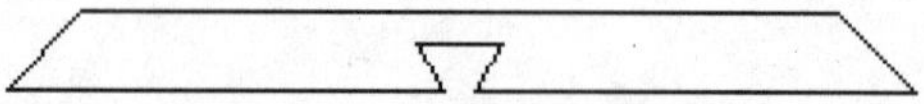

图 5-64 修剪多余的线段

7 单击“绘图”工具栏中的“面域”按钮，将绘制的图形创建成一个面。

8 选择“视图”菜单中“三维视图”子菜单中的“东北等轴测”命令，将二维视图切换成三维视图，如图 5-65 所示。

干涉检查后：

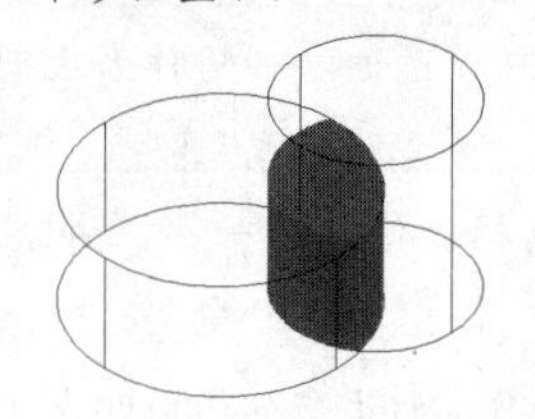

相关知识 干涉检查情况

干涉检查常见情况包括以下 3 种，定义单个选择集、定义两个选择集以及定义两个选择集中包含三维实体。

1. 定义单个选择集

定义了单个选择集，将对比检查集合中的全部实体。

2. 定义两个选择集

定义了两个选择集，干涉检查功能将对比检查第一个选择集中的实体与第二个选择集中的实体。

3. 定义两个选择集中包含三维实体

如果在两个选择集中都包括了同一个三维实体，此功能将此三维实体视为第一个选择集中的一部分，而在第二个选择集中忽略它。

操作技巧 干涉检查的操作方法

可以通过以下两种方法来执行“干涉检查”操作：

9 单击“建模”工具栏中的“三维旋转”按钮，旋转三维视图中的面，旋转 90°，如图 5-66 所示。

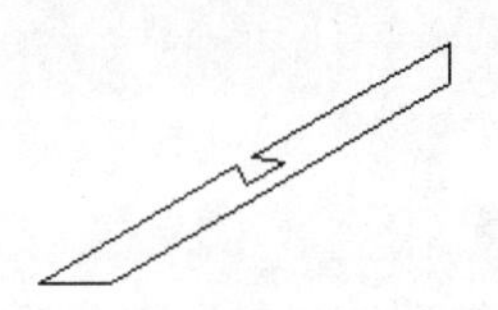

图 5-65　切换成三维视图

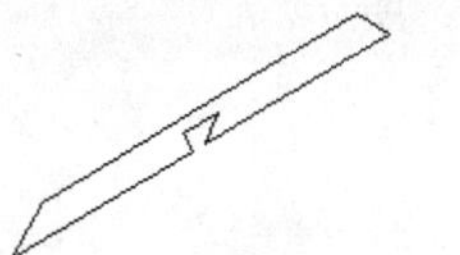

图 5-66　三维旋转面

10 单击“建模”工具栏中的“拉伸”按钮，将面拉伸为 400，如图 5-67 所示。

11 单击“建模”工具栏中的“长方体”按钮，在空白区域中，绘制一个长为 180、宽为 20、高为 100 的长方体，如图 5-68 所示。

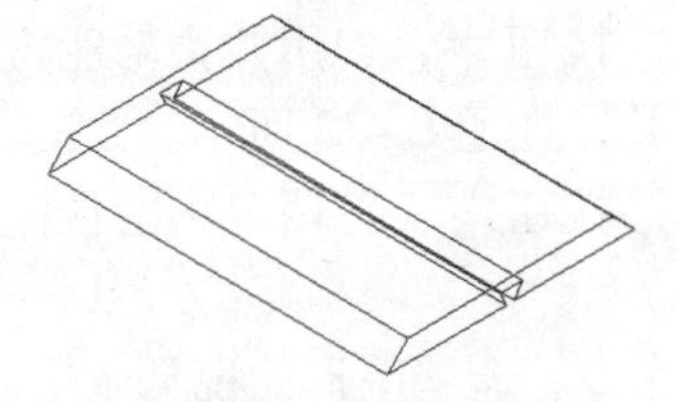

图 5-67　拉伸面成实体

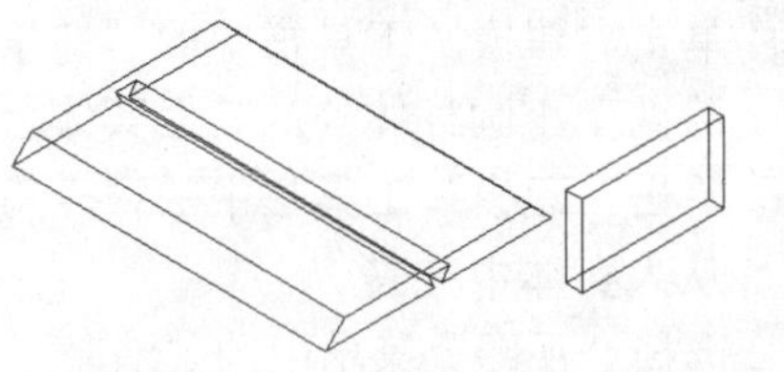

图 5-68　绘制长方体

12 单击“建模”工具栏中的“圆柱体”按钮，在空白区域中，绘制底面半径为 90、高为 20，底面半径为 150、高为 20 的两个圆柱体，如图 5-69 所示。

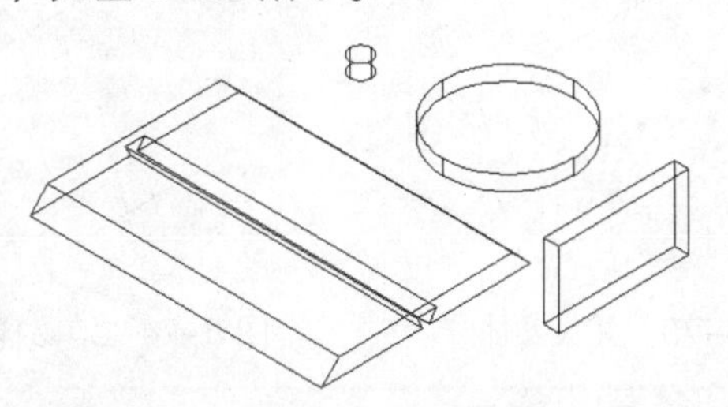

图 5-69　绘制圆柱体

13 单击“建模”工具栏中的“三维旋转”按钮，三维旋转两个圆柱体，旋转角度为 90°，如图 5-70 所示。

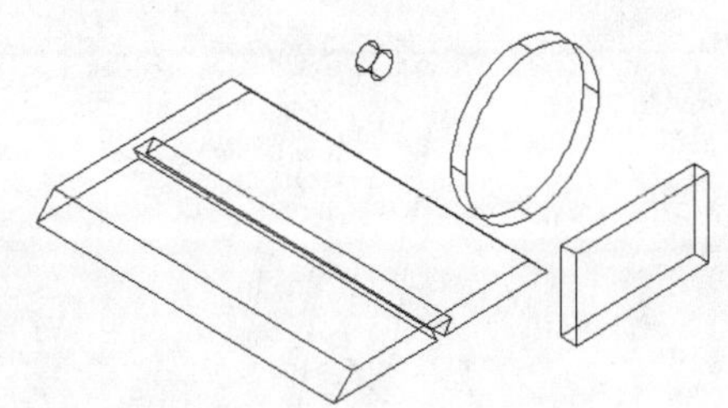

图 5-70　三维旋转圆柱体

14 单击“修改”工具栏中的“移动”按钮，将长方体和圆柱体移动到实体中组合起来，如图 5-71 所示。

- 选择“修改”→“三维操作”→“干涉检查”命令。
- 在命令行中输入 interfere 后，按 Enter 键。

相关知识　什么是布尔运算

布尔运算是一种关系描述系统，可以用于说明把一个或者多个基本体素合并为统一实体时，各组成部分之间的构成关系。

在 AutoCAD 中，三维实体的布尔运算包括并集、差集和交集。用户可以根据这 3 种布尔运算来创建复杂的实体。

相关知识　什么是并集

并集运算就是将两个或两个以上的实体进行合并，使之成为一个新的实体。

并集前：

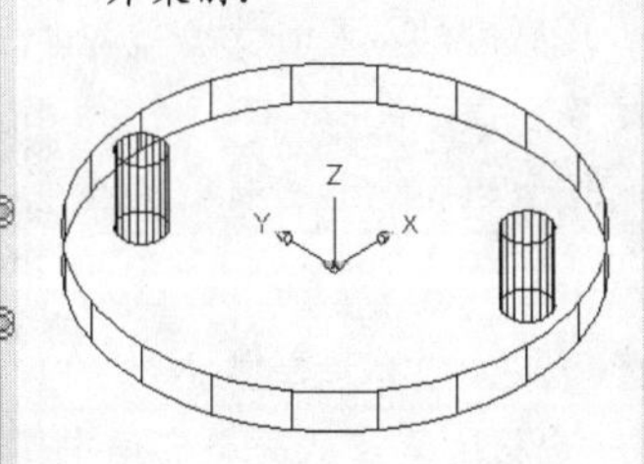

并集后：

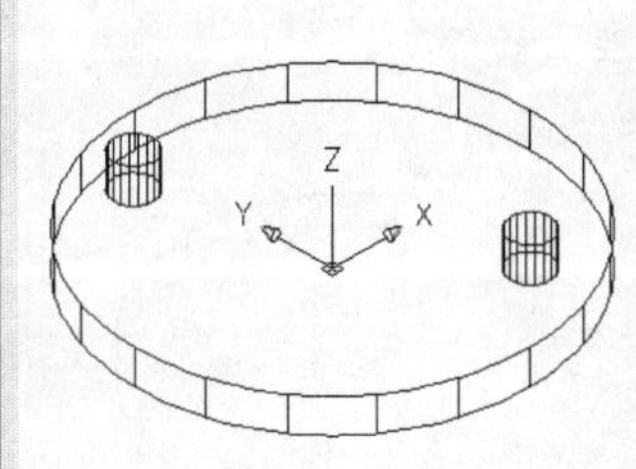

15 选择“修改”菜单中“三维操作”子菜单中的“三维镜像”命令，将长方体和圆柱体移动到实体中组合起来，如图 5-72 所示。

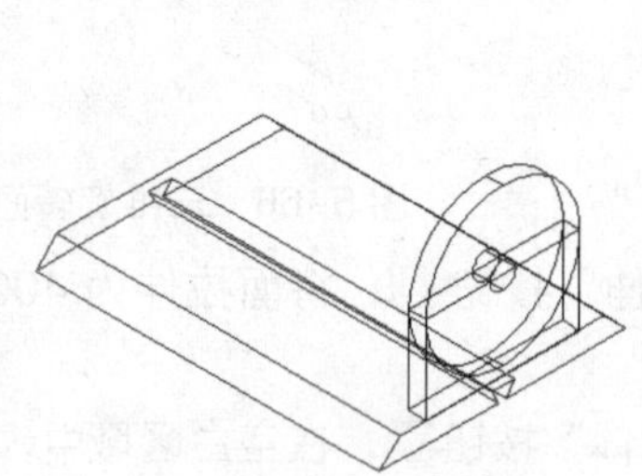

图 5-71　移动组合实体

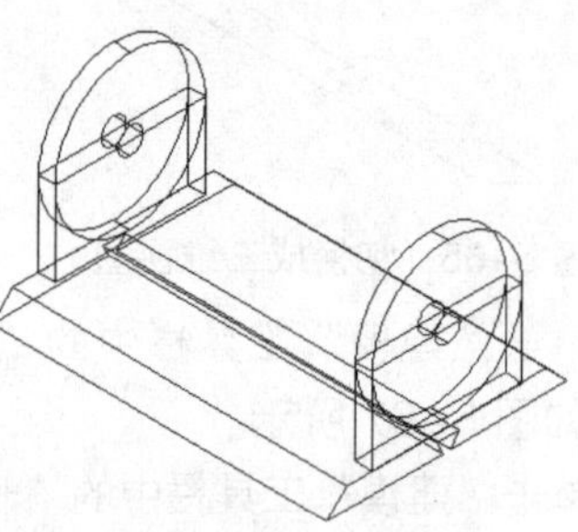

图 5-72　三维镜像

16 单击“建模”工具栏中的“并集”按钮，使用并集功能将除两个小圆柱体外的其他实体合并，如图 5-73 所示。

17 单击“建模”工具栏中的“差集”按钮，将两个小圆柱体从大实体中减去。

18 选择“视图”菜单中的“消隐”命令，调整图形的视觉效果，如图 5-74 所示。

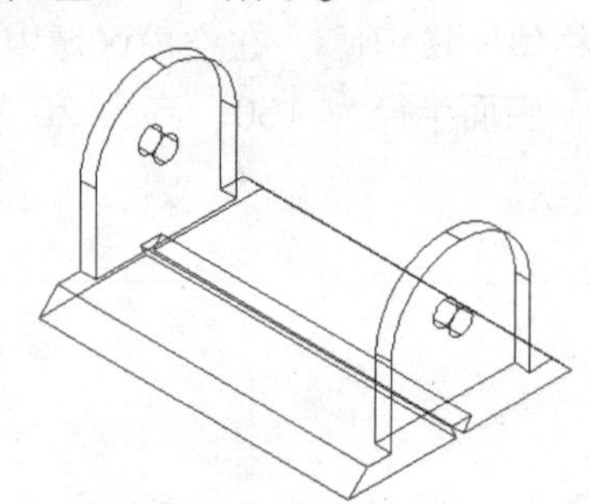

图 5-73　并集实体

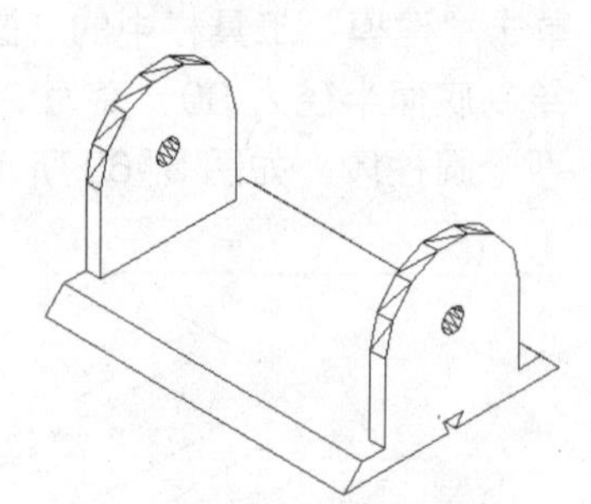

图 5-74　消隐样式观察图形

实例 5-5　绘制吊扣模型

本实例将绘制吊扣模型，其主要功能包含拉伸成实体、圆柱体、球体、长方体、差集、圆角等。实例效果如图 5-75 所示。

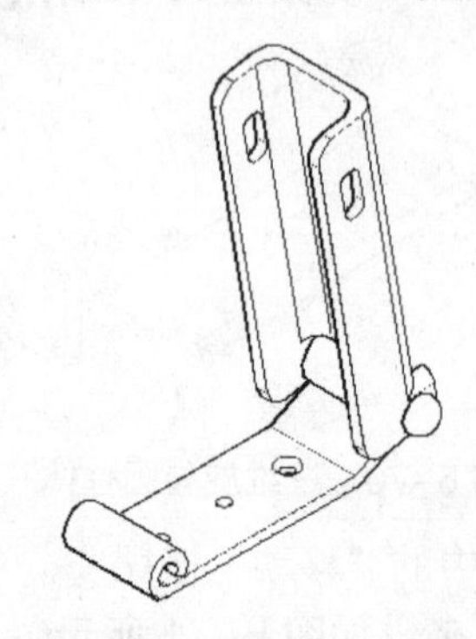

图 5-75　吊扣模型效果图

操作技巧　并集的操作方法

可以通过以下 4 种方法来执行“并集”操作：

- 选择“修改”→“实体编辑”→“并集”命令。
- 单击“建模”工具栏中的“并集”按钮。
- 单击“实体编辑”工具栏中的“并集”按钮。
- 在命令行中输入 union 后，按 Enter 键。

实例 5-5 说明

- 知识点：
  - 拉伸成实体
  - 圆柱体
  - 球体
  - 长方体
  - 差集
  - 圆角
- 视频教程：
  光盘\教学\第 5 章 机械实体修改
- 效果文件：
  光盘\素材和效果\05\效果\5-5.dwg
- 实例演示：
  光盘\实例\第 5 章\绘制吊扣模型

相关知识　什么是差集

差集运算是从一个实体中减去另外一个或多个实体对象所生成的新实体。

差集前：

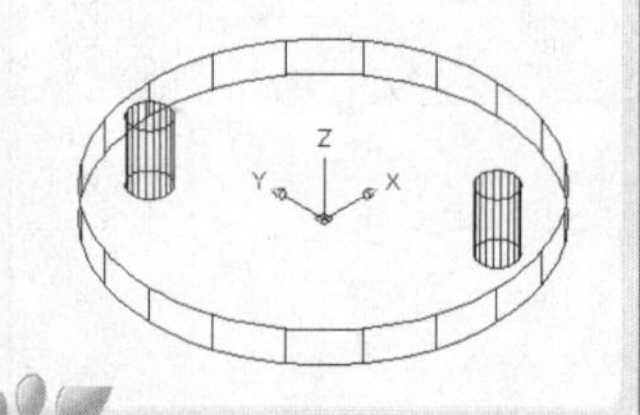

操作步骤

1 单击“绘图”工具栏中的“直线”按钮，沿水平极轴绘制长为 20、60 的两条线段，如图 5-76 所示。

2 单击“修改”工具栏中的“旋转”按钮，将短线以线段的交点为基点，旋转-25°，如图 5-77 所示。

图 5-76　绘制线段　　图 5-77　旋转短线

3 单击“修改”工具栏中的“偏移”按钮，将两条线段向上偏移 6，如图 5-78 所示。

4 单击“绘图”工具栏中的“圆”按钮，以线段的两个端点为圆心，绘制两个半径为 6 的圆，如图 5-79 所示。

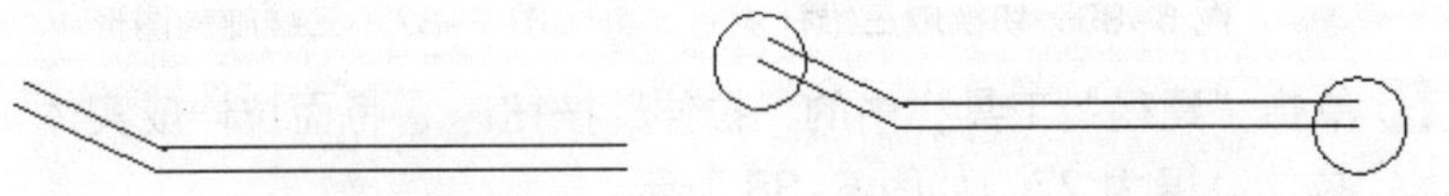

图 5-78　偏移线段　　图 5-79　绘制圆

5 单击“绘图”工具栏中的“直线”按钮，绘制线段到偏移线段的连线，如图 5-80 所示。

6 单击“修改”工具栏中的“延伸”按钮，将连线延伸到圆上，如图 5-81 所示。

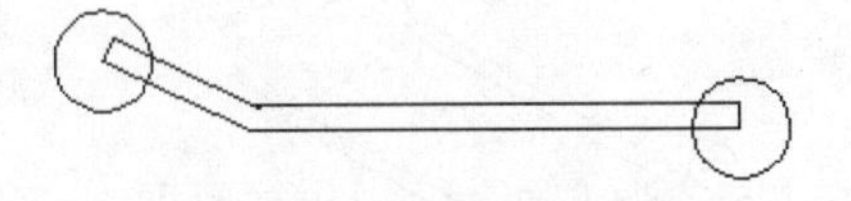

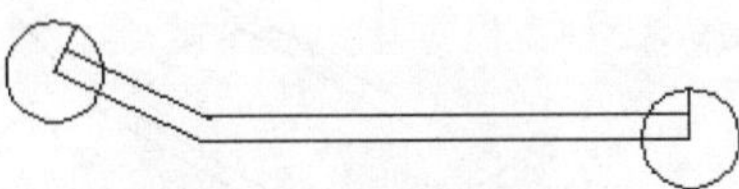

图 5-80　绘制连线　　图 5-81　延伸连线

7 单击“绘图”工具栏中的“圆”按钮，以延伸连线与圆的两个交点为圆心，分别绘制半径为 3 和 6 两个同心圆，如图 5-82 所示。

8 单击“修改”工具栏中的“删除”按钮，删除连线和先绘制的两个圆，如图 5-83 所示。

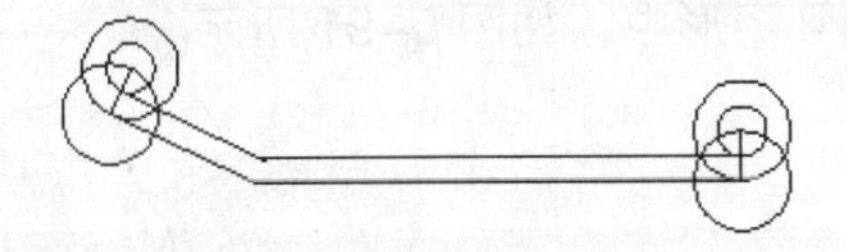

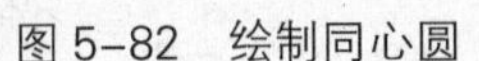

图 5-82　绘制同心圆　　图 5-83　删除多余的图形

9 单击“绘图”工具栏中的“圆”按钮，再次绘制两个半径为 6.1 的圆，并绘制圆心到两大圆的交点，如图 5-84 所示。

10 单击“修改”工具栏中的“修剪”按钮和“删除”按钮，修整图形，再将绘制的图形创建成面，如图 5-85 所示。

差集后：

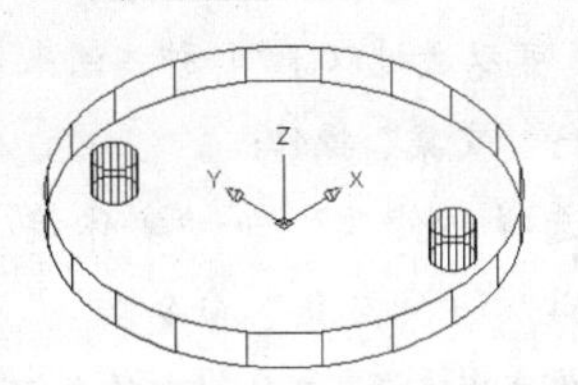

操作技巧　差集的操作方法

可以通过以下 4 种方法来执行“差集”操作：

- 选择“修改”→“实体编辑”→“差集”命令。
- 单击“建模”工具栏中的“差集”按钮。
- 单击“实体编辑”工具栏中的“差集”按钮。
- 在命令行中输入 subtract 后，按 Enter 键。

相关知识　什么是交集

交集运算是保留两个或者多个实体的重叠公共部分实体。

交集前：

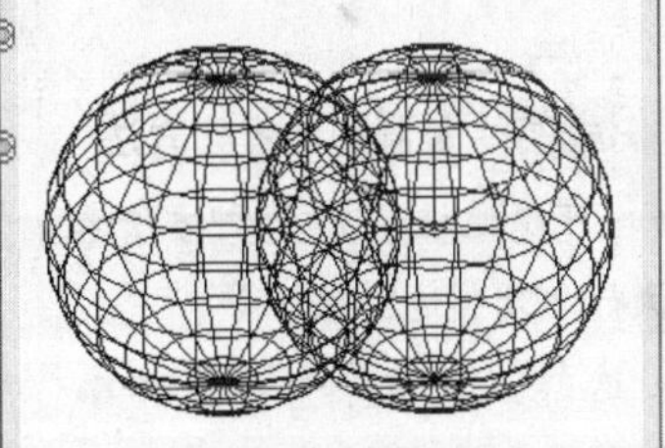

交集后：

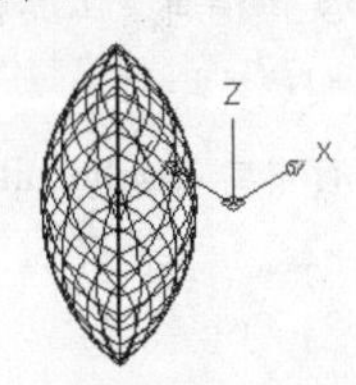

操作技巧 交集的操作方法

可以通过以下 4 种方法来执行“交集”操作：

- 选择“修改”→“实体编辑”→“交集”命令。
- 单击“建模”工具栏中的“交集”按钮。
- 单击“实体编辑”工具栏中的“交集”按钮。
- 在命令行中输入 intersect 后，按 Enter 键。

相关知识 编辑实体边

编辑实体边可以分为复制边、着色边、压印边、圆角边和倒角边 5 个功能。

相关知识 什么是复制边

复制边功能可以复制三维实体对象的各个边。所有的边都复制为直线、圆弧、圆、椭圆或样条曲线对象。

操作技巧 复制边的操作方法

可以通过以下 3 种方法来执行“复制边”操作：

- 选择“修改”→“实体编辑”→“复制边”命令。
- 单击“实体编辑”工具栏中的“复制边”按钮。
- 在命令行中输入 solidedit 后，按 Enter 键。

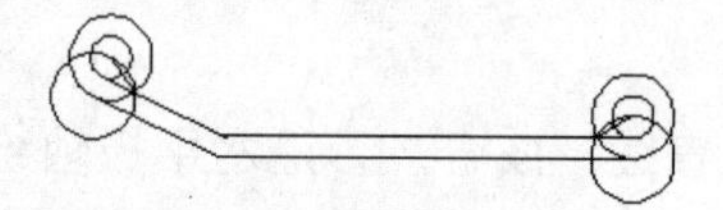

图 5-84 绘制圆和连线

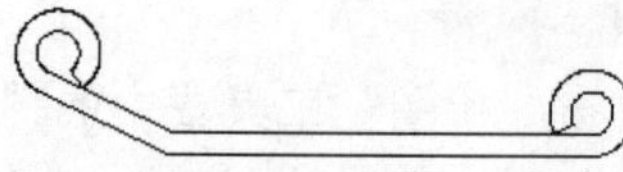

图 5-85 修整图形并创建面

11 选择“视图”菜单中“三维视图”子菜单中的“东北等轴测”命令，将二维视图切换成三维视图，如图 5-86 所示。

12 单击“建模”工具栏中的“三维旋转”按钮，旋转图形，如图 5-87 所示。

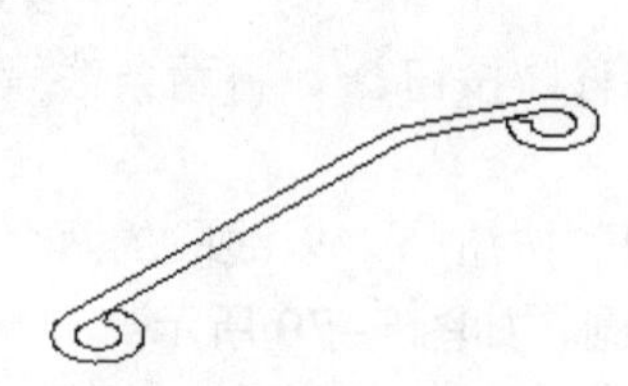

图 5-86 切换成三维视图

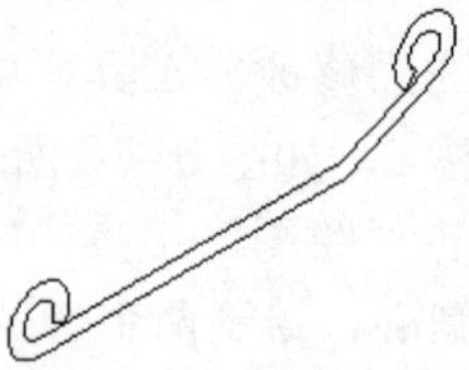

图 5-87 三维旋转图形

13 单击“建模”工具栏中的“拉伸”按钮，将面拉伸成实体，拉伸高度为 27，如图 5-88 所示。

14 单击“建模”工具栏中的“圆柱体”按钮，绘制两个半径为 2、高度为 3，再绘制一个半径为 2、高度为 1.5 的圆柱体，如图 5-89 所示。

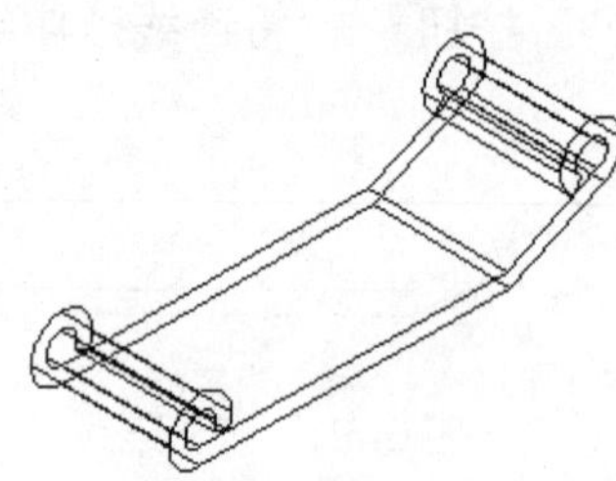

图 5-88 拉伸成实体

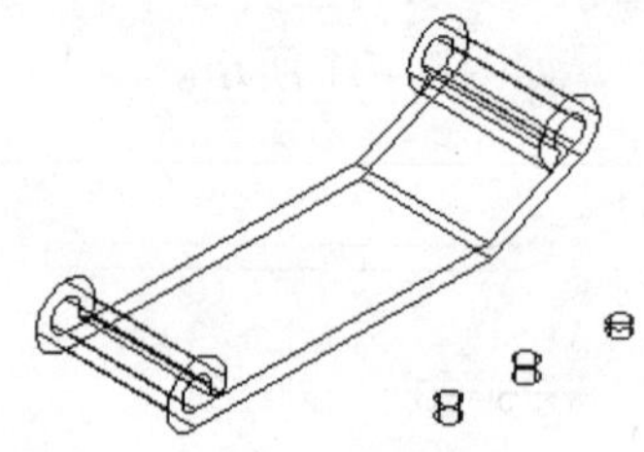

图 5-89 绘制圆柱体

15 单击“建模”工具栏中的“圆锥体”按钮，以小圆柱体的顶面圆心为中心点，绘制一个底面半径为 2、顶面半径为 3.5、高度为 1.5 的圆锥体，如图 5-90 所示。

16 单击“绘图”工具栏中的“直线”按钮，绘制长为 8、20、20 的辅助线，并将实体移动到图形中，如图 5-91 所示。

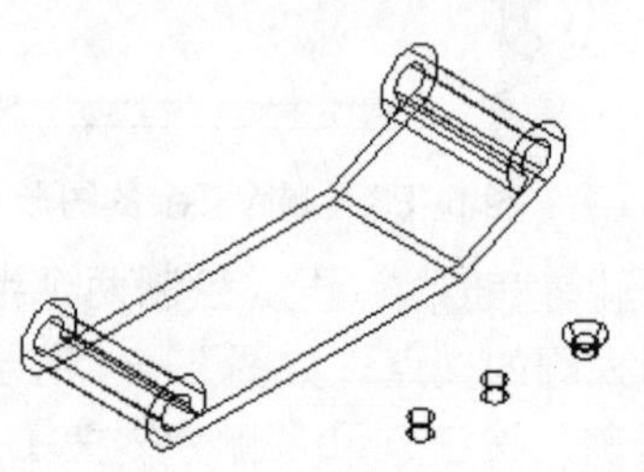

图 5-90 绘制圆锥体

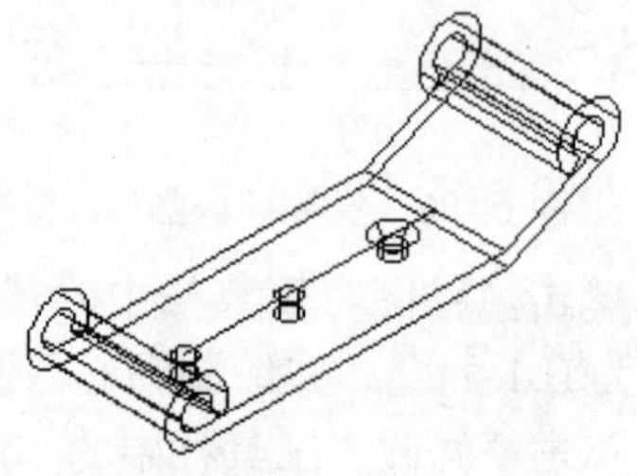

图 5-91 绘制辅助线并移动实体

17 单击“建模”工具栏中的“差集”按钮，将移动后的实体从大实体中减去，并删除辅助线段，如图5-92所示。

18 单击“建模”工具栏中的“圆柱体”按钮，绘制一个半径为2.5、高度为35的圆柱体，如图5-93所示。

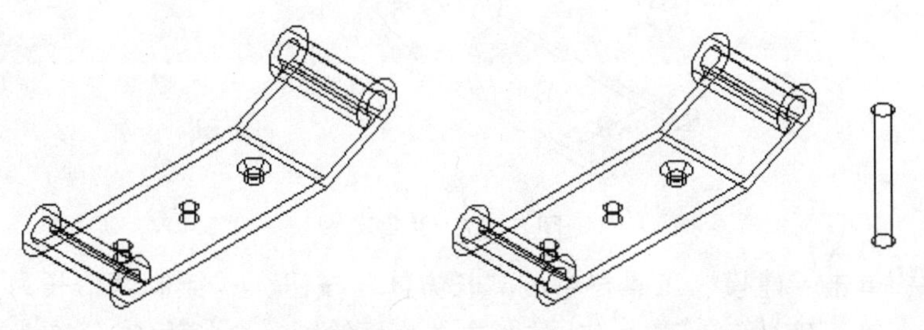

图5-92 差集实体并删除辅助线段　　图5-93 绘制圆柱体

19 单击“建模”工具栏中的“三维旋转”按钮，将圆柱体旋转90°，如图5-94所示。

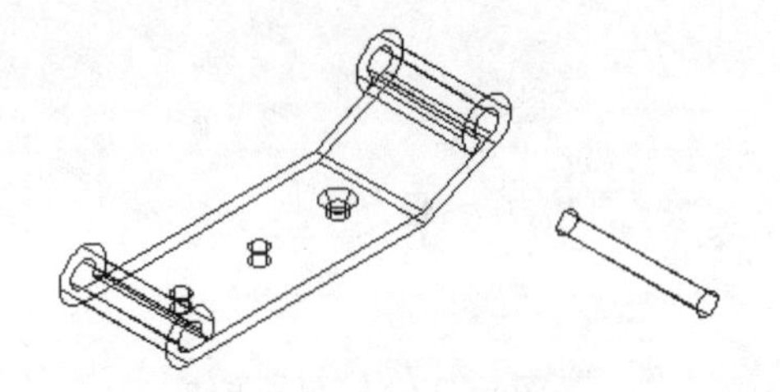

图5-94 旋转圆柱体

20 单击“建模”工具栏中的“球体”按钮，绘制一个半径为5的球体，如图5-95所示。

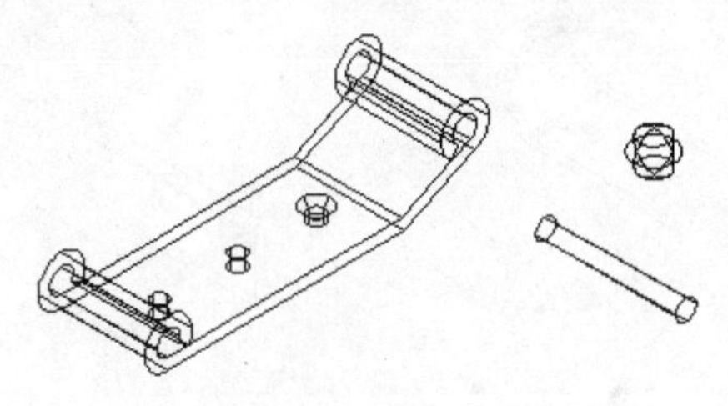

图5-95 绘制球体

21 选择“修改”菜单中“三维操作”子菜单中的“剖切”命令，将球体剖切成两半，并将剖切后的球体移动到圆柱体的两个端点，如图5-96所示。

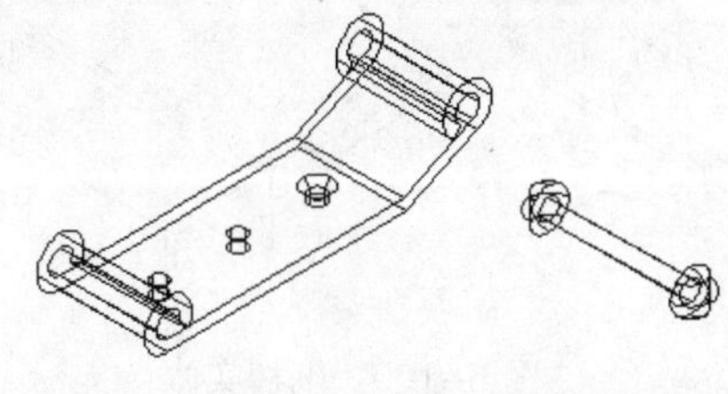

图5-96 剖切实体并移动到圆柱体的两端

相关知识 什么是着色边

使用着色边功能可以为三维实体的某个边设置颜色。

着色边前：

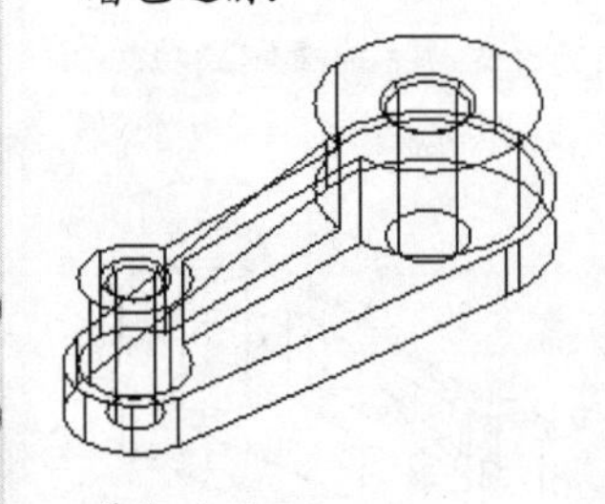

着色边后：

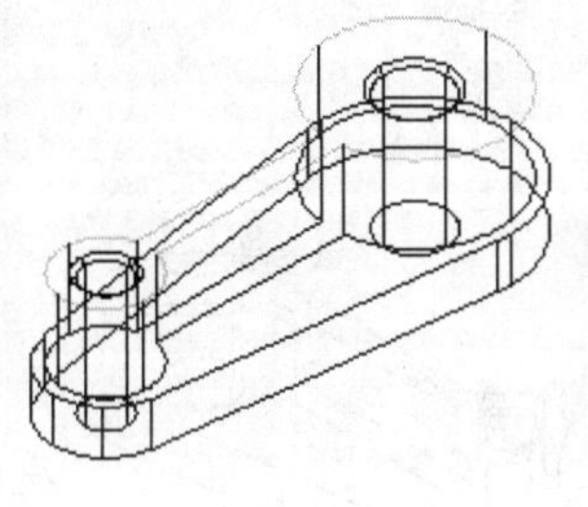

操作技巧 着色边的操作方法

可以通过以下3种方法来执行“着色边”操作：

- 选择“修改”→“实体编辑”→“着色边”命令。
- 单击“实体编辑”工具栏中的“着色边”按钮。
- 在命令行中输入solidedit后，按Enter键。

相关知识 什么是压印边

压印边功能是将圆弧、圆、直线、二维和三维多段线、椭圆、样条曲线、面域压印到三维实体中，以创建三维实体上的新面。

在使用压印边功能时，可以删除原始压印对象，也可以保留下来以供将来编辑使用。压印对象必须与选定实体上的面相交，这样才能压印成功。

压印边前：

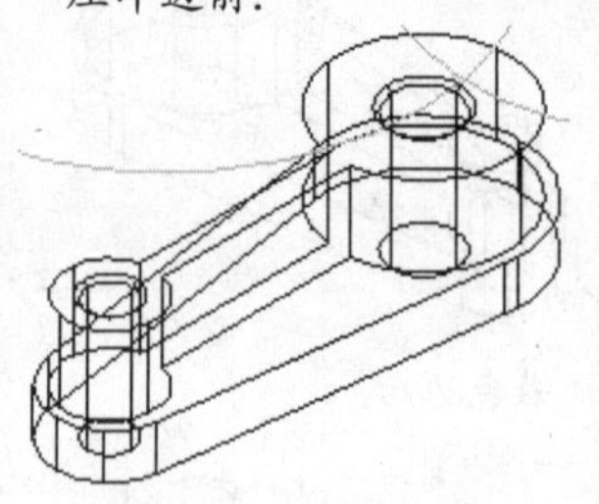

压印边后：

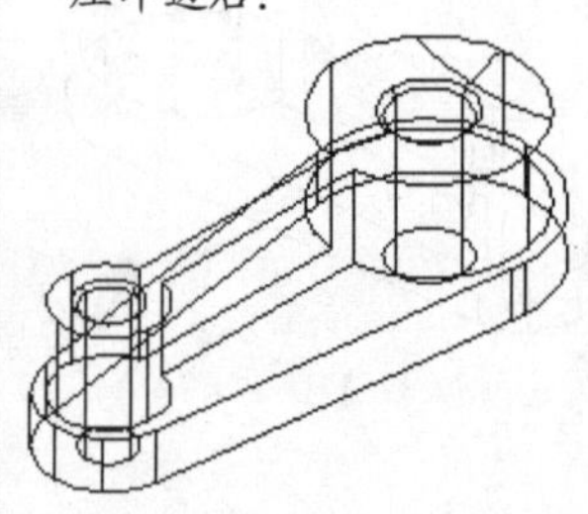

操作技巧 压印边的操作方法

可以通过以下 3 种方法来执行“压印边”操作：

- 选择“修改”→“实体编辑”→“压印边”命令。
- 单击“实体编辑”工具栏中的“压印”按钮。
- 在命令行中输入 imprint 后，按 Enter 键。

相关知识 什么是圆角边

与二维图形中的圆角功能类似，这里是对三维实体的边倒圆角。

22 单击“建模”工具栏中的“并集”按钮，将两个半球体和圆柱体组合成一个实体，如图 5-97 所示。

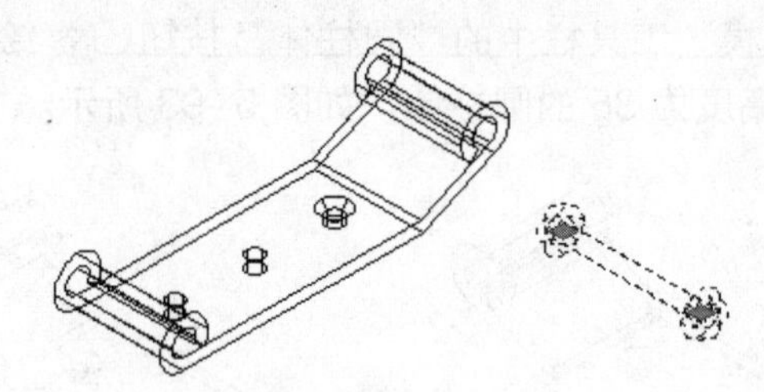

图 5-97 并集实体

23 单击“建模”工具栏中的“长方体”按钮，绘制两个长为 95、宽为 3、高为 23 的长方体，再绘制一个长为 83、宽为 28、高为 3 的长方体，如图 5-98 所示。

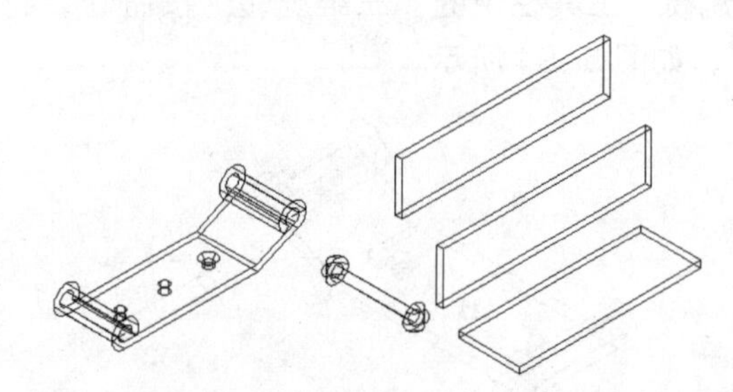

图 5-98 绘制长方体

24 单击“修改”工具栏中的“移动”按钮，将 3 个长方体组合起来，然后并集实体，如图 5-99 所示。

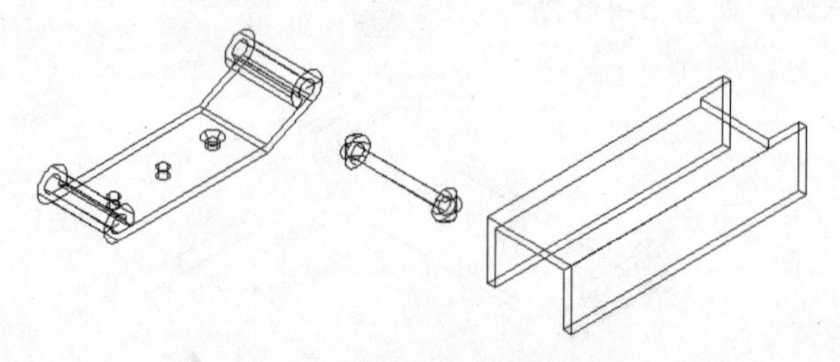

图 5-99 移动实体再并集实体

25 选择“修改”菜单中“三维操作”子菜单中的“剖切”命令，将组合的新实体剖切成 3 个部分，如图 5-100 所示。

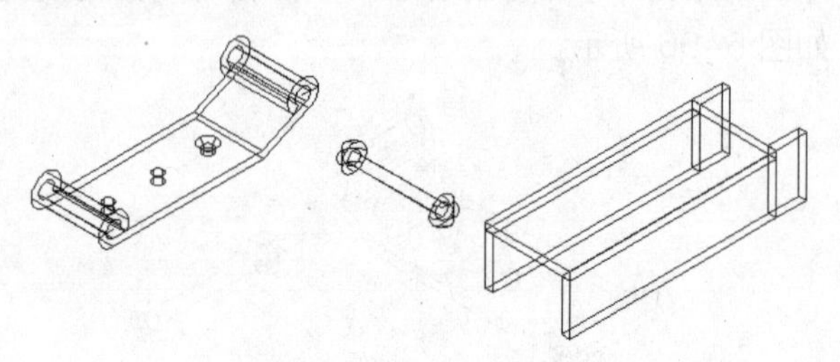

图 5-100 剖切实体

26 单击“修改”工具栏中的“移动”按钮，将长方体向下移动 3，再将剖切后的部分实体重新并集，如图 5-101 所示。

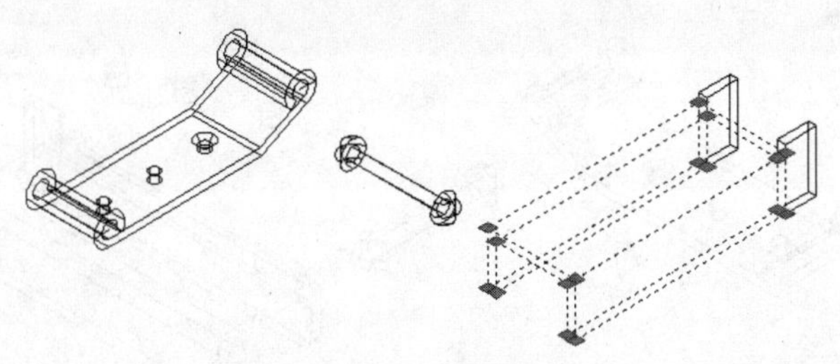

图 5-101　移动实体重新并集实体

27 单击“修改”工具栏中的“圆角”按钮，对相交的内外棱边倒圆角，圆角半径为 5，然后再次并集实体，如图 5-102 所示。

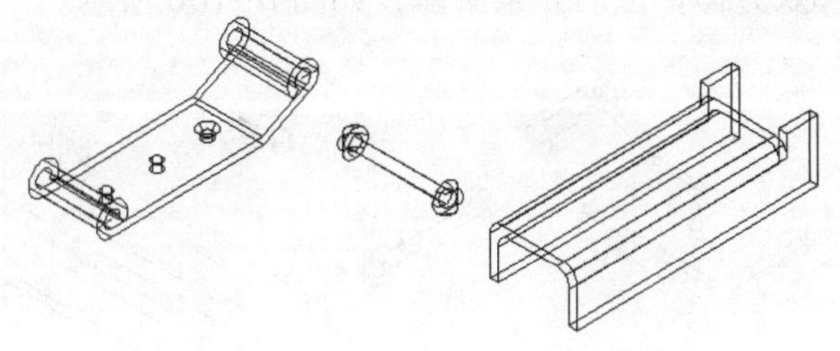

图 5-102　圆角棱边后再次并集实体

28 单击“修改”工具栏中的“圆角”按钮，对相交部分的棱边倒圆角，圆角半径为 3，再对下端的 4 个直角边倒圆角，圆角半径为 5，如图 5-103 所示。

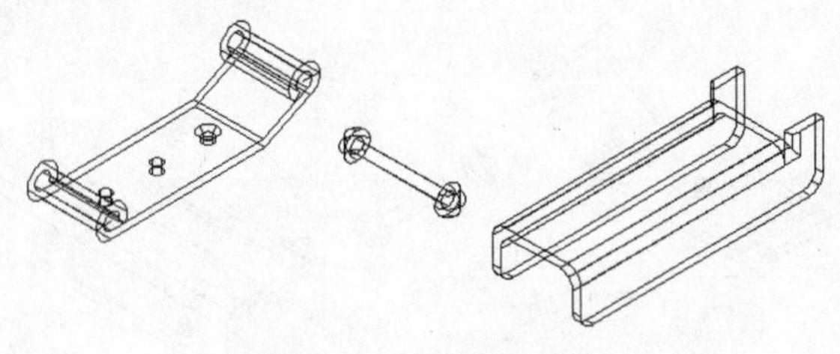

图 5-103　倒圆角棱边

29 单击“建模”工具栏中的“圆柱体”按钮，绘制 3 个半径为 3、高为 3 的圆柱体，如图 5-104 所示。

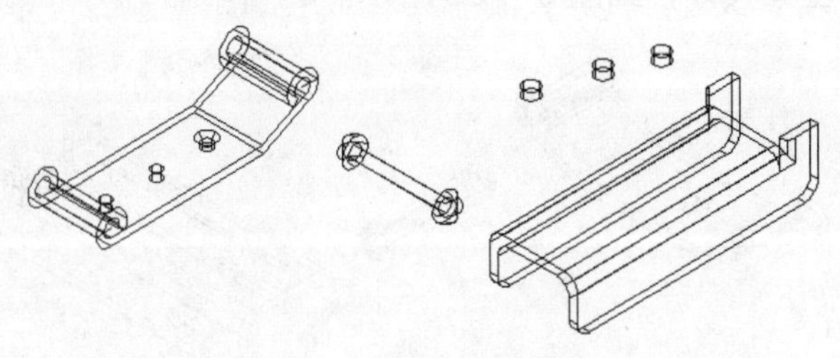

图 5-104　绘制圆柱体

圆角边前:

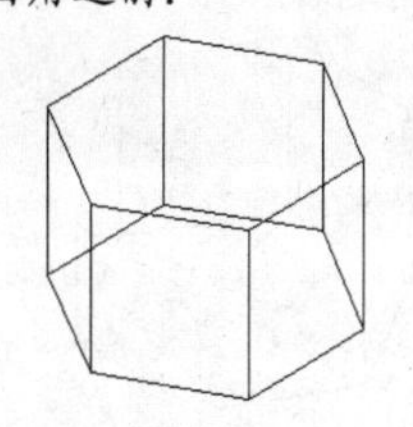

圆角边后:

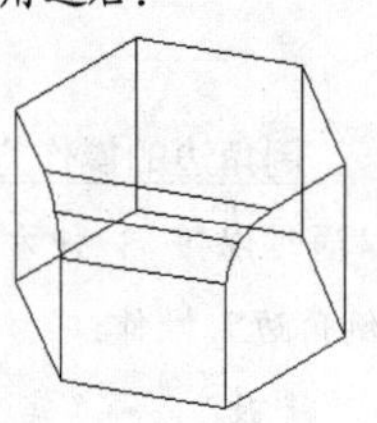

操作技巧　**圆角边的操作方法**

可以通过以下 3 种方法来执行“圆角边”操作:

- 选择“修改”→“实体编辑”→“圆角边”命令。
- 单击“实体编辑”工具栏中的“圆角边”按钮。
- 在命令行中输入 filletedge 后，按 Enter 键。

相关知识　**什么是倒角边**

与二维图形中的倒角功能类似，这里是对三维实体的边倒直角。

倒角边前:

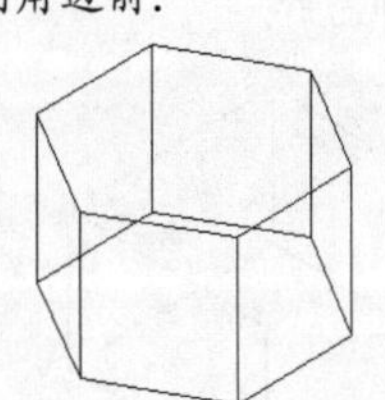

倒角边后：

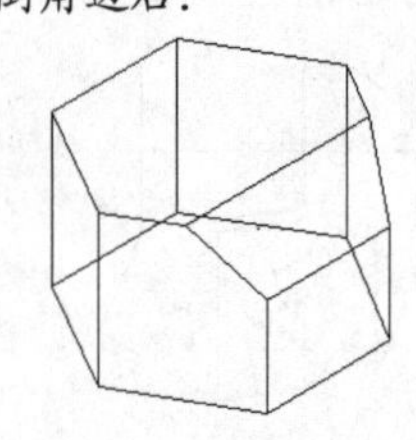

操作技巧 倒角边的操作方法

可以通过以下 3 种方法来执行“倒角边”操作：

- 选择“修改”→“实体编辑”→“倒角边”命令。
- 单击“实体编辑”工具栏中的“倒角边”按钮。
- 在命令行中输入 chamferedge 后，按 Enter 键。

相关知识 编辑实体面

编辑实体面可以分为拉伸面、移动面、偏移面、删除面、旋转面、倾斜面、着色面以及复制面 8 个功能。

相关知识 什么是拉伸面

拉伸面就是将选定的三维实体对象的面拉伸到指定的高度或沿一路径拉伸，一次可以拉伸多个面。

拉伸面前：

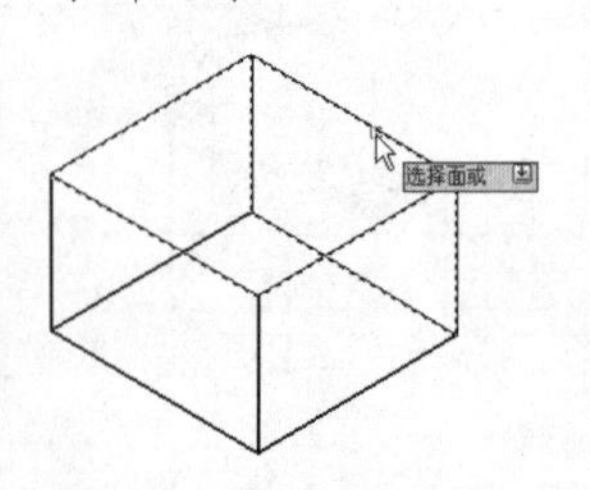

30 单击“建模”工具栏中的“长方体”按钮，绘制一个长为 8、宽为 6、高为 3 的长方体，如图 5-105 所示。

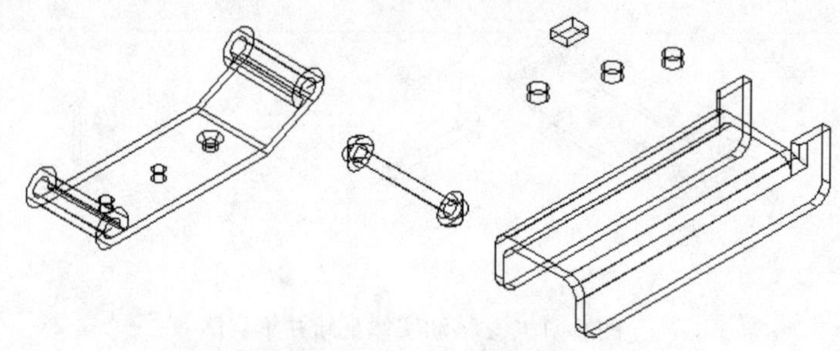

图 5-105　绘制长方体

31 单击“修改”工具栏中的“移动”按钮，组合其中两个圆柱体和长方体，然后并集实体，如图 5-106 所示。

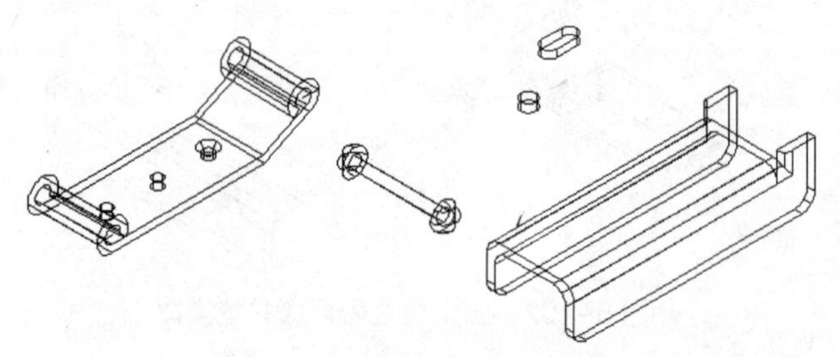

图 5-106　移动后并集实体

32 单击“建模”工具栏中的“三维旋转”按钮，旋转实体，旋转角度为 90°，再将两个实体移动到图形中，如图 5-107 所示。

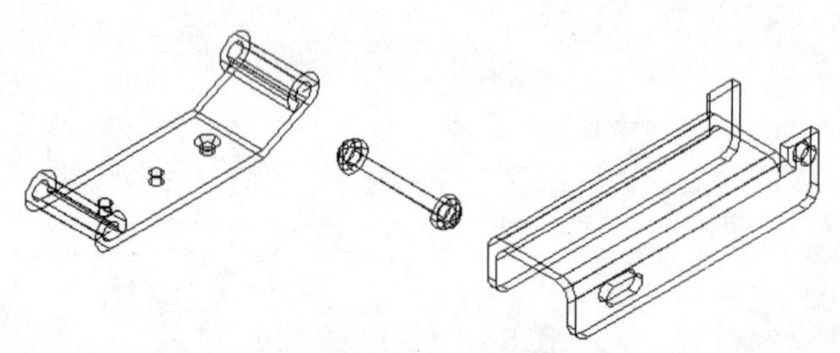

图 5-107　三维旋转实体并移动实体

33 单击“修改”工具栏中的“复制”按钮，复制两个实体，然后差集实体，如图 5-108 所示。

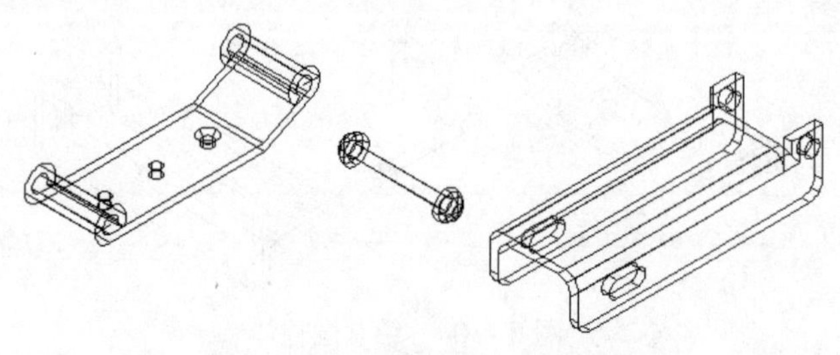

图 5-108　复制实体后差集实体

34 单击“绘图”工具栏中的“直线”按钮，绘制 3 条辅助线段，帮助实体组合，如图 5-109 所示。

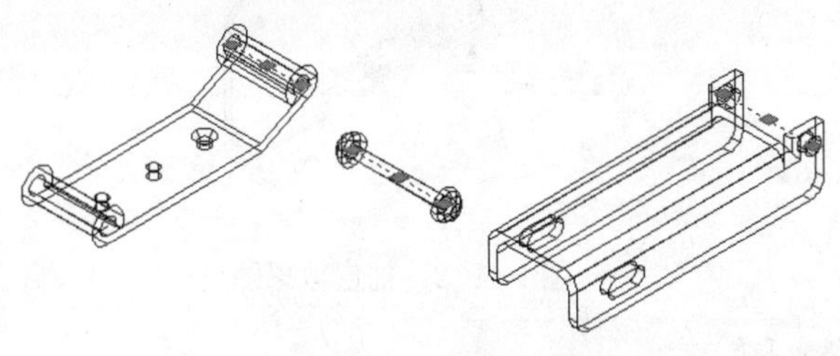

图 5-109　绘制辅助线段

35 单击“修改”工具栏中的“移动”按钮，组合 3 个实体，并删除辅助线段，如图 5-110 所示。

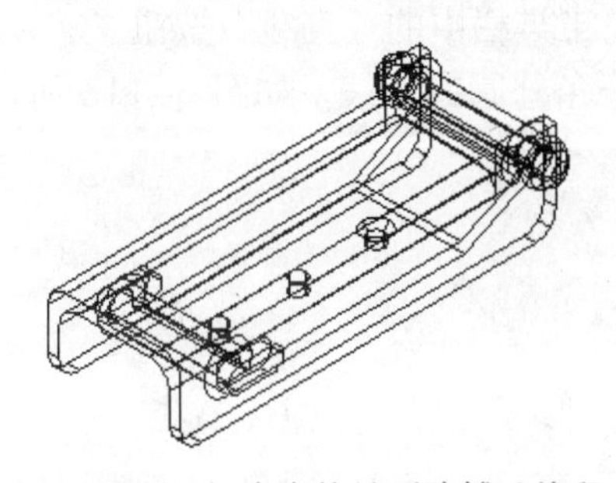

图 5-110　组合实体并删除辅助线段

36 单击“建模”工具栏中的“三维旋转”按钮，旋转吊扣上面的活动件，如图 5-111 所示。

37 选择“视图”菜单中的“消隐”命令，调整图形的视觉效果，如图 5-112 所示。

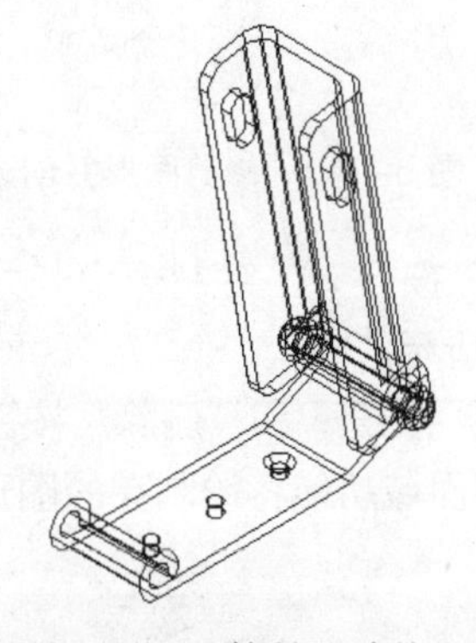

图 5-111　旋转活动件

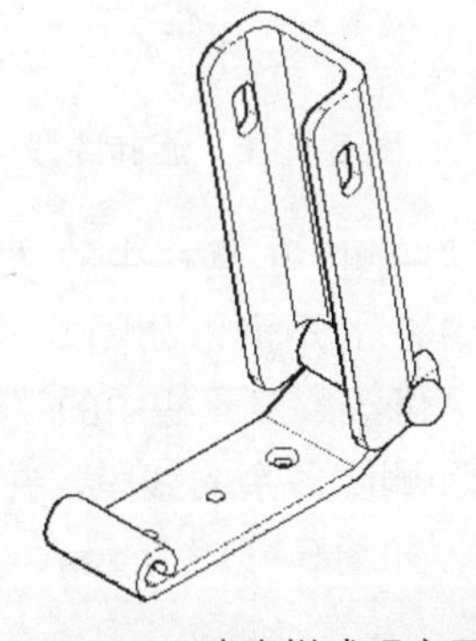

图 5-112　消隐样式观察图形

实例 5-6　绘制摇皮

本实例将绘制摇皮，其主要功能包含长方体、圆柱体、拉伸成实体、三维旋转等。实例效果如图 5-113 所示。

拉伸面后：

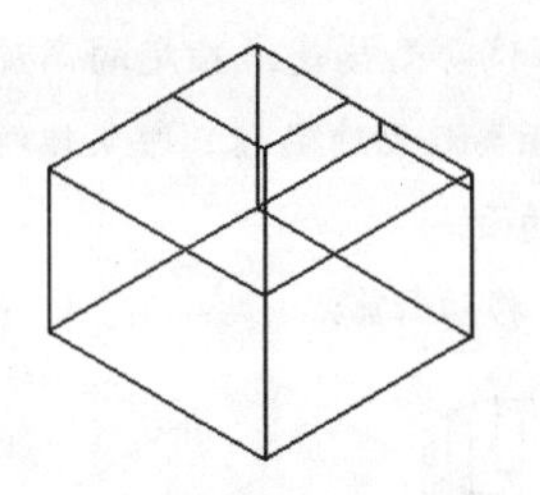

操作技巧　拉伸面的操作方法

可以通过以下 3 种方法来执行“拉伸面”操作：

- 选择“修改”→“实体编辑”→“拉伸面”命令。
- 单击“实体编辑”工具栏中的“拉伸面”按钮。
- 在命令行中输入 solidedit 后，按 Enter 键。

实例 5-6 说明

- 知识点：
  - 长方体
  - 圆柱体
  - 拉伸成实体
  - 三维旋转
- 视频教程：
  光盘\教学\第 5 章 机械实体修改
- 效果文件：
  光盘\素材和效果\05\效果\5-6.dwg
- 实例演示：
  光盘\实例\第 5 章\绘制摇皮

相关知识 **什么是移动面**

移动面就是沿指定的高度或距离移动选定的三维实体对象的面。

移动面前:

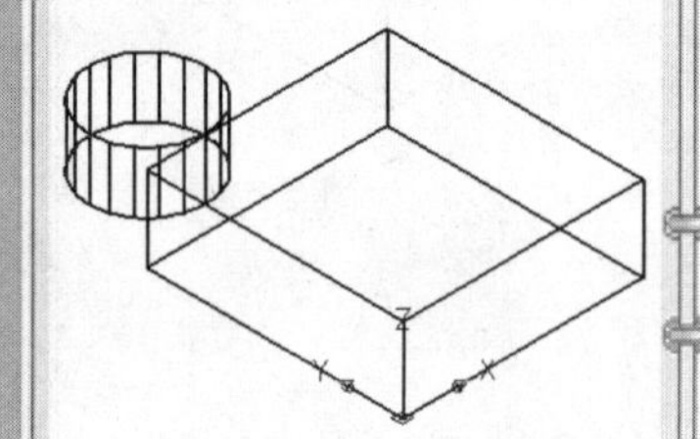

移动面后:

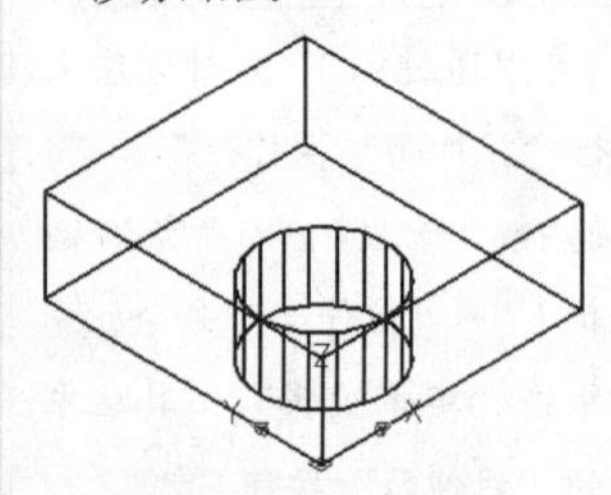

操作技巧 **移动面的操作方法**

可以通过以下 3 种方法来执行“拉伸面”操作:

- 选择“修改”→“实体编辑”→“拉伸面”命令。
- 单击“实体编辑”工具栏中的“拉伸面”按钮。
- 在命令行中输入 solidedit 后，按 Enter 键。

相关知识 **什么是偏移面**

偏移面就是沿指定方向偏移实体的面或曲面，偏移后的面替代原来的面。

偏移面前:

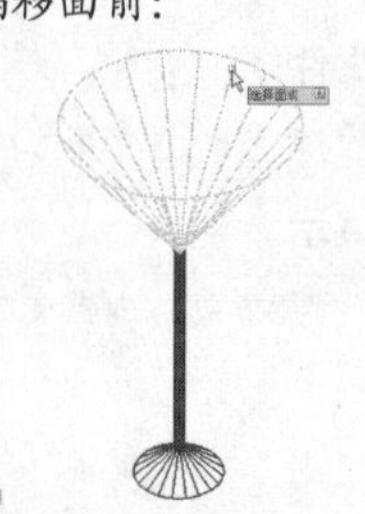

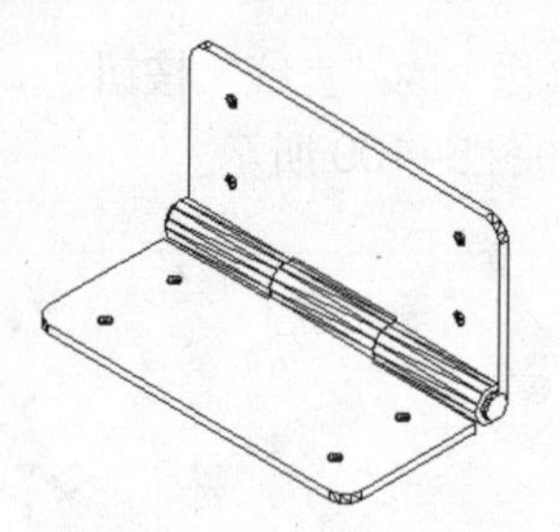

图 5-113　摇皮效果图

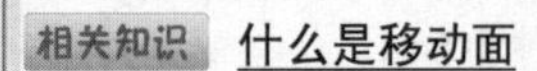

操作步骤

1. 单击“绘图”工具栏中的“圆”按钮，绘制半径为 3 和 1.5 的两个同心圆，如图 5-114 所示。
2. 单击“绘图”工具栏中的“直线”按钮，从圆心沿 Y 轴极轴向下绘制一条外圆的直线，如图 5-115 所示。

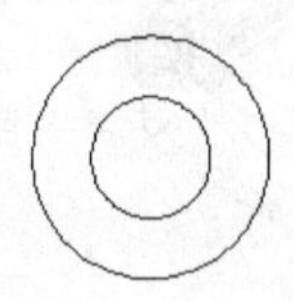

图 5-114　绘制圆

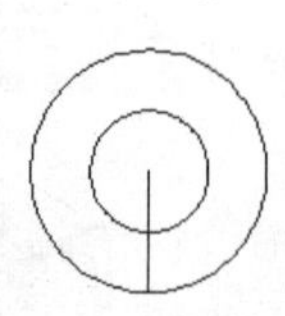

图 5-115　绘制直线

3. 单击“修改”工具栏中的“旋转”按钮，将直线以圆心为基点，用旋转复制的方法旋转 62°，如图 5-116 所示。
4. 单击“修改”工具栏中的“修剪”按钮，修剪图形并创建成面，如图 5-117 所示。

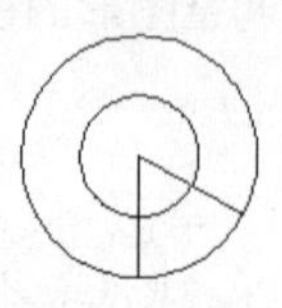

图 5-116　旋转线段

图 5-117　修剪图形并创建成面

5. 单击“绘图”工具栏中的“矩形”按钮，绘制一个长为 3.2、宽为 1.5 的矩形，如图 5-118 所示。
6. 单击“修改”工具栏中的“修剪”按钮和“删除”按钮，修剪和删除多余的线段，并使用面域功能将绘制完的图形创建成面，如图 5-119 所示。

图 5-118　绘制矩形

图 5-119　修剪和删除多余的线段并创建成面

7 选择“视图”菜单中“三维视图”子菜单中的“东北等轴测”命令，将二维视图切换成三维视图，如图 5–120 所示。

8 单击“建模”工具栏中的“三维旋转”按钮，旋转创建的面，旋转角度为 90°，如图 5–121 所示。

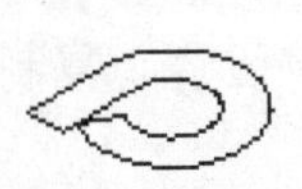

图 5–120　旋转成三维视图

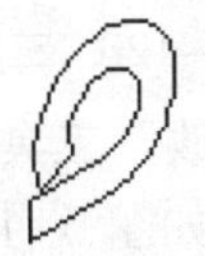

图 5–121　三维旋转图形

9 单击“建模”工具栏中的“拉伸”按钮，拉伸面，拉伸高度为 20，如图 5–122 所示。

10 单击“建模”工具栏中的“长方体”按钮，在空白地方绘制一个长为 25、宽为 60、高为 1.5 的长方体，如图 5–123 所示。

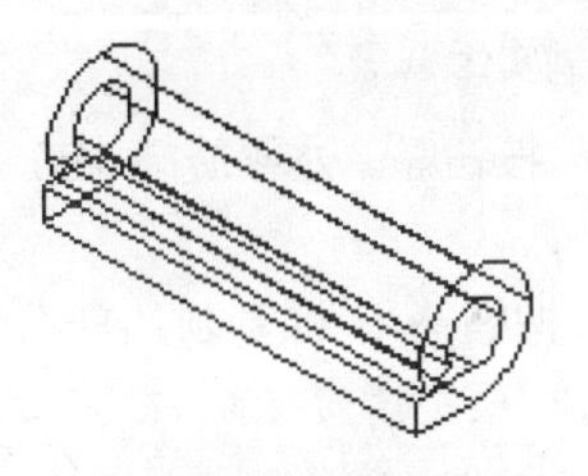

图 5–122　拉伸面

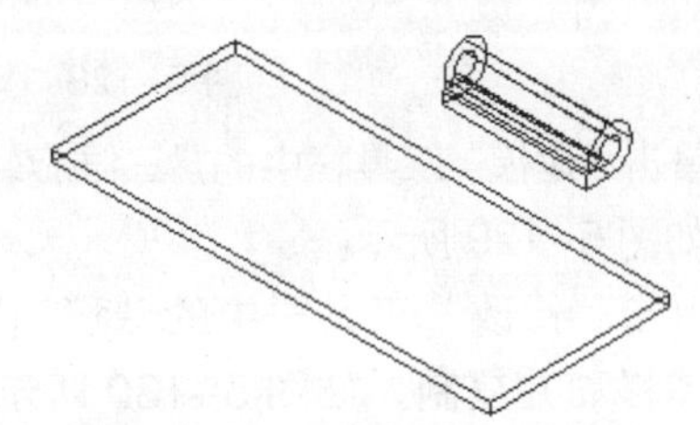

图 5–123　绘制长方体

11 单击“建模”工具栏中的“圆柱体”按钮，在空白地方绘制一个半径为 1、高为 1.5 的圆柱体如图 5–124 所示。

12 单击“修改”工具栏中的“移动”按钮，将 3 个实体组合起来，如图 5–125 所示。

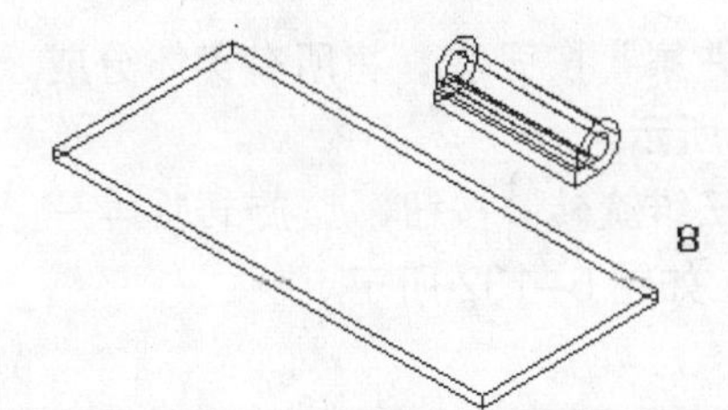

图 5–124　绘制圆柱体

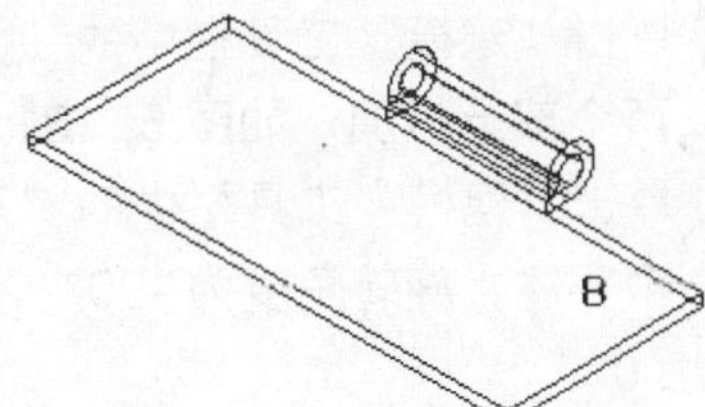

图 5–125　组合实体

13 单击“修改”工具栏中的“三维阵列”按钮，矩形阵列复制圆柱体，设置行数为 2，列数为 2，行间距为–44，列间距为 13，如图 5–126 所示。

14 单击“建模”工具栏中的“差集”按钮，将 4 个圆柱体从长方体中减去。

15 单击“修改”工具栏中的“圆角”按钮，将其中两个长方体的直角倒圆角，圆角半径为 3，如图 5–127 所示。

偏移面后:

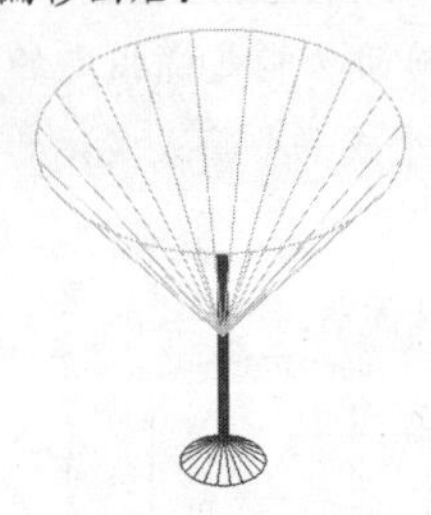

操作技巧　偏移面的操作方法

可以通过以下 3 种方法来执行“偏移面”操作:

- 选择“修改”→“实体编辑”→“偏移面”命令。
- 单击“实体编辑”工具栏中的“偏移面”按钮。
- 在命令行中输入 solidedit 后，按 Enter 键。

相关知识　什么是删除面

删除面功能可以从选择集中删除选择的面。

操作技巧　删除面的操作方法

可以通过以下 3 种方法来执行“删除面”操作:

- 选择“修改”→“实体编辑”→“删除面”命令。
- 单击“实体编辑”工具栏中的“删除面”按钮。
- 在命令行中输入 solidedit 后，按 Enter 键。

相关知识 **什么是旋转面**

旋转面功能是绕指定的轴旋转一个或多个面或实体的某些部分。

旋转面前：

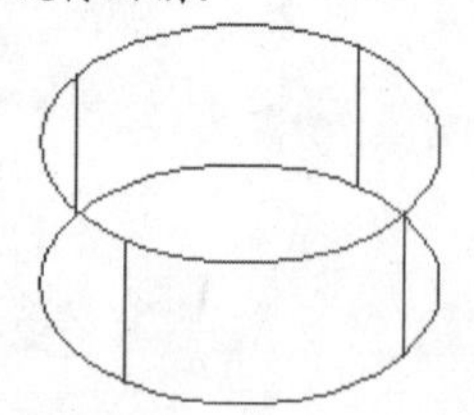

旋转面后：

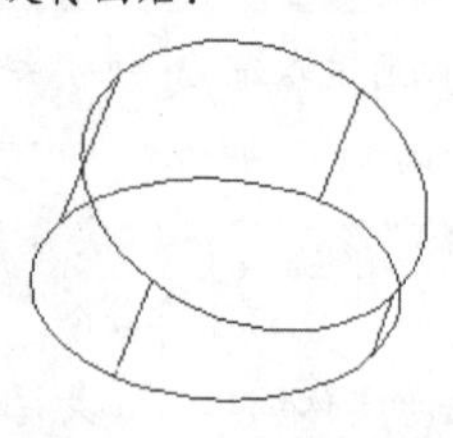

操作技巧 **旋转面的操作方法**

可以通过以下 3 种方法来执行“旋转面”操作：

- 选择“修改”→“实体编辑”→“旋转面”命令。
- 单击“实体编辑”工具栏中的“旋转面”按钮。
- 在命令行中输入 solidedit 后，按 Enter 键。

相关知识 **什么是倾斜面**

倾斜面可以将选择对象倾斜，改变成倾斜状态。

倾斜面前：

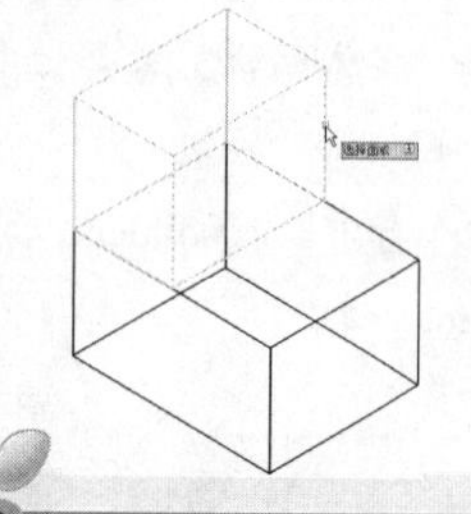

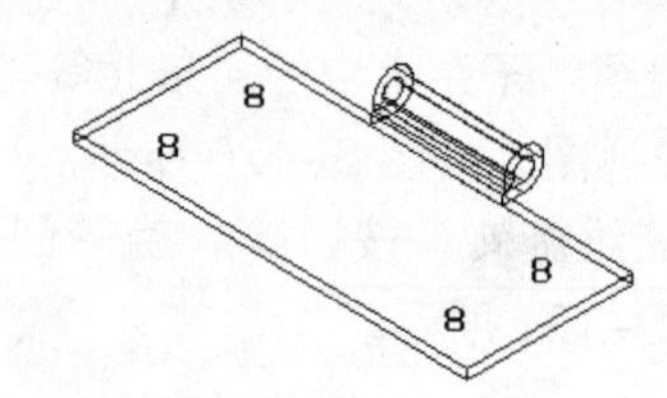

图 5-126 三维阵列圆柱体

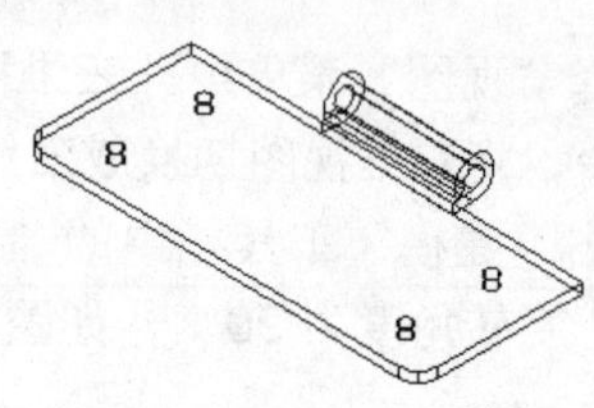

图 5-127 倒圆角长方体直角

16 单击“修改”工具栏中的“复制”按钮，复制图形到空白区域上，如图 5-128 所示。

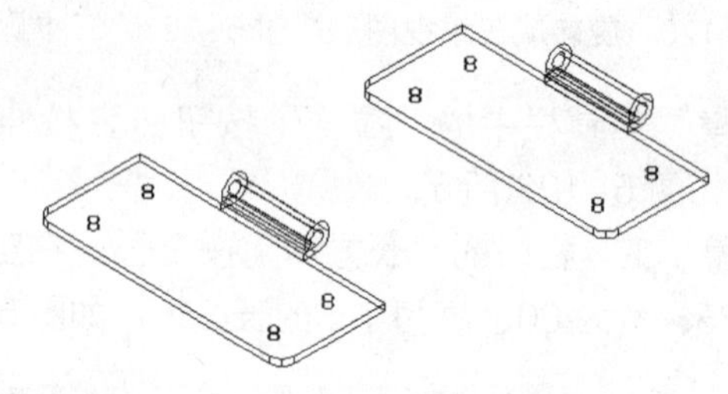

图 5-128 复制实体

17 单击“建模”工具栏中的“三维旋转”按钮，水平旋转 180°，如图 5-129 所示。

18 单击“修改”工具栏中的“移动”按钮，将复制的部分实体移动并复制，如图 5-130 所示。

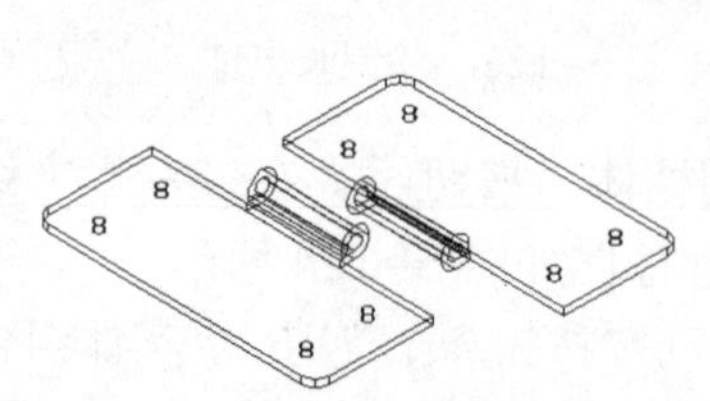

图 5-129 三维旋转实体

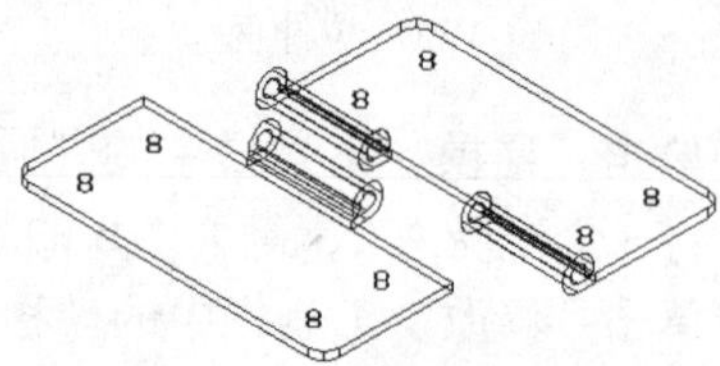

图 5-130 移动并复制实体

19 单击“建模”工具栏中的“并集”按钮，将所有实体分成两个部分相加，如图 5-131 所示。

20 单击“建模”工具栏中的“三维旋转”按钮，旋转其中一个实体，旋转角度为-90°，如图 5-132 所示。

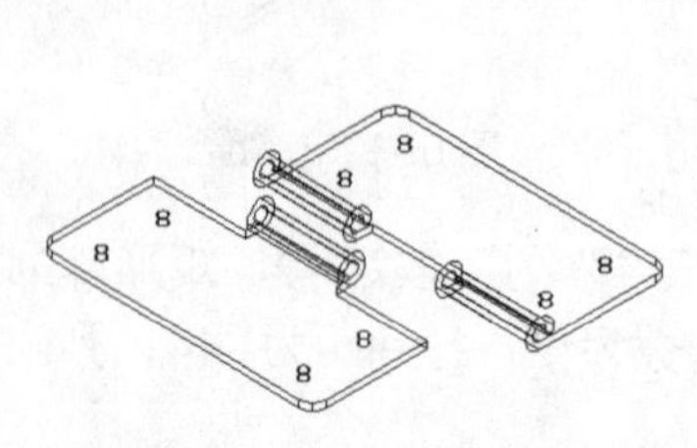

图 5-131 并集实体

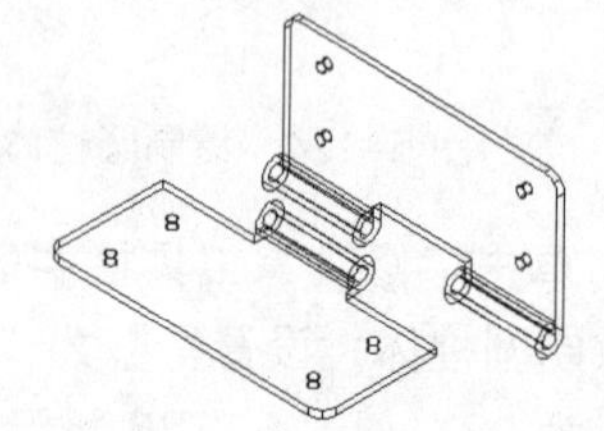

图 5-132 三维旋转实体

21 单击“建模”工具栏中的“圆柱体”按钮，在空白处绘制一个半径为 1.5、高为 60 的圆柱体，再绘制两个半径为 2、高为 1 的圆柱体，如图 5-133 所示。

22 单击“建模”工具栏中的“三维旋转”按钮，三维旋转绘制的圆柱体，旋转角度为90°，如图5-134所示。

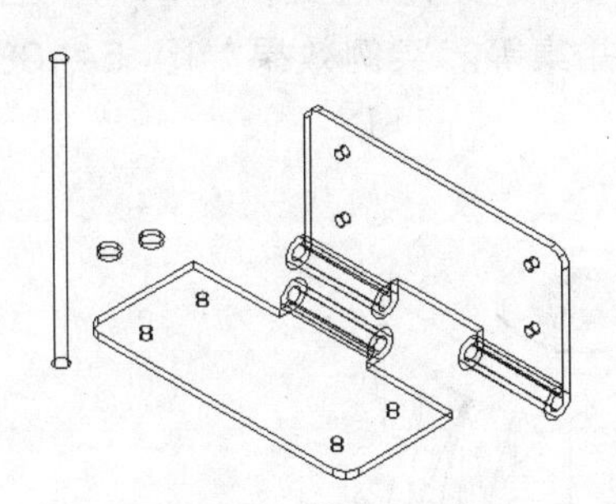

图5-133 绘制圆柱体

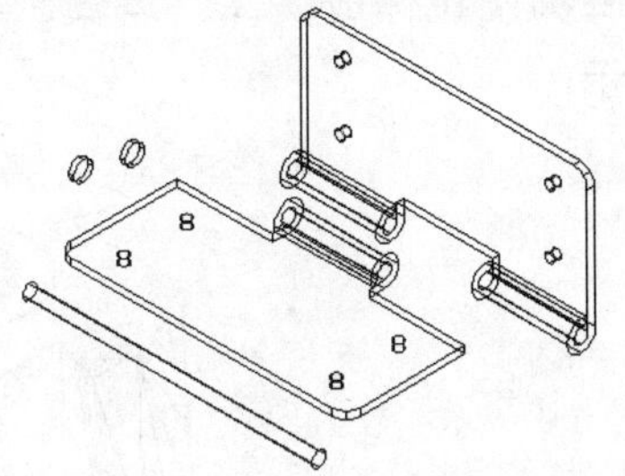

图5-134 三维旋转圆柱体

23 单击“修改”工具栏中的“移动”按钮，将两个小圆柱体移动到大圆柱体的两端，并使用并集功能将3个圆柱体相加，如图5-135所示。

24 再次单击“修改”工具栏中的“移动”按钮，将3个部分实体组合到一起，如图5-136所示。

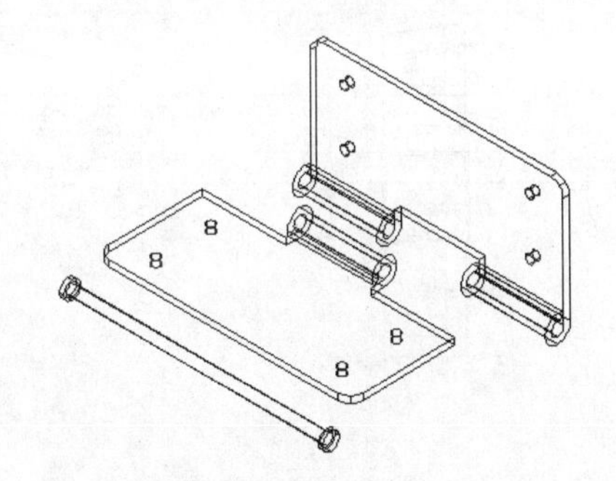

图5-135 移动圆柱体后并集

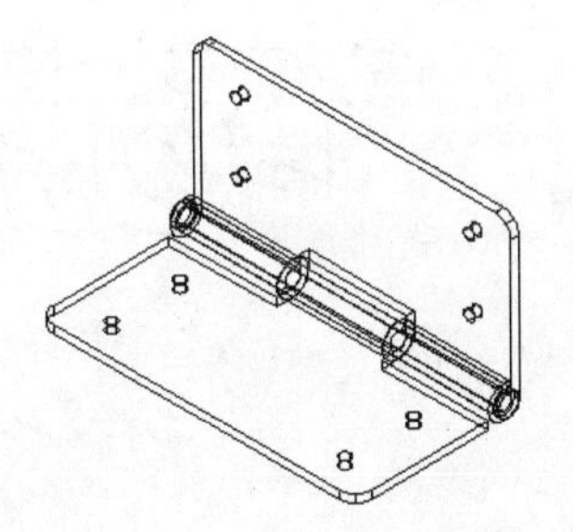

图5-136 组合所有实体

25 选择“视图”菜单中的“消隐”命令，调整图形的视觉效果，如图5-137所示。

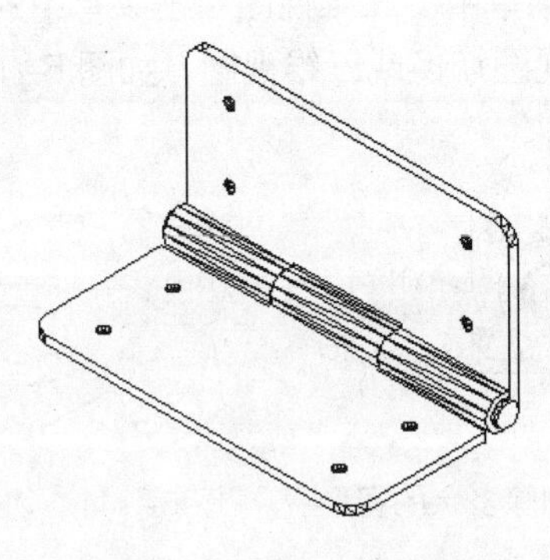

图5-137 消隐样式观察图形

倾斜面后：

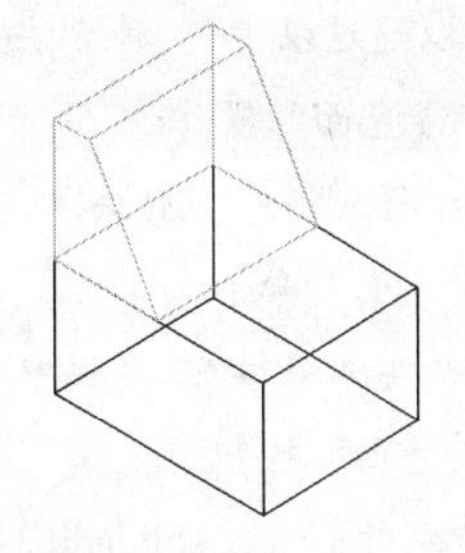

操作技巧 倾斜面的操作方法

可以通过以下3种方法来执行“倾斜面”操作：

- 选择“修改”→“实体编辑”→“倾斜面”命令。
- 单击“实体编辑”工具栏中的“倾斜面”按钮。
- 在命令行中输入solidedit后，按Enter键。

相关知识 什么是着色面

着色面可以为面设置颜色。

着色面前：

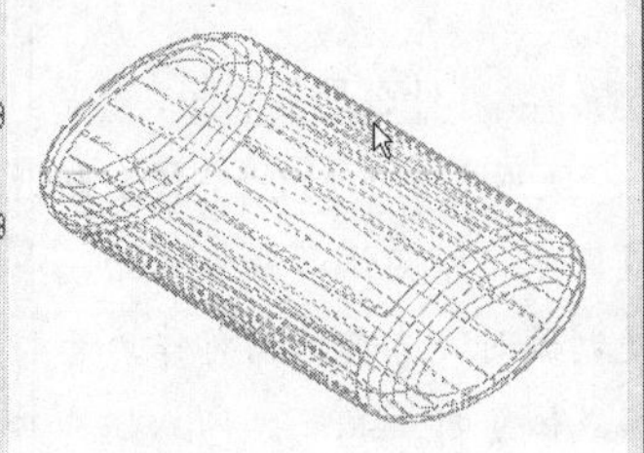

着色面后：

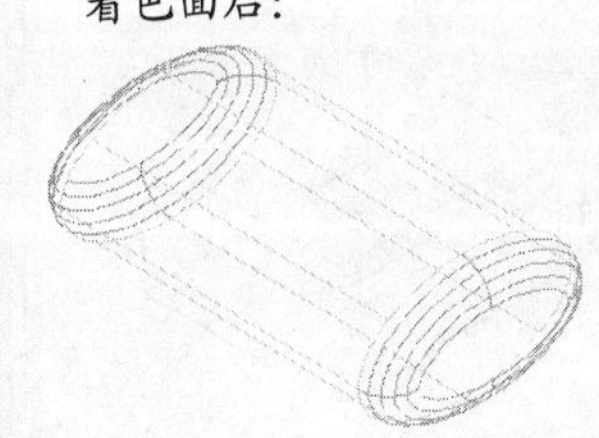

操作技巧 **着色面的操作方法**

可以通过以下 3 种方法来执行“着色面”操作：

- 选择“修改”→“实体编辑”→“着色面”命令。
- 单击“实体编辑”工具栏中的“着色面”按钮。
- 在命令行中输入 solidedit 后，按 Enter 键。

实例 5-7 说明

知识点：

- 圆锥体
- 剖切
- 三维阵列
- 拉伸成实体
- 差集
- 并集

视频教程：

光盘\教学\第 5 章 机械实体修改

效果文件：

光盘\素材和效果\05\效果\5-7.dwg

实例演示：

光盘\实例\第 5 章\绘制刀座

相关知识 **什么是复制面**

使用复制面功能可以复制或删除三维实体对象中的面，复制面时，选定的面将作为面域或体复制。

复制面前：

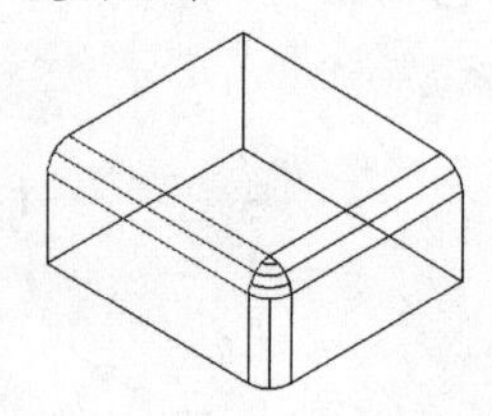

实例 5-7 绘制刀座

本实例将绘制刀座，其主要功能包含圆锥体、剖切、三维阵列、拉伸成实体、差集、并集等。实例效果如图 5-138 所示。

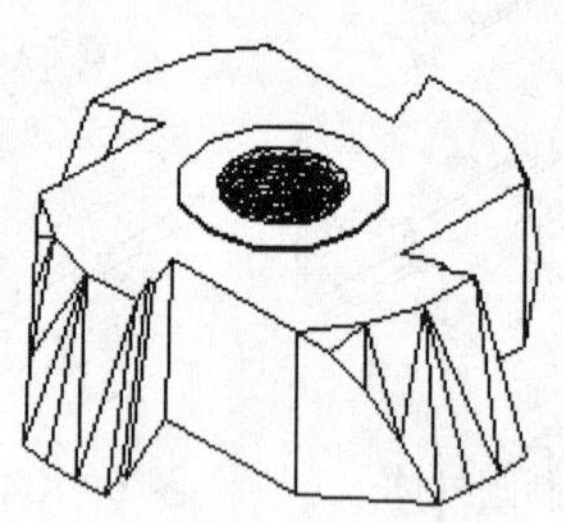

图 5-138　刀座效果图

操作步骤

1. 单击“标准”工具栏中的“打开”按钮，打开“选择文件”对话框，选择“刀座”文件，单击“确定”按钮打开图形，如图 5-139 所示。

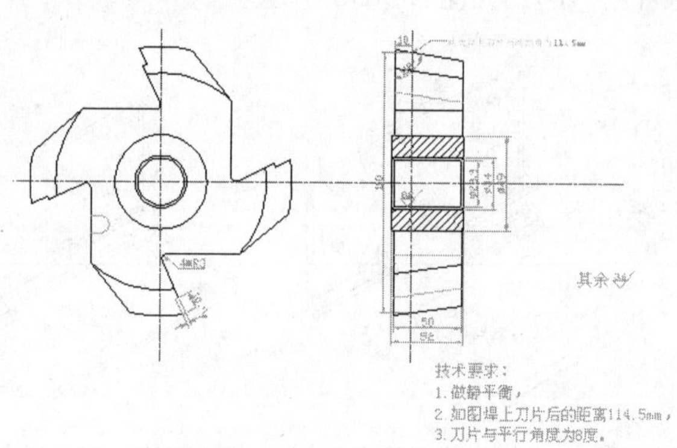

图 5-139　打开“刀座”文件

2. 单击“修改”工具栏中的“删除”按钮，删除一些不用的图形，如图 5-140 所示。
3. 选择“视图”菜单中“三维视图”子菜单中的“东北等轴测”命令，将二维视图切换成三维视图，如图 5-141 所示。

图 5-140　删除多余的图形

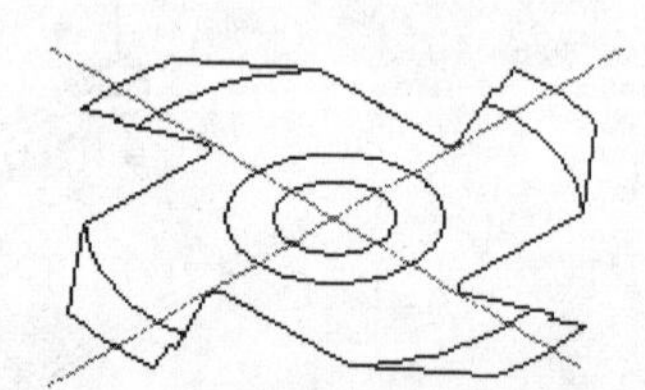

图 5-141　切换成三维视图

4. 单击“修改”工具栏中的“移动”按钮，将内部的两个圆沿极轴向下移动 1，如图 5-142 所示。

5 单击“修改”工具栏中的“复制”按钮，复制内部其中一段圆弧，将刀口线段向上复制50，并调整刀口线段位置，如图5-143所示。

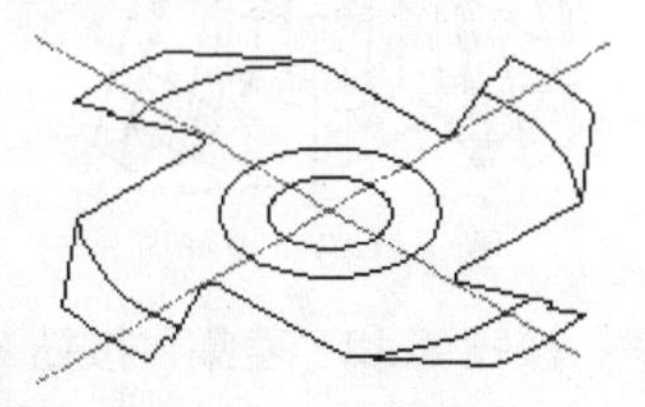

图5-142 移动线段　　图5-143 复制线段

6 单击“建模”工具栏中的“圆柱体”按钮，以上下弧线为半径，绘制一个圆台体，如图5-144所示。

7 单击“修改”菜单中“三维操作”子菜单中的“剖切”按钮，用三点剖切的方式，反复剖切绘制的圆台体，如图5-145所示。

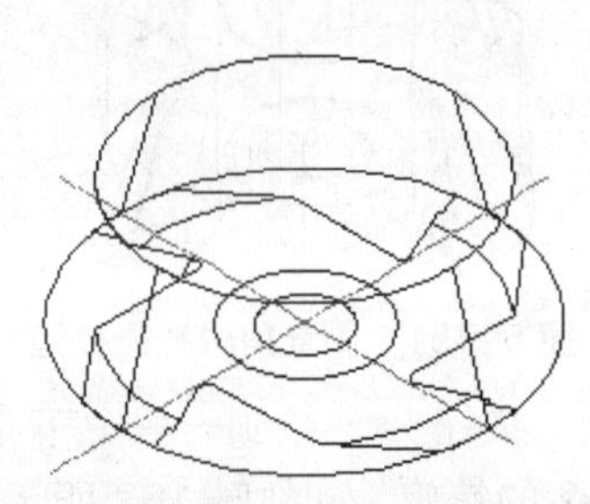

图5-144 绘制圆台体

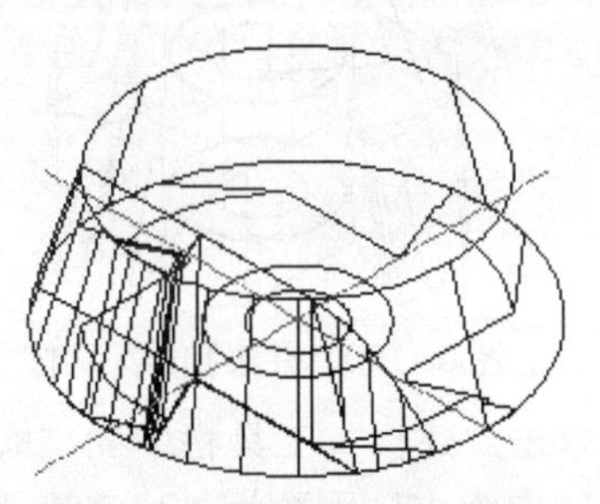

图5-145 反复剖切圆台体

8 单击“建模”工具栏中的“并集”按钮，将剖切后的实体合并成两个部分，如图5-146所示。

9 单击“建模”工具栏中的“三维阵列”按钮，将小实体以中心环形阵列复制实体，复制数目为4，如图5-147所示。

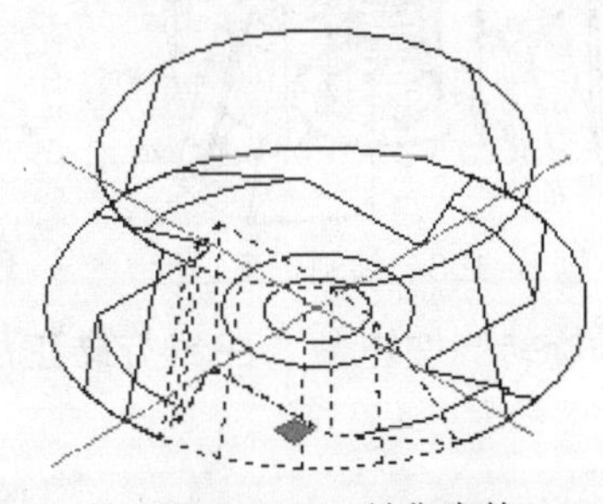

图5-146 并集实体

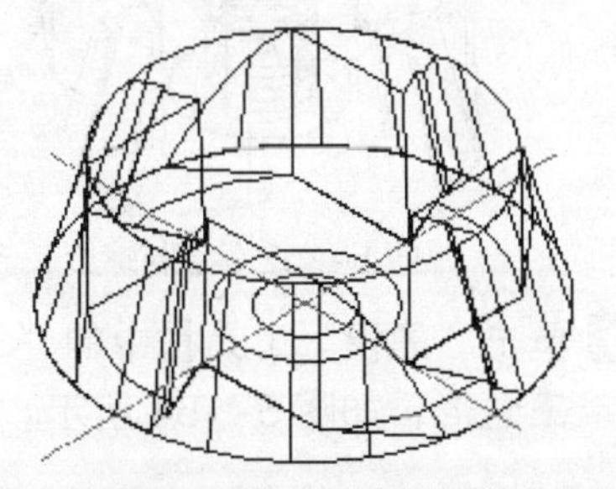

图5-147 三维环形阵列复制小实体

10 单击“建模”工具栏中的“差集”按钮，用小实体减去大实体，并删除复制的原实体，如图5-148所示。

11 单击“建模”工具栏中的“拉伸”按钮，将两个圆向上拉伸52，如图5-149所示。

复制面后：

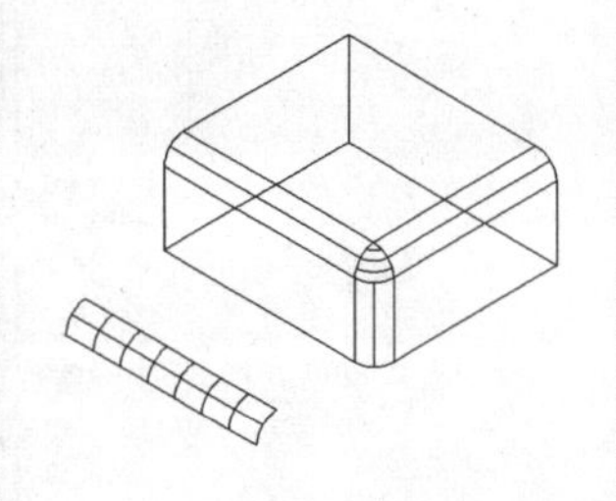

操作技巧 复制面的操作方法

可以通过以下3种方法来执行“复制面”操作：

- 选择“修改”→“实体编辑”→“复制面”命令。
- 单击“实体编辑”工具栏中的“复制面”按钮。
- 在命令行中输入solidedit后，按Enter键。

相关知识 三维网格的分类

三维网格主要可以分为旋转网格、平移网格、直纹网格和边界网格。

相关知识 绘制旋转网格

绘制旋转网格之前，首先需要绘制一个对象（可以是直线、圆弧、圆、样条曲线、二维多段线、三维多段线等），然后再延旋转轴（可以是直线、二维多段线、三维多段线等）制作出旋转网格。

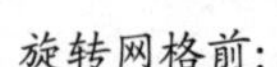
旋转网格前:

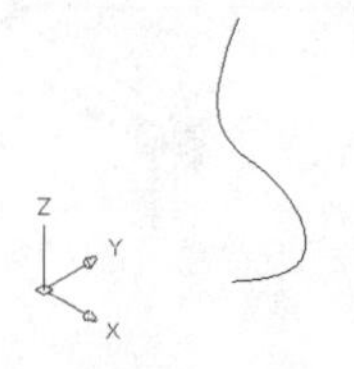

旋转网格后:

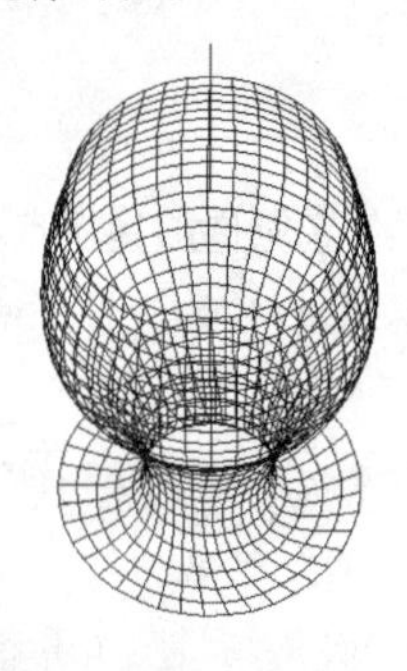

操作技巧 旋转网格的操作方法

可以通过以下两种方法来执行“旋转网格”操作:

- 选择“绘图”→“建模”→“网格”→“旋转网格”命令。
- 在命令行中输入 revsurf 后，按 Enter 键。

相关知识 绘制平移网格

平移网格是路径曲线和方向矢量定义的基本平移曲面。路径曲线可以是直线、圆弧、圆、椭圆、椭圆弧、二维多段线、三维多段线或样条曲线。方向矢量可以是直线，也可以是开放的二维或三维多段线。

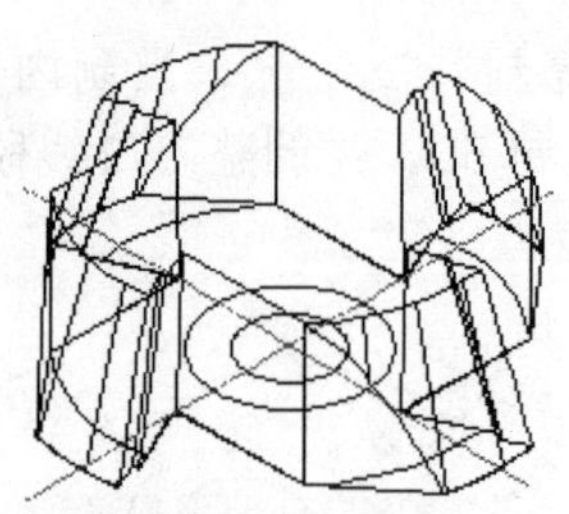

图 5-148　差集实体

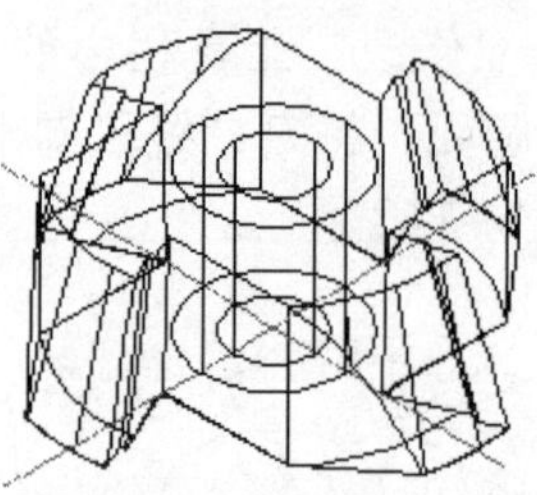

图 5-149　拉伸圆

12 单击“建模”工具栏中的“并集”按钮和“差集”按钮，用大圆柱体与实体相加，然后减去小圆柱体，并删除其他线段，如图 5-150 所示。

13 单击“修改”工具栏中的“倒角”按钮，对内孔径棱边倒直角，倒角距离为 2、2，如图 5-151 所示。

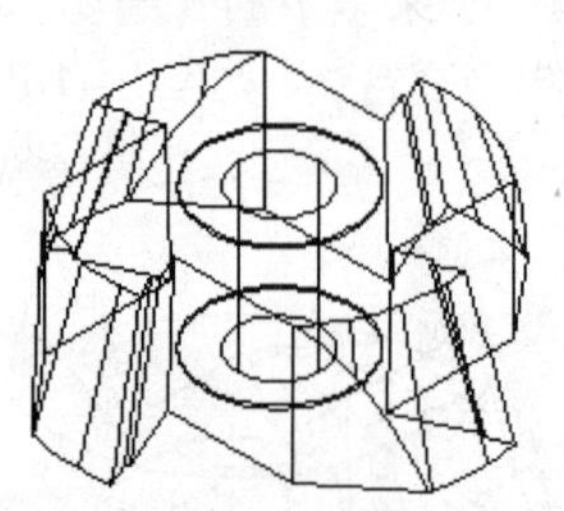

图 5-150　并集和差集实体　　图 5-151　倒直角内孔径棱边

14 单击“建模”工具栏中的“螺旋”按钮，绘制一段上下半径均为 17，圈数为 13，高度为 52 的螺旋，如图 5-152 所示。

15 单击“绘图”工具栏中的“多边形”按钮，在空白处绘制一个内接于圆、半径为 2 的正三边形，如图 5-153 所示。

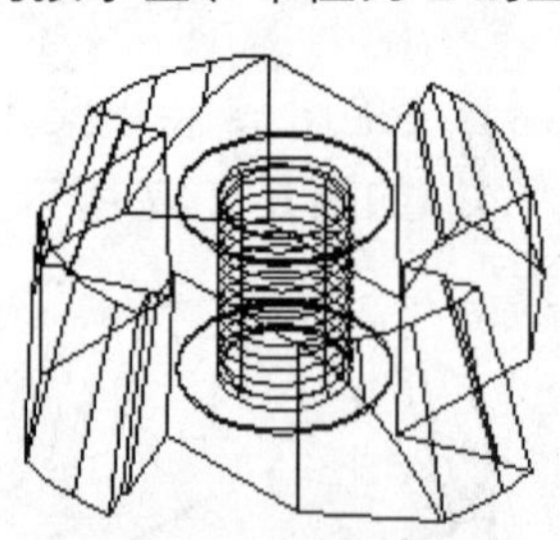

图 5-152　绘制螺旋

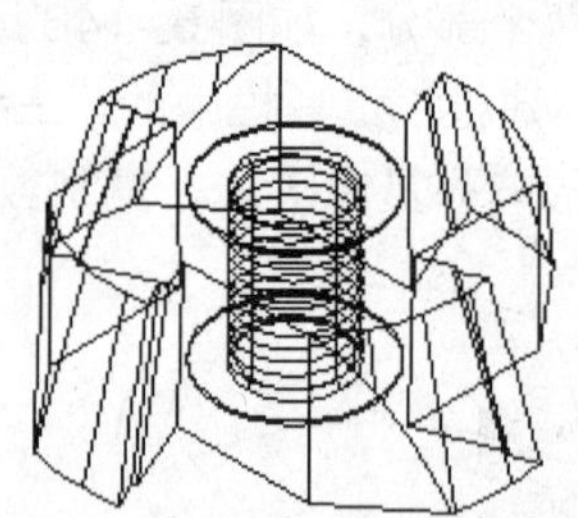

图 5-153　绘制正三边形

16 单击“建模”工具栏中的“三维旋转”按钮，三维旋转正三边形，如图 5-154 所示。

① 旋转前　② 水平旋转 180°　③ 垂直旋转 90°

图 5-154　三维旋转正三边形

17 单击“建模”工具栏中的“扫掠”按钮，用正三边形扫掠螺旋在实体内部得到新的实体，如图 5-155 所示。

18 单击“建模”工具栏中的“差集”按钮，用大实体减去扫掠的实体，如图 5-156 所示。

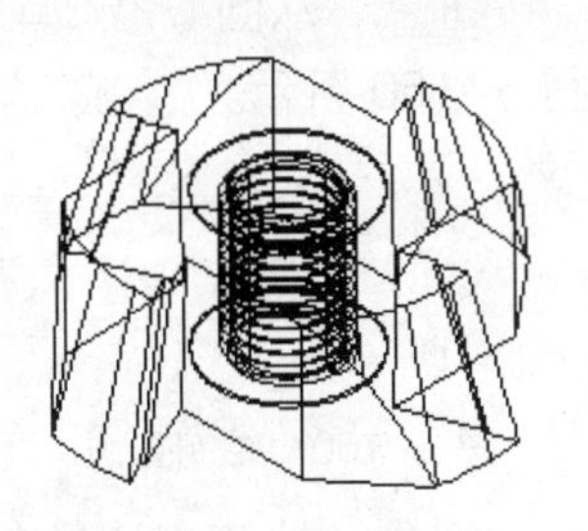

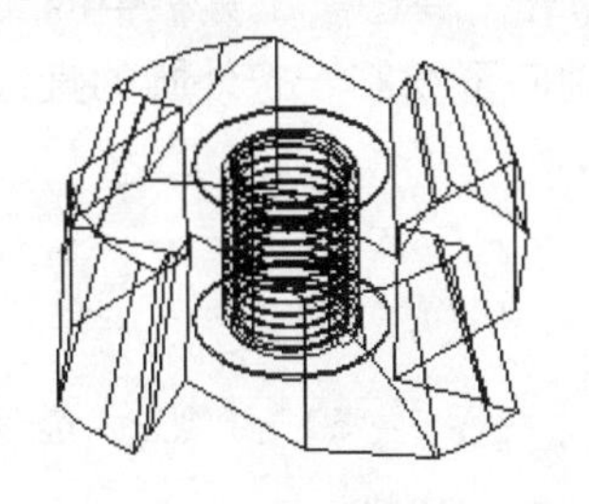

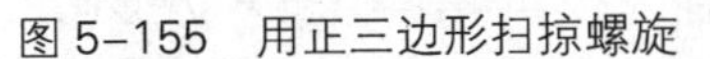

图 5-155 用正三边形扫掠螺旋　　图 5-156 差集实体

19 选择“视图”菜单中的“消隐”命令，调整图形的视觉效果，中间黑色部分为螺纹实体效果，如图 5-157 所示。

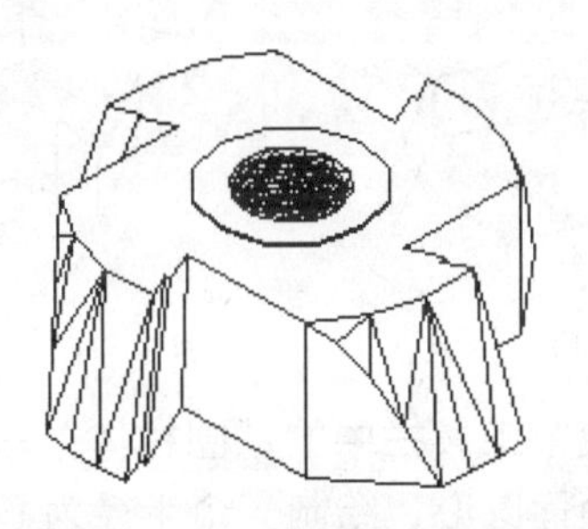

图 5-157 消隐样式观察图形

实例 5-8 绘制六角螺栓

本实例将绘制六角螺栓，其主要功能包含多边形、圆柱体、拉伸成实体、螺旋、扫掠等。实例效果如图 5-158 所示。

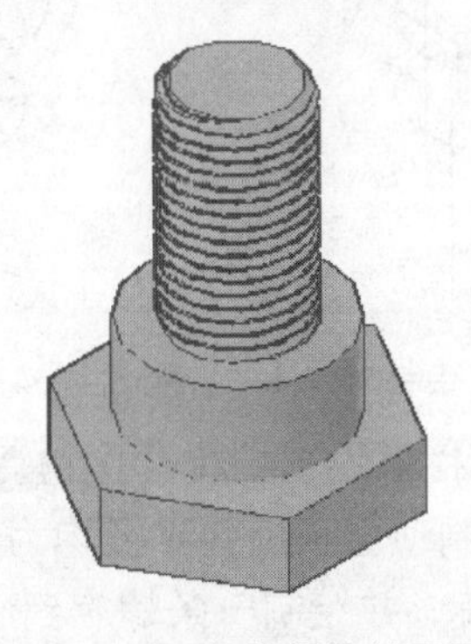

图 5-158 六角螺栓效果图

操作步骤

1 选择“视图”菜单中“三维视图”子菜单中的“东北等轴测”命令，将二维视图切换成三维视图。

可以将使用该功能创建的网格看做指定路径上的一系列平行多边形。

平移网格前：

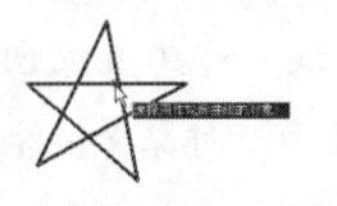

平移网格后：

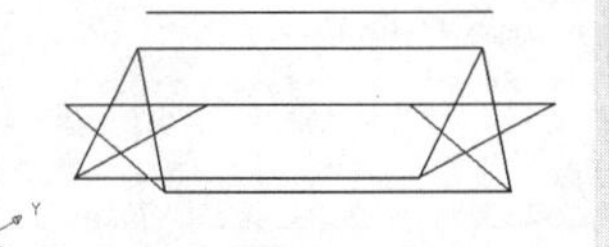

操作技巧 平移网格的操作方法

可以通过以下两种方法来执行“平移网格”操作：

- 选择“绘图”→“建模”→“网格”→“平移网格”命令。
- 在命令行中输入 tabsurf 后，按 Enter 键。

实例 5-8 说明

- 知识点：
  - 多边形
  - 圆柱体
  - 拉伸成实体
  - 螺旋
  - 扫掠
- 视频教程：
  光盘\教学\第 5 章 机械实体修改
- 效果文件：
  光盘\素材和效果\05\效果\5-8.dwg
- 实例演示：
  光盘\实例\第 5 章\绘制六角螺栓

相关知识 绘制直纹网格

可以使用以下两个不同的对象定义直纹网格的边界：直线、点、圆弧、圆、椭圆、椭圆弧、二维多段线、三维多段线或样条曲线。作为直纹网格"轨迹"的两个对象必须全部开放或全部闭合。点对象可以与开放或闭合对象成对使用。

直纹网格前：

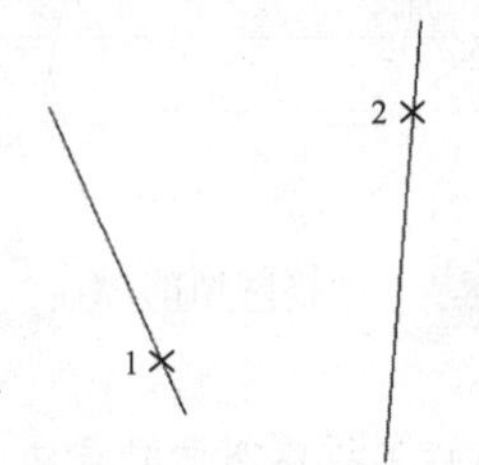

直纹网格后：

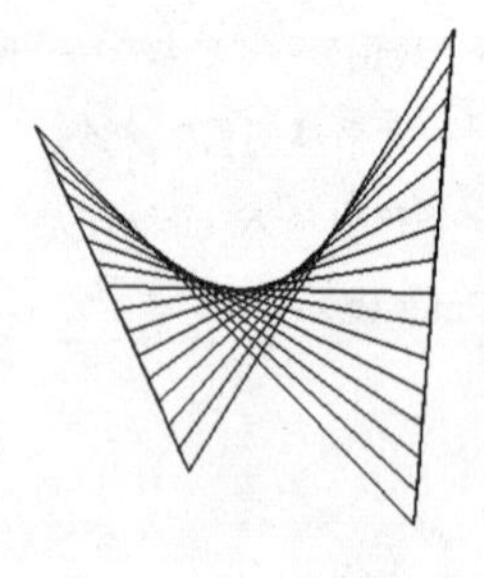

操作技巧 直纹网格的操作方法

可以通过以下两种方法来执行"直纹网格"操作：

- 选择"绘图"→"建模"→"网格"→"直纹网格"命令。

2 单击"绘图"工具栏中的"多段线"按钮，绘制一个内接于圆、半径为 14 的正六边形，如图 5-159 所示。

3 单击"绘图"工具栏中的"直线"按钮，从圆心沿 Y 轴极轴向下绘制一条外圆的直线，如图 5-160 所示。

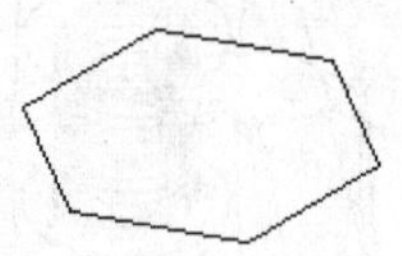

图 5-159 绘制正六边形

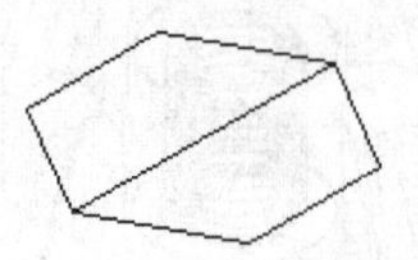

图 5-160 绘制直线

4 单击"建模"工具栏中的"拉伸"按钮，将正六边形向上拉伸 6.3，如图 5-161 所示。

5 单击"建模"工具栏中的"圆柱体"按钮，以直线的中点为圆心，绘制一个顶面半径为 9、高度为 8.1 的圆柱体，如图 5-162 所示。

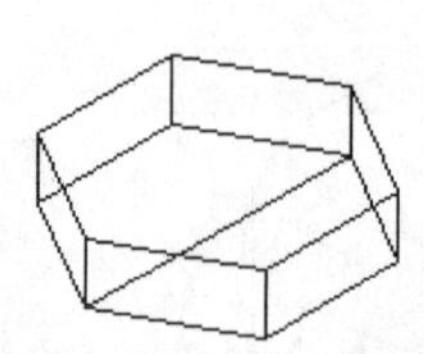

图 5-161 拉伸正六边形

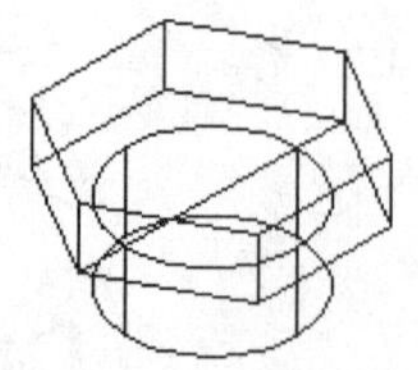

图 5-162 绘制圆柱体

6 再次单击"建模"工具栏中的"圆柱体"按钮，以圆柱体的底面圆心为顶面圆心，绘制一个半径为 5.95、高度为 20.3 的圆柱体，如图 5-163 所示。

7 单击"修改"工具栏中的"倒角"按钮，对上一步绘制的圆柱体的下棱边倒直角，倒角距离为 1、1，如图 5-164 所示。

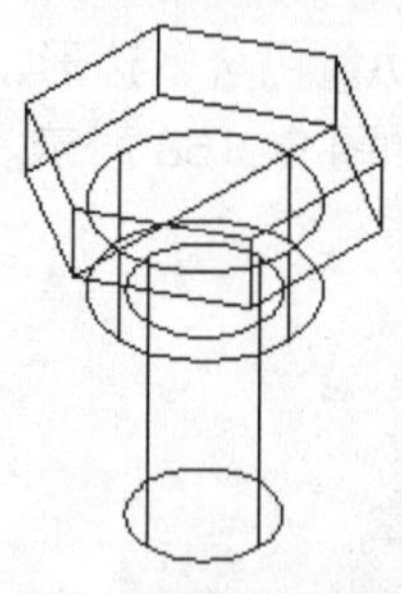

图 5-163 再次绘制圆柱体

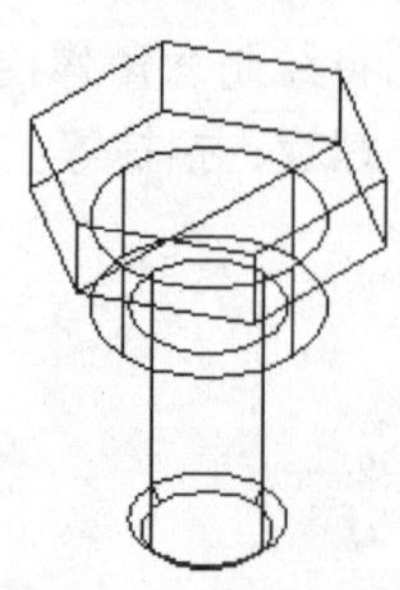

图 5-164 倒直角下棱边

8 单击"建模"工具栏中的"螺旋"按钮，以圆柱体的底面圆心为中心点，绘制顶面和底面半径均为 5.95、圈数为 17.6、高度为 20.3 的螺旋，并绘制一条螺旋到底面圆心的直线，如图 5-165 所示。

9 单击"绘图"工具栏中的"直线"按钮，绘制线段，再通过旋转、延伸、修剪等功能，绘制一个高度为 1 的正三角形，并创建成面，如图 5-166 所示。

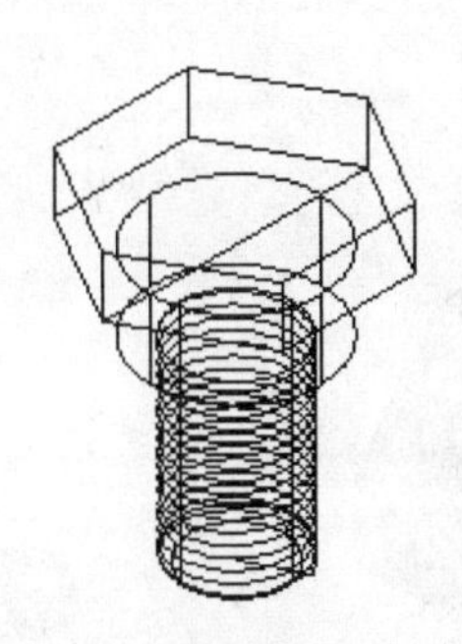

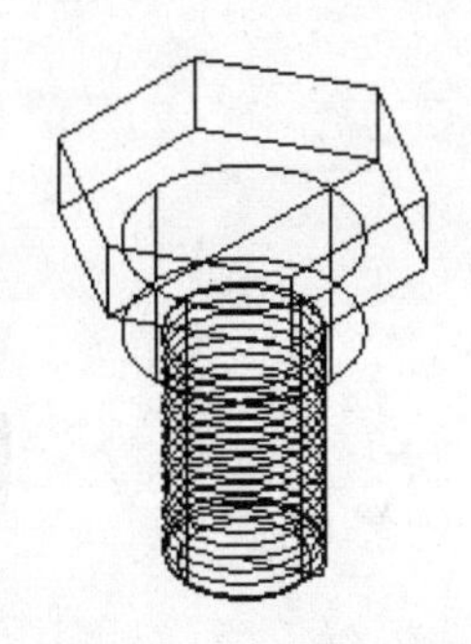

图 5-165 绘制螺旋和到底面圆心的直线 图 5-166 绘制正三角形

10 单击“修改”菜单中“三维操作”子菜单中的“对齐”按钮，将正三角形移动到螺旋上，如图 5-167 所示。

11 单击“建模”工具栏中的“扫掠”按钮，用正三角形扫掠螺旋，生成新的实体，如图 5-168 所示。

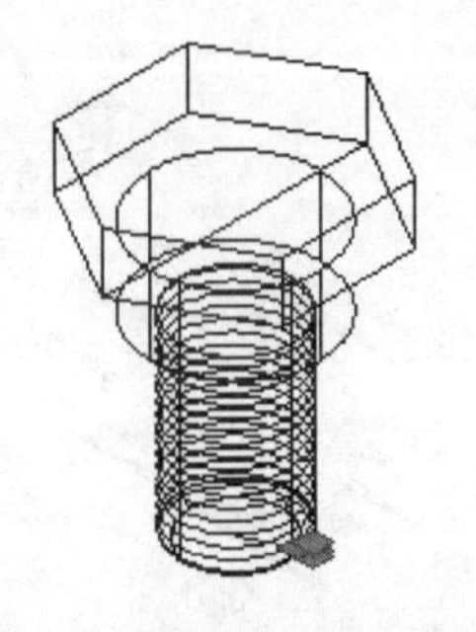

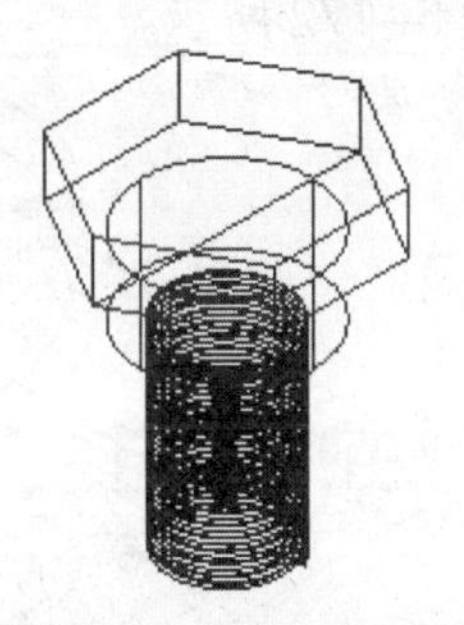

图 5-167 对齐正三角形 图 5-168 扫掠正三角形

12 单击“建模”工具栏中的“差集”按钮，用圆柱体减去新生成的实体，如图 5-169 所示。

13 单击“建模”工具栏中的“并集”按钮，并集剩下的实体，并删除辅助线段，如图 5-170 所示。

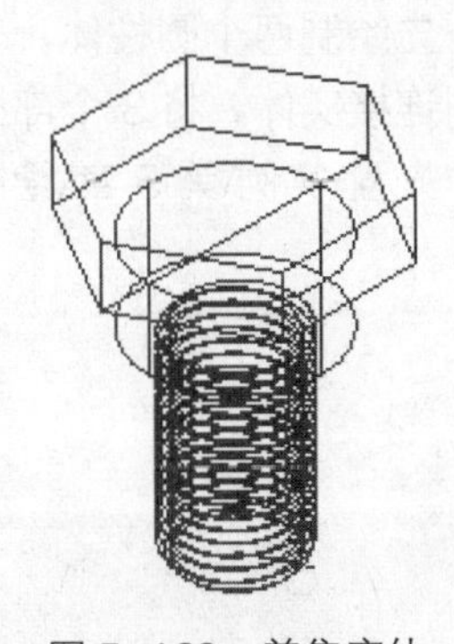

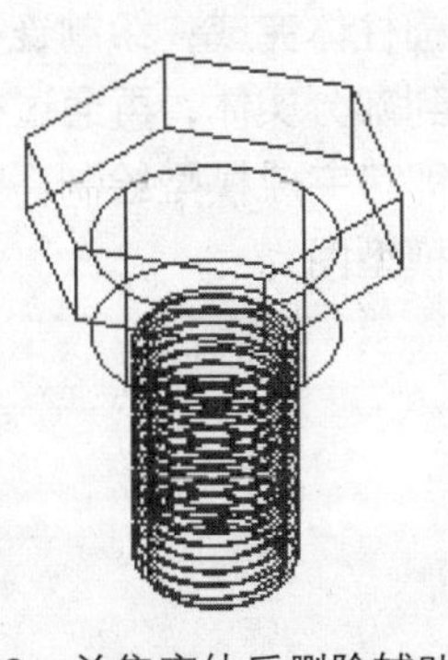

图 5-169 差集实体 图 5-170 并集实体后删除辅助线段

14 选择“视图”菜单中“视觉样式”子菜单中的“概念”命令，调整图形的视觉效果，中间黑色部分为螺纹实体效果，并调整螺栓角度，如图 5-171 所示。

- 在命令行中输入 rulesurf 后，按 Enter 键。

相关知识 绘制边界网格

边界网格的制作方法是先确定曲面的 4 条边，然后通过 4 条边生成曲面。可以作为边的曲线的有直线、弧、多段线等。

边界网格前：

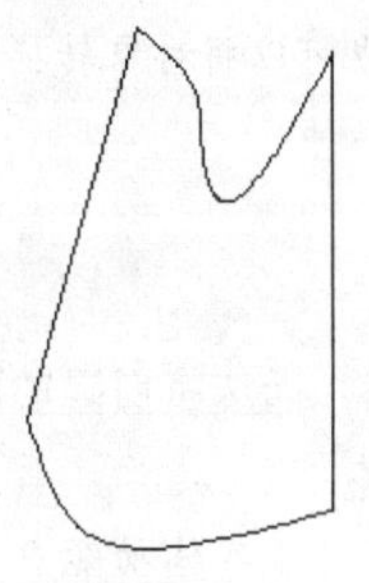

边界网格后：

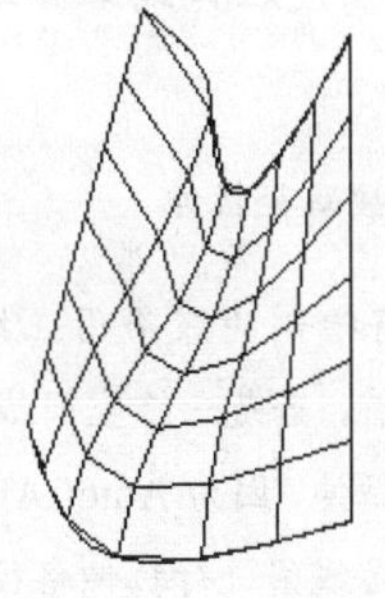

操作技巧 边界网格的操作方法

可以通过以下两种方法来执行“边界网格”操作：

- 选择“绘图”→“建模”→“网格”→“边界网格”命令。
- 在命令行中输入 edgesurf 后，按 Enter 键。

疑难解答 **无法拉伸绘制的二维图形**

在 AutoCAD 中，有以下两种形式无法拉伸二维图形：

- 具有相交或自交线段的多段线。
- 包含在块内的对象。

解决方法：如果要使用直线或圆弧从轮廓创建实体，则可以使用 pedit 命令下的“合并”选项将它们转换为一个多段线对象，也可以将对象转换成面域后再拉伸。

疑难解答 **无法将创建的面拉伸成实体**

在拉伸成实体功能中，可以分为高度拉伸或者按路径拉伸。

1. 按路径拉伸

先将绘制的线条用三维观察器查看，若是三维空间线条，则不能拉伸，因为 AutoCAD 只能用平面线条进行拉伸路径。

2. 按高度拉伸

可能因为面域没生成好，查看二维图形看还有哪个地方没有连接好，将其连接好即可进行拉伸。

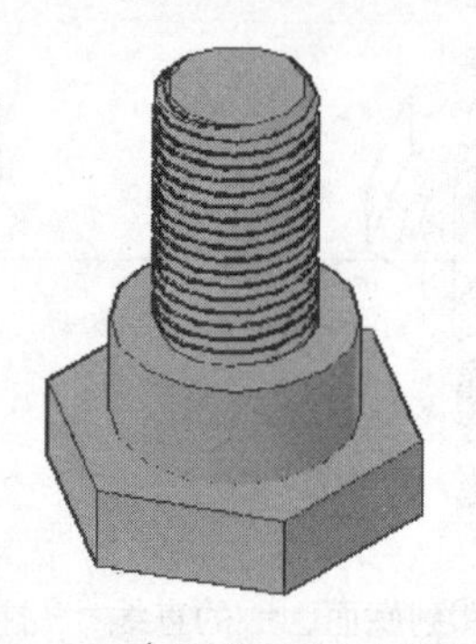

图 5-171　调整图形视觉效果

实例 5-9　绘制连杆模型图

本实例将绘制一个连杆模型图，其主要功能包括圆柱体、长方体、圆角、二维编辑、扫掠、差集、并集等。实例效果图如图 5-172 所示。

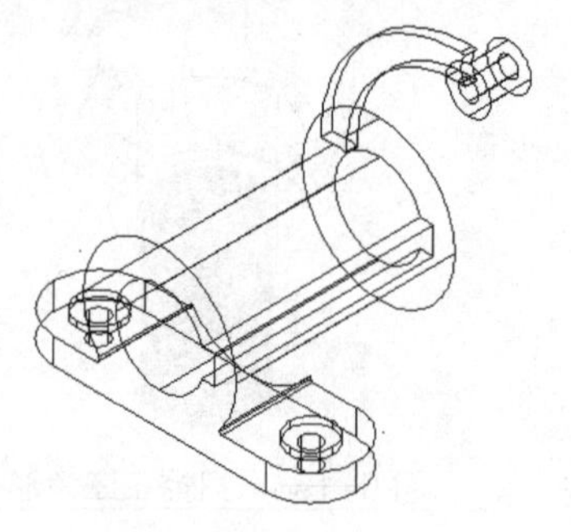

① 三维线框样式

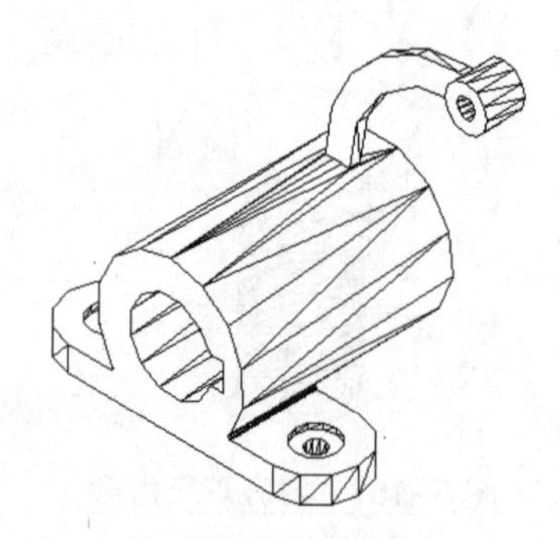

② 消隐样式

图 5-172　连杆模型图效果图

在绘制图形时，绘制主体模型，用圆柱体和长方体，然后差集即可；绘制固定部分，先绘制长方体，然后通过圆角和差集圆柱体完成；绘制连杆部分实体，先绘制两个圆柱体，差集得到部分实体，再通过扫掠圆弧得到连接实体，将 3 个部分并集即可完成模型绘制。具体操作见“光盘\实例\第 5 章\绘制连杆模型图”。

第6章 绘制机械标准件与常用件

任何机器或部件都是由零件装配而成的，在生产过程中，零件大批量生产，它们的结构和尺寸等都按统一的规格标准化了，因此，我们称之为标准件；一些在机器中经常用到的零件称为常用件。本章绘制常见的标准件及常用件。

本章讲解的实例和主要功能如下：

实　　例	主要功能	实　　例	主要功能	实　　例	主要功能
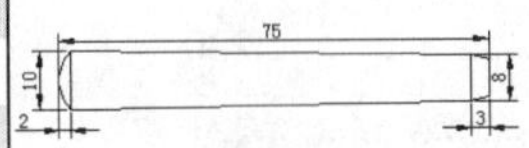 绘制销	直线、圆、修剪、打断于点、旋转、延伸线性标注	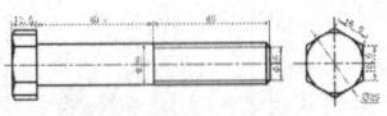 绘制平头螺栓	直线、偏移圆、圆弧镜像	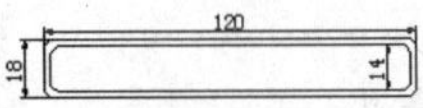 绘制平键	矩形倒角偏移
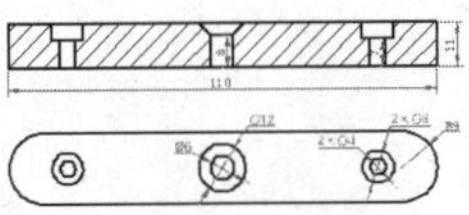 绘制导向平键	打断于点旋转延伸图案填充	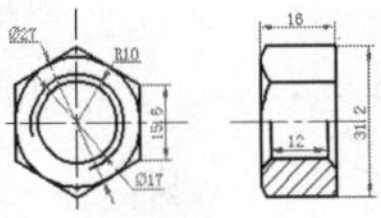 绘制螺母	多边形修剪、旋转圆弧、镜像图案填充	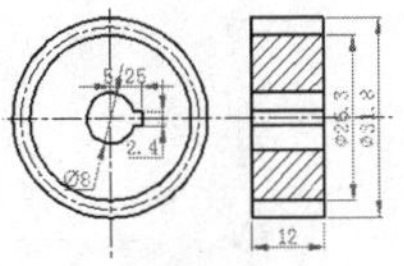 绘制齿轮	图层、直线、圆偏移、修剪图案填充线性标注
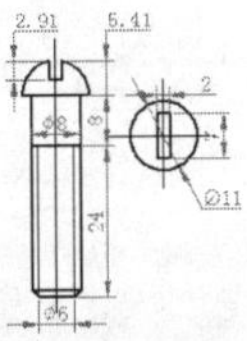 绘制圆头螺栓	图层直线圆弧	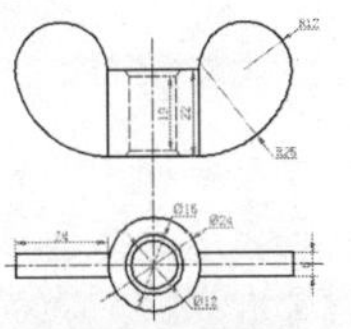 绘制燕尾螺母	直线、偏移、修剪圆弧线性标注半径标注直径标注	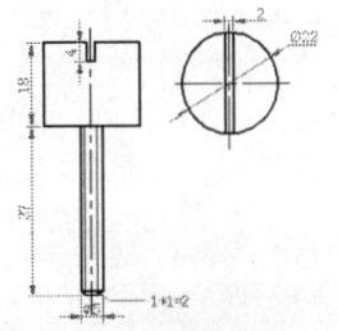 绘制定位销	直线偏移修剪倒角
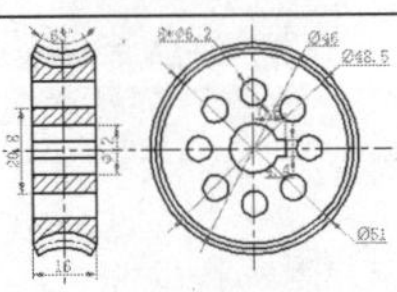 绘制蜗轮	偏移、修剪圆弧、镜像环形阵列	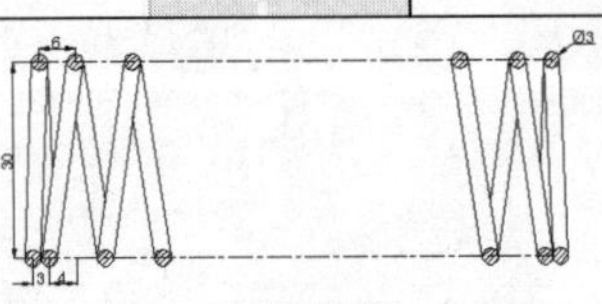 绘制弹簧			图层、偏移、圆、绘制切线、图案填充

本章在讲解实例操作的过程中，全面系统地介绍关于绘制机械标准件与常用件的相关知识和操作方法，包含的内容如下：

实例6-1 绘制销

本实例将绘制一个销，其主要功能包含直线、圆、修剪、打断与点、旋转、延伸、线性标注等。实例效果如图6-1所示。

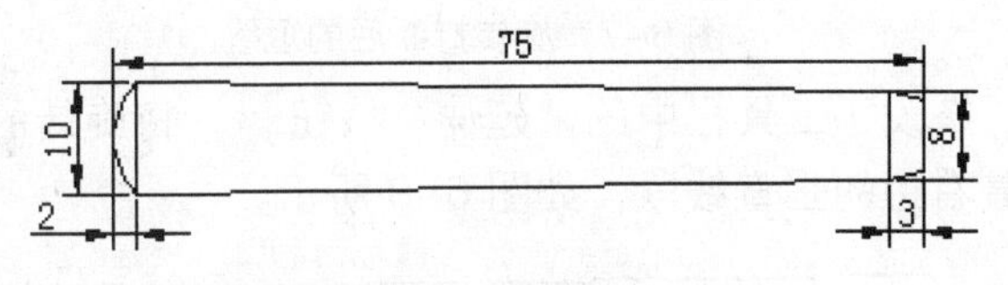

图6-1 销效果图

操作步骤

1 单击“绘图”工具栏中的“直线”按钮，绘制长为5、75的两条线段，如图6-2所示。

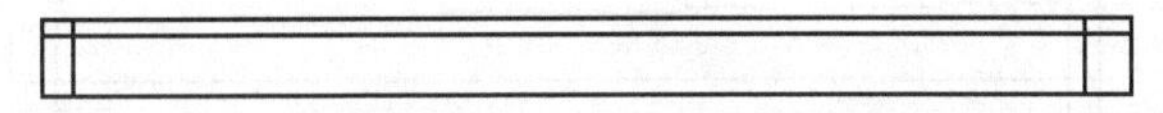
图6-2 绘制线段

2 单击“修改”工具栏中的“偏移”按钮，将垂直线段向右偏移2、72、75，再将水平线段向上偏移4、5，如图6-3所示。

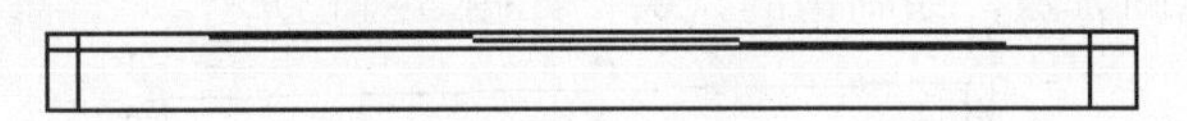
图6-3 偏移线段

3 单击“绘图”工具栏中的“直线”按钮，绘制偏移线段交点的连线，如图6-4所示。

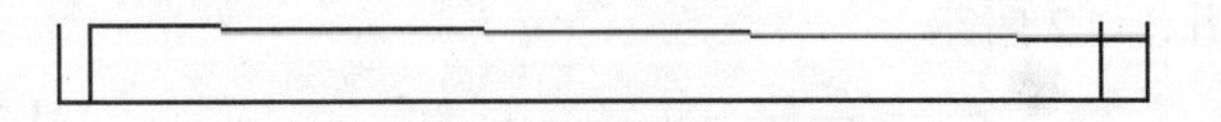
图6-4 绘制连线

4 单击“修改”工具栏中的“删除”按钮，删除两条偏移的水平线段，如图6-5所示。

图6-5 删除偏移的水平线段

5 单击“修改”工具栏中的“打断于点”按钮，将绘制的连线以相交的垂直线段的交点为断点，打断成两条线段，将光标移动到其中一条线段上可以看出线段已经打断，如图6-6所示。

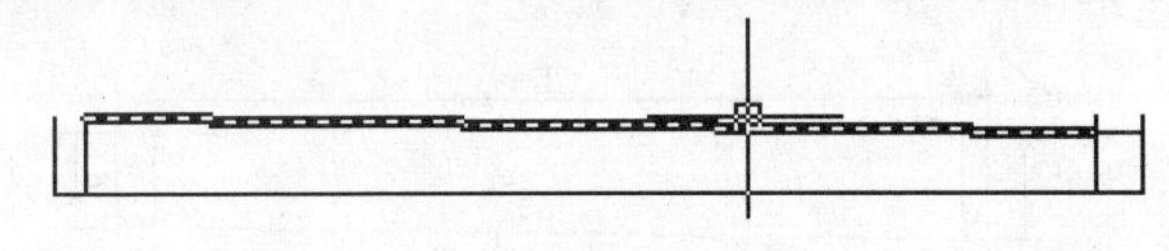
图6-6 将线段打断于点

实例6-1说明

- 知识点：
  - 直线
  - 圆
  - 修剪
  - 打断于点
  - 旋转
  - 延伸
  - 线性标注
- 视频教程：
  光盘\教学\第6章绘制机械标准件与常用件
- 效果文件：
  光盘\素材和效果\06\效果\6-1.dwg
- 实例演示：
  光盘\实例\第6章\绘制销

相关知识 什么是标准件、常用件

任何机器或部件都是由零件装配而成的，在生产过程中，零件大批量生产，它们的结构和尺寸等都按统一的规格标准化了，因此，我们称之为标准件；一些在机器中经常用到的零件称为常用件。

相关知识 绘图之前的环境设置

在绘制机械零件图之前，环境设置主要包括了以下3个方面：

1. 设置绘图工作区域的尺寸范围

在绘图之前，应先设定工

作区域的大小范围，工作区域的尺寸应根据视图的大小来设定。由于绘制零件图时要先画主视图，所以应根据主视图的尺寸来设置当前工作区域的大小。设置完之后，将栅格打开，再单击“全屏”按钮以全屏显示，这样就可以全面观察绘图区域。

2. 选择绘图辅助工具

在 AutoCAD 的状态栏上，通常打开“极轴”、“对象追踪”、“对象捕捉”功能。然后右击“对象捕捉”按钮，在弹出的快捷菜单中选择“设置”命令，打开“草图设置/对象捕捉”对话框，在“对象捕捉”选项卡下选中“端点”、“圆心”和“交点”选项。

3. 设置单位格式和精度

开始绘图前，还应设置图形单位，然后再以此单位创建图形。通常情况下，AutoCAD 的图形单位为 mm（毫米），精度为 0.000。如果精度设置的太大，将增加系统响应时间，降低工作效率。

选择“格式”→“单位”命令，在弹出的“图形单位”对话框的“长度”选项卡中，可以设置单位格式与精度。

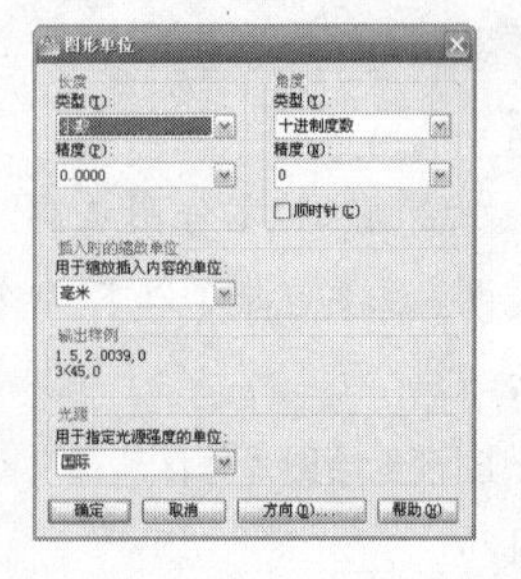

6 单击“修改”工具栏中的“旋转”按钮，将打断后的短线段以断点为基点，旋转-15°，如图 6-7 所示。

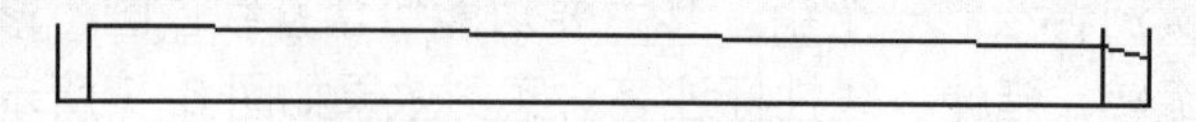

图 6-7 旋转打断后的短线

7 单击“修改”工具栏中的“延伸”按钮，将旋转的短线延伸到最右边的垂直线段，如图 6-8 所示。

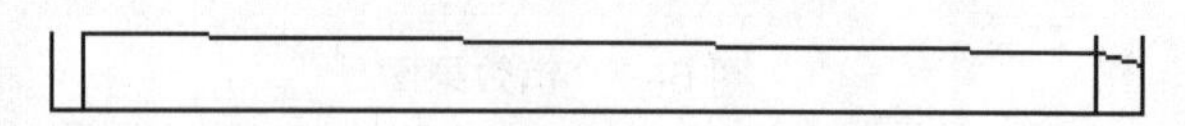

图 6-8 延伸旋转短线

8 单击“修改”工具栏中的“修剪”按钮，修剪图形中多余的线段，如图 6-9 所示。

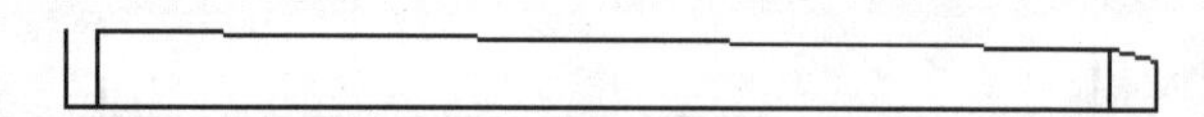

图 6-9 修剪图形中多余的线段

9 单击“修改”工具栏中的“镜像”按钮，将所有线段以水平线段为镜像线上下对称复制，如图 6-10 所示。

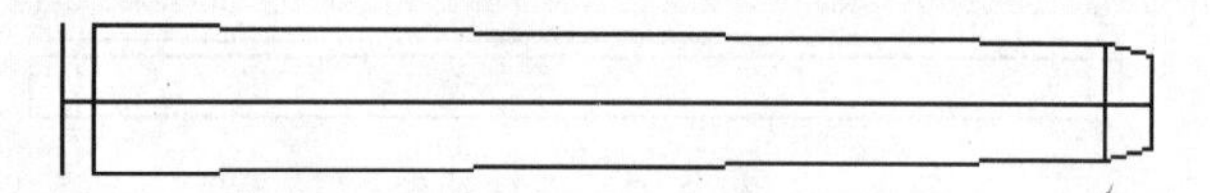

图 6-10 镜像对称复制

10 单击“绘图”工具栏中的“圆弧”按钮，用三点绘制一条圆弧的方法，绘制销的一头，如图 6-11 所示。

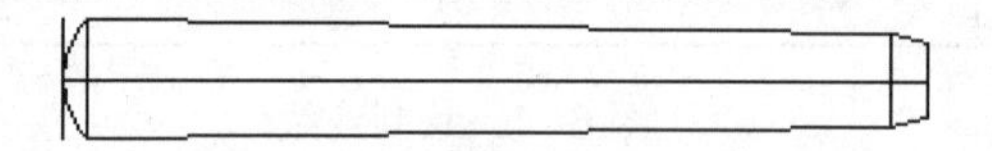

图 6-11 绘制销头

11 单击“修改”工具栏中的“删除”按钮，删除多余的线段，如图 6-12 所示。

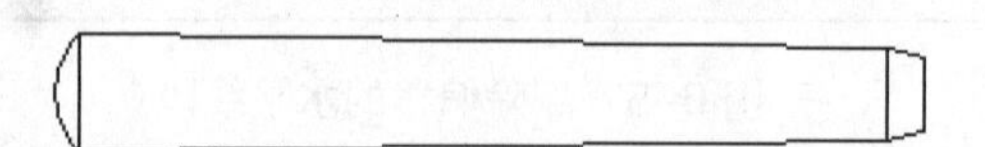

图 6-12 删除多余的线段

12 单击“标注”工具栏中的“线性”按钮，标注图形的线性尺寸，如图 6-13 所示。

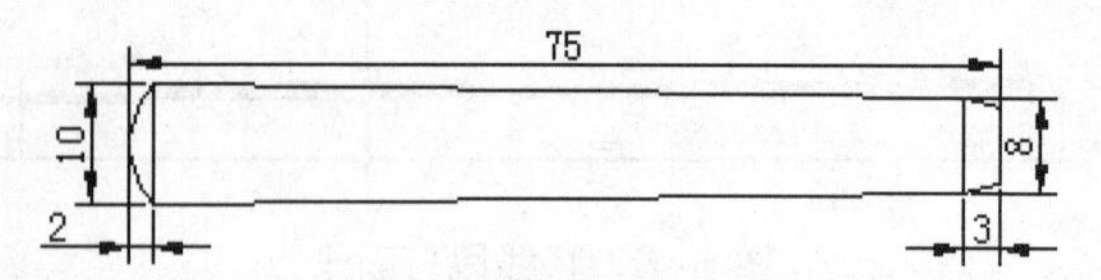

图 6-13 标注线性尺寸

实例 6-2　绘制定位销

本实例将绘制定位销，其主要功能包含直线、偏移、修剪、倒角等。实例效果如图 6-14 所示。

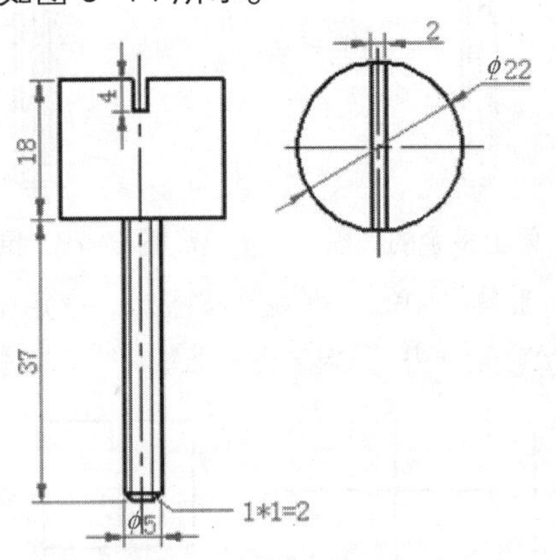

图 6-14　定位销效果图

操作步骤

1. 单击"图层"工具栏中的"图层特性管理器"按钮，打开"图层特性管理器"面板，创建轮点画线、轮廓线和细实线 3 个图层。
2. 将轮廓线设置为当前图层，再绘制水平和垂直两条线段，并将垂直线段设置为点画线，如图 6-15 所示。
3. 单击"修改"工具栏中的"偏移"按钮，将垂直线段向左、右各偏移 1、1.5、2.5、11，并将偏移 1.5 的线段设置为细实线，设置其他偏移线段为轮廓线，再将水平线段向下偏移 4、18、54、55，如图 6-16 所示。

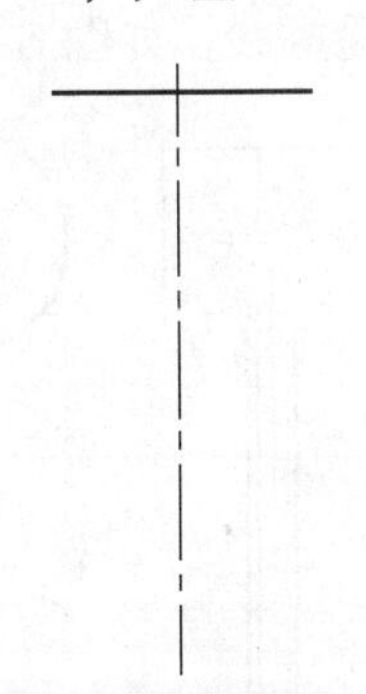

图 6-15　绘制线段　　图 6-16　偏移线段

4. 单击"修改"工具栏中的"修剪"按钮，修剪多余的线段，如图 6-17 所示。
5. 单击"修改"工具栏中的"倒角"按钮，对销倒直角，倒角距离为 1、1，如图 6-18 所示。

实例 6-2 说明

- 知识点：
  - 直线
  - 偏移
  - 修剪
  - 倒角
- 视频教程：
  光盘\教学\第 6 章 绘制机械标准件与常用件
- 效果文件：
  光盘\素材和效果\06\效果\6-2.dwg
- 实例演示：
  光盘\实例\第 6 章\绘制定位销

重点提示　绘制机械图形的步骤

绘制机械图形的步骤一般如下：

(1)绘制图形中的辅助线段。

(2)绘制出大致的形体。

(3)修改图形，绘制出全貌。

(4)标注图形尺寸。

(5)填写标题栏和加工要求。

重点提示　标题栏规范

标题栏中的文字方向应为看图方向。另外，标题栏的外框为粗实线，内部为细实线，并且右边线和底边线应与图框线重合。

相关知识　绘图比例规范

比例是绘制图形时的尺寸

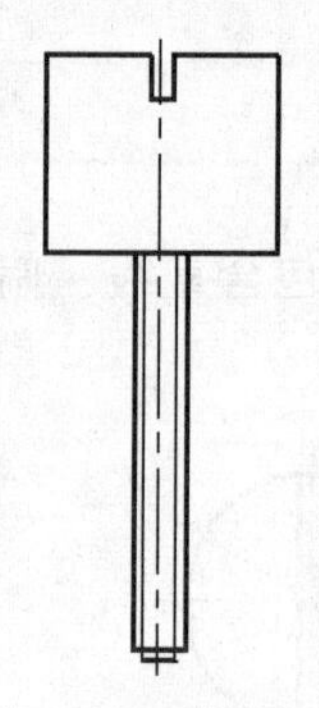

图 6–17　修剪多余的线段　　　图 6–18　倒直角销

6 单击“绘图”工具栏中的“直线”按钮，在定位销柱头附近绘制一个十字坐标轴，并将线段设置成点画线，如图 6–19 所示。

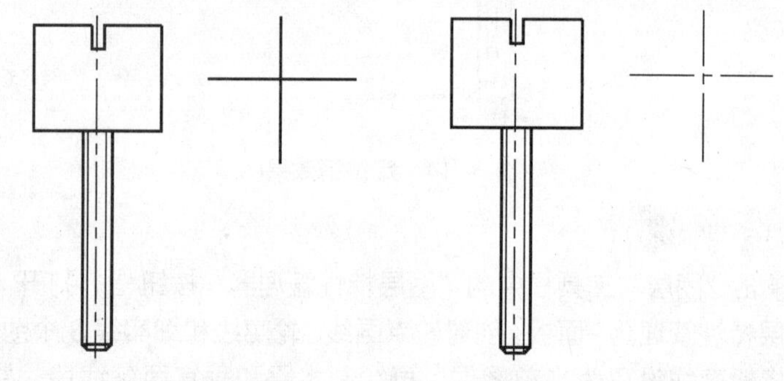

①绘制线段　　　②设置成点画线

图 6–19　绘制十字坐标轴

7 单击“绘图”工具栏中的“圆”按钮，以坐标轴的交点为圆心，绘制一个半径为 11 的圆，如图 6–20 所示。

8 单击“修改”工具栏中的“偏移”按钮，将垂直线段向左、右各偏移 1，并将偏移线段设置成轮廓线，如图 6–21 所示。

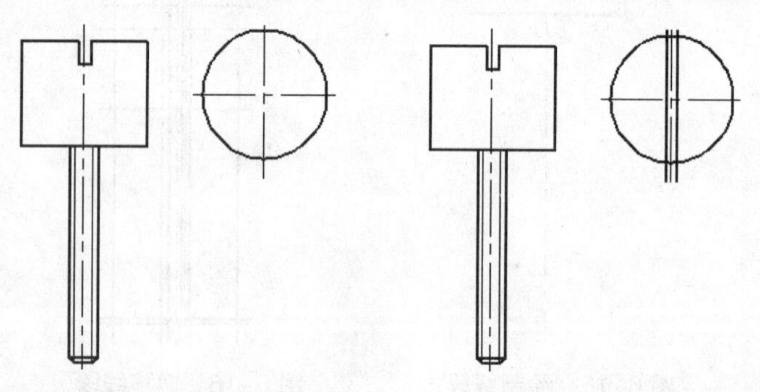

图 6–20　绘制圆　　　图 6–21　偏移线段

9 单击“修改”工具栏中的“修剪”按钮，修剪偏移线段，如图 6–22 所示。

10 单击“标注”工具栏中的“线性”按钮，标注图形的线性尺寸，如图 6–23 所示。

与真实物体尺寸比值。在绘制图形时，根据绘图需要，选择合适的比例。

为了方便绘图和贴近真实物体，一般采用 1:1 比值绘图。如果实物过大或过小，则可以适当调整绘图比例，但是在标注时，要标注真实尺寸并在标题栏中注明绘图比例。

相关知识　绘图文字规范

图样中的文字必须做到以下几点：

- 字体工整。
- 间隔均匀。
- 笔画清楚。
- 排列整齐。

相关知识　绘图字体要求

字体高度有以下一些大小：1.8，2.5，3.5，5，7，10，14，20，尺寸单位均为 mm。

1. 汉字

字体应为仿宋体，并应采用国家正式公布推行的简化字。汉字的高度一般不小于 3.5mm，其字宽一般为字高的 2/3。

2. 数字或字母

数字和字母有直体和斜体两种。一般采用斜体，斜体字字头向右倾斜，与水平线约成 75° 角。在同一图样上，只允许选用一种形式的字体。

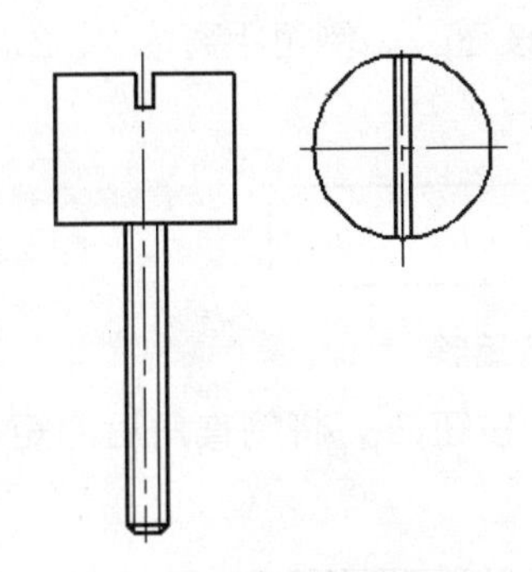

图 6-22　修剪偏移线段

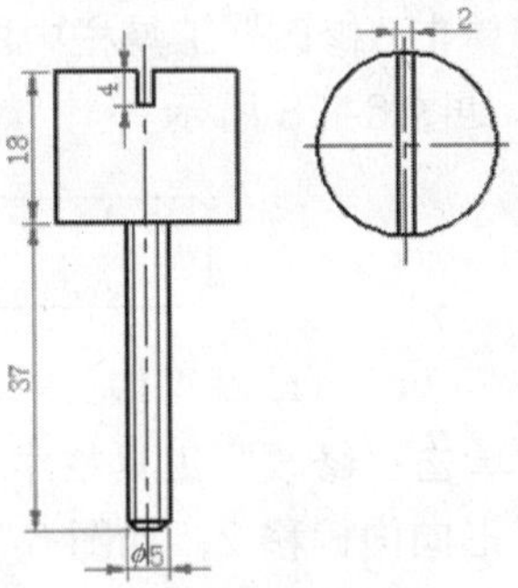

图 6-23　标注线性尺寸

11 单击“标注”工具栏中的“直径”按钮，标注图形的直径尺寸，如图 6-24 所示。

12 单击“标注”工具栏中的“多重引线”按钮，标注销的倒角尺寸，如图 6-25 所示。

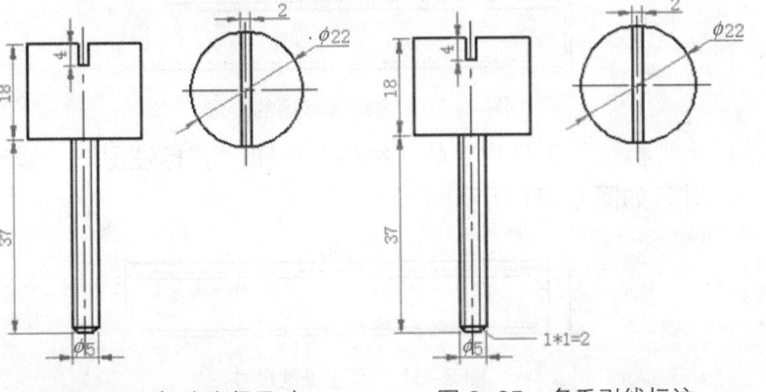

图 6-24　标注直径尺寸　　图 6-25　多重引线标注

实例 6-3　绘制平键

本实例将绘制一个平键，其主要功能包含矩形、倒角、偏移等。实例效果如图 6-26 所示。

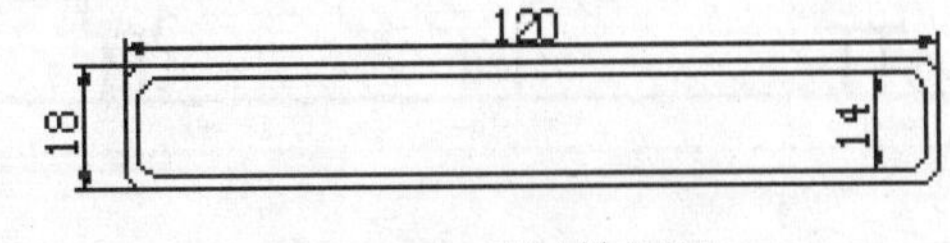

图 6-26　平键效果图

操作步骤

1 单击“绘图”工具栏中的“矩形”按钮，绘制一个长为 120、宽为 18 的矩形，如图 6-27 所示。

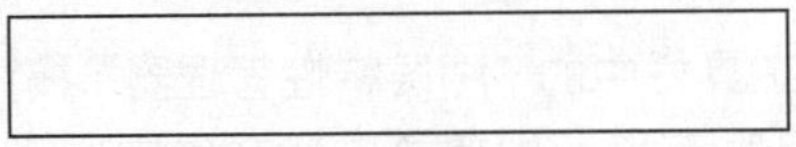

图 6-27　绘制矩形

实例 6-3 说明

- **知识点：**
  - 矩形
  - 倒角
  - 偏移
- **视频教程：**
  光盘\教学\第 6 章 绘制机械标准件与常用件
- **效果文件：**
  光盘\素材和效果\06\效果\6-3.dwg
- **实例演示：**
  光盘\实例\第 6 章\绘制平键

相关知识　绘制机械图的技术要求

零件图的绘制中通常有一些说明的技术要求，以方便零件在加工时注意，在质检时可以作为一项重要检验标准。

在零件图中的技术要求上，有以下几点需要注意：

- 要标明“技术要求”的字样标题。
- 书写文字要简单明了、通俗易懂。
- 书写格式要分清主次。
- 标注符号要符合规定。
- 标准齿轮或弹簧的参数时，需要以表格的标注方式标注在图形的左上角。

相关知识　填写技术要求时的注意事项

在绘制零件图上，需要填写一定技术要求，以方便加工时注意，如表面粗糙度、形状和位置公差、热处理、零件的加工制造以及检验的要求等。

在填写技术要求时，需要注意以下几个问题：

- 在使用代号形式标注时，需要采用的代号及标注方法要符合国标规定。
- 如果说明文字中含有多项技术要求时，则需要按主次、工序排列序号。
- 用文字说明技术要求时，需要在说明文字的上方标明“技术要求”字样的标题。
- 说明文字要简单明了。
- 在标注齿轮轮齿参数与弹簧参数时，要以表格标注的方式标注在图的右上角。

实例 6-4 说明

- 知识点：
  - 打断于点
  - 旋转
  - 延伸
  - 图案填充
- 视频教程：
  光盘\教学\第 6 章 绘制机械标准件与常用件
- 效果文件：
  光盘\素材和效果\06\效果\6-4.dwg
- 实例演示：
  光盘\实例\第 6 章\绘制导向平键

相关知识 快速精准绘图

无论是手工绘图还是计算

2 单击“修改”工具栏中的“倒角”按钮，倒角距离为 2、2，如图 6-28 所示。

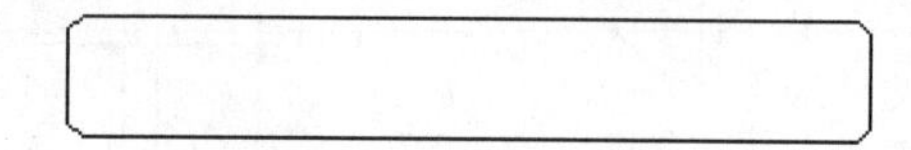

图 6-28 倒角矩形

3 单击“修改”工具栏中的“偏移”按钮，将倒直角后的矩形向内偏移 2，如图 6-29 所示。

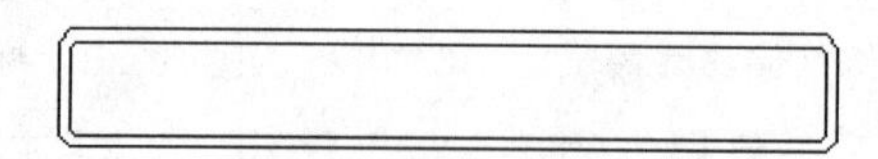

图 6-29 偏移矩形

4 单击“修改”工具栏中的“倒角”按钮，将偏移后的矩形倒角，倒角距离为 2、2，如图 6-30 所示。

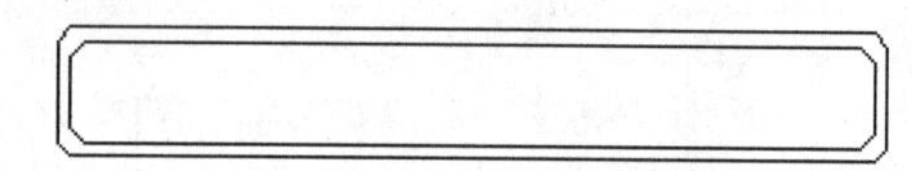

图 6-30 倒角偏移后的矩形

5 单击“标注”工具栏中的“线性”按钮，标注图形的线性尺寸，如图 6-31 所示。

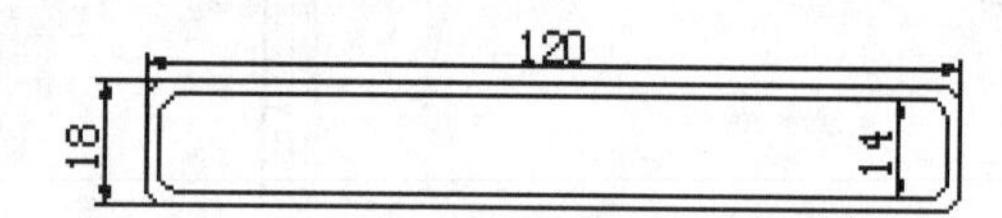

图 6-31 标注线性尺寸

实例 6-4 绘制导向平键

本实例将绘制导向平键，其主要功能包含打断于点、旋转、延伸、图案填充等。实例效果如图 6-32 所示。

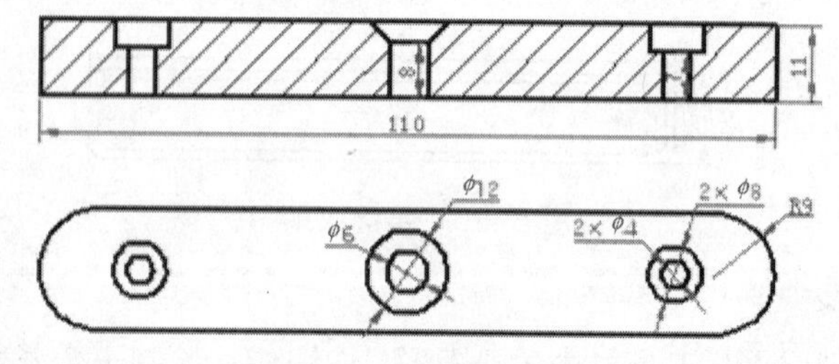

图 6-32 导向平键效果图

操作步骤

1 单击“绘图”工具栏中的“图层特性管理器”按钮，打开“图层特性管理器”面板，创建轮廓线和细实线两个图层。

2 单击“绘图”工具栏中的“矩形”按钮，绘制一个长为 110、宽为 11 的矩形，如图 6-33 所示。

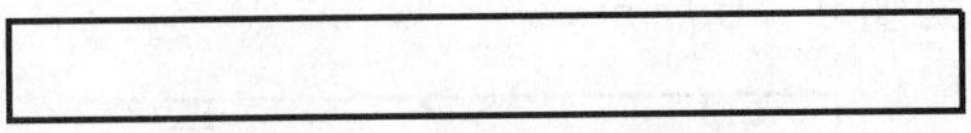

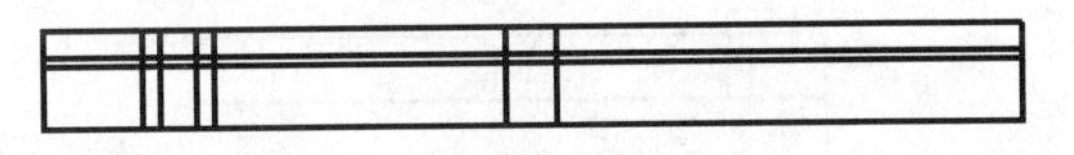

图 6-33 绘制矩形

3 单击“修改”工具栏中的“分解”按钮，分解矩形。

4 单击“修改”工具栏中的“偏移”按钮，将上边的水平线段向下偏移 3、4，再将左边的垂直线段向右偏移 11、13、17、19、52、58，如图 6-34 所示。

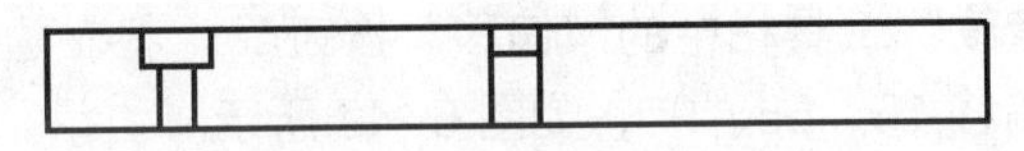

图 6-34 偏移线段

5 单击“修改”工具栏中的“修剪”按钮，修剪图形的多余的线段，如图 6-35 所示。

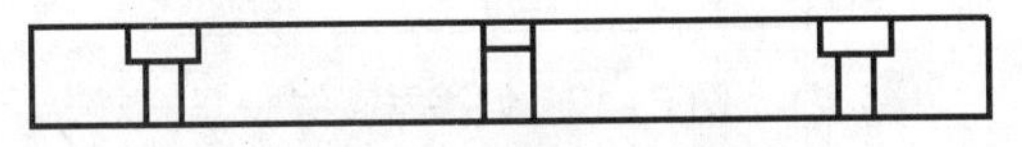

图 6-35 修剪多余的线段

6 单击“修改”工具栏中的“镜像”按钮，镜像复制另一个螺栓槽，如图 6-36 所示。

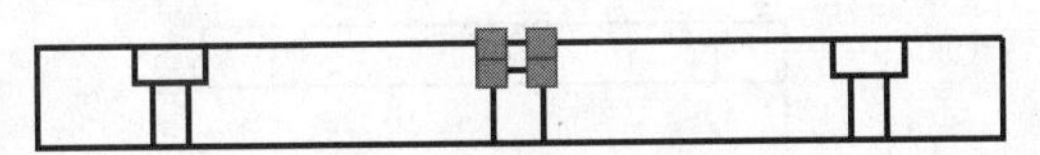

图 6-36 镜像复制螺栓槽

7 单击“修改”工具栏中的“打断于点”按钮，将中间的两条垂直短线从中打断，如图 6-37 所示。

图 6-37 打断垂直短线

8 单击“修改”工具栏中的“旋转”按钮，将打断线段的上边部分以断点为基点，左边的旋转 45°，右边的旋转-45°，如图 6-38 所示。

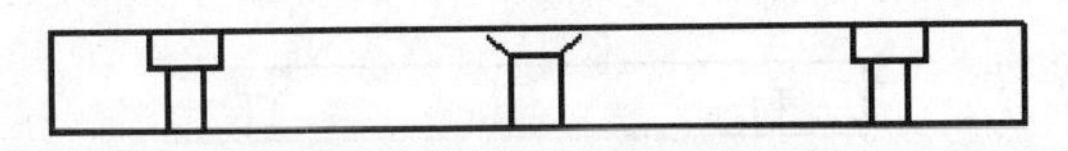

图 6-38 旋转打断线段

9 单击“修改”工具栏中的“延伸”按钮，延伸旋转后的线段，如图 6-39 所示。

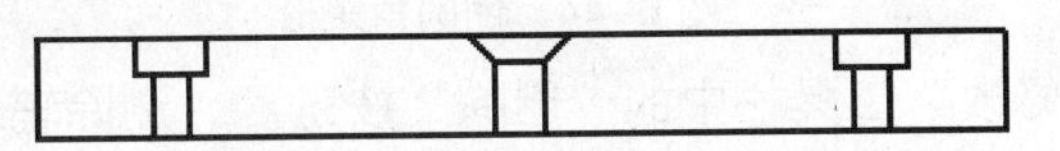

图 6-39 延伸旋转后的线段

机绘图，要能够快速精确地绘图，辅助方法是必不可少的。计算机绘图的辅助方法有很多，如对象捕捉、栅格等。

相关知识 **什么是栅格**

栅格是点的矩阵，延伸到指定为图形界限的整个区域。使用栅格类似于在图形下放置一张坐标纸。利用栅格可以对齐对象并直观显示对象之间的距离。如果放大或缩小图形，则可能需要调整栅格间距，使其适合新的比例。

操作技巧 **开启或关闭栅格的操作方法**

可以通过以下 4 种方法来开启或关闭栅格的操作：

- 选择“工具”→“草图设置”命令，打开“草图设置”对话框。选择“栅格和捕捉”选项卡，选中“开启栅格”复选框即可打开栅格功能，取消选中复选框即可关闭栅格功能。
- 将鼠标移动到状态栏的“栅格”按钮上，单击鼠标右键，在弹出的快捷菜单中选择“设置”命令，弹出“草图设置”对话框，执行上一方法同样的步骤即可开启或关闭栅格功能。
- 将鼠标移动到状态栏上，单击“栅格”按钮，即可关闭或开启栅格功能，其中按钮凹下时为开启栅格功能，按钮凸出时为关闭栅格功能。

- 按 F7 键开启栅格功能，再按一次就可以关闭栅格功能。

相关知识 什么是捕捉

捕捉模式用于限制十字光标，使其按照用户定义的间距移动。它有助于使用鼠标或者定点设备来精确地定位点。

捕捉具有设定鼠标指针移动的距离的功能。栅格是由许多标定的小点组成的，所起的作用就像坐标纸。

相关知识 “捕捉和栅格”选项卡中的各项参数设置

在“草图设置”对话框中选择“捕捉和栅格”选项卡。

“捕捉和栅格”选项卡：

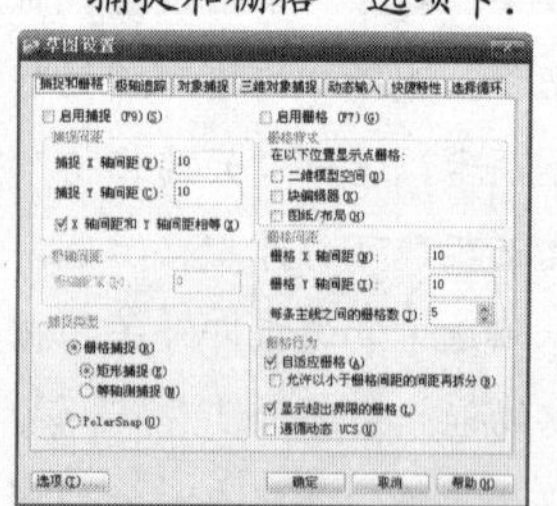

可以设置其他参数，其各项的含义分别如下：

- “启用捕捉”复选框：用于打开或关闭捕捉方式，选中此复选框，可以使用捕捉。
- “捕捉”选项组：用于设置捕捉间距、角度及基点坐标。
- “启用栅格”复选框：用于

10 单击“绘图”工具栏中的“直线”按钮，从图形上引出一条直线，如图 6-40 所示。

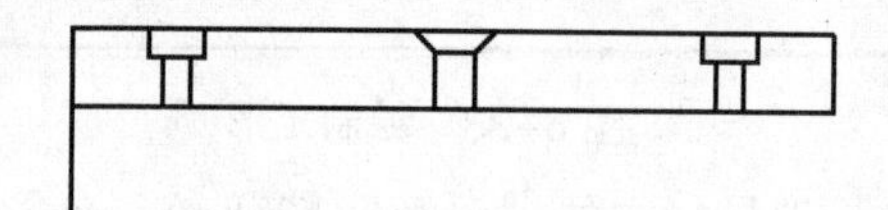

图 6-40 引出一条线段

11 单击“绘图”工具栏中的“矩形”按钮，绘制一个长为 110、宽为 18 的矩形，并分解矩形，如图 6-41 所示。

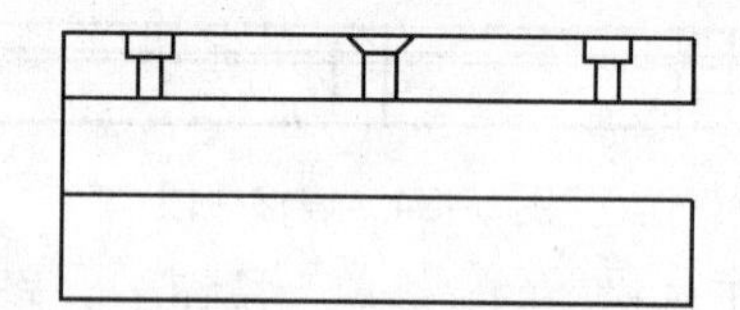

图 6-41 绘制矩形并分解

12 单击“修改”工具栏中的“偏移”按钮，将左边的垂直线段向右偏移 15、55、95，如图 6-42 所示。

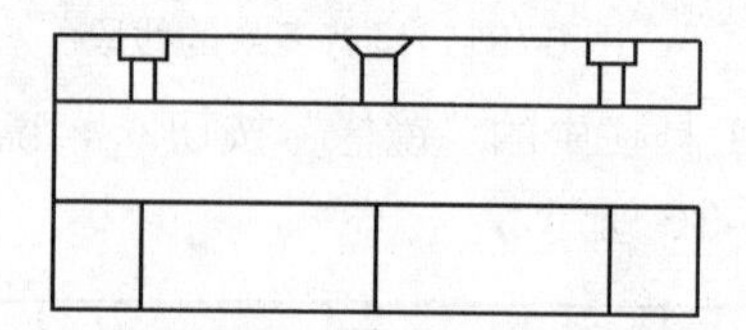

图 6-42 偏移垂直线段

13 单击“绘图”工具栏中的“圆”按钮，以两边偏移的垂直线段的中点为圆心，分别绘制半径为 2、4 的同心圆，再以中间垂直线段的中点为圆心，绘制半径为 3、6 的同心圆，如图 6-43 所示。

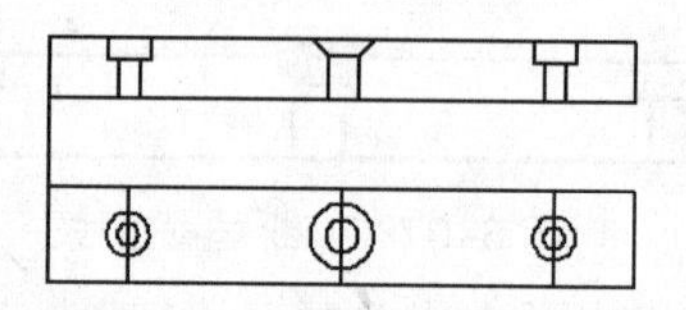

图 6-43 绘制圆

14 单击“修改”工具栏中的“圆角”按钮，对矩形的 4 个角倒圆角，圆角半径为 9，如图 6-44 所示。

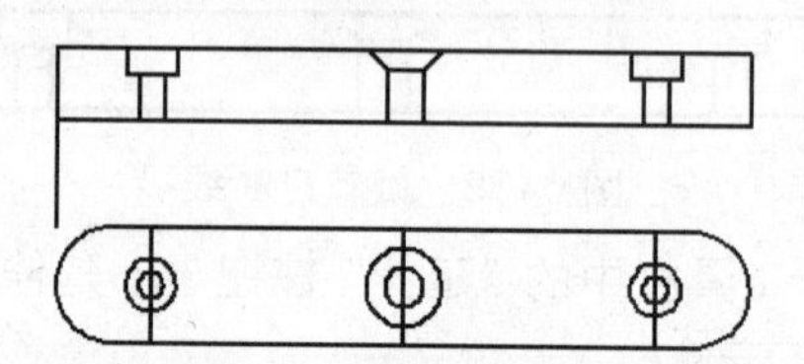

图 6-44 倒圆角矩形

15 单击“修改”工具栏中的“删除”按钮，删除辅助线段，如图 6-45 所示。

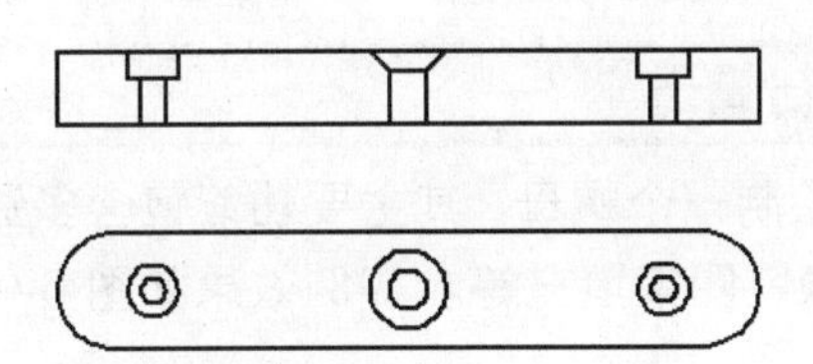

图 6-45 删除辅助线段

16 将细实线设置为当前图层，再单击"绘图"工具栏中的"图案填充"按钮，打开"图案填充和渐变色"对话框，设置"ANSI31"图案填充样式，填充剖面，如图 6-46 所示。

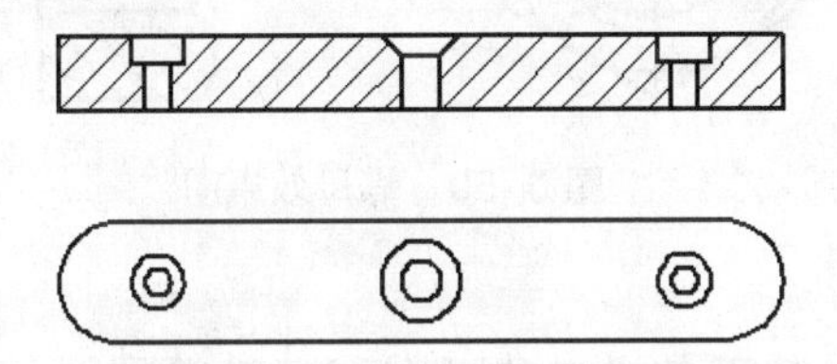

图 6-46 填充剖面

17 单击"标注"工具栏中的"线性"按钮，标注图形的线性尺寸，如图 6-47 所示。

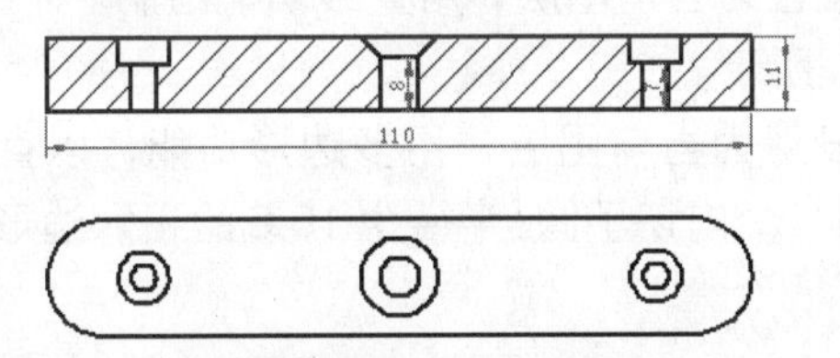

图 6-47 标注线性尺寸

18 单击"标注"工具栏中的"半径"按钮，标注图形的半径尺寸，如图 6-48 所示。

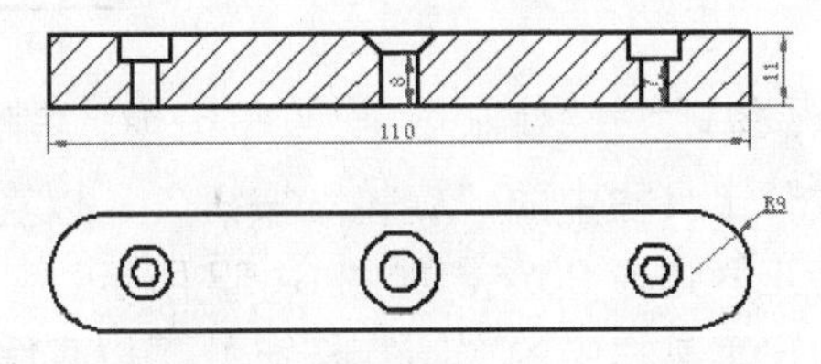

图 6-48 标注半径尺寸

19 单击"标注"工具栏中的"直径"按钮，标注图形的直径尺寸，如图 6-49 所示。

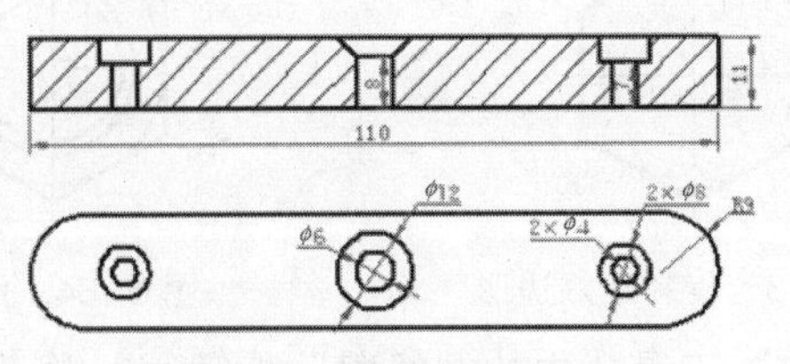

图 6-49 标注直径尺寸

打开或关闭栅格方式，选中此复选框，可以使用栅格。

- "栅格"选项组：用于设置栅格的间距。
- "捕捉类型和样式"选项组：用于设置捕捉的类型和样式，此项中包括"栅格捕捉"和"极轴捕捉"两种。
- "栅格捕捉"单选按钮：选择此按钮后，可以设置捕捉样式为栅格捕捉。"栅格捕捉"单选按钮中还包括"矩形捕捉"和"等轴测捕捉"单选按钮。选择"矩形捕捉"单选按钮后，可以将捕捉样式设置为标准的矩形捕捉；选择"等轴测捕捉"单选按钮后，可以将捕捉样式设置为等轴测栅格。
- "极轴捕捉"单选按钮：选择此按钮后，可以设置捕捉样式为极轴捕捉，此时在使用了极轴追踪或对象捕捉追踪的情况下指定点，光标将沿着极轴角或对象捕捉追踪角进行捕捉，这些角度是相对最后指定的点或最后获取的对象捕捉点计算的；并在"极轴间距"选项组的"极轴距离"文本框中设置极轴捕捉间距。

操作技巧 **开启或关闭捕捉的操作方法**

可以通过以下 4 种方法来开启或关闭捕捉的操作：

- 选择"工具"→"草图设置"命令，打开"草图设置"对话框。选择"栅格和捕捉"选项卡，选中"开启捕捉"复选框

实例 6-5　绘制螺母

本实例将绘制一个螺母，其主要功能包含多边形、修剪、旋转、圆弧、镜像、图案填充等。实例效果如图 6-50 所示。

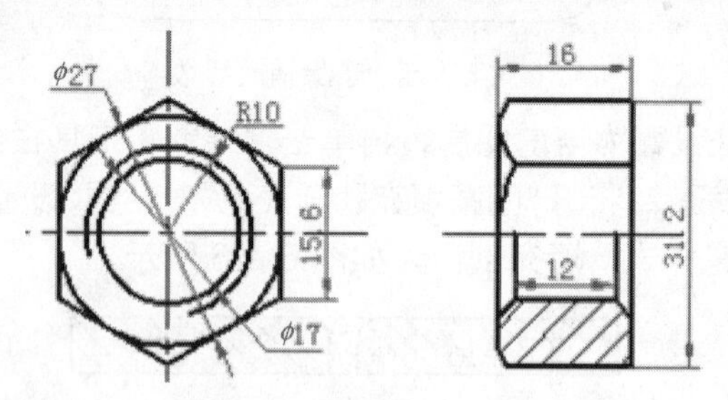

图 6-50　螺母效果图

操作步骤

1. 单击“图层”工具栏中的“图层特性管理器”按钮，打开“图层特性管理器”面板，创建点画线、轮廓线和细实线 3 个图层。
2. 将点画线设置为当前图层，用直线功能绘制一个十字坐标轴，如图 6-51 所示。
3. 将轮廓线设置为当前图层，用多边形功能，以直线的交点为中心，绘制一个内切于圆、半径为 15.6 的正六边形，如图 6-52 所示。

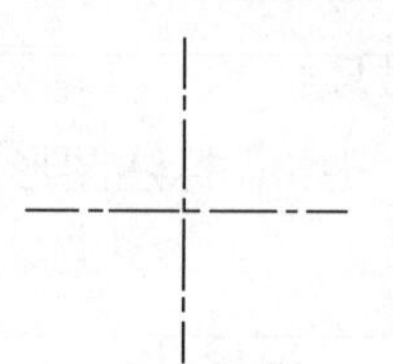

图 6-51　绘制十字坐标轴

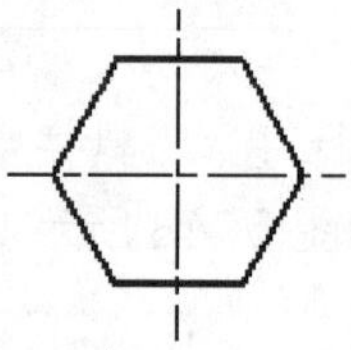

图 6-52　绘制正六边形

4. 单击“修改”工具栏中的“旋转”按钮，以直线的交点为基点，旋转正六边形 90°，如图 6-53 所示。
5. 单击“绘图”工具栏中的“圆”按钮，以直线的交点为基点，旋转正六边形 90°，如图 6-54 所示。

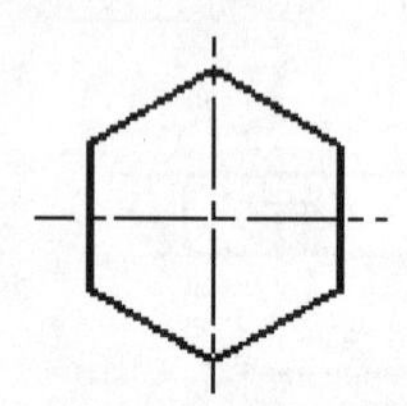

图 6-53　旋转正六边形

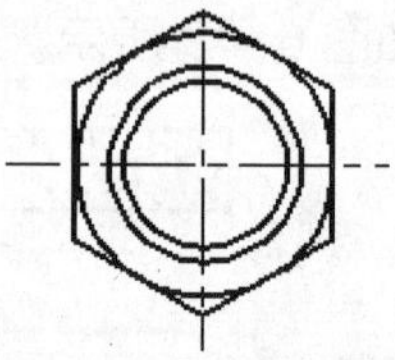

图 6-54　绘制圆

6. 单击“修改”工具栏中的“修剪”按钮，修剪出螺母的内孔螺纹，如图 6-55 所示。

即可打开捕捉功能，取消选中复选框即可关闭捕捉功能。

- 将鼠标移动到状态栏的“捕捉”按钮上，单击鼠标右键，在弹出的快捷菜单中选择“设置”命令，弹出“草图设置”对话框，执行上一方法同样的步骤即可开启或关闭捕捉功能。
- 将鼠标移动到状态栏上，单击“捕捉”按钮，即可关闭或开启捕捉功能，其中按钮凹下时为开启捕捉功能，按钮凸出时为关闭捕捉功能。
- 按 F9 键开启捕捉功能，再按一次就可以关闭捕捉功能。

实例 6-5 说明

知识点：
- 多边形
- 修剪
- 旋转
- 圆弧
- 镜像
- 图案填充

视频教程：

光盘\教学\第 6 章 绘制机械标准件与常用件

效果文件：

光盘\素材和效果\06\效果\6-5.dwg

实例演示：

光盘\实例\第 6 章\绘制螺母

相关知识　什么是对象捕捉

对象捕捉是将指定点限制

7 单击“修改”工具栏中的“旋转”按钮，以直线的交点为基点，旋转修剪后的螺纹，旋转角度为 15°，如图 6-56 所示。

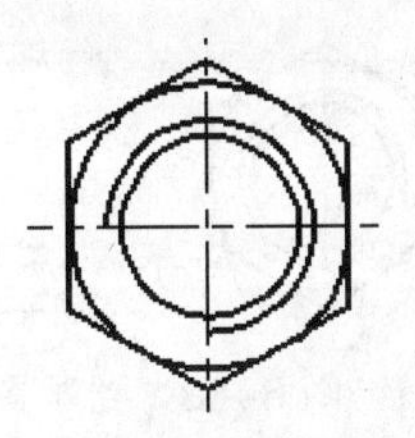

图 6-55 修剪出螺母的内孔螺纹

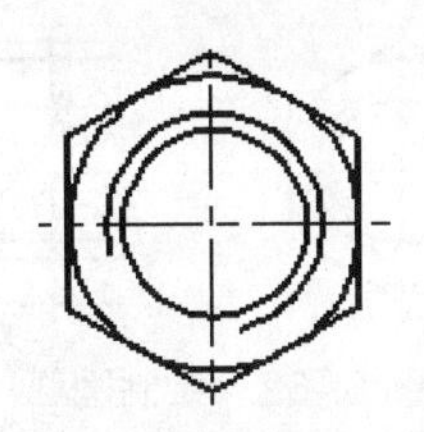

图 6-56 旋转修剪后的螺纹

8 选择水平点画线，通过蓝色夹点延伸线段，如图 6-57 所示。

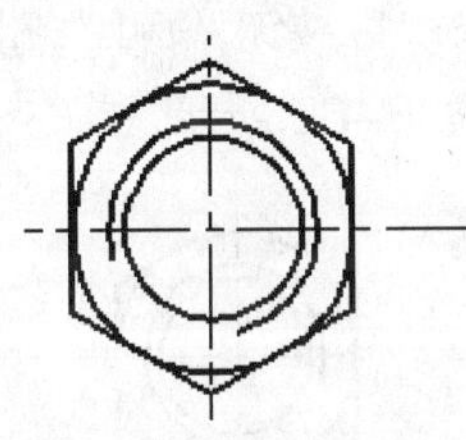

图 6-57 延伸水平点画线

9 单击“修改”工具栏中的“打断”按钮，打断延伸后的水平点画线，如图 6-58 所示。

10 单击“绘图”工具栏中的“直线”按钮，绘制一条垂直线段，如图 6-59 所示。

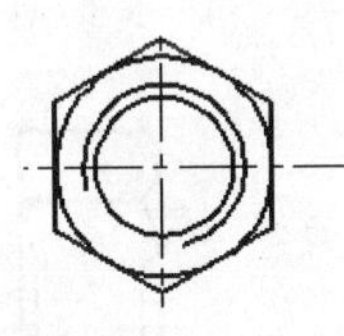

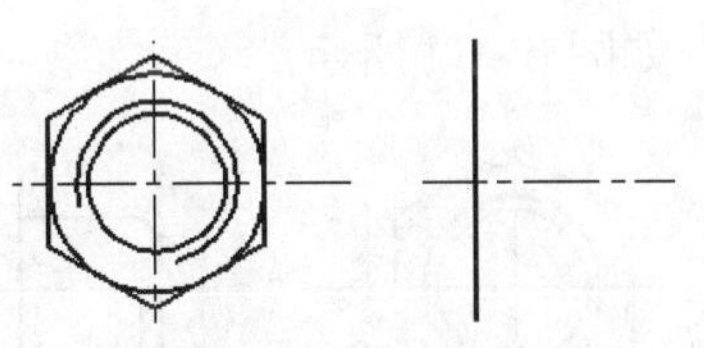

图 6-58 打断水平点画线　　图 6-59 绘制垂直线段

11 单击“修改”工具栏中的“偏移”按钮，将垂直线段向右偏移 2、14、16，如图 6-60 所示。

12 再次单击“修改”工具栏中的“偏移”按钮，将水平线段向上下各偏移 8、15.6，继续向上偏移 13.5，向下偏移 10，并将偏移线段设置成轮廓线，如图 6-61 所示。

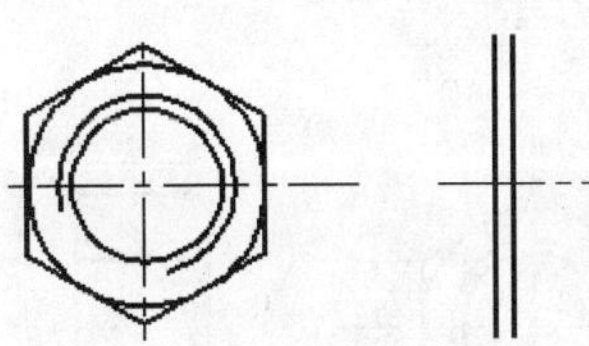

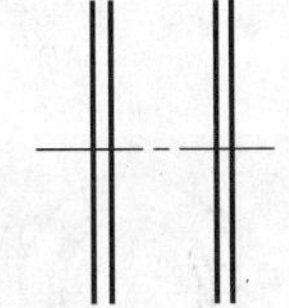

图 6-60 偏移垂直线段

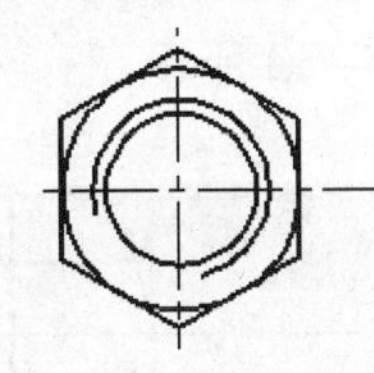

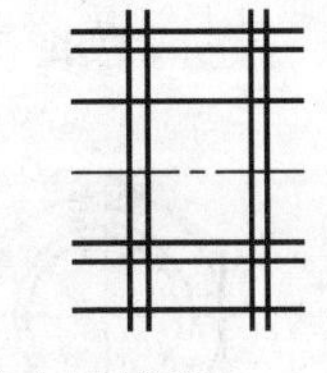

图 6-61 偏移水平线段

13 选择“绘图”菜单中“圆弧”子菜单中的“起点、端点、方向”命令，绘制两段圆弧，如图 6-62 所示。

在现有对象的确切位置上，如中点或交点。使用对象捕捉可以迅速定位对象上的精确位置，而不必知道坐标或绘制构造线。例如，使用对象捕捉可以绘制到圆心或多段线中点的直线。只要 AutoCAD 提示输入点就可以指定对象捕捉。

操作技巧 开启或关闭对象捕捉的操作方法

可以通过以下 3 种方法来开启或关闭对象捕捉的操作：

- 选择“工具”→“草图设置”命令，打开“草图设置”对话框。选择“对象捕捉”选项卡，选中“开启对象捕捉”复选框即可打开对象捕捉功能，取消选中复选框即可关闭对象捕捉功能。
- 将鼠标指针移动到状态栏上，单击“对象捕捉”按钮，即可关闭或开启对象捕捉功能，其中按钮凹下时为开启对象捕捉功能，按钮凸出时为关闭对象捕捉功能。
- 按 F3 键开启对象捕捉功能，再按一次就可以关闭对象捕捉功能。

相关知识 对象捕捉模式（1）

对象捕捉有 13 个对象捕捉模式可供选择，各个模式的含义分别如下：

1. 端点

此模式搜索一个对象的端点。

可以捕捉到圆弧、椭圆弧、直线、多线、多段线、样条曲线、面域或射线最近的端点，或捕捉宽线、实体或三维面域的最近角点。

此模式搜索一个对象的端点。可以捕捉到圆弧、椭圆弧、直线、多线、多段线、样条曲线、面域或射线最近的端点，或捕捉宽线、实体或三维面域的最近角点。

选取端点：

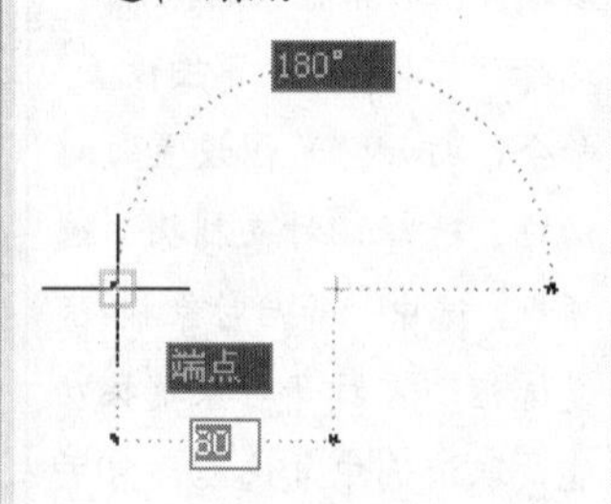

2. 中点

此模式搜索到另一个对象的中点，可以捕捉到圆弧、椭圆、椭圆弧、直线、多线、多段线线段、面域、实体、样条曲线或参照线的中点。

中点的图标为△，一般为黄色，用户可以在“选项”工具栏的“草图”选项卡中进行设置。常用到的是多段线线段和圆弧的中点。

选择矩形边的中点：

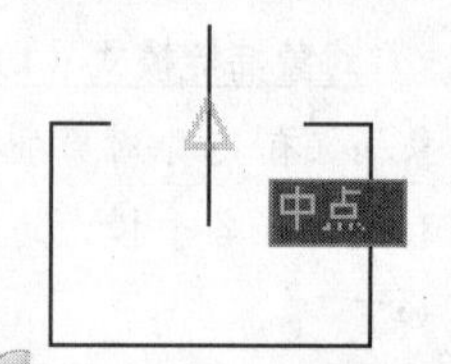

14 单击“绘图”工具栏中的“直线”按钮，以上边圆弧的上端点为起点，绘制一条倾斜角为 60° 的直线，如图 6-63 所示。

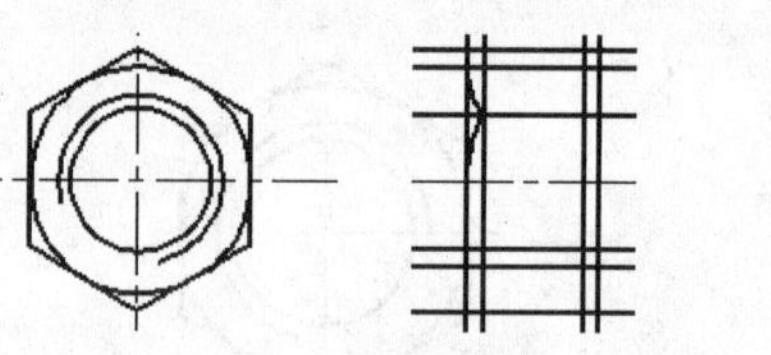

图 6-62　绘制圆弧

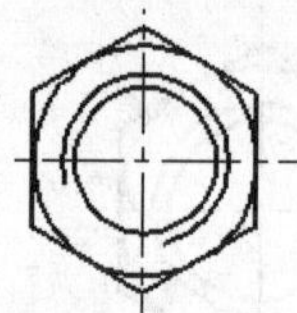
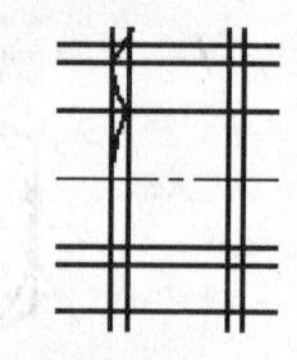

图 6-63　绘制直线

15 单击“修改”工具栏中的“镜像”按钮，用点画线镜像复制倾斜线段，如图 6-64 所示。

16 单击“修改”工具栏中的“修剪”按钮和“删除”按钮，修剪和删除多余的线段，如图 6-65 所示。

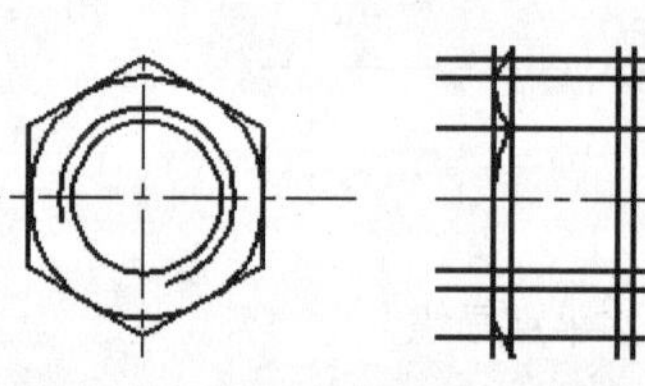

图 6-64　镜像复制倾斜线段

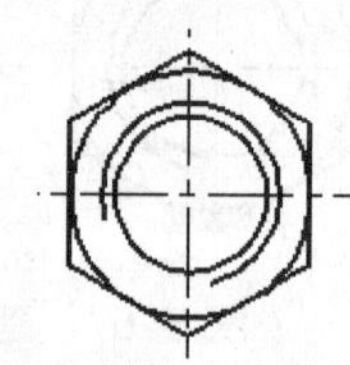
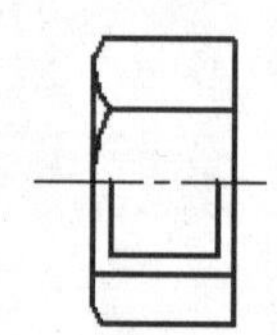

图 6-65　修剪和删除多余的线段

17 单击“绘图”工具栏中的“直线”按钮，绘制螺母内孔倒角线，如图 6-66 所示。

18 单击“修改”工具栏中的“删除”按钮，删除多余的线段，如图 6-67 所示。

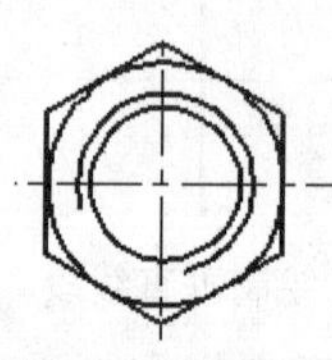
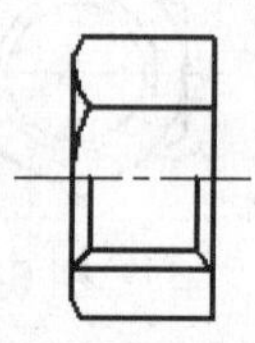

图 6-66　绘制螺母内孔倒角线

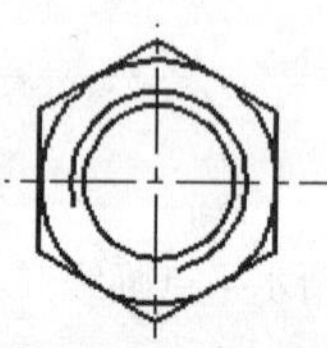
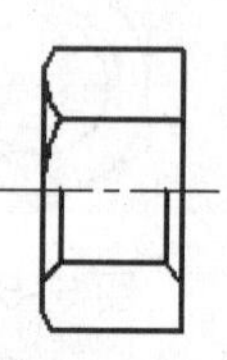

图 6-67　删除多余的线段

19 将细实线设置为当前图层，并单击“绘图”工具栏中的“图案填充”按钮，设置“ANSI31”图案填充样式，再设置比例为 0.7，并填充剖面，如图 6-68 所示。

20 单击“标注”工具栏中的“线性”按钮，标注图形的线性尺寸，如图 6-69 所示。

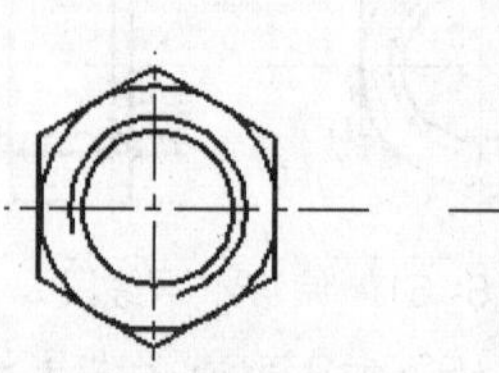

图 6-68　填充剖面

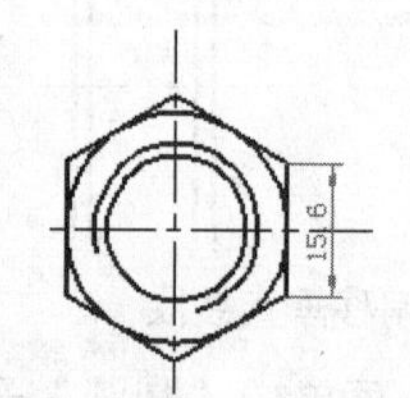

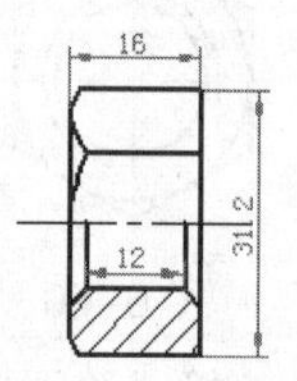

图 6-69　标注线性尺寸

21 单击“标注”工具栏中的“半径”按钮，标注图形的半径尺寸，如图 6-70 所示。

22 单击“标注”工具栏中的“直径”按钮，标注图形的直径尺寸，如图 6-71 所示。

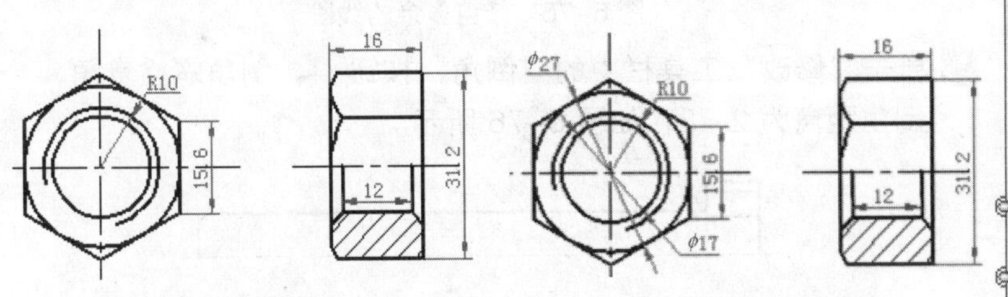

图 6-70 标注半径尺寸　　图 6-71 标注直径尺寸

实例 6-6 绘制平头螺栓

本实例将绘制一个平头螺栓，其主要功能包含直线、偏移、圆、圆弧、镜像等。实例效果如图 6-72 所示。

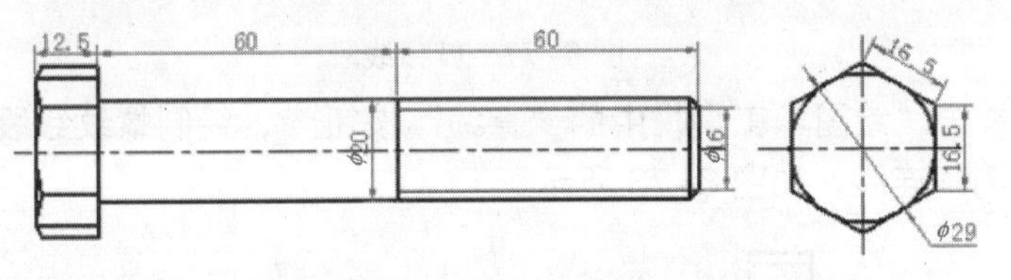

图 6-72 平头螺栓效果图

操作步骤

1 单击“图层”工具栏中的“图层特性管理器”按钮，打开“图层特性管理器”面板，创建点画线、轮廓线和细实线 3 个图层。

2 将轮廓线设置为当前图层，再绘制水平和垂直两条线段，并将水平线段设置为点画线，如图 6-73 所示。

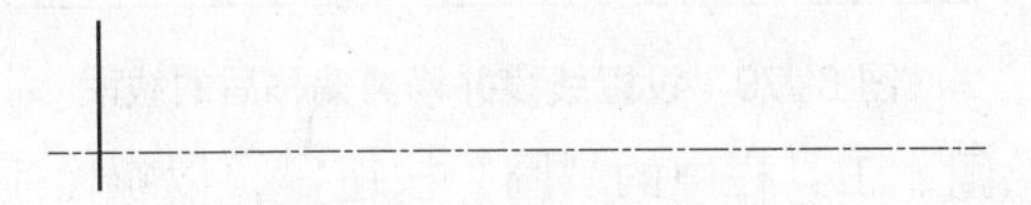

图 6-73 绘制线段

3 单击“修改”工具栏中的“偏移”按钮，将水平线段向上偏移 8.5、10、14.5、16.5，并将偏移线段设置为轮廓线，再将垂直线段向右偏移 12.5、132.5，如图 6-74 所示。

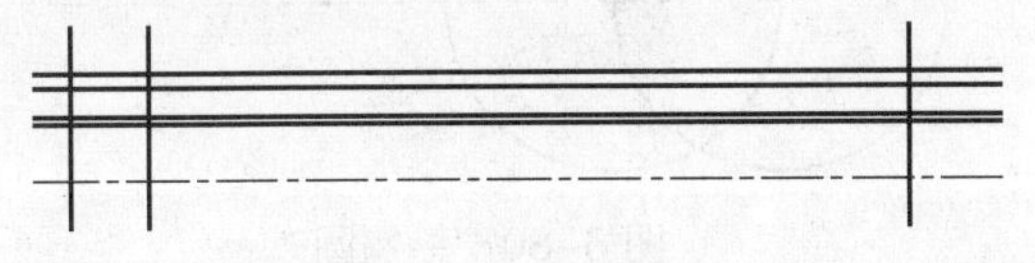

图 6-74 偏移线段

4 单击“修改”工具栏中的“修剪”按钮，修剪多余的线段，

选择圆弧中点：

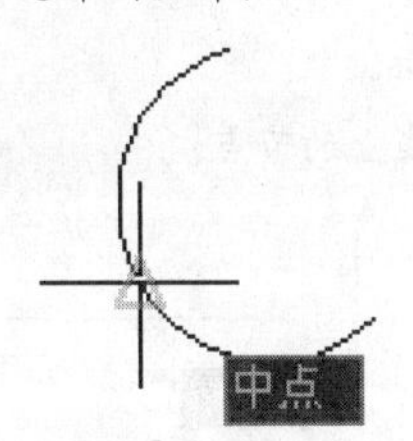

实例 6-6 说明

- 知识点：
  - 直线
  - 偏移
  - 圆
  - 圆弧
  - 镜像
- 视频教程：
  光盘\教学\第 6 章 绘制机械标准件与常用件
- 效果文件：
  光盘\素材和效果\06\效果\6-6.dwg
- 实例演示：
  光盘\实例\第 6 章\绘制平头螺栓

相关知识 对象捕捉模式（2）

3. 圆心

可以捕捉到圆弧、圆、椭圆或椭圆弧的中心点。圆心模式可以捕捉到圆弧的圆心。

4. 节点

捕捉到点对象、标注定义点或标注文字起点。如下图所示，这是一条四等分的直线，当鼠标移到等分点时，将会出现⊠图标。

直线上的节点：

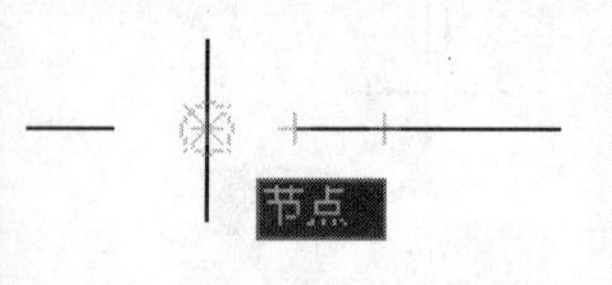

5. 象限点

捕捉到圆弧、圆、椭圆或椭圆弧的象限点。图中图标所在的地方即为象限点，在AutoCAD 2012中，象限点的图标为◇。

圆上的象限点：

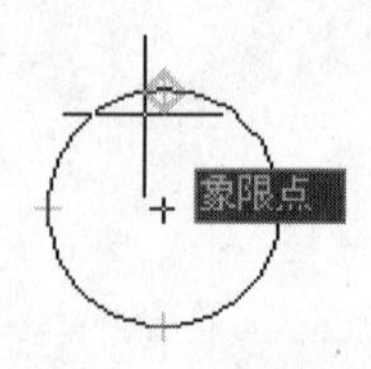

椭圆上的象限点：

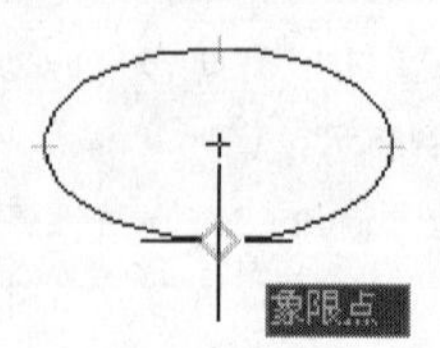

6. 交点

此选项搜索一些组合对象的交点，如圆弧、圆、椭圆、椭圆弧、直线、多线、多段线、射线、面域、样条曲线或参照线的交点。

“延伸交点”捕捉到两个对象的潜在交点（如果这两个对象沿它们的自然路径延长将会相交）。选择“交点”对象捕捉模式时，AutoCAD将自动打开

如图6-75所示。

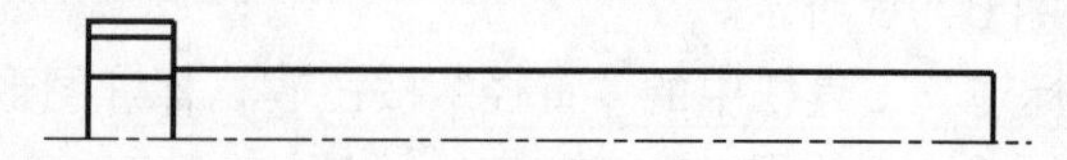

图6-75　修剪多余的线段

5 单击“修改”工具栏中的“倒角”按钮，倒角螺栓直角，倒角距离为2、2，如图6-76所示。

图6-76　倒角螺栓直角

6 单击“修改”工具栏中的“偏移”按钮，将垂直线段向右偏移72.5，如图6-77所示。

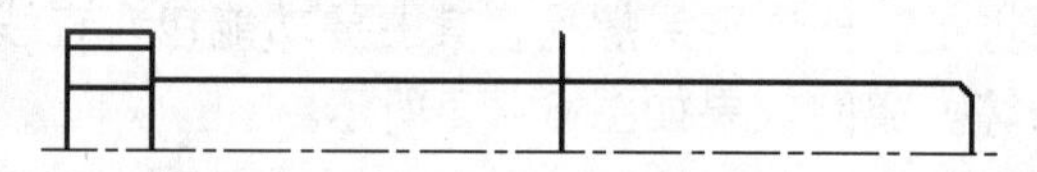

图6-77　偏移线段

7 单击“绘图”工具栏中的“直线”按钮，绘制螺纹线段和倒角连线，如图6-78所示。

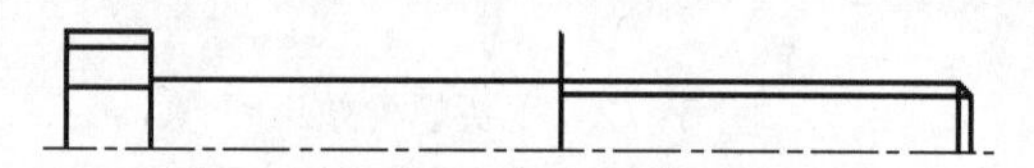

图6-78　绘制螺纹线段和倒角连线

8 将螺纹线段设置为细实线，并修剪偏移后的线段，如图6-79所示。

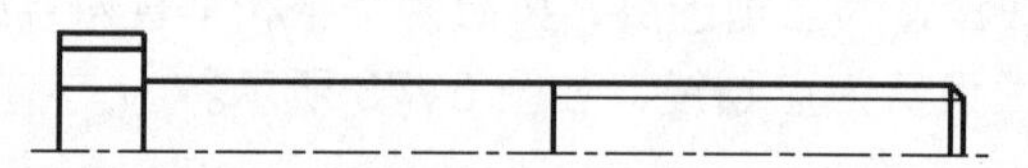

图6-79　设置线段并修剪偏移后的线段

9 单击“绘图”工具栏中的“圆”按钮，以螺栓顶部中心为圆心，绘制半径为30的圆，再以圆与点画线的交点为圆心，绘制半径为30的圆，如图6-80所示。

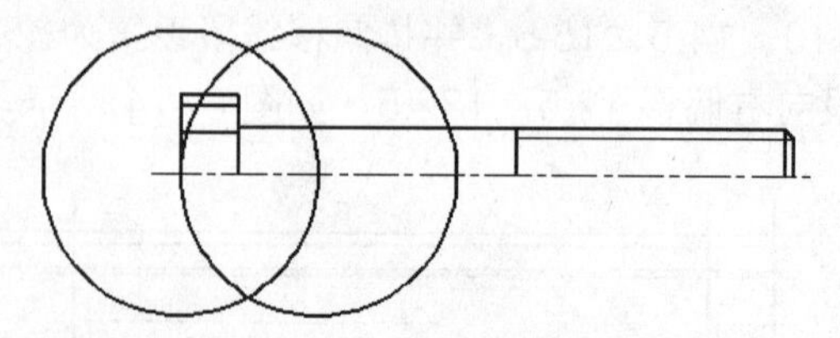

图6-80　绘制圆

10 选择“绘图”菜单中“圆弧”子菜单中的“起点、端点、方向”命令，绘制一条圆弧，如图6-81所示。

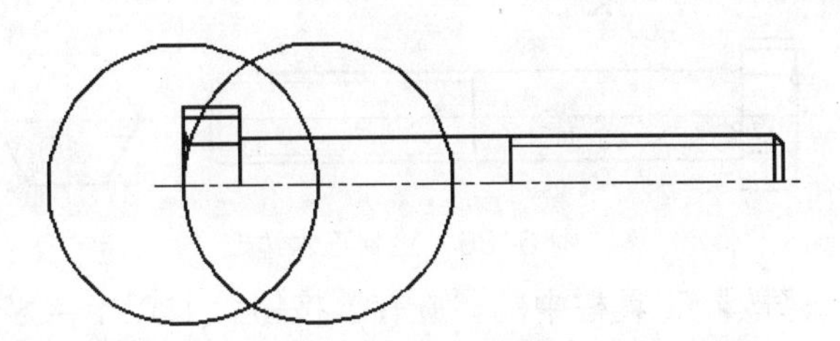

图 6-81　绘制圆弧

11 单击“绘图”工具栏中的“直线”按钮，以圆弧的上端点为起点，向右上绘制一条线段，并设置角度为 60°，如图 6-82 所示。

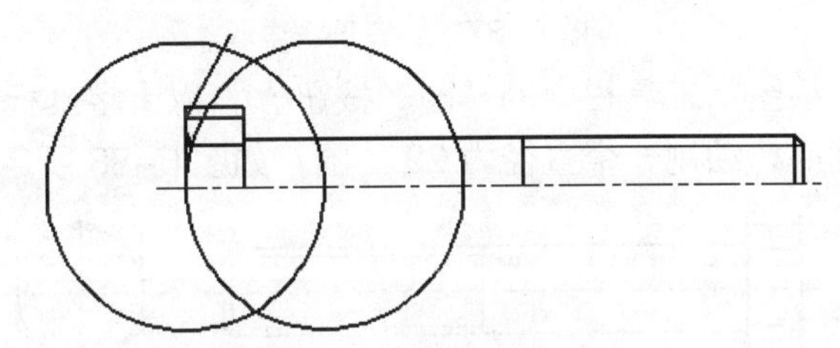

图 6-82　绘制斜线

12 单击“修改”工具栏中的“修剪”按钮和“删除”按钮，修剪出平头，如图 6-83 所示。

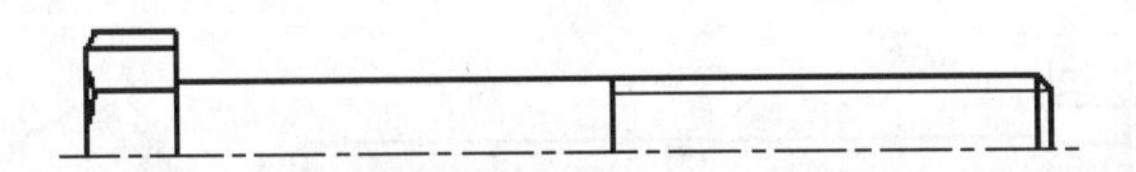

图 6-83　修剪出平头

13 单击“修改”工具栏中的“镜像”按钮，以点画线为镜像线，镜像复制另一半平头螺栓，如图 6-84 所示。

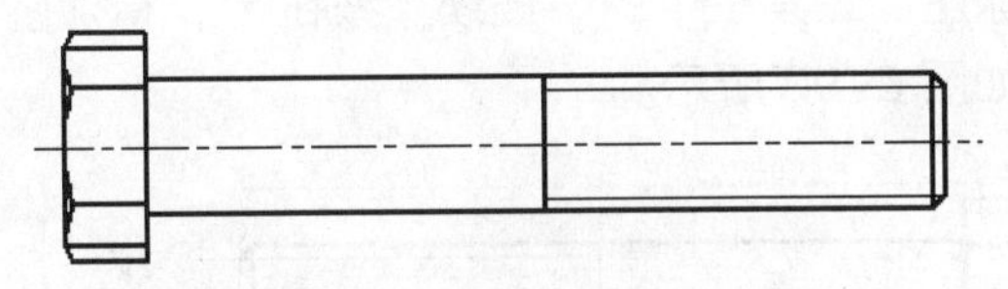

图 6-84　镜像复制另一半平头螺栓

14 单击“绘图”工具栏中的“直线”按钮，在平头螺栓的右边绘制一个十字坐标轴，并设置成点画线，如图 6-85 所示。

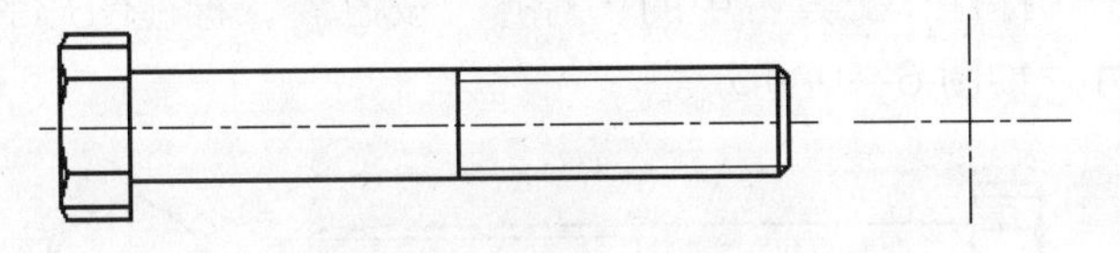

图 6-85　绘制十字坐标轴

15 单击“绘图”工具栏中的“多边形”按钮，绘制一个内接于圆、半径为 16.5 的正六边形，如图 6-86 所示。

“延伸交点”模式。面域和曲线的边可使用“交点”和“延伸交点”模式，但是三维实体的边或角点不能使用它们。

7. 延伸

当光标经过对象的端点时，显示临时延长线，可以方便用户使用延长线上的点进行绘制。

8. 插入点

捕捉到属性、块、形或文字的插入点。

9. 垂足

捕捉到圆弧、圆、椭圆、椭圆弧、直线、多线、多段线、射线、面域、实体、样条曲线或参照线的垂足。

当正在绘制的对象需要捕捉一个以上的垂足时，AutoCAD 将会自动打开“递延垂足”捕捉模式。可以用直线、圆弧、圆、多段线、射线、参照线、多线或三维实体的边作为绘制垂直线的起始对象。可以用“递延垂足”功能在这些对象之间绘制垂直线。当靶框经过“递延垂足”捕捉点时，AutoCAD 显示工具栏提示和标记。

圆上的垂足：

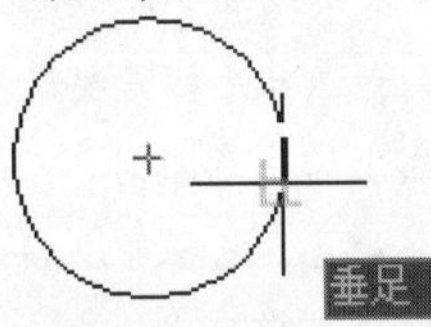

圆弧上的垂足：

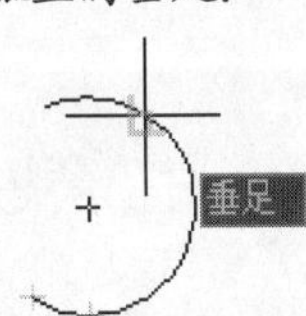

直线上的垂足：

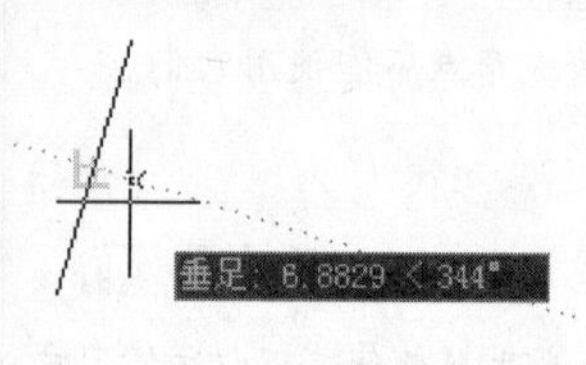

10. 切点

可以捕捉到圆弧、圆、椭圆、椭圆弧或样条曲线的切点。当正在绘制的对象需要捕捉一个以上的切点时，AutoCAD 将自动打开“递延切点”捕捉模式。例如，可以用“递延切点”捕捉来绘制与两条弧、两条多段线弧或两个圆相切的直线。当靶框经过“递延切点”捕捉点时，AutoCAD 显示标记和工具栏提示。

11. 最近点

此选项用于搜索另一个对象上与光标最近的点，可以捕捉到圆弧、圆、椭圆、椭圆弧、直线、多线、点、多段线、射线、样条曲线或参照线的最近点。例如，当光标需要选取一条直线上的任意点时，可以打开这个模式，光标可以顺着这条直线从头到尾走一遍。

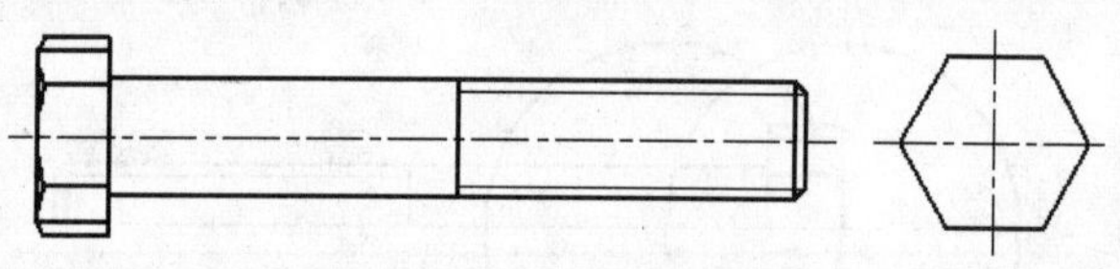

图 6-86　绘制正六边形

16 单击“修改”工具栏中的“旋转”按钮，以十字坐标轴的交点为基点，旋转正六边形 90°，如图 6-87 所示。

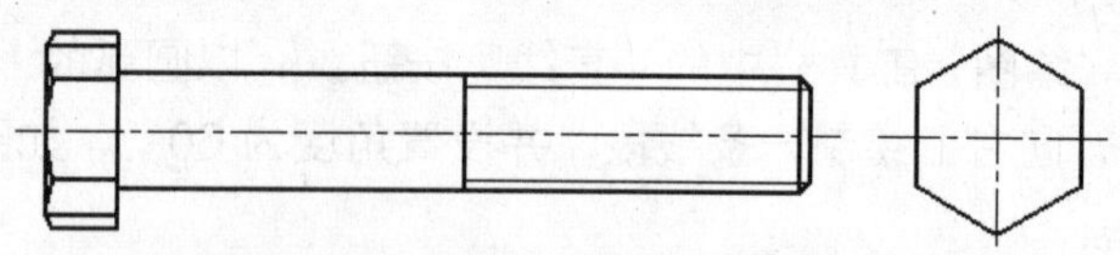

图 6-87　旋转正六边形

17 单击“绘图”工具栏中的“圆”按钮，以十字坐标轴的交点为圆心，绘制一个直径为 29 的圆，如图 6-88 所示。

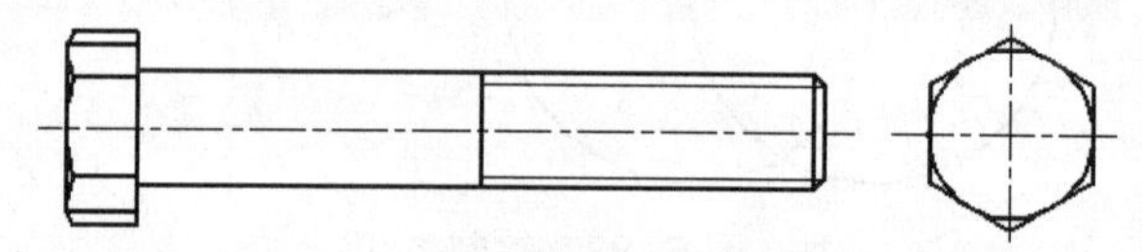

图 6-88　绘制圆

18 单击“标注”工具栏中的“线性”按钮，标注图形的线性尺寸，最后标注 12.5 的尺寸，如图 6-89 所示。

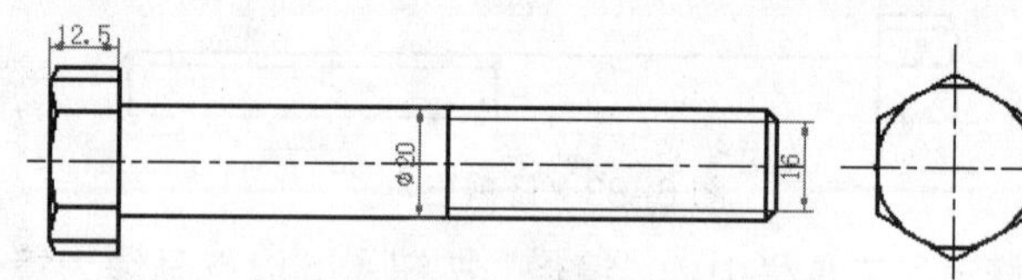

图 6-89　标注线性尺寸

19 单击“标注”工具栏中的“连续”按钮，标注图形的线性尺寸，如图 6-90 所示。

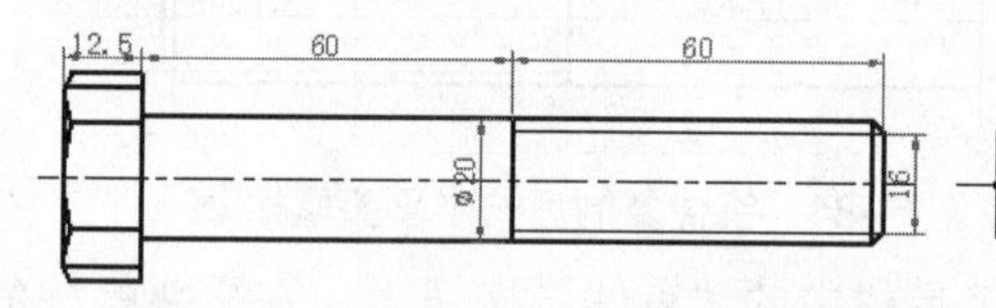

图 6-90　标注连续尺寸

20 单击“标注”工具栏中的“对齐”按钮，标注图形的对齐尺寸，如图 6-91 所示。

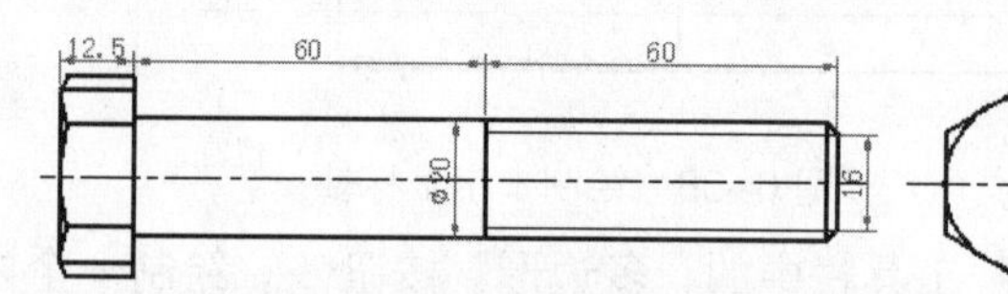

图 6-91　标注对齐尺寸

21 单击“标注”工具栏中的“直径”按钮，标注图形的直径尺

寸，如图 6–92 所示。

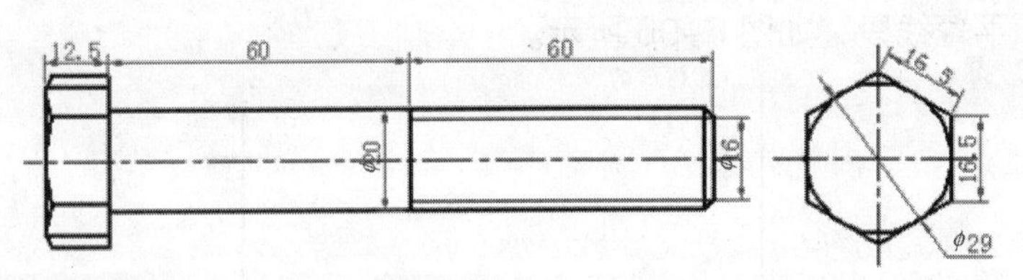

图 6–92　标注直径尺寸

实例 6–7　绘制圆头螺栓

本实例将绘制一个圆头螺栓，其主要功能包含图层、直线、圆弧等。实例效果如图 6–93 所示。

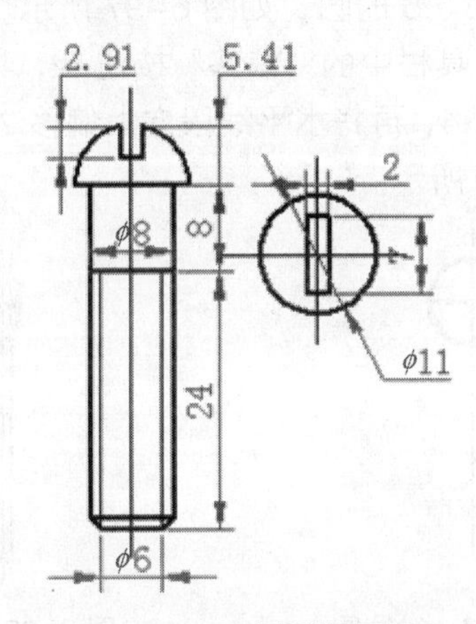

图 6–93　圆头螺栓效果图

操作步骤

1 单击“图层”工具栏中的“图层特性管理器”按钮，打开“图层特性管理器”面板，创建轮廓线和细实线两个图层，如图 6–94 所示。

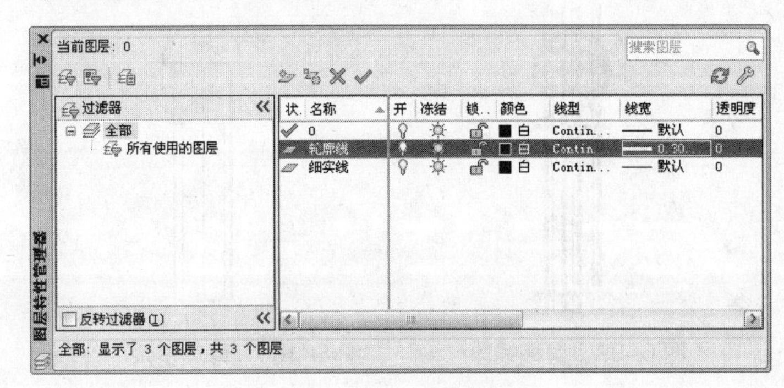

图 6–94　创建图层

2 设置细实线为当前图层，并使用直线功能，绘制一条垂直线段，如图 6–95 所示。

实例 6–7 说明

- 知识点：
  - 图层
  - 直线
  - 圆弧
- 视频教程：

  光盘\教学\第 6 章 绘制机械标准件与常用件
- 效果文件：

  光盘\素材和效果\06\效果\6-7.dwg
- 实例演示：

  光盘\实例\第 6 章\绘制圆头螺栓

相关知识　对象捕捉模式（3）

12. 外观交点

“外观交点”捕捉包括两种单独的捕捉模式，即“外观交点”和“延伸外观交点”捕捉。

“外观交点”和“延伸外观交点”捕捉可以使用面域或曲线的边，但是不能使用三维实体的边或角点。

- 当“外观交点”对象捕捉模式打开时，也可以定位“交点”和“延伸交点”捕捉点。“外观交点”捕捉两个对象（如圆弧、圆、椭圆、椭圆弧、直线、多线、多段线、射线、样条曲线或参照线）之间的外观交点。这两个对象在三维空间不相交，但可能在当前视图中看起来相交。
- “延伸外观交点”捕捉两个对象的假想交点，如果这两个对象沿它们的自然路径延长将会相交。

13. 平行

指定矢量的第一个点后，如果将光标移动到另一个对象的直线上，光标沿着这条直线滑行一段，出现图标后，将光

3 再将轮廓线设置为当前图层，同样使用直线，再绘制一条水平短线段，如图 6-96 所示。

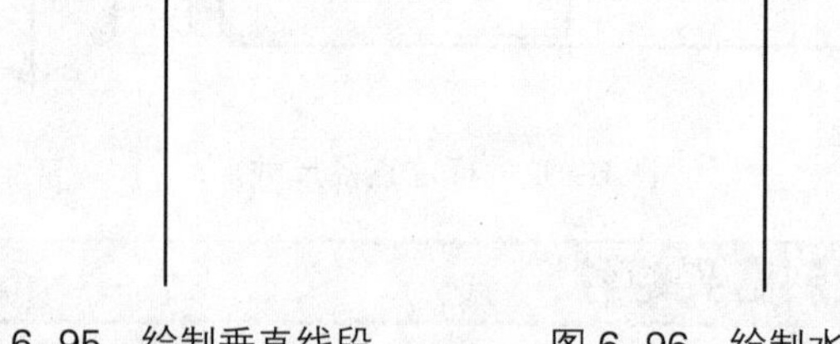

图 6-95　绘制垂直线段　　　图 6-96　绘制水平线段

4 单击“绘图”工具栏中的“圆”按钮，以线段的交点为圆心，绘制半径为 5.5 的圆，如图 6-97 所示。

5 单击“修改”工具栏中的“偏移”按钮，将垂直线段向左、右各偏移 1、3、4，再将水平线段向上偏移 2.5，向下偏移 8、32，如图 6-98 所示。

图 6-97　绘制圆　　　图 6-98　偏移线段

6 将上一步偏移垂直线段 1、4 的 4 条直线设置成轮廓线，如图 6-99 所示。

7 单击“修改”工具栏中的“修剪”按钮，修剪图形中多余的线段，如图 6-100 所示。

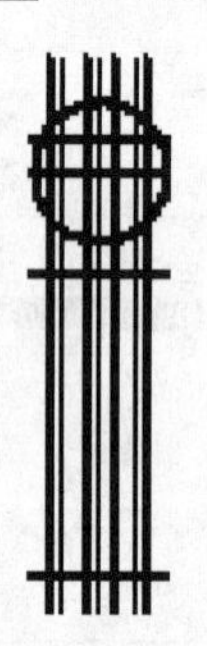

图 6-99　偏移线段

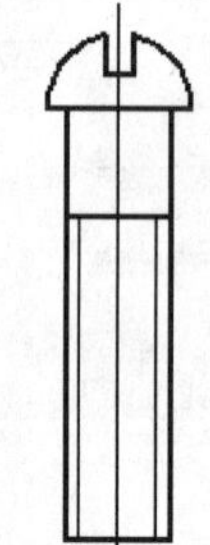

图 6-100　修剪多余的线段

8 单击“修改”工具栏中的“倒角”按钮，倒角螺栓，倒角距离为 1、1，如图 6-101 所示。

9 单击“绘图”工具栏中的“直线”按钮，绘制倒角边的连线，如图 6-102 所示。

标移动到大概平行参照直线的位置，就会出现一条虚线，在此虚线上单击，即可得到平行直线。

绘制平行线前：

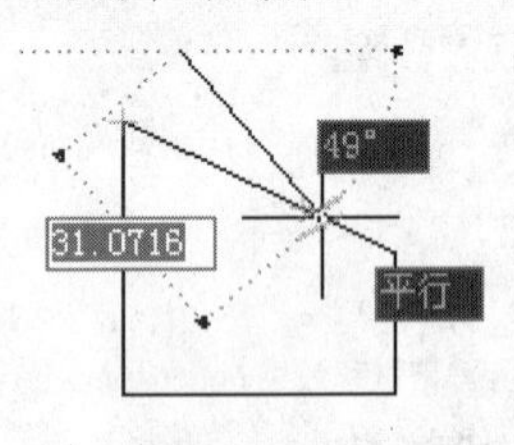

绘制平行线后：

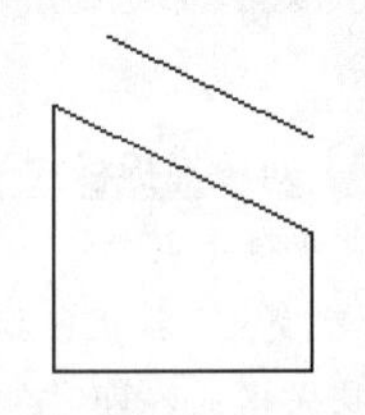

相关知识　**对象捕捉的其他方法**

除了在草图设置中可以设置对象捕捉的模式外，还有两种方法可以设置对象捕捉：

1. “对象捕捉”工具栏

设置对象捕捉的另一个方式是使用“对象捕捉”工具栏。工具栏的调用前面已经介绍过了，即在任意工具栏中单击鼠标右键，在弹出的快捷菜单中选择命令即可。

“对象捕捉”工具栏比“草图设置”对话框多了“临时追踪点”和“捕捉自”两个按钮。

- 临时追踪点：此按钮的功能是在绘图中提供一个中转站，

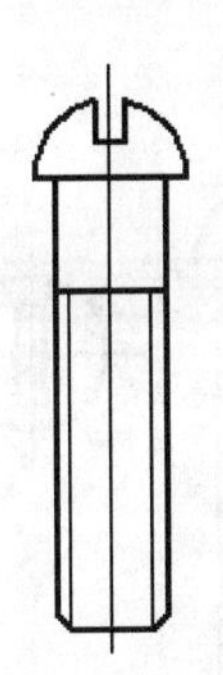

图 6-101 倒角螺栓

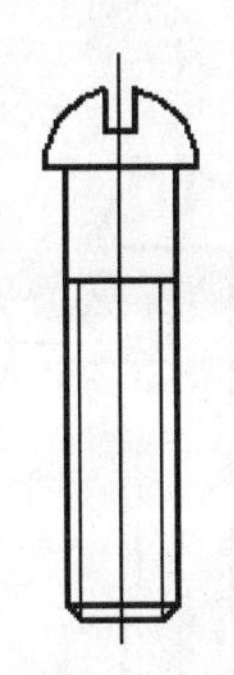

图 6-102 绘制倒角边的连线

10 单击“绘图”工具栏中的“直线”按钮，在右边空白处绘制一个十字坐标轴，并将线段设置为细实线，如图 6-103 所示。

11 单击“绘图”工具栏中的“圆”按钮，以线段的交点为圆心，绘制一个半径为 5.5 的圆，如图 6-104 所示。

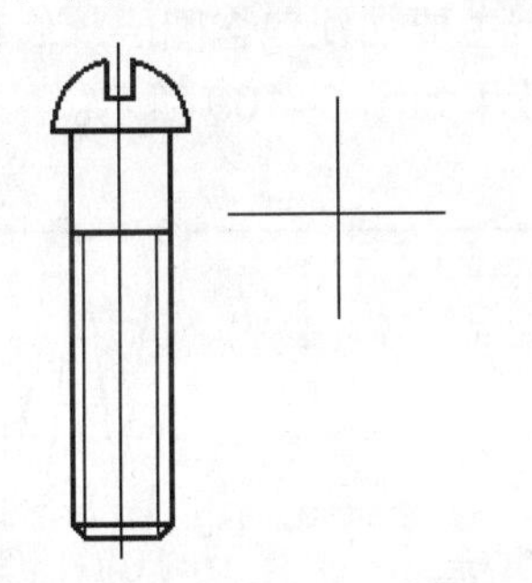

图 6-103 绘制十字坐标轴

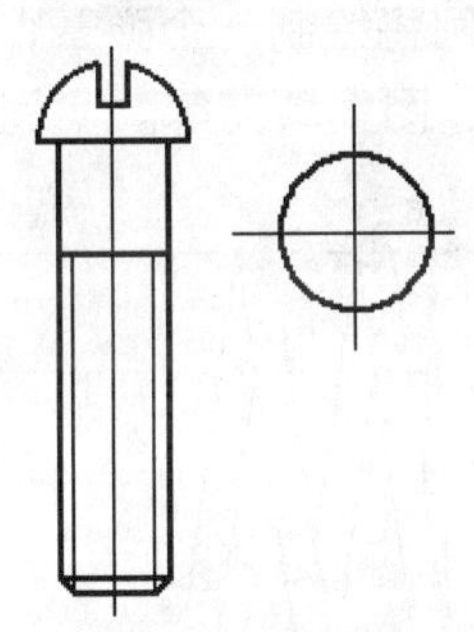

图 6-104 绘制圆

12 单击“修改”工具栏中的“偏移”按钮，将垂直线段向左、右各偏移 1，再将水平线段向上、下各偏移，如图 6-105 所示。

13 单击“修改”工具栏中的“修剪”按钮，修剪图形中多余的线段，如图 6-106 所示。

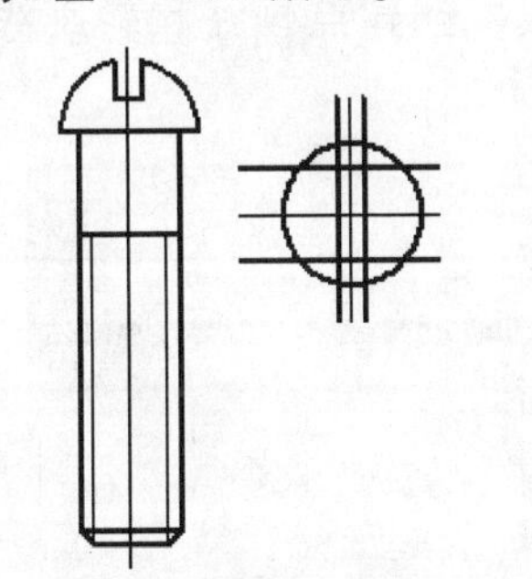

图 6-105 偏移线段

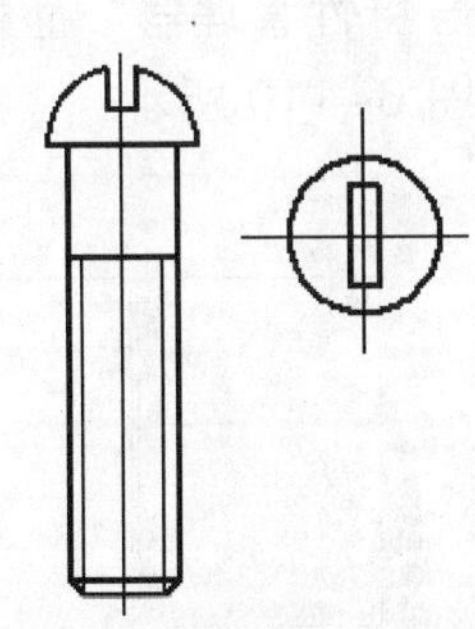

图 6-106 修剪多余的线段

14 单击“标注”工具栏中的“线性”按钮，标注图形的线性尺寸，如图 6-107 所示。

15 单击“标注”工具栏中的“直径”按钮，标注图形的直径尺寸，如图 6-108 所示。

一般与自动追踪一起使用。指定此点之后，在此点上将出现一个小的加号（+）。在在移动光标时，将相对于这个临时点显示自动追踪对齐路径。要将此点删除，可将光标移回到加号（+）上面。

- 捕捉自：此按钮是指定一个点，然后从此点指定偏移量来绘制图形。

2. 通过快捷菜单

按住 Shift 键右击空白处，弹出快捷菜单。在此快捷菜单中可选择所需要的命令，把光标移到需要捕捉对象的特征点附近，就可以捕捉到相应的对象特征点。

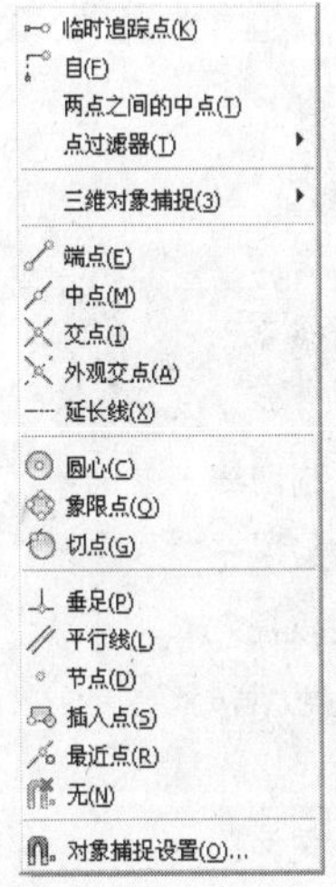

相关知识 **正交的模式**

在“正交”模式下，用户可以绘制与 X 轴平行或与 Y 轴平行的线段。

打开正交模式后，在绘图窗口中第一点是任意点，第二点可

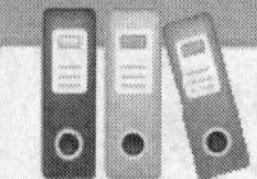

以输入数值也可以是任意一点。但它始终是与 X 轴或者 Y 轴平行的一条直线。

操作技巧 开启或关闭正交的操作方法

可以通过以下两种方法来开启或关闭正交的操作：

- 将鼠标指针移动到状态栏上，单击“正交”按钮，即可关闭或开启正交功能，其中按钮凹下时为开启正交功能，按钮凸出时为关闭正交功能。
- 按 F8 键开启正交功能，再按一次就可以关闭正交功能。

实例 6-8 说明

- 知识点：
  - 图层
  - 偏移
  - 圆
  - 绘制切线
  - 图案填充
- 视频教程：
  光盘\教学\第 6 章 绘制机械标准件与常用件
- 效果文件：
  光盘\素材和效果\06\效果\6-8.dwg
- 实例演示：
  光盘\实例\第 6 章\绘制弹簧

相关知识 自动追踪模式

自动追踪有利于按指定角度或其他对象的指定关系绘制

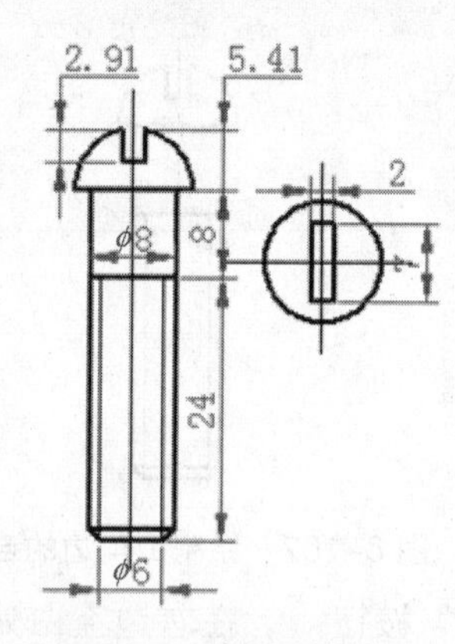

图 6-107　标注线性尺寸

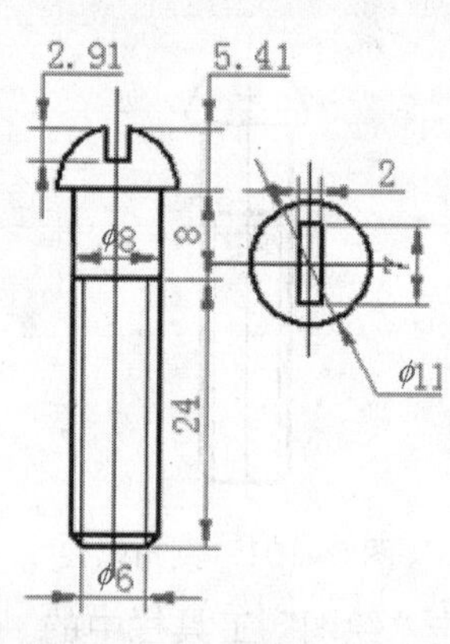

图 6-108　标注直径尺寸

实例 6-8　绘制弹簧

本实例将绘制一个弹簧，其主要功能包含图层、偏移、圆、绘制切线、图案填充等。实例效果如图 6-109 所示。

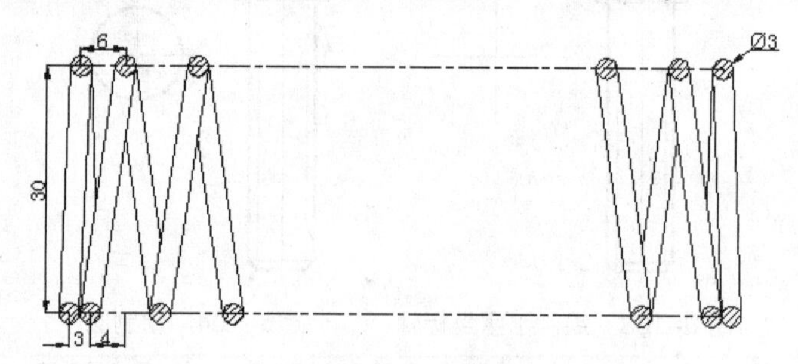

图 6-109　弹簧效果图

操作步骤

1. 单击“图层”工具栏中的“图层特性管理器”按钮，打开“图层特性管理器”面板，创建点画线和轮廓线两个图层，如图 6-110 所示。

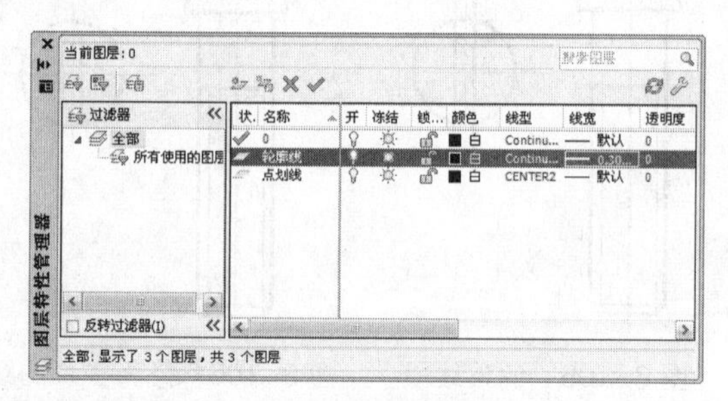

图 6-110　创建图层

2. 将点画线设置为当前图层，并使用直线功能绘制 30、80 两条线段，如图 6-111 所示。

图 6-111　绘制线段

3 单击“修改”工具栏中的“偏移”按钮，将水平点画线向上偏移 30，再将垂直线段向右偏移 80，如图 6-112 所示。

图 6-112　偏移点画线

4 再次单击“修改”工具栏中的“偏移”按钮，将最左边的垂直线段向左偏移 1.25，再向右偏移 1.25、5.5、10、14.5、19、65.5、70、74.5、78.75、81.25，如图 6-113 所示。

图 6-113　偏移垂直点画线

5 将轮廓线设置为当前图层，并单击“绘图”工具栏中的“圆”按钮，绘制半径为 2.5 的圆，如图 6-114 所示。

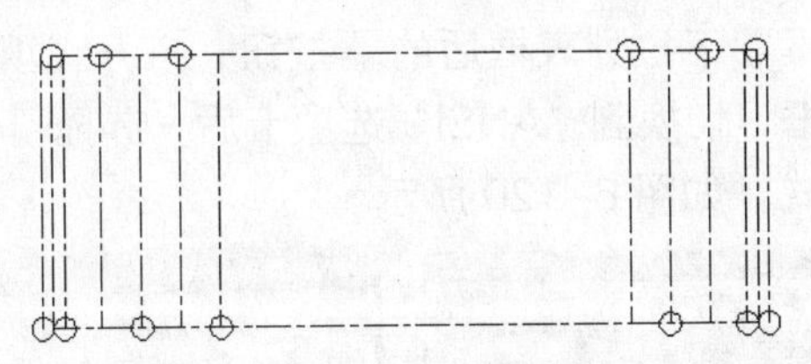

图 6-114　绘制圆

6 单击“修改”工具栏中的“删除”按钮，删除垂直的点画线，如图 6-115 所示。

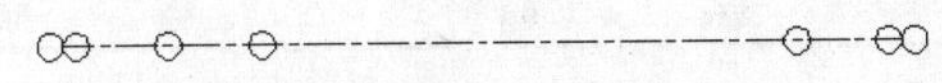

图 6-115　删除垂直的点画线

对象。在自动追踪功能打开时，临时对齐路径有助于以精确的位置和角度创建对象。

自动追踪模式包括两种追踪选项：极轴追踪和对象捕捉追踪。可以通过状态栏上的“极轴”或“对象追踪”按钮打开或关闭自动追踪功能。只有与对象捕捉一起使用对象捕捉追踪时必须设置对象捕捉，才能从对象的捕捉点进行追踪。

相关知识　极轴追踪功能

极轴追踪是通过角度的设置来追踪极轴的。

操作技巧　开启或关闭极轴追踪的操作方法

可以通过以下两种方法来开启或关闭极轴追踪的操作：

- 将鼠标移动到状态栏上，单击“极轴”按钮，即可关闭或开启极轴追踪功能，其中按钮凹下时为开启极轴追踪功能，按钮凸出时为关闭极轴追踪功能。
- 按 F10 键开启极轴追踪功能，再按一次即可关闭极轴追踪功能。

相关知识　“极轴追踪”选项卡中的各项参数设置

在“草图设置”对话框的“极轴追踪”选项卡中，可以设置相关参数，其各项的含义分别如下：

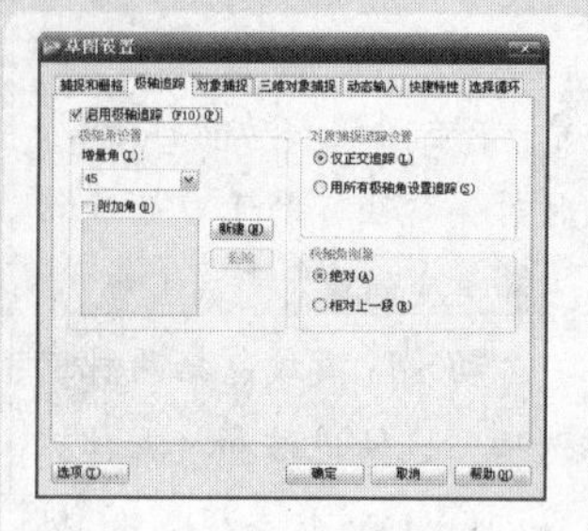

- 增量角：用来设置显示极轴追踪对齐路径的极轴角增量。可以输入任何角度或从列表中选择常用角度，如90°、45°、30°、22.5°、18°、15°、10°和5°。
- 附加角：对极轴追踪使用列表中的任何一种附加角度。
- 新建：最多可以添加10个附加极轴追踪对齐角度。
- 删除：删除选定的附加角度。
- 对象捕捉追踪设置：设置对象捕捉追踪选项。
- 仅正交追踪：当对象捕捉追踪打开时，仅显示已获得的对象捕捉点的正交（水平/垂直）对象捕捉追踪路径。
- 用所有极轴角设置追踪：如果对象捕捉追踪打开，则当指定点时，允许光标沿已获得的对象捕捉点的任何极轴角追踪路径进行追踪。
- 极轴角测量：设置测量极轴追踪对齐角度的基准。
- 绝对：根据当前用户坐标系（UCS）确定极轴追踪角度。
- 相对上一段：根据上一个绘制线段确定极轴追踪角度。

相关知识 **对象捕捉追踪功能**

使用对象捕捉追踪，可以沿着基于对象捕捉点的对齐路径进行追踪。已获取的点将显示为一个小加号（+），一次最多可以获取7个追踪点。获取点之后，

7 将鼠标移动到状态栏的“对象捕捉”按钮上，单击鼠标右键，在弹出的快捷菜单中取消选择“圆心”选项，选择“切点”选项，如图6-116所示。单击“绘图”工具栏中的“直线”按钮，绘制上下圆之间的切线，如图6-117所示。

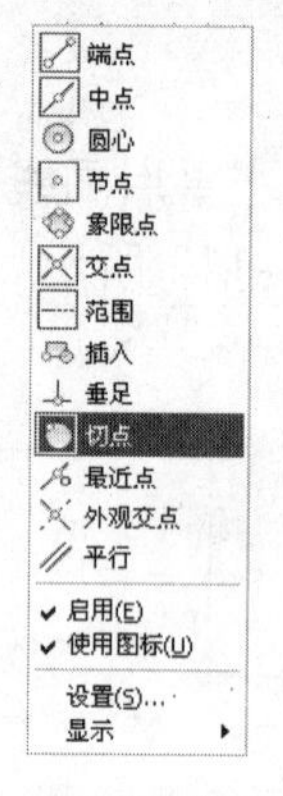

图6-116 “对象捕捉”快捷菜单

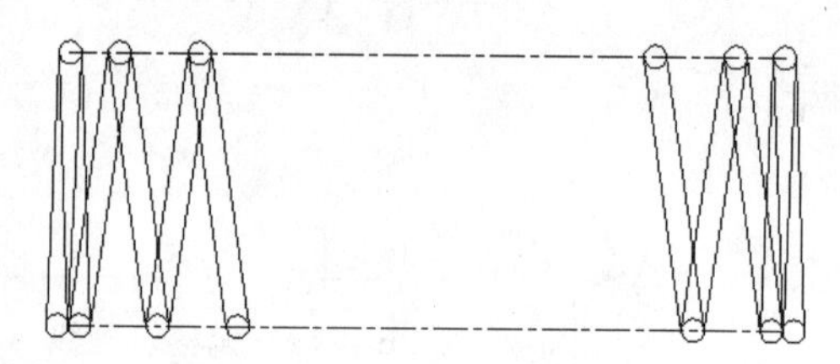

图6-117 绘制切线

8 单击“修改”工具栏中的“修剪”按钮，修剪被遮挡住的部分多余线段，如图6-118所示。

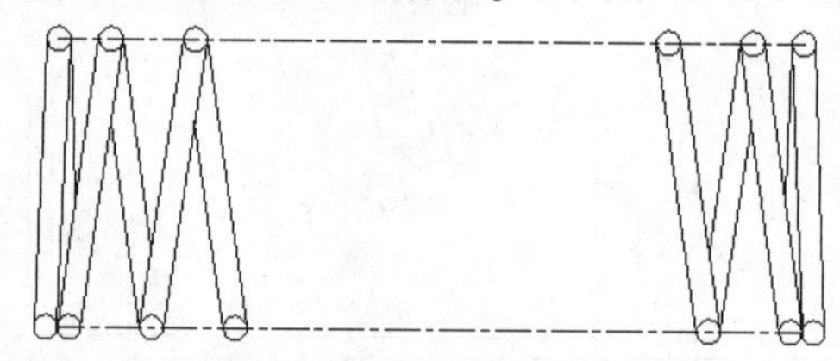

图6-118 修剪被遮挡的多余线段

9 单击“绘图”工具栏中的“图案填充”按钮，打开“图案填充和渐变色”对话框，如图6-119所示。

10 单击“图案”下拉列表框后的按钮，打开“填充图案选项板”对话框，切换到“ANSI”选项卡后，选择“ANSI31”图案填充样式，如图6-120所示。

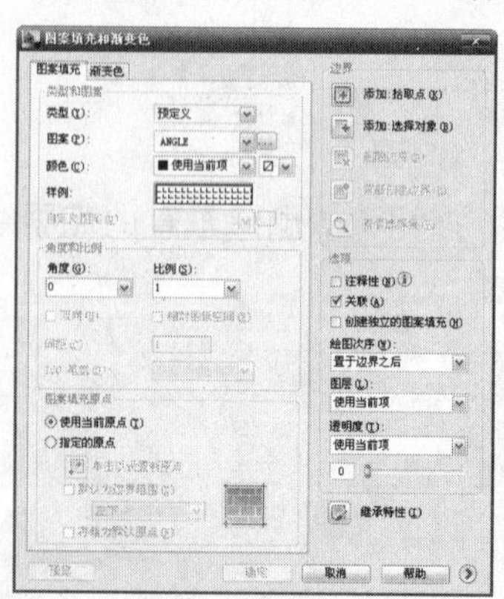

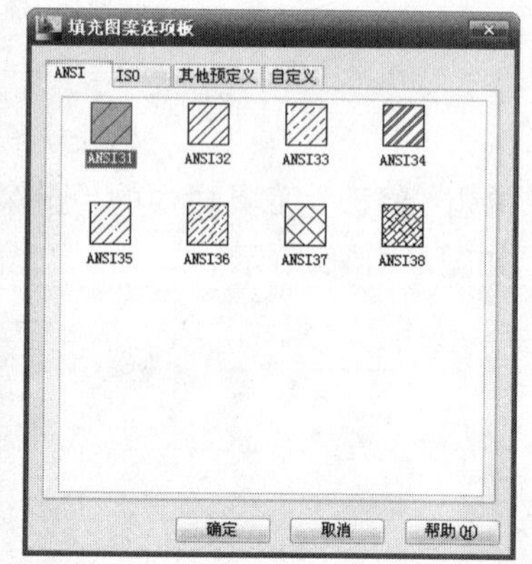

图6-119 “图案填充和渐变色”对话框 图6-120 “填充图案选项板”对话框

11 单击“确定”按钮，返回“图案填充和渐变色”对话框，单击“添加：拾取点”按钮，在绘图区域中选择断面。按 Enter 键返回“图案填充和渐变色”对话框，在“角度和比例”选项组中，将比例设置为“5”，再单击“确定”按钮，如图 6–121 所示。

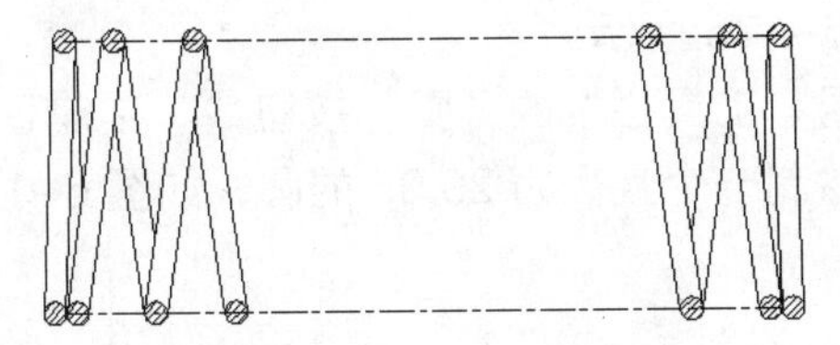

图 6–121　填充断面

12 单击“标注”工具栏中的“线性”按钮，标注图形的线性尺寸，如图 6–122 所示。

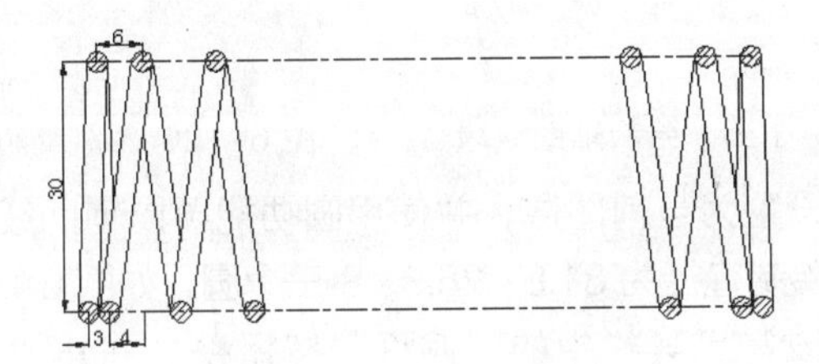

图 6–122　标注线性尺寸

13 单击“标注”工具栏中的“直径”按钮，标注图形的直径尺寸，如图 6–123 所示。

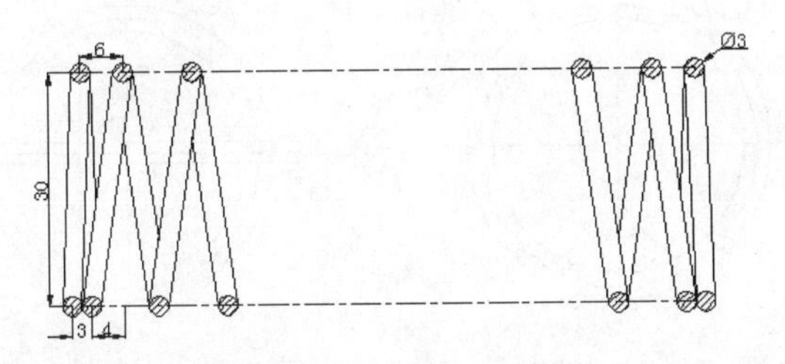

图 6–123　标注直径尺寸

实例 6-9　绘制齿轮

本实例将绘制一个齿轮，其主要功能包含图层、直线、圆、偏移、修剪、图案填充、线性标注等。实例效果如图 6–124 所示。

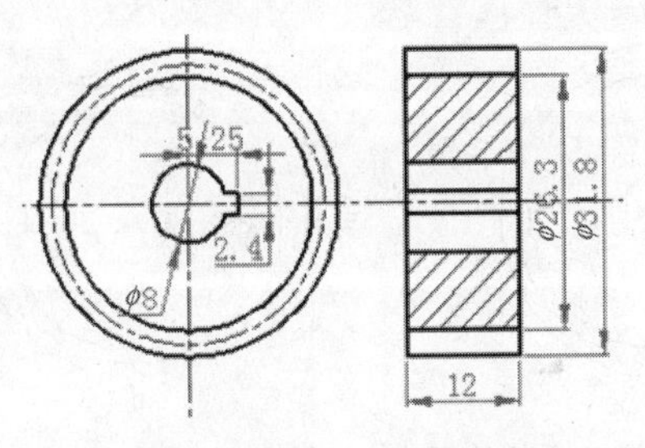

图 6–124　齿轮效果图

当在绘图路径上移动光标时，将会显示相对于获取点的水平、垂直或极轴对齐路径。例如，可以基于对象端点、中点或对象的交点，沿着某个路径选择一点。

在默认情况下，对象捕捉追踪将设置为正交。对齐路径将显示在始于已获取的对象点的 0º、90º、180º、270º 方向上。对于对象捕捉追踪，AutoCAD 自动获取对象点。

操作技巧　开启或关闭对象捕捉追踪的操作方法

可以通过以下两种方法来开启或关闭对象捕捉追踪的操作：

- 将鼠标移动到状态栏上，单击“对象追踪”按钮，即可关闭或开启对象追踪功能，其中按钮凹下时为开启对象追踪功能，按钮凸出时为关闭对象追踪功能。
- 按 F11 键开启对象追踪功能，再按一次就可以关闭对象追踪功能。

实例 6-9 说明

知识点：
- 图层
- 直线
- 圆
- 偏移
- 修剪
- 图案填充
- 线性标注

视频教程：

光盘\教学\第 6 章 绘制机械标准件与常用件

效果文件：

光盘\素材和效果\06\效果\6-9.dwg

实例演示：

光盘\实例\第 6 章\绘制齿轮

疑难解答 **如何快速变换图层**

在一个有许多图层的文件中，要想迅速地将当前层转换到想转换的图层，只需单击“图层”工具栏上的“将对象的图层置为当前”按钮。然后在绘图区选择要转换的图层上的任意图形，当前层立刻变换到选取的图形所在层。

有时图形太复杂了，不容易选中图层所在的图，这种方法显得不够方便。可以单击“图层控制”右端的下拉按钮，从中选择一个图层作为当前层。

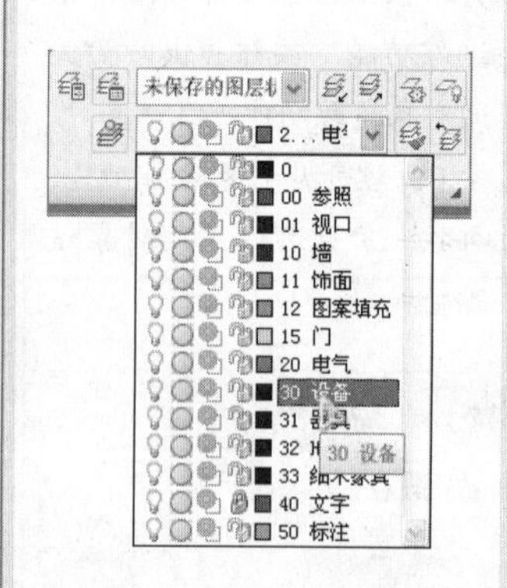

疑难解答 **设置绘图界限有什么优势**

图形界限好比图纸的幅面，画图时就在图界内，一目了然。按图界绘的图打印很方便，还可实现自动成批出图。当然，有人习惯在一个图形文件中绘制多张图，这样设置图界就没有太大的意义了。

操作步骤

1 单击“图层”工具栏中的“图层特性管理器”按钮，打开“图层特性管理器”面板，创建点画线、轮廓线和细实线 3 个图层。

2 将点画线设置为当前图层，并使用直线功能绘制两条辅助线段，如图 6–125 所示。

3 单击“绘图”工具栏中的“圆”按钮，以辅助线段的交点为圆心，绘制一个直径为 29.05 的圆，如图 6–126 所示。

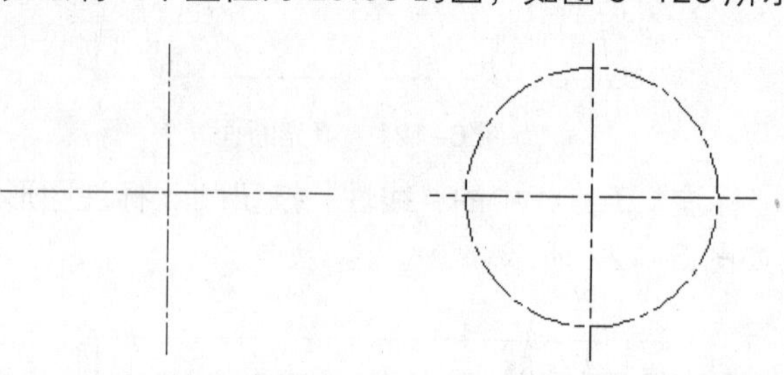

图 6–125　绘制辅助线段　　图 6–126　绘制辅助圆

4 将轮廓线设置为当前图层，并使用圆功能再以辅助线段的交点为圆心，绘制直径为 31.8、26.3、8 三个圆，如图 6–127 所示。

5 单击“修改”工具栏中的“偏移”按钮，将水平辅助线段向上、下各偏移 1.2，再将垂直辅助线段向右偏移 5.25，并将所有偏移线段设置为轮廓线，如图 6–128 所示。

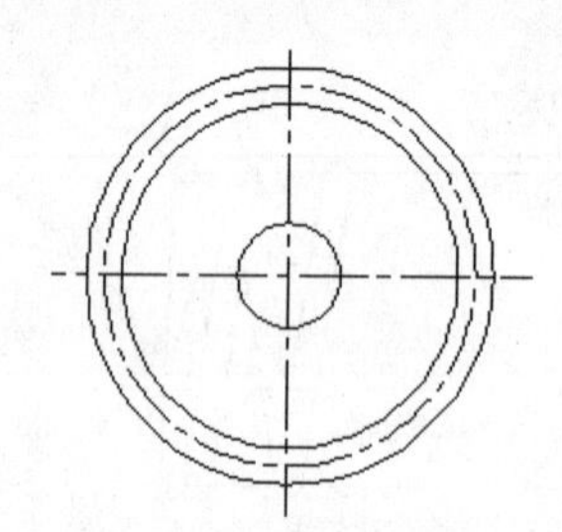

图 6–127　绘制圆

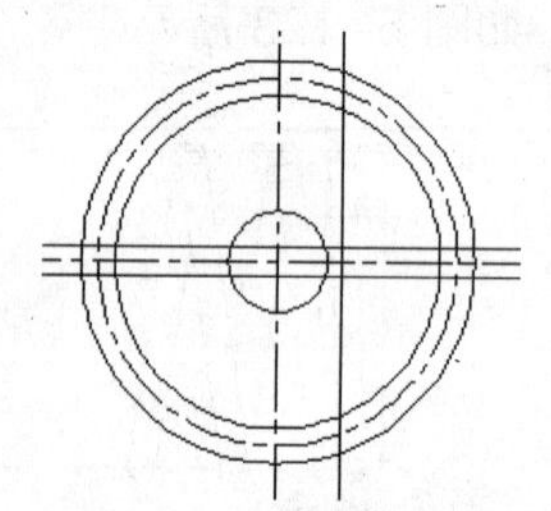

图 6–128　偏移辅助线段

6 单击“修改”工具栏中的“修剪”按钮，修剪多余的线段，如图 6–129 所示。

7 选择水平辅助线段，并通过右端的蓝色夹点拉伸辅助线段，如图 6–130 所示。

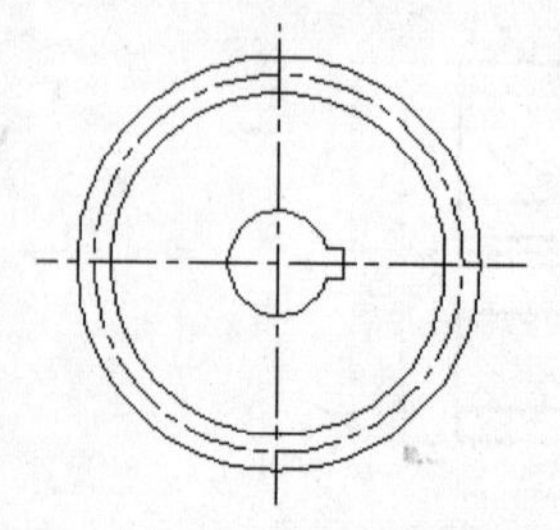

图 6–129　修剪多余的线段

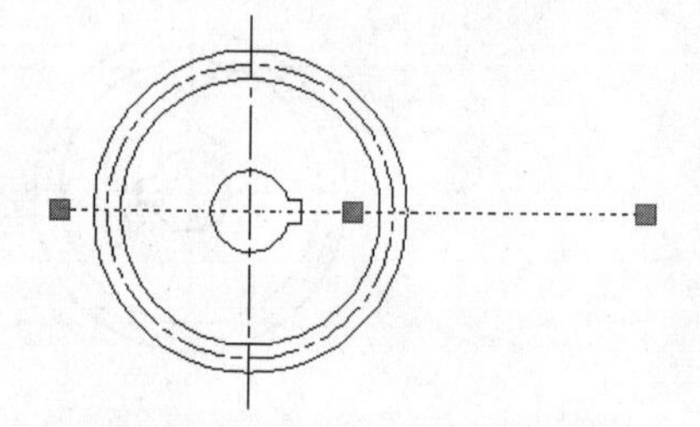

图 6–130　拉伸水平辅助线段

8 单击“绘图”工具栏中的“直线”按钮，绘制一条垂直线段，如图 6–131 所示。

9 单击“修改”工具栏中的“偏移”按钮，将垂直线段向右偏移 12，再将水平辅助线段向上、下各偏移 1.2、4、13.15、15.9，并将偏移的水平辅助线段设置成轮廓线，如图 6–132 所示。

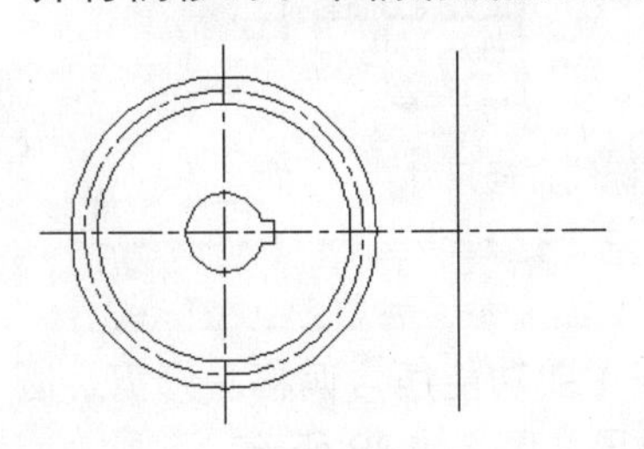

图 6–131 绘制垂直线段

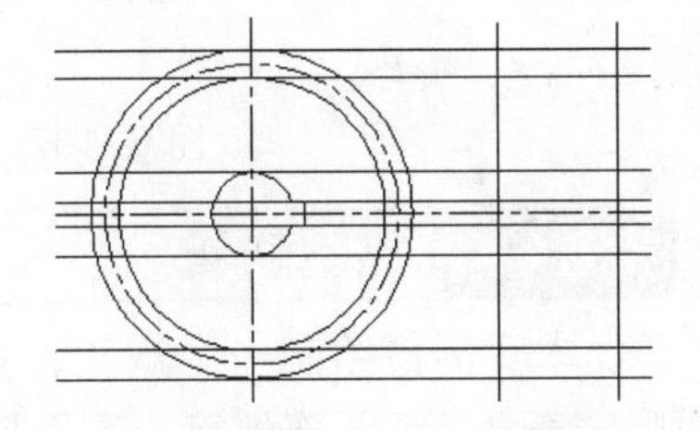

图 6–132 偏移线段

10 单击“修改”工具栏中的“修剪”按钮，修剪侧视剖视图，如图 6–133 所示。

11 单击“绘图”工具栏中的“图案填充”按钮，设置“ANSI31”图案填充样式，设置比例为 0.5，填充侧视剖面，如图 6–134 所示。

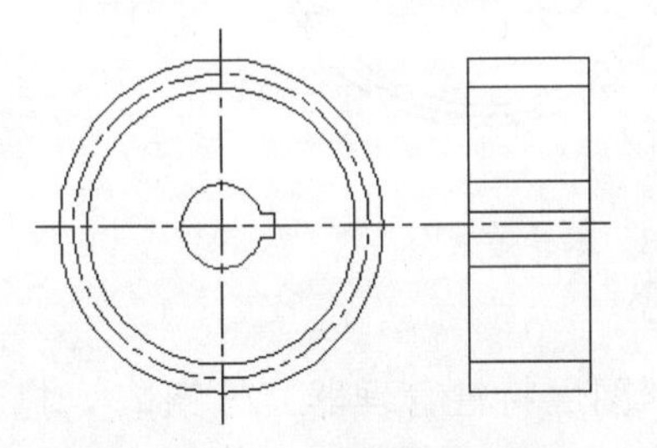

图 6–133 修剪侧视剖视图

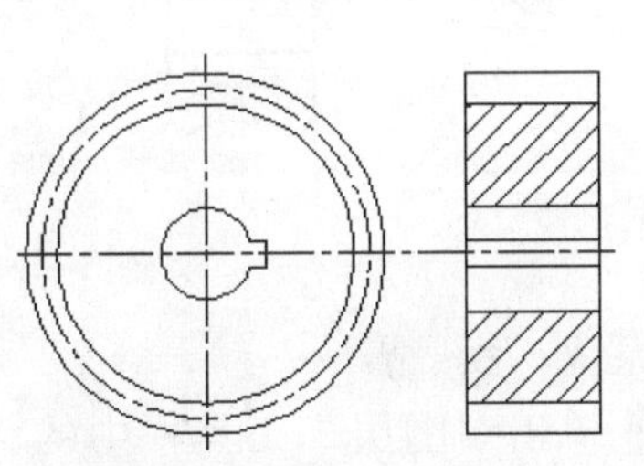

图 6–134 填充侧视剖面

12 单击状态栏中的“显示/隐藏线宽”按钮，显示线宽效果，如图 6–135 所示。

13 单击“标注”工具栏中的“线性”按钮，标注图形的线性尺寸，如图 6–136 所示。

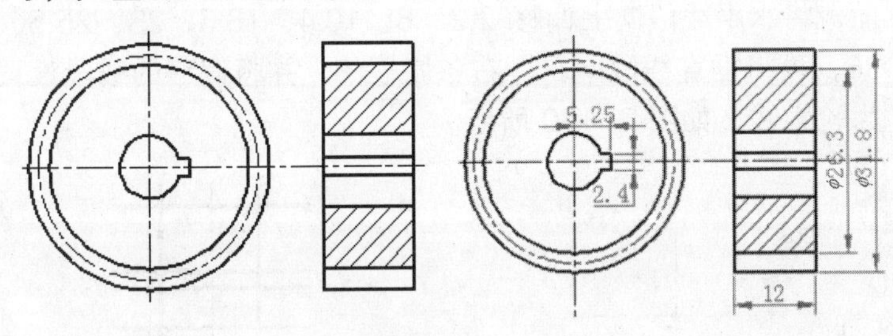

图 6–135 显示线宽效果　　图 6–136 标注线性尺寸

14 单击“标注”工具栏中的“直径”按钮，标注图形的直径尺寸，如图 6–137 所示。

疑难解答 **对象捕捉和对象追踪的区别**

在 AutoCAD 中，使用对象捕捉可以精确定位，使用户在绘图过程中可直接利用光标来准确地确定目标点，如圆心、端点、垂足等。

对象追踪有助于按指定角度或与其他对象的指定关系绘制对象。打开自动追踪功能有助于以精确的位置和角度绘制图形。自动追踪功能包括两种追踪选项：极轴追踪和对象捕捉追踪。可以通过状态栏上的“极轴追踪”或“对象捕种追踪”按钮打开或关闭自动追踪功能。

疑难解答 **由于误保存覆盖了原图，怎样恢复数据**

如果只保存了一次，及时将扩展名为.bak 的同名文件改为扩展名为.dwg，再在 AutoCAD 中打开即可。如果已保存多次，则原图将无法恢复。

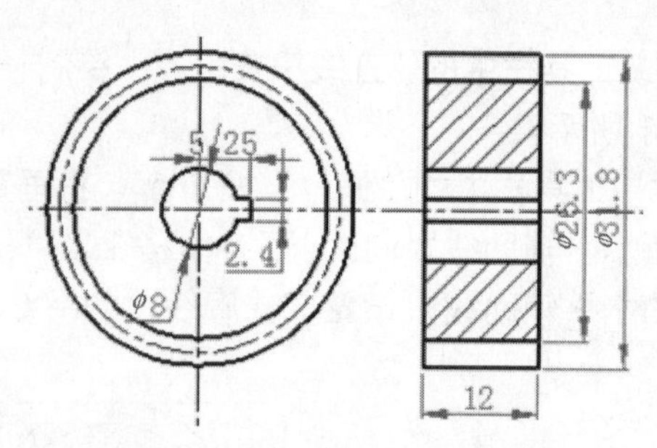

图 6–137　标注直径尺寸

实例 6-10 绘制蜗轮

本实例将绘制一个蜗轮，其主要功能包含偏移、修剪、圆弧、镜像、环形阵列等。实例效果如图 6–138 所示。

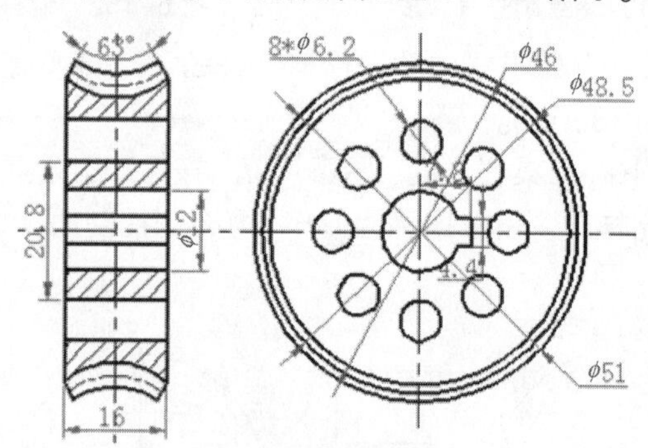

图 6–138　蜗轮效果图

操作步骤

1. 单击“图层”工具栏中的“图层特性管理器”按钮，打开“图层特性管理器”面板，创建点画线、轮廓线和细实线 3 个图层。
2. 将点画线设置为当前图层，并使用直线功能绘制水平和垂直两条辅助线段，如图 6–139 所示。
3. 单击“修改”工具栏中的“偏移”按钮，绘制半个蜗轮剖面，将水平线段向上偏移 2.2、6、10.4、16.6，23、25.5、36，再将垂直线段向左、右各偏移 8，并将偏移的线段设置为轮廓线，如图 6–140 所示。

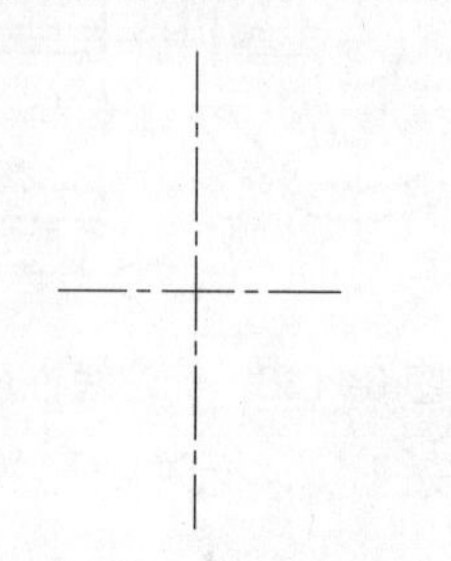
图 6–139　绘制辅助线段

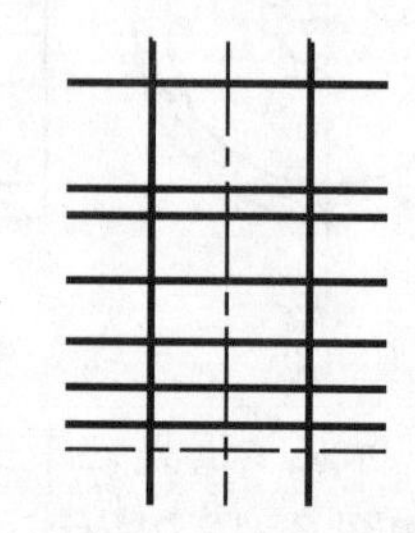
图 6–140　偏移辅助线段

实例 6-10 说明

- 知识点：
  - 偏移
  - 修剪
  - 圆弧
  - 镜像
  - 环形阵列
- 视频教程：

  光盘\教学\第 6 章 绘制机械标准件与常用件
- 效果文件：

  光盘\素材和效果\06\效果\6-10.dwg
- 实例演示：

  光盘\实例\第 6 章\绘制蜗轮

疑难解答　在关闭图形后，怎样设置不跳出.bak 文件

.bak 文件是当前打开图形的备份文件，默认情况下，每次关闭图形时，每个文件都会生成此备份文件。如果不想生成备份文件，可以通过两种方法来实现。

方法一：使用菜单设置

1. 打开“打开和保存”选项卡

单击“工具”→“选项”命令，弹出“选项”对话框，选择“打开和保存”选项卡。

2. 取消备份功能

取消选中“每次保存均创建备份”复选框。

4 单击“修改”工具栏中的“修剪”按钮，修剪图形中多余的线段，如图6–141所示。

5 将轮廓线设置为当前图层，并使用直线功能绘制两条直线，如图6–142所示。

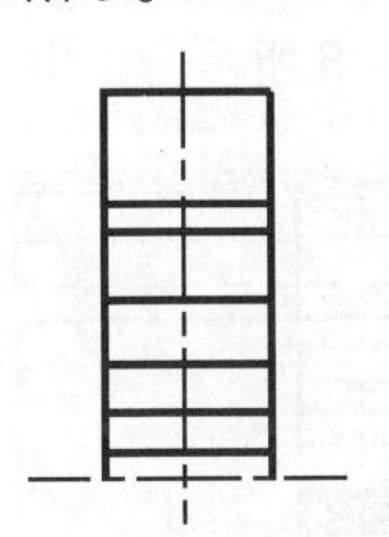

图6–141 修剪多余的线段

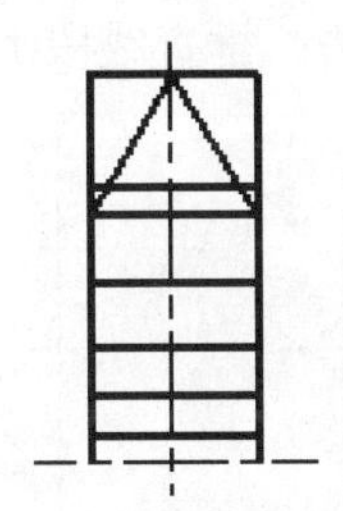

图6–142 绘制两条直线

6 单击“修改”工具栏中的“修剪”按钮和“删除”按钮，修剪和删除图形中多余的线段，如图6–143所示。

7 选择“绘图”工具栏中的“圆弧”按钮，用“起点、端点、半径”命令，分别绘制旋转修剪的短线连圆弧连线，圆弧半径为12，并将中点的连接圆弧线段设置为点画线，如图6–144所示。

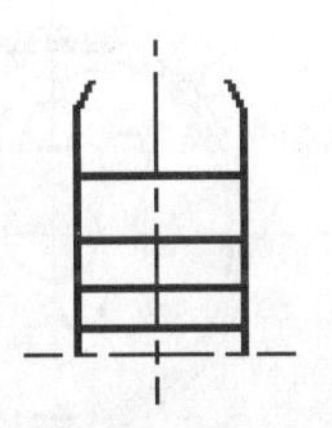

图6–143 修剪和删除多余的线段

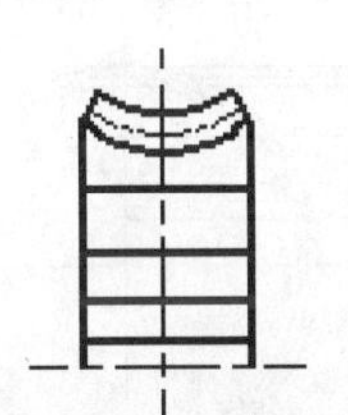

图6–144 绘制圆弧

8 单击“修改”工具栏中的“镜像”按钮，以水平辅助线段为镜像线，将轮廓线上下对称复制，如图6–145所示。

9 将细实线设置为当前图层，单击“绘图”工具栏中的“图案填充”按钮，设置“ANSI31”图案填充样式来填充剖面，并设置填充比例为0.6，如图6–146所示。

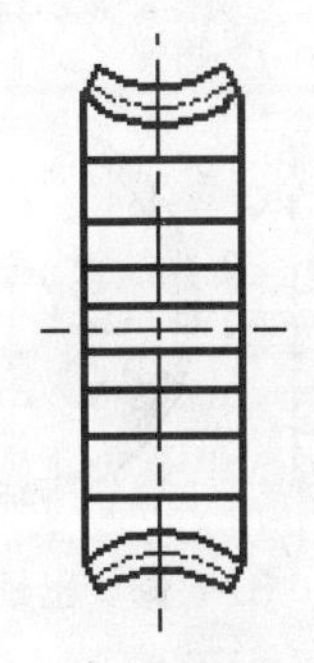

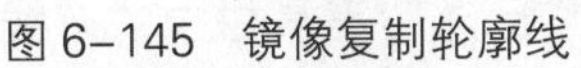

图6–145 镜像复制轮廓线

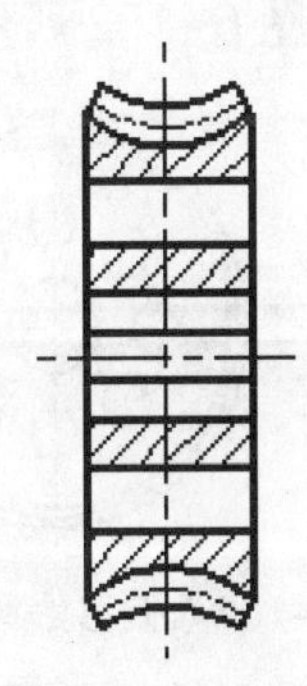

图6–146 填充剖面

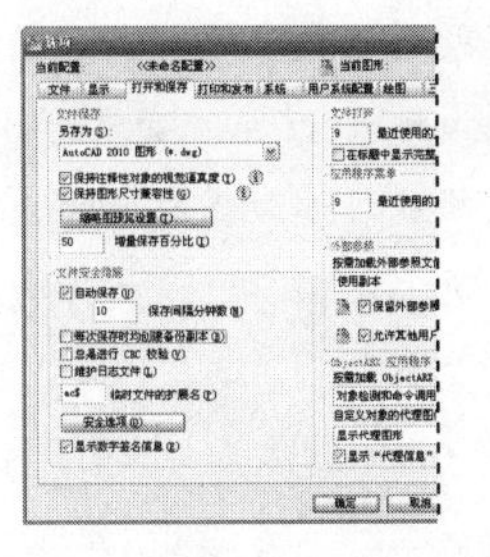

3. 保存设置

单击“确定”按钮，保存取消备份的设置。

方法二：使用命令行设置

在命令行输入isavebak，将其值设置为0即可。当系统变量为1时，每次保存都会创建.bak格式的备份文件。

疑难解答 **怎样快捷地切换多个图形文件**

利用Ctrl+F6或Ctrl+Tab组合键可以快捷地在多个窗口间切换。但要注意一点，必须在英文输入法状态下。

疑难解答 **如何减少文件大小**

在图形绘制完成后，使用purge命令，可以清理掉多余的图形对象，如没用的块、没有对象的图层、未用的线型、字体、尺寸样式等，可以有效地减少文件大小。一般彻底清理需要purge 2～3次。

另外，默认情况下，如果需要释放磁盘空间，则必须设置 isavepercent 系统变量为 0，来关闭这种逐步保存特性，这样当第二次保存时，文件大小就减少了。

机械术语 什么是销

销是指用于将几个物体固定在一起，或者将一个物体悬在另一个物件上的固定零件。

一般用木材或者金属制成，也可以用其他材料制作。

销钉：

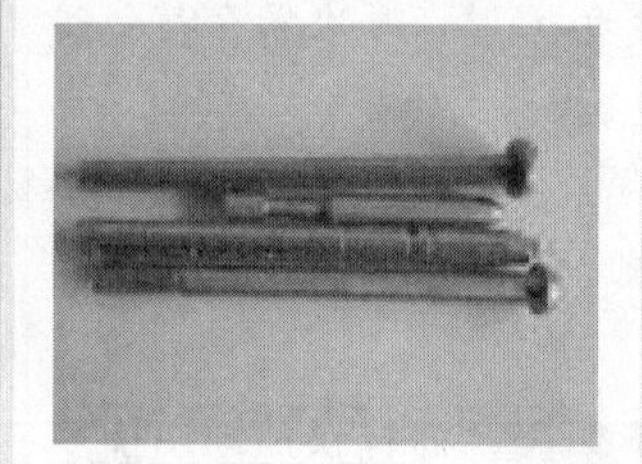

机械术语 什么是键

键主要是为了固定零件，成为传递扭矩的部件，也可以在轴上起到固定或滑动的效果。

键可以分为平键、半圆键、楔向键、切向键和花键等。

平键：

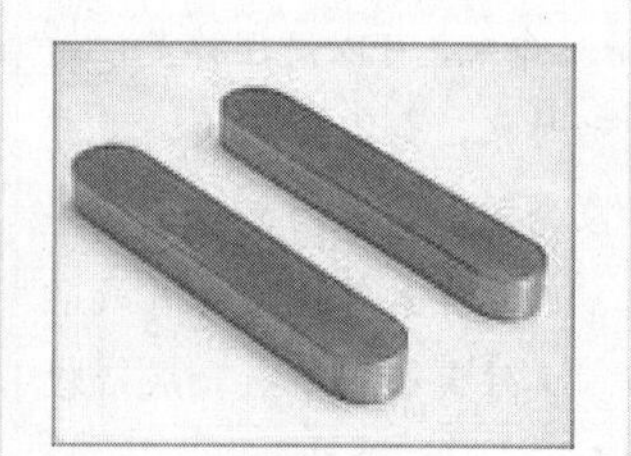

10 单击“绘图”工具栏中的“直线”按钮，延伸水平辅助线段，并在图形的右边绘制一条垂直线段，再将线段设置为点画线，如图 6–147 所示。

11 单击“绘图”工具栏中的“直线”按钮，在剖视图引出线段到右边的垂直线段上，如图 6–148 所示。

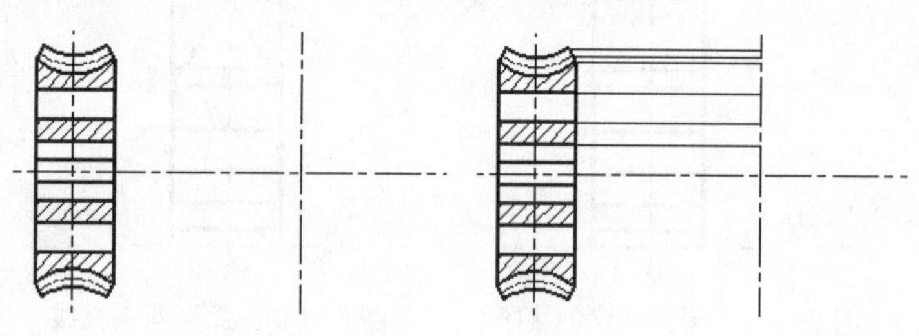

图 6–147 绘制垂直辅助线段　　图 6–148 从剖视图引出线段

12 将轮廓线设置为当前图层，单击“绘图”工具栏中的“圆”按钮，通过引出的线段绘制圆，如图 6–149 所示。

13 单击“修改”工具栏中“矩形阵列”下拉按钮中的“环形阵列”按钮，环形阵列复制小圆，复制数目为 8，并删除剖视图引出的线段，如图 6–150 所示。

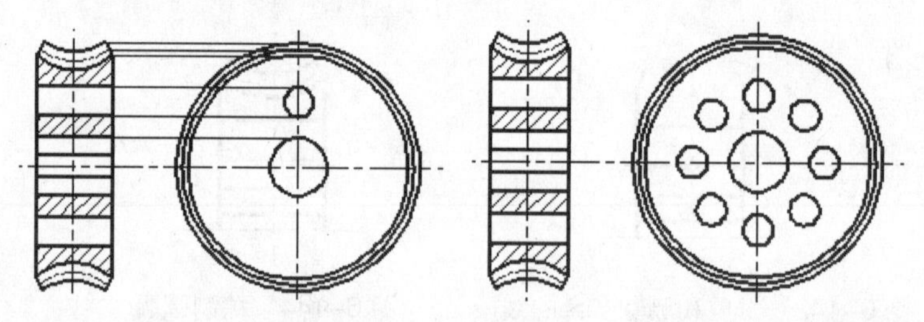

图 6–149 绘制圆　　图 6–150 环形阵列复制小圆并删除引线

14 单击“修改”工具栏中的“偏移”按钮，将水平线段向上、下各偏移 2.2，再将有边的垂直点画线向右偏移 7.8，并将偏移的线段设置为轮廓线，如图 6–151 所示。

15 单击“修改”工具栏中的“修剪”按钮，修剪出蜗轮内部的槽，如图 6–152 所示。

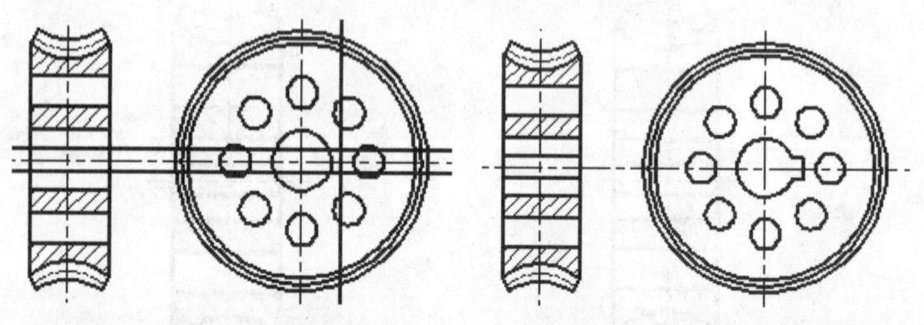

图 6–151 偏移线段　　图 6–152 修剪出蜗轮内部槽

16 将细实线设置为当前图层，单击“标注”工具栏中的“线性”

按钮⊢⊣，标注图形的线性尺寸，如图 6–153 所示。

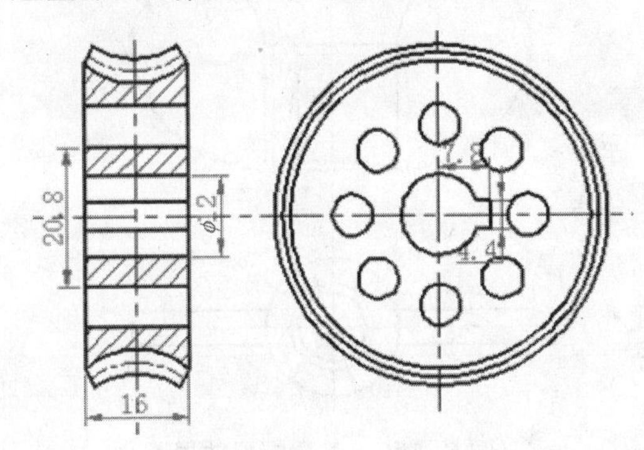

图 6–153　标注线性尺寸

17 单击“标注”工具栏中的“直径”按钮⊘，标注图形的直径尺寸，如图 6–154 所示。

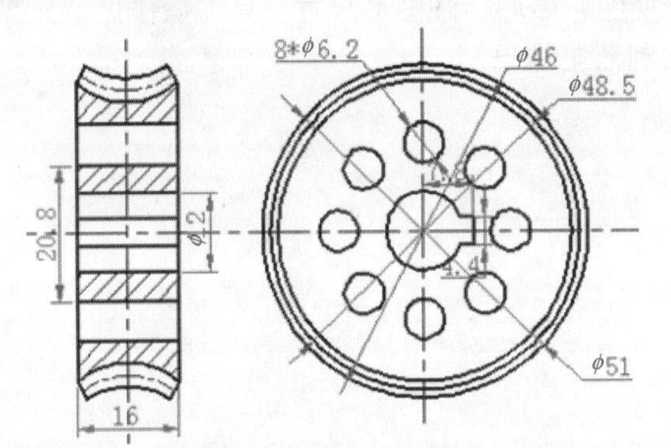

图 6–154　标注直径尺寸

18 单击“标注”工具栏中的“角度”按钮△，标注图形的角度尺寸，如图 6–155 所示。

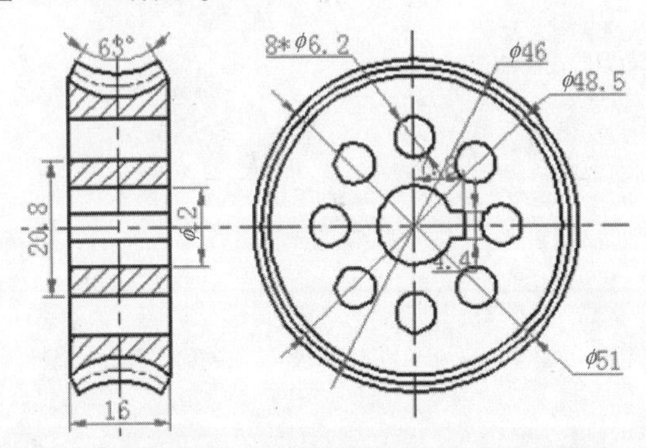

图 6–155　标注角度尺寸

实例 6-11　绘制燕尾螺母

本实例将绘制一个燕尾螺母，其主要功能包含直线、偏移、修剪、圆弧、线性标注、半径标注、直径标注等。实例效果如图 6–156 所示。

机械术语　什么是螺栓螺母

螺栓螺母可以算是一对零件，需要相互配合才能发挥作用，主要用于固定两个切合的零件。

螺栓由头部和螺杆两部分组成。

螺母也称为螺帽，与螺栓配合起到紧固作用。

机械术语　什么是弹簧

弹簧是一种通过弹性功能来实现用途的机械零件，为了控制机件的运动、缓和冲击或振动、贮蓄能量等。

弹簧按形状可以分为螺旋弹簧、涡卷弹簧、板弹簧等。

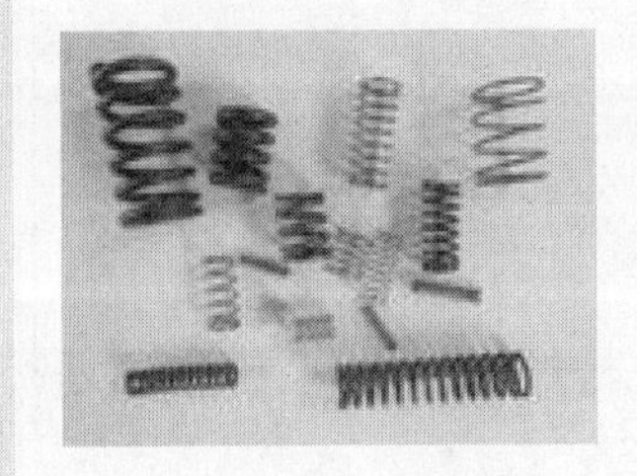

机械术语 什么是齿轮

齿轮是轮缘上有齿，能连续啮合传递运动和动力的机械元件。齿轮按结构主要可以分为直齿齿轮、斜齿齿轮及人字齿轮等。

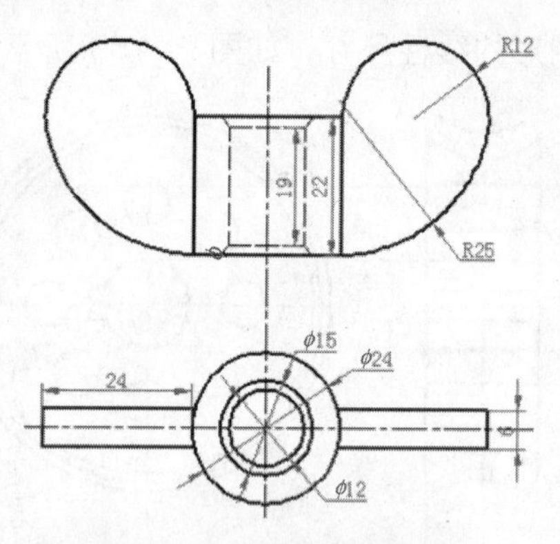

图 6-156　燕尾螺母效果图

在绘制图形时，先绘制主视图，通过绘图的直线、圆、圆弧以及修改编辑功能绘制出大致轮廓，然后根据相应尺寸绘制俯视图，最后标注图形尺寸。具体操作见“光盘\实例\第6章\绘制燕尾螺母”。

07

第7章

绘制机械零件图

本章主要讲解零件图的分类与绘制，通过实例绘制4类主要的零件图，使大家可以熟练地掌握绘制零件图的技巧，希望大家能够举一反三，绘制出自己的作品。结合小栏部分的零件图相关知识与图层的应用，可以轻松地绘制出更加复杂的图形。

本章讲解的实例和主要功能如下：

实　　例	主要功能	实　　例	主要功能
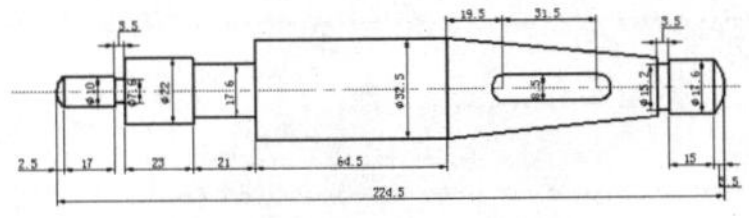 绘制轴类零件——泵轴	图层、镜像、删除、圆弧、圆角、线性标注、连续标注	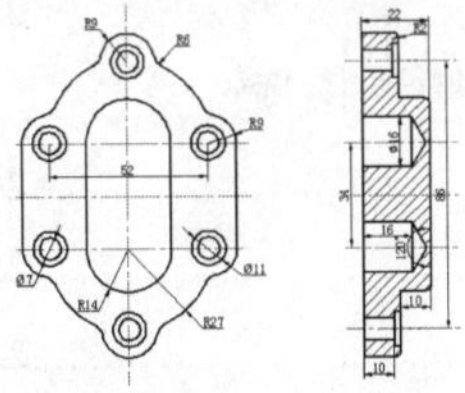 绘制盘盖类零件——泵盖	圆、镜像、旋转、圆角
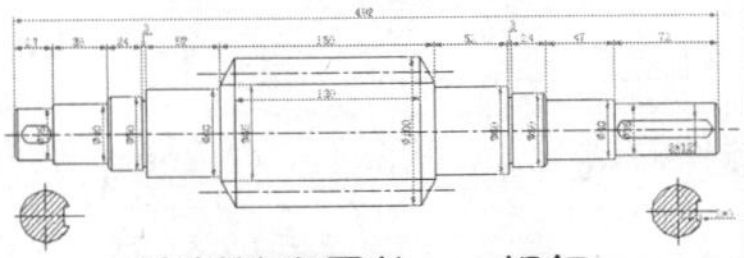 绘制轴类零件——蜗杆	偏移、修剪、打断于点、旋转、镜像、倒角、图案填充	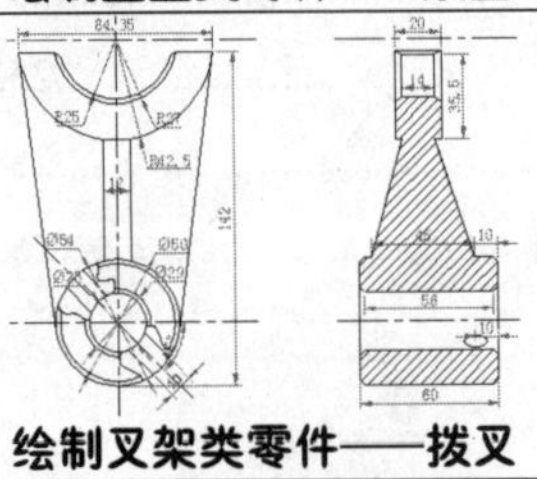 绘制叉架类零件——拨叉	偏移、修剪、样条曲线、删除图案填充
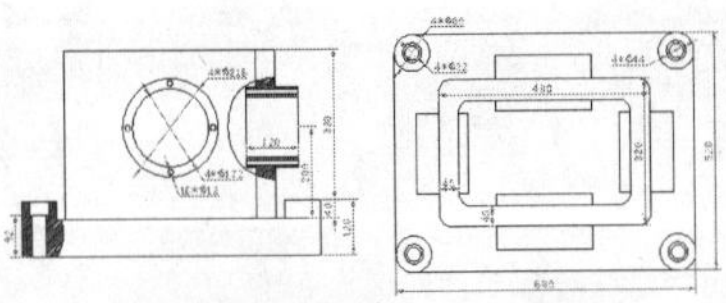 绘制箱壳类零件——壳体	偏移、修剪、环形阵列、样条曲线、图案填充、圆角	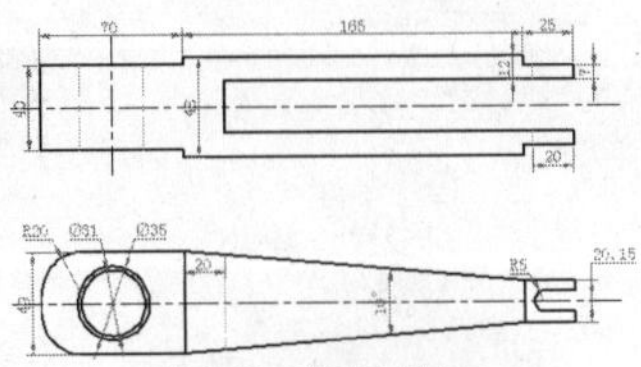 绘制叉架零件图	直线、圆、偏移、修剪、圆角、打断于点、旋转

本章在讲解实例操作的过程中，全面系统地介绍关于绘制机械零件图的相关知识和操作方法，包含的内容如下：

实例 7-1　绘制轴类零件——泵轴

本实例将绘制一个泵轴，其主要功能包含图层、镜像、删除、圆弧、圆角、线性标注、连续标注等。实例效果如图 7-1 所示。

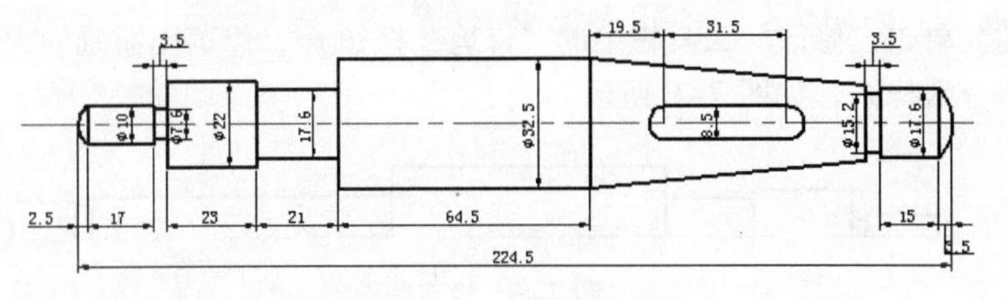

图 7-1　泵轴效果图

操作步骤

1 单击“格式”工具栏中的“图层特性管理器”按钮，打开“图层特性管理器”面板，创建点画线和轮廓线两个图层，如图 7-2 所示。

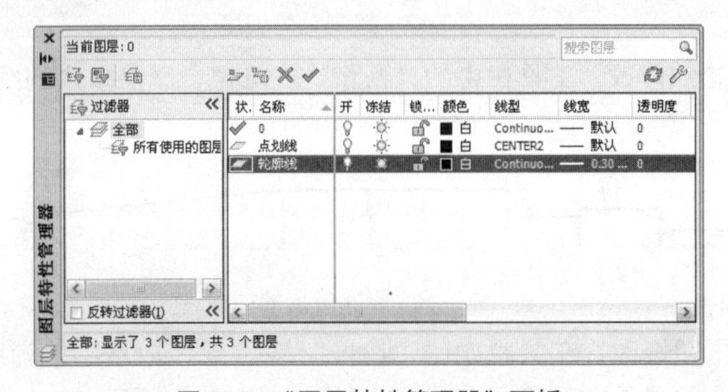

图 7-2 “图层特性管理器”面板

2 将点画线设置为当前图层，并绘制一条水平辅助线段，如图 7-3 所示。

图 7-3　绘制水平辅助线段

3 将轮廓线设置为当前图层，再次使用直线功能，绘制一条垂直线段，如图 7-4 所示。

图 7-4　绘制垂直线段

4 单击“修改”工具栏中的“偏移”按钮，将垂直线段向左偏移 21、44、47.5、64.5，向右偏移 63、135.5、139、154，再将水平辅助线段向上偏移 3.8、5、7.6、8.8、9.2、9.6、11、16.25，并将偏移线段设置成轮廓线，如图 7-5 所示。

实例 7-1 说明

知识点：
- 图层
- 镜像
- 删除
- 圆弧
- 圆角
- 线性标注
- 连续标注

视频教程：
光盘\教学\第7 章 绘制机械零件图

效果文件：
光盘\素材和效果\07\效果\7-1.dwg

实例演示：
光盘\实例\第7 章\绘制轴类零件——泵轴

相关知识　什么是零件图

一张零件图的检验标准是能够制作出一个合格的零件，它包含了从制造到质检的全部数据参数。反之，拿到一个零件也能够绘制出一张零件图，在零件图中表现出该零件的所有特征和制造要求。

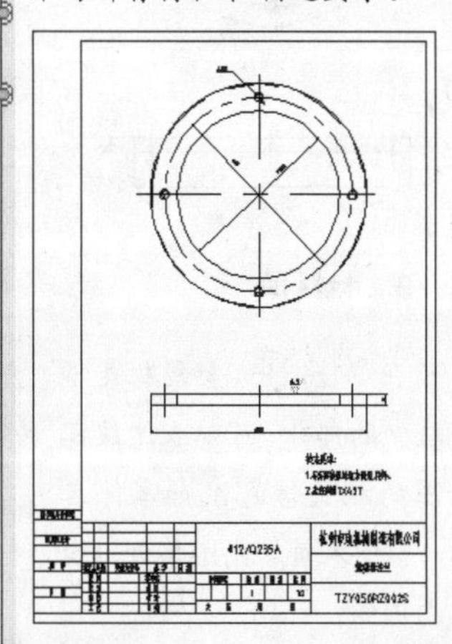

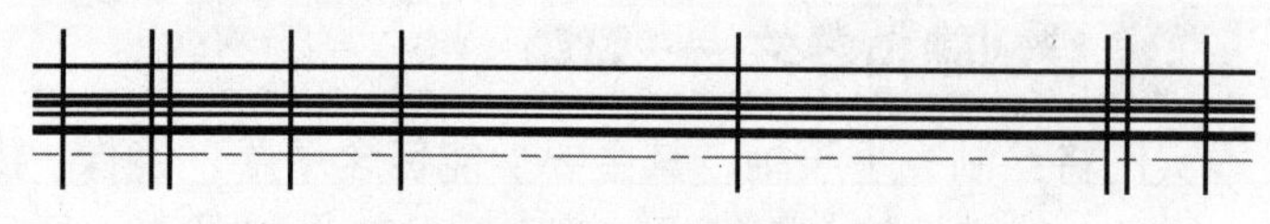

图 7-5　偏移线段

5 单击“修改”工具栏中的“修剪”按钮，修剪出泵轴的大致样式，如图 7-6 所示。

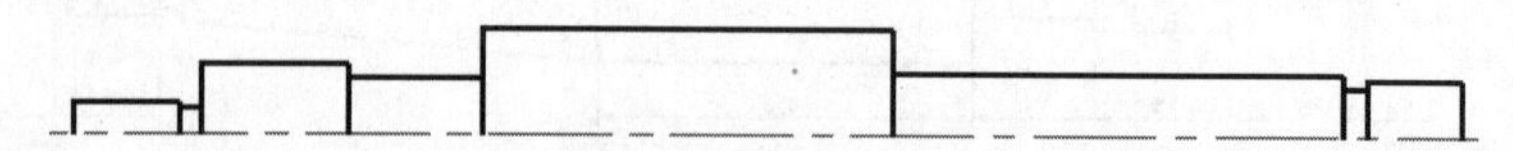

图 7-6　修剪线段

6 单击“绘图”工具栏中的“直线”按钮，绘制轴的坡度，如图 7-7 所示。

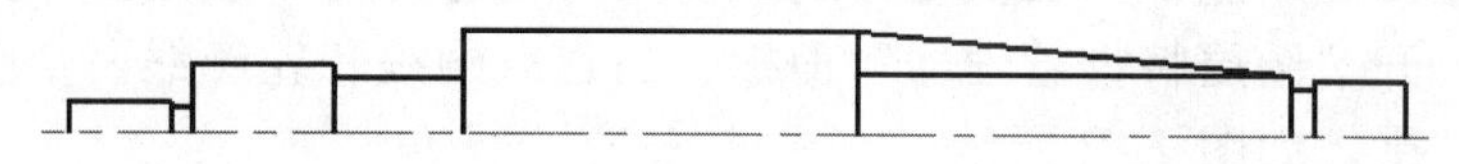

图 7-7　绘制轴的坡度

7 单击“修改”工具栏中的“删除”按钮，删除多余的线段，如图 7-8 所示。

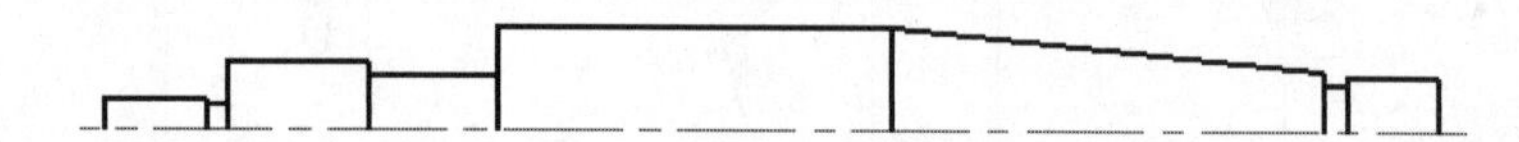

图 7-8　删除多余的线段

8 单击“修改”工具栏中的“镜像”按钮，以水平线辅助线段为镜像线，镜像复制另一半轴，如图 7-9 所示。

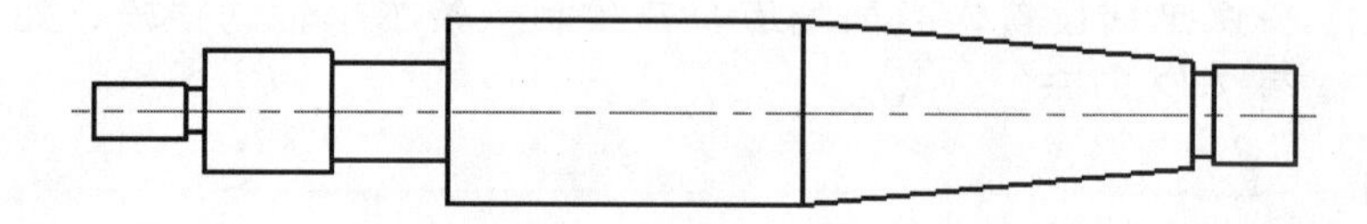

图 7-9　镜像复制图形

9 单击“修改”工具栏中的“偏移”按钮，将最左边的垂直短线向左偏移 3.5，如图 7-10 所示。

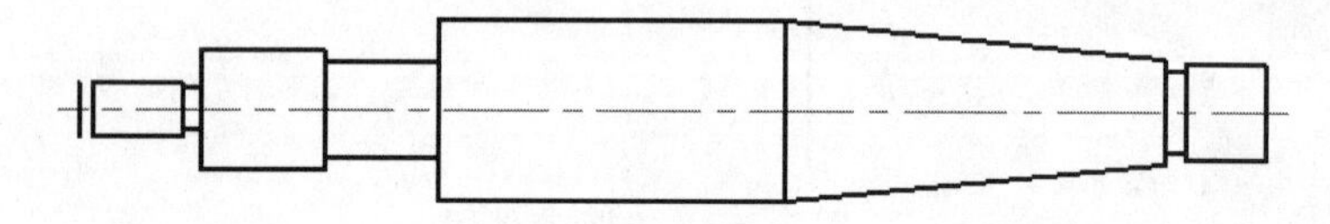

图 7-10　偏移短线

10 单击“绘图”工具栏中的“圆弧”按钮，用三点绘制一条圆弧的方式，绘制一段弧线，并删除偏移的垂直短线，如图 7-11 所示。

相关知识　零件图的成分

零件图中有很多的信息，包括绘制的图形、图形的标注尺寸、注解标题栏以及零件的技术要求 4 类。

1. 图形

需要根据图形的特征选择绘制视图的方位，绘制出一组能够清晰、完整地表达出零件中各个部分结构形状的图形。

2. 尺寸

在一张完整的图形中，尺寸标注是不可缺少的一部分，在标注尺寸时，需要注意以下几点：

- 不能重复标注。
- 以合理的方式表示标注。
- 标注尺寸要与零件的实际尺寸一致。
- 避免标注尺寸链。

图形与尺寸：

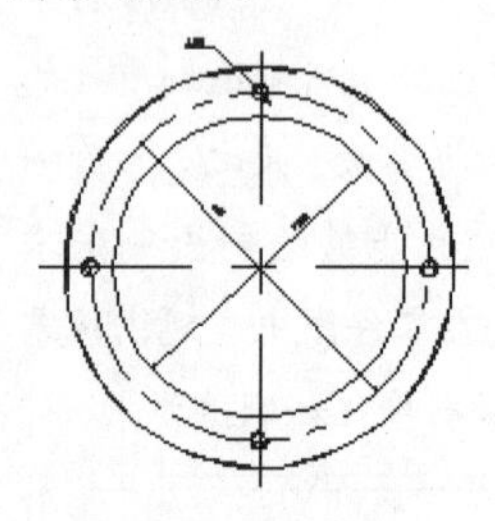

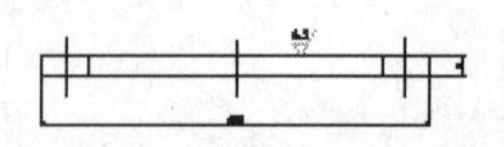

3. 标题栏

在零件图中，标题栏是不可缺少的部分，可以表达该零件图的相关信息，如零件名称、制图人员、制图单位、绘图比例等。

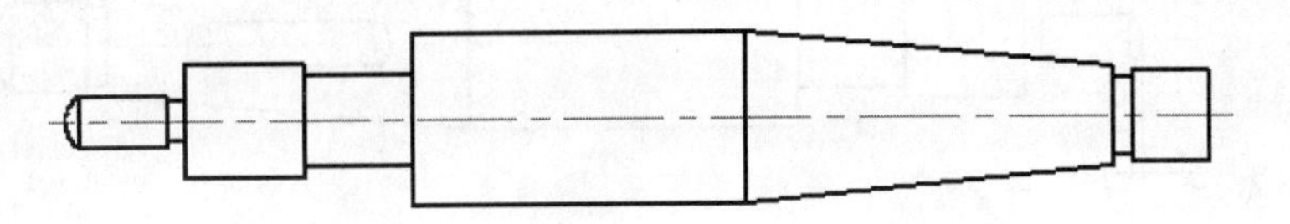

图 7–11 绘制弧线并删除偏移的垂直短线

11 用同样的方法，绘制另一端的弧线，偏移量为 3.5，如图 7–12 所示。

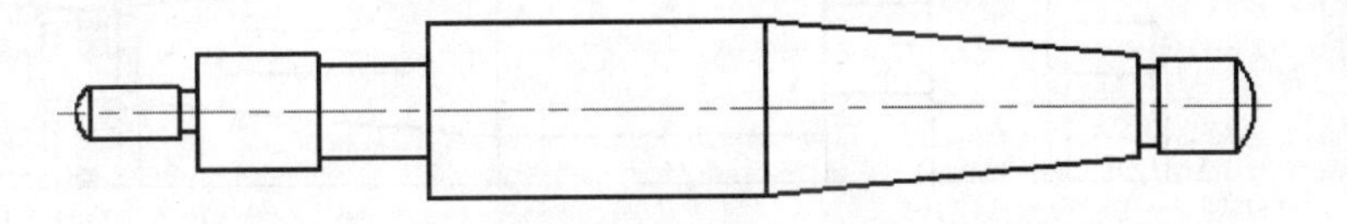

图 7–12 绘制另一端的弧线

12 单击“修改”工具栏中的“偏移”按钮，将水平线段向上、下偏移 4.25，再将最长的右边垂直线段向右偏移 19.5、51，并将偏移线段设置为轮廓线，如图 7–13 所示。

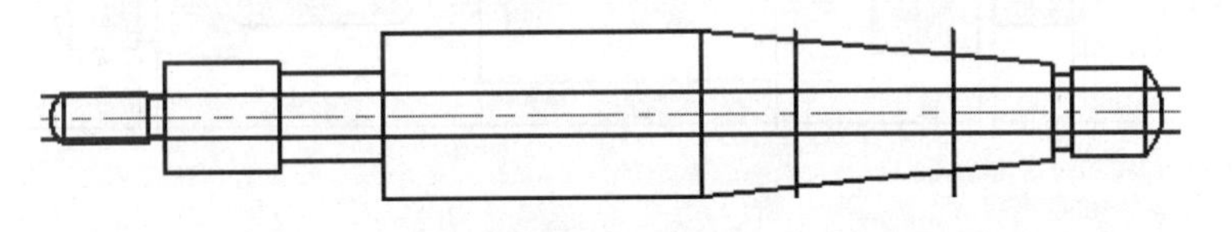

图 7–13 偏移线段

13 单击“修改”工具栏中的“修剪”按钮，修剪出槽，如图 7–14 所示。

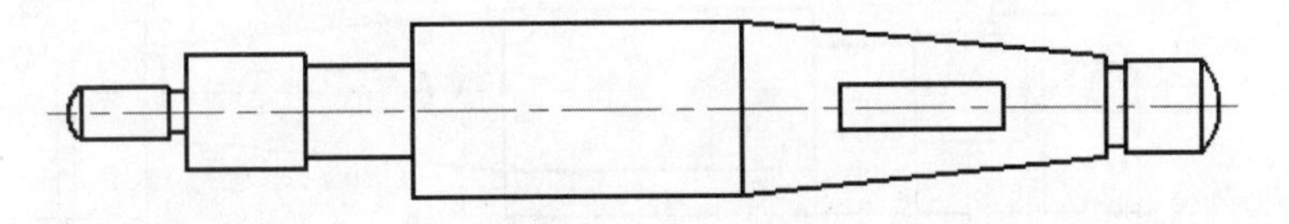

图 7–14 修剪出槽

14 单击“修改”工具栏中的“圆角”按钮，对槽倒圆角，圆角半径为 4.25，如图 7–15 所示。

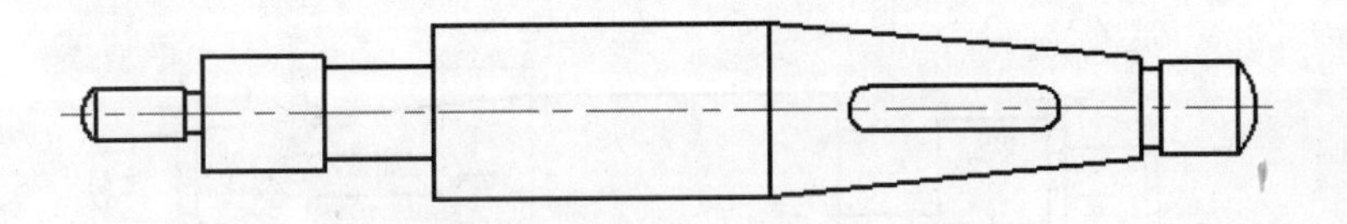

图 7–15 倒圆角槽

15 将图层调整回默认图层，单击“标注”工具栏中的“线性”按钮，标注一段线性尺寸，如图 7–16 所示。

标题栏：

设计			填料压盖				ZT02-06	
制图			比例		数量		共 张	第 张
描图			HT150					
审核								

4. 技术要求

一张完整的零件图还需要标明加工时的要求，如标明表面粗糙度、尺寸精度、尺寸误差、形位公差、材料处理等。

技术要求：

技术要求：
1. 铸件不能有砂眼、气孔等缺陷；
2. 锐角倒钝。

相关知识 绘制零件图的视图

在绘制零件图时，要通过对零件在机器中的作用、安装位置、加工方法的了解对其进行形体分析和结构分析，合理地选择主视图和其他视图。

1. 选择主视图

主视图是零件视图中最重要的视图，选择主视图时，主要考虑以下两点：

- 安放位置：工作位置和加工位置。工作位置指零件在其工作时所处的位置；加工位置指零件在机床上加工时的位置。一般情况下，主视图的位置应尽量与零件在机械或部件中的工作位置一致。当不易确定工作位置或按工作位置画图不方便时，主视图一般将零件在机械加工中所处的位置作为主视图的位置。

通常，各种箱体、泵体、阀体及机座等零件，需要在不同的机床上加工，其加工位置也不相同，主视图应按零件工作位置安放。为使生产时便于看图，传动轴、手轮、盘状等零件的主视图应按其在车床上加工位置摆放。

- 形状特征：主视图应较全面地反映出零件各部分的形状和它们之间的相对位置。

2. 选择其他视图

主视图没有表达清楚的部分，要选择其他视图表示。所选视图应有其重点表达内容，应尽量避免重复。

相关知识 **图层的用途**

在 AutoCAD 中，图层是一个管理图形对象的工具，它的作用就是对图形几何对象、文字和标注等进行归类。在 AutoCAD 中每个图层都以一个名称作为标识，并具有颜色、线型、线宽等各种特性和开、关、冻结等不同的状态。

操作技巧 **打开“图层”面板的操作方法**

可以通过以下 3 种方法来执行打开“图层面板”操作：

- 选择“格式”→“图层”命令。

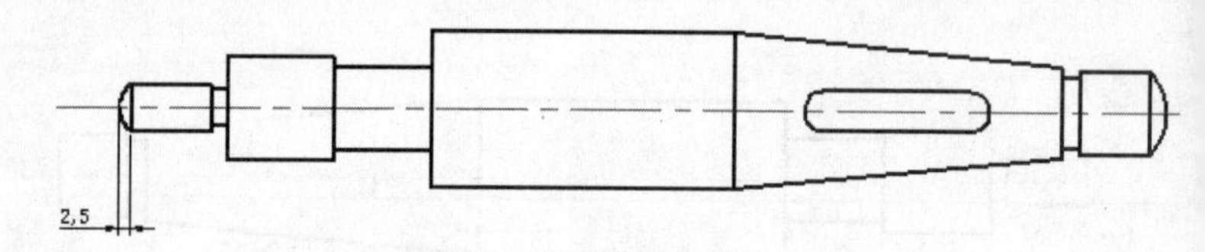

图 7-16 标注线性尺寸

16 单击“标注”工具栏中的“连续”按钮，在线性的基础上，进行连续的尺寸标注，如图 7-17 所示。

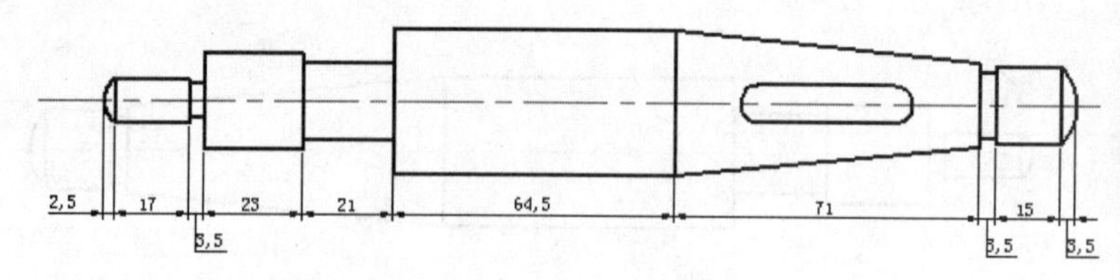

图 7-17 标注连续尺寸

17 选择标注，调整部分标注位置，如图 7-18 所示。

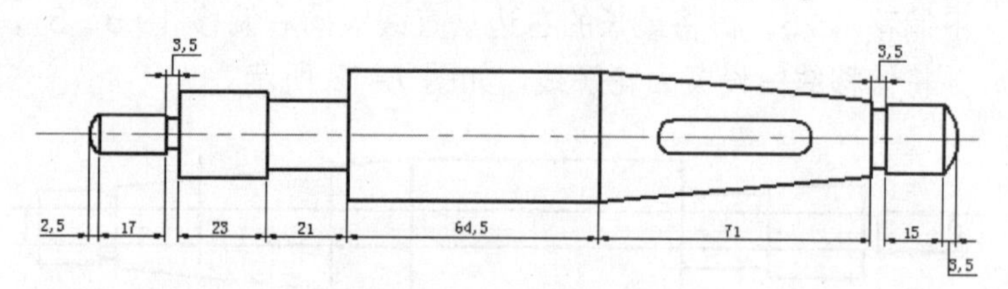

图 7-18 调整标注

18 单击“修改”工具栏中的“删除”按钮，删除重复标注 71，如图 7-19 所示。

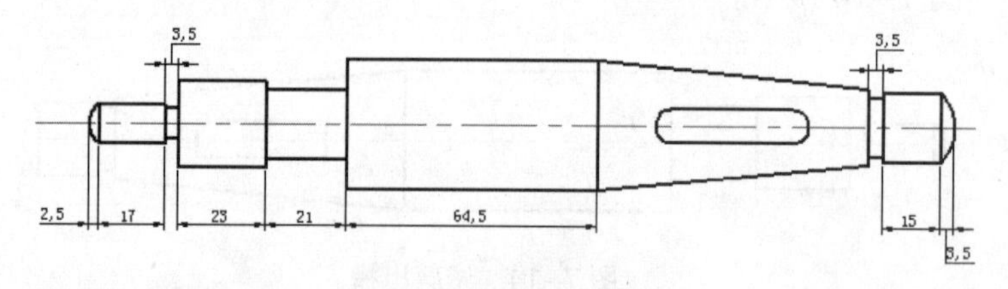

图 7-19 删除重复标注

19 单击“标注”工具栏中的“线性”按钮，标注槽的尺寸，如图 7-20 所示。

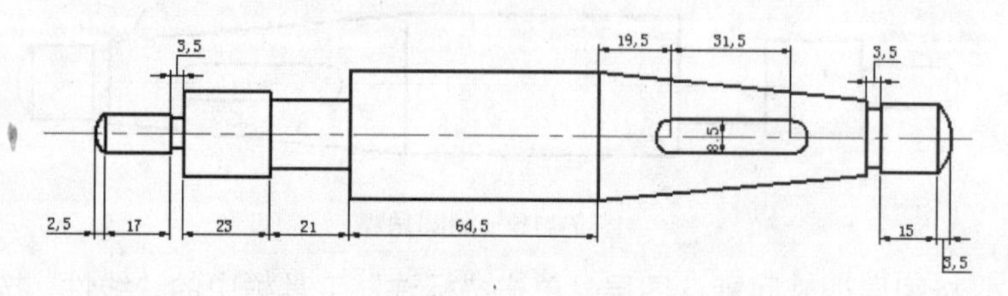

图 7-20 标注槽尺寸

20 再次单击“标注”工具栏中的“线性”按钮，标注轴的各节直径尺寸，并修改文字，添加直径符号，再标注总长，得到最终效果，如图7-21所示。

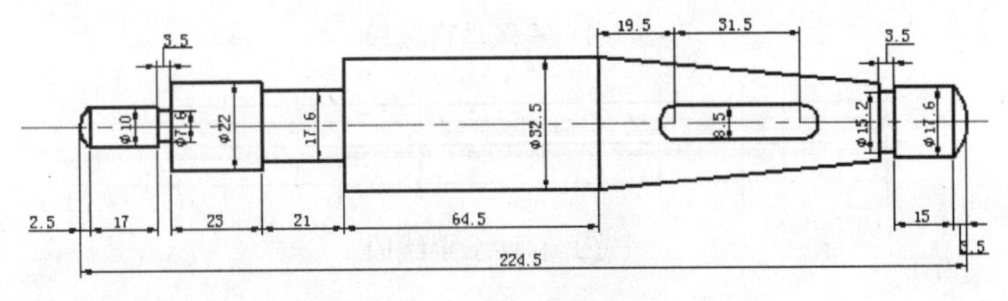

图7-21 标注各节直径尺寸

实例7-2 绘制轴类零件——蜗杆

本实例将绘制蜗杆，其主要功能包含偏移、修剪、打断于点、旋转、镜像、倒角、图案填充等。实例效果如图7-22所示。

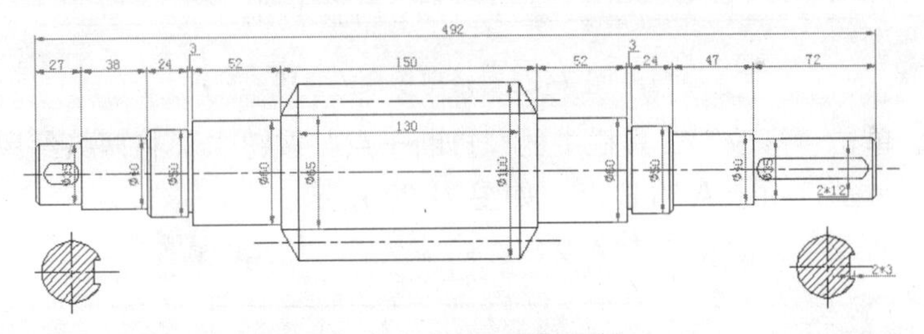

图7-22 蜗杆效果图

操作步骤

1 单击“图层”工具栏中的“图层特性管理器”按钮，打开“图层特性管理器”面板，设置点画线和轮廓线两个图层。

2 将点画线设置成当前图层，并使用直线功能绘制一条水平线段，如图7-23所示。

图7-23 绘制水平线段

3 将轮廓线设置成当前图层，再使用直线功能绘制一条垂直线段，如图7-24所示。

图7-24 绘制垂直线段

4 单击“修改”工具栏中的“偏移”按钮，将垂直线段向右偏移30、62、92、144、294、346、373、420和492，再将水平辅助线段，向上偏移17.5、20、25、30、32.5、40和50，并将除偏移40的其他线段设置为轮廓线，如图7-25所示。

- 单击“图层”工具栏中的“图层”按钮。
- 在命令行中输入layer后，按Enter键。

实例7-2说明

- 知识点：
  - 偏移
  - 修剪
  - 打断于点
  - 旋转
  - 镜像
  - 倒角
  - 图案填充
- 视频教程：
  光盘\教学\第7章 绘制机械零件图
- 效果文件：
  光盘\素材和效果\07\效果\7-2.dwg
- 实例演示：
  光盘\实例\第7章\绘制轴类零件——蜗杆

操作技巧 新建图层的操作方法

执行以上任意一种操作，都可以打开“图层”面板。

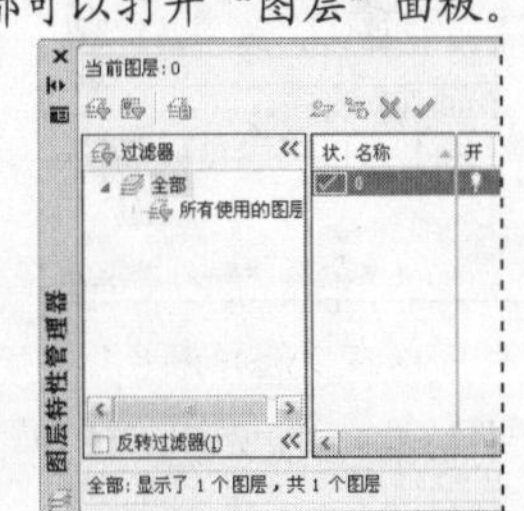

默认情况下，AutoCAD中只包含一个名为“0”的图层，用户可以根据自己的需要建立新的图层。

① 偏移垂直线段

② 偏移水平线段

图 7-25　偏移线段

5 单击“修改”工具栏中的“修剪”按钮，修剪图形中多余的线段，如图 7-26 所示。

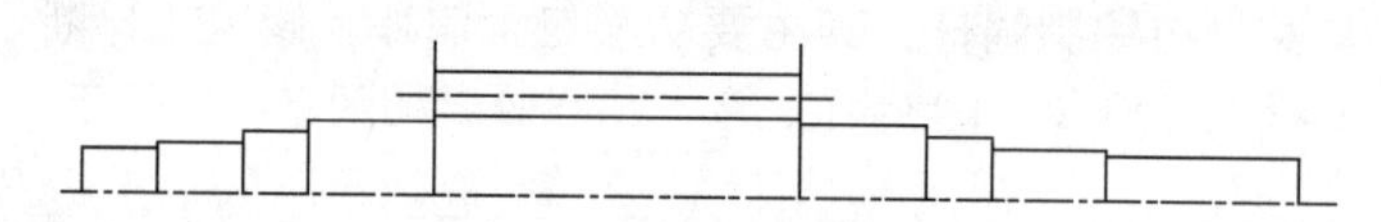

图 7-26　修剪多余的线段

6 单击“修改”工具栏中的“打断于点”按钮，将两条线段分别打断于 A 和 B 点，如图 7-27 所示。

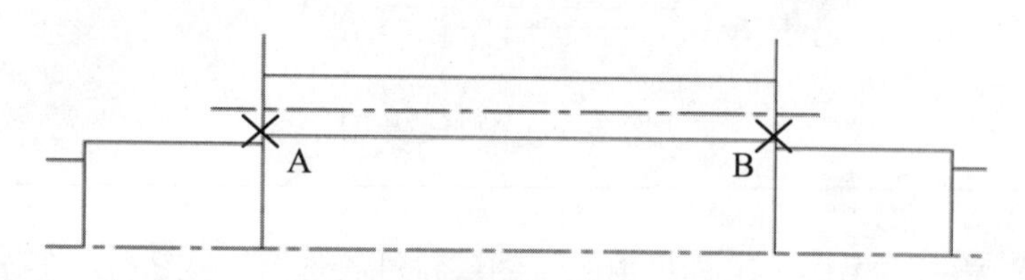

图 7-27　将线段打断于点

7 单击“修改”工具栏中的“旋转”按钮，旋转打断于点后的线段，旋转左边的垂直短线，以打断点为基点旋转 30°，再旋转右边的垂直短线，以打断点为基点旋转-30°，如图 7-28 所示。

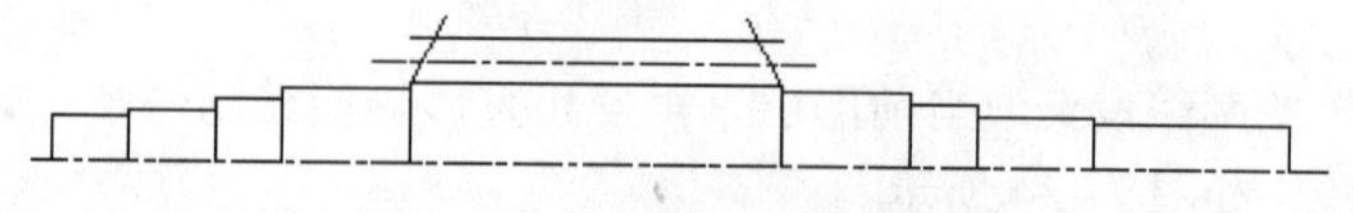

图 7-28　旋转打断后的线段

8 单击“修改”工具栏中的“修剪”按钮，修剪图形中多余的线段，如图 7-29 所示。

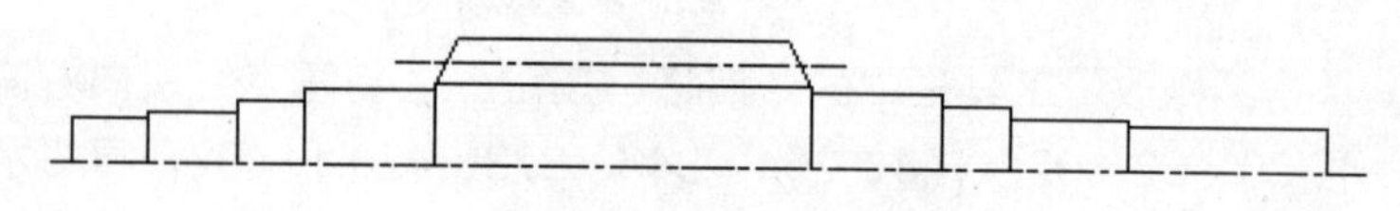

图 7-29　修剪多余的线段

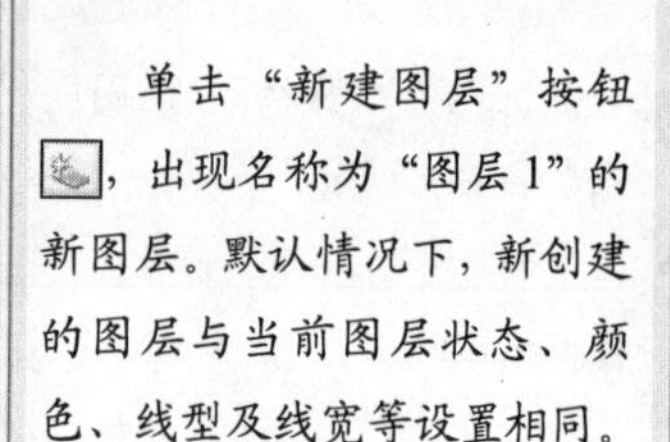

单击“新建图层”按钮，出现名称为“图层 1”的新图层。默认情况下，新创建的图层与当前图层状态、颜色、线型及线宽等设置相同。

重点提示　**图层重命名**

如果要给新的图层重新命名，只要单击新建图层的名称，当变为可改写状态时，重新输入新的名称，然后按 Enter 键即可。

相关知识　**设置图层颜色**

设置图层颜色的操作在图层特性管理器中完成。

不同的图层可设置成不同的颜色，这样便于区分图形的不同部分。默认情况下，新图层颜色为白色，用户可以单击图层特性管理器中新图层里的颜色块，打开“选择颜色”对话框，从中选择所需要的颜色。

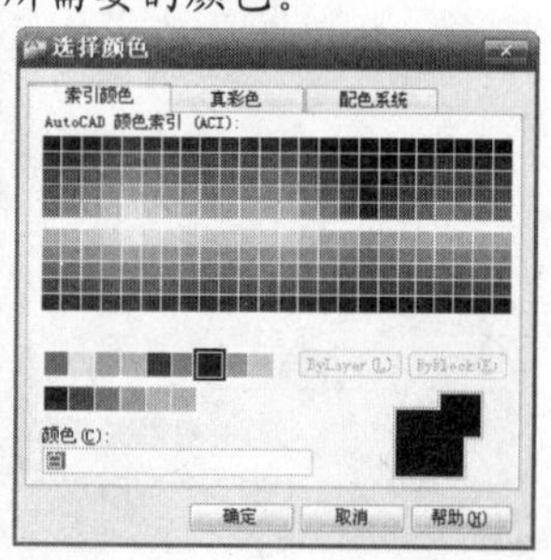

也可以在“选择颜色”对话框中的其他选项卡，使用“真彩色”和“配色系统”的方式来选择需要的颜色。

9 单击“绘图”工具栏中的“直线”按钮，绘制旋转线段与水平线段交点到点画线的垂线，如图 7-30 所示。

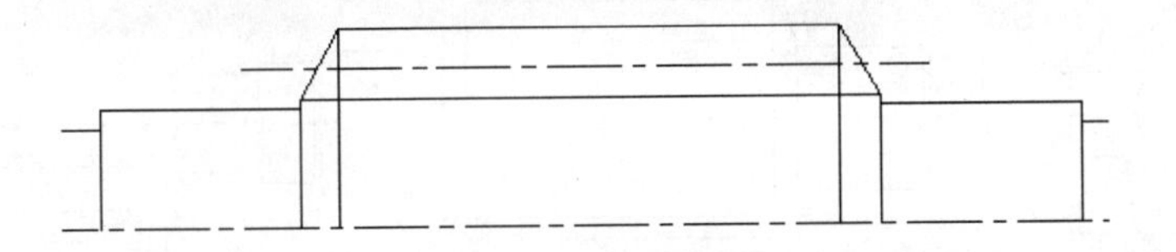

图 7-30　绘制垂线

10 单击“修改”工具栏中的“倒角”按钮，对蜗杆进行倒角，倒角距离为 2、2，如图 7-31 所示。

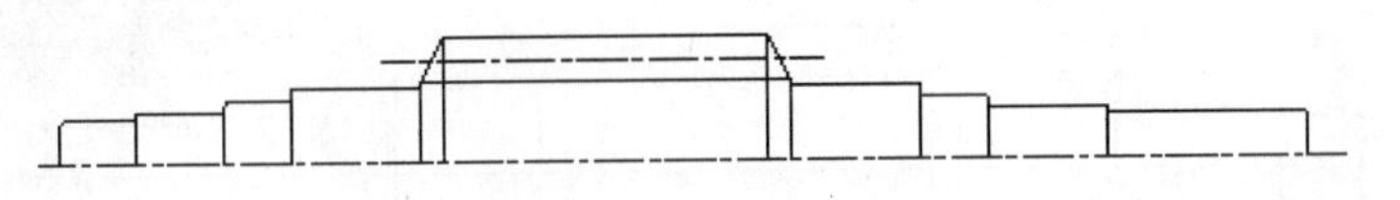

图 7-31　倒角蜗杆

11 单击“绘图”工具栏中的“直线”按钮，绘制倒角到点画线上的垂线，如图 7-32 所示。

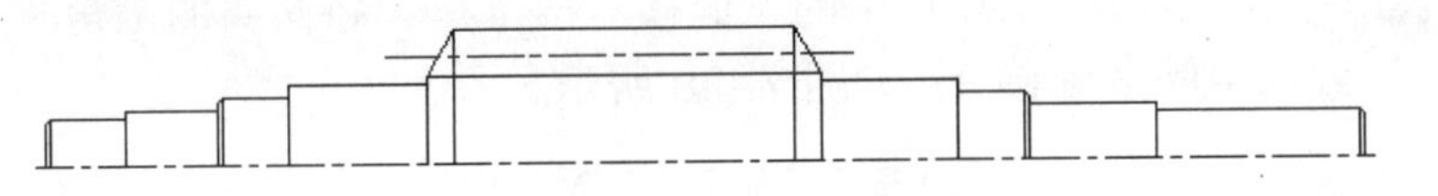

图 7-32　绘制垂线

12 单击“修改”工具栏中的“偏移”按钮，偏移出蜗杆的沟槽，偏移量为 3，如图 7-33 所示。

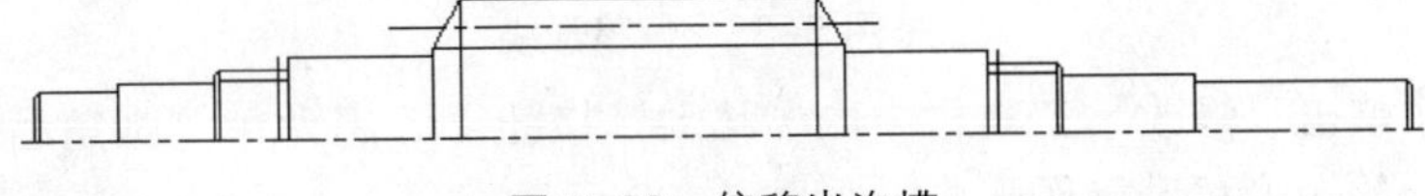

图 7-33　偏移出沟槽

13 单击“修改”工具栏中的“修剪”按钮，修剪出沟槽，如图 7-34 所示。

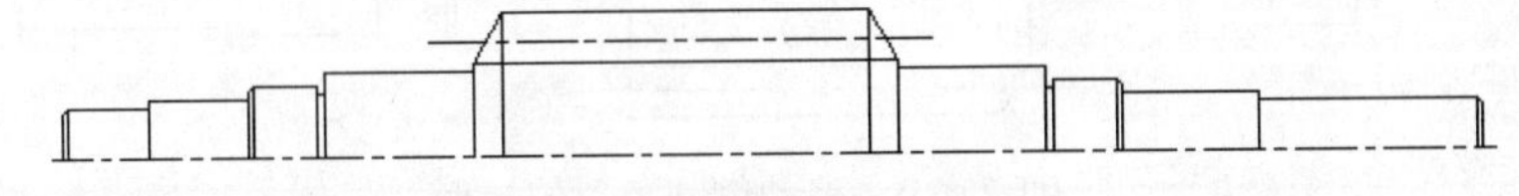

图 7-34　修剪出沟槽

14 单击“修改”工具栏中的“镜像”按钮，用点画线上下水平镜像出蜗杆的另一半图形，如图 7-35 所示。

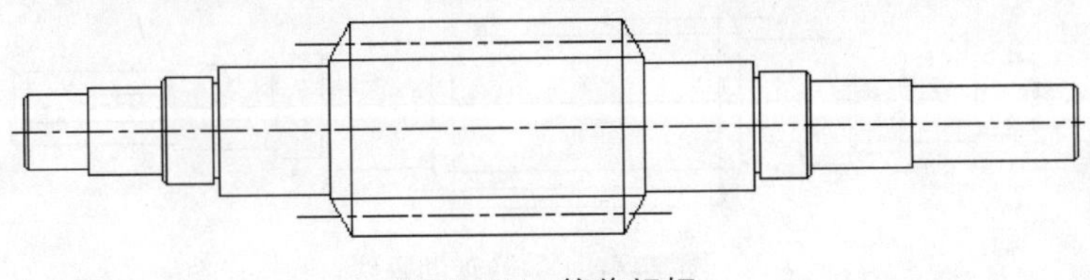

图 7-35　镜像蜗杆

“真彩色”选项卡：

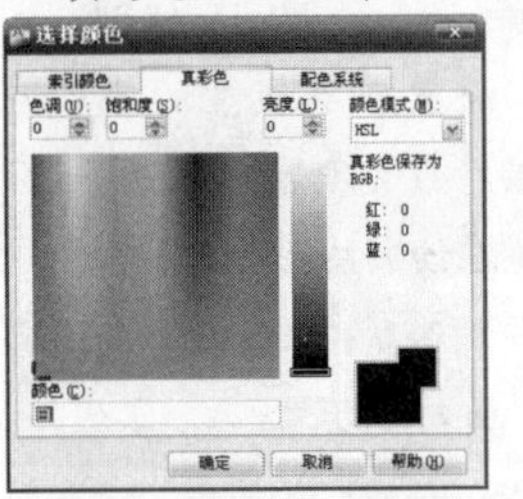

“配色系统”选项卡：

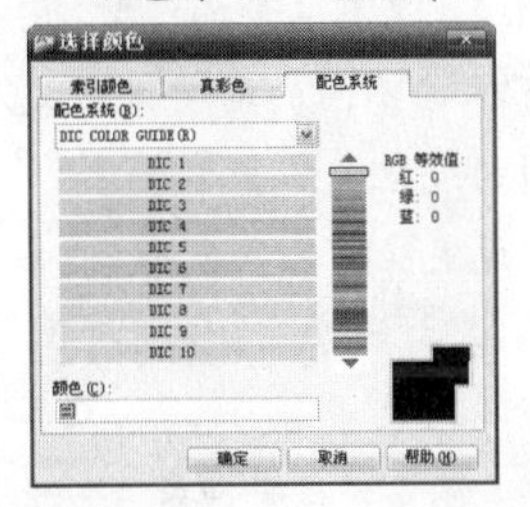

重点提示　图层中黑白色的特性

在 AutoCAD 中，黑色和白色是相互对应的。如果默认背景是黑色，则默认图形的颜色为白色；如果默认背景是白色，则默认图形的颜色为黑色。

操作技巧　设置颜色的其他操作方法

可以通过以下 3 种方法来设置颜色的操作：

- 选择“格式”→“颜色”命令。
- 单击“特性”工具栏中的“颜色控制”下拉列表框中的“选择颜色”选项。
- 在命令行中输入 color 后，按 Enter 键。

“颜色控制”下拉列表框：

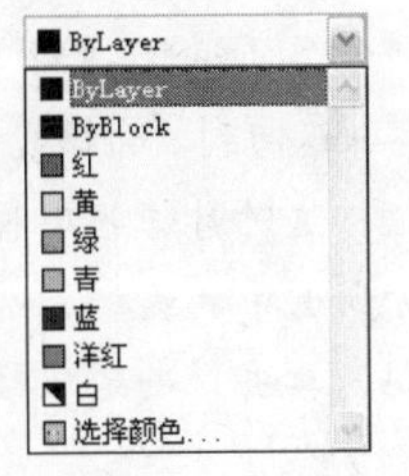

15 单击“绘图”工具栏中的“矩形”按钮，绘制长为 20、宽为 12 和长为 65、宽为 12 的两个矩形，如图 7-36 所示。

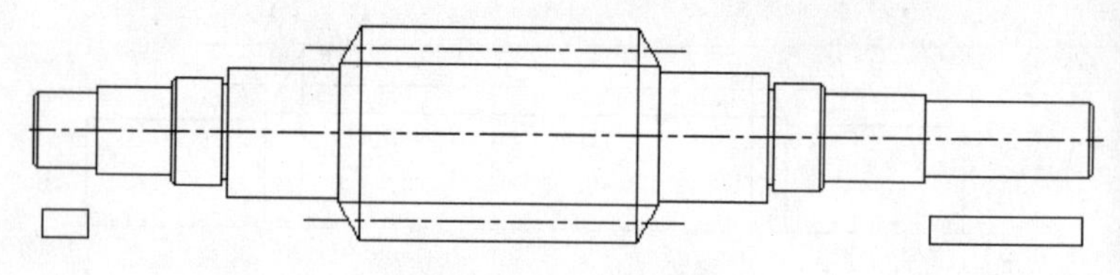

图 7-36　绘制矩形

16 单击“修改”工具栏中的“圆角”按钮，对两个矩形 4 个直角倒圆角，圆角半径为 6，如图 7-37 所示。

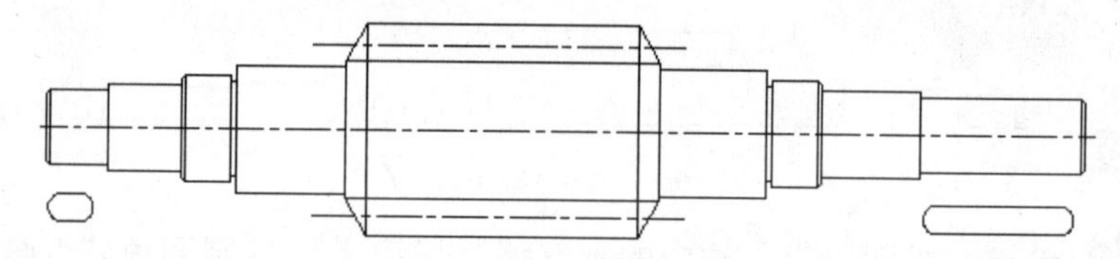

图 7-37　倒圆角矩形

17 单击“修改”工具栏中的“偏移”按钮，将两头的倒角垂线向中间各偏移 3，如图 7-38 所示。

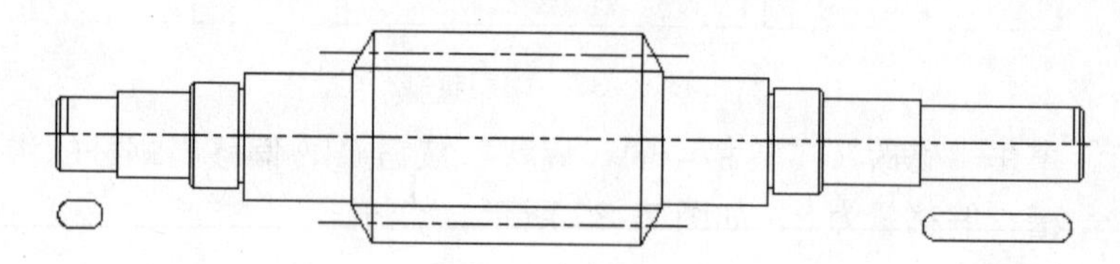

图 7-38　偏移垂线

18 单击“修改”工具栏中的“移动”按钮，将两个倒圆角后的矩形移动到图形中，如图 7-39 所示。

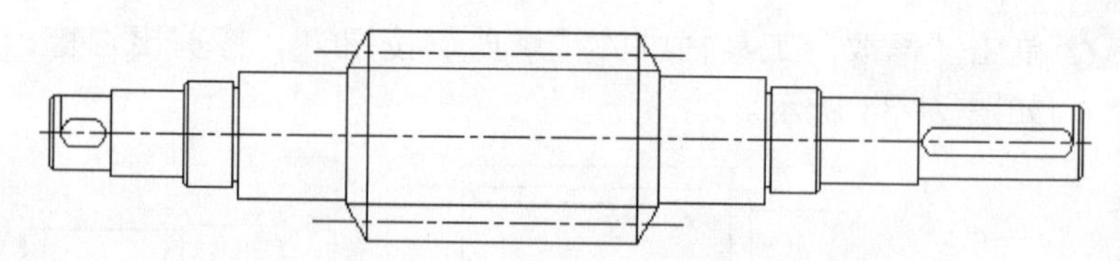

图 7-39　移动倒圆角后的矩形

19 单击“修改”工具栏中的“删除”按钮，删除两条偏移 3 的辅助垂线，如图 7-40 所示。

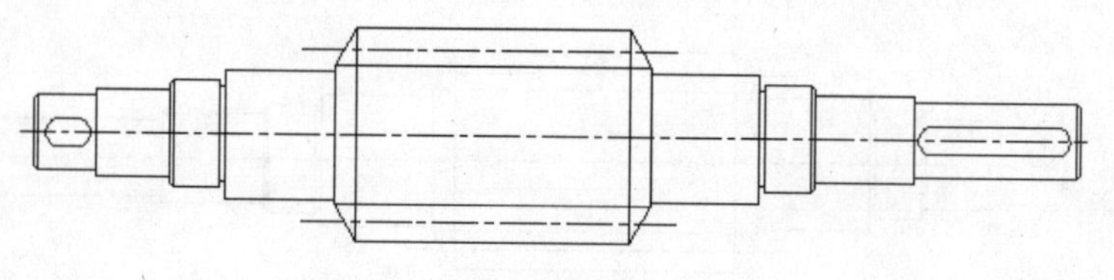

图 7-40　删除辅助垂线

相关知识　**设置图层线型**

设置图层线型的操作在图层特性管理器中完成。

在绘制图形时，通常要用到多种线型，以区分不同的部位，如点画线、虚线、实线等。在 AutoCAD 2012 中，既有简单的线型又有复杂的线型，用户可根据不同的需要来设定不同的线型。

设定线型的步骤如下：

1. 打开“选择线型”对话框

在图层特性管理器中，单击“线型”列表中的 Continuous 选项，打开“选择线型”对话框。

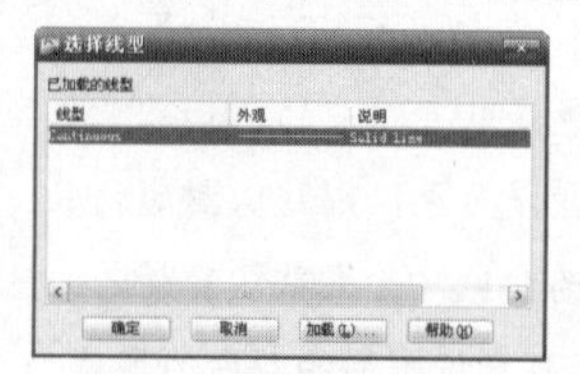

2. 打开“加载或重载线型”对话框

单击“加载”按钮，打开“加载或重载线型”对话框。

“加载或重载线型”对话框：

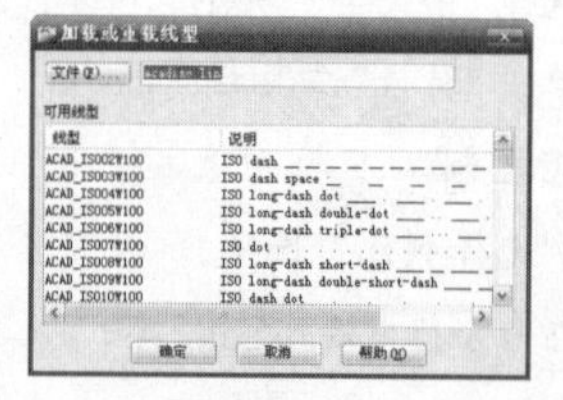

3. 选择合适的线型

在“可用线型”列表中选择所需要的线型，单击“确定”按钮返回到“选择线型”对话框。这时对话框中将显示刚才所选中的线型，选中此线型，单击“确定”按钮即可改变线型。

20 将点画线设置成当前图层，并使用直线功能在蜗杆的两个的沟槽处各绘制一个水平线和垂直线相交的十字坐标轴，如图 7-41 所示。

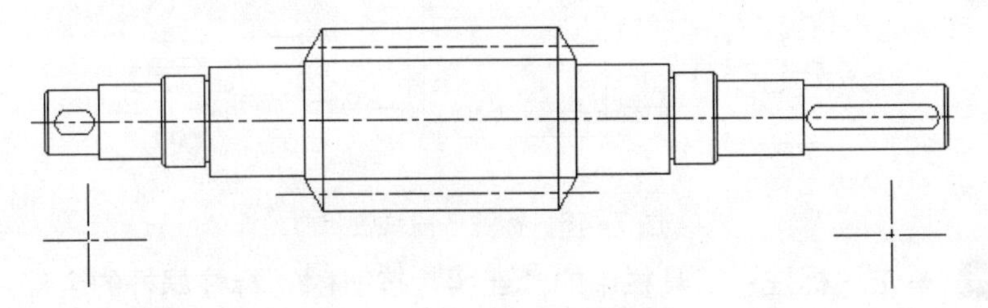

图 7-41　绘制十字坐标轴

21 将点画线设置成当前图层，并使用圆功能以十字坐标轴的交点为圆心，绘制一个直径为 35 的圆，如图 7-42 所示。

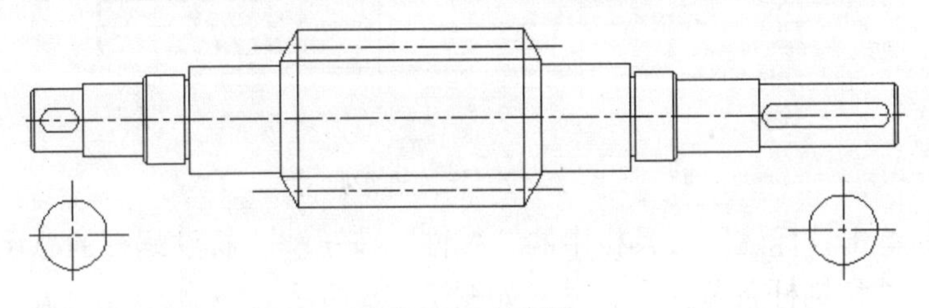

图 7-42　绘制圆

22 单击“修改”工具栏中的“偏移”按钮，将水平线段向上、下各偏移 7，将垂直线段向右偏移 13，这里以其中一个剖面为例，如图 7-43 所示。

23 单击“修改”工具栏中的“修剪”按钮，修剪出剖面样式，这里以其中一个剖面为例，如图 7-44 所示。

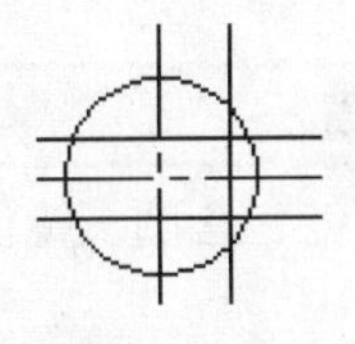

图 7-43　偏移线段

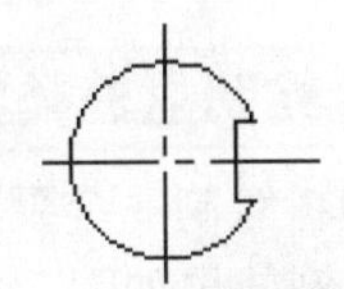

图 7-44　修剪出剖面

24 单击“绘图”工具栏中的“图案填充”按钮，打开“图案填充和渐变色”对话框，设置“ANSI31”图案填充样式，填充剖面，如图 7-45 所示。

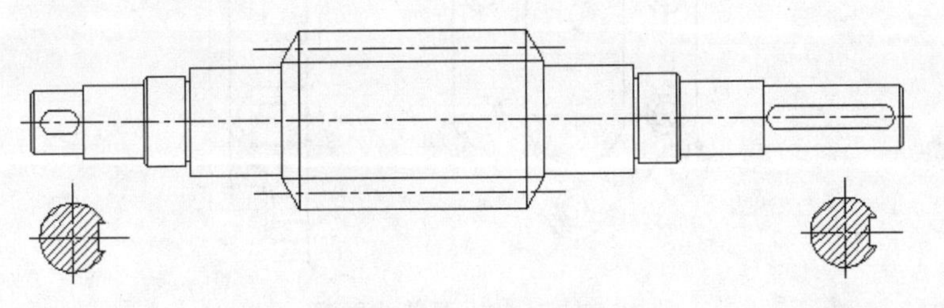

图 7-45　填充剖面

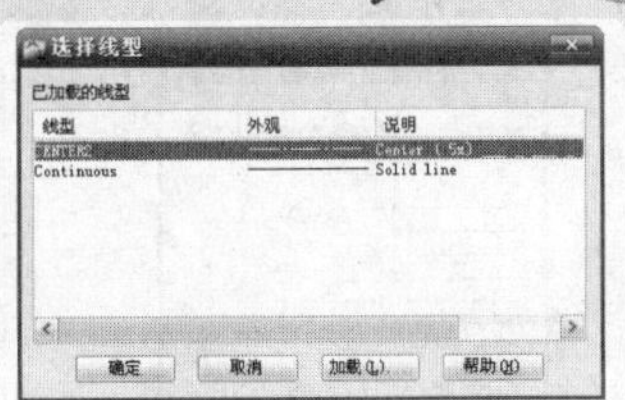

操作技巧　设置线型的其他操作方法

可以通过以下 3 种方法来设置线型的操作：

- 选择“格式”→“线型”命令。
- 单击“特性”工具栏中的“线型控制”下拉列表框中的“选择线型”选项。
- 在命令行中输入 linetype 后，按 Enter 键。

执行以上任意一种操作，都可以打开“线型管理器”对话框。

在对话框中加载需要的线型，操作步骤与图层中加载线型的方法类同。

相关知识　设置图层线宽

设置图层线宽的操作在图层特性管理器中完成。

线宽就是用不同宽度的线条来表现对象的大小或类型，它可以提高图形的表达能力和可读性。

在图层特性管理器中，单击“线宽”列表框中的“默认”选项或已经设置的线宽值，将打开“线宽”对话框。

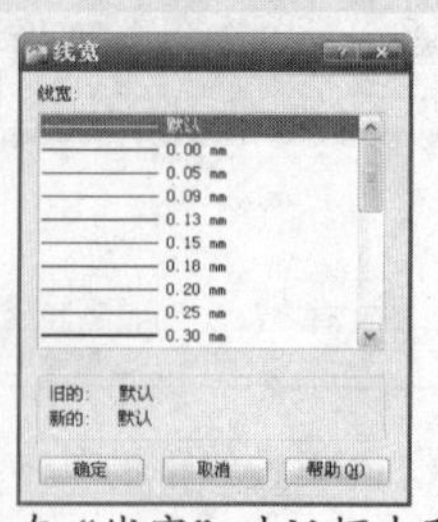

在“线宽”对话框中即可选择当前图层的线条宽度。

操作技巧 设置线宽的其他操作方法

可以通过以下3种方法来设置线型的操作：

- 选择“格式”→“线宽”命令。
- 单击“特性”工具栏中的“线宽控制”下拉列表框中选择合适的线型。
- 在命令行中输入 linetype 后，按 Enter 键。

执行以上任意一种操作，都可以打开“线宽设置”对话框。

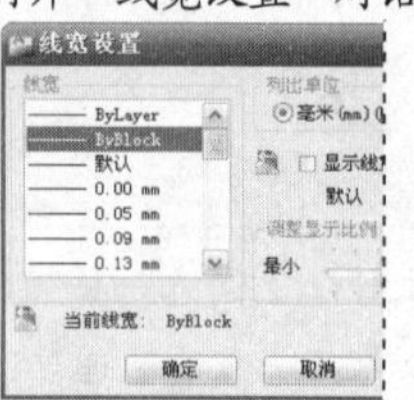

在对话框中设置合适的线宽，还可以调整线宽的单位和显示比例。

实例 7-3 说明

- 知识点：
  - 圆
  - 镜像
  - 旋转
  - 圆角
- 视频教程：
  光盘\教学\第 7 章 绘制机械零件图
- 效果文件：
  光盘\素材和效果\07\效果\7-3.dwg
- 实例演示：
  光盘\实例\第 7 章\绘制盘盖类零件——泵盖

25 将图层调整回默认图层，单击“标注”工具栏中的“线性”按钮，标注一段线性尺寸，如图 7-46 所示。

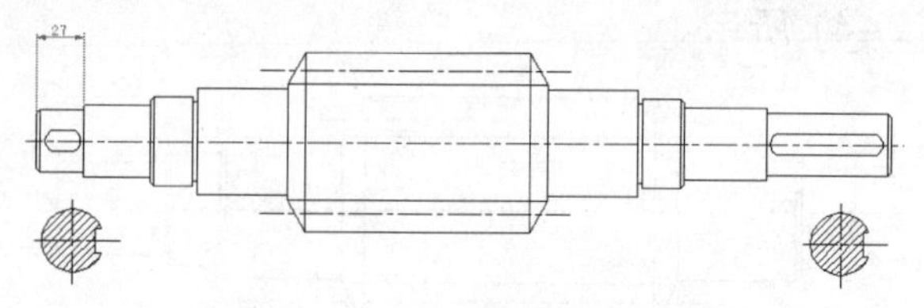

图 7-46　标注一段线性尺寸

26 单击“标注”工具栏中的“连续”按钮，标注蜗杆的全部尺寸，如图 7-47 所示。

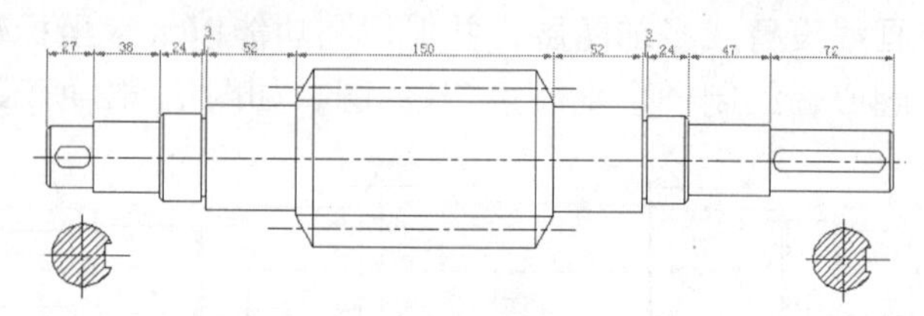

图 7-47　标注连续尺寸

27 单击“标注”工具栏中的“线性”按钮，标注蜗杆的总尺寸和蜗杆各节直径尺寸，如图 7-48 所示。

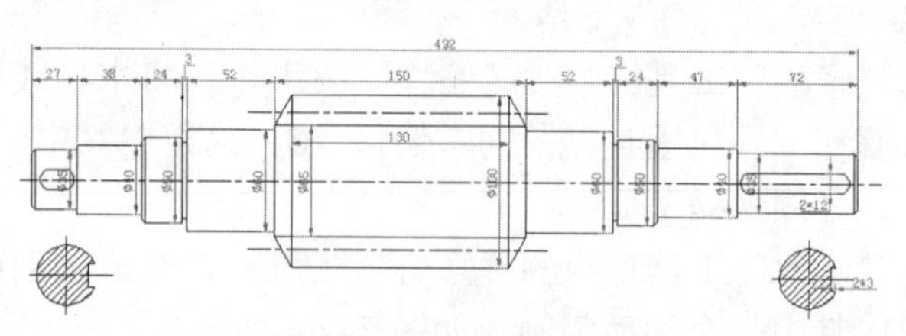

图 7-48　标注线性尺寸

实例 7-3　绘制盘盖类零件——泵盖

本实例将绘制一个泵盖，其主要功能包含圆、镜像、旋转、圆角等。实例效果如图 7-49 所示。

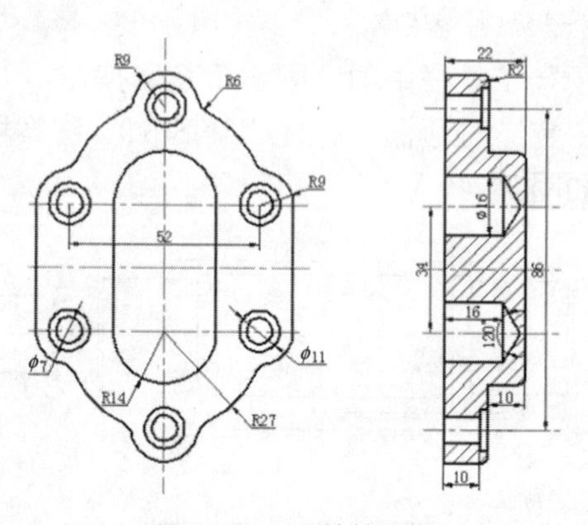

图 7-49　泵盖效果图

操作步骤

1. 单击“格式”工具栏中的“图层特性管理器”按钮，打开“图层特性管理器”面板，创建点画线和轮廓线两个图层。
2. 将点画线设置为当前图层，并绘制两条辅助线段，如图 7–50 所示。
3. 单击“修改”工具栏中的“偏移”按钮，将水平短线向上偏移 17，如图 7–51 所示。

图 7–50　绘制辅助线段

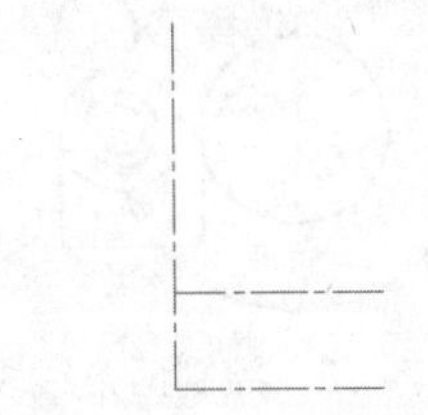

图 7–51　偏移辅助线段

4. 单击“绘图”工具栏中的“圆”按钮，以垂直辅助线段与偏移水平辅助线段的交点为圆心，绘制半径为 26 的辅助圆，如图 7–52 所示。
5. 将轮廓线设置为当前图层，并使用圆功能，以垂直辅助线段与偏移水平辅助线段的交点为圆心，再次绘制圆，半径为 14、27，如图 7–53 所示。

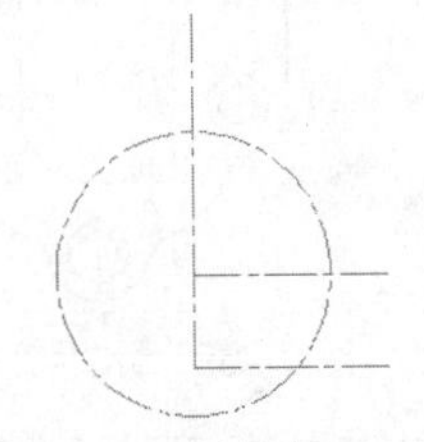

图 7–52　绘制辅助圆

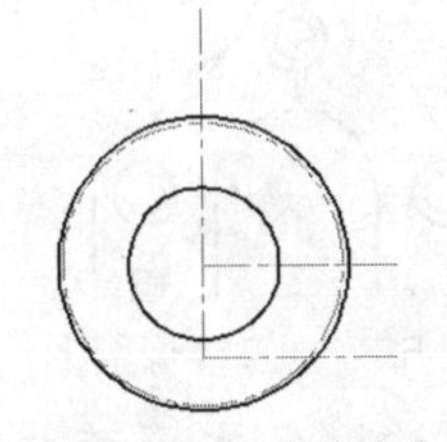

图 7–53　绘制圆

6. 再次单击“绘图”工具栏中的“圆”按钮，以辅助圆与水平辅助线段和垂直辅助线段的交点为圆心，分别绘制半径为 3.5、5.5 和 9 的圆，如图 7–54 所示。
7. 选择“绘图”工具栏中的“圆”按钮，以“相切、相切、半径”命令，选择半径为 27 和 9 的圆作为相切的圆，绘制半径为 6 的圆，如图 7–55 所示。

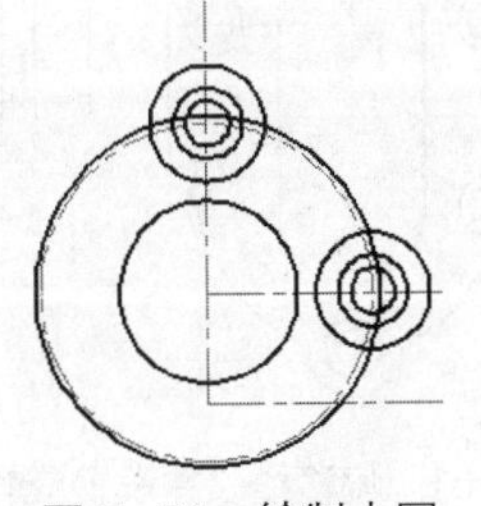

图 7–54　绘制小圆

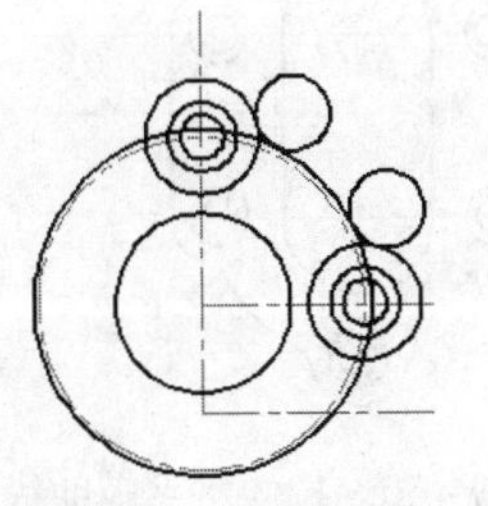

图 7–55　绘制外切圆

相关知识　怎样切换图层

切换图层的操作在图层特性管理器中完成。

在“图层特性管理器”对话框的图层列表中，选择某图层，然后单击“当前图层”按钮，可以将该图层转换为当前层。此时，就可以在该图层上进行绘制或编辑图形操作。

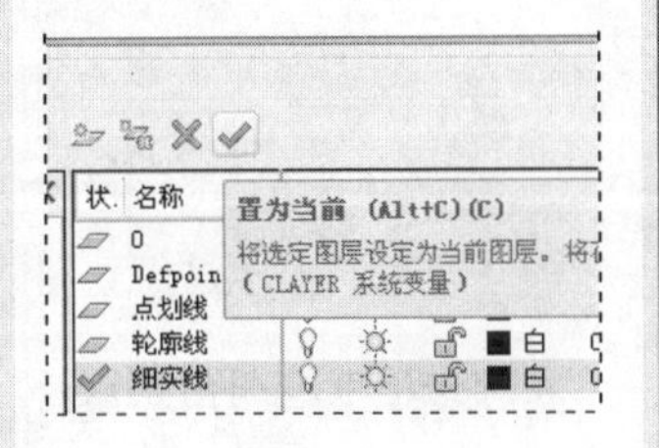

也可以右击图层名称，在弹出的快捷菜单中选择“置为当前”命令，也可将该图层转换为当前层。

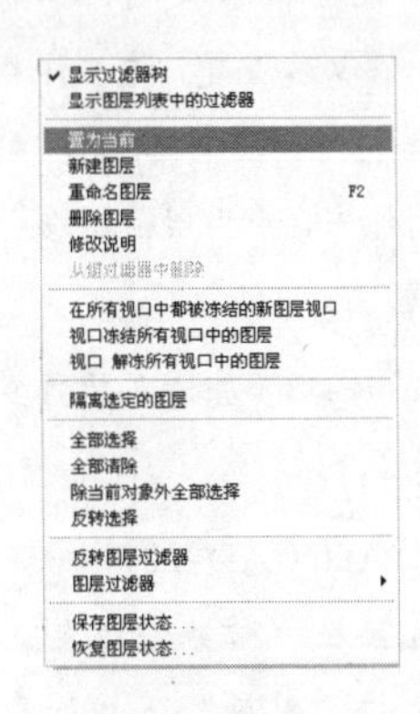

被置为当前图层的图层名称前将显示标志，并且在图层特性管理器的左上角标明当前图层名，如“当前图层：图层 1”，即表示“图层 1”为当前图层。

8 单击“绘图”工具栏中的“直线”按钮，绘制半径为 9 和 14 的圆与水平偏移辅助线段的交点到水平辅助线段的线段，如图 7-56 所示。

9 单击“修改”工具栏中的“修剪”按钮和“删除”按钮，修剪和删除图形中多余的线段，如图 7-57 所示。

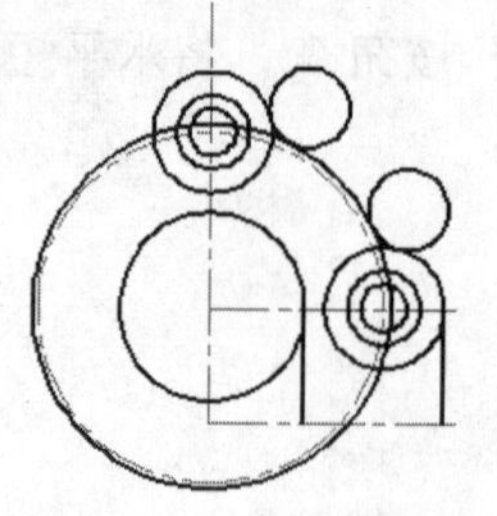

图 7-56 绘制两条线段

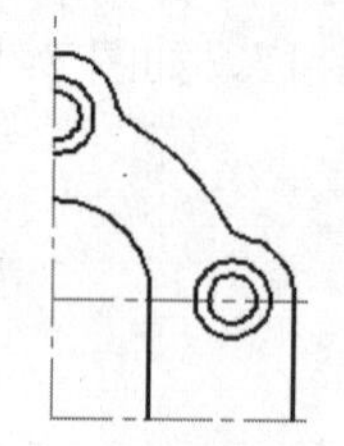

图 7-57 修改图形

10 单击“修改”工具栏中的“镜像”按钮，垂直镜像另一半图形，如图 7-58 所示。再次单击“修改”工具栏中的“镜像”按钮，水平镜像上下对称复制图形，如图 7-59 所示。

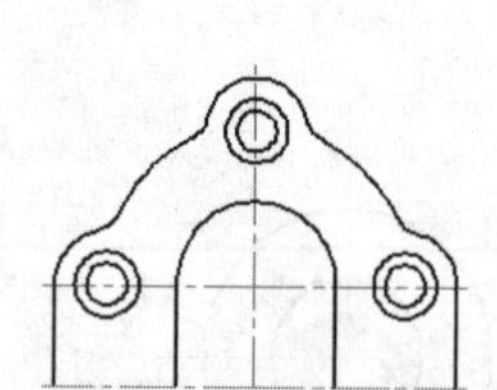

图 7-58 垂直镜像图形

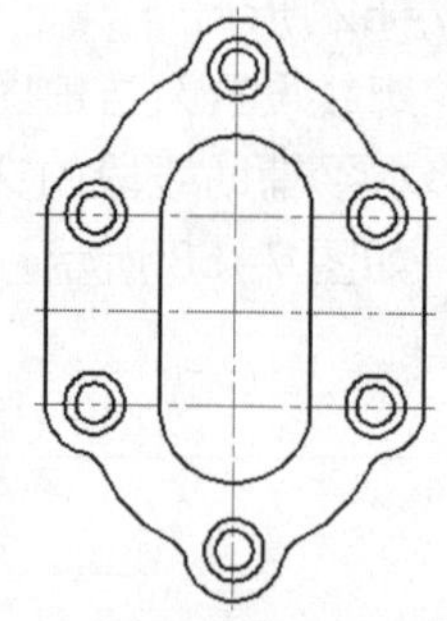

图 7-59 水平镜像图形

11 选择上边两条水平辅助线段，同过蓝色夹点拉伸线段，如图 7-60 所示。

12 单击“修改”工具栏中的“偏移”按钮，将上边的垂直辅助线段向右偏移 50、60、62、66、72，并将偏移线段设置成轮廓线，如图 7-61 所示。

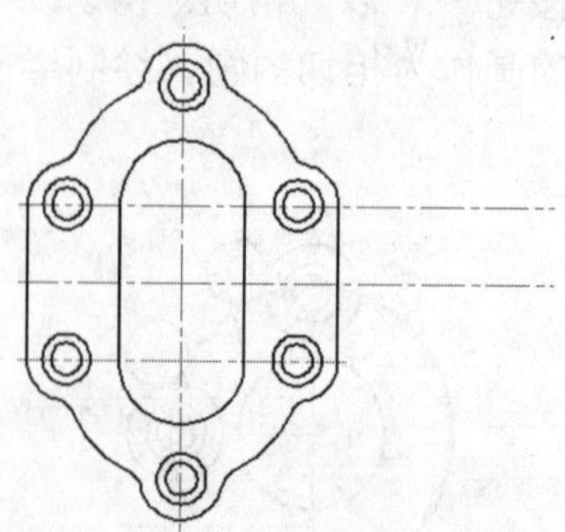

图 7-60 拉伸水平辅助线段

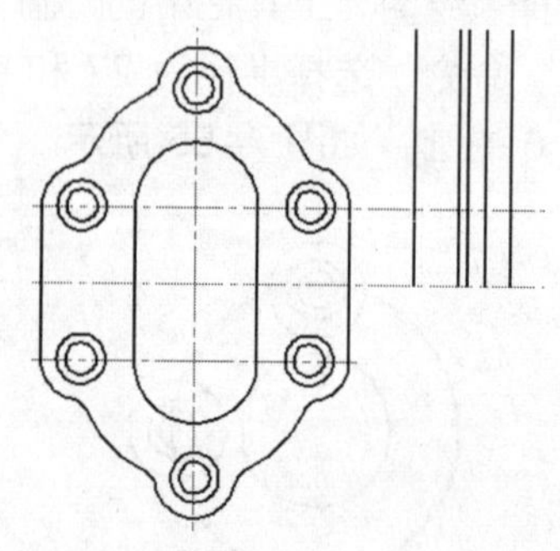

图 7-61 偏移线段并设置成轮廓线

相关知识 **控制图层状态**

控制图层状态的操作在图层特性管理器中完成。在“图层特性管理器”对话框中，单击“图层状态管理器”按钮，打开“图层状态管理器”对话框。

“图层状态管理器”对话框:

在对话框中控制图层状态有以下 3 个方面的内容:

1. 保存和恢复图层的状态及属性

此功能允许用户指定将图形中某些状态及属性保存下来，供以后恢复。这些保存的设置将作为一个块插入到当前图形中，并和当前图形一起存放。

2. 冻结/解冻图层操作功能增强

在 AutoCAD 2007 中，可以直接在“对象特性”工具栏中的“图层”下拉列表框中执行冻结/解冻图层的操作，为用户提供了很大的方便。

3. 新增“图层状态管理器”对话框

13 单击“修改”工具栏中的“打断”按钮，打断拉伸的水平辅助线段，如图 7-62 所示。

14 单击“修改”工具栏中的“偏移”按钮，将打断后的水平短线向上偏移 9、25、31、37.5、39.5、43、46.5、48.5 和 52，并将除 43 以外的偏移线段设置为轮廓线，如图 7-63 所示。

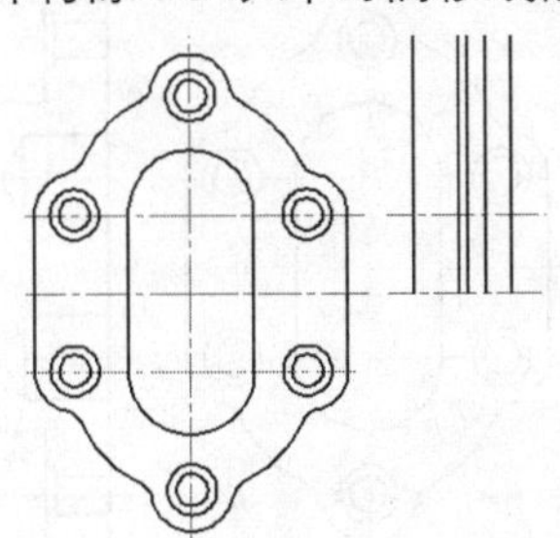

图 7-62 打断水平辅助线段

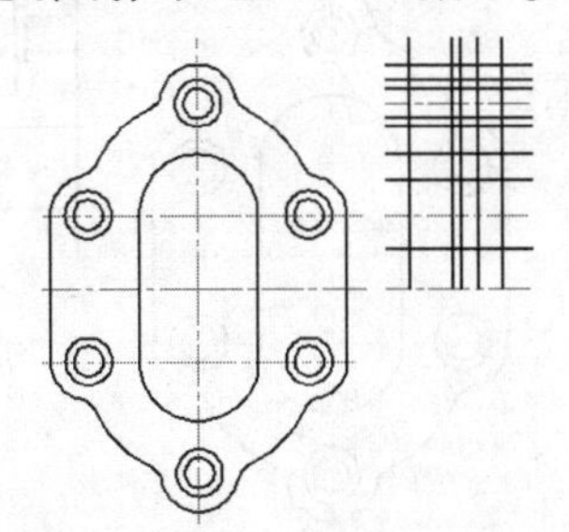

图 7-63 偏移水平辅助线段

15 单击“修改”工具栏中的“修剪”按钮，修剪图形中多余的线段，如图 7-64 所示。

16 单击“修改”工具栏中的“旋转”按钮，用旋转复制的方法，以线段的上端点为基点，旋转修剪后的一条短线，旋转角度为 30，如图 7-65 所示。

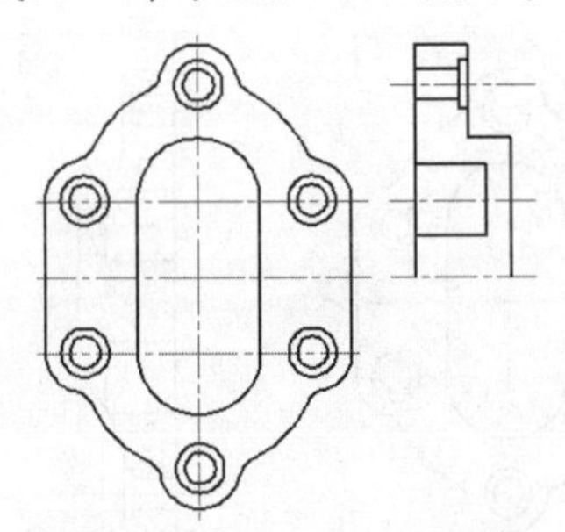

图 7-64 修剪多余的线段

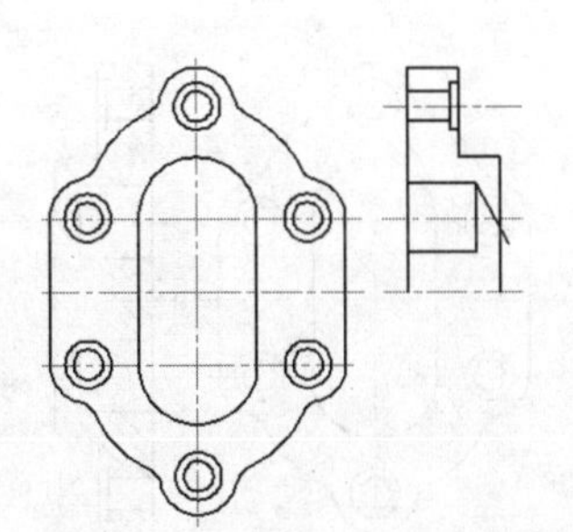

图 7-65 旋转复制线段

17 单击“绘图”工具栏中的“直线”按钮，绘制线段另一端点到旋转后线段的连线，如图 7-66 所示。

18 单击“修改”工具栏中的“修剪”按钮，修剪旋转的线段，如图 7-67 所示。

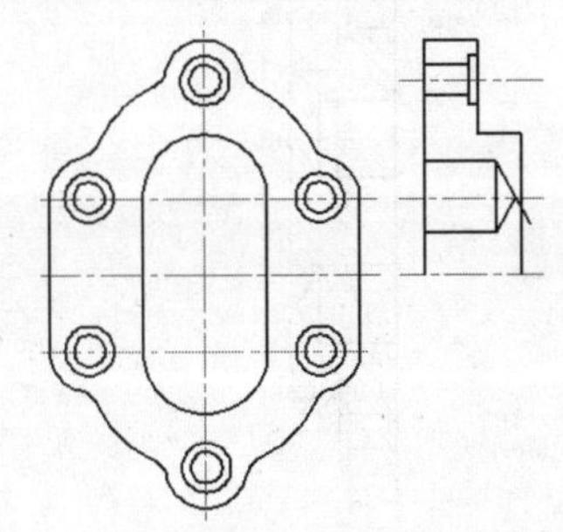

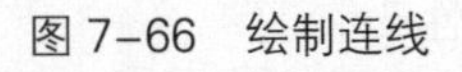

图 7-66 绘制连线

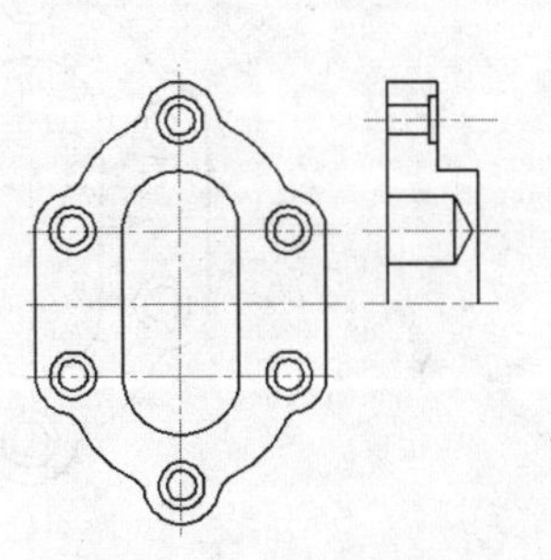

图 7-67 修剪图形

在“图层特性管理器”对话框中，单击“图层状态管理器”按钮，将会打开“图层状态管理器”对话框。用户利用此对话框可以修改当前图形中的图层状态，使它与另一幅图形中的图层相匹配。

相关知识 **“图层状态管理器”对话框的各项设置**

在“图层状态管理器”对话框中，各个选项功能如下：

- 图层状态：罗列出图形中的图层名称、空间、与 DWG 相同、说明等信息。
- “新建”按钮：单击该按钮可以打开“要保存的新图层状态”对话框，输入一个文件名后，单击“确认”按钮即可保存新建图层。

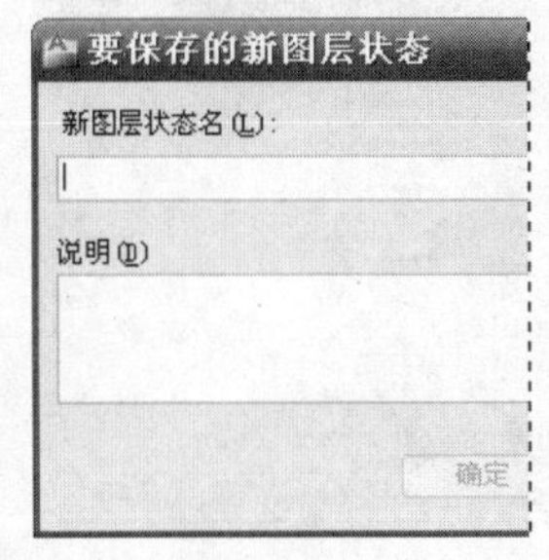

- “保存”按钮：用于保存选定的命名图层状态。
- “编辑”按钮：单击“编辑”按钮，可以打开“编辑图层状态”对话框，从中可以修改选定的命名图层状态。

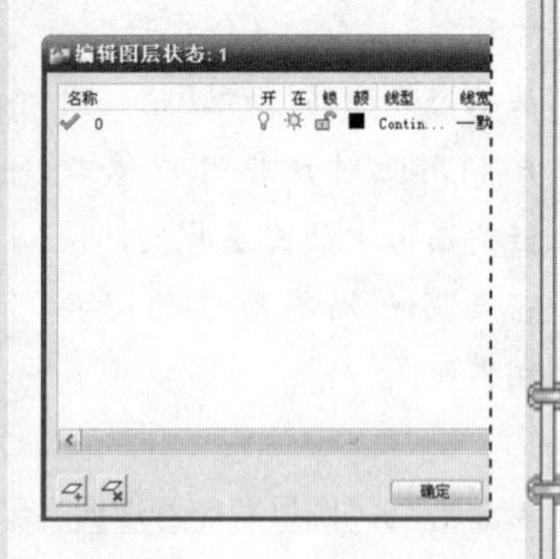

- “重命名”按钮：在图层状态下，重新命名图层。
- “删除”按钮：删除选中的命名图层。
- “输入”按钮：单击“输入”按钮，可以打开“输入图层状态”对话框，选择一个文件，即可输入文件所附带的图层。

“输入图层状态”对话框：

- “输出”按钮：单击“输出”按钮，可以打开“输出图层状态”对话框，将选中的图层保存为“*.las”格式文件。

19 单击“修改”工具栏中的“圆角”按钮，对泵的角倒圆角，圆角半径为 2，如图 7-68 所示。

20 单击“修改”工具栏中的“镜像”按钮，以水平点画线为镜像线，对图形上下镜像复制，如图 7-69 所示。

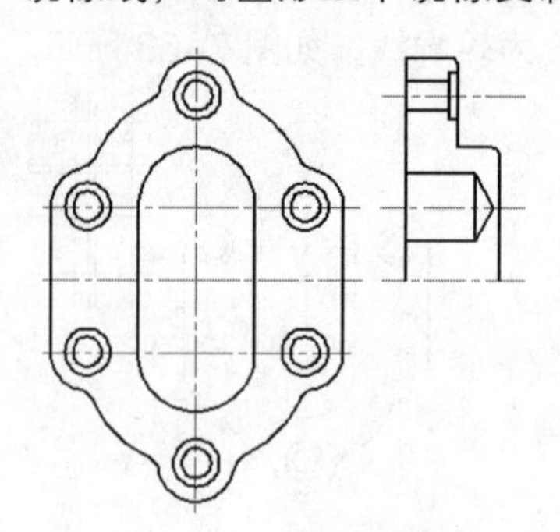

图 7-68　倒圆角图形

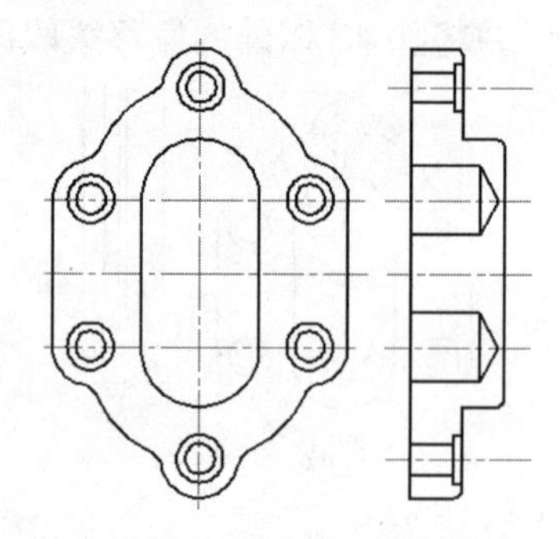

图 7-69　镜像图形

21 将图层设置成默认样式，然后单击“绘图”工具栏中的“图案填充”按钮，打开“图案填充和渐变色”对话框，设置“ANSI”图案填充样式填充图形，如图 7-70 所示。

22 选择右边的剖视图，调整图形与主视图的位置，便于中间标注尺寸，如图 7-71 所示。

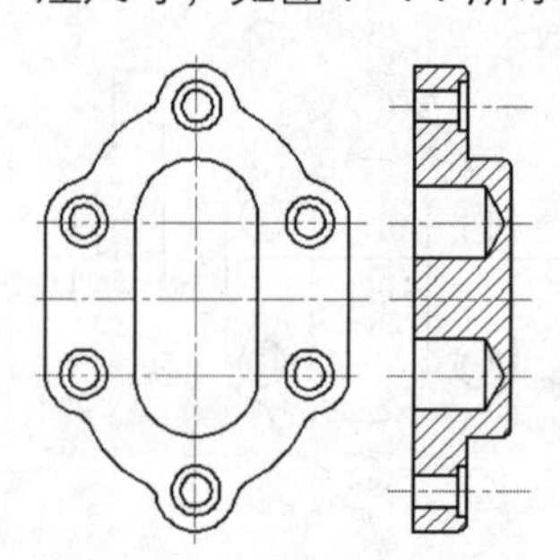

图 7-70　填充图形

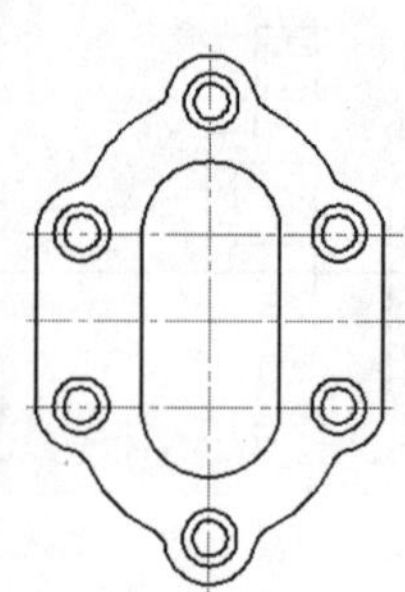

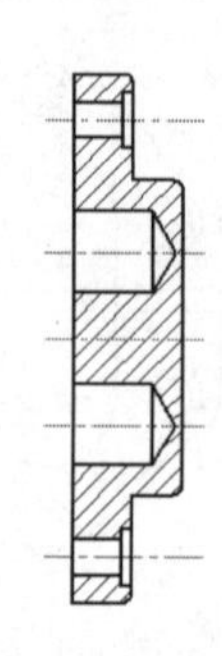

图 7-71　调整图形位置

23 单击“标注”工具栏中的“线性”按钮，添加图形中的线性标注，如图 7-72 所示。

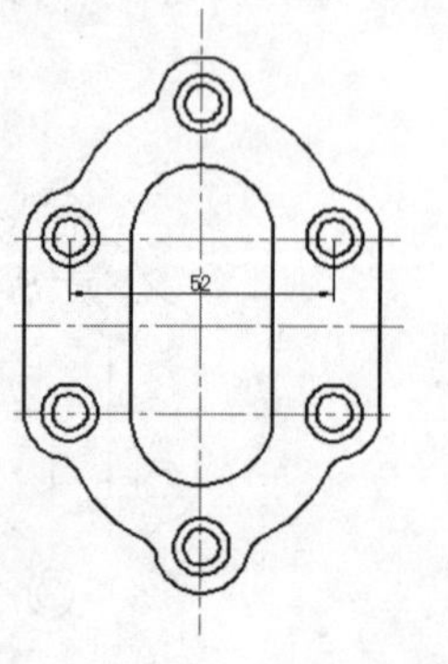

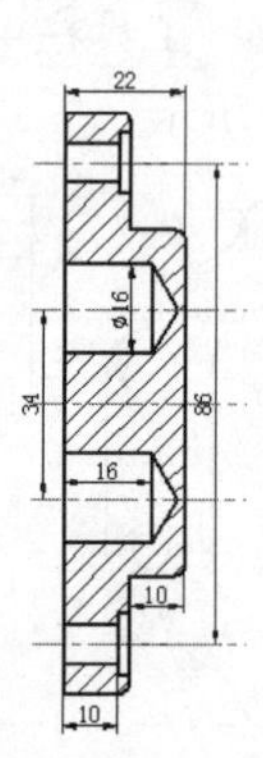

图 7-72　标注线性尺寸

24 单击“标注”工具栏中的“半径”按钮，添加图形中的半径标注，如图 7-73 所示。

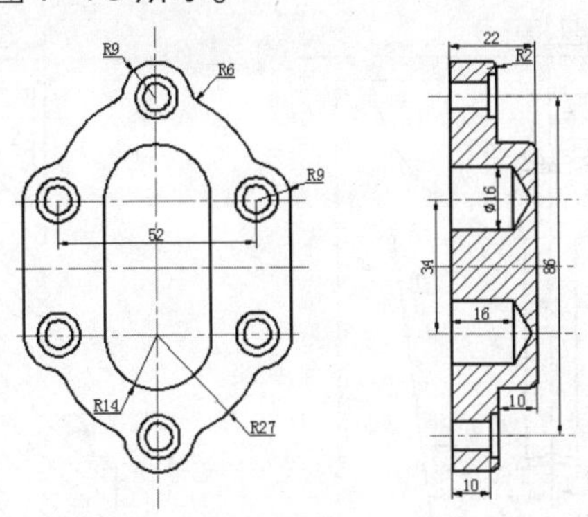

图 7-73　标注半径尺寸

25 单击“标注”工具栏中的“直径”按钮，添加图形中的直径标注，如图 7-74 所示。

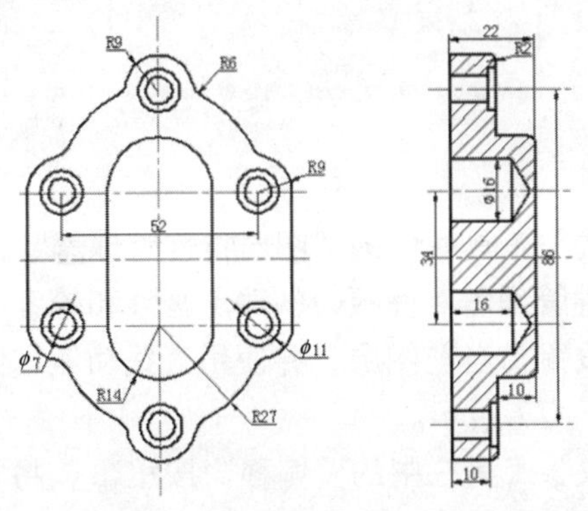

图 7-74　标注直径尺寸

26 单击“标注”工具栏中的“角度”按钮，添加图形中的角度标注，得到最终效果，如图 7-75 所示。

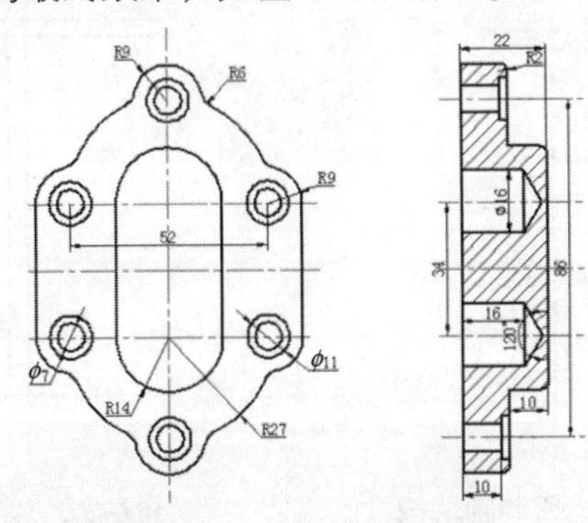

图 7-75　标注角度尺寸

实例 7-4　绘制叉架类零件——拨叉

本实例将绘制一个拨叉，其主要功能包含偏移、修剪、样条曲

“输入图层状态”对话框：

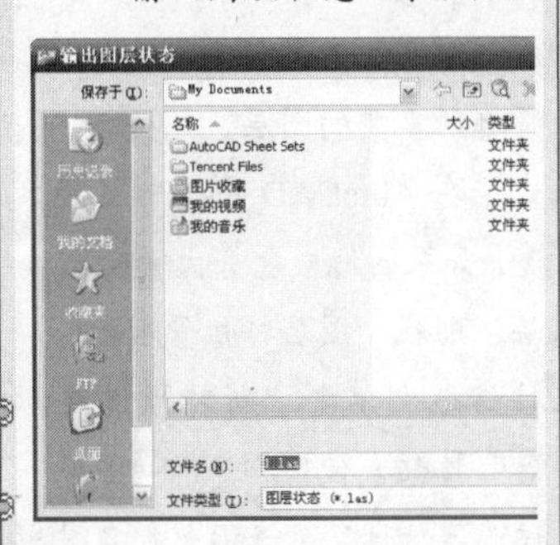

重点提示　图层特性中的限制

在“图层状态管理器”对话框中，“在当前视口中的可见性”选项仅适用于布局视口，“开(ON)/关(OFF)”和“冻结(F)/解冻(T)”选项仅适用于模型空间视口。

实例 7-4 说明

知识点：

- 偏移
- 修剪
- 样条曲线
- 删除
- 图案填充

视频教程：

光盘\教学\第 7 章 绘制机械零件图

效果文件：

光盘\素材和效果\07\效果\7-4.dwg

实例演示：

光盘\实例\第 7 章\绘制叉架类零件——拨叉

相关知识 什么是过滤图层

过滤图层是用于在复杂图形中有过多图层时，查找或筛选所需要的图层。

在 AutoCAD 中绘制图形时，如果图形中包含大量的图层，则在“图层特性管理器”对话框中单击“新特性过滤器”按钮，使用打开的“图层过滤器特性”对话框来命名图层过滤器。

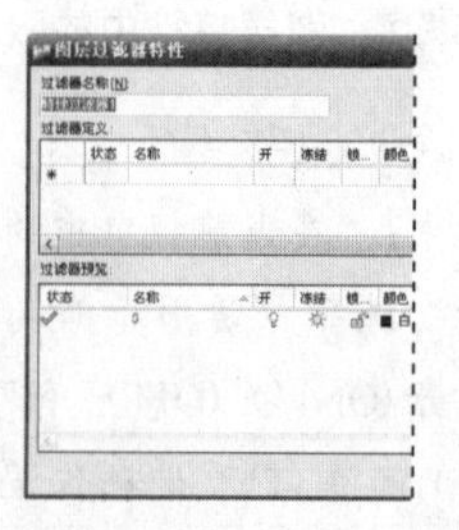

通过该对话框可以创建一个图层过滤器，再通过创建的过滤器来显示具有某些相同特性的所有图层信息，从而方便管理。

重点提示 过滤要领

在“图层过滤器特性”对话框中的“过滤器名称”文本框中输入过滤器的名称，其中可以用“？”符号来代替任意一个字符。在“过滤器定义”列表中，可以设置过滤条件，包括图层名称、状态、颜色等过滤条件。

线、删除、图案填充等。实例效果如图 7-76 所示。

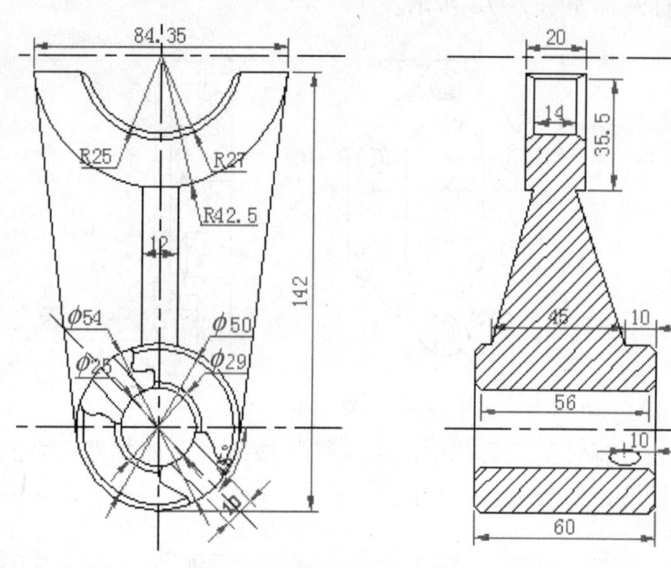

图 7-76　拨叉效果图

操作步骤

1. 单击“格式”工具栏中的“图层特性管理器”按钮，打开“图层特性管理器”面板，创建点画线和轮廓线两个图层。
2. 将点画线设置为当前图层，并使用直线功能，绘制两条辅助线，如图 7-77 所示。
3. 单击“修改”工具栏中的“偏移”按钮，将垂直辅助线向左右各偏移 6，再将水平辅助线向下偏移 5、120，并将除 120 以外的其他偏移线段设置成轮廓线，如图 7-78 所示。

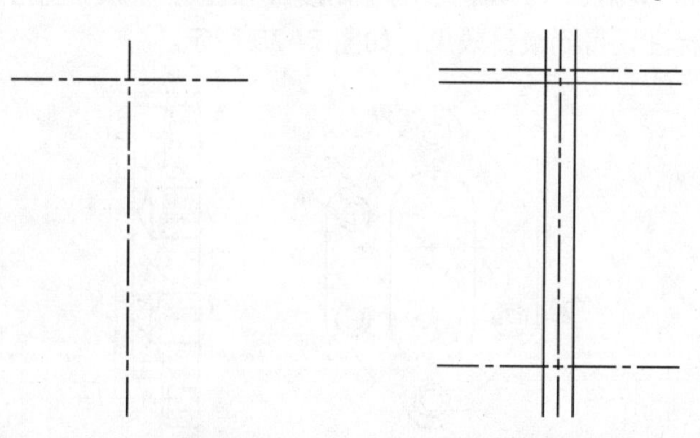

图 7-77　绘制辅助线　　图 7-78　偏移辅助线

4. 将鼠标移动到状态栏中的“极轴追踪”按钮上，单击鼠标右键，在弹出的快捷菜单中选择“45”选项，再单击“绘图”工具栏中的“直线”按钮，绘制两条辅助线，如图 7-79 所示。

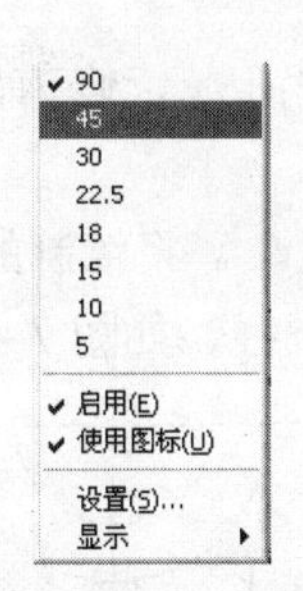

① “极轴追踪” 快捷菜单

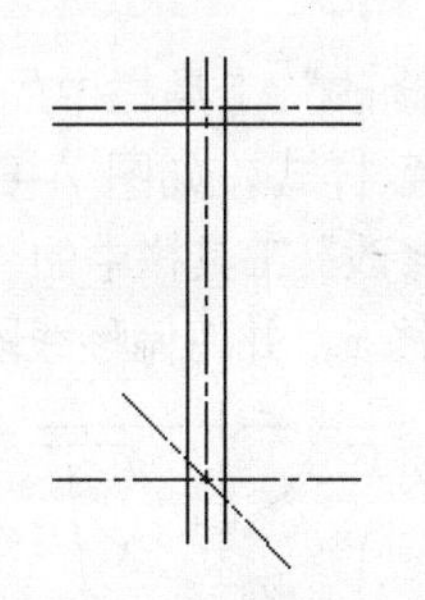

② 绘制辅助线

图 7–79　绘制辅助斜线

5 将轮廓线设置为当前图层，并使用圆功能，以上面辅助线的交点为圆心，绘制半径为 25、27、42.5 的同心圆；以下面辅助线的交点为圆心，绘制半径为 12.5、14.5、25 和 27 的同心圆，如图 7–80 所示。

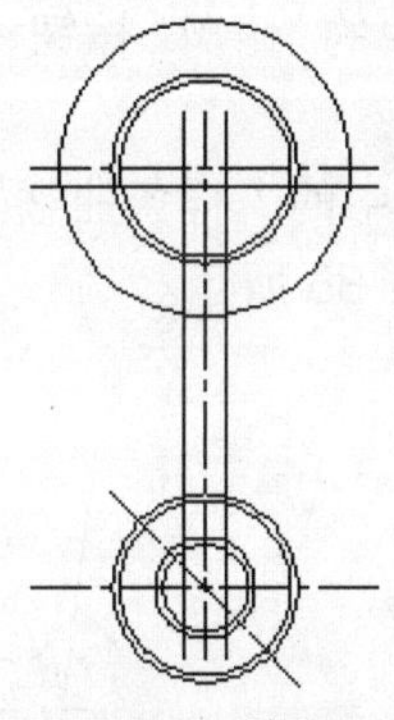

图 7–80　绘制圆

6 将鼠标移动到状态栏中的 “对象捕捉” 按钮上，单击鼠标右键，在弹出的快捷菜单中选择 “切点” 命令，同时取消 “圆心” 命令，再单击 “绘图” 工具栏中的 “直线” 按钮，绘制上边大圆到下边大圆的切线，并在绘制完成后恢复原来的对象捕捉样式，如图 7–81 所示。

① “对象捕捉” 快捷菜单

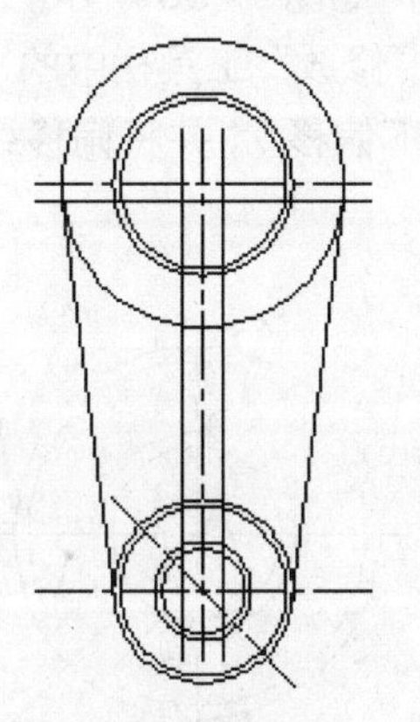

② 绘制切线

图 7–81　绘制两条切线

相关知识　什么是图形界限

图形界限指能够绘图区域的边界，为了避免在绘图过程中所绘制的图形超出用户工作区域或图样的边界，必须使用图形界限来标明边界。

操作技巧　图形界限的操作方法

可以通过以下两种方法来执行 “图形界限” 操作：

- 选择 “格式” → “图形界限” 命令。
- 在命令行中输入 limits 后，按 Enter 键。

重点提示　用光标替代坐标值

除了可以在命令行中输入坐标值以外，还可以用鼠标单击的方式。

先确定图形界限的左下角点，然后再确定图形界限的右上角点即可。

相关知识　什么是图形单位

图形单位的设置主要包括设置长度单位、角度的类型、精度以及角度的起始方向等。在绘制图形前，一般

7 单击“修改”工具栏中的“修剪”按钮，修剪出拨叉的主视图大致样式，如图 7–82 所示。

8 单击“修改”工具栏中的“偏移”按钮，将绘制的斜线向上、下各偏移 5，并将偏移线段设置成轮廓线，如图 7–83 所示。

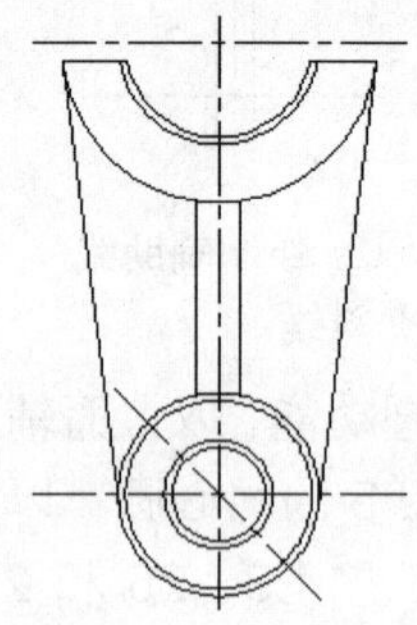

图 7–82　修剪图形

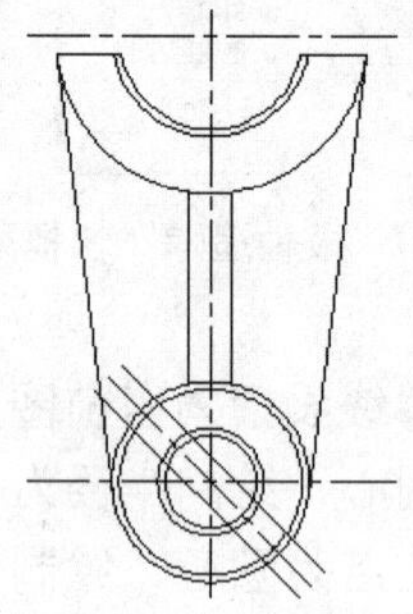

图 7–83　偏移斜线

9 单击“修改”工具栏中的“修剪”按钮修剪斜线，如图 7–84 所示。

10 单击“绘图”工具栏中的“样条曲线”按钮，绘制出螺孔的剖面形状，如图 7–85 所示。

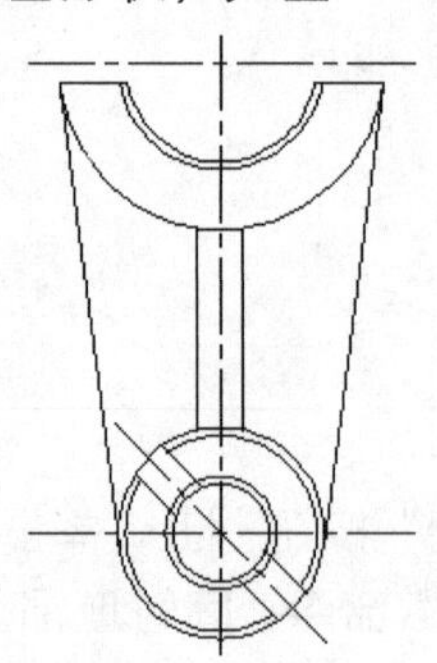

图 7–84　修剪斜线

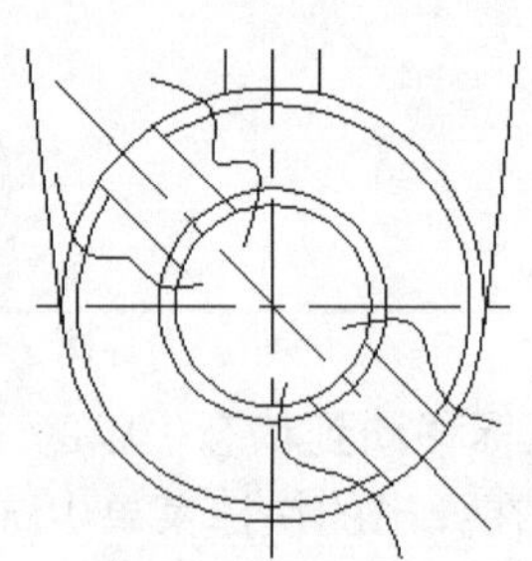

图 7–85　绘制螺孔剖面

11 单击“修改”工具栏中的“修剪”按钮，修剪过长的样条曲线，如图 7–86 所示。

12 单击“修改”工具栏中的“偏移”按钮，将上边的水平辅助线向下偏移 7，并将偏移线段设置成轮廓线，如图 7–87 所示。

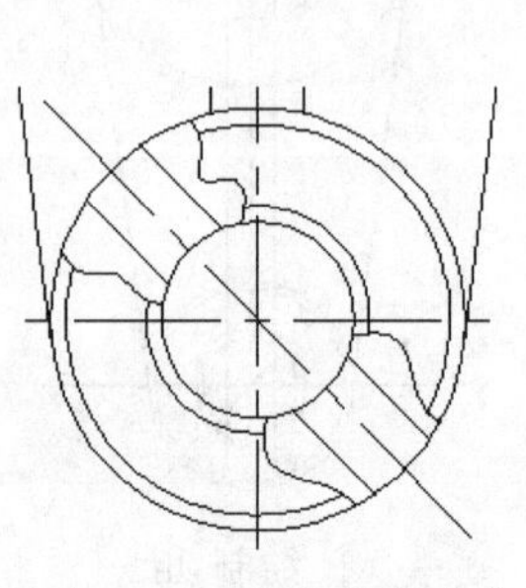

图 7–86　修剪样条曲线

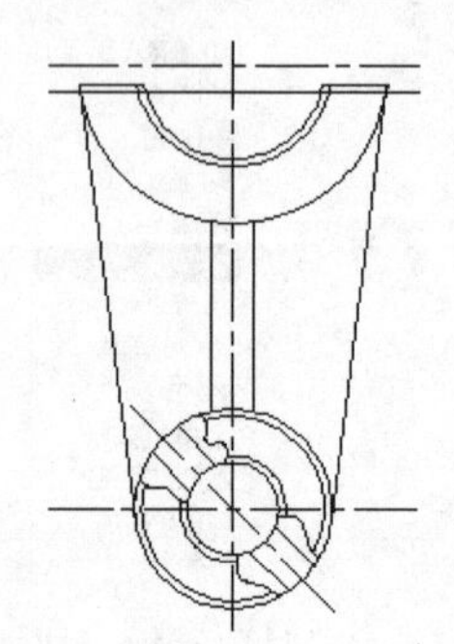

图 7–87　偏移水平辅助线

要设置图形单位，这样在绘图时才能做到精确、有效。

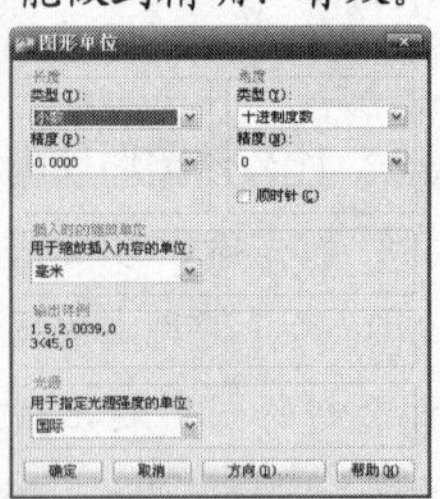

在“图形单位”对话框中可以对长度、角度、插入时的缩放单位、光源和方向 5 个选项进行设置。

1. 长度

在“长度”选项组中，可以设置图形的长度单位类型和精度。

2. 角度

在“角度”选项组中，可以设置图形的角度类型和精度。

3. 插入时的缩放单位

单击“用于缩放插入内容的单位”下拉列表框的下拉按钮，从打开的下拉列表框中可以选择所要插入图形的单位，默认单位为毫米。

4. 光源

用来指定光源强度的单位，单击按钮可以从下拉列表中选择“国际”、“美国”或“常规”，默认为“国际”，表示采用国际单位。

5. 方向

单击“图形单位”对话框中的“方向”按钮，弹出“方向控制”对话框。

13 单击“绘图”工具栏中的“直线”按钮，绘制拨叉的倒角，如图 7-88 所示。

14 单击“修改”工具栏中的“修剪”按钮，修剪倒角，如图 7-89 所示。

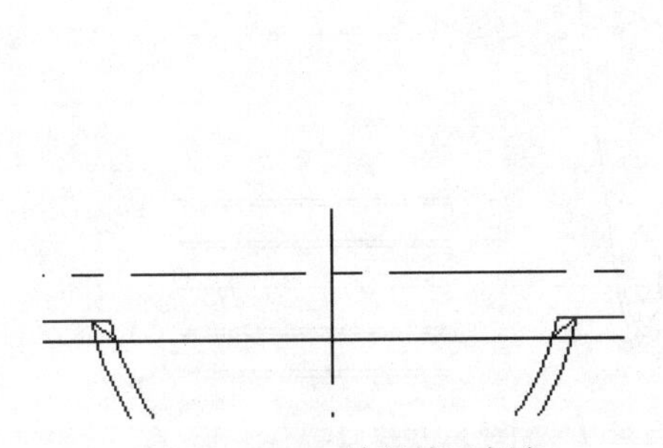

图 7-88　绘制拨叉倒角

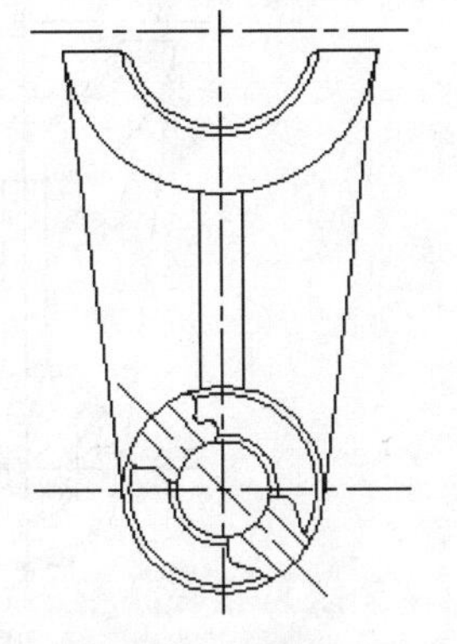

图 7-89　修剪倒角

15 选择上边的水平辅助线，并通过右端的蓝色夹点拉伸线段，如图 7-90 所示。

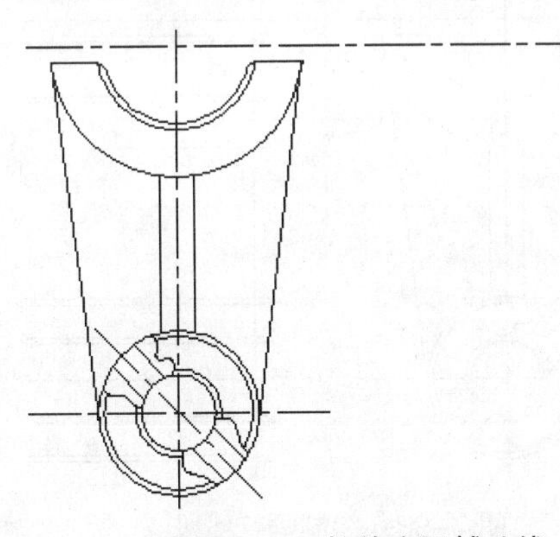

图 7-90　拉伸水平辅助线

16 单击“修改”工具栏中的“打断”按钮，打断拉伸后的线段，如图 7-91 所示。

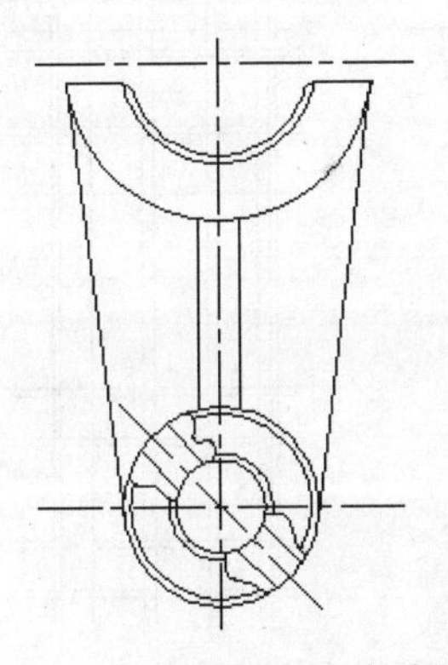

图 7-91　打断拉伸后的线段

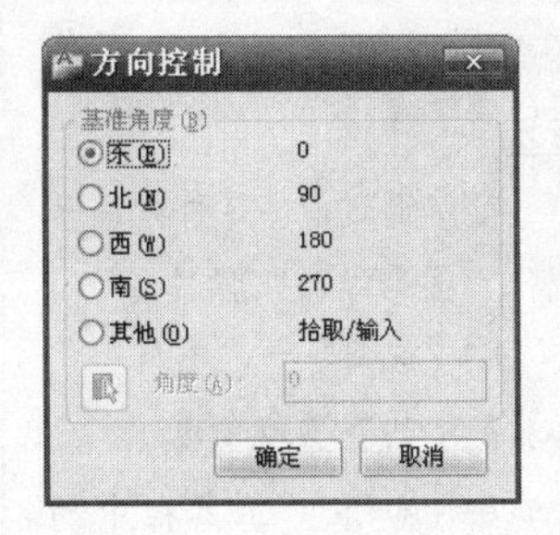

其中可以设置基准角度为“东”、“北”、“西”或“南”方向，也可以选择“其他”单选按钮，然后在文本框中直接输入角度值。

相关知识　**什么是图形的缩放**

在 AutoCAD 中，如果用户打开的文件图形太小或太大以至于无法清楚地辨别图形细部或显示整个图形时，可以使用缩放来实现图形的显示（命令子菜单和工具栏按钮）。

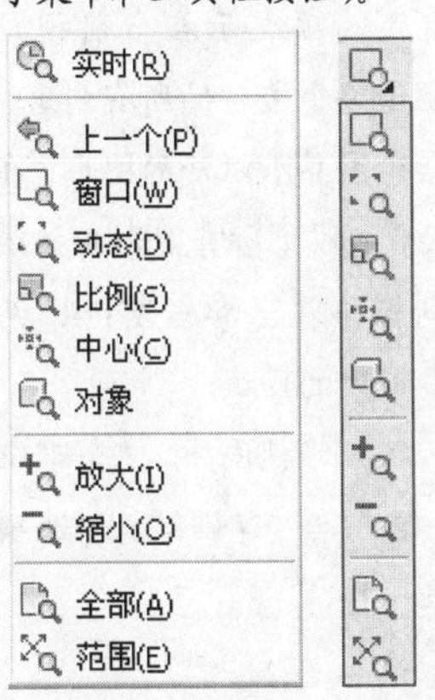

在进行图形缩放操作时，图形在绘图区中的位置大小并不改变，这样可以方便地观察当前视口中的图形，以保证能够准确地捕捉目标。

操作技巧　图形缩放的操作方法

可以通过以下3种方法来执行“图形缩放”操作:

- 选择“视图”→“缩放”子菜单中的各项命令。
- 单击“标准”工具栏中的“窗口缩放”下拉列表框中的各项按钮。
- 在命令行中输入 zoom 后,按 Enter 键。

操作技巧　图形缩放的主要功能

在命令行中输入 zoom 后,按 Enter 键提示命令行显示了全部、中心、动态、范围、上一个、比例、窗口、对象、实时 9 个选项,其各选项含义如下:

1. 全部

此选项表示在当前视口中显示整个文档的所有内容,包括绘图界限以外的图形。在平面视图中,所有图形将被缩放到栅格界限和当前范围两者中较大的区域。

在三维视图中,“全部缩放”选项与“范围缩放”选项效果一样。

2. 中心

根据用户定义的点作为屏幕中心缩放的图形,同时输入新的缩放倍数,缩放倍数可以由相对值和绝对值确定。

17 单击“修改”工具栏中的“偏移”按钮，将打断后的线段向下偏移 5、7、25、27、42.5、93、95、105.5、107.5、120、132.5、134.5、145、147，并将除 120 以外的其他偏移线段设置成轮廓线，如图 7-92 所示。

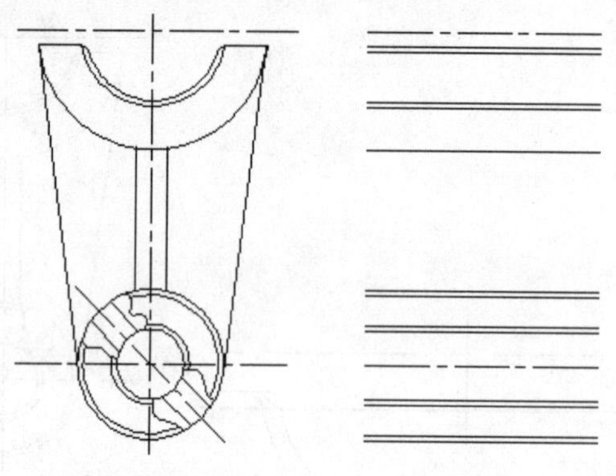

图 7-92　偏移打断线段

18 单击“绘图”工具栏中的“直线”按钮，绘制一条垂直线段，如图 7-93 所示。

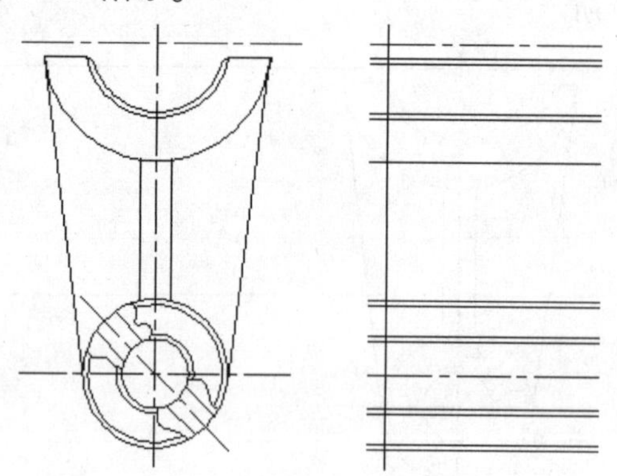

图 7-93　绘制垂直线段

19 单击“修改”工具栏中的“偏移”按钮，将垂直线段向右偏移 2、5、16、19、33、36、50、58、60，如图 7-94 所示。

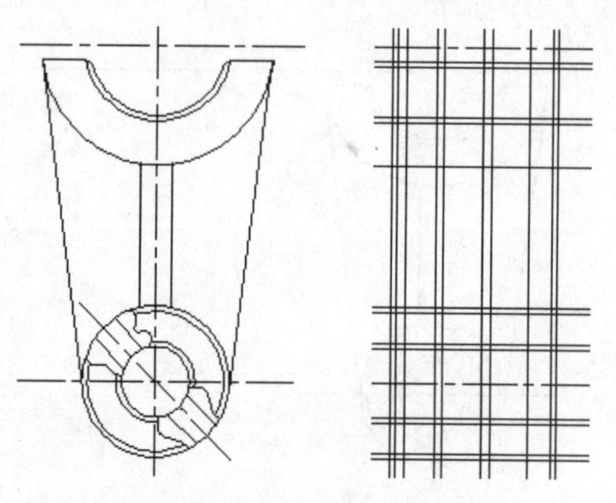

图 7-94　偏移垂直线段

20 单击“修改”工具栏中的“修剪”按钮和“删除”按钮，修剪和删除图形中多余的线段，如图 7–95 所示。

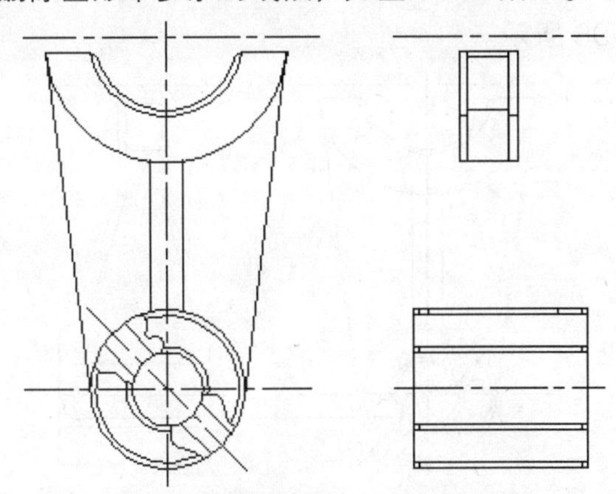

图 7–95　修剪和删除多余的线段

21 单击“绘图”工具栏中的“直线”按钮，绘制倒角到支架之间的连线，如图 7–96 所示。

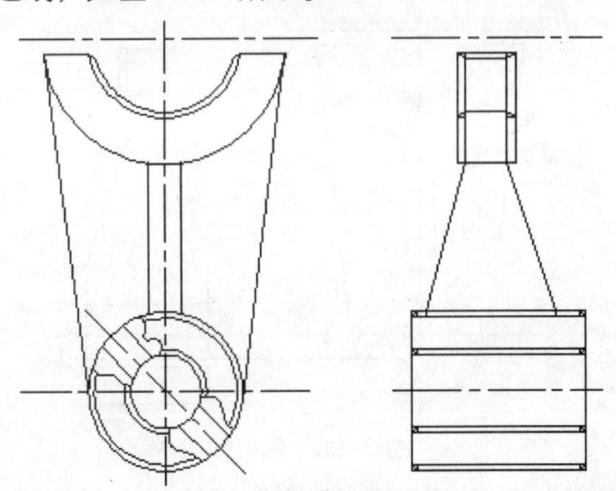

图 7–96　绘制连线

22 单击“修改”工具栏中的“修剪”按钮和“删除”按钮，修剪和删除出拨叉的剖面大致样式，如图 7–97 所示。

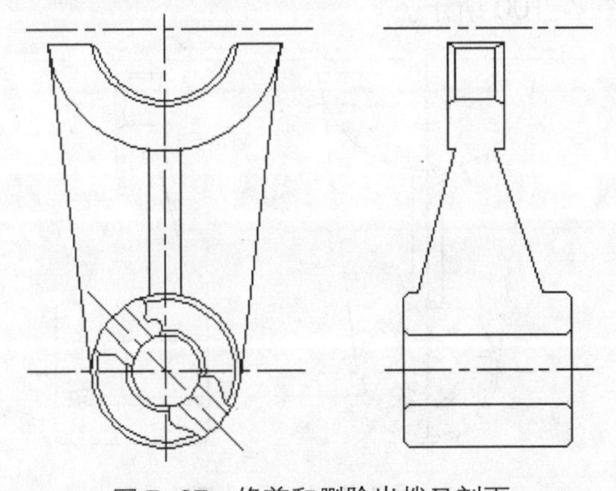

图 7–97　修剪和删除出拨叉剖面

3. 动态

选择此项后屏幕上会显示几个不同颜色的方框。

当选择此图框内的图形进行缩放时，系统不用重新计算，从而节省生成图形的时间；中心有“X”号的黑色实线框为观察框，可在整个图样上移动也可调整大小，用它来选取需要缩放的图形区域；“X”号表示缩放的中心点位置。

4. 范围

根据当前屏幕显示范围，最大限度地将图形全部显示在屏幕中。

5. 上一个

选择此项可恢复前一个显示视图，但最多只能恢复前 10 个视图。

6. 比例

选择此选项只需要在命令提示行中输入比例因子即可缩放图形。当输入数值大于 0，却小于 1 时为缩小图形；当输入数值大于 1 时为放大图形。

7. 窗口

以窗口的形式定义显示矩形区域。

8. 对象

选择此选项，需要在绘图区中指定一个或多个需要放大的图形，然后按 Enter 键将指定的图形放大为整个绘图区域。

9. 实时

用户可任意缩放图形显示。选择此选项后，光标在绘图区中变为图标，按住鼠标左键向上移动时将图形放大，向下移动则将图形缩小。

相关知识 **什么是图形的平移**

视图平移可以重新定位图形，以辨清图形的其他部分。

“图形平移”子菜单：

操作技巧 **图形平移的操作方法**

可以通过以下 3 种方法来执行“图形平移”操作：

- 选择“视图”→“平移”子菜单中的各项命令。
- 单击“标准”工具栏中的“实时平移”按钮。
- 在命令行中输入 pan 后，按 Enter 键。

操作技巧 **图形平移的主要功能**

图形平移主要分为实时平移和定点平移两项，其功能如下：

23 单击“绘图”工具栏中的“直线”按钮，以主视图的倾斜内孔下面的孔为中心线，沿 X 轴方向延伸到剖视图中，如图 7-98 所示。

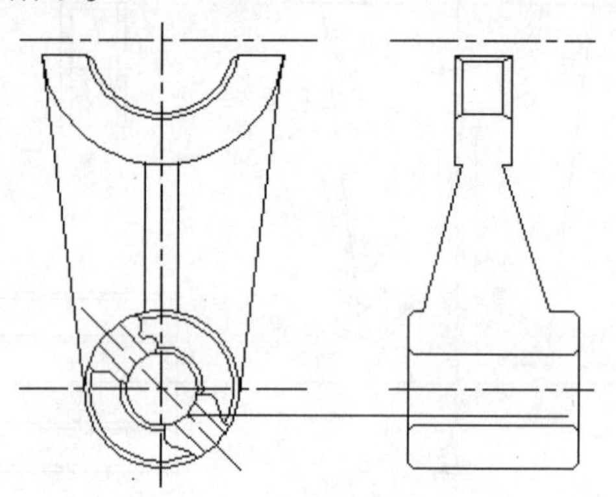

图 7-98 从主视图中绘制延伸线段

24 单击“修改”工具栏中的“偏移”按钮，将剖视图右边的垂直线段向左偏移 10，以绘制出内孔的圆心，如图 7-99 所示。

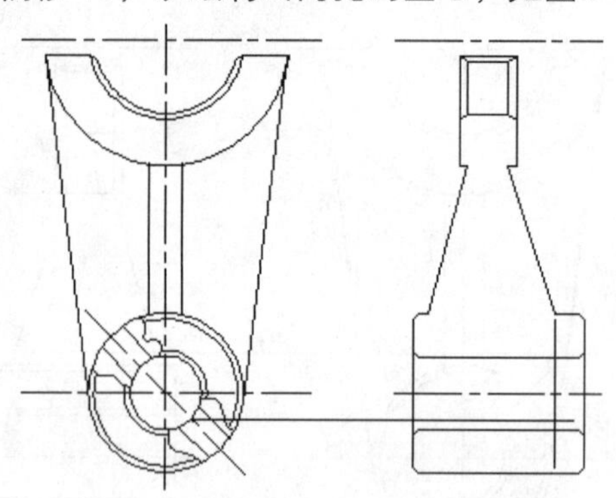

图 7-99 偏移线段

25 单击“绘图”工具栏中的“椭圆”按钮，绘制螺孔，因为斜螺孔，所以在剖视图上显示的螺孔是椭圆形的，以延伸线段与偏移线段的交点为圆心，绘制长轴为 5，短轴为 2.5 的椭圆，如图 7-100 所示。

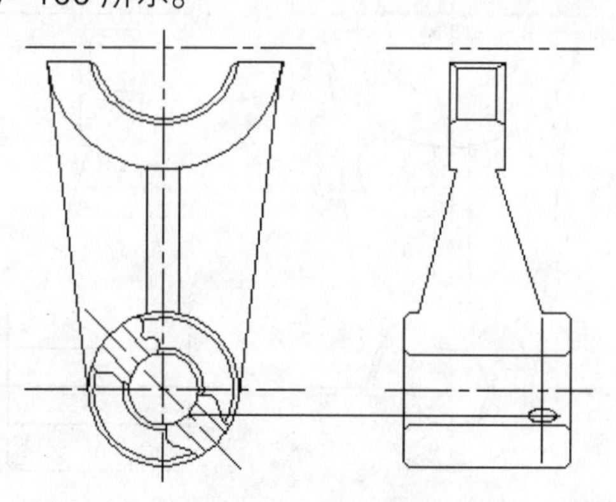

图 7-100 绘制椭圆

26 单击“修改”工具栏中的“删除”按钮，删除两条绘制椭圆的辅助线段，如图 7-101 所示。

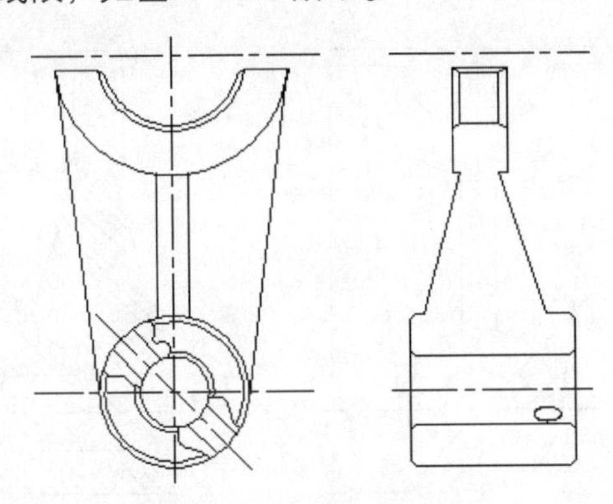

图 7-101　删除辅助线段

27 单击“绘图”工具栏中的“图案填充”按钮，打开“图案填充和渐变色”对话框，在对话框中设置“ANSI”图案填充样式填充剖面，如图 7-102 所示。

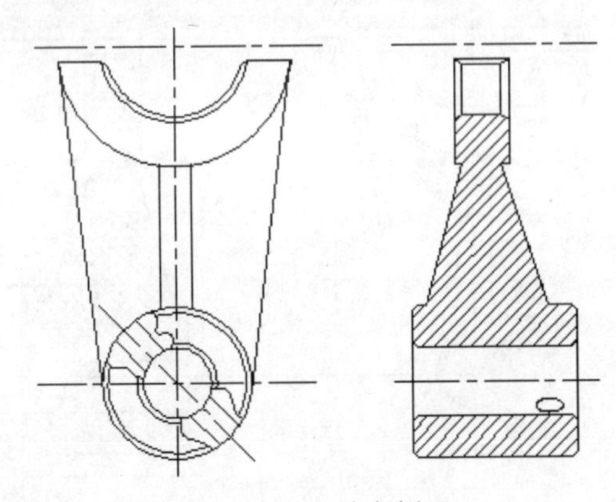

图 7-102　填充剖面

28 单击“标注”工具栏中的“线性”按钮和“对齐”按钮，添加图形中的线性和对齐标注，如图 7-103 所示。

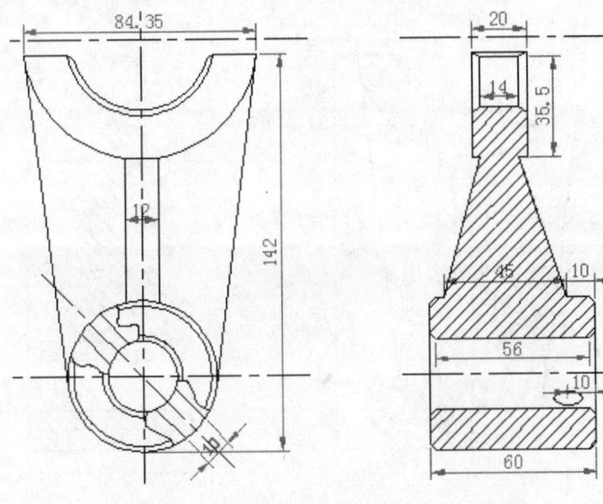

图 7-103　标注线性和对齐尺寸

1. 实时平移

实时平移模式下，鼠标指针变成一只小手。按下鼠标并拖动，窗口中的图形即可按拖动的方向平移。如果要退出平移模式，则可以按 Esc 键或 Enter 键。

2. 定点平移

通过指定基点和位移值来平移视图。

相关知识　什么是鸟瞰视图

鸟瞰视图是集缩放和平移于一体的功能。它在观察图形时，是以一个独立窗口的形式存在，其结果反映在绘图窗口的当前视口中。

操作技巧　鸟瞰视图的操作方法

可以通过以下两种方法来执行“鸟瞰视图”操作：

- 选择“视图”→“鸟瞰视图”命令。
- 在命令行中输入 dsviewer 后，按 Enter 键。

相关知识　命名视图

用户可以在一张复杂的工程图样中，创建多个视图，假如要观看或修改图样上的某个部分视图时，将该图样恢复即可。

操作技巧　创建命名视图的操作方法

可以通过以下 3 种方法来创建“命名视图”的操作：

- 选择“视图”→“命名视图”命令。
- 单击“视图”工具栏中的“命名视图”按钮。
- 在命令行中输入 view 后，按 Enter 键。

相关知识　“视图管理器”对话框中的各项参数设置

执行以上任意一种操作都可以打开“视图管理器”对话框。

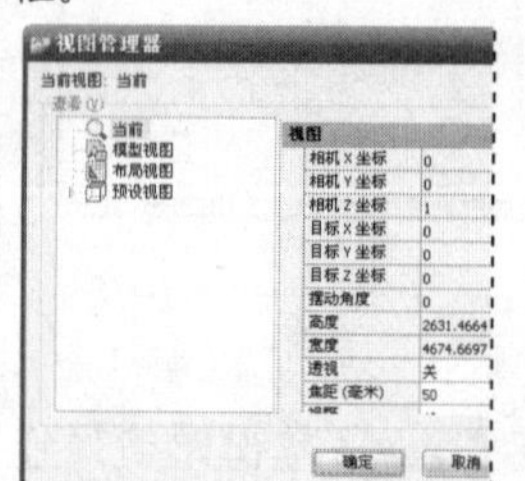

在对话框中的各个选项功能如下：

- 当前视图：列出了当前视图中已命名的视图的名称、位置、UCS 以及透视模式。
- 位置当前：用于将选中的命名视图置为当前视图。
- 新建：用于创建新的命名视图。单击该按钮，即可打开

29 单击“标注”工具栏中的“半径”按钮，对图形作对齐标注，如图 7-104 所示。

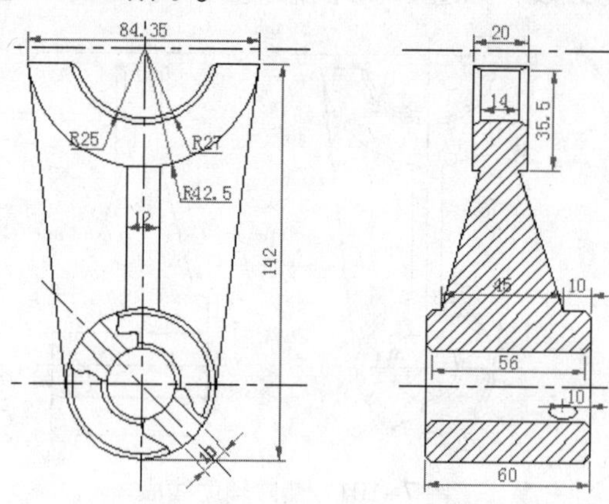

图 7-104　标注半径尺寸

30 单击“标注”工具栏中的“直径”按钮，对图形作对齐标注，如图 7-105 所示。

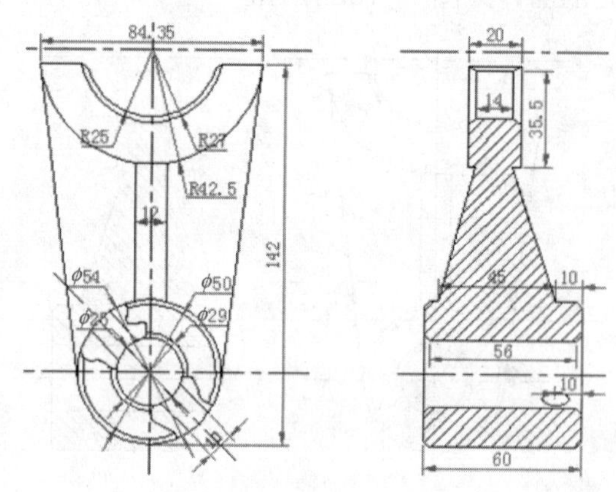

图 7-105　标注直径尺寸

31 单击“标注”工具栏中的“角度”按钮，对图形作对齐标注，如图 7-106 所示。

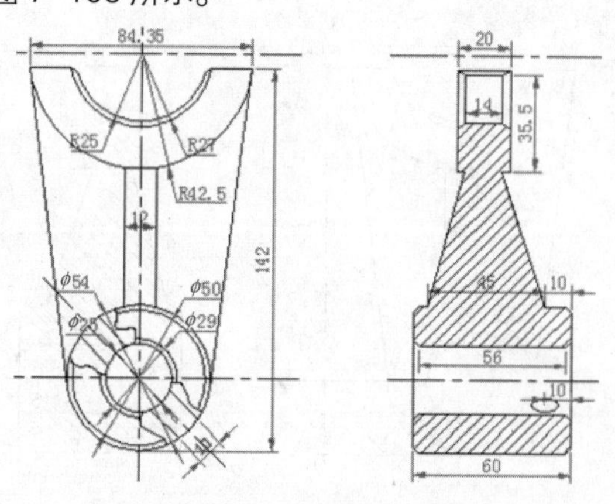

图 7-106　标注角度尺寸

实例 7-5　绘制箱壳类零件——壳体

本实例将绘制一个壳体，其主要功能包含偏移、修剪、环形阵列、样条曲线、图案填充、圆角等。实例效果如图 7-107 所示。

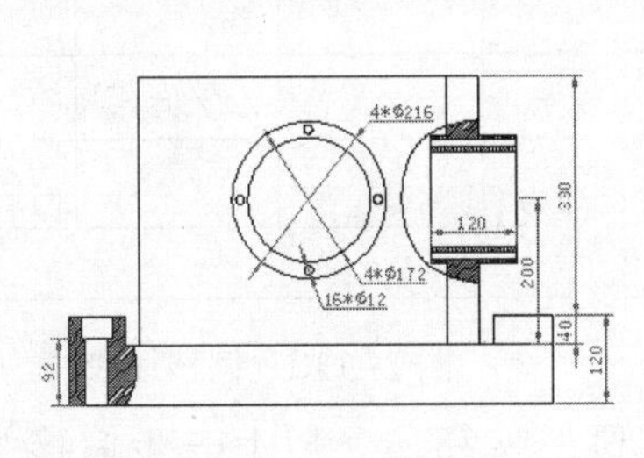

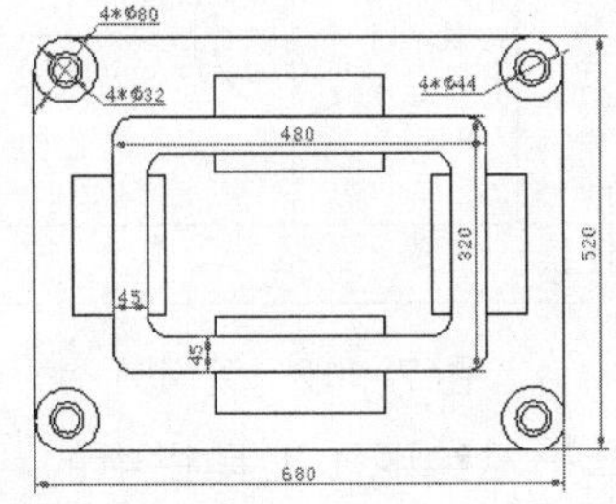

图 7-107　壳体效果图

操作步骤

1. 单击“绘图”工具栏中的“直线”按钮，绘制长为 450、680 的两条线段，如图 7-108 所示。
2. 单击“修改”工具栏中的“偏移”按钮，将垂直线段向右偏移 80、100、580、600、680，再将水平线段向上偏移 80、120、450，如图 7-109 所示。

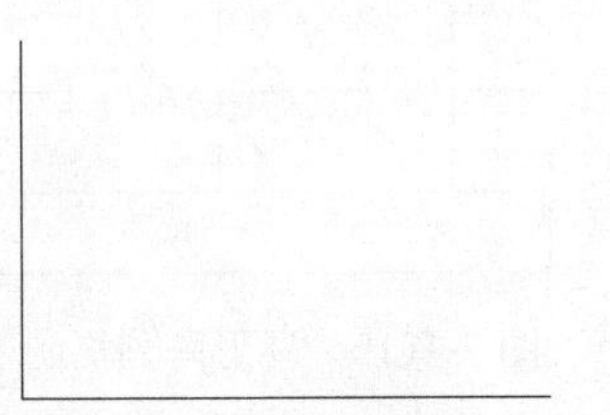

图 7-108　绘制线段

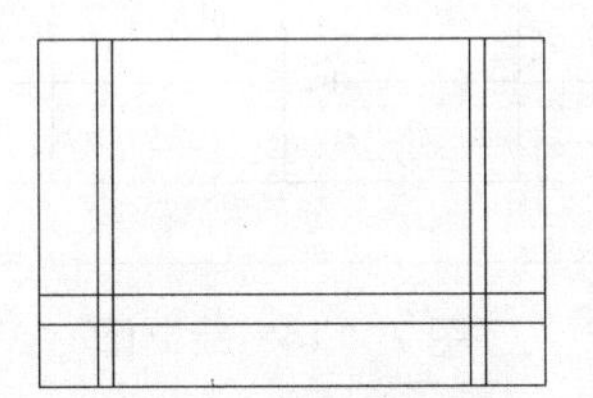

图 7-109　偏移线段

3. 单击“修改”工具栏中的“修剪”按钮，修剪出壳体主视图的大致样式，如图 7-110 所示。
4. 单击“修改”工具栏中的“偏移”按钮，将左边的垂直线段向右偏移 240，再将最下边的水平线段向上偏移 280，如图 7-111 所示。

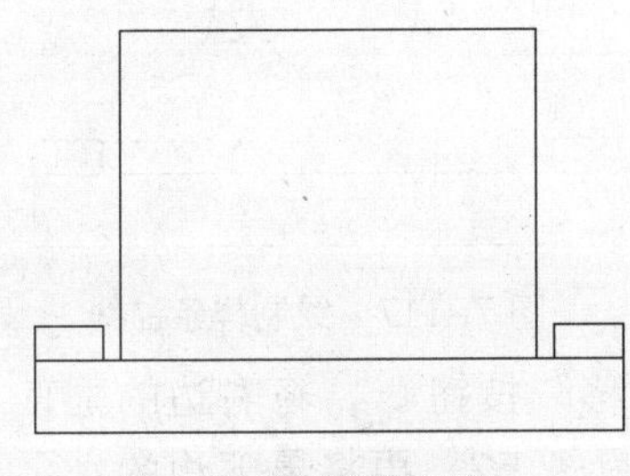

图 7-110　修剪图形

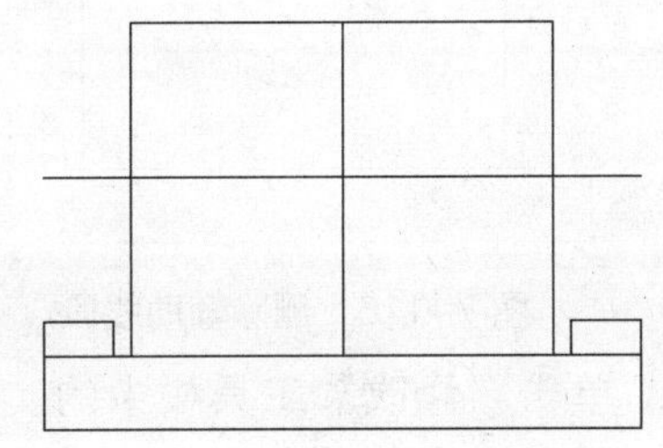

图 7-111　偏移线段

5. 单击“绘图”工具栏中的“圆”按钮，以偏移线段的交点为圆心，绘制半径为 86 和 108 的同心圆，如图 7-112 所示。

“新建视图”对话框。

- 更新图层：使用选中的命名视图中保存的图层信息更新当前模型空间，或者布局视口中的图层信息。
- 编辑边界：切换到绘图窗口中，用户可以重新定义视图的边界。
- 详细信息：单击该按钮，即可打开“视图详细信息”对话框。该对话框显示了指定命名视图的详细信息。
- 删除：删除已选中的命名视图。

实例 7-5 说明

知识点：

- 偏移
- 修剪
- 环形阵列
- 样条曲线
- 图案填充
- 圆角

视频教程：

光盘\教学\第 7 章 绘制机械零件图

效果文件：

光盘\素材和效果\07\效果\7-5.dwg

实例演示：

光盘\实例\第 7 章\绘制箱壳类零件——壳体

相关知识　应用命名视图

在 AutoCAD 中，用户可以根据需要，一次命名多个视图。

假如需要重新使用已命名的视图，则只需要将视图恢复到当前视口。假如视图窗口中包含多个视口，用户也可以将视图恢复到活动视口中，或者将不同的视图恢复到不同的视口中，以同时显示模型的多个视图。

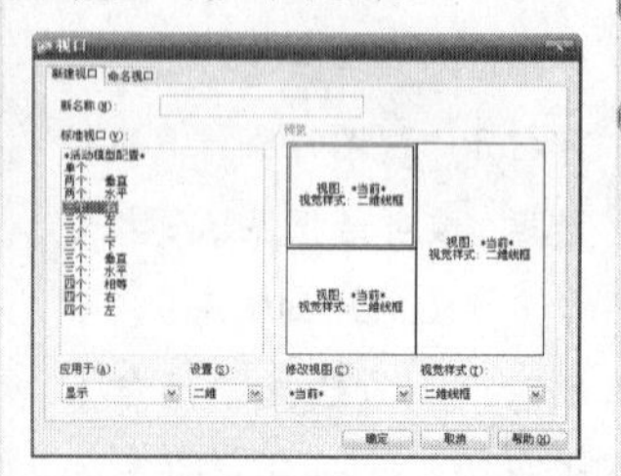

在恢复视图时，可以恢复视口的中点、查看方向、缩放比例因子、透视图等设置，如果在命名视图时将当前的 UCS 随视图一起保存起来，则在恢复视图时也可以恢复 UCS。

相关知识 **什么是重画**

当在使用“删除”命令删除图形时，屏幕上将出现一些杂乱的标记，这些标记实际上是不存在的，只是留下的重叠图像，这时就可以使用“重画”命令。此命令能够使系统在显示内存中更新屏幕，清除临时标记，还可以更新用户使用的当前视口。

操作技巧 **重画的操作方法**

可以通过以下两种方法来执行“重画”操作：

6 单击“修改”工具栏中的“偏移”按钮，将最下边的水平线段向上偏移 183，如图 7-113 所示。

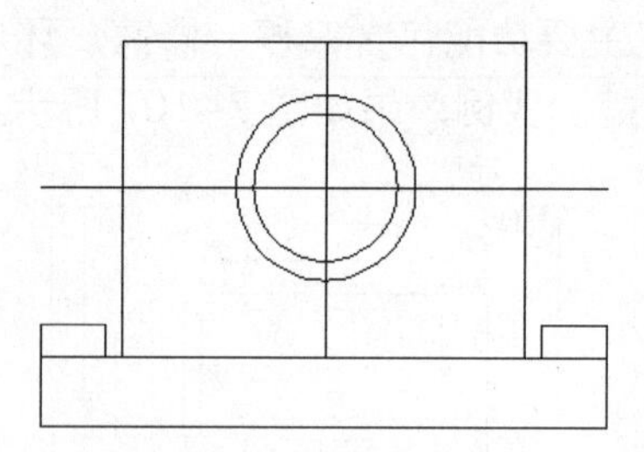

图 7-112　绘制圆

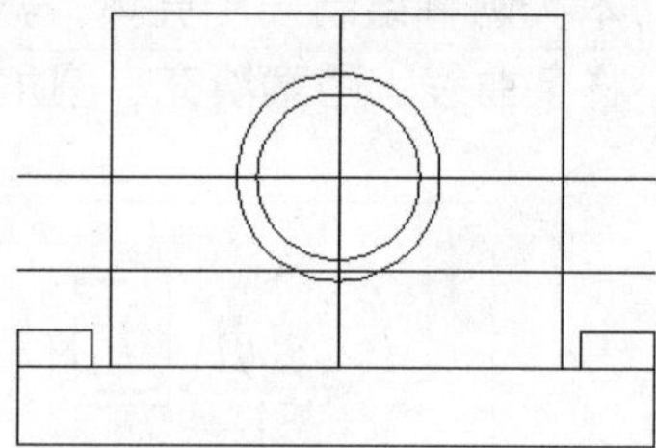

图 7-113　偏移线段

7 单击“绘图”工具栏中的“圆”按钮，以上一步偏移线段与垂直线段的交点为圆心，绘制一个半径为 6 的小圆，如图 7-114 所示。

8 单击“修改”工具栏中“矩形阵列”下拉列表框中的“环形阵列”按钮，设置以大圆的圆心为中心点，环形阵列对象为上一步绘制的小圆，进行环形阵列复制，如图 7-115 所示。

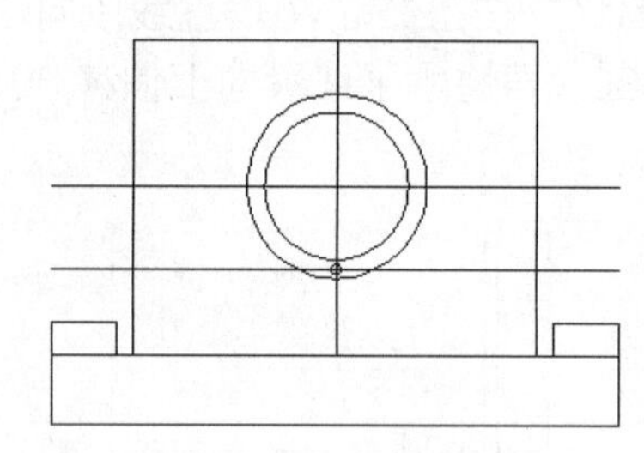

图 7-114　绘制圆

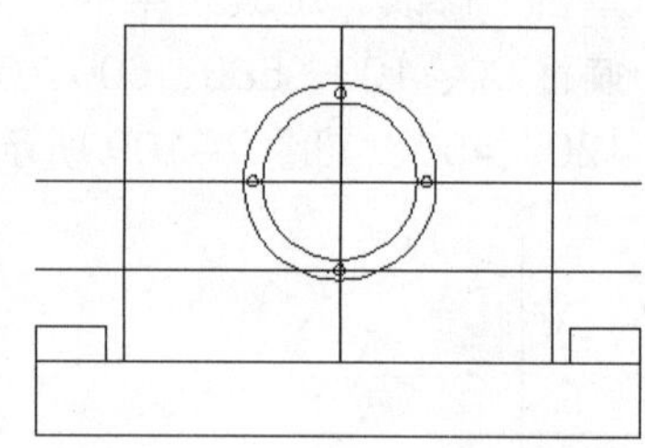

图 7-115　环形阵列复制小圆

9 单击“修改”工具栏中的“删除”按钮，删除辅助线段，如图 7-116 所示。

10 单击“绘图”工具栏中的“样条曲线”按钮，绘制剖面的曲线，如图 7-117 所示。

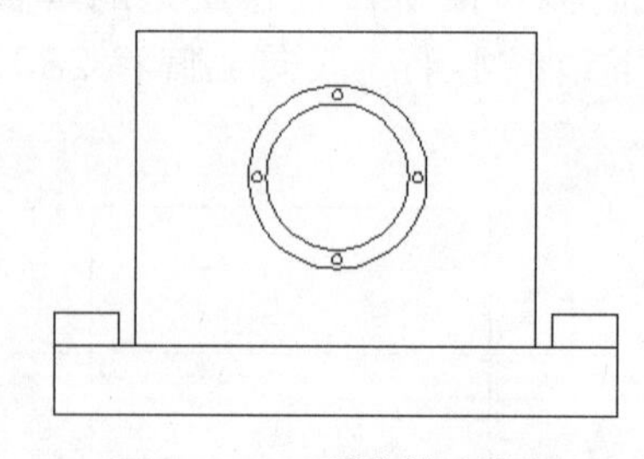

图 7-116　删除辅助线段

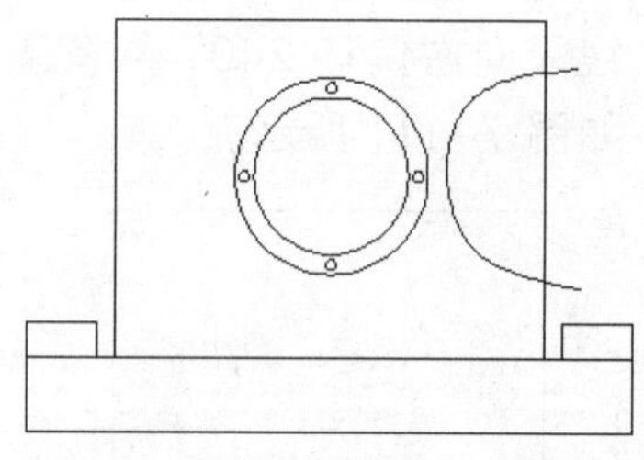

图 7-117　绘制样条曲线

11 单击“修改”工具栏中的“偏移”按钮，将右边的垂直线段向左偏移 45、68，向右偏移 52，再将最下边的水平线段向上偏移 192、198、208、214、346、352、362、368，如图 7-118 所示。

12 单击“修改”工具栏中的“修剪”按钮，修剪出剖面样式，如图 7–119 所示。

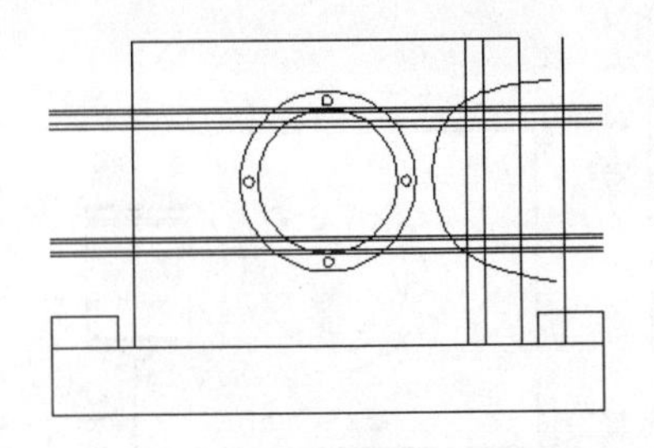

图 7–118　偏移线段

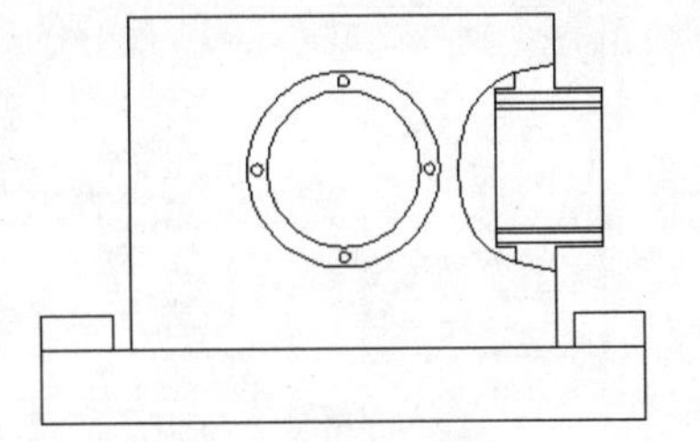

图 7–119　修剪图形

13 单击“绘图”工具栏中的“图案填充”按钮，打开“图案填充和渐变色”对话框，设置“ANSI”图案填充样式，设置比例为 2，并填充图形，如图 7–120 所示。

14 单击“绘图”工具栏中的“样条曲线”按钮，绘制剖面的曲线，如图 7–121 所示。

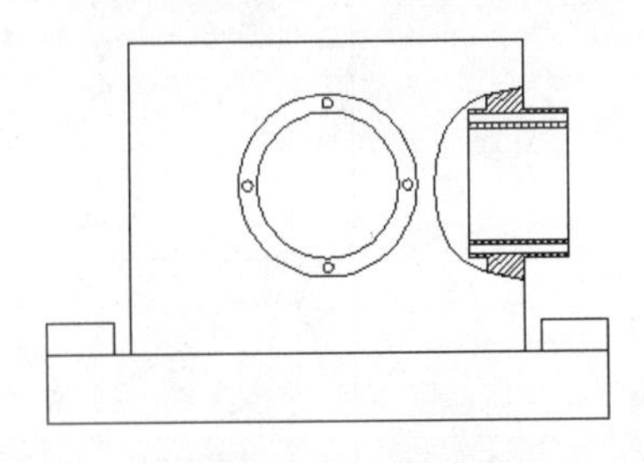

图 7–120　填充图形

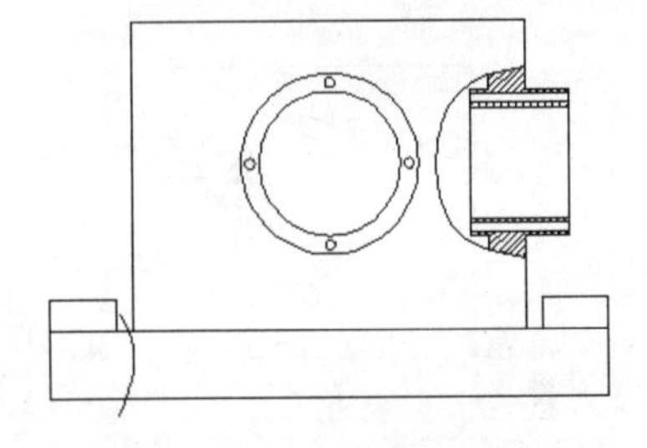

图 7–121　绘制样条曲线

15 单击“修改”工具栏中的“偏移”按钮，将左边的垂直短线向右偏移 18、24、56、62，再将最下边的水平线段向上偏移 92，如图 7–122 所示。

16 单击“修改”工具栏中的“修剪”按钮，修剪出剖面样式，如图 7–123 所示。

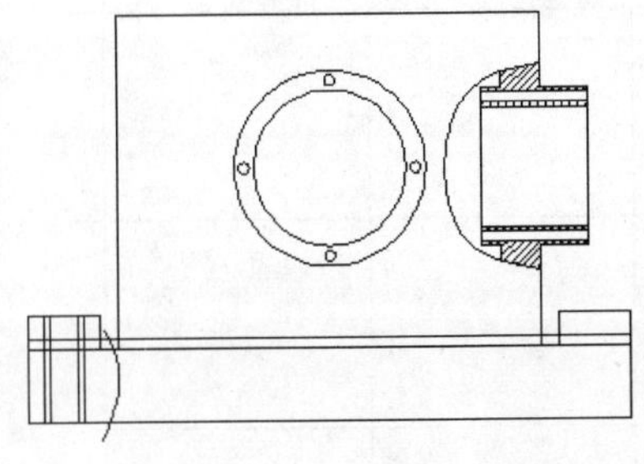

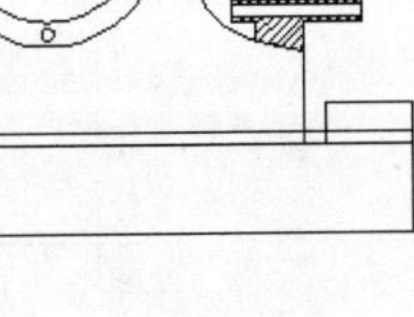

图 7–122　偏移线段

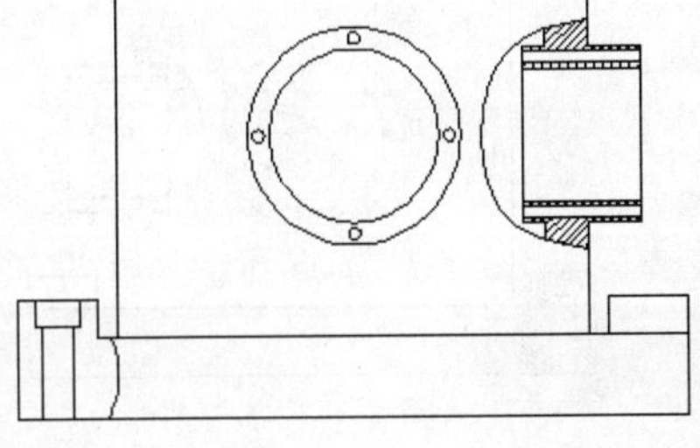

图 7–123　修剪图形

17 单击“绘图”工具栏中的“图案填充”按钮，打开“图案填充和渐变色”对话框，填充图形，如图 7–124 所示。

- 选择“视图”→“重画”命令。
- 在命令行中输入 redrawall 后，按 Enter 键。

相关知识　**什么是重生成**

如果用户一直使用某个命令修改或编辑图形，但此图形没有任何变化，则可以使用重生成功能更新屏幕显示。

操作技巧　**重生成的操作方法**

可以通过以下两种方法来执行“重生成”操作：

- 选择“视图”→“重生成”命令。
- 在命令行中输入 regen 后，按 Enter 键。

相关知识　**打开多文档的优势**

在 AutoCAD 2012 中可以同时打开多个绘图文档，每个绘图文档之间既相互联系，又相互独立。用户可以在各个绘图文档间交换信息，从而提高工作效率。

相关知识　**打开多文档的设置**

单击“窗口”命令后，在打开菜单的下半部分显示了当前打开的所有文档的路径和文件名，单击相应的文件名即可将其设置为当前文档。

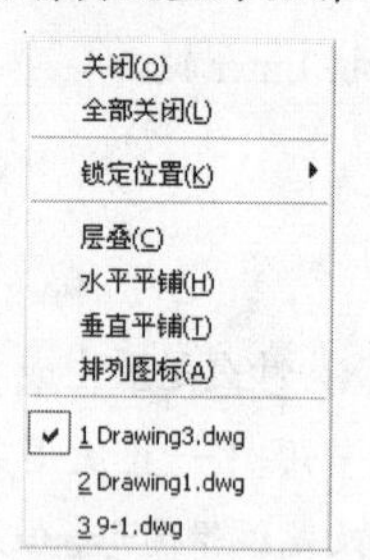

“窗口”菜单中的各种文档排列方式的含义如下：

1. 层叠

层叠放置当前打开的所有绘图文档。

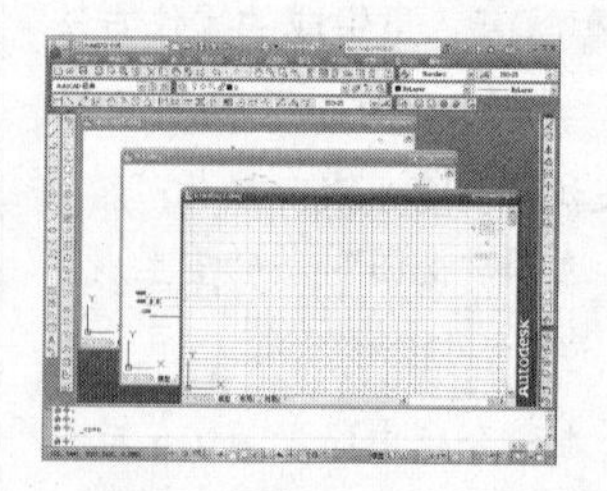

2. 水平平铺

水平排列当前打开的所有绘图文档。

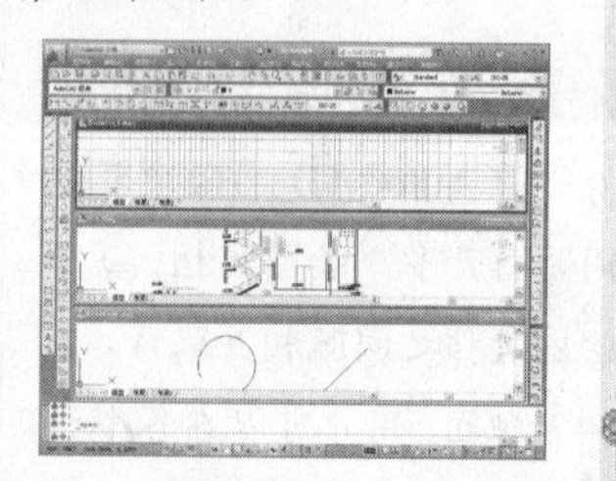

3. 垂直平铺

垂直排列当前打开的所有绘图文档。

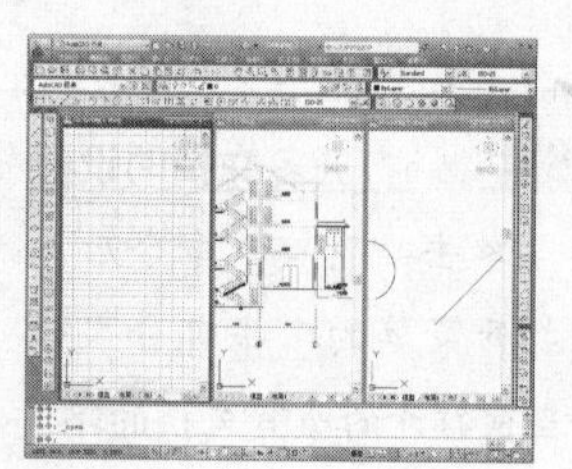

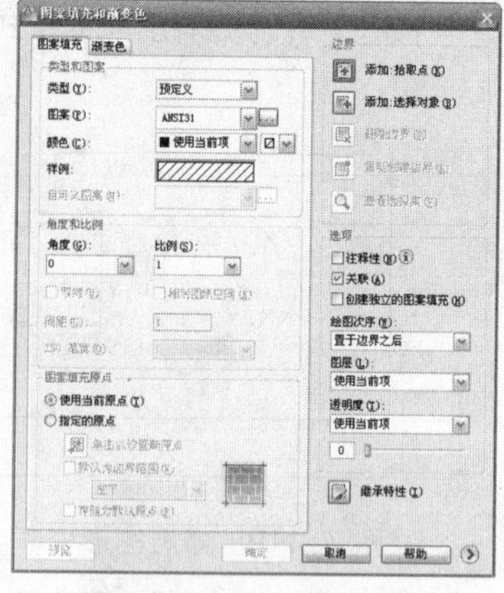

① “图案填充和渐变色”对话框

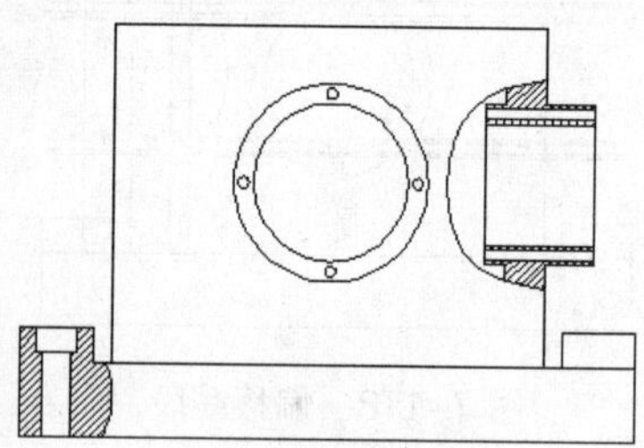

② 填充效果

图 7-124 填充图形

18 单击“绘图”工具栏中的“直线”按钮，在图形的右边绘制两条线段，如图 7-125 所示。

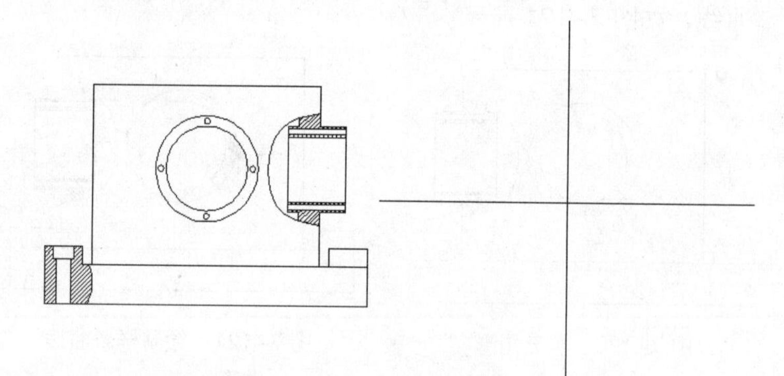

图 7-125 绘制线段

19 单击“修改”工具栏中的“偏移”按钮，将水平线段向上、下各偏移260，再将垂直线段向左、右各偏移340，如图 7-126 所示。

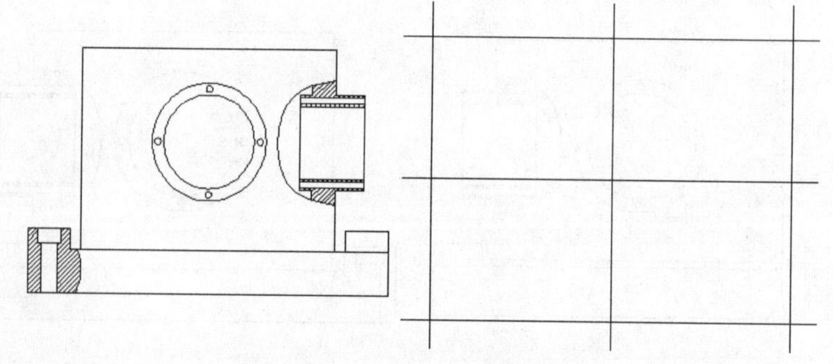

图 7-126 偏移线段

20 单击“修改”工具栏中的“圆角”按钮，对线段进行倒圆角，圆角半径为 40，如图 7-127 所示。

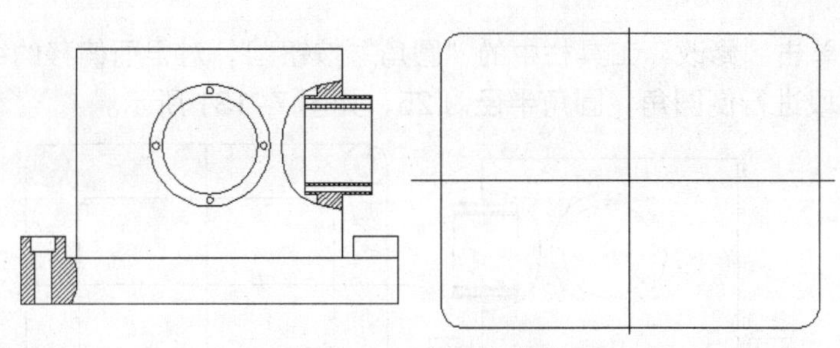

图 7–127　倒圆角线段

21 单击“绘图”工具栏中的“圆”按钮，以圆角的中心点为圆心，绘制半径为 40、22、16 的同心圆，如图 7–128 所示。

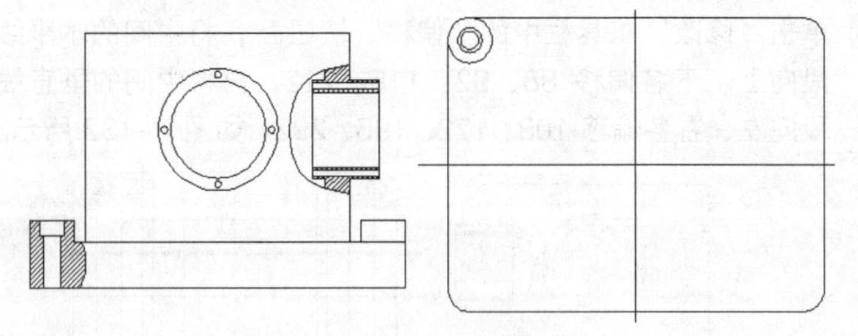

图 7–128　绘制圆

22 单击“修改”工具栏中的“复制”按钮，复制另 3 组同心圆，如图 7–129 所示。

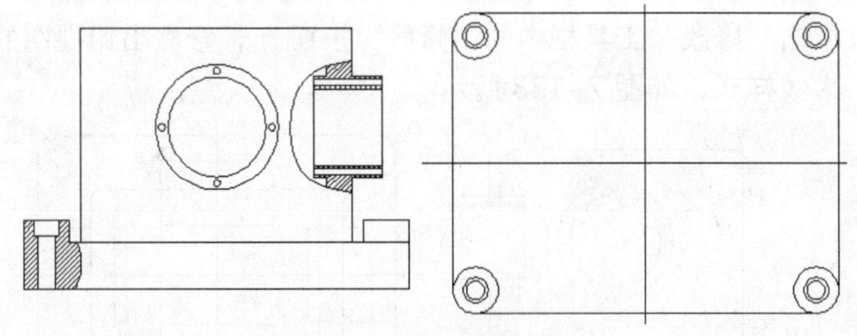

图 7–129　复制圆

23 单击“修改”工具栏中的“偏移”按钮，将中间的水平线段向上、下各偏移 160，再将中间的垂直线段向左、右各偏移 240，如图 7–130 所示。

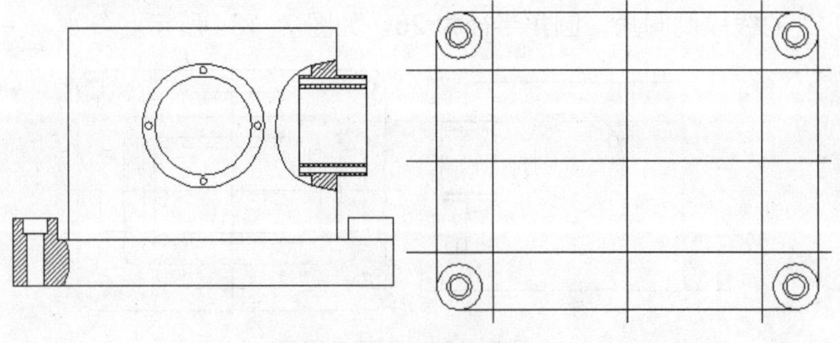

图 7–130　偏移线段

4. 排列图标

重新排列图标。

相关知识　文档工作设置参数

用户也可设置 AutoCAD 的文档工作方式为单文档工作方式。文档的工作方式由系统变量 SDI 控制。当 SDI 为 1 时，为单文档工作方式（每次只能打开一个文档）；当 SDI 为 0 时，则为多文档工作方式。

相关知识　多文档间操作

在多文档设计环境中，文档间的操作方法有以下 3 种：

1. 绘图文档间相互交换信息

在 AutoCAD 中，系统支持鼠标拖动操作，可在文档之间进行复制、粘贴等操作。

2. 多文档命令并行执行

AutoCAD 支持在不结束某绘图文档正在执行命令的情况下，同时切换到另一个文档进行操作，然后回到原绘图文档继续执行此命令。

3. 从资源管理器向 AutoCAD 输入图形

在 AutoCAD 中，系统支持以拖动的方式将文件插入到当前图形中。打开“资源管理器”对话框，选择要插入的文件，按住鼠标左键不放将其拖动到任务栏的 AutoCAD 图

24 单击“修改”工具栏中的“圆角”按钮，对里面偏移的线段进行倒圆角，圆角半径为 25，如图 7-131 所示。

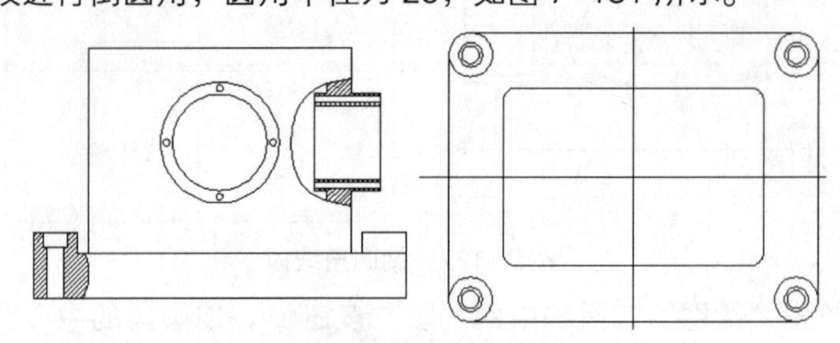

图 7-131　倒圆角图形

25 单击“修改”工具栏中的“偏移”按钮，将中间的水平线段向上、下各偏移 88、92、115、212，再将中间的垂直线段向左、右各偏移 108、172、195、292，如图 7-132 所示。

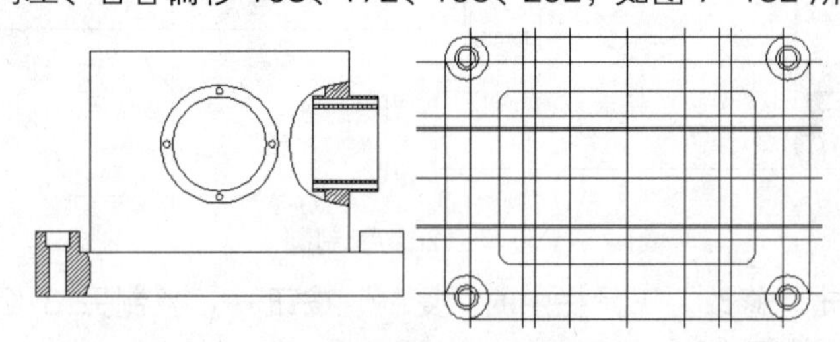

图 7-132　偏移线段

26 单击“修改”工具栏中的“修剪”按钮，修剪出俯视图的大致样式，如图 7-133 所示。

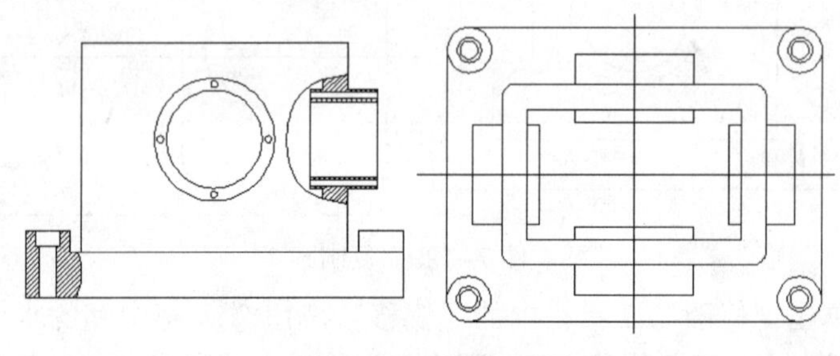

图 7-133　修剪图形

27 单击“修改”工具栏中的“圆角”按钮，再次对里面偏移的线段倒圆角，圆角半径为 25，如图 7-134 所示。

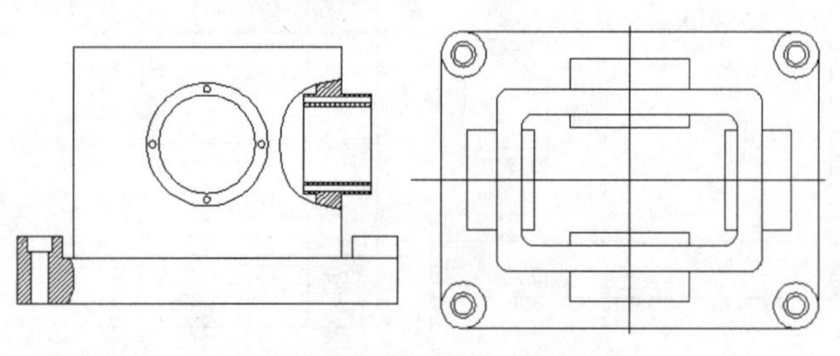

图 7-134　倒圆角图形

标上，系统此时会自动打开 AutoCAD 窗口，绘图文件作为一个块插入到当前的绘图环境中。

疑难解答　设置的点画线为什么显示为实线

这种情况是由于线型的比例设置不当，在画的图形比较小时经常出现。解决方法是将默认的线型比例改小。

方法一：在命令行中输入命令 ltscale 后，反复试验即可。

方法二：单击“工具”→“选项板”→“特性”命令，打开“特性”面板，打开“常规”面板，将“线型比例”数值改小。在“特性”面板中将数值 1 改为 0.5。

机械术语　什么是轴类零件

轴类零件一般由若干段不等径的同轴回转体构成，其主要加工工序是在车床上进行。

28 单击“修改”工具栏中的“删除”按钮，删除水平和垂直的辅助线段，如图 7–135 所示。

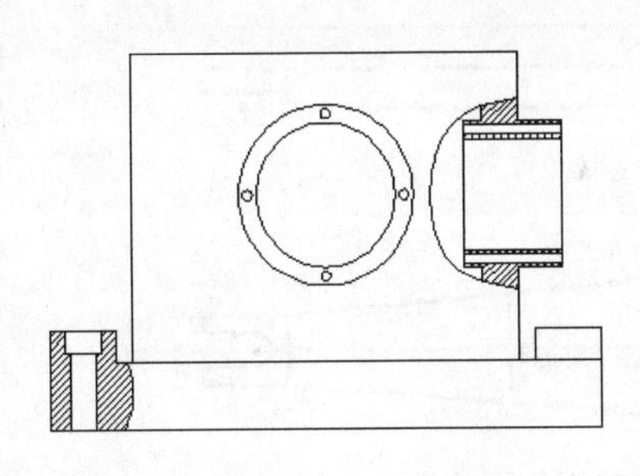

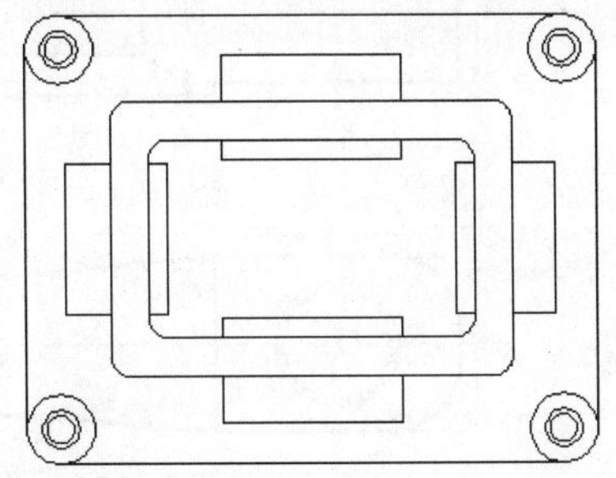

图 7–135　删除辅助线段

29 调整俯视图距离，空出之间标注的空间，并单击“标注”工具栏中的“线性”按钮，标注图形中的线性尺寸，如图 7–136 所示。

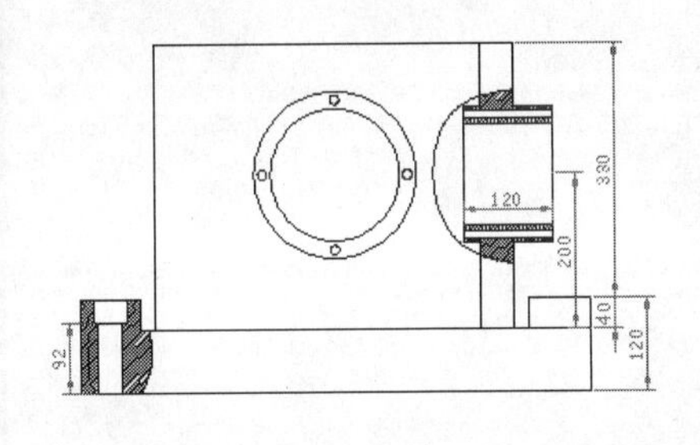

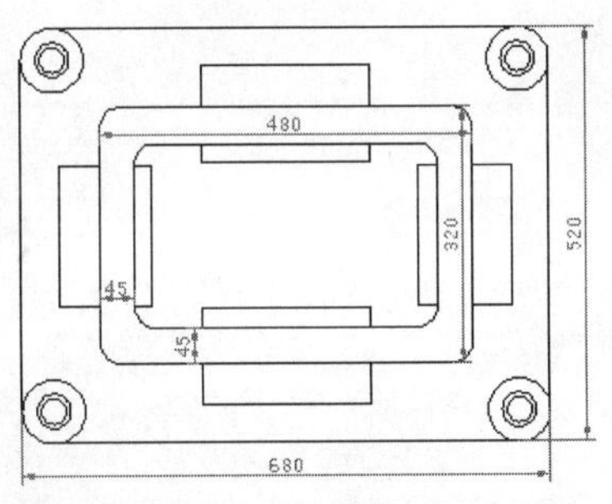

图 7–136　标注线性尺寸

30 单击“标注”工具栏中的“直径”按钮，标注图形中的直径尺寸，如图 7–137 所示。

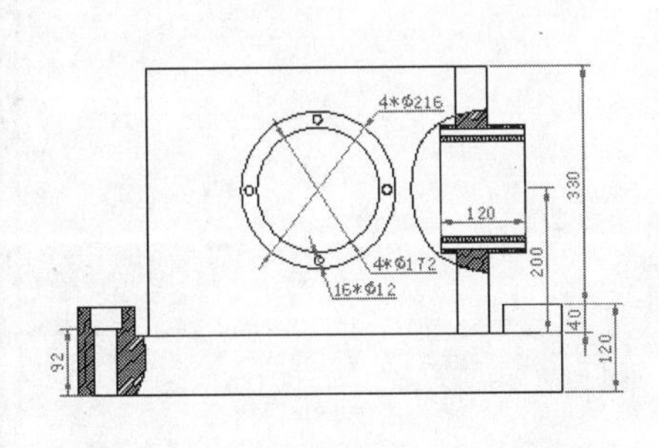

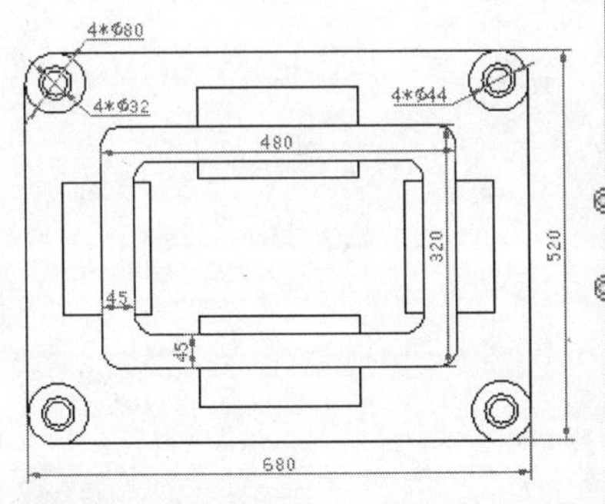

图 7–137　标注直径尺寸

实例 7-6　绘制叉架零件图

本实例将绘制一个叉架零件图，其主要功能包括线、圆、偏移、修剪、圆角、打断于点、旋转等。实例效果如图 7–138 所示。

气涨轴:

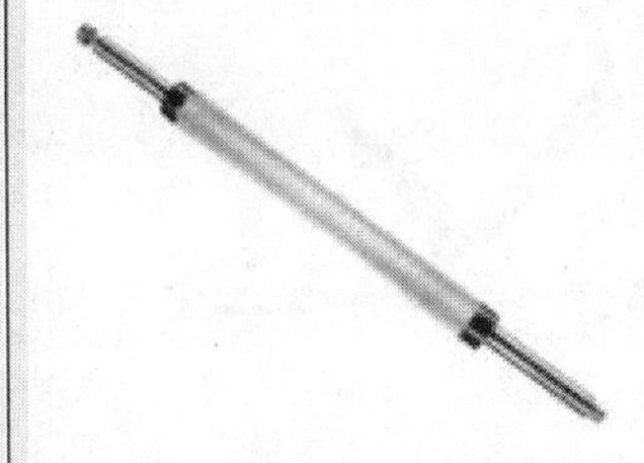

机械术语　什么是盘盖类零件

盘盖类零件的主要部分一般也是由轴回转体组成的，但其径向尺寸较大，而轴向尺寸较短。

此类零件的主要加工工序也是在车床上进行，故其主视图也按加工位置，将轴线放成水平放置，且多将非圆视图画成剖视图，以表达其轴向结构。

汽车的刹车盘盖:

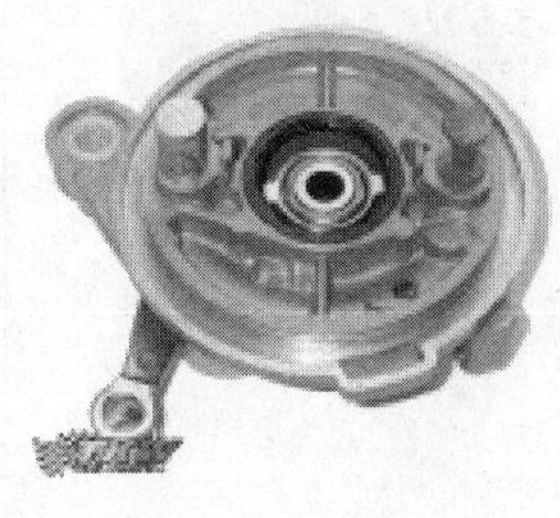

机械术语　什么是叉架类零件

叉架类零件的结构形状比较复杂，还常带有倾斜或弯曲的结构。它们的加工工序较多，且工作位置也不固定，一般选择最能反映其形状特征的视图作为主视图。除主视图外，一般还要根据其结构特点，选择其他视图及局部视图、断面图等表达方法加以表达。

自行车的主体叉架:

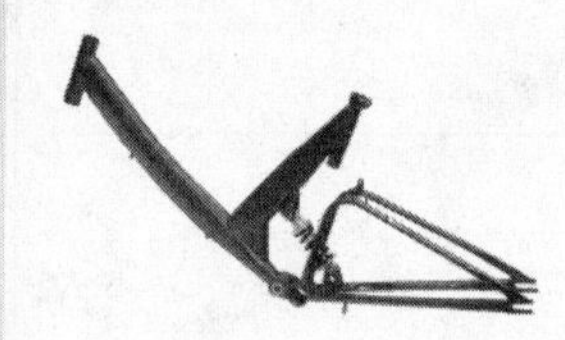

机械术语 什么是箱壳类零件

箱壳类零件的形状、结构复杂，加工工序也较多，一般应按其工作位置安放，并以反映其形状特征最明显的方向作为主视方向。箱壳类零件一般需要3个或3个以上基本视图及其他辅助图，采用多种表达方法才能表达清楚其形状和结构。

变速机箱壳:

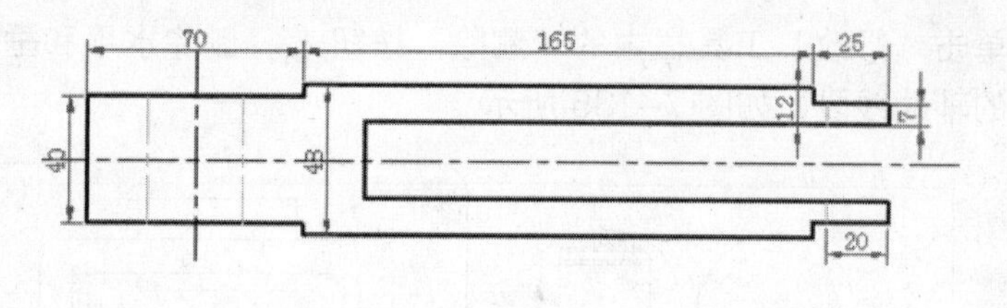

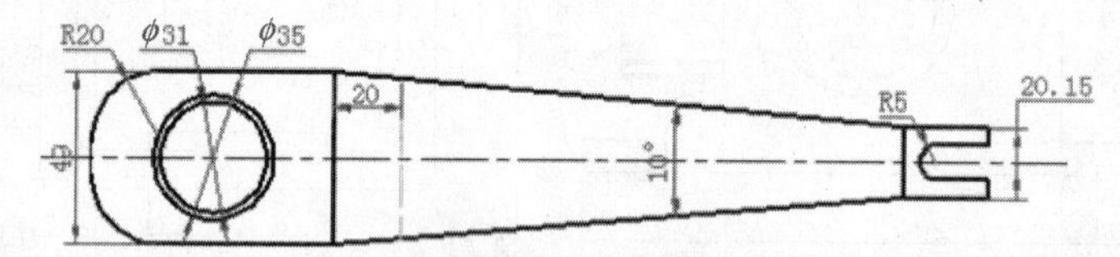

图 7-138　叉架零件图效果图

在绘制图形时，先绘制辅助线，再偏移和修剪出大致样式，最后标注尺寸。具体操作见“光盘\实例\第 7 章\绘制叉架零件图”。

第8章 绘制机械剖视图

机械剖视图主要用于表达图形的外部结构形状，而图形内部的结构形状，通常是用虚线来表示的。本章通过实例介绍绘制机械剖视图的绘制方法，小栏部分介绍剖视图理论知识以及块和外部参照等相关知识。

本章讲解的实例和主要功能如下：

实　例	主要功能	实　例	主要功能	实　例	主要功能
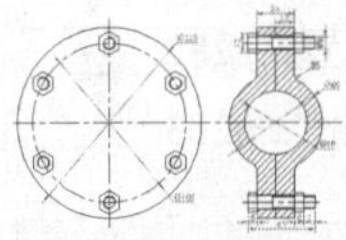 绘制螺栓接头	多边形 环形阵列 偏移、修剪 圆角 图案填充	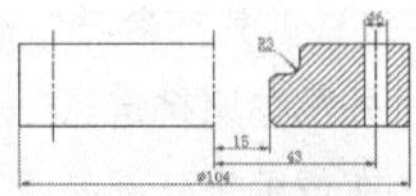 绘制压盖半剖视图	圆角、倒角 图案填充 线性标注 半径标注	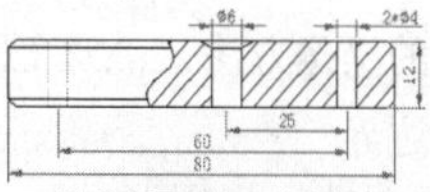 绘制导向平键剖视图	直线、偏移 修剪倒角 样条曲线 图案填充
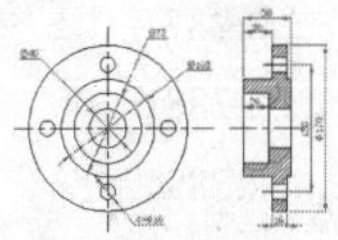 绘制法兰剖视图	多边形、圆 环形阵列 偏移、修剪 图案填充	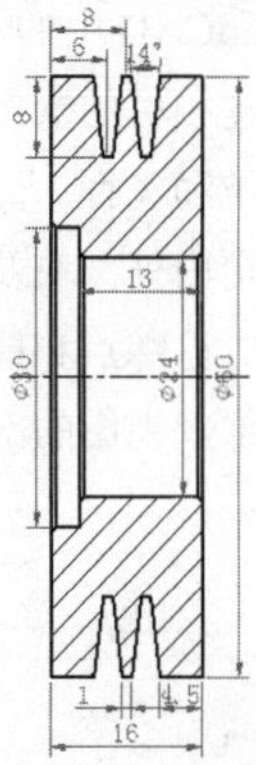 绘制带轮剖视图	偏移 修剪 旋转 延伸 图案填充	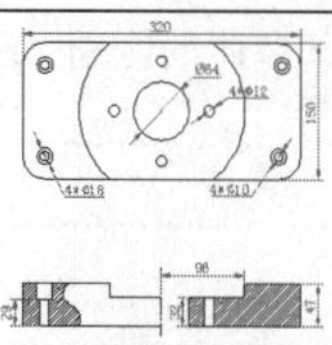 绘制底板剖视图	矩形 圆 圆角 样条曲线 图案填充
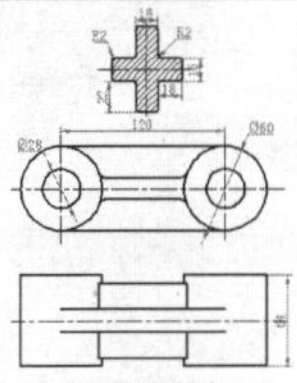 绘制连杆	直线、圆 偏移、修剪 圆角			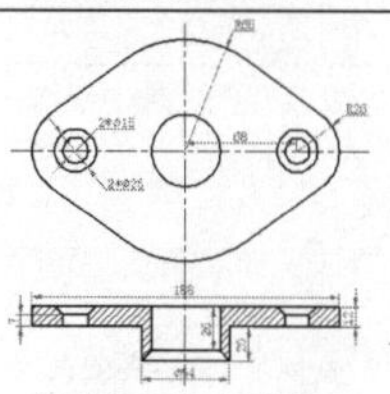 绘制压盖剖视图	圆 绘制切线 偏移 修剪 图案填充
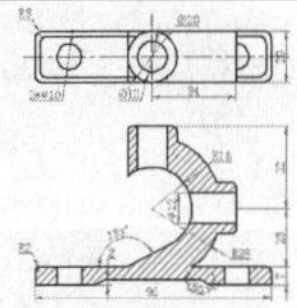 绘制仪器架剖视图	偏移、修剪 旋转、延伸 半径标注 直径标注 角度标注	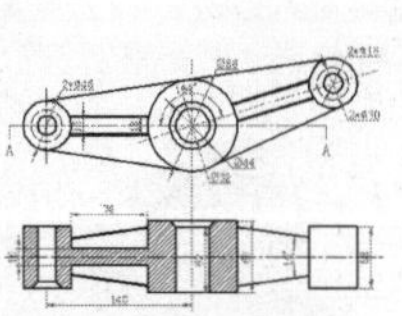 绘制零件剖视图	直线、圆 偏移、修剪 绘制切线 镜像、旋转 文字	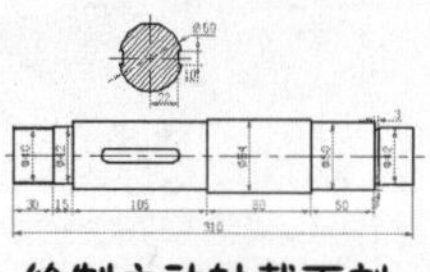 绘制主动轴截面剖视图	偏移、修剪 镜像 圆弧 线性标注 连续标注

本章在讲解实例操作的过程中，全面系统地介绍关于绘制机械剖视图的相关知识和操作方法，包含的内容如下：

实例 8-1 绘制螺栓接头

本实例将绘制螺栓接头，其主要功能包含了多边形、环形阵列、偏移、修剪、圆角、图案填充等。实例效果如图 8-1 所示。

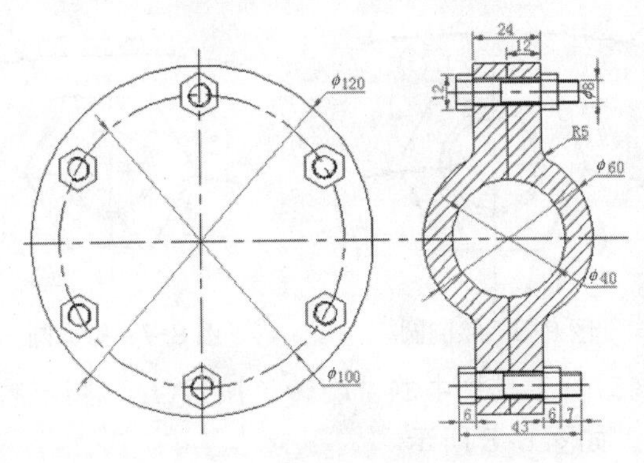

图 8-1 螺栓接头效果图

操作步骤

1. 单击“格式”工具栏中的“图层特性管理器”按钮，打开“图层特性管理器”面板，创建点画线和轮廓线两个图层。
2. 将点画线设置为当前图层，绘制两条线段，如图 8-2 所示。
3. 单击“绘图”工具栏中的“圆”按钮，以两条线段的交点为圆心，绘制一个半径为 50 的圆，如图 8-3 所示。

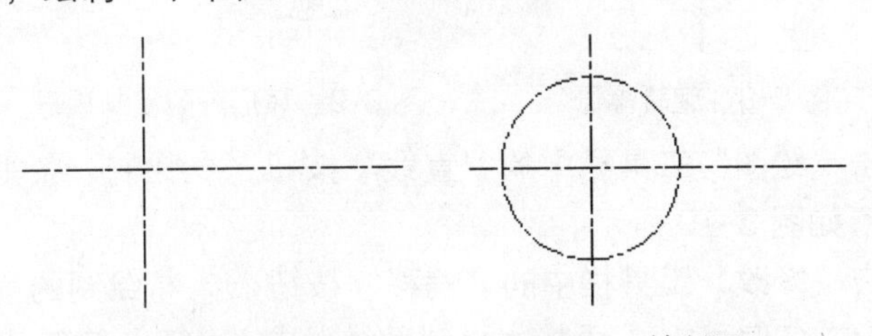

图 8-2 绘制线段　　图 8-3 绘制圆

4. 将轮廓线设置为当前图层，再次以两条线段的交点为圆心，绘制半径为 60 的圆，如图 8-4 所示。
5. 单击“绘图”工具栏中的“多边形”按钮，以辅助圆与垂直线段的交点为中心点，绘制一个内接于圆、半径为 7.5 的正六边形，如图 8-5 所示。

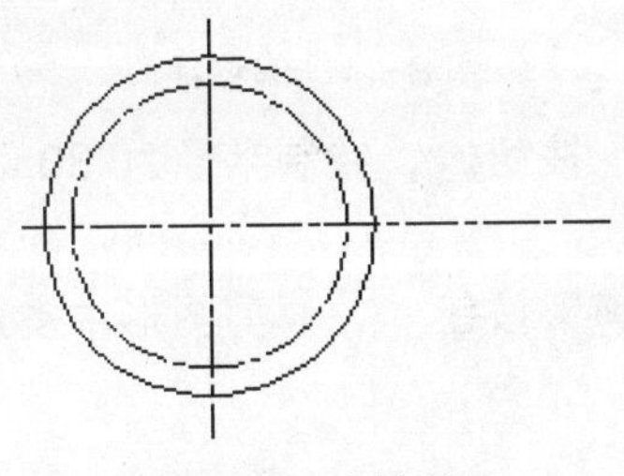

图 8-4 再次绘制圆

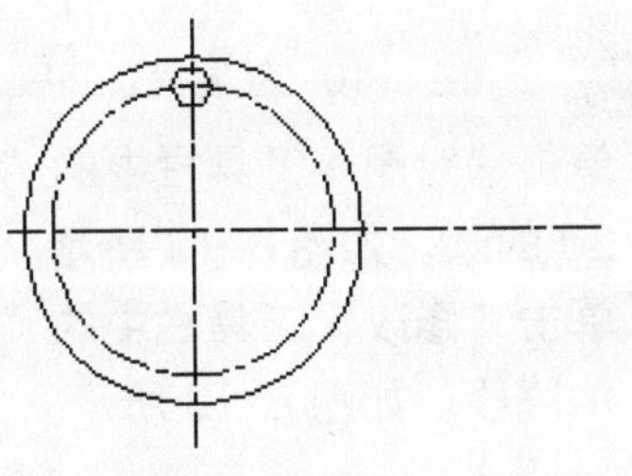

图 8-5 绘制正六边形

实例 8-1 说明

- 知识点：
  - 多边形
  - 环形阵列
  - 偏移
  - 修剪
  - 圆角
  - 图案填充
- 视频教程：
  光盘\教学\第 8 章 绘制机械剖视图
- 效果文件：
  光盘\素材和效果\08\效果\8-1.dwg
- 实例演示：
  光盘\实例\第 8 章\绘制螺栓接头

相关知识 什么是剖视图

国标规定，机件上不可见的结构形状用虚线表示。不可见的结构形状越复杂，虚线就越多，这样对读图和标注尺寸带来不便。为此，对机件不可见的内部结构形状常采用剖视图来表达。

剖视图是假想用剖切面（平面或柱面）剖开机件，将位于观察者和剖切面之间的部分移去，而将其余部分向投影面投影，所得到的图形称为剖视图。

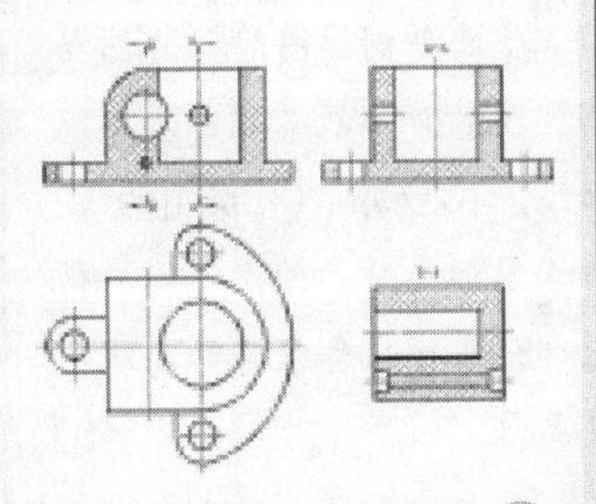

相关知识 剖视图的分类

剖视图可分为全剖视图、半剖视图和局部剖视图 3 种。

1. 全剖视图

用剖切面完全地剖开物体所得到的剖视图称为全剖视图，简称全剖。全剖视图主要用于外形简单、内部结构复杂且又不对称的物体。

带轮全剖视图：

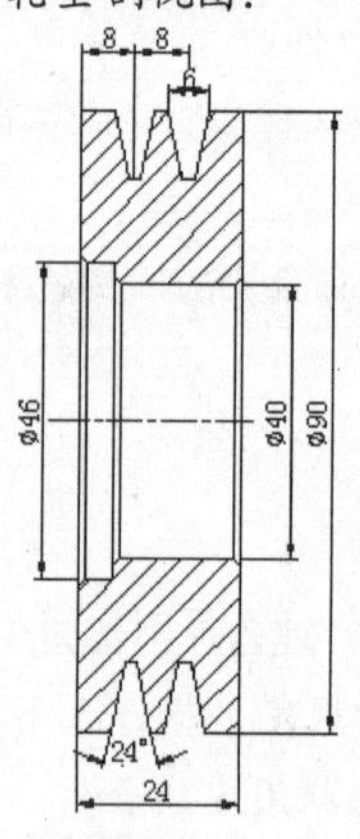

2. 半剖视图

当物体具有对称平面时，想垂直于对称平面的投影上折射所得到的图形，以对称中心线为界，一半画成剖视图，另一半画成视图，这样合成的图形称为半剖视图。

半剖视图用于物体内、外形状均需表达，且物体在此视图投射方向为对称结构的情况。

在画半剖视图时，视图与剖视图的分解线必须画成细点画线，不能画成其他类型的线。由于图形是对称的，所以在视图部分表示内部结构的虚线不再画出。

6 单击“绘图”工具栏中的“圆”按钮，以正六边形的中心点为圆心，绘制半径为 3.5 和 4 的圆，如图 8-6 所示。

7 单击“修改”工具栏中的“修剪”按钮，对图形进行修剪，如图 8-7 所示。

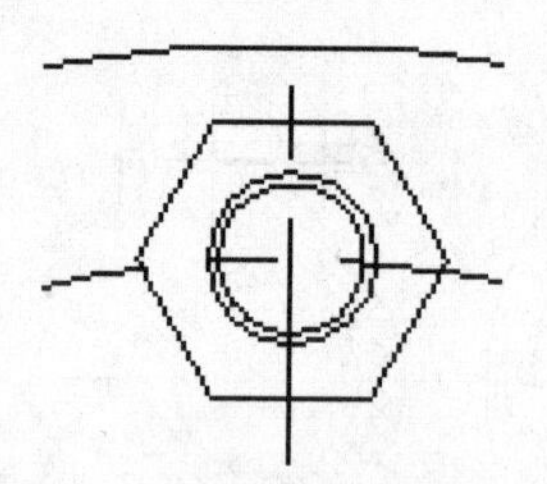

图 8-6 绘制圆

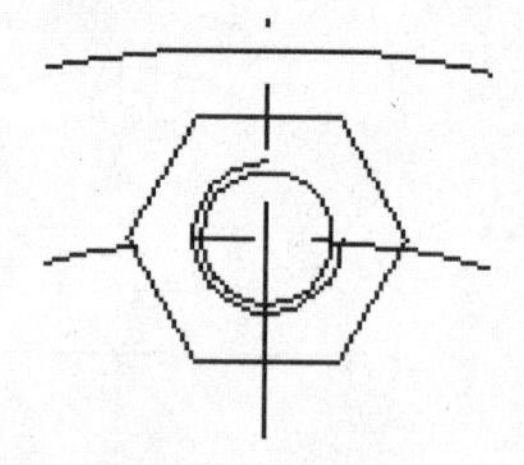

图 8-7 修剪圆

8 单击“修改”工具栏中的“旋转”按钮，将绘制的螺母旋转 90°，如图 8-8 所示。

9 单击“修改”工具栏中“矩形阵列”下拉按钮中的“环形阵列”按钮，设置对螺母进行环形阵列复制，如图 8-9 所示。

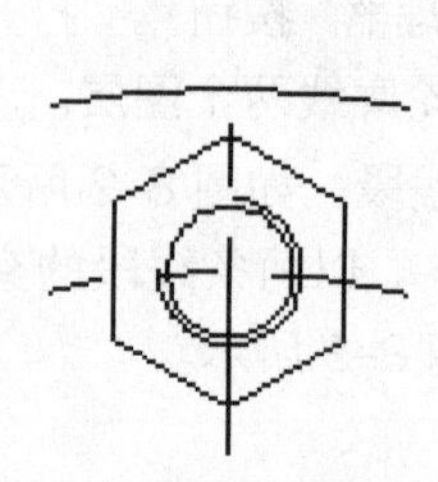

图 8-8 旋转螺母

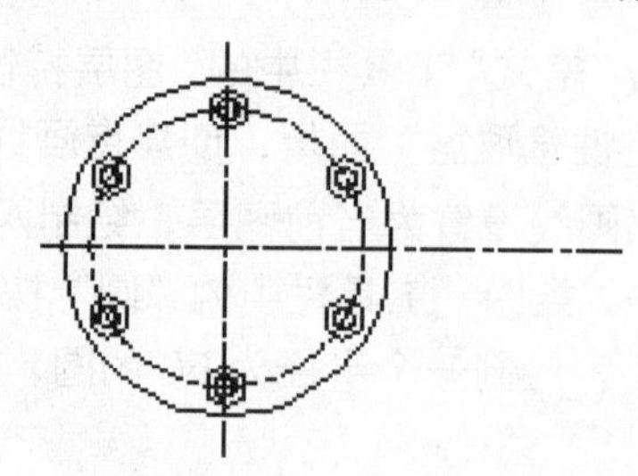

图 8-9 环形阵列复制螺母

10 单击“绘图”工具栏中的“直线”按钮，绘制一条垂直线段，如图 8-10 所示。

11 单击“修改”工具栏中的“偏移”按钮，将绘制的直线向左、右各偏移 12，再将水平辅助线段向上、下各偏移 60，如图 8-11 所示。

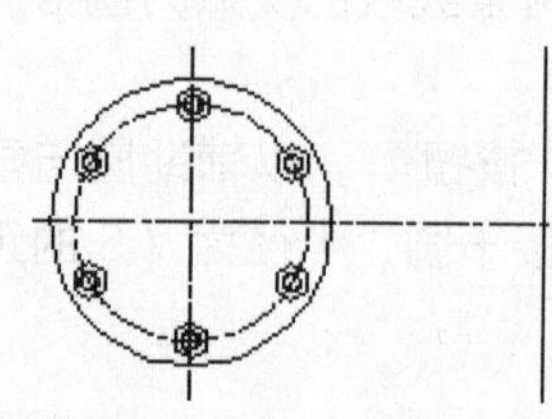

图 8-10 绘制垂直线段

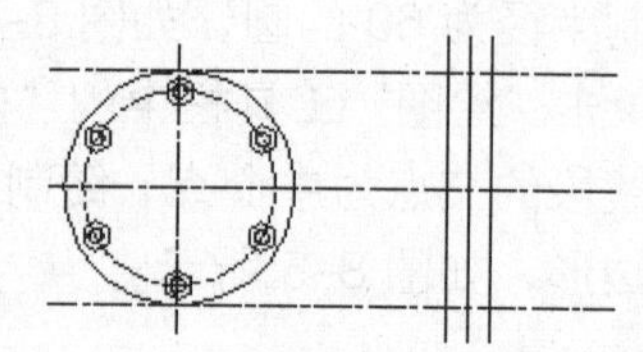

图 8-11 偏移线段

12 单击“绘图”工具栏中的“圆”按钮，绘制半径为 30 和 20 的圆，如图 8-12 所示。

13 单击“修改”工具栏中的“修剪”按钮，修剪图形中多余的线段，如图 8-13 所示。

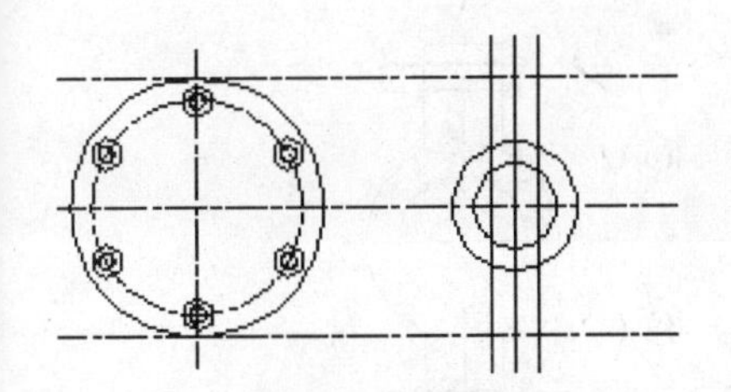

图 8-12　绘制圆

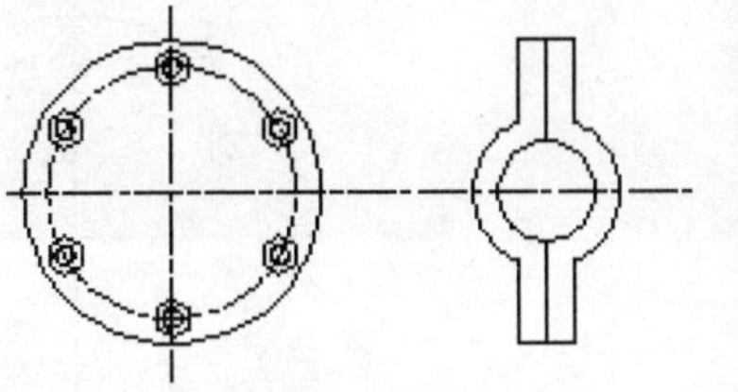

图 8-13　修剪图形

14 单击"修改"工具栏中的"偏移"按钮，将水平线段向上偏移 50，并将偏移线段设置为轮廓线，如图 8-14 所示。

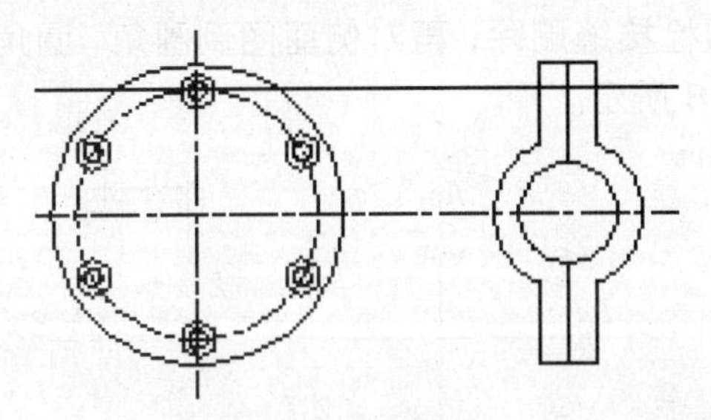

图 8-14　偏移线段

15 再次单击"修改"工具栏中的"偏移"按钮，将偏移的线段向上、下各偏移 3.5、4、4.5 和 6，将垂直的线段向左、右各偏移 18，再向左偏移 2，向右偏移 25，如图 8-15 所示。

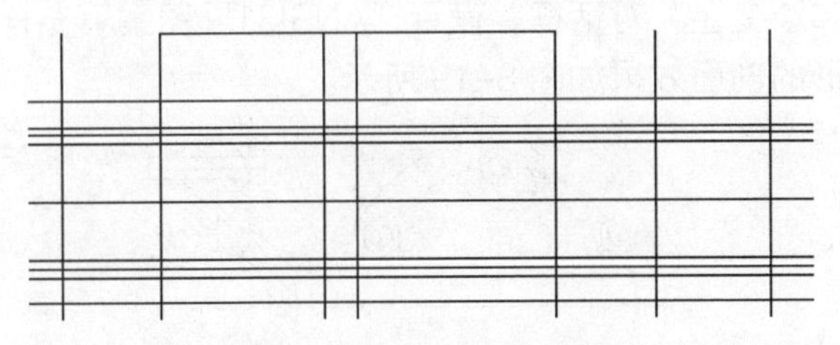

图 8-15　再次偏移线段

16 单击"修改"工具栏中的"修剪"按钮，修剪出螺栓，如图 8-16 所示。

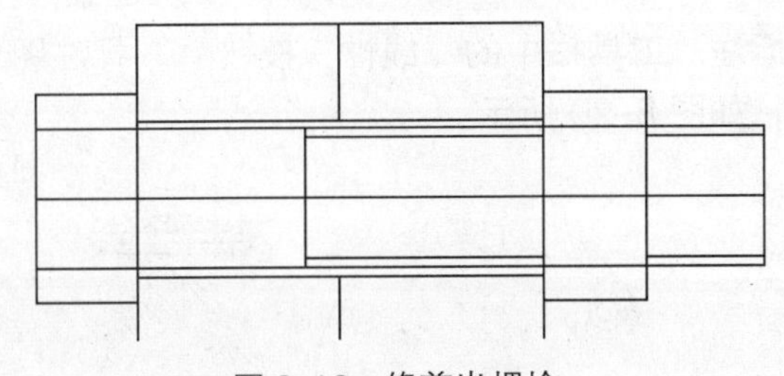

图 8-16　修剪出螺栓

17 单击"修改"工具栏中的"镜像"按钮，将螺母沿水平点画线镜像复制，如图 8-17 所示。

实例压盖半剖视图：

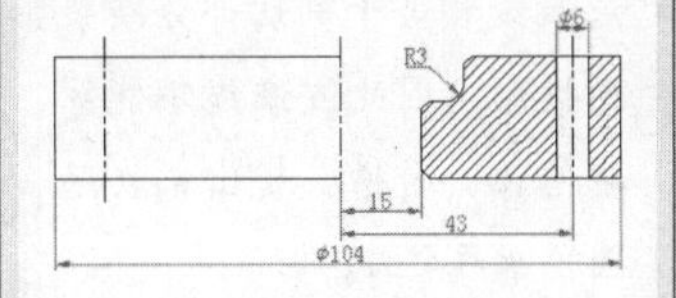

3. 局部剖视图

用剖切面局部地剖开图形所得到的剖视图称为局部剖视图。

局部剖视图一般用于内外形状均需表达的不对称图形，它不受图形结构是否对称的限制，剖切位置和范围也可根据实际需要选取，是一种比较灵活的表达方式。

实例导向平键局部剖视图：

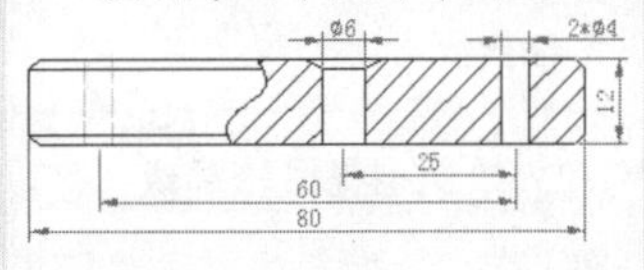

相关知识　**半剖视图剖视规则**

半剖视图中剖视部分的位置通常可以按以下原则配置：

- 主视图中位于对称线右侧。
- 俯视图中位于对称线下方或右方。
- 左视图中位于对称线右侧。

相关知识　**局部剖视图剖视要领**

在绘制局部剖视图时应注意以下几点：

- 局部剖视图与视图的分界线一般是波浪线。

- 波浪线不能与图形轮廓重合。
- 波浪线相当于剖切部分断裂的投影，因此波浪线不能穿越通孔、通槽或超出剖切范围轮廓线之外。
- 当剖视图为对称图形，其对称中心线处有其他图线时，则应画成局部剖视图。

相关知识 绘制剖视图的步骤

通常情况下，绘制剖视图的步骤如下：

1. 确定剖切位置

一般情况下，剖切平面选用投影面的平行面，其位置应通过机件内部结构的对称平面或轴线。

2. 绘制剖视图轮廓线

在剖视图中，可见轮廓线主要包括截断面轮廓线（剖切平面与机件的截交线）以及剖切平面后方的可见轮廓线，这些轮廓线一律用粗实线画出。对于不可见的轮廓线，除非必要，一般应省略虚线，以使图形更加清晰。

因为剖切是假想的，所以某个视图用剖视图表达后，并不影响其他视图。

3. 画剖面符号

在剖视图中，剖切面与物体的截断面又称为剖面区域。为了便于识图和区分对象的材料类别，剖面区域应画出剖面符号。不需要在剖面区域中表

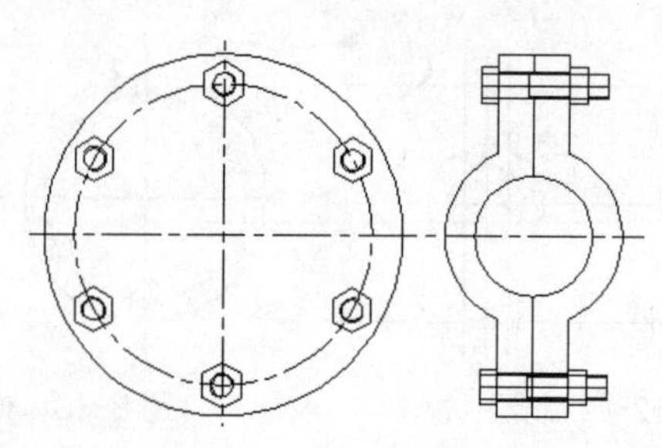

图 8-17 镜像复制螺栓

18 单击“修改”工具栏中的“修剪”按钮，将复制的螺母中间的螺栓接缝删除，再对侧面图倒圆角，圆角半径为 5，如图 8-18 所示。

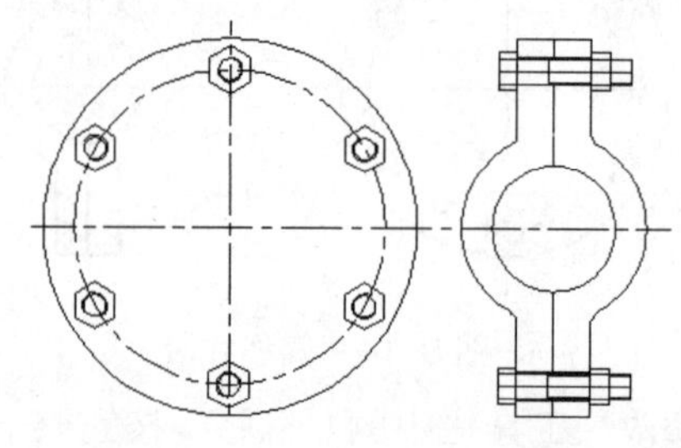

图 8-18 修剪并倒圆角图形

19 单击“绘图”工具栏中的“图案填充”按钮，打开“图案填充和渐变色”对话框，设置“ANSI31”图案填充样式，填充图形的剖面效果如图 8-19 所示。

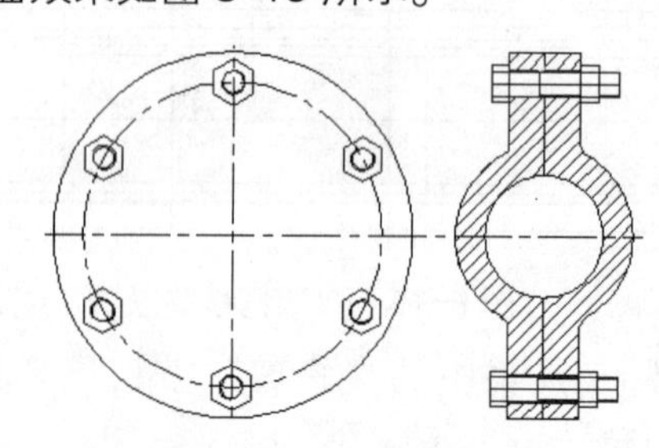

图 8-19 填充侧面图形

20 单击“标注”工具栏中的“线性”按钮，标注图形上的线性尺寸，如图 8-20 所示。

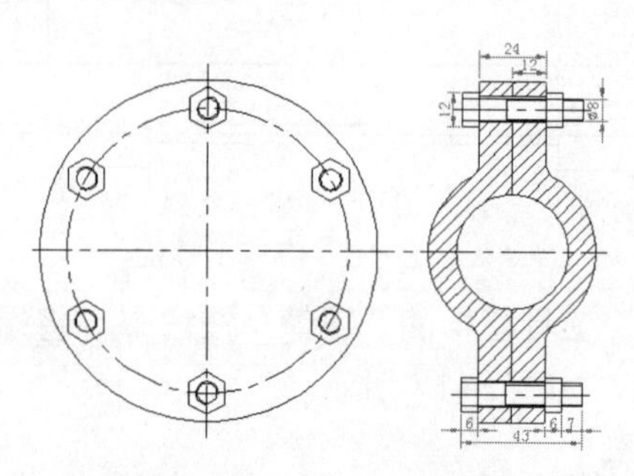

图 8-20 标注线性尺寸

21 单击“标注”工具栏中的“半径”按钮和“直径”按钮，标注图形上半径和直径的尺寸，如图 8-21 所示。

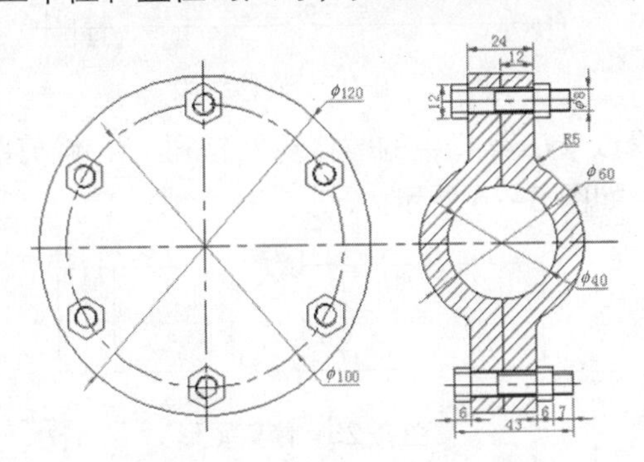

图 8-21　标注半径和直径尺寸

实例 8-2　绘制压盖半剖视图

本实例将绘制压盖半剖视图，其主要功能包含圆角、倒角、图案填充、线性标注、半径标注等。实例效果如图 8-22 所示。

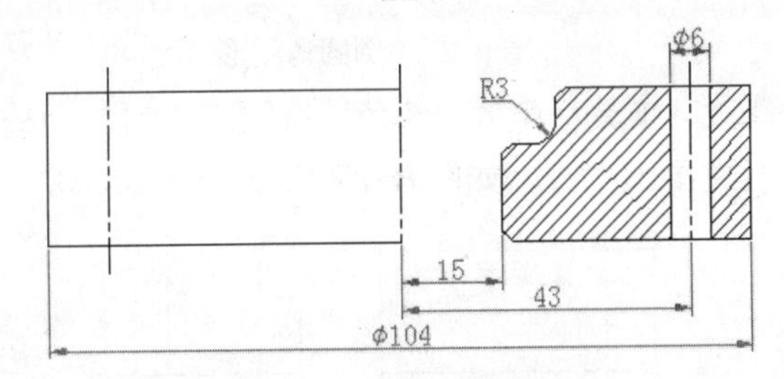

图 8-22　压盖半剖视图效果图

操作步骤

1 单击“格式”工具栏中的“图层特性管理器”按钮，打开“图层特性管理器”面板，创建点画线和轮廓线两个图层。

2 将点画线设置为当前图层，并绘制一条垂直线段，如图 8-23 所示。

3 将轮廓线设置为当前图层，并绘制一条水平线段，如图 8-24 所示。

图 8-23　绘制垂直线段

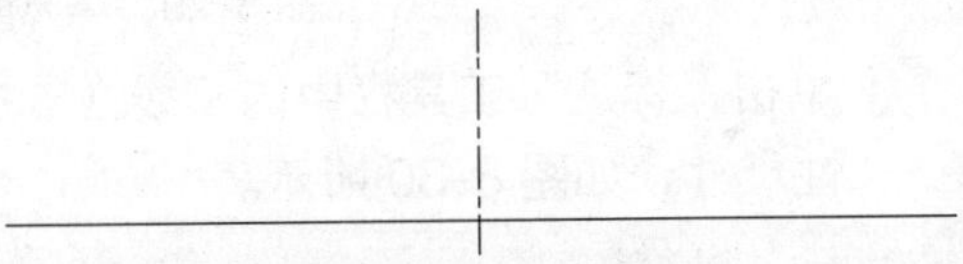

图 8-24　绘制水平线段

4 单击“修改”工具栏中的“偏移”按钮，将垂直辅助线段向左、右各偏移 43，再将垂直辅助线段向左偏移 52，向右偏移 15、23、40、46、52，并将除偏移 43 外的其他线段设置为轮廓线，然后将水平线段向上偏移 14、22，如图 8-25 所示。

示材料的类别时，可以采用通用剖面线表示。通用剖面线应以适当角度的细实线绘制，最好与主要轮廓或剖面区域的对称线成 45°。

4. 注意事项

位于剖切面后方的可见结构应全部画出，不要漏线。对于剖切面前方的可见外形，由于剖切后已不存在，所以不应再画出，即不要多线。

在画剖视图时，对已表达清楚的内部结构和形状再用虚线表达则是多余的，称为不需要的虚线，一般不再画出。

同一图形的每个剖面区域的剖面线画法应一致。剖面线间隔应按剖面区域的大小选择，一般为 2～6mm。

实例 8-2 说明

- 知识点：
  - 圆角
  - 倒角
  - 图案填充
  - 线性标注
  - 半径标注
- 视频教程：
  光盘\教学\第 8 章 绘制机械剖视图
- 效果文件：
  光盘\素材和效果\08\效果\8-2.dwg
- 实例演示：
  光盘\实例\第 8 章\绘制压盖半剖视图

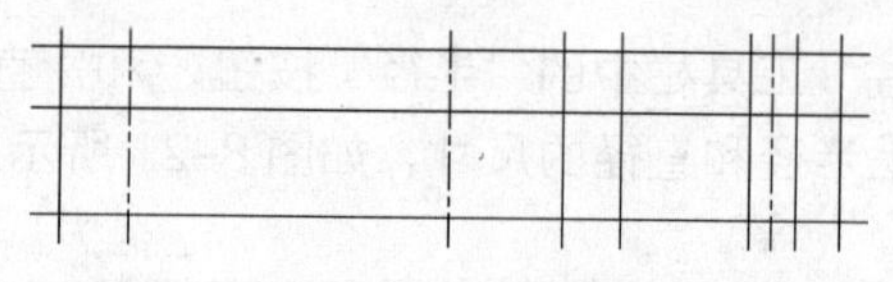

图 8-25 偏移线段

5 单击“修改”工具栏中的“修剪”按钮，修剪图形中多余的线段，如图 8-26 所示。

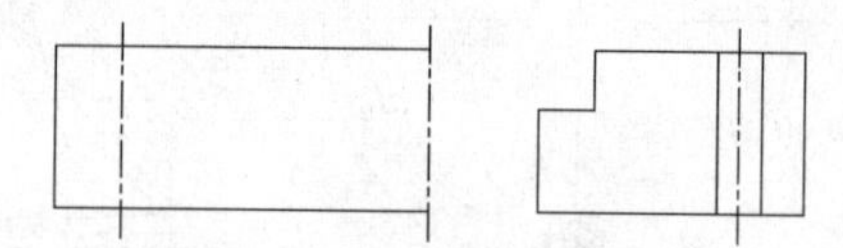

图 8-26 修剪图形

6 单击“修改”工具栏中的“圆角”按钮，进行倒圆角，圆角半径为 3，如图 8-27 所示。

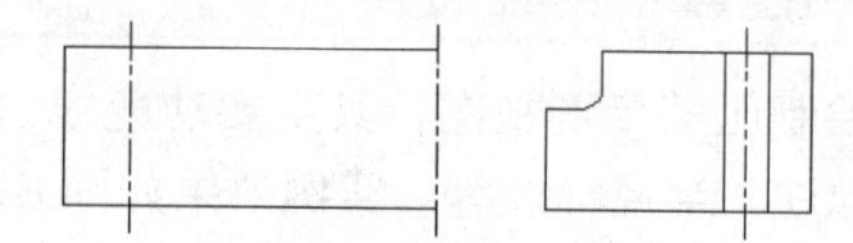

图 8-27 倒圆角图形

7 单击“修改”工具栏中的“倒角”按钮，对其他棱边倒角，倒角距离为 1.5、1.5，如图 8-28 所示。

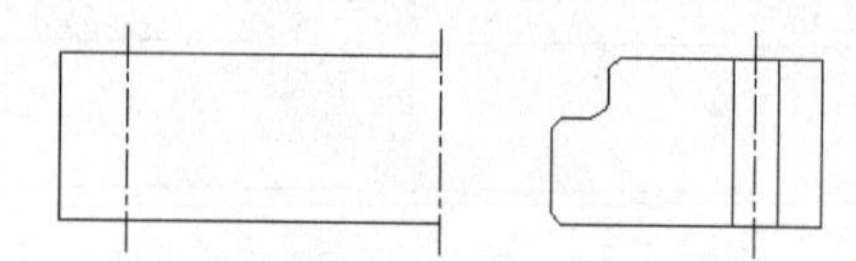

图 8-28 倒角图形

8 单击“绘图”工具栏中的“图案填充”按钮，打开“图案填充和渐变色”对话框，设置“ANSI31”图案填充样式，设置比例为 12，填充对象，如图 8-29 所示。

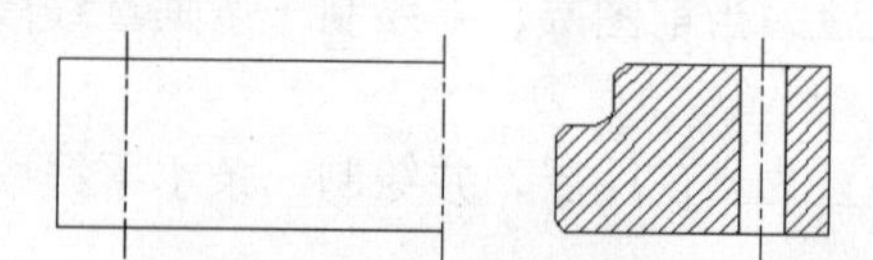

图 8-29 填充图案

9 单击“标注”工具栏中的“线性”按钮，标注图形上的线性尺寸，如图 8-30 所示。

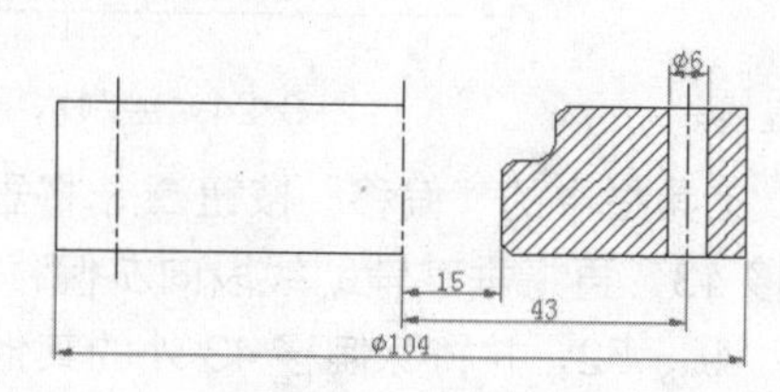

图 8-30 标注线性尺寸

相关知识 剖视图的标注

剖视图的标注内容由以下 3 个部分组成：

- 用剖切线（细点画线）表示剖切面的位置。
- 用剖切符号指示剖切面起讫和转折位置（用长约 3～4mm 的粗短画表示，且尽可能不与图形的轮廓线相交）及投射方法（用箭头表示）。
- 用字母表示剖视图的名称。将大写字母标注在剖切符号旁边，并在剖视图的上方注写相同的字母“×—×”。字母高度为 1.4h（h 为尺寸数字高度），两字母间的线宽与字母粗细相同。其中，剖切线可省略不画。

相关知识 什么是块

块是由一个对象或多个对象组成的一个整体，它可以被移动、复制或删除，常用于绘制重复的图形对象，根据用户需要将块插入到所需要的位置。块还可以输出成一个新的图形文件而且与当前图形没有任何关系。

将所有图形创建成块后，选择图形后就只有一个夹点，可以通过该夹点来调整块的位置。

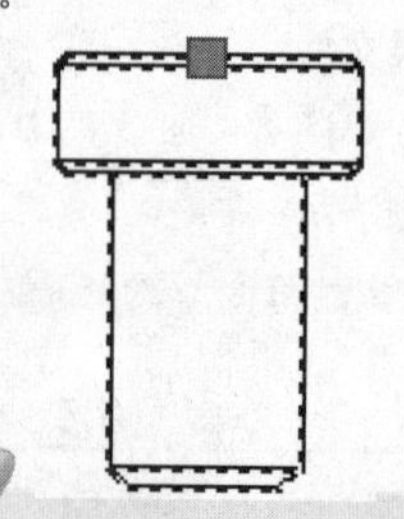

10 单击“标注”工具栏中的“半径”按钮，标注图形内部台阶圆角尺寸，如图 8-31 所示。

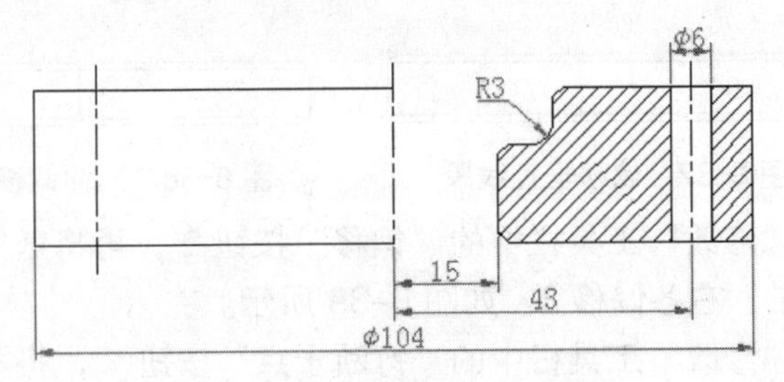

图 8-31　标注半径尺寸

实例 8-3　绘制导向平键剖视图

本实例将绘制导向平键剖视图，其主要功能包含直线、偏移、修剪、倒角、样条曲线、图案填充等。实例效果如图 8-32 所示。

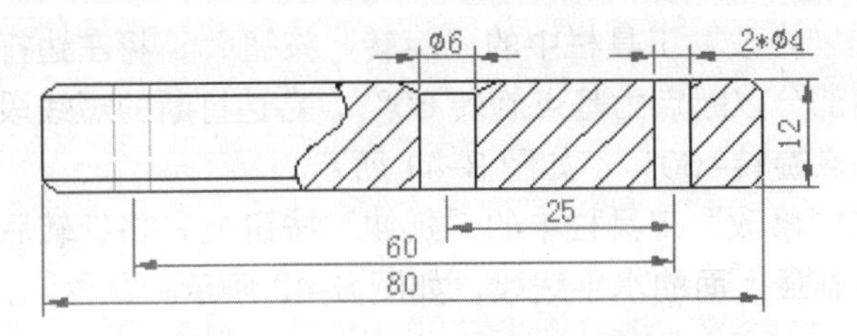

图 8-32　导向平键剖视图效果图

操作步骤

1 单击“绘图”工具栏中的“直线”按钮，绘制两条线段，如图 8-33 所示。

2 单击“修改”工具栏中的“偏移”按钮，将水平线段向上偏移 12，将垂直线段向右偏移 80，如图 8-34 所示。

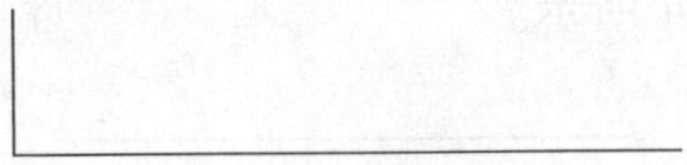

图 8-33　绘制线段 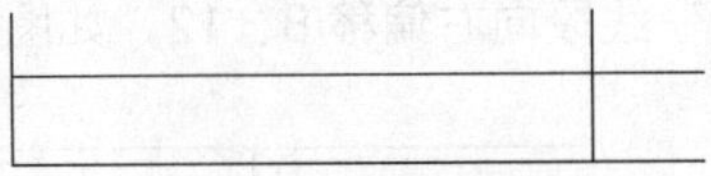　　　图 8-34　偏移线段

3 单击“修改”工具栏中的“倒角”按钮，对 4 个角倒直角，倒角距离为 1.5、1.5，如图 8-35 所示。

4 单击“绘图”工具栏中的“直线”按钮，绘制倒角后的连线，如图 8-36 所示。

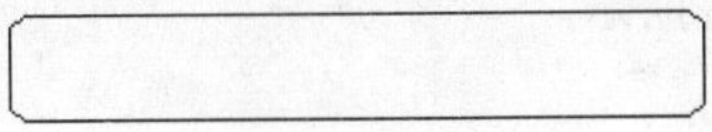

图 8-35　倒角 4 个角 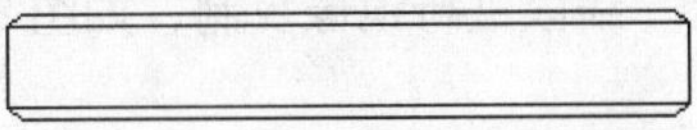　　　图 8-36　绘制倒角后的连线

5 单击“修改”工具栏中的“偏移”按钮，将左边的垂直线段向右偏移 45，如图 8-37 所示。

实例 8-3 说明

知识点：
- 直线
- 偏移
- 修剪
- 倒角
- 样条曲线
- 图案填充

视频教程：

光盘\教学\第 8 章 绘制机械剖视图

效果文件：

光盘\素材和效果\08\效果\8-3.dwg

实例演示：

光盘\实例\第 8 章\绘制导向平键剖视图

重点提示　块的特点

块的特点主要有以下几点：

1. 提高工作效率

通过引用块可以避免重复绘制同一个图形对象，只需要创建一次然后存储起来，再次使用时直接插入即可，从而大大提高了绘图效率，节省了时间而且也降低了出错率。

2. 节省存储空间

在绘制图形时，每一个图形对象的相关信息都会被存储起来占用一定的存储空间，如对象的图层信息、位置信息、类型属性等。如果存在大量相同的图形，它们的相关信息也一同被存储起来，这样就浪费了磁盘空间。文件越大，执行操作的速度也就越慢。

相同的文件定义为块之后，只要保存一次信息即可，从而节省存储空间。

3. 有利于修改图形

在绘制图形时，尤其是大型的图样文件，对图形进行修改是经常要做的工作。把许多相同的图形定义成块以后，只要对块进行修改，就能同时修改大量相同的图形，而无需对它们逐个进行修改。

4. 快捷地提取块属性

块属性是将数据附着到块上的标签或标记，属性中可能包含的数据包括材料编号、价格、注释和物主的名称等。从块中提取属性信息后可以转送到数据库、报表或其他需要的文件中。

操作技巧 创建块的操作方法

可以通过以下 3 种方法来执行“创建块”功能：

- 选择“绘图”→“块”→“创建”命令。
- 单击“绘图”工具栏中的“创建块”按钮。
- 在命令行中输入 block 后，按 Enter 键。

6 单击“修改”工具栏中的“延伸”按钮，将偏移的线段延伸到上、下水平线上，如图 8-38 所示。

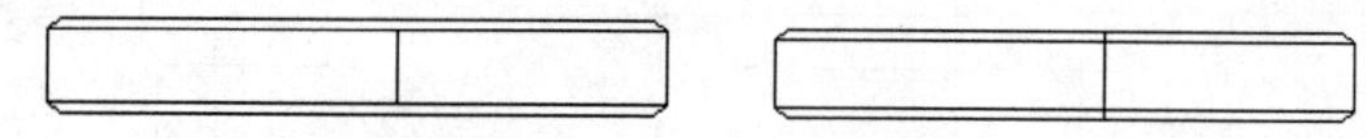

图 8-37　偏移垂直线段　　图 8-38　延伸偏移线段

7 单击“修改”工具栏中的“偏移”按钮，再将延伸后的线段向左、右各偏移 3，如图 8-39 所示。

8 单击“修改”工具栏中的“打断于点”按钮，将两条偏移的垂直线段打断于点，如图 8-40 所示。

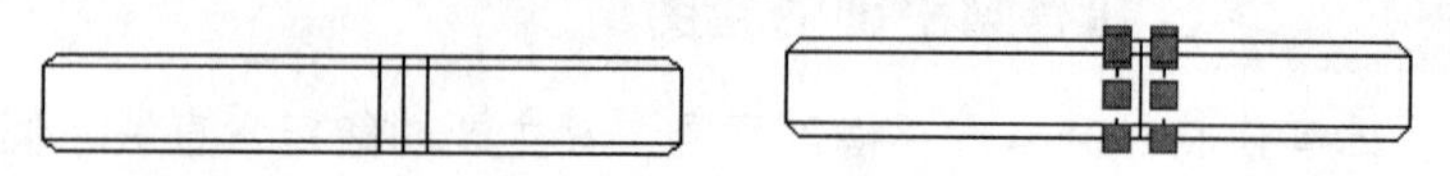

图 8-39　偏移延伸线段　　图 8-40　打断偏移线段

9 单击“修改”工具栏中的“旋转”按钮，将左边打断线段短的部分以断点为基点旋转 60°，右边打断的短线段以断点为基点旋转-60°，如图 8-41 所示。

10 单击“修改”工具栏中的“延伸”按钮，将旋转后的线段延伸到最上面的水平线段，如图 8-42 所示。

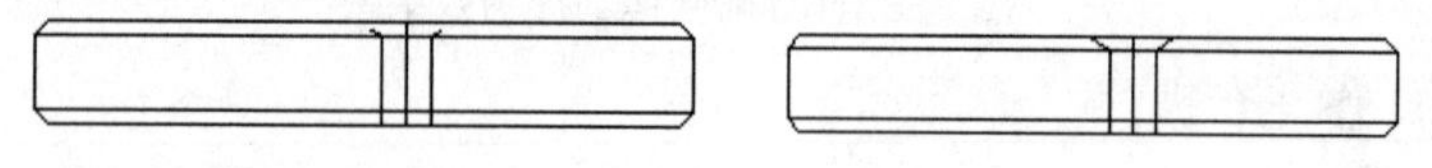

图 8-41　旋转打断后的线段　　图 8-42　延伸旋转后的线段

11 单击“修改”工具栏中的“修剪”按钮，将中间孔中多余的线段修剪，如图 8-43 所示。

12 单击“修改”工具栏中的“偏移”按钮，将最左边的垂直线段向右偏移 8、12，如图 8-44 所示。

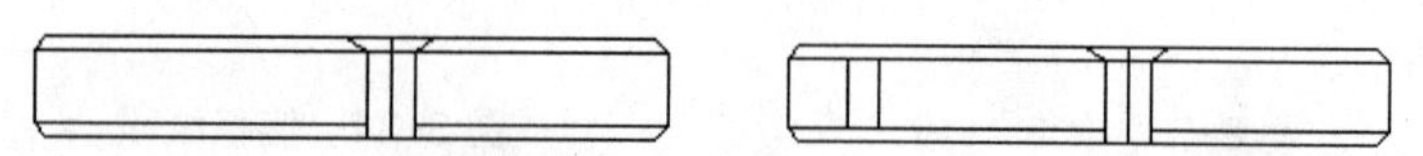

图 8-43　修剪图形　　图 8-44　偏移线段

13 单击“修改”工具栏中的“延伸”按钮，将偏移后的线段延伸到上、下水平线段，如图 8-45 所示。

14 单击“修改”工具栏中的“镜像”按钮，将延伸后的垂直线段进行镜像复制，如图 8-46 所示。

图 8-45　延伸偏移后的线段　图 8-46　镜像复制延伸后的垂直线段

15 将镜像复制的对象设置为虚线，颜色设置为灰色，如图 8-47 所示。

16 单击“绘图”工具栏中的“样条曲线”按钮，绘制一条局部剖视的曲线，如图 8-48 所示。

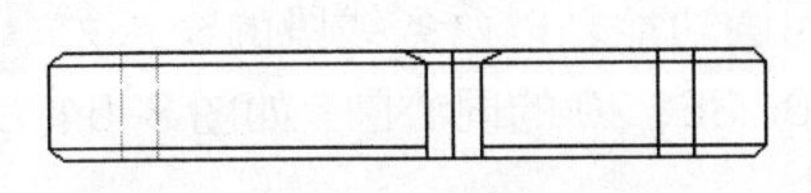

图 8-47　设置线型和颜色

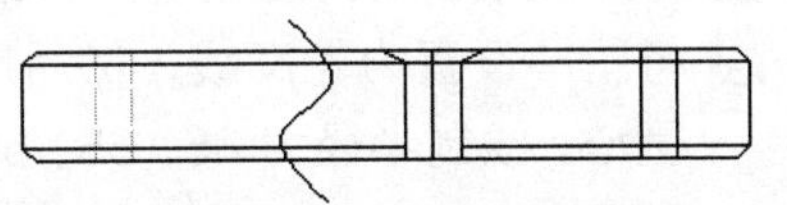

图 8-48　绘制样条曲线

17 单击“修改”工具栏中的“修剪”按钮和“删除”按钮，修剪过长的样条曲线，并删除中间的垂直线段，如图 8-49 所示。

18 单击“绘图”工具栏中的“图案填充”按钮，打开“图案填充和渐变色”对话框，设置“ANSI31”图案填充样式，设置比例为 0.8，填充对象，如图 8-50 所示。

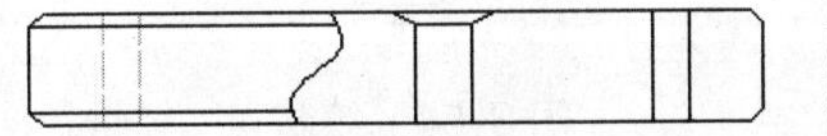

图 8-49　修剪样条曲线并删除多余的线段

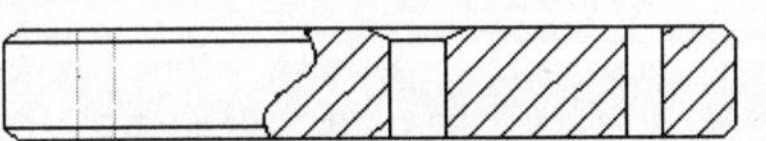

图 8-50　填充图形

19 单击“标注”工具栏中的“线性”按钮，标注图形中的尺寸，如图 8-51 所示。

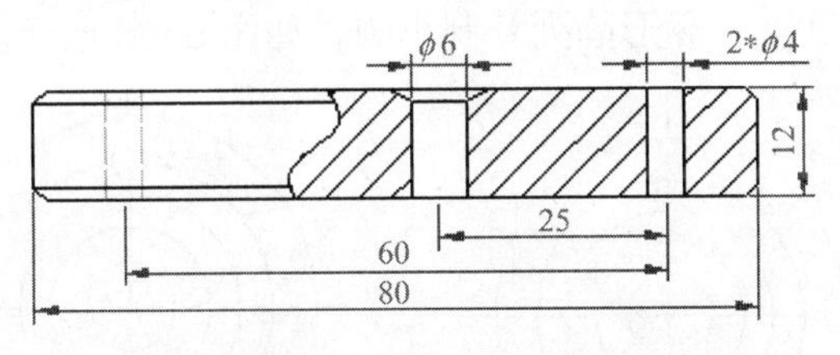

图 8-51　标注线性尺寸

实例 8-4　绘制法兰剖视图

本实例将绘制法兰剖视图，其主要功能包含多边形、圆、环形阵列、偏移、修剪、图案填充等。实例效果如图 8-52 所示。

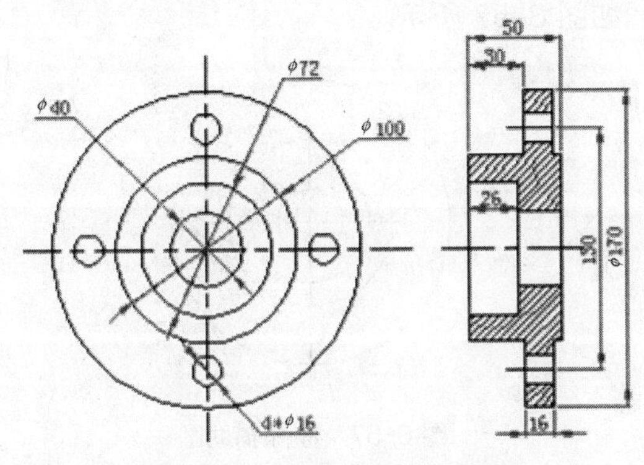

图 8-52　法兰剖视图效果图

相关知识　“块定义”对话框中的各选项设置

在执行以上任意一种操作后，都可以打开“块定义”对话框，在该对话框中各选项的功能如下：

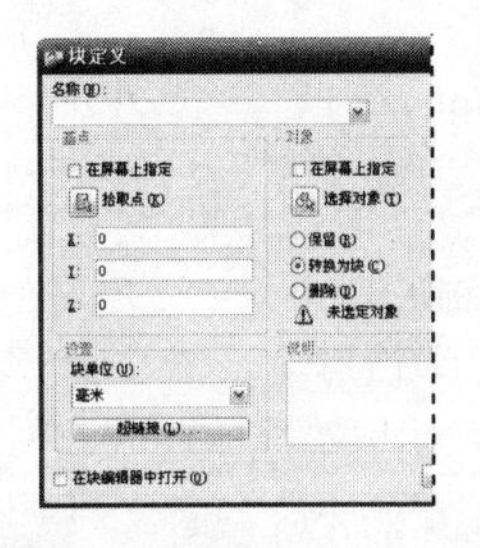

- 名称：用于输入块的名称。当行中包含多个块时，还可以在下拉列表框中选择已存在的块。
- “基点”选项组：用于设置块的插入基点位置。用户可以直接在 X、Y、Z 文本框中输入，也可以单击“拾取点”按钮，切换到绘图窗口中，选择基点。从理论上讲，用户可以选择块上的任意一点作为插入基点，但是为了作图方便，需要根据图形的结构选择基点。一般基点选在块的对称中心、左下角或其他有特征的位置。
- “对象”选项组：用于设置组成块的对象。
- “方式”选项组：用于设置组成块的方式。

- “设置”选项组：在“块单位”下拉列表框中设置插入图块时的插入比例单位。“超链接”按钮可以插入超链接文档。

实例 8-4 说明

知识点：
- 多边形
- 圆
- 环形阵列
- 偏移
- 修剪
- 图案填充

视频教程：
光盘\教学\第 8 章 绘制机械剖视图

效果文件：
光盘\素材和效果\08\效果\8-4.dwg

实例演示：
光盘\实例\第 8 章\绘制法兰剖视图

相关知识 什么是存储块

存储块也可以称为写块，使用存储块可以将块或图形对象写入新的图形文件。

操作技巧 存储块的操作方法

可以通过以下一种方法来执行“存储块”功能：

- 在命令行中输入 wblock 后，按 Enter 键。

操作步骤

1 单击“格式”工具栏中的“图层特性管理器”按钮，打开“图层特性管理器”面板，创建点画线、轮廓线和细实线 3 个图层。

2 将点画线设置为当前图层，绘制两条线段，如图 8-53 所示。

3 将图层设置为轮廓线，然后用圆功能，以两条线段的交点为圆心，绘制半径为 85、65、50、36、20 的同心圆，如图 8-54 所示。

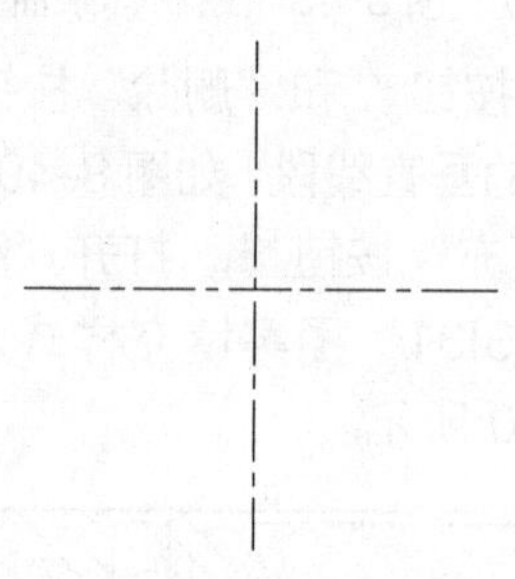
图 8-53　绘制线段

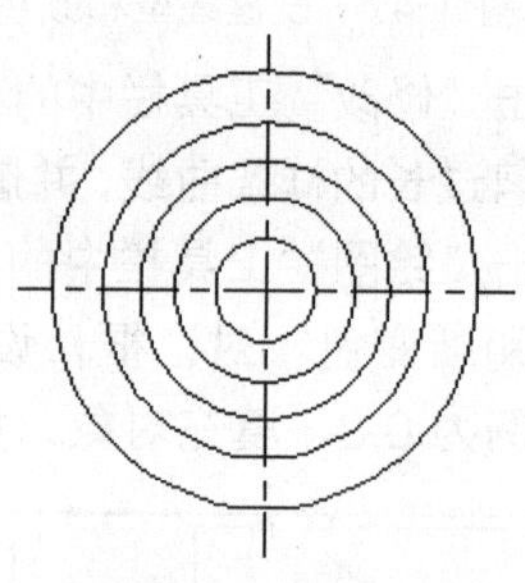
图 8-54　绘制圆

4 单击“绘图”工具栏中的“圆”按钮，以垂直线段与圆的交点为圆心，绘制一个半径为 8 的圆，如图 8-55 所示。

5 单击“修改”工具栏中“矩形阵列”下拉按钮中的“环形阵列”按钮，环形阵列复制小圆，如图 8-56 所示。

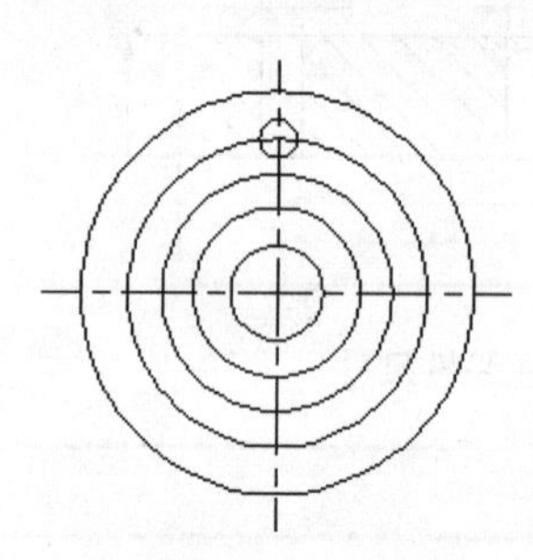
图 8-55　绘制小圆

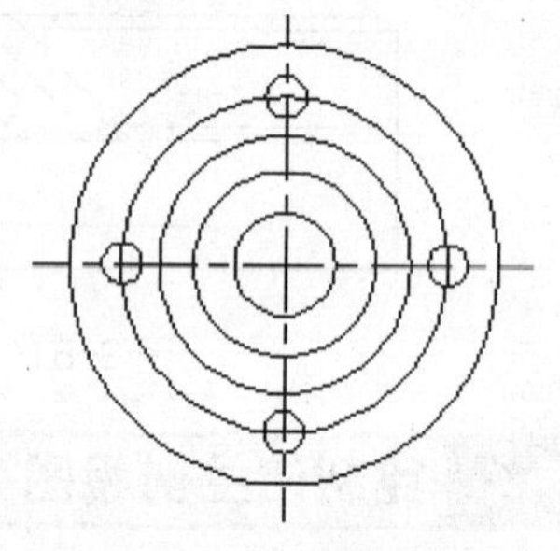
图 8-56　环形阵列复制小圆

6 单击“修改”工具栏中的“删除”按钮，删除绘制小圆的辅助圆，如图 8-57 所示。

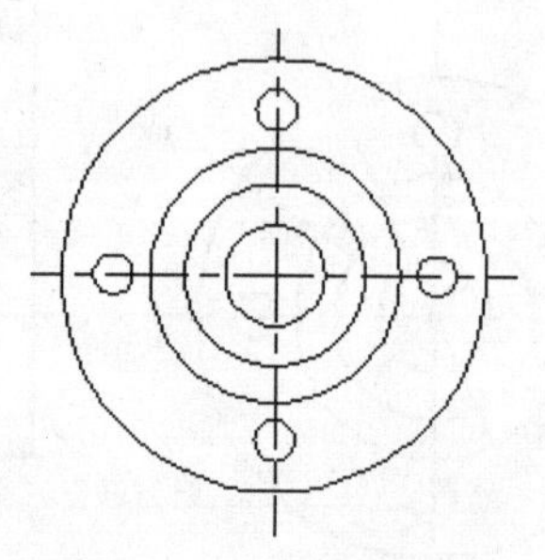
图 8-57　删除辅助圆

7 通过蓝色夹点拉伸水平点画线，如图 8-58 所示。

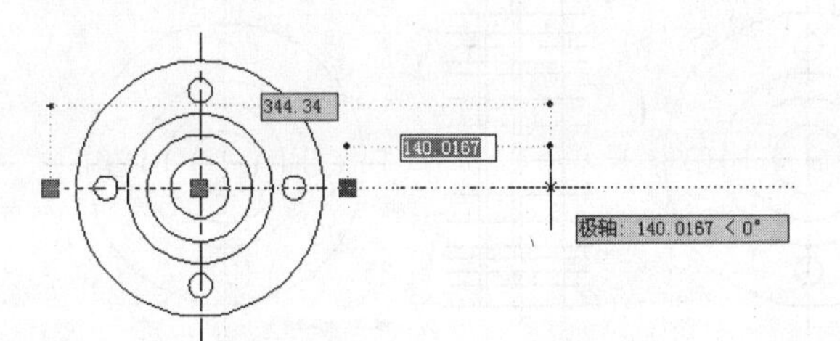

① 通过蓝色夹点拉伸时

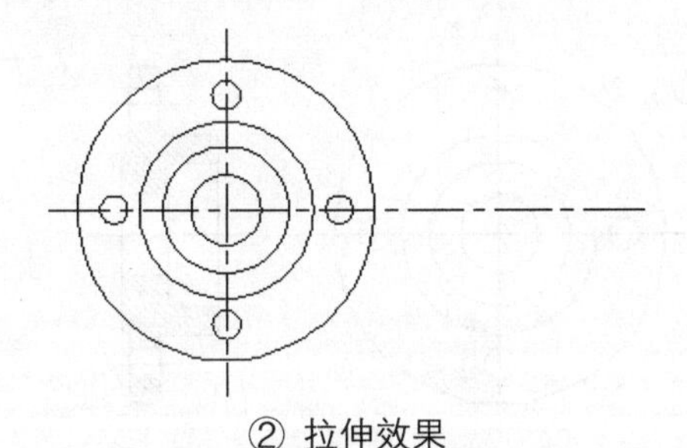

② 拉伸效果

图 8-58 拉伸水平点画线

8 单击“绘图”工具栏中的“直线”按钮，绘制一条垂直线段，如图 8-59 所示。

9 单击“修改”工具栏中的“打断”按钮，打断水平点画线，如图 8-60 所示。

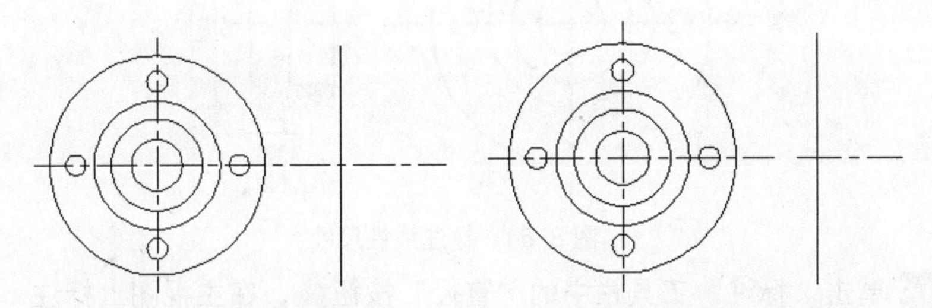

图 8-59 绘制垂直线段　　图 8-60 打断水平点画线

10 单击“修改”工具栏中的“偏移”按钮，将垂直线段向右偏移 26、30、46、50，再将水平点画线向上、下各偏移 20、36、50、57、65、73、85，并将除偏移 65 以外的其他偏移线段设置为轮廓线，如图 8-61 所示。

11 单击“修改”工具栏中的“修剪”按钮，修剪出法兰的侧面图，如图 8-62 所示。

12 单击“绘图”工具栏中的“图案填充”按钮，打开“图案填充和渐变色”对话框，设置“ANSI31”图案填充样式，填充图形，如图 8-63 所示。

13 单击“标注”工具栏中的“线性”按钮，在剖视图上标注线性尺寸，如图 8-64 所示。

相关知识 “写块”对话框中的各选项设置

在执行以上操作后，可以打开“写块”对话框。

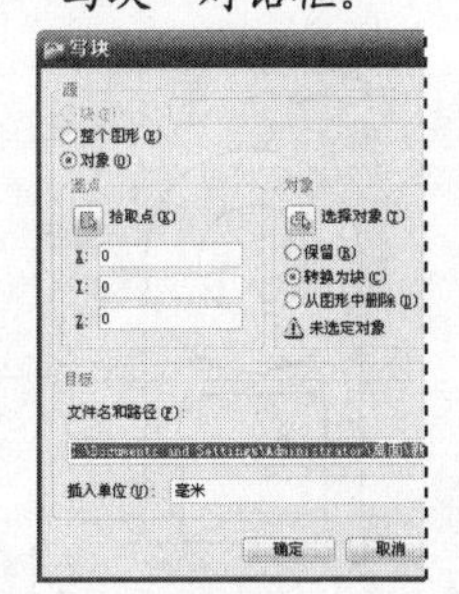

在该对话中各选项的功能如下。

- “源”选项组：设置块和对象，将其另存为文件并设置插入点。
- “基点”选项组：设置块的基点。
- “对象”选项组：设置块的对象以及转换样式。
- “目标”选项组：设置文件名和路径以及插入图块时的插入比例单位。

相关知识 插入块

创建块以后，需要时即可直接插入块。

插入前：

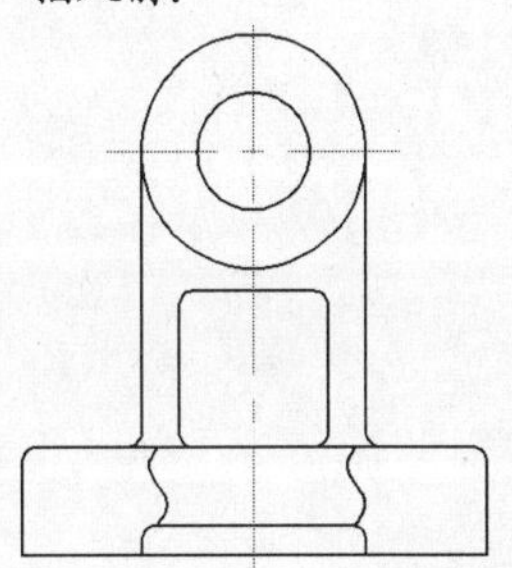

插入后：

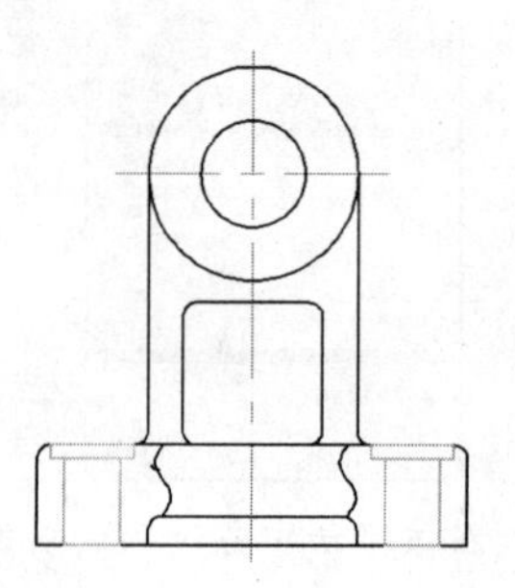

操作技巧 插入块的操作方法

可以通过以下 3 种方法来执行“插入块”功能：

- 选择“插入”→“块”命令。
- 单击“绘图”工具栏中的“插入块”按钮。
- 在命令行中输入 insert 后，按 Enter 键。

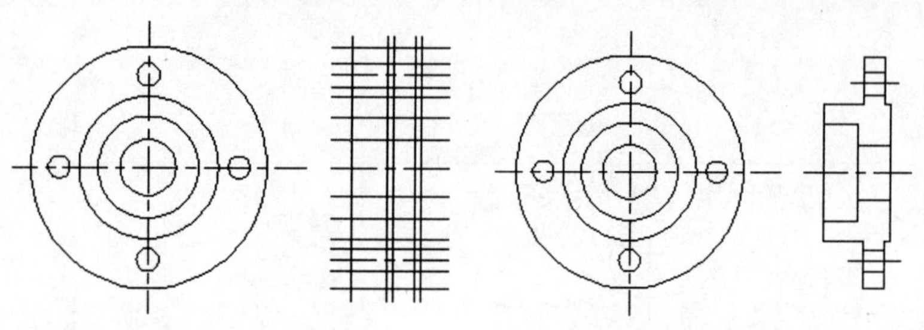

图 8-61 偏移线段　　图 8-62 修剪出侧面图

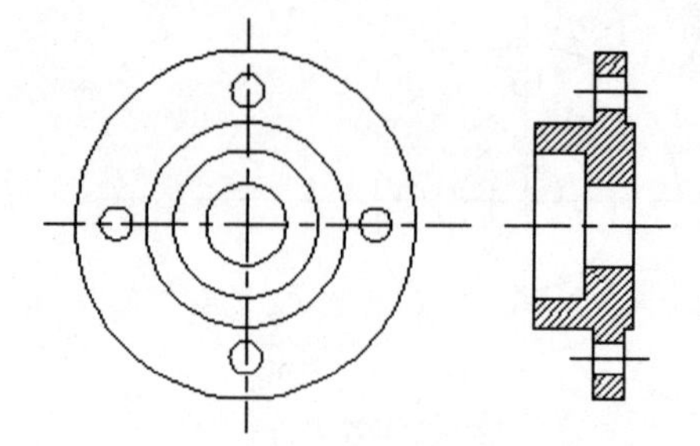

图 8-63 填充图形

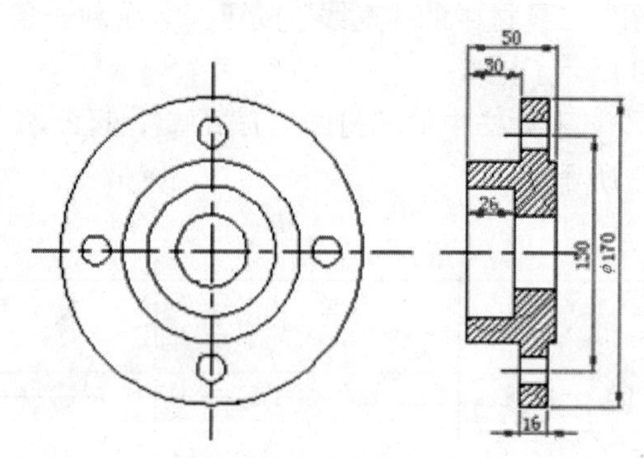

图 8-64 标注线性尺寸

14 单击“标注”工具栏中的“直径”按钮，在主视图上标注直径尺寸，如图 8-65 所示。

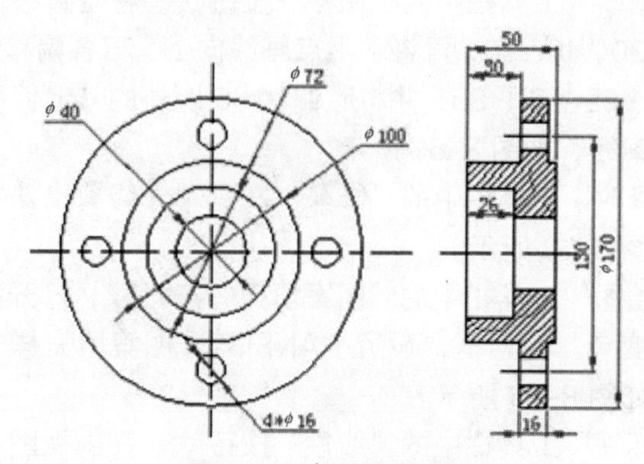

图 8-65 标注直径尺寸

实例 8-5　绘制主动轴截面剖视图

本实例将绘制主动轴截面剖视图，其主要功能包含偏移、修剪、镜像、圆弧、线性标注、连续标注等。实例效果如图 8-66 所示。

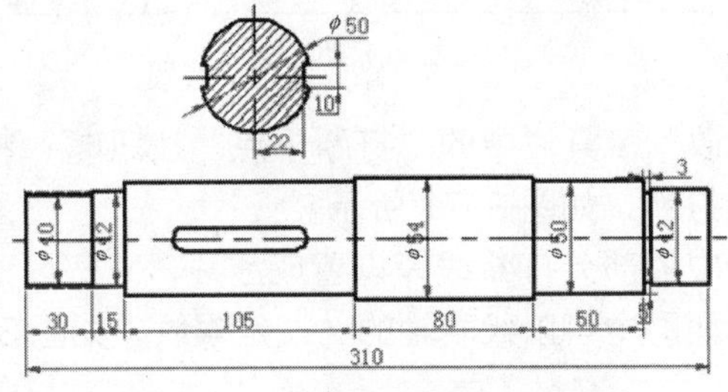

图 8-66　主动轴截面剖视效果图

操作步骤

1 单击“格式”工具栏中的“图层特性管理器”按钮，打开“图层特性管理器”面板，创建点画线、轮廓线和细实线 3 个图层。

2 将点画线设置为当前图层，并使用直线功能绘制一条水平线段，如图 8-67 所示。

图 8-67　绘制水平线段

3 将轮廓线设置为当前图层，绘制一条垂直线段，如图 8-68 所示。

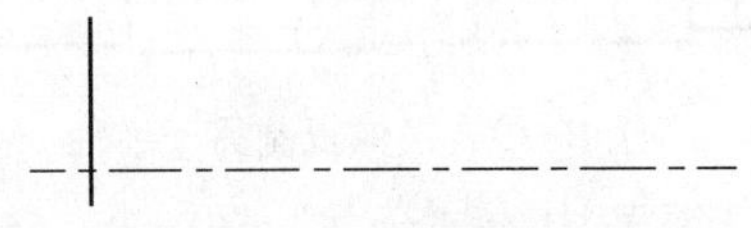

图 8-68　绘制垂直线段

4 单击“修改”工具栏中的“偏移”按钮，将水平线段向上偏移 20、21、25、27，并将偏移线段设置为轮廓线，再将垂直线段向右偏移 30、45、150、230、280、283、310，如图 8-69 所示。

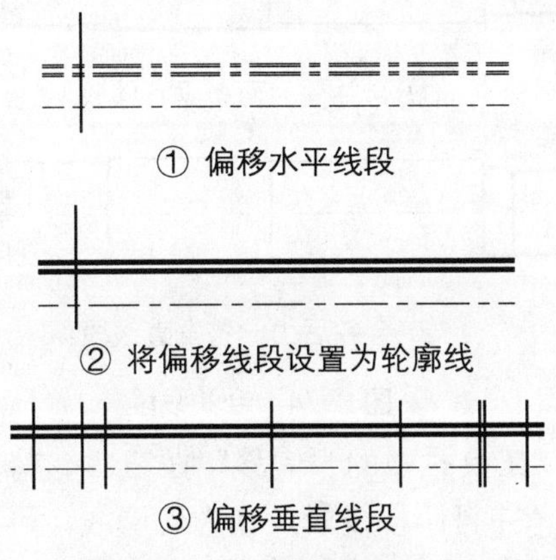

① 偏移水平线段

② 将偏移线段设置为轮廓线

③ 偏移垂直线段

图 8-69　偏移线段，并将偏移线段设置为轮廓线

实例 8-5 说明

知识点：

- 偏移
- 修剪
- 镜像
- 圆弧
- 线性标注
- 连续标注

视频教程：

光盘\教学\第 8 章　绘制机械剖视图

效果文件：

光盘\素材和效果\08\效果\8-5.dwg

实例演示：

光盘\实例\第 8 章\绘制主动轴截面剖视图

相关知识　什么是块属性

块属性是附着在块上的非图形信息，在定义一个块时，属性必须预先定义然后被选定。块属性是可包含在块定义中的文字对象，它是块的组成部分。通常情况下，属性用于在块的插入过程中进行自动注释。

“属性定义”对话框：

5 单击“修改”工具栏中的“修剪”按钮，修剪多余的线段，如图 8-70 所示。

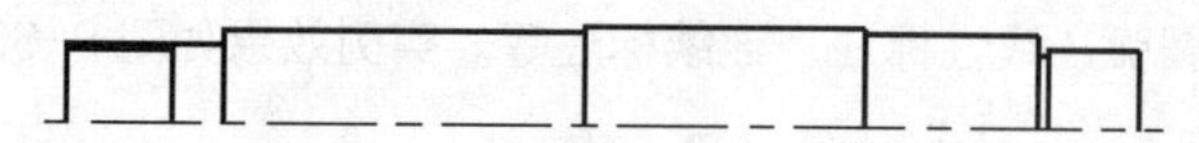

图 8-70　修剪多余的线段

6 单击“修改”工具栏中的“打断于点”按钮，将左边轴头部的线段打断，如图 8-71 所示。

7 将上图选中的部分打断线段设置成虚线，线宽设置成默认，虚线在平面图中可以代表轴的一端是螺纹，如图 8-72 所示。

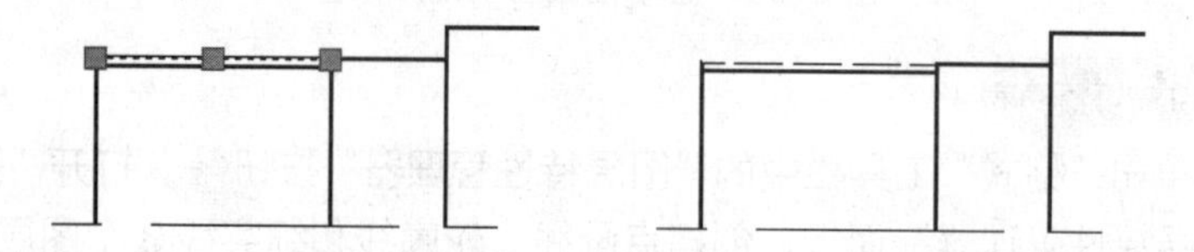

图 8-71　将线段打断成两截　图 8-72　设置打断的部分线段为虚线

8 单击“修改”工具栏中的“镜像”按钮，将轴水平镜像复制另一半图形，如图 8-73 所示。

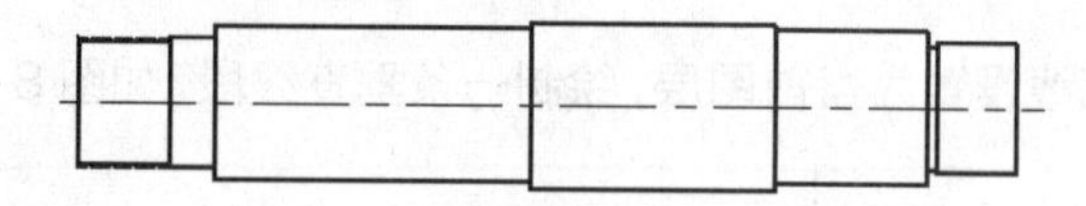

图 8-73　镜像复制另一半轴

9 单击“修改”工具栏中的“合并”按钮，最右边的两条垂直线段合并成一条线段，如图 8-74 所示。

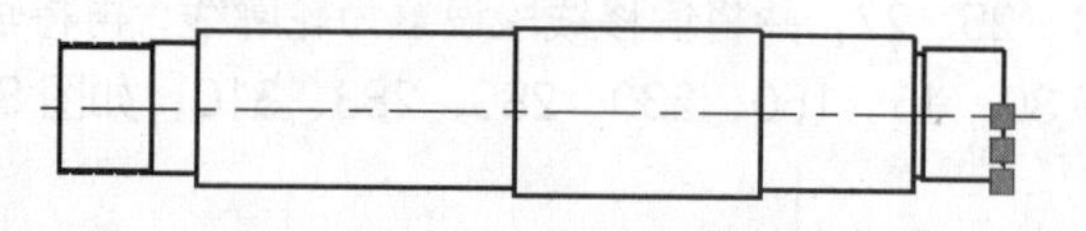

① 合并前为两条垂直线段

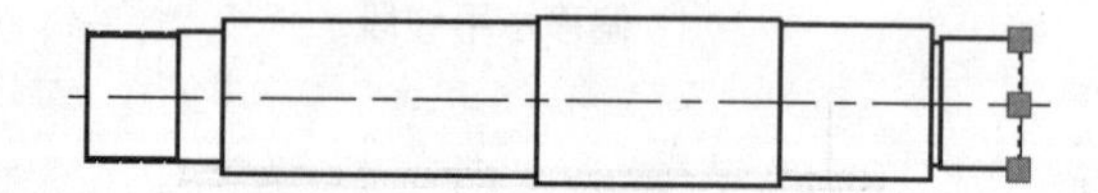

② 合并后为一条垂直线段

图 8-74　合并线段

10 单击“修改”工具栏中的“偏移”按钮，将水平线段上、下各偏移 5，并将偏移线段设置为轮廓线，再将最右边的垂直线段向左偏移 187、238，如图 8-75 所示。

相关知识　**“块属性”对话框中的各选项设置**

在“块属性”对话框中，主要用来定义属性模式、属性标记、属性提示、属性值、插入点和属性的文字设置等。

插入属性文字“螺钉”：

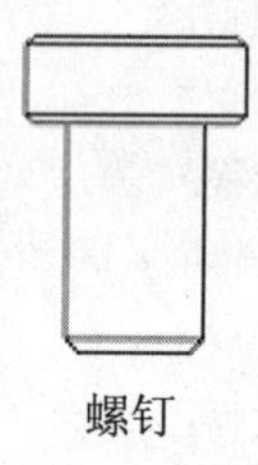

螺钉

1. 模式

该选项组用来设置在图形中插入块时，与块关联的属性值。

2. 属性

该选项组用于定义块的属性。

3. 插入点

该选项组用于指定属性位置。

4. 文字设置

该选项组用于设置属性文字的对正、样式、高度和旋转等，直接在选项后选择或输入值即可。

5. 在上一个属性定义下对齐

如果选中“在上一个属性定义下对齐”复选框，则将属性标记直接置于上一个定义的属性的下面。如果之前没有创建属性定义，则此选项不可用。

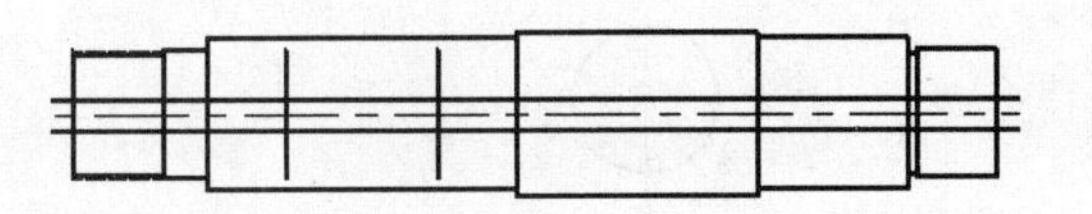

图 8-75　偏移线段

11 单击“修改”工具栏中的“修剪”按钮，修剪多余的线段，如图 8-76 所示。

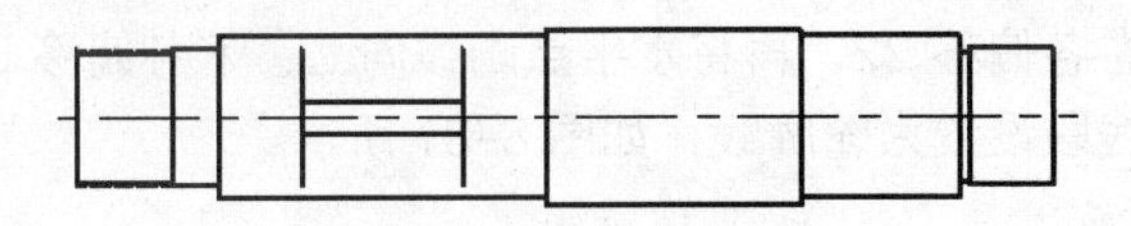

图 8-76　修剪多余的线段

12 单击“绘图”工具栏中的“圆弧”按钮，以偏移线段的角点为起点和端点，绘制两个半径为 5 的圆弧，如图 8-77 所示。

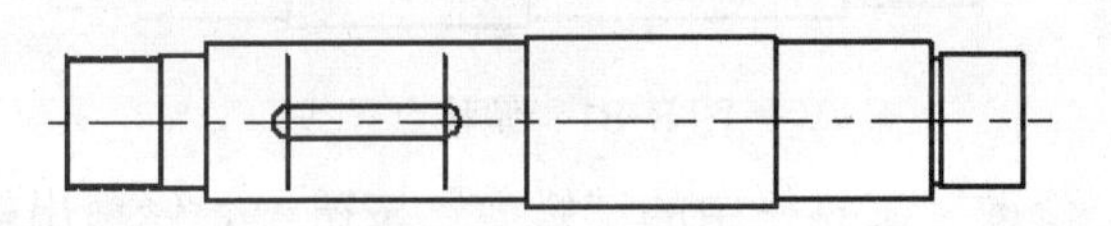

图 8-77　绘制圆弧

13 单击“修改”工具栏中的“删除”按钮，删除两条偏移的垂直线段，如图 8-78 所示。

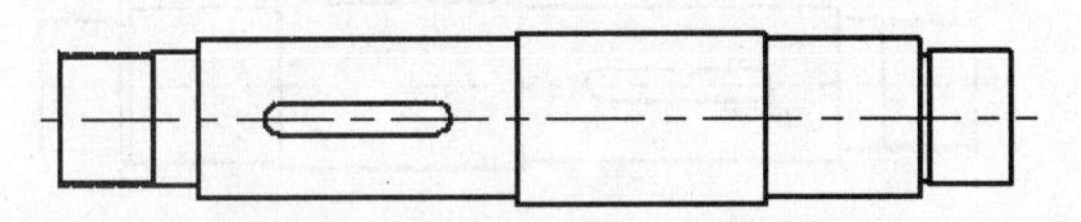

图 8-78　删除偏移的垂直线段

14 单击“绘图”工具栏中的“直线”按钮，绘制一个十字坐标轴，并将线段设置为点画线，如图 8-79 所示。

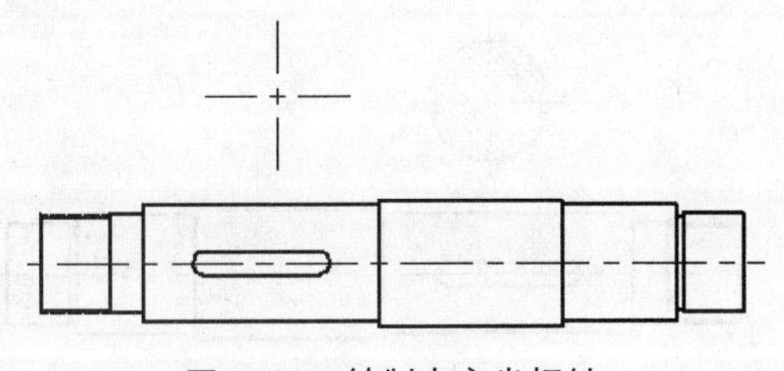

图 8-79　绘制十字坐标轴

15 单击“绘图”工具栏中的“圆”按钮，以坐标轴的交点为圆心，绘制一个半径为 25 的圆，如图 8-80 所示。

操作技巧　块属性的操作方法

可以通过以下两种方法来执行“块属性”功能：

- 选择“插入”→“块”→“属性定义”命令。
- 在命令行中输入 attdef 后，按 Enter 键。

相关知识　编辑块属性

通过“增强属性编辑器”对话框可以编辑块的属性。

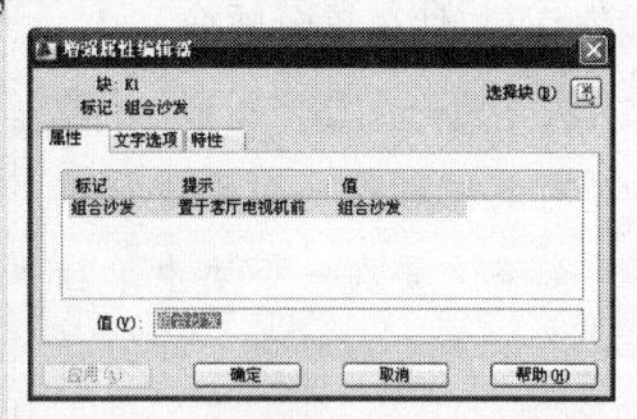

1.“属性”选项卡

该选项卡显示了指定给每个属性的标记、提示和值。此处只能修改属性值。

2.“文字选项”选项卡

在该选项卡中，可以设置属性文字显示方式的特性，如文字样式、对正、旋转、高度等。

3.“特性”选项卡

该选项卡用于修改属性文字的图层、线宽、线型、颜色以及打印样式等。

相关知识　块属性管理器

块属性管理器用于管理块的属性，可以在块中编辑属性定义、从块中删除属性以及调整插入块时系统提示用户输入属性值的顺序。

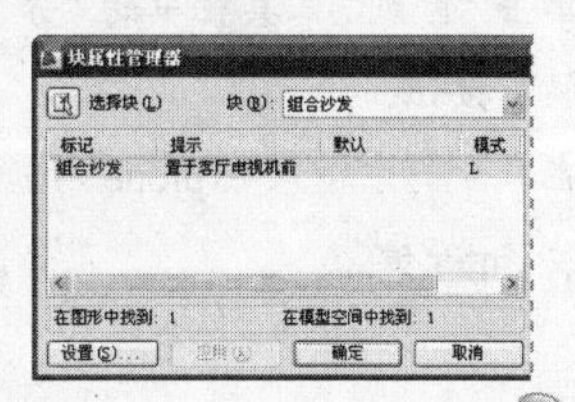

操作技巧 块属性管理器的操作方法

可以通过以下两种方法来执行“块属性管理器”功能：

- 选择“修改”→“对象”→“属性”→“块属性管理器”命令。
- 在命令行中输入 battman 后，按 Enter 键。

相关知识 什么是分解块

块作为一个整体图形，不能单独对其中的组成对象进行编辑，如果需要在一个块中单独修改一个或多个对象，可以将块定义分解为它的组成对象。

分解前：

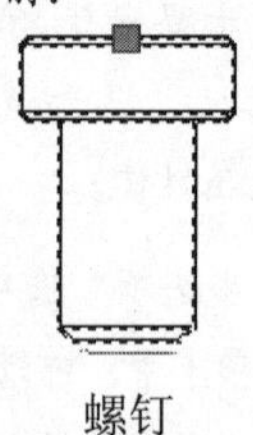

螺钉

分解后：

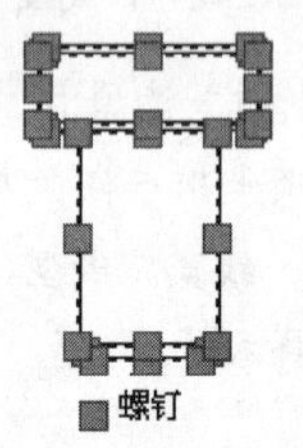

操作技巧 分解块的操作方法

可以通过以下 3 种方法来执行“分解块”功能：

- 选择“修改”→“分解”命令。
- 单击“修改”工具栏中的“分解”按钮。
- 在命令行中输入 explode 后，按 Enter 键。

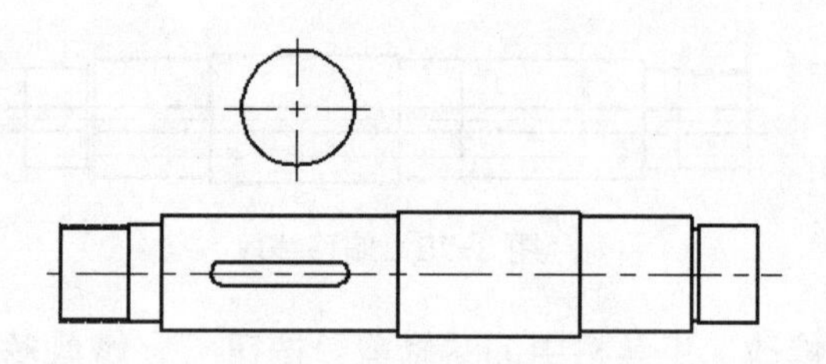

图 8-80 绘制圆

16 单击“修改”工具栏中的“偏移”按钮，将垂直点画线向左、右各偏移 22，再将水平点画线向上、下各偏移 5，并将偏移线段设置为轮廓线，如图 8-81 所示。

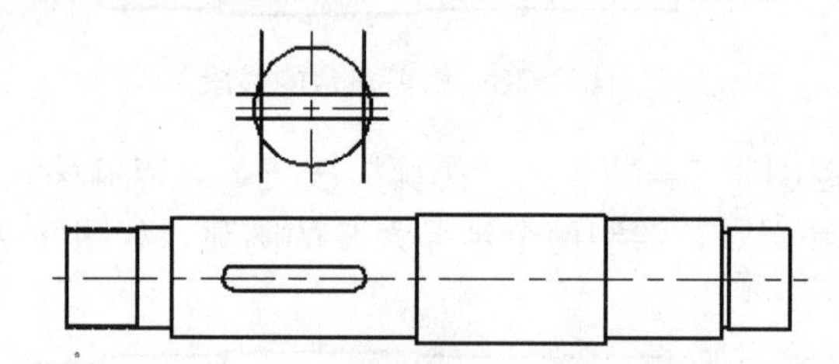

图 8-81 偏移点画线

17 单击“修改”工具栏中的“修剪”按钮，修剪出轴截面上的双面凹槽，如图 8-82 所示。

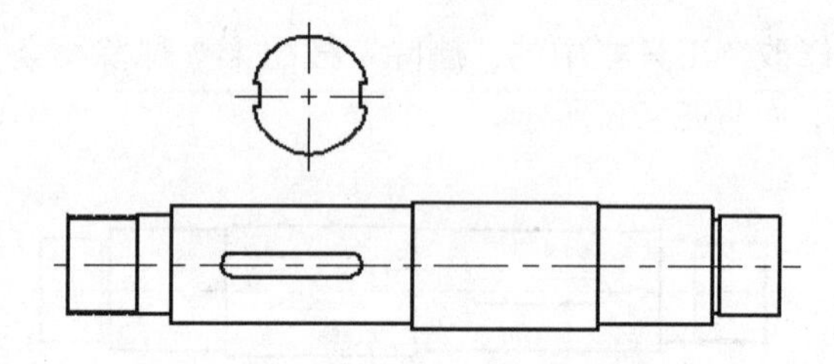

图 8-82 修剪截面上的双面凹槽

18 将细实线设置为当前图层，并单击“绘图”工具栏中的“图案填充”按钮，打开“图案填充和渐变色”对话框，设置“ANSI31”图案填充样式，填充截面，如图 8-83 所示。

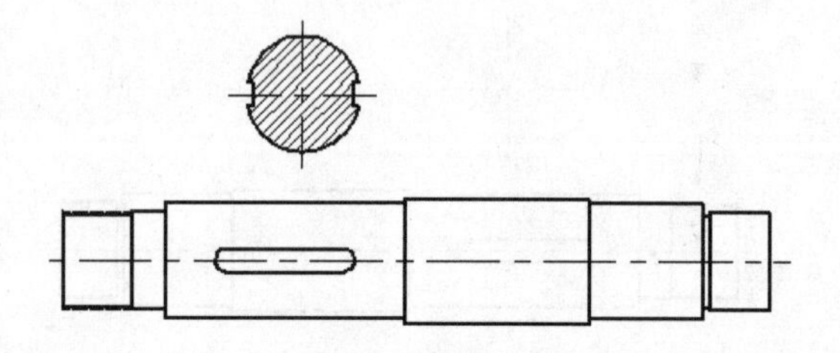

图 8-83 填充截面

19 单击“标注”工具栏中的“线性”按钮，先标注一段线性尺寸，如图 8-84 所示。

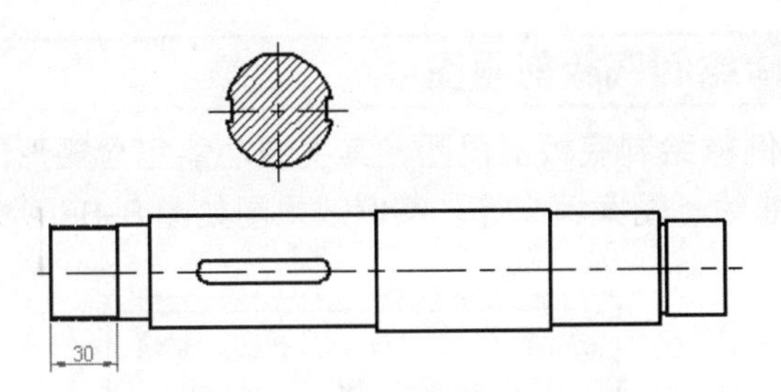

图 8-84　标注一段线性尺寸

20 单击“标注”工具栏中的“连续”按钮，标注轴的各段尺寸，如图 8-85 所示。

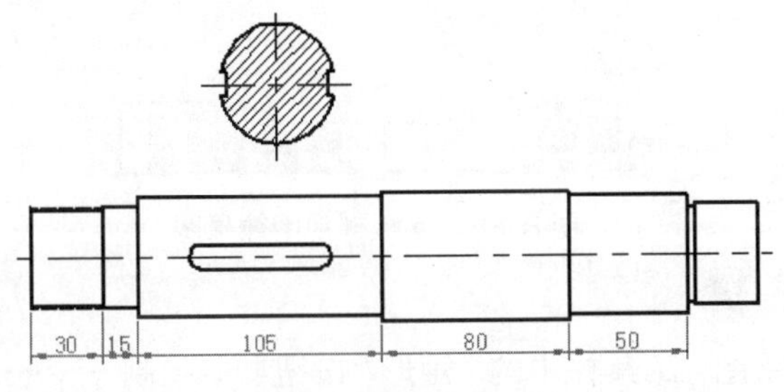

图 8-85　标注连续尺寸

21 单击“标注”工具栏中的“线性”按钮，标注各节直径尺寸、槽深宽、轴的总长以及剖面细节尺寸，如图 8-86 所示。

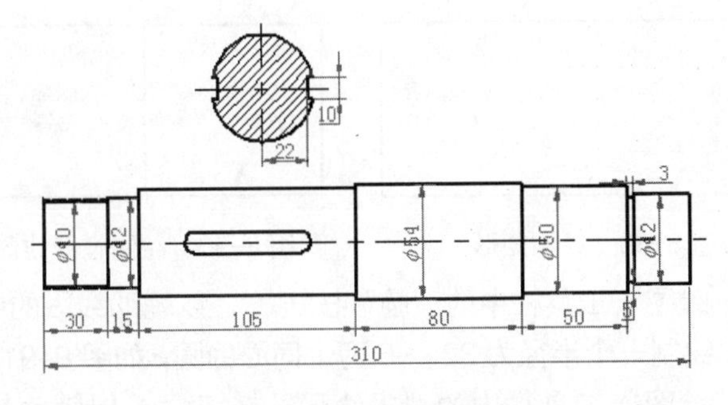

图 8-86　标注线性尺寸

22 单击“标注”工具栏中的“直径”按钮，标注剖视图上的直径尺寸，如图 8-87 所示。

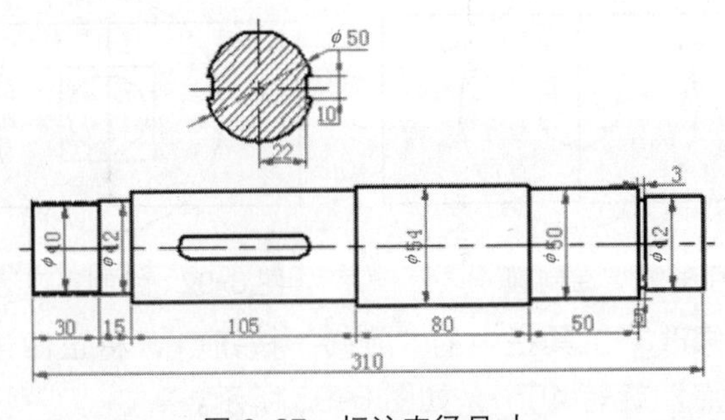

图 8-87　标注直径尺寸

重点提示　分解块的前提

在创建块时，在“块定义”对话框的“方式”选项组中，如果没有选中“允许分解”复选框，则该块不能被分解。

相关知识　什么是外部参照

外部参照是指一幅图形中对另一幅外部图形的引用。

在进行工程设计时，经常会碰到在绘制一张图时还可能调用另一个图形文件的图形的情况，但又不想占用太大的存储空间，这时就可以使用 AutoCAD 的外部参照功能。

相关知识　外部参照与块的区别

外部参照与块有相似之处，但又存在着差异，其差异在于以下 3 点：

- 对主图形的操作不会改变外部参照图形文件内容。当打开具有外部参照的图形时，系统会自动把各外部参照图形文件重新调入内存并在当前图形中显示出来。
- 而以外部参照方式将图形插入到某一图形，即主图形中，被插入图形文件的信息并不直接加入到主图形中，主图形只是记录参照的关系，如参照图形文件的路径信息等。
- 一旦插入了块，此块就永久性地插入到当前图形中，成为当前图形的一部分。

实例 8-6 说明

- 知识点：
  - 矩形
  - 圆
  - 圆角
  - 样条曲线
  - 图案填充
- 视频教程：
  光盘\教学\第 8 章 绘制机械剖视图
- 效果文件：
  光盘\素材和效果\08\效果\8-6.dwg
- 实例演示：
  光盘\实例\第 8 章\绘制底板剖视图

重点提示 外部参照图形的限制

如果一个文件与当前文件中存在的块有相同的名字，就不能将这个文件作为外部文件引用过来。这时要使用这个文件作为外部引用，必须使用重命名功能重新给块命名。

相关知识 外部参照的依赖符

在 AutoCAD 的图形数据文件中，有可以记录块、图层、线型及文字样式等内容的表，表中的项目称为命名目标。

对于一些位于外部参照文件中的组成项，就称为外部参照文件的依赖符。当插入外部参照时，系统会重新命名参照文件的依赖符，然后再将其加入到主图形中。

AutoCAD 所具有的自动更新外部参照依赖符名称的功能，可以使用户非常方便地看

实例 8-6 绘制底板剖视图

本实例将绘制底板剖视图，其主要功能包含矩形、圆、圆角、样条曲线、图案填充等。实例效果图如图 8-88 所示。

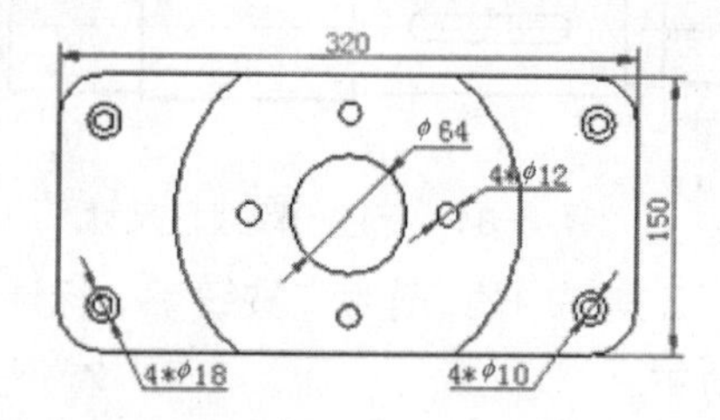

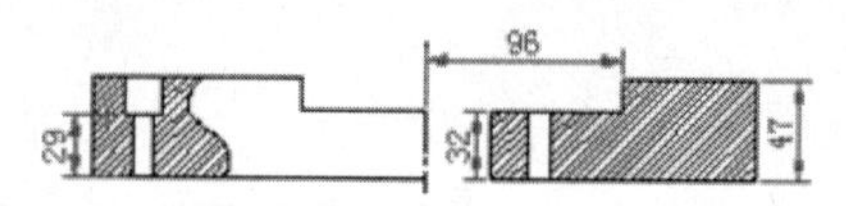

图 8-88 底板剖视图效果图

操作步骤

1. 单击“绘图”工具栏中的“矩形”按钮，绘制一个长为 320、宽为 150 的矩形，如图 8-89 所示。
2. 单击“绘图”工具栏中的“直线”按钮，绘制一条辅助线段，如图 8-90 所示。

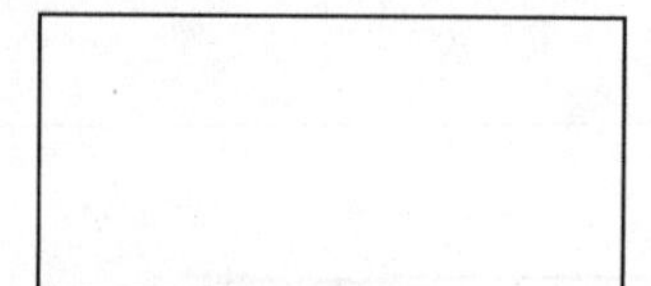

图 8-89 绘制矩形

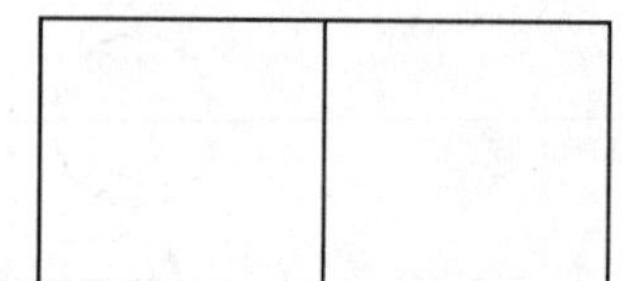

图 8-90 绘制辅助线段

3. 单击“绘图”工具栏中的“圆”按钮，以辅助线段的中点为圆心，绘制一个半径为 32、96 两个同心的圆，如图 8-91 所示。
4. 单击“绘图”工具栏中的“多边形”按钮，以辅助线段的中点为中心，绘制一个内接于圆、半径为 55 的正四边形，如图 8-92 所示。

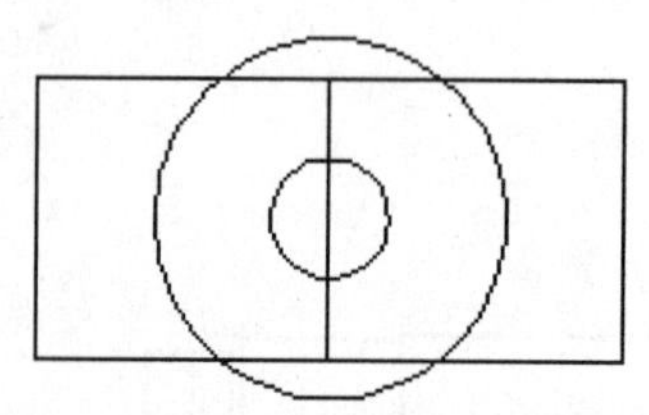

图 8-91 绘制圆

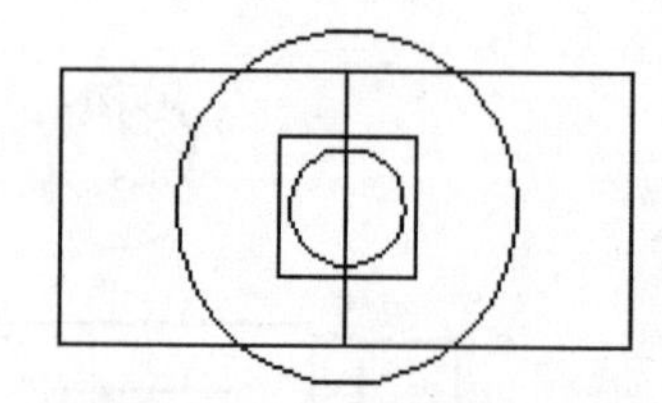

图 8-92 绘制正四边形

5. 单击“修改”工具栏中的“旋转”按钮，将正四边形的中心为基点，旋转 45°，如图 8-93 所示。

6 单击“绘图”工具栏中的“圆”按钮，以正四边形的4个角点为圆心，分别绘制半径为6的圆，如图8-94所示。

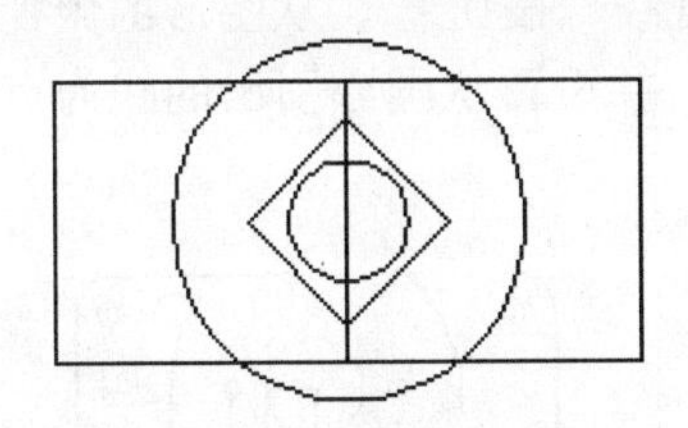

图8-93 旋转正四边形

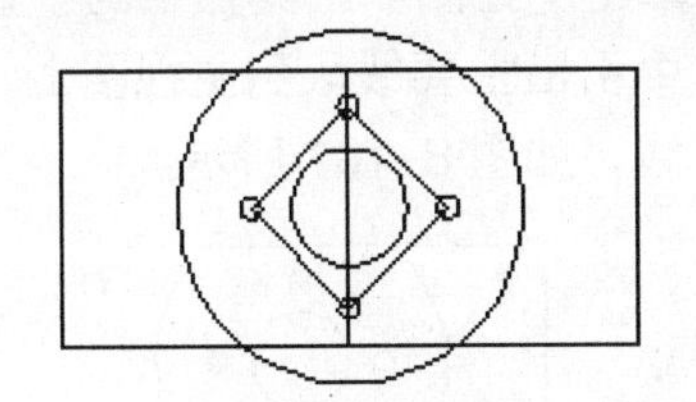

图8-94 绘制圆

7 单击“修改”工具栏中的“修剪”按钮和“删除”按钮，修剪和删除图形中多余的线段，如图8-95所示。

8 单击“修改”工具栏中的“圆角”按钮，对矩形的4个直角倒圆角，圆角半径为25，如图8-96所示。

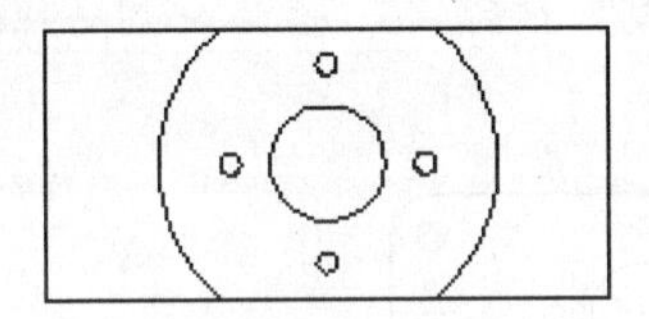

图8-95 修剪和删除多余的线段

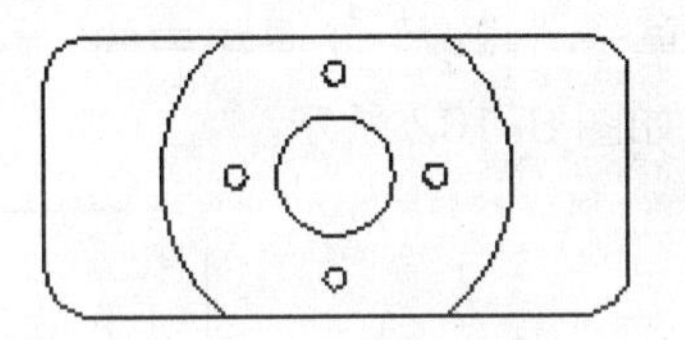

图8-96 倒圆角矩形直角

9 单击“绘图”工具栏中的“圆”按钮，以其中一个圆角的圆心为基点，绘制半径为9、5的同心圆，如图8-97所示。

10 单击“修改”工具栏中的“矩形阵列”按钮，矩形阵列复制上一步绘制的两个小圆，如图8-98所示。

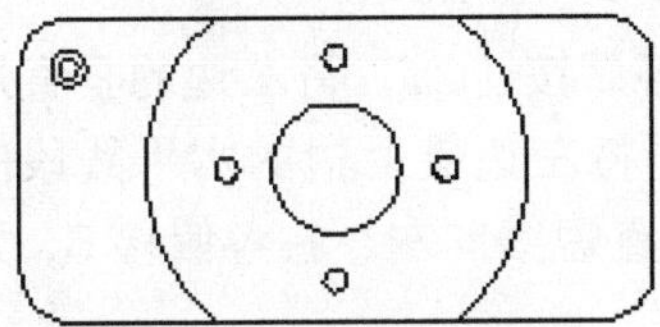

图8-97 绘制圆

图8-98 矩形阵列复制小圆

11 单击“绘图”工具栏中的“直线”按钮，从原图上引出一条线段，再绘制一条水平线段，如图8-99所示。

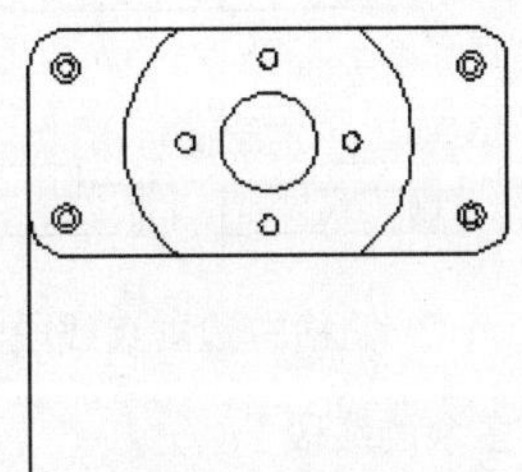

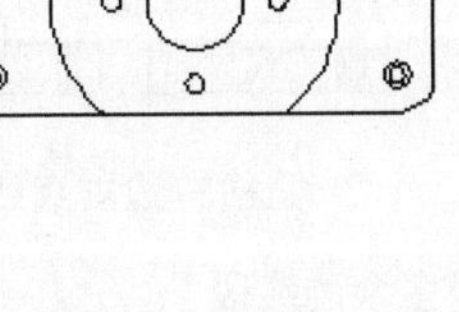

① 引出线段

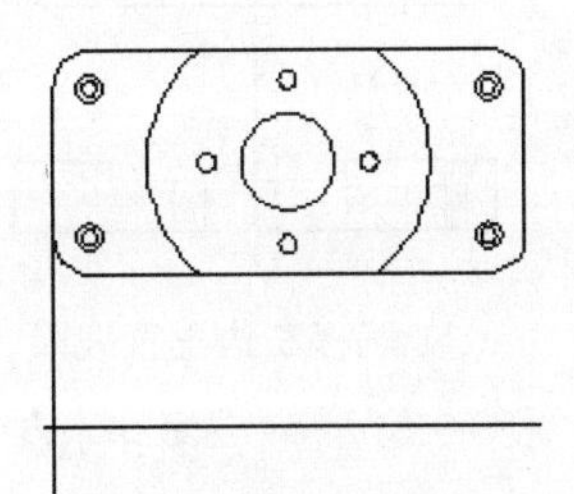

② 绘制水平线段

图8-99 绘制线段

出每个命名目标来自哪一个外部参照文件，而且主图形文件与外部参照文件中具有相同名称的依赖符并不会混淆。

相关知识 **什么是附着外部参照**

将图形文件以外部参照的形式插入到当前图形中的步骤就是附着外部参照。

在此面板上方单击“附着DWG”按钮或在“参照”工具栏中单击“附着外部参照”按钮，都可以打开“选择参照文件”对话框。选择参照文件后，将打开“外部参照”对话框，如下所示。利用此对话框可以

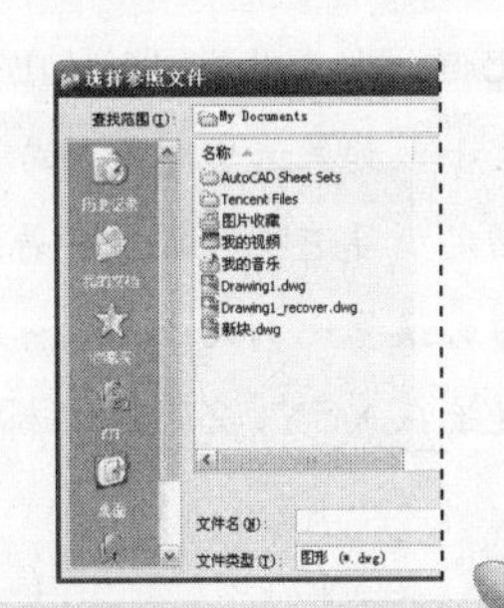

将图形文件以外部参照的形式插入到当前图形中。

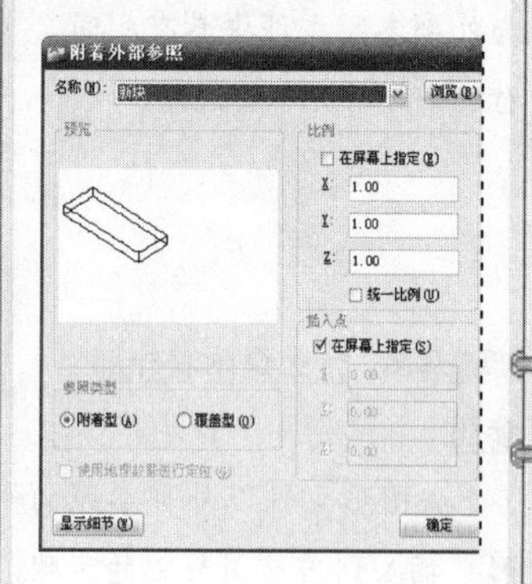

此对话框中各选项的含义如下：

- 名称：显示附着图形的文件名。
- 预览图形：显示附着文件的图形。
- 参照类型：其中包括“附加型”和“覆盖型”两种类型。选中“附加型”单选按钮，将会显示出嵌套参照中的嵌套内容，这样就避免了其他文件的多次衔接，也消除了循环引用的可能性；选中“覆盖型”单选按钮，则不显示嵌套参照中的嵌套内容。
- “路径类型”下拉列表框：用于选择保存外部参照的路径类型，包括有“完整路径”、“相对路径”以及“无路径”3种类型。
- 比例：设置附着图形的比例大小。如果选中“在屏幕上指定”复选框，则在附着图形时设置比例大小，也可以直接在X、Y、Z后的文本框

12 单击“修改”工具栏中的“偏移”按钮，将水平线段向下偏移15、47，如图8-100所示。

13 单击“绘图”工具栏中的“直线”按钮，从图形的俯视图中引出主要线段到主视图上，并设置从圆心引出的线为点画线，如图8-101所示。

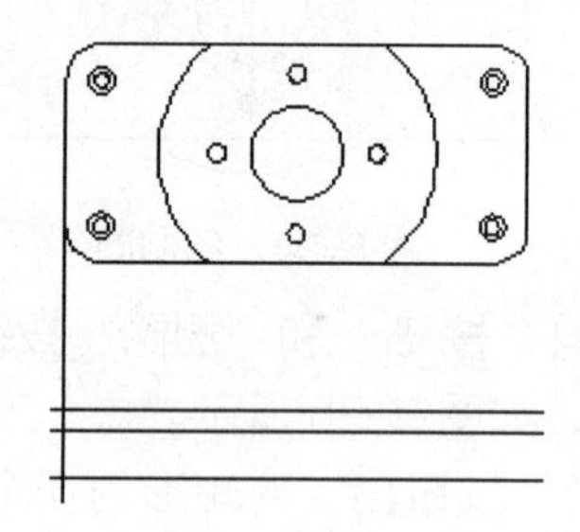

图 8-100　偏移线段

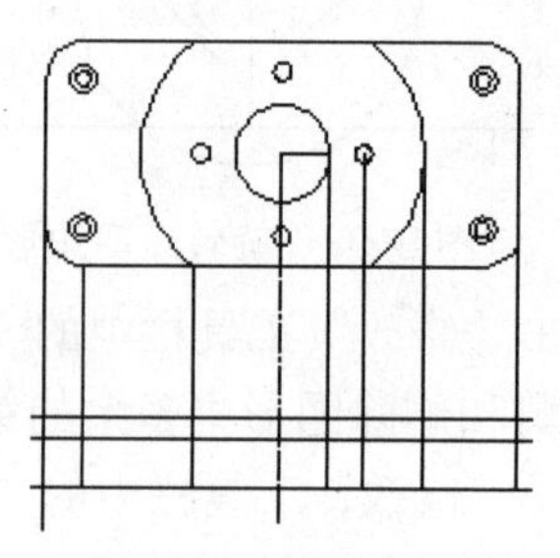

图 8-101　引出线段

14 单击“修改”工具栏中的“修剪”按钮，修剪多余的线段，如图8-102所示。

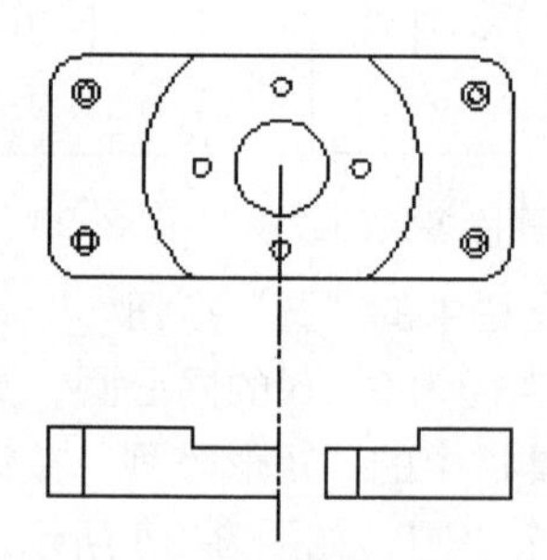

图 8-102　修剪多余的线段

15 单击“修改”工具栏中的“偏移”按钮，将左边的垂直短线向左、右各偏移 9 和 5，再将左边最上边的水平线段向下偏移18，然后再将右边的垂直短线向左、右各偏移6，如图8-103所示。

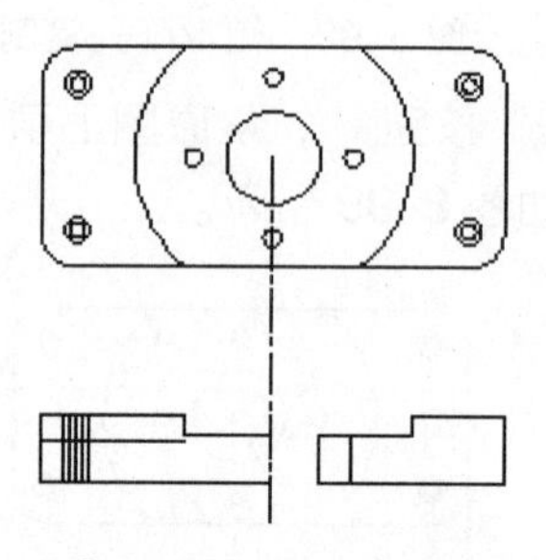

① 偏移左边垂直线段

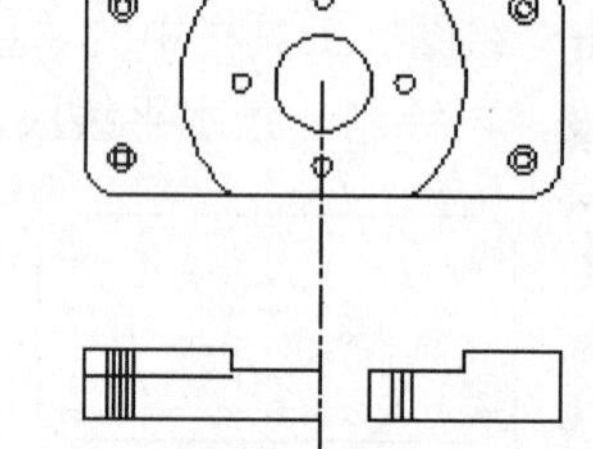

② 偏移右边垂直线段

图 8-103　修剪多余的线段

16 单击“修改”工具栏中的“修剪”按钮和“删除”按钮，修剪和删除出剖面的孔，如图8-104所示。

17 选择中间的点画线，同过蓝色夹点缩放线段，如图 8-105 所示。

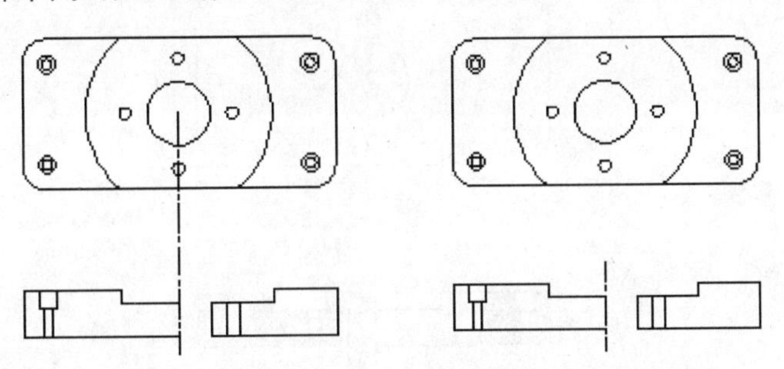

图 8-104　修剪和删除出剖面的孔　　图 8-105　缩放点画线

18 单击“绘图”工具栏中的“样条曲线”按钮，在主视图的左边绘制一条样条曲线，绘出部分剖面视图，如图 8-106 所示。

19 单击“修改”工具栏中的“修剪”按钮，修剪样条曲线，如图 8-107 所示。

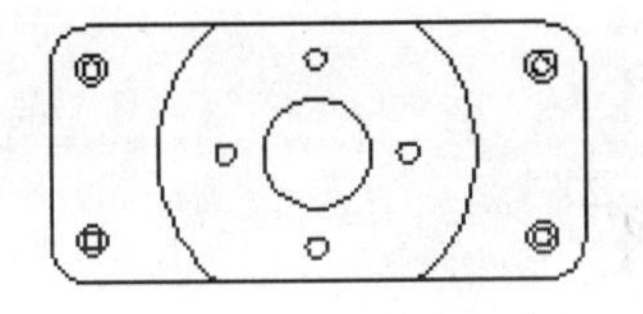

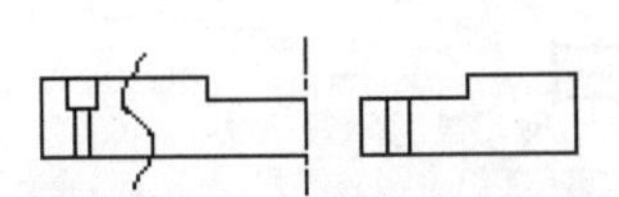

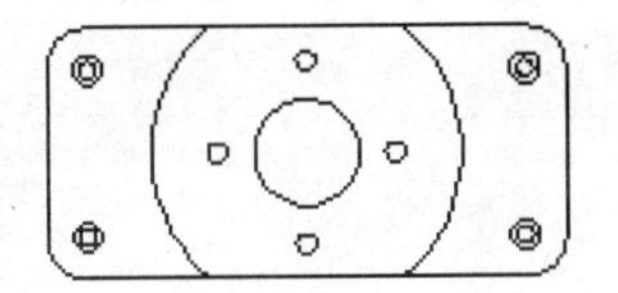

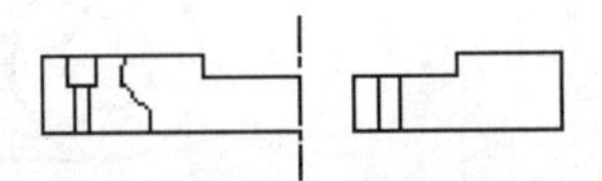

图 8-106　绘制样条曲线　　图 8-107　修剪样条曲线

20 单击“绘图”工具栏中的“图案填充”按钮，打开“图案填充”对话框，设置“ANSI31”图案填充样式，设置比例为 2，填充剖面得到最终效果，如图 8-108 所示。

21 单击“标注”工具栏中的“线性”按钮，标注图形的线性尺寸，如图 8-109 所示。

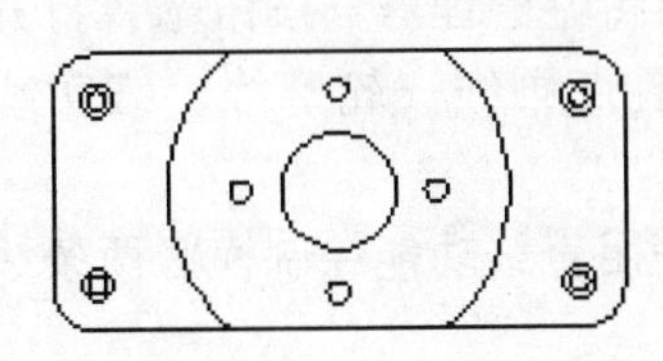

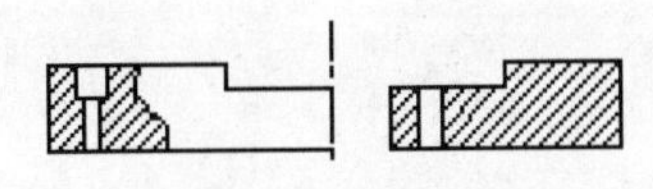

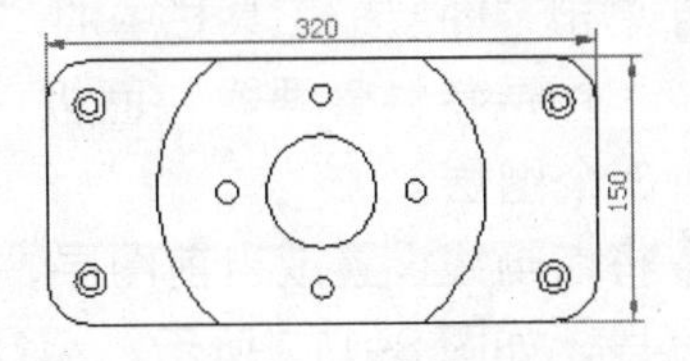

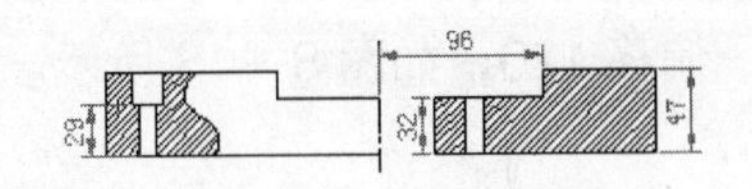

图 8-108　填充剖面　　图 8-109　标注线性尺寸

22 单击“标注”工具栏中的“直径”按钮，标注图形的直径尺寸，如图 8-110 所示。

中直接输入各自坐标轴的比例。

- 插入点：设置插入附着图形的方式。如果选中“在屏幕上指定”复选框，则在附着图形时设置插入位置，也可以直接在 X、Y、Z 后的文本框中直接输入坐标确定插入点为位置。
- 旋转：设置插入附着图形后的角度。如果选中“在屏幕上指定”复选框，则在附着图形时设置角度，也可以直接在角度文本框中输入坐标确定插入图形后的角度。
- 块单位：显示附着图形的单位及比例。

操作技巧　外部参照的操作方法

可以通过以下 3 种方法来执行“外部参照”功能：

- 选择“插入”→“外部参照”命令。
- 单击“参照”工具栏中的“外部参照”按钮。
- 在命令行中输入 externalreferences 后，按 Enter 键即可。

实例 8-7 说明

- **知识点：**
  - 直线
  - 圆
  - 偏移
  - 修剪
  - 圆角
- **视频教程：**
  光盘\教学\第 8 章 绘制机械剖视图
- **效果文件：**
  光盘\素材和效果\08\效果\8-7.dwg
- **实例演示：**
  光盘\实例\第 8 章\绘制连杆

相关知识 **管理外部参照**

用户可以在“外部参照”面板中对外部参照进行编辑和管理，“外部参照”面板如下所示。

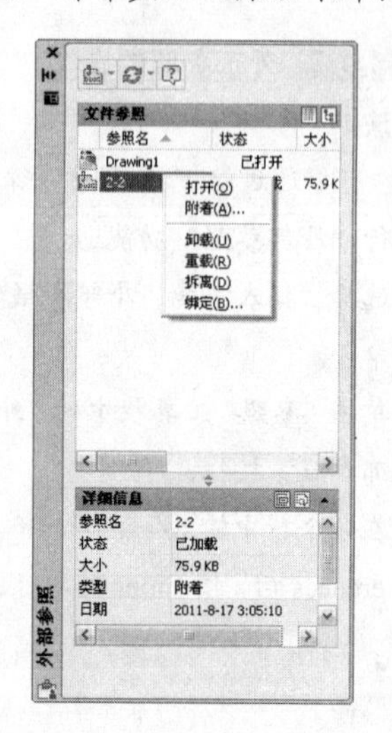

当用户附着多个外部参照后，在外部参照列表框中的文件上右击，将弹出快捷菜单。在菜单上选择不同的命令可以对外部参照进行相关操作。

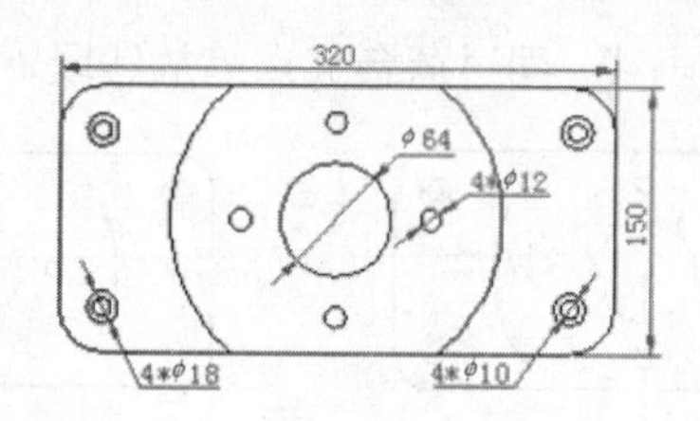

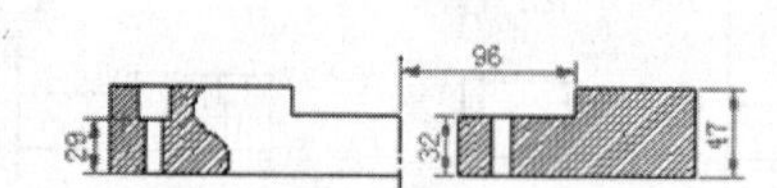

图 8-110　标注直径尺寸

实例 8-7　绘制连杆

本实例将绘制连杆，其主要功能包含直线、圆、偏移、修剪、圆角等。实例效果如图 8-111 所示。

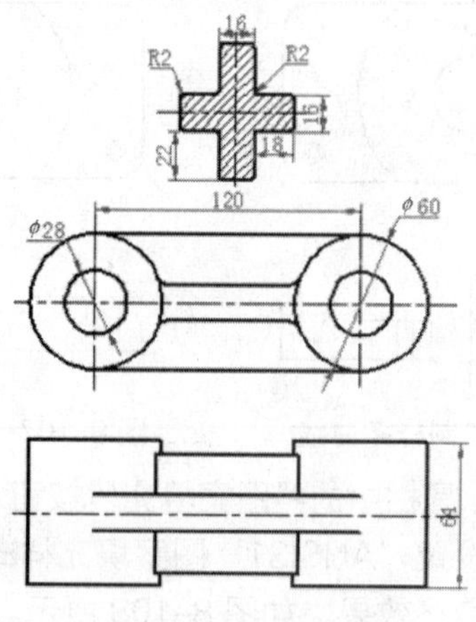

图 8-111　连杆效果图

操作步骤

1. 单击“图层”工具栏中的“图层特性管理器”按钮，打开“图层特性管理器”面板，设置点画线、轮廓线、细实线 3 个图层。
2. 将点画线设置成当前图层，并使用直线功能绘制横竖两条线段，如图 8-112 所示。
3. 单击“修改”工具栏中的“偏移”按钮，将垂直线段向右偏移 120，如图 8-113 所示。

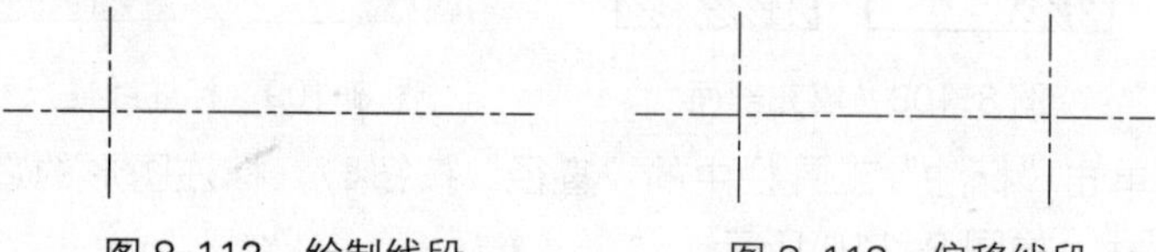

图 8-112　绘制线段　　图 8-113　偏移线段

4 将轮廓线设置为当前图层，并使用圆功能，以两条线段的交点为圆心，分别绘制半径为 14、30 的同心圆，如图 8-114 所示。

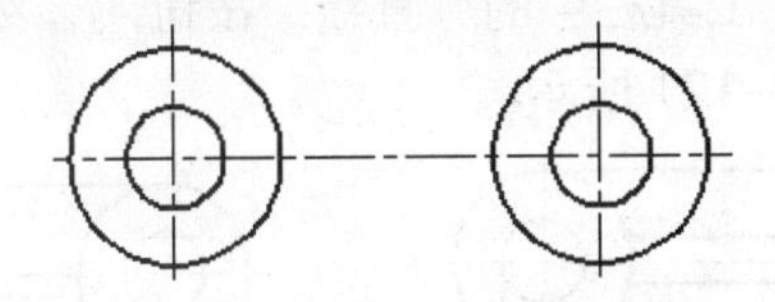

图 8-114 绘制同心圆

5 单击“修改”工具栏中的“偏移”按钮，将水平线段向上、下各偏移 8、30，并将偏移线段设置成轮廓线，如图 8-115 所示。

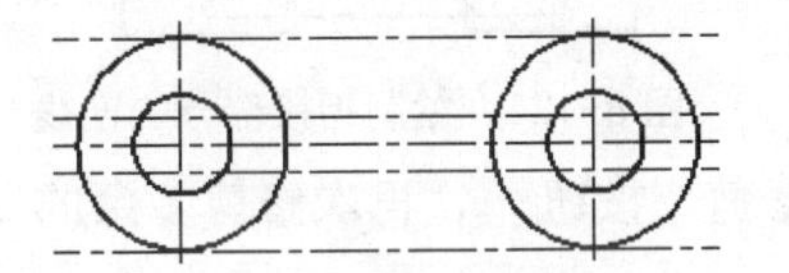

① 偏移水平线段

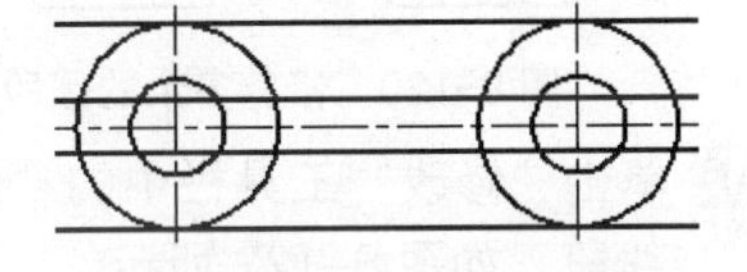

② 将偏移线段设置成轮廓线

图 8-115 偏移线段

6 单击“修改”工具栏中的“修剪”按钮，修剪多余的线段，如图 8-116 所示。

7 单击“修改”工具栏中的“圆角”按钮，倒圆角相接部分，圆角半径为 5，如图 8-117 所示。

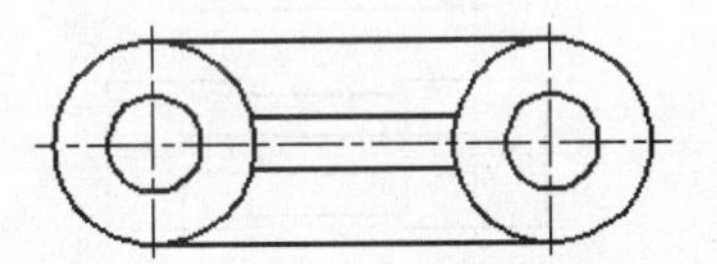

图 8-116 修剪多余的线段

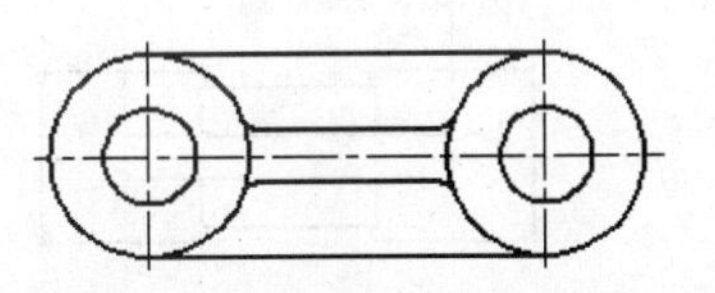

图 8-117 倒圆角相接部分

8 选择左边的垂直点画线，通过蓝色夹点拉伸线段，将点画线设置成当前图层，再绘制一条水平线段，如图 8-118 所示。

9 单击“修改”工具栏中的“偏移”按钮，将水平点画线向上、下各偏移 8、26、32，再将垂直线段向左偏移 30，向右偏移 30、90、120、150，并且将除偏移 120 以外的其他线段都设置成轮廓线，如图 8-119 所示。

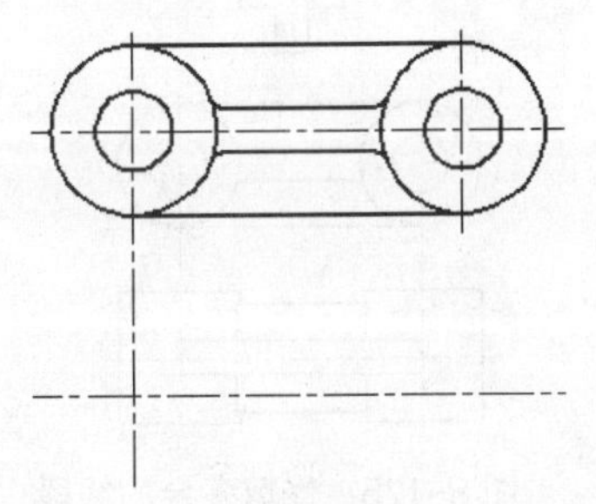

图 8-118 拉伸并绘制水平线段

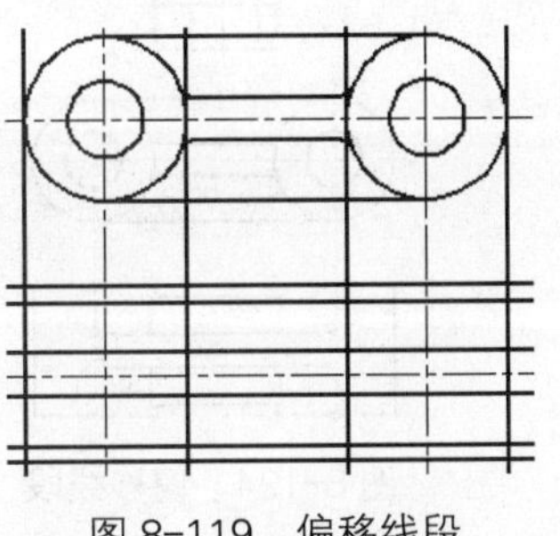

图 8-119 偏移线段

下面介绍弹出快捷菜单中的 6 个命令的各自功能：

- 打开：单击此按钮可在新建窗口中对选定的外部参照进行编辑。在“外部参照管理器”对话框关闭后，显示新建窗口。
- 附着：单击此按钮将会打开“选择参照文件”对话框，在此对话框中可以选择需要插入到当前图形中的外部参照文件。
- 卸载：单击此按钮可从当前图形中移走不需要的外部参照文件，但移走后仍保留此参照文件的路径，如果需要参照此图形时，单击对话框中的“重载”按钮即可。
- 重载：单击此按钮可在不退出当前图形的情况下，更新外部参照文件。
- 拆离：单击此按钮可从当前图形中移去不再需要的外部参照文件。
- 绑定：单击此按钮可将外部参照的文件转换为一个正常的块，这样可以将所参照的图形文件永久地插入到当前图形中，插入后系统将外部参照文件的依赖符转换成永久的符号。

相关知识 **裁剪外部参照**

可定义外部参照或块的剪辑边界，还可以设置前后剪裁面。

操作技巧 **裁剪外部参照的操作方法**

可以通过以下 3 种方法来执行“裁剪外部参照”功能：

- 选择“修改”→“裁剪”→“外部参照”命令。
- 单击“参照”工具栏中的“裁剪外部参照”按钮。
- 在命令行中输入 xclip 后，按 Enter 键。

相关知识 **“裁剪外部参照”菜单中的各选项设置**

在执行以上任意一种操作都会将光标变成小矩形，选定一个外部参照后，按 Enter 键弹出如下菜单。

开(ON)
关(OFF)
剪裁深度(C)
删除(D)
生成多段线(P)
• 新建边界(N)

菜单中各个命令的功能如下：

- 开：可打开外部参照剪裁功能。为参照图形定义了剪裁边界和前后剪裁面后，在主图形中仅显示位于剪裁边界、前后剪裁面之内的参照图形部分。
- 关：可关闭外部参照剪裁功能，选择此选项要显示全部参照图形，不受边界的限制。
- 剪裁深度：可为参照的图形设置前后剪裁面。
- 删除：可删除指定外部参照的剪裁边界。

10 单击“修改”工具栏中的“修剪”按钮，修剪多余的线段，如图 8-120 所示。

11 单击“绘图”工具栏中的“直线”按钮，绘制相接部分的连线，如图 8-121 所示。

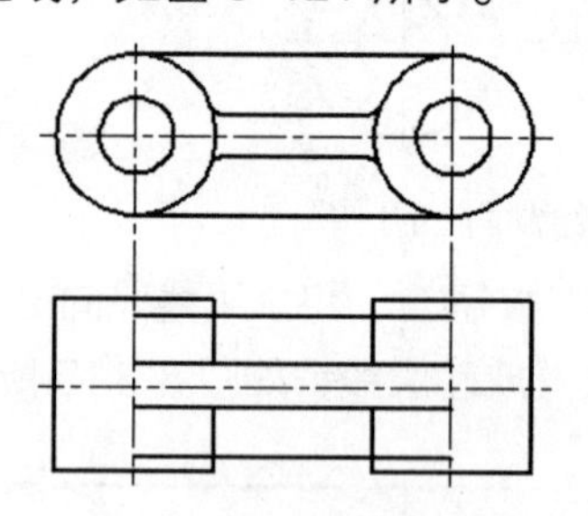

图 8-120 修剪多余的线段

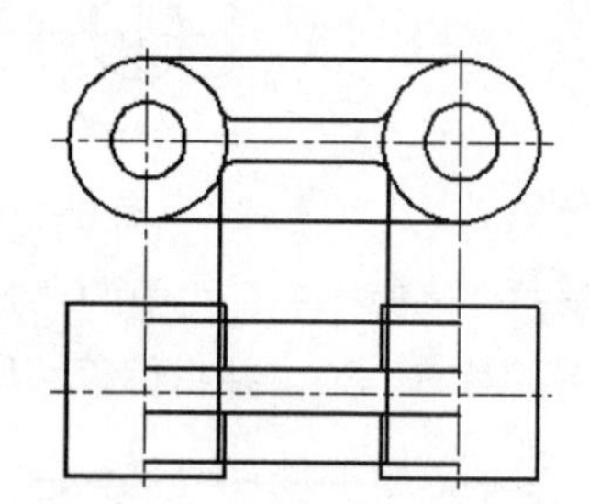

图 8-121 绘制相接部分的连线

12 单击“修改”工具栏中的“修剪”按钮，再次修剪多余的线段，如图 8-122 所示。

13 单击“绘图”工具栏中的“直线”按钮，在图形上绘制一个点画线的十字坐标轴，如图 8-123 所示。

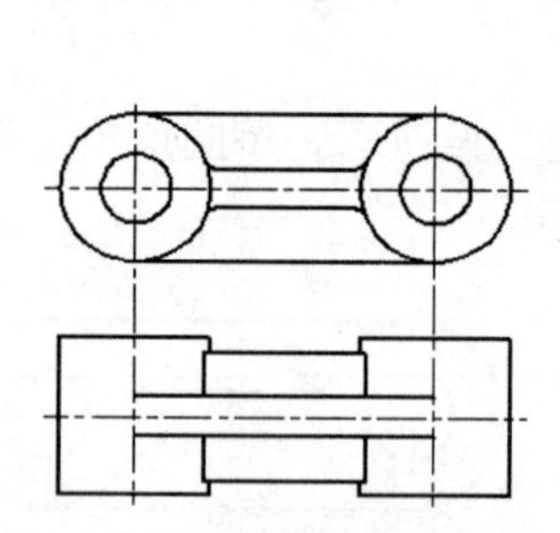

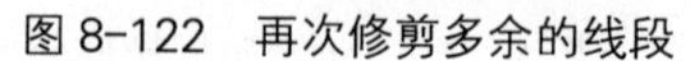

图 8-122 再次修剪多余的线段

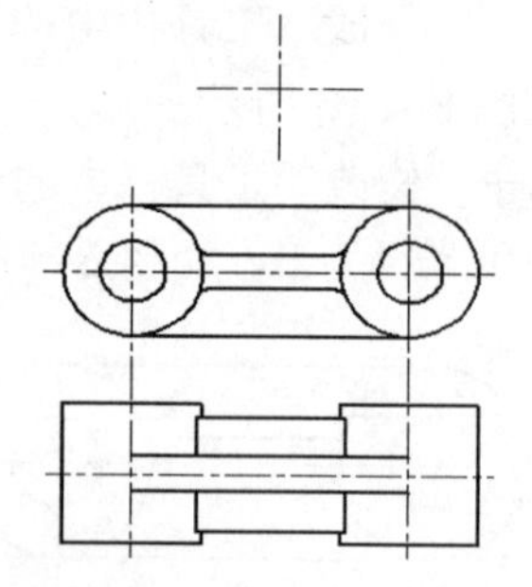

图 8-123 绘制十字坐标轴

14 单击“修改”工具栏中的“偏移”按钮，将水平线段向上、下各偏移 8、30，再将垂直线段向左、右各偏移 8、26，并将偏移的线段设置成轮廓线，如图 8-124 所示。

15 单击“修改”工具栏中的“修剪”按钮，修剪多余的线段，如图 8-125 所示。

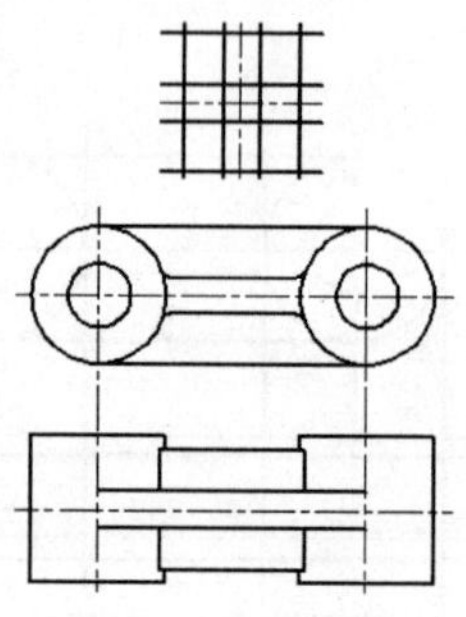

图 8-124 偏移线段

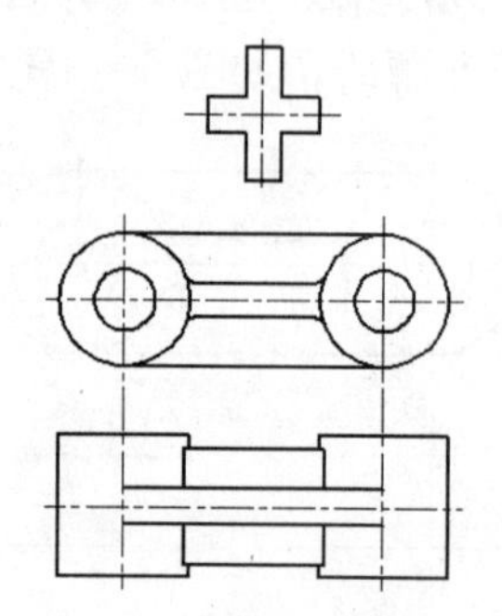

图 8-125 修剪多余的线段

16 单击"修改"工具栏中的"圆角"按钮，倒圆角剖面的直角，如图 8-126 所示。

17 设置细实线为当前图层，再单击"绘图"工具栏中的"图案填充"按钮，打开"图案填充和渐变色"对话框，设置"ANSI31"图案填充样式，填充剖面，如图 8-127 所示。

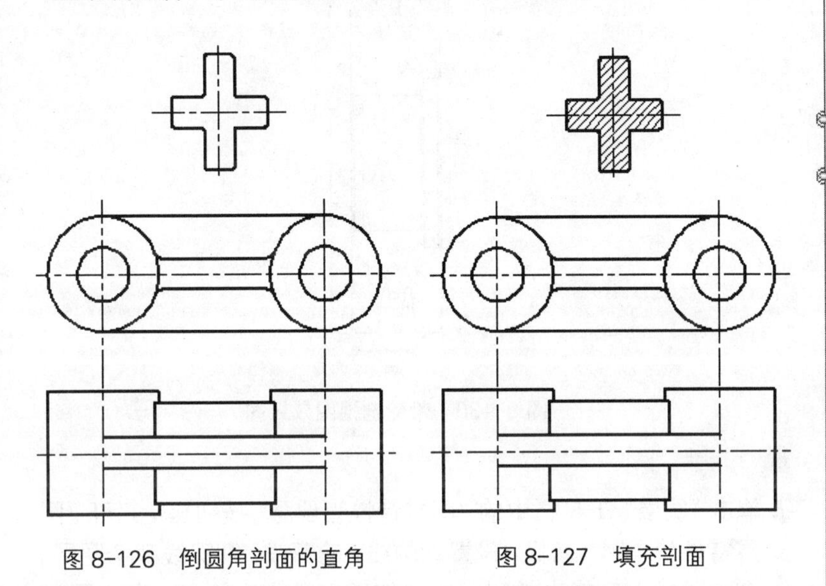

图 8-126　倒圆角剖面的直角　　图 8-127　填充剖面

18 单击"标注"工具栏中的"线性"按钮，标注图形上的线性尺寸，如图 8-128 所示。

19 单击"标注"工具栏中的"半径"按钮和"直径"按钮，标注图形上的半径和直径尺寸，如图 8-129 所示。

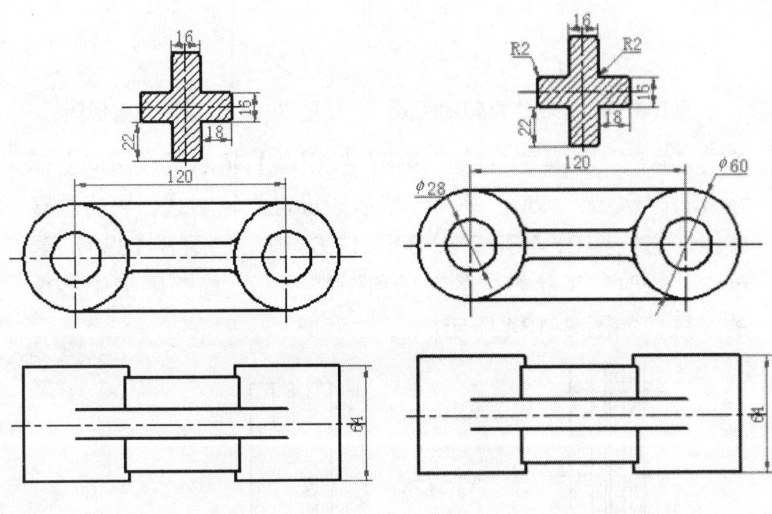

图 8-128　标注线性尺寸　　图 8-129　标注半径和直径尺寸

- 生成多段线：可自动生成一条与剪裁边界一致的多段线。
- 新建边界：可设置新的剪裁边界。

重点提示　怎样控制裁剪边界

设置剪裁边界后，使用系统变量 Xclipframe 可控制是否显示剪裁边界，当 Xclipframe 为 0 时不显示，为 1 时显示。

相关知识　外部参照绑定

使用外部参照绑定可以把从外部参照文件中选取的一组依赖符永久地加入到主图形中，从此成为主图形中不可分割的一部分。

操作技巧　外部参照绑定的操作方法

可以通过以下 3 种方法来执行"外部参照绑定"功能：

- 选择"修改"→"对象"→"外部参照"→"绑定"命令。
- 单击"参照"工具栏中的"外部参照绑定"按钮。
- 在命令行中输入 xbind 后，按 Enter 键。

实例 8-8 说明

- **知识点：**
  - 偏移
  - 修剪
  - 旋转
  - 延伸
  - 图案填充
- **视频教程：**
  光盘\教学\第 8 章 绘制机械剖视图
- **效果文件：**
  光盘\素材和效果\08\效果\8-8.dwg
- **实例演示：**
  光盘\实例\第 8 章\绘制带轮剖视图

实例 8-8 绘制带轮剖视图

本实例将绘制带轮剖视图，其主要功能包含偏移、修剪、旋转、延伸、图案填充等。实例效果如图 8-130 所示。

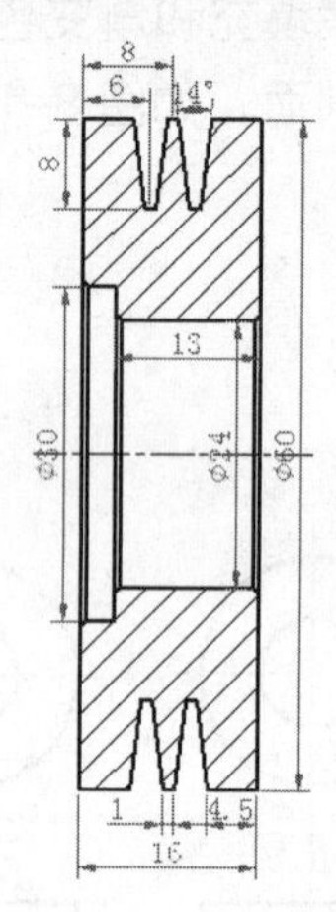

图 8-130 带轮剖视图效果图

操作步骤

1. 单击“图层”工具栏中的“图层特性管理器”按钮，打开“图层特性管理器”面板，设置点画线、轮廓线、细实线 3 个图层。
2. 将点画线设置成当前图层，并使用直线功能绘制一条水平辅助线段，如图 8-131 所示。
3. 再将轮廓线设置成当前图层，使用直线功能绘制一条垂直线段，如图 8-132 所示。

图 8-131 绘制水平辅助线段 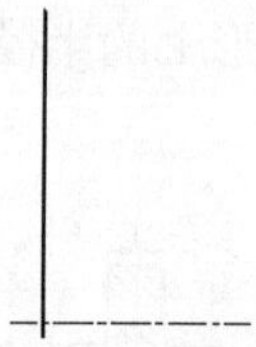　　图 8-132 绘制垂直线段

4. 单击“修改”工具栏中的“偏移”按钮，将水平线段向上偏移 12、15、22、30，并将偏移线段设置为轮廓线，再将垂直线段向右偏移 3、4.5、7.5、8.5、11.5、16，如图 8-133 所示。
5. 单击“修改”工具栏中的“修剪”按钮，修剪图形中多余的线段，如图 8-134 所示。

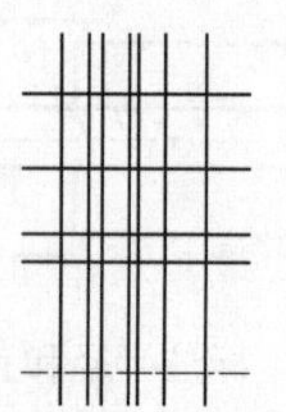

图 8-133 偏移线段

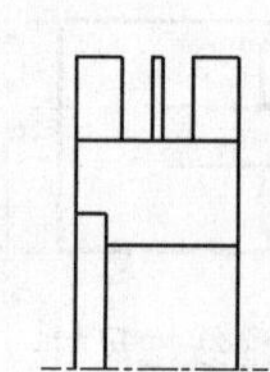

图 8-134 修剪多余的线段

相关知识 在位编辑外部参照

使用在位编辑外部参照可以在图形中直接编辑外部参照的图形。

操作技巧 在位编辑外部参照的操作方法

可以通过以下 3 种方法来执行“在位编辑外部参照”功能：

- 选择“工具”→“外部参照和块的外位编辑”→“在位编辑参照”命令。
- 单击“参照”工具栏中的“在位编辑”按钮。
- 在命令行中输入 refedit 后，按 Enter 键。

6 单击“修改”工具栏中的“旋转”按钮，旋转修剪后的线段，旋转角度为 7° ，如图 8-135 所示。

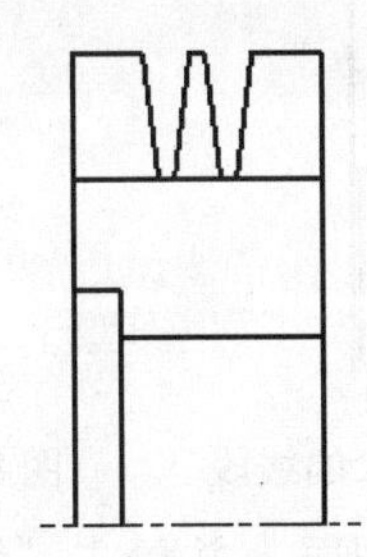

图 8-135　旋转修剪后的线段

7 单击“修改”工具栏中的“延伸”按钮，延伸旋转后的线段，如图 8-136 所示。

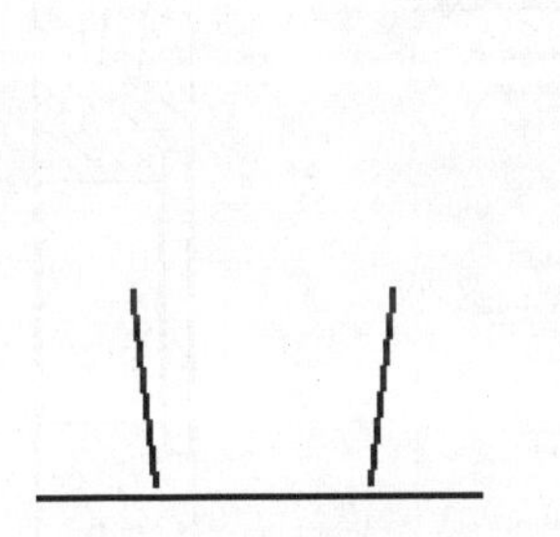

① 延伸前的局部细节　　② 延伸到水平直线

图 8-136　延伸旋转后的线段

8 单击“修改”工具栏中的“倒角”按钮，设置倒角模式为不修剪，倒角内孔棱边，倒角距离为 0.5、0.5，如图 8-137 所示。

9 单击“绘图”工具栏中的“直线”按钮，绘制倒角到水平辅助线段的垂线，如图 8-138 所示。

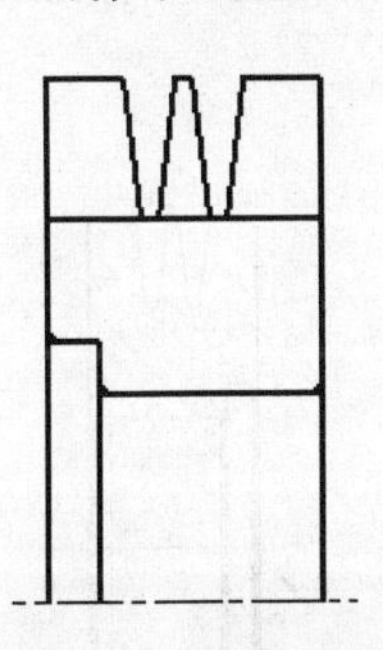

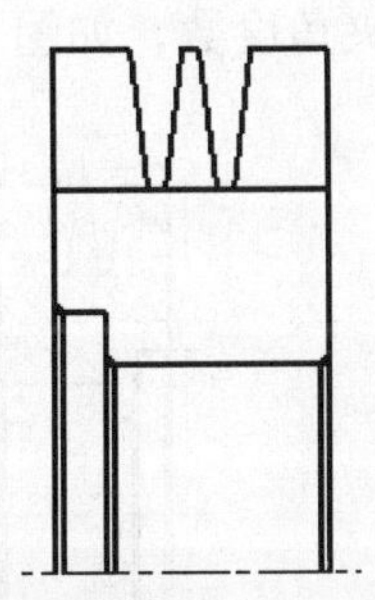

图 8-137　倒角内孔　图 8-138　绘制倒角到水平辅助线段的垂线

10 单击“修改”工具栏中的“修剪”按钮，修剪图形中多余的线段，如图 8-139 所示。

11 单击“修改”工具栏中的“镜像”按钮，以水平辅助线段镜像所有的轮廓线段，如图 8-140 所示。

相关知识　**“参照编辑”对话框中的各选项设置**

在执行以上任意一种操作时都会将光标变成小矩形，选定一个外部参照后，即可弹出“参照编辑”对话框。

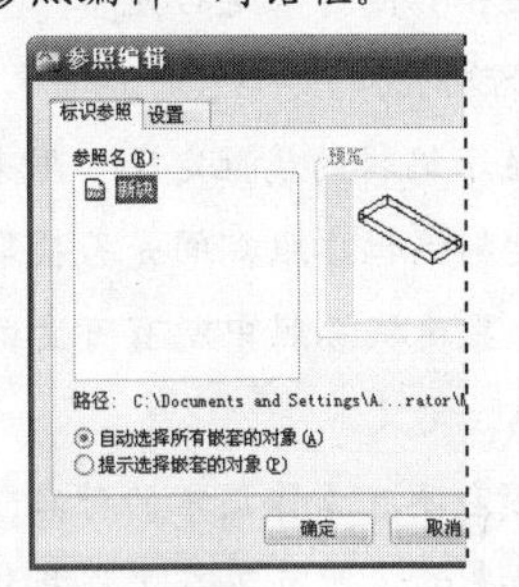

“参照编辑”对话框包括“标识参照”和“设置”两个选项卡。

1. 标识参照

“标识参照”选项卡中各选项的功能如下：

- 参照名：列出了要进行在位编辑的参照及选定参照中嵌套的所有参照。
- 预览：显示当前选定参照的预览图像。
- 路径：显示选定参照文件的位置。如果选定的参照是一个块，则不显示路径。
- 自动选择所有嵌套的对象：用来控制嵌套对象是否自动包含在参照编辑任务中。
- 提示选择嵌套的对象：用来控制是否在参照编辑任务中逐个选择嵌套对象。

2. 设置

“设置”选项卡中各选项的功能如下：

- 创建唯一图层、样式和块名：用来控制从参照中提取的图层和其他对象是否是唯一可修改的。
- 显示编辑的属性定义：用来控制编辑参照期间是否提取和显示块参照中所有可变的属性定义。
- 锁定不在工作集中的对象：用来锁定所有不在工作集中的对象，以避免在参照编辑状态时，选择和编辑其他图形中的对象。

疑难解答 **插入块和插入外部参照的区别**

插入块可以对它进行分解后融入图中进行编辑操作，也可以进行块的复制粘贴等操作。

插入外部参照只是在图中参照了一个外部文件，参照对象其实并没有在图中只是调用而已，它会随着原图形的修改而变动。不能对它进行分解等编辑操作，但它可方便地通过管理器卸载或更新。由于插入的外部参照不是直接读取文件内部数据，而是依靠路径信息来读取的，所以外部参照建立以后不能更改其路径或名称。

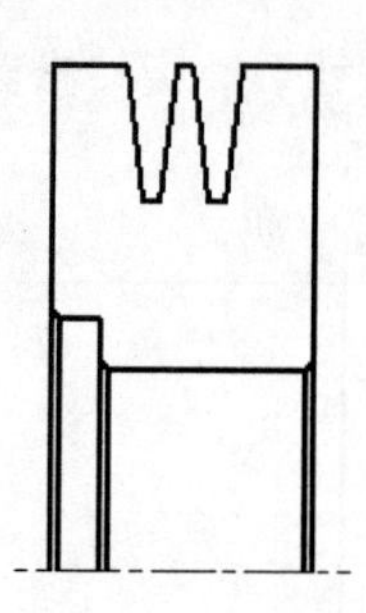

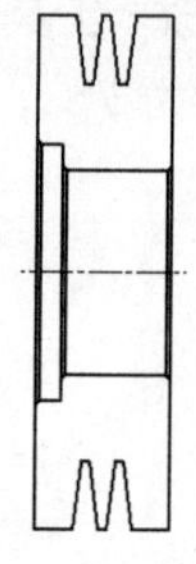

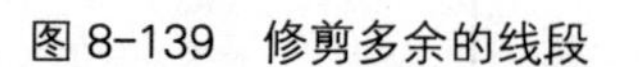

图 8-139 修剪多余的线段　　图 8-140 水平镜像轮廓线段

12 将细实线设置为当前图层，并单击“绘图”工具栏中的“图案填充”按钮，打开“图案填充和渐变色”对话框，设置“ANSI31”图案填充样式，设置比例为 0.6，填充剖面效果，如图 8-141 所示。

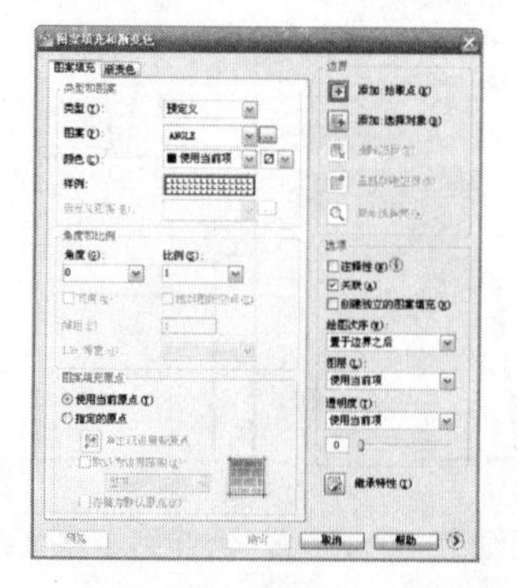

① “图案填充和渐变色”对话框　② 填充剖面效果

图 8-141 填充剖面

13 将颜色设置为红色，并单击“标注”工具栏中的“线性”按钮，标注图形的线性尺寸，如图 8-142 所示。

14 单击“标注”工具栏中的“角度”按钮，标注带轮齿轮之间的夹角度数，如图 8-143 所示。

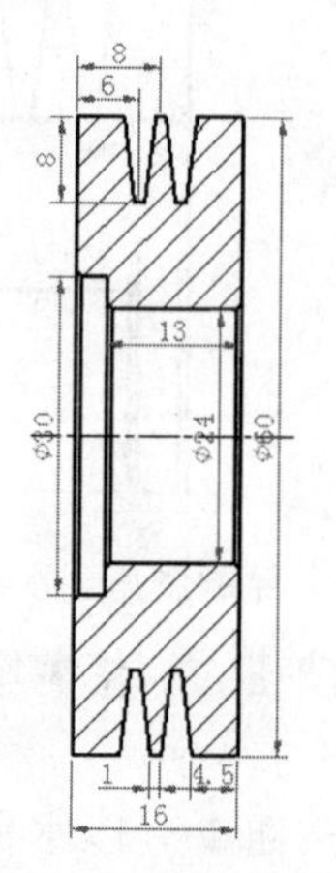

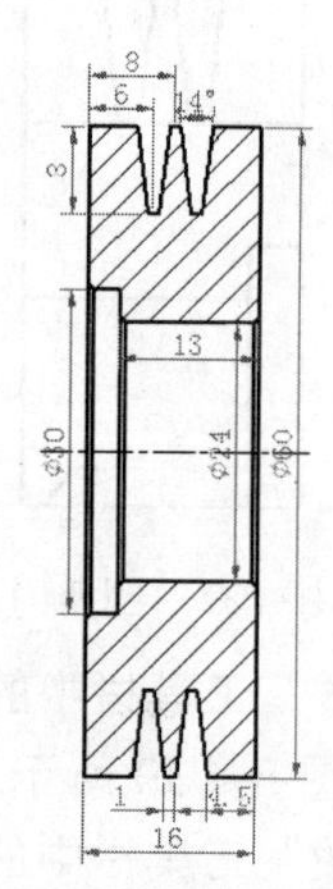

图 8-142 标注线性尺寸　　图 8-143 标注角度尺寸

实例 8-9　绘制压盖剖视图

本实例将绘制压盖剖视图，其主要功能包含圆、绘制切线、偏移、修剪、图案填充等。实例效果如图 8-144 所示。

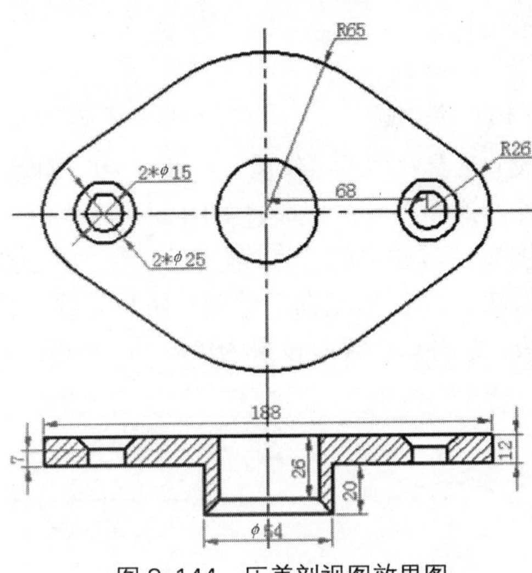

图 8-144　压盖剖视图效果图

操作步骤

1. 单击“图层”工具栏中的“图层特性管理器”按钮，打开“图层特性管理器”面板，设置点画线、轮廓线、细实线 3 个图层。
2. 将点画线设置为当前图层，并使用直线功能绘制垂直和水平辅助线段，如图 8-145 所示。
3. 单击“修改”工具栏中的“偏移”按钮，将垂直辅助线段向左、右各偏移 68，如图 8-146 所示。

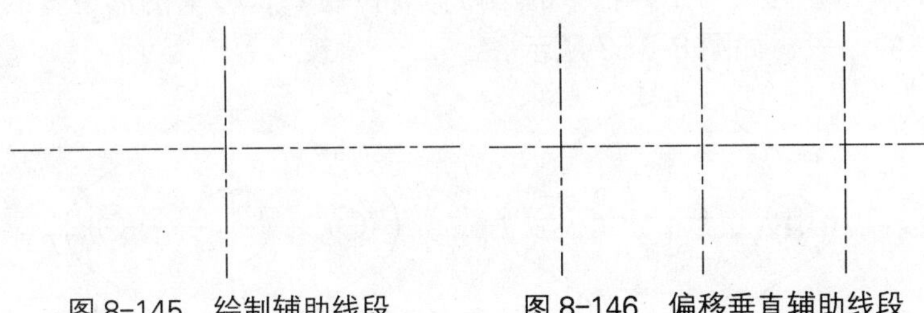

图 8-145　绘制辅助线段　　图 8-146　偏移垂直辅助线段

4. 将轮廓线设置为当前图层，单击“绘图”工具栏中的“圆”按钮，以辅助线段的中间交点为圆心，绘制半径为 65 和 21 的同心圆，以两边辅助线段的交点为圆心，绘制半径为 26、12.5 和 7.5 的 3 个同心圆，如图 8-147 所示。
5. 单击“绘图”工具栏中的“直线”按钮，绘制 3 个外圆之间的切线，如图 8-148 所示。

实例 8-9 说明

- 知识点：
  - 圆
  - 绘制切线
  - 偏移
  - 修剪
  - 图案填充
- 视频教程：
  光盘\教学\第 8 章　绘制机械剖视图
- 效果文件：
  光盘\素材和效果\08\效果\8-9.dwg
- 实例演示：
  光盘\实例\第 8 章\绘制压盖剖视图

相关知识　AutoCAD 中的辅助工具

在 AutoCAD 中，辅助工具都是直接或间接地为绘图服务的，因此在很多情况下，使用辅助工具可以大大提高绘图的效率。

相关知识　相机功能

用户可以将相机放置到图形中以定义三维视图。相机有下列几个属性：

- 位置：定义要观察三维模型的起点。
- 目标：通过指定视图中心的坐标来定义要观察的点。
- 前向和后向剪裁平面：指定剪裁平面的位置。剪裁平面是定义（或剪裁）视图的边界。在相机视图中，将隐藏相机与前向剪裁平面之间的所有对象。同样隐藏后向剪裁平面与目标之间的所有对象。

操作技巧 创建相机的操作方法

可以通过以下 3 种方法来执行“创建相机”操作：

- 选择“视图”→“创建相机”命令。
- 单击“视图”工具栏中的“创建相机”按钮。
- 在命令行中输入 camera 后，按 Enter 键。

相关知识 相机预览

创建了相机后，选中相机时，将会打开“相机预览”窗口。

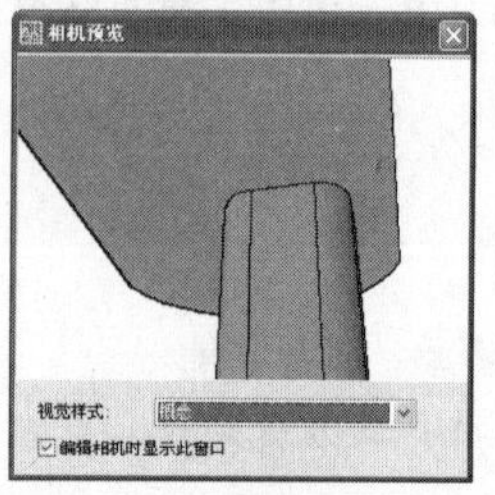

在预览框中显示了使用相机观察到的视图效果，在“视觉样式”下拉列表框中可以设置预览窗口中图形的视觉样式，包括概念、三维隐藏、三维线框和真实。

另外，选择“视图”→“相机”→“调整距离”命令或“视图”→“相机”→“回旋”命令，可以在视图中直接观察图形。

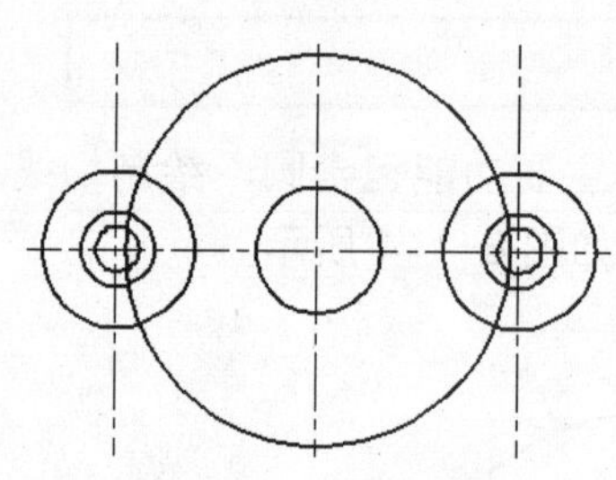

图 8-147 绘制圆

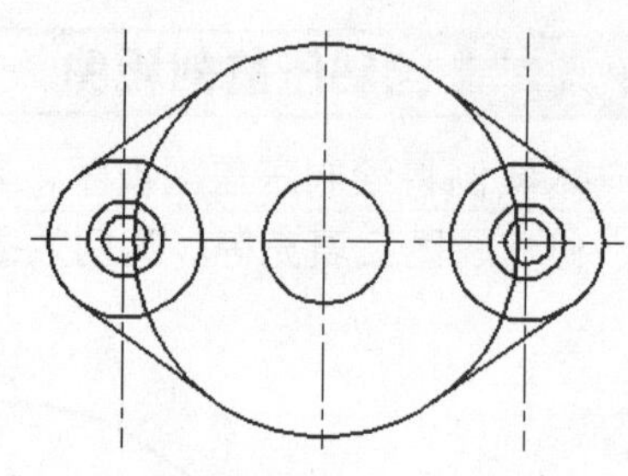

图 8-148 绘制切线

6 单击“修改”工具栏中的“修剪”按钮和“删除”按钮，修剪和删除图形中多余的线段，如图 8-149 所示。

7 单击“绘图”工具栏中的“直线”按钮，以垂直辅助线段的下端点为起点，沿 Y 轴向下绘制一条垂直线段，再绘制一条水平线段，并将垂直线段设置为点画线，如图 8-150 所示。

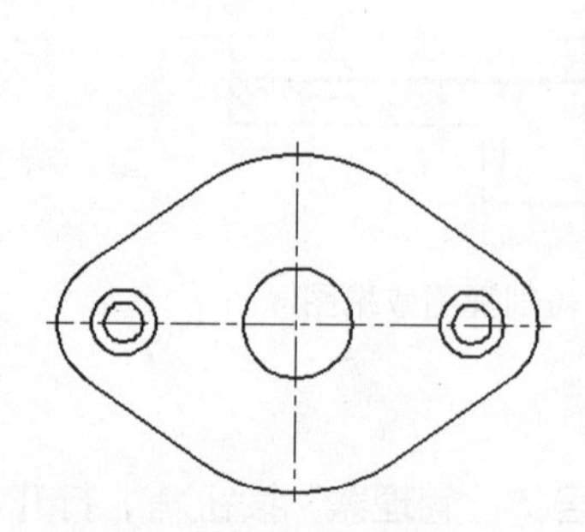

图 8-149 修剪和删除多余的线段

图 8-150 绘制线段

8 单击“修改”工具栏中的“偏移”按钮，将垂直线段向左偏移 21、27、55.5、60.5、75.5、80.5、94，把偏移线段设置为轮廓线，再将水平辅助线段向下偏移 5、12、26、32，如图 8-151 所示。

9 单击“修改”工具栏中的“修剪”按钮，修剪图形中多余的线段，如图 8-152 所示。

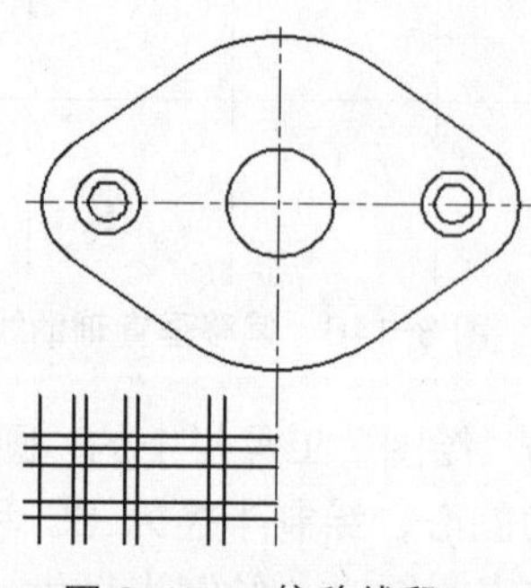

图 8-151 偏移线段

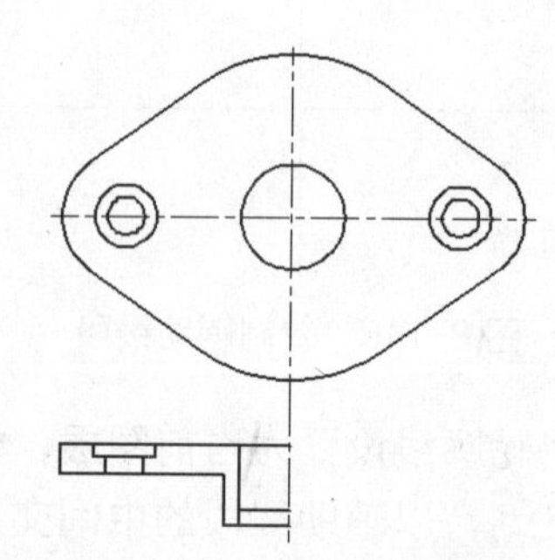

图 8-152 修剪多余的线段

10 单击“绘图”工具栏中的“直线”按钮，绘制孔的连线，如图 8-153 所示。

11 单击“修改”工具栏中的“修剪”按钮和“删除”按钮，再次修剪图形中多余的线段，如图 8-154 所示。

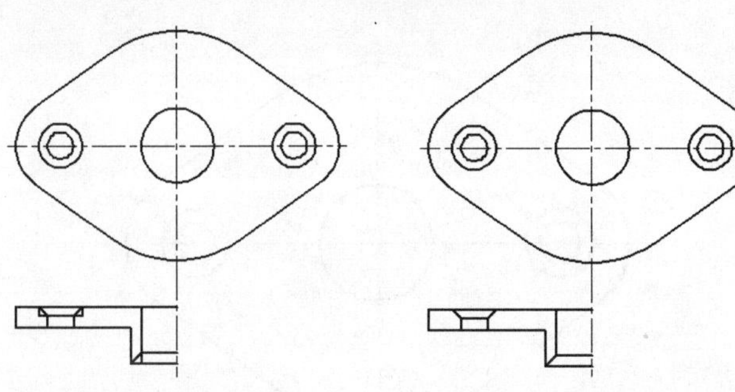

图 8-153 绘制孔的连线　　图 8-154 再次修剪多余的线段

12 单击“修改”工具栏中的“镜像”按钮，以垂直辅助线段为镜像线垂直镜像复制剖面，如图 8-155 所示。

13 将细实线设置为当前图层，并单击“绘图”工具栏中的“图案填充”按钮，打开“图案填充和渐变色”对话框，设置“ANSI31”图案填充样式，填充剖面效果如图 8-156 所示。

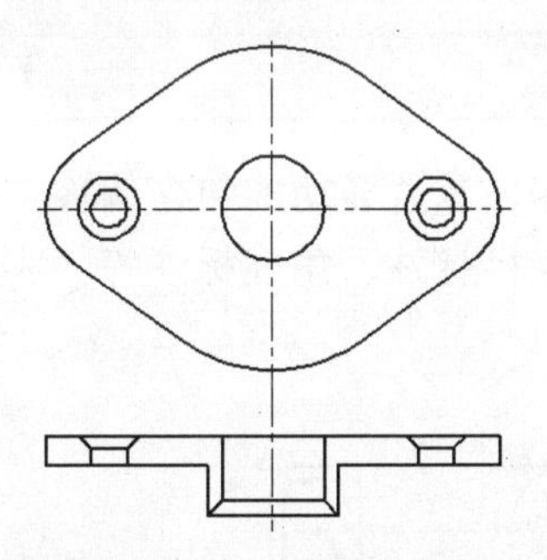

图 8-155 垂直镜像复制剖面

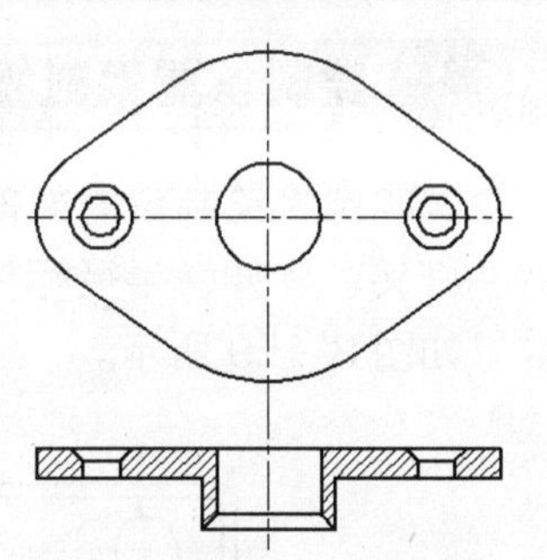

图 8-156 填充剖面效果

14 将颜色设置为红色，并单击“标注”工具栏中的“线性”按钮，标注图形的线性尺寸，如图 8-157 所示。

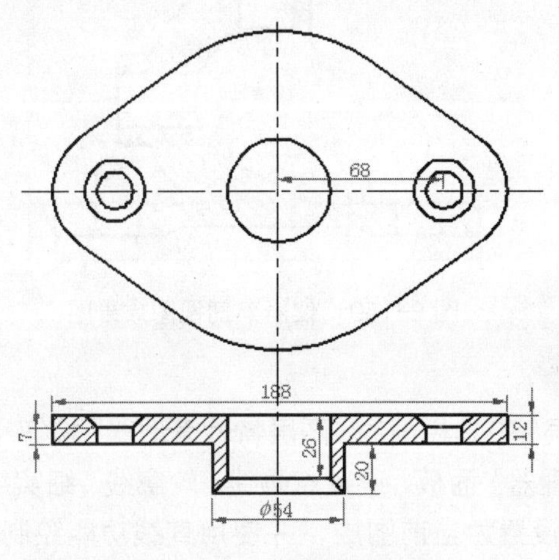

图 8-157 标注线性尺寸

相关知识 **漫游和飞行**

用户可以模拟在三维图形中漫游和飞行。在穿越漫游模型时，将沿 XY 平面行进。在飞越模型时，将不受 XY 平面的约束，所以看起来像飞过模型中的区域。

1. 漫游

单击“视图”→“漫游和飞行”→“漫游”命令，打开“定位器”面板。

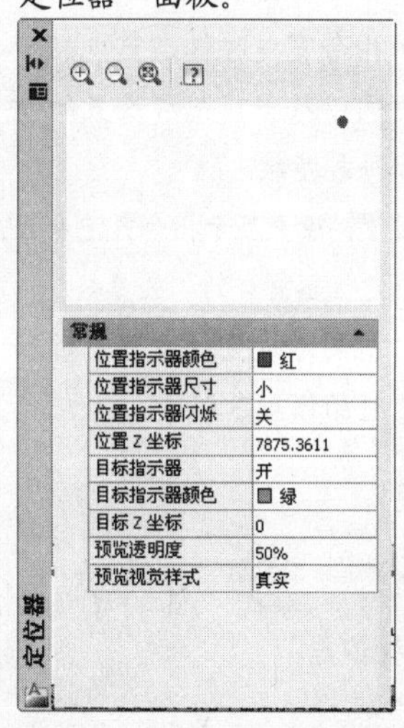

在该面板的预览框中显示了模型的 2D 顶视图，指示器显示了当前用户在模型中所处的位置，通过拖动可以改变指示器的位置。在“基本”选项组中可以设置位置指示器的颜色、尺寸、是否闪烁等属性。

2. 飞行

单击“视图”→“漫游和飞行”→“飞行”命令，也可以打开“定位器”面板。

在该面板中可设定飞行相关的参数。

15 单击“标注”工具栏中的“半径”按钮和“直径”按钮，标注图形上的半径和直径尺寸，如图 8-158 所示。

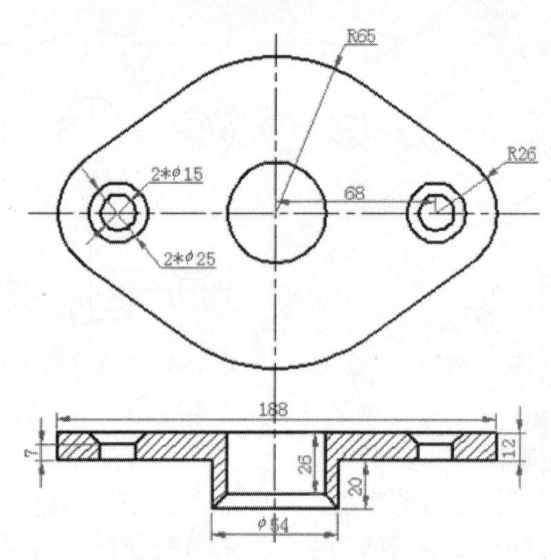

图 8-158　标注半径和直径尺寸

实例 8-10 绘制仪器架剖视图

本实例将绘制仪器架剖视图，其主要功能包含偏移、修剪、旋转、延伸、半径标注、直径标注、角度标注等。实例效果如图 8-159 所示。

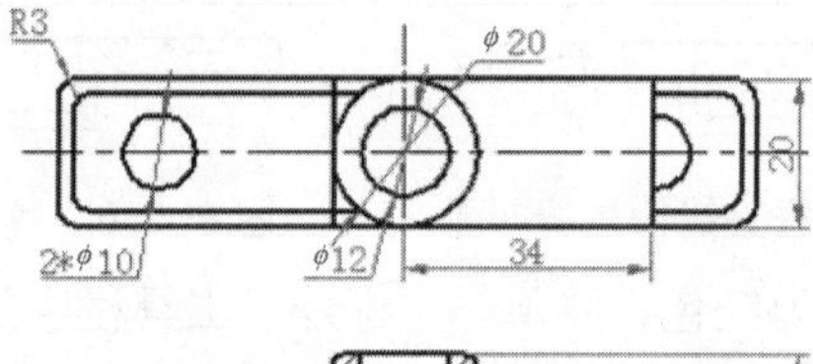

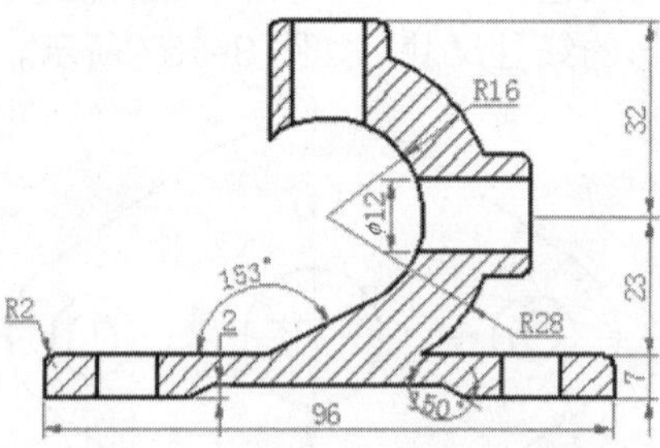

图 8-159　仪器架剖视图效果图

操作步骤

1 单击“图层”工具栏中的“图层特性管理器”按钮，打开“图层特性管理器”面板，设置点画线、轮廓线、细实线 3 个图层。

2 将点画线设置为当前图层，并使用直线功能绘制两条辅助线段，如图 8-160 所示。

3. 设置漫游和飞行

单击“视图”→“漫游和飞行”→“漫游和飞行设置”命令，弹出“漫游和飞行设置”对话框。

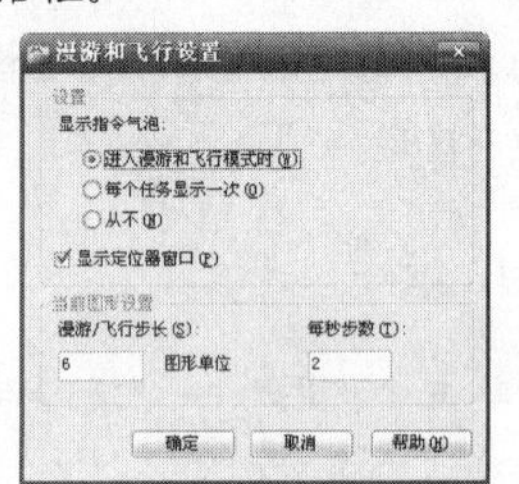

通过该对话框，可以设置显示指令窗口时机、窗口显示的时间以及当前图形设置的步长和每秒步数。

- 设置：设置显示指令气泡和显示定位器窗口的相关参数。
- 当前图形设置：设置漫游和飞行的模式参数。

实例 8-10 说明

- 知识点：
  - 偏移
  - 修剪
  - 旋转
  - 延伸
  - 半径标注
  - 直径标注
  - 角度标注
- 视频教程：
  光盘\教学\第 8 章 绘制机械剖视图
- 效果文件：
  光盘\素材和效果\08\效果\8-10.dwg
- 实例演示：
  光盘\实例\第 8 章 \绘制仪器架剖视图

3 单击“修改”工具栏中的“偏移”按钮，将水平辅助线段向上、下各偏移8、10，再将垂直辅助线段向左偏移10、34、46、48，向右偏移31、46、48，并将除34以外的其他偏移线段设置为轮廓线，如图8-161所示。

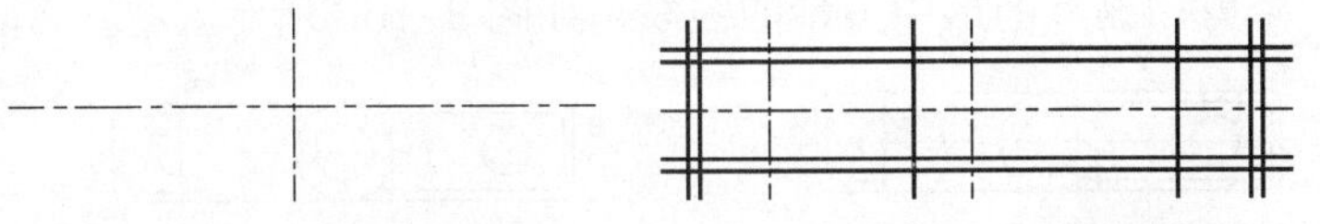

图8-160　绘制辅助线段　　　图8-161　偏移线段

4 将轮廓线设置为当前图层，单击“修改”工具栏中的“圆”按钮，以辅助线段的交点为圆心，绘制半径为10和6两个同心圆，再以水平辅助线段向左、右偏移34线段的交点为圆心，绘制半径为5的圆，如图8-162所示。

5 单击“修改”工具栏中的“修剪”按钮和“删除”按钮，修剪图形中多余的线段，如图8-163所示。

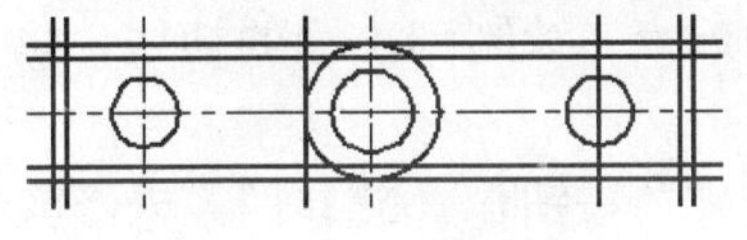

图8-162　绘制圆

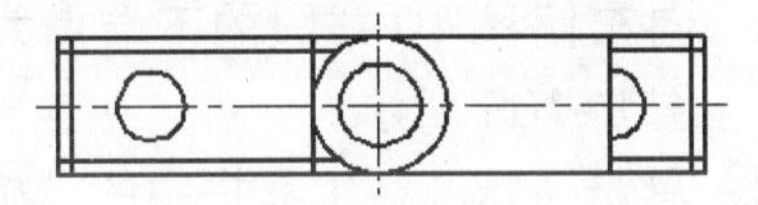

图8-163　修剪多余的线段

6 单击“修改”工具栏中的“圆角”按钮，对图形的8个角（内外角）倒圆角，圆角半径为3，如图8-164所示。

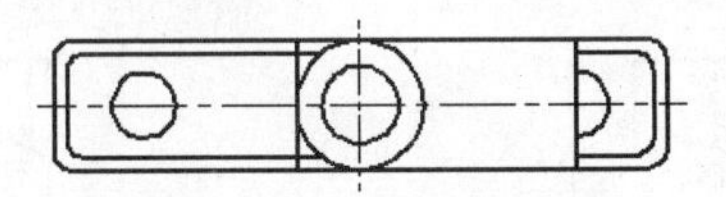

图8-164　倒圆角图形

7 单击“绘图”工具栏中的“直线”按钮，在图形下方绘制一条水平线段，再由垂直辅助线段的下端点绘制一条垂直线段，如图8-165所示。

8 单击“修改”工具栏中的“偏移”按钮，将垂直线段向上偏移2、7、20、24、30、36、40、62，再将垂直线段向左、右各偏移6、10、23、29、39、48，再向右偏移34，如图8-166所示。

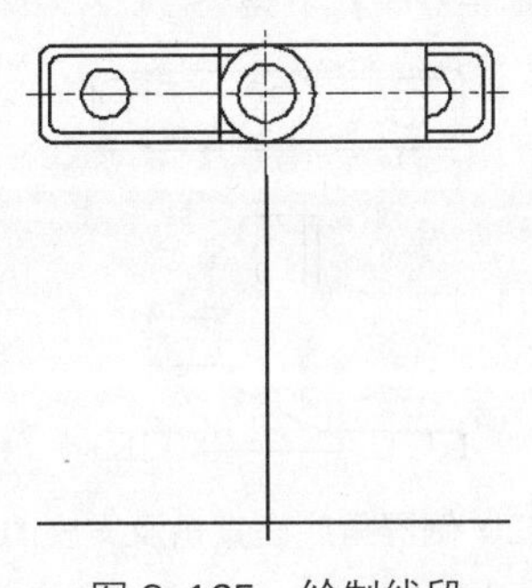

图8-165　绘制线段

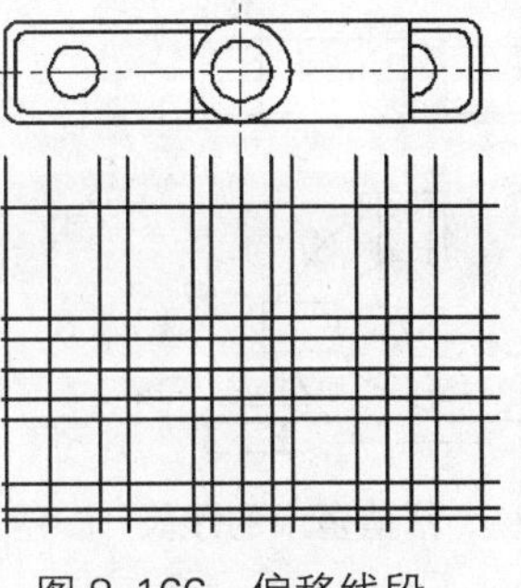

图8-166　偏移线段

相关知识　**运动路径动画**

通过在“运动路径动画”对话框中指定设置来确定运动路径动画的动画文件格式。可以使用若干设置控制动画的帧率、持续时间、分辨率、视觉样式和文件格式。

单击“视图”→“运动路径动画”命令，或在命令行中输入anipath命令，弹出“运动路径动画”对话框。

在该对话框中，“相机”选项组适用于设置相机链接到的点或路径，使相机位于指定点观测图形或沿路径观察图形。“目标”选项组用于设置相机目标链接到的点或路径。“动画设置”选项组用于设置动画的帧率、帧数、持续时间、分辨率等属性。

设置完属性后，单击“预览”按钮，将打开“动画预览”对话框，从中可以预览动画播放效果。

疑难解答　**制定内外部块及其属性**

利用AutoCAD的“块”以及属性功能，可以大大提高绘图效率。“块”有内部图块与外部图块之分。内部图块属一个文件范围之内，在内部可自由使用，不受约束，内部图块一旦被定义，它与文件会同时被储存和打开。外部图块将“块”的主文件的形式写入磁盘（wblock），其他图形文件也可使用。

疑难解答 **无法为图形填充图案**

无法填充图案的原因有以下两点：

- 要填充的区域没有被填入图案，或全部被填入白色或黑色。
- 图形不是封闭的。

解决方案：

出现第一种情况是因为“图案填充”对话框中的比例设置不当。比例设置得过大，要填充的图案被无限放大之后，显示在图形内的图案正好是一片空白；比例设置得过小，要填充的图案被无限缩小之后，看起来就像一团色块，如果背景色是白色，则显示为黑色色块，如果背景色是黑色，则显示为白色色块。

出现第二种情况，说明填充边界不是封闭的。此时，放大视图观察各个交点，可发现有的线段之间没有交点，也就是图形不封闭。另外，还要注意封闭的边界是必须位于同一个平面内，如果封闭边界的某

9 单击“绘图”工具栏中的“直线”按钮，以水平偏移 30 线段与垂直的交点为圆心，绘制半径为 16 和 28 的同心圆，如图 8-167 所示。

10 单击“修改”工具栏中的“修剪”按钮和“删除”按钮，修剪和删除图形中多余的线段，如图 8-168 所示。

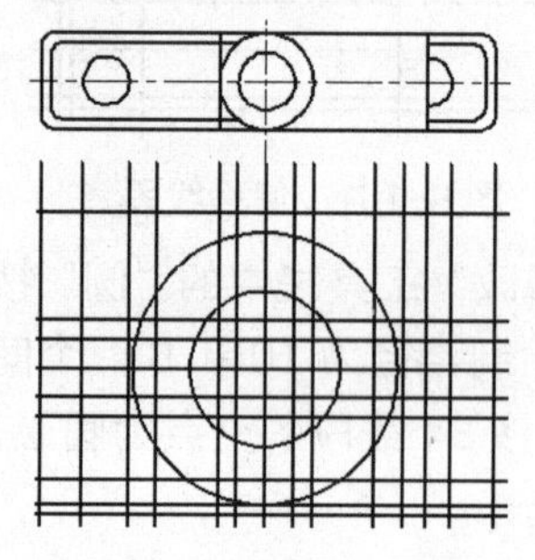

图 8-167 绘制同心圆

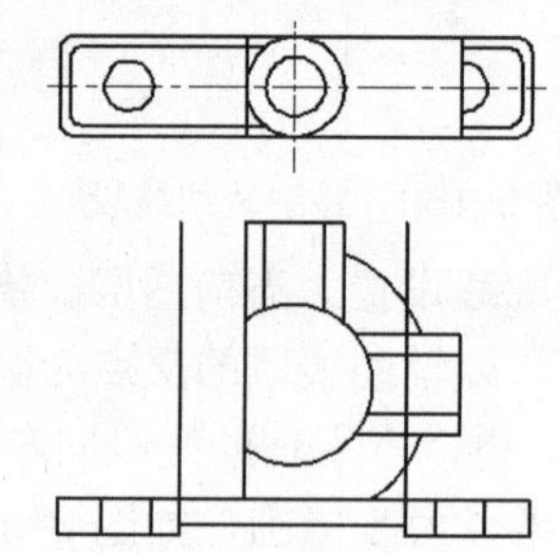

图 8-168 修剪和删除多余的线段

11 单击“绘图”工具栏中的“直线”按钮，以中间垂直线向左偏移 10 线段的下端点为起点，绘制到小圆的切线，如图 8-169 所示。

12 单击“修改”工具栏中的“旋转”按钮，旋转两条未修剪的垂直线段，旋转角度为 60°，如图 8-170 所示。

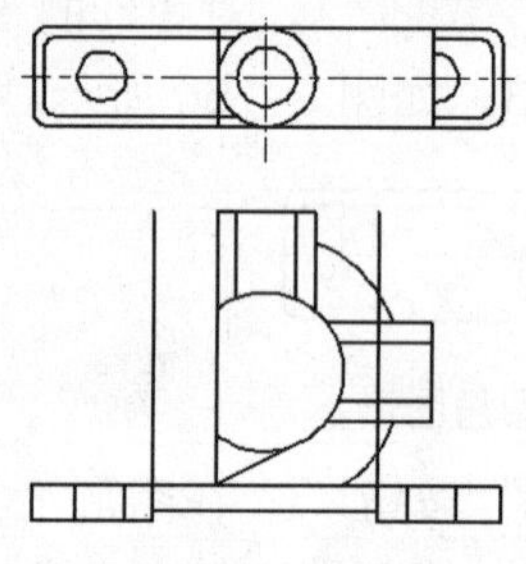

图 8-169 绘制切线

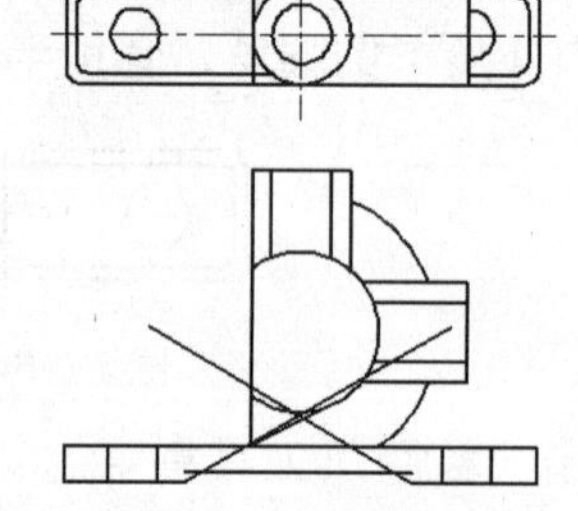

图 8-170 旋转垂直线段

13 单击“修改”工具栏中的“修剪”按钮，修剪图形中多余的线段，如图 8-171 所示。

14 单击“修改”工具栏中的“圆角”按钮，倒圆角底座的两个直角以及支座的棱边，圆角半径为 2，如图 8-172 所示。

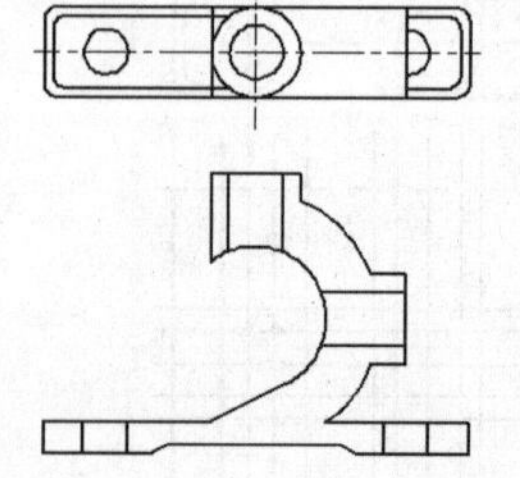

图 8-171 修剪多余的线段

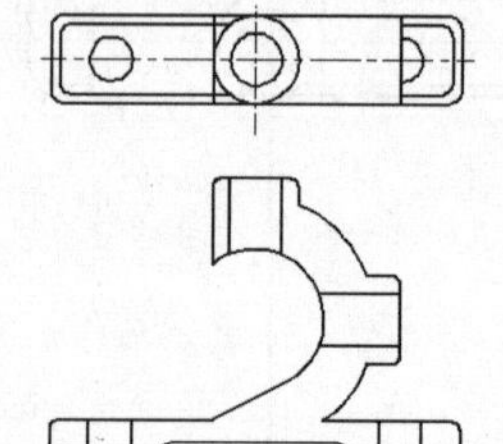

图 8-172 倒圆角底座直角及支座的棱边

15 将细实线设置为当前图层，并单击“绘图”工具栏中的“图案填充”按钮，打开“图案填充和渐变色”对话框，设置“ANSI31”图案填充样式，设置比例为 0.7，填充图形中的剖面部分，如图 8-173 所示。

16 将颜色设置为红色，并单击“标注”工具栏中的“线性”按钮，标注图形的线性尺寸，如图 8-174 所示。

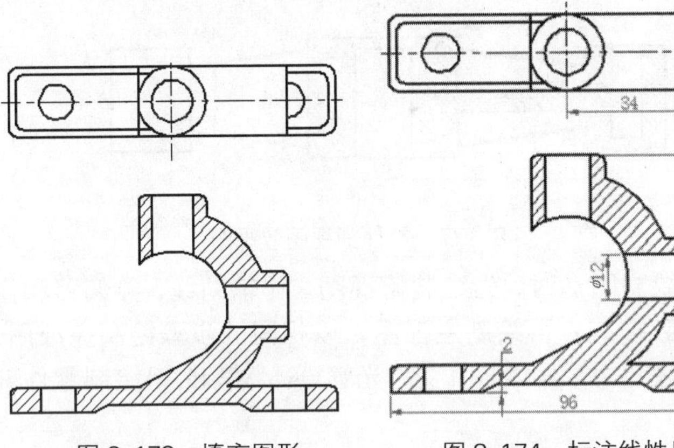

图 8-173　填充图形　　　图 8-174　标注线性尺寸

17 单击“标注”工具栏中的“半径”按钮和“直径”按钮，标注图形的半径和直径尺寸，如图 8-175 所示。

18 单击“标注”工具栏中的“角度”按钮，标注图形中的角度尺寸，如图 8-176 所示。

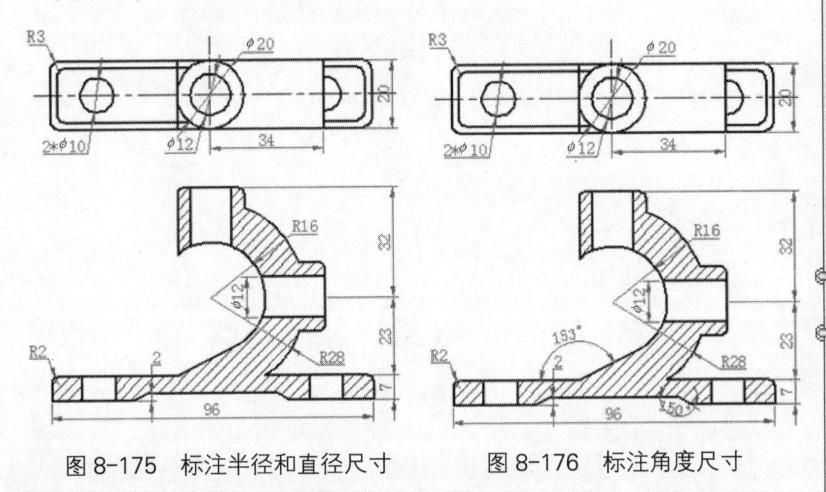

图 8-175　标注半径和直径尺寸　　　图 8-176　标注角度尺寸

实例 8-11　绘制零件剖视图

本实例将绘制一个零件剖视图，其主要功能包含直线、圆、偏移、修剪、绘制切线、镜像、旋转、文字等。实例效果如图 8-177 所示。

些点不位于同一个平面内，当填充的时候也会提示无法找到有效填充边界。

疑难解答　临时追踪点和捕捉自的区别

临时追踪点可通过指定的基点进行极轴追踪。捕捉自可与其他捕捉方式配合使用，适用于指定捕捉的基点。

机械术语　局部剖视图

局部剖视图是以假想的方式局部剖切部分机械，为了表达清楚机械具体细节的剖视效果图。

局部剖视图：

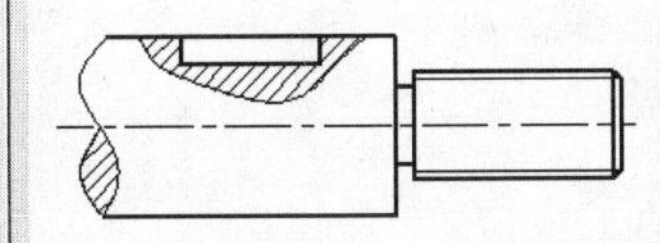

局部视图主要用于表达机件的局部内部结构，或者不宜采用全剖视图或半剖视图的地方。如不规则箱壳类零件，带孔、槽的零件等。

局部剖视图中被剖部分与未剖部分的分界线用波浪线表示。

机械术语　局部剖视图的剖切方法

按剖切平面和剖切方法分，可以分为单一剖切面、几个平行的剖切面以及几个相交的剖切面。

1. 单一剖切面

通常剖切普通的对称零件。

2. 几个平行的剖切面

这是指剖切两个或两个以上的平行剖切面，切各个剖切面的夹角为直角。

3. 几个相交的剖切面

这类剖切图的剖切面必须确定一个投影面，其他带角度的剖切面必须先剖切，再旋转，然后投影绘制。

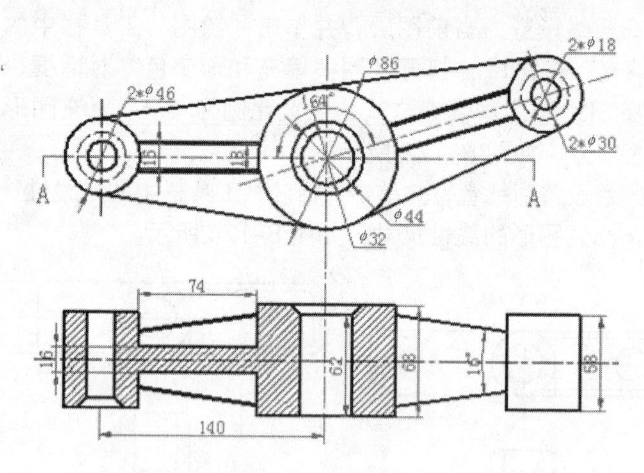

图 8-177　零件剖视图效果图

在绘制图形时，先绘制俯视图，作辅助线，并偏移和修剪出大致样式；再绘制主视图，以相同的步骤绘制完成后，最后标注尺寸。具体操作见“光盘\实例\第 8 章\绘制零件剖视图”。

第9章 绘制机械三视图

在机械图形中，三视图通常用来表达一些结构比较复杂，或者尺寸复杂的图形。本章讲解如何绘制机械三视图以及实体的渲染与设计中心的功能与应用。

本章讲解的实例和主要功能如下：

实　　例	主要功能	实　　例	主要功能
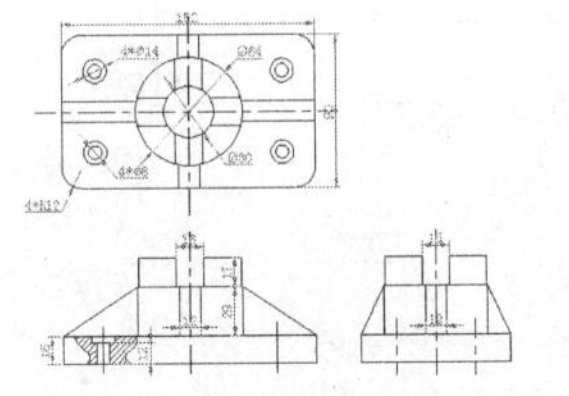 绘制底座三视图	图层 偏移 修剪 图案填充	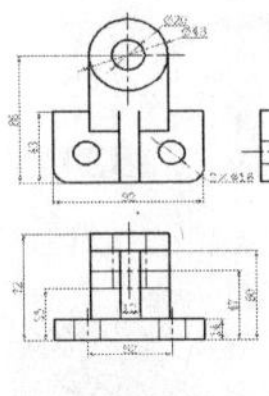 绘制托架三视图	图层 直线 圆 修剪
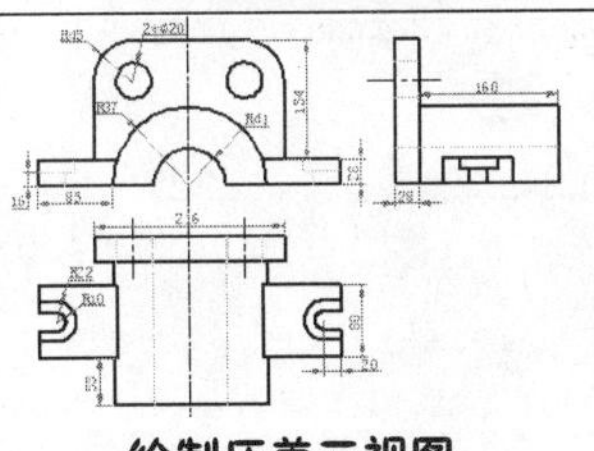 绘制压盖三视图	直线 圆 偏移 修剪 延伸 通过夹点调整线段	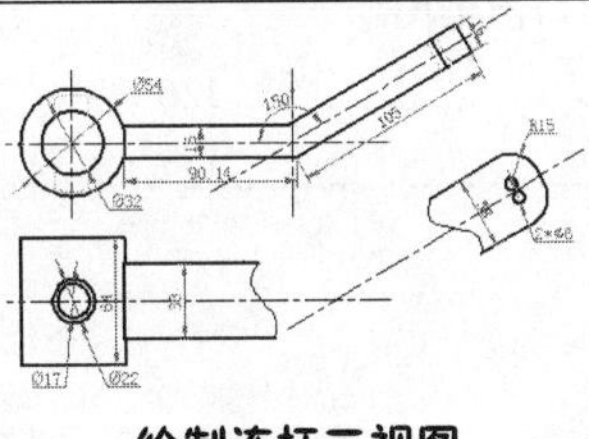 绘制连杆三视图	圆 旋转复制 样条曲线 圆角 对齐标注
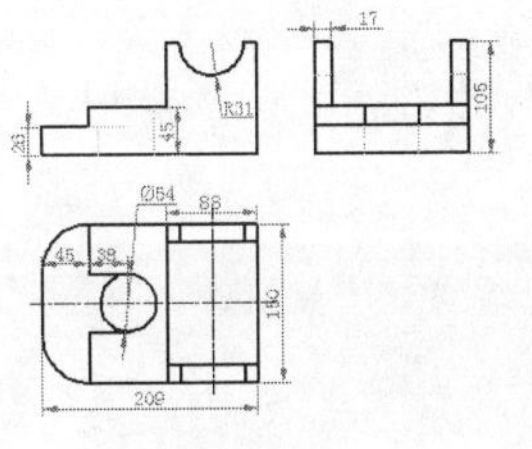 绘制固定座三视图	直线 圆 偏移 修剪	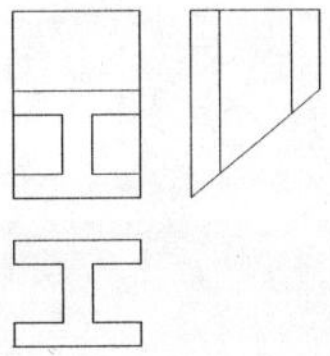 绘制零件三视图	直线 修剪 延伸 通过夹点拉伸线段

本章在讲解实例操作的过程中，全面系统地介绍关于绘制机械三视图的相关知识和操作方法，包含的内容如下：

实例 9-1　绘制底座三视图

本实例将绘制底座三视图，其主要功能包含图层、偏移、修剪、图案填充等。实例效果如图 9-1 所示。

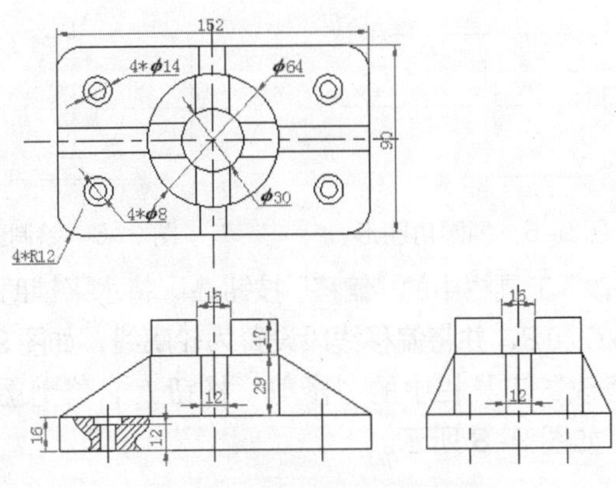

图 9-1　底座三视图效果图

操作步骤

1 单击"格式"工具栏中的"图层特性管理器"按钮，打开"图层特性管理器"面板，创建点画线和轮廓线两个图层，如图 9-2 所示。

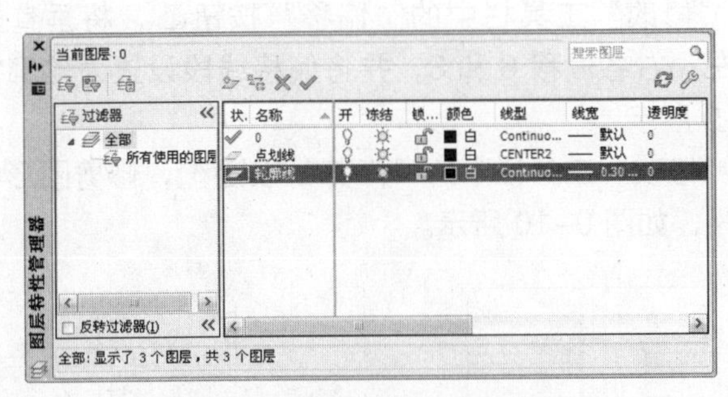

图 9-2　"图层特性管理器"面板

2 将点画线设置为当前图层，并使用直线功能，绘制两条辅助线段，如图 9-3 所示。

3 单击"修改"工具栏中的"偏移"按钮，将水平辅助线段向上、下各偏移 45，再将垂直辅助线段向左、右各偏移 76，并将偏移线段设置为轮廓线，如图 9-4 所示。

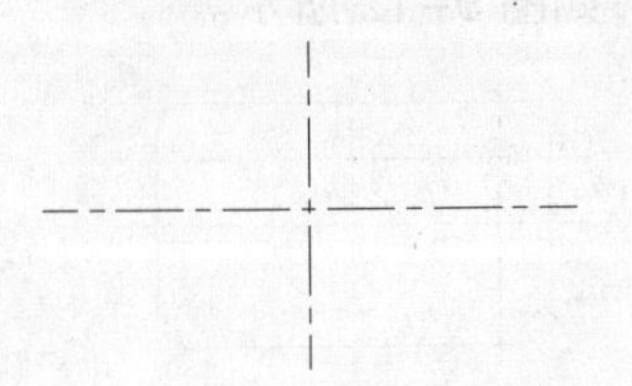

图 9-3　绘制辅助线段　　图 9-4　偏移辅助线段并设置成轮廓线

实例 9-1 说明

- 知识点：
  - 图层
  - 偏移
  - 修剪
  - 图案填充
- 视频教程：

  光盘\教学\第 9 章 绘制机械三视图
- 效果文件：

  光盘\素材和效果\09\效果\9-1.dwg
- 实例演示：

  光盘\实例\第 9 章\绘制底座三视图

相关知识　什么是三视图

三视图是由物体的6个方向，挑选3个特殊的面来绘制投影绘图，如果形体相对简单或对称的实体，一般绘制为主视图、俯视图和左视图。

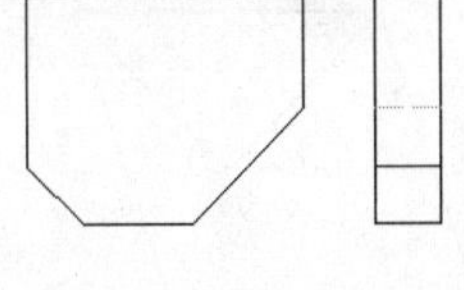

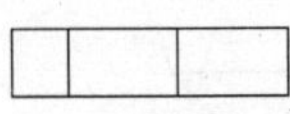

再通过剖视图的辅助，能清楚表达一般的零件结构。

相关知识　投影的分类

常见的投影绘图通常可以分为以下几类：

1. 中心投影法

中心投影法是投影点通过实物在投影面上绘制出图形，实物位置的改变，投影面

4 单击“修改”工具栏中的“圆角”按钮，对偏移线段的交线倒圆角，圆角半径为 6，如图 9-5 所示。

5 将轮廓线设置为当前图层，并使用圆功能，以辅助线的交点为圆心，绘制半径为 32 和 15 的圆，如图 9-6 所示。

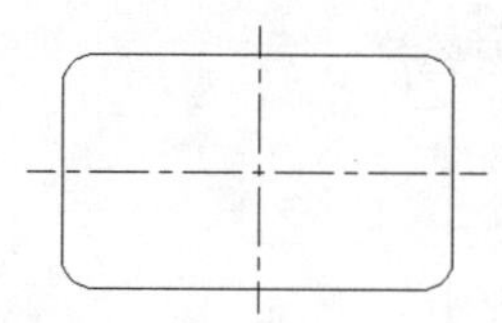

图 9-5 倒圆角图形

图 9-6 绘制圆

6 单击“修改”工具栏中的“偏移”按钮，将水平辅助线段向上、下各偏移 6 和 8，并将偏移线段设置为轮廓线，如图 9-7 所示。

7 单击“修改”工具栏中的“修剪”按钮，修剪图形中多余的线段，如图 9-8 所示。

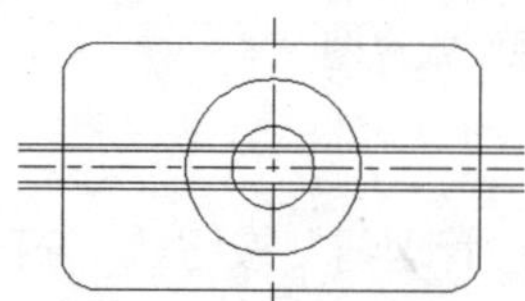

图 9-7 偏移线段

图 9-8 修剪多余的线段

8 单击“修改”工具栏中的“偏移”按钮，将垂直辅助线段向左、右各偏移 6 和 8，并将偏移线段设置为轮廓线，如图 9-9 所示。

9 单击“修改”工具栏中的“修剪”按钮，修剪图形中多余的线段，如图 9-10 所示。

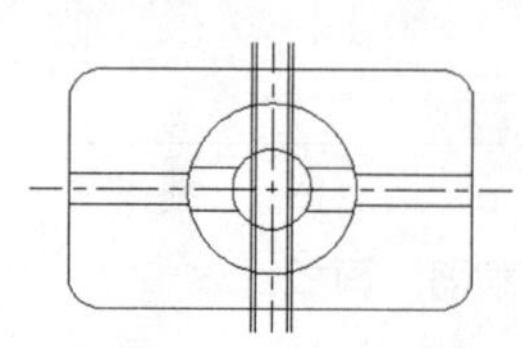

图 9-9 偏移线段

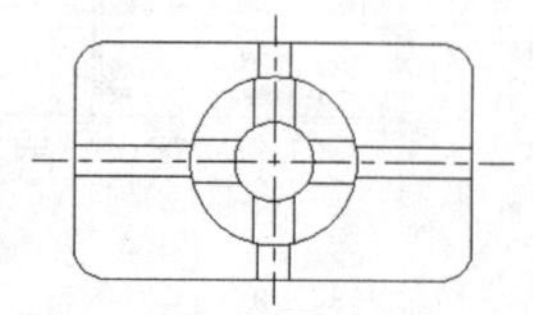

图 9-10 修剪多余的线段

10 单击“修改”工具栏中的“偏移”按钮，将水平辅助线段向上偏移 24，再将垂直辅助线段向左偏移 56，如图 9-11 所示。

11 单击“绘图”工具栏中的“圆”按钮，以偏移线段的交点为圆心，绘制半径为 4 和 7 的圆，如图 9-12 所示。

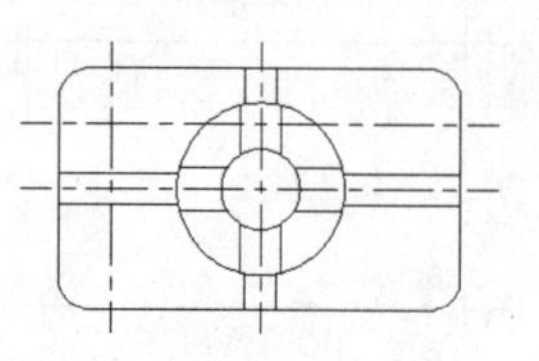

图 9-11 偏移线段

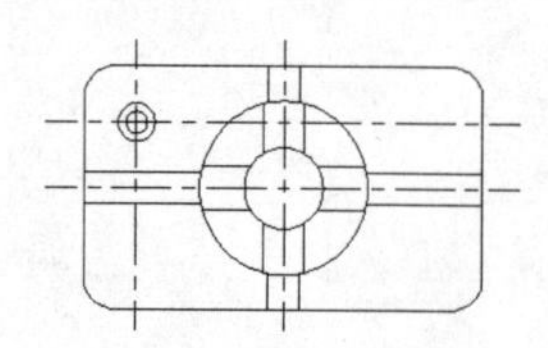

图 9-12 绘制圆

的大小也随之改变。

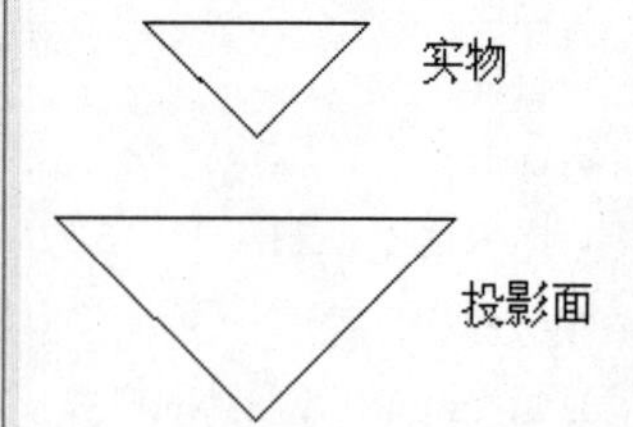

2. 平行投影法

- 正投影法：指投影线（红色）相互平行且垂直于投影面的绘制方法。

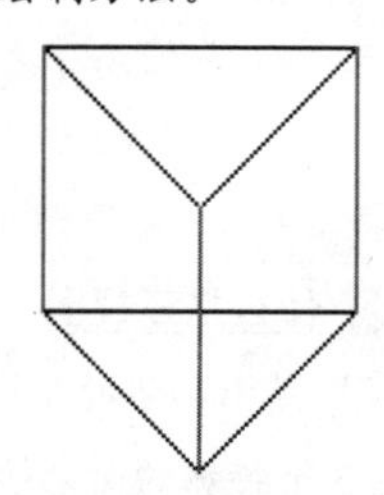

- 斜投影法：指投影线相互平行且倾斜于投影面的绘制方法。

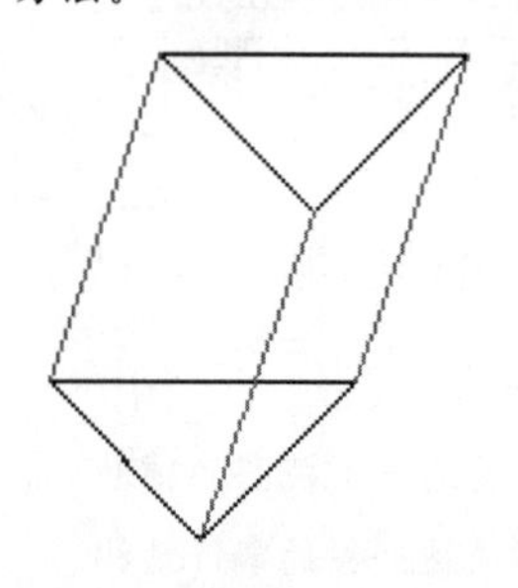

相关知识 **绘制正投影的特性**

在绘制正投影图形时，有以下 3 点特性：

- 真实性：在绘制实物上的平面或线条时，与投影面平行，

12 单击“修改”工具栏中的“矩形阵列”按钮，以计数模式复制小圆，设置行数为 2，列数为 2，行偏移为-48，列偏移为 112，如图 9-13 所示。

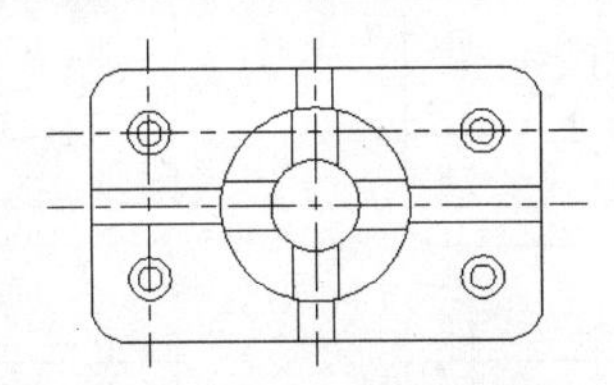

图 9-13 矩形阵列复制圆

13 单击“修改”工具栏中的“删除”按钮，删除偏移的辅助线段，如图 9-14 所示。

14 选择垂直辅助线段，通过蓝色的夹点拉伸垂直线段，如图 9-15 所示。

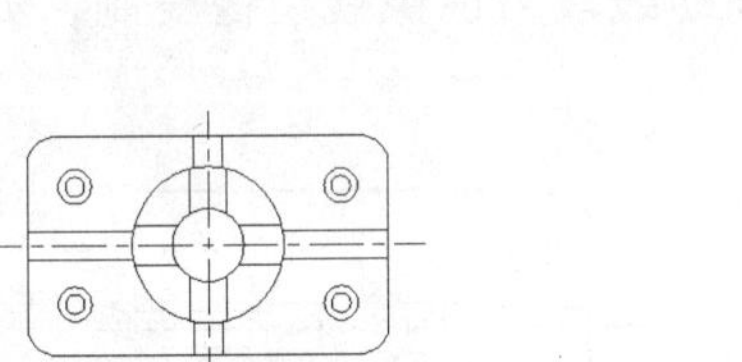

图 9-14 删除偏移线段

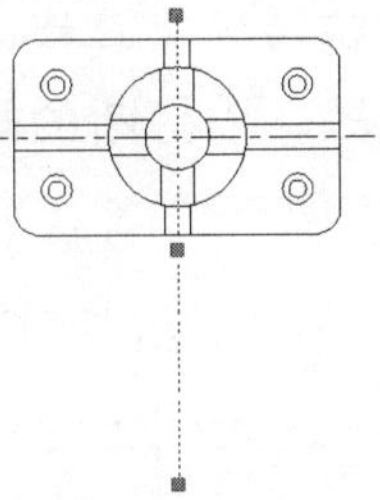

图 9-15 通过蓝色夹点拉伸垂直辅助线段

15 单击“修改”工具栏中的“打断”按钮，打断拉伸的线段，如图 9-16 所示。

16 单击“绘图”工具栏中的“直线”按钮，绘制一条水平线段，如图 9-17 所示。

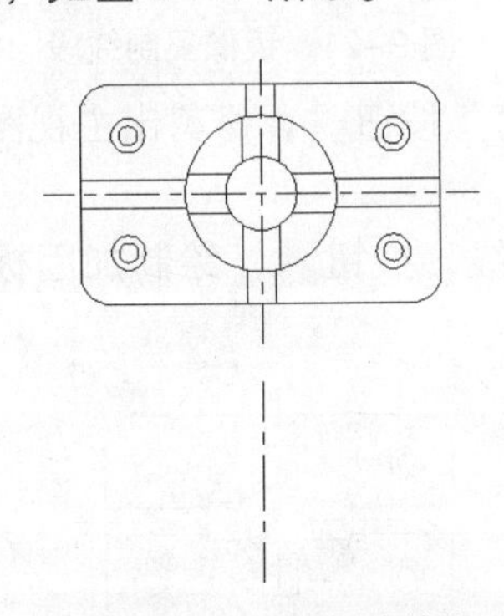

图 9-16 打断拉伸线段

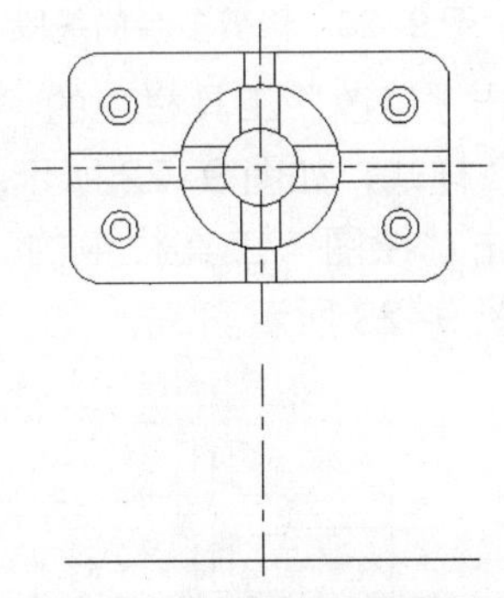

图 9-17 绘制水平线段

17 单击“修改”工具栏中的“偏移”按钮，将上一步绘制的水平线段向上偏移 16、45 和 62，再将打断的垂直辅助线段向左、右各偏移 6、8、52 和 76，并将除偏移 52 以外的其他线段设置为轮廓线，如图 9-18 所示。

所绘制的长度与实物相同。

- 积聚性：绘制的平面或线条与投影面垂直，所绘制的图形积聚成一条线段或一点。
- 收缩性：绘制的面或线条与投影面倾斜，所绘制的图形会比实物缩小或缩短。

相关知识 什么是渲染

在 AutoCAD 中进行渲染时，首先需要设置好实体的表面纹理、光源等，以使生成的实体渲染效果更加真实。用户可以选择“视图”→“渲染”命令，或者单击“渲染”工具栏中的相应按钮来渲染实体。

“渲染”工具栏：

“渲染”子菜单：

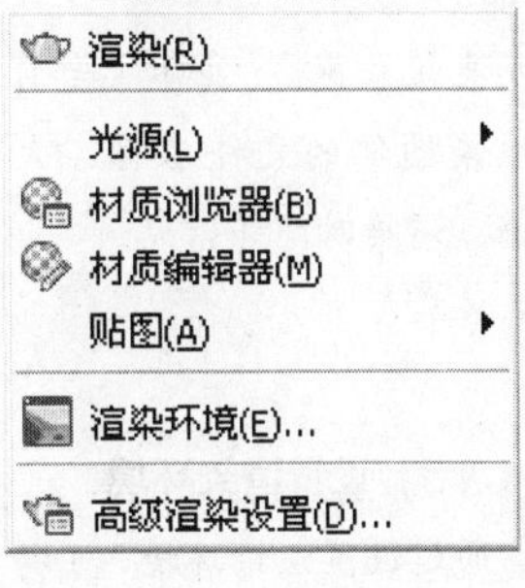

渲染(R)
光源(L)
材质浏览器(B)
材质编辑器(M)
贴图(A)
渲染环境(E)...
高级渲染设置(D)...

操作技巧 渲染的操作方法

可以通过以下3种方法来执行“渲染”操作：

- 选择“视图”→“渲染”→“渲染”命令。

- 单击“渲染”工具栏中的“渲染”按钮。
- 在命令行中输入 render 后，按 Enter 键。

相关知识 渲染操作文档

在执行了以上任意一种操作都可以对当前的图形作出渲染操作。

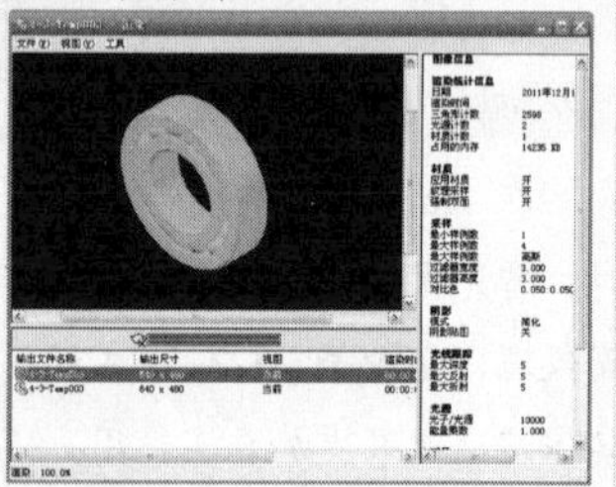

该窗口分为 3 个窗格：图像窗格、图像信息窗格和历史记录窗格。

- 图像窗格：显示了当前视窗中图形的渲染效果。
- 图像信息窗格：显示了图像的质量、光源和材质等详细信息。
- 历史记录窗格：显示了当前渲染图像的文件名称、大小、渲染时间等信息。

相关知识 设置渲染环境

通过设置渲染环境，可以改变雾化或深度效果，这种效果与大气效果非常相似。

操作技巧 设置渲染环境的操作方法

可以通过以下 3 种方法来

18 单击“绘图”工具栏中的“直线”按钮，从俯视图中延伸线段到正视图中，如图 9-19 所示。

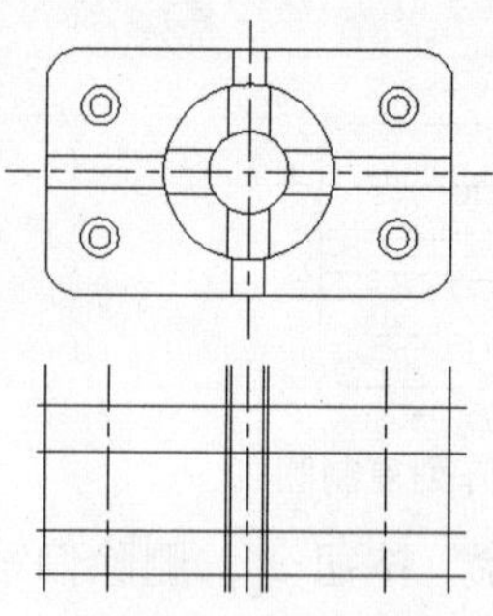

图 9-18　偏移线段

图 9-19　绘制延伸线段

19 单击“修改”工具栏中的“修剪”按钮，修剪图形中多余的线段，如图 9-20 所示。

20 单击“修改”工具栏中的“镜像”按钮，将延伸并修剪后的线段，以打断的垂直辅助线段为镜像线镜像复制，如图 9-21 所示。

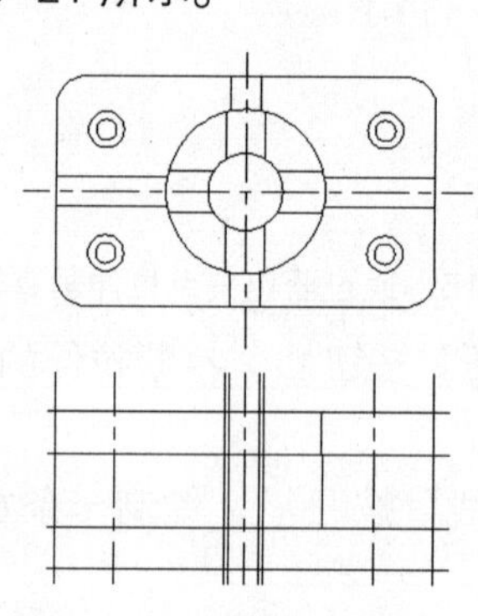

图 9-20　修剪多余的线段

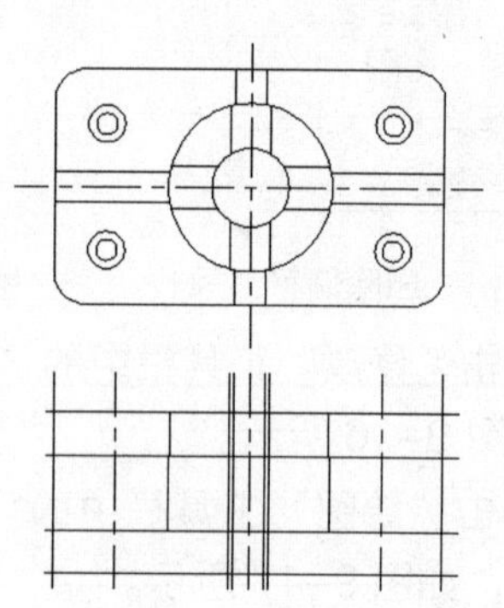

图 9-21　镜像复制线段

21 单击“修改”工具栏中的“修剪”按钮，修剪出主视图的大致样式，如图 9-22 所示。

22 单击“绘图”工具栏中的“直线”按钮，绘制加固板，如图 9-23 所示。

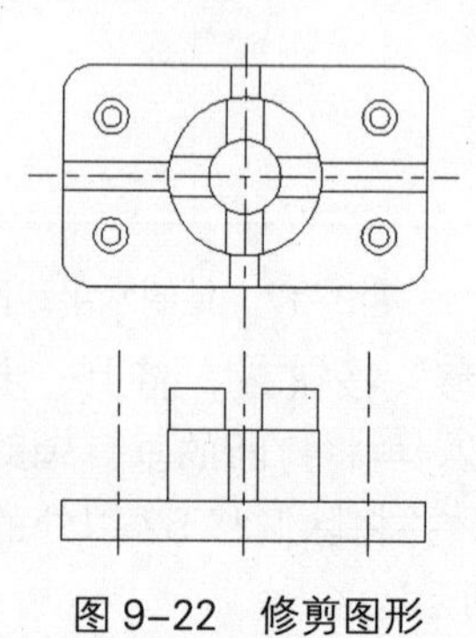

图 9-22　修剪图形

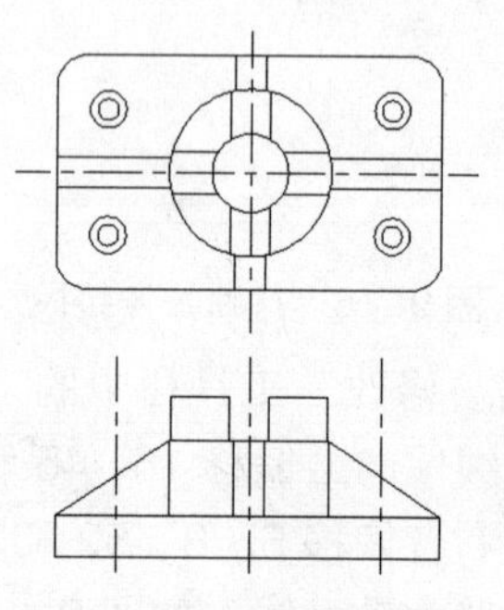

图 9-23　绘制加固板

23 选择两边的垂直点画线，通过夹点缩短线段，如图 9–24 所示。

24 选择俯视图中的水平线段，通过夹点延伸该线段，如图 9–25 所示。

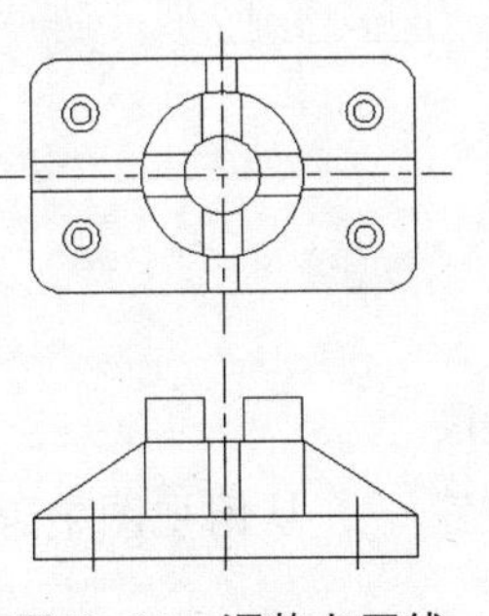

图 9–24　调整点画线　　　图 9–25　拉伸水平辅助线段

25 单击“修改”工具栏中的“打断”按钮，打断延伸的水平辅助线段，如图 9–26 所示。

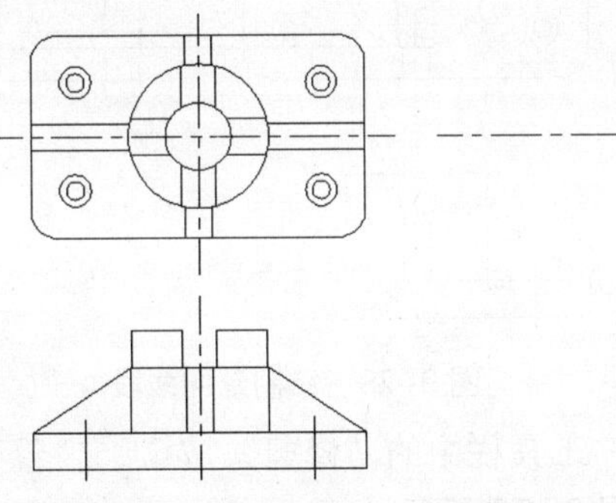

图 9–26　打断延伸的水平辅助线段

26 单击“绘图”工具栏中的“直线”按钮，绘制一条垂直线段，如图 9–27 所示。

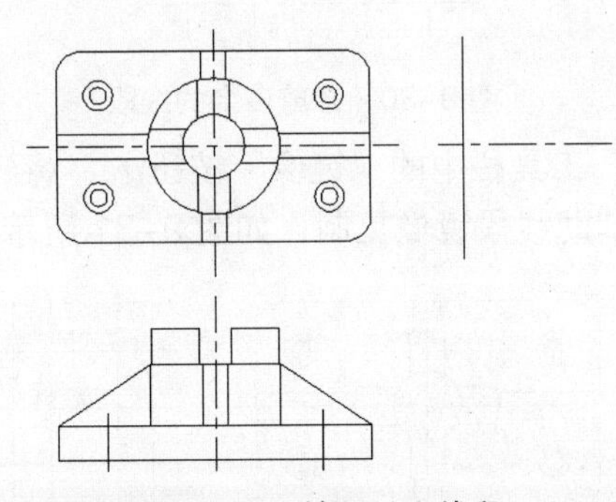

图 9–27　绘制垂直线段

27 单击“修改”工具栏中的“偏移”按钮，将打断的水平辅助线段向上、下各偏移 6、8、24 和 45，再将垂直线段向右偏移 16、45 和 62，并将除偏移 24 以外的其他线段设置为轮廓线，如图 9–28 所示。

执行“设置渲染环境”操作：

- 选择“视图”→“渲染”→“渲染环境”命令。
- 单击“渲染”工具栏中的“渲染环境”按钮。
- 在命令行中输入 renderenvironment 后，按 Enter 键。

相关知识　“渲染环境”对话框的设置

执行以上任意一种操作都可以打开“渲染环境”对话框。

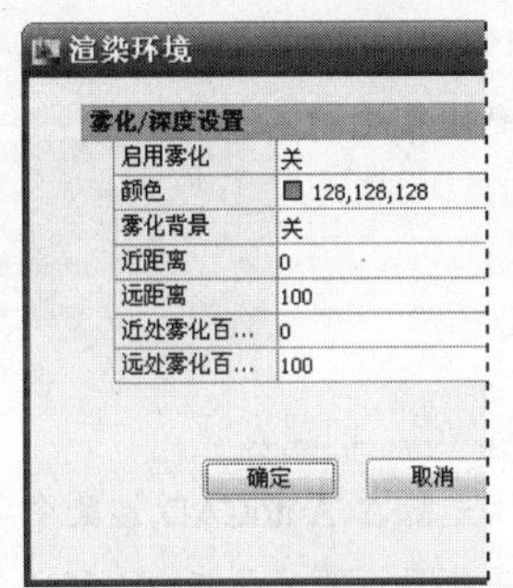

对话框中各项的功能如下：

- 启用雾化：启用雾化或关闭雾化，而不影响对话框中的其他设置。
- 颜色：指定雾化颜色。单击“选择颜色”按钮，打开“选择颜 色”对话框，可以从 255 种索引（ACI）颜色、真彩色和配色系统颜色中定义颜色。
- 雾化背景：不仅对背景进行雾化，也可以对几何图形进行雾化。
- 近距离：指定雾化开始处到相机的距离。将其指定为到远处剪裁平面距离的十进制小数。可以通过在“远距离”字段中输入或使用微调控制来设置该值。近距离设置不能大于远距离设置。

- 远距离：指定雾化结束处到相机的距离。将其指定为到远处剪裁平面距离的十进制小数。可以通过在“近距离”字段中输入或使用微调控制来设置该值。远距离设置不能小于近距离设置。
- 近处雾化百分比：指定近距离处雾化的不透明度。
- 远处雾化百分比：指定远距离处雾化的不透明度。

相关知识 创建光源

光源在 AutoCAD 渲染中起着非常重要的作用。适当的光源会影响到实体各个表面的明暗情况，并且能够产生阴影。其中光源可以分为点光源、聚光灯和平行光 3 种。

相关知识 创建点光源

点光源从其所在位置向所有方向发射光线，其强度会随着距离的增加而衰减。点光源可以用来模拟灯泡发出的光。点光源在局部区域中可以替代环境光，将点光源与聚光灯组合起来就可以达到通常所需要的光的效果。

在创建点光源时，当指定了光源位置后，还可能设置光

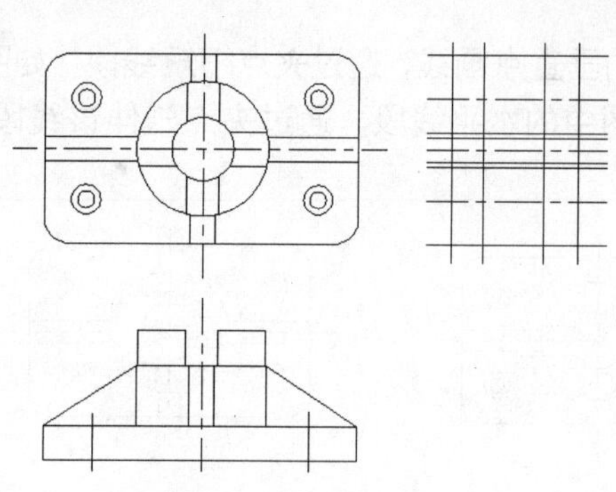

图 9-28　偏移线段

28 单击“绘图”工具栏中的“直线”按钮，从俯视图中延伸线段到侧视图中，如图 9-29 所示。

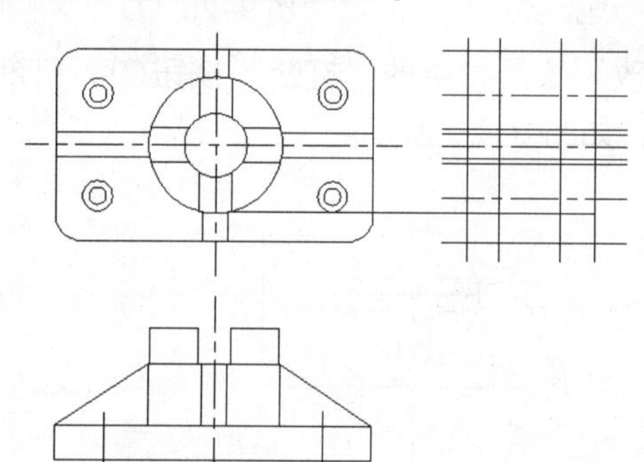

图 9-29　绘制延伸线段

29 单击“修改”工具栏中的“修剪”按钮，修剪图形中多余的线段，如图 9-30 所示。

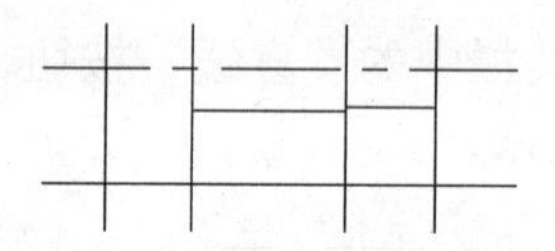

图 9-30　修剪多余的线段

30 单击“修改”工具栏中的“镜像”按钮，将延伸后修剪的线段沿水平辅助线段镜像复制，如图 9-31 所示。

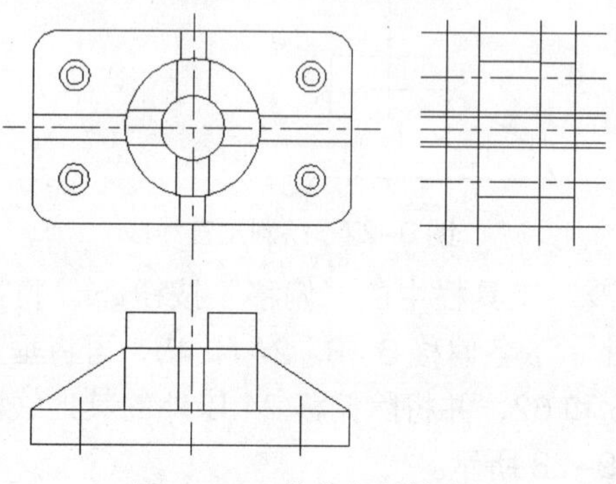

图 9-31　镜像复制线段

31 单击“修改”工具栏中的“修剪”按钮，修剪出侧视图的大致样式，如图 9–32 所示。

32 单击“绘图”工具栏中的“直线”按钮，绘制加固板，如图 9–33 所示。

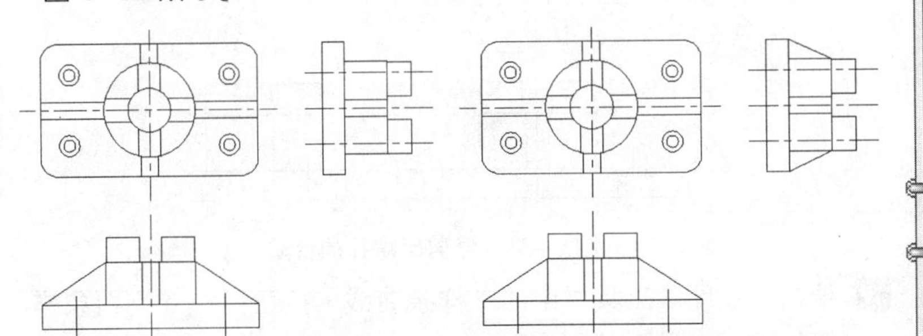

图 9–32　修剪侧视图　　图 9–33　绘制加固板

33 将偏移的点画线通过夹点缩放到适当位置，如图 9–34 所示。

34 单击“修改”工具栏中的“旋转”按钮和“移动”按钮，将侧视图移动并旋转到主视图的右边，如图 9–35 所示。

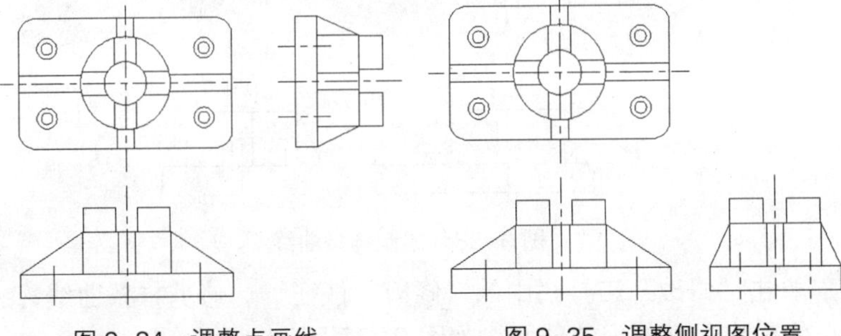

图 9–34　调整点画线　　图 9–35　调整侧视图位置

35 单击“修改”工具栏中的“偏移”按钮，将主视图中左边的点画线向左、右各偏移 4 和 7，将最下边的水平线段向上偏移 12，如图 9–36 所示。

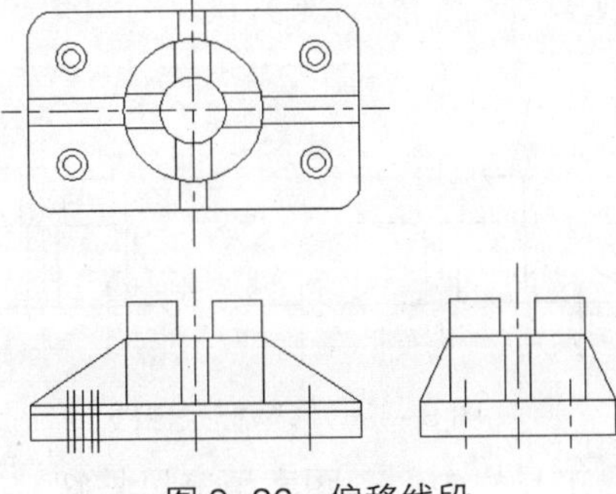

图 9–36　偏移线段

36 单击“修改”工具栏中的“修剪”按钮，修剪出螺孔的台阶，如图 9–37 所示。

源的名称、强度、状态、阴影、衰减、颜色等属性。

设置点光源：

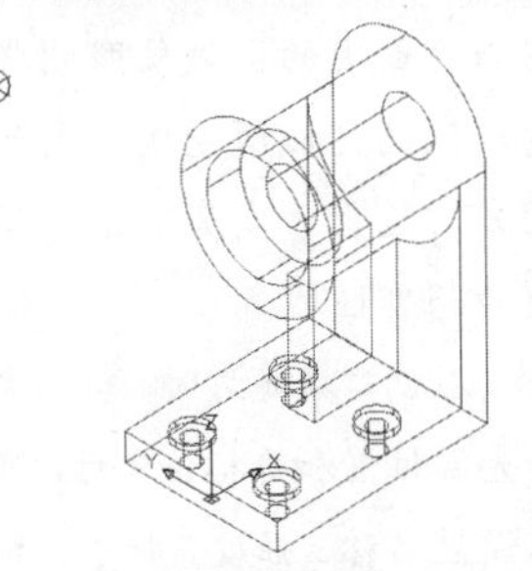

渲染点光源效果：

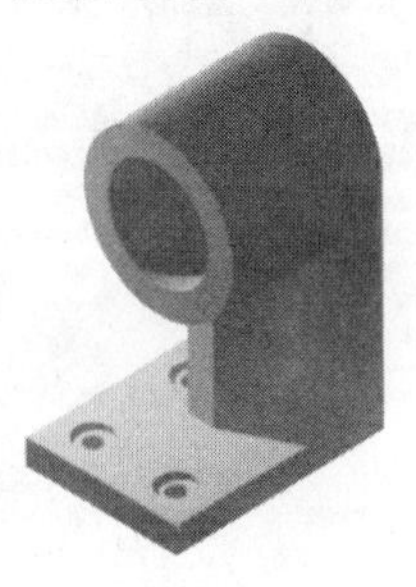

操作技巧　创建点光源的操作方法

可以通过以下3种方法来执行“创建点光源”操作：

- 选择“视图”→“渲染”→“光源”→“新建点光源”命令。
- 单击“光源”工具栏中的“新建点光源”按钮。
- 在命令行中输入 pointlight 后，按 Enter 键。

相关知识　创建聚光灯

聚光灯发射有向的圆锥形光，其光方向和圆锥尺寸可以调节。

聚光灯的强度也随着距离的增加而衰减。当来自聚光灯的光照射到表面时，照明强度最大的区域被照明强度较低的区域所包围，因此聚光灯适用于高亮显示模型中的局部区域。

在创建聚光灯时，当指定了光源位置和目标位置后，可以设置名称、强度、状态、聚光角、照射角、阴影、衰减和颜色。

设置聚光灯：

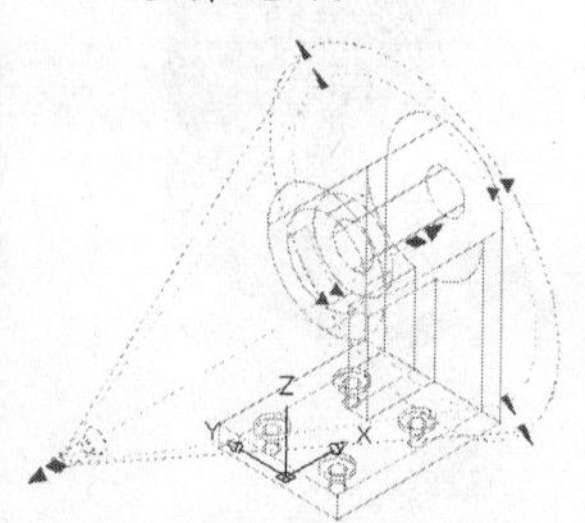

渲染聚光灯效果：

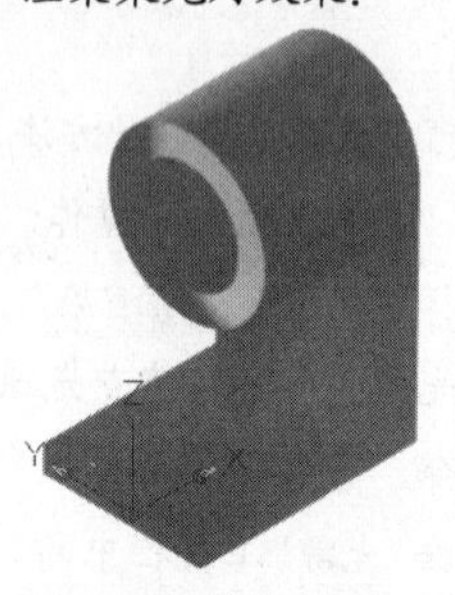

操作技巧 **创建聚光灯的操作方法**

可以通过以下3种方法来执行“创建聚光灯”操作：

- 选择“视图”→“渲染”→“光源”→“新建聚光灯”命令。
- 单击“光源”工具栏中的“新建聚光灯”按钮。

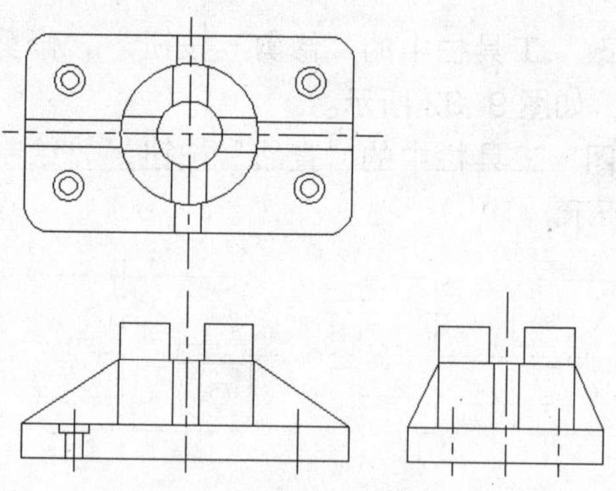

图 9-37 修剪出螺孔的台阶

37 单击“绘图”工具栏中的“样条曲线”按钮，绘制两条样条曲线，如图 9-38 所示。

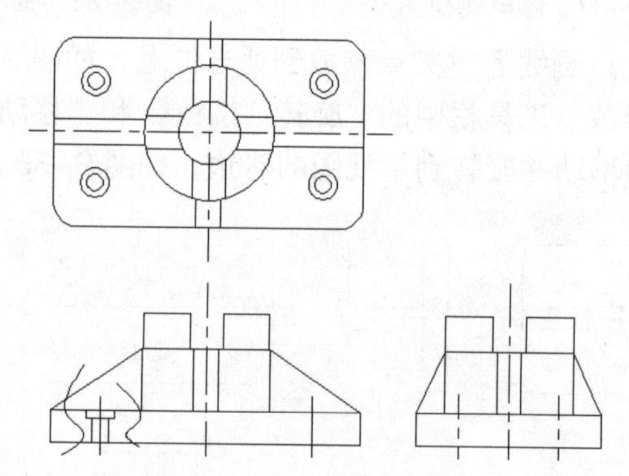

图 9-38 绘制样条曲线

38 单击“修改”工具栏中的“修剪”按钮，修剪样条曲线，修剪出局部剖视的截面，如图 9-39 所示。

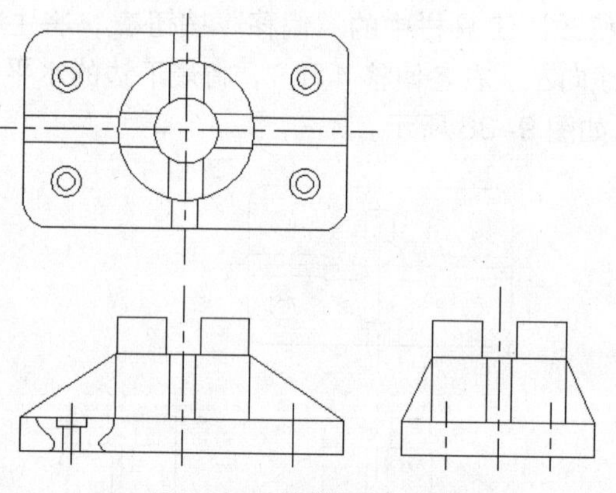

图 9-39 修剪样条曲线

39 单击“绘图”工具栏中的“图案填充”按钮，打开“图案填充和渐变色”对话框。在该对话框中单击“ANSI31”图案填充样式，设置比例为 20 后，进行图案填充得到最终效果，如图 9-40 所示。

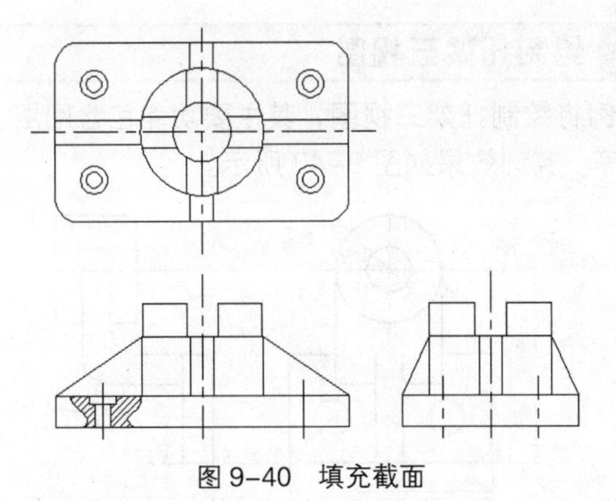

图 9-40 填充截面

40 将颜色设置为红色，并单击“标注”工具栏中的“线性”按钮，标注图形的线性尺寸，如图 9-41 所示。

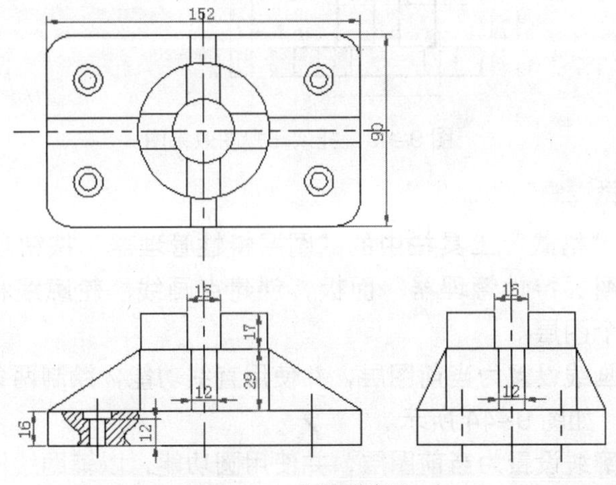

图 9-41 标注线性尺寸

41 单击“标注”工具栏中的“半径”按钮和“直径”按钮，标注图形的半径和直径尺寸，如图 9-42 所示。

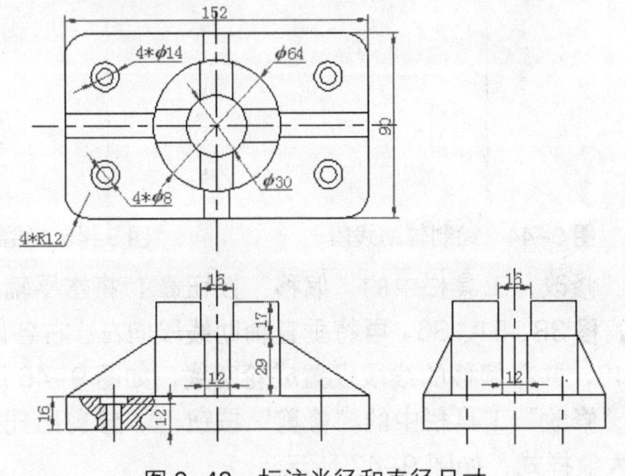

图 9-42 标注半径和直径尺寸

- 在命令行中输入 spotlight 后，按 Enter 键。

相关知识 创建平行光

平行光源是指向一个方向发射平行光射线，光射线在指定光源点的两侧无限延伸，并且平行光的强度随着距离的增加而衰减，而且平行光可以穿过不透明的实体，照射到其后面的实体上而不会被挡住。

在实际渲染中，平行光的方向要比其位置重要得多，为了避免混淆。最好将平行光源放置在图形范围中。

渲染平行光效果：

操作技巧 创建平行光的操作方法

可以通过以下3种方法来执行“创建平行光”操作：

- 选择“视图”→“渲染”→“光源”→“新建平行光”命令。
- 单击“光源”工具栏中的“新建平行光”按钮。
- 在命令行中输入 distantlight 后，按 Enter 键。

实例 9-2 说明

- **知识点：**
  - 图层
  - 直线
  - 圆
  - 修剪
- **视频教程：**
  光盘\教学\第 9 章 绘制机械三视图
- **效果文件：**
  光盘\素材和效果\09\效果\9-2.dwg
- **实例演示：**
  光盘\实例\第 9 章\绘制托架三视图

实例 9-2 绘制托架三视图

本实例将绘制托架三视图，其主要功能包含图层、直线、圆、修剪等。实例效果如图 9-43 所示。

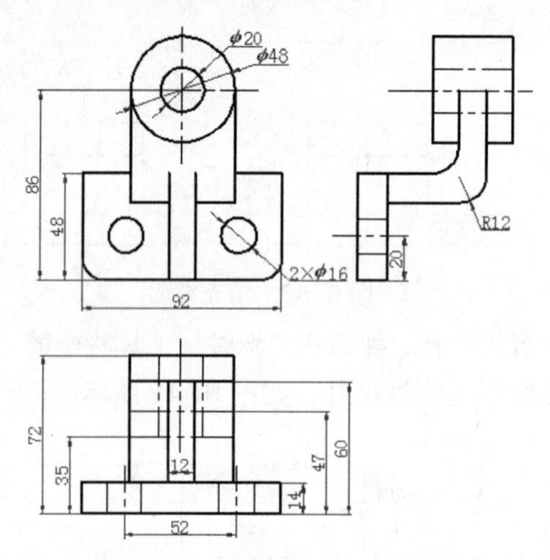

图 9-43　托架三视图效果图

操作步骤

1. 单击“格式”工具栏中的“图层特性管理器”按钮，打开“图层特性管理器”面板，创建点画线、轮廓线和标注线 3 个图层。
2. 将点画线设置为当前图层，并使用直线功能，绘制两条辅助线段，如图 9-44 所示。
3. 将轮廓线设置为当前图层，并使用圆功能，以辅助线段的交点为圆心绘制半径为 10、24 的同心圆，如图 9-45 所示。

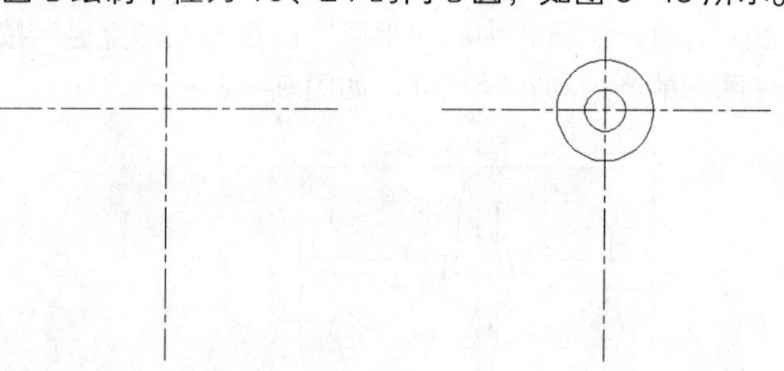

图 9-44　绘制辅助线段　　　　图 9-45　绘制圆

4. 单击“修改”工具栏中的“偏移”按钮，将水平辅助线段向下偏移 38、51、86，再将垂直辅助线段向左、右各偏移 6、24、46，并将偏移的线段设置成轮廓线，如图 9-46 所示。
5. 单击“修改”工具栏中的“修剪”按钮，修剪出托架俯视图的大致样式，如图 9-47 所示。

相关知识　光源列表

创建光源后，可以通过面板来查看所创建的光源。

方法是：单击“视图”→“渲染”→“光源”→“光源列表”命令，打开“模型中的光源”面板，通过该面板可以查看创建的光源。

在列表中可以对已经设置的光源参数进行调整，以方便将光效调整到最佳状态。

“模型中的光源”面板：

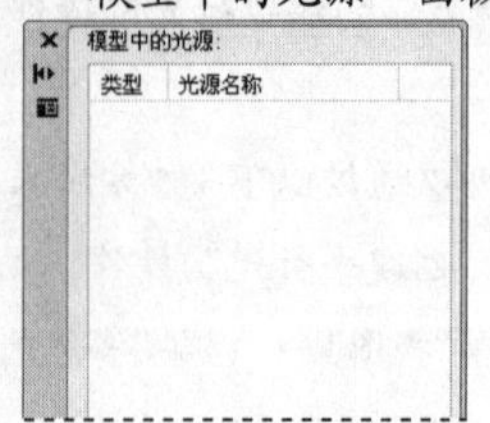

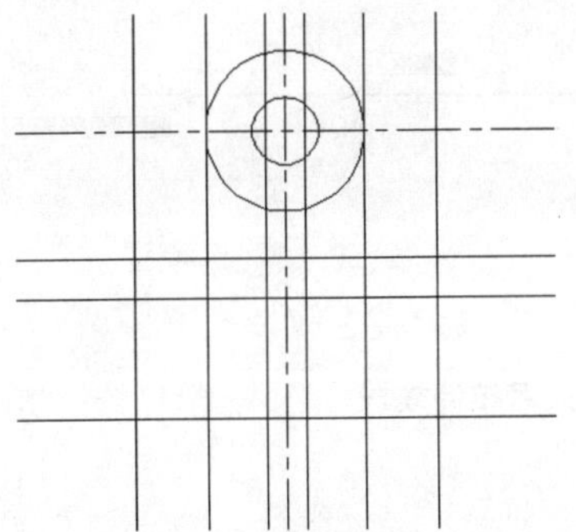

图 9-46 偏移线段

图 9-47 修剪图形

6 单击“绘图”工具栏中的“直线”按钮，以图形的左下角点为起点，沿极轴向右绘制 20，再沿极轴向上绘制 20，如图 9-48 所示。

7 单击“绘图”工具栏中的“圆”按钮，以线段的端点为圆心，绘制一个半径为 8 的圆，如图 9-49 所示。

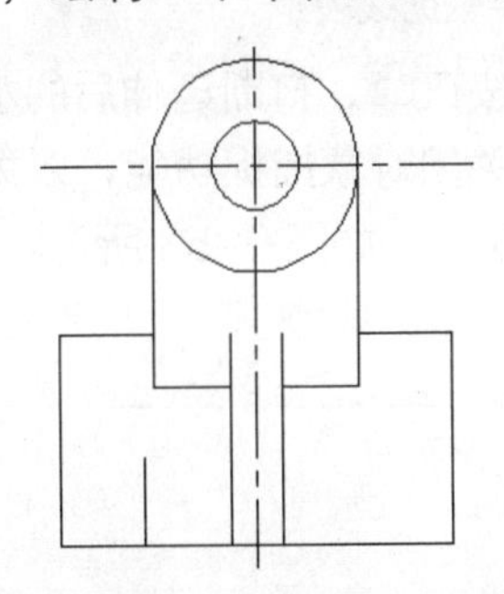

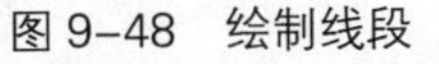

图 9-48 绘制线段

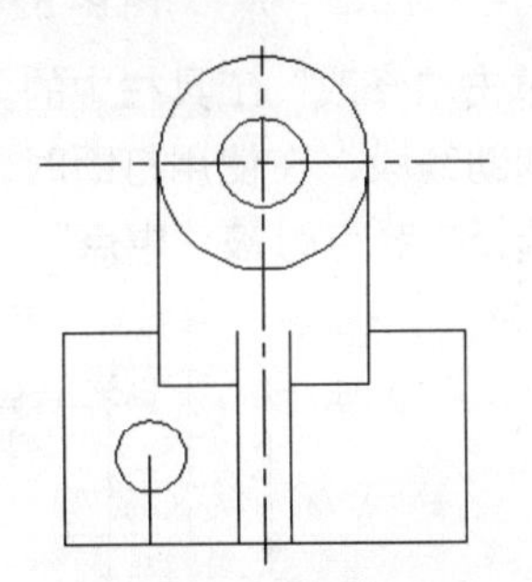

图 9-49 绘制圆

8 单击“修改”工具栏中的“镜像”按钮，以垂直辅助线段为镜像线，对称复制圆，并删除两条长为 20 的线段，如图 9-50 所示。

9 单击“修改”工具栏中的“圆角”按钮，对托架的棱边倒圆角，圆角半径为 10，如图 9-51 所示。

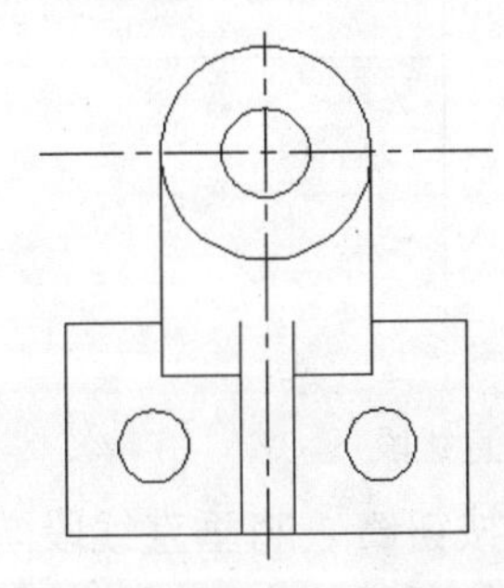

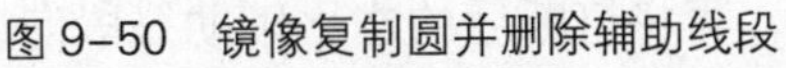

图 9-50 镜像复制圆并删除辅助线段

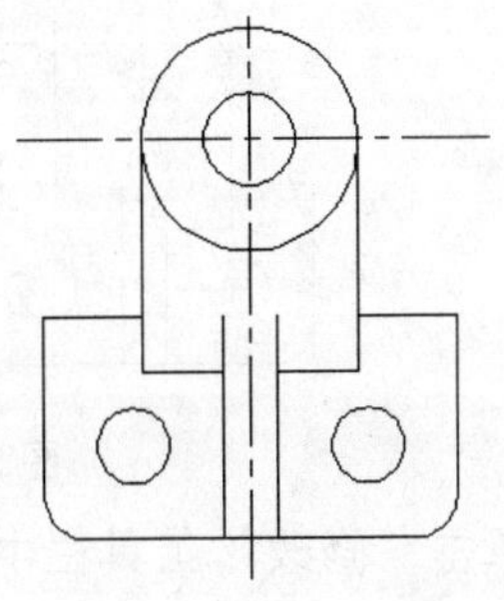

图 9-51 倒圆角图形

10 选择线段后，通过蓝色夹点沿极轴拉伸，延长点画线，如图 9-52 所示。

相关知识 通过地理位置设置光照

通过经度、纬度和北向设置地理位置，然后以地理位置来模拟光照。

操作技巧 设置地理位置的操作方法

可以通过以下 3 种方法来执行“设置地理位置”操作：

- 选择“工具”→“地理位置”命令。
- 单击“光源”工具栏中的“地理位置”按钮。
- 在命令行中输入 geographiclocation 后，按 Enter 键。

相关知识 设置地理位置参数

执行以上任意一种操作都可以打开“地理位置 定义地理位置”对话框。

地理位置 - 定义地理位置

希望如何定义此图形的位置？

→ 输入 .kml 文件或 .kmz 文件
从 .kml 文件或 .kmz 文件中检索位置信息。

→ 从 Google Earth 输入当前位置
打开 Google Earth，可以在其中检索要输入的位置。

→ 输入位置值
在“地理位置”对话框中设置纬度、经度和方向。

对话框中各选项含义如下：

- 输入.kml 文件或.kmz 文件：从.kml 文件或.kmz 文件中检索地理位置的信息。

- 从Google Earth输入当前位置：打开Google Earth中检索需要输入的地理位置。
- 输入位置值：在“地理位置”对话框中设置精度、纬度和方向参数。

相关知识 <u>“地理位置”对话框中的各项参数设置</u>

在“地理位置-定义地理位置”对话框中，选择第三个选项后，就可以打开“地理位置”对话框。

该对话框中各选项功能如下：

- 纬度和经度：以十进制值显示或设置纬度、经度和方向。
- 坐标和标高：设定世界坐标系（WCS）、X、Y、Z和标高的值。
- 北向：默认情况下，北方是世界坐标系（WCS）中Y轴的正方向。
- 向上方向：默认情况下，向上方向为Z轴正向（0，0，+1）。向上方向和正北方向始终受到约束以互相垂直。

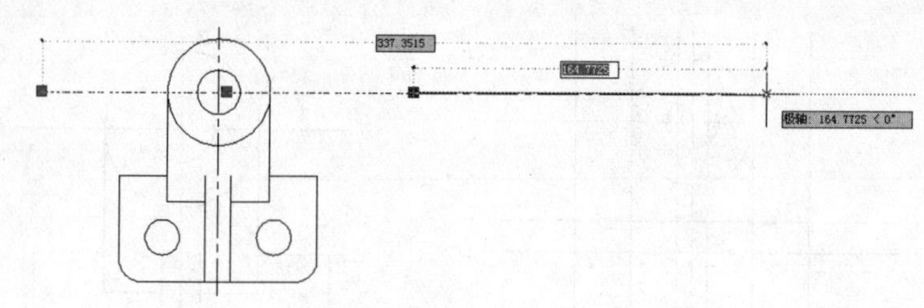

① 通过蓝色夹点拉伸线段

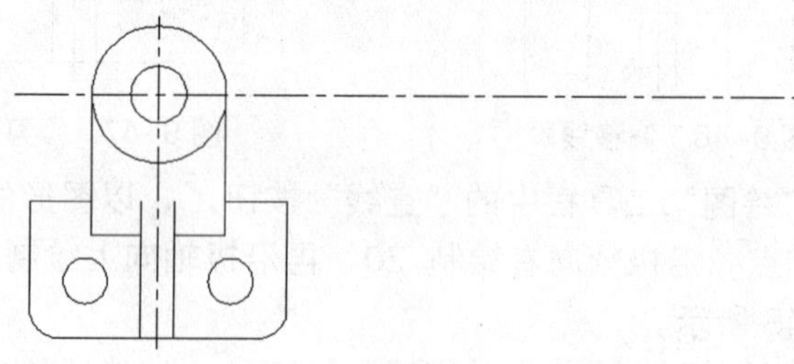

② 拉伸效果

图 9-52　拉伸水平辅助线段

11 单击“修改”工具栏中的“打断”按钮，打断延伸后的水平辅助线段，在使用打断时，最好先关闭对象捕捉功能，以免在选择打断点时被“中点”、“端点”误导，如图9-53所示。

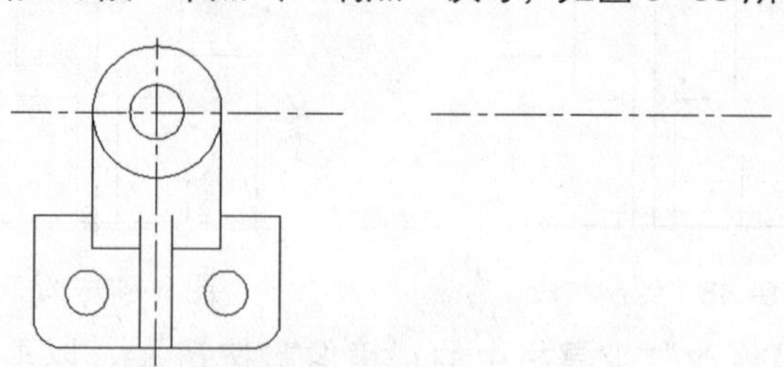

图 9-53　打断延伸后的水平辅助线段

12 单击“绘图”工具栏中的“直线”按钮，绘制一条垂直线段，如图9-54所示。

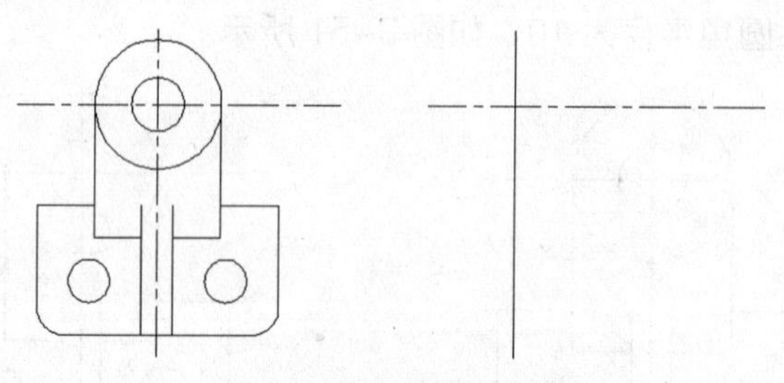

图 9-54　绘制垂直线段

13 单击“修改”工具栏中的“偏移”按钮，将垂直线段向右偏移14、35、47、60、72，再将打断后的水平辅助线段向上、下各偏移24、38、51、86，并将偏移的线段设置成轮廓线，如图9-55所示。

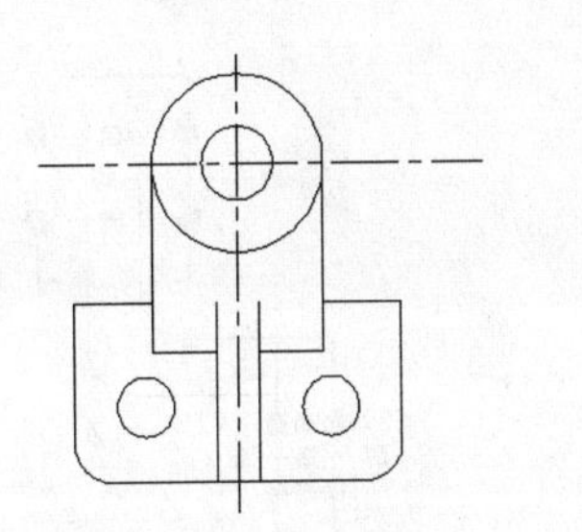
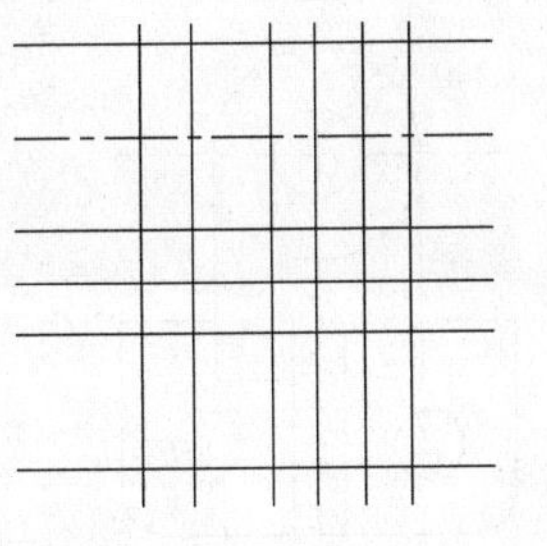

图 9-55　偏移线段

14 单击“修改”工具栏中的“修剪”按钮，修剪出侧视图的大致样式，如图 9-56 所示。

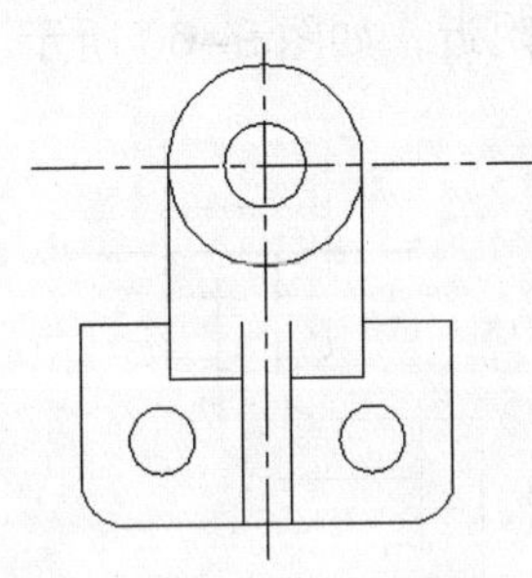
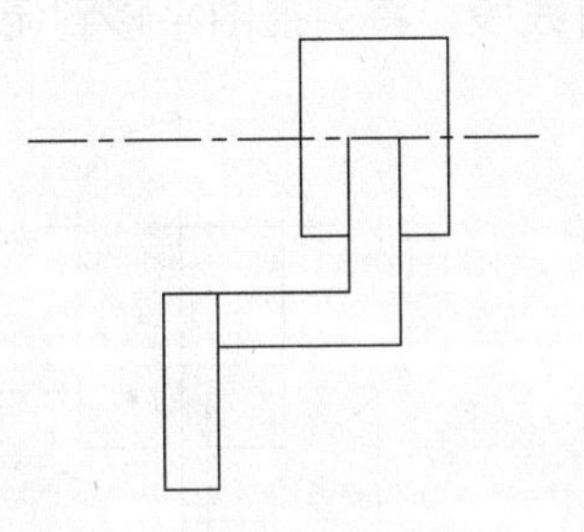

图 9-56　修剪图形

15 单击“修改”工具栏中的“圆角”按钮，修剪托架支架的弯角，内圆角半径为 12，外圆角半径为 10，如图 9-57 所示。

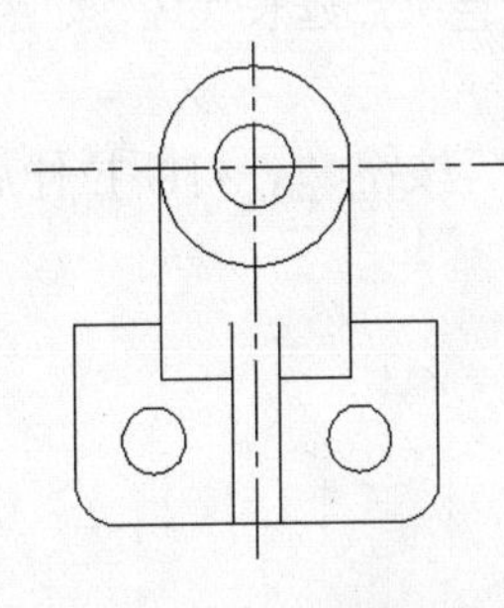
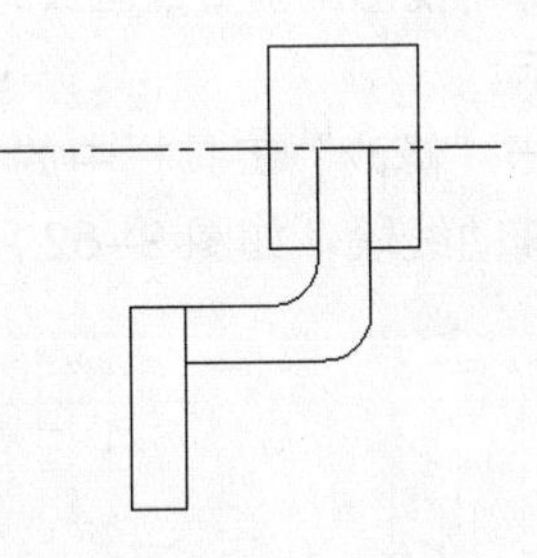

图 9-57　倒圆角图形

16 单击“修改”工具栏中的“偏移”按钮，将水平点画线向上偏移 10，向下偏移 10、58、66、74，如图 9-58 所示。

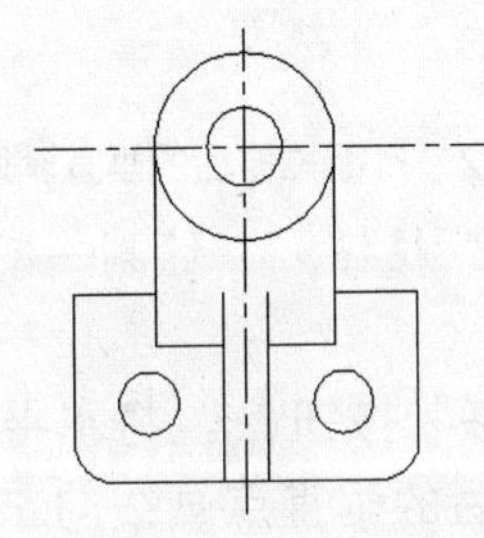
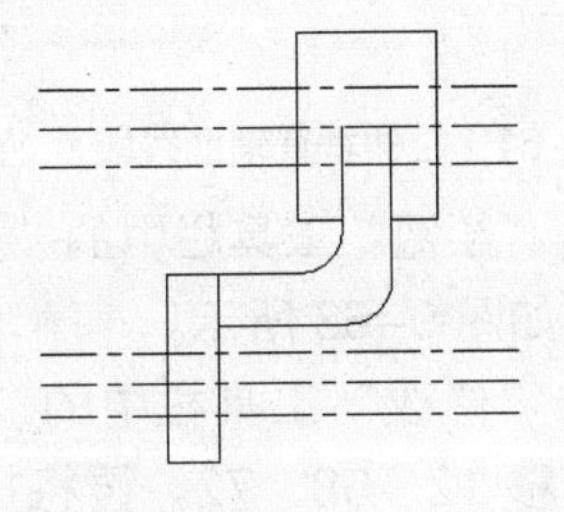

图 9-58　偏移点画线

17 选择偏移的点画线，通过蓝色夹点缩放线段，如图 9-59 所示。

相关知识　“位置选择器”对话框

在“地理位置”对话框中单击“使用地图”按钮，可以打开“位置选择器”对话框，在对话框中，通过选择地区，并在地图上指定地点即可达到选择地理位置的效果。

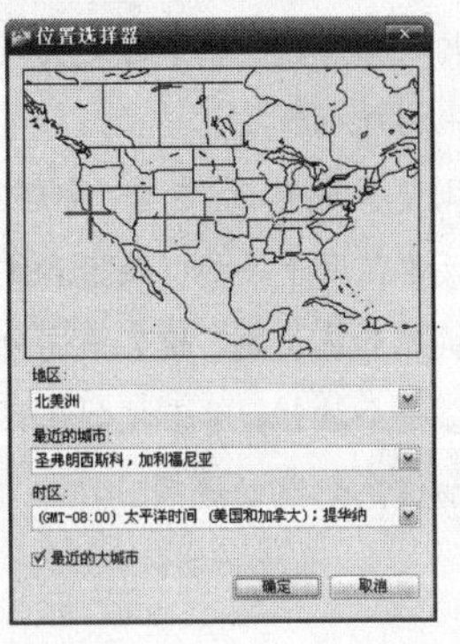

相关知识　材质浏览器

使用材质浏览器可以查看、组织、分类、搜索和选择需要的材质。

在浏览器中包含的各个组件功能如下：

- 浏览工具栏：包含“显示或隐藏库树”按钮和搜索框。

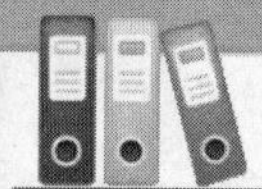

- 文档中的材质：显示当前图形中所有已保存的材质。可以按名称、类型、样例形状和颜色对材质排序。
- 材质库树：显示 Autodesk 库（包含预定义的 Autodesk 材质）和其他库（包含用户定义的材质）。
- 库详细信息：显示选定类别中材质的预览。
- 浏览器底部栏：包含“管理”菜单，用于添加、删除和编辑库和库类别。此菜单还包含一个按钮，用于控制库详细信息的显示选项。

操作技巧 **打开材质浏览器的操作方法**

可以通过以下3种方法来执行“打开材质浏览器”操作：

- 选择“视图”→“渲染”→“材质浏览器”命令。
- 单击“渲染”工具栏中的“材质浏览器”按钮。
- 在命令行中输入 matbrowseropen 后，按 Enter 键。

相关知识 **材质库的分类**

Autodesk 的材质库中包含了700多种材质和1000多种纹理。此库为只读，但可以将 Autodesk 材质复制到图形中，编辑后保存到用户自己的库。

材质库可以分为以下3种：

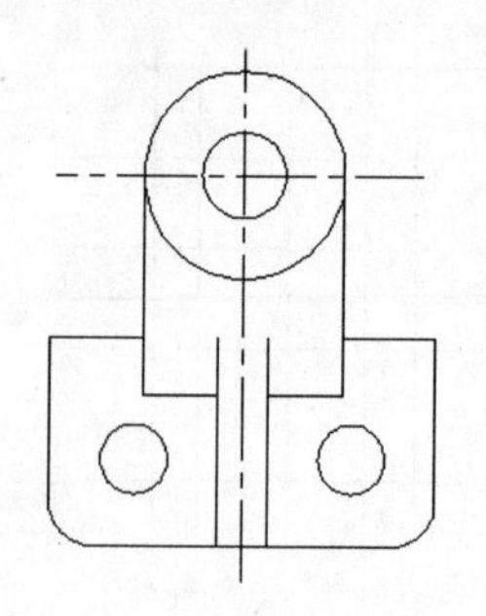
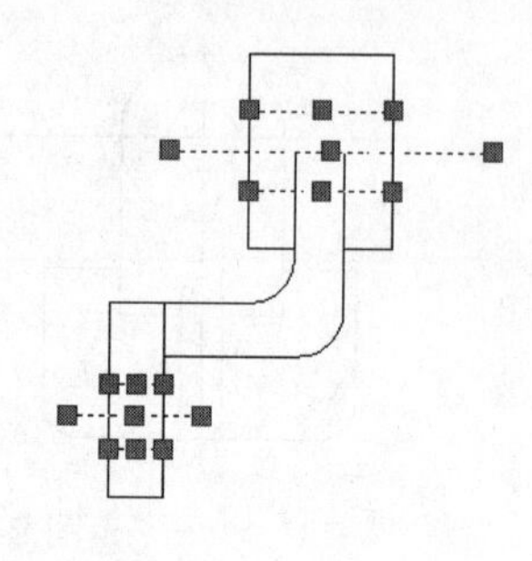

图 9-59 调整偏移的点画线

18 单击“修改”工具栏中的“移动”按钮，选择侧视图的所有线段，将侧视图平移到俯视图附近，如图 9-60 所示。

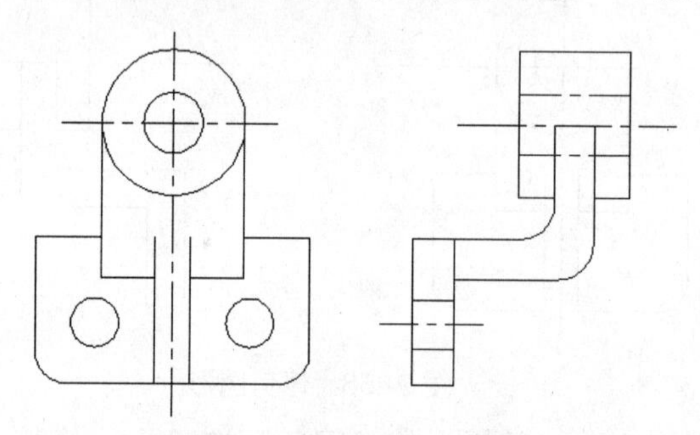

图 9-60 调整侧视图位置

19 选择俯视图的垂直点画线，使用蓝色夹点延长线段，如图 9-61 所示。

20 单击“修改”工具栏中的“打断”按钮，打断拉伸后的垂直辅助线段，如图 9-62 所示。

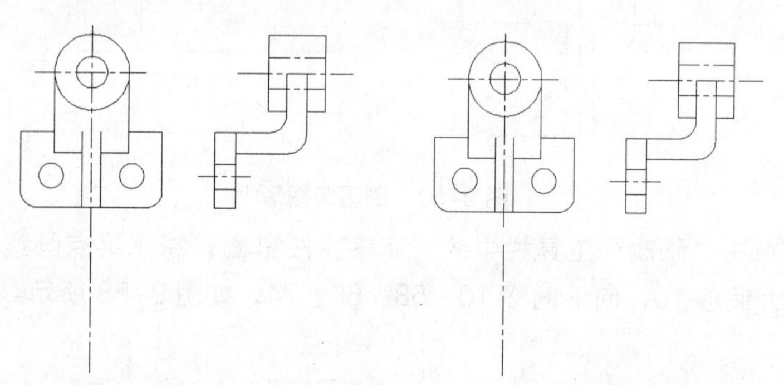

图 9-61 拉伸垂直辅助线段　图 9-62 打断拉伸后的垂直辅助线段

21 单击“绘图”工具栏中的“直线”按钮，绘制一条水平线段，如图 9-63 所示。

22 单击“修改”工具栏中的“偏移”按钮，将水平线段向下偏移 12、58、72，再将打断后的垂直点画线向左、右各偏移 6、24、46，并将偏移的线段设置成轮廓线，如图 9-64 所示。

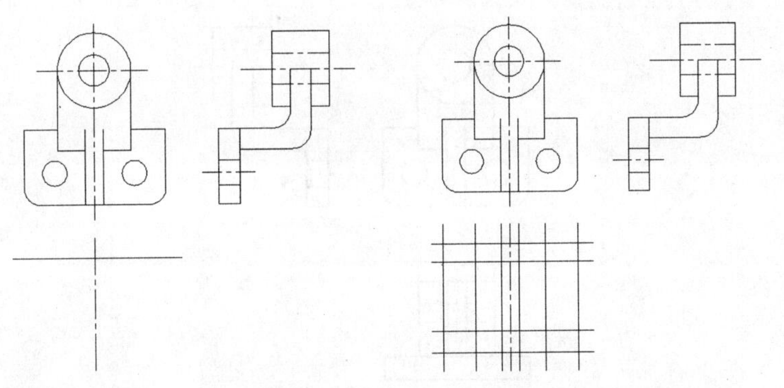

图 9-63 绘制水平线段　　图 9-64 偏移线段

23 单击“修改”工具栏中的“修剪”按钮，修剪出主视图的大致样式，如图 9-65 所示。

24 单击“修改”工具栏中的“偏移”按钮，将打断后的垂直点画线向左、右各偏移 10、18、26 和 34，如图 9-66 所示。

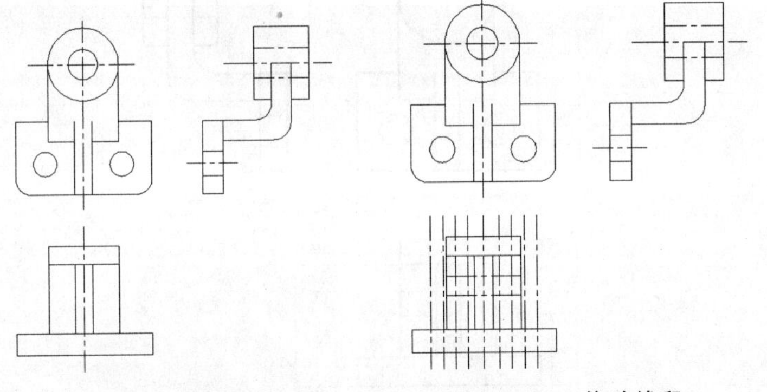

图 9-65 修剪图形　　图 9-66 偏移线段

25 选择偏移的点画线，通过蓝色夹点缩放线段，如图 9-67 所示。

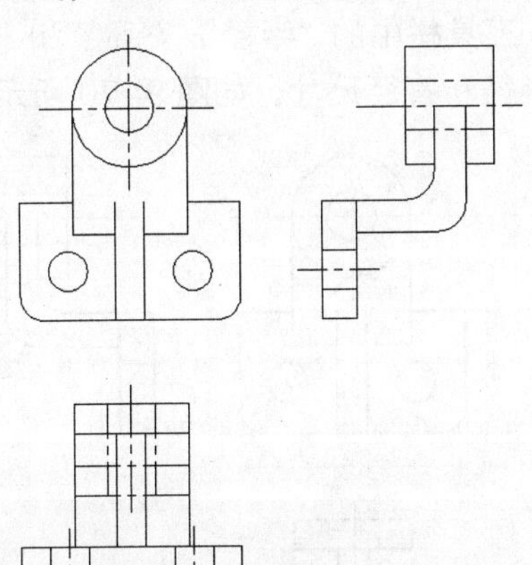

图 9-67 调整点画线

26 将鼠标移动到状态栏上的“显示/隐藏线宽”按钮，打开此功能观察图形，如图 9-68 所示。

1. Autodesk 库

该材质库包含 Autodesk 提供的预定义材质，可用于支持材质的所有应用程序。该库包含与材质相关的资源，如纹理、缩略图等。无法编辑 Autodesk 库，所有用户定义的或修改的材质都将被放置到用户库中。

2. 用户库

该材质库包含要在图形之间共享的所有材质，但 Autodesk 库中的材质除外。可以复制、移动、重命名或删除用户库。

3. 嵌入库

该材质库包含在图形中使用或定义的一组材质，且仅适用于此图形。当安装了使用 Autodesk 材质的首个 Autodesk 应用程序后，将自动创建该库，并无法重命名此类型的库，它将存储在图形中。

相关知识 管理材质库

在“材质浏览器”面板中，有一个较为有用的功能，即管理材质库。通过面板左下角的“管理”下拉列表框中的选项可管理材质库。

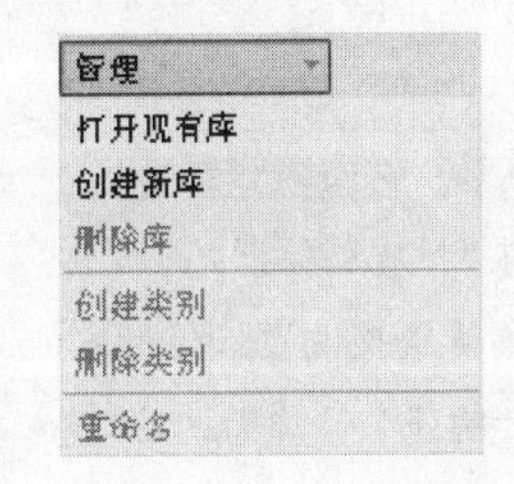

"管理"下拉列表框中的各项功能如下：

- 打开现有库：单击该按钮打开"添加库"对话框，从中可选择任何现有的库。

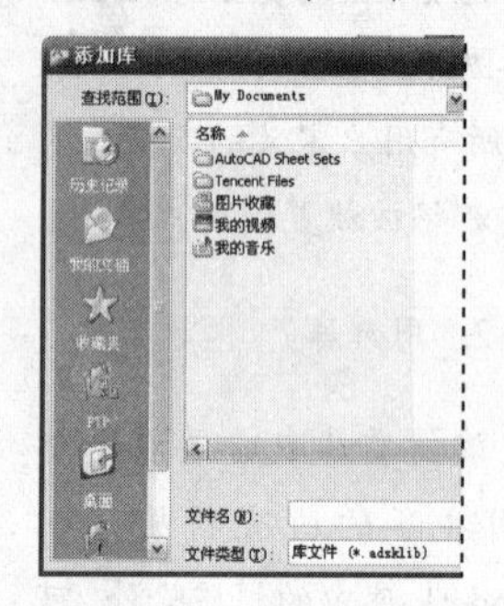

- 创建新库：单击该按钮打开"创建库"对话框，从中可保存新库。

- 删除库：删除选中的库。
- 创建类别：选择库并单击"创建类别"按钮。
- 删除类别：选择类别并单击"删除类别"按钮。
- 重命名：选择库或类别，然后指定新的名称。

相关知识　材质编辑器

在"材质编辑器"面板中，可以编辑修改设置好的材质，通过"陶瓷"、"饰面凹凸"和"浮雕图案"3个选项组修改

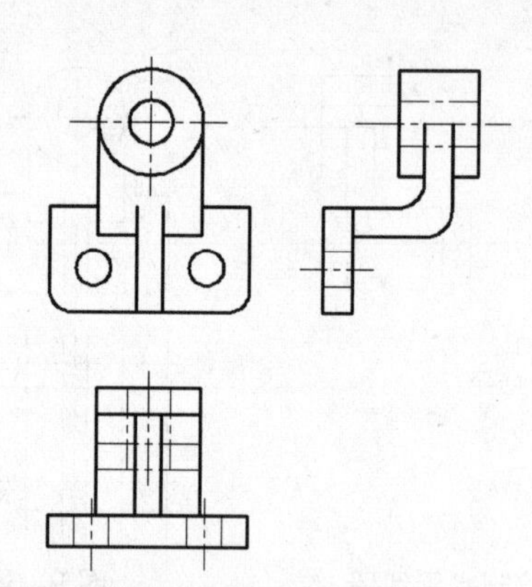

图 9-68　打开"显示线宽"功能

27 将标注线设置为当前图层，并单击"标注"工具栏中的"线性"按钮，标注图形的线性尺寸，如图 9-69 所示。

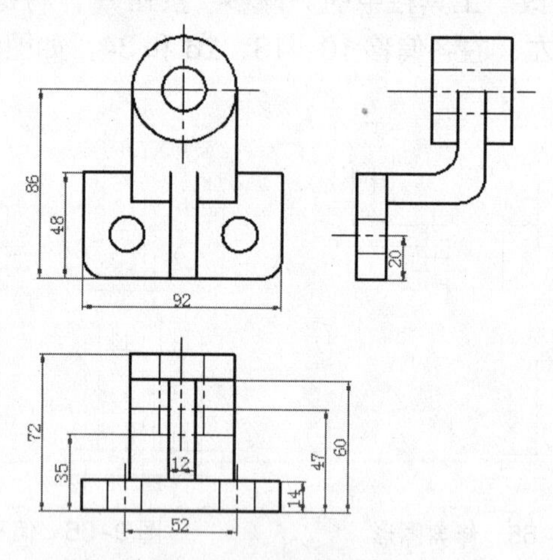

图 9-69　标注线性尺寸

28 单击"标注"工具栏中的"半径"按钮和"直径"按钮，标注图形的半径和直径尺寸，如图 9-70 所示。

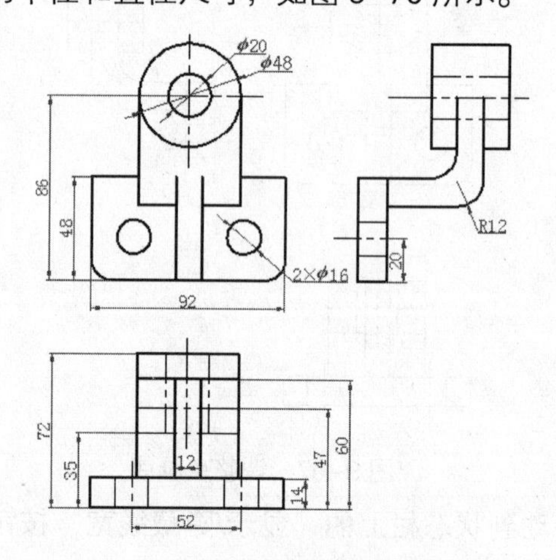

图 9-70　标注半径和直径尺寸

实例 9-3 绘制压盖三视图

本实例将绘制压盖三视图，其主要功能包含直线、圆、偏移、修剪、延伸、通过夹点调整线段等。实例效果如图 9-71 所示。

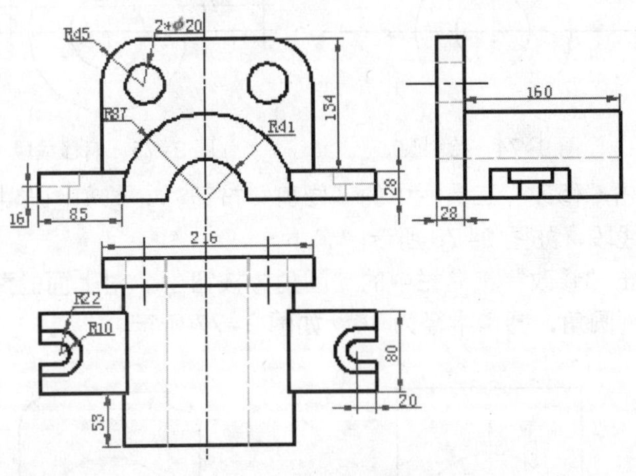

图 9-71 压盖三视图效果图

操作步骤

1. 单击“格式”工具栏中的“图层特性管理器”按钮，打开“图层特性管理器”面板，创建点画线、轮廓线、虚线和标注线 4 个图层。
2. 将点画线设置为当前图层，并使用直线功能，绘制一条垂直辅助线段，如图 9-72 所示。
3. 再将轮廓线设置为当前图层，单击“绘图”工具栏中的“直线”按钮，绘制一条水平线段，如图 9-73 所示。

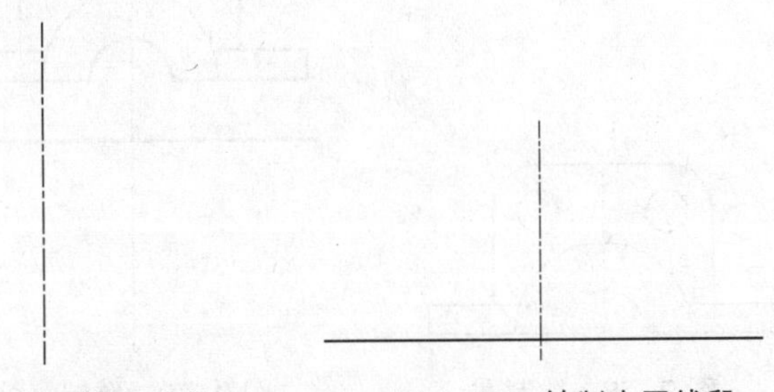

图 9-72 绘制辅助线段　　图 9-73 绘制水平线段

4. 单击“绘图”工具栏中的“圆”按钮，以线段的交点为圆心绘制半径为 87、41 的两个同心圆，如图 9-74 所示。
5. 单击“修改”工具栏中的“偏移”按钮，将水平线段向上偏移 28、162，再将垂直辅助线段向左、右各偏移 108、172，并将偏移的垂直线段设置为轮廓线，如图 9-75 所示。

相关参数来修改材质，达到预期效果为止。

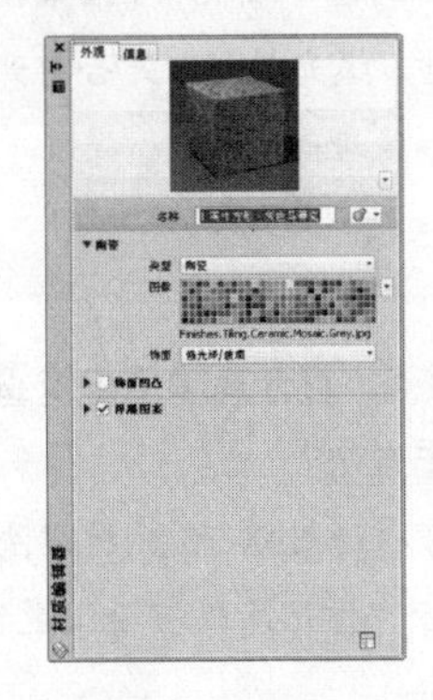

切换到“信息”选项卡中，可以查看到材质的所有信息，如描述、类型、颜色、图案等。

实例 9-3 说明

知识点：
- 直线
- 圆
- 偏移
- 修剪
- 延伸
- 通过夹点调整线段

视频教程：

光盘\教学\第 9 章 绘制机械三视图

效果文件：

光盘\素材和效果\09\效果\9-3.dwg

实例演示：

光盘\实例\第 9 章\绘制压盖三视图

相关知识 高级渲染设置

通过对渲染的高级属性设置，可以达到更加优质的图形

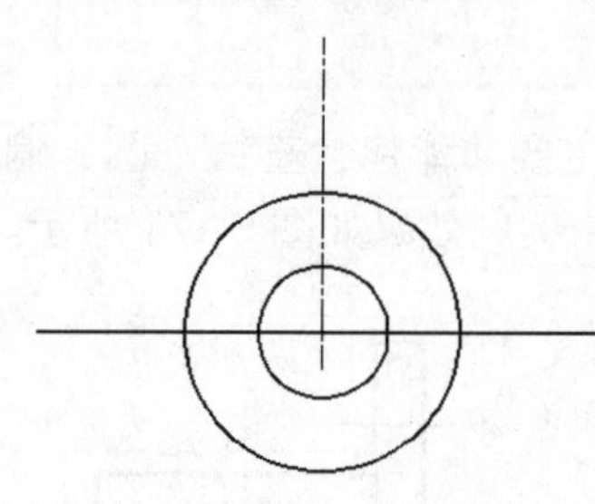

图 9–74　绘制圆

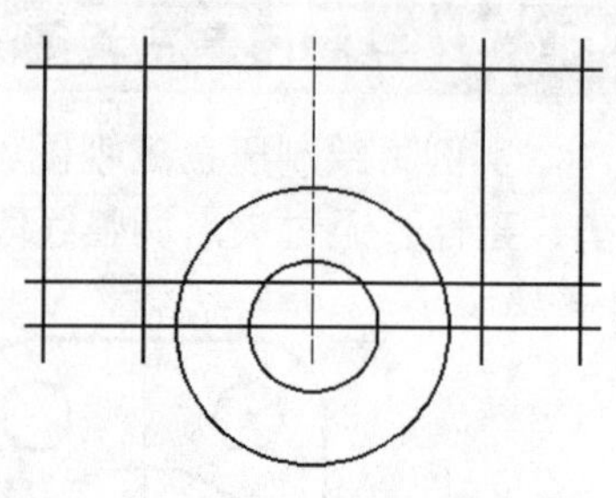

图 9–75　偏移线段

6 单击“修改”工具栏中的“修剪”按钮，修剪图形中多余的线段，如图 9–76 所示。

7 单击“修改”工具栏中的“圆角”按钮，对上面的两个直角倒圆角，圆角半径为 45，如图 9–77 所示。

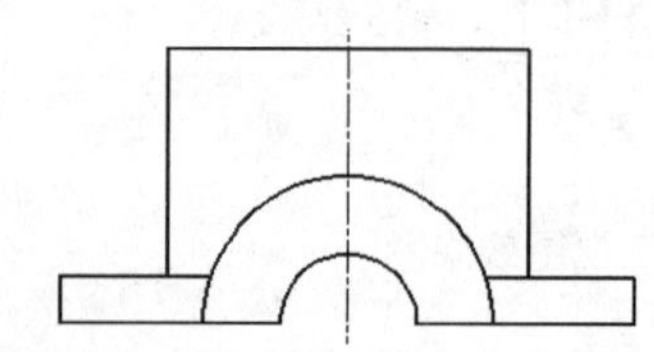

图 9–76　修剪多余的线段

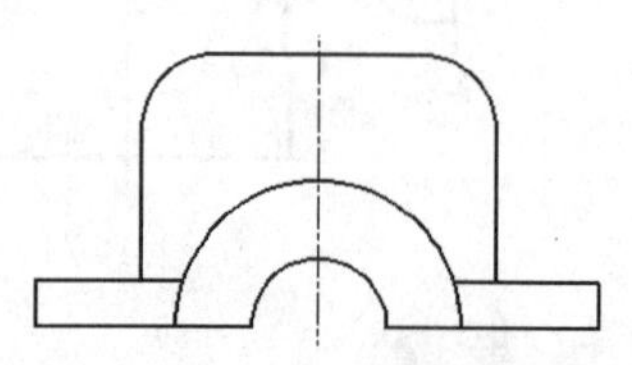

图 9–77　倒圆角图形

8 单击“绘图”工具栏中的“圆”按钮，以两个圆角的圆心为圆心，分别绘制半径为 20 的圆，如图 9–78 所示。

9 拉伸垂直辅助线段，并单击“绘图”工具栏中的“直线”按钮，绘制一条水平线段，如图 9–79 所示。

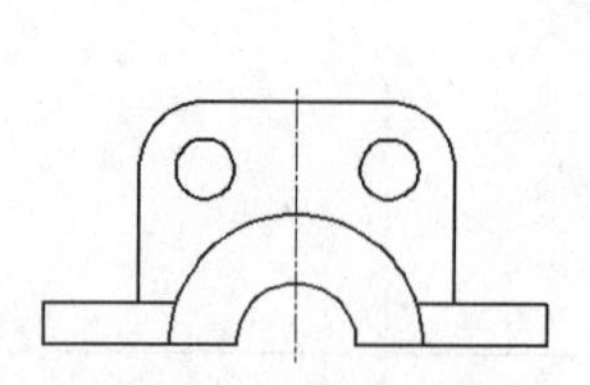

图 9–78　绘制圆

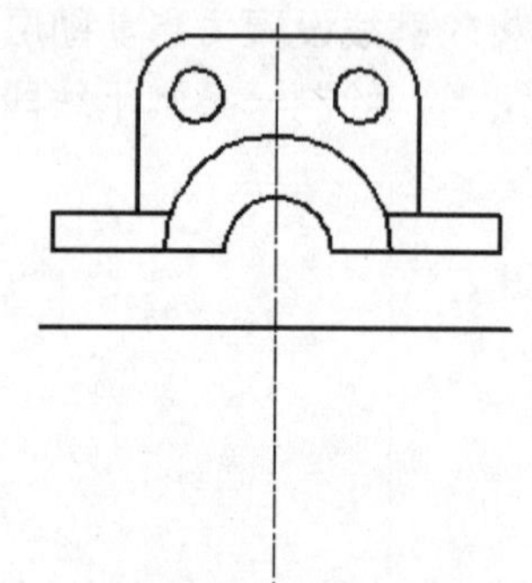

图 9–79　绘制线段

10 单击“修改”工具栏中的“偏移”按钮，将上一步绘制的水平线段向下偏移 28、55、135、188，再将垂直辅助线段向左、右各偏移 87、108、152、172，并将偏移的垂直线段设置为轮廓线，如图 9–80 所示。

11 单击“修改”工具栏中的“修剪”按钮，修剪图形中多余的线段，如图 9–81 所示。

效果。可以渲染的项目包括渲染输出到窗口或视口、渲染输出尺寸、曝光类型、是否打开材质和纹理等。

操作技巧　打开高级渲染设置的操作方法

可以通过以下 3 种方法来执行“打开高级渲染设置”操作：

- 选择“视图”→“渲染”→“高级渲染设置”命令。
- 单击“渲染”工具栏中的“高级渲染设置”按钮。
- 在命令行中输入 rpref 后，按 Enter 键。

相关知识　设置高级渲染参数

执行以上任意一种操作都可以打开“高级渲染设置”面板。

该面板中包括 5 个参数区，依次为常规、光线跟踪、间接发光、诊断和处理。各参

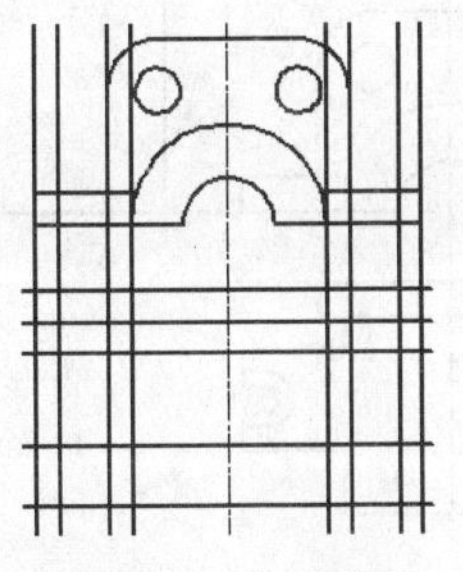

图 9–80　偏移线段

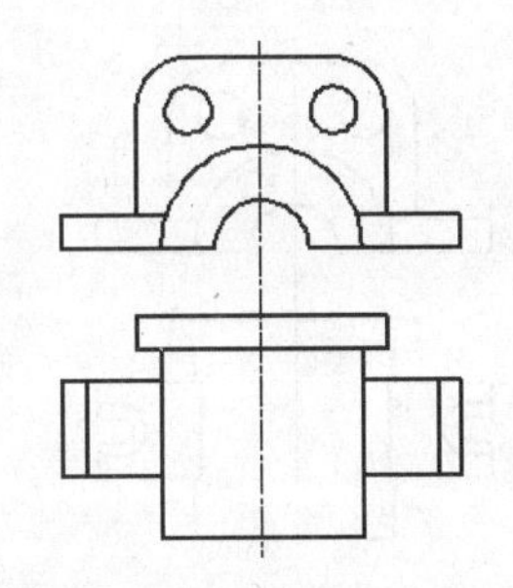

图 9–81　修剪多余的线段

12 单击“绘图”工具栏中的“圆”按钮，绘制两个半径为 22、10 的同心圆，如图 9–82 所示。

13 单击“绘图”工具栏中的“直线”按钮，绘制圆到左、右垂直线段的垂线，如图 9–83 所示。

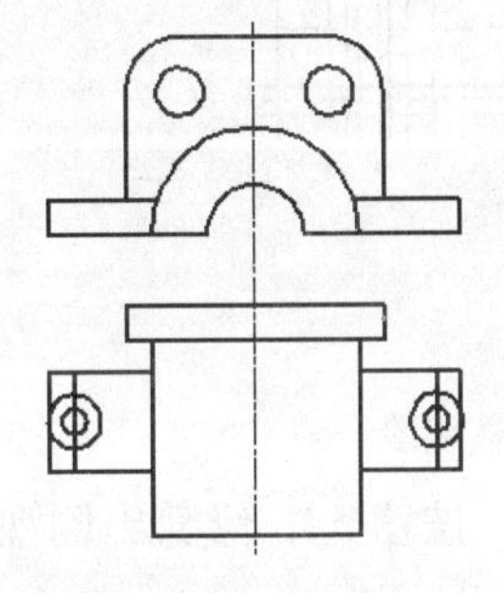

图 9–82　绘制圆

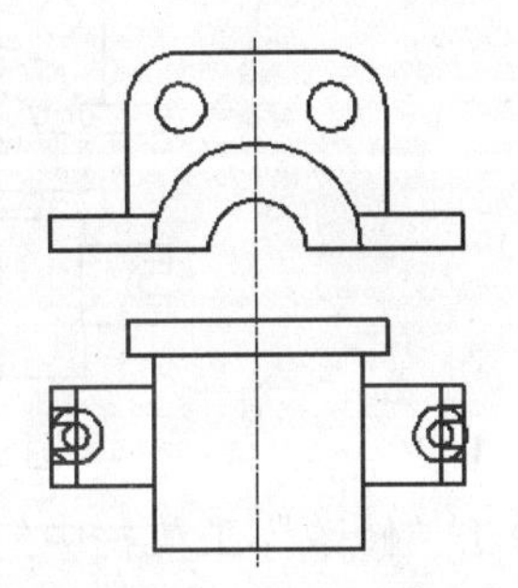

图 9–83　绘制垂线

14 单击“修改”工具栏中的“修剪”按钮和“删除”按钮，修剪和删除图形中多余的线段，如图 9–84 所示。

15 单击“绘图”工具栏中的“直线”按钮，从主视图上引出连接的交点到俯视图上，如图 9–85 所示。

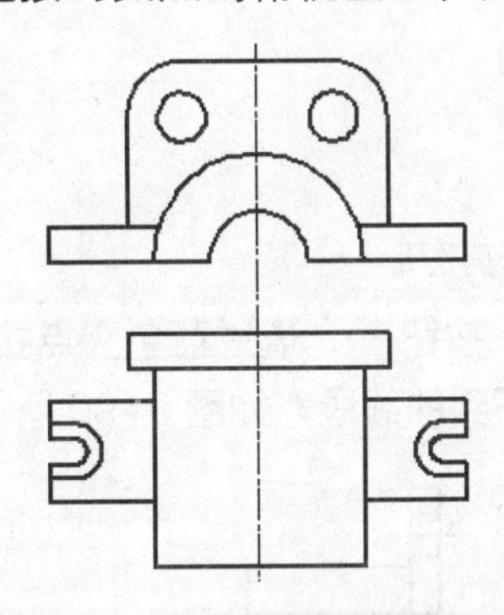

图 9–84　修剪和删除多余的线段

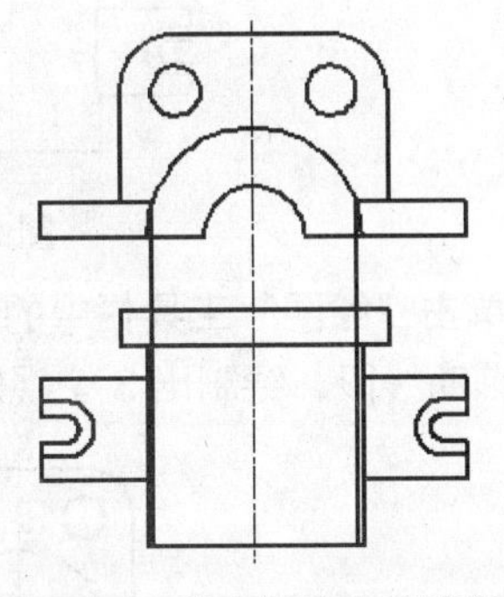

图 9–85　从主视图上引出线段

16 单击“修改”工具栏中的“延伸”按钮，延伸连接部分线段，并按住 Shift 键，快速修剪掉多余的线段，如图 9–86 所示。

17 单击“绘图”工具栏中的“直线”按钮，从主视图上向右引出一条水平线段，再绘制一条垂直线段，如图 9–87 所示。

数区中包含多个参数。通过这些参数可以设置关于渲染的各个属性。

- 常规：描述渲染图形的常规参数，如过程、目标、输出等。
- 光线跟踪：设置光线的深度、折射、反射以及是否开启着色时的光线跟踪功能。
- 间接发光：用于设置光源反射时的发光参数，如全局照明、最终聚集以及光源特性。
- 诊断：设置一些可见的辅助功能参数，如栅格、栅格尺寸等。
- 处理：设置一些渲染时的处理参数，如平铺尺寸、平铺次序等。

相关知识　“选择渲染预设”下拉列表框中各个选项

在“选择渲染预设”下拉列表框中可以选择预设的渲染类型，包括“草稿”、“低”、“中”、“高”和“演示”。

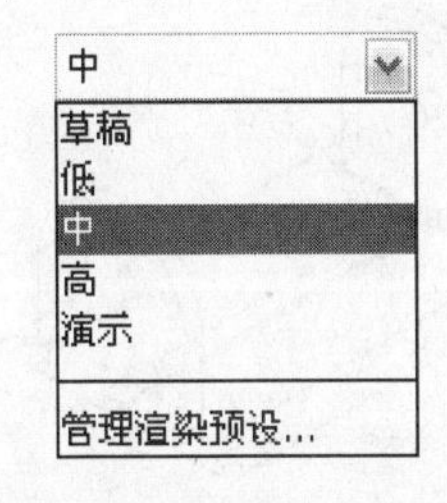

- 草稿：设置渲染的草稿样式。
- 低：设置低值参数的渲染样式。
- 中：设置普通值参数的渲染样式。

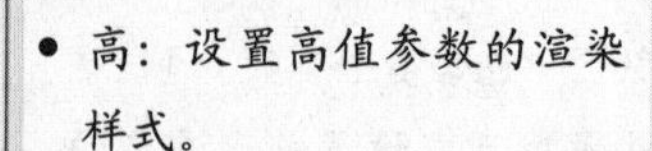

- 高：设置高值参数的渲染样式。
- 演示：设置渲染样式最佳效果时的参数设置。
- 管理渲染预设：单击该选项可以打开“管理渲染预设”对话框。

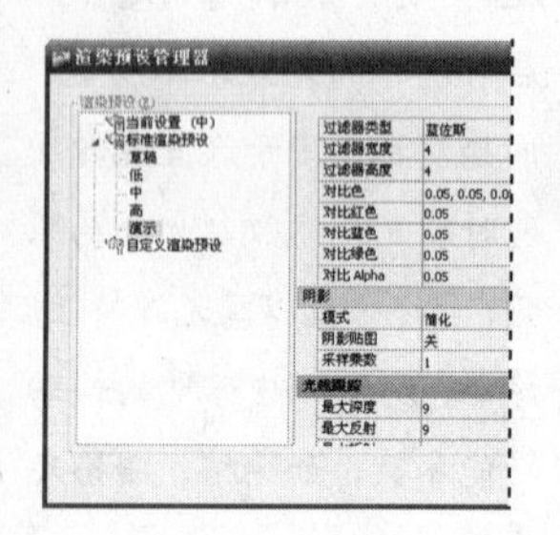

通过该对话框，可以自定义设置渲染预设参数。

操作技巧 渲染底座的操作方法（1）

通过渲染一个底座来熟悉渲染实体的操作如下：

1. 打开文件

打开一个实体底座。

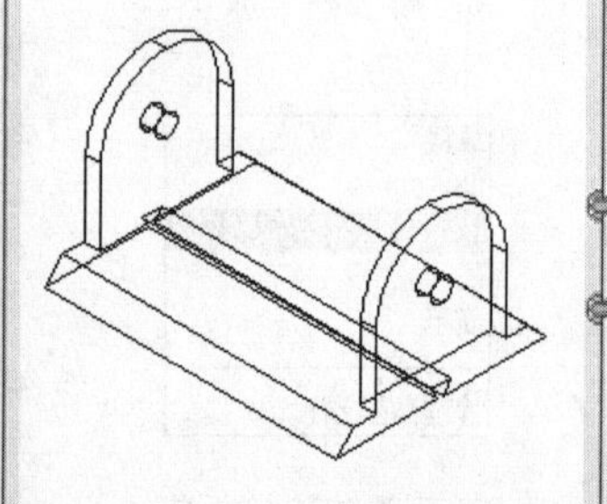

2. 打开“材质浏览器”面板

单击“渲染”工具栏中的“材质浏览器”按钮，打开“材质浏览器”面板。

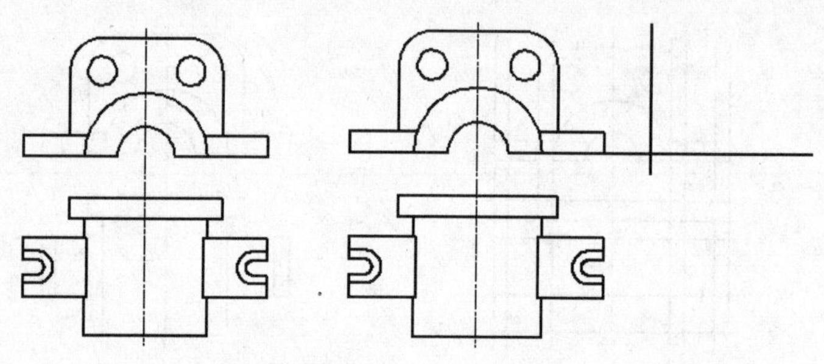

图 9-86 延伸和修剪图形　　图 9-87 绘制线段

18 单击“修改”工具栏中的“偏移”按钮，将垂直线段向右偏移 28、55、73、85、105、117、135、188，再将水平线段向上偏移 16、28、87、162，如图 9-88 所示。

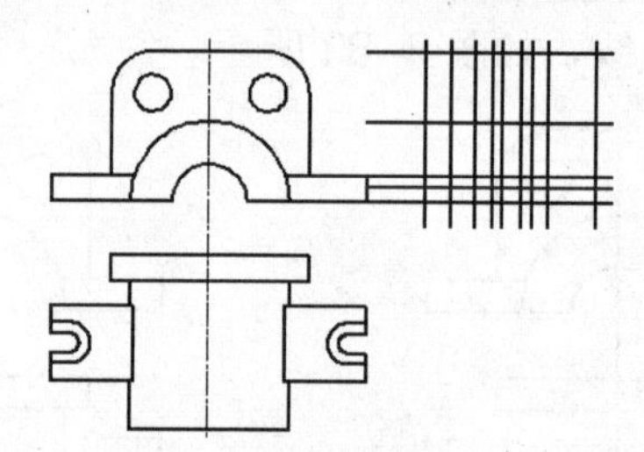

图 9-88 偏移线段

19 单击“修改”工具栏中的“修剪”按钮，修剪出侧视图的大致样式，如图 9-89 所示。

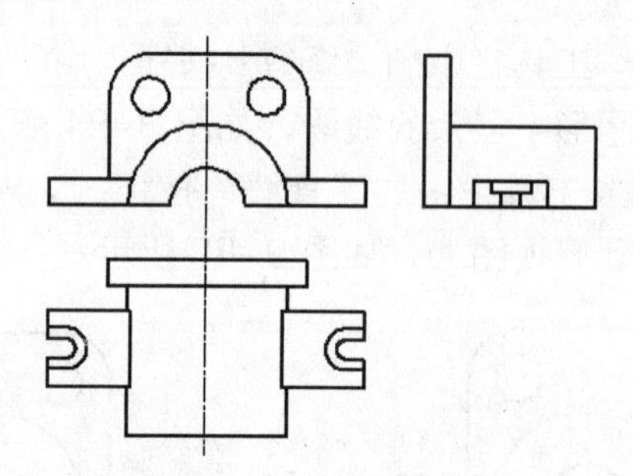

图 9-89 修剪图形

20 单击“绘图”工具栏中的“直线”按钮，通过蓝色夹点拉伸辅助线段，绘制出 3 个视图上看不到的线段，如图 9-90 所示。

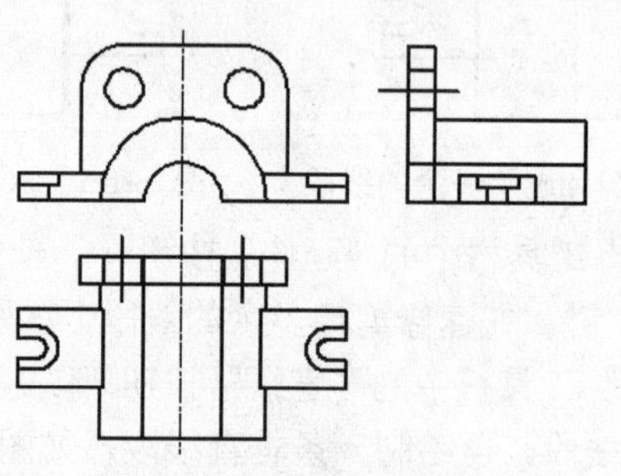

图 9-90 绘制隐藏线段

21 将圆心引出的线段设置为点画线图层，将其他线段设置为虚线图层，如图 9-91 所示。

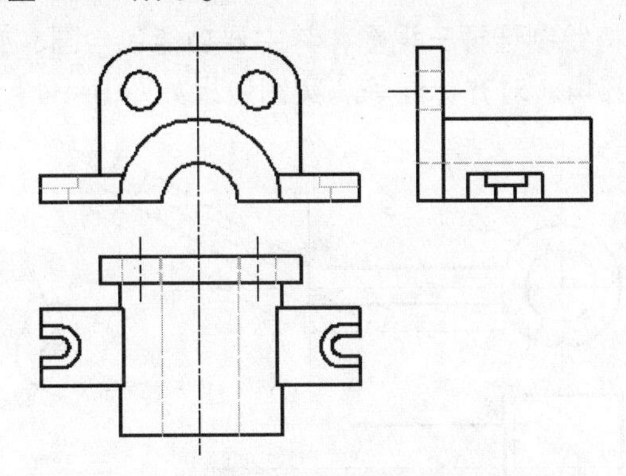

图 9-91　设置图层

22 将标注线设置为当前图层，并单击“标注”工具栏中的“线性”按钮，标注图形的线性尺寸，如图 9-92 所示。

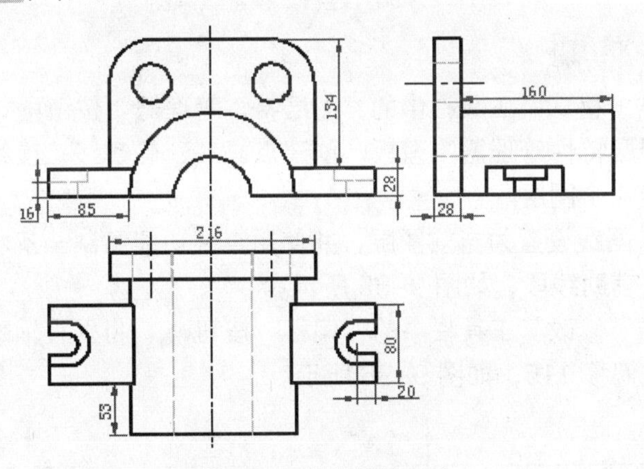

图 9-92　标注线性尺寸

23 单击“标注”工具栏中的“半径”按钮和“标注”按钮，标注图形的半径和标注尺寸，如图 9-93 所示。

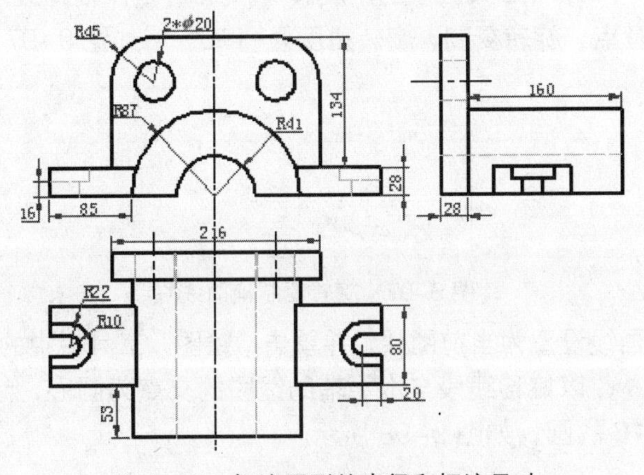

图 9-93　标注图形的半径和标注尺寸

“材质浏览器”面板：

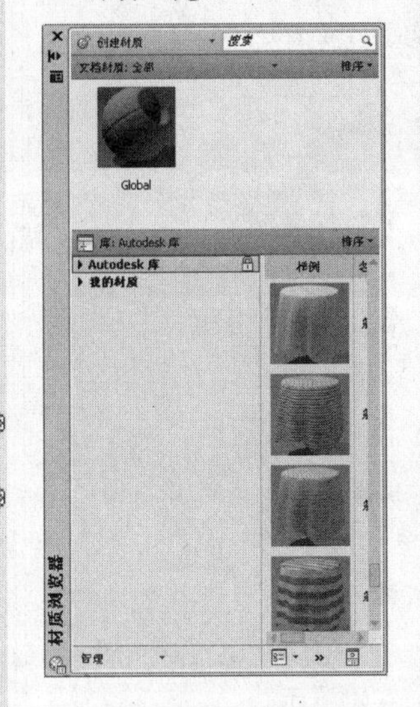

3. 设置素材

添加材质“不锈钢-拉丝”素材。

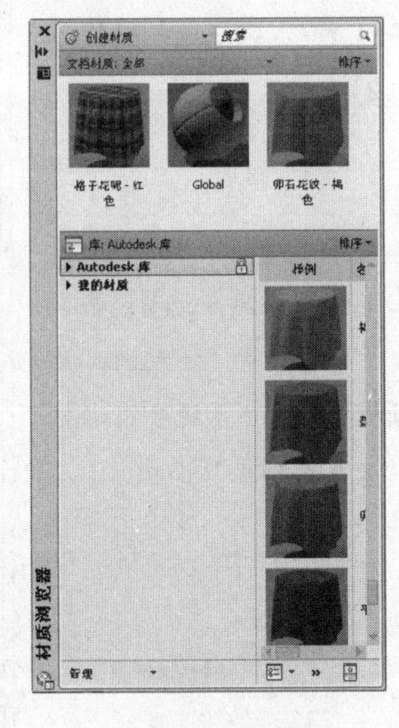

4. 设置视觉样式

单击“视觉样式”工具栏中的“真实视觉样式”按钮设置图形的视觉样式。

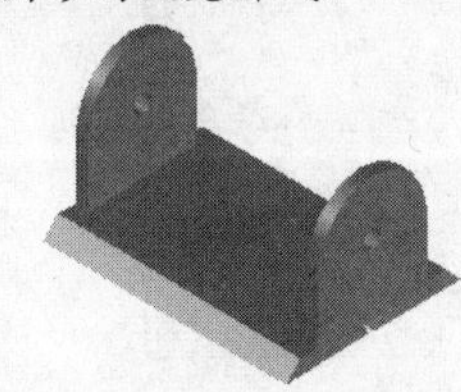

实例 9-4 说明

- **知识点：**
  - 圆
  - 旋转复制
  - 样条曲线
  - 圆角
  - 对齐标注
- **视频教程：**
  光盘\教学\第 9 章 绘制机械三视图
- **效果文件：**
  光盘\素材和效果\09\效果\9-4.dwg
- **实例演示：**
  光盘\实例\第 9 章\绘制连杆三视图

操作技巧 渲染底座的操作方法（2）

5. 添加材质

单击添加的两种材质，在弹出的快捷菜单中选择“添加到”子菜单中的“活动的工具选项板”命令，系统会自动打开“工具选项板”面板。

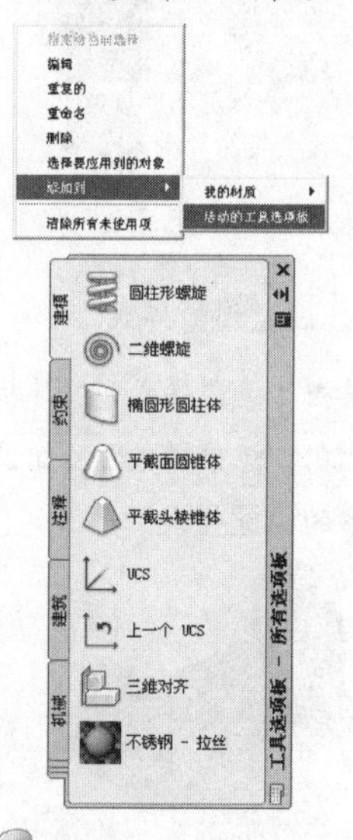

实例 9-4 绘制连杆三视图

本实例将绘制连杆三视图，其主要功能包含圆、旋转复制、样条曲线、圆角、对齐标注等。实例效果如图 9-94 所示。

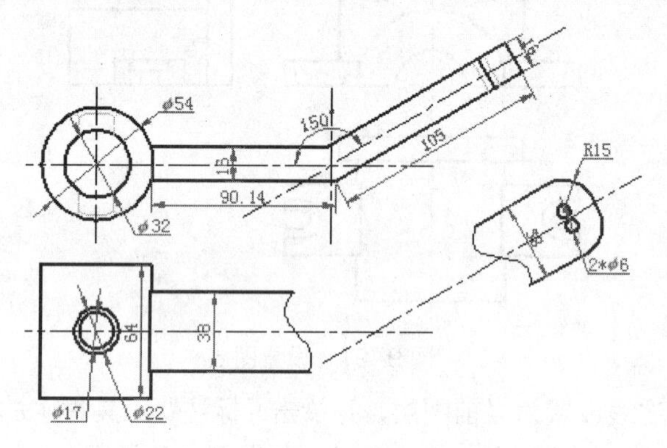

图 9-94 连杆三视图效果图

操作步骤

1. 单击“格式”工具栏中的“图层特性管理器”按钮，打开“图层特性管理器”面板，创建点画线、轮廓线、虚线和标注线 4 个图层。
2. 将点画线设置为当前图层，并使用直线功能绘制一条水平和垂直辅助线段，如图 9-95 所示。
3. 单击“修改”工具栏中的“偏移”按钮，将垂直辅助线段向左偏移 115，如图 9-96 所示。

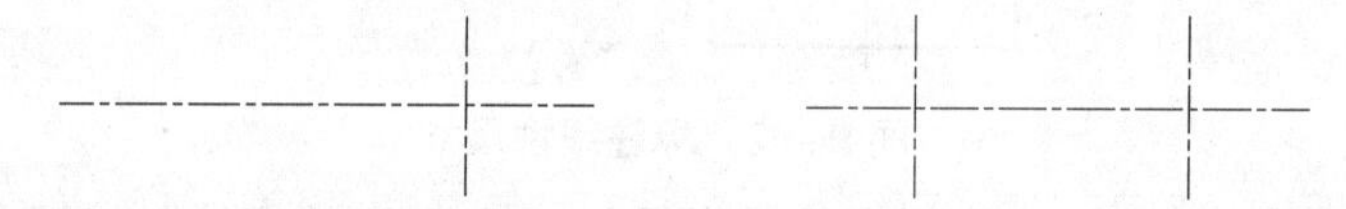

图 9-95 绘制辅助线段　　图 9-96 偏移垂直辅助线段

4. 单击“修改”工具栏中的“旋转”按钮，以辅助线段的交点为基点，旋转复制，旋转角度为-150°，如图 9-97 所示。

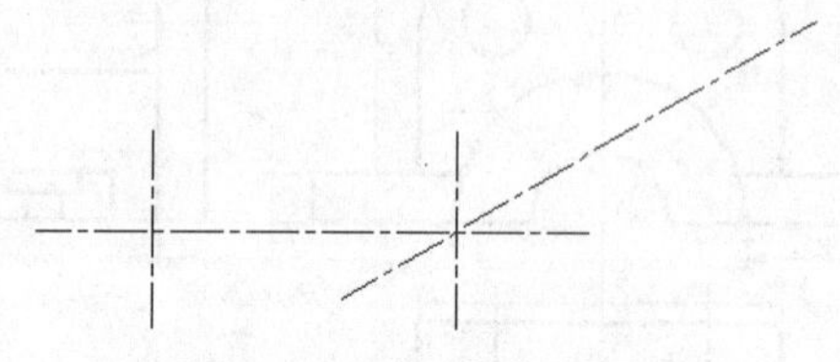

图 9-97 旋转复制辅助线段

5. 将点画线设置为当前图层，并单击“绘图”工具栏中的“圆”按钮，以偏移线段与水平辅助线段的交点为圆心，绘制半径为 16 的圆，如图 9-98 所示。

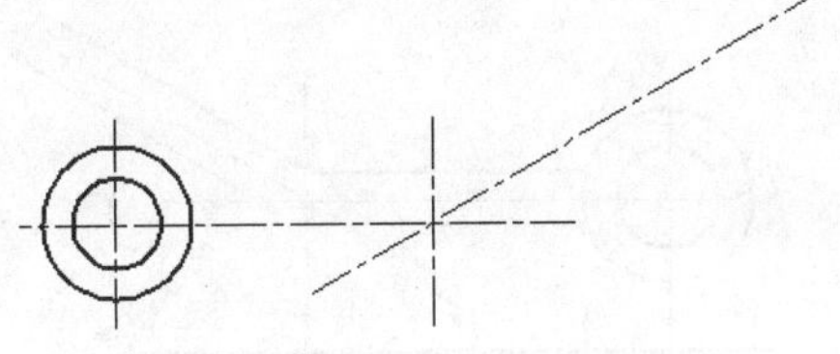

图9-98 绘制圆

6 单击“修改”工具栏中的“偏移”按钮，将水平辅助线段向上、下各偏移8，再将倾斜的辅助线段向两边各偏移8，并将偏移线段设置为轮廓线，如图9-99所示。

7 单击“绘图”工具栏中的“直线”按钮，以偏移线段的交点为起点，作另一条偏移斜线的垂线，如图9-100所示。

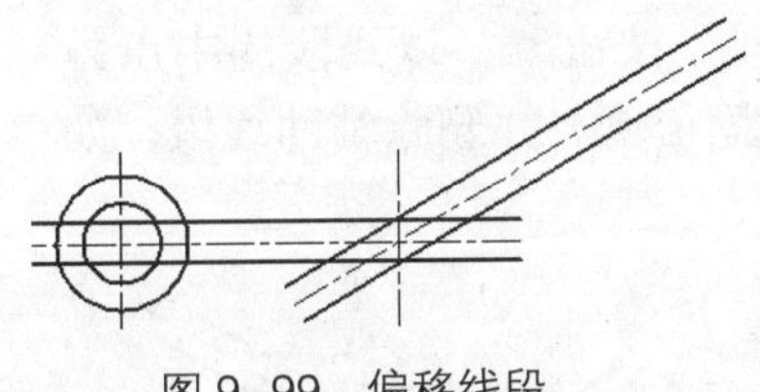

图9-99 偏移线段

图9-100 绘制垂线

8 单击“修改”工具栏中的“偏移”按钮，将绘制的线段向右上偏移90、105，如图9-101所示。

9 单击“修改”工具栏中的“修剪”按钮和“删除”按钮，修剪和删除多余的线段，如图9-102所示。

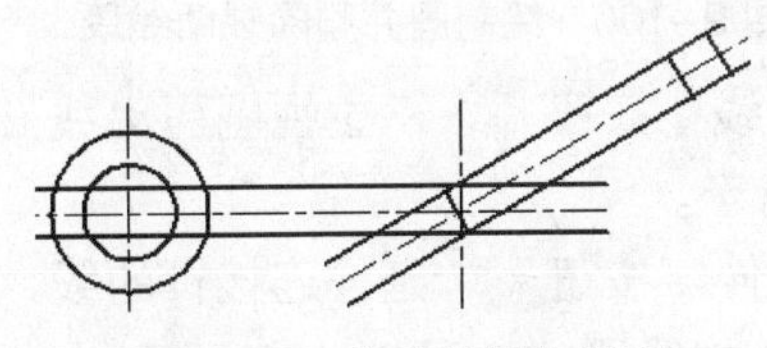

图9-101 偏移绘制的线段

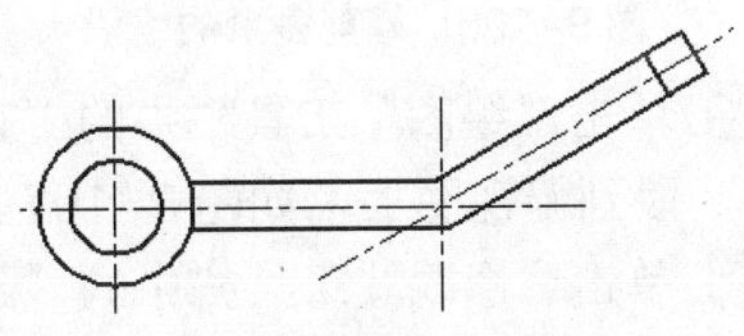

图9-102 修剪和删除多余的线段

10 单击“修改”工具栏中的“偏移”按钮，将水平辅助线段向下偏移80，再绘制一条垂直线段，如图9-103所示。

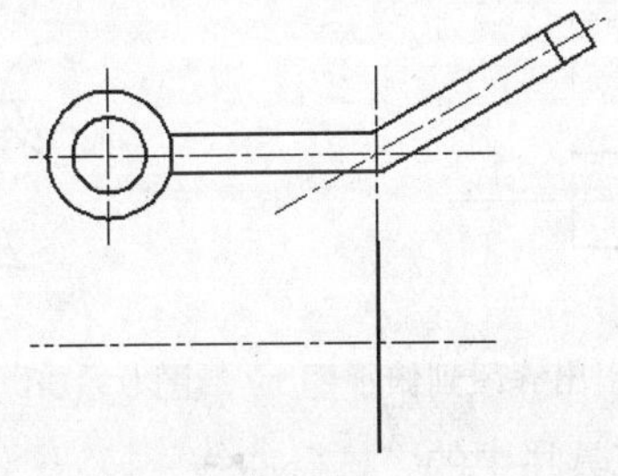

图9-103 偏移水平辅助线段并绘制垂直线段

11 再次单击“修改”工具栏中的“偏移”按钮，将偏移的线段向上、下偏移19、32，并将偏移线段设置为轮廓线，再将垂直线段向左偏移88、115、142，如图9-104所示。

6. 选择面板中的材质

单击“工具选项板”面板中的“不锈钢-拉丝”选项，弹出“材质-已经存在”对话框。

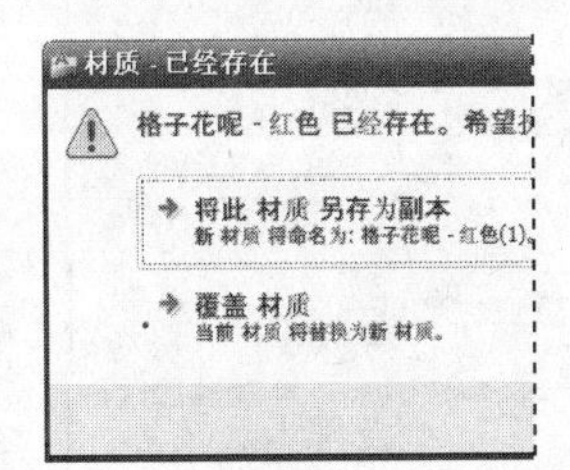

7. 用材质填充实体

选择“覆盖材质”选项，光标变为一个小方块，在方块上显示一只毛笔的图形，选择需要填充的图形——底座。

8. 在“工具特性”对话框调整参数

如果感觉上图所添加的材质效果不是很好，可以调整材质的相关参数，再重新添加材质。单击选择材质，单击鼠标右键，在弹出的快捷菜单中选择“特性”命令，打开“工具特性”对话框。

将材质应用到对象
添加到当前图形
剪切(T)
复制(C)
删除(D)
重命名(N)
更新工具图像
指定图像...
特性(R)...

"工具特性"对话框:

在对话框中设置材质的反射率、透明率、剪切、自发光、凹凸的相关参数，设置材质参数达到较为满意的效果。

相关知识 设计中心

AutoCAD 设计中心的主要功能是管理 AutoCAD 图形中的设计资源，方便各种资源的相互调用。

通过设计中心，可以管理图形图块、文字样式、标注样式、图层、布局、线型、图案填充以及外部参照等。它不仅可以调用本机中的图形文件，还可以调用网络上其他计算机的文件。

操作技巧 启动设计中心的操作方法

可以通过以下4种方法来执行"启动设计中心"操作:

- 选择"工具"→"选项板"→"设计中心"命令。

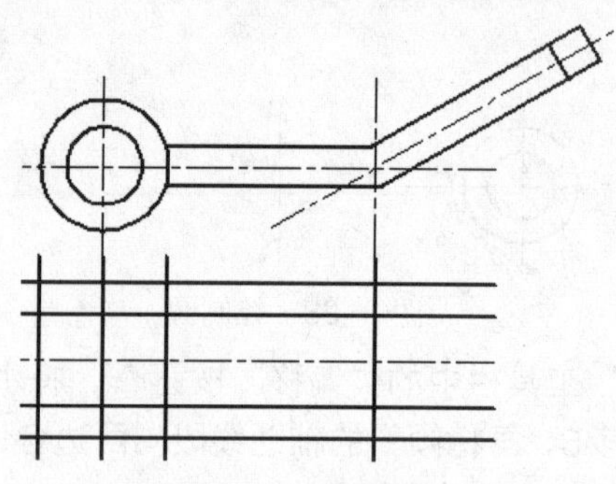

图 9-104 偏移线段

12 单击"修改"工具栏中的"修剪"按钮，修剪图形中多余的线段，如图 9-105 所示。

13 单击"绘图"工具栏中的"圆"按钮，以线段的中点为圆心，绘制半径为 8.5、11 的同心圆，并删除辅助线段，如图 9-106 所示。

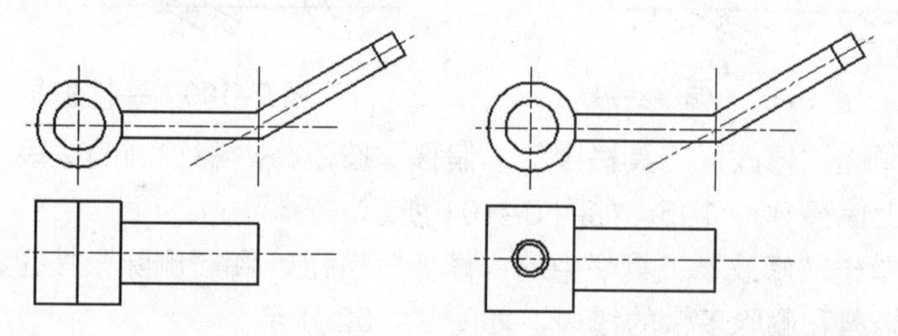

图 9-105 修剪多余的线段　　图 9-106 绘制圆并删除辅助线段

14 单击"绘图"工具栏中的"直线"按钮，从主视图引出线段到俯视图上，如图 9-107 所示。

15 单击"修改"工具栏中的"延伸"按钮，延伸连接杆的线段，并按 Shift 键快速修剪多余的线段，如图 9-108 所示。

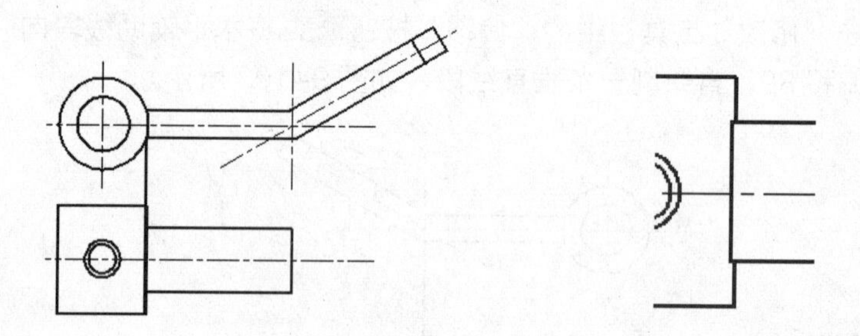

图 9-107 从主视图引出线段到俯视图上　　图 9-108 延伸和修剪线段

16 单击"绘图"工具栏中的"样条曲线"按钮，绘制一段样条曲线，并将绘制样条曲线的线宽设置为默认，如图 9-109 所示。

17 单击"修改"工具栏中的"修剪"按钮和"删除"按钮，修剪和删除多余的部分，如图 9-110 所示。

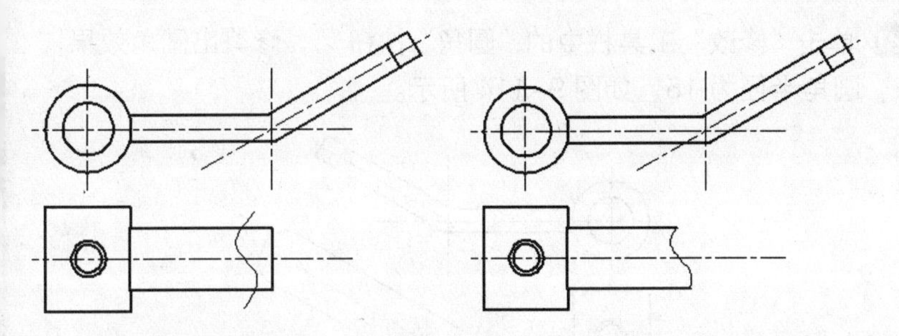

图 9-109　绘制样条曲线并设置线宽　　图 9-110　修剪和删除多余的部分

18 单击“修改”工具栏中的“偏移”按钮，将斜辅助线段向右下偏移 80，如图 9-111 所示。

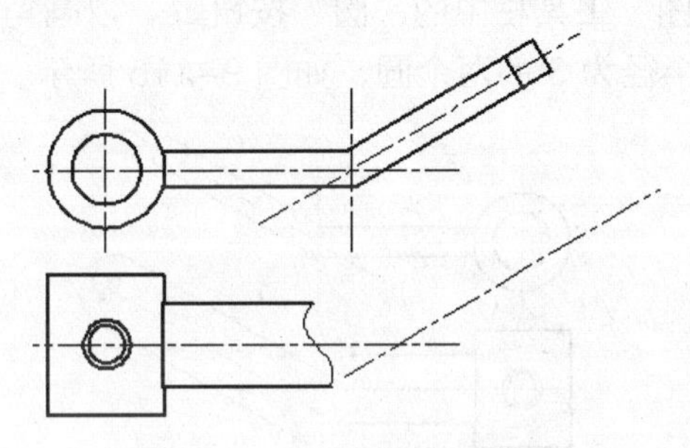

图 9-111　偏移斜辅助线段

19 再次单击“修改”工具栏中的“偏移”按钮，将偏移的线段向两边偏移 19，并将偏移线段设置为轮廓线，如图 9-112 所示。

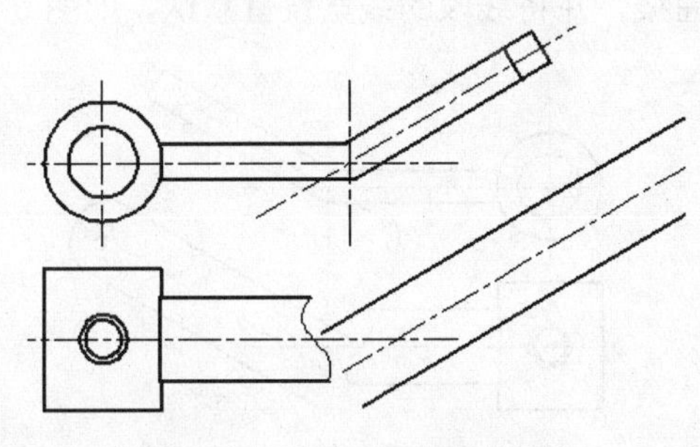

图 9-112　再次偏移线段

20 单击“绘图”工具栏中的“直线”按钮，从主视图引出线段到俯视图上，如图 9-113 所示。

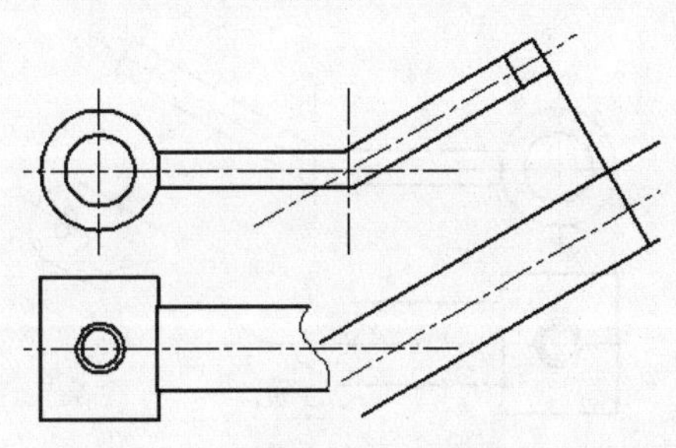

图 9-113　从主视图引出线段到俯视图

- 单击“标准”工具栏中的“设计中心”按钮。
- 在命令行中输入 adcenter 后，按 Enter 键。
- 按 Ctrl+2 组合键。

相关知识　“设计中心”面板设置

执行以上任意一种操作都可以打开“设计中心”面板。使用设计中心可以浏览、查找、预览以及插入内容，包括块、图案填充和外部参照等。选择“文件夹”或“打开的图形”选项卡时，将显示两个窗格：树状图窗格和内容区域窗格，从中可以管理图形内容。

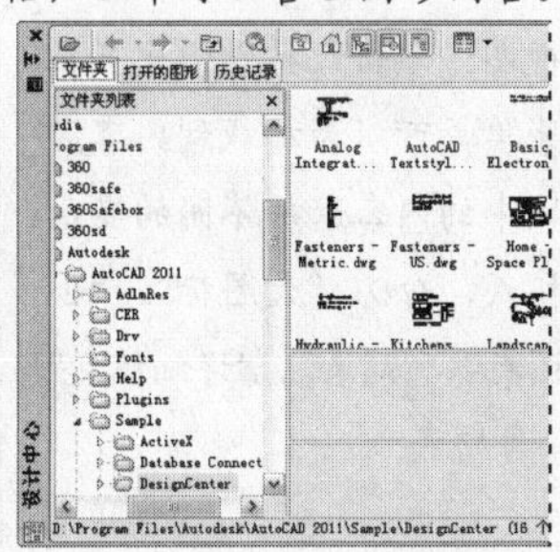

面板的工具栏中包含了以下功能按钮：

- 加载：单击此按钮打开“加载”对话框，可以浏览本地和网络上的文件，然后选择需要的文件加载到内容区域中。
- 上一页：返回历史记录列表中上一次打开的位置。
- 下一页：返回历史记录列表中下一次的位置。
- 上一级：显示当前路径中上一级的内容。

- 搜索：单击此按钮打开“搜索”对话框，从中可以通过指定搜索条件在图形中查找图形、块以及非图形对象。
- 收藏夹：在内容区域中显示“收藏夹”文件夹的内容。
- 主页：设计中心返回到默认文件夹。安装时，默认文件夹被设置为安装目录的 Sample\DesignCenter 文件夹。
- 树状图切换：显示或隐藏树状图。如果绘图区域需要更多的空间，则可隐藏树状图。
- 预览：显示或隐藏内容区域窗格中选定项目的预览。
- 说明：显示或隐藏内容区域窗格中选定项目的文字说明。
- 视图：单击此按钮弹出下拉菜单，可以为加载到内容区域中的内容选择不同的显示格式，分为“大图标”、“小图标”、“列表”、“详细信息”4种格式。

相关知识 **调整设计中心显示**

启动 AutoCAD 设计中心后，默认情况下“设计中心”面板处于浮动状态。用户可以根据自己的需要，调整选项卡的显示位置。设计中心的显示方式有以下几种：

1. 固定面板的位置

双击“设计中心”面板的标题栏，面板将不再是浮动状态，而固定显示在工作界面的左端。再次双击标题栏，则重

21 单击“修改”工具栏中的“圆角”按钮，修剪出圆角效果，圆角半径为 15，如图 9-114 所示。

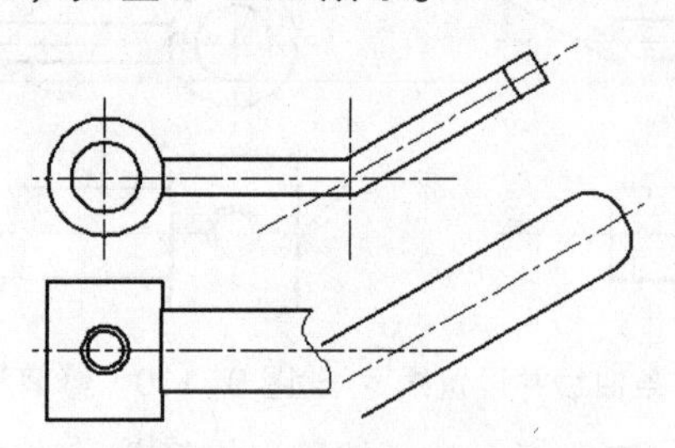

图 9-114　倒圆角图形

22 单击“绘图”工具栏中的“圆”按钮，以圆角的圆心为圆心，绘制半径为 3 的两个圆，如图 9-115 所示。

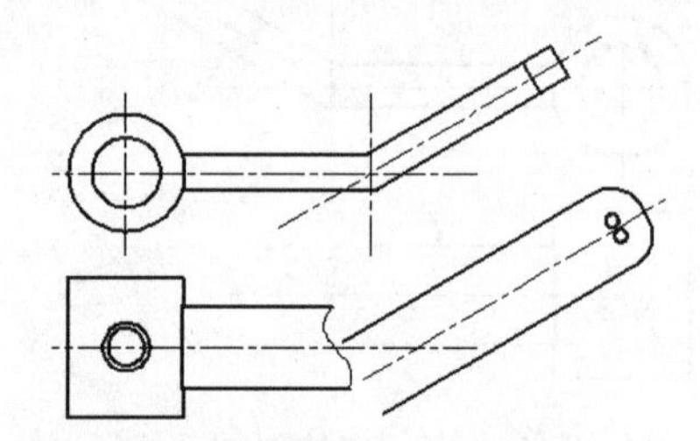

图 9-115　绘制圆

23 单击“绘图”工具栏中的“样条曲线”按钮，在斜俯视图上绘制样条曲线，并将线段的线宽设置默认，如图 9-116 所示。

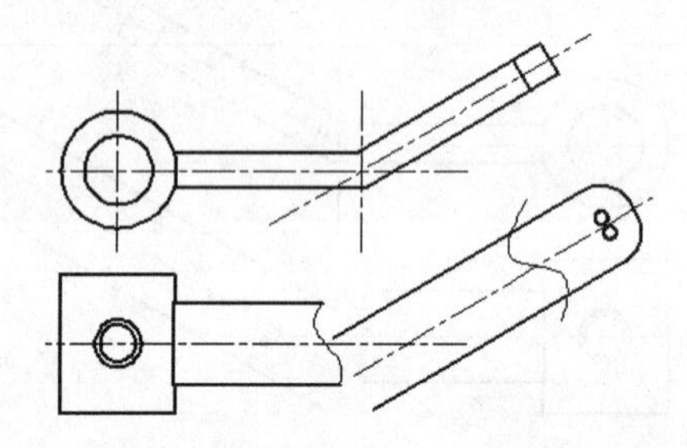

图 9-116　绘制样条曲线，并设置线宽

24 单击“修改”工具栏中的“修剪”按钮，修剪多余的线段，如图 9-117 所示。

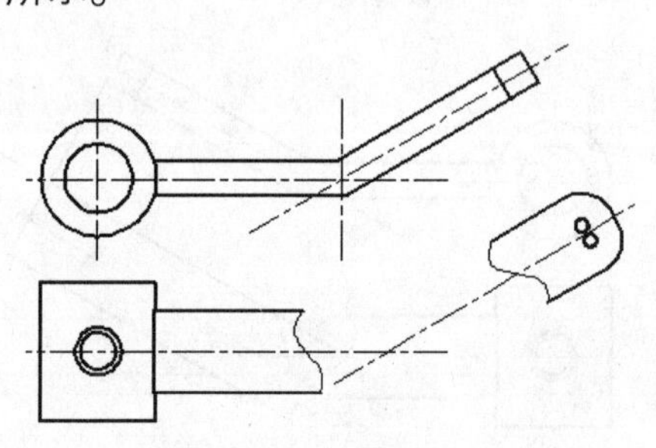

图 9-117　修剪多余的线段

25 单击“绘图”工具栏中的“直线”按钮，绘制出主视图上看不到的线段，并将绘制的线段设置为虚线图层，如图 9-118 所示。

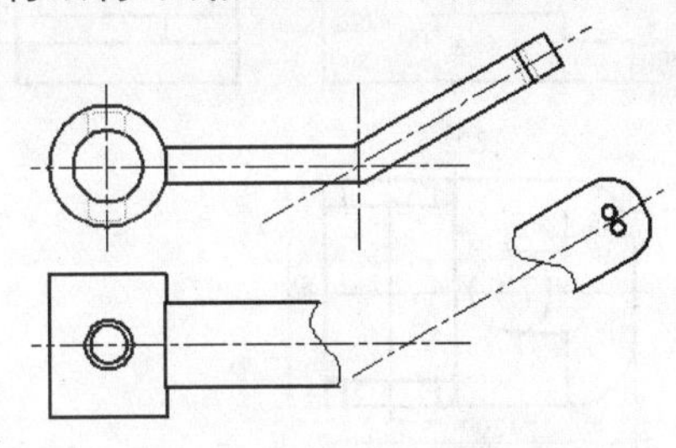

图 9-118　绘制隐藏线段

26 将标注线设置为当前图层，并单击“标注”工具栏中的“线性”按钮和“对齐”按钮，标注图形的线性和对齐尺寸，如图 9-119 所示。

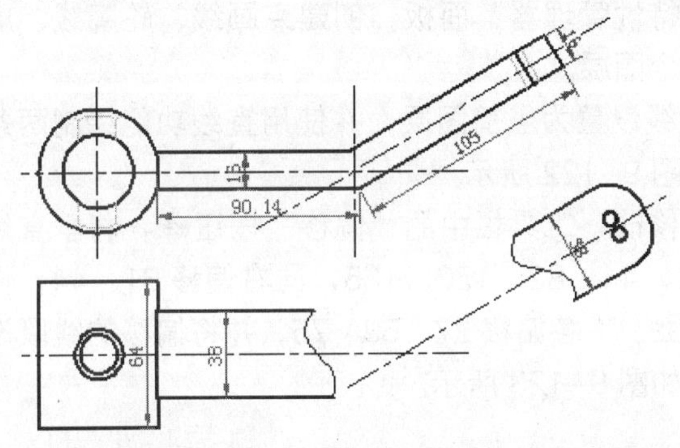

图 9-119　标注线性和对齐尺寸

27 单击“标注”工具栏中的“半径”按钮、“直径”按钮和“角度”按钮，标注图形的半径、直径、角度尺寸，如图 9-120 所示。

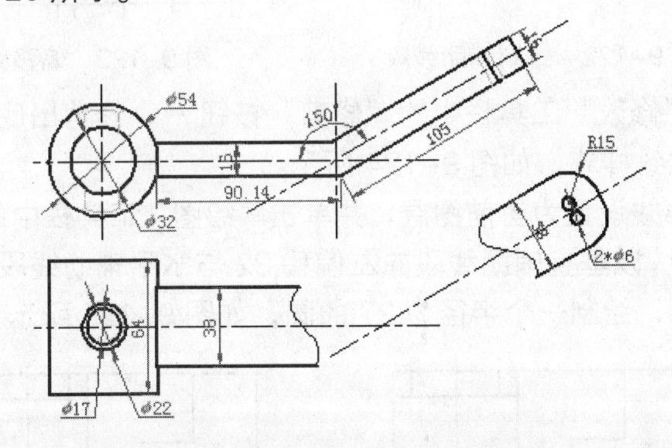

图 9-120　标注半径、直径和角度尺寸

实例 9-5　绘制固定座三视图

本实例将绘制固定座三视图，其主要功能包含直线、圆、偏移、修剪等。实例效果如图 9-121 所示。

新变为浮动状态。

2. 自动隐藏

在“设计中心”面板的快捷菜单中选择“自动隐藏”命令，则“设计中心”面板会自动隐藏起来，只显示一个标题栏。

3. 锚点居左和锚点居右

在“设计中心”面板的快捷菜单中选择“锚点居左”或“锚点居右”命令，则面板整个悬靠到工作面的左端或右端，并自动隐藏。

相关知识　查看图形文件信息

在“设计中心”面板中，可以使用的选项卡有 4 个，用户可以方便地观察和选择设计中心里的图形文件。

1. “文件夹”选项卡

在该选项卡中，显示了本地计算机或网络驱动器中文件和文件夹的层次结构，并可在预览框中预览图形。

2. “打开的图形”选项卡

该选项卡下显示了当前工作任务中打开的所有图形，包括最小化的图形。

3. “历史记录”选项卡

该选项卡显示了最近在设计中心打开的文件的记录。用户可以在历史记录中选择要显示的文件，或者删除不需要的文件。

4. “联机设计中心”选项卡

该选项卡用于访问联机

设计中心网页。通过联机设计中心，用户可以访问许多已绘制好的符号、制造商信息及内容集成商站点等。

实例 9-5 说明

- 知识点：
  - 直线
  - 圆
  - 偏移
  - 修剪
- 视频教程：

  光盘\教学\第 9 章 绘制机械三视图
- 效果文件：

  光盘\素材和效果\09\效果\9-5.dwg
- 实例演示：

  光盘\实例\第 9 章\绘制固定座三视图

相关知识 设计中心的搜索功能

使用 AutoCAD 设计中心的查找功能，可以快速查找图形、图层、块、标注样式、文字样式、图案填充等图形内容。单击面板工具栏中的“搜索”按钮，即可打开“搜索”对话框。

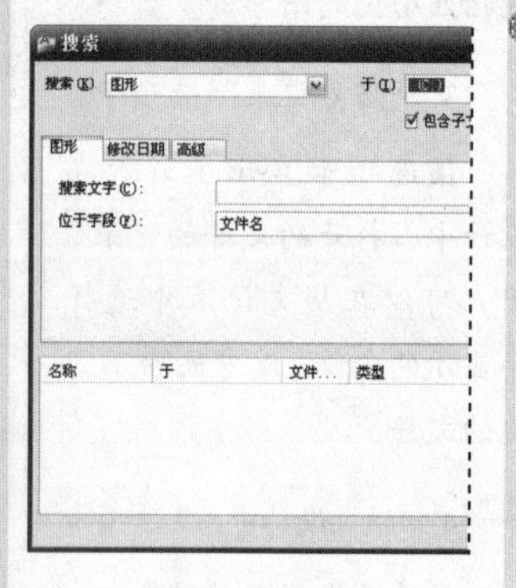

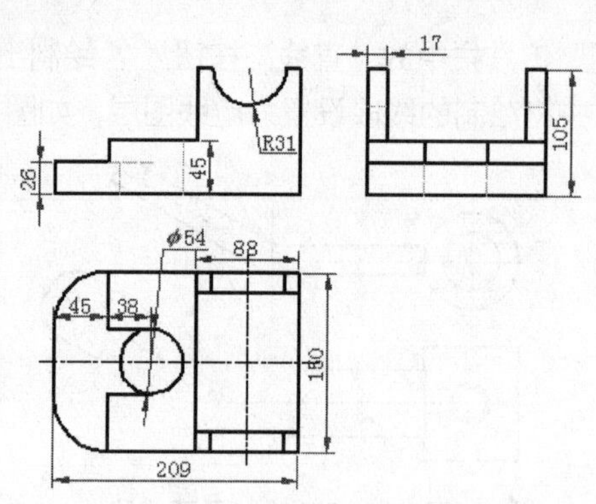

图 9-121 固定座三视图效果图

操作步骤

1. 单击“格式”工具栏中的“图层特性管理器”按钮，打开“图层特性管理器”面板，创建点画线、轮廓线、虚线和标注线 4 个图层。
2. 将点画线设置为当前图层，并使用直线功能绘制两条辅助线段，如图 9-122 所示。
3. 单击“修改”工具栏中的“偏移”按钮，将垂直线段向左偏移 31、44、82、120、165，向右偏移 31、44，再将水平线段向上、下各偏移 27、58、75，并将偏移的线段设置为轮廓线，如图 9-123 所示。

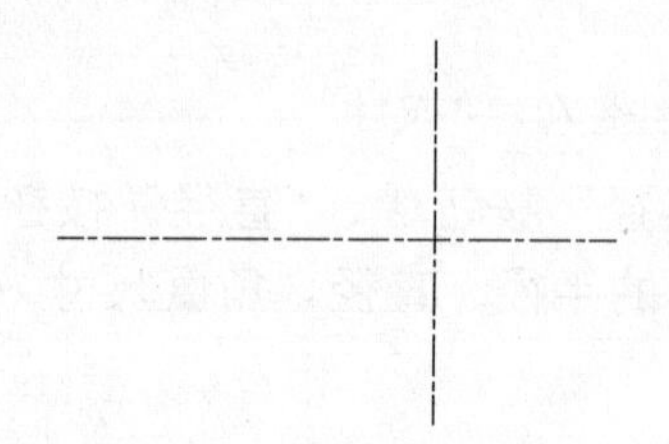

图 9-122 绘制辅助线段

图 9-123 偏移线段

4. 单击“修改”工具栏中的“修剪”按钮，修剪出底座的俯视图大致样式，如图 9-124 所示。
5. 将轮廓线设置为当前图层，并单击“绘图”工具栏中的“圆”按钮，以垂直辅助线段向左偏移 82 与水平辅助线段的交点为圆心，绘制一个半径为 27 的圆，如图 9-125 所示。

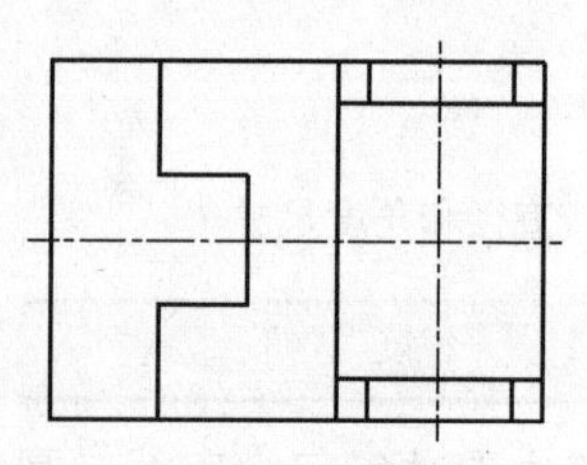

图 9-124 修剪图形

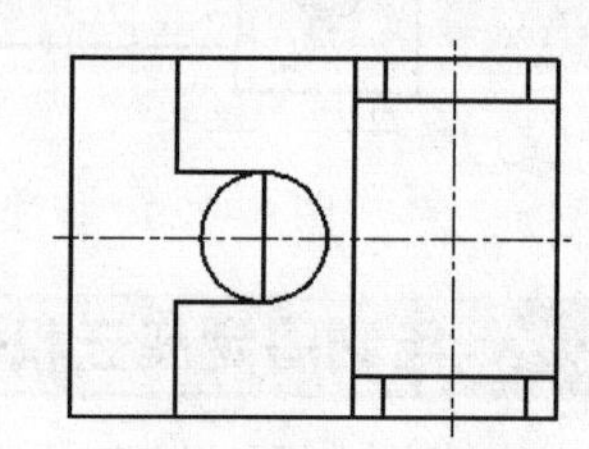

图 9-125 绘制圆

6 单击“修改”工具栏中的“圆角”按钮，对图形左边的两个直角倒圆角，圆角半径为45，如图9-126所示。

7 单击“修改”工具栏中的“删除”按钮，删除多余的线段，如图9-127所示。

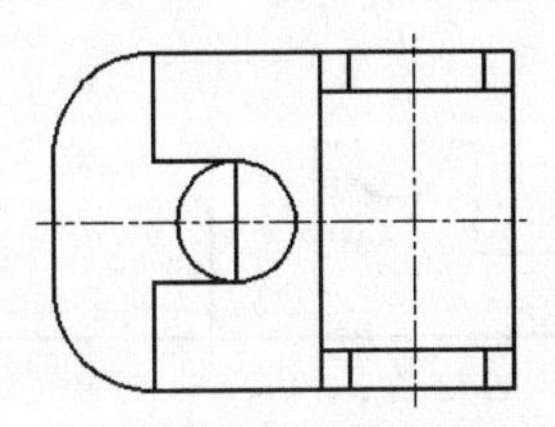

图9-126　倒圆角图形

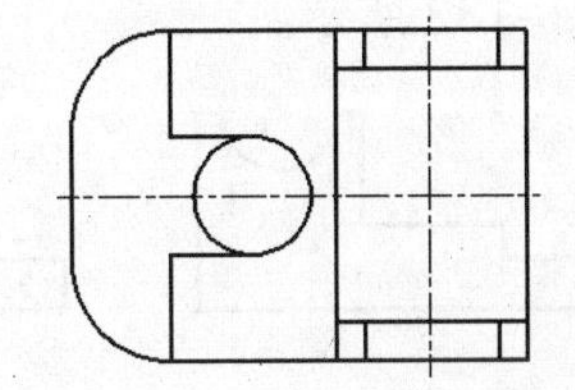

图9-127　删除多余的线段

8 单击“绘图”工具栏中的“直线”按钮，从俯视图上的角点，向上绘制一条垂直线段，再绘制一条水平线段，如图9-128所示。

9 单击“修改”工具栏中的“偏移”按钮，将垂直线段向左偏移88、164、209，再将水平线段向上偏移26、45、105，如图9-129所示。

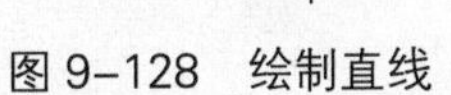

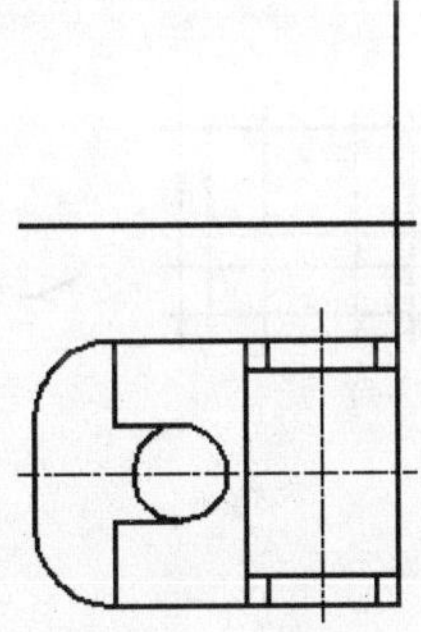

图9-128　绘制直线

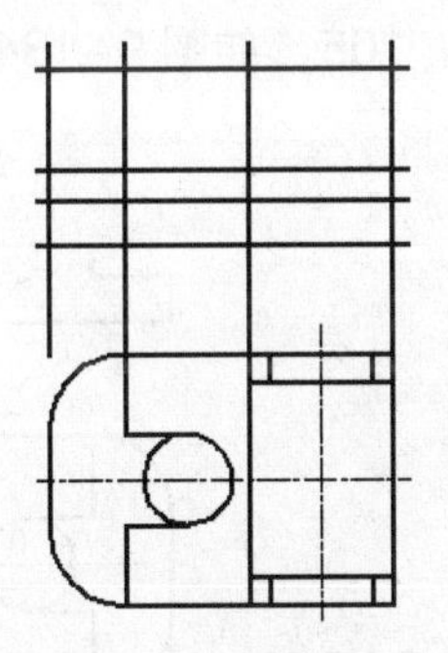

图9-129　偏移线段

10 单击“修改”工具栏中的“修剪”按钮，修剪出主视图的大致样式，如图9-130所示。

11 单击“绘图”工具栏中的“圆”按钮，绘制一个半径为31的圆，如图9-131所示。

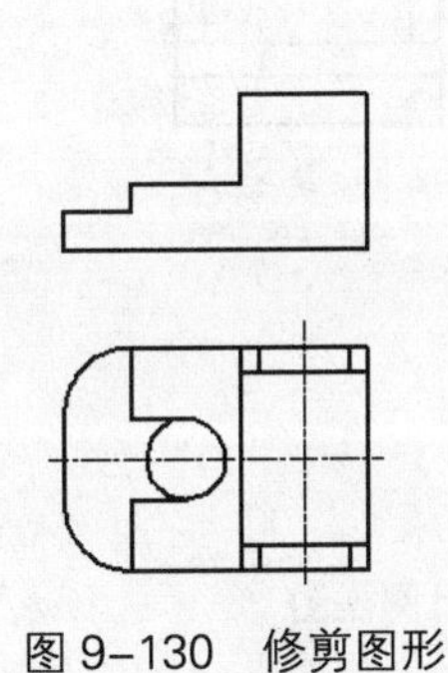

图9-130　修剪图形

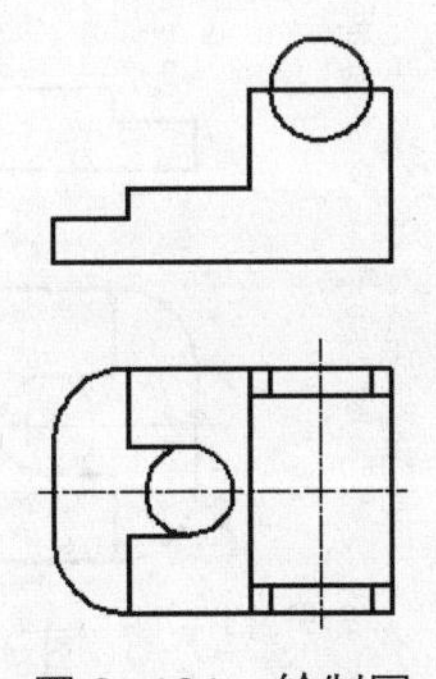

图9-131　绘制圆

在对话框的“搜索”下拉列表框中各选项如下:

- 图层：搜索图层的名称。
- 图形：搜索图形文件。
- 图形和块：搜索图形和块的名称。
- 块：搜索块的名称。
- 填充图案：搜索填充模式的名称。
- 填充图案文件：搜索填充图案文件的名称。
- 外部参照：搜索外部参照的名称。
- 多重引线样式：搜索多重引线样式的名称。
- 布局：搜索布局的名称。
- 文字样式：搜索文字样式的名称。
- 标注样式：搜索标注样式的名称。
- 线型：搜索线型的名称。
- 表格样式：搜索表格样式的名称。

重点提示　**搜索选择图形元素要领**

选择的图形元素不同，对话框中显示的选项卡也将不同。

搜索元素为块时的对话框：

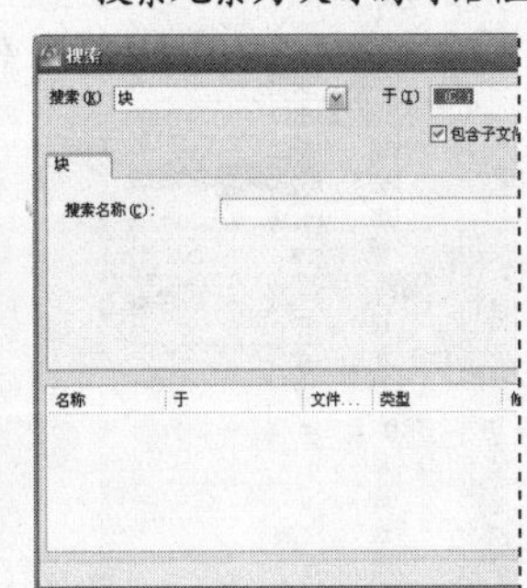

例如选择“图形”时，显示的选项卡包括“图形”、“修改日期”和“高级”选项卡；选择“块”时，显示的选项卡只有“块”选项卡。

疑难解答 **怎样设置可以在当前窗口渲染图形，而不用打开渲染窗口**

默认情况下，AutoCAD 在渲染图形时会打开渲染窗口，其渲染信息及效果均会在此窗口中显示，如果觉得打开渲染窗口太费时间，则可以直接在当前视口中查看渲染效果。

设置方法如下：

1. 打开“高级渲染设置”面板

单击“渲染”工具栏中的“高级渲染设置”按钮，打开“高级渲染设置”面板。

2. 设置“窗口”为“视口”

单击“常规”选项组中“目标”右端的下拉按钮，在其下拉列表框中选择“视口”选项。这样在渲染图形时，渲染效果即可在当前视口中显示，而不会打开渲染窗口。

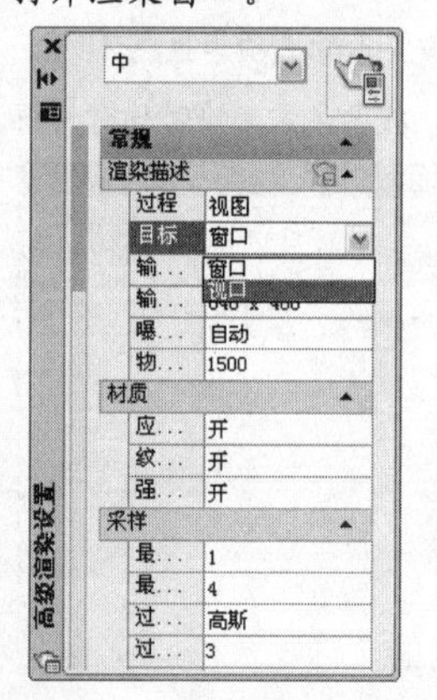

12 单击“修改”工具栏中的“修剪”按钮，修剪出主视图上的弧形槽，如图 9-132 所示。

13 单击“绘图”工具栏中的“直线”按钮，从主视图上的角点，向右绘制一条水平线段，再绘制一条垂直线段，如图 9-133 所示。

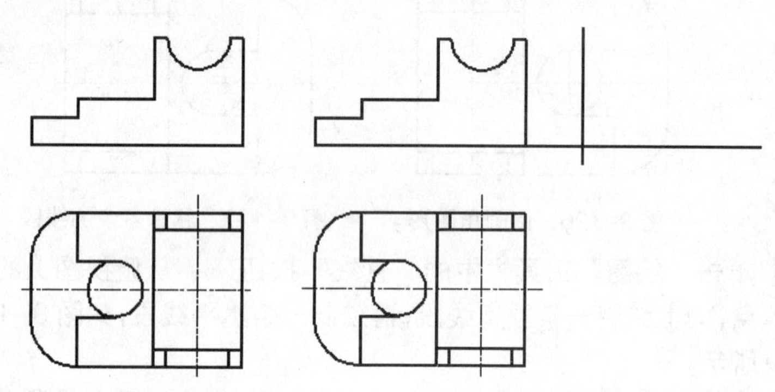

图 9-132 修剪出弧形槽　　图 9-133 绘制线段

14 单击“修改”工具栏中的“偏移”按钮，将垂直线段向右偏移 17、48、102、133、150，再将水平线段向上偏移 26、45、105，如图 9-134 所示。

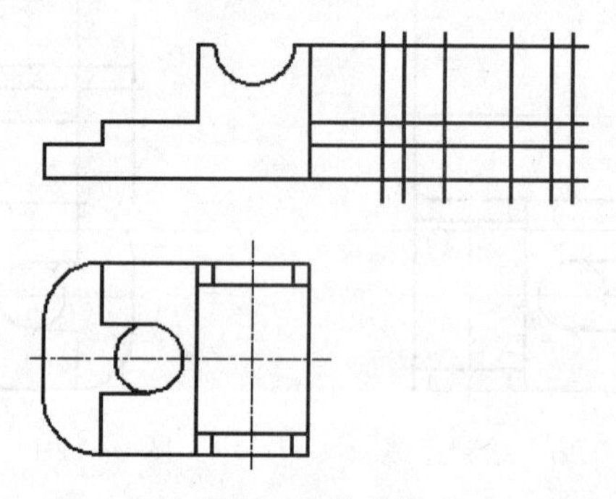

图 9-134 偏移线段

15 单击“修改”工具栏中的“修剪”按钮，修剪出侧视图的大致样式，如图 9-135 所示。

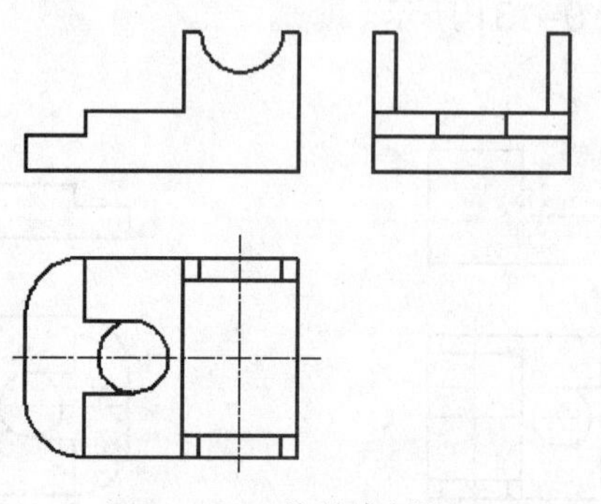

图 9-135 修剪出侧视图

16 单击“绘图”工具栏中的“直线”按钮，绘制出主视图上看不到的线段，并将绘制的线段设置为虚线图层，如图9-136所示。

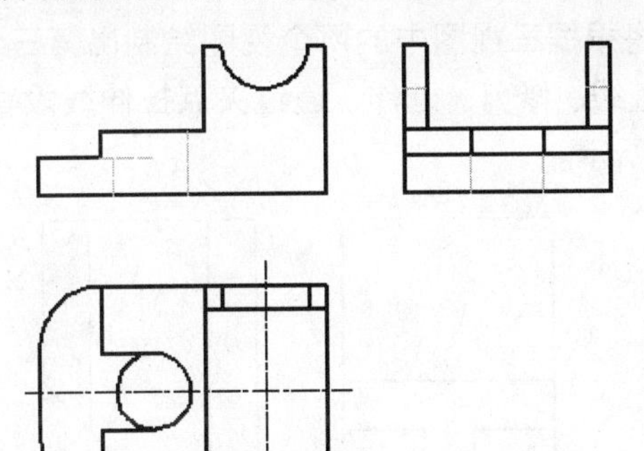

图9-136　绘制隐藏线段

17 将标注线设置为当前图层，并单击“标注”工具栏中的“线性”按钮，标注图形的线性尺寸，如图9-137所示。

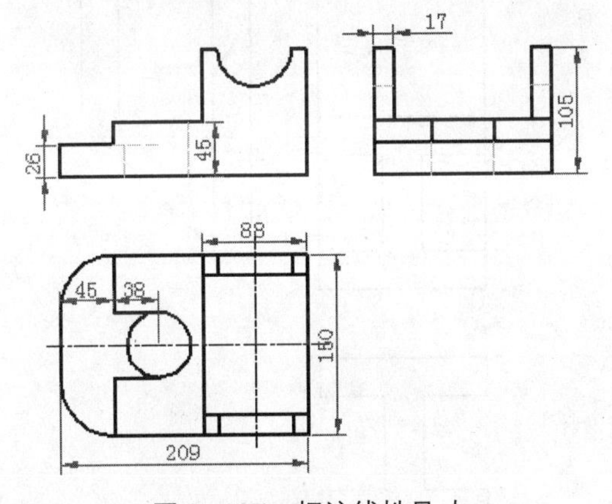

图9-137　标注线性尺寸

18 单击“标注”工具栏中的“半径”按钮和“直径”按钮，标注图形的半径和直径尺寸，如图9-138所示。

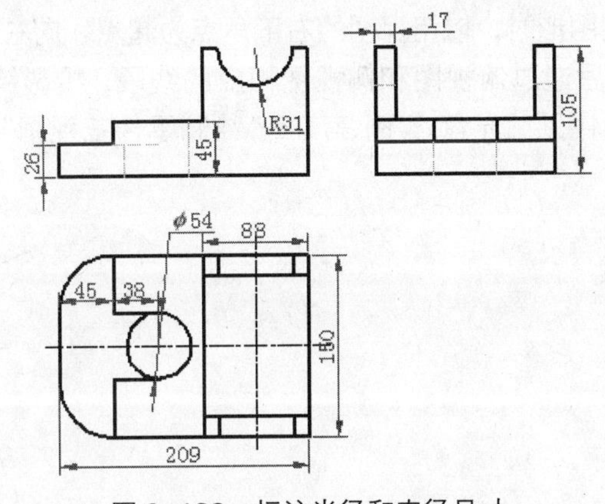

图9-138　标注半径和直径尺寸

疑难解答　**“文件”菜单下的关闭和退出有什么区别**

从字面上看，这两个命令似乎都可以关闭AutoCAD，其实不然，它们是有一定区别的：

- 关闭：用于关闭当前打开的AutoCAD文档，并不能退出AutoCAD。
- 退出：在关闭当前文档的同时也会关闭AutoCAD，也就是退出AutoCAD。

疑难解答　**光标总是有规则的跳动，但是无法指向需要的点**

这很可能是打开了状态栏上的“捕捉模式”按钮造成的。“捕捉模式”按钮打开后，移动鼠标时十字光标会沿着栅格点有规则地跳动。

解决方法：在状态栏上关闭“捕捉模式”按钮即可。

机械术语　**三面投影体系**

三面投影体系分别为正立投影面、水平投影面和侧平投影面3项。

1. 正立投影面

正立投影面简称正面，也可以用字母V表示，通常是以坐标轴中的X轴与Y轴所组成的投影平面。

2. 水平投影面

水平投影面简称水平面，可以用字母H表示，用坐标轴中的X轴与Y轴组成的投影平面。

3. 侧平投影面

侧平投影面简称侧平面，可以用字母W表示，用坐标轴中的Y轴与Z轴组成的投影平面。

X、Y、Z3个轴相交的点为原点，通常用O表示。用3个投影面表达的一个机械图形，也称为机械三视图。

实例 9-6 绘制零件三视图

本实例将根据三视图中的两个视图绘制出第三个视图，其主要功能包含直线、修剪、延伸、通过夹点拉伸线段等。实例效果如图 9-139 所示。

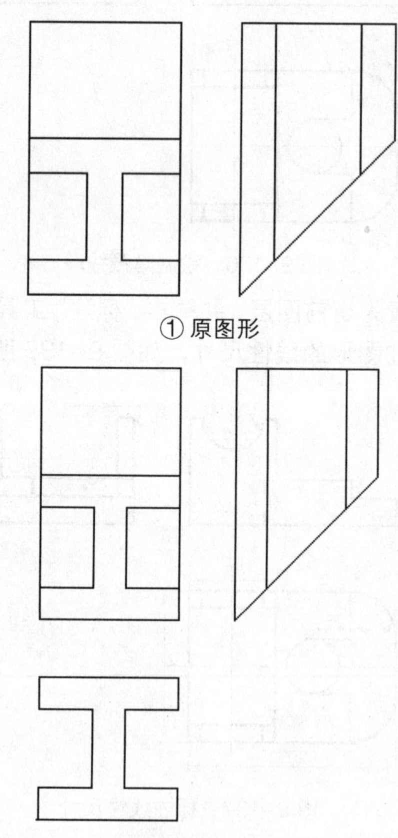
① 原图形

② 投影绘制主视图

图 9-139 绘制主视图

在绘制图形时，以俯视图的右下角点为起点，向右下作 45° 的斜线，然后通过俯视图和侧视图相应的线段，投影绘制出主视图。具体操作见“光盘\实例\第 9 章\绘制零件三视图”。

10

第 10 章

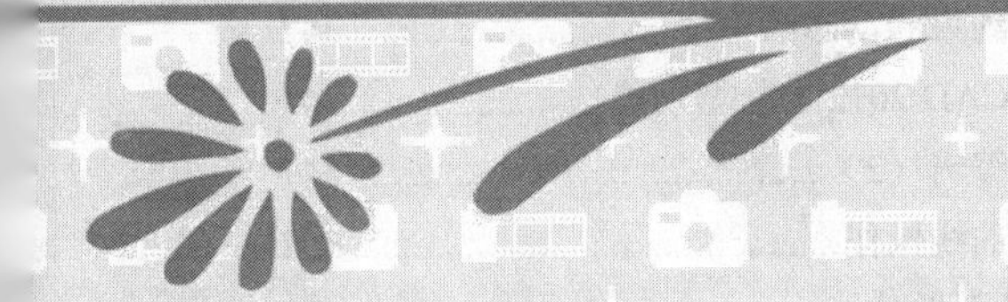

绘制机械装配图

装配图是用来表达机械与部件各部分的连接、装配关系以及工作原理的图样。使用 AutoCAD 所绘制的装配图，可以方便地修改和设计。本章除了讲解装配图的绘制规范外，还介绍了几何约束和常用新增功能的运用。

本章讲解的实例和主要功能如下：

实　　例	主要功能	实　　例	主要功能
绘制齿轮啮合装配图	图层、圆 偏移 修剪 圆角 图案填充 删除 样条曲线	绘制螺栓装配图	直线 偏移 修剪 样条曲线 图案填充
绘制台虎钳装配图			图层、偏移、旋转 打断于点 样条曲线 倒角、圆角 通过夹点拉伸线段 设置虚线 修剪、延伸 图案填充

本章在讲解实例操作的过程中，全面系统地介绍关于绘制机械装配图的相关知识和操作方法，包含的内容如下：

实例 10-1　绘制齿轮啮合装配图（1）——绘制大齿轮

绘制齿轮啮合装配图的过程比较复杂，步骤也相当烦琐，因此在这里将实例分成 5 个步骤：绘制大齿轮、绘制小齿轮、绘制插入轴、绘制插出轴、组合装配图。

本实例将绘制一个大齿轮，主要功能包含图层、圆、偏移、修剪、圆角、图案填充等。实例效果如图 10-1 所示。

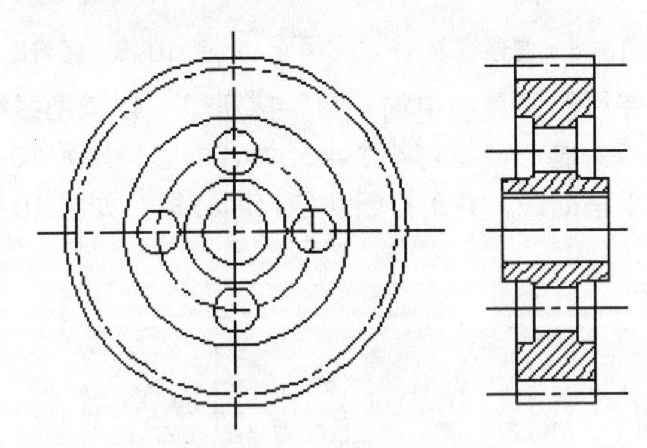

图 10-1　大齿轮效果图

操作步骤

1. 单击“图层”工具栏中的“图层特性管理器”按钮，打开“图层特性管理器”面板，在面板中创建点画线和轮廓线。
2. 将点画线设置为当前图层，并绘制两条直线，然后用圆功能绘制半径为 29 和 60 的圆，如图 10-2 所示。
3. 将轮廓线设置为当前图层，再绘制半径为 12、19、42 和 64 的 4 个圆，如图 10-3 所示。

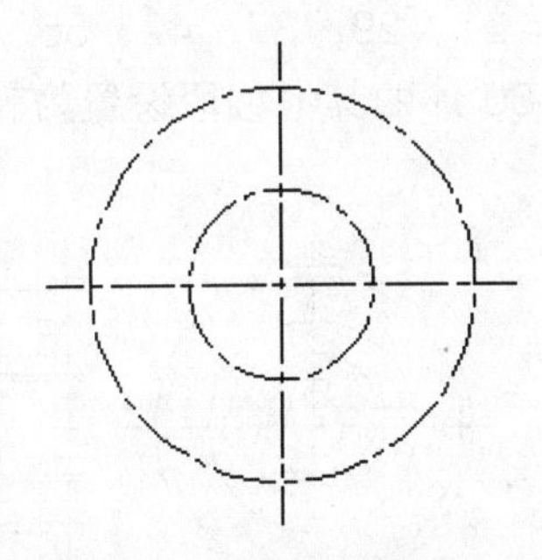

图 10-2　绘制直线和圆

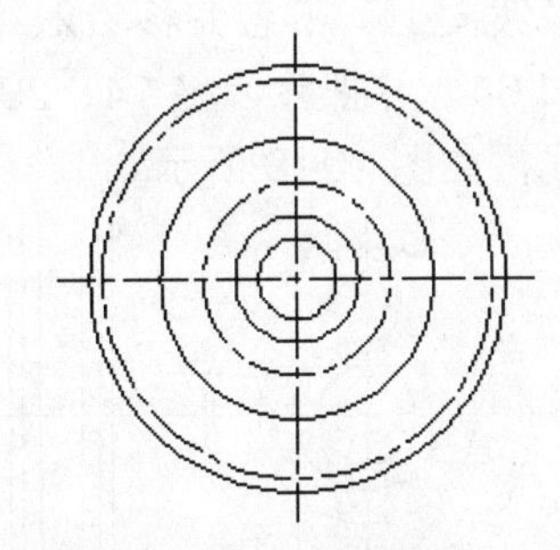

图 10-3　绘制圆

4. 单击“修改”工具栏中的“偏移”按钮，将水平辅助线向上偏移 14，再将垂直辅助线向左、右各偏移 3.25，并将偏移线段设置为轮廓线，如图 10-4 所示。
5. 单击“修改”工具栏中的“修剪”按钮，修剪出键槽，如图 10-5 所示。

实例 10-1 说明

- 知识点：
  - 图层
  - 圆
  - 偏移
  - 修剪
  - 圆角
  - 图案填充
- 视频教程：
  光盘\教学\第 10 章　绘制机械装配图
- 效果文件：
  光盘\素材和效果\10\效果\10-1.dwg
- 实例演示：
  光盘\实例\第 10 章\绘制齿轮啮合装配图（1）——绘制大齿轮

相关知识　什么是装配图

装配图是用来描述机械与部件装配关系以及整体结构的一种图样。在设计图形中，可以先画装配图，然后从装配图所提供的结构型式和尺寸中拆分出零件图。或者，也可以先绘制零件图形，然后由已画的零件图拼画出装配图。

螺栓装配图：

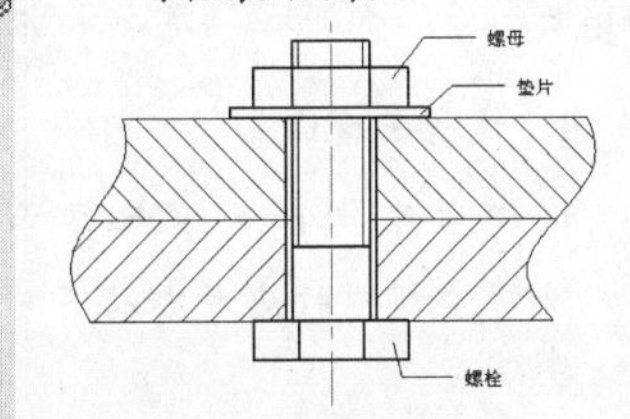

相关知识　装配图的内容

装配图一般包括图形、尺寸、标题栏和技术要求 4 项。

1. 图形

用一组图形完整、清晰地表达机器或部件的工作原理，各零件间的装配关系（包括配合关系、连接关系、相对位置及传动关系）和主要零件的基本结构。

2. 尺寸

在装配图的主视图上，需要标注能够体现装配关系的主要尺寸，其他次要的尺寸可以标注在零件图或部件图上。

3. 标题栏

在标题栏中书写与该装配零件相关的信息，并标明零件编号和填写明细表。

4. 技术要求

在装配图上还需要标明加工时的要求，如标名表面粗糙度、尺寸精度、尺寸误差、形位公差、材料处理等。

相关知识 装配图的视图选择

为了满足生产的需要，应正确运用装配图的各种表达方法，将部件的工作原理、各零件间的装配关系和主要零件的基本结构完整、清晰地表达出来。

1. 选择主视图

根据装配图的内容和要求，选择主视图时应考虑以下两点：

- 工作位置：指部件工作时所处的位置。为了使装配工作更加方便，在选择主视图时应先确定部件如何摆放。

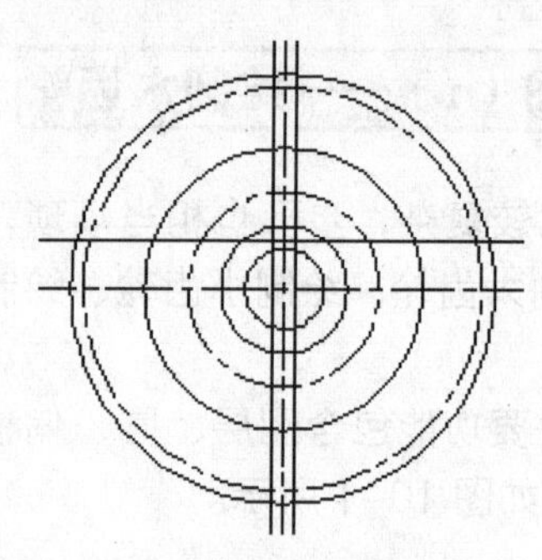

图 10-4 偏移线段

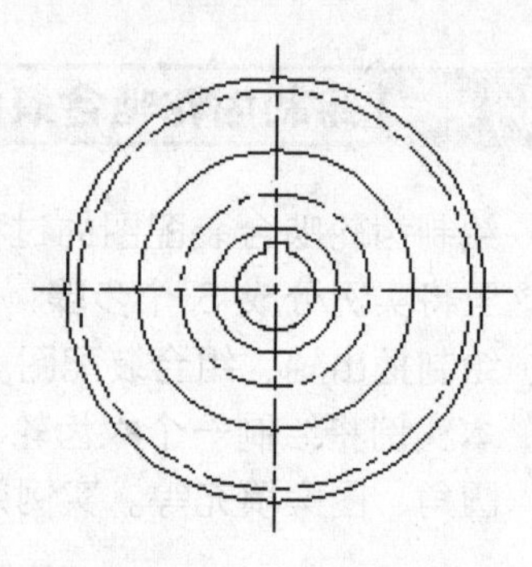

图 10-5 修剪出键槽

6 单击"绘图"工具栏中的"圆"按钮，以辅助线和辅助小圆的交点为圆心，绘制 4 个半径为 8 的圆，如图 10-6 所示。

7 延伸水平辅助线，并用打断功能打断线段，如图 10-7 所示。

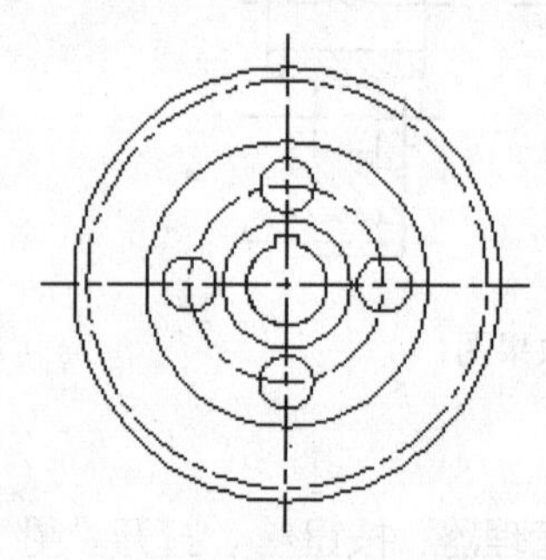

图 10-6 绘制圆

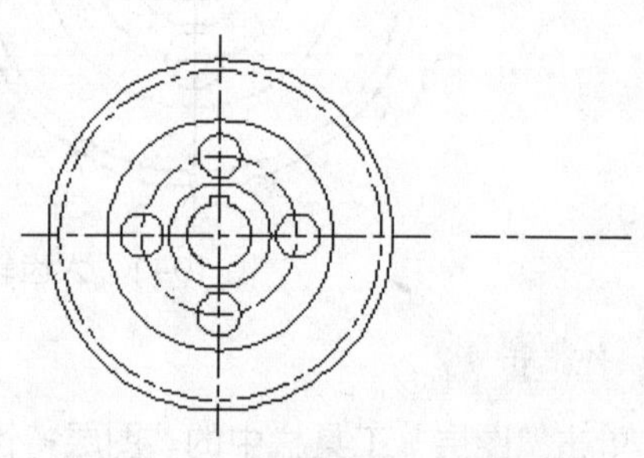

图 10-7 延伸并打断水平辅助线

8 单击"修改"工具栏中的"偏移"按钮，将垂直辅助线向右偏移 100、105、112、128、135 和 140，并将偏移线段设置为轮廓线，如图 10-8 所示。

9 再次单击"修改"工具栏中的"偏移"按钮，将打断后的短线向上、下各偏移 12、19、21、29、37、42、55、60 和 64，并把除偏移 14、29 和 60 外的其他线段设置为轮廓线，如图 10-9 所示。

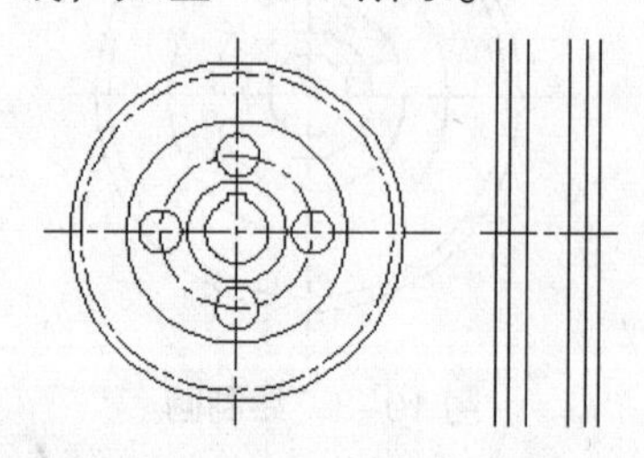

图 10-8 偏移垂直线段

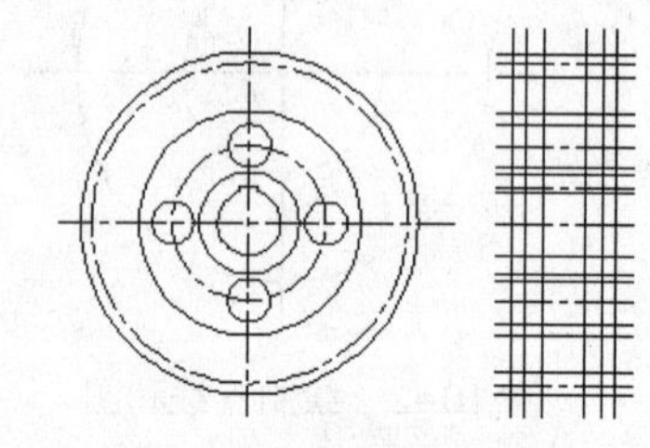

图 10-9 偏移水平线段

10 单击"修改"工具栏中的"修剪"按钮，修剪出大齿轮的侧面图，如图 10-10 所示。

11 单击"修改"工具栏中的"圆角"按钮，对图形的圆孔上的台阶进行倒圆角，圆角半径为 2，如图 10-11 所示。

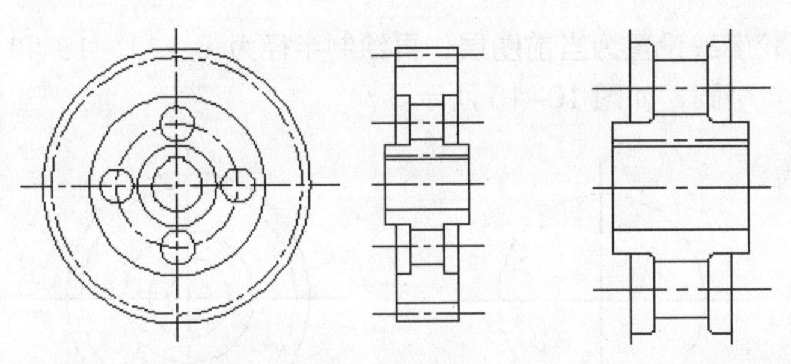

图 10-10　修剪出大齿轮的侧面图　　图 10-11　倒圆角台阶

12 单击“绘图”工具栏中的“图案填充”按钮，打开“图案填充和渐变色”对话框。单击“图案”下拉列表框后的按钮，在弹出的“填充图案选项板”对话框中选择“ANSI”选项卡，在该选项卡中选择“ANSI31”图案填充样式，单击“确定”按钮，返回“图案填充和渐变色”对话框；单击“添加：拾取点”按钮，即可返回绘图窗口中选择填充对象。填充后的效果如图 10-12 所示。

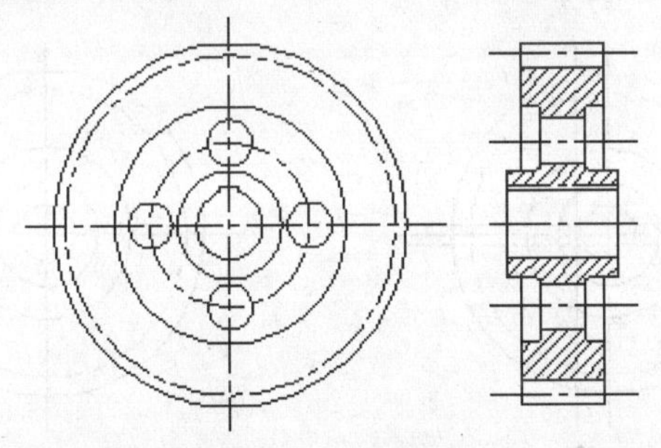

图 10-12　填充图形

实例 10-2　绘制齿轮啮合装配图（2）——绘制小齿轮

本实例将绘制一个小齿轮，主要功能包含偏移、修剪、圆角、图案填充等。实例效果如图 10-13 所示。

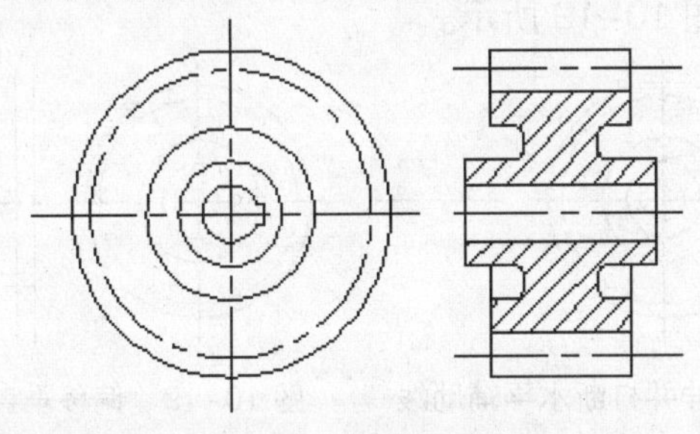

图 10-13　小齿轮效果图

操作步骤

1 在同一个图形文件中，将点画线设置为当前图层，绘制两条辅助线，并以辅助线的交点为圆心，绘制半径为 30 的圆，如图 10-14 所示。

- 部件要求：反映部件工作原理的结构、各零件间装配关系和主要零件基本结构等称为部件特征。在确定主视图的投射方向时，应考虑能清楚地显示部件尽可能多的特征，特别是装配关系特征。通常，部件中各零件是沿一条或几条轴线装配起来的，这些轴线称为装配干线，它们反映了零件间的装配关系。

2. 选择其他视图

确定好主视图之后，再根据装配图要表达的内容，检查还有哪些内容未表达清楚，依此来选择其他视图。

实例 10-2 说明

知识点：
- 偏移
- 修剪
- 圆角
- 图案填充

视频教程：
光盘\教学\第 10 章 绘制机械装配图

效果文件：
光盘\素材和效果\10\效果\10-2.dwg

实例演示：
光盘\实例\第 10 章\绘制齿轮啮合装配图（2）——绘制小齿轮

2 将轮廓线设置为当前图层，再绘制半径为 6、11、18 和 34 的 4 个圆，如图 10-15 所示。

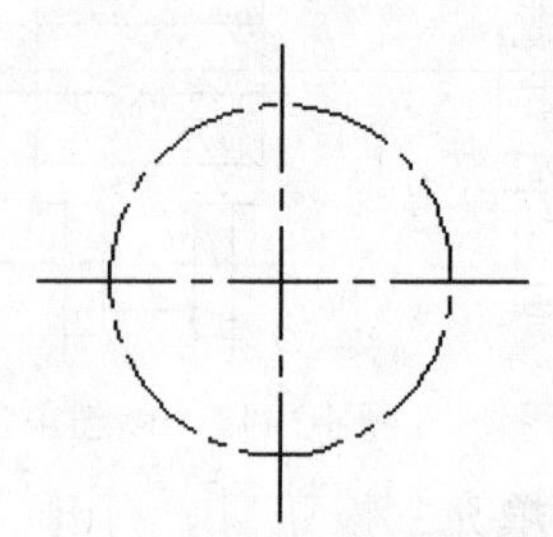

图 10-14　绘制直线和圆

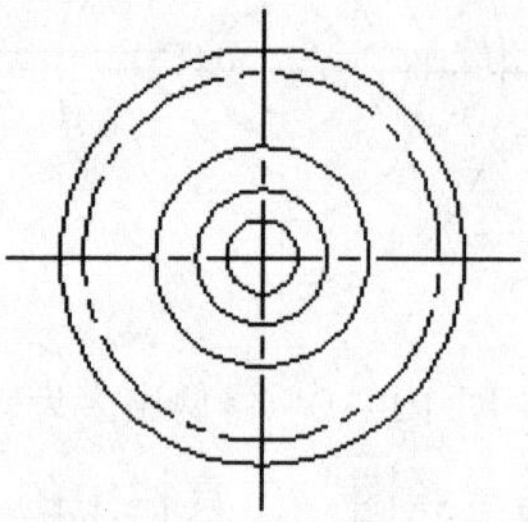

图 10-15　绘制圆

3 单击“修改”工具栏中的“偏移”按钮，将垂直辅助线向右偏移 7，再将水平辅助线向上、下各偏移 2.25，并将偏移线段设置为轮廓线，如图 10-16 所示。

4 单击“修改”工具栏中的“修剪”按钮，修剪出键槽，如图 10-17 所示。

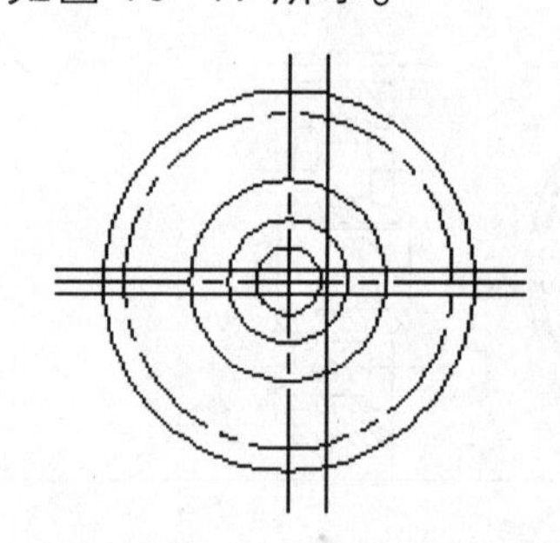

图 10-16　偏移线段

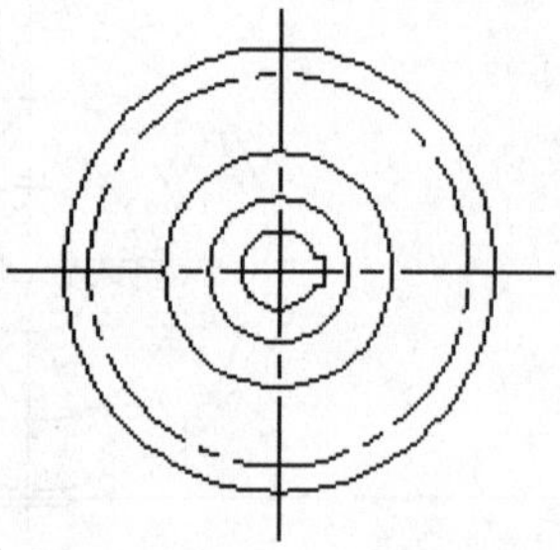

图 10-17　修剪出键槽

5 延伸水平辅助线，并用打断功能打断线段，如图 10-18 所示。

6 单击“修改”工具栏中的“偏移”按钮，将垂直辅助线向右偏移 50、55、62、78、85 和 90，并将偏移线段设置为轮廓线，如图 10-19 所示。

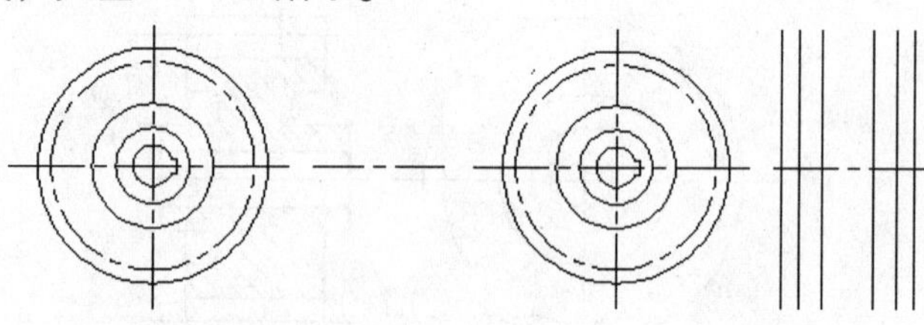

图 10-18　延伸并打断水平辅助线　　图 10-19　偏移垂直辅助线

7 再次单击“修改”工具栏中的“偏移”按钮，将打断后的短线向上、下各偏移 6、11、18、25、30 和 34，并把除偏移 30 外的其他线段设置为轮廓线，如图 10-20 所示。

8 单击“修改”工具栏中的“修剪”按钮，修剪出小齿轮的侧面图，如图 10-21 所示。

相关知识　装配图的尺寸标注要求

装配图与零件图在生产中的作用不同，对标注尺寸的要求也不相同。装配图只标注与部件的规格、性能、装配、检验、安装、运输及使用等相关的尺寸。

1. 特性尺寸

表示机器规格或性能的尺寸为特性尺寸。这是设计的主要参数，也是用户选用产品的依据。

2. 装配尺寸

装配尺寸表示部件中与装配有关的尺寸。装配尺寸是装配工作的主要依据，是保证部件性能所必需的重要尺寸。

- 配合尺寸：配合尺寸一般由基本尺寸和表示配合性质的配合代号组成。
- 连接尺寸：连接尺寸一般包括连接部分的尺寸及其相关位置尺寸。
- 相对位置尺寸：相对位置尺寸一般表示下面几种较重要的相对位置。
  - ✦ 主要轴线到安装面之间的距离。
  - ✦ 主要平行轴之间的距离。
  - ✦ 装配后两个零件间必须保证的间隙。

3. 外形尺寸

外形尺寸是表示机器外形的总长、总宽、总高的尺寸。它反映了部件所占空间的大小，是包装、运输、安装及厂房设计所需要的数据。

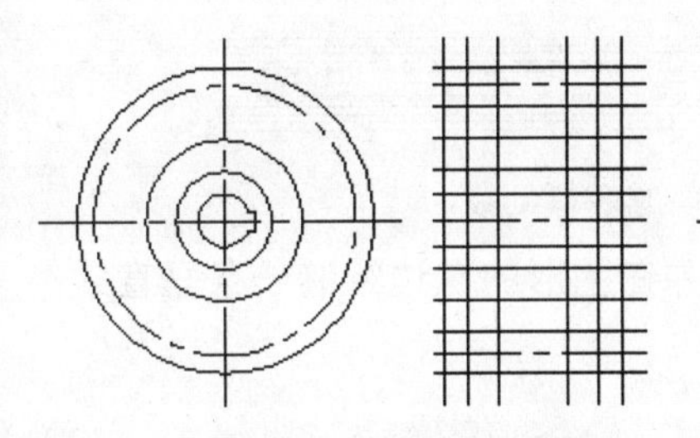

图 10-20　偏移水平线段

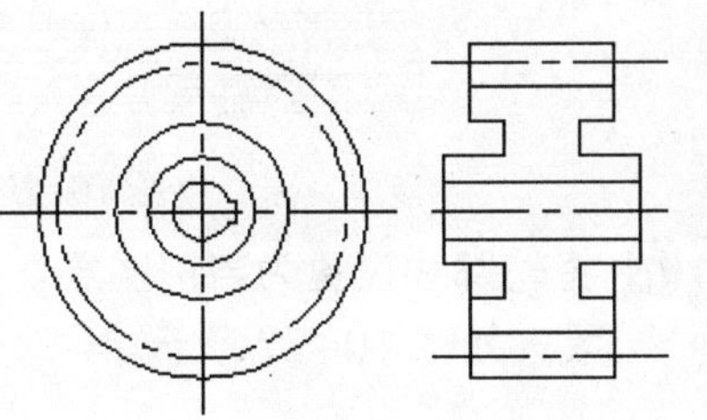

图 10-21　修剪出小齿轮的侧面图

9 单击“修改”工具栏中的“圆角”按钮，对图形的圆孔上的台阶进行倒圆角，圆角半径为 2，如图 10-22 所示。

10 单击“绘图”工具栏中的“图案填充”按钮，打开“图案填充和渐变色”对话框，单击“添加：拾取点”按钮，即可返回绘图窗口中选择填充对象。填充后的效果如图 10-23 所示。

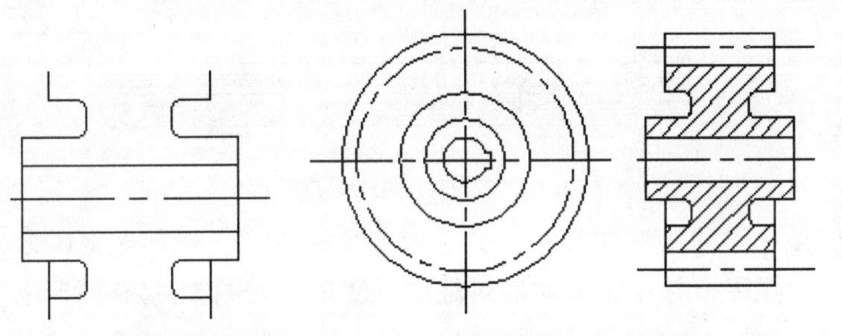

图 10-22　倒圆角台阶　　图 10-23　填充图形

实例 10-3　绘制齿轮啮合装配图（3）——绘制插入轴

本实例将绘制一个插入轴，主要功能包含偏移、修剪、倒角、圆角等。实例效果如图 10-24 所示。

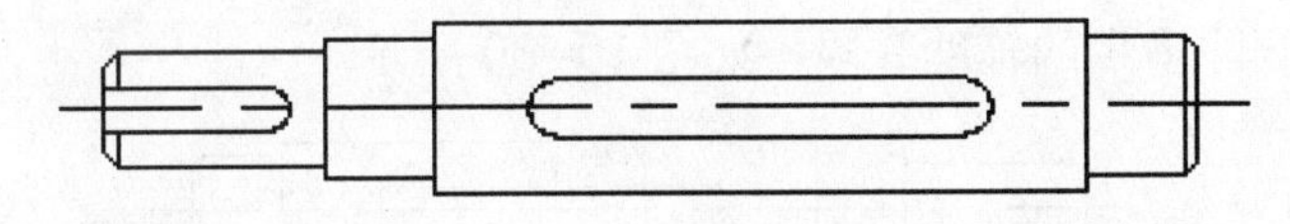

图 10-24　插入轴效果图

操作步骤

1 在同一个图形文件中，将点画线设置为当前图层，绘制一条水平辅助线，如图 10-25 所示。

图 10-25　绘制辅助线

2 单击“修改”工具栏中的“偏移”按钮，将水平辅助线向上、下各偏移 1.5、2、3、4、5 和 6，并将偏移线段设置为轮廓线，如图 10-26 所示。

4. 安装尺寸

安装尺寸表示部件与其他零件、部件、基座间安装所需要的尺寸。

5. 其他必要尺寸

装配图中除上述尺寸外，设计中通过计算确定的重要尺寸及运动件活动范围的极限尺寸等也需标注。

受产品的生产规模、工艺条件、专业习惯等因素的影响，装配图中所标注的尺寸也有所不同。有的不只限于这几种尺寸，有的又不一定都具备这些尺寸，在标注时，应根据实际情况具体分析，合理标注。

实例 10-3 说明

知识点：

- 偏移
- 修剪
- 倒角
- 圆角

视频教程：

光盘\教学\第 10 章 绘制机械装配图

效果文件：

光盘\素材和效果\10\效果\10-3.dwg

实例演示：

光盘\实例\第 10 章\绘制齿轮啮合装配图（3）——绘制插入轴

相关知识　辅助绘图工具——几何约束

几何约束是指以参数化绘

制图形的设计技术，以二维几何图形的关联和限制约束条件。常用的约束分为以下两种：

- 几何约束控制对象之间的关系。
- 标注约束控制对象的距离、角度、长度以及半径。

"参数"菜单：

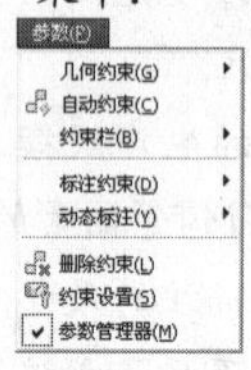

"几何约束"子菜单：

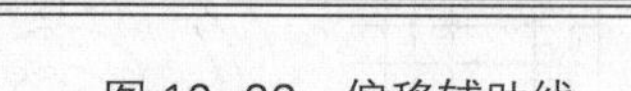

图 10-26　偏移辅助线

3 将轮廓线设置为当前图层，并在图形的左边绘制一条垂直线段，如图 10-27 所示。

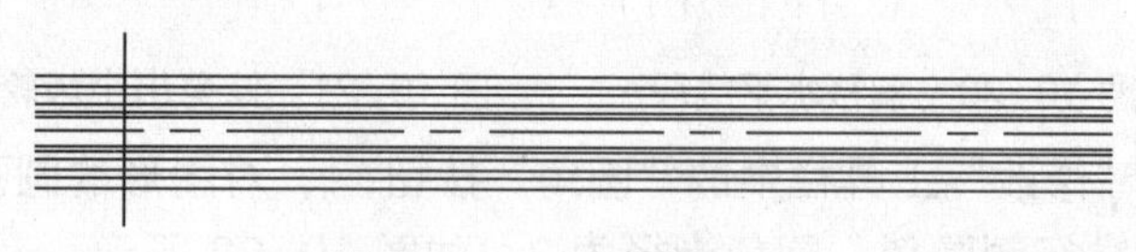

图 10-27　绘制垂直线段

4 单击"修改"工具栏中的"偏移"按钮，将垂直线段向右偏移 1、12、16、24、33、63、72、79、80，并将偏移 12、33、63 的 3 条偏移线段设置为点画线，如图 10-28 所示。

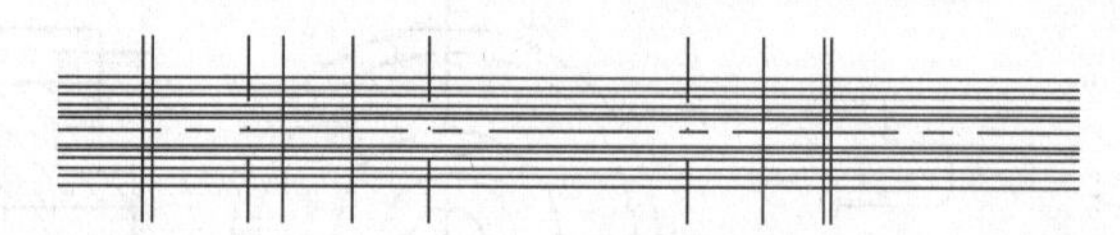

图 10-28　偏移垂直线段

5 单击"修改"工具栏中的"修剪"按钮，修剪图形中多余的线段，并用倒角功能对轴进行倒角，如图 10-29 所示。

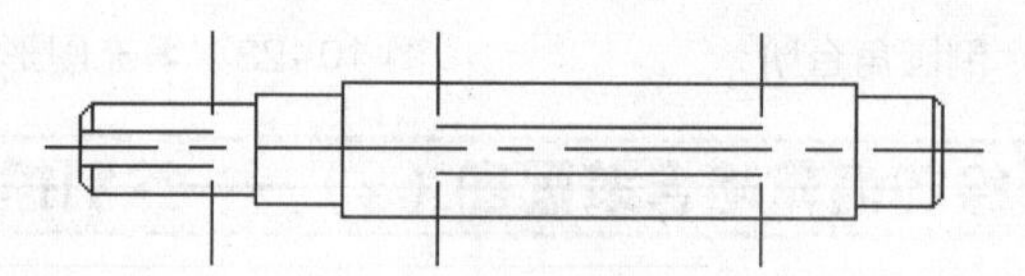

图 10-29　修剪并倒角图形

6 单击"修改"工具栏中的"圆角"按钮，绘制键槽的圆弧，并删除多余的辅助线段，如图 10-30 所示。

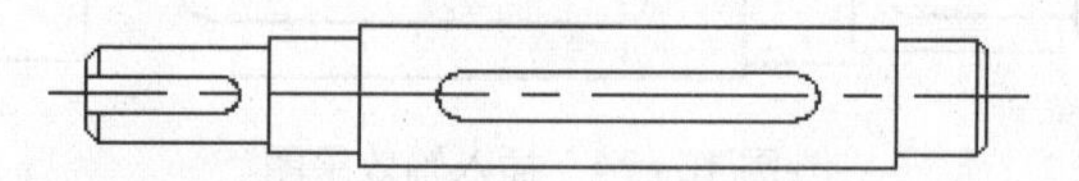

图 10-30　圆角键槽并删除多余的辅助线段

实例 10-4　绘制齿轮啮合装配图（4）——绘制插出轴

在第四个步骤中，主要功能包含偏移、修剪、倒角、圆角等。实例效果如图 10-31 所示。

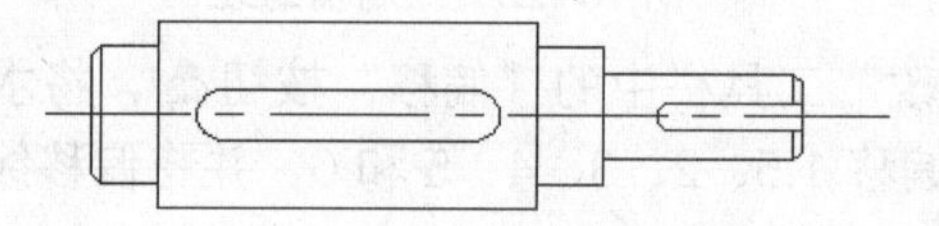

图 10-31　插出轴效果图

实例 10-4 说明

知识点：
- 偏移
- 修剪
- 倒角
- 圆角

视频教程：

光盘\教学\第 10 章 绘制机械装配图

效果文件：

光盘\素材和效果\10\效果\10-4.dwg

实例演示：

光盘\实例\第 10 章\绘制齿轮啮合装配图（4）——绘制插出轴

操作步骤

1 在同一个图形文件中，将点画线设置为当前图层，绘制一条水平辅助线，如图 10-32 所示。

图 10-32　绘制辅助线段

2 单击“修改”工具栏中的“偏移”按钮，将水平辅助线段向上、下各偏移 1.5、3、4、5、7、8 和 12，并将偏移线段设置为轮廓线，如图 10-33 所示。

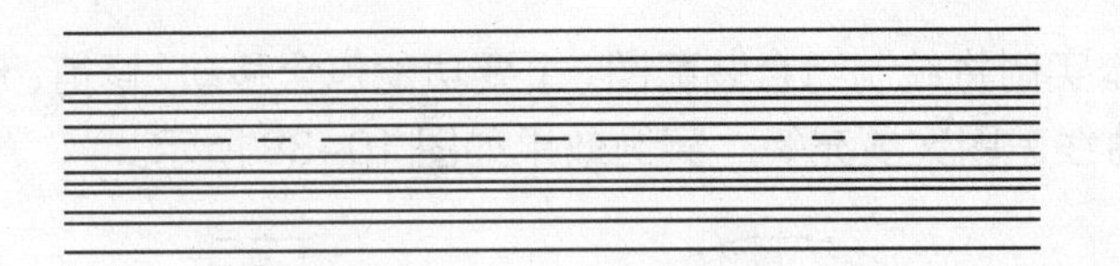

图 10-33　偏移辅助线

3 将轮廓线设置为当前图层，并在图形的左边绘制一条垂直线段，如图 10-34 所示。

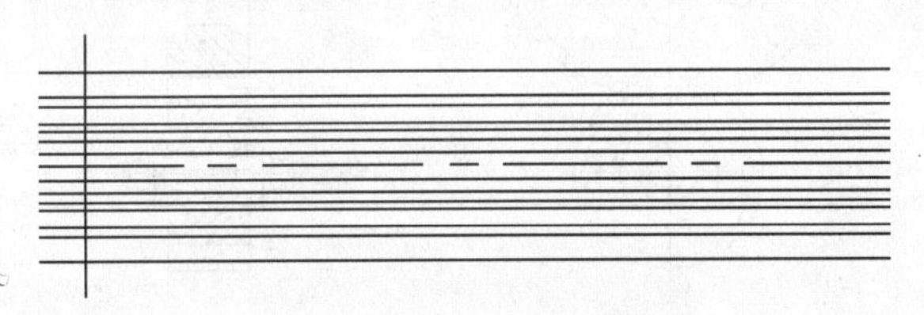

图 10-34　绘制垂直线段

4 单击“修改”工具栏中的“偏移”按钮，将垂直线段向右偏移 1、8、15.5、45.5、53、61、69、84 和 85，并将偏移 15.5、45.5、69 的 3 条偏移线段设置为点画线，如图 10-35 所示。

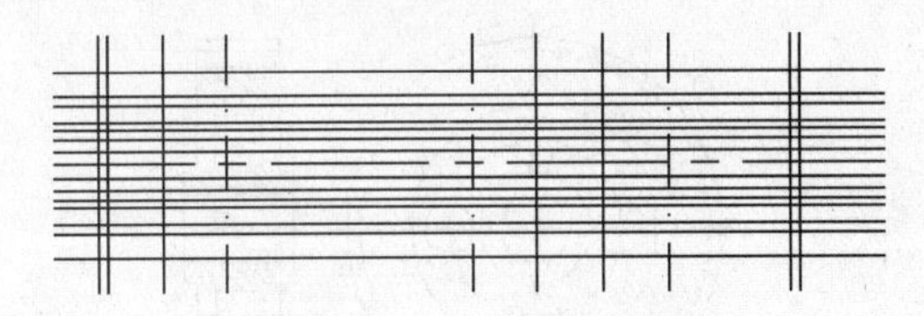

图 10-35　偏移垂直线段

5 单击“修改”工具栏中的“修剪”按钮，修剪图形中多余的线段，并用倒角功能对轴进行倒角，如图 10-36 所示。

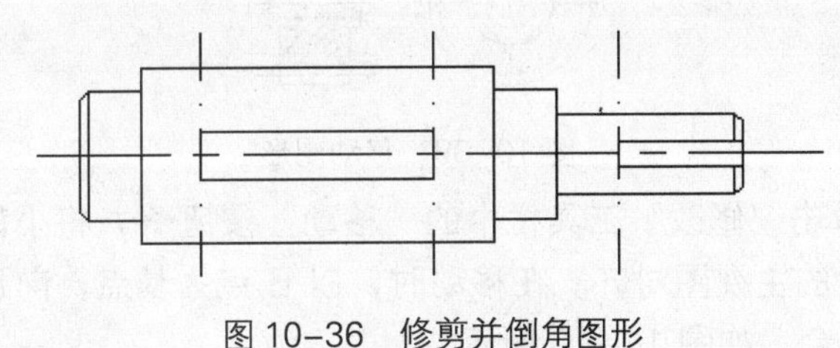

图 10-36　修剪并倒角图形

相关知识　“几何约束”菜单

菜单中各个选项的功能如下：

- 重合：将选择图形靠近并重合到第二个选择图形上。
- 垂直：将两个选择的图形约束为相互垂直。
- 平行：将两个图形约束为垂直，如果约束对象不是两条直线，使用平行功能将改变图形的样子。
- 相切：与重合类同，但是仅限于圆、圆弧、椭圆、椭圆弧与其他图形做相切约束。
- 水平：约束图形与水平坐标平行。
- 竖直：约束图形与垂直坐标平行。
- 共线：将两条线段合并约束成一条线段。
- 同心：将圆、圆弧、椭圆、椭圆弧约束成同一个圆心。
- 平滑：将样条曲线约束成平滑的直线。
- 对称：先选择两个需要对称的图形，然后再选择一个参照物，将两个图形对称摆放并约束。
- 相等：先选择参照图形，然后选择被相等的图形，使后选择图形的所有特性与之前的图形相同。但是仅限用于同类型的图形，如线段只能相等线段，圆能相等与圆或圆弧。
- 固定：将选择的图形约束在当前坐标。

实例 10-5 说明

- 知识点：
  - 移动
  - 修剪
  - 删除
  - 样条曲线
  - 图案填充
- 视频教程：

光盘\教学\第 10 章 绘制机械装配图

- 效果文件：

光盘\素材和效果\10\效果\10-5.dwg

- 实例演示：

光盘\实例\第 10 章\绘制齿轮啮合装配图（5）——组合装配图

操作技巧 约束图形的操作方法

在约束条件下，随意调整图形位置或角度都不会改变它们的约束关系。

下面用约束来举一个绘图的例子。

（1）先随意绘制 3 个圆。

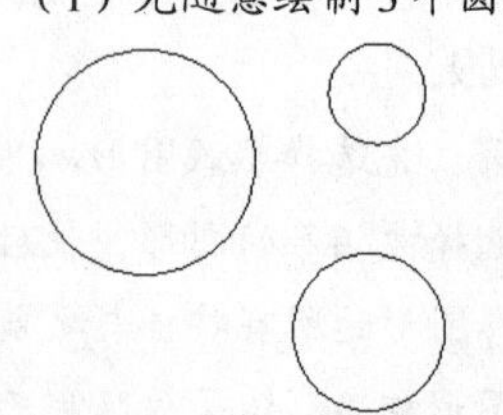

（2）然后单击“参数”→“几何约束”→“相切”命令，选择其中的两个圆，约束图形。

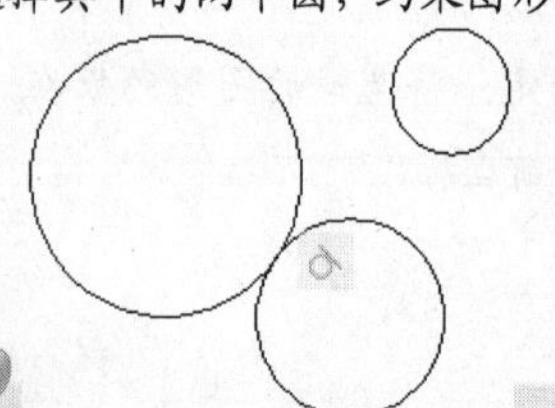

6 单击“修改”工具栏中的“圆角”按钮，绘制键槽的圆弧，并删除多余的辅助线段，如图 10-37 所示。

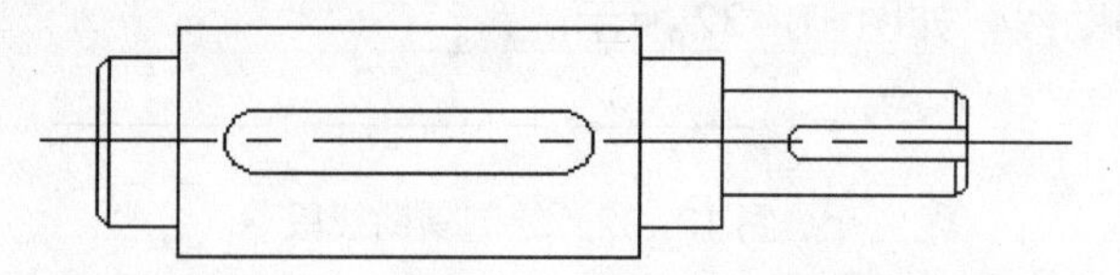

图 10-37 圆角键槽并删除多余的辅助线段

实例 10-5 绘制齿轮啮合装配图（5）——组合装配图

本实例将绘制组合装配图，主要功能包含移动、修剪、删除、样条曲线、图案填充等。实例效果如图 10-38 所示。

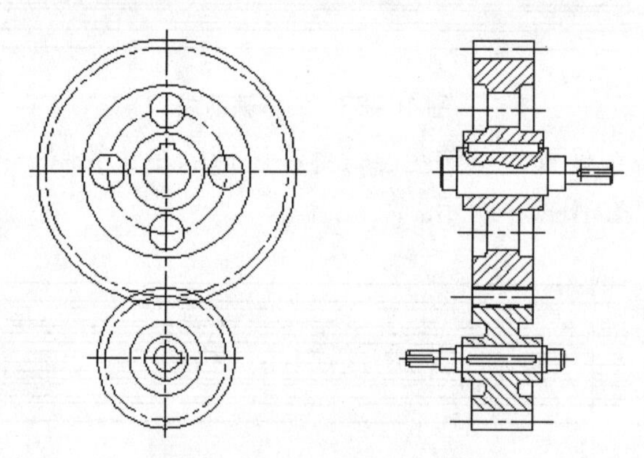

图 10-38 组合装配效果图

操作步骤

1 单击“修改”工具栏中的“移动”按钮，先将大小齿轮靠近，如图 10-39 所示。

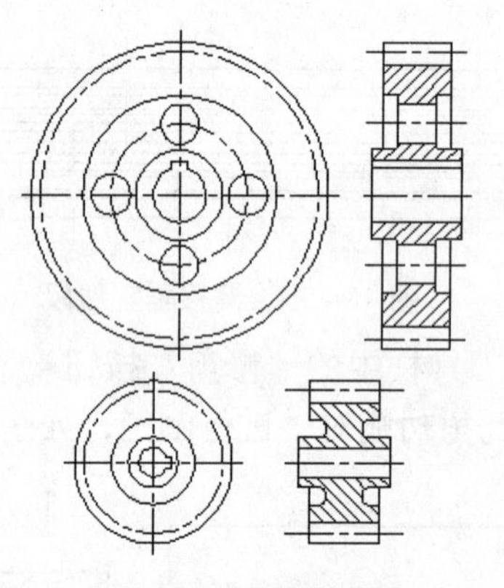

图 10-39 移动图形

2 再次单击“修改”工具栏中的“移动”按钮，将小齿轮与大齿轮的主视图对齐。在移动时，以 B 点为基点，向目标点 A 点重合，如图 10-40 所示。

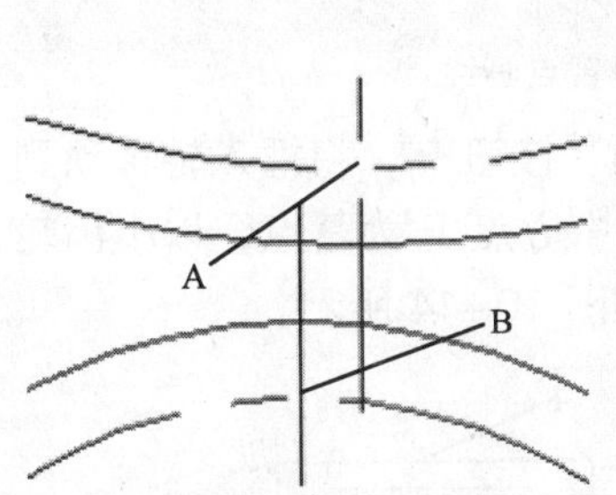

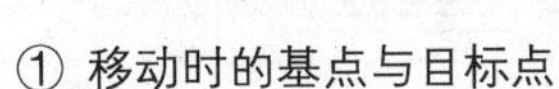

① 移动时的基点与目标点

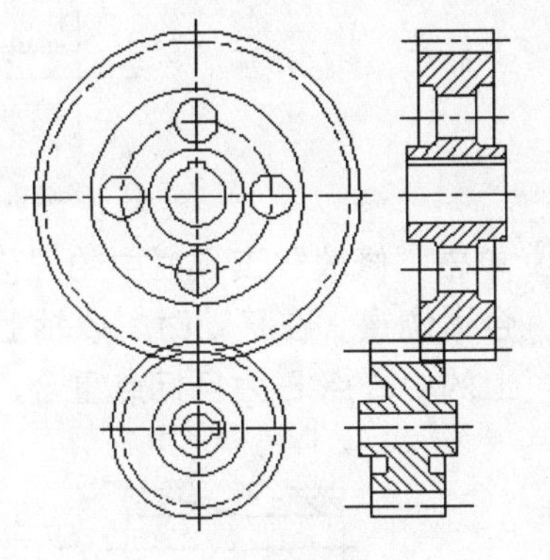

② 移动效果

图 10-40　调整大小齿轮的主视图对齐

3 单击“修改”工具栏中的“移动”按钮，选择小齿轮的剖视图，以同样的方法，与大齿轮的剖视图对齐。在移动时，以 D 点为基点，向目标点 C 点重合，如图 10-41 所示。

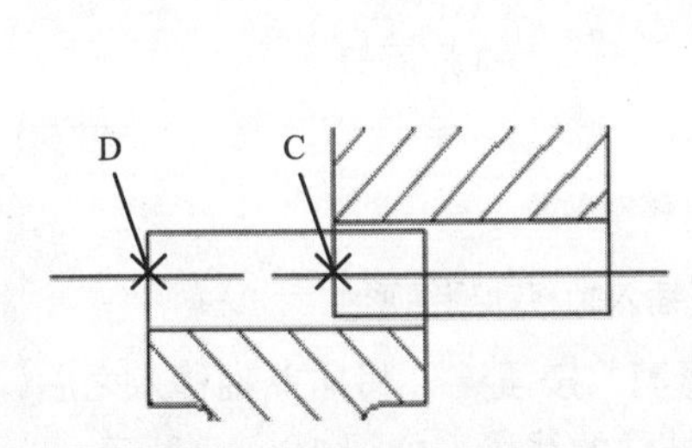

① 移动时的基点与目标点

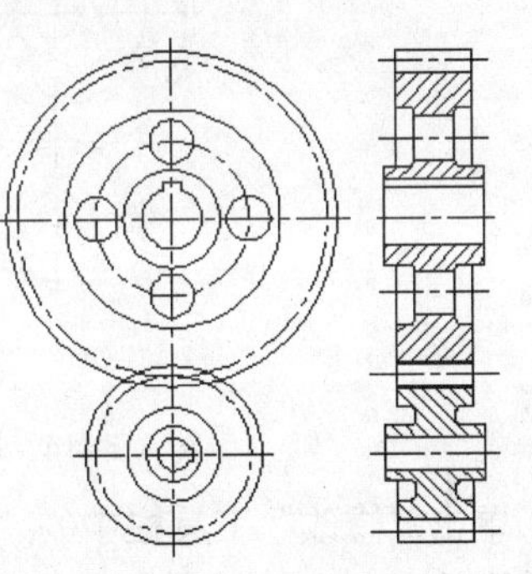

② 移动效果

图 10-41　调整大小齿轮的剖视图对齐

4 单击“修改”工具栏中的“移动”按钮，调整主视图与剖视图之间的位置，如图 10-42 所示。

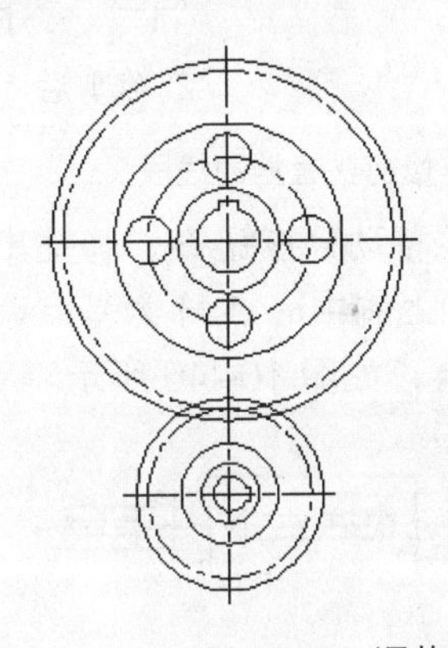

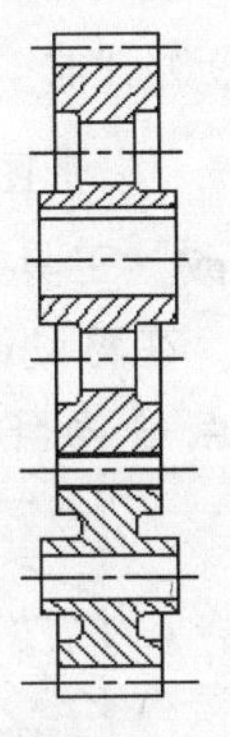

图 10-42 调整视图间距

5 将啮合位置的一条轮廓线改为点画线，如图 10-43 所示。

（3）按 Enter 键，再次执行“几何约束”→“相切”命令，并约束第三个圆。

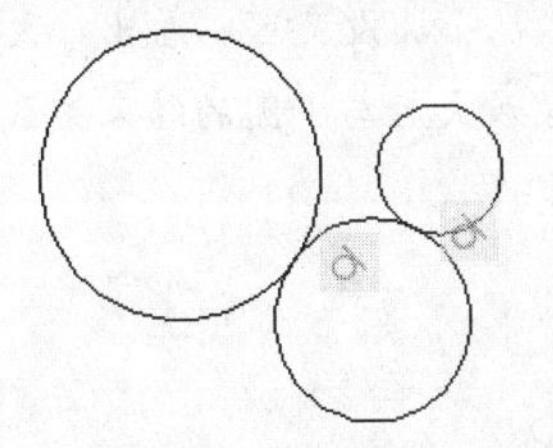

（4）再次按 Enter 键，约束没有相切的两个圆。

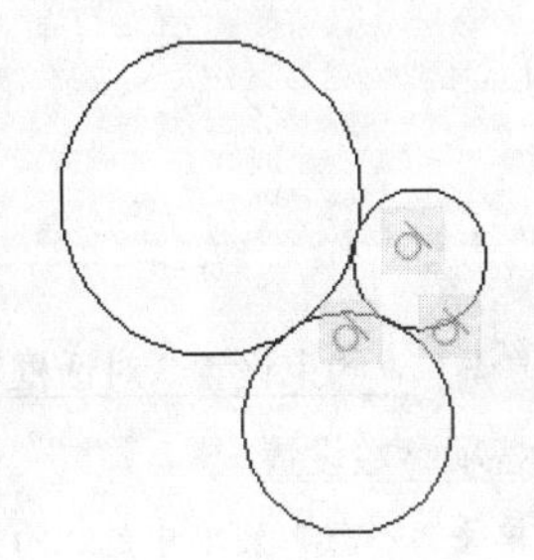

相关知识　几何约束之间的关系

从上面操作可以看出，绘制锁定了 3 个圆之间的关系，无论怎样调整或变化，这 3 个圆都还是相切的，只能执行“参数”菜单下的“删除约束”命令才能结束约束关系。

选择其中一个圆：

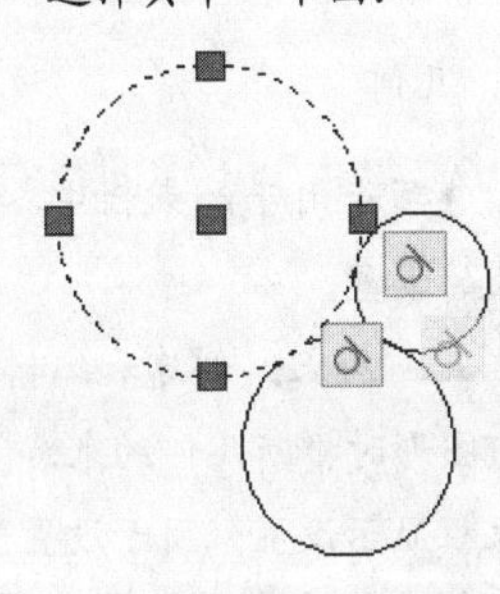

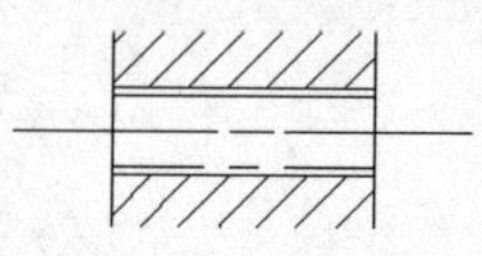

图 10-43　设置点画线

6 单击“修改”工具栏中的“移动”按钮，将插入轴移动到合适位置。在移动时，以轴上的中心点 F 为基点，以小齿轮上的中心点 E 为目标点重合，如图 10-44 所示。

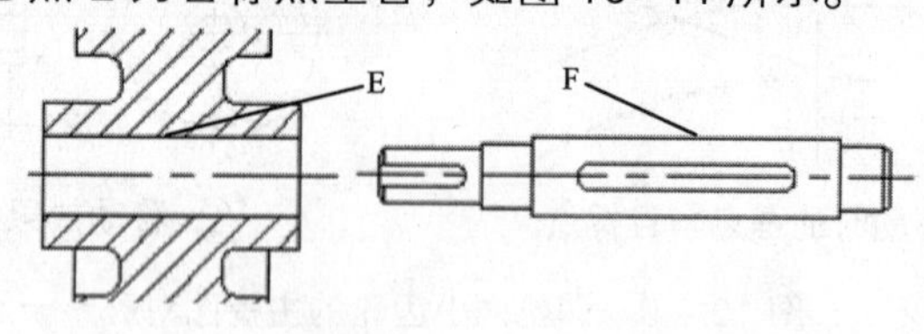

① 移动时的基点与目标点

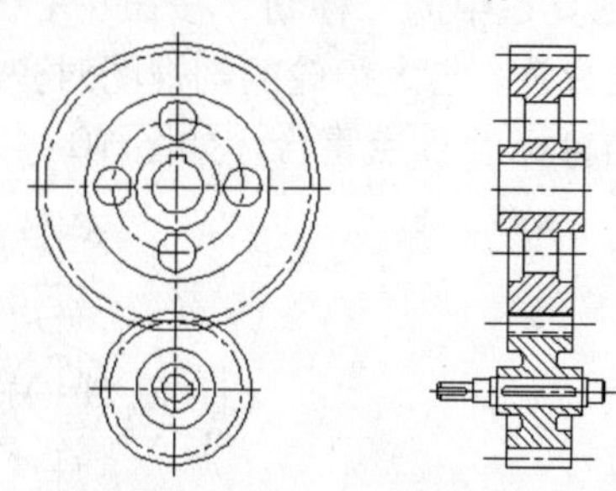

② 移动效果

图 10-44　将插入轴移动到图形中

7 单击“修改”工具栏中的“修剪”按钮，将插入轴移入之后，修剪 1 与 2 应该被插入轴所挡住的线段，如图 10-45 所示。

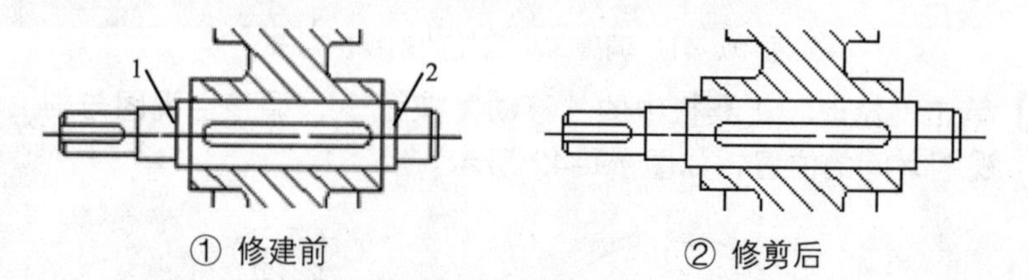

① 修建前　　② 修剪后

图 10-45　修剪被遮挡的线段

8 单击“修改”工具栏中的“移动”按钮，将插出轴移动到合适位置。在移动时，以轴上的中心点 H 为基点，以大齿轮上的中心点 G 为目标点重合，如图 10-46 所示。

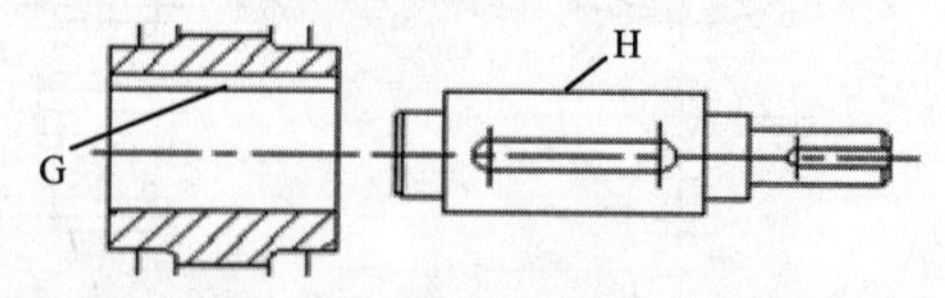

① 移动时的基点与目标点

图 10-46　将插出轴移动到图形中

通过蓝色夹点调整圆的大小后，与其他圆相切的约束关系依然存在。

从小圆没变可以看出，大圆被放大后与小圆的约束关系不变。

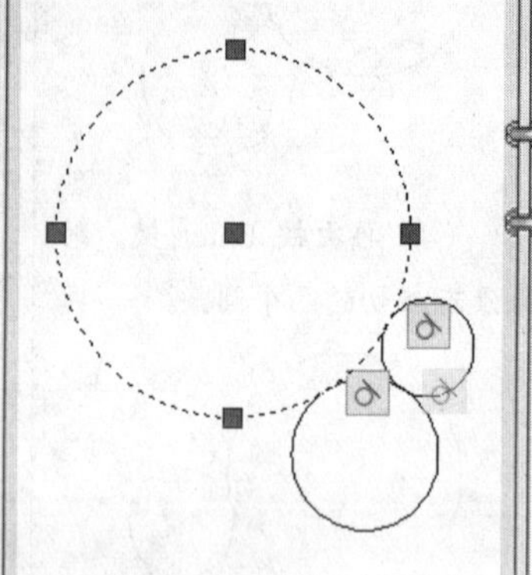

相关知识　“约束设置”对话框中的各项参数设置

单击“参数”菜单中的“约束设置”命令，打开“约束设置”对话框。

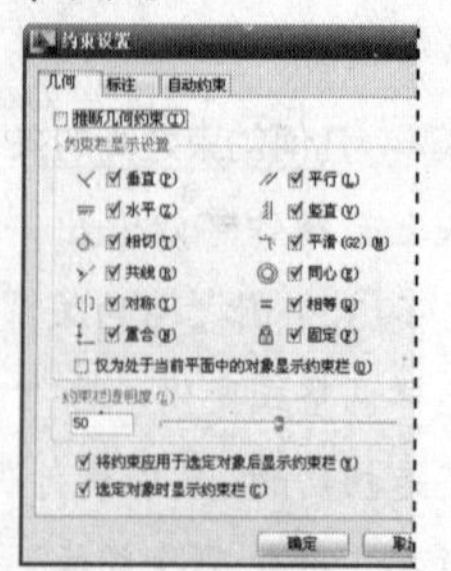

在该对话框中有 3 个选项卡，其功能如下：

1. 几何

该选项卡用于约束栏中各个约束的设置。

- 推断几何约束：创建和编辑几何图形时推断几何约束。
- 约束栏显示设置：用于设置几何约束的开启，选择选项前的方框即可，可同时选择一个或多个选项。

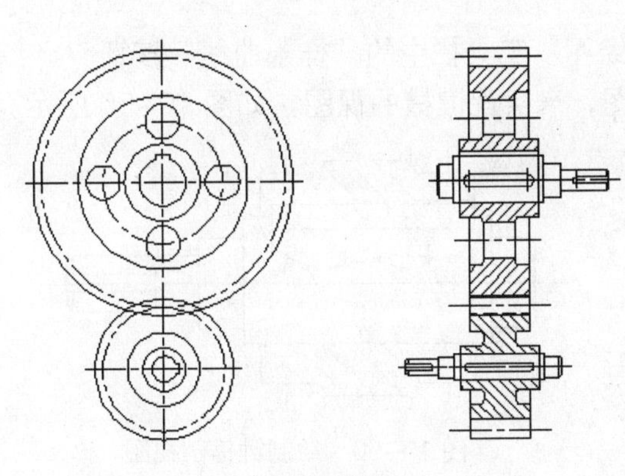

② 移动效果

图10-46　将插出轴移动到图形中（续）

9 单击“修改”工具栏中的“修剪”按钮，修剪被插出轴所挡住的线段，如图10-47所示。

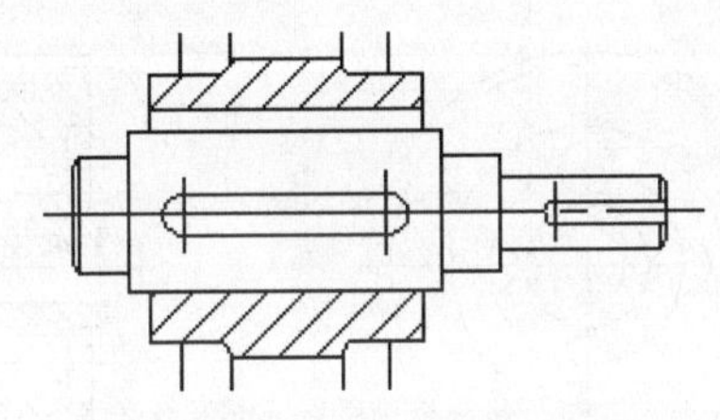

图10-47　修剪被遮挡的线段

10 单击“修改”工具栏中的“删除”按钮，因为插出轴和大齿轮组合后，键槽口朝上，所以需要删除现有的键槽图形，如图10-48所示。

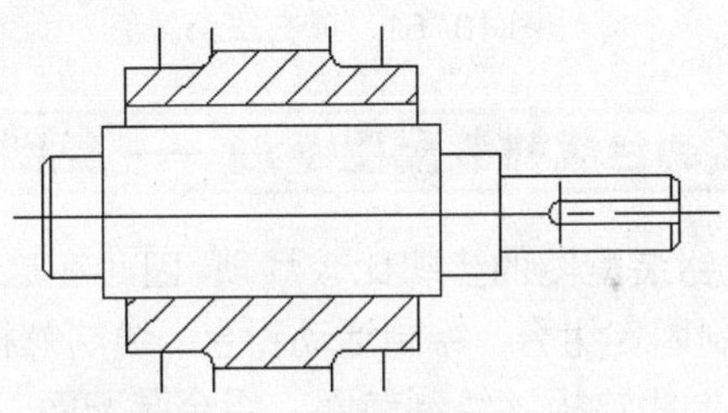

图10-48　删除插出轴上的键槽

11 单击“修改”工具栏中的“偏移”按钮，再配合直线功能，绘制出新的键槽，如图10-49所示。

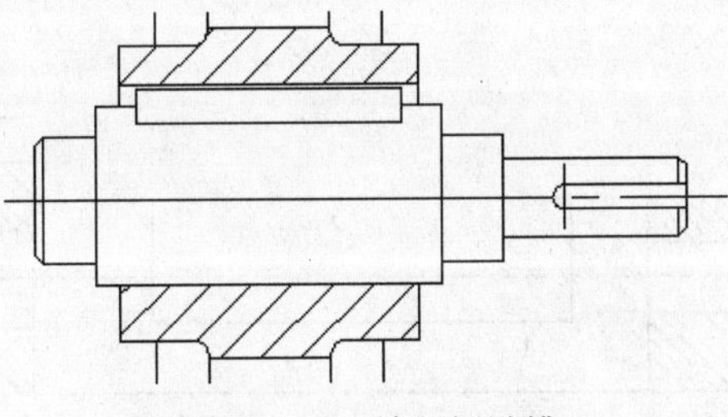

图10-49　绘制新键槽

- 仅为处于当前平面中的对象显示约束栏：仅为当前平面上受几何约束的对象显示约束栏。
- 约束栏透明度：设定图形中约束栏的透明度。
- 将约束应用于选定对象后显示约束栏：使用约束功能后显示相关约束栏。
- 选定对象时显示约束栏：临时显示选定对象的约束栏。

2. 标注

该选项卡用于显示标注约束时设定行为中的系统配置。

- 标注约束格式：设定标注名称格式和锁定图标的显示。
- 为选定对象显示隐藏的动态约束：显示选定时已设定为隐藏的动态约束。

3. 自动约束

该选项卡用于控制应用于选择集的约束。

- 上移：在列表中上移选定项目来更改其顺序。
- 下移：在列表中下移选定项目来更改其顺序。
- 全部选择：选择所有几何约束类型以进行自动约束。
- 全部清除：清除所有几何约束类型以进行自动约束。
- 重置：将自动约束设置为默认值。
- 相切对象必须共用同一交点：指定两条曲线必须共用一个点以便应用相切约束。
- 垂直对象必须共用同一交点：指定直线必须相交或者一条直线的端点必须与另一条直线或直线的端点重合。

12 单击“绘图”工具栏中的“样条曲线”按钮，绘制插出轴的剖视图，来实现键槽的视图，如图 10-50 所示。

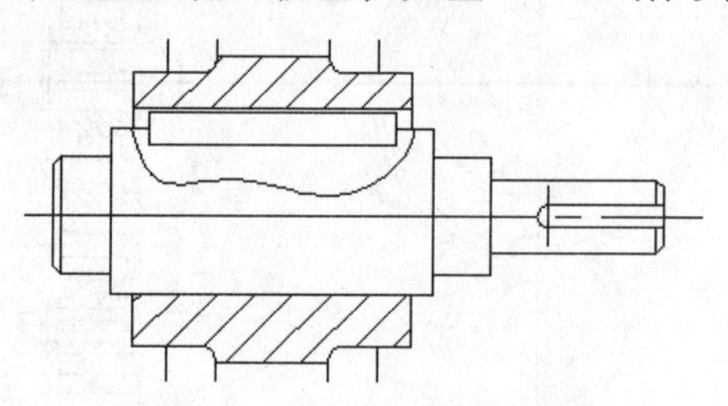

图 10-50　绘制键槽剖视图

13 单击“绘图”工具栏中的“图案填充”按钮，在弹出的“图案填充和渐变色”对话框中，单击“添加：拾取点”按钮，即可返回绘图窗口中选择填充对象，得到最终效果，如图 10-51 所示。

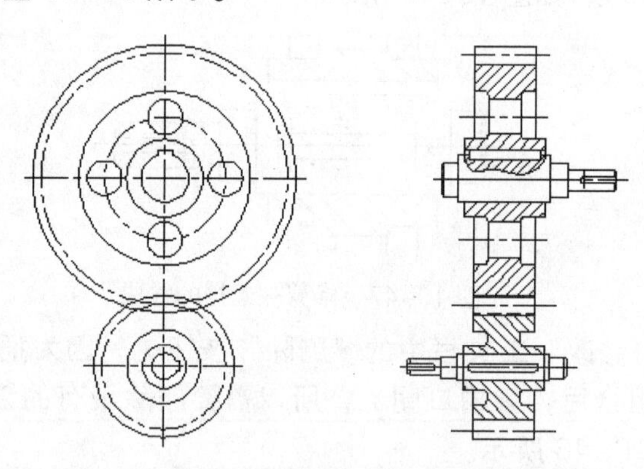

图 10-51　填充局部剖面

实例 10-6 绘制台虎钳装配图（1）——绘制固定钳台

绘制台虎钳装配图的步骤比较烦琐，因此在这里将实例分成 8 个步骤：绘制固定钳台、绘制活动钳台、绘制螺杆、绘制螺母、绘制螺钉、绘制钳口板、绘制垫圈、组合装配图。

本实例将绘制固定钳台，主要功能包含图层、偏移、打断于点、旋转、样条曲线、倒角、图案填充等。实例效果如图 10-52 所示。

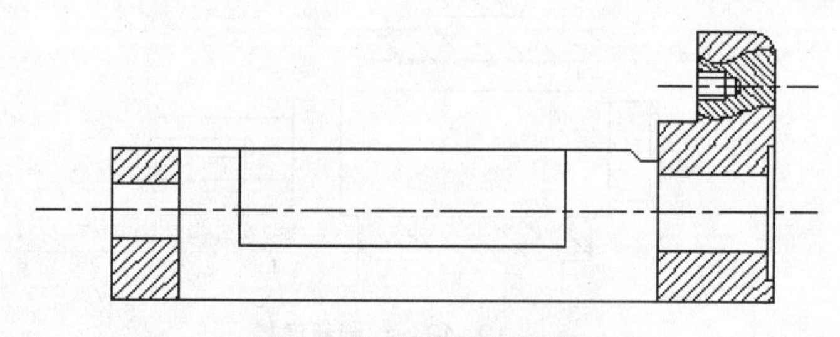

图 10-52　固定钳台效果图

- 公差：设定可接受的公差值以确定是否可以应用约束。

实例 10-6 说明

知识点：
- 图层
- 偏移
- 打断于点
- 旋转
- 样条曲线
- 倒角
- 图案填充

视频教程：

光盘\教学\第 10 章 绘制机械装配图

效果文件：

光盘\素材和效果\10\效果\10-6.dwg

实例演示：

光盘\实例\第 10 章\绘制台虎钳装配图（1）——绘制固定钳台

相关知识 标注约束和动态约束

标注约束是针对标注所定义的约束命令，功能和几何约束类同。标注约束包括对齐、水平、竖直、角度、半径、直径。

对齐(A)
水平(H)
竖直(V)
角度(N)
半径(R)
直径(D)

动态约束是用于设置约束

操作步骤

1 单击“图层”工具栏中的“图层特性管理器”按钮，打开“图层特性管理器”面板，在面板中创建点画线、虚线和轮廓线 3 个图层。

2 将点画线设置为当前的图层，并绘制一条水平辅助线段，如图 10-53 所示。

图 10-53　绘制水平辅助线段

3 将轮廓线设置为当前的图层，并绘制一条垂直线段，如图 10-54 所示。

图 10-54　绘制垂直线段

4 单击“修改”工具栏中的“偏移”按钮，将水平辅助线段向上、下各偏移 14、24、32，再将水平辅助线段向上偏移 45 和 64，并将除偏移 45 以外的其他线段设置为轮廓线，如图 10-55 所示。

图 10-55　偏移水平辅助线段

5 再次单击“修改”工具栏中的“偏移”按钮，将垂直线段向左偏移 2、28、42，如图 10-56 所示。

图 10-56　偏移垂直线段

6 单击“修改”工具栏中的“修剪”按钮，修剪图形中多余的线段，如图 10-57 所示。

是否显示和隐藏约束符号。动态约束包括选择对象、全部显示和全部隐藏。

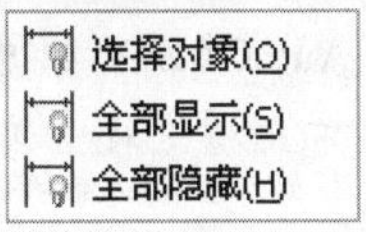

选择对象(O)
全部显示(S)
全部隐藏(H)

相关知识　取消约束

在需要修改或删除约束时，可以通过取消约束来实现。

单击“参数”菜单中的“删除约束”命令。

删除约束前：

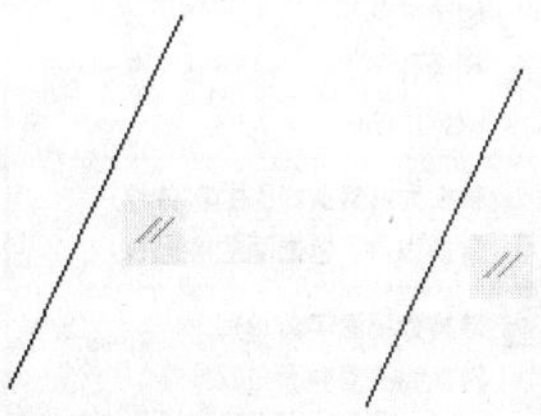

删除约束后，约束符号消失：

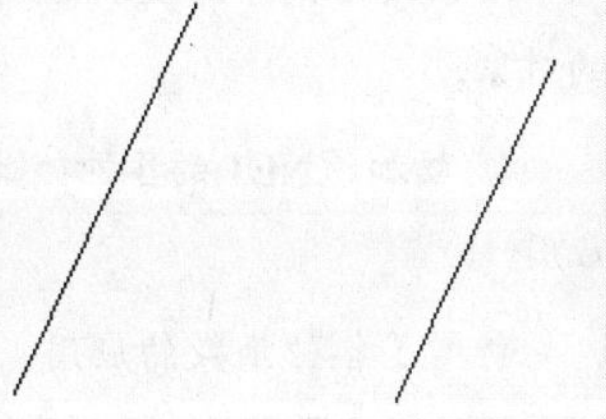

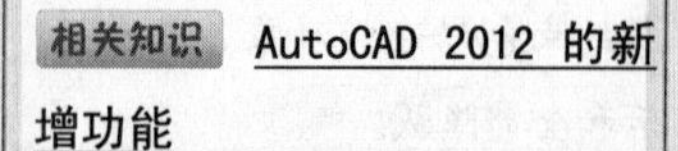

相关知识 AutoCAD 2012 的新增功能

在 AutoCAD 2012 中，新增了以下几项比较常用的绘图功能。

1. 网格编辑

网格编辑用于对各类网格提供编辑修改的工具选项。

“网格编辑”子菜单：

- 提高平滑度(M)
- 降低平滑度(L)
- 优化网格(R)
- 锐化(C)
- 取消锐化(U)
- 分割面(S)
- 拉伸面(E)
- 合并面
- 旋转三角面
- 闭合孔
- 收拢面或边
- 转换为具有镶嵌面的实体(F)
- 转换为具有镶嵌面的曲面(V)
- 转换为平滑实体(M)
- 转换为平滑曲面(O)

2. 光顺曲线

用于连接两条样条曲线的曲线，具体形式可以先选定光顺的曲线，再通过曲线上的蓝色夹点进行调整。

3. 路径阵列

沿指定路径阵列复制选定的对象。

4. 增加了.NET 的各种功能应用

新增了各种函数的应用，以方便编程绘图操作。

图 10-57　修剪多余的线段

7 单击“修改”工具栏中的“偏移”按钮，将修剪后的短点画线向上、下各偏移 3、4，将最右边的垂直线段向左偏移 12、18，并将偏移的辅助线段设置为轮廓线，如图 10-58 所示。

图 10-58　偏移线段

8 单击“修改”工具栏中的“打断于点”按钮，以偏移的垂直线段与短的点画线为打断点打断，如图 10-59 所示。

图 10-59　将线段打断于点

9 单击“修改”工具栏中的“旋转”按钮，将打断的线段以断点为基点分别旋转 30° 和−30° ，如图 10-60 所示。

图 10-60　旋转打断线段

10 单击“修改”工具栏中的“修剪”按钮，修剪出钳台上的螺钉孔，如图 10-61 所示。

图 10-61　修剪图形

11 单击“绘图”工具栏中的“直线”按钮，连接旋转后的交点，如图 10-62 所示。

图 10-62 连接旋转后的交点

12 单击“修改”工具栏中的“圆角”按钮，倒圆角图形，圆角半径为 8，如图 10-63 所示。

图 10-63 倒圆角图形

13 单击“绘图”工具栏中的“样条曲线”按钮，绘制局部剖视图，在螺孔两边分别绘制一条样条曲线，如图 10-64 所示。

图 10-64 绘制样条曲线

14 单击“修改”工具栏中的“修剪”按钮，修剪出局部剖视线条，如图 10-65 所示。

图 10-65 修剪样条曲线

15 单击“绘图”工具栏中的“图案填充”按钮，在弹出的“图案填充和渐变色”对话框中，单击“图案”下拉列表框后的按钮；在弹出的“填充图案选项板”对话框中选择“ANSI”选项卡，在该选项卡中选择“ANSI31”图案填充样式，单击“确定”按钮，返回“图案填充和渐变色”对话框；单击“添加：拾取点”按钮，即可返回绘图窗口中选择填充对象，如图 10-66 所示。

相关知识 网格编辑（1）

针对网格的编辑操作指令，其子菜单中的各个选项功能如下：

1. 修改网格表面粗糙度

修改网格表面粗糙度可以分为提高平滑度、降低平滑度以及优化网格 3 项。

- 提高平滑度：用于提高网格的平滑度，一次对平滑度提高一级，如果提高的效果不够，可以反复提高平滑度直到满意为止。

提高平滑度前：

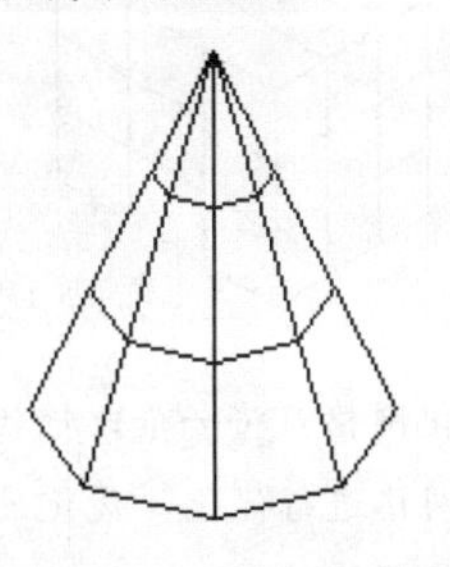

提高平滑度后：

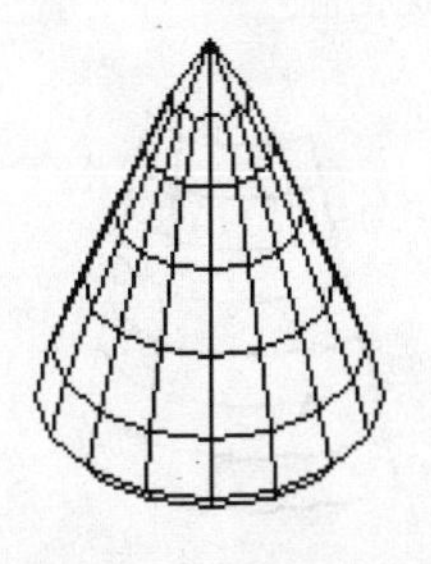

当图形的平滑度调整到最大，并且无法再继续提高平滑度时，会出现提示框。

平滑网格 - 最大平滑度
无法再次平滑当前选择集中的一个或多个网格
向网格对象添加平滑度时，面数将乘以四。平滑度受限于最
不再显示此消息

- 降低平滑度：用于降低网格的平滑度，一次对平滑度降低

一级，可以反复降低平滑度。一般用于综合过度提高平滑度后的网格操作。

降低平滑度前：

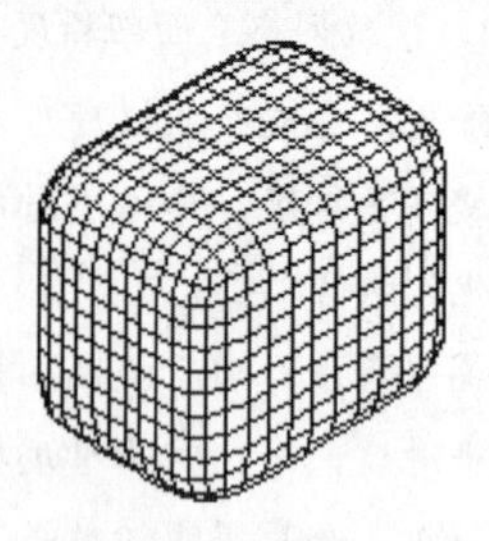

降低平滑度后：

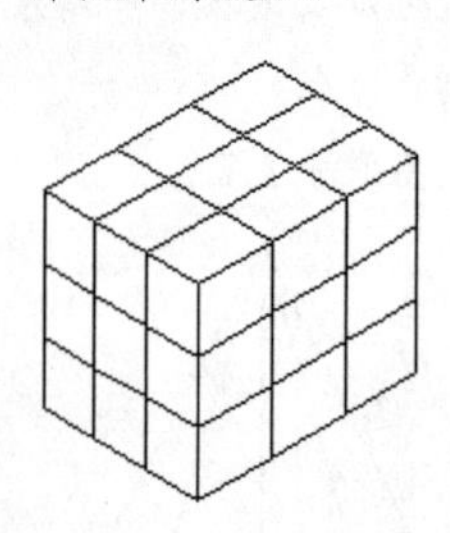

- 优化网格：将一个比较粗糙的网格进行优化，优化的前后效果如下。

优化前：

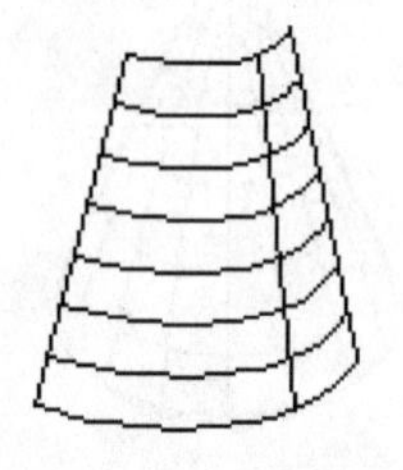

优化后：

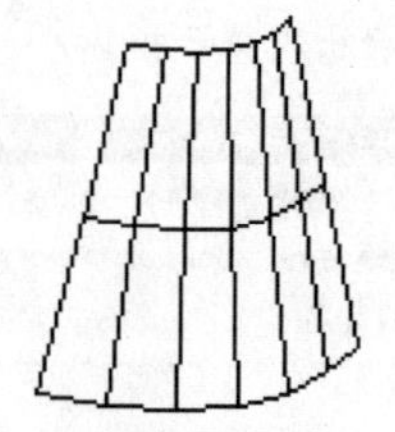

图 10-66　填充图形

16 再次单击“绘图”工具栏中的“图案填充”按钮，设置角度为 90°，比例为 0.7 后，选择局部剖面区域进行填充，如图 10-67 所示。

图 10-67　填充局部剖面

17 单击“修改”工具栏中的“偏移”按钮，将水平辅助线段向上偏移 10、18、22，向下偏移 10、12、32，并将偏移线段设置为轮廓线，再将最右边的垂直线段向左偏移 52、76、194、216、240，如图 10-68 所示。

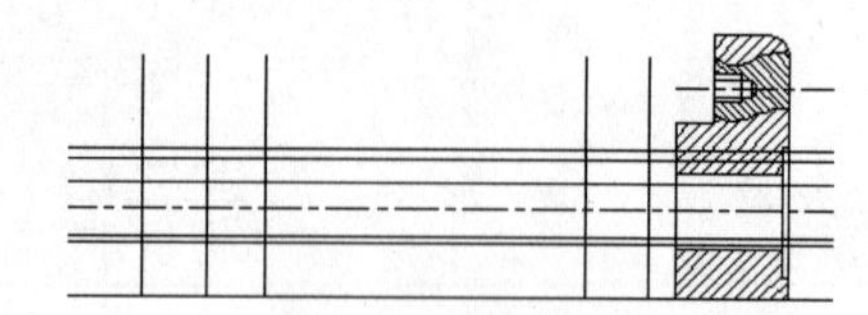

图 10-68　偏移线段

18 单击“修改”工具栏中的“修剪”按钮，修剪图形中多余的线段，如图 10-69 所示。

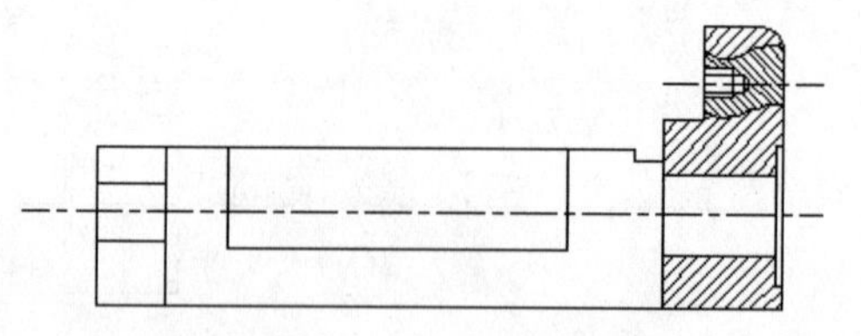

图 10-69　修剪多余的线段

19 单击“修改”工具栏中的“倒角”按钮，倒角图形，倒角距离为 4、4，如图 10-70 所示。

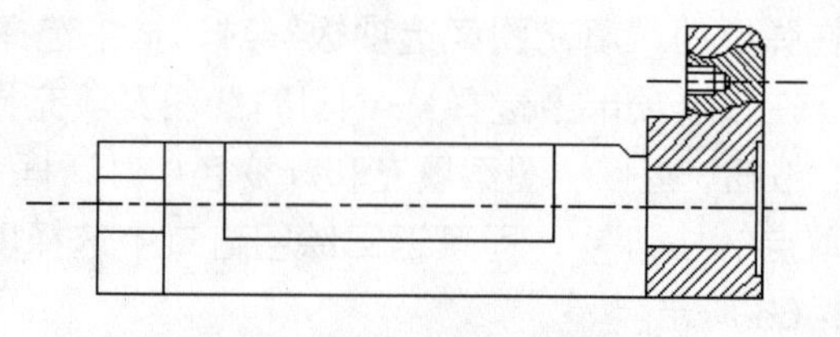

图 10-70　倒角图形

20 单击“绘图”工具栏中的“图案填充”按钮，设置角度为 0°，比例为 1 后，填充左边的剖面，如图 10-71 所示。

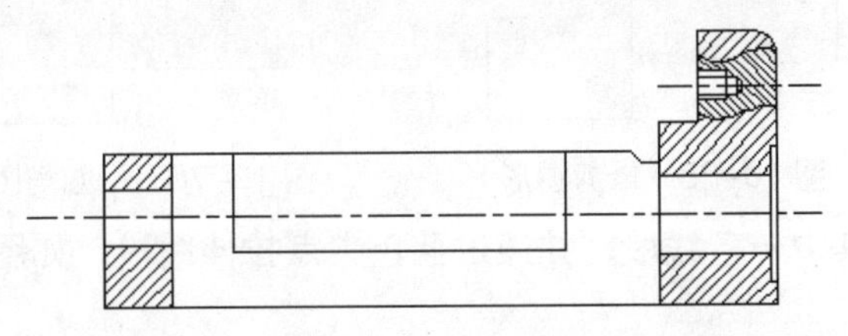

图 10-71　填充左边剖面

实例 10-7　绘制台虎钳装配图（2）——绘制活动钳台

本实例将绘制活动钳台，主要功能包含圆角、通过夹点拉伸线段、旋转、设置虚线、样条曲线、图案填充等。实例效果如图 10-72 所示。

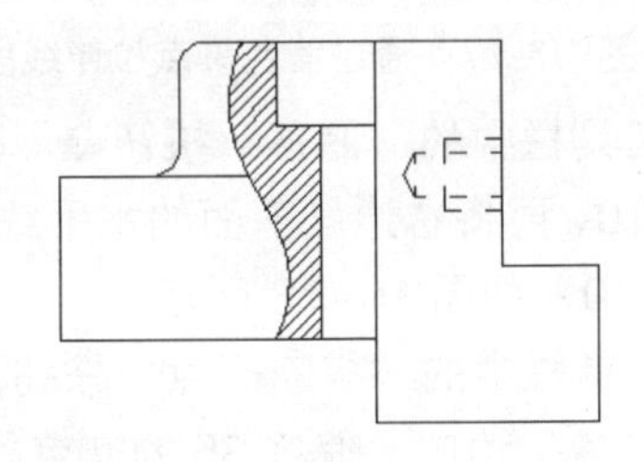

图 10-72　活动钳台效果图

操作步骤

1 在同一个图形文件中，将轮廓线设置为当前图层，绘制两条线段，如图 10-73 所示。

2 单击“修改”工具栏中的“偏移”按钮，将水平线段向上偏移 10、23、42，向下偏移 12，再将将垂直线段向左偏移 28、45，向右偏移 18、32，如图 10-74 所示。

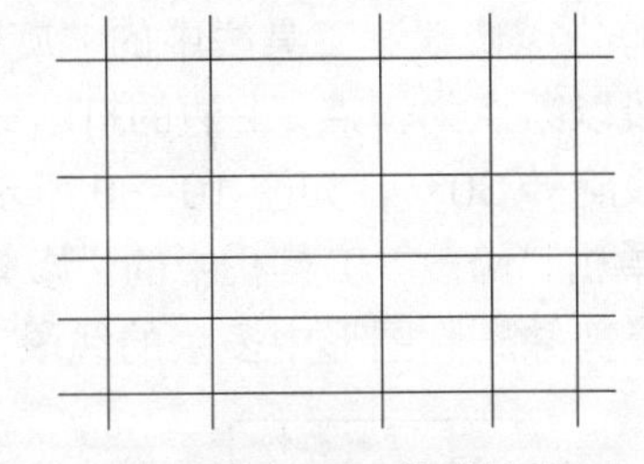

图 10-73　绘制线段　　图 10-74　偏移线段

3 单击“修改”工具栏中的“修剪”按钮，修剪出活动钳台的大致样式，如图 10-75 所示。

4 单击“修改”工具栏中的“圆角”按钮，对修剪后的图形进行倒圆角，圆角半径为 4，如图 10-76 所示。

实例 10-7 说明

- 知识点：
  - 圆角
  - 通过夹点拉伸线段
  - 旋转
  - 图案填充
  - 设置虚线
  - 样条曲线
- 视频教程：
  光盘\教学\第 10 章 绘制机械装配图
- 效果文件：
  光盘\素材和效果\10\效果\10-7.dwg
- 实例演示：
  光盘\实例\第 10 章\绘制台虎钳装配图（2）——绘制活动钳台

相关知识　网格编辑（2）

2. 锐化功能

该功能可以分为锐化和取消锐化两项。

- 锐化：锐化的对象可以分边、面和顶点 3 种网格样式。

锐化前：

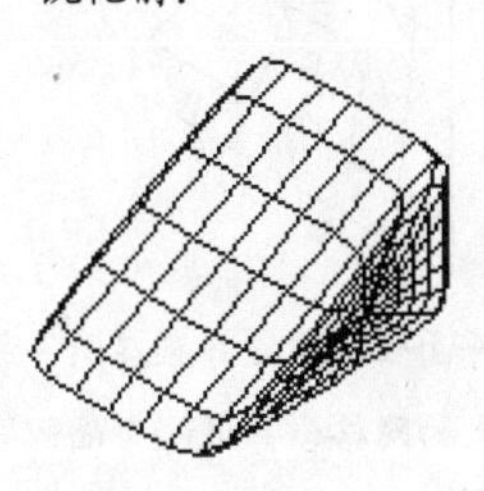

锐化后：

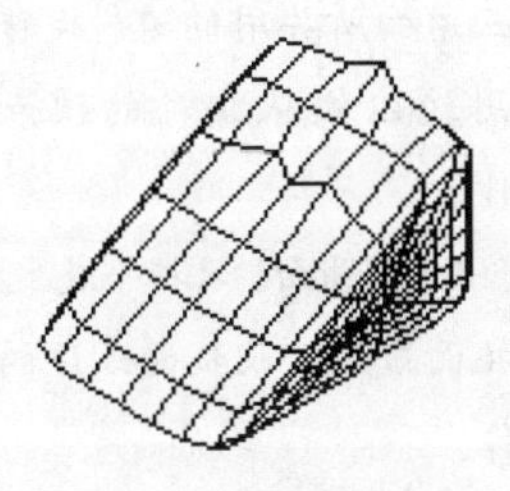

- 取消锐化：取消锐化操作。

3. 修改网格的面操作

修改网格的面操作可以分为分割面、拉伸面、合并面、旋转三角面、闭合孔、收拢面或边6项。

- 分割面：用分割的方法创建自定义的细分。
- 拉伸面：通过拉伸网格修改三维对象添加自定义。

先用直线在一个面上绘制出一个四边形，然后用边界网格做出网格。

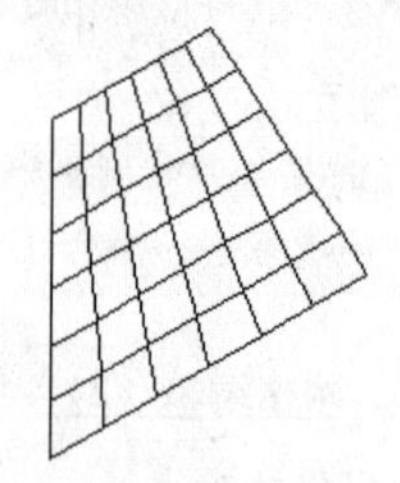

拉伸网格中的两个方格，拉伸的效果如下：

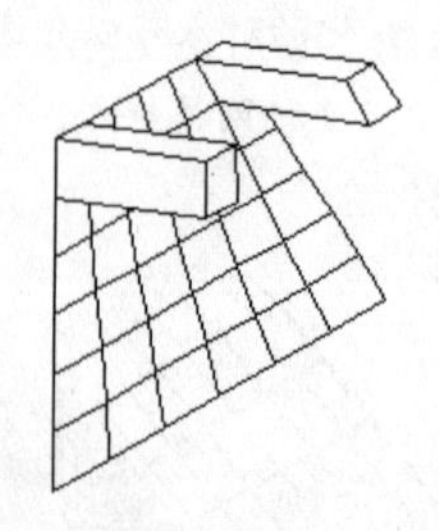

- 合并面：将相临并且在同一平面上的网格合并成一个面。
- 旋转三角面：适用于旋转两个三角面所共用的边，旋转共用边以便从相对的顶点延伸。
- 闭合孔：将曲面的孔抹平成面。
- 收拢面或边：收拢面或边的操作。

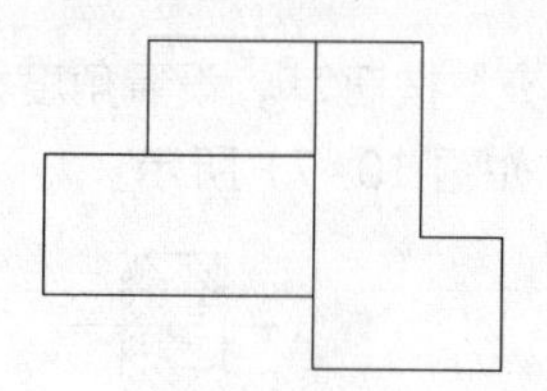

图 10-75　修剪图形

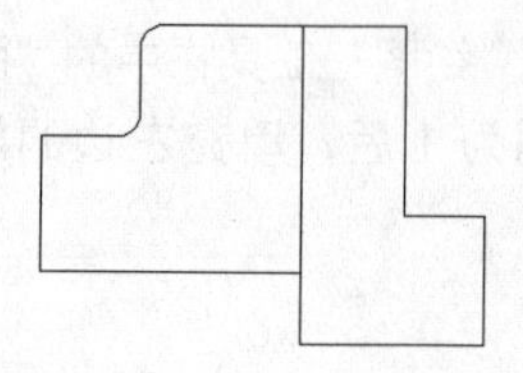

图 10-76　倒圆角图形

5 选择其中一条线段，并通过蓝色夹点拉伸线段，如图 10-77 所示。

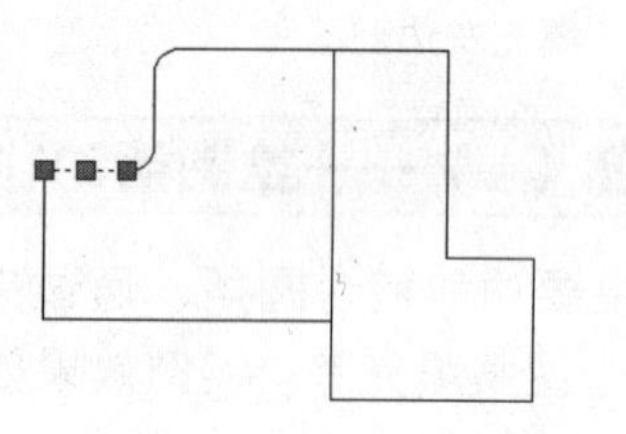

① 选择线段

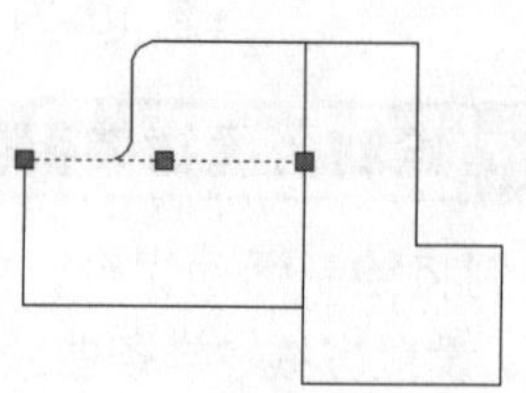

② 拉伸线段

图 10-77　通过蓝色夹点拉伸线段

6 单击“修改”工具栏中的“偏移”按钮，将中间的垂直线段向右偏移 4、10，再将右边最下面的水平线段向上偏移 30、32、35、38 和 40，如图 10-78 所示。

7 单击“修改”工具栏中的“打断于点”按钮，将向右偏移 4 的垂直线段，与最下边向上偏移 35 的交点为断点进行打断，如图 10-79 所示。

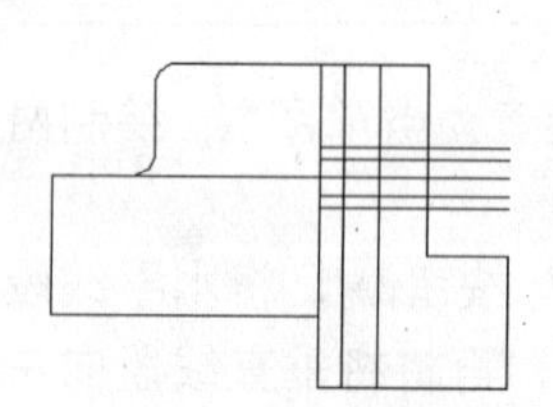

图 10-78　偏移线段

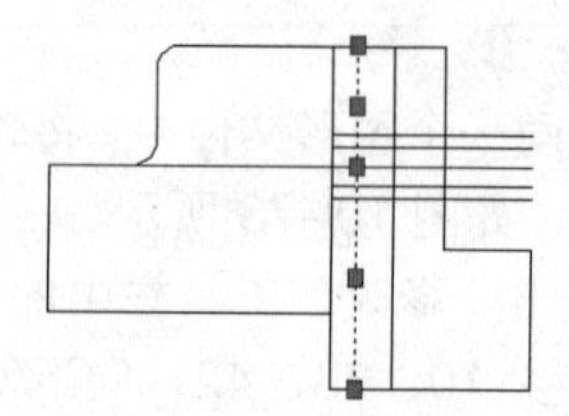

图 10-79　将线段打断于点

8 单击“修改”工具栏中的“旋转”按钮，将两条打段的线段以断点为基点，上边的打断线段旋转-30°，下边的打断线段旋转 30°，如图 10-80 所示。

9 单击“修改”工具栏中的“修剪”按钮和“删除”按钮，修剪并删除图形中多余的线段，如图 10-81 所示。

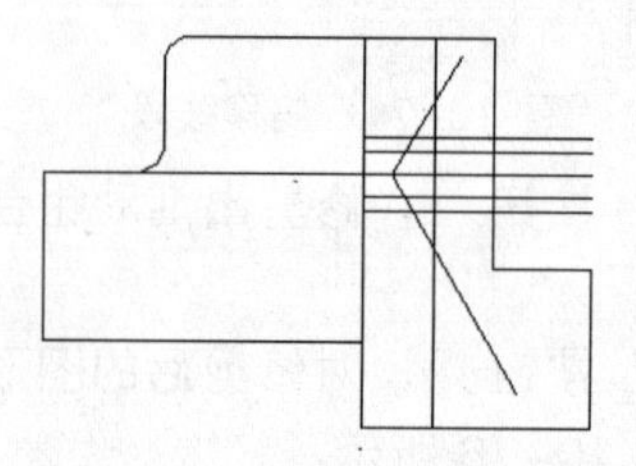

图10-80　旋转被打断的线段

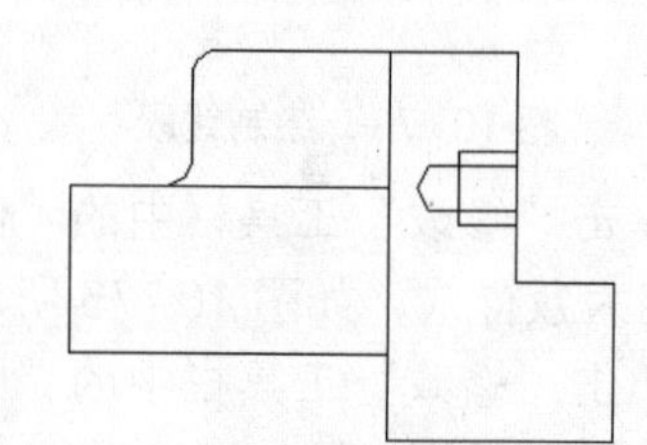

图10-81　修剪图形并删除多余的线段

10 单击“绘图”工具栏中的“直线”按钮，连接旋转线段与偏移线段的交点，并将螺钉孔的线段设置为虚线，如图 10-82 所示。

11 单击“修改”工具栏中的“偏移”按钮，将中间的垂直线段向左偏移 14、8，将左边最下的水平线段向上偏移 30，如图 10-83 所示。

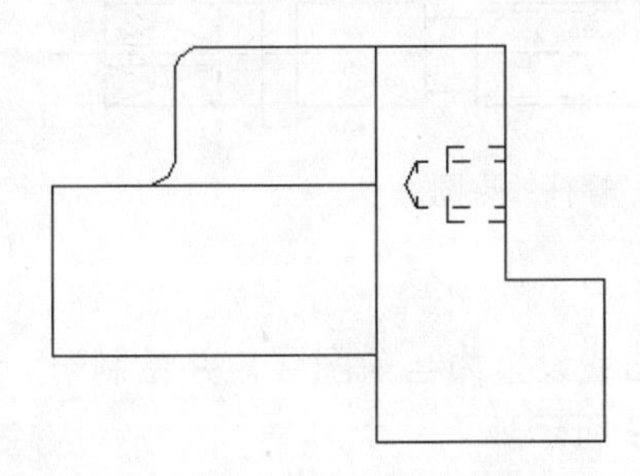

图 10-82　螺钉孔的线段设置为虚线

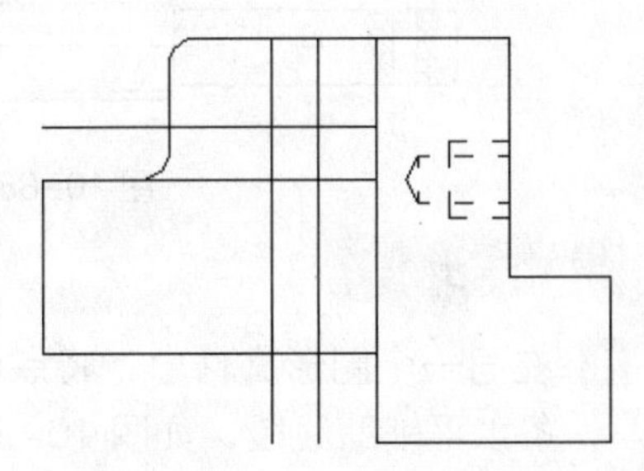

图 10-83　偏移线段

12 单击“修改”工具栏中的“修剪”按钮，修剪图形中多余的线段，如图 10-84 所示。

13 单击“绘图”工具栏中的“样条曲线”按钮，绘制一段样条曲线，画出螺孔的半剖视图，如图 10-85 所示。

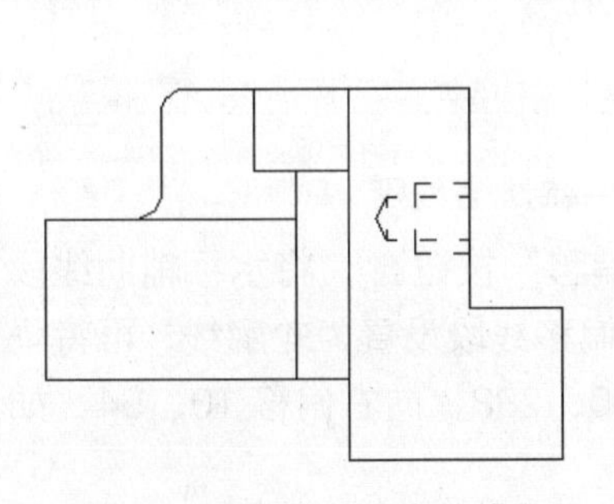

图 10-84　修剪多余的线段

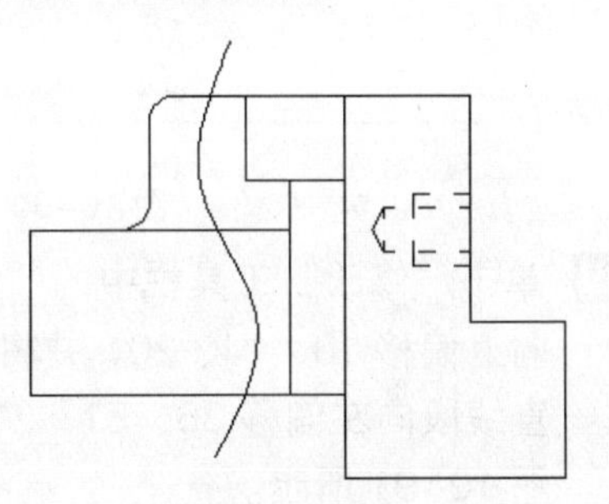

图 10-85　绘制样条曲线

14 单击“修改”工具栏中的“修剪”按钮，修剪样条曲线，如图 10-86 所示。

15 单击“绘图”工具栏中的“图案填充”按钮，在弹出的“图案填充和渐变色”对话框中，设置比例为 10，单击“添加：拾取点”按钮，即可返回绘图窗口中选择填充对象，如图 10-87 所示。

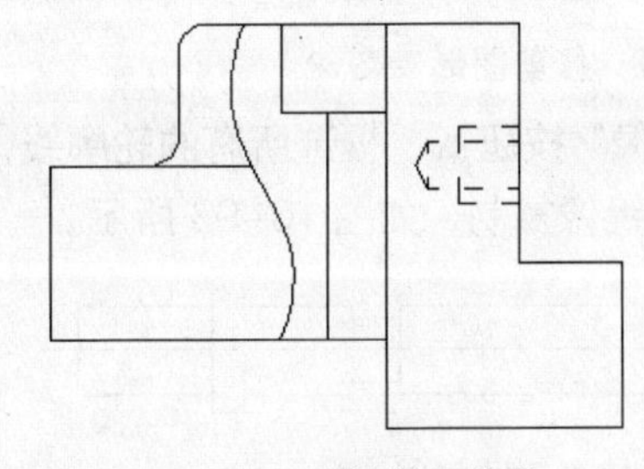

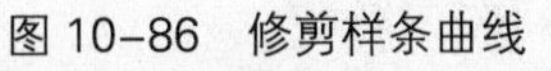

图 10-86　修剪样条曲线

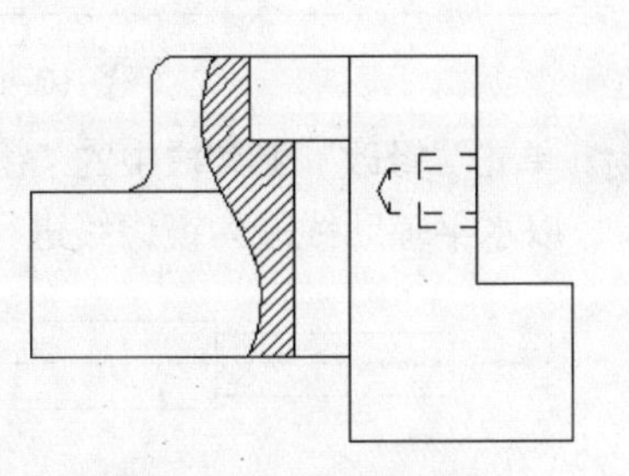

图 10-87　填充局部剖面

收拢前：

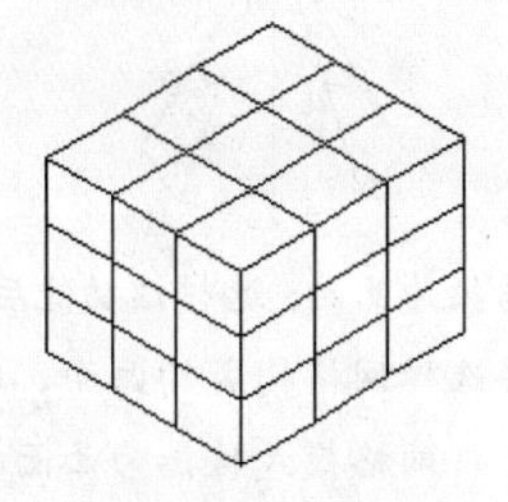

收拢顶面：

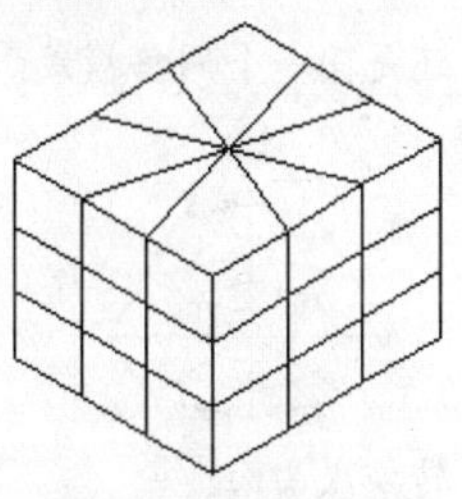

收拢其中一条立边：

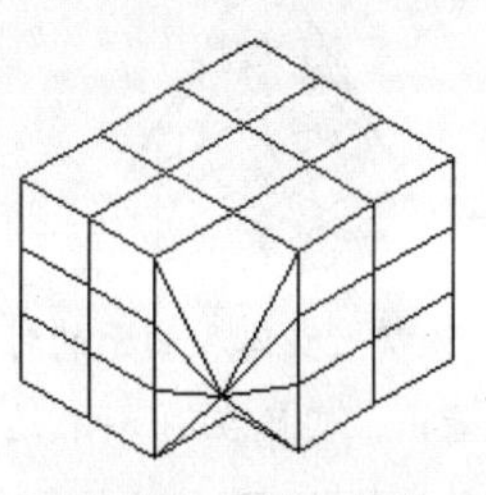

4. 网格与其他实体表达方式的转换

在修改过程中，网格也需要与其他的实体模式进行相互转换，这样也更有利于网格建模的长远发展。

- 转换为实体：选择该功能后，再选择网格构成的实体，即可将网格模式转换为实体模式，效果如下。

网格模式：

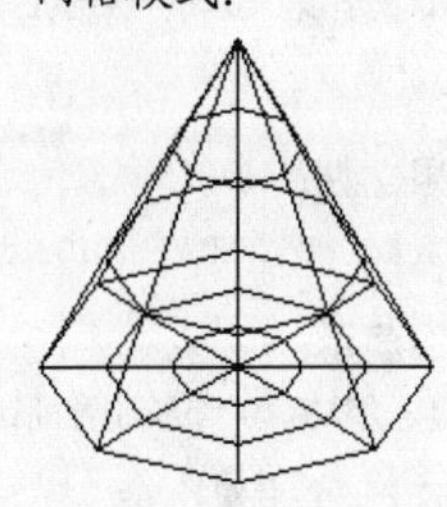

转换成实体：

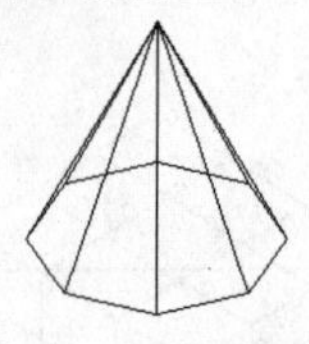

- 转换为曲面：选择该功能后，再选择网格构成的曲面，即可将网格模式转换为曲面模式，效果如下。

还是同一个网格模式：

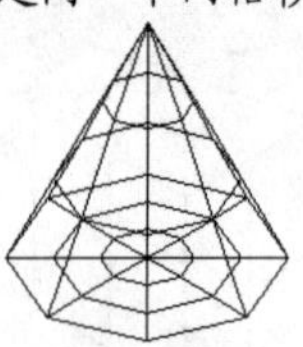

转换成曲面：

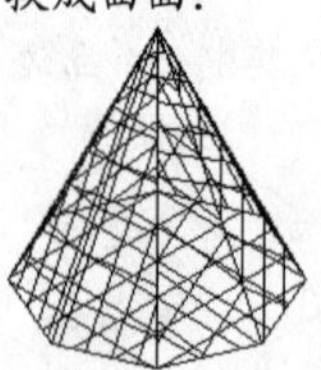

从以上实体和曲面的对比可以看出，实体在 3 种表达模式下最为简洁，网格比较复杂，曲面的实体表达最复杂。

实例 10-8 说明

知识点：

- 偏移
- 旋转
- 样条曲线
- 倒角
- 图案填充

视频教程：

光盘\教学\第 10 章 绘制机械装配图

效果文件：

光盘\素材和效果\10\效果\10-8.dwg

实例演示：

光盘\实例\第 10 章\绘制台虎钳装配图（3）——绘制螺杆

实例 10-8 绘制台虎钳装配图（3）——绘制螺杆

本实例将绘制螺杆，主要功能包含偏移、旋转、样条曲线、倒角、图案填充等。实例效果如图 10-88 所示。

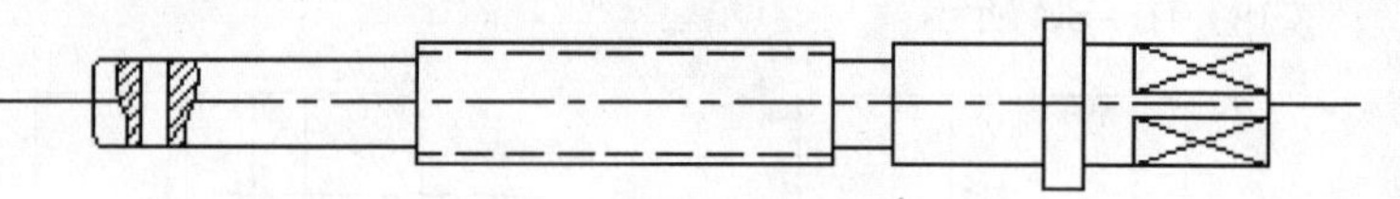

图 10-88 螺杆效果图

操作步骤

1 在同一个图形文件中，将点画线设置为当前图层，并绘制一条水平辅助线段，如图 10-89 所示。

图 10-89 绘制水平辅助线段

2 将轮廓线设置为当前图层，并绘制一条垂直线段，如图 10-90 所示。

图 10-90 绘制垂直线段

3 单击“修改”工具栏中的“偏移”按钮，将水平辅助线段向上偏移 10、14、20，并将偏移线段设置为轮廓线，再将垂直线段向左偏移 36、51、210、288，向右偏移 10、54，如图 10-91 所示。

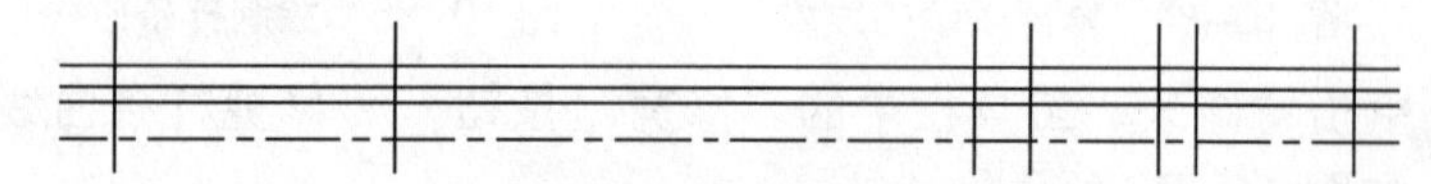

图 10-91 偏移线段

4 单击“修改”工具栏中的“修剪”按钮，修剪出半根螺杆的大致样式，如图 10-92 所示。

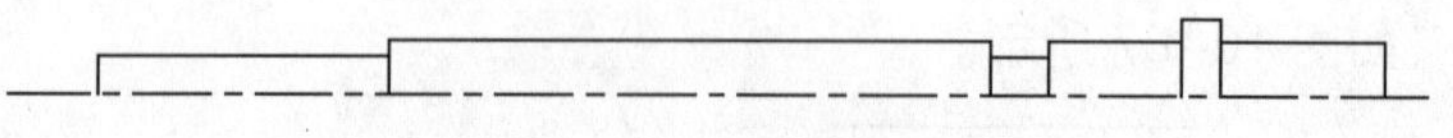

图 10-92 修剪图形

5 单击“修改”工具栏中的“镜像”按钮，框选所有的轮廓线，以水平辅助线段为镜像线进行镜像复制，如图 10-93 所示。

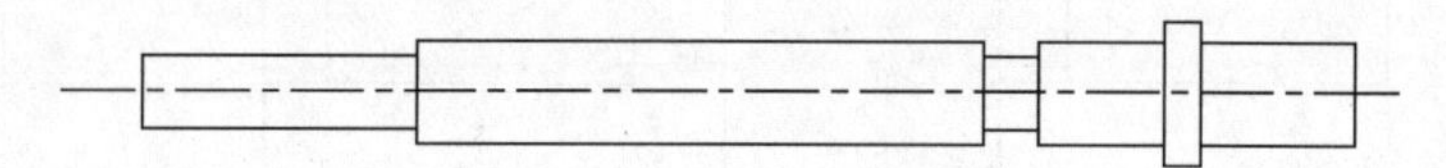

图 10-93 镜像对称复制

6 单击“修改”工具栏中的“偏移”按钮，将水平辅助线段向上、下各偏移 12，并将偏移的水平辅助线段设置为虚线，如图 10-94 所示。

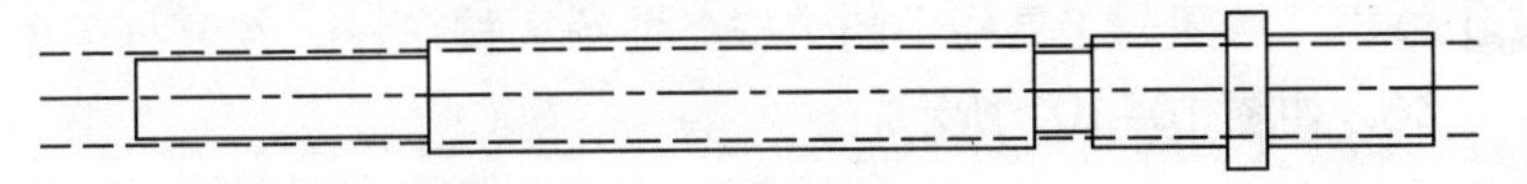

图 10-94　偏移水平辅助线段

7 单击“修改”工具栏中的“修剪”按钮，修剪出螺杆上的螺纹样式，如图 10-95 所示。

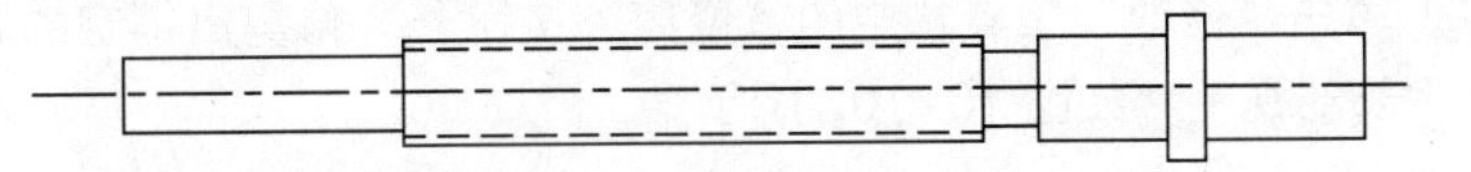

图 10-95　修剪出螺纹样式

8 单击“修改”工具栏中的“偏移”按钮，将水平辅助线段向上、下各偏移 3，再将最右边的垂直线段向左偏移 32，并将偏移的水平辅助线段设置为轮廓线，如图 10-96 所示。

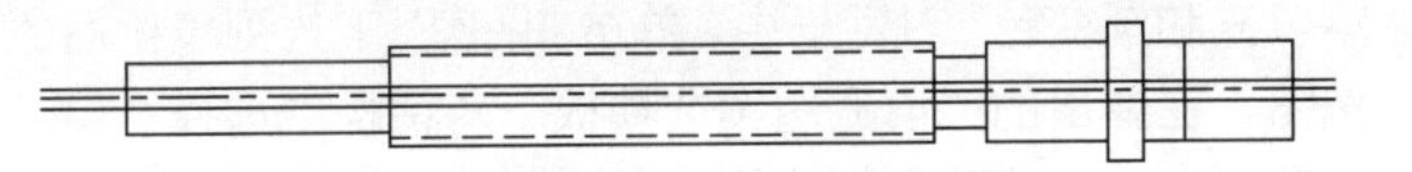

图 10-96　偏移线段

9 单击“修改”工具栏中的“修剪”按钮，修剪图形中多余的线段，如图 10-97 所示。

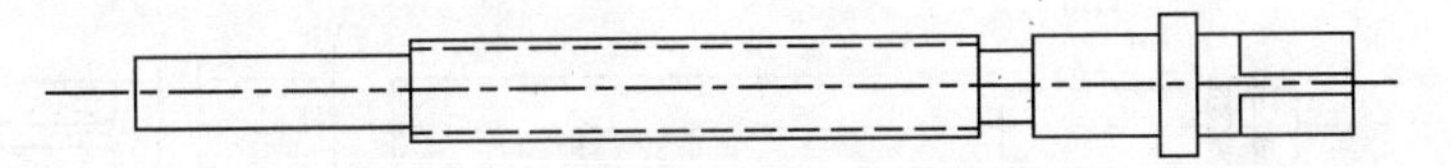

图 10-97　修剪多余的线段

10 单击“绘图”工具栏中的“直线”按钮，绘制修剪后的连线，如图 10-98 所示。

图 10-98　绘制连线

11 单击“修改”工具栏中的“偏移”按钮，将最左边的垂直线段向右偏移 12、18，如图 10-99 所示。

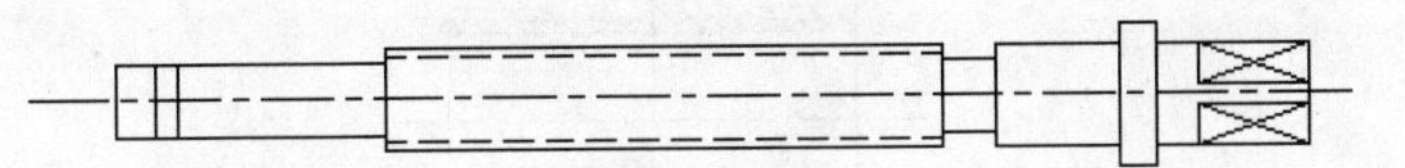

图 10-99　偏移线段

12 单击“修改”工具栏中的“倒角”按钮，对图形进行倒直角，倒角距离为 2、2，如图 10-100 所示。

相关知识　网格编辑（3）

5. 通过网格转换成新的实体模型

- 转换为平滑实体：将网格转换为平滑没有棱角的实体。

转换平滑实体前的线框样式：

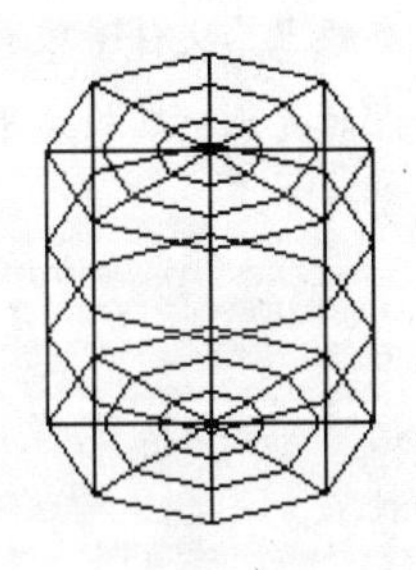

转换平滑实体后的线框样式：

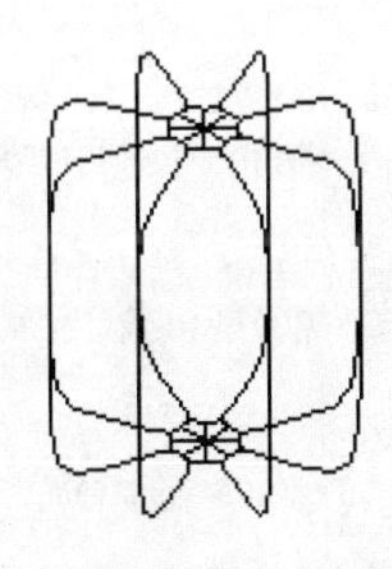

- 转换为平滑曲面：将网格转换为平滑没有棱角的曲面。效果如下。

转换平滑实体前的线框样式：

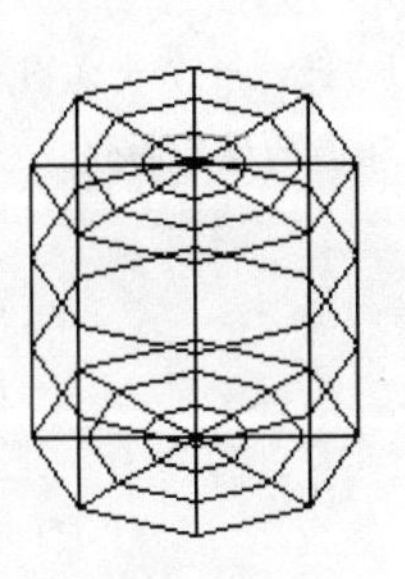

图 10-100　倒角图形

13 单击“绘图”工具栏中的“样条曲线”按钮，绘制样条曲线，如图 10-101 所示。

图 10-101　绘制样条曲线

14 单击“修改”工具栏中的“修剪”按钮，修剪出销空的局部剖视图，如图 10-102 所示。

图 10-102　修剪局部剖视图

15 单击“绘图”工具栏中的“图案填充”按钮，在弹出的“图案填充和渐变色”对话框中，单击“图案”下拉列表框后的按钮；在弹出的“填充图案选项板”对话框中选择“ANSI”选项卡，在该选项卡中选择“ANSI31”图案填充样式，单击“确定”按钮，返回“图案填充和渐变色”对话框；设置比例为 20，单击“添加：拾取点”按钮，即可返回绘图窗口中选择填充对象，如图 10-103 所示。

图 10-103　填充图形

实例 10-9　绘制台虎钳装配图（4）——绘制螺母

本实例将绘制一个螺母，主要功能包含打断于点、旋转、设置虚线、图案填充等。实例效果如图 10-104 所示。

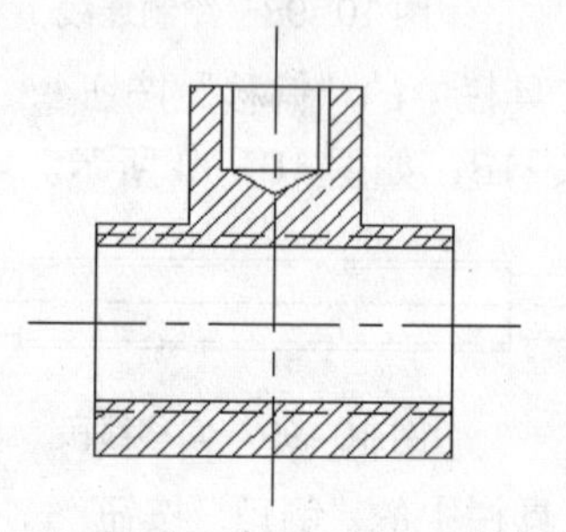

图 10-104　螺母效果图

转换平滑实体后的线框样式：

假如考虑效果，首选曲面，但是也有缺点，文件量较大，图形处理时要比“转换为平滑实体”模式慢。

实例 10-9 说明

- 知识点：
  - 打断于点
  - 旋转
  - 设置虚线
  - 图案填充
- 视频教程：
  光盘\教学\第 10 章绘制机械装配图
- 效果文件：
  光盘\素材和效果\10\效果\10-9.dwg
- 实例演示：
  光盘\实例\第 10 章\绘制台虎钳装配图（4）——绘制螺母

操作技巧　光顺曲线操作

光顺曲线在第 2 章中已简单介绍过，下面讲解光顺曲面的操作。

（1）先在一个平面内绘制两条不相连的样条曲线。

操作步骤

1. 在同一个图形文件中，将点画线设置为当前图层，并绘制两条线段，如图 10–105 所示。
2. 单击“修改”工具栏中的“偏移”按钮，将水平辅助线段向上、下各偏移 14、16，向上偏移 18、28、43，向下偏移 24，再将垂直辅助线段向左、右各偏移 8、10、16、33，并将偏移的线段设置为轮廓线，如图 10–106 所示。

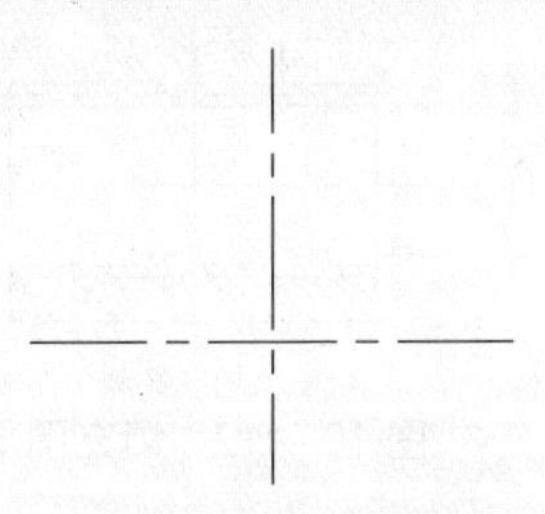

图 10–105　绘制线段

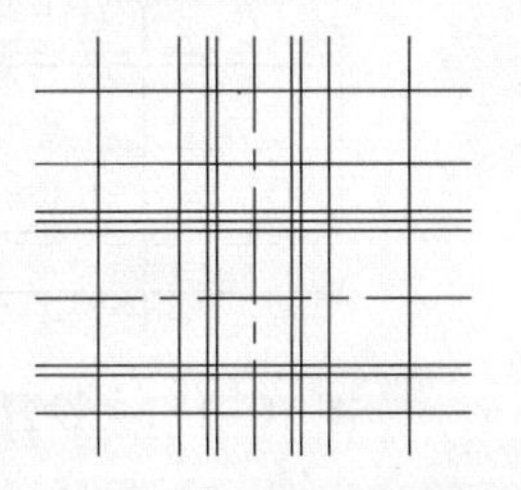

图 10–106　偏移线段并设置成轮廓线

3. 单击“修改”工具栏中的“修剪”按钮，修剪出螺母的大致样式，如图 10–107 所示。
4. 单击“修改”工具栏中的“打断于点”按钮，将垂直的螺孔线打断，如图 10–108 所示。

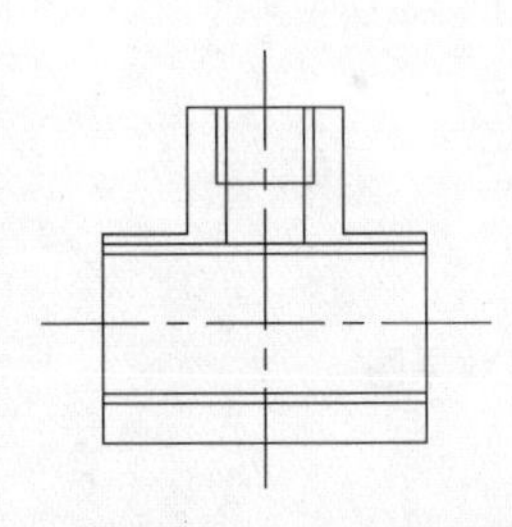

图 10–107　修剪图形

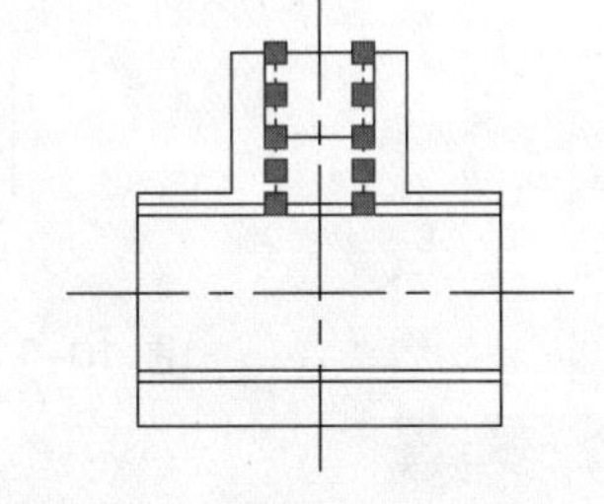

图 10–108　螺孔线打断于点

5. 单击“修改”工具栏中的“旋转”按钮，将左边打断后的下边线段，以打断点为基点旋转 60°；再将右边打断后的下边线段，以打断点为基点旋转–60°，如图 10–109 所示。
6. 单击“修改”工具栏中的“修剪”按钮，修剪旋转后过长的线段，如图 10–110 所示。

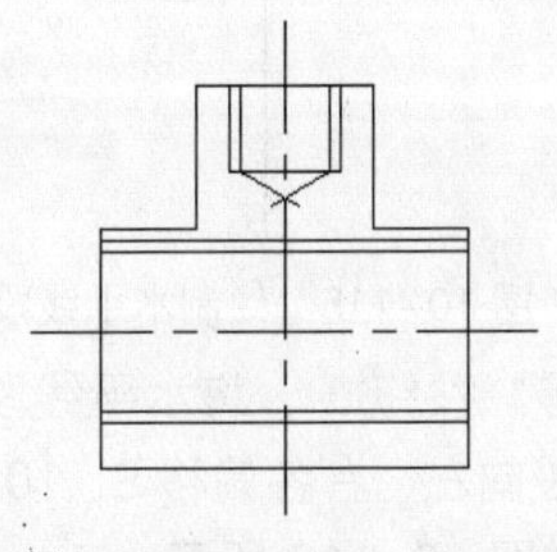

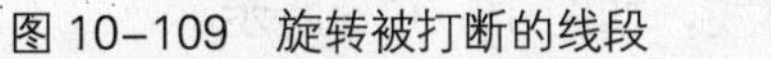

图 10–109　旋转被打断的线段

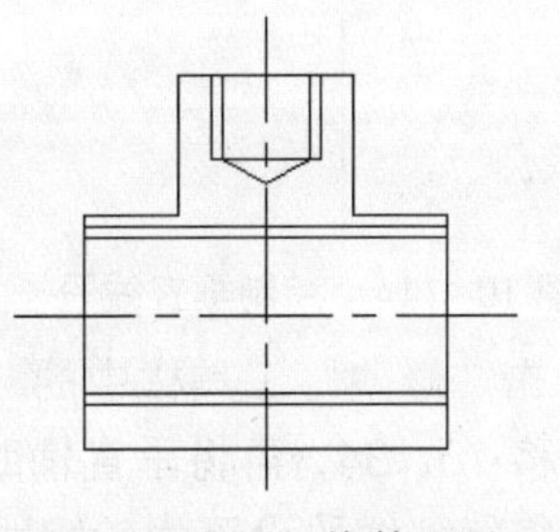

图 10–110　修剪图形

（2）选择第一条样条曲线。

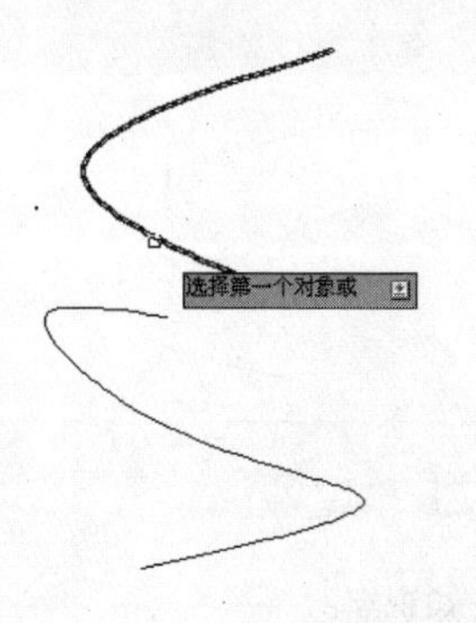

（3）选择第二条样条曲线，在第一条虚线的样条曲线与第二条实线的样条曲线之间已经显示了一条假设绘制出的光顺曲线。

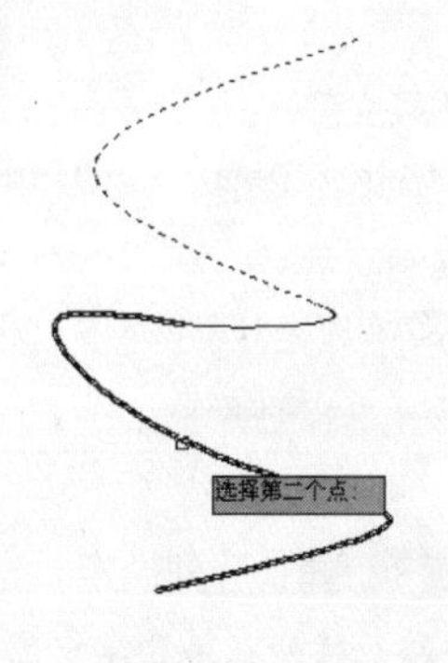

（4）在绘制完光顺曲线后，可以选定曲线，通过蓝色夹点重新调整到合适状态。

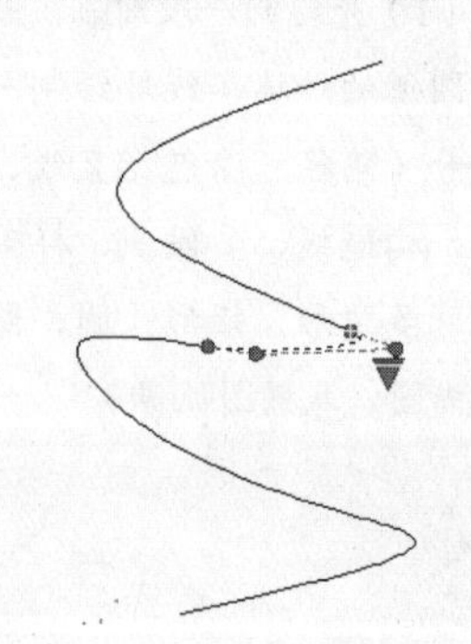

7 选择横的螺孔线，将其设置为虚线，如图 10–111 所示。

8 单击“绘图”工具栏中的“图案填充”按钮，在弹出的“图案填充和渐变色”对话框中，设置比例为 20，单击“添加：拾取点”按钮，即可返回绘图窗口中选择填充对象，如图 10–112 所示。

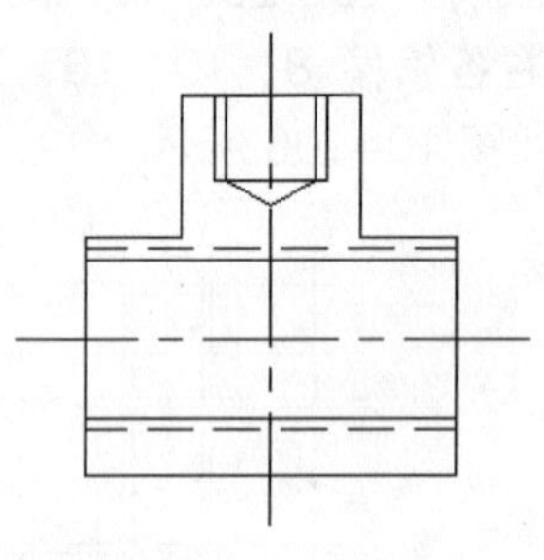

图 10–111　设置虚线　　　图 10–112　填充图形

实例 10–10　绘制台虎钳装配图（5）——绘制螺钉

本实例将绘制一个螺钉，主要功能包含偏移、修剪、倒角等。实例效果如图 10–113 所示。

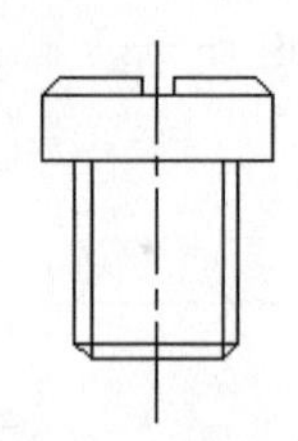

图 10–113　螺钉效果图

操作步骤

1 在同一个图形文件中，将点画线设置为当前图层，并绘制一条垂直辅助线段，如图 10–114 所示。

2 将轮廓线设置为当前图层，并绘制一条水平线段，如图 10–115 所示。

图 10–114　绘制垂直线段　　　图 10–115　绘制水平线段

3 单击“修改”工具栏中的“偏移”按钮，将水平线段向下偏移 10、34，再将垂直辅助线段向左、右各偏移 8、10、14，并将偏移线段设置为轮廓线，如图 10–116 所示。

（5）调整后的光顺样条曲线效果。

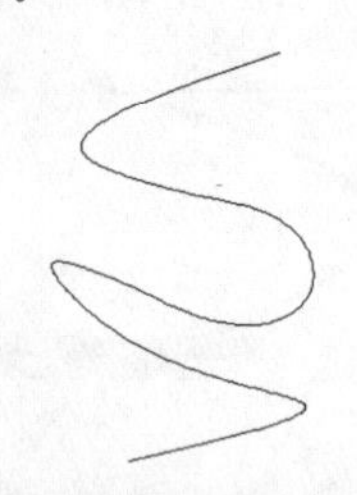

实例 10–10 说明

- 知识点：
  - 偏移
  - 修剪
  - 倒角
- 视频教程：

  光盘\教学\第 10 章 绘制机械装配图
- 效果文件：

  光盘\素材和效果\10\效果\10-10.dwg
- 实例演示：

  光盘\实例\第 10 章\绘制台虎钳装配图（5）——绘制螺钉

操作技巧　路径阵列操作

路径阵列在第 2 章中已简单介绍过，下面讲解路径阵列的操作。

（1）先绘制一段圆弧，然后在圆弧的一端，线外绘制一个符号（路径可以包括直线、射线、构造线、多段线、样条曲线、多边形、矩形、圆、圆弧、椭圆以及椭圆弧等）。

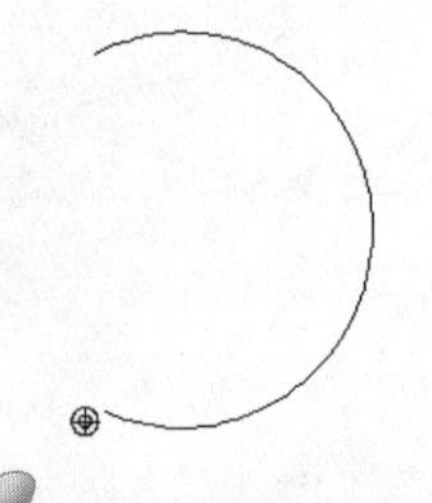

4 单击“修改”工具栏中的“修剪”按钮，修剪出螺钉的大致样式，如图 10–117 所示。

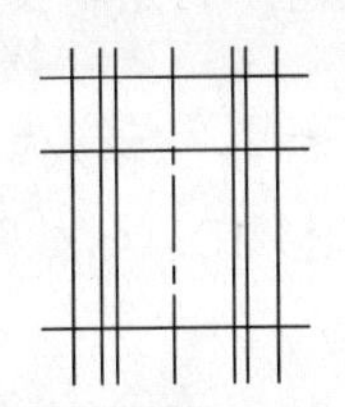

图 10–116　偏移线段

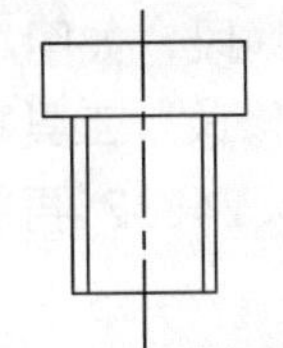

图 10–117　修剪图形

5 单击“修改”工具栏中的“倒角”按钮，倒角修剪后的图形，倒角距离为 2、2，如图 10–118 所示。

6 单击“绘图”工具栏中的“直线”按钮，绘制倒角后的连线，如图 10–119 所示。

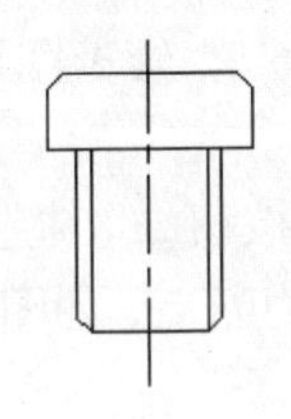

图 10–118　倒角图形

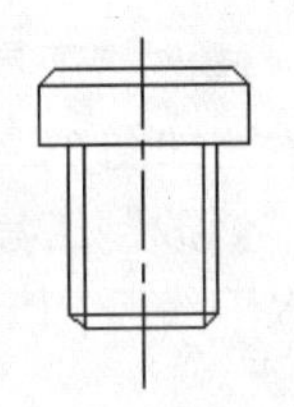

图 10–119　绘制连线

7 单击“修改”工具栏中的“偏移”按钮，将垂直辅助线段再左、右偏移 2，并将偏移线段设置为轮廓线，如图 10–120 所示。

8 单击“修改”工具栏中的“修剪”按钮，修剪出螺钉的顶部凹槽，如图 10–121 所示。

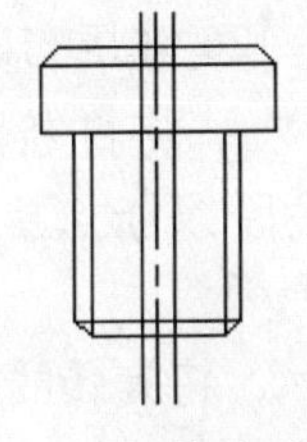

图 10–120　偏移垂直线段

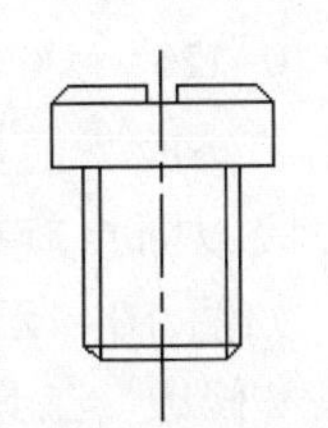

图 10–121　修剪顶部凹槽

实例 10–11　绘制台虎钳装配图（6）——绘制钳口板

本实例将绘制一个钳口板，主要功能包含打断于点、旋转、延伸、图案填充等。实例效果如图 10–122 所示。

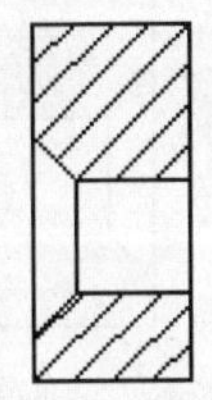

图 10–122　钳口板效果图

（2）框选符号作为路径阵列的对象。

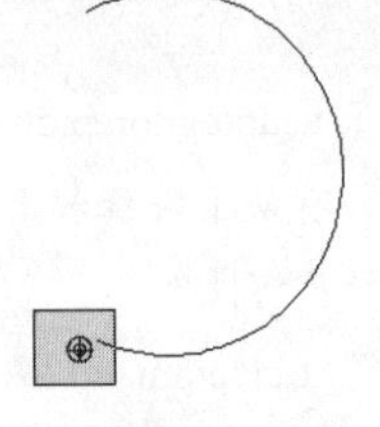

（3）设置路径阵列数目为 12。

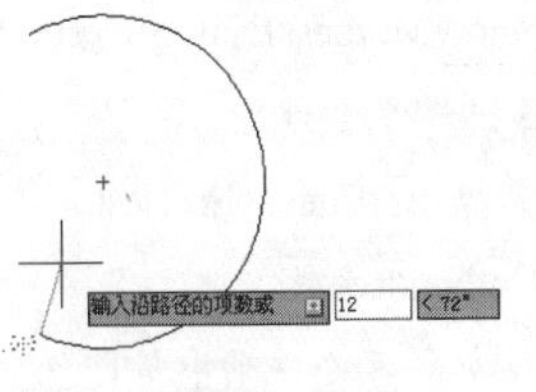

（4）设置路径长度。

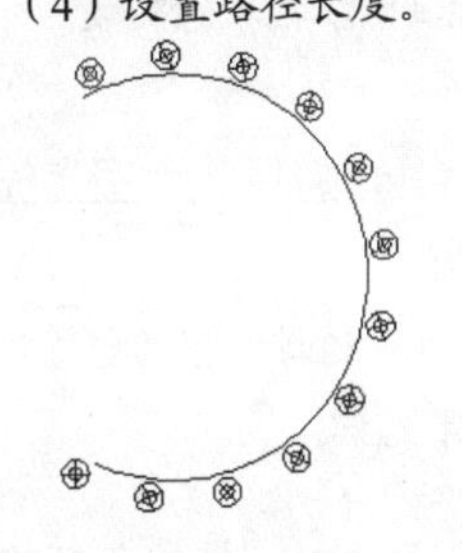

实例 10–11 说明

知识点：

- 打断于点
- 旋转
- 延伸
- 图案填充

视频教程：

光盘\教学\第 10 章 绘制机械装配图

效果文件：

光盘\素材和效果\10\效果\10-11.dwg

实例演示：

光盘\实例\第 10 章\绘制台虎钳装配图（6）——绘制钳口板

相关知识 **.NET 新增功能**

.NET 新增功能包括以下几项：

- 增加了 acdbmgdbrep.dll 托管文件，有助于编程求出三维实体的几何性质。
- 新增了 runcommand 函数调动 AutoCAD 指令。
- 增加了 ShowModalDialog 与 ShowModlessDialog 函数，由 3 种增至 8 种。
- 新增 EntFirst、EntLast、EntNext 函数。
- 增加了动态注册和删除 AutoCAD 指令的函数。

疑难解答 **如何使十字光标充满全屏**

可以通过以下两种方法设置十字光标。

方法一："选项"对话框设置

（1）在绘图区中单击鼠标右键，在弹出的快捷菜单中选择"选项"命令，打开"选项"对话框。

（2）在"显示"选项卡的"十字光标大小"文本框中输入 100，或者将右边的滑块调整到最大。

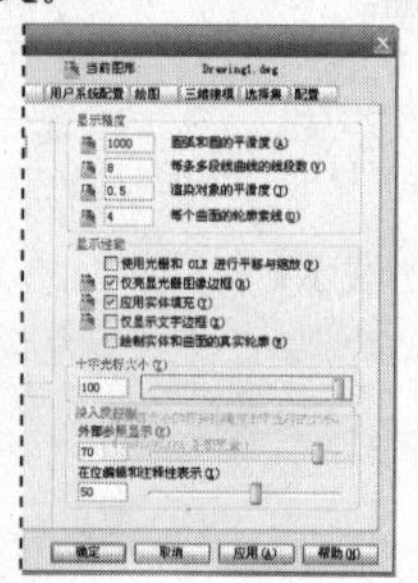

操作步骤

1 单击"绘图"工具栏中的"直线"按钮，绘制长为 14、32 的两条线段，如图 10-123 所示。

2 单击"修改"工具栏中的"偏移"按钮，将水平线段向下偏移 14、24、32，再将垂直线段向左偏移 10、14，如图 10-124 所示。

图 10-123 绘制线段

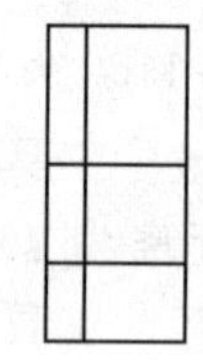

图 10-124 偏移线段

3 单击"修改"工具栏中的"修剪"按钮，修剪图形中多余的线段，如图 10-125 所示。

4 单击"修改"工具栏中的"打断于点"按钮，将图形中的两段水平线段，以中间垂直短线的交点为断点，如图 10-126 所示。

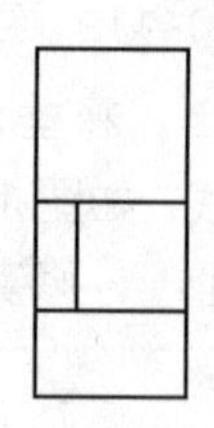

图 10-125 修剪多余的线段

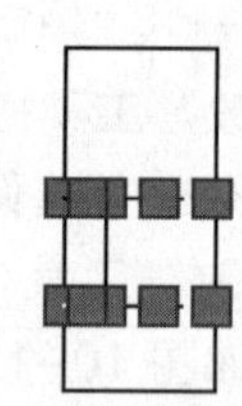

图 10-126 图形打断于点

5 单击"修改"工具栏中的"旋转"按钮，将打断的上面短线段以断点旋转-45°，下面的短线段以断点旋转 45°，如图 10-127 所示。

6 单击"修改"工具栏中的"延伸"按钮，将旋转的线段延伸到最左边的垂直线段，如图 10-128 所示。

7 单击"绘图"工具栏中的"图案填充"按钮，在弹出的"图案填充和渐变色"对话框中，单击"添加：拾取点"按钮，即可返回绘图窗口中选择填充对象，如图 10-129 所示。

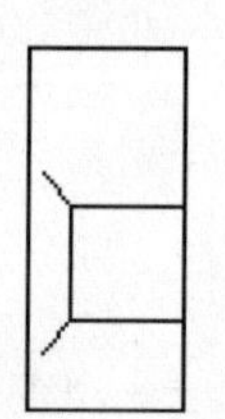

图 10-127 旋转线段

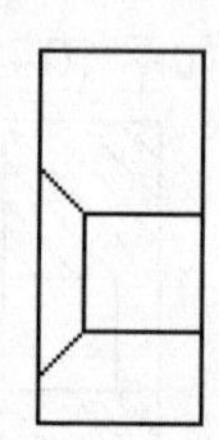

图 10-128 延伸线段

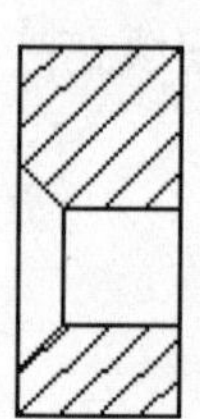

图 10-129 填充图形

实例 10-12　绘制台虎钳装配图（7）——绘制垫圈

本实例将绘制一个垫圈，主要功能包含倒角、图案填充等。实例效果如图 10-130 所示。

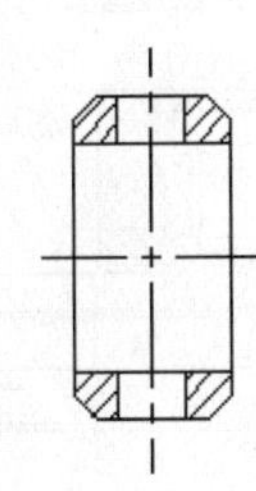

图 10-130　垫圈效果图

操作步骤

1. 在同一个图形文件中，将点画线设置为当前图层，并绘制两条线段，如图 10-131 所示。
2. 单击“修改”工具栏中的“偏移”按钮，将水平线段向上、下各偏移 10、14，再将垂直辅助线段向左、右各偏移 3、7，并将偏移线段设置为轮廓线，如图 10-132 所示。

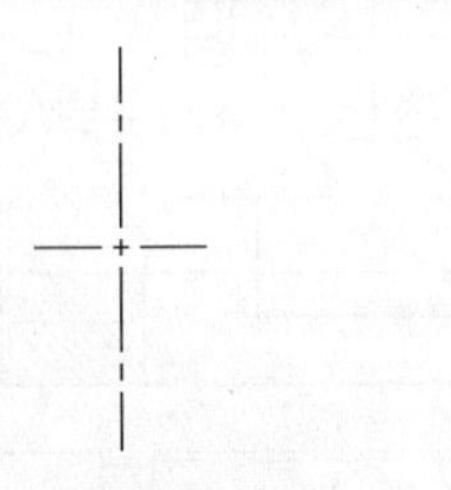

图 10-131　绘制线段

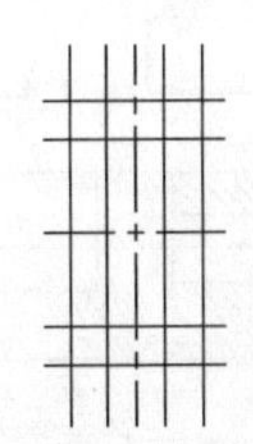

图 10-132　偏移线段

3. 单击“修改”工具栏中的“修剪”按钮，修剪出垫圈的大致样式，如图 10-133 所示。
4. 单击“修改”工具栏中的“倒角”按钮，对垫圈的两个断面倒直角，倒角距离为 2、2，如图 10-134 所示。
5. 单击“绘图”工具栏中的“图案填充”按钮，在弹出的“图案填充和渐变色”对话框中，设置比例为 1，单击“添加：拾取点”按钮，即可返回绘图窗口中选择填充对象，如图10-135 所示。

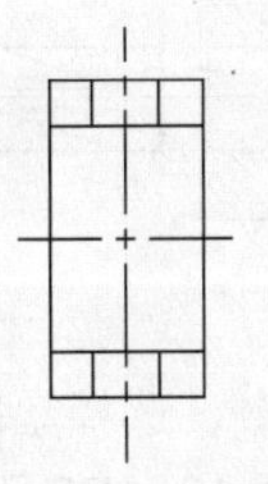

图 10-133　修剪图形

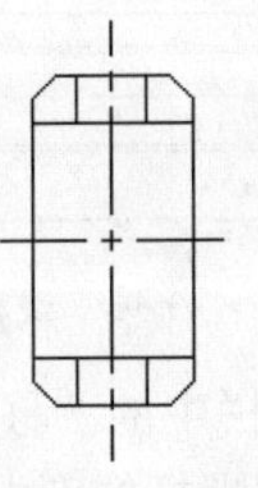

图 10-134　倒角图形

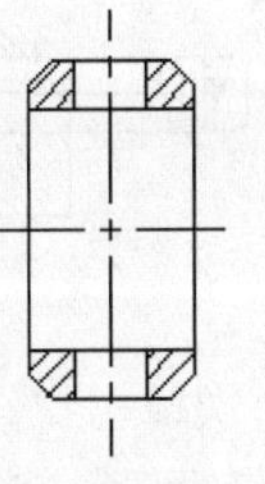

图 10-135　填充剖面

（3）单击“确定”按钮，保存十字光标的设置。

方法二：通过系统变量设置

可在命令行上直接修改 cursorsize 系统变量。

实例 10-12 说明

- 知识点：
  - 倒角
  - 图案填充
- 视频教程：
  光盘\教学\第 10 章　绘制机械装配图
- 效果文件：
  光盘\素材和效果\10\效果\10-12.dwg
- 实例演示：
  光盘\实例\第 10 章\绘制台虎钳装配图（7）——绘制垫圈

疑难解答　为什么在打开文件时找不到字体

在打开别人的文件时，有时会找不到原文件的字体，该如何解决？

解决方法一：

复制要替换的字库为将被替换的字库名，并将复制的字库名改写为缺少提示的字库名。

解决方法二：

在 autocadr14/support 目录下创建 acad.fmp 文件，如果原来有此文件，则直接打开。这是一个 ASCII 文件，直接输入缺少字库的格式，如缺少“qjd.shx”，在这里就输入“qjd;hztxt”即可。

实例 10-13 说明

- 知识点：
  - 打断于点
  - 旋转
  - 延伸
  - 图案填充
- 视频教程：

  光盘\教学\第 10 章 绘制机械装配图
- 效果文件：

  光盘\素材和效果\10\效果\10-13.dwg
- 实例演示：

  光盘\实例\第 10 章\绘制台虎钳装配图（8）——组合装配图

疑难解答 怎样设置自动保存

在命令行中输入 savetime 后，设置一个保存时间的值，如 5（分钟），只要输入一个 5 即可。设置的值不一定要越小越好，如果值越小，系统将会频繁地保存文件，占取一定的计算机内存，使计算机运行越来越慢，因此要合理地设置自动保存时间。

实例 10-13 绘制台虎钳装配图（8）——组合装配图

本实例将绘制组合装配图，主要功能包含打断于点、旋转、延伸、图案填充等。实例效果如图 10-136 所示。

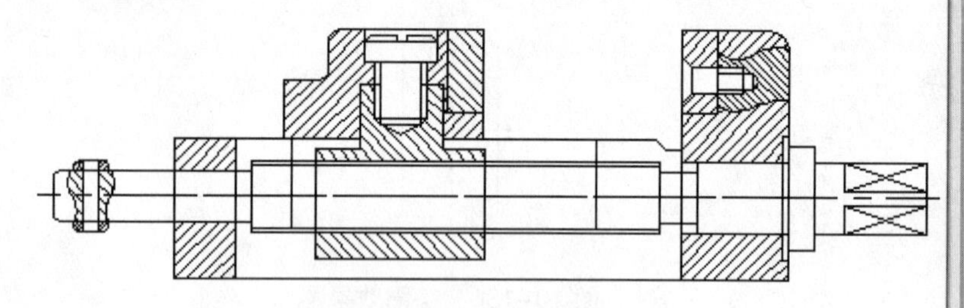

图 10-136 组合装配效果图

操作步骤

1 缩小视图，到能看清绘制的所有装配部件，如图 10-137 所示。

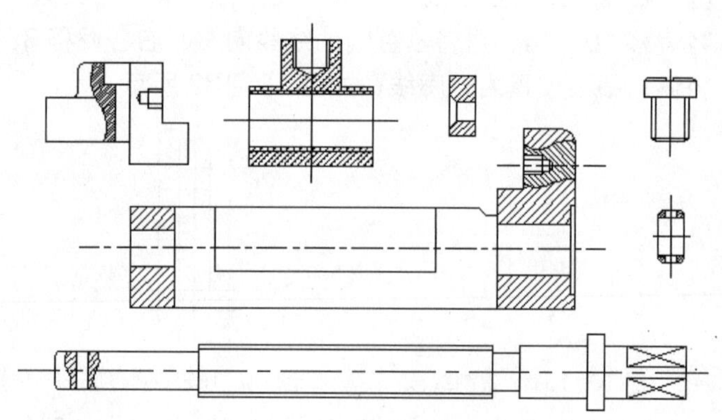

图 10-137 所有装配部件

2 单击“修改”工具栏中的“移动”按钮，选择螺杆的所有图形，将螺杆移动到固定钳台中，如图 10-138 所示。

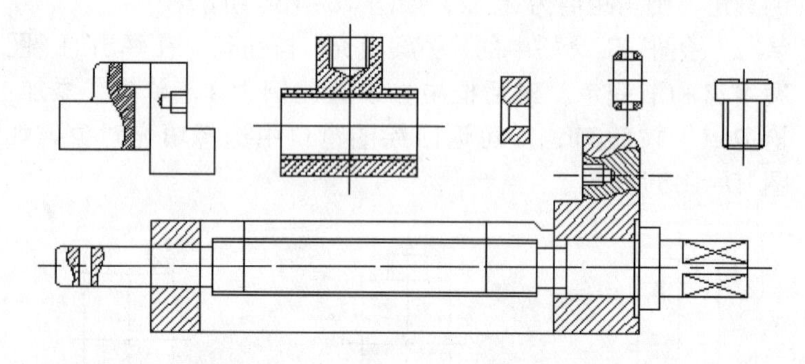

图 10-138 移动螺杆

3 再次单击“修改”工具栏中的“移动”按钮，选择垫圈的所有图形，将垫圈移动到螺杆的剖视图上，如图 10-139 所示。

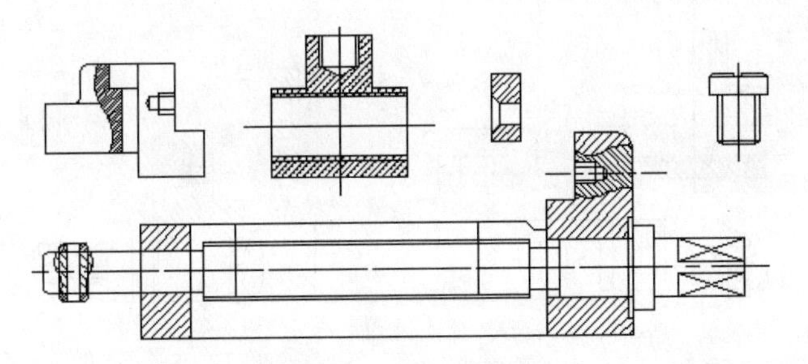

图 10-139　移动垫圈

4 单击“修改”工具栏中的“修剪”按钮，将垫圈与螺杆的重合处的线段进行修剪，如图 10-140 所示。

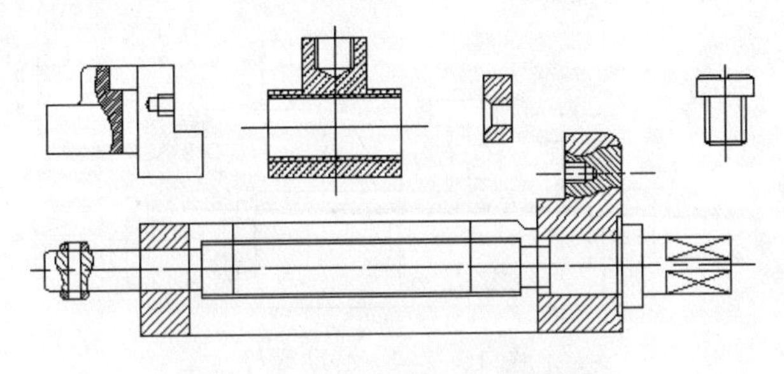

图 10-140　修剪重合处的线段

5 单击“修改”工具栏中的“移动”按钮，将活动钳台移动到固定钳台上，如图 10-141 所示。

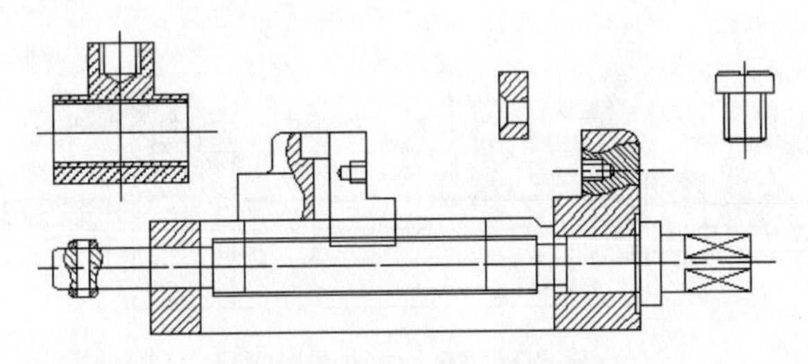

图 10-141　移动活动钳台

6 单击“修改”工具栏中的“修剪”按钮和“删除”按钮，对移动后的活动钳台进行修改，如图 10-142 所示。

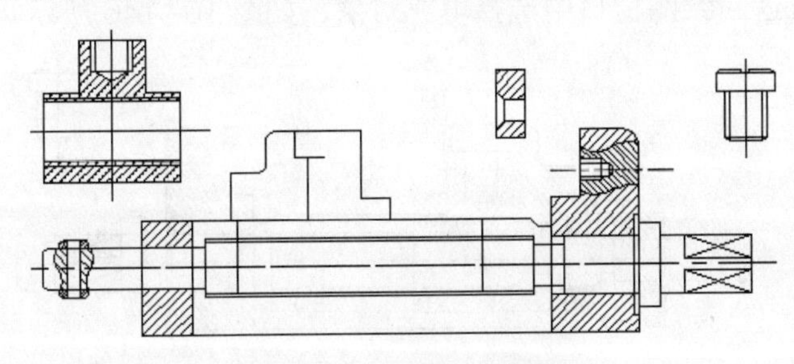

图 10-142　修改活动钳台

7 单击“修改”工具栏中的“镜像”按钮，对活动钳台中的半个螺孔线段进行复制，如图 10-143 所示。

疑难解答　**怎样快速清除不用的图层**

在绘制复杂的大型图样时，如装配图，会用到过多的图层，在打印出图时，许多辅助的图层是可以删除不要的，那怎样快速清除不用的图层呢？操作步骤如下：

（1）单击标题栏上的“另存为”按钮，打开“另存为”对话框。

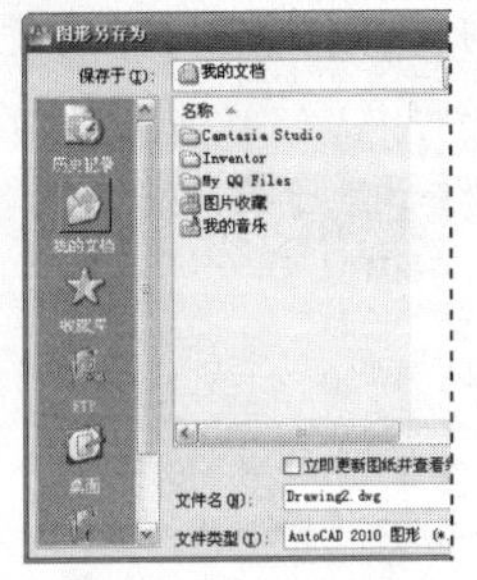

（2）在右上角的“工具”下拉菜单中单击“选项”按钮，打开“另存为选项”对话框。

“另存为选项”对话框：

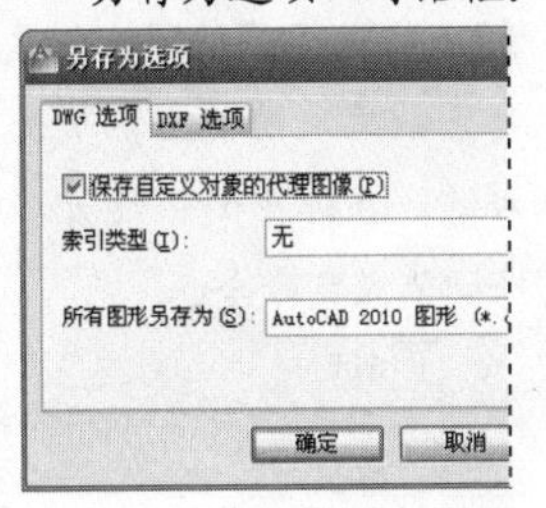

（3）切换到“DXF 选项”选项卡，选中“选择对象”复选框。

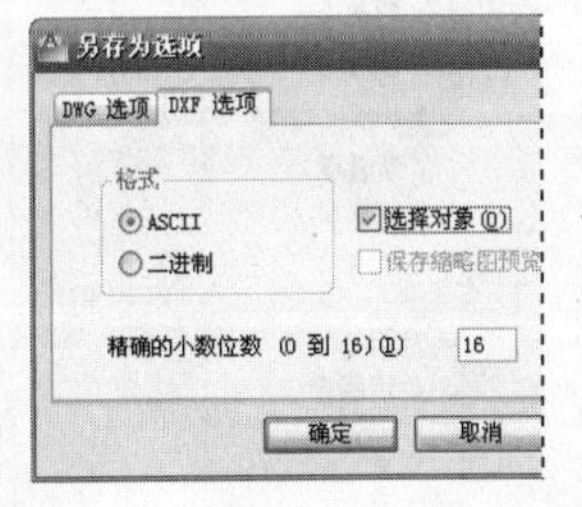

（4）单击“确定”按钮，保存设置，并将文件保存为“.DXF”格式。

（5）再次打开文件查看图层，并保存为需要的格式。

疑难解答 **怎样查询点的坐标**

怎样查询圆心点的坐标？

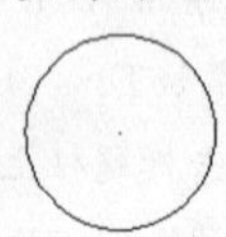

（1）单击“工具”菜单中“查询”子菜单中的“点坐标”命令。

“查询”子菜单：

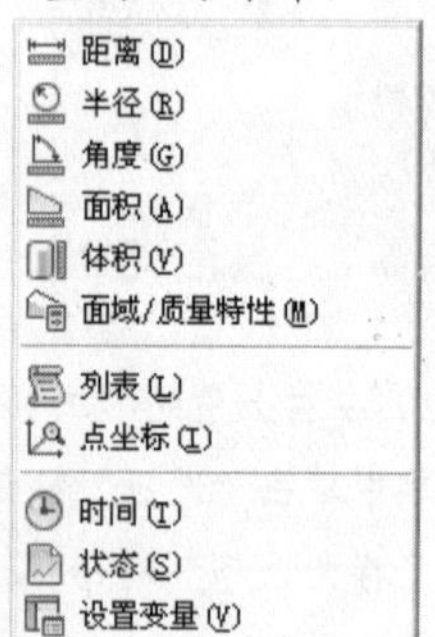

（2）将鼠标移动到状态栏的“对象捕捉”功能上，单击鼠标右键，在弹出的快捷菜单中选择“节点”命令。

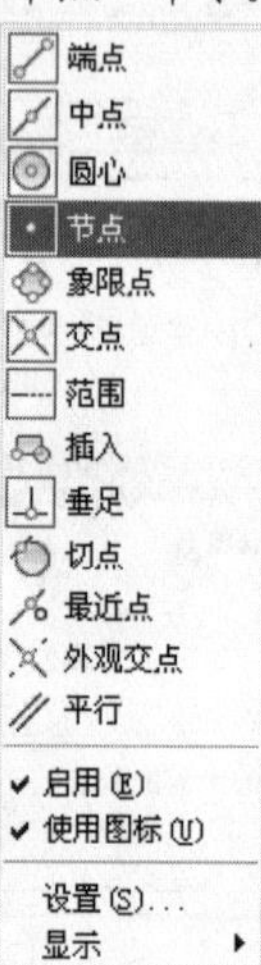

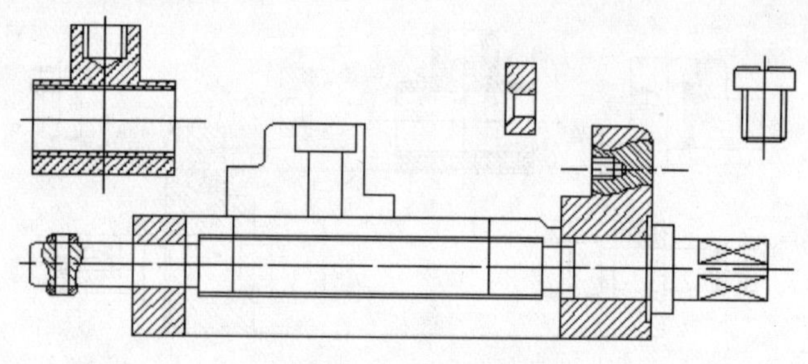

图 10-143　镜像复制螺孔线

8 单击“修改”工具栏中的“移动”按钮，将螺母移动到图形中，如图 10-144 所示。

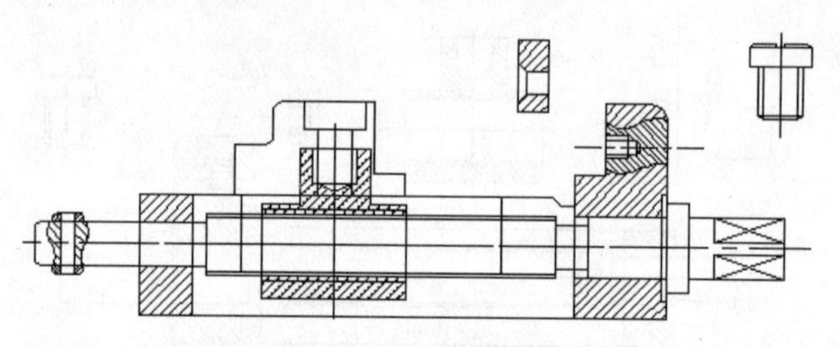

图 10-144　移动螺母

9 单击“修改”工具栏中的“修剪”按钮和“删除”按钮，对移动后的螺母进行修改，如图 10-145 所示。

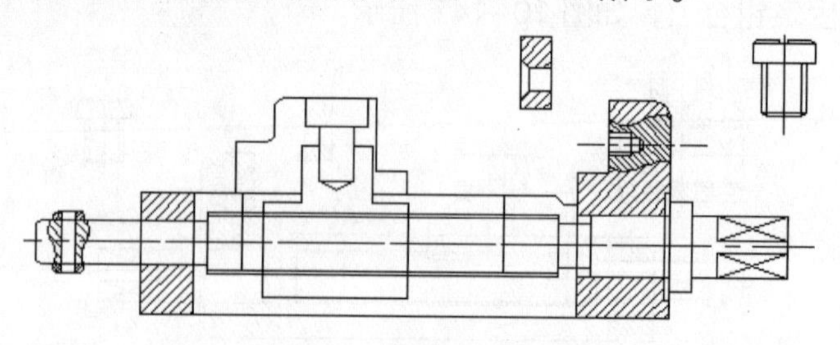

图 10-145　修改图形螺母

10 单击“绘图”工具栏中的“图案填充”按钮，在弹出的“图案填充和渐变色”对话框中，单击“添加：拾取点”按钮，即可返回绘图窗口中选择填充对象，如图 10-146 所示。

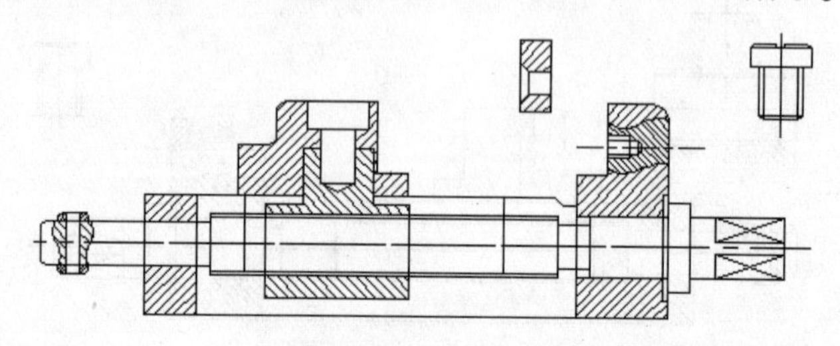

图 10-146　填充剖面

11 单击“修改”工具栏中的“移动”按钮，将螺钉移动到图形中，如图 10-147 所示。

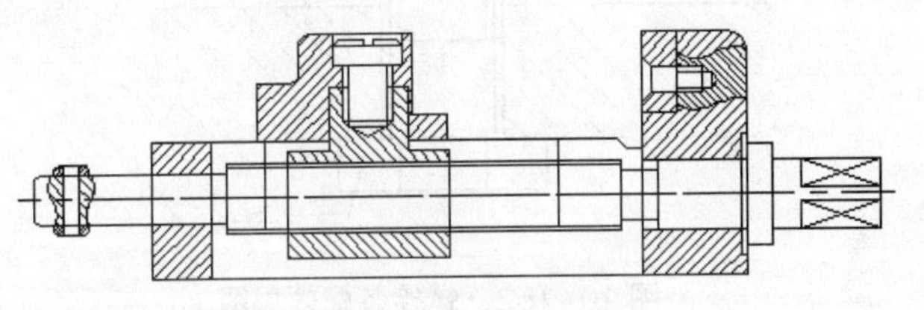

图 10-147 移动螺钉

12 再次单击“修改”工具栏中的“移动”按钮，将钳口板移动到图形中，如图 10-148 所示。

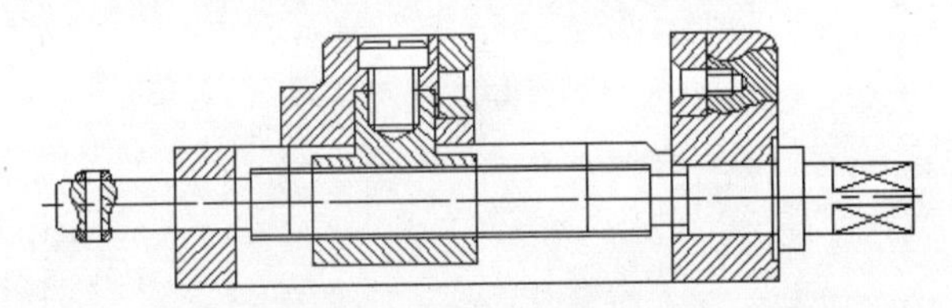

图 10-148 移动钳口板

13 单击“修改”工具栏中的“镜像”按钮和“移动”按钮，复制另一块钳口板，如图 10-149 所示。

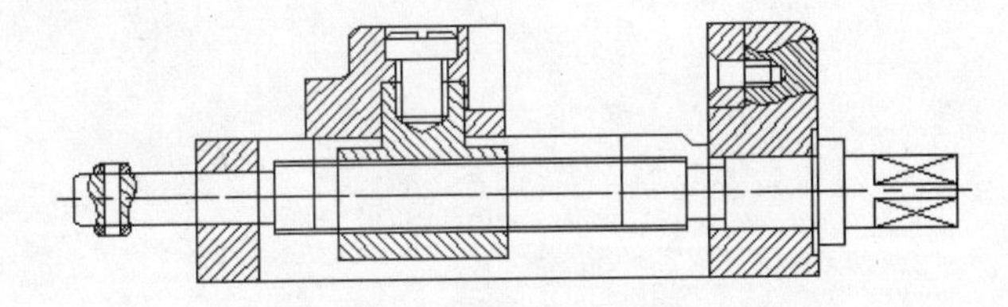

图 10-149 复制另一块钳口板

14 单击“修改”工具栏中的“删除”按钮，删除复制的钳口板中的图形，如图 10-150 所示。

图 10-150 修改图形钳口板

15 单击“绘图”工具栏中的“图案填充”按钮，填充钳口板，如图 10-151 所示。

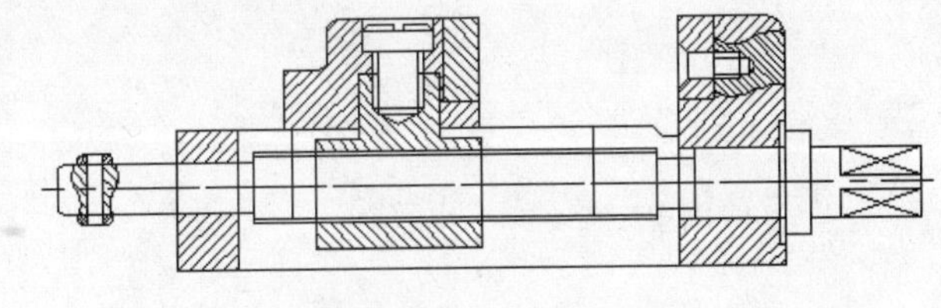

图 10-151 填充钳口板

（3）再将光标移动到圆心，在动态提示为“指定点”时，单击鼠标左键确定圆心上的点。

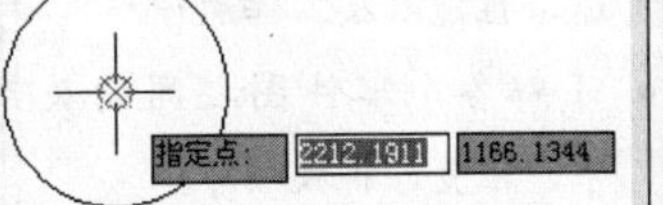

（4）在命令行中会显示出点的坐标：

命令：'_id 指定点： X = 2212.1911 Y = 1166.1344 Z = 0.0000

机械术语 **装配图的序号注意事项**

装配图中的需要注意以下几点：

- 装配图中编写的零件、部件序号按装配的先后顺序依次排列。
- 装配图序号的字体要比标注字体大一号。
- 同一装配图中的序号要一致。
- 相同的零件、部件一般只标注一次序号，特殊情况也可重复标注。
- 排放序号应水平或垂直排列整齐。
- 装配图应按顺时针或逆时针排列，在整张图上无法连续时，再按水平或垂直排列。
- 也可以按标题栏的顺序排列。

机械术语 读装配图的要求

读装配图时要了解以下几点：

- 熟悉了解装配图的名称、用途、性能以及工作原理。
- 了解各个零件图之间的关系、位置、拆放顺序。
- 了解各个零件的结构形状以及尺寸。
- 注意装配的技术要求。

机械术语 由装配图拆分绘制零件图的注意事项

在拆分装配图时需要注意以下几点：

- 在拆分零件图时，对未能表达清楚的结构形状，应根据零件的作用、装配关系，单独绘制标注清楚。
- 拆分的零件图，其尺寸应从装配图上量取，再根据实物尺寸对比检查后，然后绘制。
- 标注零件的尺寸公差、表面粗糙度以及形位公差等技术要求时，需要参考同类产品或相关资料后再进行标注。
- 填写标题栏，核对每个步骤。

实例 10-14 绘制螺栓装配图

本实例将绘制螺栓装配图，其主要功能包含直线、偏移、修剪、样条曲线、图案填充等。实例效果如图 10-152 所示。

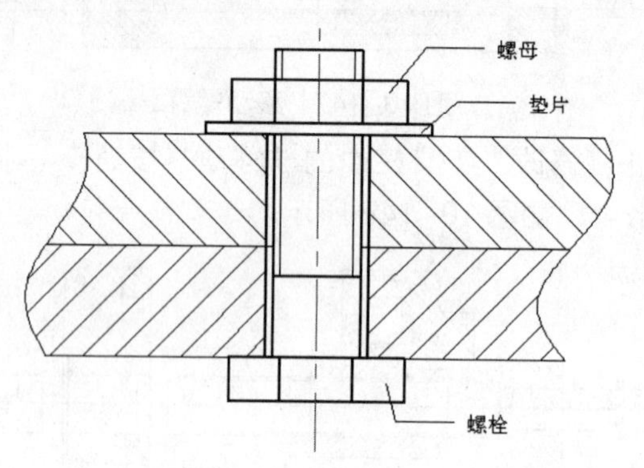

图 10-152 螺栓装配效果图

在绘制图形时，先绘制出各个部件，然后组合到一起并消除装配中的多余线段。具体操作见“光盘\实例\第 10 章\绘制螺栓装配图”。

11

第11章 绘制机械模型图

本章的实例主要是较为复杂的机械模型图。小栏部分主要讲解了图形的打印与发布的理论知识，对绘制完成后的图形如何后期输出也做了相关的介绍。

<table>
<tr><th>实　例</th><th>主要功能</th><th>实　例</th><th>主要功能</th><th>实　例</th><th>主要功能</th></tr>
<tr><td>绘制阀盖模型</td><td>多边形
建模拉伸
环形阵列
差集、并集
圆角、倒角</td><td rowspan="2">制阀体模型</td><td rowspan="2">圆柱体
环形阵列
面域
建模拉伸
三维旋转
差集、并集</td><td>绘制斜齿齿轮模型</td><td>样条曲线
镜像、合并
旋转
边界曲面
建模旋转</td></tr>
<tr><td>绘制支架模型（1）</td><td>圆柱体
长方体
三维镜像
差集、并集</td><td>绘制支架模型（2）</td><td>长方体
圆柱体
楔体、剖切
圆角</td></tr>
<tr><td>绘制机件模型</td><td>面域
三维旋转
倒角、消隐</td><td rowspan="2">绘制联轴器模型</td><td rowspan="2">圆柱体
长方体
三维阵列
三维镜像</td><td>绘制零件模型</td><td>圆柱体
长方体
三维镜像、
差集、并集</td></tr>
<tr><td>绘制固定件模型</td><td>直线、圆
圆角
建模拉伸
差集、并集</td><td>绘制卡件模型</td><td>圆、圆角
倒角
建模拉伸
并集、差集</td></tr>
</table>

本章在讲解实例操作的过程中，全面系统地介绍关于绘制机械模型图的相关知识和操作方法，包含的内容如下：

实例 11-1 绘制阀盖模型

本实例将绘制阀盖模型，其主要功能包含多边形、建模拉伸、环形阵列、差集、并集、圆角、倒角等。实例效果如图 11–1 所示。

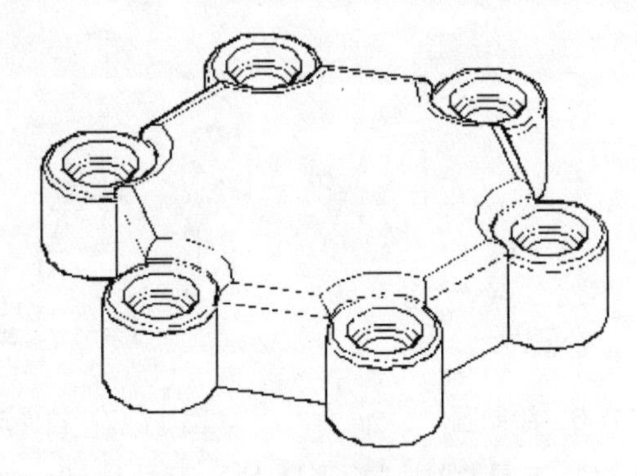

图 11–1　阀盖模型效果图

操作步骤

1. 选择“视图”菜单中“三维视图”子菜单中的“东北等轴测”命令，将二维视图切换成三维视图。
2. 单击“绘图”工具栏中的“多边形”按钮，绘制一个外接于圆、半径为 48 的正六边形，如图 11–2 所示。
3. 单击“绘图”工具栏中的“直线”按钮，绘制一条直线，如图 11–3 所示。

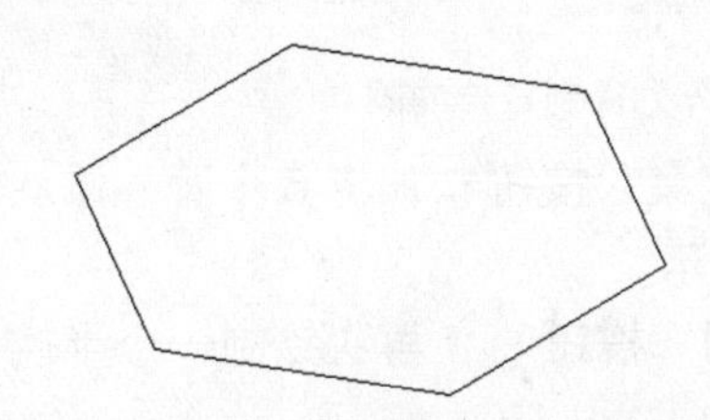

图 11–2　绘制正六边形

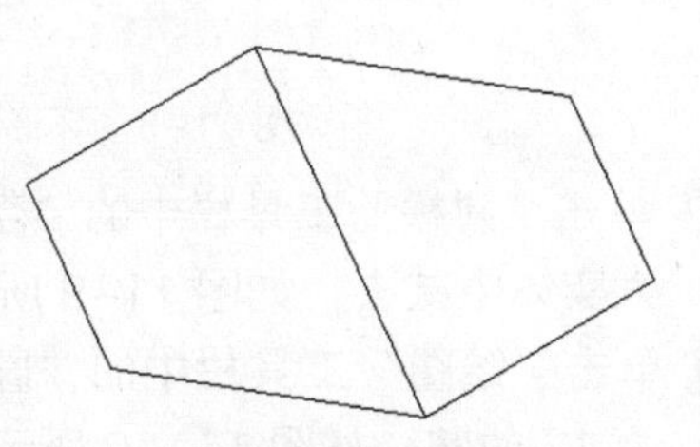

图 11–3　绘制直线

4. 单击“修改”工具栏中的“偏移”按钮，将绘制的正六边形向内偏移 12，如图 11–4 所示。
5. 单击“修改”工具栏中的“旋转”按钮，以直线的中点旋转内部的小正六边形，旋转角度为 30°，如图 11–5 所示。

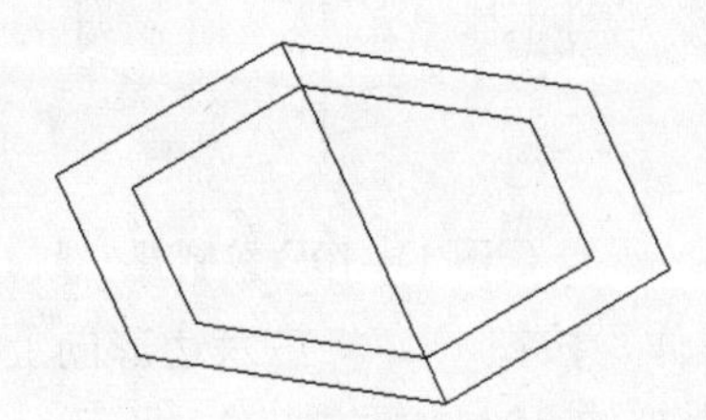

图 11–4　偏移正六边形

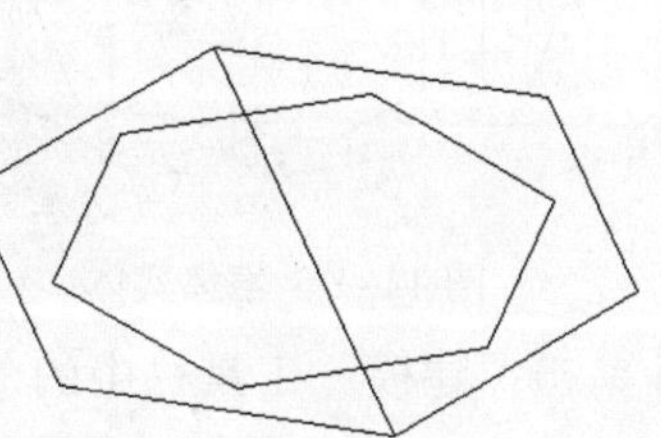

图 11–5　旋转小正六边形

实例 11-1 说明

- **知识点：**
  - 多边形
  - 建模拉伸
  - 环形阵列
  - 差集
  - 并集
  - 圆角
  - 倒角
- **视频教程：**

  光盘\教学\第 11 章 绘制机械模型图
- **效果文件：**

  光盘\素材和效果\11\效果\11-1.dwg
- **实例演示：**

  光盘\实例\第 11 章\绘制阀盖模型

相关知识　什么是机械模型

机械模型是以机械零件的实际尺寸绘制成的实体图。机械模型图如下：

相关知识　机械的定义

机械开始由木质或石头构成，如早期的纺织机、磨房。到了工业革命以后，被金属零件广泛替代。机械的发展也进入了新的迅猛的发展。

机械：

相关知识 机械的分类

机械的种类繁多，因此可以根据不同的方向，分成多种类别。

1. 按功能分

按功能可以分为动力机械、搬运机械、粉碎机等。

- 动力机械：指将自然界中的能量转换为动力的机械装置，如蒸汽机、发电机等。
- 搬运机械：以搬运为目的所生产的机械，如传送装置、牵引装置等。
- 粉碎机：以粉碎原料为目的的机械，如粉碎机、原料加工机等。

2. 按用途分

按用途可以分为民用机械、工用机械、农用机械等。

- 民用机械：指提供人们日常生活应用的机械，如装订机、打印机等。
- 工用机械：指提供工业生产相关的机械，如机床、铲车等。
- 农用机械：指提供农业生

6 单击“绘图”工具栏中的“圆”按钮，旋转一个角点绘制半径为 5、12 的圆，如图 11-6 所示。

7 单击“建模”工具栏中的“拉伸”按钮，将大圆和大正六边形向上拉伸 24，如图 11-7 所示。

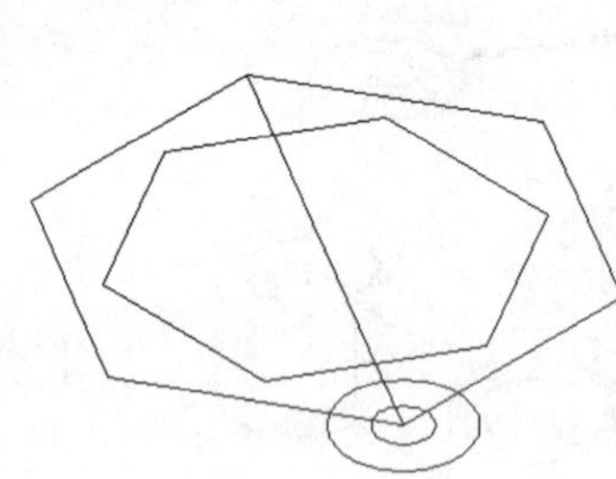

图 11-6　绘制圆

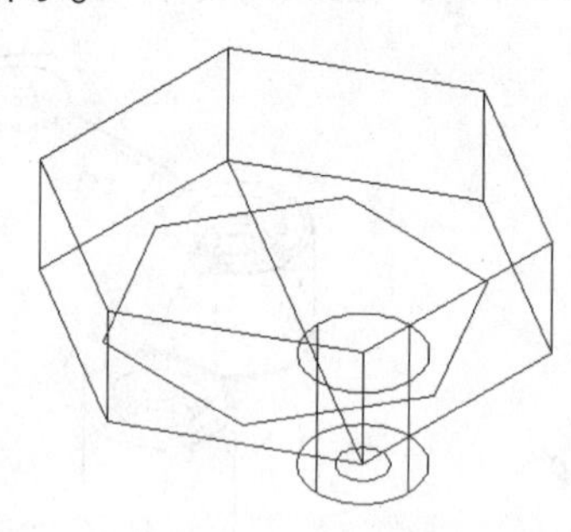

图 11-7　拉伸成实体

8 单击“修改”工具栏中“矩形阵列”下拉按钮中的“环形阵列”按钮，环形阵列复制上一步拉伸的圆，阵列复制数目为 6，如图 11-8 所示。

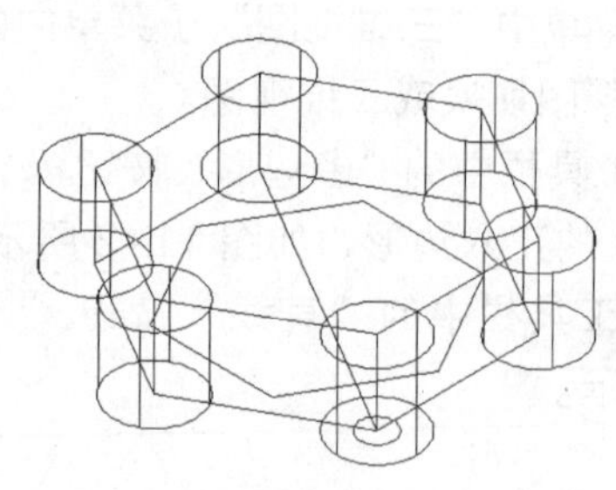

图 11-8　环形阵列复制拉伸的圆

9 单击“建模”工具栏中的“差集”按钮，将 6 个圆柱体从大实体中减去，如图 11-9 所示。

10 单击“绘图”工具栏中的“圆”按钮，再次绘制一个半径为 12 的圆，如图 11-10 所示。

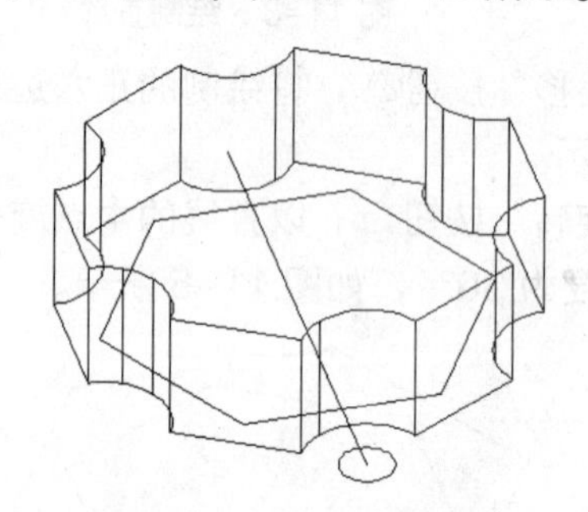

图 11-9　差集实体

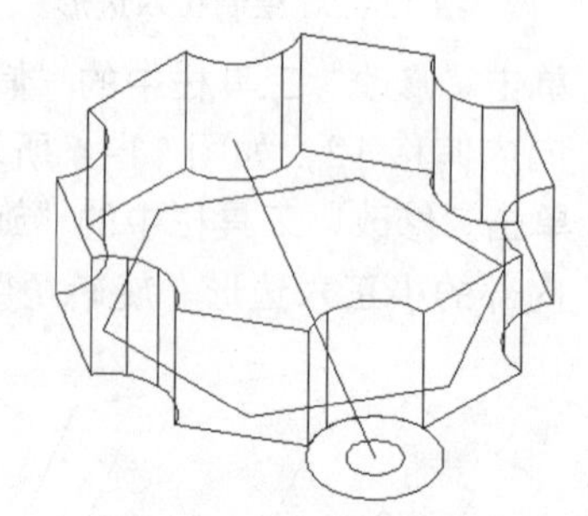

图 11-10　绘制圆

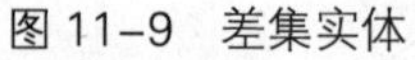

11 单击“建模”工具栏中的“拉伸”按钮，将正六边形向上拉伸 18，再将外边的两圆向上拉伸 20，如图 11-11 所示。

12 单击“修改”工具栏中的“环形阵列”按钮，再次环形阵列复制外边的两个圆柱体，如图 11–12 所示。

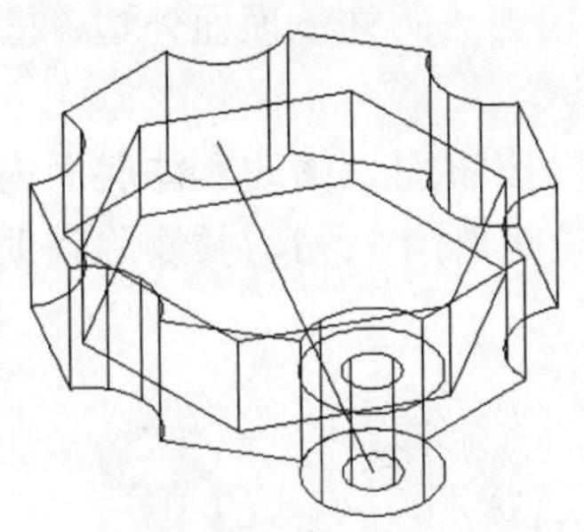

图 11–11　拉伸实体

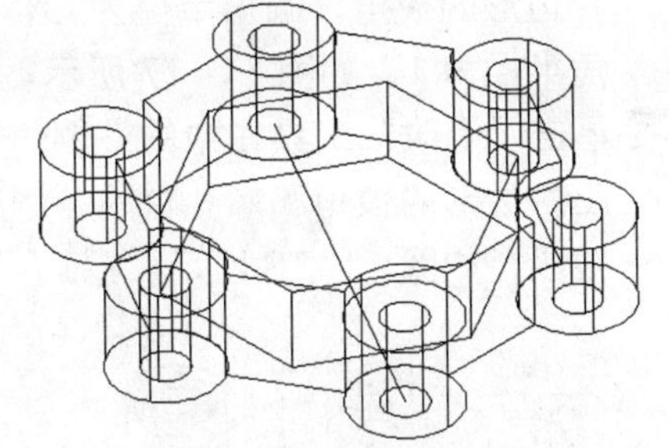

图 11–12　环形阵列复制两圆柱体

13 单击“建模”工具栏中的“差集”按钮，将拉伸的小正六边形从原图中减去，再将大圆柱体减去小圆柱体。

14 单击“建模”工具栏中的“并集”按钮，合并所有实体，这里抓图效果不明显，就省略了。

15 单击“绘图”工具栏中的“圆”按钮，以其中一个圆柱体顶面的圆心为圆心，绘制一个半径为 8 的圆，如图 11–13 所示。

16 单击“建模”工具栏中的“拉伸”按钮，将绘制的圆向下拉伸 4，如图 11–14 所示。

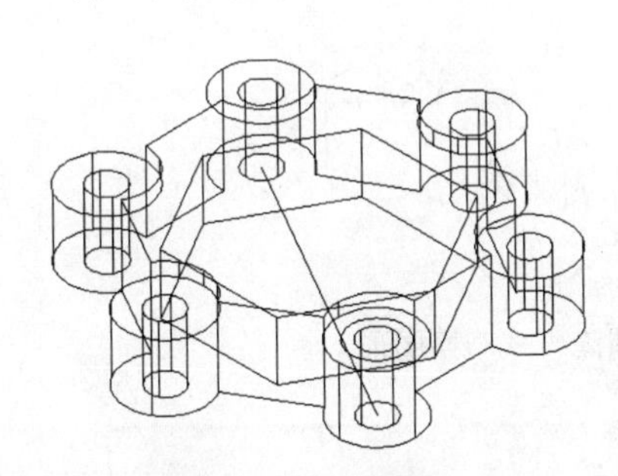

图 11–13　绘制圆

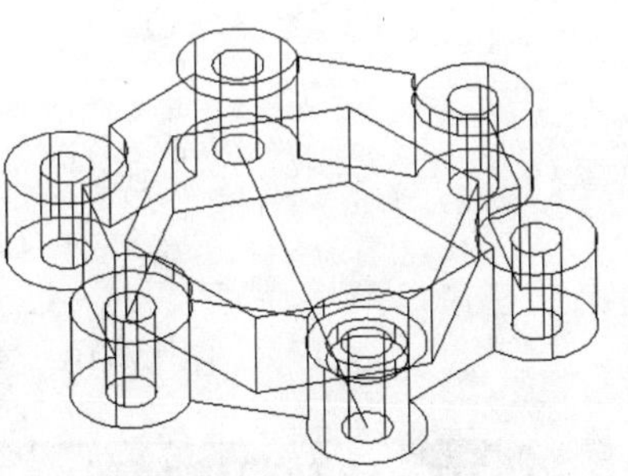

图 11–14　拉伸成实体

17 单击“修改”工具栏中的“阵列”按钮，打开“阵列”对话框，环形阵列复制拉伸的小圆柱体，如图 11–15 所示。

18 单击“建模”工具栏中的“差集”按钮，将阵列后的小圆柱体从大实体中减去，如图 11–16 所示。

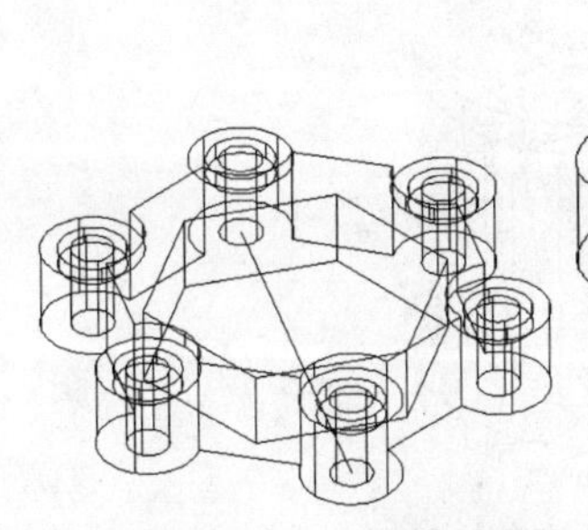

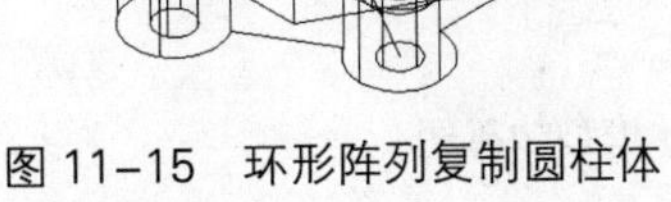

图 11–15　环形阵列复制圆柱体

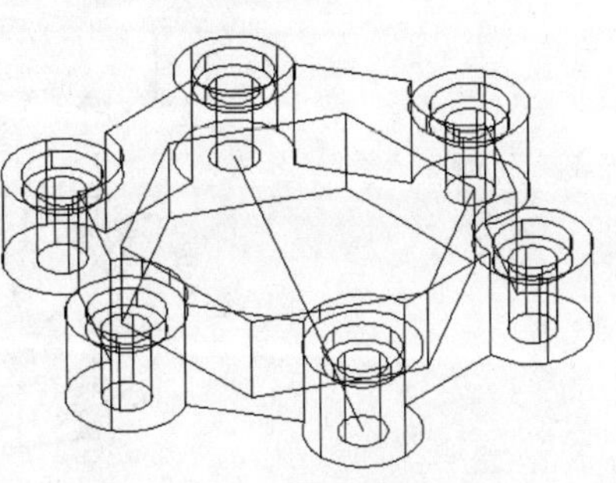

图 11–16　差集实体

产相关的机械，如收割机、播种机等。

3. 按原理分

按机械的工作原理可以分为热力机械、流体机械、仿生机械等。

- 热力机械：用热能提供运作的机械，如电熨斗、电磁炉等。
- 流体机械：以流体转换为能量性质的机械，如泵、水轮机等。
- 仿生机械：模仿生物形态、结构、原理设计制造的机械，如机械人等。这类机械兴起于近代，主要应用于生物学、医学、电子技术等广泛领域。

相关知识　**什么是打印图形**

图形绘制完成后，有时需要将其打印出来。在打印图形之前，通常需要进行适当的设置后再打印，如打印设置的选择、打印范围的调整、打印比例、打印区域和打印选项的设置等。

操作技巧　**打印的操作方法**

可以通过以下 5 种方法来执行“打印”操作：

- 单击标题栏上的“打印”按钮。
- 选择“文件”→“打印”命令。

- 单击“标准”工具栏中的“打印”按钮。
- 按 Ctrl+P 组合键。
- 在命令行中输入 plot 后，按 Enter 键。

实例 11-2 说明

知识点：

- 圆柱体
- 环形阵列
- 面域
- 建模拉伸
- 三维旋转
- 差集
- 并集

视频教程：

光盘\教学\第 11 章 绘制机械模型图

效果文件：

光盘\素材和效果\11\效果\11-2.dwg

实例演示：

光盘\实例\第 11 章\绘制阀体模型

相关知识 “打印-模型”对话框的设置

在执行以上任意一种操作都可以打开“打印-模型”对话框。

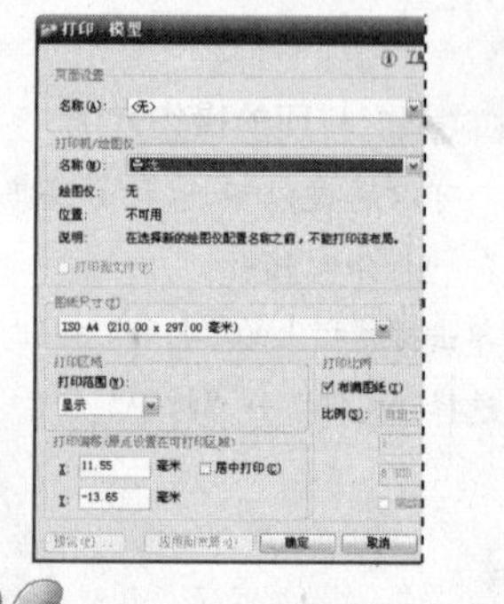

19 单击“修改”工具栏中的“圆角”按钮，修改实体顶面正六边形的棱角，圆角半径为 3，再修改圆柱体顶面外边，圆角半径为 1，如图 11-17 所示。

20 单击“修改”工具栏中的“倒角”按钮，修改实体底面内正六边形的棱角和螺孔台阶，倒角距离为 1、1，并删除辅助线段，如图 11-18 所示。

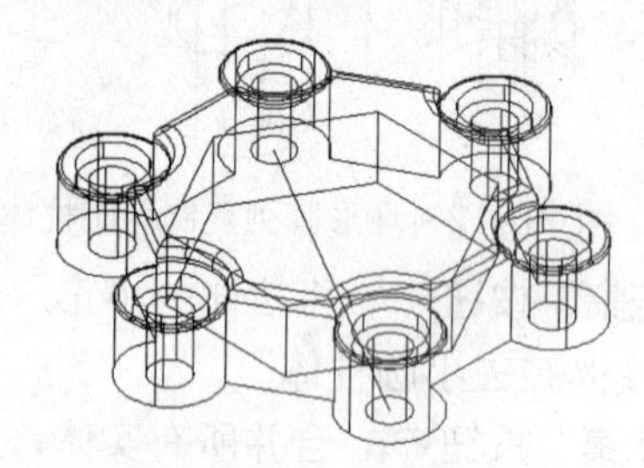

图 11-17　倒圆角实体　　图 11-18　倒角实体

21 选择“视图”菜单中的“消隐”命令，调整图形的视觉效果，如图 11-19 所示。

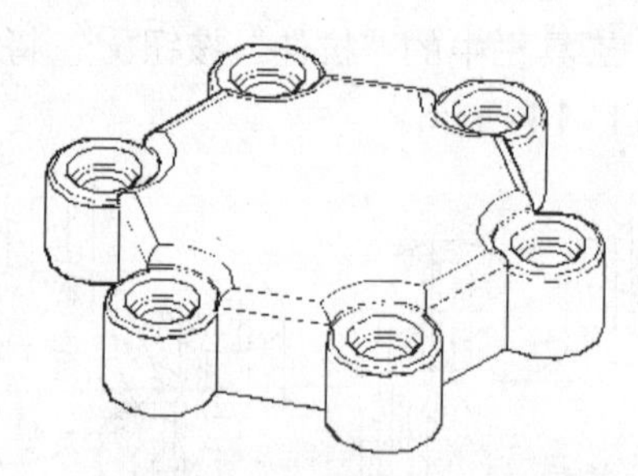

图 11-19　消隐样式观察图形

实例 11-2 绘制阀体模型

本实例将绘制阀体模型，其主要功能包含圆柱体、环形阵列、面域、建模拉伸、三维旋转、差集、并集等。实例效果如图 11-20 所示。

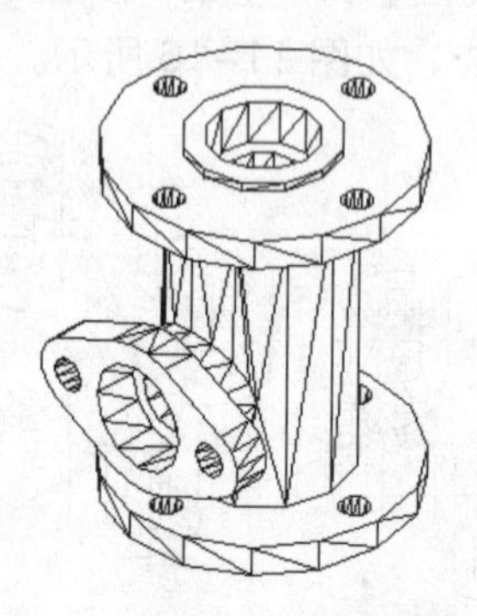

图 11-20　阀体模型效果图

操作步骤

1. 单击“图层”工具栏中的“图层特性管理器”按钮，打开“图层特性管理器”面板，创建点画线和实线两个图层。
2. 选择“视图”菜单中“三维视图”子菜单中的“东北等轴测”命令，将二维视图切换成三维视图。
3. 单击“建模”工具栏中的“圆柱体”按钮，绘制一个半径为 25、高为 3 的圆柱体，如图 11-21 所示。
4. 再次单击“建模”工具栏中的“圆柱体”按钮，以圆柱体上端面的圆心为圆心，绘制半径为 50、高为 10，半径为 30、高为 100，半径为 50、高为 10 和半径为 25、高为 3 的 4 个圆柱体，如图 11-22 所示。

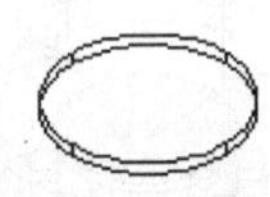

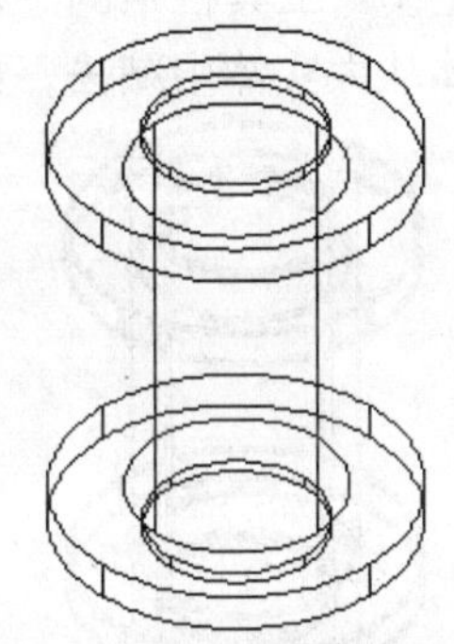

图 11-21 绘制圆柱体 图 11-22 依次再绘制 4 个圆柱体

5. 单击“绘图”工具栏中的“直线”按钮，以最下面的圆柱体的底面圆心为起点，沿 X 轴极轴方向绘制 40 的线段，如图 11-23 所示。
6. 单击“建模”工具栏中的“圆柱体”按钮，以线段的端点为底面圆心，绘制一个半径为 5、高为 130 的圆柱体，如图 11-24 所示。

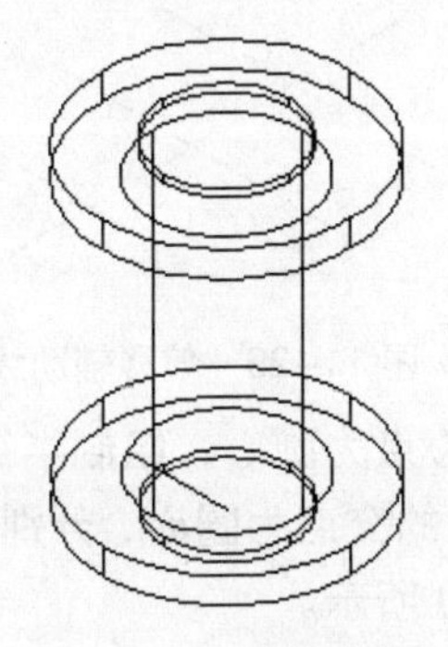

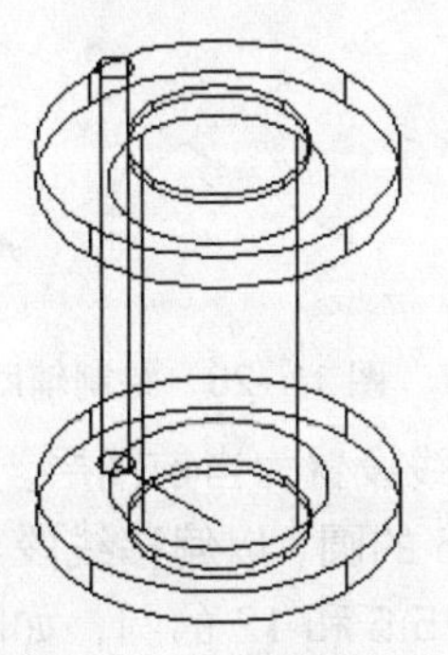

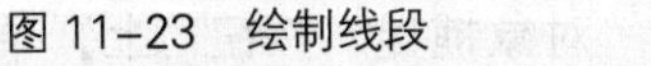

图 11-23 绘制线段 图 11-24 绘制圆柱体

7. 单击“修改”工具栏中“矩形阵列”下拉按钮中的“环形阵列”按钮，环形阵列复制上一步绘制的圆柱体，阵列复制数目为 4，如图 11-25 所示。

对话框中各选项的含义如下：

- 页面设置：列出了图形中已命名或已保存的页面设置。单击右端的“添加”按钮，弹出“添加页面设置”对话框，从中输入页面设置名，单击“确定”按钮，可新建页面设置，之后可通过“页面设置管理器”对话框修改此页面的设置。

添加页面设置
新页面设置名(N):
设置1
确定(O) 取消(C)

- 打印机/绘图仪：从下拉列表中选择已经安装的打印机名称。

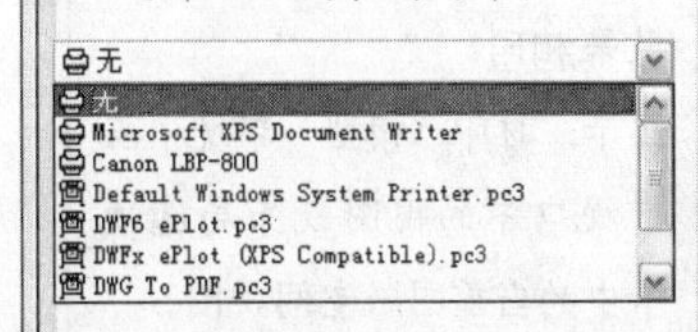

- 图纸尺寸：设置所选打印设备可用的标准图纸尺寸。如果从“布局”环境打印，可以先在“页面设置管理器”对话框中指定图纸尺寸；如果从“模型”环境打印，则需要在打印时指定图纸尺寸。
- 打印区域：用于设置打印的范围，单击右端的下拉按钮，打开下拉列表，其中包括以下 4 项。

- 窗口：打印指定的图形的

任何部分。选择“窗口”选项，将切换到绘图区，指定打印窗口后，即返回到对话框，指定窗口后，其右端会出现“窗口”按钮，单击该按钮，返回到绘图区，可重新指定窗口。

- 范围：打印包含对象的图形的部分当前空间。当前空间内的所有几何图形都将被打印。
- 图形界限：在“布局”环境下打印时，将打印指定图纸尺寸的可打印区域内的所有内容，其原点从布局中的（0，0）点计算得出。在“模型”环境下打印时，将打印栅格界限所定义的整个绘图区域。如果当前视口不显示平面视图，该选项与“范围”选项效果相同。
- 显示：打印“模型”环境中当前视口中的视图或布局选项卡中的当前图纸空间视图。

- 打印比例：选中“布满图纸”复选框，则缩放图形，以布满设置的图纸尺寸；取消选中此复选框，下面的“比例”属性变为可用，从后面的列表框中可以选择一种打印比例。
- 打印偏移：用于指定打印区域相对于可打印区左下角或图纸边界的偏移。

相关知识　“打印-模型”对话框的扩展选项

单击“打印-模型”对话框右下角⊙按钮，展开对话框

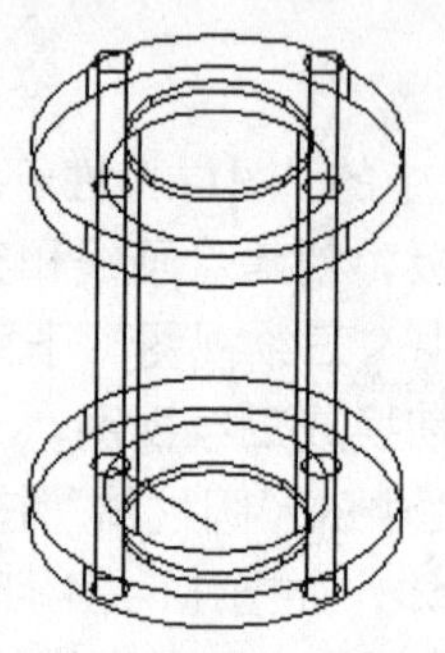

图 11-25　环形阵列复制圆柱体

8 单击“建模”工具栏中的“并集”按钮，将先绘制的 5 个圆柱体合并成一个实体，如图 11-26 所示。

9 单击“建模”工具栏中的“差集”按钮，将阵列复制的 4 个圆柱体从大实体中减去，如图 11-27 所示。

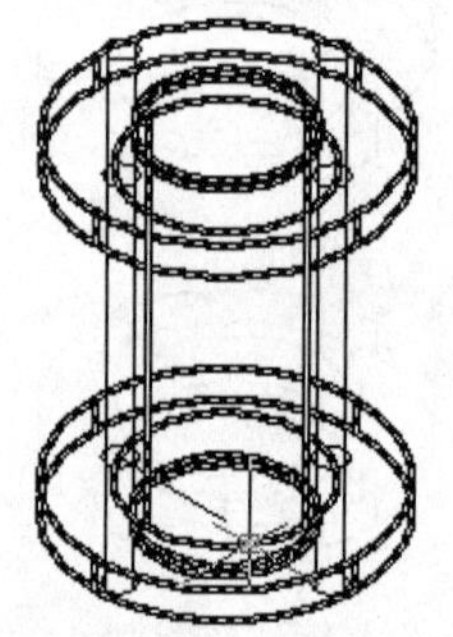

图 11-26　并集实体

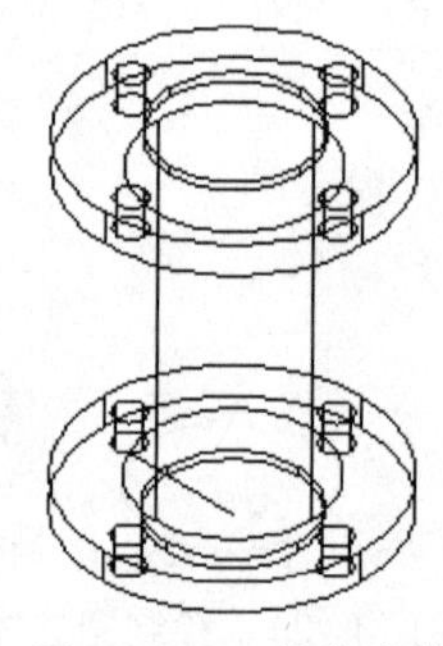

图 11-27　差集实体

10 将点画线设置为当前图层，并绘制两条辅助线。因为是在三维空间中绘制的 X 轴与 Y 轴的辅助线，所以都是斜的，如图 11-28 所示。

11 单击“修改”工具栏中的“偏移”按钮，将 X 轴的辅助线向左上和右下各偏移 30，如图 11-29 所示。

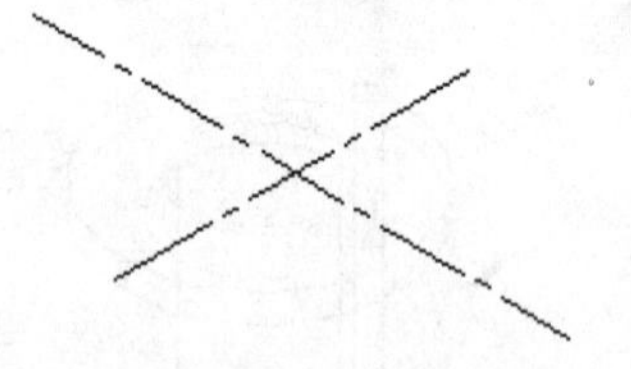

图 11-28　绘制辅助线

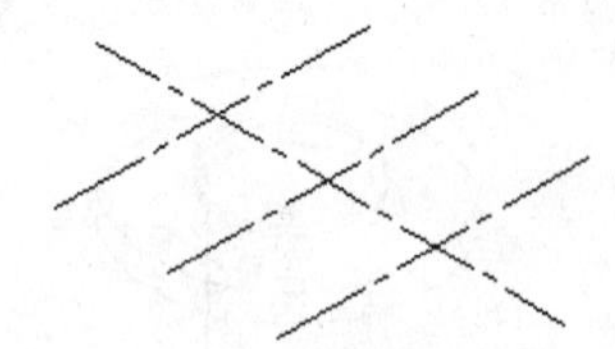

图 11-29　偏移辅助线

12 将实线设置为当前图层，并以中心点为圆心，绘制半径为 15 和 25 的圆，以偏移线段与水平线的交点为圆心，分别绘制半径为 5.5 和 12 的圆，如图 11-30 所示。

13 将鼠标移动到状态栏中的“对象捕捉”按钮上，单击鼠标右键，在弹出的快捷菜单中选择“设置”命令，打开“草图设置”对话框，取消选中“圆心”复选框，选中“切点”复选框，如图 11-31 所示。

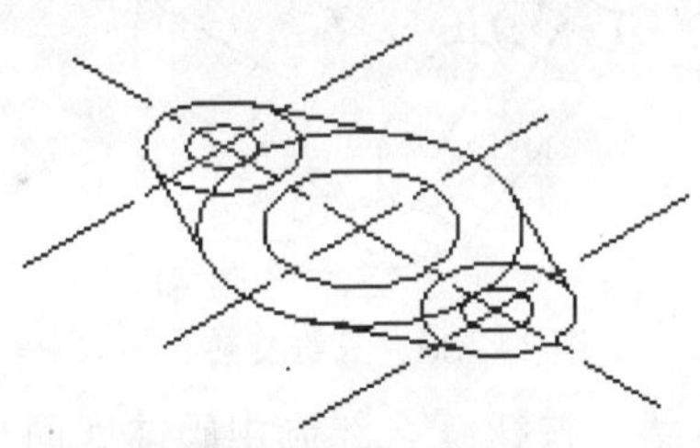

图 11-30　绘制圆

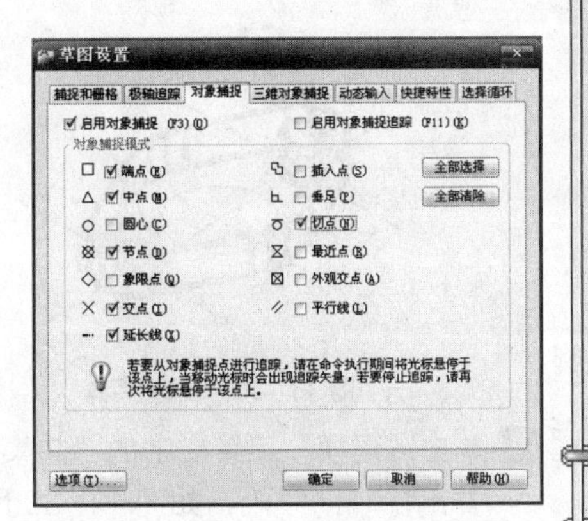

图 11-31　设置“对象捕捉”功能

14 单击“绘图”工具栏中的“直线”按钮，绘制 4 条切线，如图 11-32 所示。

15 单击“修改”工具栏中的“修剪”按钮，修剪图形中多余的线段，如图 11-33 所示。

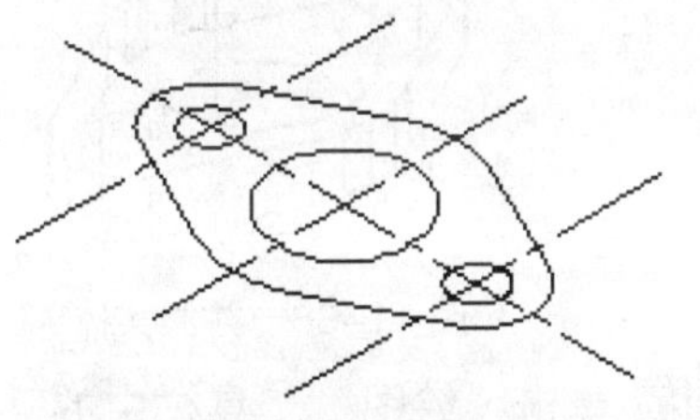

图 11-32　绘制切线

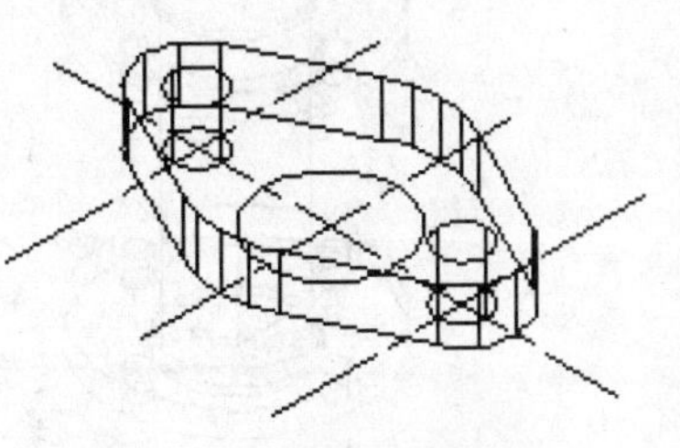

图 11-33　修剪多余的线段

16 单击“绘图”工具栏中的“面域”按钮，将修剪后的线段创建成面，如图 11-34 所示。

17 单击“建模”工具栏中的“拉伸”按钮，将创建的面和两个小圆向上拉伸 12，如图 11-35 所示。

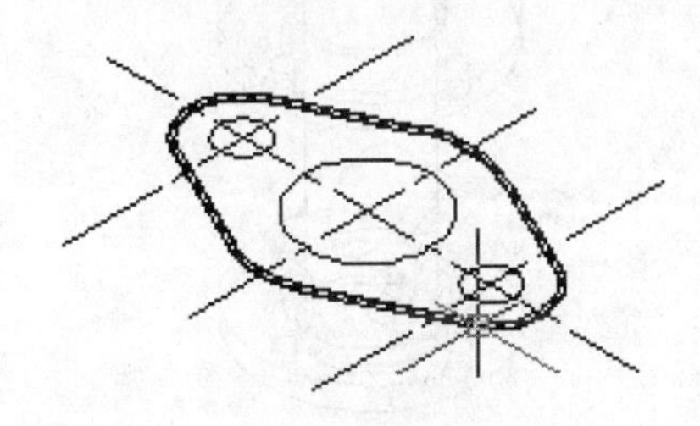

图 11-34　创建面

图 11-35　拉伸成实体

18 单击“建模”工具栏中的“差集”按钮，将两个小圆柱体从大实体中减去，如图 11-36 所示。

19 单击“建模”工具栏中的“圆柱体”按钮，以上端表面的中心点为圆心，绘制一个底面半径为 20、高为 40 的圆柱体，如图 11-37 所示。

有更多选项。

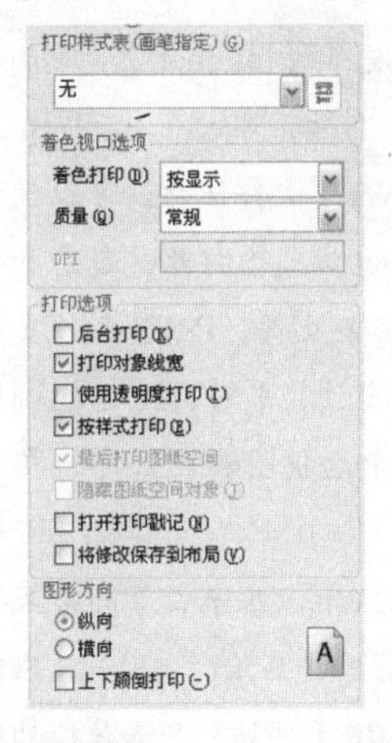

- 打印样式表：从下拉列表中选择打印样式表。
- 着色视口选项：指定着色打印选项。按显示或在线框中、按隐藏模式、按视觉样式还是按渲染来打印着色对象集。此设置的效果反映在打印预览中，而不反映在布局中。
- 打印选项：设置打印时的一些辅助选项，包括后台打印、打印对象线宽、使用透明度打印、按样式打印、最后打印图纸空间、隐藏图纸空间对象、打开打印戳记和将修改保存到布局 8 个选项。
- 图形方向：设置图形的打印方向。

相关知识　其他打印方式

除了系统中最普通的打印方法外，还有 3 种打印方式，下面分别介绍。

1. 电子打印

可以使用 AutoCAD 中的 EPLOT 的特性，将图形以电子形式发布到 Internet 上，所创建的文件以 Web 图形格式（.DWF）文件保存。可以使用 Internet 浏览器打开、查看和打印 DWF 文件，DWF 文件支持实时缩放和平移，可以控制图层、命名视图和嵌入超链接的显示。

DWF 以基于矢量的格式创建，通常是压缩的。因此，压缩的 DWF 文件的打开和传输的速度要比 AutoCAD 图形文件大。在 AutoCAD 中，还提供了两个可用做创建 DWF 文件的预配置 EPLOT PC3 文件。可以修改这些配置文件，或者用“添加打印机”向导创建附加的 DWF 打印机配置。DWF Classic.pc3 配置文件创建的输出文件以黑色图形为背景，DWF EPLOT.PC3 文件创建具有白色背景和图纸边界的 DWF。

2. 批处理打印

AutoCAD 提供了 Visual Basic 批处理打印使用程序，用于打印一系列 AutoCAD 图形。用户可以立刻打印图形，也可以将它们保存在批处理打印文件中以供以后使用。批处理打印使用程序独立于 AutoCAD 运行，可以从 AutoCAD 程序组中执行。

在使用批处理打印使用程序打印成批图形之前，应该检查所有必要的字体、外部参照、线性、图层特性和布局的有效性，保证成功地加载和显示图形。

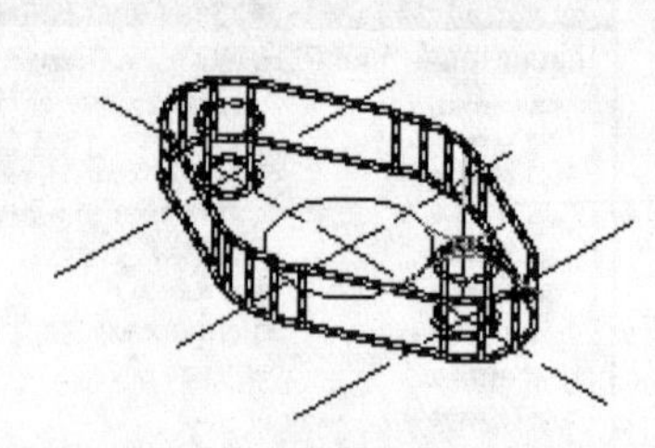

图 11-36　差集实体

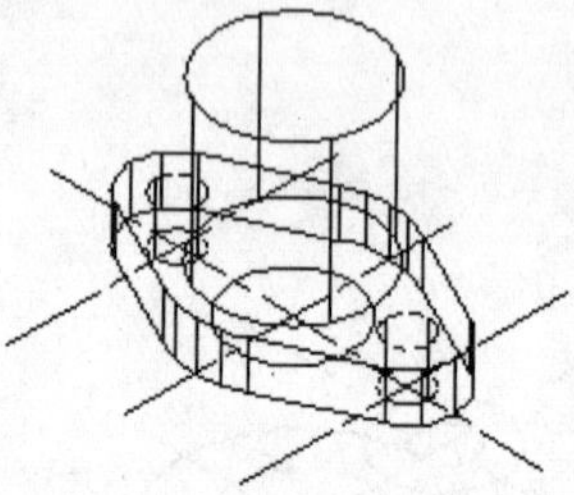

图 11-37　绘制圆柱体

20 单击“建模”工具栏中的“并集”按钮，将两个实体合并，并删除辅助线段，如图 11-38 所示。

21 单击“建模”工具栏中的“三维旋转”按钮，将并集后的实体，旋转 90°，如图 11-39 所示。

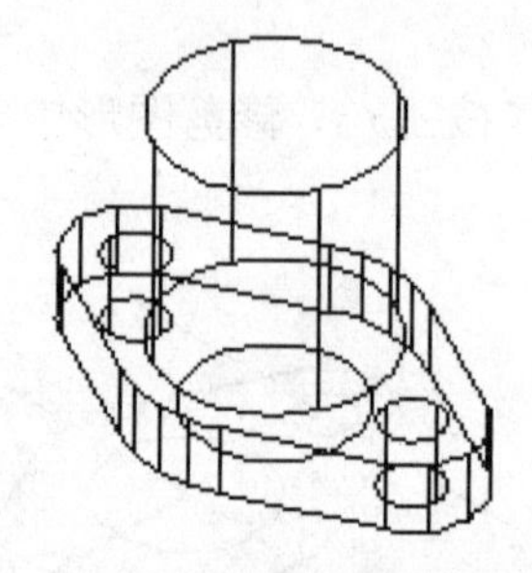

图 11-38　并集实体

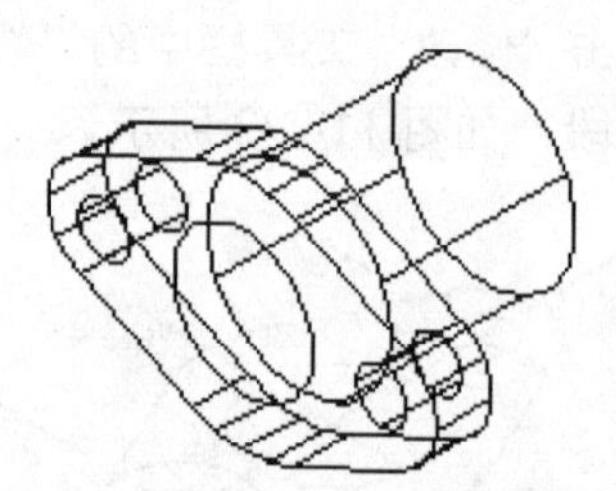

图 11-39　三维旋转实体

22 单击“绘图”工具栏中的“直线”按钮，绘制由阀体底面圆心为起点沿 Z 轴向上绘制 50 的线段，如图 11-40 所示。

23 单击“修改”工具栏中的“移动”按钮和“删除”按钮，将图形位移到一起，然后将辅助线段删除，如图 11-41 所示。

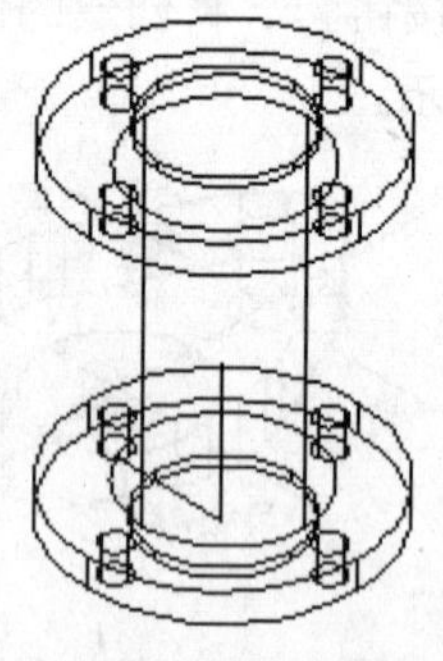

图 11-40　绘制辅助线段

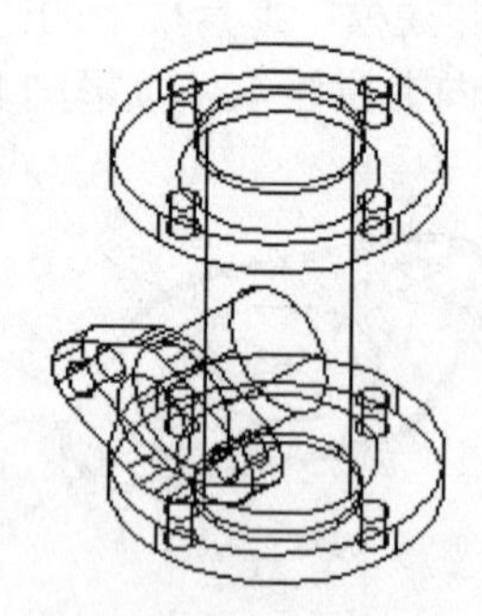

图 11-41　移动实体并删除辅助线段

24 单击“建模”工具栏中的“并集”按钮，将两个图形合并，并用消隐样式观察图形，如图 11-42 所示。

25 单击“建模”工具栏中的“圆柱体”按钮，以绘制阀体的方法从下到上分别绘制直径为 17.5、高度为 15，直径为 22.5、高度为 86，直径为 12.5、高度为 10，直径为 17.5、高度为 15 的 4 个圆柱体，如图 11-43 所示。

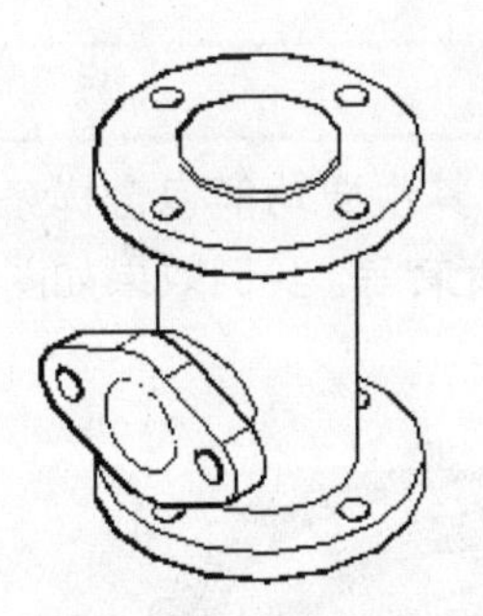

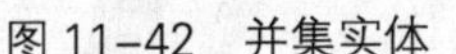

图 11-42　并集实体

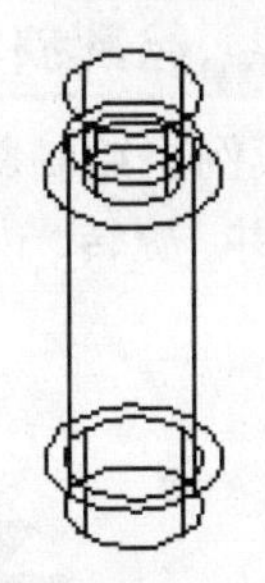

图 11-43　绘制 4 个圆柱体

26 再次单击“建模”工具栏中的“圆柱体”按钮，绘制部件内腔实体，绘制直径为 17.5、高度为 15，直径为 12.5、高度为 37 的两个圆柱体，如图 11-44 所示。

27 单击“建模”工具栏中的“并集”按钮，将上两步绘制的圆柱体合并成两个实体。

28 单击“建模”工具栏中的“三维旋转”按钮，旋转小的实体，并将两个实体移动到图形中，如图 11-45 所示。

图 11-44　绘制两个圆柱体

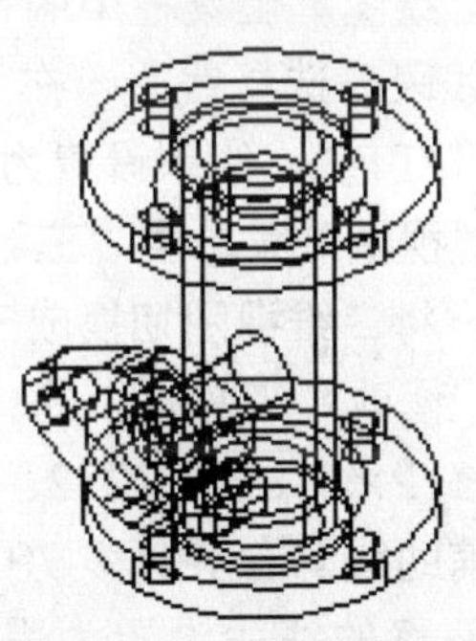

图 11-45　三维旋转并移动实体

29 单击“建模”工具栏中的“差集”按钮，将两个移动的实体从原图中减去，如图 11-46 所示。

30 选择“视图”菜单中的“消隐”命令，调整图形的视觉效果，如图 11-47 所示。

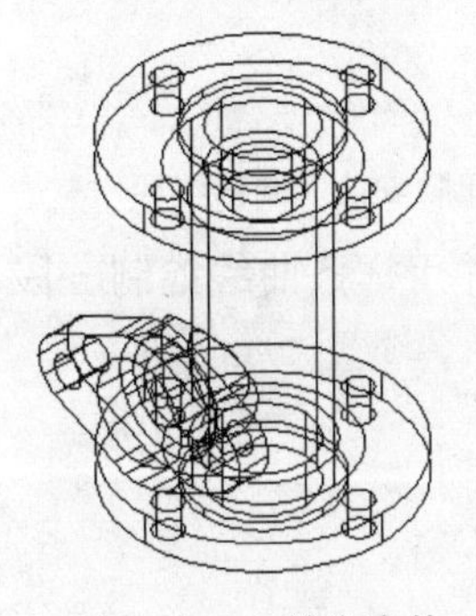

图 11-46　差集实体

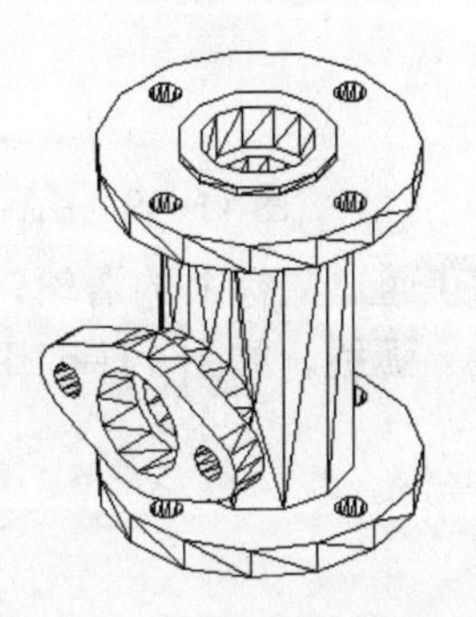

图 11-47　消隐样式观察图形

一旦使用批处理打印使用程序创建了打印图形列表，就可以将 PC3 文件附着到每一个图形。没有附着 PC3 文件的图形，其打印效果为开始批处理打印使用程序之前的默认值。

3. 使用脚本文件

AutoCAD 可以创建脚本文件来打印图形，脚本文件可以指定命名页面设置，或者打印图形中的不同视图，AutoCAD 可以读取使用文本编辑器或字处理器创建的文本文件中的脚本。脚本文本文件必须保存为 ASCⅡ格式，并使用.scr 文件扩展名。

当在 AutoCAD 2012 中创建新的脚本时，必须使用新的 plot 命令行。可以在任意行指定以下变量：布局名称、页面设置名称、输出设备名称以及文件名称。

相关知识　**打印样式表**

打印样式是对象的一个特性，它可以控制对象的打印特性，包括颜色、抖动、灰度、笔号、虚拟笔、淡显、线型、线宽、线条端点样式、线条连接样式和填充样式。

实例 11-3 说明

- 知识点：
  - 样条曲线
  - 镜像
  - 合并
  - 旋转
  - 边界曲面
  - 建模旋转
- 视频教程：

光盘\教学\第 11 章 绘制机械模型图

- 效果文件：

光盘\素材和效果\11\效果\11-3.dwg

- 实例演示：

光盘\实例\第 11 章\绘制斜齿齿轮模型

操作技巧 **打印样式表的操作方法**

可以通过以下两种方法来执行“打印样式表”操作：

- 选择“文件”→“打印样式管理器”命令。
- 在命令行中输入 stylesmanager 后，按 Enter 键。

相关知识 **打印样式表设置**

在 AutoCAD 中，可以通过打印样式表完成以下几种属性的设置：

- 黑白、灰度、彩色等方式打印。
- 打印线条的粗细。
- 实心填充样式，如实心、交叉等 5%～100%的灰度填充。

实例 11-3 绘制斜齿齿轮模型

本实例将绘制斜齿齿轮模型，其主要功能包含样条曲线、镜像、合并、旋转、边界曲面、建模旋转等。实例效果如图 11-48 所示。

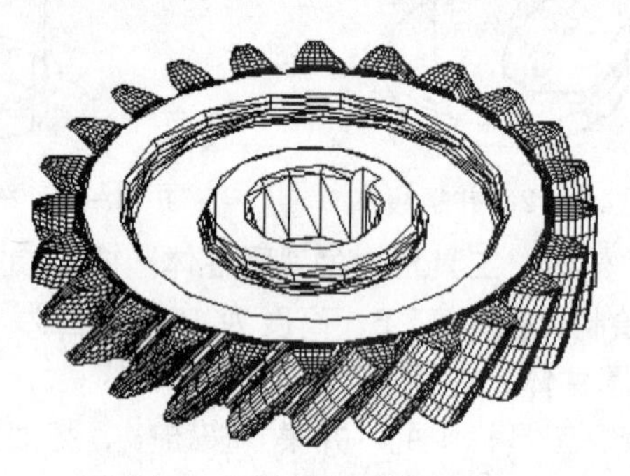

图 11-48 斜齿齿轮模型效果图

操作步骤

1. 单击“绘图”工具栏中的“直线”按钮，绘制两条相互垂直的线段。选择线段，在“特性”面板中，将线段的颜色设置为“红色”，线型设置为“CENTER2”，如图 11-49 所示。
2. 选择“视图”菜单中“三维视图”子菜单中的“东北等轴测”命令，将二维视图切换成三维视图。
3. 单击“修改”工具栏中的“偏移”按钮，将 Y 轴线段向左下偏移 2.6418、4.7772、6.2379、6.79065、6.3939，再将 X 轴辅助线向右下偏移 79.5、84、88.5、93、97.5，然后将所有偏移的线段设置为黑色，并将线型设置为默认形式，如图 11-50 所示。

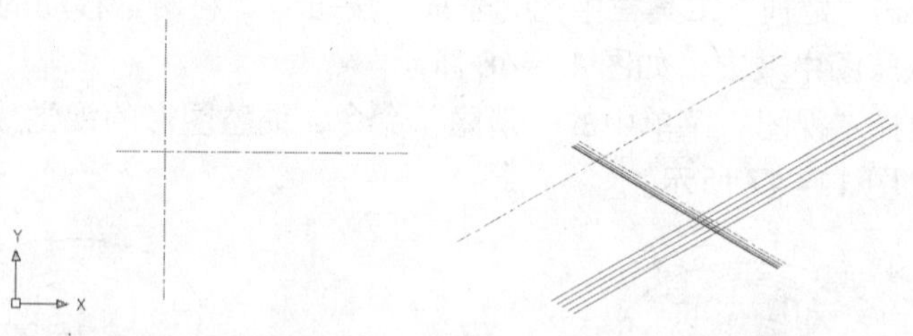

图 11-49 绘制线段　　图 11-50 偏移线段

4. 通过鼠标上的滑轮，放大图形局部，并用样条曲线绘制一段弧线，如图 11-51 所示。

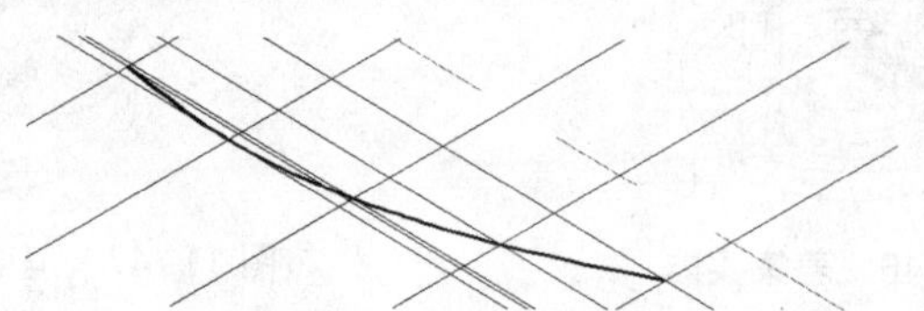

图 11-51 绘制样条曲线

5 单击“绘图”工具栏中的“圆”按钮，绘制半径为 80.625、97.5 的两个圆，如图 11-52 所示。

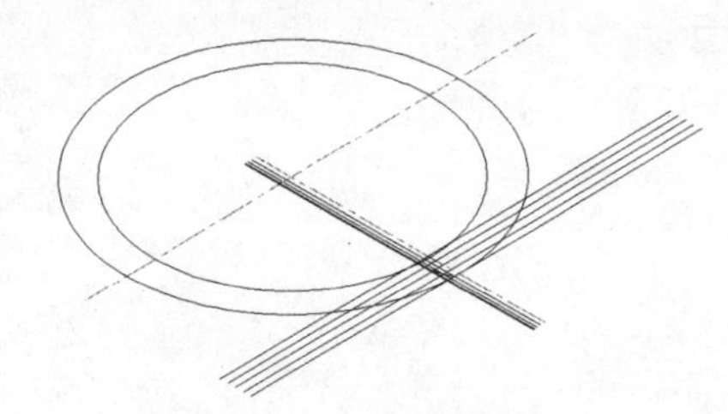

图 11-52　绘制圆

6 通过鼠标上的滑轮，放大图形局部，并对样条曲线和圆进行倒圆角，如图 11-53 所示。

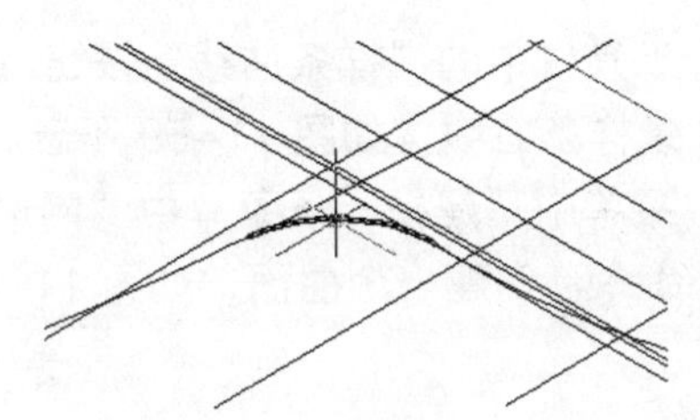

图 11-53　倒圆角图形

7 单击“修改”工具栏中的“修剪”按钮，修剪多余的线段，如图 11-54 所示。

8 单击“修改”工具栏中的“镜像”按钮和“合并”按钮，镜像并合并线段，如图 11-55 所示。

图 11-54　修剪多余的线段　　图 11-55　镜像并合并线段

9 单击“绘图”工具栏中的“直线”按钮，绘制倒圆角后的连线，再绘制一条沿 Z 轴向上 30 的线段，如图 11-56 所示。

10 单击“修改”工具栏中的“复制”按钮，复制图形，如图 11-57 所示。

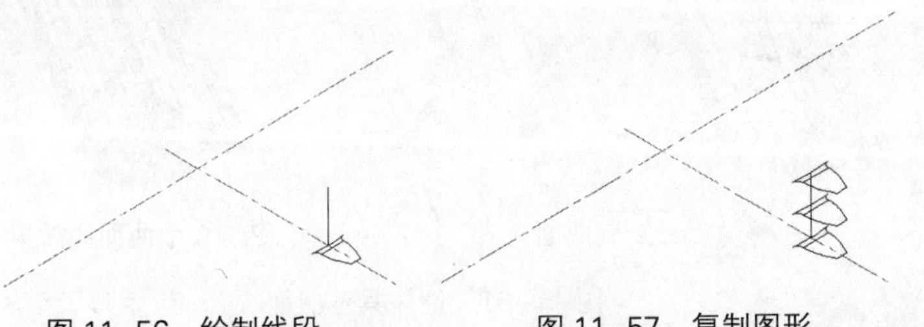

图 11-56　绘制线段　　图 11-57　复制图形

- 线型、线条连接、线条段点等式样。

相关知识　**打印样式表的分类**

打印样式表有两种类型：颜色相关打印样式表和命名打印样式表。窗口中扩展名为.ctb 的文件是指“颜色相关打印样式表”，扩展名为.stb 的文件是指“命名打印样式表”。颜色相关打印样式表根据对象的颜色设置样式；命名打印样式可以赋予某个对象，而与对象的颜色无关。

1. 颜色相关打印样式表

用对象的颜色决定打印的特征（如线宽）。例如，图形中所有红色的对象均以相同方式打印。可以在颜色相关打印样式表中编辑打印样式，但不能添加或删除打印样式。颜色相关打印样式表中有 256 种打印样式，每种样式对应一种 AutoCAD 颜色。在创建颜色相关打印样式表时，可以输入包括以前在 PCP、PC2 或 AutoCAD 配置文件（CFG）中的打印机配置信息。

2. 命名打印样式表

由用户定义打印的样式。在使用命名打印样式表时，具有相同颜色的对象可能会以不同的方式打印，这取决于赋予对象的打印样式。命名打印样式表的数量取决于用户的需要量。像所有其他特性一样，可以将命名打印样式赋予某个对象或布局。

11 单击“修改”工具栏中的“旋转”按钮，旋转中间的图形，旋转角度为 7.5°，再旋转上面的图形，旋转角度为15°，如图 11-58 所示。

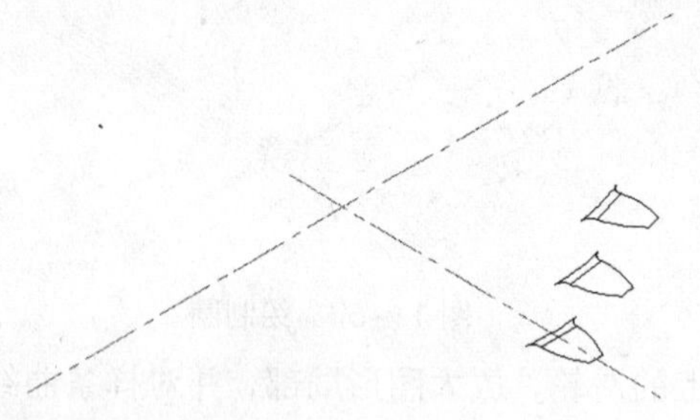

图 11-58　旋转图形

12 单击“绘图”工具栏中的“样条曲线”按钮，根据相应的角点，绘制 6 条样条曲线，如图 11-59 所示。

13 选择“绘图”菜单中“建模”子菜单中“网格”子菜单中的“边界网格”命令，创建一个曲面，如图 11-60 所示。

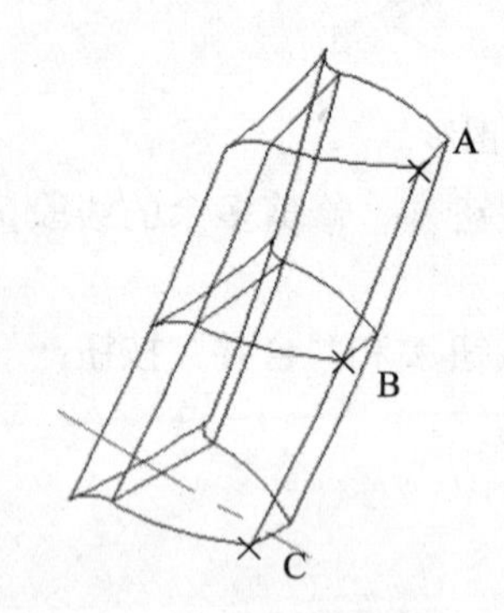

图 11-59　绘制 6 条样条曲线

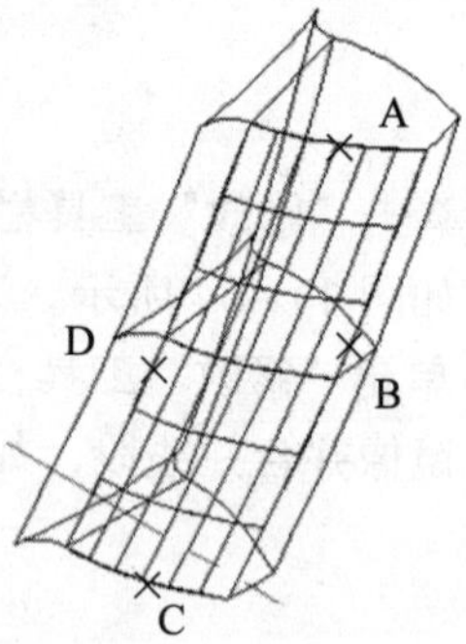

图 11-60　创建曲面

14 用同样的方法创建另外 9 个面，在创建曲面时，有些边界选择不到，这时可以先复制一个原件，再在新件上创建出曲面，再将曲面移动到原件上，如图 11-61 所示。

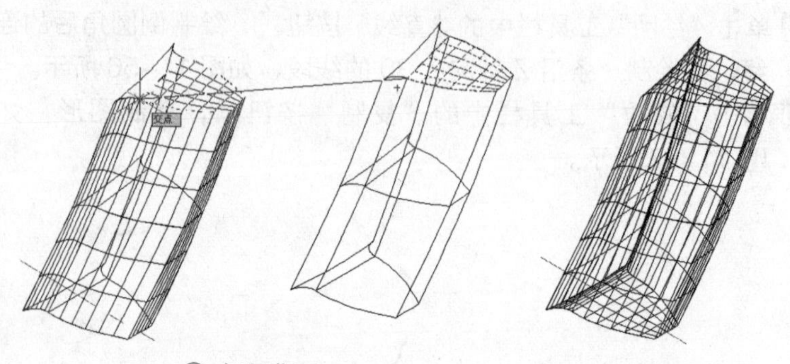

① 复制曲面　　② 10 个曲面的效果

图 11-61　创建其他曲面

重点提示　打印样式表的优点

打印样式表具有以下几个优点：

- 打印样式具有图形颜色相关或图层图块命名相关两种方式。
- 通过附着打印样式表到“布局”和“模型”选项卡，可永久保持其打印样式。
- 通过附着不同的打印样式表到布局，可以创建不同外观的打印图样式。
- 命名打印样式可以独立于物理的颜色使用。可以给物体指定任意一种打印样式，而不论物体是什么颜色。

相关知识　创建打印样式表

打印样式的特性是在打印样式表中定义的，可以将它附着到“模型”选项卡和布局上去。每一个对象和图层都有打印样式特性。

通过附着不同的打印样式到布局上，可以创建不同外观的打印图样式。使用“添加打印样式表”向导来创建新的打印样式表。假如给对象指定一种打印样式，然后把包含该打印样式定义的打印样式删除，该打印样式将不起作用。

15 单击“绘图”工具栏中的“直线”按钮，并配合修剪、圆角和倒角功能，绘制出一个齿轮内部断面图形，并创建成面，如图 11-62 所示。

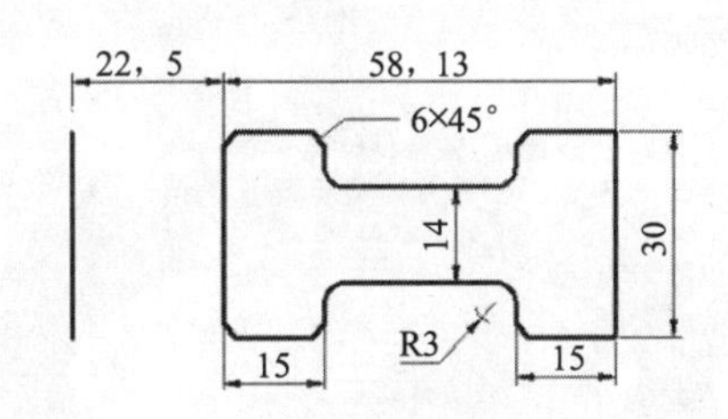

① 平面效果

② 三维效果

图 11-62　绘制齿轮内部断面图形

16 单击“修改”工具栏中的“移动”按钮，将绘制的图形移动到原图中，如图 11-63 所示。

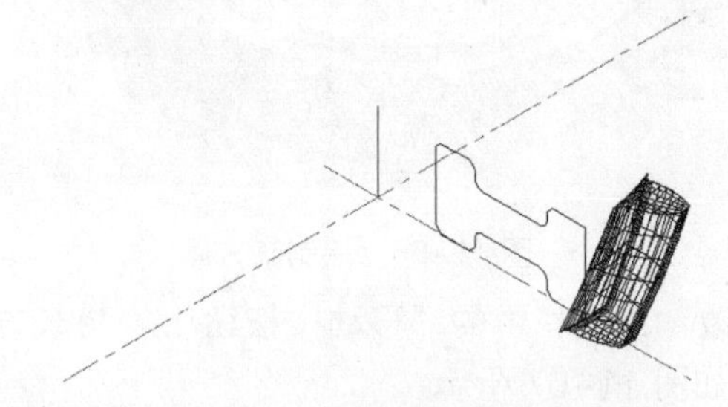

图 11-63　移动图形

17 单击“建模”工具栏中的“旋转”按钮，将断面沿中间的垂直线段旋转成一个实体，如图 11-64 所示。

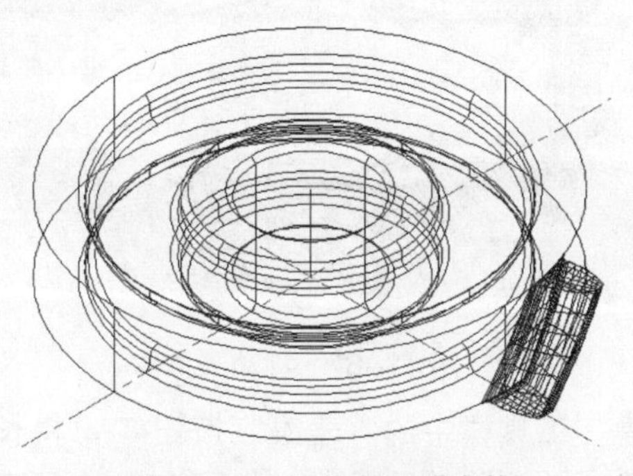

图 11-64　旋转断面成实体

操作技巧　**添加打印样式表的具体操作过程**

添加打印样式表的具体操作步骤如下：

（1）选择“工具”→“向导”→“添加打印样式表”命令，打开“添加打印样式表”对话框。

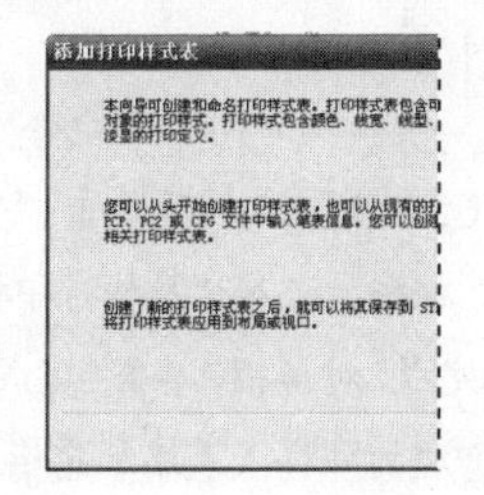

（2）单击“下一步”按钮，进入“添加打印样式表-开始”对话框，在该对话框中可以根据工作的需要，选择相应的表格类型。

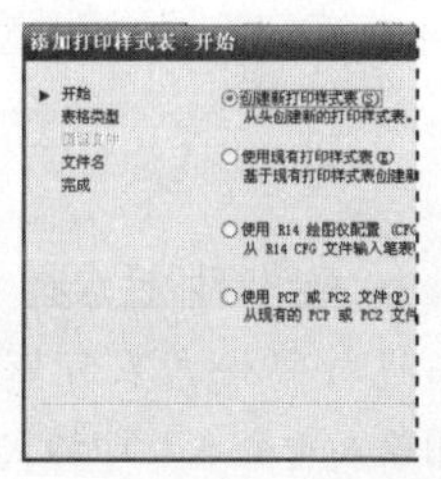

（3）在选定了打印样式表的单项按钮后，单击“下一步”按钮进入“添加打印样式表-选择打印样式表”对话框，在该对话框中设置表格的类型。

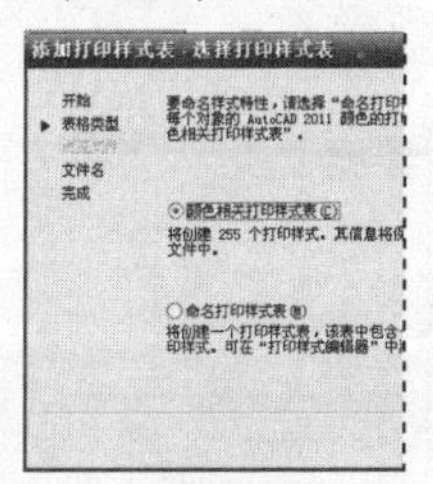

（4）选择表格类型单选按钮后，单击“下一步”按钮，进入“添加打印样式表-文件名”对话框，

18 单击“修改”工具栏中的“阵列”按钮，打开“阵列”对话框。切换到“环形阵列”选项卡，以旋转实体的垂直线段的端点为中点，设置数目为 24，环形阵列复制斜齿轮的斜齿，如图 11-65 所示。

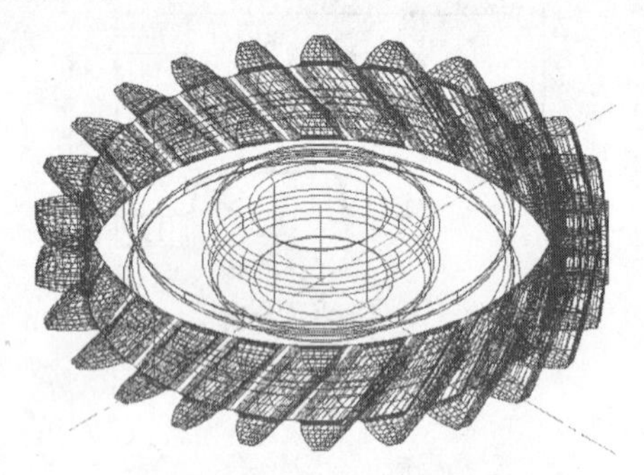

图 11-65　环形阵列复制斜齿

19 单击“建模”工具栏中的“长方体”按钮，在图形外绘制一个长为 28.5、宽为 8、高为 30 的长方体，如图 11-66 所示。

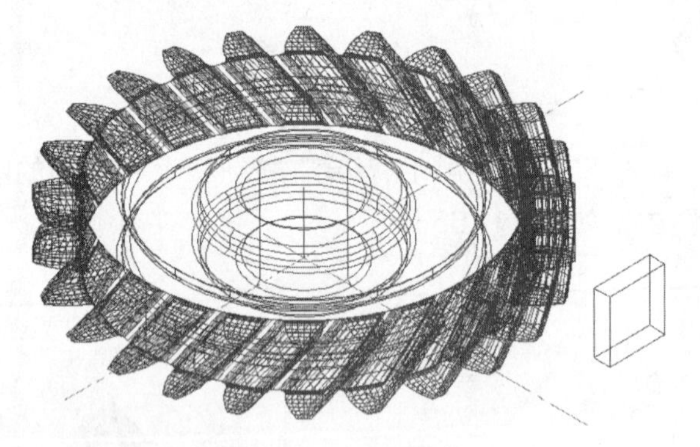

图 11-66　绘制长方体

20 单击“修改”工具栏中的“移动”按钮，将长方体移动到图形中，如图 11-67 所示。

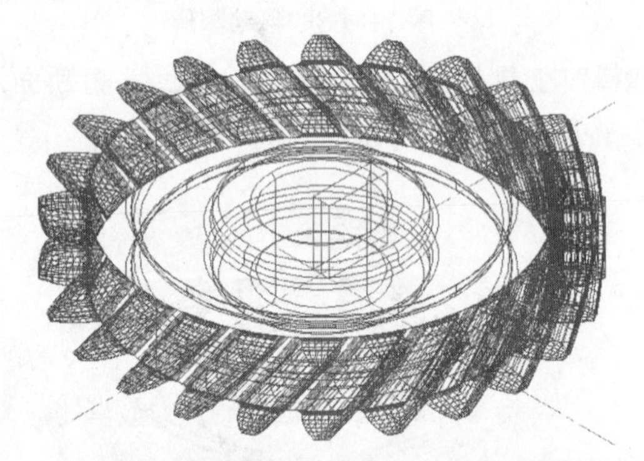

图 11-67　移动长方体

21 单击“建模”工具栏中的“差集”按钮，将长方体从大的实体中减去，并删除辅助线段，如图 11-68 所示。

在这里可以为所建立的打印样式表指定名称，该名称将作为所建立的打印样式的标记名。

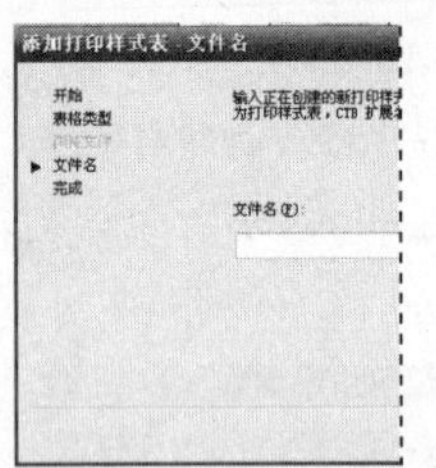

（5）输入名称后单击“下一步”按钮，进入“添加打印样式表-完成”对话框，单击“完成”按钮即将打印样式表添加完毕。

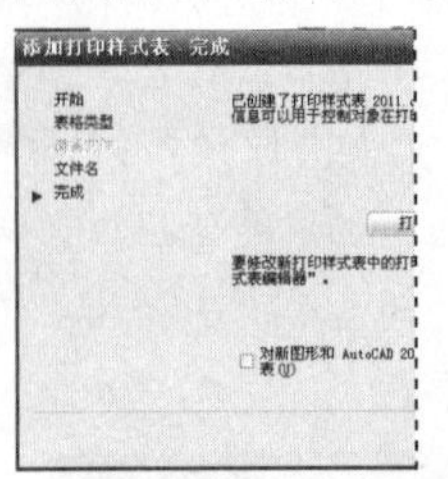

相关知识　编辑打印样式表

编辑打印样式表可以添加、删除和重命名打印样式，并且可以编辑打印样式表中的打印样式参数。

在“Plot Styles”窗口中，选择一个“.CTB”文件图标双击，即可打开“打印样式表编辑器”对话框。

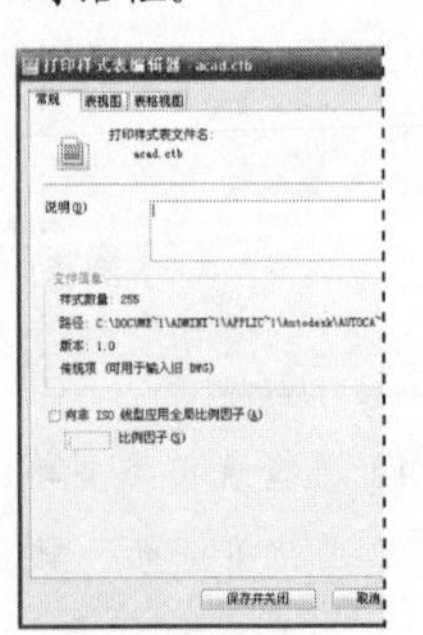

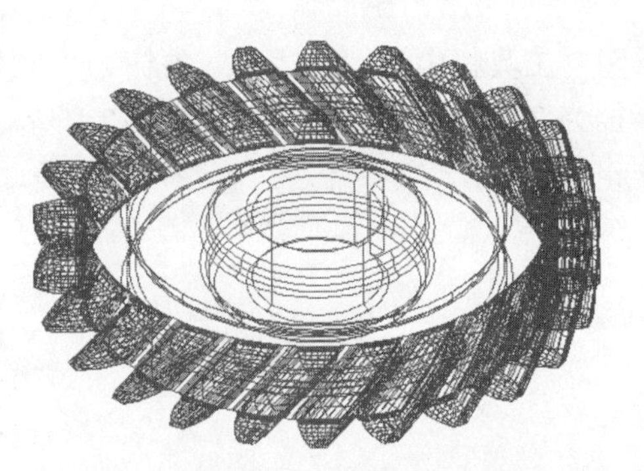

图 11-68 差集实体并删除辅助线段

22 选择“视图”菜单中的“消隐”命令，调整图形的视觉效果，如图 11-69 所示。

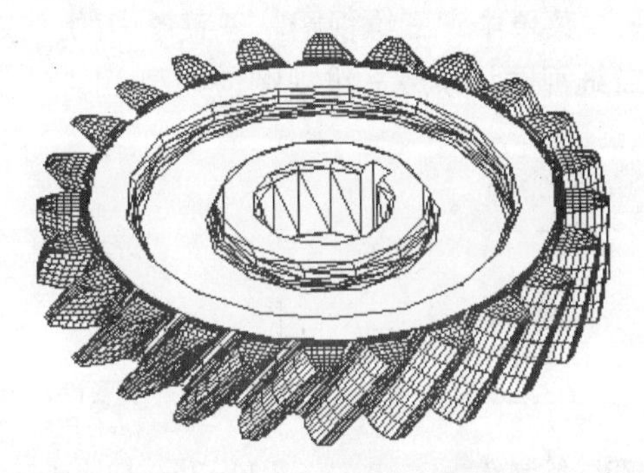

图 11-69 消隐样式观察图形

实例 11-4 绘制联轴器模型

本实例将绘制联轴器模型，其主要功能包含圆柱体、长方体、三维阵列、三维镜像等。实例效果如图 11-70 所示。

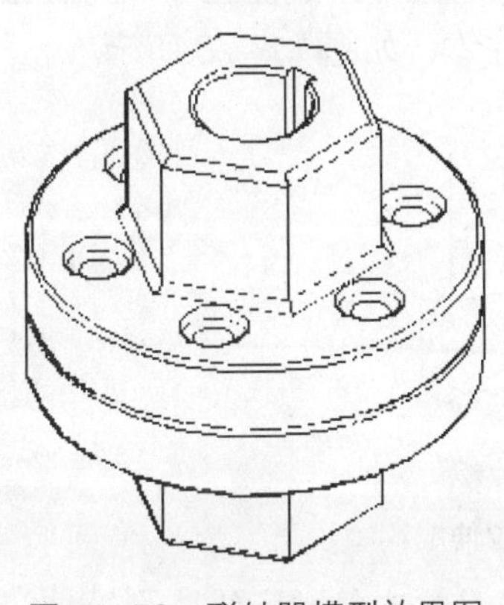

图 11-70 联轴器模型效果图

操作步骤

1 单击“绘图”工具栏中的“圆”按钮，绘制一个半径为 45 的圆，如图 11-71 所示。

在“打印样式表编辑器”对话框中，可以分为常规、表视图和表格视图 3 个选项卡。

1. 常规

在“常规”选项卡中，提供了当前打印样式表的名称、说明、版本信息和路径，可以在对话框中修改打印样式表的说明信息，也可以在非 ISO 直线和填充图案上应用缩放比例。

2. 表视图

“表视图”选项卡提供了打印颜色、指定的笔号、淡显、线型、线宽、线条端点样式、线条连接样式和填充样式等选项的设置。

在使用“表视图”选项卡进行编辑时，在需要修改的特性上单击鼠标左键，该属性框可弹出下拉列表框或者变成文本框输入 4，可以对其属性值进行修改。

3. 表格视图

“表格视图”选项卡的选项内容与“表视图”选项卡基本相同。

使用“表格视图”选项卡进行编辑的操作相对于“表视图”选项卡的操作要简单，系统在对话框中每一种颜色所要设计的颜色特性，可以对所需要的特性值进行修改。

实例 11-4 说明

知识点：

- 圆柱体
- 长方体
- 三维阵列
- 三维镜像

视频教程：

光盘\教学\第 11 章 绘制机械模型图

效果文件：

光盘\素材和效果\11\效果\11-4.dwg

实例演示：

光盘\实例\第 11 章\绘制联轴器模型

相关知识 什么是发布

发布提供了一种简单的方法来创建图样图形集或电子图形集。电子图形集是打印的图形集的数字形式。通过将图形发布至 Design Web Format（DWF）文件来创建电子图形集。

相关知识 创建图纸集

可以使用“创建图纸集”向导来创建图纸集。在向导中，可以为现有图形从头开始创建图纸集，也可以使用图纸集样例作为样板进行创建。指定的图形文件的布局将输入图纸集中，用于定义图纸集的关联和信息存储在图纸集数据（DST）文件中。

2 单击“绘图”工具栏中的“多边形”按钮，绘制一个外接于圆、半径为 26 的正六边形，如图 11–72 所示。

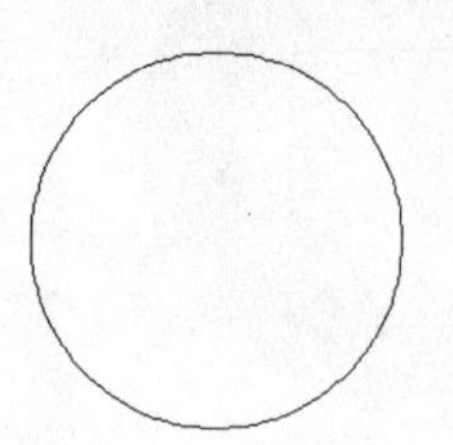

图 11–71　绘制圆

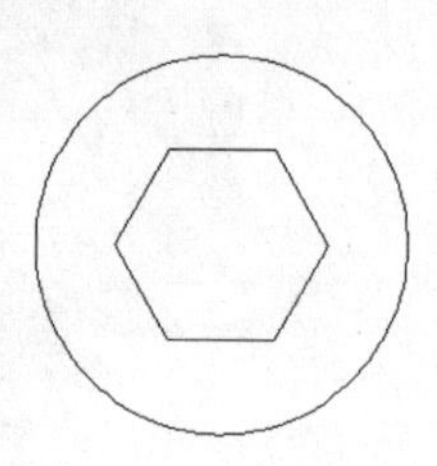

图 11–72　绘制正六边形

3 单击“绘图”工具栏中的“直线”按钮，以圆心为起点，向上绘制 32，如图 11–73 所示。

4 选择“视图”菜单中“三维视图”子菜单中的“东北等轴测”命令，将二维视图切换成三维视图，如图 11–74 所示。

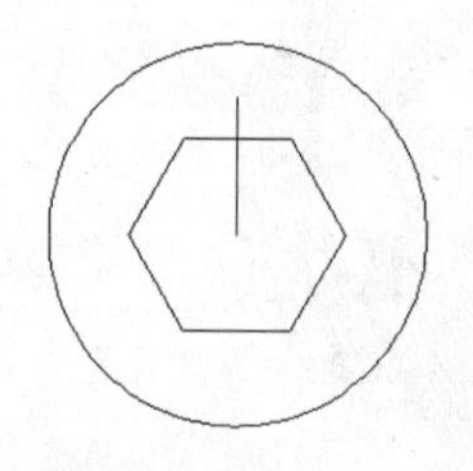

图 11–73　绘制直线

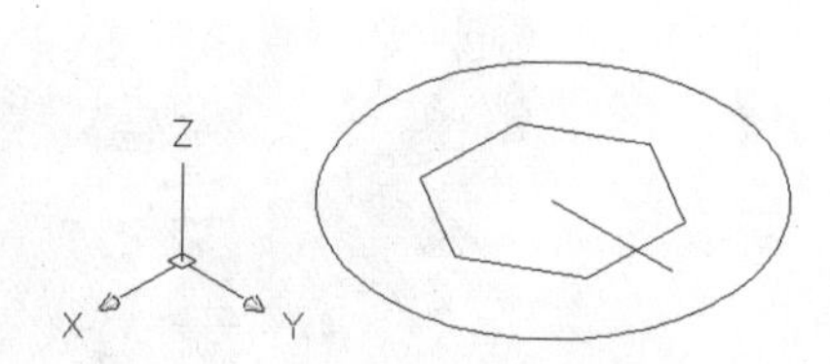

图 11–74　切换成三维视图

5 单击“建模”工具栏中的“拉伸”按钮，将圆向上拉伸 15，再将正六边形向上拉伸 45，如图 11–75 所示。

6 单击“建模”工具栏中的“圆柱体”按钮，以直线的一个端点为圆柱体的底面圆心，绘制半径为 4、高为 12 的圆柱体，再以圆柱体的顶面圆心为底面圆心，向上绘制一个半径为 7、高度为 3 的圆柱体，如图 11–76 所示。

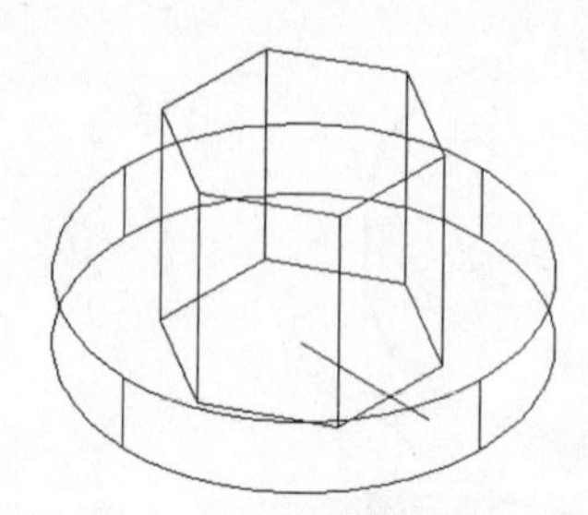

图 11–75　拉伸成实体

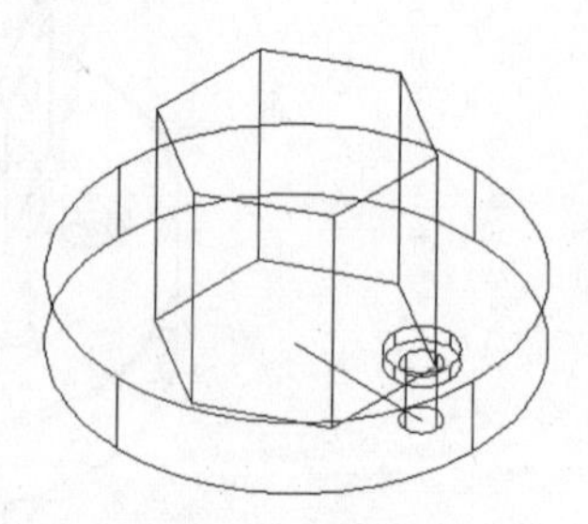

图 11–76　绘制圆柱体

7 单击“建模”工具栏中的“三维阵列”按钮，三维阵列复制两个圆柱体，复制数目为 6，如图 11–77 所示。

8 单击“建模”工具栏中的“圆柱体”按钮，以直线的一个端点为底面圆心，绘制一个半径为 12，高度为 45 的圆柱体，如图 11–78 所示。

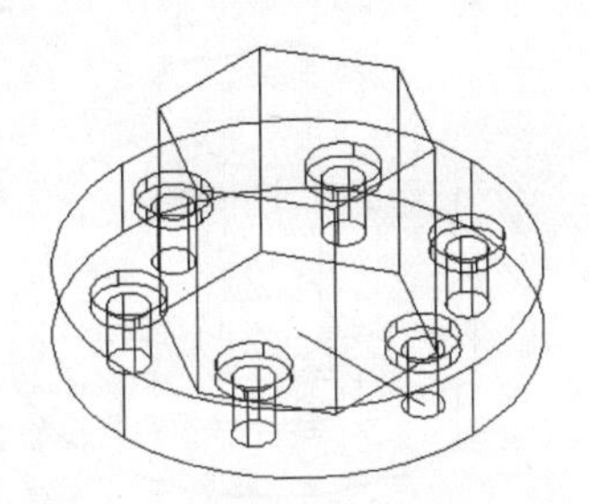

图 11-77 三维阵列复制圆柱体

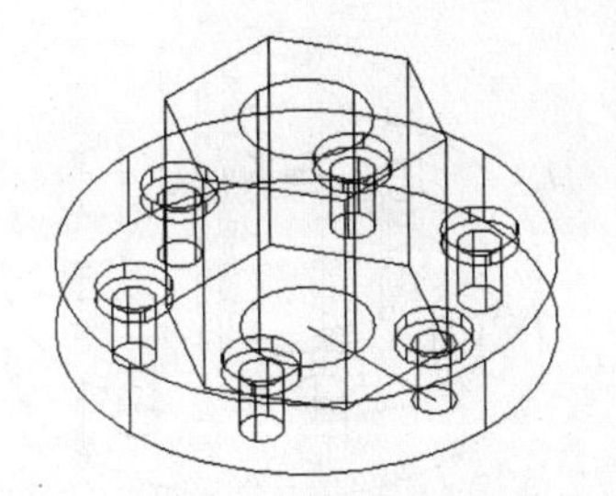

图 11-78 绘制圆柱体

9 单击“建模”工具栏中的“长方体”按钮，在图形外绘制一个长为 14、宽为 6、高为 45 的长方体，如图 11-79 所示。

10 单击“修改”工具栏中的“移动”按钮，将长方体移动到图形中，如图 11-80 所示。

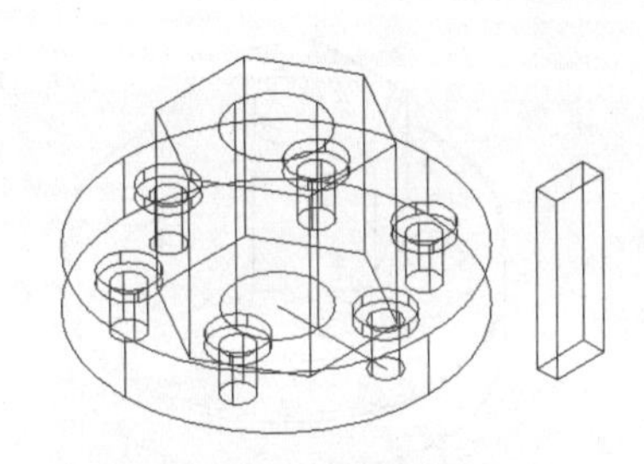

图 11-79 绘制长方体

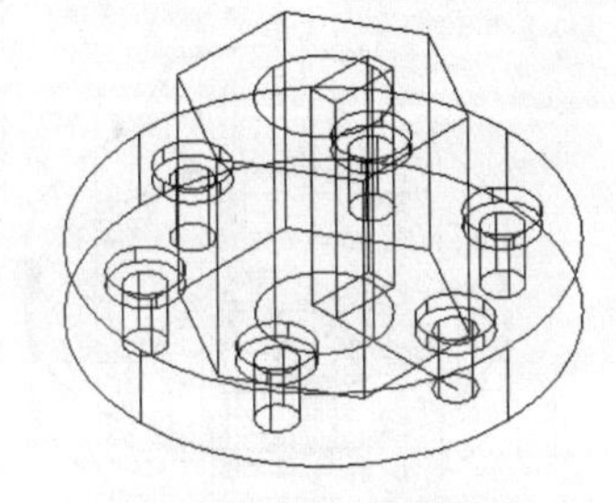

图 11-80 移动长方体

11 单击“建模”工具栏中的“并集”按钮，将 12 个小圆柱体合并成一个实体，再将大圆柱体与大棱柱体合并成一个实体，如图 11-81 所示。

12 单击“建模”工具栏中的“差集”按钮，选择大的实体，然后减去其他所有实体，如图 11-82 所示。

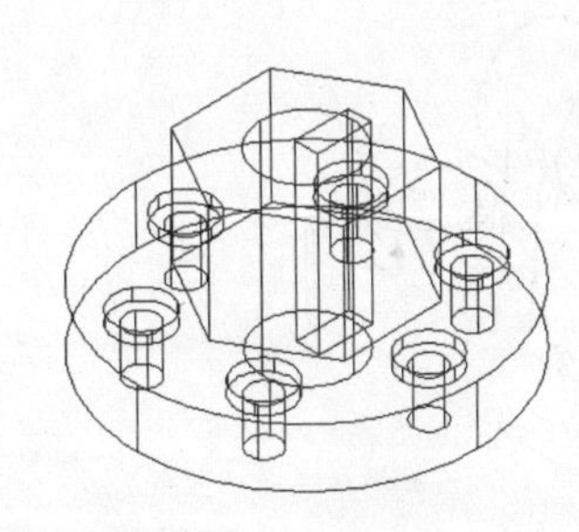

图 11-81 并集实体

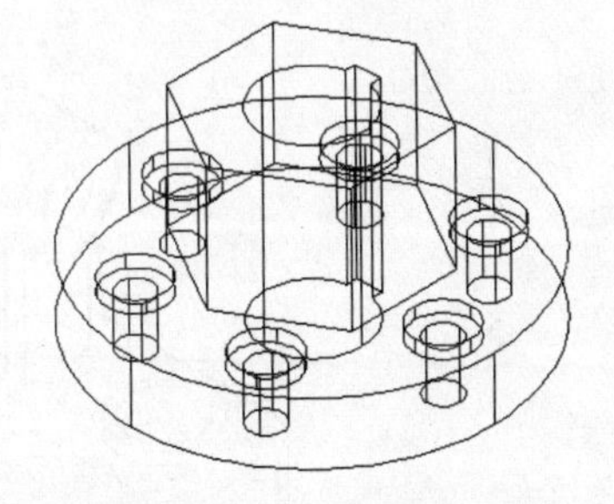

图 11-82 差集实体

13 单击“修改”工具栏中的“圆角”按钮，圆角实体的棱边，圆角半径为 2，如图 11-83 所示。

14 单击“修改”工具栏中的“倒角”按钮，倒角实体的其他棱边，倒角距离为 2、2，如图 11-84 所示。

在使用“创建图纸集”向导创建新的图纸集时，将创建新的文件夹 AutoCAD Sheet Sets 作为图纸集的默认存储位置，位于“我的文档”文件夹中。用户可以修改图纸集文件的默认位置，但是最好将 DST 文件和项目文件存储在一起。

在“创建图纸集”向导中，当选择从图纸集样例创建图纸集时，该样例将提供新图纸集的组织结构和默认设置。用户还可以指定根据图纸集的子集存储路径创建文件夹。

重点提示 创建图纸集时的要点

创建图纸集需要注意以下几点：

- 合并图形文件：将要在图纸集中使用的图形文件移动到几个文件夹中，以简化图纸集的管理。
- 避免多个布局选项卡：要在图纸集中使用的图形文件应只包含一个布局。在多用户访问的情况下，一次只能在一个图形中打开一张图样。
- 创建图纸创建样板：创建或指定图纸集用来创建新图样的图形样板（DWT）文件。该图形样板文件称为图纸创建样板。在“图纸集特性”对话框或“子集特性”对话框中指定该样板文件。

- 创建页面设置替代文件：创建或指定 DWT 文件来存储页面设置，以便打印和发布。该文件称为页面设置替代文件，可用于将一种页面设置应用到图纸集中的所有图样，并替代存储在每一个图形中的各个页面设置。

相关知识 **编辑图纸集**

编辑图纸集可以合并要发布到绘图仪、打印文件或 DWF 文件的图样集合，可以为特定用户自定义图形集，也可以随着项目的进展添加、删除、重排序、复制和重命名图形集中的图样。

可以将图纸集直接发布至图样，或发布至可以使用电子邮件、FTP 站点、工程网站或 CD 进行发布的单个或多个 DWF 文件。

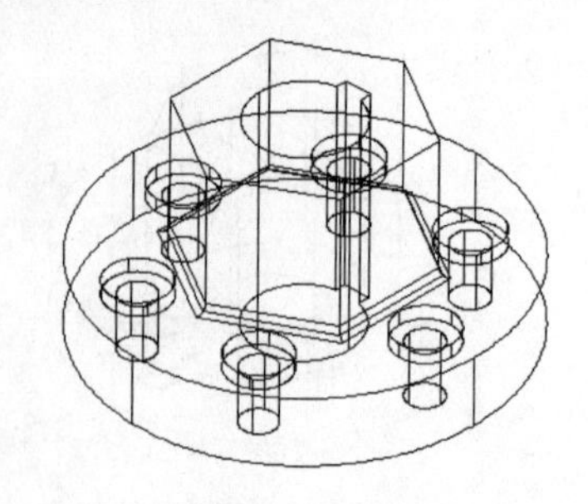

图 11–83 倒圆角棱边

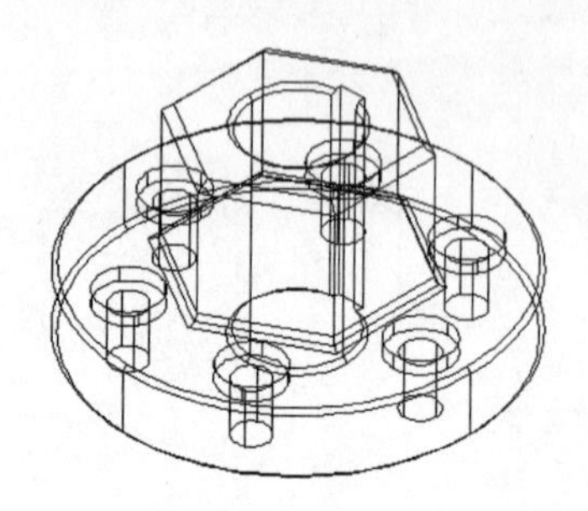

图 11–84 倒角棱边

15 选择“修改”菜单中“三维操作”子菜单中的“三维镜像”命令，对称复制实体，如图 11–85 所示。

16 选择“视图”菜单中的“消隐”命令，调整图形的视觉效果，如图 11–86 所示。

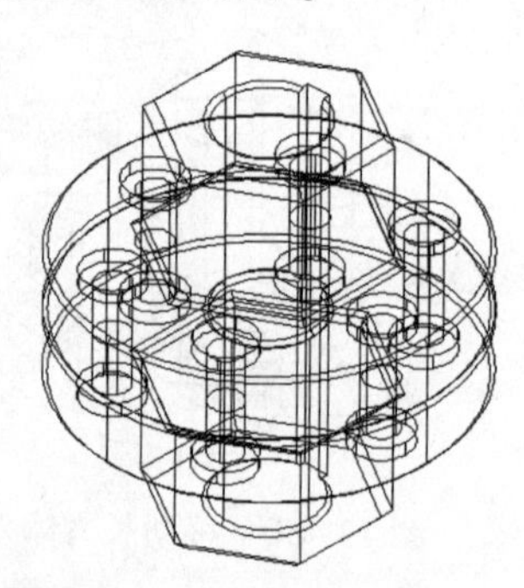

图 11–85 三维镜像复制实体

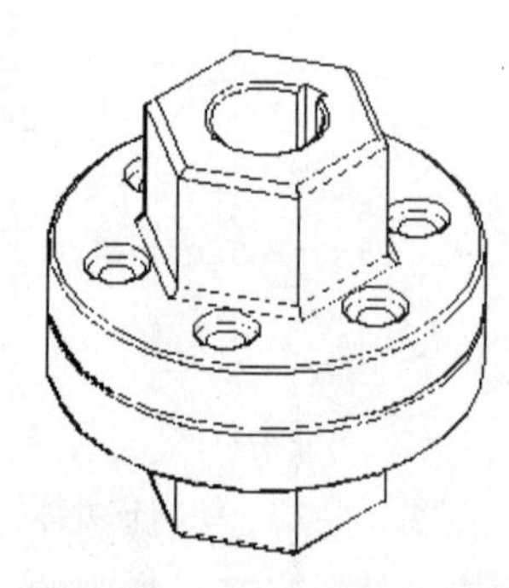

图 11–86 消隐样式观察图形

实例 11-5 绘制支架模型（1）

本实例将绘制支架模型，其主要功能包含圆柱体、长方体、三维镜像、差集、并集等。实例效果如图 11–87 所示。

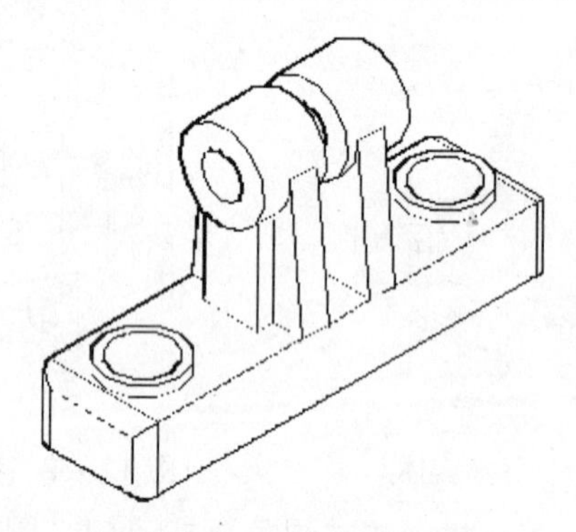

图 11–87 支架模型效果图

实例 11-5 说明

- 知识点：
  - 圆柱体
  - 长方体
  - 三维镜像
  - 差集
  - 并集
- 视频教程：

  光盘\教学\第 11 章 绘制机械模型图
- 效果文件：

  光盘\素材和效果\11\效果\11-5.dwg
- 实例演示：

  光盘\实例\第 11 章\绘制支架模型 1

操作步骤

1 选择“视图”菜单中“三维视图”子菜单中的“东北等轴测”命令，将二维视图切换成三维视图。

2 单击“建模”工具栏中的“长方体”按钮，绘制一个长为 78，宽为 42、高为 24 的长方体，如图 11-88 所示。

3 单击“绘图”工具栏中的“直线”按钮，绘制长为 20、21 的两条线段，如图 11-89 所示。

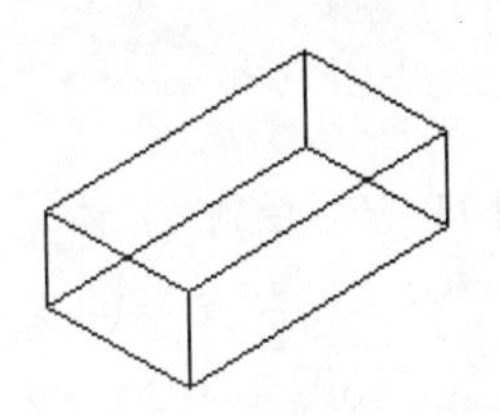
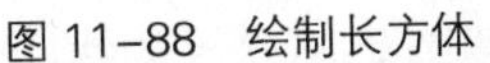
图 11-88　绘制长方体

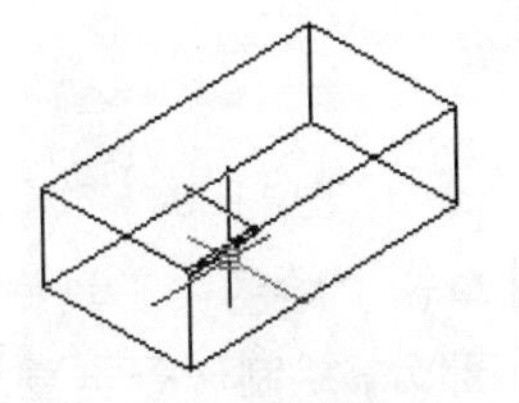
图 11-89　绘制线段

4 单击“建模”工具栏中的“圆柱体”按钮，绘制底座上的突台，绘制一个半径为 14、高为 4 的圆柱体，如图 11-90 所示。

5 单击“绘图”工具栏中的“直线”按钮，以圆柱体顶面圆心为起点，沿 Z 轴向下绘制一段长为 28 的辅助线段，如图 11-91 所示。

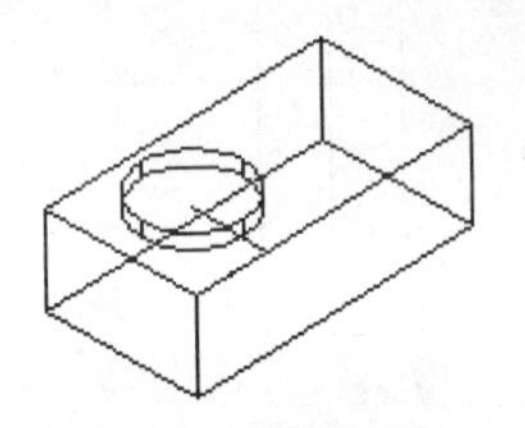
图 11-90　绘制圆柱体

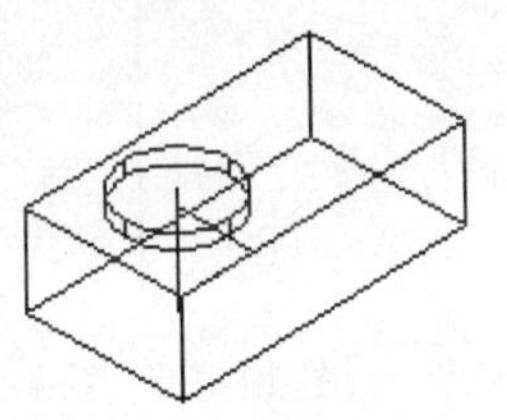
图 11-91　绘制线段

6 单击“建模”工具栏中的“圆柱体”按钮，绘制螺母孔，绘制一个顶面半径为 11、高为 28 的圆柱体，如图 11-92 所示。

7 单击“绘图”工具栏中的“直线”按钮，以底座右下角的角点为起点，向左绘制 4，再向后绘制 21，再向上绘制 48，如图 11-93 所示。

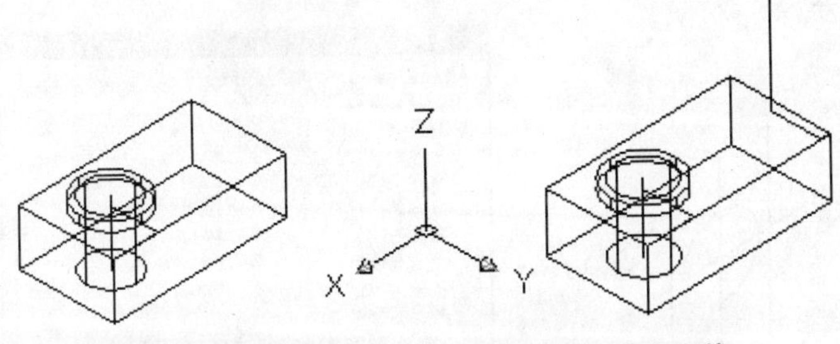

图 11-92　绘制圆柱体　　图 11-93　绘制直线

8 选择“工具”菜单中“新建”子菜单中的“Y”命令，将 Z 轴绕 Y 轴旋转 90º，如图 11-94 所示。

9 单击“建模”工具栏中的“圆柱体”按钮，绘制支架的固定部分，以辅助线的终点为底面中心点，绘制半径为 16、高为 24，半径为 8、高为 24 的两个圆柱体，如图 11-95 所示。

相关知识　发布电子图纸集

用户将图样合并为一个自定义的电子图形集即可发布 Web 图形格式的电子图形集。电子图形集是打印的图形集的数字形式，它保存为单个的多页.DWF 文件，可以由不同的用户共享。可以以电子邮件附件的形式发送电子图形集，也可以通过工程协作站点共享电子图形集，或者将其发布到互联网上。

发布操作将生成 DWF6 文件，这些文件是以给予适当的格式创建的，这种格式可以保证精确性。可以使用免费的 DWF 文件查看器查看或打印 DWF 文件。DWF 文件可以通过电子邮件、FTP 站点、工程网站或者 CD 等形式发布。

当发布至 DWF 文件时，使用 DWF6 ePlot.pc3 绘图仪配置文件。用户可以使用安装时选择的默认 DWF6 ePlot.pc3 绘图仪驱动程序，也可以修改配置设置，如颜色深度、显示精度、文件压缩、字体处理等选项。

操作技巧　发布的操作方法

可以通过以下 3 种方法来执行“发布”操作：

- 选择“文件”→“发布”命令。

- 单击“标准”工具栏中的“发布”按钮。
- 在命令行中输入publish后，按“Enter”键。

相关知识 **“发布”对话框设置**

执行以上任意一种操作都可以打开“发布”对话框。

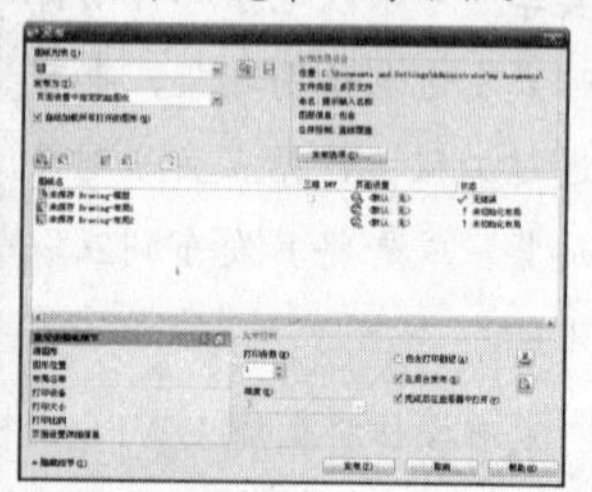

该对话框中的各个选项功能如下：

- 图纸列表：显示当前图形集(DSD)或批处理打印(BP3)文件。
- 发布为：定义发布图纸列表的方式。可以发布为多页DWF、DWFx或PDF文件，也可以发布到页面设置中指定的绘图仪。
- 自动加载所有打开的图形：选中此项后，所有打开文档的内容将自动加载到发布列表中。
- 发布选项信息：显示发布图形的选项信息，单击“发布选项”按钮，可以打开“发布选项”对话框，用于设置发布选项时的各项参数设置。

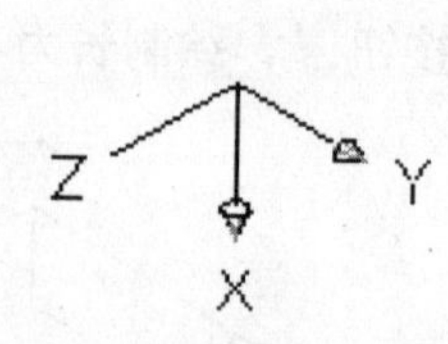

图 11–94 改变坐标系

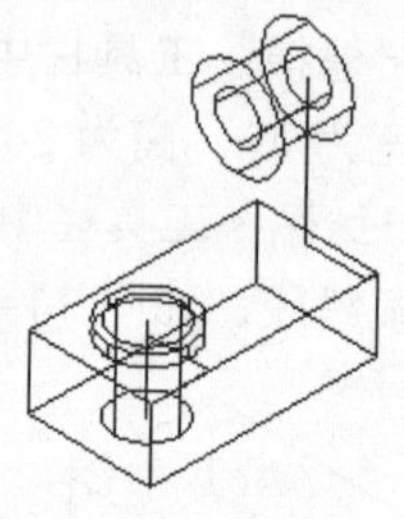

图 11–95 绘制圆柱体

10 单击“绘图”工具栏中的“直线”按钮，绘制支架的支撑部分，绘制一条垂直线段和一条水平线段，如图 11–96 所示。

11 单击“修改”工具栏中的“偏移”按钮，将水平的线段向上偏移 48，将垂直线段向两边偏移 21，如图 11–97 所示。

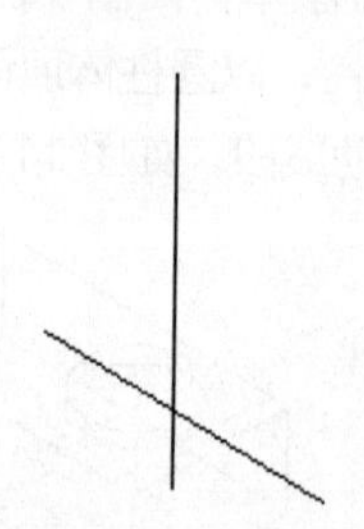

图 11–96 绘制线段

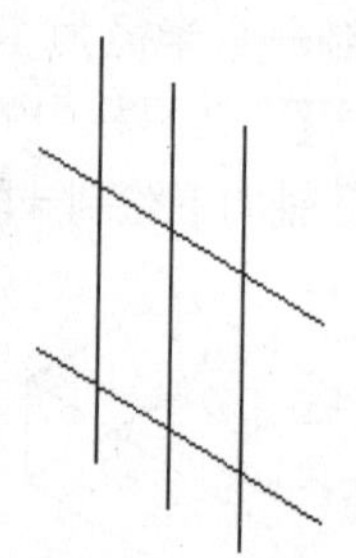

图 11–97 偏移线段

12 单击“绘图”工具栏中的“圆”按钮，以偏移的水平线段与垂直线段的交点为圆心绘制一个半径为 16 的圆，如图11–98 所示。

13 将鼠标移动到状态栏的“对象捕捉”按钮上，单击鼠标右键，在弹出的快捷菜单中选择“设置”命令，打开“草图设置/对象捕捉”对话框。在该对话框中取消选中“圆心”复选框，选中“切点”复选框，如图 11–99 所示。

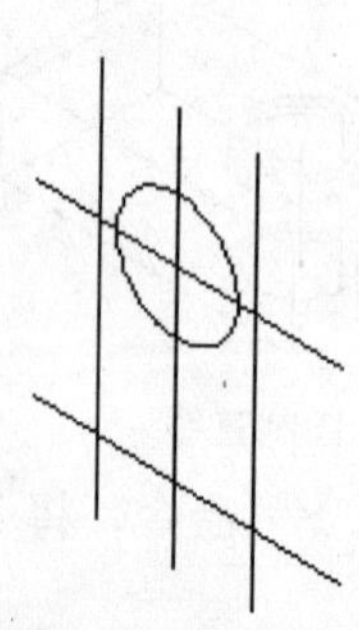

图 11–98 绘制圆

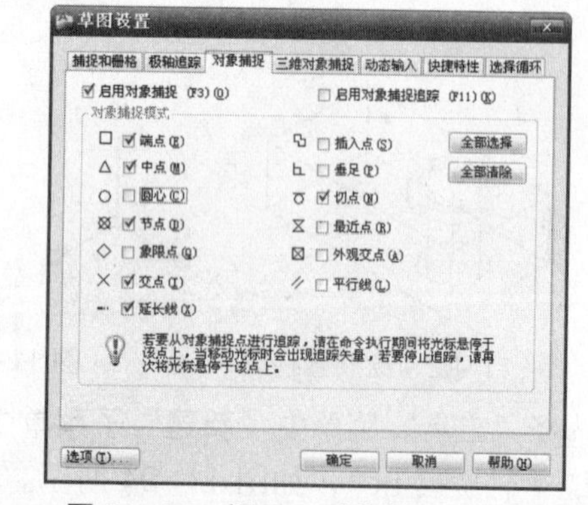

图 11–99 设置“对象捕捉”功能

14 单击“绘图”工具栏中的“直线”按钮，绘制水平线段与向两边偏移的垂直线段的交点到圆的切线，如图 11–100 所示。

15 单击“修改”工具栏中的“修剪”按钮，修剪多余的线段，如图 11-101 所示。

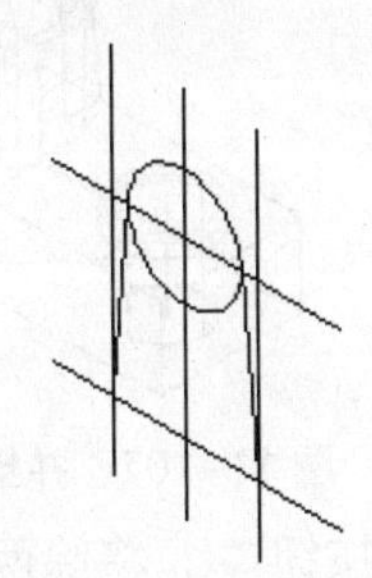

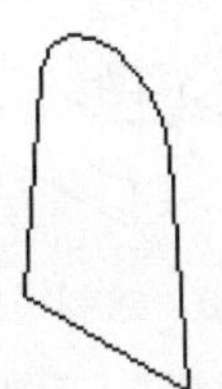

图 11-100 绘制切线　　图 11-101 修剪多余的线段

16 单击“绘图”工具栏中的“面域”按钮，将修剪后的线段创建成面，如图 11-102 所示。

17 单击“建模”工具栏中的“拉伸”按钮，将创建的面拉伸 10，如图 11-103 所示。

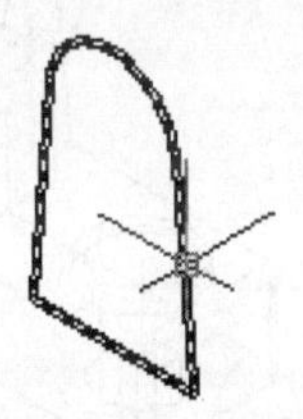

图 11-102 创建面

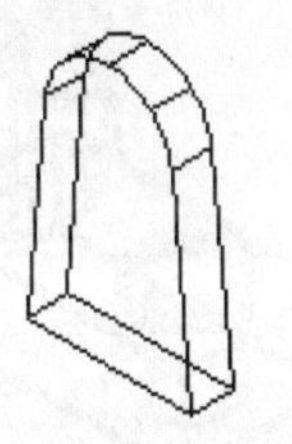

图 11-103 拉伸成实体

18 单击“绘图”工具栏中的“直线”按钮，沿拉伸出的面的底面角点绘制长度为 11 的线段，如图 11-104 所示。

19 单击“建模”工具栏中的“长方体”按钮，绘制一个长为 6、宽为 20、高为 48 的长方体，并将图形移动到直线的端点上，如图 11-105 所示。

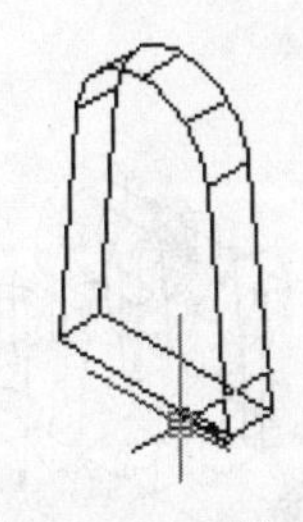

图 11-104 绘制线段

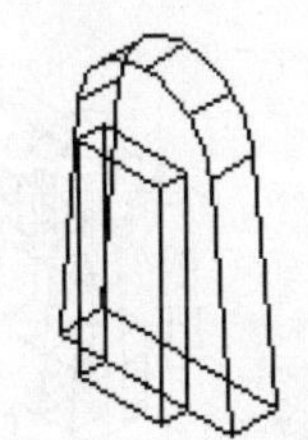

图 11-105 绘制长方体并移动到图形中

20 单击“绘图”工具栏中的“直线”按钮，以底座右下角点为起点向左绘制长度为 8 的线段，并将绘制的两个实体移动到图形中，如图 11-106 所示。

21 单击“建模”工具栏中的“并集”按钮，将除两个小圆柱体外的所有三维实体进行合并，如图 11-107 所示。

“发布选项”对话框：

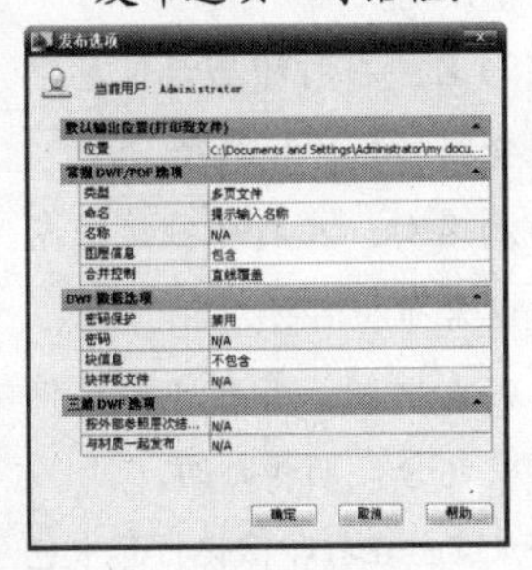

- 图纸列表按钮：图纸列表按钮共有 5 个按钮。
  * “添加图纸”按钮。
  * “删除图纸”按钮。
  * “上移图纸”按钮。
  * “下移图纸”按钮。
  * “预览”按钮。
- 要发布的图纸列表框：包含要发布的图纸的列表。单击页面设置列可更改图纸的设置。
- 选定的图纸细节：显示选定页面设置的有关信息，包括打印设备、打印尺寸、打印比例和详细信息。
- 发布控制：用于设置发布时的一些用户设置，如打印份数、精度等。

相关知识 “打印戳记”对话框设置

在“发布”对话框中，单击“打印戳记设置”按钮，可以打开“打印戳记”对话框。

该对话框中的各个选项功能如下：

- 图形名：在打印戳记信息中包含图形名称和路径。
- 布局名称：在打印戳记信息中包含布局名称。
- 日期和时间：在打印戳记信息中包含日期和时间。
- 登录名：在打印戳记信息中包含 Windows 登录名（Windows 登录名包含在 LOGNAME 系统变量中）。
- 图纸尺寸：在打印戳记信息中包含当前配置的打印设备的图纸尺寸。
- 打印比例：在打印戳记信息中包含打印比例。
- 预览：提供打印戳记位置的直观显示。不能使用其他方法预览打印戳记，这个预览栏也不是对打印戳记内容的预览。
- 用户定义的字段：当提供打印时，可选作打印、记录或者既打印又有记录的文字。每一个用户定义列表中选择的值都会被打印。
- 添加/编辑：显示“用户定义的字段”对话框，从中可以添加、编辑或删除用户定义的字段。
- 打印戳记参数文件：将打印戳记信息存储在扩展名为.pss 的文件中。多个用户可以访问相同的文件并基于公司标准设置打印戳记。
- 加载：显示“打印戳记参数文件名”对话框，从中可以指定要使用的参数文件的位置。

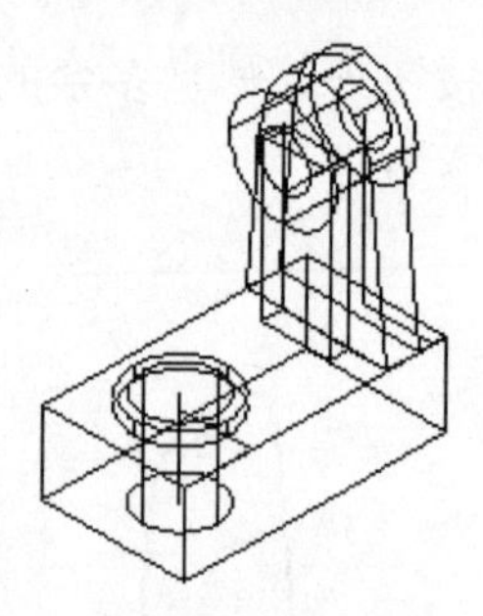

图 11–106　绘制线段并移动实体

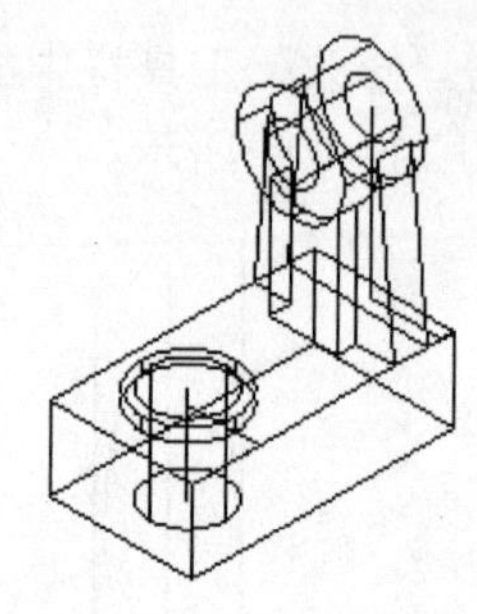

图 11–107　并集实体

22 单击“建模”工具栏中的“差集”按钮，将除两个小圆柱体外的所有三维实体进行合并，如图 11–108 所示。

23 单击“修改”工具栏中的“圆角”按钮，对三维实体的边进行半径为 5 的倒圆角，如图 11–109 所示。

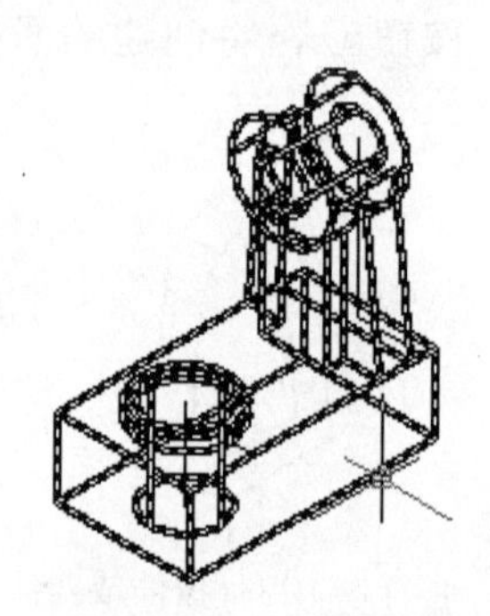

图 11–108　差集实体

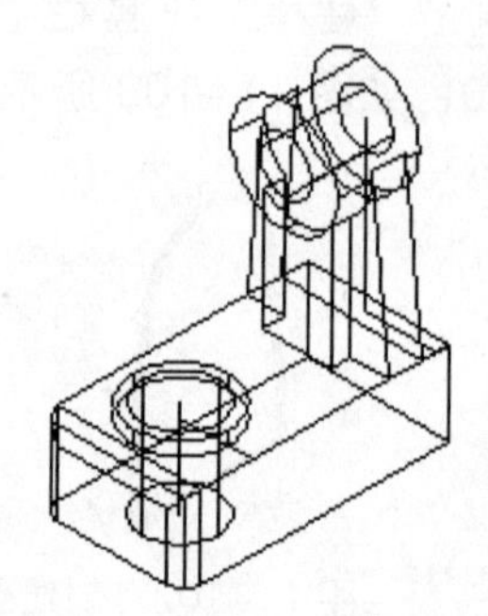

图 11–109　倒圆角实体

24 选择“修改”菜单中“三维操作”子菜单中的“三维镜像”命令，以底座右边的面的 3 个点为镜像面进行镜像复制，如图 11–110 所示。

25 单击“建模”工具栏中的“并集”按钮，将两个实体合并，如图 11–111 所示。

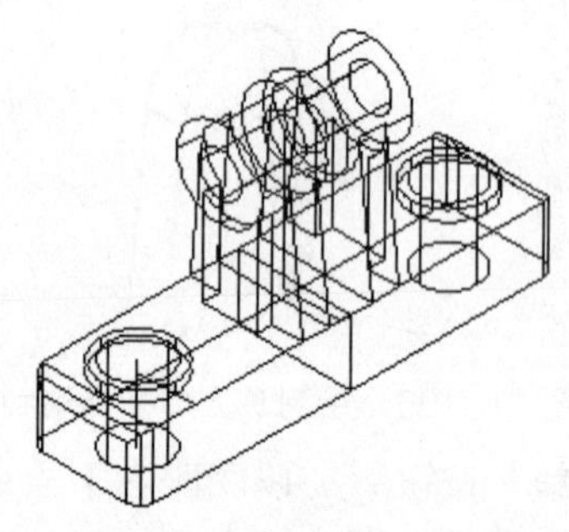

图 11–110　三维镜像复制实体

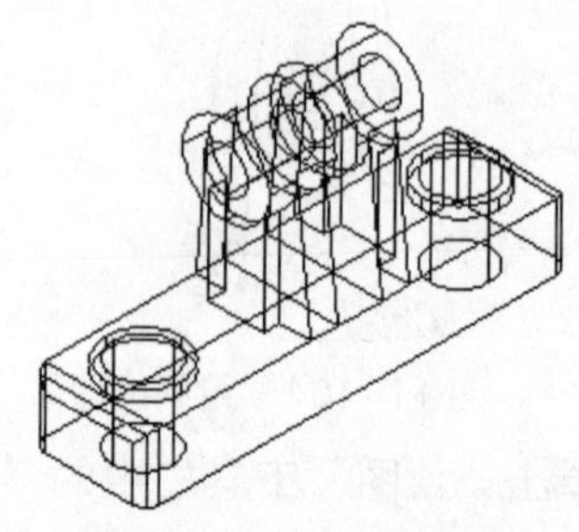

图 11–111　并集实体

26 选择“视图”菜单中的“消隐”命令，调整图形的视觉效果，如图 11–112 所示。

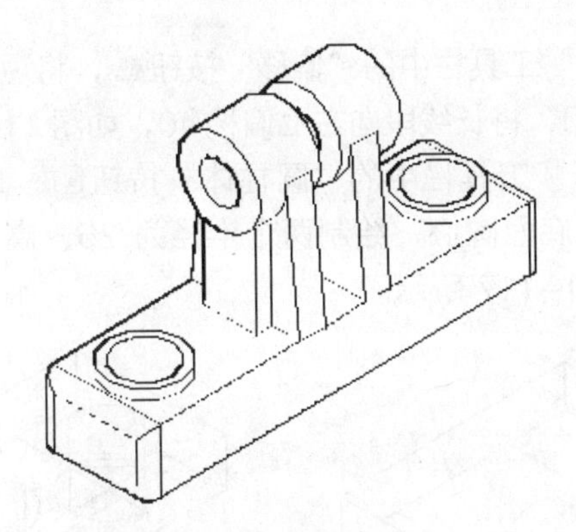

图 11-112　消隐样式观察图形

实例 11-6　绘制支架模型（2）

本实例将绘制另一种支架模型，其主要功能包含长方体、圆柱体、楔体、剖切、圆角等。实例效果如图 11-113 所示。

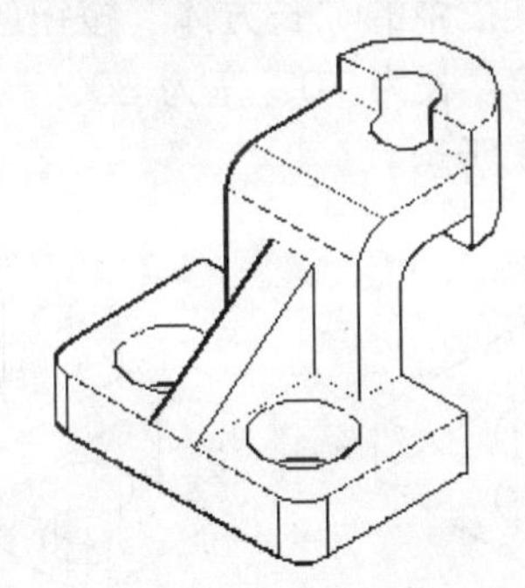

图 11-113　支架模型效果图

操作步骤

1. 选择“视图”菜单中“三维视图”子菜单中的“东北等轴测”命令，将二维视图切换成三维视图。
2. 单击“建模”工具栏中的“长方体”按钮，绘制一个长为 160、宽为 100、高为 30 的长方体，如图 11-114 所示。
3. 单击“绘图”工具栏中的“直线”按钮，沿长方体的底边绘制两条直线，如图 11-115 所示。

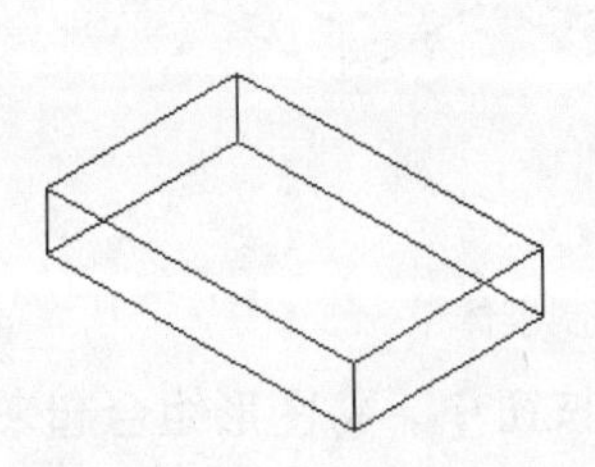

图 11-114　绘制长方体

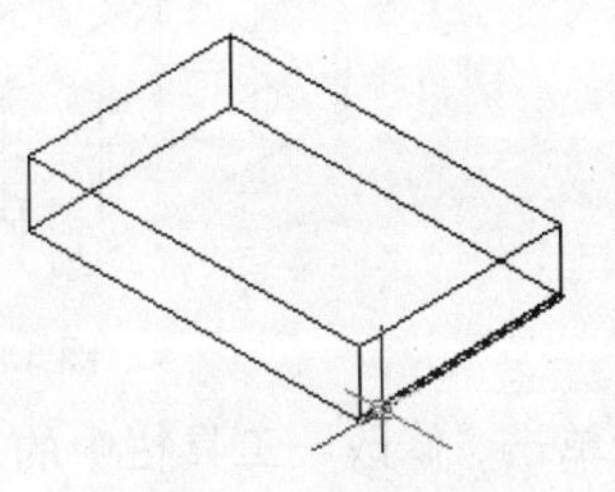

图 11-115　绘制直线

“打印戳记参数文件名”对话框：

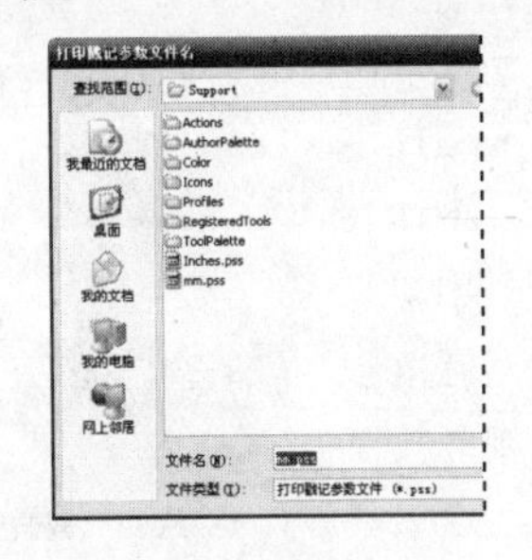

- 另存为：在新参数文件中保存当前打印戳记设置。
- 高级：单击该按钮即可打开“高级选项”对话框，在该对话框中设置打印戳记的位置、文字特性和单位，也可以创建日志文件并指定它的位置。

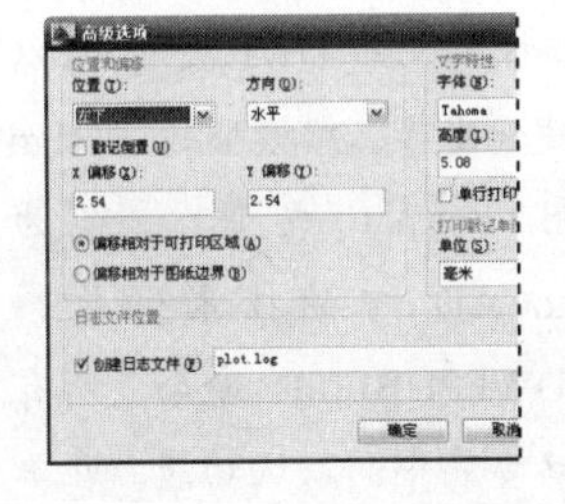

重点提示　打印戳记文件

AutoCAD 提供了两个 PSS 文件，即 Mm.pss 和 Inches.pss 文件，这两个文件位于 AutoCAD 的 Support 文件夹中。初始默认打印戳记参数文件名由安装 AutoCAD 时操作系统的区域设置确定。

实例 11-6 说明

- 知识点：
  - 长方体
  - 圆柱体
  - 楔体
  - 剖切
  - 圆角
- 视频教程：

光盘\教学\第 11 章 绘制机械模型图

- 效果文件：

光盘\素材和效果\11\效果\11-6.dwg

- 实例演示：

光盘\实例\第 11 章\绘制支架模型 2

相关知识 发布三维 DWF

使用三维 DWF 发布，可以创建和发布三维模型的 Design Web Format 文件。作为 AutoCAD 中的技术预览，3DDWFPUBLISH 命令是所有网络安装中的默认功能，在单机版安装中则是可选功能。

使用三维 DWF 发布，可以生成三维模型的 DWF 文件，它的视觉逼真度几乎与原始 DWG 文件相同。三维 DWF 发布将创建单页 DWF 文件，其中只包含模型空间对象。对三维 DWF 发布功能的访问仅限于命令行交互。但是作为技术预览，存在一些已知的局限性。

三维 DWF 文件的接收者可以使用 Autodesk DWF Viewer 查看和打印它们。

4 单击“修改”工具栏中的“偏移”按钮，将短线段向左上偏移 40 和 120，将长线段向右上偏移 40，如图 11–116 所示。

5 单击“建模”工具栏中的“圆柱体”按钮，以偏移线段的两个交点为底面圆心，绘制两个半径为 25、高为 30 的圆柱体，如图 11–117 所示。

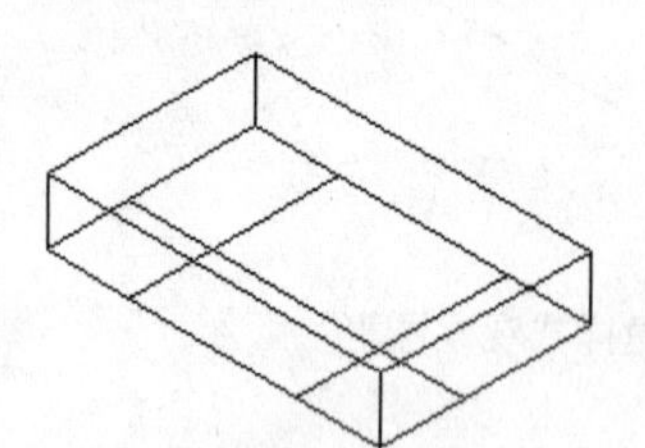

图 11–116 偏移线段

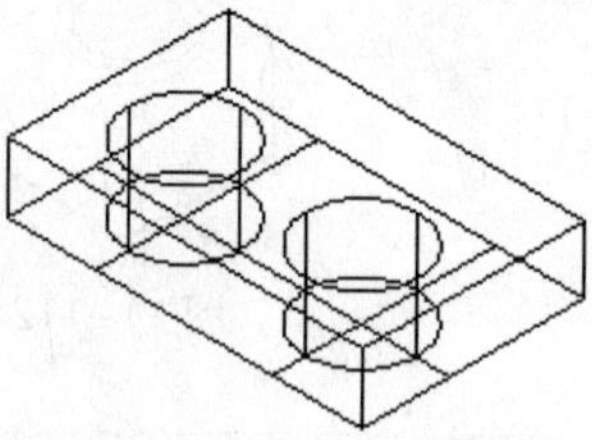

图 11–117 绘制圆柱体

6 单击“修改”工具栏中的“圆角”按钮，将长方体的两个角倒圆角，圆角半径为 15，并删除辅助线，如图 11–118 所示。

7 单击“建模”工具栏中的“长方体”按钮，绘制长为 25、宽为 80、高为 60，长为 70、宽为 80、高为 25 的两个长方体，如图 11–119 所示。

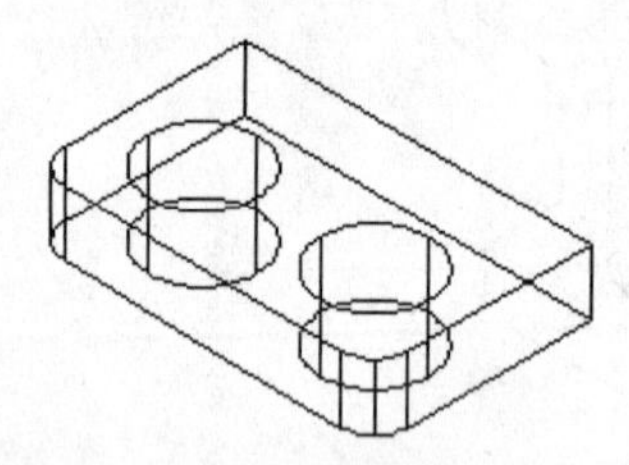

图 11–118 倒圆角实体

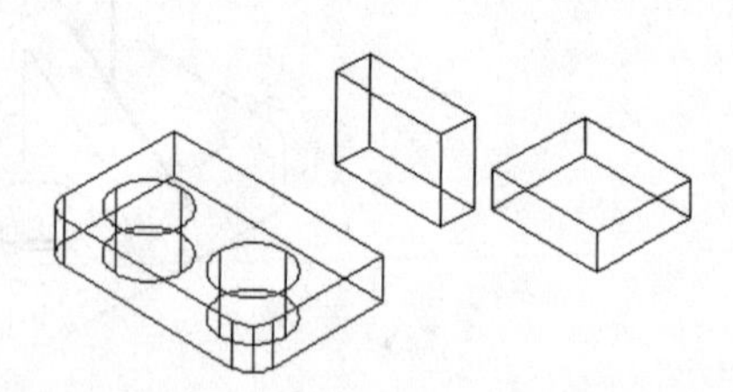

图 11–119 绘制两个长方体

8 单击“建模”工具栏中的“楔体”按钮，绘制一个长为 80、宽为 25、高为 60 的楔体，如图 11–120 所示。

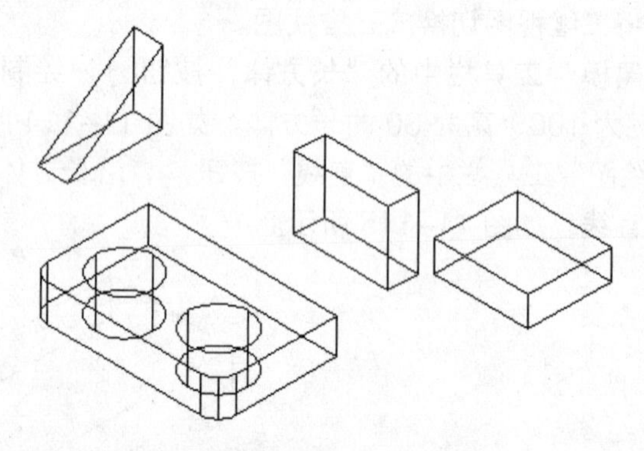

图 11–120 绘制楔体

9 单击“修改”工具栏中的“移动”按钮，将图形组合起来，如图 11–121 所示。

10 单击“建模”工具栏中的“圆柱体”按钮，绘制一个底面半径为 40、高度为 60 的圆柱体，如图 11–122 所示。

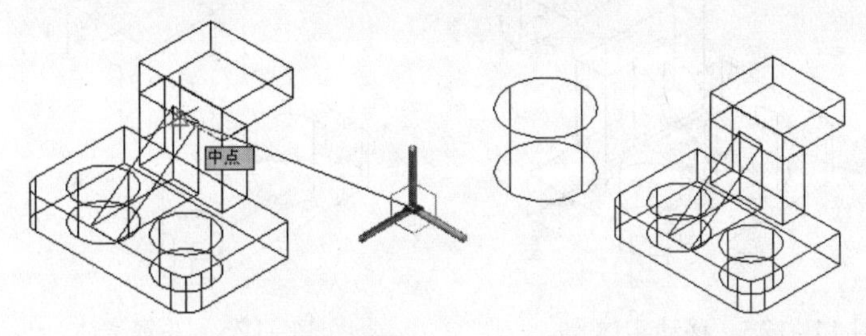

图 11–121　组合图形　　　图 11–122　绘制圆柱体

11 选择“修改”菜单中“三维操作”子菜单中的“剖切”命令，将圆柱体对半剖切，并删除不要的部分，如图 11–123 所示。

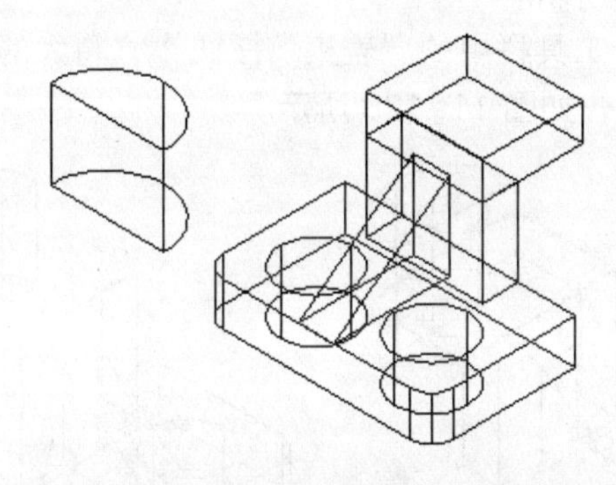

图 11–123　绘制剖切圆柱体并删除不要的部分

12 单击“绘图”工具栏中的“直线”按钮，以顶面圆心为起点，向下绘制一条长为 30 的线段。另外，以最后移动的长方体侧面的中点为起点，向下绘制一条长为 12.5 的线段，如图 11–124 所示。

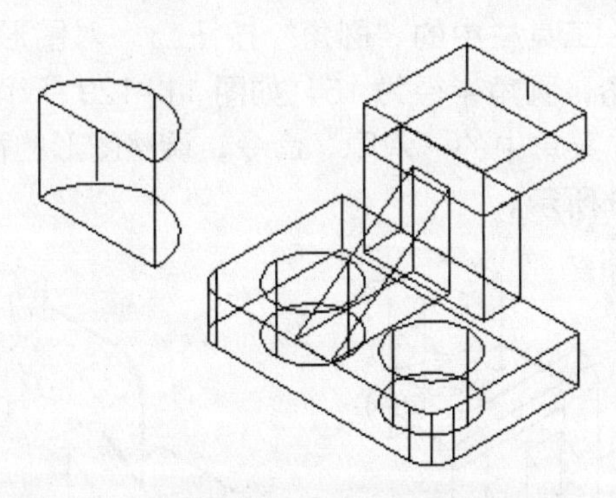

图 11–124　绘制线段

13 单击“修改”工具栏中的“移动”按钮，将半个圆柱体移动到图形中，如图 11–125 所示。

14 单击“建模”工具栏中的“并集”按钮，将两个实体合并，如图 11–126 所示。

疑难解答　如何捕捉矩形的中点

捕捉矩形的中点的方法如下：

（1）单击状态栏上的“极轴追踪”和“对象捕捉追踪”按钮，打开这两种追踪方式。

（2）在状态栏的“对象捕捉”按钮上单击鼠标右键，从弹出的快捷菜单中选择“中点”命令，打开“中点”捕捉功能。

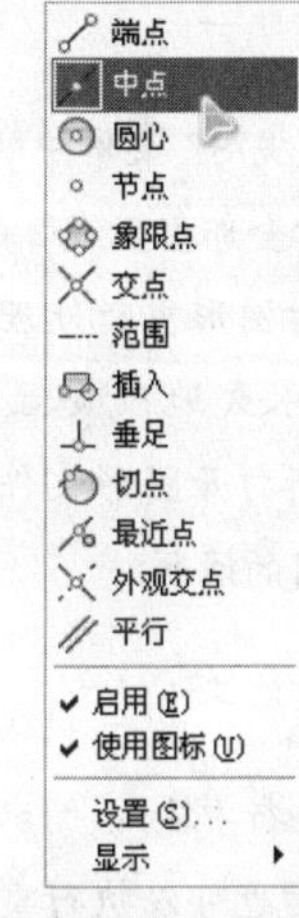

（3）先捕捉一边的中点，把光标移到中点位置跟随追踪虚线向矩形中点位置移动。

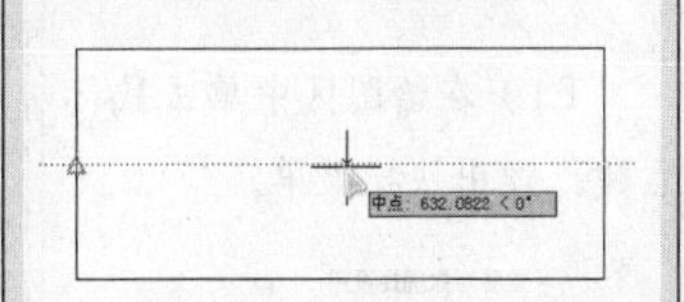

（4）在矩形的另一邻边中点移到矩形中点，矩形的中心就显示出来了。

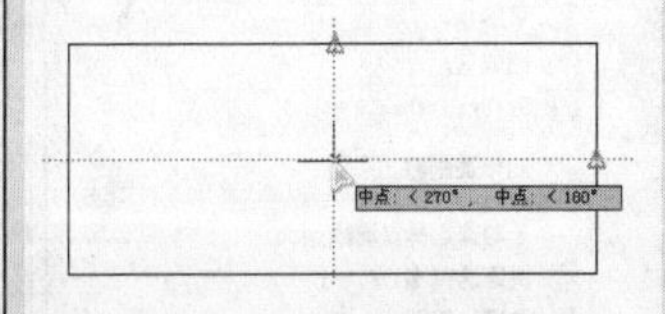

疑难解答　放大后的圆变成了多边形

计算机显示圆是用非常短的直线段围成一个近似的圆形，

用肉眼一般无法识别。但是当将一个很小的圆放大后，就会看到一个多边形。

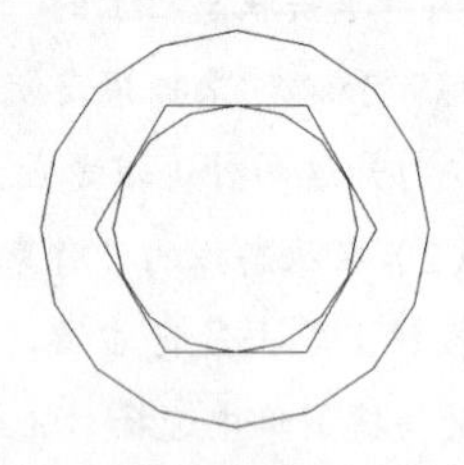

解决方法一：

选择“视图”菜单中的“重生成”或“全部重生成”命令，使计算机对图形重新处理。此方法不会永久地改变显示效果，当重新打开图形文件时还会出现相同的问题。

解决方法二：

在命令行中输入“re”后，按 Enter 键也可以执行重生成操作，其功能与重生成相同。

解决方法三：

（1）在绘图区中单击鼠标右键，弹出快捷菜单。

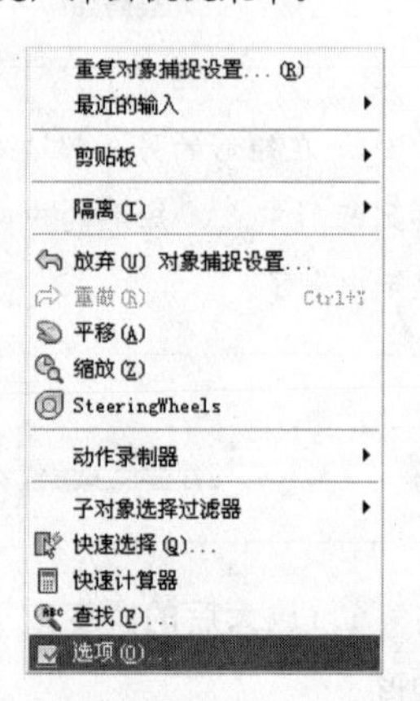

（2）打开“选项”对话框，切换到“显示”选项卡。

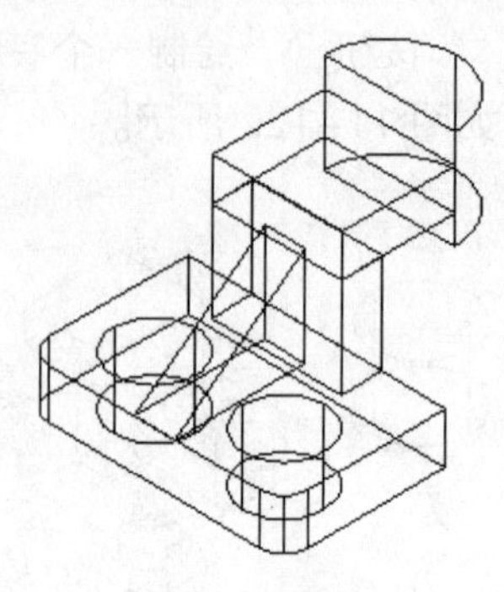

图 11-125　移动实体

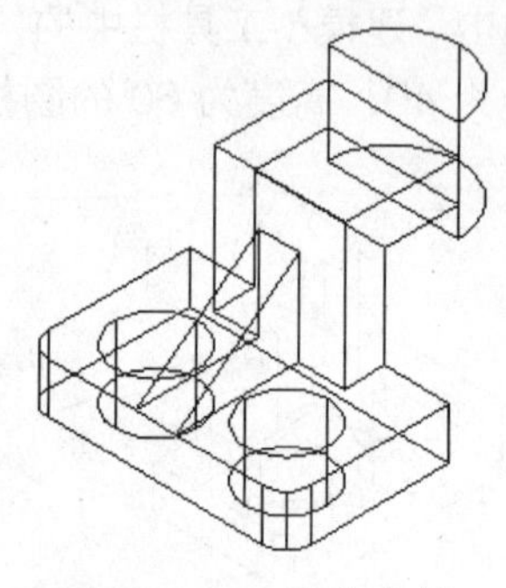

图 11-126　并集实体

15 单击“建模”工具栏中的“圆柱体”按钮，以半圆柱体的顶面圆心为基点，绘制一个半径为 16、高度为 60 的圆柱体，如图 11-127 所示。

16 单击“建模”工具栏中的“差集”按钮，将大的实体减去 3 个小圆柱体，如图 11-128 所示。

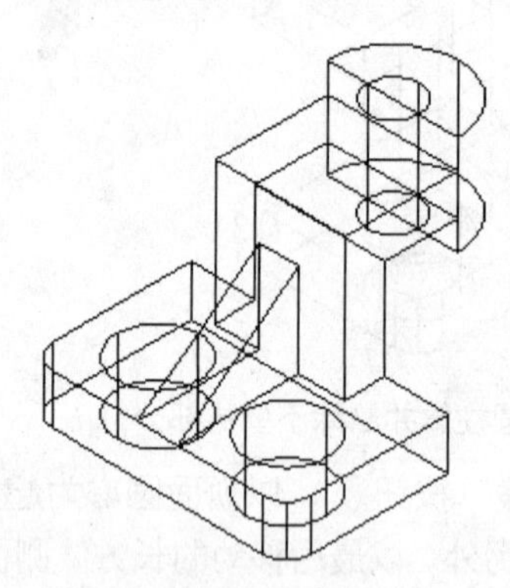

图 11-127　绘制圆柱体

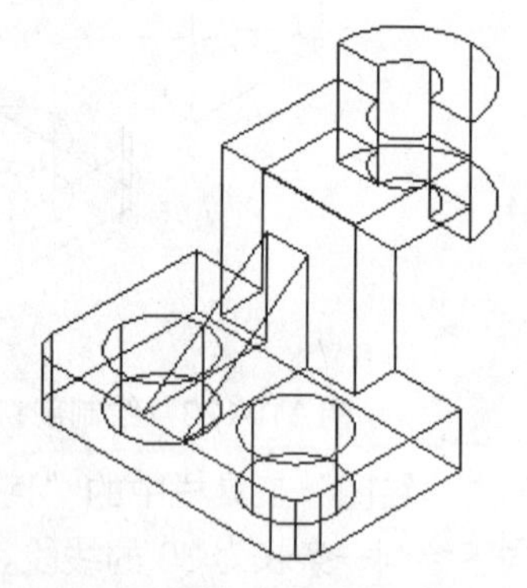

图 11-128　差集实体

17 单击“修改”工具栏中的“圆角”按钮，对图形的两个拐角进行倒圆角，圆角半径为 15，如图 11-129 所示。

18 选择“视图”菜单中的“消隐”命令，调整图形的视觉效果，如图 11-130 所示。

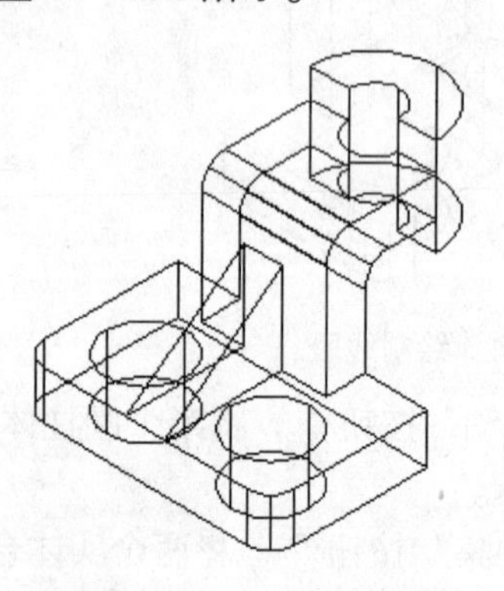

图 11-129　倒圆角实体

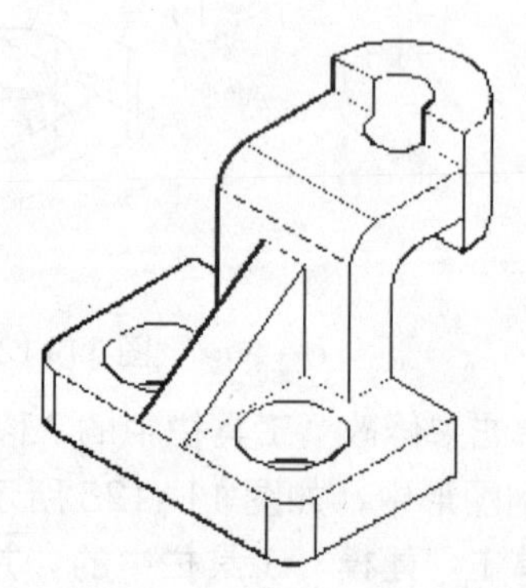

图 11-130　消隐样式观察图形

实例 11-7　绘制机件模型

本实例将绘制机件模型，其主要功能包含面域、三维旋转、倒角、消隐等。实例效果如图 11–131 所示。

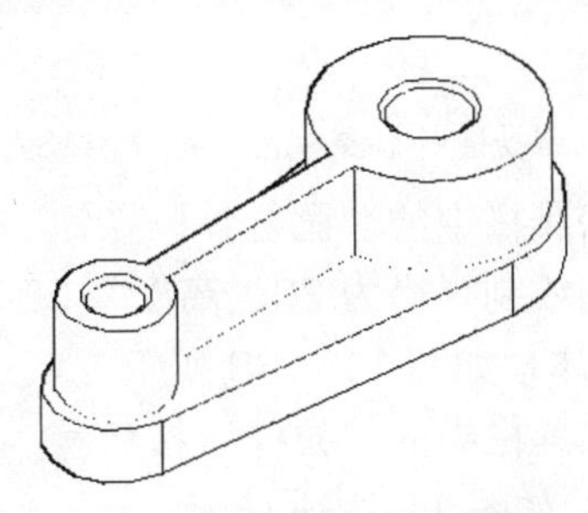

图 11–131　机件模型效果图

操作步骤

1 单击“绘图”工具栏中的“直线”按钮，绘制一条长为 145 的线段，如图 11–132 所示。

2 单击“绘图”工具栏中的“圆”按钮，以直线的一个端点为圆心绘制半径为 15、45 的同心圆，再以另一个端点为圆心，绘制半径为 10、25 的同心圆，如图 11–133 所示。

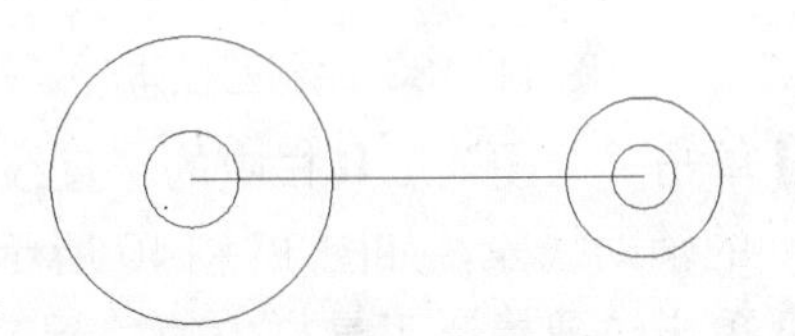

图 11–132　绘制线段　　图 11–133　绘制圆

3 单击“绘图”工具栏中的“直线”按钮，绘制两个外圆之间的切线，可以在草图设置中设置对象捕捉功能中的“切点”选项以方便绘图，如图 11–134 所示。

4 单击“修改”工具栏中的“修剪”按钮和“删除”按钮，修剪图形并删除辅助线段，然后将图形创建成面，如图 11–135 所示。

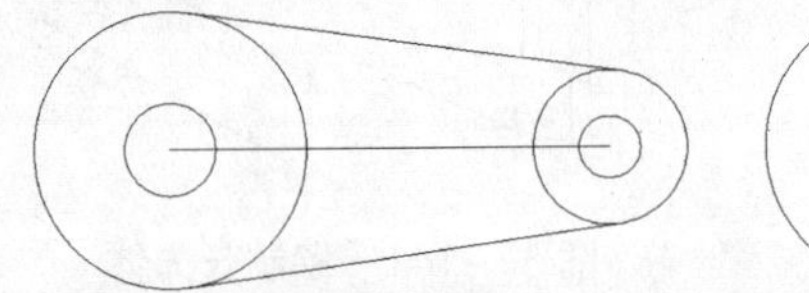

图 11–134　绘制切线

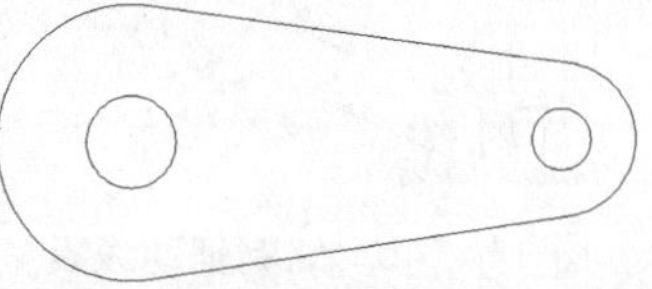

图 11–135　修剪图形并删除辅助线段

5 选择“视图”菜单中“三维视图”子菜单中的“东北等轴测”命令，将二维视图切换成三维视图，并通过三维旋转调整视图，如图 11–136 所示。

6 单击“建模”工具栏中的“拉伸”按钮，拉伸外围的面，如图 11–137 所示。

“显示”选项卡：

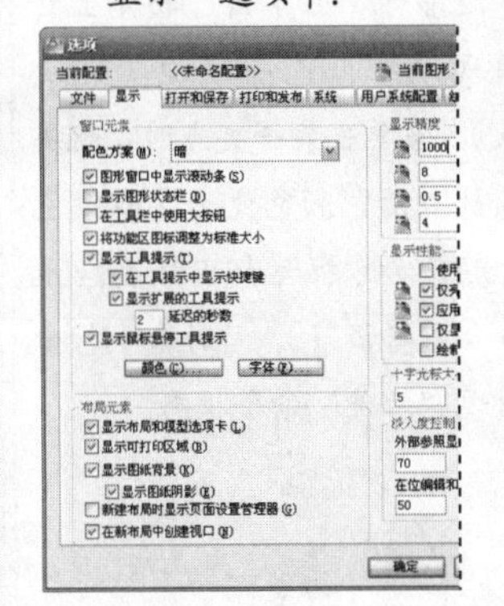

（3）在“显示精度”选项组的“圆弧和圆的平滑度”文本框中设置得高一些，如 10000。

显示精度

10000	圆弧和圆的平滑度 (A)
8	每条多段线曲线的线段数
0.5	渲染对象的平滑度 (J)
4	每个曲面的轮廓素线 (O)

实例 11-7 说明

知识点：

- 面域
- 三维旋转
- 倒角
- 消隐

视频教程：

光盘\教学\第 11 章 绘制机械模型图

效果文件：

光盘\素材和效果\11\效果\11-7.dwg

实例演示：

光盘\实例\第 11 章\绘制机件模型

疑难解答　**如何灵活运用自动捕捉绘图功能**

在“命令:”状态下，不输入或选择任何命令，直接在想要处理的图形（如线、弧、圆、多边形等）上单击，物体上会出现几个蓝色小方框（即夹点），当单击某一夹点时，此夹点被激活，颜色变为实心红色（颜色和方框大小可由 ddgrips 命令进行调节），同时命令行中出现“拉伸”命令状态。

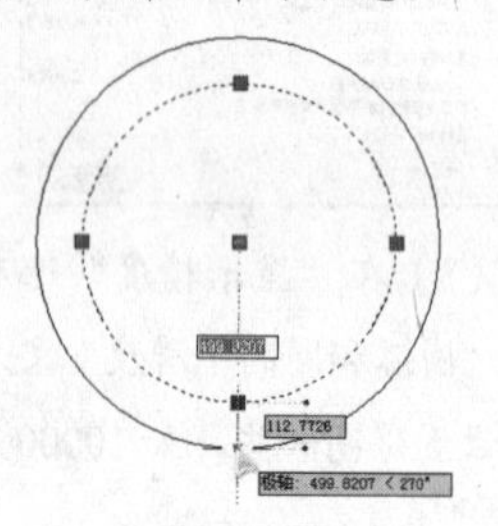

连续按 Enter 键，又可出现“移动”、“旋转”、“比例缩放”和“镜像”4 种状态（或者按 ST、MO、RO、SC、MI），在每种状态下即可执行相应的命令，称为自动捕捉绘图功能。灵活运用自动捕捉绘图功能可以大大提高绘图效率。

疑难解答 怎样输入特殊符号

在输入文字时，有时会应用到一些特殊的符号，下面来讲解一下怎样输入特殊符号。

（1）单击“绘图”工具栏中的“多行文字”按钮，在绘图区中创建一个多行文本框。

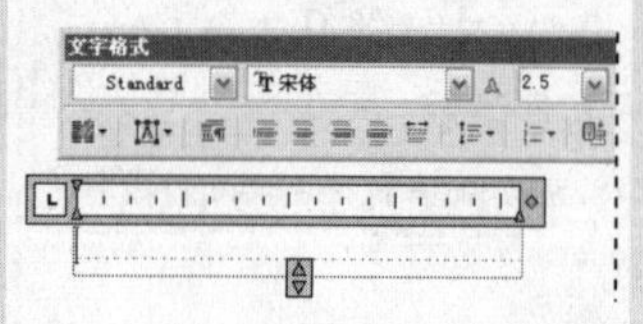

（2）将鼠标移动到文本框中，单击鼠标右键，弹出“文字”快捷菜单。

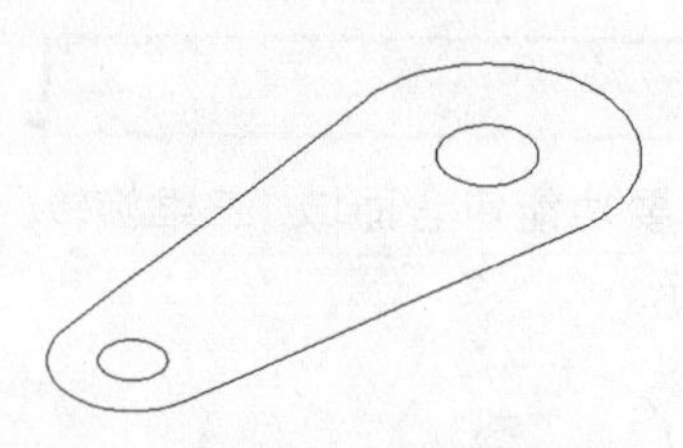

图 11-136 切换成三维视图并调整视图

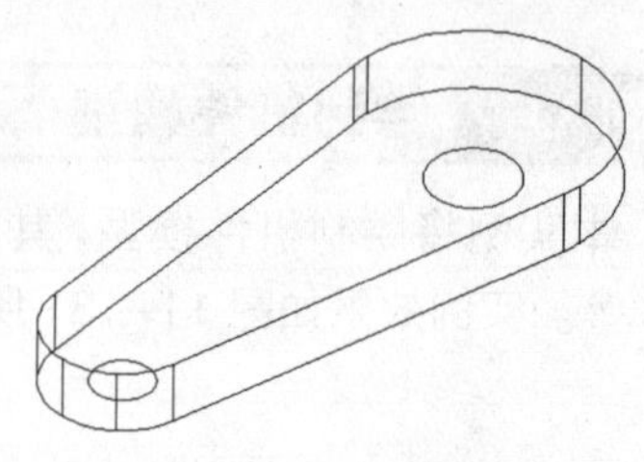

图 11-137 拉伸面成实体

7 单击“建模”工具栏中的“圆柱体”按钮，以顶面的两个圆心为圆心分别绘制半径为 20、高度为 35 和半径为 40、高度为 35 的圆柱体，如图 11-138 所示。

8 单击“建模”工具栏中的“拉伸”按钮，将底面的两个小圆向上拉伸 55，如图 11-139 所示。

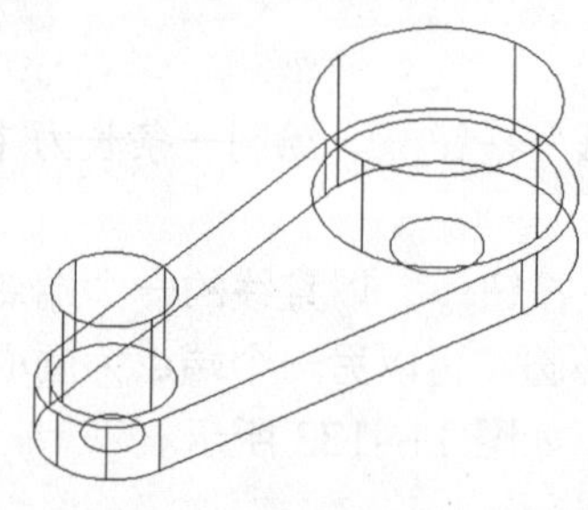

图 11-138 绘制圆柱体

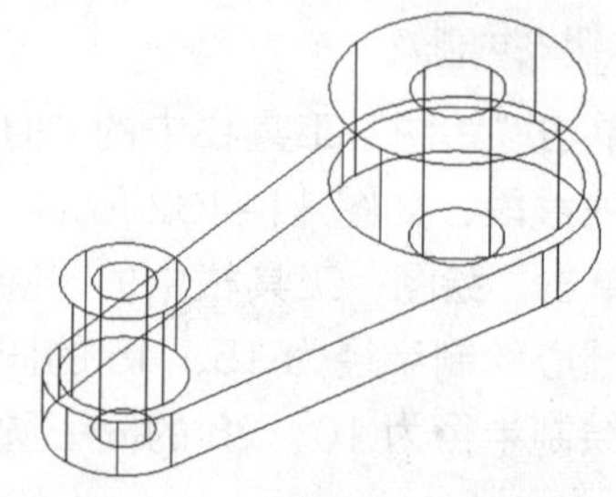

图 11-139 绘制圆柱体

9 单击“绘图”工具栏中的“直线”按钮，绘制一条长为 10 的辅助线段，如图 11-140 所示。

10 单击“建模”工具栏中的“长方体”按钮，绘制一个长为 120、宽为 10、高为 35 的长方体，如图 11-141 所示。

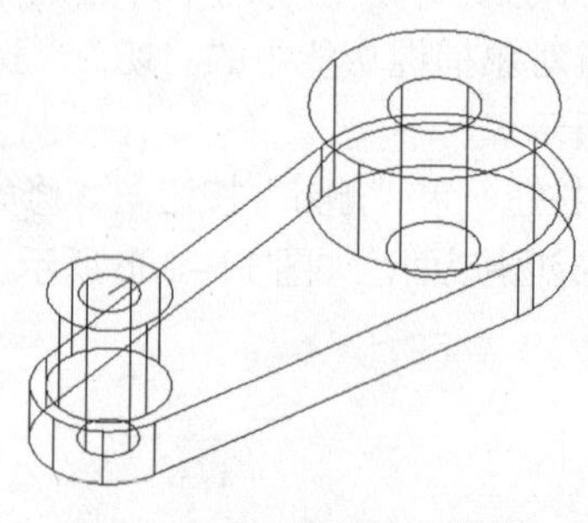

图 11-140 绘制辅助线段

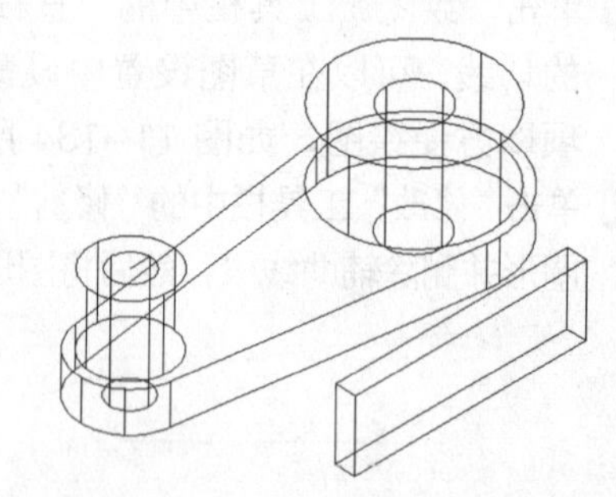

图 11-141 绘制长方体

11 单击“修改”工具栏中的“移动”按钮，将长方体移动到图形中，如图 11-142 所示。

12 单击“建模”工具栏中的“并集”按钮和“差集”按钮，将除两个小圆柱体外的其他实体相加，然后减去两个小圆柱体，并删除辅助线段，如图 11-143 所示。

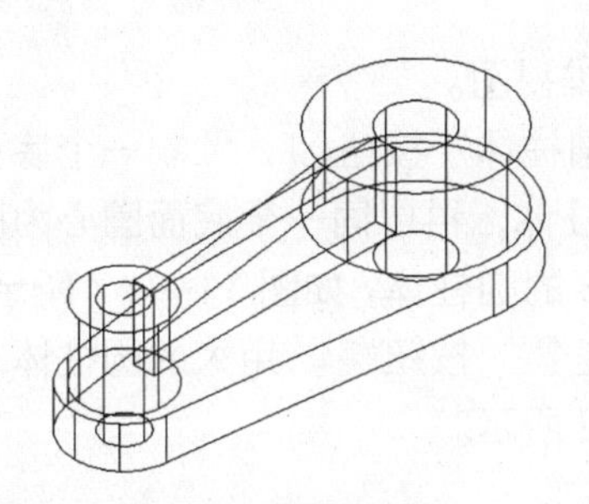

图 11-142　移动长方体

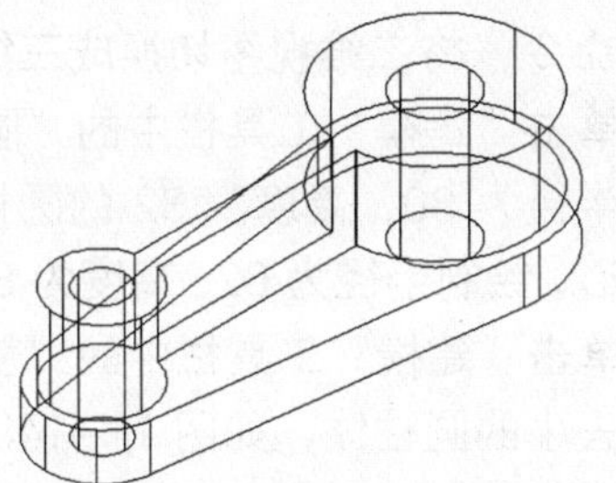

图 11-143　并集和差集实体

13 单击“修改”工具栏中的“倒角”按钮，对顶面的圆口边倒直角，倒角距离为 2、2，如图 11-144 所示。

14 选择“视图”菜单中的“消隐”命令，调整图形的视觉效果，如图 11-145 所示。

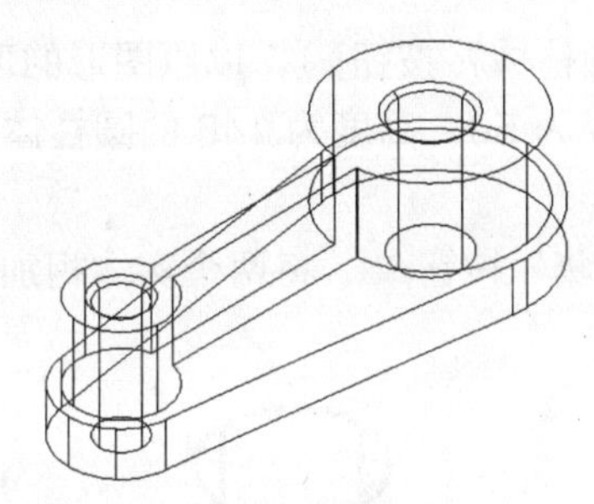

图 11-144　倒角实体

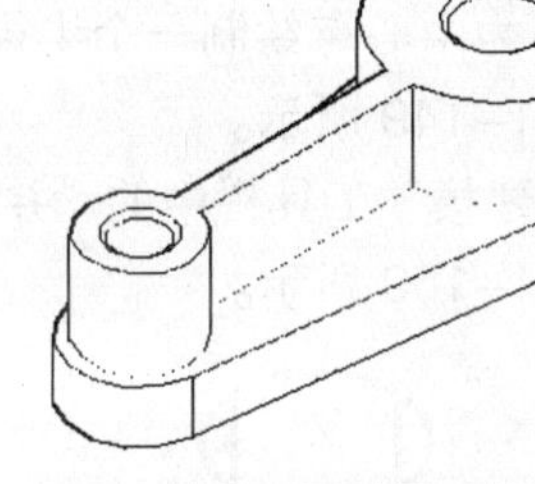

图 11-145　消隐样式观察图形

实例 11-8　绘制零件模型

本实例将绘制零件模型，其主要功能包含圆柱体、长方体、三维镜像、差集、并集等。实例效果如图 11-146 所示。

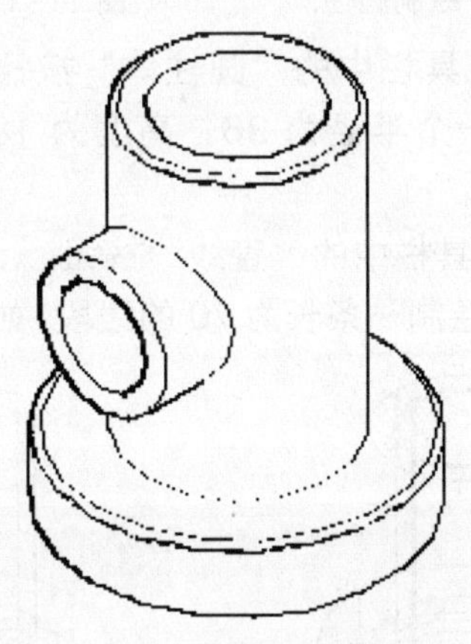

图 11-146　零件模型效果图

操作步骤

1 选择“视图”菜单中“三维视图”子菜单中的“东北等轴测”

（3）单击“符号”按钮，打开“符号”子菜单。

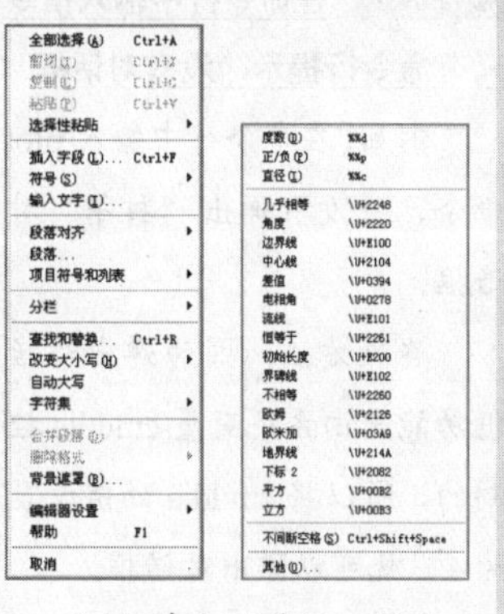

（4）单击“其他”按钮，打开“字符映射表”对话框。

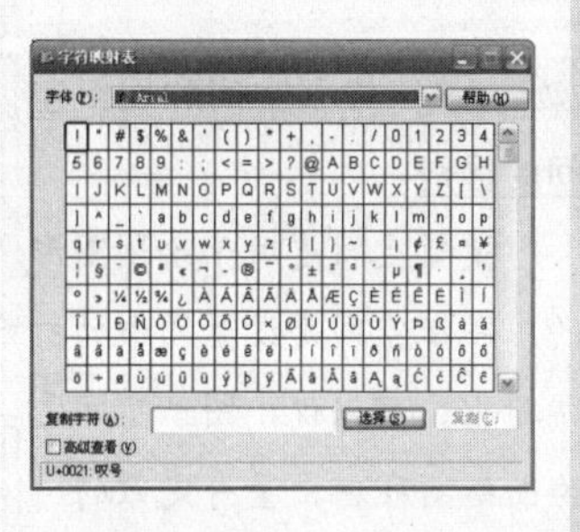

（5）在字符映射表中查找合适的字体、符号，复制到多行文本框中。

实例 11-8 说明

- 知识点：
  - 圆柱体
  - 长方体
  - 三维镜像
  - 差集
  - 并集
- 视频教程：

  光盘\教学\第 11 章 绘制机械模型图
- 效果文件：

  光盘\素材和效果\11\效果\11-8.dwg
- 实例演示：

  光盘\实例\第 11 章\绘制零件模型

命令，将二维视图切换成三维视图。

2 单击“建模”工具栏中的“圆柱体”按钮，绘制一个底面半径为 80、高度为 32 的圆柱体，再以同一个底面圆心为圆心，绘制半径为 62、高度为 8 的圆柱体，如图 11–147 所示。

3 单击“建模”工具栏中的“差集”按钮，用大的圆柱体减去小的圆柱体，如图 11–148 所示。

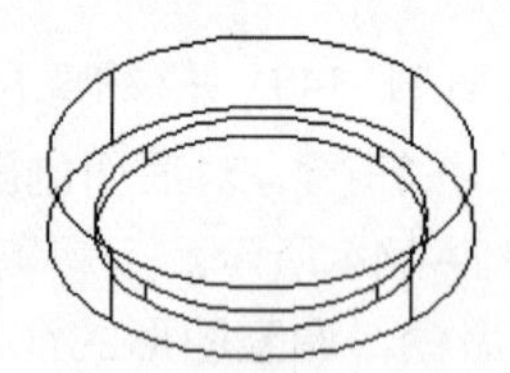

图 11–147　绘制圆柱体　　图 11–148　差集实体

4 单击“建模”工具栏中的“圆柱体”按钮，以原图形的顶面圆心为中心点绘制一个半径为 50、高度为 148 的圆柱体，如图 11–149 所示。

5 单击“建模”工具栏中的“并集”按钮，将两个实体相加，如图 11–150 所示。

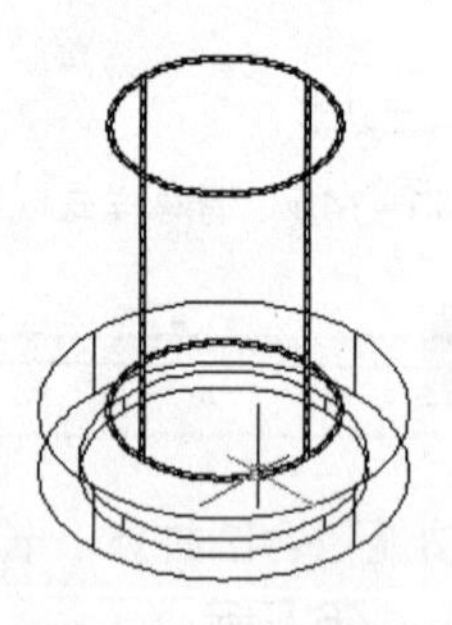

图 11–149　绘制圆柱体

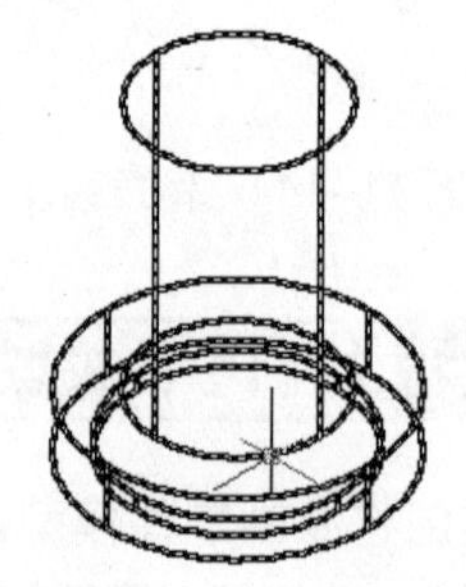

图 11–150　并集实体

6 单击“建模”工具栏中的“圆柱体”按钮，以顶面圆心为中心点绘制一个半径为 36、高度为 180 的圆柱体，如图11–151 所示。

7 单击“绘图”工具栏中的“直线”按钮，以顶面圆心为起点，沿 Z 轴向下绘制一条长为 70 的线段，如图 11–152 所示。

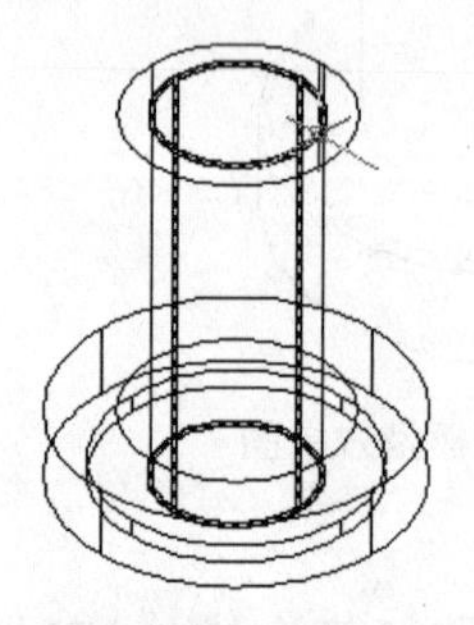

图 11–151　绘制圆柱体

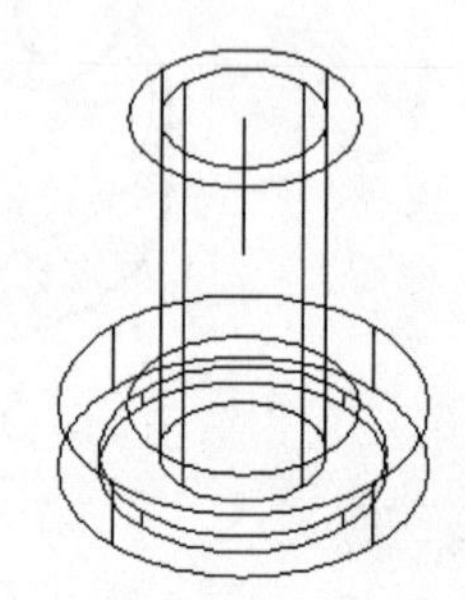

图 11–152　绘制辅助线段

疑难解答　**在命令行中输入指令只有命令行提示，没有对话框**

例如，在命令行中输入 plot 命令，并没有弹出“打印”对话框。

解决方法：因为弹出对话框功能是由系统变量 cmddia 控制的，所以将 cmddia 的值设置为 1，就可以弹出对话框。

疑难解答　**模型空间和图纸空间的区别**

模型空间是用于绘制图形的。图纸空间是设置图形的打印输出。可以说，图纸空间是为图纸打印输出量身定做的，因为很多打印功能在模型空间中基本难以实现。因此可以看出它们之间的 3 个关系。

1. 平行关系

模型空间相当于图纸空间下的投影，在图样上绘制的图形都会显示在模型空间上。

2. 单向关系

可以通过图纸空间，将信息传递到模型空间上，但是在模型空间上的修改就无法传递到图纸空间上，因此它们之间存在着单向的关系。

8 选择“工具”菜单中“新建 UCS”子菜单中的“Y”命令，调整三维坐标系的轴方向，如图 11–153 所示。

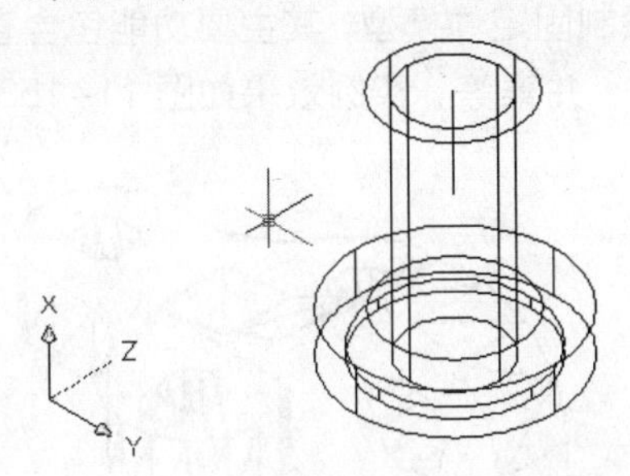

图 11–153　调整三维坐标系的轴方向

9 单击“建模”工具栏中的“圆柱体”按钮，绘制以直线的端点为圆心，底面半径为 34、高度为 74 的圆柱体和底面半径为 24、高度为 74 的圆柱体，如图 11–154 所示。

10 单击“建模”工具栏中的“并集”按钮和“差集”按钮，先用大圆柱体和组合体相加，然后减去两个小圆柱体，并删除辅助线段，如图 11–155 所示。

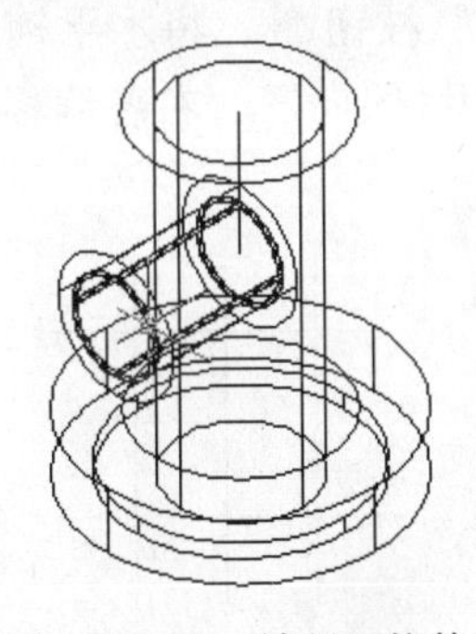

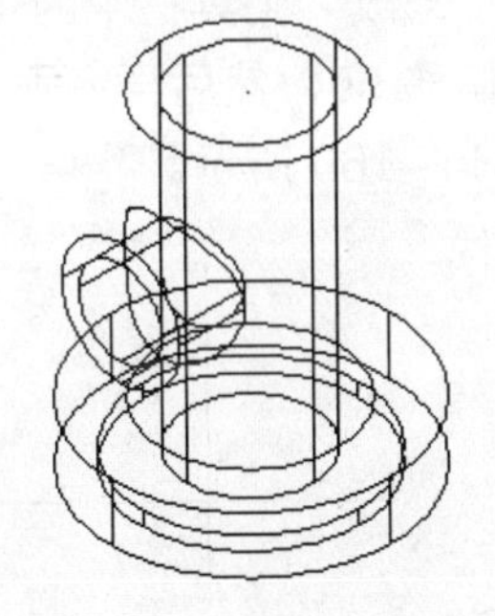

图 11–154　绘制圆柱体　　　图 11–155　并集和差集实体

11 单击“修改”工具栏中的“圆角”按钮，对上下两个台阶的直角进行倒圆角，圆角半径为 3，如图 11–156 所示。

12 选择“视图”菜单中的“消隐”命令，调整图形的视觉效果，如图 11–157 所示。

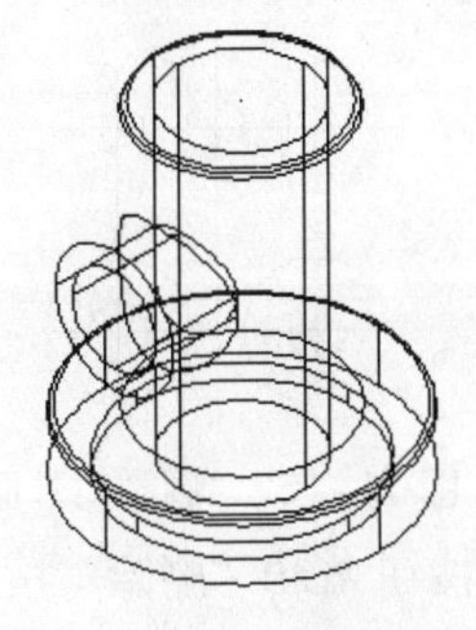

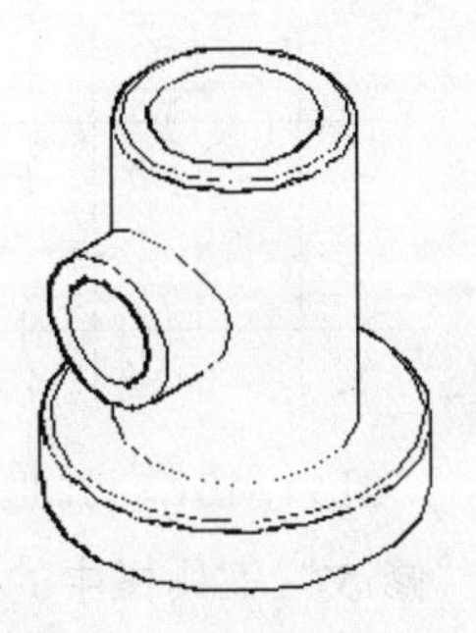

图 11–156　倒圆角实体　　　图 11–157　消隐样式观察图形

3. 无直接联系关系

模型空间和图纸空间相当于两张纸，之间没有直接的联系关系，需要通过视口的显示、空间编辑才能进行信息互通。

疑难解答 **为什么打印出的字体是空心的**

打印出空心的字体是因为设置的问题。在命令行 textfill 输入命令，值为 0 则字体为空心；值为 1 则字体为实心。

疑难解答 **为什么打印时，图样上有的线段却没打印出来**

出现这种情况是由于线条的图层设置存在问题。在图层中，Defpoints（定义点）层的线条和被冻结的图层的线条都无法打印出来。

解决方法：如果要打印的线条处在定义点图层中，将其变换到其他相应的图层即可；若要打印线条的图层被冻结，将其所在的图层解冻即可。

实例 11-9 绘制固定件模型

本实例将绘制固定件模型，其主要功能包含直线、圆、圆角、建模拉伸、差集、并集等。实例效果如图 11-158 所示。

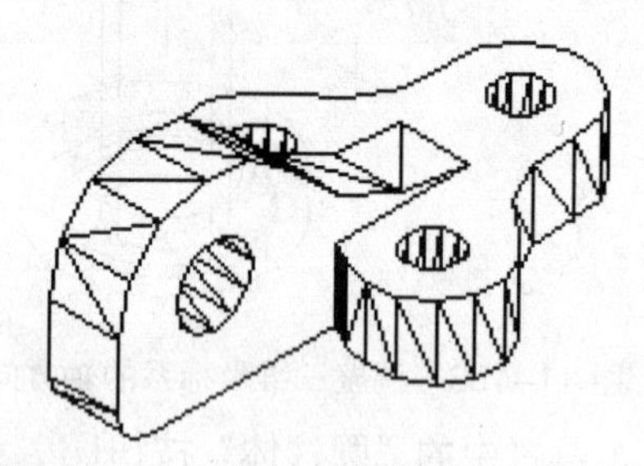

图 11-158 固定件模型效果图

操作步骤

1 单击“绘图”工具栏中的“直线”按钮，绘制两条辅助线段，如图 11-159 所示。

2 单击“修改”工具栏中的“偏移”按钮，将水平辅助线段向上偏移 55，然后再将垂直辅助线段向左、右各偏移 27.5，如图 11-160 所示。

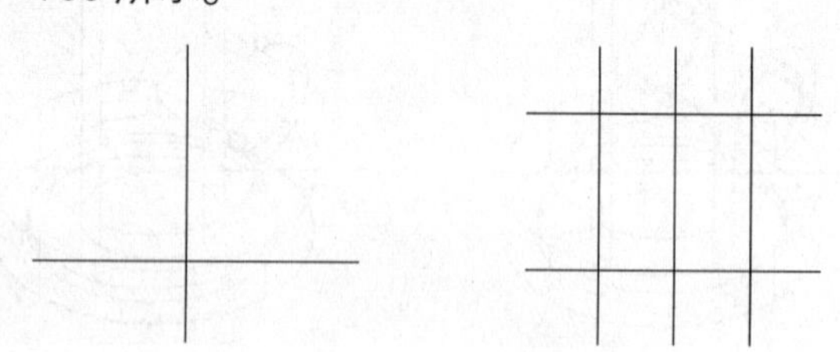

图 11-159 绘制辅助线段 图 11-160 偏移辅助线段

3 单击“绘图”工具栏中的“圆”按钮，以交点为圆心，分别绘制半径为 20、8 的同心圆，如图 11-161 所示。

4 单击“修改”工具栏中的“圆角”按钮，对外圆进行倒圆角，圆角半径为 35，如图 11-162 所示。

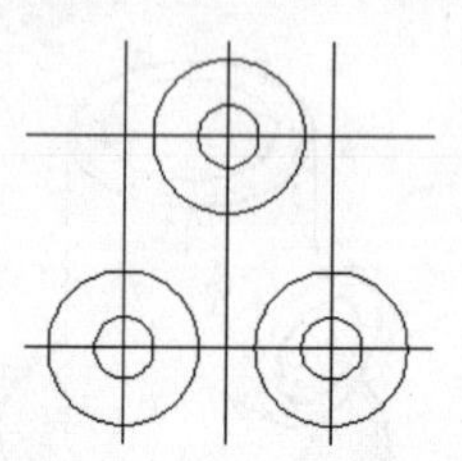

图 11-161 绘制圆

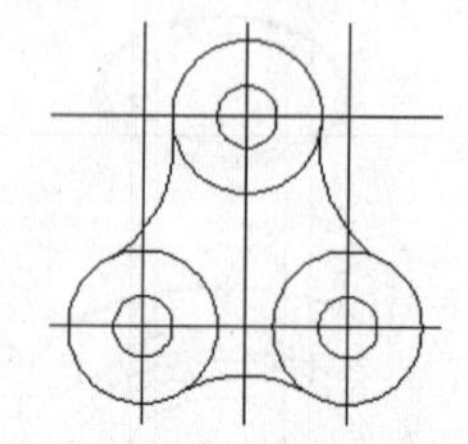

图 11-162 倒圆角外圆

5 单击“修改”工具栏中的“修剪”按钮和“删除”按钮，修剪图形中多余的线段，如图 11-163 所示。

实例 11-9 说明

- 知识点：
  - 直线
  - 圆
  - 圆角
  - 建模拉伸
  - 差集
  - 并集
- 视频教程：

  光盘\教学\第 11 章 绘制机械模型图
- 效果文件：

  光盘\素材和效果\11\效果\11-9.dwg
- 实例演示：

  光盘\实例\第 11 章\绘制固定件模型

疑难解答 打印出来的图效果非常差，线条有灰度的差异

出现这种情况，大多与打印机的配置、驱动程序，以及操作系统有关。通常从以下几点考虑来解决问题。

- 在配置打印机时，关闭误差抖动。
- 检查打印机的驱动程序是否正确。
- 如果把 AutoCAD 配置成以系统打印机方式输出，则需换用 AutoCAD 为各类打印机提供的 ADI 驱动程序重新配置打印机。

6 单击“绘图”工具栏中的“直线”按钮，在空白处绘制长为 120、30 的两条线段，如图 11-164 所示。

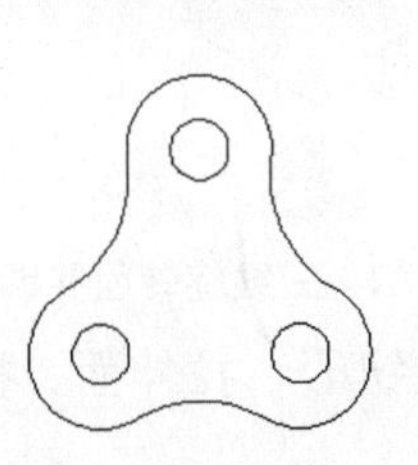

图 11-163　修剪和删除多余的线段

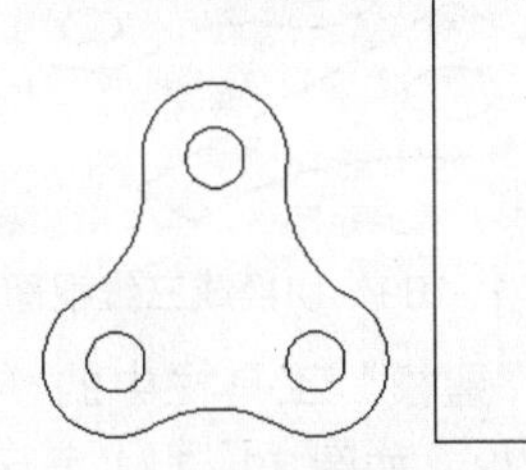

图 11-164　绘制线段

7 单击“修改”工具栏中的“复制”按钮，将垂直线段向右复制 22，再将水平线段向上复制 30、120，如图 11-165 所示。

8 单击“绘图”工具栏中的“圆”按钮，以复制的水平线段的右端点为圆心，绘制半径为 30 和 12 的同心圆，如图 11-166 所示。

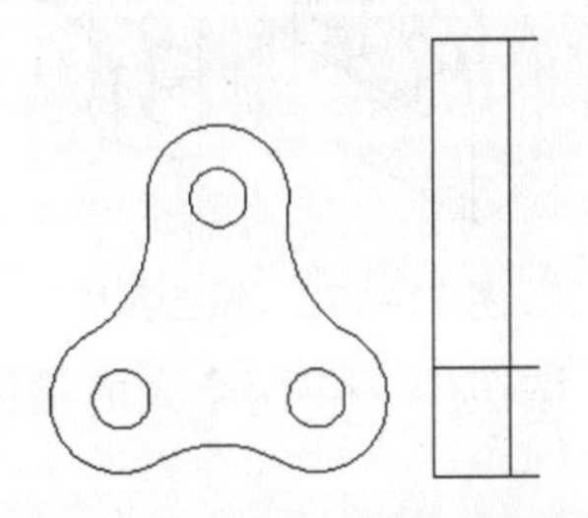

图 11-165　复制线段

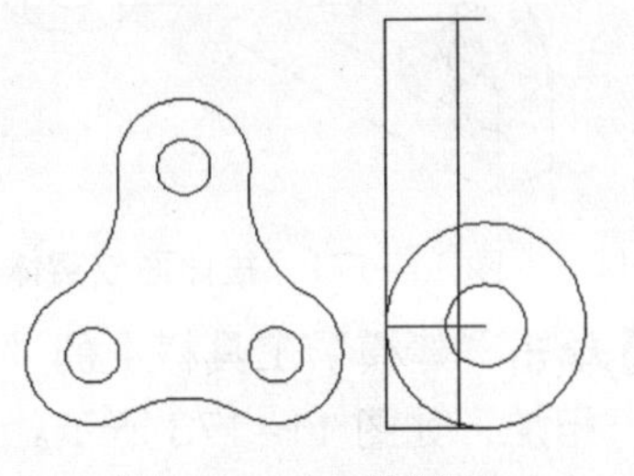

图 11-166　绘制圆

9 单击“修改”工具栏中的“圆角”按钮，用绘制的外圆作复制垂直线段的圆角，圆角半径为 75，如图 11-167 所示。

10 单击“修改”工具栏中的“修剪”按钮和“删除”按钮，修剪图形中多余的线段，再用面域功能将绘制的线段创建成面，如图 11-168 所示。

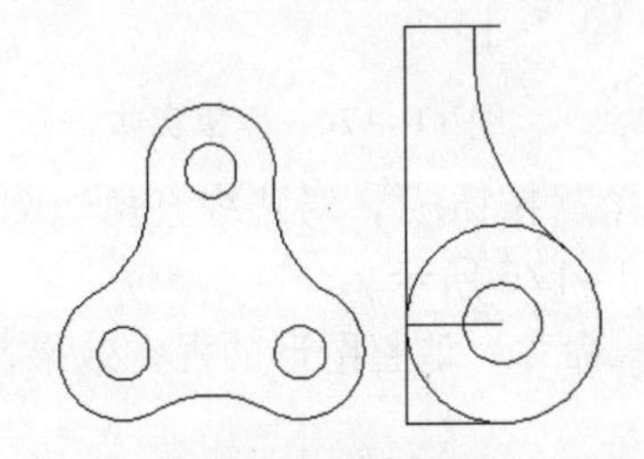

图 11-167　倒圆角实体

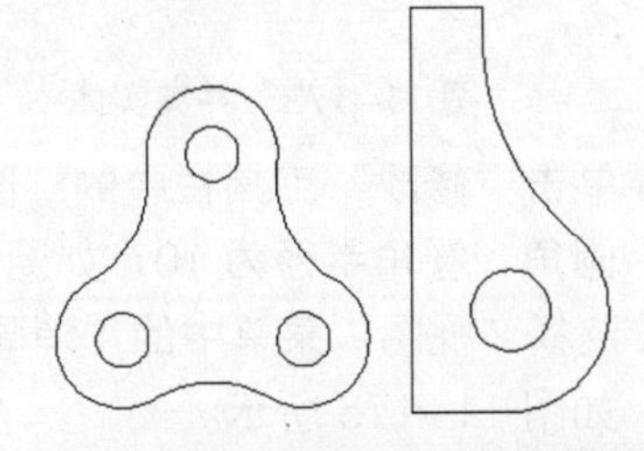

图 11-168　修剪图形并创建成面

11 选择“视图”菜单中“三维视图”子菜单中的“东北等轴测”命令，将二维视图切换成三维视图，如图 11-169 所示。

12 单击“建模”工具栏中的“三维旋转”按钮，旋转面，并适当调整位置，如图 11-170 所示。

- 对不同型号的打印机或绘图仪，AutoCAD 都提供了相应的命令，可以进一步详细配置。
- 线宽的设置是否太大，如大于 1。

机械术语　常用的. shx 字体有哪些

下面介绍几种 AutoCAD 中的常用字体。

1. txt 格式字体

在 AutoCAD 中，.txt 格式是最基本的文字字体，因为这种字体用很少的矢量来描述，操作起来速度比较快，.txt 格式的文字为 txt.shx。

2. monotxt 等宽字体

monotxt 等宽的 txt 字体为每个字符保留相同的字宽，其他特征都与 txt 格式字体相同，适用于标题栏、技术要求、明细表等内容的书写。

3. romans 格式字体

这类字体由许多短线构成的 roman 简体字体（单笔画线，没有衬线）。与 txt 格式的字体相比，略显单薄。

4. romand 格式字体

这类字体与 romans 格式相近，是由双笔画构成的，因此字体显得更粗，颜色也比较深，适合用于打印。

5. romanc 格式字体

这类字体是 roman 字体的繁体字（双笔画，有衬线）。

6. romant 格式字体

这类字体是类似 romanc 格式字体，是一种三笔画的 roman 字体（三笔画，有衬线）。

7. italicc 格式字体

这类字体是 italic 字体的繁体字（双笔画，有衬线）。

8. italict 格式字体

这类字体是三笔画的 italic 字体（三笔画，有衬线）。

9. scripts 格式字体

这类字体是 script 字体的简写字体（单笔画）。

10. scriptc 格式字体

这类字体是 script 字体的繁写字体（双笔画）。

11. greeks 格式字体

这类字体是 greek 字体的简写字体（单笔画，无衬线）。

12. greekc 格式字体

这类字体是 greek 字体的繁体字体（双笔画，有衬线）。

13. 其他字体

除了以上主要字体外，还

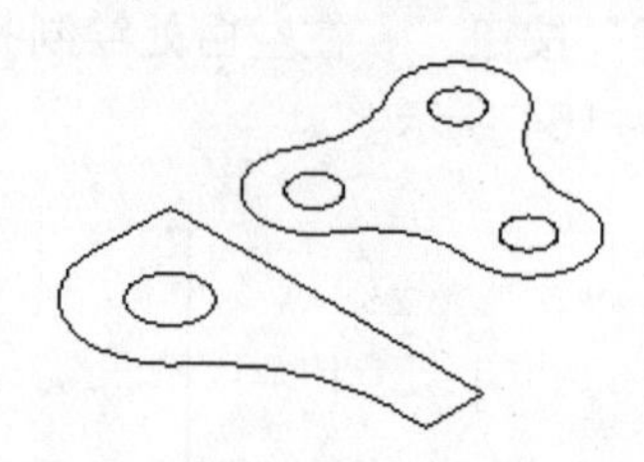

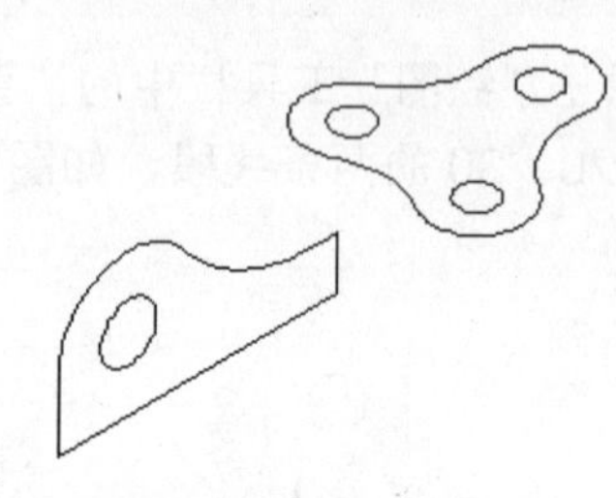

图 11–169　切换成三维视图　图 11–170　三维旋转面并调整位置

13 单击“建模”工具栏中的“拉伸”按钮，拉伸面，拉伸高度为 22，如图 11–171 所示。

14 单击“修改”工具栏中的“移动”按钮，将两部分实体组合起来，如图 11–172 所示。

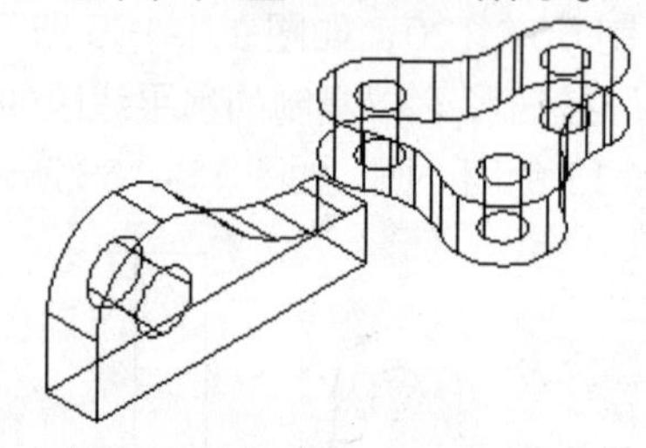

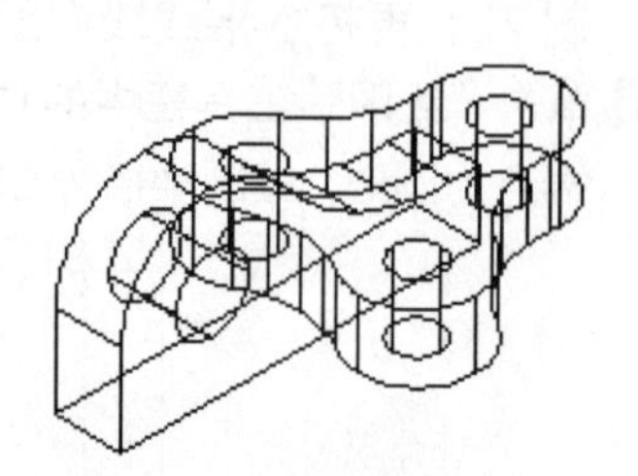

图 11–171　拉伸面成实体　图 11–172　组合实体

15 单击“建模”工具栏中的“并集”按钮，将两个大的实体相加，如图 11–173 所示。

16 单击“建模”工具栏中的“差集”按钮，再将 4 个圆柱体从大实体中减去，如图 11–174 所示。

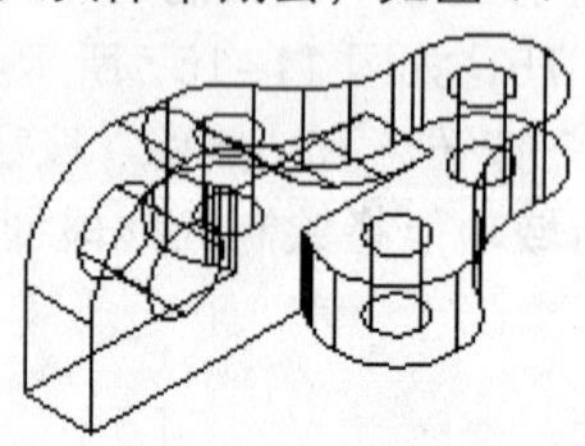

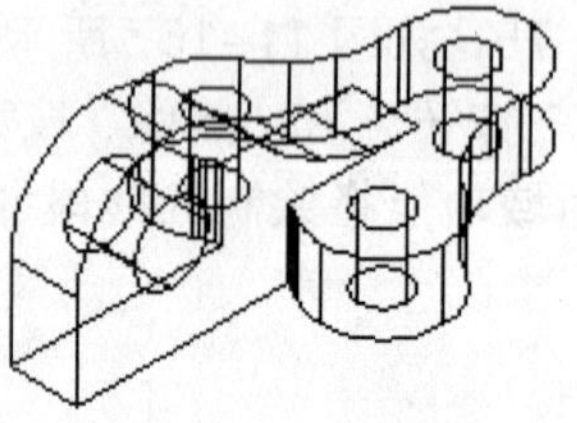

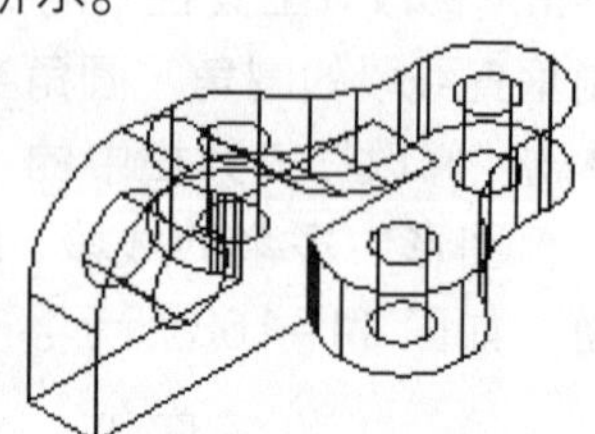

图 11–173　并集实体　图 11–174　差集实体

17 单击“修改”工具栏中的“圆角”按钮，对边缘直角边倒圆角，圆角半径为 10，如图 11–175 所示。

18 选择“视图”菜单中的“消隐”命令，调整图形的视觉效果，如图 11–176 所示。

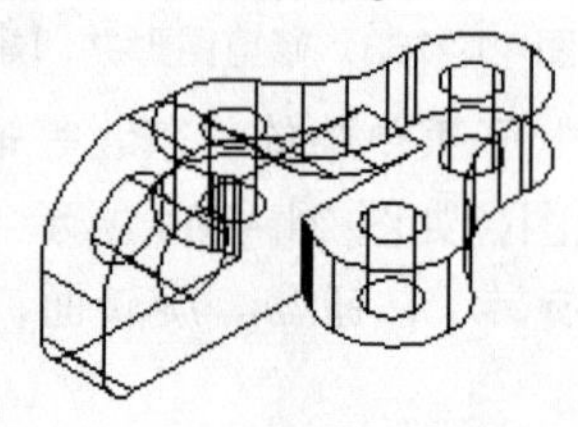

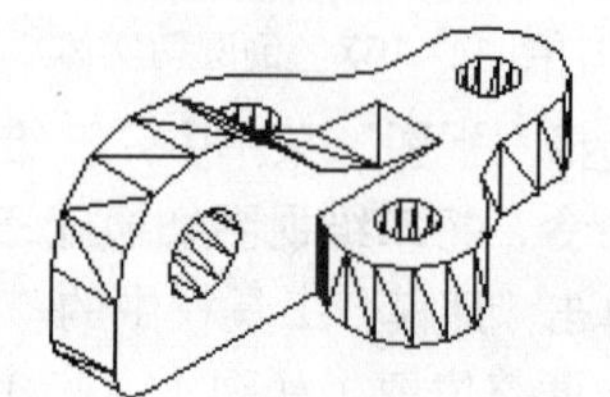

图 11–175　倒圆角直角边　图 11–176　消隐样式观察图形

实例 11-10　绘制卡件模型

本实例将绘制卡件模型，其主要功能包含圆、圆角、倒角、建模拉伸，并集、差集等。实例效果如图 11-177 所示。

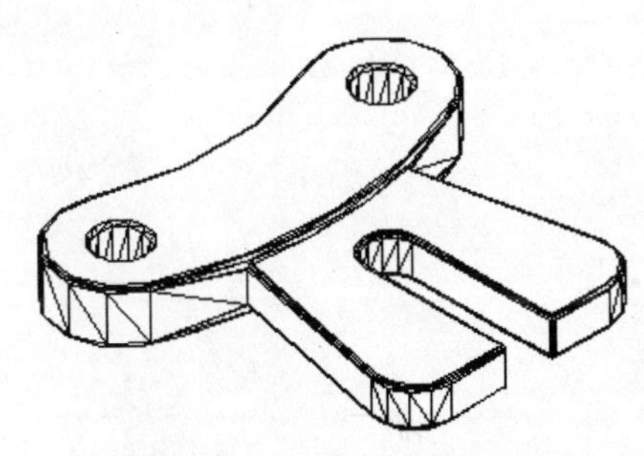

图 11-177　卡件模型效果图

在绘制图形时，先绘制出卡件的平面图形，然后拉伸得到实体模型，再使用圆角和倒角功能修饰模型。具体操作见“光盘\实例\第 11 章\绘制卡件模型”。

有一些字体简要说明：

- gothice：哥特式英文字体。
- gothicg：哥特式德文字体。
- gothici：哥特式意大利文字体。
- syastro：天体学符号字体。
- symap：地图学符号字体。
- symath：数学符号字体。
- symeteo：气象学符号字体。
- symusic：音乐符号字体。

14. 常用大写字体

常用的大写字体有：

- hztxt：单笔画小仿宋体。
- hzfs：单笔画大仿宋体。
- china：双笔画宋体。

01 02 03 04 05 06 07 08 09 10 11